식품학 제7판

이 론 과 실 제

저자 Margaret Mcwilliams

역자 이진성 김강성 김근성 김명희
김석중 권순복 이경태 황성희

BIOSCIENCE
(주)바이오사이언스출판

이 도서의 국립중앙도서관 출판시 도서목록 (CIP)은 e-CIP 홈페이지
(http://www.nl.go.kr/cip.php)에서 이용하실 수 있습니다.
(CIP 제어번호: 2014035955)

식품학: 이론과 실제 제7판

초판 인쇄: 2015년 3월 02일
초판 발행: 2015년 3월 10일

저자: Margaret Mcwilliams
역자: 이진성 김강성 김근성 김명희
김석중 권순복 이경태 황성희
발행인: 문정구
디자인: 조영주, 이종률
교정교열: 홍수희
영업총괄: 한상정
기획총괄: 최성원
발행처: (주)바이오사이언스출판
주 소: 137-060 서울특별시 서초구 효령로2길 10, 201호(방배동, 호산빌딩)
전 화: (02)581-4057~8 팩 스: (02)581-4059
이메일: inquiry@biosciencepub.com
홈페이지: http://www.biobooks.co.kr
ISBN: 978-89-6824-029-4 93590
등록번호: 제22-3079호
값 28,000원

BIOSCIENCE (주)바이오사이언스출판

식품학

이 론 과 실 제

제7판

서문

예전과 달리 오늘날은 많은 사람들이 식품에 관심이 많다. TV와 인터넷은 이런 현재의 상황에 큰 일조를 해왔다. 일례로 줄리아 차일드가 가르친 프랑스 요리는 점점 발전하여 이젠 여러 개의 요리 프로그램이 되었고, 더 나아가 하나의 요리 채널로 자리 잡았다. 뉴스 프로그램들은 식품에 대한 리콜이나 식품에 관련된 이슈들을 집중 보도하며 일반 대중들이 음식에 관련해 더 많은 관심을 가지도록 만들고 있다. 그 고조된 음식에 대한 관심은 점점 자라나 이젠 일반 대중들도 슈퍼마켓과 레스토랑에서 라벨에 적힌 영양성분표를 읽으면서 쇼핑하는 수준에 이르렀다. 식품산업은 많이 각광받고 있고, 이에 정부도 복잡한 이슈들에 새로운 규제들을 추가하고 있다.

식품 관련 직종은 TV에서 보여줄 수 있는 것을 넘어서는 깊이 있는 이해를 요구한다. 이 책은 식품과 식품의 안전한 준비를 위해서 그들의 과학적인 지식을 넓히고 이를 강화하기 위해 만들어졌다. 1부에서는 소비시장을 조사하고 식품과 관련된 직종에 산재하는 기회들을 탐구한 후, 감각적이고 객관적인 평가를 통해 음식에 대한 기초연구들을 학습한다. 2부에서는 음식의 물질적인 특성과 그것의 전처리에 대해 다룬다. 3부, 4부, 5부에서는 탄수화물류(설탕, 전분, 채소류, 과일류), 유지류, 그리고 단백질류(육류, 계란, 우유, 그리고 제빵류)에 대해 학습한다. 4부에서는 식품안전, 보존, 첨가물들에 대한 정보를 다루게 될 것이다. 여러분의 연구 실험을 위해서는 피어슨 에듀케이션에서 출간한 본 저자의 다른 도서 〈*Experimental Foods Laboratory Manual*〉을 추천한다.

"생각할 거리" 그리고 독특한 재료들을 추가로 설명해주는 말 상자들은 이 책의 특징이며, 이를 통해 독자들은 음식의 세계에 대한 관점을 넓혀나갈 수 있을 것이다. 많은 사진, 학습 목표, 주석, 정의, 요약 정리, 추천 사이트들 그리고 파생된 연습문제들은 여러분의 학습을 도와줄 것이다.

이 책은 각각의 단원마다 관련 있는 정보들을 대거 포함하였고, 그 범위는 식품학과 소비시장에 대한 지식부터 다양한 음식의 종류와 그것의 취급, 전처리 과정에 녹아 있는 과학에까지 아우른다.

여러분은 매우 중요한 분야를 선택했다. 나는 진심으로 여러분이 음식에 대한 공부를 즐기길 바란다. 이 책은 여러분이 경력을 쌓아 나아가는 데에 큰 도움이 되어줄 것이다.

역서를 내면서

이 책에서는 조리학, 식품학, 영양학, 외식산업학을 전공하는 학생들에게 조리과학에 관한 내용을 이론적 뿐만 아니라 실제조리 현상으로 응용 해석해 볼 수 있도록 이해를 높이고자 서술하였다.

음식의 조리과정은 식품의 물리적, 화학적, 영양학적 변화뿐만 아니라 텍스처에도 영향을 주어 음식의 외관, 색, 맛, 풍미 및 기호성과도 밀접한 관계가 있다. 특히 식품으로 음식을 만들기까지 재료의 전처리, 조리조건과 식품의 안전 등 조리 과학에 관련된 전 과정을 역자들은 원본에 가까우면서도 이해하기 쉽도록 정리하려고 노력하였다.

이 책의 가장 큰 특징은 "생각할 거리"와 독특한 재료들을 강조하는 말 상자 등을 만들어서 음식의 세계에 관한 관점을 넓혔고, 많은 사진과 주석 및 추천 사이트들은 여러분에게 새로운 정보들을 제공할 것이다.

끝으로 이 책이 출간되기까지 물심양면으로 도와주신 (주)바이오사이언스출판의 대표이사님을 비롯한 편집부 여러분에게도 진심으로 감사드린다.

2015년 2월

역자일동

역자 소개

이진성 (lejis@kgu.ac.kr) 경기대학교 생명과학과
김강성 (kss@yongin.ac.kr) 용인대학교 식품영양학과
김근성 (keunsung@cau.ac.kr) 중앙대학교 식품공학과
김명희 (mkim@kyonggi.ac.kr) 경기대학교 외식조리학과
김석중 (skim@dongduk.ac.kr) 동덕여자대학교 식품영양학과
권순복 (sbkwon61@hanmail.net) 청강대학교 식품영양학과
이경태 (leekt@korea.kr) 국립축산과학원 동물유전체과
황성희 (h2seong@hanmail.net) 세명대학교 한방식품영양학부

차례

서문 v
역서를 내면서 vii

1부 연구 관점 1

1장 식품연구의 규모 3

학습 목표 3
서론 3
소비자: 그들은 누구인가? 5
인구통계 5
라이프스타일 5
건강 6
생산자 6
어부 6
농부 6
유기농에 대한 관심 8
생각할 거리: 세계 농업의 과제 및 비영리 부문 8
생명공학 10
생각할 거리: 울트라그레인® 10
산업 13
기능성 식품 13
설계 식품 15
나노기술 16
식품 공급의 보안 17
생각할 거리: 압력을 이용한 안전 17
직업 기회 18
식품을 이용한 실험 19
미터법 20
통제하기 23
실험의 실시 및 평가 24
요약 25
연습문제 25
참고문헌 26
웹사이트 27

2장 연구과정 29

학습 목표 29
서론 29
실험 목적의 명확화 30
문헌의 검토 31
생각할 거리: AGRICOLA 32
실험의 설계 32
방법 34
평가 35
데이터 기록 35
실험의 수행 36
결과의 해석 및 보고 37
통계에 대한 개요 37
보고서 작성의 개요 40

요약 41
연습문제 42
참고문헌 42
웹사이트 43

3장 관능평가 45

학습 목표 45
평가의 중요성 45
관능적 평가의 생리적 기초 46
    후각 수용체 46
생각할 거리: 맛을 위한 디자인 46
    미각 수용체 47
    시각 수용체 50
식품의 감각 특성 51
    외양 52
    향기 52
    풍미 53
    질감 53
생각할 거리: 바삭바삭? 아삭아삭? 54
관능 패널 54
    패널 구성원 선정 54
    패널리스트 교육 55
관능적 평가를 위한 환경 56
샘플 준비와 프리젠테이션 57
테스트의 종류 57
    단일 샘플 58
    비교 테스트 58
    묘사적 테스트 59
    정서적 테스트 60
점수표 60
요약 65
연습문제 66
참고문헌 67
웹사이트 67

4장 객관적인 평가법 69

학습 목표 69
서론 69
일반 지침 70
물리적 방법 71
    부피 71
    비중 71
    수분 72
    텍스처 73
생각할 거리: 텍스처 분석용 부속장치의 개발 74
    유동성 76
    색 81
    셀구조 82
화학적 방법 82
    영양소 분석 82
    pH 83
    당도 83
    염도 84
    향기 84
    풍미 84
    전자혀 84
    일반 성분 분석 84
요약 86
연습문제 87
참고문헌 88
웹사이트 89

2부 물리적인 고찰 91

5장 물 93

- 학습 목표 93
- 물에 대한 고찰 93
- 물의 상태 94
  - 어는점에 영향을 미치는 요인 95
  - 끓는점에 영향을 미치는 요인 96
  - 결합수 98
- 수분활성도 99
- **생각할 거리:** 안전한 물 101
- 식품조리와 물 101
- 요약 102
- 연습문제 102
- 참고문헌 103
- 웹사이트 103

6장 식품조리의 물리적인 측면 105

- 학습 목표 105
- 서론 105
- 에너지와 식품 105
  - 역학 에너지 105
  - 복사 106
  - 전도 108
  - 대류 110
  - 물질전달 111
- 물질의 상태 112
  - 고체 112
  - 액체 112
  - 기체 114
- 분산 114
- **생각할 거리:** 물질의 상태에 대한 이해 115
  - 참용액 115
  - 콜로이드 분산계 116
  - 거친 현탁액 122
- 요약 122
- 연습문제 123
- 참고문헌 124
- 웹사이트 125

3부 탄수화물 127

7장 탄수화물의 개요 129

- 학습 목표 129
- 서론 129
- 단당류 130
  - 오탄당 130
  - 육탄당 130
- 이당류 131
- **생각할 거리:** 탄수화물의 역설 132
- 올리고사카라이드(올리고당) 133
- 다당류 133
  - 덱스트린 133
  - 덱스트란 133
  - 전분 134
  - 글리코겐 135
  - 셀룰로오즈 136
- **생각할 거리:** 프룩탄과 생명공학 136
- 비글루코사이드 결합형 다당류 136
  - 펙틴질 137
  - 검류 137
- 요약 137
- 연습문제 138
- 참고문헌 139
- 웹사이트 139

8장 다당류, 이당류, 감미료 141

- 학습 목표 141
- 서론 141
- 당류의 물리적 속성 142
  - 감미성 142
  - 흡습성 142
  - 용해성 143
- 화학반응 144
  - 가수분해 144
  - 분해 144
  - 캐러멜화 144
  - 메일라드 반응 145
- 당류의 기능적 속성 146
- 식품적용 146
  - 결정형 캔디 146
  - 비결정형 캔디 151
  - 시럽, 소스, 잼, 젤리 152
  - 베이킹 제품들 153
- 감미료 고르기 155
  - 종류 155
- **생각할 거리:** 다양한 흑설탕 156
  - 대체 감미료 157
- **생각할 거리:** 타가토스의 상품화 164
  - 대체 감미료의 사용 165
- 요약 166
- 연습문제 168
- 참고문헌 169
- 웹사이트 169

9장 녹말 171

학습 목표 171
서론 171
구조 171
아밀로오즈 172
아밀로펙틴 172
전분입자 173
전분의 고유 기능 174
호화 174
젤라틴(젤화) 178
노화 180
호정화 180
전분 실험 181
원료 181
천연 전분 181
변성 전분 182
사용 185
생각할 거리: 저항성 전분 186
전분선택의 결정 기준 187
쌀과 전분 188
요약 190
연습문제 191
참고문헌 192
웹사이트 193

10장 채소와 과일 195

학습 목표 195
서론 195
과일과 채소의 구조 197
조직 체계 197
유조직세포 197
후각세포 199
후막세포 200
탄수화물의 구조와 구성 201
셀룰로오즈 201
헤미셀룰로오즈 202
펙틴질 202
리그닌 205
성숙과정에서의 변화 206
수확 후의 변화와 저장 206
준비과정에서의 질감 변화 209
분류 210
색소 211
클로로필 211
카로티노이드 214
플라보노이드 215
식품에서의 착색제 221
향미 221
섬유질 223
섬유질의 범주 223
식료품에서의 브렌(Bran) 224
생각할 거리: 쓰레기 줄이기 224
검 225
기능 225
생각할 거리: 기능성 식품 성분, 이눌린 226
급원 226
화학적 조성 227
응용 229
생각할 거리: 조직감을 갖는 다당류 230
요약 230
연습문제 232
참고문헌 232
웹사이트 233

4부 지질 235

11장 지방과 유지의 개요 237

학습 목표 237
화학 237
글리세롤 238
지방산 238
식품에서 지방의 구조 241
고체지방의 결정 특성 242
화학적 열화(변질, 분해) 244
산패 244
생각할 거리: 햇빛과 올리브유 246
변향 246
가열의 효과 246
요약 249
연습문제 249
참고문헌 250
웹사이트 251

12장 식품에서의 지방과 유지 253

학습 목표 253
서론 253
식품지방의 제조 단계 254
추출 254
정제 255
생각할 거리: 올리브유의 품질 256
분획화 256
생각할 거리: 정제와 발연점 257
지방의 결정화 257
품질 검사 257
화학적 변형 258
수소첨가 258
생각할 거리: 지방에 대한 진실 260
분자간 그리고 분자내 에스터교환 260
시장에서의 지방과 유지 261
지방과 건강 문제 261
자원 262
생각할 거리: 포도씨의 유익성 264
제품 266
지방의 기능적 역할 268
색 268
풍미 268
텍스처 269
연함 269
에멀젼화(유화) 271
조리용 매질 272
지방 대체제 273
단백질 기반 대체제 274
탄수화물 기반 대체제 274
지방 기반 대체제 274
요약 275
연습문제 276
참고문헌 276
웹사이트 277

5부 단백질 279

13장 단백질의 개요 281

- 학습 목표 281
- 서론 281
- 조성 281
- 단백질의 종류 286
- 전하 286
- 가수분해 287
- 변성과 응고 288
- 기능적 역할 289
  - 기포 형성 289
  - 증점제 289
- 생각할 거리: 진해지는 덩어리 290
  - 구조적 성분 291
- 요약 291
- 연습문제 292
- 참고문헌 293
- 웹사이트 293

14장 우유와 유제품 295

- 학습 목표 295
- 조성 295
  - 지방질 296
- 생각할 거리: 복제와 카제인 296
  - 탄수화물 297
  - 단백질 298
  - 비타민과 무기질 299
- 생각할 거리: 카제인을 이용한 캡슐화 300
  - 맛성분 300
- 가공 300
  - 저온살균 300
  - 균질화 301
  - 증발 302
  - 건조 302
  - 발효 302
- 유제품 304
  - 우유 304
  - 버터 304
  - 크림 305
  - 치즈 306
- 생각할 거리: 부라타 309
  - 유청 313
  - 아이스크림과 빙과류 313
- 유제품의 물리화학적 성질 316
  - 열에 의한 영향 316
  - 효소 작용 317
  - 산 317
  - 염류 318
  - 열처리와 치즈 318
- 거품 318
  - 우유거품 318
  - 크림거품 319
- 유가공 부산물 319
- 요약 320

연습문제 321
참고문헌 322
웹사이트 322

15장 육류, 어류, 가금류 325

학습 목표 325
분류 326
생각할 거리: 어류와 환경 326
구조 327
근육조직 327
결체조직 330
지방 333
색소 333
미오글로빈 그리고 이와 관련된 성분 333
열에 의한 변화 335
훈제 시 변화 335
육류의 품질 336
품질에 영향을 미치는 요인들 336
검역과 등급 매기기 338
부위 구분 338
판매 341
냉장/냉동 341
생각할 거리: Kosher/Halal 341
국내산/수입산 342
도체/포장육 343
생각할 거리: 쉬림프 아호이(Shrimp Ahoy) 344
조리 344
가열에 의한 변화 344
pH 변화의 영향 349
염의 영향 349
연육제 349
변형 육제품 350
저지방 육류 350
조정육 350
미세육 350
성형수산식품 350
콩단백 352
제품들 352
콩단백 제품의 이용 353
생각할 거리: 실험실 버거? 354
퀸™ 354
젤라틴 354
조성 354
특성 354
요약 357
연습문제 359
참고문헌 360
웹사이트 361

16장 계란 363

학습 목표 363
형성 363
구조 364
구성 366
단백질 367
흰자 367
노른자 368
계란의 디자인 368
계란 품질 369
안전 372
보존 373
저온살균 373
건조 373
냉동 374

생각할 거리: 천년의 계란 374
기능적 특성 및 적용 375
착색제 375
유화제 376
증점안정제 376
거품 382
계란 대체물 387
요약 387
연습문제 388
참고문헌 389
웹사이트 389

17장 제빵의 특성 391

학습 목표 391
서론 391
밀가루 392
제분 392
제분된 밀가루의 종류 393
밀가루의 변화 396
생각할 거리: 혁신적인 밀가루 398
밀가루의 구성성분 398
글루텐 399
다른 곡물가루들 404
재료의 역할 407
밀가루와 다른 곡물가루 407
액체 408
계란 409
지방 409
설탕 409
소금 409
팽창제 410
상업용 제빵 도전 410
팽창제 410
공기 410
수증기 411
생물학적 팽창제 412
화학적 팽창제 414
베이킹파우더 415
베이킹 암모니아 418
요약 418
연습문제 419
참고문헌 420
웹사이트 421

18장 제빵의 응용 423

학습 목표 423
서론 423
속성 빵 424
종류 424
재료 424
반죽 방법 425
속성 빵 종류 426
효모 빵 429
재료 429
혼합과 반죽의 역학관계 431
제빵과정의 변화 432
밀가루 선택조건 433
빵의 노화 434
폼 케이크 435
엔젤 푸드 케이크 435
스폰지 케이크 437
쉬폰 케이크 438
쇼트드 케이크 438
재료 438

생각할 거리: 각광 받는 초콜릿 440
반죽법 441
생각할 거리: "Prime" 재료 442
베이킹(굽기) 443
변형의 원인 445
고도 적응 445
페이스트리 447
재료 447
변형의 원인 448
퍼프 페이스트리 449
쿠키 449
요약 450
연습문제 452
참고문헌 452
웹사이트 453

6부 식품공급의 관점 455

19장 식품안전과 관리 457

학습 목표 457
문제점의 명시 457
미생물 위해 458
박테리아 458
생각할 거리: 안전에 대한 머리말 463
생각할 거리: 활성 락토페린 465
바이러스 466
곰팡이(균류) 466
미세조류 467
기생충 468
생각할 거리: 뭔가 수상한! 470

오염물질 및 식품의 자연 독 471
오염물질 471
자연 독 472
식품안전의 관리 472
초밥과 회 – 안전을 담보한 도박인가? 473
개인 책무 473
연방규제당국 473
정부와 산업 간 협조 노력 474
국제적인 식품안전 관리 노력 475
저장기간 연장을 위한 상업적 접근법 475
항균제제의 사용 475
에너지 476
요약 477
연습문제 478
참고문헌 479
웹사이트 480

20장 식품저장 483
학습 목표 483
저장방법(가정과 상업) 483
생각할 거리: 김치 484
냉동법 485
생산 485
단백질 식품 486
생각할 거리: 일상의 위기 487
다른 식품들 488
상업적 방법 489
통조림 제조 490
방법들 492
잠재적 문제들 494
건조법 495
당저장법 496
기타 상업적 방법들 499
냉동건조법 499
방사선 조사 499
고압처리법 501
순간파동전기장법 503
요약 503
연습문제 505
참고문헌 506
웹사이트 507

21장 식품첨가물 509
학습 목표 509
서론 509
근본적 이유 510
생각할 거리: "EAFUS" 해석하기 513
첨가물 514
비의도적 첨가물 514
의도적 첨가물 514
제조 응용제품 516
안전 518
식용 꽃 519
허브와 향신료 519
생각할 거리: 보물과 같은 식재료, 송로 520
식이 보충제 521
요약 522
연습문제 522
참고문헌 523
웹사이트 523

한글 찾아보기 525
영문 찾아보기 532

PART 1

연구 관점

1장
식품연구의 규모

2장
연구과정

3장
관능평가

4장
객관적인 평가법

구운 갈비와 감자, 적당히 데친 브로콜리 그리고 우유 한 잔으로 구성된 저녁식사는 다양한 향미와 질감 그리고 색감을 제공한다.

1장

식품연구의 규모

단원 개요

학습 목표
서론
소비자: 그들은 누구인가?
    인구통계
    라이프스타일
    건강
생산자
    어부
    농부
    유기농에 대한 관심
생각할 거리: 세계 농업의 과제 및 비영리 부문
    생명공학
생각할 거리: 울트라그레인®
산업
    기능성 식품
    설계 식품
    나노기술
    식품 공급의 보안
생각할 거리: 압력을 이용한 안전
직업 기회
식품을 이용한 실험
    미터법
    통제하기
    실험의 실시 및 평가
요약
연습문제
참고문헌
웹사이트

학습 목표

이 단원을 학습함으로써:

1. 농업, 생산, 마케팅에 영향을 미치는 과학 및 안전 요인 등 소비자와 식품 간의 상호 관계를 파악할 수 있다.
2. 식품을 중심으로 한 다양한 직업 기회를 설명할 수 있다.
3. 실험실에서의 기초적인 실습을 수행하는 방법을 대략적으로 서술할 수 있다.

서론

식품은 사람의 삶에서 중요한 부분을 차지하며 많은 사람들에게 식품이란 그들의 일생활에 중심축이 되고 있다. 우리 모두는 식품을 섭취하지만 우리가 선택하는 식품은 가용성, 경제성 및 선호도에 따라 크게 달라진다. 시장과 시장의 재고를 정함에 있어 소비자는 중요한 역할을 한다. 수확량과 안전을 개선하기 위한 연구에 초점을 맞추는 연구 과학자들의 도움에 힘입어, 농부와 어부는 식량 공급에 기본이 되는 필수품을 생산한다. 시장으로 가는 도중 이러한 기본 재료들은 유통기한이 연장된 편리하고, 다양한 매혹적인 제품으로 탈바꿈하게 된다.

오늘날 식품 운송 시스템은 너무나 효율적이어서 대부분의 시장에서 고품질의 신선한 채소를 1년 내내 구입할 수 있으며 세계 각국의 수입품뿐만 아니라 현지에서 생산된 계절별 아이템까지 다

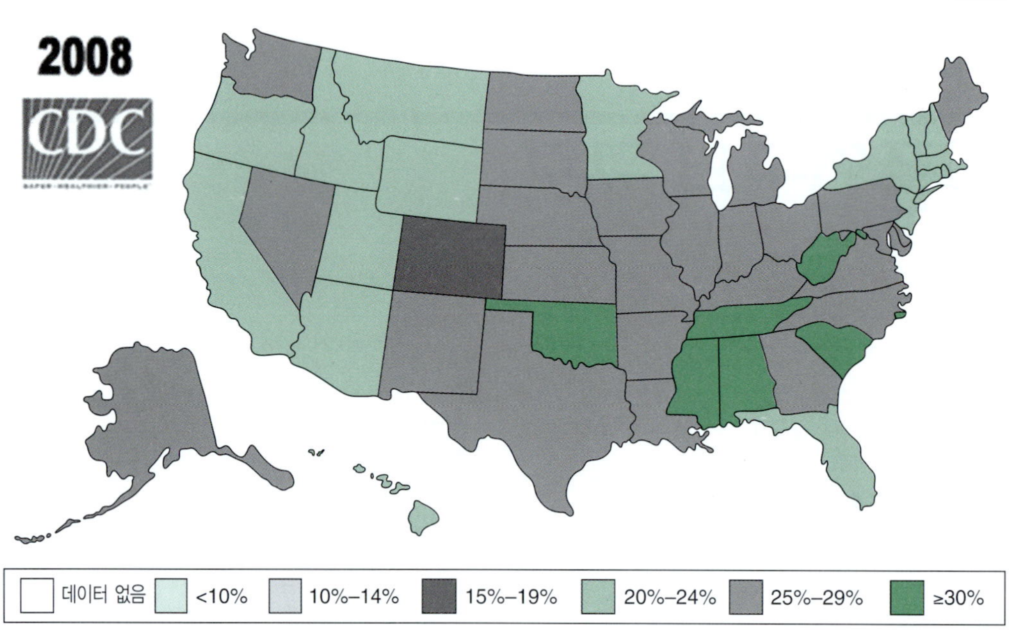

그림 1.1 2008년 미국의 비만 빈도

양하게 구비되어 있다. 포장된 편리한 제품들 또한 식료품 선반과 냉동식품 코너에 풍부하게 진열된다. 식품 제조업체들은 기본 재료를 이용하여 집에서 식사를 준비할 시간이 거의 없는 바쁜 소비자들의 요구를 충족시킬 만한 제품을 개발하는 데 있어 상당한 창의력을 발휘해왔다.

불행히도, 라이프스타일의 선택과 결합된 풍부하고 유혹적인 식품 공급은 수많은 과체중 및 비만한 사람들이 증가하는 나라를 만들었다(그림 1.1). 이제 식품업계는 소비자들이 체중을 감량하고 건강을 개선하기 위해 자신들의 관행과 습관을 바꾸도록 도와주어야 하는 도전에 직면해 있다.

오늘날 식품업계가 직면하고 있는 핵심 이슈는 안전, 생명공학 및 건강 증진(기능성 식품) 등이다:

- 식품 제조업체 및 취급업체에게 안전은 언제나 주요 관심사였지만 테러 위협이 상존함에 따라 제품 보호에 대한 끊임없는 경계가 강조되어 왔다.
- 농업 분야 연구원들은 곤충에 대한 저항, 더 나은 아미노산 프로파일 또는 기타 유용한 특성을 증가시킬 수 있는 유전자 변형 생물체를 개발해왔다.
- 영양학 분야 연구원들은 신체의 요구 사항에 대한 과학적 이해를 지속적으로 확장하고 있다. 결과적으로, 몇 가지 주요 영양소와 몸을 보호하는 데 도움을 주는 기타 물질들의 수준을 증가시킴으로써 많은 식료품들이 변화를 거듭하고 있다. 식품회사들은 새로운 제품을 개발 및 판매하고 식품 관련 주제에 대한 기초 연구를 수행하며 식품 선호도와 식생활 관심사에 대한 소비자 동향을 지속적으로 모니터링하고 있다. 분명히, 소비자에게 건강한 식단과 식사의 즐거움을 선사하기 위한 과제를 달성하기 위해 오늘날 영양사, 식품 과학자 및 요리사의 전문성이 결합되어 사용되고 있다.

위에서 설명한 측면 모두는 시장에서 수렴되며 식품을 중심으로 한 다양한 구직 기회를 제공한다. 이러한 입장에 대한 학문적 준비는 과학의 강력한 기반과 먹는 즐거움을 결합시켜준다. 식품산업에 관련된 전문가에게 있어 식품을 개발하는 동안 발생하는 변화를 좌지우지하는 물리학 및 화학의 원리에 대한 지식은 필수적이다. 그러나 식품 과학의 이러한 측면은 소비자를 만족시키고 건강을 유지시키는 식품 품질에 대한 이해와 조화를 이루어야 한다. 소비자들은 신체가 필요로 하는 영양소를 공급하는 한편 먹기 좋고 편리한 많은 제품을 제공하는 식품 산업에 의존한다.

이 장에서는 식품시장을 형성하는 데 있어 소비자, 생산자 및 업계의 역할을 학습할 것이다. 또한 직업 기회와 사람들에게 식품을 제공하는 데 초점을 두는 전문적 입장으로 나아가는 학문적 경로를 설명할 것이다.

소비자: 그들은 누구인가?

인구통계

시간 프레임과 여러 가지 요소가 끊임없이 변화하기 때문에 소비자를 정의하는 것은 어려운 작업이다. 2000년 미국 인구 조사국은 미국인구가 281,421,906명이라고 발표했지만 2008년 추정인구는 8%의 상승을 보이며 304,059,724명까지 극적으로 증가했다. 인구의 비율 변화는 매우 불균등하게 분포되어 있다: 북동부(2.5), 중서부(3.4), 남부(11.5) 및 서부(12.1).

2008년의 평균 연령은 36.8세였다. 유아와 19세까지의 사람들은 전체 인구의 1/4을 약간 상회하였다(27%); 19~34세 사이의 사람들이 1/3가량을 차지했고(34.3%), 35~64세 사이의 사람들이 1/4가량을 차지했다(25.7 %); 65세 이상은 12.8%였다.

2008년의 61% 이상에 비해 35세 미만 그룹은 2030년까지 전체 인구의 약 45%만을 차지할 것으로 예상되나(슬로안, 1998), 2030년까지 65세 이상 인구의 비율은 증가할 것으로 예상된다. 이러한 연령대의 변화로 인해 앞으로 수십 년 동안 식품에 대한 소비자의 요구가 바뀔 것으로 예상된다.

식품 패턴에 미치는 영향력 때문에 남성과 소년에 대한 여성과 소녀의 비율은 식품업계의 또 다른 인구 통계적 관심사이다. 2008년에 여성은 154,135,120명, 남성은 149,924,604명이었다(각각 50.6 및 49.3%), 그러나 연령 그룹에 따라 남성에 대한 여성의 비율이 증가하였다. 18세 이상 여성과 남성의 비율은 각각 51.3과 48.7%이었으며 65세 이상의 그룹에서 57.6와 42.4%로 증가하였다. 18세 이하에서는 소년의 인구가 소녀의 인구를 앞질렀지만, 성인이 되면 여성의 인구가 남성의 인구를 다소 웃돌았다; 90대가 된 사람들 중에 여성 100명당 남자의 인구는 고작 37명이었다.

앞으로 수십 년 동안 미국의 인구를 구성하는 다양한 그룹 간에 출산율 차이와 이민의 결과로 미국의 문화적 다양성이 지속적으로 변화함에 따라 식품에도 훨씬 더 큰 변화가 예상된다. 미국 인구 조사국에 따르면, 히스패닉 인구는 전체 인구보다 다섯 배 빠른 속도로 증가할 것으로 예상된다. 미국 인구의 인종 분포에 관한 예측(표 1.1)은 혼혈이 아닌 순수 백인(히스패닉이 아닌)의 비율이 감소하고 흑인이 천천히 증가하며 동양인들이 약간 큰 증가세를 보일 것으로 내다봤다. 반면, 히스패닉계 인종의 비율은 2000~2050년 사이에 거의 두 배가 될 것으로 예상된다.

라이프스타일

소비자의 문화유산뿐만 아니라, 그들이 선호하는 라이프스타일도 확실히 식품 시장에 영향을 미친다. 식사의 빈도, 심지어 식사의 정의도 소비자 사이에서 매우 다른 기대와 행동을 불러일으킬 수

표 1.1 인종 및 히스패닉 태생별 미국 인구의 예상 비율

인종	2000	2010	2020	2030	2040	2050
히스패닉이 아닌 백인	69.4%	65.1%	61.3%	57.5%	53.7%	50.1%
히스패닉	12.6	15.5	17.8	20.1	22.3	24.4
흑인	12.7	13.1	13.5	13.9	14.3	14.6
아시아계	3.8	4.6	5.4	6.2	7.1	8.0
모든 기타 인종[a]	2.5	3.0	3.5	4.1	4.7	5.3

[a]순수 아메리카 인디언 및 알래스카 원주민, 순수 하와이 원주민 및 기타 태평양 제도민과 2개 이상 인종을 포함한다.
Adapted from U.S. Census Bureau, 2004, "U.S. Interim Projections by Age, Sex, Race, and Hispanic Origin."

있다. 어떤 사람들, 특히 노인들은 여전히 하루에 세 끼 식사를 기대하지만 많은 사람들이 하루 중 어느 때 먹든, 몇 번을 먹든, 적절하다고 생각하는 듯하다. 아마도 가장 눈에 띄는 행동은 하루 중 언제 그리고 얼마나 자주 먹는가에 대한 합의가 부족하다는 점이다.

준비된 식품을 언제든 사먹을 수 있고, 직장, 학교, 가정 또는 어디에서나 중간에 간식을 먹을 수 있기 때문에 사람들은 언제나 현명한 것은 아니지만, 더 자주 먹게 되었다.

자동차에서 또는 집에서 먹는 테이크아웃 식품은 오늘날 사회의 식사에 대한 인기 있는 해결책이다. 사람들은 종종 저녁식사를 위해, 집으로 가는 길에, 식료품 매장의 델리 카운터에서 준비된 상품을 구입한다(슬로안, 2006). 이러한 옵션들은 왜 미국에서 저녁 식사의 약 1/3만이 집에서 준비되는지를 보여주는 중요한 이유이며 선반이나 냉장고의 즉석식품은 종종 이러한 식사에서 중요한 역할을 한다. 바쁜 사람들은 이미 세척되어 썰어서 준비를 마친 과일, 채소, 샐러드 패키지 등 시간 절약형 식품을 선택한다. 가면 갈수록, 식품을 준비하는 책임이 식품업계로 옮겨가고 있으며 많은 가정에서 소비자들은 요리가사 아닌 관리자가 되고 있다.

건강

건강과 건강에 미치는 식품의 영향이야말로 미국인들의 최고 관심사 가운데 하나이다. 이에 대응하여, 식품 업계는 건강에 좋은 식품을 선택할 수 있도록 영양을 추가한 많은 제품과 높은 섬유질, 저염 또는 다른 방식으로 구성된 기타 제품들을 개발해왔다. 체중과 건강과의 관계는 체중을 이해하고 관리하기 위해 노력해온 많은 연구의 오랜 주제였다.

"비만의 전염성"에 대한 전국가적인 주안점은 체중을 줄이고 더 나은 건강을 달성하기 위해 소비자가 현명한 식품 선택을 할 수 있도록 돕는 데 관심을 집중하고 있다. 질병관리센터(CDC: Center for Disease Control)에 따르면 2005년부터 2006년까지 2~5세 어린이의 11%, 6~11세 어린이의 15%, 12~19세 어린이의 18% 및 20세 이상 성인의 67%가 과체중이었다. 이러한 국가적인 건강 위기에 대한 비난의 화살은 식품 업계로 돌려지기 마련이었다. 이제 식품 제조업체 및 상업 식품 기관은 이전보다 적은 칼로리를 함유하는 제품을 만들기 위해 상당한 노력을 기울이고 있다; 부피가 적은 제품의 개발도 추진되고 있다.

생산자

어부

오늘날 식사에 올라오는 많은 종류의 생선은 중요한 영양소의 공급원이 되고 있다. 생선은 개별적인 어부에 의해 바다에서 잡히기도 하고 종종 해안에서 멀리 떨어진 바다에서 항해하는 대형 선박에서 작업하는 상업 어부에 의해 잡히기도 한다. 해산물에 대한 수요의 증가로 인해 전복, 몇 가지 종류의 참치, 오렌지 러피 등 일부 인기 있는 생선의 수량이 심각하게 감소되고 있다. 과거에 상업 어장에서 발견되었던 생선 수량을 다시 확보하기 위해 일부 지역에서는 할당제가 실시되고 있다.

어류 양식은 담수뿐만 아니라 바다에서 성장산업이 되고 있다. 메기, 새우, 전복, 홍합 및 연어는 성공적으로 양식된 어종이다(그림 1.2). 어업이 성장하고 성숙함에 따라 안전 문제가 대두되었으며 오랜 기간 동안 양식장과 인클로저(울타리를 친 영역)에서 적정한 생산량을 유지하기 위해 오염을 방지하는 방법을 고찰하기 위한 연구가 실시되고 있다. 일부의 우려에도 불구하고, 어류 양식은 소비자에게 식품을 공급하는데 있어서 점점 더 중요한 역할을 하는 식품공급원이 될 것으로 보인다.

농부

소비자와 식품회사에 공급되는 농작물은 미국 전역에 거주하는 농부와 다른 국가의 농부에 의해 재배된다. 농작물이 상업기업에서 운영하는 농장에서 재배되든 가족 사업으로 재배되든, 식품생산은

그림 1.2 부동 플랫폼 그레이더의 효율성을 확인하기 위해 미시시피 벨조니 근처에서 연구원과 어부들이 메기 샘플을 채취하고 있다. (Courtesy of Agricultural Research Service.)

필수적이지만 때때로 불안정한 소득원이 되기도 한다. 필요할 때 많은 지역에서 관개가 사용되고 있지만 강우량과 강설량이 감소함에 따라 캘리포니아 및 기타 가뭄의 영향을 받는 지역이나 국가에서는 이러한 수원조차 감소되고 있는 실정이다(지구온난화의 영향으로 보임). 2009년, 농작물에 공급되는 물의 양이 터무니없이 부족함에 따라 캘리포니아에서는 많은 농민들이 심각한 경제적 손실을 입었다. 어떤 경우에는, 영향이 너무 심각해서 일부 농부들은 농장의 운영을 포기하기도 했다.

최근의 불규칙한 날씨 변화로 인해 일부 지역에서는 홍수가, 다른 지역에서는 가뭄이 발생하고 있다. 두 조건 모두 농작물의 수확량에 매우 중요한 영향을 미칠 수 있다(그림 1.3). 그림 1.3에 일반적인 작물의 성장 패턴을 변화시키는 이상 기온을 추가할 수 있다: 예를 들어, 비정상적으로 늦은 봄은 파종을 지연시킨다; 이른 된서리는 농작물이 무르익어 수확을 위한 준비를 갖추기도 전에 성장 시기를 끝내버리기도 한다. 2009년, 아주 좋지 못한 봄 날씨로 인해 중서부에서 옥수수 파종이 늦어졌고 여름에 너무 오랫동안 비가 와서 보관 중 곰팡이 성장을 방지하기 위해 필요한 15%의 수분까지 옥수수를 건조시키는 데 시간이 많이 소요되어 수확이 지연되었다. 일부 농부들은 수확된 옥수수를 건조시키기 위해 많은 비용을 지불해야 했으며 이로 인해 소득이 추가로 감소되었다. 이전 5년 동안 해당 날짜까지 평균 58%를 수확한 것에 비해 2009년에는 할로윈까지, 중서부 옥수수 작물의 약 20% 정도만이 수확되었다; 중서부의 콩 수확에 대한 비교 수치는 44와 88%였다. 위와 같은 사례는 시장에서 식품의 가격과 가용성에 영향을 미치는 요인들 중 일부이다.

소비자들은 농민들이 어떤 농작물을 재배할지 결정하고 어떤 기술을 사용할지 고려하는 데 영향을 미친다. 유기 농산물 생산에 대한 압박으로 인해 이러한 명칭을 위한 표준을 충족시키는 상당한 양의 농작물들이 생겨나기 시작했다. 이와 관련된 이슈는 유전자변형생물체(GMO 또는 GM)라고도 불리는 생명공학 기술이다.

2009년 스웨덴에서는, 다양한 식품을 생산하여 탄소 발자국을 최소화하는 식품을 섭취해야 한다는 압력이 국가적 이슈가 되었다. 이러한 관심에는 이산화탄소 배출량을 감소시키고 각각의 식품

그림 1.3 농장의 농작물 생산량을 결정함에 있어 날씨는 중요한 역할을 한다(미국 농업연구소 제공).

을 생산하는 데 필요한 에너지의 양을 최소화하는 방법으로 축산 방법을 사용하는 것뿐만 아니라 농작물을 재배하는 것이 포함된다. 이러한 정보를 라벨에 붙여 홍보함으로써, 스웨덴은 자국민들이 식생활을 변화시켜 상대적으로 환경에 적은 영향을 미치는 식품을 선택하고 국가 전체가 이러한 기준을 따르기를 희망하고 있다.

유기농에 대한 관심

환경 문제가 사회적 의제의 전면에 등장함에 따라, "천연" 식품을 구매하고자 하는 경향이 강하게 나타나고 있다. 농부들이 농작물에 화학 비료와 살충제를 적용하는 경우, 수확량이 개선되고 과일과 채소에 상처하나 없이 깔끔하게 재배된다는 사실에도 불구하고 많은 소비자들이 유기적으로 재

생각할 거리: 세계 농업의 과제 및 비영리 부문

환경에 대한 우려와 농업에 종사하는 많은 사람들은 상황을 개선시키기 위한 다양한 노력을 기울여왔다. 도움을 주기 위한 접근 방식은 다양하지만 이러한 과제를 충족시키기 위해 두 개의 비영리 단체, 열대우림협회와 세계 코코아 재단이 노력하고 있다.

1987년에 설립된 열대우림협회는 전 세계 열대우림 지역에서 토양 및 수질 보전, 통합 해충 관리 및 농장 폐기물의 통합 관리, 생태계 보전, 야생 동물 보존, 근로자들에 대한 공정한 처우 및 훌륭한 근로 조건(의료, 교육 및 평등한 임금에 대한 접근성 포함)을 개선하기 위해 노력하는 단체이다. 해당 프로그램에는 열대우림 협회에서 지정한 기준을 충족하여 인증받은 밭 재배 작물에 대한 인증 표시가 발급된다.

세계 코코아 재단은 2009년에 설립되었으며 빌과 멜린다 게이츠 재단 및 12개의 초콜릿 회사에 의해 자금이 지원된다. 코코아 재단의 프로그램은 전 세계 15개국의 코코아 농부들이 농작물의 생산성과 품질을 향상시키고 업무에 필요한 지식을 학습하게 되며 소득의 다양화를 촉진하고 서비스를 지원하는 접근 권한을 강화시키는 농업 관행을 구현할 수 있도록 설계된다.

그림 1.4 법적 요구 사항을 충족하는 농산물은 유기 농산물이라고 쓰인 라벨이 부착된 채 시중에 판매될 수 있다.

배되는 식품을 고집한다. 소비자들은 거름만을 이용하여 재배한 식품이 화학비료를 이용하여 재배한 식품보다 영양이 풍부하다고 생각하지만 이러한 가정은 보통 사실이 아니다.

천연(**natural**)식품과 유기농(**organic**)식품이 반드시 동의어라고 볼 수는 없다. 식품과 관련하여 사용될 때, 천연은 원래 식품 재료가 사용되고 인공 또는 화학 첨가물이 포함되지 않았다는 것을 의미한다. 식료품에 색깔을 입히기 위해 빨간 화학 염료 대신 비트(사탕 무우) 색소를 사용하는 것이 바로 천연착색제를 사용하는 한 가지 예라고 할 수 있다. 식품에 '유기농식품'이라는 라벨을 붙일 수 있는 법적 정의는 해당 식품 또는 동물 식품이 성장 호르몬, 항생제, 또는 석유 기반이나 하수 슬러지 기반의 비료를 사용하지 않고 생산되었을 때를 말한다. 유기농식품으로 지정되었다고 해서 해당 식품이 유기 요건에 따라 생산되지 않은 동일한 유형의 식품에 비해 영양소가 풍부하다는 뜻은 아니다. 그럼에도 불구하고, 대다수의 소비자들은 좀 더 영양이 풍부한 식품을 구매하고 있다는 생각에 유기 농산물에 기꺼이 더 많은 비용을 지불한다.

천연
화학 물질 또는 인공 첨가물을 사용하지 않고 만들어진 식료품.

유기농
법적으로 성장 호르몬, 항생제, 석유 기반 또는 하수 슬러지 기반의 비료를 사용하지 않고 생산된 식물 또는 동물 식품으로 정의됨.

유기농식품의 생산 및 마케팅에 관한 최초의 연방 법률은 **1990년 유기농 식품 생산법(Organic Food Production Act of 1990)**이었다. 그러나, 이전 법률을 보완한 법률이 2002년에 통과되고 나서야 이 법률의 영향력이 분명히 드러나기 시작했다. 미국 농무부(USDA: U.S. Department of Agriculture)의 농업 마케팅 서비스에 의해 관리되는 국립 유기농 프로그램(**National Organic Program**)은 2002년 말에 발효되었다(그림 1.4).

1990년 유기농 식품 생산법
유기농 식품의 생산 및 마케팅을 규제하는 연방 법률.

국립 유기농 프로그램
1990년의 유기농 식품 생산법을 구현하기 위해 2002년에 통과된 연방 법률.

다음과 같은 요구 사항을 충족하는 경우 유기농 식품으로 판매되는 식물 및 동물 식품에는 USDA 유기농 식품 리벨이 표기된다:

- 유기농 또는 95% 유기농으로 지정되려면, 농산물이 적어도 95%(중량 기준)가 하수 슬러지 기반 또는 석유 기반의 화학 비료, 기존의 농약, 이온화 방사선 또는 생명공학으로 처리되지 않은 것이어야 한다.
- 재료의 70%(중량 기준)가 유기농으로 지정되기 위한 요건을 충족하는 경우 패키지로 된 식품 혼합물에는 "유기농 재료로 만들어짐"이라는 라벨이 붙을 수 있다.

생명공학

생명공학
살아 있는 유기체의 유전자를 조작함으로써 새로운 제품을 개발하는 응용과학.

천연 식품 및 전 세계 인구를 먹여 살릴 만한 더 많은 향상된 식품에 대한 수요가 증가함에 따라 필요한 구체적인 특성을 가진 작물, 심지어 동물을 개발하기 위한 **생명공학(biotechnology)**의 노력에 박차를 가하고 있다(그림 1.5). 동물에 생명공학 기술을 이용하는 연구원들은 제한된 성공을 거두었지만 이것은 과학적 연구가 활발한 분야이다. 그들은 더 빨리 성장하는 동물, 좀 더 야윈 근육

생각할 거리: 울트라그레인®

콘아그라(ConAgra)는 건강에 좋은 빵(전곡)과 선호하는 빵(부드러운 백색)을 선택할 때 사람들이 마주하는 갈등을 해결해왔다. 이 식품회사는 부드러운 흰 빵과 전곡의 영양학적인 이점을 원하는 사람들을 위한 밀가루를 생산하기 위해 변형된 도정 공정과 밀가루의 새로운 변종을 개발하는데 8년 이상의 시간을 보냈다. 밀가루의 새로운 변종은 중서부에서 재배되는데 중서부는 미국의 지역 중에서 전통적으로 빵 만들기에 사용되는 경질 소맥이 재배되는 곳이다. 이러한 새로운 밀을 균일한 질감과 밀기울의 작은 얼룩을 가진 밀가루로 도정하기 위해 새로운 도정 장비가 개발되었다. 농장과 방앗간에서의 이러한 노력은 울트라그레인®이라는 상표를 달고 시장에서 판매되고 있는 밀가루를 탄생시켰다. 다른 경질 소맥에 비해, 울트라그레인®은 맛이 더 달고 부드러우며 색이 연하다. 상업 제빵사들과 기타 식품 제조업체들은 흰 빵의 특성과 전곡의 영양분을 원하는 사람들이 이러한 새로운 밀가루를 수용할지 여부를 주시하고 있다.

그림 1.5 생명공학은 질병에 대한 저항력이 우수한 농작물을 개발하기 위한 방법이다. (Courtesy of Agricultural Research Service.)

증량, 질병에 대한 저항력 강화 또는 동물 분뇨의 환경 영향을 줄이기 위한 작물의 인 사용 개선 등과 같은 목표를 향해 노력하고 있다. 식물의 세계에서, 생명공학 연구는 전통적인 작물이 요구하는 것보다 적은 비료나 살충제로 재배할 수 있는 더욱 건강한 작물(곤충과 질병에 저항력이 있고 높은 수확량을 생산할 수 있는) 개발을 목표로 하고 있다. 다른 연구는 식품의 영양 가치를 증가시키고자 하는 목적을 가지고 있다.

유전공학(genetic engineering)은 생명공학에 대한 또 다른 용어이다. 유전자는 단백질의 합성에 필요한 유전정보를 암호화하는 DNA이다. 바람직한 특성을 부여하는 단백질을 만들기 위한 유전정보를 갖고 있는 특정 유전자를 식별함으로써, 연구자들은 다음 세대에서 원하는 유전자(들)을 계속 복제하는 식물이나 동물을 개발하기 위해 원하는 유전자를 다른 유기체로 이동시킬 수 있게 되었다.

유전공학
유전자를 추가, 변형, 제거하여 유전자 변형체를 만드는 응용과학.

식물의 특정 형질을 개선하기 위한 생명공학 연구는 때때로 간단히 GM이라 일컬어지는, 유전자변형생물체(GMO: genetically modified organism)로 용어화된 식용작물을 만들어내기도 한다. 옥수수와 콩은 곤충, 바이러스 및 / 또는 곰팡이의 감염에 효과적으로 저항할 수 있는 식물을 만들기 위한 노력의 대상이 되어왔던 주요 작물들이다. 라운드 업-레디®는 이미 미국에서 재배되고 있는 유전자변형작물(예, 콩) 중 하나의 브랜드이다. 또한 생명공학으로 인해 감소된 트랜스 지방산과 높은 발연점을 갖춘 해바라기, 땅콩 및 기타 유지식물이 개발되었다(11장 참고).

유전자변형생물체(GMO)
영양 수준이나 기타 특성을 변경하기 위해 유전자 조작에 의해 개발된 식물이나 동물 식품; GM으로도 명시됨.

변형된 영양 가치와 건강상의 이점을 갖는 다양한 작물을 개발하기 위한 지속적인 연구 프로젝트로는 다음과 같은 것들이 포함되어 있다:

- 유채와 콩의 지방 성분을 변경시킴
- 고기 대용으로 사용하기 위한 콩 단백질
- 상업적 저장을 위해 멍으로 인한 변색을 줄인 감자 및 수분 함량을 낮춘 감자(조리 중 기름 흡수를 줄이기 위해)
- 동남아시아인의 실명 예방을 위해 지원되는 비타민 A 함량이 증가된 쌀(골든 라이스™)
- 일부 채소의 항산화 성분을 증가시킴

생명공학의 또 다른 연구는 토마토, 옥수수, 호박의 맛, 색상 및(또는) 질감을 개선하는 것을 목표로 하고 있다(예, 플레브 세이브® 토마토)(그림 1.6). 추가 연구는 가뭄에 잘 견디고 열에 잘 견디며 염도가 높은 환경에서도 살아남을 수 있는 식물을 개발하는 쪽으로 진행되고 있다.

전 세계 다양한 지역의 많은 국가, 특히 유럽에서 생명공학으로 인해 야기되는 성장과 마케팅에 관한 우려가 처음 제기되었다. 그럼에도 불구하고, 아시아, 남미, 미국의 많은 지역의 농부들은 10년 이상 GMO 작물을 재배해왔다. 2005년, 전 세계 약 40억 km^2의 땅에서 GMO 작물이 파종되었으며 이러한 작물은 21개국에서 850만 농민에 의해 재배되었다. 유럽국가들은 다른 국가들에 비해 다소 더디게 작물의 새로운 변종을 받아들였다. 그러나 유럽연합(EU)의 농부들은 2008년 107,719 헥타르(hectare)의 농지에 GMO 작물을 심었으며 이는 2007년에 비해 20% 이상 증가한 수치이다. EU 국가들 중 스페인은 이러한 작물을 생산함에 있어 선두주자이다. 2009년, 전 세계 46개국에서 200개 이상의 서로 다른 GMO 작물이 재배되거나 개발되었다.

헥타르
10,000m^2 또는 2.471에이커에 해당하는 면적.

옥수수 및 몇 가지 다른 작물에 대한 곤충 습격에 대한 저항성은 토양 박테리아(*Bacillus thuringiensis*)에서 채취한 유전자를 삽입하고 통합하여 궁극적으로 식물의 살충제 역할을 하는 독소를 작물에서 생산케 하고 있다. 이 독소 유전자가 삽입된 작물을 Bt라고 한다. 프랑스가 금지했음에도 불구하고 Bt 옥수수는 유럽에서 재배되고 있다. 발생 가능한 Bt 작물의 부정적인 결과를 감지하기 위해 지속적인 연구와 모니터링이 수행되고 있다. 긍정적인 측면은 Bt 옥수수와 면화로 인해 전 세계 비료 사용이 상당히 감소했다는 점이다(1996년에서 2006년까지 10년 동안 약 30%로 추정).

Bt
곤충에 대한 저항력을 촉진하기 위해 *Bacillus theringiensis*에서 분리된 살충 유전자가 삽입된 종자를 지칭.

정부 규제기관들이 생명공학 제품의 승인과 규제에 관여하고 있다. 미국에서는 FDA가 식물생

그림 1.6 Endless summer(끝없는 여름)라는 토마토 상품은 오늘날의 시장을 위해 생명공학적 기술이 적용된 채소의 예라고 할 수 있다. (Courtesy of Agricultural Research Service.)

명공학 식료품을 책임지고 있다. 농업 제품은 기본적으로 동식물 건강 검사 서비스(APHIS: Animal and Plant Health Inspection Service)인 USDA의 권한 하에 있다. 제초제와 살충제는 미국 환경보호국(EPA: Environmental Protection Agency)의 보호 아래 있다. 이 기관들은 모두 일부 생명공학 제품의 규제와 감독에 관여하고 있다.

생명공학의 결과로(특히 유전공학 기술로) 개선된 식료품을 생산할 가능성은 다양하며 점점 증가하고 있다. 예를 들면 다음과 같다: 옥수수와 대두에 필수 아미노산 함량 증가, 천연 디카페인 커피, 변형 지방산이 함유된 식물성 오일, 고체 함량이 높은 감자와 토마토(가공하는 동안 물을 제거하는 데 필요한 에너지를 감소시키기 위해), 최상의 품질로 시장에 출시하기 어려운 과일과 채소의 숙성 통제.

카놀라유
유전적으로 변형된 평지 품종(*Brassica napus*)의 씨앗에서 추출된 기름.

다른 농작물 또한 유전자 변형을 거듭해 왔으며 지금까지도 성공적으로 경작되고 있다. 예를 들어, 평지(*Brassica napus*)는 거기서 생산된 카놀라유에 높은 수준의 라우르 및 올레산과 소량의 에루크 산을 확보하여 제초제의 내성을 증가시키고 건강상의 이익을 향상시키기 위해 유전적으로 변형되어 왔다. **카놀라유(canola oil)**는 캐나다에서 개발된 기름임을 나타내고 평지(rape는 또한 강간을 의미) 씨앗이라는 이름이 암시하는 불쾌한 이미지와 이 가치 있는 기름을 구별하기 위해 이름 지어졌다. 골든 라이스TM는 종종 비타민 A가 부족한 아시아인의 식단에서 비타민의 수준을 향상시키는데 도움을 주기 위해 개발되었다. 이 새로운 쌀 품종은 배젖이 β-카로틴 생산으로 인해 노란색의 원인이 되는 수선화에서 추출한 2개의 유전자와 *Erwinia ueadovora*(박테리아)에서 추출한 1개의 유전자를 삽입하여 만들어졌다. 여름 호박 변형 작물은 식물을 공격하는 zucchini yellow mosaic 바이러스와 같은 바이러스에 대한 저항력을 증가시켜 작물 수확량을 개선하는 쪽으로 개발되어왔다.

산업

식품 업계는 어부와 농부에 의해 생산된 재료를 포함하는 다양한 제품을 소비자에게 공급한다. 어떤 경우에는 최소한의 가공이 이루어지는 한편 다른 경우에는 다양한 재료와 가공 단계가 필요할 수 있다. 이들 기업의 과제는 소비자의 기대와 관심을 충족시키는 제품을 만들어 시장에 판매하는 것이다. 이것을 하기 위해, 기업들은 지속적으로 소비자 문제를 모니터링하고 내부적으로 연구 개발을 수행하며 품질과 안전성을 확인한다. 다이어트와 건강 사이의 관계에 대한 소비자의 우려는 기능성 식품, 기능 식품(건강을 증진시키는 첨가제를 함유한) 및 나노 기술 분야에서 상당한 연구와 제품 개발을 촉진시켰다. 식품 안전 및 기술을 위한 국립 센터(NCFST: National Center for Food Safety and Technology)는 미국 식품의약국(FDA: Food and Drug Administration)의 식품 안전 및 적용 영양 센터(CFSAN: Center for Food Safety and Applied Nutrition), 일리노이 공과 대학(IIT: Illinois Institute of Technology) 및 식품 업계로 구성된 독특한 식품 연구 컨소시엄이다. NCFST는 식품 업계와 식품 안전을 담당하는 정부 기관 및 이 분야의 학계 사이에 격차를 해소하기 위해 설립되었다.

기능성 식품

기능성 식품(functional food)은 단지 함유하는 영양소 외에 가능한 많은 건강상의 혜택을 제공하는 식품과 식료품을 의미한다. **뉴트라수티컬(nutraceutical)**은 때때로 기능성 식품을 설명하는 데 사용되지만 보조제 및 약초를 포함할 만큼 광범위하게 사용될 수 있다. 일부 색소와 식물, 동물 및 생선에서 자연적으로 발생하는 특정 기타 화합물은 식단에 포함되어 인간의 건강에 기여할 수 있다.

이러한 식품의 중요성에 대해 상당히 많은 홍보가 이루어졌다(예, 과일과 채소의 소비를 증가시키기 위해 USDA가 실시한 "주 5일" 캠페인). 이소플라본 함량과 관련된 잠재적인 건강 혜택 때문에 다양한 형태의 콩이 음료에서 에너지 바(bar)까지 많은 여러 종류의 제품에서 재료로 사용되고 있다. 이제 사람들은 자신의 콜레스테롤 수치를 낮추기 위해 강화된 오메가 3 고도 불포화 지방산을 함유한 계란을 섭취할 수 있다.

기능성 식품
단지 식품이 제공하는 영양분을 넘어 건강 증진을 제공할 수 있는 식품.

뉴트라수티컬
때때로 기능성 식품뿐만 아니라 보충제와 약초를 설명하는데 사용됨.

파이토케미컬. **파이토케미컬(phytochemical**: 식물 속에 함유된 화학 물질)은 비타민, 미네랄 등과 같은 영양소의 효과 이상의 건강 혜택을 촉진할 수 있는 생물학적 활성을 가지고 있는 식품의 화합물이다. 파이토케미컬의 몇 가지 예로는 차의 카테킨류, 토마토와 고추의 라이코펜 및 귀리의 베타 글루칸을 들 수 있다(표 1.2).

식이와 건강 문제, 특히 암과 심장병 사이의 관계를 연구하기 위해 상당히 많은 연구가 진행되고 있다. 매년 치러지는 희생 때문에 이 두 가지 질병은 많은 소비자들의 관심사로 떠오르고 있다. 연

파이토케미컬
인체의 건강한 반응을 촉진하는 데 있어 중요하지만 생활과 성장에 필요한 영양소로 분류되지 않는 식물 화학 복합물.

표 1.2 파이토케미칼 제공원 및 일부 파이토케미칼의 잠재적 이점

파이토케미칼	제공원	건강상의 잠재적 이점
인돌	방울 양배추, 양배추, 꽃양배추, 브로콜리	암 성장을 저지하는 데에 도움을 줌
리그난	아마씨	에스트로겐을 방해하여 암 성장 저지에 도움을 줄 수 있다
베타 글루칸	귀리	심장 혈관계 질병의 위험을 감소시킴
카로티노이드	오렌지, 진한 녹색 및 붉은 과일과 채소	산화 방지 작용이 눈 건강과 기타 조직의 건강을 촉진시킴
루테인	시금치, 케일, 콜라드 그린	노인들의 눈병을 보호하는 데에 도움을 줄 수 있다
라이코펜	토마토	전립선 및 자궁 경부암의 위험을 감소 또는 저하시킴
플라보노이드	차, 와인, 셀러리, 꽃양배추, 사과	HDL 콜레스테롤을 상승시킴; 산화 방지 작용이 세포를 보호
카테킨	녹차	발암 과정을 억제
제니스테인, 다이제인	콩, 말린 콩과 식물	암 위험을 감소시킬 수 있음; 수용 영역에서 에스트라디올을 차단
레스베라트롤	레드 포도 껍질, 적포도주	콜레스테롤을 낮춤; 암 위험을 감소시킬 수 있음

그림 1.7 과일과 채소는 파이토케미컬, 비타민과 미네랄을 위한 식단에 필수적이다.

구자들은 다양한 파이토케미컬이 일부 질병으로부터 신체를 보호하고 그러한 질병에 대적하여 싸우는 데 도움을 줄 수 있는지 여부를 결정하기 위해 노력하고 있다. 때때로 상반된 결과가 나오기도 했다; 효과에 대한 초기 연구 결과는 유사한 결과를 찾지 못한 후속 연구에 의해 반박되었다. 그럼에도 불구하고, 다양한 파이토케미컬이 다량 함유된 식품을 섭취하는 경우 해로운 효과가 있음을 보여주는 연구는 없었다.

일부 연구자들이 다이어트와 이러한 문제의 발생 사이의 긍정적인 관계를 발견했다는 사실은 과일, 채소 및 시리얼 제품을 많이 먹는 것의 중요성에 박차를 가하게 되었는데 이유는 이 식품들에 각종 미네랄, 비타민, 파이토케미컬이 풍부하기 때문이다. 사실상 라이코펜, 제니스테인, 카테킨 및 토코트리에놀과 같은 파이토케미컬(그림 1.7)은 점점 유행어가 되어가고 있다.

프리바이오틱
소화관에서 생존하지 못하는 유제품을 개선 및/또는 변형하기 위해 제조 시 첨가되는 건강에 좋은 세균 배양물; 또는 인간이 아닌 대장에 있는 박테리아에 의해 쉽게 소화되는 탄수화물.

프로바이오틱
장내 생존 능력과 건강 증진 능력을 개선하기 위해 유제품에 첨가되는 박테리아 배양물.

프리바이오틱스와 **프로바이오틱스**. 프리바이오틱스(prebiotics)와 프로바이오틱스(probiotics)는 기능성 식품 성분에 대한 다른 설명이다. *Streptococcus thermophilus* 및 *L. delbrueckii ssp. bulgaricus*와 같은 각종 세균들은 요구르트 및 기타 유제품의 제조에 프리바이오틱스로써 추가된다. 프리바이오틱 배양은 식품을 섭취한 후 소화관에서 발생하는 산도에 의해 제거될 수 있다.

다른 프리바이오틱스는 궁극적으로 장관의 박테리아에 영양분을 공급하고 거기에 원하는 세균군을 촉진하기 위해 일부 설계 식품에 통합된다(다음 절 참고). 프락토올리고당, 이눌린, 심지어 꿀은 바람직한 장내 미생물의 성장을 향상시키고 설사, 비뇨 생식기 감염, 대장암을 줄이기 위한 프리바이오틱스로서 역할을 할 수 있는 성분의 예라고 할 수 있다.

이제 프로바이오틱스(창자에서 생존할 수 있는 유용한 건강 증진 박테리아의 배양)는 기능성 식품을 만들기 위해 일부 유제품에 추가되고 있다. 프로바이오틱스로 사용되는 배양균은 매우 낮은 위장의 pH 레벨(1.5~2) 및 담즙 산에서 생존하는 능력에 따라 선택된다; 또한 배양균은 위장관에서 창자로 이동함에 따라 생존 능력을 보호하기 위해 알지네이트 젤에서 마이크로 캡슐화할 수 있다. 사용된 프로바이오틱스는 *Lactobacillus acidophilus*, *L. bulgaricus*, *L. belveticus*, *Bifidobacterium*

표 1.3 미국의 FDA에서 인정한 몇몇 심장 건강 기능성 표현

영양소/건강 관계	표제(Title) 21 CFR[a] 하의 섹션
나트륨/고혈압	101.74
식품 내 포화 지방 및 콜레스테롤/관동맥성 심장병의 위험	101.75
섬유질, 특히 가용성 섬유질이 포함되어 있는 과일, 채소 및 곡류 가공품/ 관동맥성 심장병의 위험	101.77
특정 식품의 가용성 섬유질(귀리 및 사일륨 제품)/관동맥성 심장병의 위험	101.81
콩 단백질/관동맥성 심장병의 위험	101.82
식물성 스테롤 또는 스탄올 에스테르/관동맥성 심장병의 위험	101.83
통밀 식품/심장병의 위험	Docket No. 99P.2209
칼륨/고혈압 및 뇌졸중의 위험	Docket No. 00Q.1582

[a]연방 규정 코드.

adolescentis, *B. lactis* 및 *B. subtilis*와 같은 박테리아의 특정 균주이다.

건강에 대한 관심이 높아짐에 따라 많은 소비자들이 암, 뇌졸중, 심장 발작 및 기타 물리적 위협을 피하거나 개선하는 데 도움이 성분을 포함하는 식료품을 찾기 시작했다. 소비자에게 도움을 주기 위해, FDA는 식이 및 건강과 승인된 몇몇 심장 건강 기능성 표현 사이에 명백한 관계를 파악했다(표 1.3).

설계 식품

식이와 건강 사이의 관계에 대한 인식이 높아짐에 따라 식품 회사들은 소비자의 수요를 충족시키기 위해 이러한 제품들의 건강 효능을 강화하고자 영양소 및(또는) 성분이 추가된 다양한 제품의 개발에 박차를 가하였다. 건강을 향상시키는 제품에 대한 수요를 충족하기 위해 특별히 개발된 식품을 **설계 식품(designer food)**이라고 한다. 이들은 또한 기능성 식품으로 간주된다. FDA는 식품 표기에 사용할 수 있는 문구 중 일부에 대한 정의를 확립했다(표 1.4)

FDA의 의도는 소비자들이 구매하는 다양한 제품의 영양 함량을 이해하는 데 도움을 주어 그들이 건강한 선택을 할 수 있도록 하는 것이다. 식품 제조업체는 제품이 해당 정의에 부합하는 경우에만 제품 포장에 이 정의된 단어를 사용할 수 있다.

설계 식품
건강을 증진시키고 특정한 신체적 문제의 위험을 피하거나 최소화시키는 데 효과적인 식품에 대한 소비자의 수요를 충족하기 위해 만들어진 제조식품.

표 1.4 FDA 식품 표기 정의

표기 용어	정의
칼로리 없음	<5 칼로리/g
저칼로리	40 칼로리 이하/1인분
저나트륨	140 mg 이하/1인분
극 저나트륨	35 mg 이하/1인분
저콜레스테롤	20 mg 이하 및 2 g 이하 포화 지방/1인분
살코기(육류, 가금류, 해산물)	10 이하 g 지방, 포화 지방, <95 mg 콜레스테롤 /$3\frac{1}{2}$oz 1인분
무지방 또는 무가당	<$\frac{1}{2}$ g 지방 또는 설탕/1인분
저지방	3 g 이하/1인분
저 포화지방	1 g 이하/1인분
고 섬유질	5 이상 g 섬유질/1인분
감소	일반 제품보다 명시된 영양소나 칼로리가 25% 적음
라이트	일반 식품의 $\frac{1}{2}$ 지방 또는 일반 식품에 비해 $\frac{1}{3}$ 정도 적은 칼로리 함유
훌륭한 공급원	명시된 비타민 또는 무기물/1인분 일일 값의 최소 10%
다량 함유	명시된 영양소/1인분의 일일 값의 20% 이상
건강에 좋은	감소된 지방, 포화 지방, 나트륨, 콜레스테롤 및 비타민 A와 C, 철분, 칼슘, 단백질, 섬유질의 일일 값의 최소 10%
신선한	날 것 또는 가공되지 않음(냉동되거나 가열되지 않은), 방부제가 첨가되지 않음

식품 제조업체가 패키지 표기 및 마케팅에서 고려해야 하는 또 다른 옵션은 건강 기능성 표현이다. 다음의 각각에 대한 표현을 만들기 위해 FDA는 정확한 규칙을 제정했다:

- 칼슘/골다공증
- 지방/암
- 포화 지방과 콜레스테롤 /관상 동맥성 심장 질환(CHD: coronary heart disease)
- 섬유질 함유 곡물 제품, 과일 및 채소/암
- 나트륨/고혈압
- 과일과 채소/암
- 엽산/신경관 결함
- 식이 설탕과 알코올/충치
- 통귀리, 차전자피 등 특정 식품에서 추출한 가용성 섬유질/심장병

나노기술

나노기술
1~100 사이의 나노미터 크기의 원자, 분자 또는 고분자 입자의 개발, 제작 및 응용.

나노기술(nanotechnology)은 비교적 새로운 연구개발 분야지만 농장에서 소비자까지의 푸드 체인에서 잠재적인 응용 가능성은 무궁무진하며 안전, 품질 및 식품의 영양소 함량을 개선하는 데 있어 중요한 역할을 하게 된다. 이 기술은 약 1~100 나노미터의 원자, 분자 또는 고분자 범위에서 입자를 개발, 생성 및 사용에 관련한다(1나노미터는 1미터의 1억분의 1에 해당한다); 이러한 나노 구조는 고유한 속성을 갖는다.

나노기술은 미래의 농장에서 다양한 방식으로 중요하게 사용될 수 있다. 나노 센서는 습기의 수준과 물의 흐름을 모니터링하는 데 사용될 수 있으며 이는 가축이 길러지는 지역에서 유출 액체로 인한 오염을 감소시킬 수 있다. 작물과 동물에서 병원균을 중화하기 위한 나노 입자도 만들 수 있으며 이들은 새로운 분야에서 연구되고 있는 방법 중 일부이다. 살충능력을 가진 나노입자가 가득한 섬유는 매우 느리게 화학 물질을 방출하여 새로운 응용제품에 대한 필요성을 감소시킨다.

식품기술과 과학에 대한 나노기술의 응용은 다양한 방향에서 연구되고 있다. 특히 활발한 연구가 진행되는 분야는 식품 포장재료 분야이다. 일종의 항균 포장으로(계피 또는 오레가노에서 추출한) 오일 또는 은, 아연, 칼슘 등과 같은 성분의 나노 입자를 포함하는 가식성 필름이 개발되고 있다. 플라스틱 용기의 가스 투과성 문제는 플라스틱 용기를 사용할 때 시간이 흐름에 따라 발생하는 산화 및 산소 진입을 억제하기 위해 나노 클레이를 통합하여 해결하고 있다. 현재 개발 중인 또 다른 식품 포장재료는 게, 가재 및 기타 갑각류의 조개껍질과 비슷한 강도에 기여하는 키틴과 다당류의 사용이다. 전자방사에 의해 키틴 용액으로부터 만들어질 수 있는 섬유질은 나노 크기이며 포장재료에 통합되어 항균 속성을 부여할 수 있다.

나노 크기의 지질을 만들어, 여분의 증점안정제를 추가하지 않고 저칼로리 마요네즈 등과 같은 식품의 향상된 퍼짐성과 안정성을 제공하는 다중 에멀젼을 형성할 수 있다. 맛 또한 나노 기술의 혜택을 누릴 수 있다. 어떻게 미뢰가 다양한 맛을 해석하는지에 대한 나노 분석은 단맛과 짠맛의 개선제 또는 쓴맛 차단제를 도입하여 맛을 수정할 기회를 창출한다. 단맛과 짠맛 개선제는 설탕과 소금 함량을 개선시킨 식품을 개발하는 데 있어 특히 중요하다.

또한 나노기술은 대장균 및 기타 유해 미생물을 감지하는 데 도움을 줄 수 있다. 레이저가 오염된 식품 샘플에서 미토콘드리아 세포를 발견하고 디지털 카메라가 산란을 기록할 때 미생물에서 추출한 단백질을 함유한 실리콘 칩은 빛을 분산시킬 수 있다. 이 방법은 즉시 감지할 수 있고 따라서 식품이 시스템에서 즉시 제거될 수 있으며 결국 그러한 위험에 대해 신속하게 반응할 수 있다. 형광을 발하는 나노 크기의 입자로 항체 입자를 코팅함으로써 살모넬라의 검출이 점점 더 신속해지고 있다.

식품 공급의 보안

식품안전은 테러의 결과로 촉발되는 새로운 문제가 아니다. 식품으로 전염되는 질병은 수년 전에 이미 인정된 바 있으며 이러한 위험으로부터 자국민을 보호하기 위해 수많은 정부 규제와 상당한 인력이 투입되었다(19장 참고).

심각한 식품 알레르기가 있는 소비자의 건강을 보호하기 위한 법률의 최근 예시는 **2004 식품 알레르기 소비자보호법(FALCPA: Food Allergen Consumer Protection Act)**이다. 이 법률은 알레르기 원인에 이어 우유, 계란, 생선, 갑각류 조개류, 견과류, 땅콩, 밀, 콩 등의 성분 표기를 의무화하므로 민감한 사람들은 그들에게 치명적일 수 있는 특정 알레르기를 피할 수 있다.

2004 식품 알레르기 소비자보호법(FALCPA)
특정 식품 알레르기와 그 원천의 나열을 의무화하는 법률.

식품안전을 담당하는 기관들이 점점 더 증가함에 따라 정부 기관이 여기 저기 광범위하게 흩어지게 되어 일부 지역은 감독이 소홀해지고 일부 지역은 중복되는 등 간극이 커지게 되었다. 테러의 잠재적 위협도 새로운 도전 과제가 되었다. 테러 시도로부터 식품 공급을 보호하는 등 국토 보안 노력은 오늘날 미국에서 삶의 거의 모든 측면을 포괄한다. 조작 방지 포장은 수년간 삶을 지배하는 한 가지 사실이었으나 2001년 9월 11일에 발생한 사건에 의해 촉발된 보안 계획은 이제 그 정도의 보호를 훨씬 넘어서고 있다.

2005년, 연방정부는 **전략적 제휴 프로그램–농산물테러리즘(SPPA: Strategic Partnership Program–Agroterrorism)**을 발표했다. 이 프로그램은 USDA, FDA (HHS부터), DHS와 FBI의 파트너십으로 테러로부터 미국 식품과 물자를 보호하기 위해 이 모든 기관들이 국가 및 민간 업계와 협력하게 된다. 이러한 정부 기관들은 미국의 식품과 물 공급을 보호하기 위해 필요하다고 판단되는 전략을 개발 및 구현하고 있다.

전략적 제휴 프로그램–농산물테러리즘(SPPA)
식품 공급과 물자의 보호를 담당하는 국가 및 민간 업계와 연방 기관(USDA, FDA, DHS, 및 FBI)의 파트너십.

현재 식품 공급에 대한 보호를 강화하는 작업에 관련된 핵심 기관으로는 USDA와 질병통제예방센터(CDC: Centers for Disease Control and Prevention) 등이 있다. FDA는 (1) 시설 및 샘플링 제품의 개선 검사, (2) 수입 식품에 대한 보다 심도 깊은 검사, (3) 해당 연방 및 주 기관과 강화된 커뮤니케이션 및 협업과 (4) 식품 공장에서 그리고 마케팅 및 유통 체인을 따라 향상된 보안 등과 같은 다양한 문제에 대한 지침을 제공하고 있다. 기관 내 그리고 기관 간의 협력 및 커뮤니케이션은 미국의 식품과 물을 보호하는 데 있어 필수적이다.

생각할 거리: 압력을 이용한 안전

식품안전에 대한 우려와 상온에서 오래 상하지 않는 식품의 간편함에 대한 소비자 욕구로 인해 높은 압력과 적당한 열을 사용하는 살균식품을 개발하기 위한 연구 프로그램이 수립되었다. 이러한 혁신적인 접근에 필요한 특수 장비는 주식회사 플로우 인터내셔널에 의해 제작되어 시카고 소재 국립 식품 안전 및 기술 센터에 설치되었다. 이 센터는 학술 연구자들(일리노이 공과 대학 및 일리노이 대학 출신 연구자들 포함)에게 두 업계(프록터 앤드 갬블, 콘아그라 식료품 제품, 크래프트 푸드) 및 정부(FDA 및 미국 육군)의 전문가들과 협력하여 작업할 수 있는 기회를 제공한다. 여전히 상온에서 오랫동안 상하지 않는 저산성 제품에 대한 연구가 진행되고 있다. 냉장을 요하지 않으므로 시장에서 판매되는 저 산성 식품의 안전성은 식품 자체의 살균과 식품 내에 존재할 수 있는 포자를 파괴할(19장 참고) 것을 요구한다. 상온에서 오랫동안 상하지 않는 식품의 살균을 보장하는 데 필요한 처리수에 대한 연구가 식품 안전 및 기술을 위해 국립 센터에서 실시되고 있다.

고압 처리는 정해진 시간 동안 압력 펄스에 포장을 노출시키기 전에 워터 배스(water bath)에 사전에 포장되고 예열된 식품을 담그는 것으로 시작한다. 처리용 실린더에서 포장이 제거되기 전에 급속 냉각이 발생한다. 구아카몰과 같은 일부 저 산성 식품은 시장에 나와 있기는 하지만 냉장을 필요로 한다.

직업 기회

식품은 생존에 절대적으로 필요한 요소이기 때문에, 중점 사항과 제품 자체는 시간이 흐르면서 상당한 변화를 겪더라도 식품의 다양한 측면을 중심으로 한 직업은 언제나 존재할 것이다. 과학과 기술의 발전, 식품 선호도, 생활 방식, 경제, 그리고 환경적 요소 등이 결합하여 식품 분야를 변화시키고 식품을 바탕으로 한 직업 경력에 역동적 기회를 창출한다. 일부 직업은 식품과 건강 간의 상호관계에 초점이 맞춰져 있고, 일부 직업은 사람들이 집에서 멀리 떨어져 있는 환경에서 식품을 섭취하는 것에 중점을 두며, 그 외 직업은 소비자의 취향에 부합되는 상품의 개발 및 기초 식품과학(또한 농장에서 소비자까지 식품을 유통시키는 수많은 단계)에 중점을 둔다.

식품산업에서의 직업은 품질관리, 마케팅, 연구개발, 포장, 표시 및 규정 준수 등과 같은 전문 분야 내에 존재한다. 이러한 환경은 식재료, 식료품 또는 급식과 같은 특정한 분야를 포함할 수도 있다. 식품산업의 여러 측면을 감시하고 관리하는 정부기관 및 실험실에서의 업무는 식품과 관련된 직업에 대한 또 다른 차원이다.

식품과 건강에 대한 관심이 증가함에 따라 식품 및 소비자와 관련된 책임이 있는 정부기관, 식품산업, 영양학, 식품업계 전문가의 영역과 급식(레스토랑과 기관 포함) 사이를 연결시키는 작업이 속도를 내기 시작했다. 때로는 식당에서 지역적으로 심지어 전국적으로 방송되는 TV쇼를 통해 많은 식품 전문가들이 대중 식품에 대한 기대와 선호도를 형성하는 데에 중요한 역할을 해왔으며 요리사도 그 중 한 직업군이다.

미국 내의 증가하는 비만 문제와 과체중 문제에 대한 국민적 관심은 식품 전문가와 소비자들 사이에서 관심 대상으로 떠오르고 있다. 건강한 식습관의 필요성을 인식함에 따라 몸에 좋은 영양분을 갖춘 식품에 대한 수요가 증가하고 있지만, 먹고자 하는 욕구도 증가하고 있다. 다양한 식품 관련 전문가들 사이에서 빈번하게 교류가 이루어짐에 따라 다양한 분야 간의 경계를 모호해지기 시작했다. 이러한 변화로 인해 개인은 식품 산업에서 특정한 강점을 활용하여 독특한 위치를 만들 수 있는 기회를 갖게 된다.

식품 전문가가 되려고 하는 사람에게 건전한 학문적 준비는 필수이다. 그러한 준비를 위한 교육과정에는 식품 화학, 미생물학, 생물학 및 물리학을 바탕으로 하는 기초과학의 기반이 되는 교육이 포함된다. 이러한 과학 기반은 식품과 그 준비 및 평가의 학문으로 통합되어야 한다. 식품의 놀라운 감각적, 영양적 기여 때문에 식품 전문가들은 실제 사람으로서 소비자의 요구를 항상 기억하도록 삶의 질에 영향을 끼치는 식품의 역할에 대한 인식을 발전시켜야 한다. 모든 전문가들에게 구두 및 문자 의사소통 능력은 필수이다. 연구 기술에 대한 지식 및 컴퓨터 사용 능력은 식품 전문가의 도구 중 일부이다. 업무에 대한 기본적 이해는 이 분야의 대부분의 직업군에게 또 하나의 필요조건이다.

건강 관련 식품 직업에 주력하려는 학생은 영양 및(또는) 영양학 학위를 취득해야 한다. 이러한 학위는 상당수의 지원자들이 등록 영양사가 되기 위한 자격으로 요구되고 있다(R.D: Registered Dietitians). 이 분야에서의 직종은 매우 다양하며 임상 영양학, 급식 관리, 지역 사회 영양, 스포츠 영양, 상담, 영양 조언 등을 포함하고 영양 관련 제품에 기초한 산업에서 발견된다.

급속하게 확산되는 서비스업, 호텔 및 식당의 영역은 광대한 식품 지식과 요리 기술을 요하는 많은 직종의 원천이 되고 있다. 이러한 분야에서 직업을 구하기 위해, 영양학 과정 또는 이 분야를 위해 특별히 맞춤 제작된 프로그램을 통해 구직 준비를 할 수 있다. 여러 그룹의 사람들에 대한 식품의 적용 측면과 서비스가 강조된다. 기업가 정신을 가진 학생들은 최종적으로 자신의 식당을 소유하고 운영하기 위해 이 교육과정을 활용할 수 있다. 다른 학생들은 이 분야를 지배하는 여러 대기업 중 하나의 관리직에 초점을 맞출 수도 있다. 또 다른 학생들은 여전히 직원으로서 또는 독자적으로 식품 공급업 분야에 진출하기를 바랄 수도 있다.

식품 업계는 꽤 다양한 직업 기회를 제공한다. 제품 개발, 품질 보증, 식품 분석, 가공, 포장, 미생물학 및 식품 안전, 감각 평가, 물리 실험, 표시 및 정부 규제, 그리고 마케팅은 식품 업계에서 사용할 수 있는 틈새시장의 일부이다. 특정 직업 목표에 따라서, 학생은 영양 및 영양학, 식품 과학, 식품 기술, 급식, 호텔 및 식당(서비스업 또는 요리) 경영 또는 비즈니스 등에서 학위를 취득하여 식품 업계 진출을 준비할 수 있다.

식품을 이용한 실험

식품 전문가의 세계로 진출하기 위해서는 과학적 태도와 연구 지향적인 사고가 필요하다. 기초 화학 및 물리적 연구는 국가의 식품 공급을 뒷받침하는 식품과학의 기초이다. 이러한 원리에 대한 철저한 이해를 바탕으로 식품 전문가는 사용 가능한 자원을 이용하여 최상의 결과를 달성할 수 있다.

식품 연구에 대한 실험적 접근은 이론 및 전문적 연구 조사와 실험실 작업을 통합한다. 식품 준비와 관련된 중요한 과학적 원리를 설명하기 위해 고안된 실험을 실시함으로써 식재료의 영향 및 준비 절차에 관한 귀중한 지식을 얻을 수 있다. 객관적(기계적) 실험과 주관적 평가(시력, 후각, 미각 및 느낌)를 사용하여 식품의 특징을 측정하고 파악할 수 있다.

종종 식품학 실험 수업에서 실험은 그룹으로 구성되는 클래스에 제시되며, 적절하고 광범위한 샘플을 사용하여 선택된 원리를 증명할 수 있도록 각 학생들은 작업의 일부를 수행한다. 실험이 개별적으로 계획, 실행, 평가 및 보고될 때 식품연구에 관한 추가적인 통찰력을 확보할 수 있다. 식품학 실습 수업의 학생들은 곧 식품과 그 준비에 있어서 "어떻게" 접근하는가 보다 이론적으로 "왜"를 더 강조한다는 것을 알게 된다. 식품학 과정의 실험에 기초한 예시와 과학적 이론의 조합은 식품의 구조, 구성 및 작용 등 식품에 관한 깊은 이해를 돕는다. 이러한 지식은 초석을 제공하며 식품과학, 영양학, 급식관리의 전문가들은 이러한 초석을 바탕으로 각자의 영역에서 활동하고 있다.

식품 실험 수업에서 학생들의 관심은 수정 비율의 효과와 식품 재료 및 변경 방식의 유형에 집중된다. 올바르게 준비된 식품은 통제 샘플의 역할을 할 수 있고, 그와 동시에 제작된 일부 변형 샘플은 다양한 식재료 및/또는 방식의 효과를 예시할 수 있다. 이러한 샘플에 대한 세심한 검사와 실험은 식품과학 분야를 뒷받침하는 과학적 원리의 확실한 이해를 발전시키는 데에 있어 매우 중요하다.

식품학 실습 연구의 결론에 이르러, 학생들은 다양하고 폭넓은 식품을 정확하게 평가하고, 식품의 준비나 제조에 있어서 발생 가능한 실수를 식별하며, 차후 식품의 준비를 위한 적절하고 올바른 조치를 계획할 수 있을 것이다. 기관의 급식 환경에서 생산을 감독하든, 새로운 제품을 개발하든, 식품 공장에서 품질관리나 생산을 다루든 또는 교육환경이나 가정환경에서 식품으로 작업을 하던 간에, 이러한 지식은 식품 제조에 종사하는 사람이면 누구에게든 필수적이다.

식품의 역동적 성질과 처리, 보관, 준비 시 변화에 대한 민감성은 식품 분야에서 전문적 작업에 대한 끊임없는 변화를 제공한다. 기본 원리를 이해하고 그 실례를 경험하면 품질 관리에 대한 적절한 해법을 알 수 있게 된다.

시애틀 키친의 과학탐험

나탄 미어볼드 박사는 시애틀 키친의 평범한 요리사가 아니다; 실제로 그는 매우 독특해서 2009년 11월 17일자 뉴욕 타임즈에 그에 관한 특집 기사가 실렸다. 그는 예전에는 마이크로소프트의 기술 전문가였으나 빌 게이츠와 컴퓨터 산업을 떠났고 현재 인텔렉추얼 벤처스에서 식품 및 기타 과학 분야가 그의 관심사이다. 그의 회사인 인텔렉추얼 벤처스는 완벽한 북경 오리 요리(지방을 빼내기 위한 껍질에 작은 구멍을 만들기 위해 뻣뻣한 털의 개솔과 드라이 아이스를 사용)와 냉동 건조 랍스터 꼬리를 만드는 등 다양한 도전을 시도하고 있다. 결국, 미어볼트 박사는 실험 중 일부는 자기와 직원이 제작 중인 요리책에 특집으로 다루어질 것이다. 요리사, 사진사, 작가, 편집자 등은 팀의 일원으로서 분주한 키친 연구 실험실에서 이 과학자를 도와 프로젝트를 진행하고 있다.

미터법

미터법
10진법을 사용하여 길이, 면적, 용량 및 무게를 측정하는 시스템(십자리 시스템).

식품과학에서 실험실 연구는 **미터법(metric system)**을 사용하여 이루어진다. 연구소뿐만 아니라 연구실의 실험에서도 미터법 단위를 사용한다. 그러나 소비자 정보는 가정의 측정 단위로 제시된다(티스푼, 테이블 스푼, 조리용 컵, 베이킹 접시 크기를 재기 위한 인치 등). 소비자 시장에 연구를 적용시킬 가능성이 있는 개발 실험실에서 연구하는 전문가들은 미터법으로 실험하며 동시에 연구소와 소비자 부엌에서 사용되는 언어를 서로 변환시킬 수 있어야 한다.

미터법은 10자리 시스템인 십진법으로 값을 표현하여 정량화된 기본단위로 순서대로 길이(거리), 면적, 부피와 중량을 표현하는 방법이다. 따라서 길이는 미터, 면적은 평방미터, 부피는 입방미터, 중량은 그램으로 표현된다. 식품 실험은 주로 부피와 중량을 사용한다. 미터법으로 작업할 때 합리적인 숫자를 달성하기 위해, 측정 단위에 접두사가 추가된다.

표 1.5에서와 같이 시스템 내에서 다양한 접두사를 사용할 수 있지만 일반적으로 식품 실험은 다음과 같은 단위를 바탕으로 한다: 킬로(k), 센티(c), 밀리(m). 접두사를 사용하면 1,000 g을 간단히 1킬로그램(kg)으로 표현할 수 있다; 이와 유사하게, 1미터의 1/100은 1센티미터, 1리터의 1/1000은 1밀리리터로 표현한다(ml).

가정의 요리법에서는 주로 부피 측정에서 고체의 양을 표현하기 때문에, 이러한 요리법이 실험작업의 기초가 되는 경우, 중량이나 부피(액체의 경우)를 미터법으로 변환해야 한다. 반대로, 조리법이 대중에게 사용할 수 있도록 만들어진 경우, 미터 실험 양을 통상적인 가정용 측정치로 변환해야 한다. 다양한 재료에 대해 필요한 가정용 측정의 무게를 결정함으로써 이러한 변환이 쉽게 이루어질 수 있다. 액체 변환은 236.6 ml 또는 입방 센티미터(cc: cubic centimeters)에 상응하는 계량컵을 근거로 한다. 표 1.6은 조리법을 변환할 때 유용하게 쓰일 수 있는 해당 측정 및 변환 요소 중 일부를 보여준다.

한 컵의 밀가루는 한 컵의 버터 또는 한 컵의 다진 견과류와 동일한 중량이 아니다. 가정용 조리법이 실험 수식의 기초로 사용되는 경우 가정용 조리법에서 용적으로 측정되는 다양한 재료의 질량의 차이로 인해 이러한 부피의 무게를 이미 알고 있어야 한다. 때로는 해당 재료의 원하는 부피를 칭량하여 이 중량을 결정할 필요가 있다. 다행히도, 일반적으로 식품 준비에 사용되는 많은 재료의 한 컵에 대해 균일한 중량을 제공하는 실험으로 여러 가지 기준이 개발되어 왔다. 표 1.7은 조리법이 실험실 사용을 위해 변환되거나 가정용 측정으로 돌아갈 때, 다양한 재료의 중량을 결정할 필요성을 보여주기 위해 선택된 몇 가지 재료의 무게를 포함하고 있다.

미터법이 과학 연구의 영역에서 수량의 언어인 것처럼, 실험실에서 온도를 측정하기 위해 사용되는 섭씨 척도는 식품 과학자의 언어이다. 물의 어는점이 0℃로 지정되어 있고 해수면에서 끓는점

표 1.5 미터법에서 사용되는 접두사

접두사	기호	수적 정의
Tera	T	1,000,000,000,000 = 10^{12}
Giga	G	1,000,000,000 = 10^{9}
Mega	M	1,000,000 = 10^{6}
Kilo	k	1,000 = 10^{3}
Hecto	h	100 = 10^{2}
Deka	da	10 = 10^{1}
Deci	d	0.1 = 10^{-1}
Centi	c	0.01 = 10^{-2}
Milli	m	0.001 = 10^{-3}
Micro	μ	0.000,001 = 10^{-6}
Nano	n	0.000,000,001 = 10^{-9}
Pico	p	0.000,000,000,001 = 10^{-12}

표 1.6 가정과 미터법 간의 변환에 일반적으로 사용되는 등가 지표 및 전환 계수

등가
무게[a]
1 kg = 2.2 lb
454 g = 1 lb
28.35 g = 1 oz (avdp)
1 g = 0.035 oz (avdp)
단위[b]
1 l = 1.06 qt
1 gal = 3.79 l
1 qt = 946.4 ml
1 c = 236.6 ml
1 fl oz = 29.6 ml
1 tbsp = 14.8 ml
길이[c]
1 in = 2.54 cm
1 m = 39.37 in

[a]kg = 킬로그램, lb = 파운드, g = 그램, oz = 온스, avdp = 상형(파운드 법에 따른 무게 단위) (무게).
[b]l = 리터; qt = 쿼트; gal = 갤런; ml = 밀리미터; c = 컵; fl oz = 액량 온스
(volume); m^3 = cubic meters; tbsp = tablespoons
[c]in = 인치, cm = 센티미터, m = 미터.

표 1.7 선택된 식품의 계량컵의 평균 무게

식품	형태	1컵 무게 (g)
아몬드	(껍질을 벗긴) 하얀	
	통째	157
	다져짐	117
베이킹 파우더	이중 작용	207
치즈, 체더	잘게 조각냄	98
옥수수 가루		
흰색	익히지 않음	140
노란색	익히지 않음	151
계란	흰자	255
	전체	251
	노른자	240
밀가루	쌀, 체로 치지 않은 백미	149
	어두운 색 호밀, 저어놓음	127
	콩, 지방을 제거하지 않음, 걸러지지 않음	96
	밀, 다목적, 걸러지지 않음	
	숟가락 사용	126
	담금	143
	밀, 다목적, 걸러짐, 숟가락 사용	116
	밀, 케이크, 걸러짐, 숟가락 사용	99
	글루텐, 걸러짐, 숟가락 사용	136
	저절로 부풀어 오르는, 걸러짐, 숟가락 사용	106
젤라틴	향기가 나는	187
마가린	일반	225
	부드러운	208
쌀	백미, 날것	
	긴 쌀	192
	짧은 쌀	200
	살짝 익힘	181
설탕	황설탕, 포장됨	211
	당과점에 의해 걸러짐	95
	낟알로 됨	196
이스트	활성 건조	142

Adapted from Fulton, L., Matthews, E., and Davis, C. Average Weight of a Measured Cup of Various Foods, *Home Economics Research Report No. 41*, Agricultural Research Service, U.S. Department of Agriculture: Washington, DC, 1977.

이 100℃로 지정되어 있는 섭씨 척도가 십진법과 관련되어 있다는 사실에 비추어 보면 이러한 선택은 놀라운 일이 아니다. 섭씨온도를 일반적으로 가정용 온도계와 오븐 지표에 사용되는 화씨온도와 관련시키기 위해, 식품 전문가들은 이러한 일반 온도의 눈금 중 하나를 다른 하나로 변환할 수 있어야 한다. 단순히 물의 끓는점이 212℉ 또는 100℃이고 숫자 32(화씨의 동결 온도)와 5/9 또는 9/5를 사용해야 한다는 것을 기억함으로써, 신속하게 변환 공식을 도출할 수 있다(그림 1.8). 예를 들어, 섭씨에서 화씨로 변환하기 위해, 100℃에서 212℉로 변환하는 공식은 다음과 같이 구할 수 있다:

$$100^{\circ}\mathrm{C} \times 9/5 = 20 \times 9 = 180$$
$$180 + 32 = 212^{\circ}\mathrm{F}$$

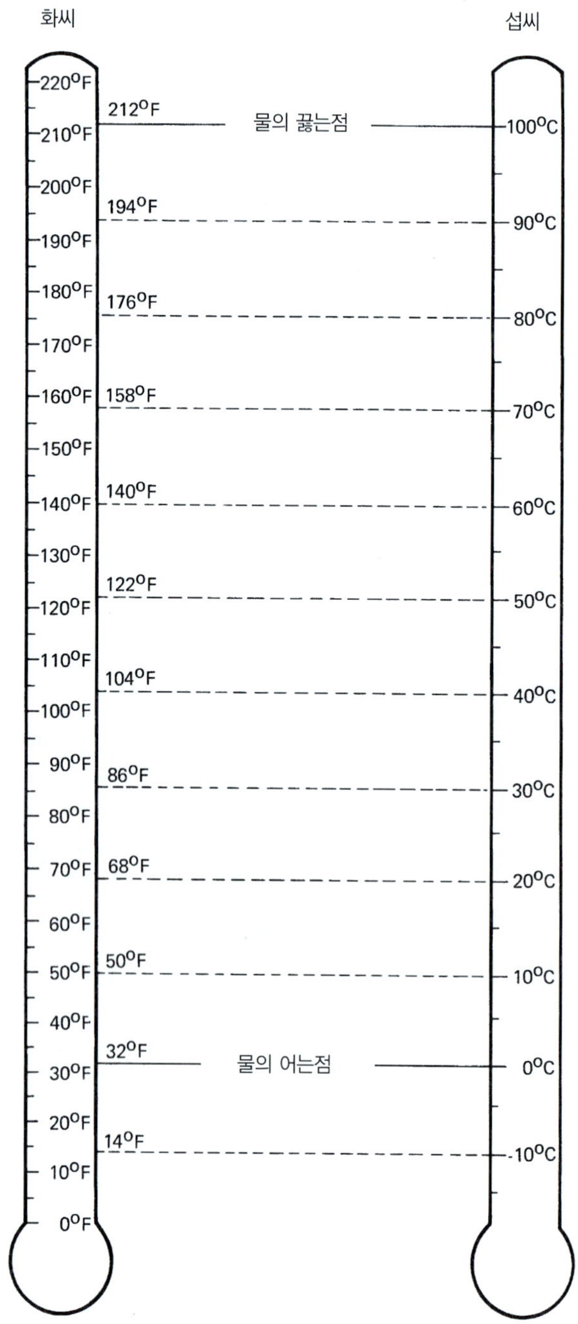

그림 1.8 화씨 및 섭씨온도 눈금의 비교

따라서 공식은

$$\left(\_\_\_\_ ^\circ C \times \frac{9}{5} \right) + 32 = \_\_\_\_ ^\circ F \text{이다.}$$

212℉에서 100℃로 변환하는 공식은

$$212^\circ F - 32 = 180$$
$$180 \times 5/9 = 20 \times 5 = 100^\circ C \text{이다.}$$

그리고 나서 이 공식은 다음과 같이 전개된다.

$$(\_\_\_\_ ^\circ F - 32) \times \frac{9}{5} = \_\_\_\_ ^\circ C$$

표 1.8은 화씨와 섭씨온도의 서로 상응하는 온도이다.

통제하기

의도하지 않은 변수를 제거하기(가능한 한 많이) 위해 적절한 통제가 이루어지고 유지될 때에만 실험은 의미 있는 정보를 제공한다. 성분 및 그 준비에서 평가 과정에 이르기까지 실험의 모든 측면은 잘못된 결과를 초래할 수 있는 잠재적인 실험 오류를 파악하기 위해 신중하게 고려되어야 한다.

궁극적으로 발표를 목적으로 하는 실험을 실시하는 연구자들은 통제 변수를 제거하기 위한 방법을 개발한 다음, 정확한 결과를 확인하기 위해 수차례 실험을 반복하는데 상당한 시간을 보낸다. 다른 사람이 동일한 작업을 수행하는 경우 발생할 수 있는 변동성을 제거하기 위해 동일한 실험실 담당자에 의해 주의 깊게 문서화된 기법이 매번 반복 된다. 이러한 조치로 인해 연구자들은 몇 번이고 반복할 수 있는 결과를 얻을 수 있다.

불행하게도, 개별 학생이 식품학의 실습 준비에 사용되는 성분 및/또는 방법 변경의 영향력을 설명하는데 필요한 모든 변형 샘플을 수업에서 준비한다는 것은 실용적이지 않다. 그러나 여러 급우들이 그날 실험의 기초가 되는 과학적 원리를 증명하는 데 필요한 샘플을 준비한다면 실험실 상황은 상당한 정보를 제공할 수 있다. 분명 샘플 준비에 많은 학생들이 참여한다면 상당한 실험 오차가 발생할 수 있다. 이 오류를 최소화하기 위해, 개별 학급 구성원들은 자기들에게 할당된 변형 샘플을 주의 깊고 신중하게 준비하는데 개인적인 책임을 다해야 한다.

객관적이고 주관적인 테스트 결과가 의미를 갖기 위해서는 샘플을 준비하는 데 사용되는 재료의 양을 반드시 통제해야 한다. 실험실에서, 고체는 신중하게 칭량되고 액체는 눈금 실린더, 피펫 또는 뷰렛에서 용적으로 측정된다. 가정용 표준 기술보다 이러한 절차를 이용할 경우 훨씬 정확도가 높아진다. 가정용 계량컵의 직경은 너무 커서 정확한 측정값을 얻을 수 없는 반면, 눈금 실린더 또는 기타 실험실 용적 장비의 매우 좁은 직경은 액체의 부정확한 측정 가능성을 감소시킨다. 가정용 측

표 1.8 화씨 및 섭씨 눈금의 비교 온도에서 선택된 예

섭씨 (°)	화씨 (°)	섭씨 (°)	화씨 (°)
− 10	14	150	300
0	32	163	325
10	50	176	350
20	68	191	375
30	86	204	400
40	104	218	425
80	176		

정의 기타 오류는 계량컵으로 전달될 때 재료 포장의 결과로 발생한다. 고체 재료를 칭량하여, 연구자는 잠재적인 오류의 원천을 제거할 수 있다.

액체 재료는 한번에 전체 측정을 수용할 수 있는 가장 작은 체적 장치로 측정되어야 한다. 이 방법은 절대적으로 필요한 경우 외에는 직경이 큰 장치의 사용을 최소화한다. 예를 들어, 80 ml의 기름은 500 ml를 수용하는 실린더보다 100 ml 용량의 눈금 실린더로 더 정확하게 측정할 수 있다. 반면에 10 ml 눈금 실린더를 8번 채워 동일한 80 ml가 측정한 경우, 실린더를 비울 때마다 일부 기름이 눈금 실린더에 달라붙을 수 있기 때문에 오류가 생길 수 있다. 각각의 액체는 보통 액체의 오목한 표면인 **매니스커스(meniscus)**의 바닥을 읽어 눈높이에서 측정해야 한다. 피펫과 뷰렛은 눈금 실린더보다 더 높은 정확성을 제공한다.

매니스커스
모세관 현상에 의해 관 속의 액면이 이루는 곡면으로 액체의 성질에 따라 액면이 오목하거나 볼록해짐.

지방 등 마른 재료 및 고체는 신중하고 정확한 실험 기법을 사용하여 저울로 칭량된다. 일부 교육실험실의 경우 **등비접시수동저울(trip balance)**을 사용할 수 있다. 식품 100 g을 칭량하는 경우 0.1%의 정확도로 성분을 칭량할 수 있다. 이 정도의 정확도는 왼쪽 팬에 식품을 담고 있는 용기가 추가된 샷이나 물이 저울을 제로(0)로 할 때까지 오른쪽 팬에 유사한, 가벼운 용기와 정확하게 균형을 맞추도록 요구한다. 클래스 별로 실시되는 대부분의 실험실 실험에 대한 내구성과 만족감으로 인해 등비접시수동저울은 저렴하고 적합한 선택이라고 할 수 있다. 민감도가 더 크기 때문에 등비접시수동저울은 **식이 저울(dietetic balance)**에 비해 더 선호된다. 100 g의 식품을 칭량할 때 식이 저울의 오류가 대략 0.5 g인 반면 동일한 양에 대한 등비접시수동저울의 오류는 약 0.1 g이다.

등비접시수동저울
두 개의 팬으로 이루어진 저울; 왼쪽의 팬은 칭량되는 식품을 지탱하는데 사용되며 오른쪽 팬은 왼쪽 팬과 균형을 맞추는 데 필요한 무게를 유지하는 데 사용된다. 균형을 맞추기 위해 분동을 사용할 수도 있다.

식이 저울
부분 제어에 적합한 싱글 팬, 스프링 저울 그러나 식품 실험에는 충분히 정확하지 않다.

2 kg 이상의 수량을 측정하기 위해서 일부 비틀림 저울이 사용되는데 이유는 등비접시수동저울로는 이 정도의 양을 만족스럽게 칭량할 수 없기 때문이다. 비틀림 저울은 양념 등 극히 적은 양을 칭량할 때도 필요하다. 감도로 인해 **비틀림 저울(torsion balance)**은 모든 칭량에서 선호되고 있지만 비용과 수리 필요성으로 인해 교육 실험실에서의 사용이 제한되고 있다. 0.01 g의 감도를 지닌 탑 부하 전자저울이 또 다른 예가 될 수 있지만 매우 소량일 경우 양념 또는 기타 식품을 칭량하는 데 있어 확실히 저렴한 대안이 필요하다.

비틀림 저울
매우 적은 양 또는 2 kg보다 큰 수량을 칭량하는 데 특히 유용한 매우 민감한 (0.02 g 이내) 실험실 저울.

탑 부하 전자저울(top-loading electronic balance)은 편리함과 정확성 때문에 바람직하다고 할 수 있다. 불행히도 고비용으로 인해 전자저울은 학생실험실에서 사용하기 어렵다. 이러한 저울은 식품을 담는 용기의 중량을 측정한 다음 그 중량을 상쇄하기 위해 테어 메커니즘을 사용하여 실제 식품의 무게만이 나타나도록 함으로써 시간을 절약한다. 탑 부하 전자저울은 적은 수량이 필요할 때조차 매우 민감하고 정확하기 때문에 소량의 재료를 칭량해야 할 때 특히 유용하다.

탑 부하 전자저울
매우 정확하고 전기로 작동하는 저울.

실험의 실시 및 평가

학급 전체가 실험을 실시할 때, 선택한 변수의 효과를 보여주기 위해 개별 연구자가 준비하는 것보다 더 많은 샘플을 준비할 수 있다. 이러한 장점은 학급 구성원들의 개별 기술이 실험에 통제 불가능한 변수를 도입한다는 사실로 인해 빛이 바랜다. 정해진 시간 동안 지정된 속도로 작동하는 전기 믹서를 사용하면 믹싱 기술을 일부 통제할 수 있다. 다른 믹싱 기술을 필요로 하는 표본에서, 학급 구성원들은 반드시 동일한 설계의 비터, 스푼 또는 기타 혼합 도구를 사용해야 한다; 혼합의 총량 및 비율 또한 정해지고 주의를 기울여야 한다.

일부 실험에서, 샘플을 준비하기 위해 조립 라인을 설정할 수 있다. 이것이 완료되면, 각 샘플 표본의 동일한 부분이 동일한 사람에 의해 이루어진다. 혼합물은 조립 라인을 따라 순서대로 지나간다. 이러한 방식으로 샘플을 준비할 때 드러나는 명백한 장점은 준비 시 변형 샘플이 최소화된다는 점이다.

완성된 제품은 테스트되는 식품의 유형에 적합한 품질 표준에 따라 주의 깊게 평가되어야 한다. 사용 가능한 각 변형 샘플의 고유한 특성을 구별하기 위해, 밝은 조명 아래 조용한 장소에서 각 샘플을 매우 신중하게 검토해야 한다. 다른 학급 구성원들의 편견을 피하기 위해, 평가가 진행되는 동안 모두 의견을 제시하는 것을 삼가야 한다.

각 샘플이 평가될 때 의견을 명확히 기록해야 한다. 평가될 특성과 변형 샘플을 나열한 차트를 이용할 경우 과정은 더욱 원활하고 정확해진다. 차트와 각 샘플이 명확하게 라벨로 표시되는 것과 같은 순서로 해당 샘플이 디스플레이 테이블에 배열되는 경우, 결과를 기록할 때 샘플을 혼동할 가능성이 최소화된다.

요약

소비자, 농민과 어민, 그리고 식품 업계는 문화적 다양성, 환경, 경제 및 생활방식의 관심사에 발맞추어 끊임없이 식품 시장을 재편하고 있다. 현재의 주요 문제는 식품 안전(테러와 환경 및 미생물 위험 등)과 건강이다. 기능성 식품, 설계 식품, 유기농 식품, 파이토케미컬, 프리바이오틱스 , 프로바이오틱스, 유전자변형생물체(Bt), 생명공학 및 나노 기술은 이제 소비자들이 구사하는 용어가 되었다.

식품과 관련된 직업은 식품과 건강의 역할 또는 집을 나와 있는 사람들에게 식품을 제공하는 작업을 포함하거나 다양한 식품 업계에 관련될 수 있다(기본적인 식품 연구부터 식료품을 소비자에게 전달하는 모든 측면까지, 정부 역할 포함). 소비되는 식품의 상당 부분이 공장 및 가공 공장에서 준비됨에 따라, 주로 가정에서 관찰되는 문제에 대한 답을 찾기 위한 목적으로 실시되는 식품 연구는 이제 중점이 점점 기술적 과제로 옮겨가고 있다.

연구 중인 식품이 가정에서 준비를 위한 것인지 또는 광대한 상업적인 기준에 의한 것이든 간에 다양한 구성 요소의 속성과 작용의 기초가 되는 과학적 원리는 동일하다. 식품학의 실습 과정은 미국에서 일반적으로 제공되는 다양한 식품의 준비를 기본으로 하는 물리적, 화학적 원리를 고려한다. 평가 기법을 배우고 식품 준비에서 원인과 결과를 서로 연관시키기 위해 실험실 실험을 수행할 수 있다. 다른 과학의 언어와 마찬가지로 실험 식품의 언어는 메트릭스이다. 식품 전문가는 미터법을 사용할 수 있어야 하며 필요할 때 기존 시스템과 미터법 간에 변환을 할 수 있어야 한다. 연구하는 동안 섭씨와 화씨 눈금 사이의 변환이 빈번하게 요구되기도 한다. 측정의 정확도는 식품 실험에서 통제의 핵심 측면이다.

정확한 부피를 결정하기 위한 위치인 메니스커스의 바닥을 이용하여, 체적 장치(피펫, 뷰렛 및 눈금 실린더)를 사용하여 액체를 측정한다. 등비접시수동저울은 일반적으로 실험실에서 고체 성분을 칭량하는 데 사용되는 주된 유형의 저울이다. 탑 부하 전자저울은 매우 적은 양을 칭량하는데 바람직하지만 아주 적은 양 또는 2 kg를 초과하는 수량에 필요한 성분을 만족스럽게 칭량하기 위해 정밀함은 약간 떨어지지만 저렴한 비틀림 저울을 사용할 수 있다.

식품학 실습에서 최상의 결과를 내려면, 샘플 준비의 모든 측면을 가능한 한 많이 통제해야 한다. 믹싱의 속도와 시간을 조절하기 위해 가능할 때마다 전기 믹서를 사용할 것을 권장한다. 클래스 샘플의 평가는 정확하고 조직적인 방식으로 이루어져야 한다.

연습문제

1. 당신이 살고 있는 곳의 소비자의 네 가지 특성을 파악하여 설명하시오. 이러한 각각의 특성은 당신이 살고 있는 도시의 식품 시장에 어떠한 영향을 끼쳤는가? 다른 도시의 식품 시장은 당신이 살고 있는 곳의 시장과 동일한가? 그렇지 않다면 어떻게 다른지 설명하시오.

2. "유기농"과 "천연재료"를 정의하고(식품의 맥락에서) 두 용어 사이의 차이를 구분하여 설명하시오. 당신이 살고 있는 곳의 시장에서 유기 농산물 대 동일한 유형의 일반 농산물의 가격과 품질에 차이가 있는가?

3. (a) 파이토케미컬, (b) 기능성 식품, (c) 프리바이오틱, (d) 프로바이오틱, (e) 생명공학, (f) GMO, (g) Bt, (h) 유전공학, (i) 나노 기술을 정의하시오.

4. 일부 사람들이 GMO 식품에 반대하는 두 가지 이유는 무엇인가? GMO 식품이 성장하기에 적합한 두 가지 이유는 무엇인가?
5. 구하고자 하는 직업을 정하여 필요한 학력이 어느 정도인지 설명하시오.
6. 왜 연구자들이 모든 재료를 주의 깊게 칭량하고 교정된 부피 피펫, 뷰렛 또는 눈금 실린더로 그 재료들을 측정하는 것이 중요한가?
7. 실험실 저울로 225 g의 밀가루를 칭량하는 방법을 설명하시오.
8. 다음 측정치를 변환하시오:
   a. 40 °F = ____°C
   b. 150°C = ____°F
   c. 375°F = ____°C
   d. 55°C = ____°F
   e. 14 tbsp = ____ml
   f. 472 ml = ____c
   g. c = ____ml
   h. 7 fl oz = ____ml
   I. 1236 g = ____kg
   j. 236 ml = ____l
   k. 1 tsp = ____ml
   l. 4 tsp 마가린 = ____g
   m. 3 in. = ____cm

참고문헌

Anonymous. 2003. Operation liberty shield: New food security guidance. *FDA Consumer 37* (3): 18–19.

Becker, C. C. and Kyle, D. J. 1998. Developing functional foods containing algal docosahexaenoic acid. *Food Technol. 52* (7): 68.

Bidlack, W. R. 1998. Phytochemicals: Potential new health paradigm. *Food Technol. 52* (9): 168.

Bledsoe, G. E. and Rasco, B. A. 2002. Addressing the risk of bioterrorism in food production. *Food Technol. 56* (2): 43–47.

Boyce, B. 2010. Pandemics aren't just for people: How diseases can affect crops. *J. Amer. Dietet. Assoc. 110* (1): 18.

Bruemmer, B. 2003. Food biosecurity. *J. Am. Dietet. Assoc. 103* (6): 667–691.

Bugusu, B. 2009. Nanoscale science creates novel food systems. *Food Technol. 63* (9): 36.

Clark, J. P. 2006. High pressure processing research continues. *Food Technol. 60* (2): 63.

Clark, P. 2006. Evaluating nonthermal processes. *Food Technol. 59* (12): 79.

Clark, J. P. 2007. Pulsed electric field processing. *Food Technol. 60* (1): 66.

Committee on the Impact of Biotechnology on Farm-Level Economics and Sustainability; National Research Council. 2010. *Impact of Genetically Engineered Crops on Farm Sustainability in the United States*. National Academies Press. Washington, DC

Decker, K. J. 2010. Feeding healthy boomers. *Food Product Design 20* (3): 66.

DeHeij, W. B. C., et al. 2003. High-pressure sterilization: Maximizing the benefits of adiabatic heating. *Food Technol. 57* (3): 37–41.

Deis, R. C. 2003. Facts on functional foods. *Food Product Design 13* (4): 41.

Deis, R. C. 2003. What's in a claim: Labeling functional foods. *Food Product Design 13* (November Supplement): 15.

Dunford, N. T. 2001. Health benefits and processing of lipid-based nutritionals. *Food Technol. 55* (11): 38–44.

Frederick, K. 2009. Booster shots for energy and health. *Food Technol. 63* (9): 26.

Gerdes, S. 2003. You gotta have heart-healthy ingredients. *Food Product Design 13* (2): 113.

Hasler, C. M. 2009. Exploring the health benefits of wine. *Food Technol. 63* (9): 21.

Hicks, K. B. and Moreau, R. A. 2001. Phytosterols and phytostanols: Functional food cholesterol busters. *Food Technol. 55* (1): 63.

Hollingsworth, P. 2001. Close watch on America's food supply. Business/Marketing. *Food Technol. 55* (11): 20.

Katz, P. 2002. Fine line between functional foods and supplements. *Food Product Design 12* (3): 101.

Klahorst, S. J. 2004. Nutrigenomics: Window to the future of functional foods. *Food Product Design: Functional Foods Annual Supplement 14*: 5.

Lesney, M. S. 2003. A time to sow? *Today's Chemist at Work 12* (3): 22–25.

Liu, K. 1999. Biotech crops: Products, properties, and prospects. *Food Technol. 53* (5): 42.

Menkir, A., et al. 2010. Relationship of genetic diversity of inbred lines with different reactions to *Striga hermonthica* (Del.) benth and the performance of their crosses. *Crop Science Soc. America 50*: 602.

Meyer, R. S., et al. 2000. High-pressure sterilization of foods. *Food Technol. 54* (11): 67–72.

Ohr, L. M. 2003. Getting more from vitamins and minerals: Nutraceuticals and functional foods. *Food Technol. 57* (4): 87.

Ohr, L. M. 2009. Functional fat fighters. *Food Technol. 63* (10): 59.

Paeschke, T. 2003. Dropping calories, maintaining taste and functionality. *Food Product Design 13* (1): 33.

Pszczola, D. E. 2006. Reaping a new crop of ingredients. *Food Technol. 60* (7): 51.

Ravishankar, S., et al. 2009. Edible apple film wraps containing plant antimicrobials inactivate foodborne pathogens on meat and poultry products. *J. Food Sci. 74* (10): M440.

Shah, N. P. 2001. Functional foods from probiotics and prebiotics. *Food Technol. 55* (11): 46–53.

Sloan, A. E. 1998. Food industry forecast: Consumer trends to 2020 and beyond. *Food Technol. 52* (1): 37

Sloan, A. E. 2002. The natural and organic foods marketplace. *Food Technol. 56* (1): 27–37.

Sloan, A. E. 2006. What, when, and where America eats. *Food Technol. 60* (1): 18.

Spinelli, N., Jr. 2003. Research chefs and the development process. *Food Technol. 57* (5): 18.

Tabashnik, B. E. 2008. Insect resistance to *Bt* crops: Evidence versus theory. *Nature Biotechnol. 26*: 199.

Wallace, T.C., et al. 2009. Unlocking the benefits of cocoa flavanols. *Food Technol. 63* (10): 34.

Witwer, R. S. 1999. Marketing bioactive ingredients in food products. *Food Technol. 53* (4): 50.

웹사이트

http://www.cdc.gov/obesity/data/trends.html—Trends in obesity rates in the United States.

http://www.rainforest-alliance.org/—Web site for Rainforest Alliance.

http://www.worldcocoafoundation.org/—Web site for World Cocoa Foundation.

http://irps.ucsd.edu/assets/021/8422.pdf—A critique of Rainforest Alliance certification.

http://www.ams.usda.gov/AMSv1.0/NOP—Web site for the National Organic Program.

http://www.ams.usda.gov/—Site for the U.S. Department of Agriculture.

http://www.nifa.usda.gov/nea/biotech/in_focus/biotechnology_if_animal.htm—Overview of some animal biotechnology research possibilities and potential benefits.

http://www.csrees.usda.gov/plantbreedinggeneticsgenomics.cfm—Overview of some plant biotechnology research.

http://www.monsanto.com/biotech-gmo/asp/default.asp—Overview of plant biotechnology and some references.

http://www.soyconnection.com/pdf/usbs_position/English/8007_USB_BioTechBro_v1.pdf—Discussion of importance of biotechnology.

http://www.agbios.com/dbase.php?action=Synopsis—Database on global status of approved genetically modified plants.

http://www.isaaa.org/—International Service for Acquisition of Agri-biotech Applications; information on biotech programs around the world.

http://www.bt.ucsd.edu/—Information on Bt crops.

http://www.ars.usda.gov/research/publications/publications.htm?SEQ_NO_115=235716. Impact of Bt crops on nontarget organisms and insecticide use patterns.

http://www.ncfst.iit.edu/platforms/research_ncfst.html—Site for the National Center for Food Safety and Technology (NCFST).

http://micro.magnet.fsu.edu/phytochemicals/index.html—Images of phytochemicals and some discussion of them.

http://lpi.oregonstate.edu/infocenter/phytochemicals.html—Information on phytochemicals.

http://www.fda.gov/Food/GuidanceComplianceRegulatoryInformation/GuidanceDocuments/FoodLabelingNutrition/FoodLabelingGuide/ucm064919.htm—FDA guidelines for health comments on food labels.

http://www.fda.gov/food/labelingnutrition/labelclaims/healthclaimsmeetingsignificantscientificagreementssa/default.htm—Information on health claims that may be on labels.

http://www.nano.gov/—Home page for the National Nanotechnology Initiative.

http://www.ars.usda.gov/is/pr/2008/081215.htm—Information on detection of *Salmonella* using nanotechnology.

http://www.nanotechproject.org/process/assets/files/2706/94_pen4_agfood.pdf—Woodrow Wilson International 2006 report on nanotechnology in agriculture and food production and potential applications.

http://pubs.acs.org/doi/abs/10.1021/jf903170b—Article in Agriculture and Food Chemistry on phytoglycogen octenyl succinate, a carbohydrate nanoparticle to improve lipid oxidative stability of emulsions.

http://www.senomyx.com/flavor_programs/receptorTech.htm—Flavor receptor technology.

http://www.fda.gov/Food/LabelingNutrition/FoodAllergensLabeling/GuidanceComplianceRegulatoryInformation/ucm106187.htm—Information about the Food Allergen Consumer Protection Act of 2004.

http://www.nytimes.com/2009/11/17/science/17prof.html?pagewanted=all—*New York Times* story on a science kitchen in Seattle.

ARS의 화학자 조지 잉그렛이 이미 개발된 영양성이 풍부한 식품 성분인 뉴트린(사진 바로 앞에 있는 용기)을 이용하여 식품을 개발하고 있다. 식품개발에 필요한 오트림과 Z-트림이 보인다.

2장

연구과정

단원 개요

학습 목표
서론
연구목적의 명확화
문헌의 검토
생각할 거리 : AGRICOLA
실험의설계
　방법
　평가
　데이터 기록
실험의 수행
결과의 해석 및 보고
　통계에 대한 개요
보고서 작성의 개요
요약
연습문제
참고문헌
웹사이트

학습 목표

이 단원을 학습함으로써:

1. 수행하려는 연구과제의 목적을 명확하게 말할 수 있다.
2. 연구과제와 관련이 있는 문헌을 찾을 수 있다.
3. 실험 방법, 평가 및 데이터 기록을 포함하는 연구설계를 제시할 수 있다.
4. 연구 수행 방법을 설명할 수 있다.
5. 통계 사용법을 포함해 실험결과의 해석 및 보고하는 방법을 설명할 수 있다.
6. 수행 연구과제에 대한 보고서 작성법에 대해 약술할 수 있다.

서론

학교 교실에서의 실험 수업은 대개 학생들이 시료를 준비하고 평가함으로써 적절한 과학적 원리를 증명하도록 구성되기에, 과학적 원리의 중요성 및 식품에서 다양한 요소들의 영향을 파악하는데 도움이 된다. 또한 목적과 당위성이 명확한 개인별 실험을 계획하고, 수행하며 보고함으로써 연구에 대해 많이 배울 수 있으며, 문제점을 파악하고 실제로 과제 수행과 관련된 여러 단계를 진행해봄으로써 식품연구의 영역, 그리고 연구의 수행, 평가 및 보고와 관련된 여러 요소를 인식할 수 있게 된다. 이 단원에서는 식품연구 과정의 개요 및 독자적인 식품연구 수행에 대한 지침을 제시하고자 한다.

실험 목적의 명확화

연구 설계의 첫 단계는 명확히 표현할 수 있는 실험목적을 정하는 것이다. 이를 위해 먼저 연구할 일반적인 주제를 적어 두는 것이 도움이 된다. 이는 마치 "알루미늄 호일 고기구이(roasting meat with aluminum foil)"로 정하는 것만큼 막연할 수 있지만 이로부터 구체적인 기술이 만들어 질 수 있다. 다음은 개별 과제용 실험 목적을 기술한 예이다:

> 이 실험의 목적은 머핀 제조 시 설탕을 2 가지 수준의 과당으로 대체할 때 머핀에 미치는 효과를 측정하는 것이다.

이러한 기술은 두 가지 수준의 대체가 사용될 것이며, 대조군으로서는 설탕, 대체제는 과당, 그리고 시험 재료는 머핀임을 나타낸다. 그러나 머핀의 어떤 특성을 측정할 것인지는 나타나 있지 않다. 대신에 일반적인 용어인 '효과(effect)'란 용어를 사용하였는데 평가방법이 분명해 질 때 확인할 수 있게 남겨둔 것이다. 만일 '효과'를 좀 더 구체적으로 정의할 수 있으면 실험목적을 다음과 같이 기술할 수 있을 것이다.

> 이 실험의 목적은 머핀제조시 설탕을 2가지 수준의 과당으로 대체할 때 머핀의 부피, 조직감, 풍미, 연함, 수분에 미치는 효과를 측정하는 것이다.

이 같은 기술은 다소 복잡하지만 실험범위가 명확해지고 평가방법을 정하는데 도움이 된다. 문제점을 언급(statement)하는 것은 기술적 연구(descriptive research)에 적합하지만 실험결과에 통계적분석을 적용하려면 연구자는 가설(hypothesis)과 귀무가설(null hypothesis)을 세워야 한다. 이를 통해 적용한 변수(설탕을 대신하여 과당을 두 가지 수준으로 대체)가 연구에서 얻어진 결과를 유발할 가능성에 대한 통계적인 분석이 가능해진다.

가설
연구에서 변수적용의 논리적 또는 경험적인 결과를 시험하기 위한 적극적인(명백한) 가정.

귀무가설
연구에서변수적용이 유의적인 차이를 일으키지 않는다는 가정.

가설(hypothesis)은 변수를 적용하면 결과가 유의적인 변함을 나타내는 기술이고, **귀무가설(null hypothesis)**은 변수를 적용하더라도 결과에서 유의적인 변화가 없음을 나타내는 기술이다. 예를 들면

- 설탕을 사용한 shortened cake와 과당을 사용한 버터 케이크의 부피는 유의적인 차이가 있을 것이다는 기술은 가설이고
- 설탕을 사용한 shortened cake와 과당을 사용한 버터 케이크의 부피는 유의적인 차이가 없을 것이다는 기술은 귀무가설이 된다.

연구는 종종 시간과 비용이 많이 들기에 실험자는 실험목적을 정할 때 하고자 하는 실험이 타당한지를 함께 생각해야 한다. 상술한 연구주제의 타당성은 과당이 설탕보다 더 달기에 케이크 제조시 소량 사용함으로써 칼로리를 낮추는 데 유용할 것이라는 사실에 근거한다. 만일 과당으로의 대체하는 실험의 결과가 만족스럽다면 저칼로리 케이크의 개발이 가능하고 이를 원하는 소비자의 요구를 만족시켜 시판될 수 있을 것이다.

연구의 타당성은 소비자의 요구를 기반으로 하는 경우가 많다. 계란 대체제나 다른 다양한 성분에 대한 연구는 고 혈청콜레스테롤 소비자의 요구에 기인해 타당성을 가질 수 있다. 때로는 고가 성분 대신 저렴한 대체제를 사용하거나 고가 성분의 양을 줄이는 연구도 경제적인 측면에서 타당성을 가진다. 그리고 시판 중 품질유지를 위한 제품의 저장수명(shelf life) 증진에 대한 요구도 관련 연구에 타당성을 부여한다. 하지만 이들은 식품 연구 수행의 타당성을 부여하는 몇 가지 예에 불과하다.

문헌의 검토

연구할 주제에 대한 기존 문헌들을 철저히 검색한 후에 연구과제를 설계하는 것이 가장 의미가 있다. 즉, 연구수행 시 예상되는 문제, 적합한 실험방법, 주제와 관련된 이론과 실제, 그리고 평가기술들을 기존 문헌을 통해 파악할 수 있기 때문에 상당한 시간의 절약 및 연구의 질을 높일 수 있을 것이다.

인터넷으로 주제와 관련된 핵심어를 사용하여 검색하면 필요한 문헌을 찾을 수 있는데, 앞의 연구과제의 경우 적절한 핵심어는 과당, 케이크, 버터 케이크, 설탕, 당이 될 수 있고 시험방법 및 관련된 참고자료도 검색이 가능하다.

또한 연구주제에 적합한 논문은 많은 종류의 저널(연속간행물)로부터 얻을 수 있는데 표 2.1에 식품연구에 도움이 되는 일부 저널의 목록을 나타내었다.

연구주제에 유용한 최근 논문은 적합한 저널의 최근 발간호 논문 목록에서 확인할 수 있고 논문에 있는 참고문헌 목록도 도움이 된다. 많은 저널들은 매년 논문들의 색인을 제공하며 이를 검색하면 도움이 되는 논문들을 확인할 수 있다.

만일 인터넷 검색이 불가능하거나 검색결과가 지연되면 다양한 관련 저널에 대한 통합정보를 제공하는 전문 색인 출판물을 이용하는 것이 도움이 된다. 예를 들면 *Biological and Agricultural Index*(매달 발간되며 1년에 4회의 축적된 발간호 발행), *Applied Science and Technology Index*(식품과학보다는 응용과 기술에 중점을 둔 색인, 현장에서 특히 중요한 기술을 다루는 저널인 *Journal of Food Science*의 논문은 포함하지 않음), *Current Contents: Agriculture, Biology, and Environmental Sciences*(식품연구 관련 저널의 목차를 매주 발간) 등을 활용하면 된다. 이 모든 출판물들은 연구주제와 관련된 정보의 수집에 도움이 되는 논문들을 찾는데 필요한 서지정보를 제공한다.

연구내용을 축약한 초록(abstract)도 연구주제에 대한 배경 지식을 얻는데 도움이 될 수 있으나 가능하면 전체 논문내용을 읽는 것이 좋다. 그럼에도 일부 논문들은 초록으로만 그 정보를 얻을 수 있는 경우도 있다. 초록이 실린 논문의 출처는 도서관과 인터넷에서 이용할 수 있는데. *Food Science and Technology Abstracts, Chemical Abstracts (Section 17), Biological Abstracts* 등에서 관련 논문의 초록을 볼 수 있다.

AGRICOLA와 Foods Adlibra™ 등과 같은 논문에 대한 데이터베이스는 인터넷을 통해 볼 수

표 2.1 식품연구 관련저널

저널	다루는 주제
Agricultural and Biological Chemistry	식품 관련기반 제품의 화학
American Journal of Potato Research	감자에 관련된 모든 분야
Cereal Chemistry	제빵산업에서의 응용연구
	전분과 같은 주제에서 식품학 적용 및 과학적 연구
Cereal Foods World	다양한 곡물
Food Technology	식품산업 및 제품평가, 관리 및 개발관련 문제
International Journal of Poultry Science	가금류의 다양한 분야
Journal of Agricultural and Food Chemistry	식품에 대한 화학적 연구
Journal of American Dietetic Association	일부 영양소 함량과 식품성분에 대한 논문
Journal of Dairy Science	우유와 유제품
Journal of Food Protection	식품미생물학
Journal of Food Quality	일부 식품품질에 대한 리뷰논문
Journal of Food Science	매우 다양한 범주의 응용 및 기초식품 연구논문
Journal of Texture Studies	조직감 특성의 이론 및 응용

생각할 거리: AGRICOLA

라틴어 어원인 AGRICOLA는 미국 농무부가 1970년에 AGRICultural OnLine Access의 머리글자를 따서 만든 온라인 데이터베이스로써, 식품 및 인간 영양, 동물 및 물 과학, 양식과 수산업, 농업경제, 교육을 포함한 매우 광범위한 농업관련 학문에 대한 방대한 서지정보를 현재까지 유지하고 있다(그림 2.1).

사용자들은 Online Public Access Catalog(책 및 다른 관련 출판물 검색)와 Journal Article Citation Index(저널의 논문 검색)를 통해 관련정보의 검색이 가능하다. 일부 정보는 원본에 링크되어 원본수집도 가능하다. 도서관 자료는 http://agricola.nal.usda.gov/를 통해 국립농업도서관(National Agricultural Library)으로부터 얻을 수 있다.

는 있지만 출력은 할 수 없다. World Wide Web은 유용한 컴퓨터 색인이다.

수집한 문헌들을 과제에 활용하기 위해서는 그 논문들을 철저히 읽고 고찰해 보는 것이 필요하다. 이들 문헌으로부터 가설 기술과 방법 개발을 위한 아이디어 수집 및 얻어진 연구 결과의 유효성 입증에 도움을 얻을 수 있다. 또한 승인된 분석방법들을 배우고 이를 통해 얻어진 결과를 이전의 연구결과들과의 비교를 쉽게 한다.

연구에 활용한 논문들은 승인된 서지양식에 따라 완성된 인용을 기록해 두어야 한다. 서지양식은 대학이나 특정 수업에서 정한 바에 따르는데 일반적으로는 연구분야와 관련된 전문저널에서 사용된 양식을 따른다. 모든양식에서의 기본 정보로는 저자명(대개 머리글자), 논문 제목, 권(필요하다면 호수), 페이지(시작 또는 전체 페이지), 연도를 표시한다. 이렇게 기록해 두면 하면 추후 인용을 완성시킬 때 편리하다. 서지양식은 저널마다 다소 차이가 있는데 *Food Technology*와 *Journal of the American Dietetic Association* 두 저널에서의 인용은 다음과 같다:

Pillai, S.D. and Jesudhasan, P.R. 2006. Quorum sensing: How bacteria communicate. *Food Technol*. 60 (4): 42—49.

Stein, K. Contemporary comfort foods. *J. Am. Diet. Assoc*. 2008; 108:412.

실험의 설계

실험목적이 명확해지면 그 목표의 달성을 위한 실험설계를 할 수 있다. 식품실험 수업에서 개별 학생실험들은 오직 한 가지 변수(variable)만을 조사할 때 의미있는 진행될 수 있다. 앞서 언급된 예에서 그 변수는 바로 설탕을 과당으로 대체하는 일이며 그 대체 정도를 조사해야 한다. 이를 위해 각 시험당 3 종류의 케이크를 준비하도록 실험설계를 할 수 있다. 즉, 100% 설탕과 0% 과당을 사용한 대조군 케이크, 50% 설탕과 50% 과당을 사용한 케이크, 0% 설탕과 100% 과당을 사용한 케이크이다.

변수
고정된 가치를 갖지 않는 양이나 기호.

외부변수
의도되지 않은 실험의 일부분이 되는 실험을 수행하기 전에 통제되거나 제거되어야 한다.

독립변수
연구자가 정의한 조절변수(manipulated variable)로 연구자의 의도대로 변경시키거나 조정할 수 있는 변수.

변수(variable)는 고정 값을 갖지 않는 어떤 양(quantity)이나 모양(symbol; 기호, 상징)을 말한다. 실험설계 시 변할 수 있는 연구의 모든 측면을 확인하는 것이 중요하다. 해당 실험과는 실질적으로 관련이 없는 변화를 일으키는 변수를 **외부변수(extraneous variable)**라고 하는데 예를 들어 베이킹파우더가 주안점이 아닌 실험에서 두 개의 다른 베이킹파우더 제품을 사용하는 것이다. 이와 같은 외부변수는 바람직하지 않기에 실험을 하기 전에 이를 미리 인식하고 제거할 필요가 있다.

실험설계 시 두 종류의 변수가 특히 중요하다. 이중 **독립변수(independent variable**; 종종 조절변수, 처리변수 manipulated variable라 함)는 연구자에 의해 정해지며 측정되는 것이 아닌데 반

그림 2.1 AGRICOLA 홈페이지

해, 종속변수(**dependent variable**)는 실험의 산물로 측정된 결과나 데이터를 가진다. 설탕과 과당을 사용해 제조한 케이크의 비교 연구에서 독립변수는 당의 종류이고 종속변수는 케이크의 부피이다.

종속변수
실험에서 측정된 변수로 독립변수에 따라 결정되며 실험자의 의도와는 상관없는 변수.

일반적으로는 계획한 변수(variation)가 적절한지는 예비실험으로 확인할 수 있다. 이 예비실험을 통해 본 실험의 결과를 예상해보고 또한 시료준비와 평가에 필요한 대조군을 만들 수 있다. 그러나 실험수업의 시간이 제한되어 있기 때문에 최적의 배합과 방법을 알아볼 수 있는 예비실험도 없이 단지 2회 시험만을 하도록 설계될 수밖에 없다.

발표할 만한 연구를 위해서는 시료준비에서의 변이에 기인한 오차를 제거하는데 필요한 대조군의 설정을 위해 계획단계 동안에 많은 시험이 필요하다. 반복적인 결과가 얻어지고 평가과정에 관련된 문제점들이 해결된 후에만 실질적인 데이터 수집을 시작해야 한다. 그리고 일단 데이터 수집을 시작하면, 실험결과가 변수에 의한 것이지 우연한 것이 아님을 보장하기 위해 충분한 반복실험을 해야 한다(그림 2.2).

방법

시료준비는 전체 실험과정을 세심히 고려하여 계획해야 한다. 첫 단계는 모든 실험구들의 비교기준이 되는 이상적인 대조군을 제조하기 위한 배합비(formula)을 확인하는 것이다. 그 다음 대조군과 실험군 준비와 관련된 모든 활동과정을 실험방법에 확실히 기술해야 한다.

모든 혼합기술은 명확히 기술함으로써 누구라도 그 방법에 따라 동일한 제품을제조하고 동일한 결과를 얻을 수 있도록 한다. 특히 배합기기 종류, 젓는 횟수 및 속도(1분당 젓는 횟수) 등이 명확히 기술되어야 하며, 레시피에 "혼합될 때까지 젓기"와 같이 모호한 기술은 정확한 대조군 제조를 어렵게 한다. 이와 비슷하게 가열 온도와 시간도 명확히 기술해야 한다.

성분 자체에서 기인된 잠재적 변이도 가능한 제거해야 한다. 예를 들면 1회 실험에서 대조군 및 실험군 시료에 사용할 모든 계란들은 껍질을 깬 후 모두 서서히 섞은 후 각 시료에 필요한 양을 덜어 사용한다. 그리고 밀가루와 다른 주요 재료들도 동일한 포장단위의 것을 사용하며 만일 전체 실험에 하나의 포장단위 이상이 필요하면 실험 전에 미리 필요한 총량을 완전히 혼합하고 적절히 보관하면서 전체 실험 동안에 사용해야 한다. 물론, 쉽게 상하는 재료들을 사용할 수도 있어 실험 때마다 다른 포장단위 사용으로 일부 차이가 있을 수 있다. 그러나 1회 실험에서는 밀가루 경우처럼 처리하여 그 재료의 편차를 없애야 한다.

그림 2.2 아이오와주립대 생활과학대학 학장인 Pamela White 박사가 유지실험을 수행하기 위해 바이알을 기체크로마토그래피의 자동주입기에 넣고 있다.

평가

평가장비는 실험을 계획하는데 핵심부분으로, 관련성이 있는 모든 특성들을 적절히 시험할 수 있도록 세심하게 고려해야 한다. 즉, 부피, 연함(tenderness), 점도, pH, 화학 및 물리적 특성과 같이 필수적인 객관적 평가 요소를 밝혀야 하고 각 측정 계획이 구체적이어야 한다.

관능평가를 위해서는 식미분석요원(taste panel)을 지정하고 적합한 점수표(score card)를 만들어야 하며 필요 시 분석요원에 대한 훈련과정도 계획해야 한다. 객관적 평가법과 주관적 평가법에 대해서는 다음의 두 단원에서 논의하기로 한다.

객관적 평가와 주관적 평가를 위한 계획에는 필요한 시료량을 결정하기 위해 배합하는 것도 필요하며 시료 준비방법도 세심히 마련되어야 한다. 연함측정 같은 객관적 시험을 위해서는 미리 시료의 두께 조절이 필요한데, 반죽시료는 굽기 전에 평행 가이드가 장착된 판위에 반죽을 굴려서 그 두께를 일정하게 만든다(그림 2.3). 어떤 경우에는 시료를 일정한 모양과 크기로 자를 수 있는 **형판(template)**을 사용할 필요도 있다(그림 2.4).

형판
케이크와 같은 큰 시료로부터 평가에 필요한 시료 형태로 정확히 자를 수 있게 만든 틀 또는 주형.

시료의 크기뿐 아니라 시기와 온도도 고려해야 한다. 많은 식품에서는 가열한 후에 식으면서 조직 특성에서 유의적인 변화가 발생한다. 화이트소스(우유, 버터, 밀가루로 만듦)는 냉각에 따라 점도가 두드러지게 증가하고, 구운 제품들은 냉각에 따라 더 단단해진다. 또한 전분으로 농후화된 푸딩(starch-thickened pudding)의 젤 구조는 교반없이 냉각하면 점차 단단해진다. 이처럼 시료들 중에는 시간과 온도에 따라 변화가 일어나는 경우가 많기에 평가 조건을 정확히 정할 필요가 있다.

데이터 기록

연구과제와 관련된 모든 정보, 즉 연구의 목적, 타당성 및 실험설계는 안전하고 정확하게 유지해야 한다. 그리고 시료조제 지침 및 이에 따른 배합 및 변이, 평가의 각 단계에 대한 안내, 평가에 사용된 시료의 형태는 모두 기록해야 한다. 컴퓨터를 사용한다면 입력 시 수치의 오차가 발생하지 않도록 해야 하며 최소 일주일에 한 번 정도는 데이터의 주기적인 백업이 필요하다.

컴퓨터의 데이터가 이들 목적을 위해 사용되는 경우, 범용 및 교정 항목은 데이터의 오류를 방지하기 위해 매우 중요하다. 비록 데이터의 수정을 하지 않더라도 교정은 데이터가 입력되는 시점에서 발생하는 오류를 신속하게에 거를 수 있다. 왜곡된 결과가 발견되었을 경우는 데이터의 신뢰를 위해 신속히 교정되어야 한다. 데이터는 적어도 디스크 또는 이동식 데이터 관리 장치에서 일주일에 한 번 이상 정기적으로 백업해야 한다.

실험 시 실험노트를 사용하고 잘 관리해야 한다. 기록날짜, 모든 실험과 관련되어 있는 관측사항과 메모, 실험으로 얻어진 모든 데이터는 실험 당일 기록해야 하며 컴퓨터 작업이 어려운 도표(다이

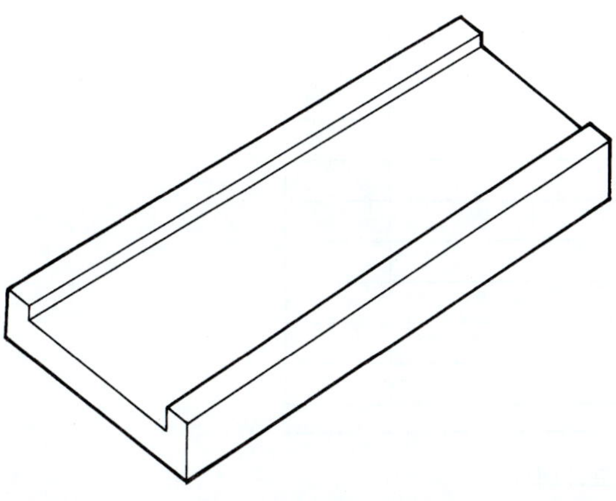

그림 2.3 Shortometer로 측정할 시료를 준비할 때 페이스트리 반죽의 두께를 조절하기 위한 판. 판 중앙에 놓여진 반죽을 밀대로 고르게 굴려 압착시켜 일정한 두께의 반죽이 되도록 한다.

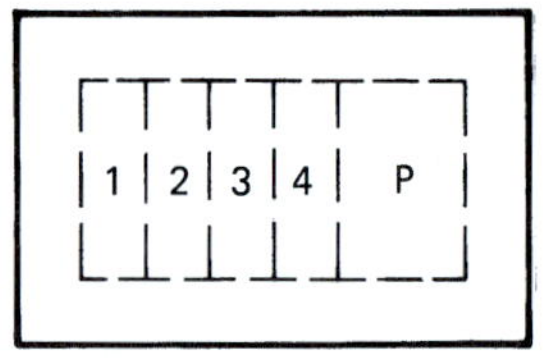

그림 2.4 4인의 평가자(시료 1, 2, 3, 4)와 penetrometer(시료 5)로 시험할 케이크 시료를 만들기 위한 틀

아그램)나 그림도 그려 넣을 수 있다. 실험노트 앞면에 연구자명, 연구실 주소, 전화번호를 기입하여 분실이나 타 연구자가 사용하는 일이 발생하지 않게 한다.

실험의 수행

실험하는 날마다 실험노트의 새 페이지에 기록을 시작하며, 평소와는 다른 환경조건이거나 다른 재료를 사용한다면 이에 대한 메모와 날짜를 반드시 기록한다. 그 다음 실험방법에 명시된 정확한 방법에 따라서 시료를 준비해야 하는데 이는 일반적으로 연구자들 본인의 실험습관에 따라 실험을 하는 경향이 있기 때문이다. 그리고 실험에서 실수가 발생하지 않도록 주의해야 한다.

시료 준비와 평가 동안 표기를 철저히 하여 실험에서 실수의 가능성을 줄일 수 있는데 임의의 숫자나 기호(□, △, ○ 등)를 표시로 사용할 수 있고 이를 실험노트에 기록해야 한다. 전체 실험 동안 기호 자체는 동일한 것을 사용할 수 있으나 실험하는 날마다 다른 시료에 사용하도록 계획을 짜야 한다. 이러한 방식을 통해 특정 기호로 표시된 각 시료가 평가자들에게 동일한 횟수로 제공될 수 있고 평가자들로 하여금 특정 기호의 시료가 어떤 특성을 보일 것이라는 것을 예상하지 못하게 한다.

실험 후 얻어진 객관적, 주관적 평가 결과는 실험이 진행되는 시간에 모두 실험노트와 컴퓨터에 기록한다. 여러 시료들에 대해 항상 동일한 순서로 결과를 기록하고 각 기호로 표시된 시료에 대해 "대조군", "50% 과당", "25%과당" 등과 같은 구체적 명칭을 작성하여 실수를 줄인다. 대체로 표를 사용하면 모든 데이터가 기록되는 것을 확실히 알 수 있다(그림 2.5). 초기에는 각 표에 대조군의 평균, 준비하여 평가한 변수들 각각의 평균과 함께 각 1회 실험에 대한 각 요소의 측정치를 나타내야 한다.

실험 종료시점에서 이들 일별 표들을 통합정리하여 전체 결과를 살펴보고 해석을 한다.

특성	측정 1	측정 2	측정 3	평균
향기				
100% 설탕				
50% 설탕, 50% 과당				
100% 과당				
풍미				
100% 설탕				
50% 설탕, 50% 과당				
100% 과당				
연도				
100% 설탕				
50% 설탕, 50% 과당				
100% 과당				

그림 2.5 하루치의 주관적 데이터를 기록하기 위한 도표의 예시

결과의 해석 및 보고

각 주관적 요소에 대한 평가표에는 각 1회 실험에서 평가자 개인별 점수와 이들의 평균, 그리고 총 수행한 실험에서 해당 요소의 전체 평균이 나타나 있어야 한다(그림 2.6). 이렇게 함으로써 각 요소에 대한 개인별 평가의 일관성을 쉽게 확인할 수 있을 뿐 아니라 평가자들 간의 비교도 가능해진다. 만일 평소의 평가결과와 차이가 있을 경우 실험노트를 다시 들여다보면 그 이유를 설명(예를 들면 평가자 1은 그날 지독한 코감기에 걸렸다)하는데 도움이 될 수 있을 것이다.

실험을 수행하는 각 회마다 결과가 불일치 현상이 보이면 결과의 유효성이 의심된다. 이 경우 정밀한 조사를 통해 연구방법에서의 결함을 확인할 수도 있다; 아마도 향후 신뢰할 만한 데이터를 얻기 위한 연구가 진행될 수 있을 것이다. 명백하게 연구자들은 귀한 연구시간과 자원 손실이 최소화하도록 초반에 실험적 문제를 확인하고 싶어한다.

기술통계학
빈도, 중심경향측도, 백분율, 다양한 분산도와 같이 계산의 관점으로 결과를 기술하는 데이터 분석법/명료하고 효과적인 방법으로 표본에서 정보를 얻고 요약하는 방법.

추리통계학
측정된 결과가 발생할 확률을 결정하기 위한 통계 분석법; 사용되는 통계시험법으로는 카이제곱, 분산분석(ANOVA), 스튜던트 *t*-검정이나 다른 통계법이 있음/표본에서 얻은 정보를 이용하여 모집단의 성질에 대해 추론하는 방법.

통계에 대한 개요

연구과정에서 얻은 데이터는 **기술통계학(descriptive statistics)**이나 **추리통계학(inferential statistics)**에 의해 통계적 분석이 가능하다.

기술통계학 실험수업처럼 적은 횟수의 실험을 한 경우에, 기술통계치는 빈도수(frequency counts)와 분포(distribution), **중심경향측도**(최빈값, 중앙값, 평균값), **산포도(measures of dispersion)**(범위, 평균편차, 표준편차, 분산, 평균의 표준오차나 평균들 사이의 차이) 중 하나 또는 그 이상을 포함할 수 있다.

중심경향측도
분포의 중심위치의 값.

산포도
분포값.

수집된 데이터의 간단한 계산으로 가능한 기술적 통계분석은 연구 결과를 이해하는데 도움이 된다. 빈도(도수)와 도수분포는 특정한 범주(category)에 속한 결과의 개수를 나타내며, 이 총 개수를 분석 대상 전체 모집단에 대한 백분율로 나타낼 수 있다. 표 2.2에서 볼 수 있듯이 만일 50명(모집단)을 대상으로 선호하는 주스상품을 조사했을 때, 5명이 Esmerelda를 선호한다고 답하면 대상자의 10%가 특정 범주(Esmerelda, 선호그룹)에 속한다고 할 수 있다. 그리고 모든 범주에 대한 백분율 분석으로 대상 모집단의 명확한 특성(선호하는 오렌지주스 상품)을 확인할 수 있다(표 2.2).

수많은 데이터가 수집되면 비교분석을 위해 중심경향측도를 자주 사용한다. 중심경향측도로써 **최빈값(mode)**은 가장 자주 나타나는 점수나 그룹을 의미하며, 모든 데이터를 도표 위에 표시했을 때 가장 많이 나타나는 점수나 그룹을 찾아서 구한다. 표 2.2에서의 최빈값은 22이다(Natur' s Premium).

최빈값
가장 많은 결과나 데이터 포인트를 받은 점수나 그룹.

실험횟수/실험날짜	평가/평균	100% 설탕	설탕/과당	과당
1월 30일	1	5	4	3
	2	4	4	4
	3	4	3	5
	평균	**4.3**	**3.7**	**4**
2월 3일	1	4	4	4
	2	4	3	3
	3	5	3	4
	평균	**4.3**	**3.3**	**3.7**
2월 5일	1	4	3	3
	2	5	3	3
	3	4	4	3
	전체 평균	**4.3**	**3.3**	**3**
		4.3	**3.4**	**3.6**

그림 2.6 풍미에 대한 점수

표 2.2 미국 Newtonville 지역의 소비자가 선호하는 오렌지주스(도수분포와 백분율)

	개수	
상품	인원수(빈도)	백분율
Esmerelda	5	10
Valley Pride	15	30
Nature' s Premium	22	44
Superior	3	6
Naringenita	5	10
	50	

중앙값
순차적으로 배열된 데이터들 의중앙에 위치한 점수.

중앙값(median)은 수집 데이터를 순차적으로 배열할 때 위치 상 중앙(middle position)에 있는 점수로써 데이터의 숫자가 홀수이면 배열에서 다음에서와 같이 중앙에 있는 점수를 의미한다. 다른 말로 하면, 평균의 한쪽 측면에는 많은 숫자가 있다. 이것은 홀수의 데이터를 가지고 쉽게 동정할 수 있다. 데이터가 짝수일 때, 그 값은 두 개의 중심점이 중심값 사이에서 중간에 있기 위해 계산된 수치가 된다. 중심 값은 필수적으로 정의되는 가장 큰 가능한 값과 가장 작은 가능한 값 사이의 수학적인 중간값이 아님을 유의한다.

32
68
95 (중앙값)
101
110

하지만 데이터 숫자가 짝수이면 중간에 있는 두 점수의 중간이 중앙값이 된다.

11
12
16(중앙값 = 17.5)
19
29
32

그러므로 중앙값이 반드시 모든 데이터에서 가장 큰 점수와 가장 작은 점수의 중간에 해당하는 값을 의미하는 것은 아니다.

산술평균
점수들의 산술적인 평균.

산술평균(mean)을 점수의 합계를 개수로 나눈 값으로 점수의 산술적 평균을 의미한다. 일부 데이터가 다른 점수보다 차이가 큰 경우 산술평균도 크게 영향을 받을 수 있다는 약점에도 불구하고 가장 믿을 만한 중심경향측도이기에 자주 사용되며 일부 통계적 계산에도 사용된다. 앞의 데이터에 대한 산술평균은 다음과 같다.

$$\frac{32+68+95+101+110}{5} = \frac{406}{5} = 81.2 = \text{산술평균}$$

$$\frac{11+12+16+19+29+32}{6} = \frac{119}{6} = 19.83 = \text{산술평균}$$

이 3가지 종류의 중심경향측도는 수집된 데이터의 분석에 사용할 수 있다. 중앙값은 점수들이 한쪽으로 쏠렸을 때 사용하며, 최빈값은 데이터의 중간값(midpoint)을 대략적으로 빠르고 예측할 때 사용하나 데이터 분석에 단독으로 사용하는 것은 적절치 않다. 반면 산술평균은 통계분석을 했을 때, 실험에서 얻어진 값을 나타내기에 매우 적절한 값이다.

백분율(percentage)은 연구결과의 특성을 표현하기 위해 자주 사용하는데, 예를 들면 두 개 시료 중 특정 시료를 선호하는 사람들의 백분율을 조사함으로써 사람들이 선호하는 시료를 쉽게 파악할 수 있다. **백분위수 순위(percentile rank)**는 어느 특정 점수의 위치 파악을 용이하게 하도록 모든 점수들을 순차적으로 배열하는 것이다. 예를 들면 10의 배열에서 5번째 점수는 50번째 백분위수에 있다.

백분율
100의 부분.

백분위수 순위.
총 100번째 배열을 기준으로 한 특정 점수의 상대적 위치.

산포도(measures of dispersion)는 데이터값의 일치성 정도(달리 말하면 데이터 값들이 퍼져 있는 정도)를 표현하는데 사용되며 **분산(variance)**과 **표준편차(standard deviation)**를 이용하여 산포 정도를 평가한다. 그리고 분산의 제곱근이 바로 표준편차이기에 이 두 측정치는 관련성이 크며 이들은 실험으로 얻어진 데이터의 유의성 검증에 사용된다.

분산
데이터가 퍼져 있는 정도를 나타내며, 평균과 비교했을 때 각각의 값들이 보이는 편차를 제곱한후 이들을 모두 합하여 얻어진 값.

표준편차
분산의 제곱근 값.

추리통계학 연구집단 설정에 사용된 것과 동일한 기준을 만족시키는 모집단들에 대한 예측을 하기 위해 적용되는 계산이 추리통계학(Inferential statistics)이다. 즉, 일반적으로 모집단의 특성을 파악하는 것은 현실적으로 불가능하기에, 특정한 기준으로 연구집단(표본)을 설정하여 기술통계학으로 분석한다. 그 다음에 그 결과를 이용해 동일한 기준을 만족하는 모집단의 특성을 추론하게 되는 것이다. 추리통계학은 세심하게 기술된 가설들－작업(working) 또는 대립(alternate)가설과 귀무(null, 부정적 표현)가설－을 바탕으로 한다.그리고 분석에 사용할 특정 통계학을 연구 설계 시 결정하게 된다.

추리통계적 분석은 표본에서 관측된 결과가 단순히 우연에 의한 것이 아니라 적용한 변수에 기인했을 확률(probability)을 결정하기 위해 수행된다. 이러한 확률을 결정하기 위해서는 실험에 대해 설정한 가설이 맞는지 틀리는지를 통계적으로 분석해야 하는데 주로 설정한 귀무가설을 수용할 것인지 또는 기각할 것인지를 결정하는 과정이다.

귀무가설의 기각여부는 계산된 결과에 대해 적절한 통계표를 사용하여 검정한다. 이 통계표에는 0.05와 0.01의 두 가지 유의수준이 나타나 있다. **유의수준(level of significance)**은 이처럼 소수점 값으로 표현되거나 비율로 표현되며, 계산한 결과가 이 값 이하인 경우에는 귀무가설이 기각되며 연구의 결과가 유의적임을 의미한다. 예를 들면 0.05의 유의수준에서는 어떤 결과가 우연히 일어날 가능성이 100중에서 단지 5임을 나타내고, 0.01에서는 100중에서 단지 1 정도만 우연히 일어날 가능성이 있음을 의미한다.

유의수준
그 이하에서는 연구결과가 유의성이 인정되고 귀무가설이 기각될 수 있는 소수점 값.

만일 적용한 변수가 0.05 수준에서 유의적 효과를 가지고 0.01 수준에서는 그렇지 않다고 하더라도 유의적이라고 할 수 있다. 그러나 0.01 수준에서만큼 유의적인 것은 아니다.

통계적인 유의성을 표현하는 또 다른 방법은 **신뢰수준(level of confidence)**을 사용하는 것으로 이것은 특정 변수가 어떠한 결과를 유발하는 확실성의 백분율이다. 95% 신뢰수준이라는 표현은 0.05의 유의성 수준과 동일하며 99% 신뢰수준은 0.01의 유의수준과 같은 의미이다.

신뢰수준
변수에 기인한 결과들이 통계적으로 유의적일 확실성을 백분율로 표현한 것.

카이제곱검정(Chi-square)은 한 개의 변수 적용에 따라 두개 다른 범주에 속하는 결과를 나타내는 연구에 적합한 추리시험으로 변수의 적용에 의해 어떤 결과가 나타날지를 추론할 수 있다. 또한 둘 이상의 독립변수들이 있어도 가능하지만 그 변수의 수가 증가할수록 계산은 더욱 복잡해진다.

데이터를 순차적 또는 순위대로 정렬하는 경우에는 어떤 결과의 발생 확률을 예측할 수 있는데 이 때 사용할 수 있는 검정 방법으로는 sign test, Wilcoxon matched pairs test, Mann Whitney U test, Kruskal Wallis test, rank sums test 등이 있으며 연구의 설계에 따라 적절한 통계방법을 선정한다.

상관관계연구
변수들 사이의 상호관계를 결정하는 연구.

회귀
상관관계 연구에 적용되는 통계방법.

Student's *t*-test
대조군의 평균에 대하여 실험군의 평균이 유의적인 차이를 보이는지 검증하는 통계검정법.

분산분석 (ANOVA)
많은 데이터 세트 사이에서의 차이를 검증하는 통계기법.

식품 연구에서는 하나의 변수(독립변수)가 다양한 성분(종속변수)에 미치는 영향이나 상호관계가 중요한 경우가 많기 때문에, 실험자가 적용한 변수가 식품의 다양한 특성에 영향을 주었는지 아닌지, 즉 변수와 그 특성 사이에 상관관계가 있는지를 검정하는 일이 필요하고 이를 **상관관계연구(correlational research)**라 한다. 그리고 이 상관관계를 통계적으로 분석하는 것을 **회귀(regression)** 분석이라 한다.

회귀분석에는 Pearson's Product Moment Correlation Coefficient (fortunately shortened to Pearson's r), Spearman's rho, C statistic, Kendall's tau 등의 검정법이 사용되며 데이터의 형태에 따라 적합한 방법을 선정한다.

대조군과 한 개의 실험군 사이에 통계적으로 유의적인 차이가 있는지는 두 집단의 평균을 비교하는 **분산분석(Student's *t*-test)**를 통해 확인할 수 있다. 만일 실험군이 많다면 각각의 실험군을 대조군과 비교하면 된다.

한편, 많은 데이터 세트 사이에 상호 유의적인 차이가 있는지를 분석하는 데에는 **분산분석(ANOVA: analysis of variance)**이 널리 사용된다. 이 때 임의적 또는 확률에 근거하여 시료를 선택해야 하지만 이 같은 시료선택 방식이 아닌 경우에도 자주 사용된다. 분산분석을 이용한 유의성 검증에는 F-값 분포표가 필요한데, 얻어진 F-값이 기준 F-값 이상이면 처리군들 사이에 유의적 차이가 있음을 의미한다. 몇 가지 다른 방법으로 분산분석 계산을 할 수 있지만 유의성 검증을 위해서는 F-값 분포표를 사용하여야 한다.

보고서 작성의 개요

연구과제의 최종 단계는 연구보고서 작성으로 그 형식은 필요에 따라 다양할 수 있다. 전문 저널에 논문투고의 목적인 경우에는 저널에 나와 있는 작성양식에 따라 보고서를 작성하면 되고, 실험수업의 보고서는 대개 교수가 정한 지침에 따르면 되는데 일반적으로는 다음의 내용들이 포함된다.

- 서론(연구수행의 목적과 타당성을 기술)
- 관련 문헌의 검토
- 방법(시료준비, 주관적 평가, 객관적 평가 방법 기술)
- 결과 및 고찰
- 결론(또는 요약 및 결론)
- 참고문헌 목록
- 부록(선택사항으로 보고서 본문에 적합하지 않은 부가적인 정보를 제공할 필요가 있는 경우)

보고서에는 독자들이 연구결과를 명확히 이해하게끔 적절한 위치에 표와 그림을 첨부한다. 모든 예시에는 참고문헌을 달아야 하며 번호와 제목을 명확히 붙여야 한다.

표 2.3에 나타낸 예에서와 같이, 표에서 각 열에 중요한 표제를 넣고 필요하면 단위도 표시할 수 있다. 그리고 표제의 위와 아래쪽, 표 내용의 하단에 실선을 그어 표의 내용을 쉽게 파악할 수 있게 한다. 표제와 관련된 부제가 2개 이상이 존재하는 경우에는 표제와 부제 사이에 실선을 그어 구분하고 그 길이는 표제와 관련이 있는 모든 부제가 포함되도록 그어준다.

잘 구성된 그래프는 실험결과를 명확히 표현하는데 도움이 된다. 그래프의 두 축에는 레이블 및 단위를 표시하며 모든 데이터 값을 정확히 표시한다. 데이터의 보고에 적합한 그래프의 예를 그림 2.7에 나타내었다. 그림 2.8은 데이터를 막대그래프 형식으로 표현한 것이며 그림 2.9의 원그래프(pie chart)는 백분율이나 전체에서의 할당량을 표현할 때 사용할 수 있다.

표 2.3 종류가 다른 감미료(설탕, 과당, 아스파탐)를 사용한 엔젤푸드 케이크의 연한 정도와 부피[a]

	연한 정도		
감미료	전단력(lb)	씹는 횟수	부피(ml)
설탕	.002	5	175
과당	.001	3	190
아스파탐	.007	16	105

[a]이 표의 정보는 단지 표의 양식을 보여주기 위한 것이다.

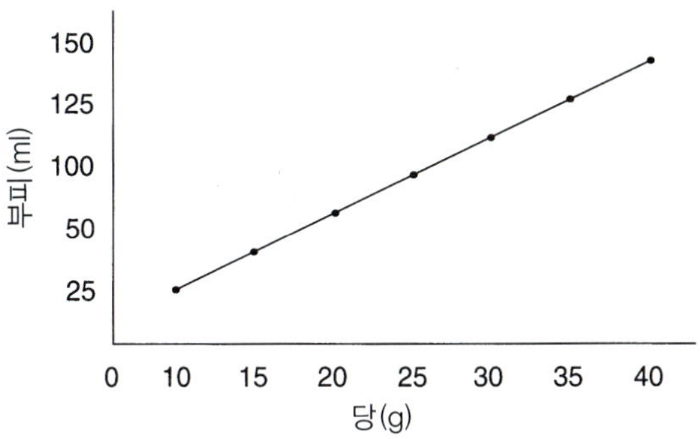

그림 2.7 당의 함량이 플레인 케이크의 부피에 미치는 효과

요약

소개 성격의 식품실험 수업에서는 대부분의 실험이 전체 그룹이 협력해 진행되지만 오히려 많은 내용은 일부 기간 동안 진행되는 소규모의 개인실험을 통해서 배울 수 있다. 이상적으로는 이 개인실험에는 문제점의 파악과 기술, 관련 문헌의 검토, 실험의 설계가 포함되며, 실험의 설계에는 상세한 시료준비 과정, 제품 평가를 위한 주관적 수단과 객관적 수단이 포함되어야 한다.

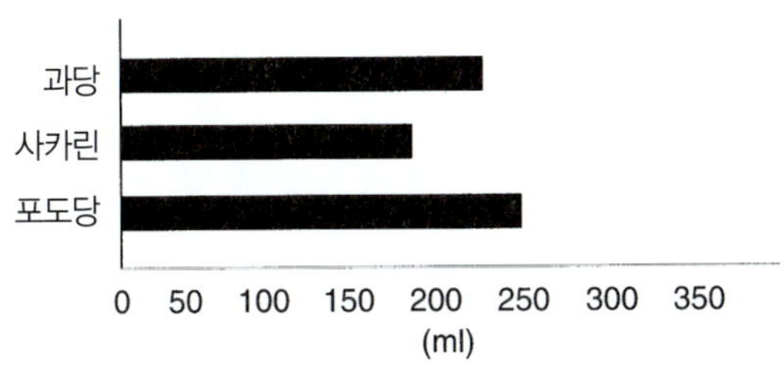

그림 2.8 다른 종류의 감미료를 사용한 초콜릿 케이크 부피

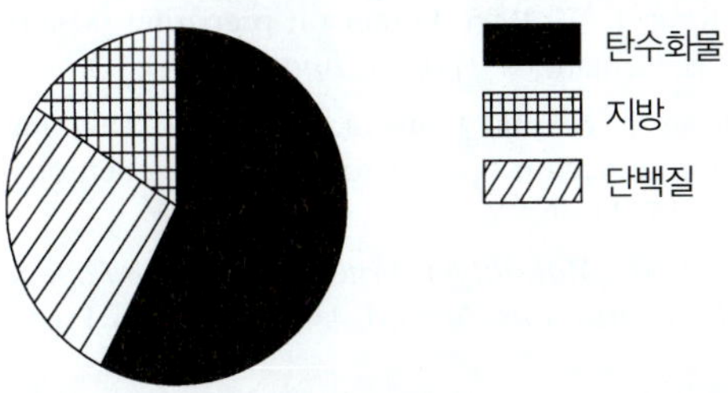

그림 2.9 호밀로 만든 흑빵의 조성

컴퓨터와 실험노트에 세심하게 지속적으로 기록을 함으로써 수집한 데이터를 사용한 효율적인 작업이 가능하다. 그리고 모든 결과들을 볼 수 있는 표를 마련하면 분석이 수월해질 것이다. 많은 식품연구에서는 결과의 유의성을 검증하기 위해 기술통계분석 또는 추리통계분석이 필요하다.

데이터 분석에 쓰일 수 있는 중심경향측도에는 최빈값, 중앙값, 산술평균값이 있으며 백분율과 백분위수 순위도 연구결과 얻어진 정보를 표현하는 방식이다. 데이터가 퍼져 있는 정도는 분산과 표준편차(분산의 제곱근)로 표현할 수 있다.

몇 가지의 추리통계검정법을 특정한 연구 설계에 적용할 수 있다. 그 중 카이제곱검정은 한 개의 변수와 두 범주 또는 두 개 이상의 독립변수를 가지고 연구하는 경우에 적합한 추리통계검정법이다. 회귀는 상관관계연구에서 통계적 유의성을 검정하는데 사용되며, 실험군 평균과 대조군평균이 유의적으로 차이가 있는지를 검정하기 위해서는 Student's *t*-test를 사용한다.

분산분석(ANOVA)은 많은 데이터 세트들 사이에서 통계적으로 유의적 차이가 있는지를 분석할 때 매우 유용하다. 일반적으로 인정되는 유의수준은 0.05와 0.01(95%와 99% 신뢰수준)로 결과들은 우연에 의한 것이 아님을 나타낸다.

실험과 분석을 마친 후에는 그 내용을 논문으로 투고하려면 관련 저널의 양식에 따라 정리하여 기술하고, 실험수업의 결과로서 제출하려면 교수가 정한 양식에 따라 보고서를 작성한다. 그리고 실험을 통해 발견한 결과를 더 명확히 나타내기 위해 적절한 표와 그래프를 사용하도록 한다.

연습문제

1. 개인 연구과제로 쓰일 수 있는 실험목적을 기술하시오.
2. 질문 1에서 언급한 실험을 수행하기 위한 설계의 개요를 말하시오.
3. 전문 저널에서 식품에 대한 논문을 하나 선택하고 여기에 나타난 연구목적을 한 문장으로 기술하시오.
4. 질문 3에서 선택한 논문의 서지인용을 쓰시오.
5. 3개의 다른 전문 저널에 있는 각 논문들의 양식과 다른 정보를 비교해 보시오.
6. 전문 저널에서 표, 막대그래프 및 원형그래프의 예를 찾아보고 각각의 데이터를 다른 형식(표에 제시된 데이터를 그래프로 그리기 등)으로 나타내 보시오.
7. (참 또는 거짓) 독립변수는 조절변수라고도 한다.
8. (참 또는 거짓) 백분율은 추론통계학의 한 예이다.
9. (참 또는 거짓) 분산분석(ANOVA)은 추리통계학의 한 예이다.
10. (참 또는 거짓) 분산 측정은 기술통계학이다.
11. (참 또는 거짓) Student' s *t*-test는 추리통계학의 한 예이다.
12. (참 또는 거짓) 표준편차는 중심경향측도의 한 예이다.
13. (참 또는 거짓) 중앙값과 산술평균은 동일하다.
14. (참 또는 거짓) 최빈값과 표준편차는 동일하다.
15. (참 또는 거짓) 99% 신뢰수준은 0.01의 유의수준에 해당한다.

참고문헌

Burns, R. B. 2000. *Understanding Research Methods*. 4th ed. Sage Publications. Thousand Oaks, CA.

Freedman, D., et al. 1997. *Statistics*. 3rd ed. W.W. Norton. New York.

Jenkins, M. L. Y. 1993. Research issues in evaluating "functional foods." *Food Technol. 47* (4): 76.

King, J. W., et al. 2001. Thinking visually: Graphic tips for technical presentations. *Food Technol. 55*: 49–56.

Kurzer, M. S. 1993. Planning and interpreting "designer food" feeding studies. *Food Technol. 47* (4): 80.

Labuza, T. P. 1994. Shifting food research paradigms for the 21st century. *Food Technol. 48* (12): 50.

McDonald, P. 1995. Science libraries of the future: Research in the electronic age. *Food Technol. 49* (4): 92.

Montgomery, D. C. 2004. *Design and Analysis of Experiments*. 6th ed. Wiley. New York.

Rupnow, J. and King, J. W. 1995. Primer on preparing posters for technical presentations. *Food Technol. 49* (11): 93.

Rupnow, J. H., King, J. W., and Johnson, L. K. 2001. Thinking verbally: Communication tips for technical presentations. *Food Technol. 55* (1): 46–48.

Turabian, K., et al. 2007. *Manual for Writers of Research Papers, Theses, and Dissertations*. 7th ed. U. of Chicago Press. Chicago, IL.

웹사이트

http://www.crlsresearchguide.org/08_Focusing_A_Topic.asp—Suggestions for focusing a statement of purpose for a research project.

www.eatright.org/Public—American Dietetic Association Web site.

www.ift.org/publications—Institute of Food Technologists, Food Technology, Journal of Food Science.

www.foodproductdesign.com—Food Product Design publication.

www.adajournal.org—Journal of the American Dietetic Association.

www.ars.usda.gov—Agricultural Research Service of the U.S. Department of Agriculture.

www.usda.gov—U.S. Department of Agriculture.

www.fda.gov—Food and Drug Administration of the U.S. Department of Health & Human Services.

http://www.cpsd.us/crls/library/PDFs/Citation_Guides/cite_general_websites.pdf—Citation guide for Web sites.

http://www.experiment-resources.com/research-designs.html—Information on types of research designs.

http://mste.illinois.edu/hill/dstat/dstat.html—Brief introduction to descriptive statistics.

http://psychology.ucdavis.edu/Sommerb/sommerdemo/stat_inf/intro.htm—Brief introduction to inferential statistics.

신선한 사과 조각이 공기에 노출되면 갈색으로 변색된다. ARS의 화학자인 도미니크 웡은 특정한 칼슘염이 사과의 색, 맛 또는 질감의 변화를 억제한다는 것을 밝히는 연구팀의 일원으로, 실험을 통해 나타난 결과를 비교하고 있다.

3장

관능평가

단원 개요

학습 목표
평가의 중요성
관능적 평가의 생리적 기초
　후각 수용체
생각할 거리: 맛을 위한 디자인
　미각 수용체
　시각 수용체
식품의 감각 특성
　외양
　향기
　풍미
　질감
생각할 거리: 바삭바삭? 아삭아삭?
관능 패널
　패널 구성원 선정
　패널리스트 교육
관능적 평가를 위한 환경
샘플 준비와 프리젠테이션
테스트의 종류
　단일 샘플
　비교 테스트
　묘사적 테스트
　정서적 테스트
점수표
요약
연습문제
참고문헌
웹사이트

학습 목표

이 단원을 학습함으로써:

1. 감각기관 및 그 작용을 설명할 수 있다.
2. 인간의 감각을 사용하여 평가할 수 있는 식품의 특성을 파악할 수 있다.
3. 관능 패널리스트를 선정하여 훈련시키는 방법을 설명할 수 있다.
4. 조사 연구에 통합할 수 있는 적절한 관능 테스트를 결정할 수 있다.
5. 관능적 평가를 위한 득점 카드를 설계할 수 있다.

평가의 중요성

모든 사람은 의식적 또는 무의식적으로 식품의 질을 평가한다. 시장에서의 식품 선택은 특정 브랜드와 다양한 식품에 기초한 이전의 경험에 의해 영향을 받는다. 가정에서의 평가는 과학적으로 이루어지지 않겠지만 그럼에도 불구하고 그러한 평가를 통해 특정 항목을 다시 구입할지를 결정한다. 판매를 통해 식품 제조업체는 소비자가 해당 제품을 수용하고 있는지 여부를 알 수 있으며 또한 해당 품질 수준이 시장의 유사한 제품의 품질보다 선호된다는 것을 알 수 있다. 따라서 수많은 다른 개별 소비자의 의사 결정과 결합된, 개별 소비자의 선택은 미국에서 생산되는 식품의 품질을 보여준다.

사내 테스트
필드 테스트와 테스트 마케팅에 앞서 식품회사 내에서 실시되는 평가.

관능적 평가
주관적 평가에 대한 동의어; 시각, 후각, 미각 등의 감각을 이용하여 결정되는 측정.

주관적 평가
감각을 사용하여 판단할 수 있는 다양한 특성을 바탕으로 한 점수 체계를 이용하는 개별 패널들에 의한 평가.

객관적 평가
식품의 물리적 특성을 측정하기 위한 기계 장치의 사용.

시장에서 판매되는 식품의 품질 테스트는 비용이 너무 많이 드는 관계로 제조업체는 상당한 사전 조사 없이 광범위하게 테스트를 수행할 수 없다. **사내 테스트(in-house testing)**와 평가는 식품 과학자들이 계획하고 실험을 감독하는 등 과학적 근거에 기초하여 이루어진다. 시장에서 성공할 것으로 전망되는 제품 공법이나 가공 기술을 개발하기 위해 사내 테스트는 철저하고 신중하게 실시된다.

훈련된 관능 패널리스트는 샘플을 평가하고 제품의 개선을 위한 지침을 제공한다. 기계적인 장치가 아닌 감각의 사용을 바탕으로 한 개별적 결정이 점수를 결정하기 때문에 이런 종류의 테스트를 **관능적 평가(sensory evaluation)** 또는 **주관적 평가(subjective evaluation)**라고 한다. 하지만 식품에 대한 추가 정보를 제공하기 위해 기계적 테스트 또한 실시된다. 이러한 유형의 테스트는 **객관적 평가(objective evaluation)**로 분류된다.

사내에서 실시되는 관능적 테스트는 직원들을 상대로 제품의 수용성을 측정하지만 일반 대중들도 같은 평가를 할 것이라고 가정할 수는 없다. 따라서 식품회사의 관심 대상이 되는 특정 인구의 통계학적 특성에 맞는 4~12명의 일반 소비자의 포커스 그룹을 상대로 제품을 추가로 테스트하기도 한다. 제품의 사내 테스트에 의해 또는 중앙 위치에서 더 큰 규모(약 200~500명 정도의 소비자)의 테스트를 수행할 수 있다. 소비자 테스트는 제품의 잠재적인 소비자 수용에 관한 중요한 감각 정보를 제공한다.

그 후, 잠재 시장의 선택된 샘플링에서 정보를 얻기 위해 작은 구역에서 제품을 시험판매할 수 있다. 이 테스트의 결과를 바탕으로 일반 마케팅을 실시하기 전에 해당 제품을 일반시장에 출시할지, 중단할지 또는 수정할지를 결정한다.

분명히 새로운 제품을 개발하고 기존 식품의 품질 관리를 유지함에 있어 식품업계는 평가에 매우 크게 의존하고 있다. 이러한 회사들은 기본 도구로 평가 기술을 활용한다. 관능적 평가와 객관적 평가 모두 품질 관리를 책임지는 사람들과 연구자들에게 중요한 정보원이다.

고객만족을 향상시키기 위해 기관의 식품 서비스를 감독하는 사람들 또한 품질을 평가하고 변경사항을 파악해야 한다. 전문가는 정확하게 식품을 평가하고 소비자의 선호도와 이 평가를 연관 지을 수 있다. 또한 남은 식품에 관한 연구도 수용에 관한 중요한 정보를 제공한다.

전문 평가는 해당 속성과 특성을 측정하기 위한 기법에 대한 지식 및 식품에 대한 주의 깊은 분석을 필요로 한다. 평가에 대한 실습 또한 필수적이다. 이 장에서는 식료품에 대한 의미 있는 관능적 평가를 수행하는 데 필요한 배경을 제시한다.

관능적 평가의 생리적 기초

후각 수용체

냄새는 해당 식품이 입으로 들어가기 전 식품의 수용에 대한 중요한 예비 신호이다. 이러한 냄새는

생각할 거리: 맛을 위한 디자인

앤호이저-부시는 소비자들로 하여금 맥주 마차를 끄는 클라이즈데일 팀의 TV 이미지와 맥주를 동시에 생각하게 하는 이름이다. 이 회사의 버드와이저 맥주의 맛은 소비자들이 맛에 거는 기대를 충족시키기 위해 주의 깊게 모니터링하며 점차적으로 수정해 왔다. 양조 과정에서 사용되는 원뿔 모양의 홉 꽃에 의해 전해지는 향과 쓴맛을 줄이기 위해 홉의 양은 몇 년에 걸쳐 반 이상 줄어들었다.

하지만 지난 몇 년 동안 소형 양조장과 작은 회사들이 맥주 시장을 침투했다. 그 결과 소비자의 선호도에 호소하는 다양한 맥주 맛이 등장했으며 여러 가지 맛과 색을 가진 다양한 맥주를 위한 틈새시장이 생겨났다. 소형 양조장들이 지역 전문 시장에서 제품을 진열할 공간을 확보하고 있으며 국내 시장에서 선도업체의 판매량을 잠식하고 있다. 이러한 위협에 대응하기 위해 버드와이저는 오늘날의 맥주 음주가들이 선호하는 것으로 보이는 쓴맛과 다소 어두운 색을 강화하기 위해 홉의 양을 증가시키기 시작했다.

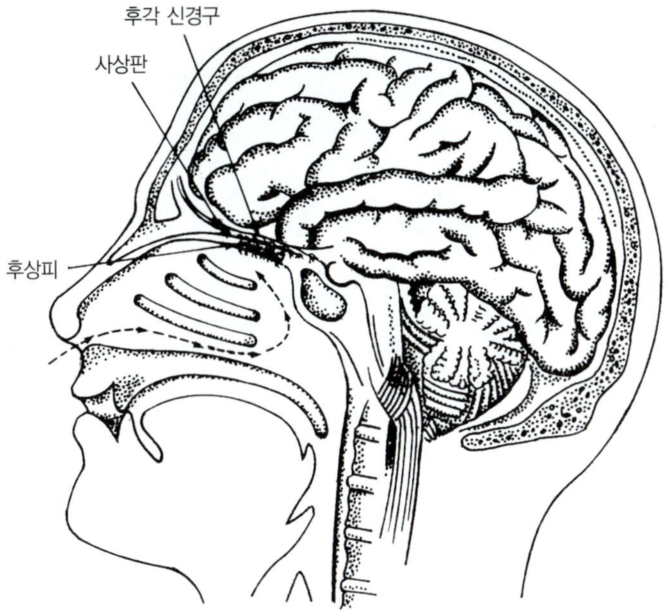

그림 3.1 후각 수용체의 다이어그램

코에서 약 1,000만 개의 후각 수용체와 상호 작용하는 휘발성 화합물이다. 휘발성 화합물은 입에서 비강까지 위로 이동하여 감지되므로 식품이 입에 있을 때 **후각 수용체(olfactory receptors)**는 추가 정보를 제공한다(그림 3.1). 냄새에 대한 세포 내 수용 영역은 노란 점액 코팅 영역인 후각 상피에 있는 비강의 위쪽 영역에 위치에 있다.

후각 수용체
향기를 감지할 수 있는 비강 기관.

방향족 화합물이 후각 수용체가 위치해 있는 코의 영역으로 이동할 때 후각 지각이 발생한다. 휘발성 화합물은 (1) 식품이나(음료 제품의 밀봉 용기 내 상부의) 공간 부분의 냄새를 맡고 (2) (구강으로부터 코 안으로 휘발성 물질을 끌어당기는 부분 진공을 만들어내는) 식품을 삼키며 (3) 식품을 삼킨 후 의도적으로 날카롭게 내뿜어 구강 수용체와 접촉할 수 있다. 삼킨 후 즉시 코를 통해 힘차게 내뿜는 세 번째 기법은 식품이 사라진 후 입안에 남아 있는 맛인 **뒷맛(aftertaste)**을 결정하는데 특히 중요하다.

뒷맛
식품을 삼킨 후 남아 있는 맛 또는 향미.

후각은 너무나 민감하여 코는 몰랄(10^{-9}M) 만큼 낮은 농도에서 일부 악취 화합물의 존재를 감지할 수 있다. 감도의 개인차는 가능한 한 비페색이나 부비동 합병증의 결과로 존재한다. 따라서 어떤 사람들은 식품과학의 기술적 측면에 대한 정보가 많지 않다고 하더라도 다른 감각 패널 멤버에 비해 생리학적으로 더 적합하다.

미각 수용체

대부분 혀에서 발견되는 약 10,000개의 **미뢰(taste buds)**는 식품 맛이 인식되는 통로이다(그림 3.2). 미뢰는 혀의 **유두(papillae)**에서 결정된다. 두 가지 유형의 유두가 미뢰를 포함하고 있다. 혀 끝과 양쪽의 버섯 모양 **용상유두(fungiform papillae)**는 일반적으로 미뢰를 포함하고 있으며 **유곽유두(circumvallate papillae**; 혀의 뒤쪽으로 "V"의 형태로 된 융기된 큰 유두)는 항상 미뢰를 포함하고 있다.

미뢰
맛을 느끼는 미세포가 분포되어 있는 곳. 혓바닥에 솟아 있는 수많은 돌기를 유두라 하는데, 미뢰는 이 유두의 옆구리에 모여 있다; 달콤한 맛, 신맛, 짠맛 및/또는 쓴맛을 감지할 수 있는 기관.

유두
혀의 표면에 거친 돌출부 또는 돌기, 이 중 일부는 미뢰를 포함하고 있다.

용상유두
혀의 끝과 측면에 위치하며 종종 미뢰를 포함하는 버섯 모양의 돌기.

혀의 미뢰는 맛을 지각하는데 있어 성인에게 매우 중요하지만 아이들은 경구개와 연구개뿐만 아니라 뺨에도 추가로 미뢰를 갖고 있기 때문에 지각이 상당히 발달해 있다. 아이들은 나이를 먹어감에 따라 이러한 미뢰가 위축된다. 성인의 경우 실제로 기능한 미뢰의 수는 약 4,000~6,000개까지 감소하며 이는 대부분의 아이들에게서 효율적으로 작동하는 수의 약 반 정도 되는 수치이다. 노인들은 초기 성인기에 가졌던 미뢰 기능의 반 정도만을 갖게 된다. 수명에 따라 맛 지각이 감소하는 것은 일반적인 경향이지만 모든 연령대에서 맛 능력에 상당한 개인차가 있다.

유곽 유두
혀의 뒤쪽 근처에 "V"을 형성하므로 항상 미뢰를 포함하고 쉽게 구별되는 크고 분명한 돌기.

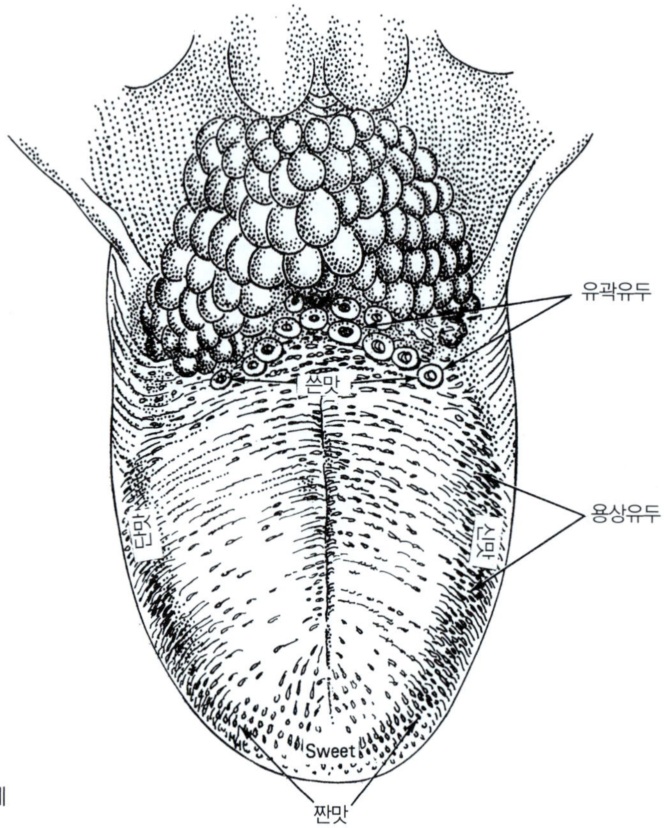

그림 3.2 혀의 맛 수용체 영역의 다이어그램

혀를 조사해보면 표면의 상당 부분이 용상 및 유곽유두를 포함하는 영역보다 더 부드럽다는 것을 알 수 있다. 미세 구조의 사상유두는 혀의 대부분을 지배하며 이런 유형의 유두는 미뢰를 포함하지 않는다. 혀의 비교적 부드러운 부분에 미뢰가 부족할 경우 식품의 다양한 화합물에 의해 모든 미뢰를 자극할 수 있도록 입안에서 식품을 이동시켜야 한다. 사상유두가 발견될 경우 어떤 자극도 발생할 수 없다.

물질이 혀에 용해되어 맛 세포와 접촉하면 맛 정보의 인식이 시작된다. 이러한 접촉으로 인해 수용체의 외부 모양에 약간의 변화가 일어난다. 그런 다음 뇌에 전기 자극을 생성되며 세포에서 칼륨이온이 빠져나간다. 많은 분자들이 미각 세포를 침해하는 경우, 맛 정보가 상대적으로 강해지게 된다.

감칠맛
맛의 풍미 질을 향상시키지만 그 자체로 독특한 맛을 가지고 있지 않은 미각.

수십 년간 네 가지 기본 맛이 인식되었다: 짠맛, 쓴맛, 단맛, 신맛. 1980년대에 다시마 국물의 맛을 연구했던 키쿠나에 이케다 박사는 오늘날 일반적으로 다섯 번째 맛으로 간주되는 **감칠맛(umami)**을 확인했다. L-글루타메이트와 모노소디움 글루타메이트(아미노산, 글루타민산의 유도체)는 일부 식품의 맛을 향상시키기 위해 감칠맛을 구성하는 물질들이다.

이러한 맛은 다양한 비율과 양으로 많은 식품에서 발견된다. 기본 맛을 지각하려면, 그러한 맛을 부여하는 화합물이 수용액에 있어야 한다. 형성되는 이온은 미뢰부터 뇌까지의 경로에 있는 신경을 따라 전기적인 정보를 전달한다.

단맛을 감지하는 최대 능력이 혀끝의 미뢰에 있긴 하지만 각 미뢰는 기껏해야 한 가지 기본 맛을 느낄 수 있다; 짠맛 또한 혀끝의 미뢰에 의해 특히 명확하게 감지된다. 신맛은 혀의 측면에서 가장 쉽게 감지되며 쓴맛은 혀의 뒤쪽에서 감지된다(그림 3.2 참고).

짠맛의 인식은 염화나트륨 등 무기염류의 이온화에 의해 야기된다. 마른 소금은 맛을 볼 수 없지만 물이나 타액으로 축축해지면 맛이 느껴진다는 점이 주목된다. 다른 맛들–단맛, 신맛, 쓴맛, 그리고 감칠맛–또한 맛을 보기 위해서는 화합물 용액이 필요하다.

수산(OH^-)기는 달콤함으로 설명되는 맛에 기여하는 것으로 알려져 있다. 물에 용해되면 다양한 설탕들이 분명하게 여러 가지 다른 단맛의 수준을 보인다. 순수 용액에서, 과당은 당 중에서 가장 달콤하며 설탕, 포도당, 마지막으로 유당의 순으로 달콤한 맛이 감소한다. 일부 아미노산, 알코올 및 알데히드는 또한 단맛으로 인식된다.

신맛은 수소이온(H^+)의 존재에 의해 만들어지는 맛이다. 유기산의 경우, 수산(OH^-)기의 존재는 화합물의 신맛을 조절할 수 있다.

페닐티오요소를 감지하는 능력은 전체 집단의 약 75%에서 발견되지만 나머지 1/4은 이 쓴맛 화합물을 감지할 수 없다. 이 능력은 선천적이며 일부 사람들이 감별사로서 접합하지 않다는 증거가 된다. 페닐티오요소의 맛이 쓴 특성은 $-\underset{\substack{|\\ \mathrm{N}}}{\mathrm{C}}=\mathrm{S}$와 같은 화합물에서 기인한다. 이러한 화합물은 양배추와 순무에서도 발견된다.

미뢰가 지각하는 기본적인 맛 외에, 우마미(감칠맛)는 감칠맛으로 지각된다. **모노소디움 글루타메이트(monosodium glutamate)**와 같은 화합물과 관련 아미노산계 화합물은 **화학 조미료(flavor enhancers)**로 사용될 수 있으며 때로는 풍미 제품 공법에 추가되기도 한다.

특정 상황에서 맛의 강도는 향상 또는 감소할 수 있다. 관련 화합물의 상호작용은 화합물만으로 느끼는 맛의 경험보다 더 큰 경험을 제공하기 위해 **향미 강화제(flavor potentiators)**와 상승작용으로 반응할 수 있다. 일반적인 향신료와 달리 이러한 강화제는 자신만의 독특한 풍미를 첨가하기보다는 이미 존재하는 다른 물질의 질을 향상시킨다. 모노소디움 글루타메이트는 향미 강화제의 친숙한 예이다. 일부 5′-뉴클레오티드(이노신산과 구아닐산의 1인산염과 같은)는 육류 및 가금류 제품에 사용되는 기타 물질이다.

풍미 억제제(flavor inhibitors)는 맛이 나는 부분을 차단하는 것으로 특정 식품에 대한 일반적인 맛 반응을 방해한다. 신맛의 지각을 방해하는 나이지리아의 기적의 과일을 예로 들 수 있다. 신맛에 대한 지각이 레몬과 같은 과일에서 차단되는 경우, 남는 맛은 달콤한 맛이 된다.

> **모노소디움 글루타메이트** 향미 강화제; 글루콘산나트륨.
>
> **화학 조미료** 식별 가능한 특정 맛을 만들어내지 않고 식품의 풍미를 개선하는 데 사용되는 첨가물.
>
> **향미 강화제** 고유의 풍미를 추가하지 않고 다른 화합물의 맛을 향상시키는 화합물.
>
> **풍미 억제제** 맛의 지각을 방해하는 물질.

때때로 쓴맛이나 기타 부정적인 맛 또는 풍미는 영양 가치를 향상시키기 위해 변형되는 식품에서 제거해야 한다. 놀랍게도, 모노암모늄 글리시리지네이트(감초 파생물)는 효과적인 풍미 억제제이다. 모노암모늄 글리시리지네이트는 쓴맛을 제거할 뿐만 아니라 단맛을 촉진하는데 상승효과를 발휘한다; 두 가지를 함께 사용하는 경우 모노암모늄 글리시리지네이트는 감미료로써 자당보다 백 배 이상 더 효과적이다.

맛이 지각될 수 있는 레벨은 **한계 레벨(threshold level)**로 지정된다. 이 레벨은 개인마다 다소 편차가 있다. 그러나 한계 레벨 아래에서는 여전히 다양한 맛 화합물이 맛의 전반적인 지각에 영향을 미칠 수 있다. 이러한 **임계값 아래 수준(subthreshold levels)**의 효과는 소금이 설탕 용액의 분명한 단맛을 증가시키거나 산의 분명한 신맛을 감소시킬 수 있게 한다; 구연산과 아세트산에 미치는 영향은 주석산과 사과산에 미치는 영향보다 덜 두드러진다. 임계값 아래 수준의 산은 염화나트륨의 분명한 짠맛을 증가시킨다. 임계값 아래 수준의 당은 짠맛, 신맛, 쓴맛을 감소시킨다(표 3.1).

탄닌과 기타 다가페놀은 입에 떫은 감각을 생성하여 맛을 만들어내는데 이러한 떫은 감각은 오랜 기간 동안 양조된 차를 마실 때 쉽게 감지되는 특성이다. 이러한 특성은 **떫은맛(astringency)**이라고 불린다.

> **한계 레벨** 겨우 감지할만한 수준의 맛 화합물의 농도.
>
> **임계값 아래 수준** 감지할 수 없지만 다른 맛 지각에 영향을 주는 수준의 맛 화합물의 농도.
>
> **떫은맛** 탄닌 등과 같은 일부 화합물에 의해 생성되는 입에서 감지되는 떫은 느낌. 캡사이신류, 칠리 페퍼와 기타 고추의 매운 특징을 담당하는 캡사이신 및 관련 화합물.

표 3.1 임계값 아래 수준의 효과

증가된 성분	효과
소금	달콤한 맛을 증가시킨다. 신맛을 감소시킨다.
산	짠맛을 증가시킨다.
설탕	짠맛을 감소시킨다. 쓴맛을 감소시킨다.

식품에 함유된 특정 화학 물질은 입에서 차가움과 뜨거움의 느낌을 만들어낼 수 있다(또는 심지어 약간의 고통). 어떤 식품이 가지고 있다고 생각되는 맛에 기여하는 것은 바로 이러한 차가움 또는 매운맛의 특성이다. 입안에 시원한 느낌을 풍기는 화합물의 예로는 멘톨이나 페퍼민트 및 약간의 설탕 알코올 또는 폴리올 등이 있다(예, 자일리톨과 솔비톨).

캡사이시노이드
매운맛을 나타내는 캡사이신 및 이와 관련된 성분.

글루코시놀레이트
겨자와 고추냉이의 황 함유 자극물.

풍미
식품이 입에 있을 때 맛과 냄새 지각을 혼합하는 감각 메시지.

3중 구멍
후각 수용체, 미뢰, 구강 등 맛을 지각하는 데 필요한 인체의 세 부분.

캡사이시노이드(capsaicinoids)로 분류되는 다양한 화합물은 입에 화끈거리는 느낌을 주고 심지어 손과 눈에 접촉하여 화끈거리는 느낌을 주는 칠리고추, 후추, 생강에 함유된 바로 그 매운맛을 내는 물질이다. 겨자에 함유된 **글루코시놀레이트(glucosinolates)**와 고추냉이는 매운맛을 만들고 맛의 동요를 야기한다. 고추 또는 후추 같이 불 같은 맛을 내는 물질과는 달리, 이러한 자극적인 황 함유 화합물은 비강에 영향을 미치고 때때로 재채기를 일으킨다.

궁극적으로, **풍미(flavor)**라고 불리는 전체적인 느낌을 제공하기 위해 냄새 신호는 혀에서 나오는 맛 정보와 혼합된다. 식품의 맛은 수용성과 품질을 결정함에 있어 매우 중요하다. 앞에서 설명한 모든 요소는 총체적으로 식품의 풍미로 간주되는 것에 기여한다. 말은 간단하지만 그 범위는 복잡하다. 특정 식품에 있어 풍미의 지각은 미뢰, 후각 수용체 및 식사하는 사람의 구강 내에서의 복합 작용에 의해 결정된다. 또한 이 세 가지는 때때로 **3중 구멍(trigeminal cavity)**이라고 불린다. 비도가 감기로 막힐 경우 맛을 감지하는데 있어 입뿐만 아니라 코 사용의 중요성이 분명해진다.

시각 수용체

사람이 식품에 대해 받아들이는 첫 번째 단서 중 일부는 그 식품의 모양, 질감, 색상 및 눈을 통해 받아들이는 정보이다. 눈의 놀라운 시각능력 때문에 이러한 정보가 가능하다(그림 3.3). 사물을 보기 위해서는 빛이 굴절되어야 하며 선명한 이미지를 제공하기 위해 빛이 집중되어야 한다. 사실, 형성

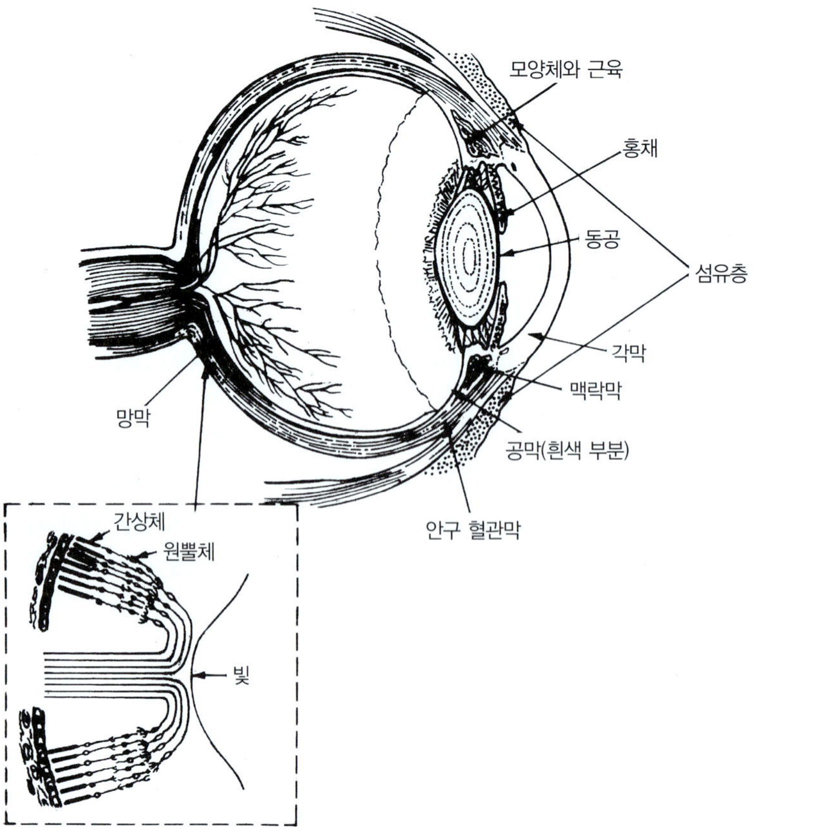

그림 3.3 눈의 다이어그램; 삽입 그림은 간상체와 원뿔체를 보여준다.

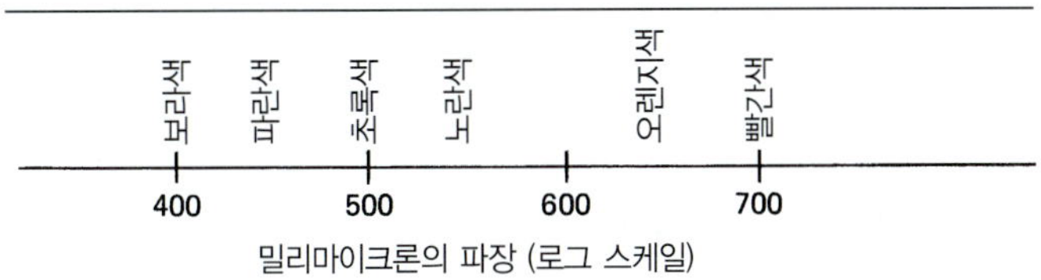

그림 3.4 가시 스펙트럼의 색상 파장

된 이미지는 거꾸로 된 이미지이지만 두뇌는 시각적 메시지가 물체의 실제 물리적 방향성에 따라 거꾸로 될 수 있게 한다. 이것이 가능한 이유는 경험에서 얻은 물체에 대한 기억 때문이며 반전은 자동적으로 발생하는 것으로 보인다.

빛이 영향을 미치는 경우 **간상체(rods)**는 로돕신을 두 가지 구성 요소(레티넨과 스코톱신)로 분해하여 시각적 정보의 형성에 기여한다. 이와 같은 분해는 간상체에 의해 발생되는 전기 에너지를 양극성 뉴런으로 보낸 다음 마지막으로 신경절 뉴런인 시신경으로 보낸다.

비슷한 상황이 **원뿔체(cones)**에서도 발견되지만 세 가지 유형의 원뿔체에 적색, 녹색, 청색 안료는 간상체를 위해 필요한 것보다 전하의 발생을 위해 훨씬 더 강력한 빛을 필요로 한다. 이러한 차이 때문에, 빛이 달빛보다 훨씬 밝은 경우에만 색상을 볼 수 있다. 다행히도, 세 가지 유형의 원뿔체에서 사용할 수 있는 세 가지 색상은 식품에서 볼 수 있는 무지개 색상을 주기 위해 혼합되는 정보를 제공한다(그림 3.4).

간상체
눈의 망막에 있는 세포의 일종으로, 주로 명암을 식별하는 작용을 하는, 즉 어두운 곳에서 작용을 하는 색각 및 시력에 관계한다.

원뿔체
시각 이미지의 선명도를 향상시키고 시각에 색상의 차원을 추가하는 광수용체 뉴런의 원뿔 모양의 돌기.

식품의 감각 특성

식품은 몇 가지 특징을 갖고 있으며 그 특징들은 식품의 인간 지각에 대한 지식을 얻기 위해 감각적 방법에 의한 평가를 필요로 한다. 이러한 특성에는 외양, 향기, 풍미, 그리고 질감 등이 있다. 다음 절에서는 다양한 특징을 소개하고 있으며 그러한 특징들을 관능적 평가의 일부로 판단하는 경우 고

차 맛 감정사 토비

오랫동안 전 세계 차 생산 및 마케팅을 선도해온 브랜드인 립톤은 높은 품질과 일관된 색상 그리고 맛으로 인해 인기몰이를 했다. 이 차에 대한 믿음의 상당부분은 뉴저지 잉글 우드 클리프에 있는 실험실에서 근무하는 토비로 인한 것이며 그는 실론(현 스리랑카), 인도 및 기타 전 세계 차 재배 지역에서 양조한 차의 맛을 감정한다. 토비는 관능적 평가를 통해 다양한 재배자들이 수확한 잎을 립톤이 구매해야 할지 여부를 결정했다.

쓰리 피스 정장을 입은 키가 작은 영락없는 영국인 신사가 테스트를 실시하는 것을 지켜보는 것은 대단히 놀라운 경험이었다. 토비가 테스트할 수 있도록 준비하는 과정에서 조수는 그날 테스트할 각 유형의 차 한 컵을 양조했다(많은 날은 20컵이 준비되기도 한다). 각 컵의 차 잎은 뚜껑을 덮은 뜨거운 음료로 테스트된다. 토비가 걸어 들어오면, 테스팅이 시작되고 조수는 주의 깊게 노트할 준비를 마친다.

먼저, 토비는 뚜껑을 열고 젖은 잎을 들어 주의 깊게 살펴보면서 그 잎들을 손 주위에 굴리고 비빈 후 마지막으로 코 가까이 들고 깊게 숨을 들이쉰다. 그런 다음 컵을 집어 들고 크게 후루룩 소리를 내면서 음료 샘플을 입으로 털어 넣는다. 에밀리 포스트나 미스 매너는 절대 인정하지 않겠지만 이것이야말로 미뢰를 갖춘 후각 수용체를 이용하는 가장 효과적인 방법이다. 자신의 평가에 더 많은 정보를 추가하기 위해, 토비는 입주위에 있는 음료까지 모두 핥아 음료와 최대한 접촉했다. 샘플에 관한 결정을 내릴 때, 바닥 가까이 서 있는 폐기통에 한 입 전체를 정확히 뱉어 내면 테스트가 종료된다. 이것이야말로 첫 번째 샘플에 대한 멋진 피날레이다. 조수에게 구매 결정에 대한 지침을 내린 후, 토비는 샘플 모두를 평가할 때까지 다음 샘플, 다음, 그리고 다음을 준비한다. 그의 쓰리 피스 양복을 보면 여전히 그가 중역회의실에 들어가기 위해 정장을 갖춰 입은 것처럼 보이지만 립톤은 일관된 고품질의 차를 유지하기 위해 먼 항구에서 알맞은 잎을 구매할 준비를 격식 있게 시행하고 있다.

려해야 할 품질을 조사한다.

외양

식품의 외양은 몇몇 하위 범주의 기초에 근거하여 평가된다. 일반적으로 가장 중요하게 여겨지는 외양의 측면이 색깔일 것이다. 상품에서 식품 착색제를 과도하게 사용하는 것이야말로 식품에서 색깔이 갖는 매력에 대한 가치를 증명한다.

실제로 색깔을 통해 사람들은 특정한 맛을 기대하게 된다. 일반적으로, 사람들은 빨간색 식품이 딸기 맛이나 다른 빨간색 과일의 맛을 낼 거라고 기대하며, 그러한 식품은 실제로 다른 맛을 낼 때에도 딸기와 같은 존재로 인식된다. 식품의 색깔이 실제 식품에 대한 기대치를 형성하기 때문에, 색깔을 평가하고 억제하는 것은 식품 개발 및 생산에서 중요한 부분이다.

크림색을 보면 바닐라 푸딩이 풍부할 것이라는 기대를 갖게 된다. 일반적으로 구운 식품에서는 균일한 황금 갈색의 겉 표면이 예상된다. 구운 제품에서 예상되는 표면 색깔을 내기 위해 갈색 착색제가 첨가된다. 또한 갈색 착색제는 고기 요리의 중요한 부분이다.

색깔은 객관적으로 측정될 수 있지만, 인간의 관점에서 볼 때 이러한 속성은 너무도 중요하므로 반드시 관능적 평가를 위한 점수표에 포함되어야 한다. 식품의 색깔은 심리적 중요성 등, 인간의 관점에서 보았을 때 식품색의 적절함이나 수용 가능성에 대한 정보를 얻기 위한 감각적 방법에 의해 평가된다.

식료품의 표면 특징 또한 외양을 평가하는 척도가 된다. 표면에 주름이 있는 구운 커스터드는 식품의 용인 기준을 충족시키지 못한다. 표면이 매우 건조한 스크램블 달걀 또한 권장되는 촉촉한 정도를 충족시키는 스크램블 달걀보다는 기준 미달의 제품으로 평가될 것이다. 표면에 윤기가 나는 퍼지는 높게 평가되지만, 거칠고 꺼끌꺼끌한 외양을 가진 퍼지 묶음은 상당히 낮은 점수를 받을 것이다. 이것들은 표면 특징의 몇 가지 예일 뿐이다.

각각의 식품은 일반적으로 특정 식품의 품질에 대한 신호로 여겨지는 바람직한 표면 특징에 근거하여 평가될 수 있다. 일부 식품에서는 식품의 용량이 식품 외양의 평가에 영향을 미치게 된다. 이것은 수플레나 케이크의 평가에 있어서 확실한 사실이다.

외부 모습 이외에, 내부 모습을 바탕으로 많은 제품을 평가해야 한다. 푸딩이나 그레이비 소스의 덩어리는 눈에도 잘 보이지만, 혀로도 확실히 느낄 수 있다. 세포 크기, 세포의 균일성과 세포벽의 두께는 모두 케이크의 질을 평가하는 데에 중요한 사항이며, 이러한 사항은 케이크의 내부 모습에 의해 평가된다. 내부 모습을 점검하면 포말 케이크와 수플레의 층 형성은 또한 쉽게 눈에 띈다. 종종, 꼭대기에서 맨 밑으로 깨끗한 조각을 잘라내어 내부 모습을 가장 편리하고 정확하게 평가할 수 있다.

향기

식품의 냄새 또는 향기는 특히 식품이 뜨겁거나 따뜻하게 제공될 때 매우 중요하다. 향기의 수용은 식품의 전반적 수용에 있어 매우 중요하다. 좋은 향기는 식품을 맛보고자 하는 사람들의 욕구를 자극하는 반면 강하고, 자극적인 향기는 식사하는 사람들의 입맛을 잃게 한다.

예를 들면, 끓는 양배추에서 알 수 있듯이, 향기는 상대적으로 휘발성 성분이 풍부할 때 먼 거리를 관통할 수 있다. 끓는 양배추의 향기는 다른 방에서, 심지어 양배추가 보이지 않을 때도, 맡을 수 있다.

향기의 휘발성 또는 감지는 식품의 온도와 관련이 있다. 고온은 방향성 혼합물을 휘발시키는 경향이 높은데, 이 경우 판단을 위한 냄새가 분명해진다; 서늘하거나 차가운 온도는 휘발을 억제한다. 후자의 관찰은 아이스크림 향기의 평가를 고려함으로써 입증되는데 이 테스트의 경우 거의 정보를 제공하지 못한다. 향기는 온도에 의해 크게 영향을 받기 때문에, 보통 식품이 제공되고 소비되는 온도에서 식품의 향기를 평가하는 것이 중요하다.

향기는 식품 냄새를 맡음으로써 평가될 수 있다. 방향성 혼합물이 코 쪽으로 쏠리도록 손으로 샘플 위 공기를 부채질하면 평가에 도움이 될 수 있다. 실험을 계획하는 데 있어서 다양한 샘플에서 나는 향기가 섞이지 않도록 하는 것이 중요하다. 코는 금방 냄새로 흠뻑 젖게 된다.

향기가 평가되는 시음 부스 또는 기타 공간에는 외부의 혼합된 향기가 없어야 한다. 보통 향기를 평가할 때 심사 위원 또는 고객은 수용 가능성에 집중하지만, 일부 실험에서는 다양한 샘플 향기의 상대적 강렬함을 결정해야 한다.

풍미

풍미란 입 속에서 이루어지는 냄새의 혼합과 맛에 대한 종합적 평가를 의미한다. 이것은 매우 중요하지만 전달하기 어려운 식품의 속성이다. 종종, 주관적으로 풍미를 평가하는 메커니즘은 단순히 전체적 풍미에 대한 수용 가능성의 정도이다.

가끔씩 사카린 중화 식품의 경우에서처럼, 뒷맛의 존재가 중요한 문제가 될 수도 있다. 이러한 맛의 측면은 맛에 대한 단 하나의 평가 속에 포함되기보다는 점수표에서 별개의 항목으로 평가되어야 한다.

양념을 많이 사용한 식품에서 나는 화끈거리는 느낌이나 뜨거움은 점수표에서 별개의 범주로 가장 잘 평가되는 맛과 관련된 또 다른 특징일 수 있다. 일부 다른 제품은 샘플의 상대적인 단맛과 같이, 맛의 특정 구성요소에 대한 평가를 필요로 할 수 있다.

'Hot (뜨거운, 매운)' 이라는 용어는 식품 평가에서 두 가지 방식으로 사용된다. 첫 번째 정의는 물리적 온도를 말한다; 또 다른 정의는 고춧가루와 같은 매운 식품을 섭취한 후에 입 속에서 느끼는 얼얼한 느낌을 말한다. 뜨거운 (매운) 식품은 미세한 맛과 향기 평가를 효과적으로 감출 수 있다.

식품이 제공되는 온도는 맛을 감지하고 평가하는 능력에 큰 영향을 미칠 수 있다. 매우 뜨겁든 매우 차갑든 극단적인 온도는 식품을 정확하게 평가하는 사람들의 능력을 제한한다. 맛의 평가를 위한 최적의 온도 범위는 20~30°C(8~86°F)이다. 그러나 식품이 이 온도 범위보다 높거나 낮은 상태로 제공되면 이러한 범위는 평가에 부적절할 수도 있다. 아이스크림 경우가 맛과 풍미를 간파하기에 가장 이상적인 온도가 아닌, 제공되는 온도에서 식품을 평가하는 것의 중요성을 이해하는 데 좋은 예라고 할 수 있다.

질감

질감은 점수표에 조심스럽게 포함시키는 것뿐 아니라 관능 패널을 직업으로 하는 사람들에게 세심한 정의를 요구하는 광범위한 용어이다. 앞서 언급했듯이, 식품 질감의 품질은 식품의 외양과 관련이 있으며, 식품의 구강 촉감에 의지하는 구강 내 평가와도 관련이 있다.

평가되어야 할 질감의 구체적 측면은 점수표에서 별개의 범주에 열거되어야 하지만, 종종 질감 항목은 단순한 **구강 촉감(mouthfeel)**으로 나열되기도 한다. 이것은 상당히 일반적인 용어이며 각 심사 위원이 평가대상이 되는 구강 촉감의 구체적 측면에 대한 정보를 통보받지 않으면 용어에 대한 혼동을 일으킬 수도 있다. 예를 들면 콘칩의 경우, 한 심사위원은 구강 촉감의 점수를 얻기 위해 바삭함을 평가할 수 있지만 다른 위원은 유연함에 관해 보고할 수 있다.

구강 촉감
입안에서 느껴지는 식품의 질감.

구강 촉감의 다양한 측면은 껄끄러움, 매끄러움, 끈적끈적함, 딱딱함, 바삭함, 단단함, 무름, 끈끈함, 가벼움, 오독함, 부드러움, 점착성, 촉촉함, 타는 느낌, 차가움, 떫은맛, 매운맛과 톡 쏘는 맛 등을 포함한다. 이 모든 것이 하나의 식품에 해당되는 것은 아니지만, 질감을 평가할 때 그러한 특징들을 고려해야 한다. 수용 가능한 구강 촉감은 식품의 반복적 소비에 매우 중요하며 현재의 경쟁적인 시장환경에서 식품이 성공하기 위해서는 최적의 구강 촉감을 개발해야 한다.

조직적 특징과 관련하여 심사위원들에게 질문함으로써 여러 식품의 유연함을 의미 있게 평가할

생각할 거리: 바삭바삭? 아삭아삭?

사과를 한 입 베어 문 사람들은 각자 그 베어 문 사과를 씹을 때 어떤 맛이 날지에 대해 다른 기대를 갖고 있다. 덥석 베어 물 때 사과가 바삭한 소리를 낼 것인가 아니면 과육이 다소 부드럽고 심지어 약간 파삭파삭할 것인가? 사과 재배자들은 자신의 농작물이 소비자가 원하는 질감을 갖기를 바란다. 영국 노리치 식품 연구 기관에서는 감각적 접근을 이용하여 식품의 질감을 연구하는 흥미로운 방법을 사용하고 있다.

하나의 흥미로운 예로써 주요 턱 근육의 활동을 측정하기 위해 네 개의 센서가 부착된 피실험자들이 얼마나 강렬하게 맛을 인식하는지 뿐만 아니라 삼키는 동작이 표시된다. 목적은 피실험자들이 다양한 품종의 사과를 한 입 씹어 삼킬 때 그들이 정의하는 패턴을 결정하기 위한 것이다. 많은 지원자들을 테스트하여 수집한 엄청난 양의 데이터를 분석하는 슈퍼컴퓨터를 이용하여, 연구자들은 각 개인이 특정한 패턴을 갖고 있다고 결론 내렸으며 이러한 특정 패턴을 이용하여 해당 특정 패턴을 만든 사람을 식별할 수 있다.

사과 질감의 차이도 이 방법을 사용하여 확인되었다. 아삭아삭하다고 간주되었던 바삭바삭한 사과는 숙성된 부드러운 사과보다 씹는 시간이 20초 더 필요했다. 연구자들은 이러한 유형의 관능적 평가가 낭비를 줄이고 소비자의 기대를 충족시키는 사과를 시장에 내놓는데 도움을 줄 수 있는 정도까지 발전할 수 있기를 희망한다.

수 있다. 예를 들어 구운 식품의 경우, 아주 부드러워서 쉽사리 부스러기가 되는 샘플에서부터 아주 단단해서 베어 물거나 씹기가 매우 어려운 제품까지 다양한 유연함이 나타난다. 일반적으로 연구원은 너무 유연하거나 너무 딱딱하지 않은, 최적의 유연함을 가진 식품을 추구한다. 심사위원은 점수표에 제공된 지침을 사용하여 이러한 정보를 전달할 수 있다.

씹는 횟수
심사위원이 동일한 끝점까지 식품의 작은 조각을 씹고 각 샘플의 해당 포인트에 도달하는데 필요한 실제 저작 횟수를 기록하는 주관적 테스트.

부드러움에 대한 보고의 대안적 수단은 심사위원들에게 **씹는 횟수(number of chews)**를 보고하도록 요청하는 것이다. 개별 심사위원들은 이 테스트를 위한 자신의 기술을 통제한다. 해당 심사위원은 씹는 횟수 테스트를 위해 정해진 크기의 한 입을 사용하고 테스트되는 각 샘플에 대해 정확히 동일한 끝점까지 입안의 동일한 위치에서 샘플을 씹으라는 지시를 받는다. 이 숫자는 씹는 횟수로 기록된다. 씹는 데 있어 각자의 치아 표면적이 차이가 나기 때문에 심사위원마다 씹는 횟수가 다르긴 하지만, 같은 샘플에 대한 다양한 심사위원의 상대점수는 순위에 일관성이 있어야 한다. 심사위원들에 의해 실시되기 때문에 이 테스트는 관능적 평가 장치로 간주되지만 저작의 기계적 특성이라는 관점에서 볼 때도 이 테스트는 다소 객관적인 테스팅 방법이라고 볼 수 있다.

관능 패널

실험 식품의 클래스는 관능적 평가를 위해 주로 두 가지 서로 다른 형식을 이용한다. 전체 클래스에 의해 실시되는 실험실 실험은 식품의 과학적 원리에 관한 연구가 실험 예에 의해 강화될 수 있도록 각 학생에게 전체 클래스가 준비한 모든 제품을 평가할 수 있는 기회를 제공한다. 두 번째 평가 유형은 종종 과정의 일환으로 실시되는 개별 연구 프로젝트에서 준비되는 제품을 평가하기 위해 관능평가 패널에 의해 실시된다. 이러한 후자 유형의 평가는 연구 및 제품 개발에서 식품 업계에 의해 실시되는 것과 그 특성이 유사하다.

패널 구성원 선정

패널 구성원 선정은 특정 연구를 위해 중요하다고 확인된 요인을 바탕으로 해야 한다. 실험 연구는 종종 심사위원들이 제품의 풍미와 향에 있어서 매우 미묘한 차이를 감지할 것을 요구한다. 특정 능력이 필요한 실험에서, 잠재적 패널 회원들은 주요 측면에 대한 구별 능력에 대해 심사를 받기도 한다. 이를 통해 신체적으로 자격을 갖춘 패널을 선정할 수 있다.

실험실 테스트는 종종 몇 주 또는 몇 달의 기간 동안 연장되며 이는 직원들이 일반적으로 해당 회사의 정규 직원이고 필요할 때 언제든지 테스트에 투입될 수 있음을 나타낸다. 이러한 잠재적인 인력풀에서 실제 패널리스트가 선정된다. 패널리스트가 패널 구성원으로써 의무를 다하려면 참여에 대한 관심이 필수적이다.

테스트가 정기적으로 그리고 지속적으로 필요할 수 있기 때문에 잠재적 패널리스트의 건강은 중요하다. 맛과 향을 평가하려면 비강 역시 깨끗해야 한다. 만성 부비강 질환이나 감기를 달고 사는 사람들은 맛을 지각하는 신체적 능력이 떨어지기 때문에 패널리스트로서 적합하지 않다. 이러한 지식이 자산이 되기는 하지만 패널리스트로서 근무하는데 있어 신체적 자격 조건은 식품과학에서 교육의 깊이보다 더욱 중요하다.

식품회사가 테스트 마케팅에 진입할 준비가 된 제품의 소비자 수용에 관한 정보를 얻고자 할 때 상황은 정반대가 된다. 우연히 테스팅 현장에서 만나게 된 그리고 테스팅 당일에 샘플에 대한 몇 가지 질문에 기꺼이 대답하고자 하는 소비자들이 주로 이러한 유형의 테스팅에 참여하게 된다. 패널리스트는 회사의 기준에 따라 선별된다(예, 제품의 인구 통계 또는 잠재적인 사용). 일반적으로 **소비자 패널(consumer panel)**의 규모는 200~500명 선이며 이는 연구 실험실에서 근무하는 패널의 수보다 훨씬 많은 숫자이다. 소비자에게 묻는 질문은(수용성 또는 선호도) 교육받지 않은 패널리스트가 답할 수 있는 수준의 질문이이야 한다.

소비자 패널
우연히 테스트 현장에서 만나게 된, 기꺼이 참여하고자 하는 사람들 중에서 선정된 관능적 평가 패널.

패널의 유형은 교육받지 않은 패널과 교육받은 패널 두 가지이다. **교육받지 않은 패널(untrained panel)**은 제품의 평가에 대해 어떤 준비도 하지 않은 참가자로 구성된다. 소비자 패널은 종종 훈련받지 않은 패널리스트로 구성된다.

교육받지 않은 패널
다양한 제품 특성의 평가와 점수표의 사용에 관하여 교육을 받은 적이 없는 관능적 평가 패널.

패널리스트 교육

실험실 테스트를 위한 패널리스트의 훈련은 테스트의 복잡성에 따라 달라진다. 절대적 최소 인원으로 구성되는 **교육받은 패널(trained panel)**의 구성원은 데이터를 실제로 수집하기 전에 충분히 내용을 숙지해야 한다; 연구자는 심사위원과 함께 점수표를 검토하고 질문을 명확히 하며 심사위원에게 각 점수가 무엇을 의미하는지 구두로 설명해 줄 것을 요청해야 한다. 점수의 의미에 관한 이와 같은 구두 설명을 통해 연구자들은 여러 심사 위원들 간에 용어 해석의 차이를 파악하게 된다. 차이가 존재할 때 점수표의 수정이 필요할 수도 있지만 심사위원의 설명만으로 충분할 수도 있다.

교육받은 패널
점수표의 사용과 다양한 제품 특성의 평가에 관해 철저하게 교육받은 관능적 평가 패널.

때때로 효과를 발휘하는 또 다른 기법은 모든 패널 구성원으로 하여금 처음 샘플을 평가할 때 제품과 점수표를 함께 논의하도록 하는 것이다. 이러한 교육의 목표는 모든 심사위원들이 동일한 단어의 정의에 따라 점수표를 이용하도록 하는 것이다. 이 단계에서 패널과 함께 적절한 작업이 이루어지지 않는다면, 점수표의 용어 해석의 차이로 인해 실험 오류가 나타나기도 한다. 이러한 차이는 때때로 심사위원이나 연구자에 의해 발생하기도 하는데 프로젝트에 대한 연구자의 숙달 정도가 심사위원이 의도하지 않은 점수표의 차이를 야기하기도 한다.

패널 교육의 또 다른 측면은 특별한 샘플링 기법을 가르치는 것이다. 일반적인 방법은 패널 구성원들이 샘플을 맛보기에 앞서 실온의 물로 자신의 입을 헹구도록 하는 것이다. 평가 후에, 잔류물은 삼키기보다는 일회용 컵에 뱉도록 한다.

샘플은 패널리스트에게 제공되는 순서대로 테스트되어야 한다. 일반적으로, 심사위원들은 테스트되는 변수에 대한 정보를 제공받지 않는다. 실험의 목적에 관한 정보를 제공하여 심사위원들이 편견을 갖지 않도록 모든 시도가 이루어져야 한다. 이러한 설명은 패널 교육 과정에 적절하게 포함되지 않는다.

일부 식품회사들은 대단히 세밀하게 풍미를 분석하기 위해 훈련된 **묘사적 풍미 분석 패널(DFAP: descriptive flavor analysis panel)**을 구성한다(그림 3.5). 이러한 유형의 패널은 아서

묘사적 풍미 분석 패널(DFAP)
샘플의 풍미를 말로 정확하게 설명하기 위해 평가팀으로 작업하는, 철저하게 교육받은 패널.

그림 3.5 묘사적 풍미 분석 패널들이 다양하게 제조된 스파게티 소스의 맛을 보고 있다. 화학 조미료 프로베스타로 강화된 소스에 대한 감각 분석을 실시하기 전에, 패널은 일반적인 스파게티 소스에서 발견되는 맛에 완전히 숙지하고 있어야 한다. (Courtesy of Provesta Corporation.)

풍미 프로파일 방법
관능적 평가 방법; 고도로 훈련된 패널리스트들이 제품의 풍미에 대한 자세한 설명을 개발하기 위해 함께 모여 이야기를 나눈다.

D. 리틀 회사에 의해 개발된 **풍미 프로파일 방법(flavor profile method)**인 원 저작물로부터 발전되었다. 이러한 패널의 구성원들은 식품가공 및 식품에 대한 지식뿐만 아니라 의사소통 능력을 바탕으로 선정되어야 한다.

평가 세션과 풍미 프로파일 패널리스트의 교육에 소요되는 상당한 양의 시간은 패널리스트로서 정규 직원과 그들의 노력의 중요성을 보여준다. DFAP을 위한 패널리스트 교육은 정확하고 일관되게 제품의 점수를 매기는 데 필요한 평가의 일관성을 개발하기 위해 적어도 9주간의 집중 작업을 필요로 한다. 특정 패널을 교육시키는데 수개월이 걸릴 수도 있다.

관능적 평가를 위한 환경

프로파일 패널을 제외한 교육받은 심사위원들은 샘플을 평가하는 동안 서로 상호작용할 수 있는 기회를 만들지 않아야 한다. 패널리스트 간에 잠재적인 상호작용을 피하기 위해 개별 시음 부스를 사용하는 것이 좋다. 이러한 부스는 매우 협소한 공간을 가진 칸막이 방으로 그 안에 샘플이 배치되어 점수를 매기게 된다. 적절한 측면 파티션으로 인해 심사위원들은 서로의 눈을 맞출 수도 의견을 교환할 수도 없다. 이러한 부스에는 샘플을 뱉어낼 수 있는 소형 싱크대가 있으며 조명은 테스트 중인 샘플에 맞추어 적당히 조절된다.

온도는 쾌적해야 하며 공기에는 샘플에서 나는 냄새를 제외하고는 다른 냄새가 섞여 있어서는 안 된다. 해당 구역에서는 흡연을 허용해서는 안 된다. 예를 들어 익힌 정도가 다양한 조리된 고기의 색깔이 심사위원에게 편견을 갖게 할 것으로 예상되는 경우 조명에는 색깔 있는 적절한 빛이 포함되는데 식품의 색을 구분하기 위해 주로 빨간색이 사용된다. 샘플 간의 색상 차이를 가리기 위해 빨간 조명이 사용되지 않으면 샘플의 다양한 색상이 심사위원의 결정에 잘못된 영향을 미칠 수 있다.

개별 부스를 사용할 수 없는 경우, 심사위원들은 조용한 환경에서 자리를 잡고 앉아야 하며 서로 이야기를 나누지 않도록 가급적 방의 다른 쪽에 앉아야 한다. 가능하면 심사위원들은 다른 모든 사람들로부터 떨어져서 평가를 진행해야 한다. 식품 평가의 품질 수행에 있어 집중은 꼭 필요한 덕목이다.

미국재료시험협회는 식품의 관능적 평가를 위해 설계된 실험실의 물리적 요구 사항에 대한 가이드라인을 발행했다. 양의 공기 압력(압압), 여과된 공기 및 통제된 온도와 조명은 가이드라인의 일부 주요 사항이다. 시음 구역에서 발생할 수 있는 요리 냄새를 피하기 위해 평가용 샘플은 테스트 영역으로부터 충분히 떨어진 곳에서 준비되어야 한다.

샘플 준비와 프리젠테이션

평가 장치를 개발하는 것은 실험을 계획함에 있어 중요한 측면이 있다. 이 계획에는 주관적인 테스트와 객관적인 테스트 모두에 대해 제품의 샘플링을 어떻게 해야 할지 알아야 하는 필요성이 포함된다. 주의 깊게 심사숙고하여 샘플에 대한 판단을 수정할 수 있는 모든 요인을 예상할 수 있어야 한다. 예를 들어, 심사위원에게 제공되는 케이크 조각의 크기를 결정하는 것뿐만 아니라 각 개별 심사위원이 테스트하는 조각의 특정 위치를 파악해야 한다. 어느 때는 케이크의 가장자리가 사용되고 다른 때는 케이크의 중심이 사용된다면 관능적 평가를 위해 신뢰할만한 데이터를 수집할 수 없다.

성공적인 실험 수행을 위해서는 매일매일의 일관성이 매우 중요하다. 많은 제품의 경우, 심사위원과 또한 객관적인 테스트를 위해 샘플의 준비와 배포에서 가이드 역할을 하는 템플릿을 개발해야 한다. 템플릿을 사용하면 각각의 실행을 평가하는 데 사용되는 샘플의 변화 가능성을 줄일 수 있다. 샘플은 크지 않아도 된다. 패널리스트에게는 15 mm의 액체 샘플이나 약 30 g의 고체 샘플이면 충분하다.

샘플링 계획은 이런 종류의 컨트롤을 필요로 하는 샘플을 데우거나 식히는 것에 대한 지시사항을 포함해야 한다. 바쁜 실험실에서는 냉장고를 자주 열어야 하기 때문에 냉각이 특히 문제가 될 수 있다.

심사위원들에게는 등급이나 품질을 표시하지 않는 기호가 적힌 샘플을 주의 깊게 제공해야 한다; 예를 들면 의미가 없는 임의의 숫자(예, 667) 또는 알파벳의 중간 또는 끝에 있는 글자 등이 심사위원들에게 영향을 줄 수 있기 때문에 *A*, *B*, *C* 또는 *1*, *2*, *3*을 사용하지 않는 것이 좋다. 편견을 제거하기 위해 기호는 각 섹션의 샘플마다 교대로 사용된다. 적절한 식별 기호를 갖는 샘플 판에 표시하기 위해 왁스 색연필이 사용된다.

채점 영역에는 적절하게 라벨이 부착된 샘플과 함께 필요한 식기, 상온의 물 한 잔 및 연필 그리고 점수표를 배치해야 한다.

테스트의 종류

관능적 평가의 전반적인 유형에는 (1) 묘사적, (2) 정서적, (3) 비교 테스트가 포함된다. **묘사적 테스트(descriptive testing)**는 연구자들이 각 샘플의 특정 속성에 대한 선택적, 결정적 득점을 통해 자신의 제품을 특성화할 수 있게 하며 따라서 잘 훈련된 패널을 필요로 한다. 프로파일 방법은 묘사적 테스트의 한 형태이다. 심사위원들은 샘플을 평가하기 위해 연구자에 의해 개발된 상세한 점수표를 사용하며 개별적으로 묘사적 테스트를 하게 된다.

묘사적 테스트
식품 샘플을 특성화하기 위해 관능적 평가에서 묘사적 말을 사용하는 것.

정서적 테스트(affective testing)는 새로운 식료품을 개발하고 품질을 평가하는 데 있어 중요하다. 이러한 유형의 테스트는 심사위원들에게 샘플의 적합성을 평가할 것을 요구한다. 다른 제품에 대한 어떤 제품의 선호도는 정서적 테스트에 의해 결정될 수 있다. 선호도 순서대로 샘플의 등급을 매기는 것은 정서적 테스트를 이용하는 또 다른 방법이다.

정서적 테스트
제품 사이에 수용성 또는 선호도를 결정하기 위한 감각 테스트.

정서적 테스트에서 기호(즐거움) 척도의 범위는 한 쪽의 극단에서 다른 쪽 극단을 망라한다(예,

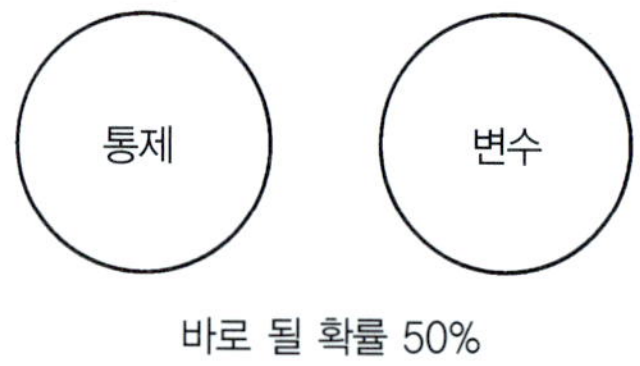

그림 3.6 한쌍 비교법 테스트의 프리젠테이션을 위한 다이어그램

매우 좋아함에서 매우 싫어함). 이러한 유형의 정서적 테스트를 위해 종종 소비자 패널이 사용되기도 한다.

식품회사가 식료품을 만드는 데 있어 값비싼 재료를 대체하기 위해 저렴한 재료를 구매해야 하는지 여부를 결정하는 것과 같은 실용적인 기능을 수행하는 것뿐만 아니라 심사위원들의 감도를 테스트하기 위해 **비교 테스트(difference testing;** 때로는 구별이라고 불리는)를 사용할 수 있다. 연구자들은 실시될 테스트 유형을 결정하기 전에 원하는 정보를 정의해야 한다.

비교 테스트
제품 사이에 감지할 수 있는 차이가 존재하는지 여부를 결정하기 위해 설계된 감각 테스트.

단일 샘플
수용성을 결정하고 해당 제품을 향후에 개발할 것인지 여부를 결정하는데 도움을 주기 위해 실험 프로젝트 초기에 하나의 샘플을 제시함.

한쌍 비교법
특정한 특징을 두 개의 샘플에서 평가하여 해당 특성을 더 많이 갖고 있는 샘플을 파악하는 비교 테스트.

일-이점 검사법
두 개의 샘플 중 어느 쪽이 통제 샘플과 다른지 결정하기 위해 통제 샘플에 대해 두 개의 샘플을 판단하는 비교 테스트.

삼각 시험법
3개의 샘플(이 중 2개가 동일)이 제시되며 특이한 샘플을 식별하는 비교 테스트.

단일 샘플

특히 제품 개발의 초기 단계에 **단일 샘플(single sample)**을 제출하면 해당 프로젝트가 나아가야 할 방향을 정의하는 데 유용할 수 있다. 이러한 유형의 테스트를 설계하여 수용성을 테스트할 수 있다. 이 방법의 장점은 테스트를 수행하기가 쉽다는 점이다.

비교 테스트

한쌍 비교법. **한쌍 비교법(paired comparison)**은 샘플의 특정한 특성을 지정하여 차이를 평가하는 테스트이다. 심사위원은 측정 대상이 되는 특성의 상당 부분을 갖춘 샘플을 식별하기 위해 제시된 두 개의 샘플을 테스트해야 한다. 심사위원에 대한 비교 테스트는 순전히 우연에 의해 바로 될 확률 50%를 갖는다(그림 3.6).

일-이점 검사법. **일-이점 검사법(duo-trio test)**은 또 다른 비교 테스트이다. 이 테스트에서는 통제 샘플이 먼저 제시된다; 통제 샘플 뒤에 두 개의 다른 샘플이 따라오는 데 그 중 하나는 통제 샘플과 같다. 심사위원은 마지막 두 개의 샘플 중 어떤 샘플이 통제 샘플과 다른지 식별해야 한다. 일-이점 검사법에서 순전히 우연에 의해 바로 될 확률은 50%이다(그림 3.7).

삼각 시험법. 일-이점 검사법에서처럼, **삼각 검사법(triangle test)**에서는 3개의 샘플이 주어지지만 3개의 샘플이 모두 동시에 제시된다. 심사위원은 특이한 샘플을 식별해야 한다. 삼각 시험법에서도 두 개의 샘플은 비슷하다는 점에 유의해야 한다; 그러나 제시 방법의 차이로 인해 정답이 추측될 확률은 33.3%로 줄어든다. 삼각 시험법은 차이를 결정하기 위해 설계된다(그림 3.8).

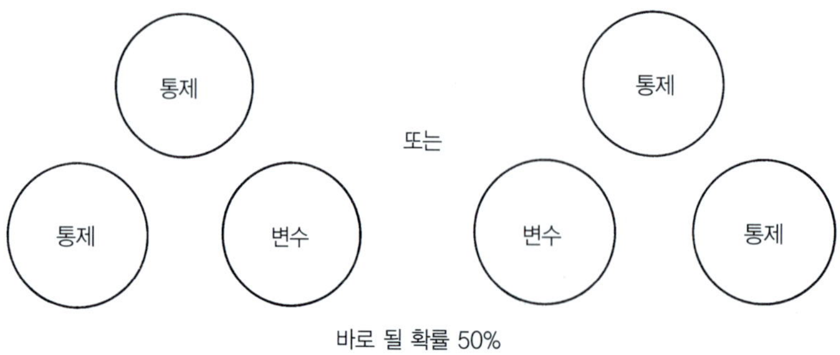

그림 3.7 일-이점 검사법의 두 가지 가능한 프리젠테이션에 대한 다이어그램

그림 3.8 삼각 시험법의 가능한 프리젠테이션에 대한 다이어그램

순서 순위 하나의 특성에 대해 여러 샘플을 평가해야 할 경우 **순서 순위 테스트(rank-order test)**가 유용하다. 이런 유형의 차이 또는 선호도 테스트에서, 샘플들은 단순히 측정되는 특성의 강도 순서로 순위가 결정된다.

순서 순위 테스트
모든 샘플이 특정한 특징의 강도 순서로 순위가 정해지는 선호도 또는 비교 테스트.

묘사적 테스트

비교 테스트는 샘플 사이의 편차를 감지하고 선호도 테스트는 샘플의 수용에 대한 정보를 제공한다. 그러나 **묘사적 테스트(descriptive testing)**는 다른 두 가지 형태의 테스트가 사용할 수 없는 차원의 식품 샘플링이다. 이런 유형의 평가가 성공하기 위해서는 식품 샘플의 다양한 감각 특성을 설명하는 단어가 필수적이지만 감각 인식을 전달하는 정확한 어휘를 식별하는 것은 쉽지 않다. 예를 들어, 양파처럼 친숙한 높은 식품도 향기, 맛과 질감 등의 감각 특성을 정확히 전달하는 단어를 특성화하는 것은 좌절감을 느낄 만큼 어렵다.

묘사적 테스트
식품시료를 평가하기 위해 묘사적인 단어를 사용하는 관능평가.

묘사적 테스트는 보통 심사위원들에 의해 대답의 형태가 구성되는 정확한 단어 설명을 포함하는 점수표를 사용하여 실시된다. 심사위원에 의해 평가되는 샘플 각각의 특성이 특정범위에 걸쳐 묘사되며 해당 심사위원은 점수표에서 각 항목에 대해 샘플과 일치하는 특정 설명을 선택한다. 샘플의 정확한 그림을 이끌어내기 위해 적절한 어휘를 선택해야 하는 책임은 점수표를 개발한 연구자에게 있으며 잘 만들어진 점수표는 원하는 정보를 제공한다.

묘사적 테스트에 대한 또 다른 접근법에서, 고도로 훈련된 한 그룹의 패널리스트들(DFAP)은 식품 샘플의 특정 설명을 제공하는 데 필요한 어휘를 개발하기 위해 함께 작업한다. 심사위원이 개별적으로 평가하는 첫 번째 방법과는 달리, 전체 패널이 **프로파일링(profiling)**이라고 불리는 이 두

프로파일링
제품의 품질을 유지하기 위해 이후 제품을 평가하는, 고도로 훈련된 패널에 의해 개발되는 자세한 단어 설명(보통 맛에 관한 설명).

번째 방법에서 하나의 설명에 도달한다.

여러 식품 연구가들은 프로파일에 의해 질감을 평가하기 위한 기술과 언어를 개발해왔다. 테스트 속성의 다양성으로 인해 이와 같은 측면의 관능적 평가가 매우 복잡해졌다. 질감 프로파일링을 하는 패널이 고려할 수 있는 특성은 저작감, 응집성, 점착성(구개, 손, 입술까지), 촉촉함 또는 습기, 빽빽함, 점성, 깨짐성, 경도, 입 코팅, 편평, 섬유성 및 점도 등이다. 질감 프로파일링은 맛 프로파일링과 마찬가지로 훈련된 패널에 의해 상당히 자세하게 실시될 수 있다.

정서적 테스트

식료품에 대한 소비자의 태도 및 선호도는 시장에서의 성공에 있어 매우 중요하다. 따라서 소비자 패널은 종종 다른 샘플에 대한 하나의 샘플의 선호도를 표시하는 데 사용된다. 특정 품질(예, 단맛)이 점수표에서 확인되면 심사위원은 샘플 중 하나에 대한 선호도를 평가한다. 각각의 샘플로 경험한 즐거움의 정도를 측정하기 위해 기호 등급 척도를 사용할 수 있다. 때때로 심사위원이 샘플을 먹고자하는 빈도에 관한 동기는 다양한 샘플의 수용성을 결정하는 방식으로 측정된다.

점수표

관능적 평가를 위한 점수표 개발은 쉽지 않은 작업이다. 심사위원단이 샘플에 대한 그들의 평가가 정확하게 연구원에게 전달되는 방식으로 제품의 주요 품질이 서면으로 평가되기 하기 때문이다. 너무 많은 세부 사항으로 구성된 점수표는 세심한 평가에 방해가 될 수도 있다; 점수표가 너무 간단하면 일부 중요한 정보를 얻지 못할 수도 있다.

모든 실험에 적합한 점수표는 없다. 대신에 점수표는 특정한 실험에 알맞게 개발되어야 한다. 모든 점수표는 날짜와 심사위원의 이름을 포함해야 한다(익명의 소비자 패널이 아니라면). 연구원은 평가가 시작되기 전에 시트에 이들 정보를 기입해야 한다. 이렇게 하면 심사위원이 시트가 본인의 것임을 확인하지 않고 넘어가는 문제는 발생하지 않는다. 이러한 두 가지 방식으로 시트가 본인의 것임을 확인하는 것이 매우 중요하다.

때로는 한 시트의 데이터 포인트 1점이 그 외 비교할 만한 데이터 포인트로부터 상대적으로 동떨어질 수도 있다. 시트 확인을 통해 연구자는 어떤 비정상적인 환경이 그러한 특정 평가를 설명하고 문제가 되는 데이터 포인트의 타당성에 통찰력을 제공할 수 있는지 여부를 알아보기 위해 평가일에 사용한 노트와 실험실 노트를 다시 체크할 수 있다.

비교 테스트에 대한 점수표는 가장 만들기 쉽다. 그림 3.9는 한 쌍 비교법에서 사용된 적절한 예

심사위원 __________
날짜 __________
더 부드러운 샘플은 ______________이다

그림 3.9 한 쌍 비교법 테스트용 점수표

심사위원 __________
날짜 __________
2개의 샘플 각각을 통제 샘플과 비교하시오.
통제 샘플과 다른 샘플은 ______________이다.

그림 3.10 일-이점 검사법용 점수표

심사위원 __________
날짜 __________
이 중 두 가지 샘플은 동일하며 하나는 다르다.
다른 샘플은 __________이다.
이 샘플은 어떤 점이 다른가?

그림 3.11 삼각 시험법용 점수표

이다. 일-이점 검사법과 삼각 시험법의 점수표는 유사하다. 두 가지 모두 3가지 견본을 포함하지만 점수표의 제출 방식은 약간 다르기 때문이다(그림 3.10과 3.11).

묘사적 척도(descriptive scale)에서, 점수표의 개발은 실험 계획의 중요한 일부가 된다. 가끔 이러한 점수표는 평가 대상이 되는 각 특성에 대한 세심한 설명을 포함하도록 설계된다(그림 3.12). 이러한 단어 설명을 점수표에 기입하는 것은 상당히 번거롭지만, 제품의 점수를 매기는 것에 대한 유용한 가이드 역할을 한다.

묘사적 척도
단일 특성의 강도의 범위를 설명하는 단어의 배열로 척도의 각 단계는 강도의 미묘한 정도를 나타낸다.

묘사적 점수표는 수치 득점을 이끌어내기 위해 만들어질 수 있는데, 수치 득점은 자료의 통계적 분석을 가능하게 한다. 그림 3.13은 심사위원이 평가하게 될 일부 특징에 대한 논리적 진행에서 설명적 단어를 제공하는 점수표의 예이다. 머핀에 포함된 특징은 종합 평가에 포함되어야 할 것들 중 일부일 뿐이다. 그러나 열거된 특징은 묘사적 단어의 순서가 발전할 수 있는 방식을 보여준다. 연구자가 각 척도에 순서대로 쉽게 번호를 할당할 수 있다는 점에 유의하도록 한다(예, 색깔이 매우 옅은 = 1; 약간 옅은 = 2; 황금 갈색 = 3; 조금 많이 어두움 = 4; 그을린 색 = 5). 따라서 심사위원의 점수는 단어가 아닌 적절한 숫자로써 기록되며 숫자는 분석에 사용된다; 결국 수치적 결과를 적절하게 설명하는 점수표의 단어가 결과에 대한 논의에 추가될 수 있다.

평가척도는 보통 5나 9와 같은 홀수로 지정된다. 5점 척도는 편리하지만, 일부 심사위원들은 그

이름 ______________________
날짜 ______________________

특징	묘사적 등급 *(각각의 특성을 가장 잘 설명하는 단어에 동그라미하시오)*			
표면 색깔	옅은	약간 갈색	적당한 황금 갈색	매우 짙은 갈색
부드러움	매우 부서지기 쉬운	약간 부서지기 쉬운	쉽게 부서지는, 약간 부서지기 쉬운	질긴, 부드러움이 거의 없는, 쉽게 부서지지 않는
질감	무거운, 두꺼운 세포벽	약간 무거운, 중간 두께 세포벽	다소 굵은 세포 크기, 상대적으로 균일함	위쪽으로 터널링, 터널 사이의 미세한 세포
풍미	뒷맛	아주 약간의 뒷맛	적당함, 뒷맛 없음	얼얼한

그림 3.12 머핀의 등급을 매기기 위한 묘사적 점수표

머핀의 특징
(각 항목에 대한 귀하의 선택에 동그라미 하시오)

심사위원 ____________
날짜 ____________
샘플 ____________

표면 색상

매우 옅음	약간 옅음	황금 갈색	약간 어두움	그을린 색

표면 윤곽

움푹함	평평함	부드럽게 둥근	다소 뾰족한	뾰족한

내부 색깔

뚜렷한 흰색	흰색	크림색	약간 노란색	노란색

그림 3.13 데이터의 수치 해석에 적합한 논리적 진행을 보여주는 묘사적 점수표

와 같이 제한된 척도는 차이에 대한 정밀도를 연구원에게 전달하는 능력을 제한한다고 생각한다. 반대로 각 점수가 나타내는 범위가 더 작기 때문에 9점 척도는 더욱 정밀한 차이를 드러낼 수 있다.

일부 특징은 한쪽 극단에서 반대쪽 극단까지 광범위하다. 흰색 케이크의 표면 색깔이 그 예가 될 수 있는데, 흰 케이크는 매우 옅은 색에서부터 아주 짙은 색에 이르기까지 광범위할 수 있다. 척도

점수표

심사위원 ____________
날짜 ____________

특징	샘플 517	샘플 727	샘플 464
표면 색상 1 = 옅은; 3 = 황금 갈색; 5 = 그을린 색			
표면 윤곽 1 = 평평한; 3 = 둥근; 5 = 뾰족한			
내부 색상 1 = 흰색; 3 = 크림색; 5 = 노란색			
세포벽 두께 1 = 매우 두꺼운; 3 = 보통; 5 = 너무 얇은			
세포 크기 1 = 소; 3 = 중; 5 = 대			
맛 1 = 달콤하지 않음; 3 = 적당함; 5 = 너무 달콤함			
뒷맛 1 = 없음; 3 = 약간 있음; 5 = 두드러짐			

그림 3.14 각종 감미료를 넣은 머핀을 평가하기 위한 자세한 점수표

머핀 점수표[a]	심사위원 ___________ 날짜 ___________		
	샘플		
특징	517	727	464
표면 색상 1 = 지나치게 옅은; 3 = 다소 옅은; 5 = 적당한 황금 갈색; 7 = 약간 진한 갈색; 9 = 너무 진한 갈색			
표면 윤곽 1 = 절대 평면; 3 = 다소 둥근; 5 = 적당히 둥근; 7 = 다소 뾰족한; 9 = 매우 뾰족한			
내부 색상 1 = 너무 진한 흰색; 3 = 약간 흰색; 5 = 적당한 크림색; 7 = 다소 진한 노란색; 9 = 너무 진한 노란색			
세포벽의 두께 1 = 매우 두꺼움; 3 = 다소 두꺼움; 5 = 정상 두께; 7 = 다소 얇음; 9 = 지나치게 두꺼움			
세포 크기 1 = 너무 작음; 3 = 다소 작음; 5 = 중간; 7 = 다소 큼; 9 = 지나치게 큼			
맛 1 = 전혀 달지 않음; 3 = 충분히 달지 않음; 5 = 적당히 단 맛이 남; 7 = 약간 단맛이 남; 9 = 지나치게 단맛이 남			
뒷맛 1 = 매우 두드러짐 3 = 약간 두드러짐; 5 = 전혀 없음			

[a]숫자 2,4,6,8도 사용할 수 있다. 이러한 값은 이전과 이후 설명의 중간으로 간주된다.

그림 3.15 그림 3.14의 수정된 형태

상의 점수는 가장 바람직한 점수가 척도의 중간점에 놓이도록 균형이 이루어져야 한다.

점수표의 제작에서 흔히 발생하는 문제가 그림 3.14에 예시되어 있다. 표면 색상, 내부 색, 표면 윤곽, 세포벽의 두께, 세포 크기 및 맛의 범주 내에서 최적 점수는 3임을 유의한다; 그러나 뒷맛의 점수 득점에 있어서, 최적 점수는 1이다. 이 같은 설정이 사용될 수 있지만, 심사위원은 마지막 범주에 대한 득점이 기존에 확립된 패턴과 다르다는 점을 주의해야 한다. 데이터를 다루고 프로젝트 보고서를 작성하는 데 있어서 연구원은 이러한 범주 내에서 숫자의 의미의 차이를 확실히 인식해야 하며, 보고서의 독자들을 위해서 이 부분을 보강해야 한다.

실험의 목적이 다양한 식재료 또는 식재료를 다른 비율로 사용하는 등 변형을 통해서 파생되는 중요한 변화를 식별하는 것이라면, 심사위원으로부터 특정한 정보가 필요할 수 있다. 이러한 점수표는 테스트에서 중요하게 여겨지는 특징 및 이러한 특징들이 기록되는 방식과 관련하여 많은 생각을 필요로 한다. 이러한 점수표는 다양하게 변형될 수 있다. 그림 3.15에 제시된 점수표는 이러한 평가 문제에 대한 제안된 접근법이다.

가급적이면, 점수표의 평가에 포함되는 항목은 논리적으로 평가되는 순서와 같은 순서로 배열되어야 한다. 비침습성 테스트(예, 향기, 외부색, 점수 득점에서 포함될 수 있는 기타 외부적 특징)는 그림 3.14에서처럼 목록의 시작 부분에 배치되어야 한다. 이렇게 하면 심사위원은 손상되지 않은 샘플을 확보하여 이와 같은 특징을 평가하게 된다.

다음에 열거되는 항목은 샘플 내부의 시각적으로 평가될 수 있는 물리적 특징들(부스러기의 색깔 및 먹지 않고 평가할 수 있는 그 밖의 특징)이다. 마지막 항목은 구강촉감과 같은 특징인데, 이것은 샘플 한입을 입속에 넣어야만 평가될 수 있다. 심사위원은 점수표의 위에서 아래로 단순하게 작업하므로 이 같은 배열은 샘플의 순차적 평가를 가능하게 한다. 카드를 이와 같이 체계화시키지 않으면, 심사위원은 카드를 빠뜨려 다양한 항목을 시험하지 못할 수도 있고 특정 항목에 점수를 매기기 위해 남겨진 적절한 샘플이 없다는 것을 발견하게 될 수도 있다.

한 가지 품질에 대해서만 점수가 매겨지도록 점수표의 각 항목은 명확한 단어로 표현되어야 한다. 예를 들면, 세포 크기와 균일성은 점수표에서 하나의 항목으로 기록될 수 없다. 세포의 크기와 세포의 균일성을 평가하려면 별도의 두 가지 항목이 필요하다.

각각의 샘플에 대한 별개의 점수표를 제공하기 위해 그림 3.13의 점수표 설계가 필요하다; 각 카드는 무작위의 숫자를 갖거나 분명하게 표시된 샘플의 기호를 갖추어야 하며 또한 적절한 점수표가 그에 상응하는 견본과 함께 배치되어야 한다. 그림 3.14는 그림 3.13의 포맷을 사용하여 얻은 것과 유사한 정보를 제공하지만, 심사위원은 제공된 세로 행에 있는 3가지 샘플에 대해 점수를 매길 수 있다. 이 경우, 심사위원은 1과 3 사이에 해당하는 제품에 대해 2점을 할당할 수 있다는 사실을 알고 있어야 한다(또는 3과 5 사이에 해당하는 제품에 대해서 4점).

그림 3.15에서와 같이 그림 3.14의 점수표는 9점 척도에서 최적 점수를 5점으로 이동시킴으로써 상당히 강화될 수 있다. 척도의 확장은, 그림 3.14의 경우처럼, 척도가 5점으로 제한되었을 때 최적 점수가 3점인 표면색과 같은 항목들 사이에 더 미세한 구별을 할 수 있는 기회를 제공한다.

그림 3.15에서 뒷맛에 대한 척도가 9점으로 계속되지 않고 5점에서 끝난다는 점에 유의하시오. 척도는 5점이 최적 값이 되어야 하는 최고점 이상으로 연장될 수 없다. 그 외 범주는 다양한 제품을

심사위원 __________
날짜 __________

특징	샘플		
	517	727	464
표면 색상			
부드러움			
질감			
맛			

척도 : 9 = 몹시 좋아함
8 = 매우 좋아함
7 = 적당히 좋아함
6 = 약간 좋아함
5 = 좋아하지도 싫어하지도 않음
4 = 약간 싫어함
3 = 적당히 싫어함
2 = 매우 싫어함
1 = 몹시 싫어함

그림 3.16 기호 등급을 사용하는 머핀용 점수표

심사위원 ______________________________ 날짜 ________________
나이 ______________ 성별 ___ 여자 __남자 식품 항목 ________________
지시사항: □에 x표시를 하여 이 식품을 얼마나 좋아하는지 나타내시오.

그림 3.17 "스마일" 척도를 사용하는 점수표

다루는 점수표 상에서 같은 방식으로 다루어져야 한다.

소비자 점수표를 위한 등급 척도를 만들 때, (1) 특징에 대한 특정한 설명이나 (2) 수용 가능성이 필요한 정보인지 결정하는 것이 중요하다. 예를 들어, 심사위원은 샘플의 단맛을 '달지 않은, 거의 달지 않은, 상당히 단, 아주 단'과 같이 평가해야 할 수도 있다. 심사위원 모두가 어떤 동일한 샘플이 가장 달콤하다는데 동의했다 하더라도 연구자는 가장 달콤한 해당 샘플이 심사위원을 가장 만족시켰는지는 알 수 없다. 식품에 대한 만족도는 시간이 지남에 따라 반복적 구매를 유지하게 하는 중요한 요소이기 때문에, 새로운 식품을 개발하는 연구원은 묘사적 점수뿐 아니라 쾌락적 평가에 대해서도 관심을 가져야 한다.

'수용할 수 없는'에서 '수용 가능한'에 이르기까지 **기호 척도(hedonic scale)**를 활용하는 표는 상대적으로 만들기 쉬우며, 실험에서 몇몇 샘플의 바람직한 특징 및 바람직하지 않는 특징을 추구할 때 효과적이다. 그림 3.16은 이러한 유형의 표의 예시이다; 숫자 등급의 사용을 유의해야 한다.

기호 척도
식품 특징을 평가하기 위한 만족 척도.

일부 테스트 상황에서는, 천 개의 단어가 아닌 점수표에 있는 그림 한 장이 훨씬 더 많은 가치를 가질 수 있다. 연구원이 어린이들, 글을 잘 읽지 못하는 사람들, 또는 영어 사용 능력에 한계가 있는 이들과 함께 작업한다면, 그림 척도는 식품이 패널리스트에게 가져다주는 만족도를 전달하는 데 있어서 매우 유용할 수 있다. 이와 같은 점수표에는 그림 평가 척도를 만들어 내기 위해 하나의 그림에서 다음 그림으로 약간 표정이 바뀌는 간단한 얼굴 그림이 포함된다. 가급적이면 전체가 9개의 그림으로 구성되어야 하며 점수표의 그림은 웃는 얼굴에서 아주 찡그린 얼굴까지 포함한다. 척도의 중심부에는 무표정한 얼굴이 있는데, 이 얼굴은 만족이나 불만족을 표시하는 것이 아니다. 웃는 얼굴 때문에, 이 척도 유형은 **스마일 척도(smiley scale)**라고 불린다(그림 3.17).

스마일 척도
응답자가 자유롭게 언어를 구사하지 못하는 경우 식료품의 평가에 사용되는, 매우 행복한 얼굴에서 매우 불행한 얼굴까지 순차적으로 사용되는 척도.

요약

관능적 평가는 사람들, 소비자들이 식품에 반응하는 방식을 결정하는 수단이기 때문에 식품 실험의 중요한 부분을 구성한다. 이러한 정보는 기초 연구와 식품 산업에서 필수적이다. 관능적 평가는 평가 대상이 되는 식품과 접촉하는 모든 감각의 사용을 포함한다:

- 시각 평가는 윤곽과 질감뿐만 아니라 색상에 대한 판단을 포함한다.
- 후각은 식품의 향기를 평가하는 데 사용되며 또한 전반적으로 맛을 인지하는 데 기여한다.
- 미뢰는 맛의 구성요소인 신맛, 단맛, 짠맛, 쓴맛 및 감칠맛을 식별하는 능력 때문에 맛 평가의 중요한 부분을 구성한다.
- 촉각 평가는 중요하며, 일반적으로 구강촉감으로 확인된다.
- 청각 단서는 식품 평가의 한 부분이 될 수 있다. 바삭바삭함은 촉각과 청각 모두를 자극하는 질감 특성이다.

식품 간의 차이를 결정하기 위해 관능적 평가를 실시할 수 있다. 비교 테스트의 친숙한 예로는 일-이점과 삼각 시험법이 있다. 종종 선호도를 결정하고 식품 샘플에 대한 특정 정보를 얻는 것이 바람직하다. 준비된 점수표를 사용하여 정서적 테스트와 묘사적 테스트를 수행할 수 있다. 이 장에 점수표의 예가 제시되어 있기는 하지만 필요한 평가 정보를 획득하기 위해 특별히 설계된 점수표를 개발하여 각 실험을 평가해야 한다.

식품 샘플의 등급을 매기는 것은 또 다른 유형의 평가로 식품 산업에 상당한 도움을 줄 수 있다. 관능적 평가 중 가장 정교한 유형은 맛을 식별하는 데 사용되고 고도로 훈련된 패널의 서비스에 의존하는 기법인 프로파일링 방법이다.

연습문제

1. 왜 관능적 평가가 식품산업에서 중요한가?
2. (a) 색깔 지각, (b) 맛 지각 및 (c) 냄새 감지에 관여하는 신체 구조를 설명하시오.
3. 풍미를 인식할 때 맛과 향기 사이에 상호 작용을 설명하시오.
4. 일-이점 검사법과 삼각 시험법 간에 차이는 무엇인가? 각각은 어떻게 진행되는가?
5. 실험실에서 관능적 평가를 수행하기 위한 이상적인 환경에 대해 설명하시오.
6. 시음 패널을 선정하여 교육시키는 과정을 대략적으로 설명하시오.
7. 실험실에서 진행하게 될 실험을 위한 점수표를 설계하시오.
8. (참 또는 거짓) 스마일 척도는 패널리스트로 아이들을 이용하여 테스트하는 데 적합하다.
9. (참 또는 거짓) 한 쌍 비교법 테스트를 이용하여 선호도를 결정할 수 있다.
10. (참 또는 거짓) 숫자 척도를 사용하여 차이를 측정할 수 있다.
11. (참 또는 거짓) 삼각 시험법으로 선호도를 결정할 수 있다.
12. (참 또는 거짓) 제품 개발을 할 때 묘사적 점수표를 사용하면 도움이 된다.
13. (참 또는 거짓) 맛 프로파일링은 상세 점수표를 사용하여 개별적으로 실시된다.
14. (참 또는 거짓) 입으로만 맛을 결정할 수 있다.
15. (참 또는 거짓) 향기와 맛 모두를 결정함에 있어 후각 수용체가 필요하다.

참고문헌

Allison, A. M. and Work, T. 2004. Fiery and frosty foods pose challenges in sensory evaluation. *Food Technol. 58* (5): 32.

Civille, G. V. and Lyon, B.G. 1996. *Aroma and Flavor Lexicon for Sensory Evaluation*. ASTM. West Conshohocken, PA.

Decker, K. J. 2003. Where there's smoke, there's flavor. *Food Product Design 13* (4): 85.

Gacula, M. C., Jr. 2004. *Descriptive Analysis in Practice*. Wiley-Blackwell. Hoboken, NJ.

Gerdes, S. 2004. Perusing the food-color palette. *Food Product Design 14* (9): 94.

Griffiths, J. C. 2005. Coloring foods and beverages. *Food Technol. 59* (5): 38.

Hazen, C. 2003. Unveiled: Secrets of masking flavors. *Food Product Design 13* (November Supplement): 69.

Khatchadourian, R. 2009. The taste makers. *The New Yorker* (November 23): 84.

Lawless, H. T. and Heymann, H. 1998. *Sensory Evaluation of Food: Principles and Practices*. Chapman and Hall: New York.

Lioe, H. N., et al. 2010. Soy sauce and umami taste: A link from the past to current situation. *J. Food Sci. 75* (3): R71.

Marcus, J. B. 2005. Culinary applications of umami. *Food Technol. 59* (5): 24.

Mattes, R. D. 2002. The chemical senses and nutrition in aging: Challenging old assumptions. *J. Am. Dietet. Assoc. 02* (2): 192.

Meilgaard, M., et al. 2006. *Sensory Evaluation Techniques*. CRC Press. Boca Raton, Fl.

Papadakis, S. E., et al. 2000. Versatile and inexpensive technique for measuring color of foods. *Food Technol. 54* (12): 48.

Popper, R. and Kroll, J. J. 2003. Conducting sensory research with children. *Food Technol. 57* (5): 60.

Rodriguez, N.C. 2002. Sensory: Creating quality with sensory shelf-life studies. *Food Product Design 12* (4): 86.

Rodriguez, N. C. 2003. The power and potential of descriptive panels. *Food Product Design 13* (7): 101.

Rodriguez, N. C. 2005a. Communicating sensory information to R & D. *Food Product Design 14* (11): 86.

Rodriguez, N. C. 2005b. Sensory: Innovations in a cost-cutting mode? *Food Product Design 14* (11): 113.

웹사이트

http://ucce.ucdavis.edu/files/datastore/234-416.pdf—Overview of sensory evaluation techniques.

http://www.tragon.com/who/our-facilities.php—Description of test kitchen research facility.

http://senselab.med.yale.edu/ORDB/default.asp—Researchers' database for chemosensory receptors of some vertebrates or genes and proteins.

http://www.leffingwell.com/olfaction.htm—Scientific discussion of olfaction.

http://www.britannica.com/EBchecked/topic-art/584034/3415/The-taste-buds-of-the-circumvallate-papillae-are-made-up—Diagrams of the circumvallate papillae.

http://users.rcn.com/jkimball.ma.ultranet/BiologyPages/T/Taste.html—Brief discussion of taste buds.

http://www.innerbody.com/image_nerv12/nerv124.html—Interactive diagram of the tongue and taste receptors.

http://www.sweetmarias.com/article.sensory-evaluation.html—Overview of sensory evaluation.

http://www.olivecenter.ucdavis.edu/publications/Sliced%20Table%20Olives%20Consumer%20Testing.pdf—Description of an experiment using descriptive testing.

http://www.marketviewresearch.com/sc/psamples.asp—Statistics on paired-comparison test.

http://jds.fass.org/cgi/reprint/49/6/628.pdf—Paper demonstrating varying ability of judges to discriminate flavor characteristics in milk.

http://www.ag.auburn.edu/~kerthcr/671/Sensory%20Panel%20Methods.pdf—Overview of taste panels, their selection, and training.

http://www.probrewer.com/resources/library/siebel-tastepanel. pdf—Paper regarding use of taste panels.

http://smartstore.bpex.org.uk/articles/dodownload.asp?a=smartstore.bpex.org.uk.16.2.2009.14.22.58.pdf&i=297799—Outline of process for evaluating pork using a trained taste panel.

http://www.medallionlabs.com/Downloads/descriptive_sensory_Eval.pdf—Description of Medallion Labs' trained sensory analysis team and its potential applications.

http://www.astm.org/Standards/sensory-evaluation-standards.html—American Society for Testing and Materials site for sensory evaluation of specific materials.

http://cat.inist.fr/?aModele=afficheN&cpsidt=19147830—Article on duo–trio test order.

http://www.stats.gla.ac.uk/steps/glossary/nonparametric.html—Discussion of statistics in research using rank order.

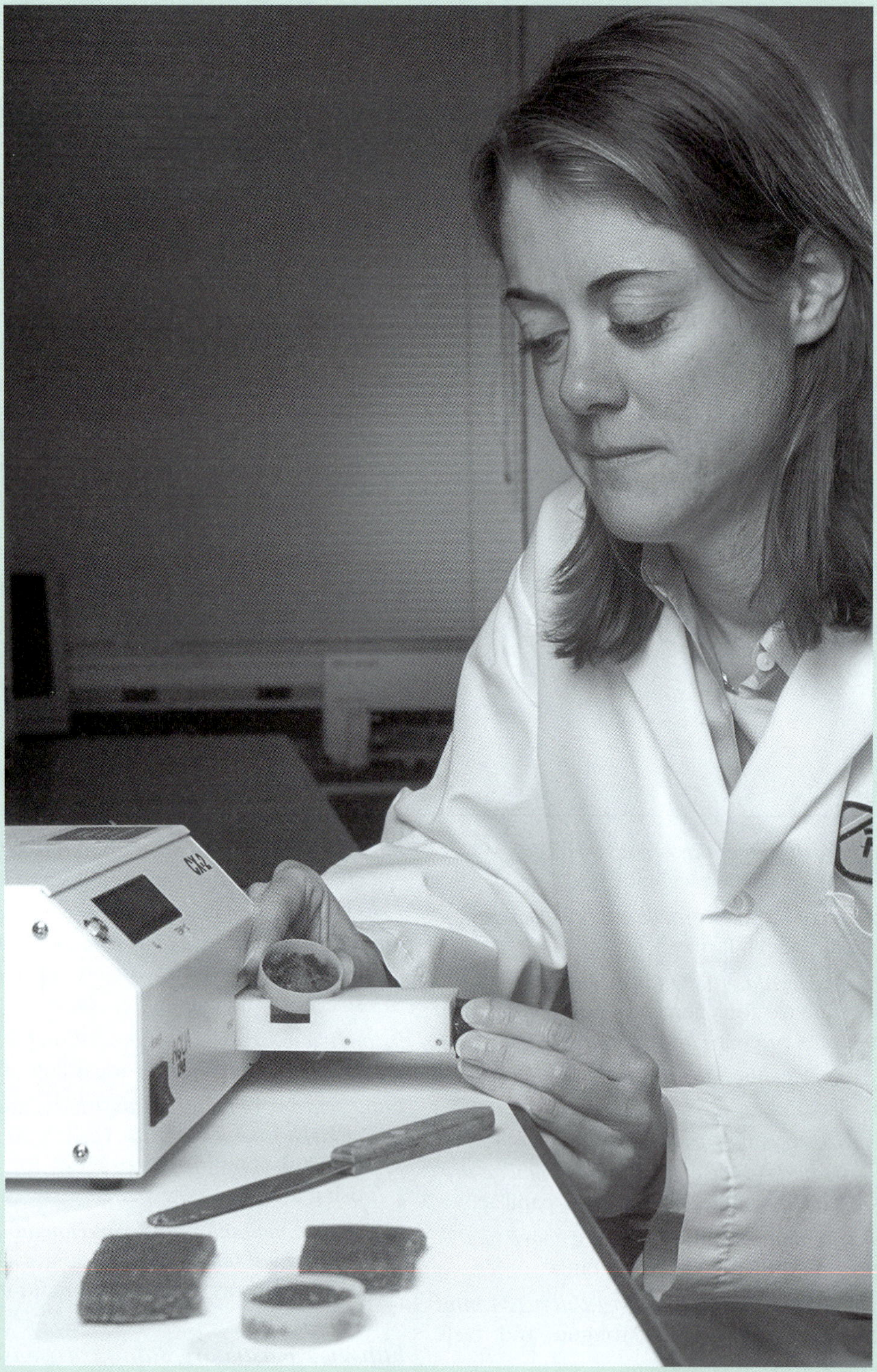

100% 천연 pear bar에 대한 저장 수명 평가 시험을 하고 있다. 기록이 가능한 관통시험기(penetrometer)를 사용한 사과의 경도 측정이다.

4장

객관적인 평가법

단원 개요

학습 목표
서론
일반 지침
물리적 방법
- 부피
- 비중
- 수분
- 텍스처

생각할 거리: 텍스처 분석용 부속장치의 개발
- 유동성
- 색
- 셀구조

화학적 방법
- 영양소 분석
- pH
- 당도
- 염도
- 향기
- 풍미
- 전자혀
- 일반 성분 분석

요약
연습문제
참고문헌
웹사이트

학습 목표

이 단원을 학습함으로써:

1. 다양한 식품의 부피, 비중, 수분, 조직감, 유동성, 색상, 셀 구조와 같은 특성을 평가하는 물리적 방법을 기술할 수 있다.
2. 식품평가에 쓰이는 화학적 방법을 논의할 수 있다.

서론

실험실시 동안의 관능검사(sensory evaluation)는 평가자인 사람이 실시하기에 그 결과가 중요하지만 평가자의 주관적인 특성으로 인해 때론 많은 차이가 나타난다. 그러므로 평가자는 훈련 전에 신중히 선발하고 소비자 평가자의 수를 많이 늘리면 이러한 차이를 줄일 수 있다.

실험실에서 얻을 수 있는 객관적인 데이터는 관능검사 결과와 연계시킬 수 있는데 이러한 객관적인 시험(objective testing)은 연구와 개발에 중요한 필요정보와 신뢰성을 확보하는 데 있어 비용효과가 크고 신속한 수단이 된다. 객관적 시험은 물리적 시험으로 다룰 수 있는 식품특성에 대하여 매우 믿을만한 데이터를 얻는 것을 목표로 하며, 유동성 특성, 유연함, 부피와 같은 특성 시험에 다양한 장비를 사용한다. 식품연구에서 정량적인 결과는 매우 중요하다. 객관적 시험으로 얻은 정량적 결과는 주관적인 관능검사 결과를 보완하고 강화시키기에 두 검사결과를 이용하면 최대의 정보를 얻을 수 있다.

일반 지침

객관적 시험 시 시험장비에서 얻은 수치에 대해 일반적으로 연구자는 막연한 신뢰를 가지게 되며, 실험노트에 기록하는 순간 그 결과에 대한 의심을 하지 않게 된다. 그러나 장비나 시료의 문제로 인해 그 수치 자체가 거짓일 수 있기에 모든 실험결과에 대해서는 항상 경계를 하는 것이 좋은 연구자의 자세라 할 수 있다. 믿을 수 있는 결과를 얻기 위해서는 장비의 유지와 작동, 시험용 시료 준비와 관련하여 끊임없는 주의가 필요하다.

객관적 시험을 위한 기본 지침은 다음과 같다.

1. 장비사용이 가능한 실험이라면 이에 적합한 객관적 시험을 수 차례 실시한다.
   식품의 연함과 같은 특성에 대해 관능검사를 했더라도 그 평가결과의 확증이나 문제 제기를 위해 객관적 시험이 중요하다. 또한 혼합물의 가열 전 · 후 pH나 열처리 전의 흐름특성을 측정하여 얻어진 결과를 해석하고 설명하는데 도움이 되도록 한다.

2. 필요한 시험장비를 준비한다.
   예비시험에서 제품제조에 필요한 모든 단계를 분석해야 하며 최종 제품에 대해서도 추가적인 장비를 사용하는 경우 객관적 검사가 가능한 특성이 있는지를 조사해야 한다. 만일 장비가 없다면 타 연구실이나 대학 및 식품회사의 장비를 활용할 수 있을 것이고, 필요에 따라서는 기술자에게 정보를 제공하여 직접 제작하여 사용할 수 있을 것이다.

3. 장비의 유지에 신경을 쓴다.
   실험실 장비는 여러 사람들이 자주 사용함에 따라 고장의 발생 또는 재조정할 필요성이 높아지고 심지어 정상적인 사용에서도 고장이 날 수 있다. 그러므로 정기적인 점검과 관리가 필요하며 사용하기 전에는 반드시 정상적으로 작동되는지를 확인해야 한다.

4. 시료는 객관적 시험에 적합하도록 준비한다.
   시험품목의 형판(template)은 종종 객관적 시험을 위한 시료의 준비에 필수적인 도구이다. 예를 들어 전단장비(shear apparatus)를 사용하여 소의 대퇴부 바깥쪽 살코기(설깃살) 간에 연함을 비교하려면, 정확히 소의 같은 부위에서 얻은 살코기를 사용함은 물론 정확히 같은 크기의 시료를 준비해야 한다. 이와 유사하게 소오토미터(shortometer)를 사용해 페이스트리나 쿠키의 연함을 측정하는 경우에도 비교 대상의 시료는 동일한 크기로 준비해야 하는데 이를 위해 굽기전에 반죽 혼합물의 두께를 정밀하게 조절해야 한다. 관통시험기(penetrometer)로 커스터드의 경도 측정하는 경우, 시료의 준비과정에서 커스터드의 표면을 제거할 것인지에 대한 결정도 해야 한다.

5. 객관적 시험을 위한 조건을 설정한다.
   결과를 얻는데 있어서의 일관성을 위해 객관적 데이터 수집에서의 차이가 없어야 한다. 예를 들어 전분반죽의 퍼짐성 시험(line-spread test)에서 온도가 조절되지 않는 변수로 작용하여 반죽의 점도에 영향을 미치는 일이 일어나지 않도록 특정 온도를 정하고 유지되게 조절해야 한다. 젤라틴 혼합물의 경우에도 정해진 온도, 그리고 정해진 저장시기에 시험해야 온도와 노화가 조절되지 않는 변수로 작용하는 것을 막을 수 있다.

이상은 객관적 시험에서 시료의 크기, 저장 및 온도조절이 필요함을 보여준 일부 사례에 불과하다. 이처럼 각 실험은 조절되지 않은 변수들을 제거하여 시험결과에 영향을 주지 않도록 설계해야 한다.

물리적 방법

부피

단단한 식품의 부피는 치환법[대개는 **종자치환법(seed displacement)**]으로 측정할 수 있다. 그림 4.1에 나타난 **용적계(volumeter)**를 사용하여 일정양의 평지종자가 차지하는 부피와 식품에 그 평지종자가 더해졌을 때 얻어진 총 부피 간의 차이를 이용해 식품의 부피를 산출할 수 있다. 구운 제품(baked products)의 부피를 비교하기 위해서는 동일한 중량의 반죽이나 배터(batter)를 사용해 제품을 제조해야 한다.

용적계가 없으면 시료보다 약간 큰 상자를 사용해 시료가 있을 때와 없을 때 상자를 채우기 위해 필요한 종자의 부피 차를 이용하면 된다. 비슷하게 케이크 부피는 케이크보다 높은 가장자리를 가진 팬을 사용하여 측정할 수 있다.

부피비교의 또 다른 방법은 **부피에 대한 지표(index to volume)**이며 이것은 식품 횡단면의 상세한 외부윤곽을 추적하여 측정한다. 이때 각 시료는 정확히 동일한 위치에서 자르는 것이 필수적이다. 외부윤곽은 가는 연필이나 펜으로 그리거나 시료 단면에 잉크를 바르고 이를 종이에 찍는 방법[**잉크자국(inkblot)**], 또는 단면의 사진을 이용하여 상세히 얻는다. 그 다음 **면적계(planimeter)**를 사용하여 단면의 외부 윤곽선을 따라 세밀하게 추적하여 정확한 단면적을 측정한다(그림 4.2).

비중

물질(식품 등)의 **비중(specific gravity)**은 물의 밀도에 대한 그 물질의 상대적 밀도로, 일정한 부피를 갖는 시료의 중량을 그와 동일한 부피인 물의 중량으로 나누어 산출하며(4°C의 물 1 ml의 중량은 1 g), 앞서 언급한 부피측정이 어려운 제품의 가벼운 정도(lightness)를 비교하는데 사용한다. 예를 들면, 비중은 계란 흰자위 거품을 비교하거나 감자의 조리특성 연구를 위한 품종의 구별에 쓰일 수 있다. 감자의 비중은 구성성분의 차이에 기인하며 비중이 작은 감자(waxy potato)는 수프, 샐러

용적계
구운 제품의 부피를 측정하는 장치로 종자를 담는 통, 부피를 측정이 가능하도록 눈금이 새겨진 투명 칼럼 및 시료를 담는 통으로 구성되어 있다.

부피에 대한 지표
제품 단면의 외부 윤곽선을 측정하여 부피를 간접적으로 비교하는 수단.

잉크자국
식품연구에서 시료단면에 잉크를 묻힌 후 이를 종이 위에 찍어 얻어진 단면자국.

면적계
이 기구의 포인터로 2차원 모양의 외부 둘레를 추적해 나감에 따라 그 면적을 측정할 수 있는 기구.

비중
물의 밀도에 대한 식품(또는 다른 물질)의 밀도 비율.

그림 4.1 종자-치환법으로 부피를 측정하기에 적합한 케이크, 빵 및 다른 구운제품의 부피측정에 쓰이는 용적계

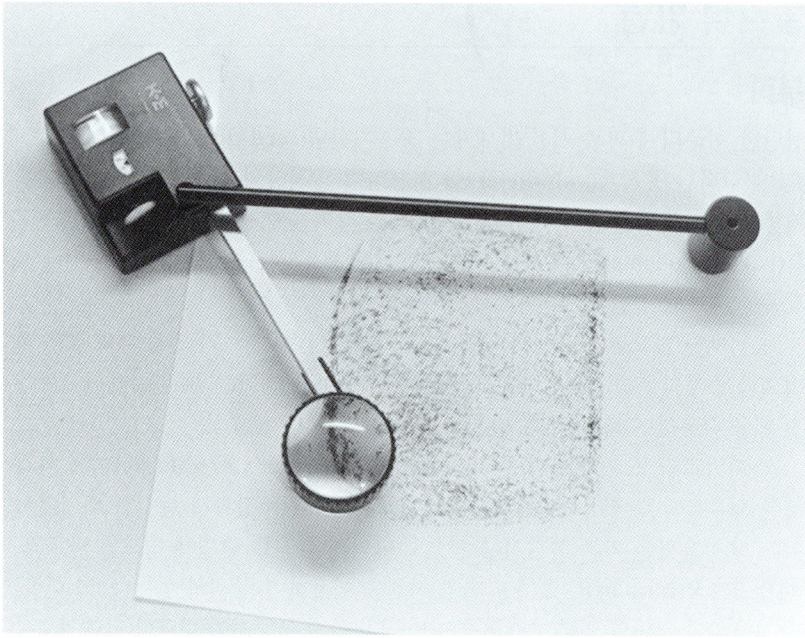

그림 4.2 시료의 외부 윤곽선으로 둘러싸인 면적(잉크자국 또는 사진) 측정에 쓰이는 면적계

드 등에 적합하며 비중이 큰 감자(nonwaxy potato)는 굽기와 튀김에 적합하다(그림 4.3)

수분

압착즙액
고기류나 다른 식품에 압력을 가해 얻어지는 즙액.

압착즙액. 시료의 다즙성이나 수분함량은 주관적으로 판단할 수 있으나 종종 객관적인 측정이 필요하다. 고기류, 가금류 및 생선의 다즙성은 시료에 일정한 압력을 가할 수 있는 succulometer로 측정할 수 있다. 일정 중량의 시료에 일정 시간 동안 적절한 압력을 가하면 **압착즙액(press fluid)**이 얻어지고 그 함량은 착즙 전, 후의 시료 중량 차이로부터 산출한다. 중량손실이 클수록 시료가 더 다

그림 4.3 소금물(소금 1, 물 11의 부피비)에서 감자의 비중은 감자 특성을 구별하기 위한 객관적 시험이다. 굽기에 쓰이는 비왁스(nonwaxy) 감자는 비중이 높아(1.115) 바닥으로 가라앉는 반면, 삶는데 쓰이는 왁스감자(waxy, 찰감자)는 비중이 낮아(1.070) 뜬다.

즙성임을 나타낸다. 압력계나 carver press도 압착즙액 측정에 사용할 수 있다.

습윤성. 구운 제품의 수분의 정도는 **습윤성(wettability)** 시험으로 분석할 수 있다. 이를 위해 시료는 중량측정 후 물이 담긴 접시에 5초간 올려놓는다. 그 다음 시료를 즉시 꺼내 중량 증가를 분석한다. 높은 수분 보유는 습윤성이 좋다는 의미로 주관적 평가에서 케이크가 적절하게 촉촉할 것임을 의미한다.

습윤성
케이크 등의 제품이 일정시간 동안에 수분을 흡수하는 능력으로, 높은 수분 보유는 케이크가 충분히 촉촉함을 의미한다.

건조기[Drying Oven]. 시료를 건조시켜 **수분함량(moisture content)**을 측정하는 방법으로 시간이 다소 걸리는 방법인데 마이크로파를 이용해 건조하면 훨씬 더 빠른 측정이 가능하다. 건조 전에 시료 중량을 측정한 후 중량이 일정해질 때까지 건조한 다음 중량을 측정하고 그 차이를 건조 전 중량으로 나눈 후 100을 곱해 시료의 수분함량 백분율을 구한다.

수분함량
초기 건조중량/초기 중량 × 100 = % 습도.

칼피셔 적정기[Karl Fischer Titrator]. 식품에 따라 10분 내에 빠르게 수분함량을 분석할 수 있는 칼피셔적정기는 1990년부터 이용되기 시작하였다. 분석시료는 7,500 rpm에 이르는 고속의 믹서에서 완전히 균질화시켜 물을 유출시킨다. 이후 칼피셔 시약으로 적정하여 유출된 모든 물이 그 시약과 반응케 한다. 수분함량은 기기에 장착된 마이크로프로세서에 의해 계산된다. 이 방법은 빠른 분석이 중요한 생산시설에서 매우 적합하다.

텍스처

텍스처(texture)는 혀에 의해 측정되는 식품품질을 표현하는 일반적인 용어이다. 분석기기는 힘, 시간, 거리 및 에너지를 측정함으로써 텍스처 특성을 나타낼 수 있다. 다양한 기기로 측정할 수 있는 식품의 텍스처 특성에는 부서짐성(fracturability), 전단(shear), 분쇄(crushing), 인장강도(tensile strength), 파열강도(puncture strength), 회전력(torque), 부러짐 강도(snapping strength) 등이 있다.

오늘날에는 특정 식품에 필요한 텍스처의 측정에 적합한 혁신적인 시험장비도 개발되어 식품연구자와 제조자들이 사용할 수 있다. 객관적 측정용 장비는 실험실에서의 기초연구와 제품개발뿐 아니라 제조시설에서의 품질관리를 위해서도 중요하다.

Warner-Bratzler Shear. Warner-Bratzler shear는 육류의 연한 정도 측정에 일반적으로 쓰이는 장치로 일정한 크기의 육류시료를 얇은 삼각모양의 칼날 공간에 끼워 넣고 칼날 옆의 평행 바를 반대 방향으로 움직여 육류를 자를 때(전단) 필요한 힘(전단력)을 측정한다. 시료는 코어링 도구(coring tool)를 사용해 각 육류의 동일한 위치에서 가는 원기둥 모양으로 준비한다. 시료 준비(coring)와 전단력 시험을 할 때에는 각 시료들의 정치시간과 온도가 동일해야 한다.

Warner-Bratzler Shear
육류나 측정될 만한 인장강도를 가진 식품을 자를 때 드는 힘(전단력)을 측정하는 시험장치.

전단압축계. **전단압축계(shear press)**는 시료의 압축, 압출 및 전단을 동시에 할 수 있는 기기로써 일부 과일과 채소의 텍스처를 측정하는데 적합하다.

전단압축계
식품의 압축, 압출 및 전단을 측정하는 시험기기.

압축계. **압축계(compressimeter)**는 shear press와 관련이 있으나 압축성(compressibility)만 측정할 뿐 전단력(shear strength)를 측정할 수 없다(그림 4.5). 이 기기로는 상당히 다공성인 구운제품의 단단함(firmness)이나 압축성(compressibility)은 측정할 수 있다. 원리는 시료에 압력을 가해 일정한 수준까지 변형시킬 때 필요한 힘을 측정하는 것으로 더 큰 힘이 필요할수록 더 단단한 제품이다. 텍스처 시험계(texture test system)도 유사한 장치이다(그림 4.6).

압축계
식품시료를 미리 정해진 양으로 압축시키는 데 필요한 힘을 측정하는 장비.

생각할 거리: 텍스처 분석용 부속장치의 개발

텍스처 분석기(texture analyzer)에 쓰이는 다양한 부속장치들이 개발됨에 따라 다양한 종류의 텍스처 분석이 가능해졌다. 예로써 고기를 씹을 때 앞니의 동작을 모방하도록 설계된 부속장치인 Volodkevich Bite Jaws를 텍스처 분석기에 부착시켜 고기류, 신선 및 조리 채소의 연함을 측정할 수 있다.

오늘날 미국인들이 많이 먹는 밀가루 토르티야(tortillas)의 인장강도는 텍스처 분석기에 Burst Rig을 부착시켜 측정할 수 있다. 토르티야를 부속장치의 원형판위에 고정시키고 2.5 cm 구형 탐침을 토르티야 중심부가 뚫릴 때까지 밀어 넣는다. 반죽의 점착성(끈기) 측정은 토르티야 공장에서 품질관리에 중요한 요소로 Chen-Hoseney Dough Stickiness Cell을 사용하여 분석이 가능하다.

바삭거리고 아삭거리는(부서짐성) 텍스처의 연구에는 Video Playback Indicator가 유용하다. 크래커 및 다른 바삭거리는 식품이 깨질 때나 톡 부러질 때 그 속도가 너무 빨라서 그 특성의 분석이 어렵다. 그러나 이 비디오 부속장치를 사용하면 텍스처 분석기가 작동함에 따라 촬영이 시작되고 측정이 완료된 후에는 촬영한 장면 별로 시험결과를 확인할 수 있다.

곡물, 스낵, 크래커 및 다른 식품의 바삭거리는 특성은 촉감뿐 아니라 소리로도 감지된다. 예를 들면 감자칩을 깨물거나 샐러리 줄기를 씹을 때 나오는 소리도 품질의 중요한 요소이다. 그럼에도 과거에는 이 소리요소가 객관적 평가의 대상은 아니었다. 하지만 음향 데이터 수집용 부속장치인 Acoustic Envelope Detector를 사용하면 텍스처 분석기로 바삭거리는 식품을 시험할 때 발생하는 소리에너지를 측정할 수 있어 객관적 시험이 가능하다.

관통시험기
단지 중력에 의해 정해진 시간 동안에 원뿔이나 다른 장치가 식품을 침투한 거리를 측정함으로써 식품의 연한 정도를 분석하는 기기.

블루움 겔로미터
젤의 연함을 측정하기 위해 특별히 설계된 관통시험기의 종류.

관통시험기. 관통시험기(penetrometer)도 일부 식품에서 연한 정도 측정에 사용할 수 있다(그림 4.7). 원리는 아래쪽에 바늘이나 원뿔체가 장착되어 있는 플런저(plunger)가 정해진 시간 동안 중력으로 인해 시료 내부로 침투하는 거리를 측정함으로써 시료의 연한 정도를 분석하는 것으로, 수치가 클수록 더 연한 제품이다. 젤 및 많은 종류의 구운 제품에서도 연한 정도 측정에 매우 적합하다. **블루움 겔로미터(bloom gelometer)**는 특별한 형태의 관통시험기로, 플런저 상단에 장착된 작은 컵안에 납 구슬(lead shot)들을 넣으면 이 무게로 인해 플런저가 시료 내부로 침투하게 하는 구조를 가진다. 플런저가 미리 설정한 거리만큼 움직일 때까지 사용한 납 구슬의 중량를 측정하여 시료의 연한 정도를 나타내며 사용 구슬의 중량이 작을수록 연한 제품이다.

Percent Sag
[(용기 내에서의 깊이/평판위에서의 깊이)/용기 내에서의 깊이] × 100 = %

퍼센트 색(Percent Sag). 젤에서 상대적인 연한 정도를 측정하는 또 다른 방법으로, 젤리 같은 시료에 대해 먼저 용기에 담겨 있는 상태로 탐침을 이용해 그 깊이를 측정한다. 그 다음 용기에서 젤리를 꺼내 평판위에 올려놓아 변형이 일어나도록 한 후에 탐침으로 깊이를 다시 측정한다. 용기 내에서 젤리의 원래 깊이 값에서 평판에서 변형 후의 깊이 값을 뺀 후 이를 원래 깊이값으로 나누어 준 후에 100을 곱하여 시료의 퍼센트 색(percent sag)을 구한다. 퍼센트 색이 클수록 젤이 더 연하다는 의미다.

쇼오토미터
상당히 부드러우면서 바삭거리는 식품에 대해 연한 정도를 측정하는 장치.

쇼오토미터. **쇼오토미터(shortometer)**는 비교적 부드러우면서 바삭거리는 쿠키와 크래커의 연한 정도를 측정하는데 매우 적합하다. 시료는 일정한 간격의 평행한 무딘 두 날 위에 올려 놓은 후 시료 위쪽의 또 다른 무딘 날을 모터 작동으로 점차 시료 쪽으로 내려오게 하면서 시료가 뚝 부러질 때까지 압력을 가한다(그림 4.8). 시료를 부러뜨리는데 필요한 힘이 제품의 연한 정도에 대한 측정치이다.

만능 (재료) 시험기
식품의 다양한 텍스처를 측정할 수 있는 다목적 기기.

만능 (재료) 시험기. Instron 사의 **만능 (재료) 시험기(universal testing machine)**는 몇 가지 다른 시험장치를 가진 기기로써 식품에서 다양한 텍스처를 시험할 수 있기에 이같은 이름이 붙여졌다(그림 4.9).

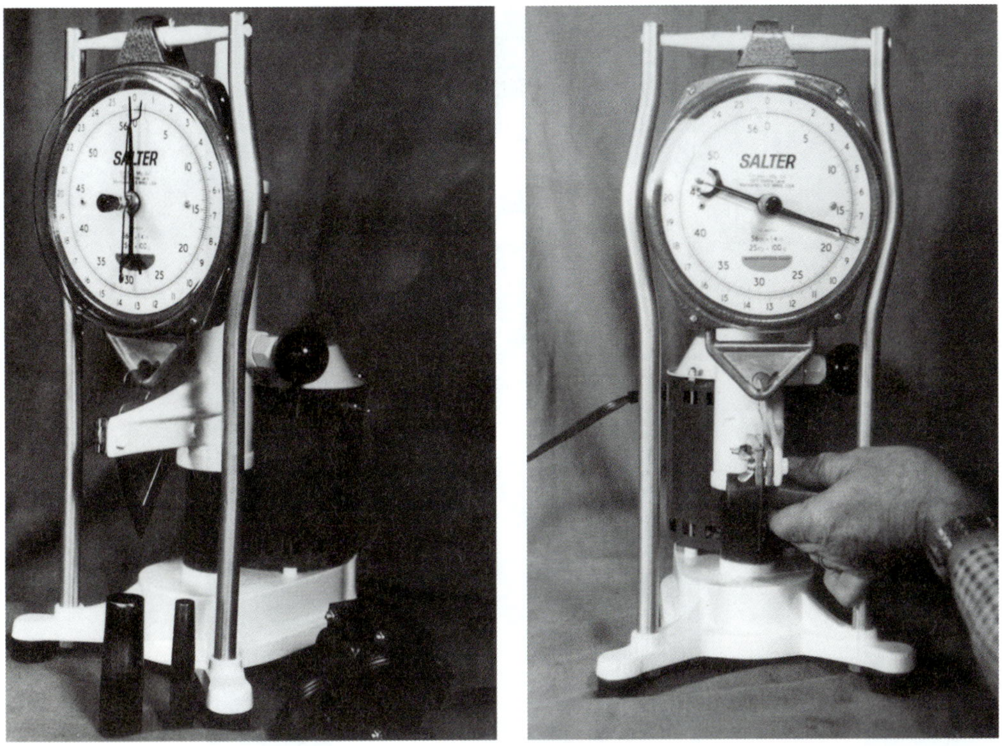

(a) (b)

그림 4.4 (a) 육류 및 전단력에 충분한 저항성이 있는 식품들에서, 그 연한 정도를 측정하는데 쓰이는 Warner-Bratzler shear(동일한 시료크기를 얻기 위해 coring tool을 사용) (b) 전단 조작. (Courtesy of G–R Electric Manufacturing Co.)

어떤 식품에서는 경도가 중요하나 캐러멜 같은 식품에서는 응집성이 좀 더 중요하다. 이 기기는 응집성, 부착성, 경도, 탄성, 껌성, 씹힘성과 부서짐성 등 7가지 텍스처 특성을 기록할 수 있는 다기능성을 가지므로 식품가공공정 동안의 품질관리에 중요하게 사용된다.

현장에서 사과와 같은 농작물의 텍스처를 측정할 때에는 휴대용 장치를 사용하면 시료의 숙성도, 단단함 및 텍스처에 대한 정보를 바로 얻을 수 있어 편리하다. 시험 방식은 "push-pull" 또는 "tension-compression"등이 있다.

파리노그래프. 파리노그래프(farinograph, 그림 4.10)는 배터나 반죽을 혼합하는 동안 글루텐의 생성을 측정하여 기록하는 장치이다. 배터나 반죽 속에서 금속브리슬(bristle)을 가진 장치를 서서히 혼합하면서 글루텐을 생성시킨다. 이때 기록계에는 혼합 동안에 반죽에서 증가하는 장력과 그 이후 교반과 인장에 의해 글루텐 가닥들이 파괴되면서 약해지는 장력이 추적된다.

엑소텐소그래프. Brabender 사의 엑소텐소그래프(extensograph)는 다양한 밀가루 반죽의 신장 특성을 측정하는데 사용된다.

글루토그래프. 글루토그래프(glutograph)는 글루텐의 신장과 회복, 즉 탄성을 측정하는 기계이다.

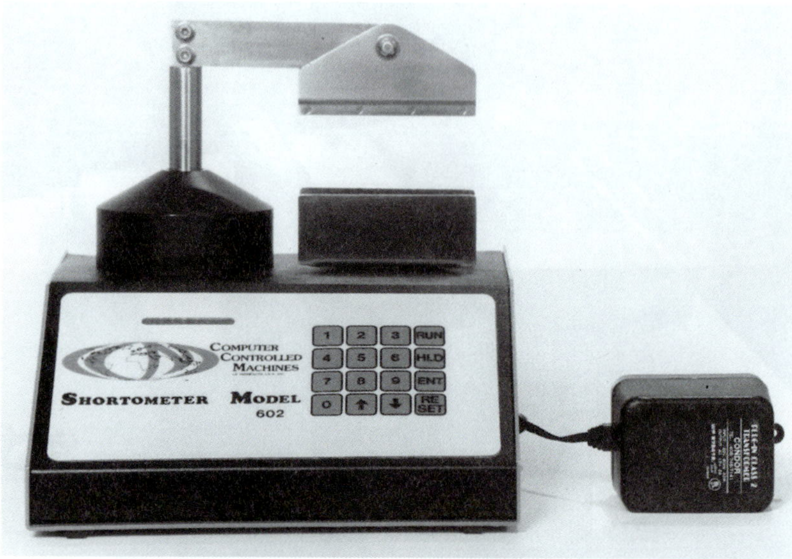

그림 4.8 페이스트리 및 다른 아삭한 식품들에서 그 연한 정도를 측정하는 쇼오토미터

뉴턴(Isaac Newton)의 연구에 기초하여 유체는 **뉴턴성(Newtonian)**이나 **비뉴턴성(non-Newtonian)**으로 구분된다. 물, 당시럽, 와인은 뉴턴성 액체로 점도는 전단속도에 관계없이 항상 일정하다. 즉, 회전점도계의 속도를 달리하더라도 그 액체의 점도는 동일함을 의미한다.

에멀젼, 토마토페이스트와 같은 비뉴턴성 유체는 전단응력을 받을 때 변화된 속도로 흐른다. 마요네즈와 캐첩은 전단이 증가할수록 흐름속도가 증가하며 점성이 감소하는 유체이지만 전단을 정지하면 점차 원래의 점도로 되돌아온다. 초콜릿도 이러한 거동을 보이는데 이 특성은 상업적인 캔디 제조 시 유용하다. 전단은 코팅제로 작용할 수 있을 정도로 초콜릿을 충분히 부드럽게 만드나 전단을 중지시키면 초콜릿은 매우 빠르게 굳어진다. 이런 거동은 **틱소트로피(thixotropic)** 유체의 특징이다.

점조도계. Bostwick **점조도계(consistometer)**와 Adams 점조도계는 점조도(점도)나 반고체 식품의 퍼짐성(spread)을 측정한다. 일정량의 반고체 식품을 Bostwick 점조도계의 경사진 홈 통에 넣은 후 일정 시간 동안 흘러서 이동한 거리를 측정하는데, 대기압조건에서 흐르는 식품의 상대적인 점도를 비교할 수 있다. Adams 점조도계는 일정 시간 동안의 시료의 퍼짐성(시료가 덮는 면적)을 측정한다.

Line-Spread Test. Line-spread test는 consistometer에 의한 점도측정 방식을 간단히 변화시킨 것이다. 정확히 측정된 동심원이 그려진 판의 중앙에 원통 칼럼을 올려놓고 여기에 일정량의 시료를 넣은 다음 일정시간(2분까지) 동안 흐르게 한다. 그 후에 시료의 퍼진 정도를 동심원의 90° 간격마다 읽어 4개의 값을 얻은 후 이의 평균을 구한다(그림 4.12).

Viscoangiograph. Brabender **viscoangiograph**는 또한 점도 측정 장치로, 온도를 조절하면서 전분 페이스트의 점도를 측정할 수 있다(그림 4.13).

뉴턴성
전단 속도에 의해 영향을 받지 않는 흐름 속도를 가진 물질로서 물, 당 시럽 등이 있다.

비뉴턴성
전단 속도에 의해 영향을 받는 흐름 속도를 가진 물질로서 초콜릿과 에멀젼 등이 있다.

틱소트로피
전단의 증가에 따라 흐름성이 증가하고 전단의 중지 후에 이전의 점도를 회복하는 젤의 능력.

점조도계
일정 시간 동안에 발생하는 반고체 식품의 퍼짐이나 흐름성을 측정하는 장치.

Line-Spread Test
동심원이 그려진 판 위에서 정해진 시간 동안 일정량의 시료가 퍼지는 정도를 90° 간격 측정하여 점성의 액체나 반고체 식품의 흐름 특성을 측정하는 방법.

Viscoangiograph
전분 페이스트의 온도를 조절하면서 점도를 측정할 수 있는 장치.

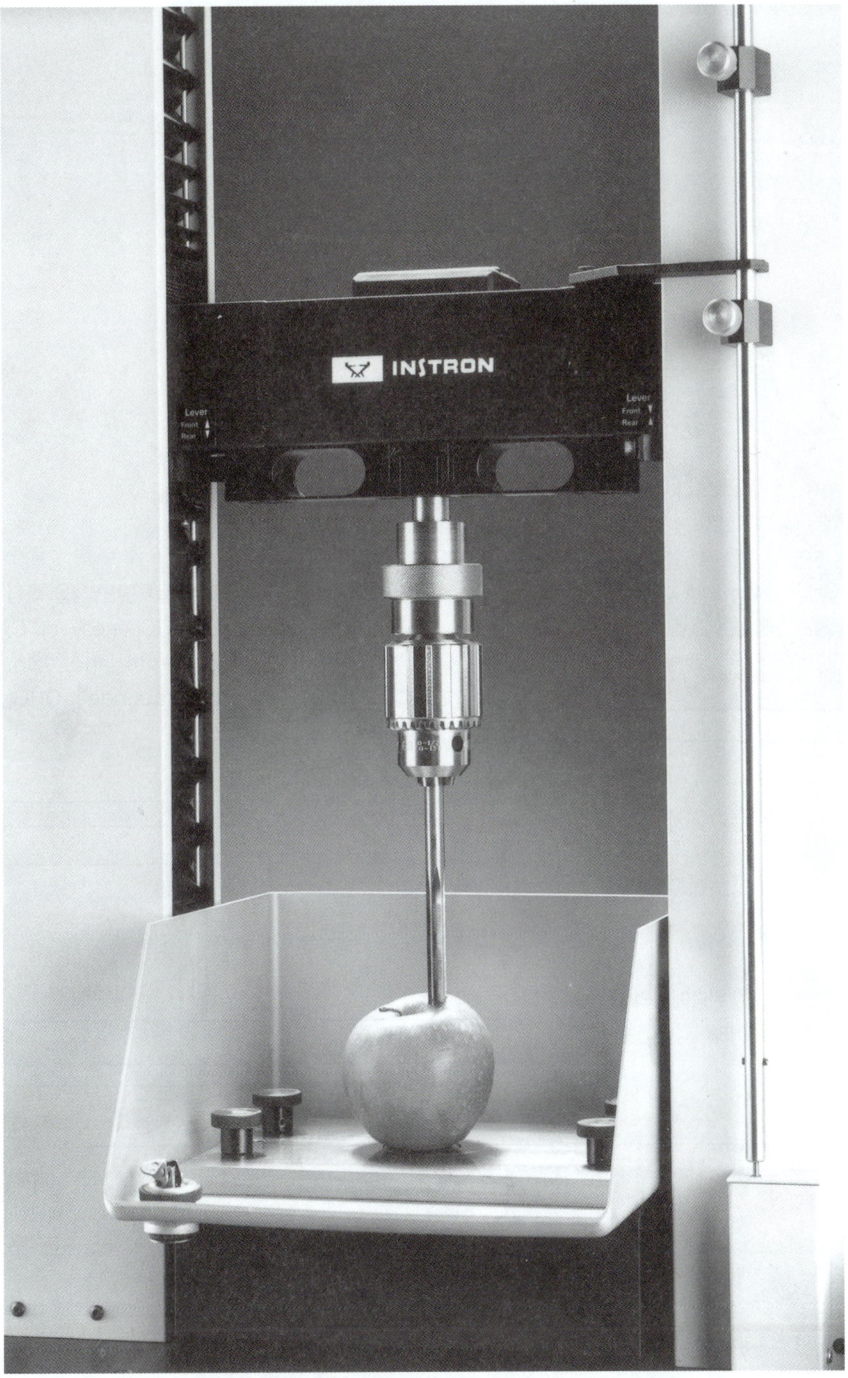

그림 4.9 Instron Model 1011 Test Instrument을 사용한 사과의 뚫기(puncture) 시험

점도계. 점도계(**viscometer**, viscosimeter)는 기능적으로 Brabender viscoangiograph와 유사하다. 이름이 의미하듯이 이 장치는 흐름 특성을 가진 다양한 식품의 점도를 측정한다. 점도측정 원리는 회전에 대한 저항성(torsional force)이나 모세관 작용에 기반한다. Brookfield 점도계(그림 4.14)는 스핀들이 시료속에서 회전할 때 걸리는 힘을 측정한다.

점도계
회전에 대한 저항성이나 모세관 작용 원리에 따라 흐르는 액체의 점도를 측정하는 장치.

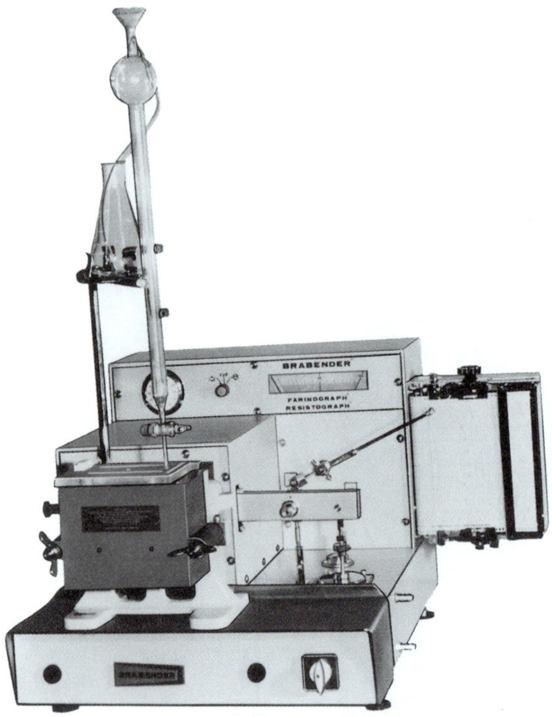

그림 4.10 배터와 반죽에서 글루텐 발생을 측정하고 기록하는 Farinograph. (Courtesy of C. W. Brabender Instruments, Inc., So. Hackensack, NJ, and Brabende® OHG, Duisberg, Germany.)

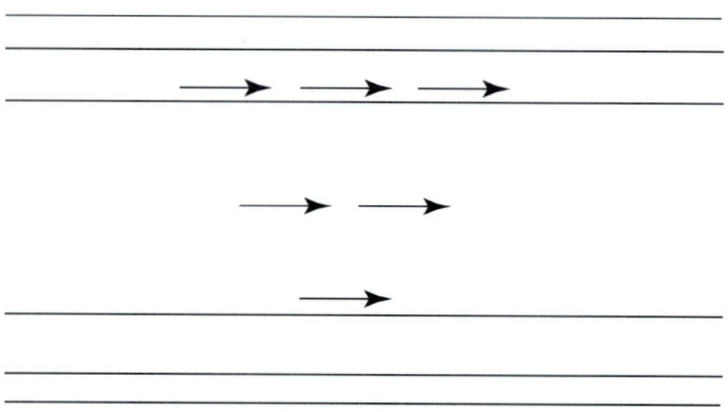

그림 4.11 액체의 전단속도(맨 위층에서의 운동속도와 바닥근처에서의 속도 차이)를 나타내는 다이아그램

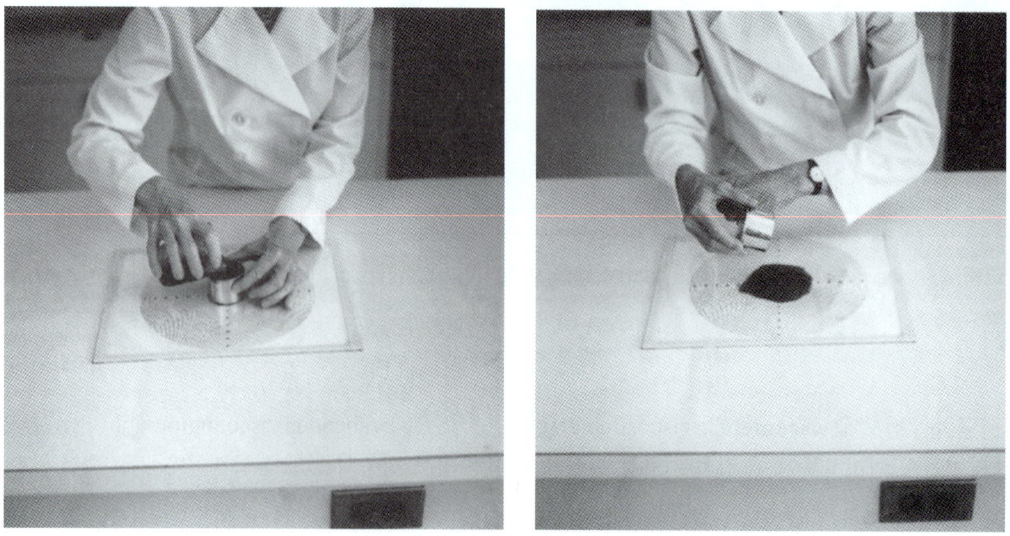

(a) (b)

그림 4.12 소스 및 흐를 수 있는 다른 식품들에서 유동성 특성을 측정하기 위한 line-spread test: (a) 시료 붓기 (b) 시험개시

과즙점성측정기(**jelmeter**)는 피펫과 유사한 모양의 점도계로써, 펙틴 함유 주스의 점도 측정에 자주 사용된다. 이를 통해 과일주스로 잼과 젤리를 만들 때 필요한 펙틴의 양을 정할 수 있다.

과즙점성측정기
잼과 젤리를 만들기 위해 과일주스의 펙틴함량이 적절한지 측정할 수 있도록 설계된 피펫 모양의 점도계.

색

색은 **CIE** 체계(Commission Internationale de L' Eclairage)나 **Munsell** 체계에 따라 측정하는데, 스펙트럼 색상(spectral color), 색채도(degree of saturation), 명도(brightness)를 고려한다. CIE 체계에서 색을 정할 때 시간을 줄이기 위해 분광광도계(spectrophotometer)를 사용할 수 있다.

CIE
스펙트럼 색상, 색채도 및 명도에 기초하여 색을 측정하는 체계를 설립한 단체.

Munsell 체계에서 색상(hue), 명암도(value), 색채도(chroma)는 수치 척도로 확인한다. 색상을 측정하기 위해서 적색은 +a, 녹색은 –a, 노란색은 +b, 파란색은 –b의 수치로 표현한다. 그리고 측정된 이들 값들을 아래 식에 대입하면 색상이 계산된다.

Munsell 체계
색상(hue), 명암도(value), 색채도(chroma)에 기초하여 색을 표현하는 체계.

$$\theta_s = \mathrm{tin}^{-1}\frac{a}{b}$$

색채도(색의 순도로 같은 명도의 회색과 비교하여 흐림과 맑음의 차이를 표현)는 이들 값을 사용하여 아래의 식에 따라 결정된다.

$$\left(a^2 + b^2\right)^{\frac{1}{2}} = \mathrm{chroma}$$

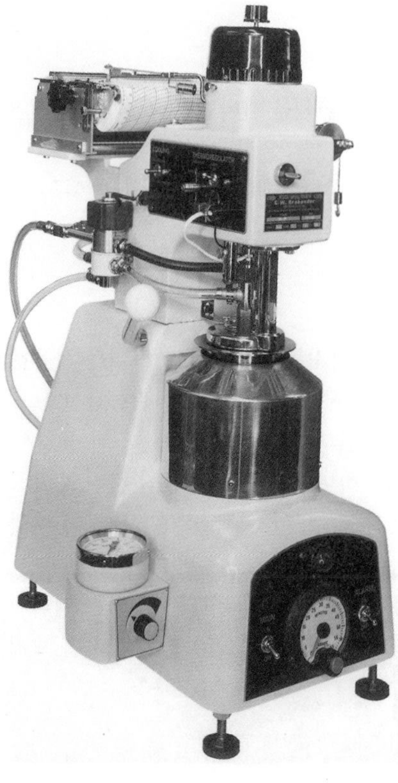

그림 4.13 다양한 가열/냉각 조건에서 전분 페이스트의 점도 측정에 쓰이는 Visco/angiograph. (Courtesy of C. W. Brabender Instruments, Inc., So. Hackensack, NJ, and Brabender® OHG, Duisberg, Germany.)

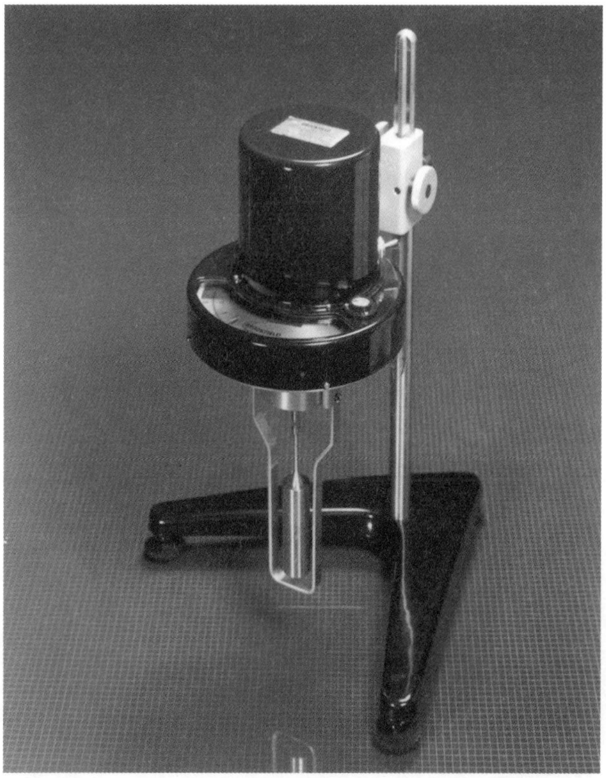

그림 4.14 시료 속에서 회전하며 점도를 측정하는 Brookfield viscometer. (Courtesy of Brookfield Engineering Laboratories.)

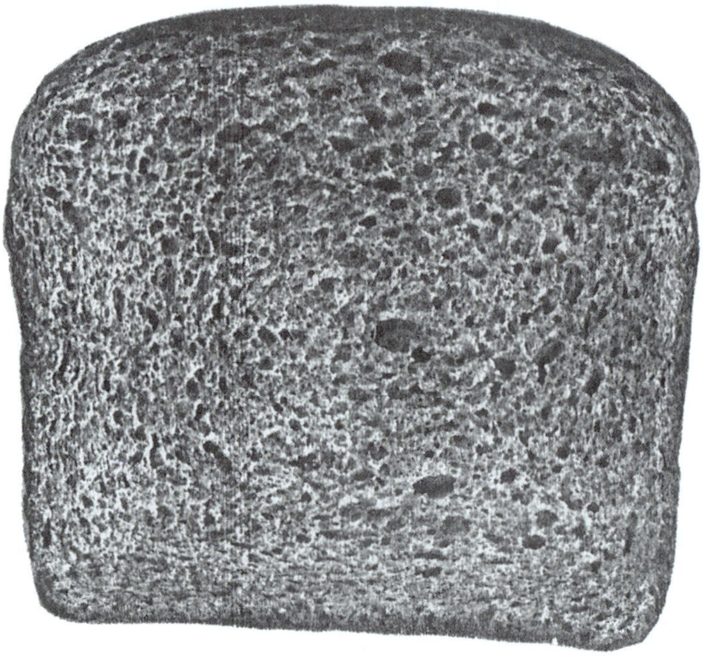

그림 4.15 빵(또는 다른 적절한 구운 제품)의 외부 윤곽을 편리하고 세밀히 기록한 사진

색채도의 값은 100의 범위에서 결정되는데 0은 검은색, 100은 흰색을 나타낸다. 식품의 색 확인에 활용할 수 있는 색표본도 있다.

색차계
CIE나 Munsell 색체계를 이용하여 시료들 간의 색차계를 측정할 수 있는 기계로 Hunter 색차계, Gardner 색차계 등이 있다.

색차계(color-difference meter)는 일반적으로 식품 색을 측정하는데 사용된다. 색과 이의 측정에 대한 개요는 Setser(1984)를 참고하기 바란다.

셀구조

셀구조(cell structure)는 구운 제품에서 중요한 특성이지만 아직까지는 객관적 시험장비를 사용해 의미있는 결과를 얻기는 어렵다. 반면 점수표를 적절히 설계할 경우, 셀구조에 대한 관능검사 요원의 판단은 결정적인 정보를 제공한다. 하지만 객관적인 접근 또한 가치가 있다. 셀 구조의 균일성, 크기 및 셀벽의 두께 등 셀 구조의 정보를 얻는 핵심 기술 중의 하나는 시료 절단면의 사진으로(그림 4.15), 매우 간단한 기술로써 셀에 대한 3차원 모양을 보여준다. 또한 실제 크기가 명확히 나타나며, 면적계(planimeter)를 사용해 둘레도 측정할 수 있는 장점도 있다.

시료 절단면 사진은 셀텍스처 정보를 표현하는 또 다른 가치 있는 도구가 된다. 디지털 카메라가 사진을 컴퓨터와 인터넷으로 전달하기 편리하므로 특히 유용하며, 사진에 눈금자를 표시하면 크기를 쉽게 파악할 수 있다.

화학적 방법

영양소 분석

영양소 표시제도(nutrition labeling) 실시 이후 특히 식품의 영양소 함량 분석에 대한 관심이 높아졌으며, 식품의 영양소에 대한 공인된 분석법은 미국 공인분석화학자협회(Association of Official Analytical Chemists, AOAC, 2002)의 출간물에 수록되었다.

pH

pH 측정은 흔히 식품의 산도와 알칼리도를 결정하는데 필수적으로 pH 시험지가 사용되나 pH 미터로 좀 더 정밀하게 측정할 수 있다. pH 미터는 전기회로를 구성하는 유리-지시전극과 기준전극을 사용하여 식품의 수소이온 농도를 효과적으로 측정한다(그림 4.16).

대부분의 식품은 pH 7 또는 그 이하이므로 반응에서 대개 산성이며 pH가 낮을수록 산성이 강해진다. 소다수의 중탄산염은 알칼리성 성분이고 난백도 꽤 알칼리성으로 pH가 높다. 많은 식품의 경우 일반적인 pH 값이 알려져 있더라도 특정 식품 시료는 예상과 다른 pH 값을 가질 수 있다. 실지로 식품의 pH는 식품의 종류, 신선도와 온도, 수분함량, 그리고 주위의 공기나 가스 등 환경조건에 따라 변하며, 식품에 함유된 성분도 식품혼합물의 pH에 영향을 준다. 그러므로 pH 측정은 식품연구에서 중요한 정보를 제공할 수 있다.

실험실이나 현장에서의 사용이 적합한 다양한 모델의 pH 미터가 있다. 실험동안에 온도변화를 보정할 수 있는 pH 미터도 있으나 실험수업에는 기본적인 모델로도 충분하다.

당도

당용액의 농도(당도)는 굴절계(refractometers)로 측정할 수 있으며 **브릭스 척도(Brix scale)**로 나타내는데 이 척도는 용액 중에 설탕의 백분율을 의미한다. 빛이 당용액을 통과할 때 농도에 따라 굴절되며 그 정도가 브릭스 값으로 표현된다. 휴대용 굴절계(Quick-Brix™ refractometer) 등은 포도와 같은 농산물의 당도를 측정할 때 사용되는데 원료의 당도가 최종제품의 품질에 큰 영향을 미치는 와인산업에 매우 적합하다.

브릭스 척도
당용액에서 당의 백분율 농도를 표시하도록 설계된 액체비중계(Hydrometer scale).

그림 4.16 pH 미터 (Courtesy of Beckman Instruments, Inc.)

염도

불꽃광도측정(Flame photometry)은 식품의 나트륨 함량 분석에 쓰인다. 실지로 관심의 대상이 되는 염은 나트륨뿐 아니라 칼륨, 마그네슘, 칼슘, 암모늄, 리튬도 포함된다.

향기

향기(aroma)는 수년간 관능검사로 분석하였으나 보조 수단으로 1990년대 후반에 **전자코(electric nose)**라 불리는 장치를 이용한 객관적 분석이 이루어졌다. 전자코에서 사용되는 검출 센서로는 금속산화물(metal oxide), 도체고분자(conducting polymer), 또는 석영 미량천칭(quartz microbalance) 등이 있다.

전자코로 시료의 헤드스페이스에 있는 증기를 분석하며, 데이터는 향기 프로파일 분석 다이아그램(flavor profile analysis diagrams)이나 판별요소분석플롯(discriminant factor analysis plots) 형태로 얻어진다(그림 4.17). 분석 시료들은 동일한 시험조건에서 실험을 실시하고 그 결과를 비교한다. 전자코는 분석, 품질관리 및 제품일치 여부에서 효과적으로 사용할 수 있는데, 예를 들면 수질분석, 커피와 곡물 등 농산물의 원산지와 품질 확인, 생선의 선도, 지방의 산패, 신선식품에서 박테리아 생장의 검출, 치즈와 맥주 가공에서 품질 관리 등에 적용할 수 있다.

전자코
밀봉용기의 상부공간(head-space)에 있는 향기 성분의 다이아그램(도표)을 얻을 수 있는 시험기기.

크로마토그래피
용매나 기체를 사용하여 복잡한 혼합물로부터 개별 화합물을 분리하는 방법으로 분리는 GLC나 HPLC 또는 다소 덜 복잡한 방법으로 수행.

기체-액체 크로마토그래프
분석할 시료를 운반기체와 함께 특수 칼럼 속으로 통과시키면서 칼럼에 대한 각 화합물의 흡착과 방출 속도에 따라 개별 화합물을 분리하는 기기.

고압액체크로마토그래프
시료를 액체에 녹여 고압으로 특수 칼럼 속으로 흘려줌으로써 개별 화합물이 칼럼에 흡착하고 용출되는 특성에 따라 개별 화합물을 분리하는 기기.

질량분석법
고에너지의 전자 빔을 순수 화합물에 쪼여 다양한 이온으로 쪼갠 후 이 이온들을 분류하여 실질 화합물을 나타내는 질량스펙트럼으로 기록하여 화합물을 동정하는 기술.

적외선 분광광도법
순수한 화합물에 적외선(2,550~16,000 nm 파장) 에너지를 조사해 분자를 진동시켜 그 구조의 특성을 나타내는(예를 들면 알데하이드기나 벤젠고리) 피크의 스펙트럼을 얻어 화합물을 동정하는 기술.

풍미

크로마토그래피(chromatography)를 사용한 풍미(flavor)분석은 매우 활발한 연구분야(그림 4.18)로, 최종 목표는 특정 식품의 전체적인 풍미를 구성하는 수많은 휘발성 및 비휘발성 물질들을 확인하는 것이다. 이 연구의 핵심은 **기체-액체 크로마토그래프(gas-liquid chromatograph, GLC)**와 **고압액체크로마토그래프(high-pressure liquid chromatograph, HPLC)**가 핵심 연구 장비로써 시료의 향기와 풍미특성을 구성하는 복잡한 혼합물을 개별 성분들로 분리하는데 사용된다.

이들 크로마토그래프장치에 사용하는 칼럼에는 화합물에 따라 다른 속도로 흡착하고 분리하는 활성물질이 들어 있다. 칼럼을 빠져나온 각 화합물들은 연결된 검출기를 통과하면서 각 화합물의 통과 시간과 양을 나타내는 피크로써 그 신호가 기록장치에 나타난다.

크로마토그래프 장치에 의해 분리된 화합물들은 그 다음 개별적으로 모아지거나 질량분석기로 들어가게 된다. 화합물들의 동정을 위해 **질량분석법(mass spectrometry)**나 **적외선분광광도법(infrared spectroscopy)**이 사용될 수 있다. 질량분석법으로는 분자량, 다양한 구조적 특징 및 화합물의 실질적 동정을 알 수 있다. 적외선 분광광도법은미지 화합물의 구조적 특징을 알 수 있으나 전체 크기를 알 수는 없다. 이러한 복잡한 기초연구의 최종 목적은 천연 풍미를 정확히 대체할 수 있는 풍미를 실험실에서 합성한 다음 산업적 생산을 하는 것이다.

전자혀

전자혀(electronic tongue) 장치는 기본 맛(단맛, 짠맛, 신맛, 쓴맛, 감칠맛)에 민감한 센서를 사용하여 식품 용액 중에서 감지될 수 있는 화합물의 존재와 상대적인 양을 확인하기 위해 개발되었다. 미국 일리노이대(Urbana)의 연구자들(Lim, et al. 2008)은 식품용액에 담그고 2분간 기다리면 식품에서 12개의 감미료마다 특징적인 패턴이 나타나 감미료의 존재를 확인할 수 있는 신용카드 크기의 장치를 개발하였다.

일반 성분 분석

탄수화물, 지방, 단백질은 에너지를 생산하는 영양소이기에 식품에서 그들의 함량은 관심의 대상이 된다. 식품의 일반성분분석(proximate analysis)은 일정량의 식품 속에 존재하는 이들 각 영양소의

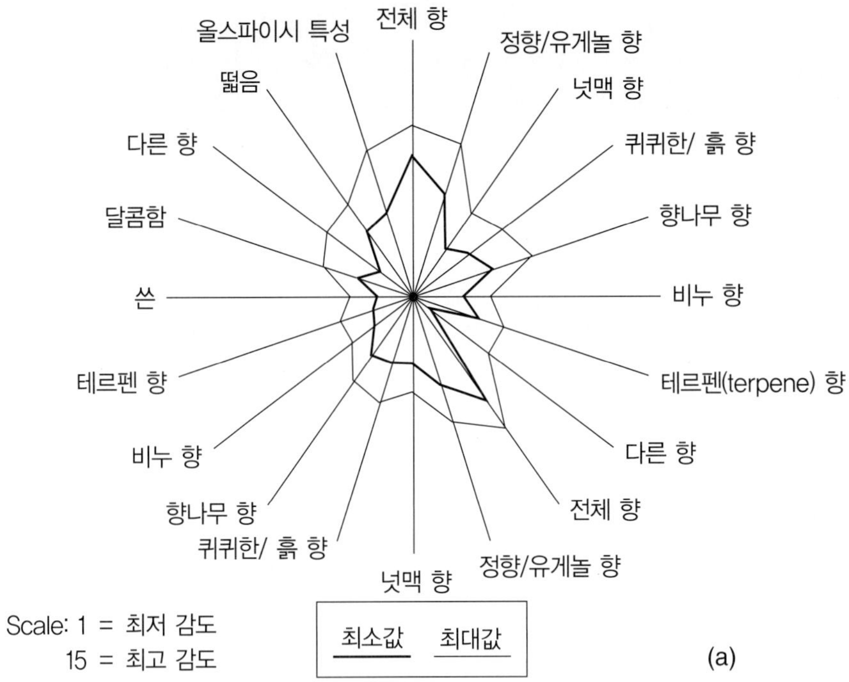

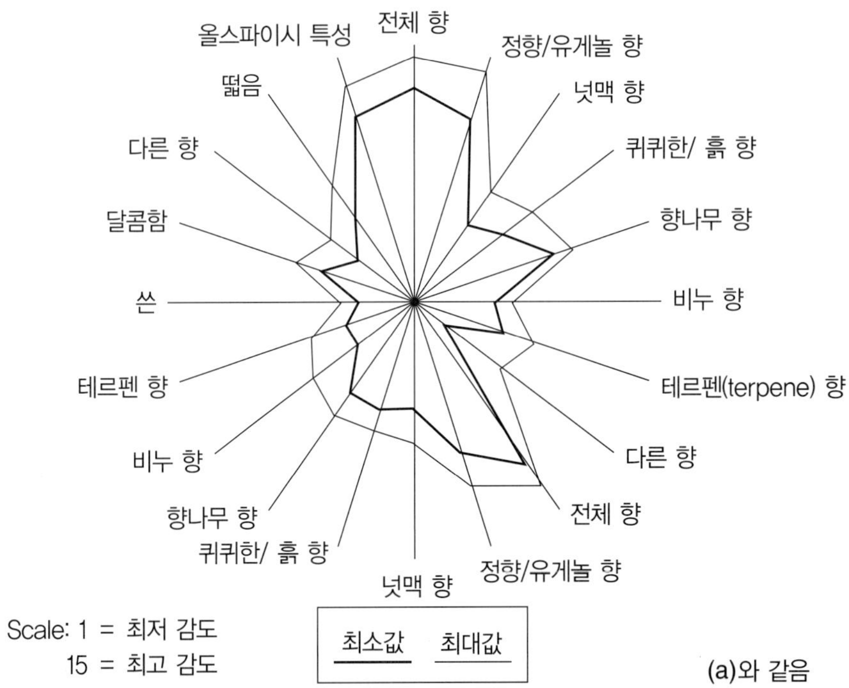

그림 4.17 전자코 측정에 의해 얻어진 (a) 자메이카 올스파이스와 (b) 과테말라 올스파이스의 풍미 프로파일 범위. (Courtesy of M. G. Madsen and R. D. Grypa, McCormick & Company. *Food Technology* 54 (3): 44–46. 2000.)

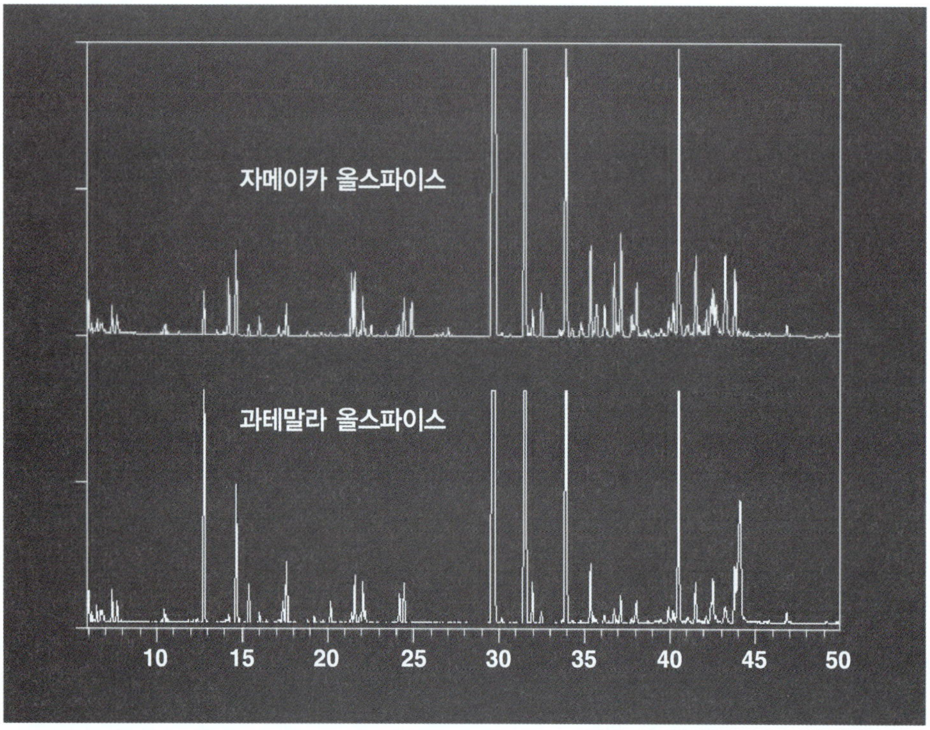

그림 4.18 자메이카 올스파이스와 과테말라 올스파이스로부터 얻어진 헤드스페이스 증기의 GLC 크로마토그램. (Courtesy of M. G. Madsen and R. D. Grypa, McCormick & Company. Food Technology 54 (3): 44–46. 2000.)

함량을 측정하는 것으로, 정해진 1회 분량에서의 탄수화물, 지방, 단백질의 그램이나 백분율로 표현을 한다.

일반성분분석을 위해서 미국 공인분석화학자협회(Association of Official Analytical Chemists,AOAC)에 의해 공인된 방법을 사용하는데 그 방법들은 자주 수정되면서 현재 국제 AOAC에서 18번째 판이 온라인(http://www.eoma.aoac.org/)에 등재되어 있다. 미국 곡류화학자협회(American Association of Cereal Chemists, AACC)도 분석방법을 개발하여 출판해 현재 11번째 판이 온라인(http://www.aaccnet.org/ApprovedMethods/)에 올라와 있고 미국유지화학자협회(American Oil Chemists' Society, AOCS, 2003)도 관련 분석방법을 출판하였다.

요약

식품제조 시의 품질관리는 물론, 식품의 연구와 개발의 경우에 신중하고 정확한 평가기술이 필요하다. 평가에는 주관적 평가(관능검사)와 객관적 평가로 나눌 수 있는데, 시료준비기술이 잘 제어되고 실험장비가 적합하게 작동되는 조건에서는 객관적 평가를 통해 매우 가치있는 데이터를 얻을 수 있다.

기기적 복잡성이 다양한 여러 장비들을 사용하여 물리적인 측정이 가능하다. 부피는 체적계(volumeter)를 사용한 종자-대체법(seed-displacement method)으로 측정할 수 있다. 또 다른 부피 측정법으로 Index to volume은 면적계로 시료의 상세한 외각선을 추적하여 그 값을 얻는다.

체적계에 의한 시험이 적절치 않은 거품과 같은 가벼운 제품을 평가하기 위해서는 비중(물의 밀도에 대한 시료의 밀도 비)을 이용하는 것이 유용하다. 육류 및 관련 식품의 수분이나 다즙성은

succulometer를 사용해 시료에 압력을 가해 압출액을 얻어 산출한다. 구운 제품의 습윤성은 시료를 물에 담그기 전과 5초간 담근 후의 중량을 이용하여 산출하는데 케이크의 수분함량을 확인하는데 도움이 된다. 건조기도 수분함량 측정에 사용된다.

식품의 텍스처는 몇 가지 조건을 가지며 측정에는 다양한 장비가 사용된다. Warner Bratzler shear는 육류의 연한 정도를 측정하는데 널리 사용되며 전단압력은 압축, 압출 및 전단을 동시에측정한다. Compressimeter는 빵 및 관련된 구운제품의 경도를 측정하는데 사용된다. 다양한 디자인의 관통시험기는 연한 정도를 측정하는 또 다른 장치이고, 젤의 연한 정도 측정과 같이 관통시험기 사용이 어려울 때는 복잡하진 않아도 유용한 기술인 퍼센트 색(percent sag)을 사용한다. 또 다른 텍스처 측정기구로는 masticometer, 만능 (재료) 시험기, 텍스츄로미터(General Foods) 등이 있다. 복사와 사진은 셀 크기, 균일성, 셀벽 두께 등 셀구조에 대한 영구적인 증거를 제공하는 효과적인 수단이다.

유동성은 물질의 흐름 및 그에 따른 변형을 다루는 학문으로 많은 뉴턴성 및 초콜릿 같은 비뉴턴성 식품에서 관심의 대상이다. 반고체 식품의 흐름특성을 시험할 때 Bostwick consistometer나 Adams consistometer를 사용하기 어려우면 line-spread test로 간단히 그 흐름특성을 평가할 수 있다. 전분 페이스트의 점도는 Brabendera mylograph로 측정할 수 있다. 회전이나 모세관 작용에 기반한 점도계는 흐름특성의 측정에 사용된다.

색의 동정에 쓰이는 CIE나 Munsell 체계를 사용하여 색을 매우 정밀하게 측정하고 보고할 수 있으며 Hunter 색차계가 색 측정에 자주 사용된다.

식품평가에서 사용되는 화학적 측정에는 영양소 분석이 포함된다. pH 미터는 식품 제조와 평가의 여러 단계에서 산도나 알칼리도를 측정하는 중요한 장치이다. Refractometer는 용액의 당도 확인에 쓰이며 flame photometry는 선택된 원소, 특히 나트륨 확인에 사용된다.

전자코는 향(aroma)의 분석에 쓰인다. 복잡한 풍미(flavor) 연구에서는 기체액체크로마토그래프 장치나 고압액체크로마토그래프장치를 사용하여 총 풍미시료로부터 휘발성 풍미성분들을 분리한다. 혼합물에서 분리된 화합물은 적외선 분광광도법과 질량분석법으로 동정된다. 이런 작업의 최종목표는 천연 풍미의 모든 핵심성분들을 동정한 다음 천연식품의 풍미성분와 동일한 합성 풍미성분를 조제하는 것이다.

식품시료의 탄수화물, 지방, 단백질 함량의 일반분석은 공인된 전문가 집단(AOAC, AACC, AOCS)들에 의해 개발된 방법에 따라 화학적으로 이루어질 수 있다.

연습문제

1. 전단시험에 사용할 라운드 스테이크 시료를 준비하는 정확한 방법을 약술하시오. 균일한 시료를 만들기 위해 필요한 모든 측면을 확실히 설명해 보시오.
2. 부피 측정 시, volumeter를 사용하면 planimeter로 index to volume을 측정하는 것보다 더 정확한가? 그 이유를 설명하시오.
3. 아래 각 시료들의 연한 정도를 측정하기 위한 기술을 밝히고 그 기술선택에 대한 논리적 근거를 제시하시오.
   - 구은 커스터드
   - 페이스트리
   - 포도젤리
   - 빵
   - 라운드 스테이크
4. Line-spread test를 수행하기 위한 방법을 설명하시오.
5. 풍미연구에서 아래 기기들의 역할을 설명하시오.
   - GLC
   - 적외선분광광도계
   - HPLC
   - 질량분석계
6. (참 또는 거짓) 케이크의 부피는 shortometer를 사용하여 측정할 수 있다.
7. (참 또는 거짓) 연한 정도의 측정을 위해 shortometer를

사용할 경우 페이스트리 반죽의 두께는 정밀하게 조절해야 한다.

8. (참 또는 거짓) Shortometer는 소고기 시료의 연한 정도를 측정하는데 사용할 수 있다.
9. (참 또는 거짓) 관통시험기는 구운 커스터드의 sag을 측정하는데 사용할 수 있다.
10. (참 또는 거짓) 전분 페이스트의 점도를 측정할 때 온도 조절이 필요하다.
11. (참 또는 거짓) 관통시험기는 스터드커스터드(stirred custard)의 점도 측정에 적합한 장치이다.
12. (참 또는 거짓) 기체크로마토그래프는 증기로부터 개별 화합물을 분리할 수 없기 때문에 풍미 분석에 거의 중요하지 않다.
13. (참 또는 거짓) pH 미터는 식품의 감미를 측정한다.
14. (참 또는 거짓) Planimeter는 케이크의 부피 비교에 사용할 수 있다.
15. (참 또는 거짓) 관통시험기는 잼의 연한 정도 측정에 사용할 수 있다.

참고문헌

AOCS. 2009. *Official Methods and Recommended Practices of the AOCS*. 6th ed. American Oil Chemists Society. Champaign, IL.

Barnes, K. W. 1995. Introduction to food analysis techniques. *Food Technol. 49* (6): 48.

Bartlett, P. N., et al. 1997. Electronic noses and their application in the food industry. *Food Technol. 51* (12): 44.

Bourne, M. C. 2002. *Food Texture and Viscosity*. Academic Press. San Diego, CA.

Clark, R. 1997. Evaluating syrups using extensional viscosity. *Food Technol. 51* (1): 49.

Duxbury, D. 2005a. Analyzing fats and oils. *Food Technol. 59* (4): 66.

Duxbury, D. 2005b. Hyphenated techniques offer greater specificity. *Food Technol. 59* (10): 68.

Duxbury, D. 2005c. Determining moisture content of foods. *Food Technol. 59* (12): 76.

Giese, J. 2000a. Color measurement in foods as a quality parameter. *Food Technol. 54* (2): 62.

Giese, J. 2000b. Online instruments for the food industry. *Food Technol. 54* (4): 98.

Giese, J. 2001. Pitt Con 2001 features new food analytical instruments. *Food Technol. 55* (4): 88.

Giese, J. 2002a. Lab developments featured at food expo. *Food Technol. 56* (8): 96.

Giese, J. 2002b. GMO testing. *Food Technol. 56* (11): 60.

Giese, J. 2003. Texture measurement in foods. *Food Technol. 57* (3): 63.

Leake, L. 2006. Electronic noses and tongues. *Food Technol. 60* (6): 96.

Lim, S. H., et al. 2008. A colorimetric sensor array for detection and identification of sugars. *Organic Letters 10* (20): 4405.

Mackey, A. 1967. *Recent research with potatoes*. Proceedings, 6th Annual Washington State Potato Conference.

Musto, C. J., et al. 2009. Colorimetric detection and identification of natural and artificial sweeteners. *Anal. Chem. 81*: 6526.

Peppard, T. L. 1999. How chemical analysis supports flavor creation. *Food Technol. 53* (3): 46.

Weaver, C. M. and Daniel, J. R. 2003. *The Food Chemistry Lab*. 2nd ed. CRC Press. Boca Raton, FL.

Zhang, C., et al. 2006. Colorimetric sensor arrays for the analysis of beers: A feasibility study. *J. Agric. Food Chem. 54*: 4925.

Zhang, C. and Suslick, K. S. 2007. Colorimetric sensor array for soft drink analysis. *J. Agric. Food Chem. 55*: 237.

웹사이트

www.grscientific.com—Catalog of company's laboratory equipment, including the Karl Fischer titrator.

http://us.mt.com/us/en/home/industries/level_1_food_bev.html—Access to several types of objective equipment for testing various foods.

www.ohaus.com—Information on balances and moisture analyzers.

http://www.cwbrabender.com/MoistureTesterMTC.html—Description of a moisture tester that incorporates weighing and drying.

http://lab.mt.com/food/—Video of operation of a moisture analyzer.

http://us.mt.com—Karl Fischer titrator information.

www.brabender.com—Information on various texture-testing equipment.

www.instron.com—Information on texture-testing equipment.

www.stablemicrosystems.com—Information on texture analyzers and accessories by Stable Microsystems, Inc.

http://www.cwbrabender.com/FarinographE.html—Manufacturer's information on using the farinograph.

http://www.cwbrabender.com/ExtensographE.html—Manufacturer's information on using the extensograph.

http://www.cwbrabender.com/GlutographE.html—Manufacturer's information on using the glutograph.

http://www.cwbrabender.com/AmylographE.html—Manufacturer's information on use of the amylograph for measuring starch pastes.

http://www.cwbrabender.com/ViscographE.html—Manufacturer's information on the viscograph.

www.beckmancoulter.com—Information on pH meters and other laboratory equipment.

http://us.mt.com—Information on refractometer types and applications.

http://www.standardbase.com/tech/FinalHUTechFlame.pdf—Description of flame photometry and how to perform a test.

http://www.burkardscientific.co.uk/analytical/flame_photometer.htm—Example of a flame photometer.

http://www.iit.edu/∼jrsteach/enose.html—Description of electronic nose and its applications.

http://www.alpha-mos.com/resources/pdf/instruments/electronic_ nose—Example of an electronic nose.

http://www.files.chem.vt.edu/chem-ed/sep/lc/lc.html—Brief description of chromatography.

http://ull.chemistry.uakron.edu/chemsep/lc/—Discussion of liquid chromatography.

http://www.cem.msu.edu/∼reusch/VirtualText/Spectrpy/MassSpec/masspec1.htm—Discussion of mass spectrometry.

http://www.electronictongue.com/—Information about the electronic tongue.

http://www.scs.uiuc.edu/suslick/pdf/orglett.08.4405.pdf—Article on sweeteners and the electronic tongue.

http://news.nationalgeographic.com/news/2009/09/090901-electronic-tongue_2.html—Brief article on the electronic tongue.

http://www.sciencedaily.com/releases/2008/08/080804100254.htm—Article on electronic tongue for identifying grape varieties and vintage of wines.

http://www.alpha-mos.com/resources/pdf/instruments/electronic_tongue/Alpha-MOS_ASTREE_Electronic_Tongue.pdf—Example of an electronic tongue.

http://www.sciencedaily.com/releases/2008/05/080505091820.htm—Description of an electronic mouth designed to mimic actions in the mouth, including chewing, saliva release, and the beginning of digestion.

http://www.eoma.aoac.org/—Address for 18th edition of Official Methods published by AOAC.

http://www.aaccnet.org/ApprovedMethods/—Address for 11th edition of Approved Methods, published by AACC.

PART 2

물리적인 고찰

5장
물

6장
식품조리의 물리적인 측면

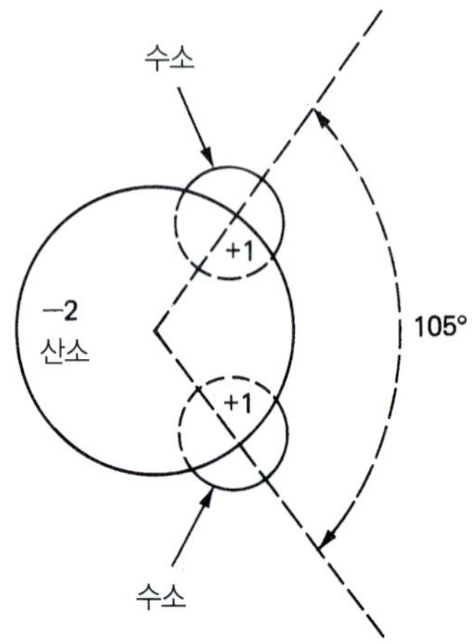

그림 5.1 물 분자의 구조. 두 개의 수소 원자와 중심 원자인 산소 원자 사이의 결합각은 약 105°이다.

물의 상태

식품에서 물은 고체, 기체 또는 액체 형태로 존재한다. 대기압 하에서 물의 상태는 물이 갖고 있는 에너지의 양과 밀접한 관련이 있다. 고체인 얼음과 기체인 수증기는 액체 상태의 물 보다 에너지가 각각 낮고 높은 상태이다. 액체 물은 온도가 낮아짐에 따라 분자의 운동성이 점차 떨어지다가, 4°C 이하에서는 점차 일정한 패턴으로 서로 결합을 하기 시작한다.

온도가 더욱 낮아지면 물 분자 사이의 간격은 오히려 더 벌어지는 경향을 보이는데, 이로 인하여 물의 전체적인 부피는 증가한다. 0°C (32°F) 에서는 얼음 결정이 만들어지기 시작하며 이때 물은 그램당 80칼로리의 열을 외부로 방출한다(그림 5.2). 이러한 열을 **융해열(heat of fusion)**이라 하며 융해열이 빠져나가는 동안에 물의 온도는 변하지 않는다. 얼음 상태가 되면, 물 분자는 유동성을 상실하고 육각형의 격자구조를 만든다(그림 5.3). 이 구조는 액체 상태의 물보다 느슨하여 약 9%가량의 부피 증가가 일어나므로 따라서 얼음은 물보다 밀도가 낮게 되어 물에 뜨게 된다.

융해열
액체가 고체(물 1그램당 80칼로리)로 변환할 때 방출되는 열, 응고열이라고도 함.

얼음이 녹을 때는 그 반대의 현상이 일어난다. 얼음은 그램당 약 80칼로리의 열을 외부로부터 흡수함으로써 물이 고체로 변할 때 만들어진 결합을 끊고 다시 액체로 환원한다. 얼음이 모두 녹으면 물은 4°C에 이르기까지 부피가 지속적으로 감소하므로, 이때 물의 밀도는 증가하게 된다. 액체 상태의 물의 온도를 1°C 올리는데는 그램당 1칼로리 정도의 소량의 열이 필요하다.

물의 온도가 높아지면, 물 분자의 운동 속도는 지속적으로 증가하는데, 이때 물 분자 사이의 수소결합은 끊어지기도 하고 또 새롭게 생성되기도 한다. 운동 속도가 큰 일부 물 분자들은 이웃한 물 입자와의 인력을 극복하고 외부로 증발하기도 한다. 액체 상태의 물이 수증기로 기화하기 위해서는 물 1그램당 540칼로리의 열이 필요로 한다(그림 5.4). 물이 증발하는데 이용되는 에너지를 **기화열(heat of vaporization)**이라고 한다. 물이 끓기 시작하면, 물의 온도는 더 이상 증가하지 않고 열에너지는 물의 상태를 액체로부터 기체로 전환하는데 이용된다. 얼음을 수증기로 전환하는데 필요한 에너지를 표 5.1과 그림 5.2에 나타내었다.

기화열
물이 증기로 전환되기 위해 필요한 열 에너지(물 1그램당 540칼로리).

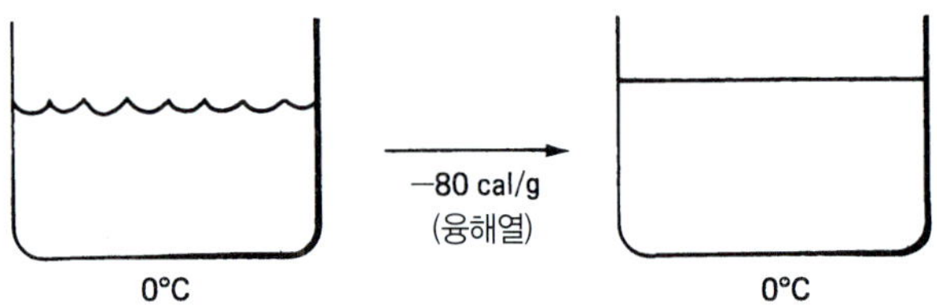

그림 5.2 물에서 얼음으로의 상태 변화에서, 그램당 80칼로리가 융해 열, 9%까지 부피가 증가함으로써 손실된다.

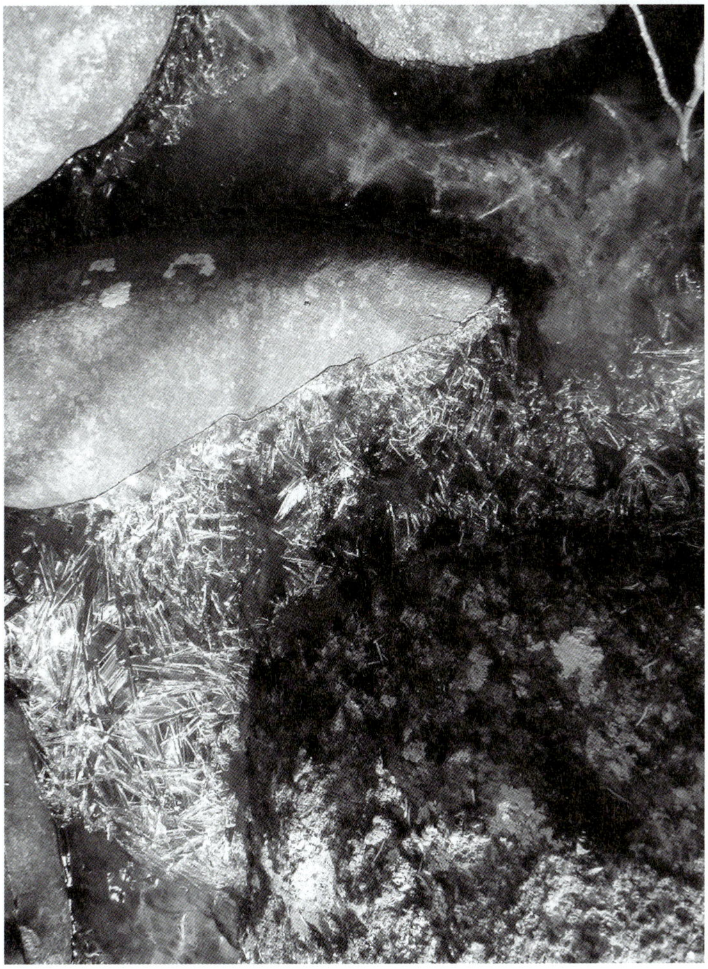

그림 5.3 결정은 계류의 가장자리를 따라 얼음의 형태로 확실히 볼 수 있다. (Courtesy of Catherine Mulligan.)

어는점에 영향을 미치는 요인

물에 설탕이나 소금과 같은 이온결합 화합물을 녹이면 물의 어는점이 낮아진다. 이와 같은 빙점강화 현상은 냉동 디저트와 같은 식품의 조리, 저장 및 서빙 등에 중요하다. 순수한 물의 어는점은 0°C (32°F)로서, 이 온도에서 액체 물과 고체 얼음은 서로 평형 상태에 있다. 그러나 용질이 녹아 있는

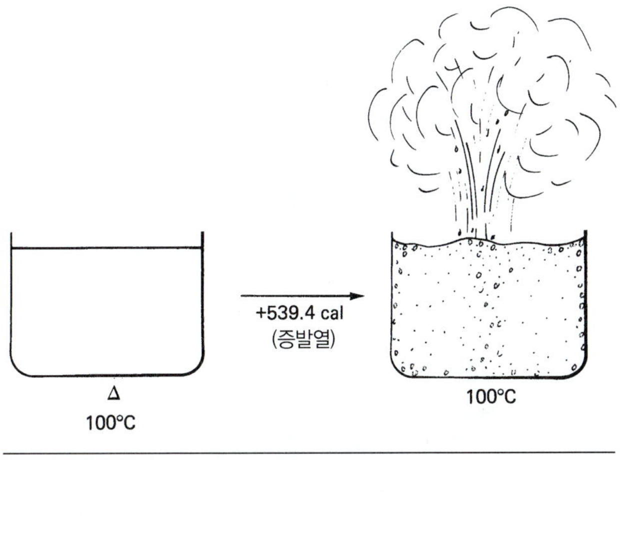

그림 5.4 물이 증기로 변화되면 거의 540칼로리가 증발열로 요구된다.

표 5.1 증기로 얼음 1 g의 변환에 필요한 에너지

물리적인 상태	발생되는 변화	수반되는 에너지
얼음 (0°C, 32°F)	물 (0°C, 32°F)	79.7 cal
물	0°C (32°F)~100°C(212°F)	100.0 cal
증기	100°C (212°F) 물과 증기	539.4 cal
전체 요구되는 에너지		719.1 cal

수용액의 경우, 용질이 물의 수증기압을 감소시켜 결과적으로 용액의 어는점은 순수한 물의 0°C보다 낮아지게 된다.

설탕의 용해도는 물의 온도에 영향을 받는다. 온도가 낮아지면 설탕의 물에 대한 용해도는 현저히 떨어지지만, 0°C에서도 약간의 양은 여전히 녹는다. 용해된 설탕은 용액의 수증기압을 낮추고어는점을 떨어뜨린다.

1몰(342 g)의 설탕이 녹아 있는 물 1리터의 어는점은 순수한 물에 비해 1.86C°(3.52F°) 낮다. 다시 말해 설탕 컵이 녹아 있는 1리터의 물은 어는점이 약 −1.9°C (28.5°F)이다. 첨가하는 설탕의 양이 많을수록(표 5.2) 용액의 어는점은 비례하여 낮아지며 이러한 빙점강하 현상은 용액에 설탕이 더 이상 녹지 않을 때까지 지속된다. 순수한 물에 비해 설탕 용액을 동결시키는 데에 더 많은 시간이 소요되는 이유는 위에서 설명한 바와 같이 설탕액의 어는점이 물보다 낮으며 이에 따라 제거해야 할 열량이 더욱 많기 때문이다. 설탕의 함량이 높은 디저트일수록 더욱 빨리 녹는 이유도 역시 같은 원리로 설명할 수 있다.

물속에서 이온화가 일어나는 소금은 설탕에 비해 빙점강하 효과가 2배 크다. 따라서 1몰의 소금(58 g 또는 숟가락)을 물 1리터에 녹이면 빙점강하 효과는 3.72°C (7.04 F°)가 된다. 소금의 용해도 역시 온도에 비례하여 변하는데, 소금으로 내릴 수 있는 어는점의 한계는 −21°C (−6°F)이며 이는 328 g의 소금을 물 1리터에 녹였을 때 나타난다. 식품 공업에서는 암염을 이용하여 이러한 원리를 아이스크림을 제조에 이용한다(14장).

끓는점에 영향을 미치는 요인

끓는점
액체의 수증기압이 대기압을 넘어서기 시작할 때의 온도.

끓는점(boiling point)이란 수증기압이 대기압을 막 넘어서기 시작할 때의 온도를 말한다. 해수면에서 물은 100°C (212°F)에서 끓는다. 상업적인 시설에서나 가정에서도 약간의 조작을 통해 대기압과 수증기압을 변화시킬 수 있는데, 이를 이용하면 물의 끓는점을 쉽게 바꿀 수 있다.

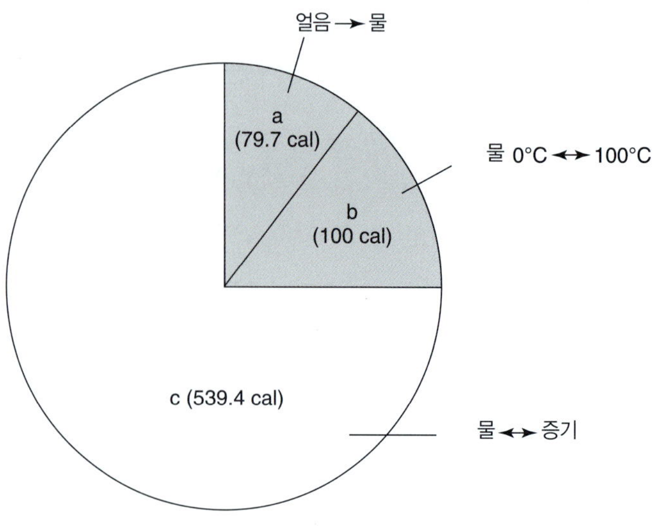

그림 5.5 0℃에서 얼음 1 g이 물로 변화(a), 0~100℃까지 물 1 g을 가열(b), 100℃에서 물 1 g이 증기로 변환(c)하는데 요구되는 칼로리(총 719.1 칼로리)

표 5.2 설탕의 양에 따른 물 1 리터의 어는점의 강하

설탕		어는점 내림	실제 어는점	
수치 (c)	중량 (g)	온도[a] (C°)	온도 (C°)	(°F)
1	200	1.09	−1.09	30.04
2	400	2.18	−2.18	28.08
3	600	3.26	−3.26	26.13
4[b]	800	4.35	−4.35	24.17

a $\frac{\text{설탕 중량 (g)}}{32} \times 1.86$ = 섭씨온도에서의 어는점 내림

b 아이스크림에서의 설탕의 전형적인 농도.

대기압은 물의 끓는점을 변화시키는 몇 가지의 요인 가운데 하나이다. 대기압은 고도가 높아지면 감소하는데 이는 높은 곳에서는 공기의 밀도가 낮아지기 때문이다. 해수면에서 대기압은 약 6.6 kg이며 1,500 m와 3,000 m에서는 기압이 각각 5.6 kg과 4.6 kg으로 낮아진다.

끓는점에서 대기압과 평형을 이루고 있는 수증기압 역시 고도가 증가함에 따라 감소하기 시작하는데 감소 정도는 대기압이 감소하는 정도에 비례한다. 고도가 150 m 증가하면 끓는점은 1°F 감소하고, 292 m 높아지면 1°C 감소한다. 표 5.3은 고도 변화에 따른 물의 끓는점의 감소 정도를 보여주고 있다. 이러한 원리로 인해 산간 지방에서 음식을 끓일 경우 보다 긴 조리 시간이 요구된다.

일부 식품 공장에서는 진공을 조성하여 고도를 변화시키는 것과 같은 효과를 내어 용액의 끓는점을 조절한다. 이러한 조작을 통해 식품의 색깔이나 향이 과도하게 변하는 것을 방지할 수 있는데, 이런 기술은 특히 농축 과일 주스 제조에 효과가 있다.

그러나 끓는점이 낮아지는 현상은 고도가 높은 산간 지방에서 음식을 조리할 때 장애요인으로 작용하므로, 이런 곳에서는 압력솥이 특히 유용하다. 이 주방기구는 수증기가 새어나가지 않도록 밀봉할 수 있게 되어 있으므로, 조리 과정 중에 솥의 내부에는 높은 압력이 조성되며, 따라서 열원과 시간을 조절하면 솥 내부의 온도를 원하는 수준으로 유지하는 게 가능하다. 조리가 완료되면 솥 내부의 압력이 내려갈 때까지 기다린 후 뚜껑을 열어주어야 내용물이 넘쳐 오르는 것을 예방할 수 있다.

압력솥의 또 다른 장점은 높은 내부 온도로 인해 조리시간을 단축할 수 있다는 점이다. 압력 냄비나 가압 통조림제조기는 산도가 낮은 야채나 육류로 통조림을 만들 때 특히 유용하다. 이들 식재료들은 보툴리누스균과 같은 맹독성 균에 오염되어 있을 수 있으므로 고온살균을 하여야 한다. 열

표 5.3 선정 입면도에서 끓는 물 온도

	물의 끓는점	
고도 (m)	°C	°F
해수면	100.0	212
300	98.9	210
600	97.8	208
900	96.7	206
1,200	95.6	204
1,500	94.4	202
1,800	93.3	200
2,100	92.2	198
2,400	91.1	196
2,700	90.0	194
3,000	88.9	192

에 대한 내성이 있는 이들 세균들은 가압 조건에서 높은 온도로 처리하여야만 사멸된다.

해수면에서 2.25 kg의 압력을 견디는 압력솥을 이용하면내부 온도를 109°C(228°F)까지 올릴 수 있으며, 4.5 kg의 경우는 115.6°C(240°F), 6.75 kg의 경우는 121°C(250°F)까지 가능하다. 3 km의 고도에서 사용할 경우 압력솥 내부의 압력이 외압 보다 2.25 kg 높아야 기구 내부의 온도가 100°C까지 올라가며, 121°C(250°F)로 하기 위해서는 솥 내부의 압력이 대기압보다 6.75 kg 높아야 한다.

용액의 끓는점에 영향을 미치는 또 다른 인자는 수증기압이다. 참용액의 경우, 용액에 녹거나 이온화된 물질이 액체의 수증기압을 감소시켜 끓는점에 변화를 일으킨다. 설탕과 소금 모두 이에 해당하는데, 특히 설탕은 이용 빈도 및 사용량이 많으므로 주의가 요구된다. 소금 또한 설탕과 같이 용액의 수증기압을 감소시키는 역할을 한다. 따라서 이들이 들어 있는 용액을 끓이기 위해서는 더 많은 에너지의 투입이 필요하게 된다. 1몰의 설탕이 용해된 1리터의 물은 순수한 물에 비해 끓는 온도가 0.52C°(0.94F°)가 높다. 표 5.4는 용질의 양과 끓는점상승과의 관계를 나타내고 있다.

소금과 같은 이온결합 화합물 역시 수증기압을 낮춘다. 용액 속에서 소금은 나트륨이온과 염소이온으로 나뉘므로 설탕과는 달리 1몰당 끓는점 오름이 2배 높은 1.04C°(1.88F°)이다. 그러나 소금은 설탕에 비해 조리 시 소량만 이용되므로 온도에 대한 영향은 설탕에 비해 크지 않다. 용액의 끓는점에 영향을 미칠 정도의 소금량은 음식을 먹을 수 없을 정도로 지나치게 짜게 하고 건강에 또한 해롭다.

물에 넣을 경우 용해되지 않고 분산되는 거대 분자들은 물의 끓는점에 거의 영향을 끼치지 않는다. 따라서 단백질이나 물에 잘 용해되지 않는 물질들이 들어 있는 물의 끓는점은 거의 변하지 않는다.

결합수

결합수
다른 물질에 결합되어 물은 일반적으로 물과 관련된 유동 특성 및 용매 능력을 더 이상 나타내지 않는다.

물은 유동성이 있고, 용매로써 작용하며 많은 물질을 희석하는 데 이용된다. 그러나 고분자 물질에 붙어 있는 결합수라 불리는 물은 이러한 작용을 전혀 하지 않는다: 즉 **결합수(bound water)**는 유동성이 결여되어 있으며, 다른 물질을 녹이는 역할을 하지 않는다. 결합수가 일반적인 물과 갖는 또 다른 차이점은 밀도가 높다는 점, 압착에 의해 쉽게 제거되지 않는다는 점과 수증기압을 나타내지 않으며, 동결이 되지 않는다는 것 등이다.

식품에 들어 있는 물은 다양한 형태로 식품성분들과 결합한다. 순수한 물 또는 자유수는 식품구성 물질들과 결합을 형성하지 않은 상태의 물을 의미하며, 결합수는 식품조직에 인접한 물로 식품성분들과 다양한 형태의 결합으로 인해 유동성을 잃은 물을 뜻한다. 식품의 미세 균열 또는 모세관

표 5.4 설탕 용매 농도 변화에 따른 끓는 온도

	끓는점	
설탕 (%)	°C	°F
0	100.0	212.0
10	100.4	212.7
20	100.6	213.1
30	101.0	213.8
40	101.5	214.7
50	102.0	215.6
60	103.0	217.4
70	106.5	223.7
80	112.0	233.6
90	130.0	266.0
100 (녹인 설탕)	160.0	320.0

에 들어 있는 물은 식품성분들과 수소결합을 하고 있으며 이들은 자유수와는 전혀 다른 성질을 갖는다. 단백질 등과 같이 전하를 띤 성분들에 이웃한 물은 전기적인 인력으로 이들 성분에 단단히 결합하고 있는데 이들 물 분자는 단분자층을 이룬다. 그러나 자유수와 결합수 사이의 경계가 모호한 경우도 종종 있다.

결합수는 유동성이 결핍되어 있으므로 식품의 조직감에큰 영향을 미친다. 젤라틴이 수화되었을 때의 전후를 살펴보면 이를 확인할 수 있다. $\frac{1}{4}$컵의 물에 마른 젤라틴 한 스푼을 넣으면 컵 속의 물은 유동성을 상실하고 결합수가 된다. 그러나 엄밀히 살펴보면 일부 결합수는 자유수로 전환되기도 하므로 유동성이 완전히 상실된 상태는 아니다. 이와 같이 조리 과정 중에 전분이 젤화하거나 단백질이 변성되면 자유수가 결합수로 전환되면서 식품의 조직감이 바뀌게 된다.

수분활성도

수분활성도(a_w) 시료 물 증기압/순수 물의 증기압.

수분활성도(a_w)란 식품에 들어 있는 물의 수증기압과 순수한 물의 수증기 압의 비로 정의된다. 수증기 압은 온도에 의해 영향을 받으므로 식품 시료와 물의의 수증기압을 모두 동일한 온도에서 측정하여야 한다. 수분활성도는 아래의 식으로 정의된다.

$$\text{수분활성도} = \frac{\text{식품 속의 수증기압}}{\text{순수한 물의 수증기압}}$$

식품의 수분활성도는 항상 1보다 작아야 하는데 그 이유는 식품의 수분이 나타내는 수증기압은 순수한 물의 수증기압 보다 항상 작게 나타나기 때문이다.

육류와 같이 우리에게 친숙한 식품들의 수분활성도는 0.95~1.00으로 거의 1.0에 가깝다(표 5.5). 이러한 식품에는 제한된 양의 소금과 설탕이 함유되어 있으므로, 이들 식품이 나타내는 수증기압은 순수한 물의 수증기압에 가깝다. 이와는 달리 치즈, 가염햄, 건조식품 등에는 소금과 설탕이 상당량 포함되어 있으므로, 이들 식품의 수증기압은 비교적 낮으며, 수분활성도는 0.80~0.90 정도이다.

표 5.5를 보면 식품의 수분 함량과 수분활성도는 반드시 비례하지 않음을 알 수 있다. 반결구상추와 수박은 쇠고기 목심과 비교하여 수분함량이 상당히 높으나 이들 채소들은 액체가 아니고 고체이다. 반결구 상추와 수박에 있는 대부분의 수분들은 주로 결합수 형태로 들어 있으므로 유동성을 상실하였기 때문이다.

반대로 물엿은 수분 함량이 상당히 낮으므로 유동성이 없을 것으로 생각되나, 물엿은 사실 점성

표 5.5 수분활성도(a_w) 및 선정된 식품들의 대략적인 수분 함량

식품	a_w	대략적인 수분 함량 (%)
쇠고기 목심	0.95~0.99	50
수박	0.95~0.99	93
반결구 상추	0.95~0.99	96
파운드 케이크	0.90~0.95	18
흰 빵	0.90~0.95	38
숙성된 체다치즈	0.80~0.90	41
물엿	0.60~0.70	26

Adapted from Troller, J. A. and Christian, J. H. B. 1978. *Water Activity and Food*. Academic Press. New York; Pennington, J. A. and Douglass, J. S. 2004. *Bowes and Church's Food Values of Portions Commonly Used*, 18th ed. J.B. Lippincott. Philadelphia, PA.

표 5.6 미생물이 선호하는 대략적인 수분활성도 범위

식품의 a_w 범위	미생물의 형태
0.85~1.0	세균
0.87~0.91; 0.60~0.65	효모
0.80~0.87; 0.60~0.75	곰팡이

Adapted from Beauchat, L. R. 1981. Microbial stability as affected by water activity. *Cereal Foods World* 26 (7): 345.

은 높으나 기울이면 부을 수 있을 정도의 유동성이 있다. 이것은 물엿에 다량 포함된 포도당과 밀접한 관련이 있다. 포도당은 주위의 물 분자들과 광범위하게 수소결합을 형성하므로 물엿의 수분활성도를 낮추는 역할을 한다.

식품은 수분활성도에 따라 주위로부터 수분을 흡수하기도 하며 방출하기도 한다. 일정한 온도에서 상대습도가 변할 때 식품이 주위로부터 **흡수** 또는 **방출**하는 수분의 양을 수분활성도에 따라 도식한 그래프를 등온흡습탈습곡선이라 한다. 대부분의 식품에서 흡습곡선과 탈습곡선이 일치하지 않는데, 일반적으로 흡속곡선이 탈습곡선보다 높은 성향을 보인다. 다시 말해 수분활성이 0.6인 구간에서 탈습이 되는 식품이 흡습이 되고 있는 시료에 비해 수분함량이 더 높다.

수분활성도가 중요한 이유 중의 하나는 이 지표가 식품의 부패 및 안전성과 밀접한 관련이 있기 때문이다. 수분활성도 0.95 부근에서 성장이 억제되는 미생물을 살펴보면 슈도모나스균, 대장균과 클로스트리디움균 등이 있다. 많은 신선 식품들 – 일례로 육류, 우유, 야채류 등의 수분활성도는 0.95~1.0이므로 이들 식품은 세균들에 의한 부패가 쉽게 일어날 수 있다(표 5.6).

수분활성도 0.91~0.95 사이에서 서식 가능한 세균을 살펴보면 *Salmonella, Vibrio parahaemolyticus, Clostridium botulinum* 등이 있으며 0.87~0.91에서는 효모가 그리고 0.80~8,87 사이에는 곰팡이들이 자란다. 일부 미생물들은 0.8의 수분활성도에서도 견딜 수 있으나 0.5보다 낮은 환경에서는 성장을 멈춘다. 수분함량이 12% 이하인 식품에서는 미생물에 의한 부패가 일어나지 않는다.

수분함량이 낮은 일부식품의 수분활성도는 온도에 따라 그 값이 변하는 반면, 일부식품은 온도와 관계 없이 거의 일정하다. 건조분말수프는 온도가 증가함에 따라 수분활성도가 극적으로 변하는 반면 육포와 같은 식품은 거의 변하지 않는다(표 5.7). 새로운 식품을 디자인하는 과학자들은 사용하고자 하는 첨가물들과 수분할 성도 사이의 관계를 면밀히 검토한 후 제품을 만들어야만 최종 식품의 안전성을 담보할 수 있다. 가령 칼로리를 낮추기 위해 쿠키 등에 넣는 지방 대체제는 제품의 수분활성도를 크게 변화시킬 수 있다는 점을 유념하여야 한다.

식품을 장기간 저장하여야 할 경우에는 수분활성도를 낮추는 것이 유리하다. 건조를 통하여 수분활성도를 낮추는 저장법이 오랫동안 이용되어 왔다. 동결은 식품의 수분활성도를 낮추는 또 다른 방법이다. 식품을 냉동시키면 얼음 결정이 만들어져 용액으로부터 물이 제거되므로 식품의 수분활성도는 낮아지게 된다. 소금 및 설탕을 첨가하면 식품에 용질의 함량이 증가하여 수분활성도가 낮

표 5.7 다양한 온도에서 선정된 식품들의 수분활성도

	온도별 수분활성도			
식품	10°C	20°C	30°C	40°C
증류수	1.000	1.000	1.000	1.000
건조분말수프	0.191	0.239	0.292	0.302
육포	0.694	0.697	0.693	0.698
소시지	0.942	0.943	0.944	0.938

생각할 거리: 안전한 물

우리나라 가정에서는 수도를 틀기만 하여도 음용에 적합한 물이 무제한으로 나오지만, 전체 지구의 25%에 해당하는 인구는 오염된 우물이나 개울에서 물을 날마다 길어 먹는 형편이다. 미국과 같이 테러에 시달리는 나라에서는 상수도원을 외부의 위협으로부터 안전하게 지키는 일이 큰 과제가 아닐수 없다. 따라서 미국의 국토안보부 내 국경보호청은 여러 자국내 기관 및 단체와 협력하여 미대륙에 걸쳐 산재해 있는 상수도원들을 감시하고 음용적합성 여부를 예측 및 판단하는 업무를 수행한다. 국제적으로는 세계은행이 그러한 일을 주관하는데, 이 은행은 물이 특히 부족한 지역이나 나라에 재원을 융자해 주어 먹을 수 있는 물을 만드는데 필요한 프로젝트가 수행되도록 관장한다.

용기에 넣어 시판되는 생수는 선진국가들뿐만 아니라 많은 나라에서 없어서는 안 될 필수품이다. 이는 일부 국가의 경우 공공용수가 음용에 적합하지 않기 때문이기도 하지만, 우리나라와 미국과 같은 선진국에서도 공공용수가 음용에 적합함에도 불구하고 엄청난 양의 생수판매가 이루어지고 있다. 미국의 경우 생수판매는 식품의약국 관할 하에 엄격한 규제를 받고 있다.

시판되는 생수에는 수돗물과는 달리 불소가 함유되어 있지 않다는 점에 유의하여야 한다. 불소를 넣을 경우 용기에 첨가여부를 표기하여야 한다.

일부 환경운동가들은 생수 용기에 의한 환경오염을 우려하고 있다. 또 다른 문제점은 생수의 가격이 지나치게 높게 책정되었다는 점이다. 그러나 생수의 최대 장점은 편의성에 있을 것이다.

아진다. 소금과 설탕은 오랜 세월동안 햄과 잼의 저장에 이용되어 왔다.

식품조리와 물

음용수에는 유해한 화학물질, 미생물 및 기타 오염물질 등이 들어 있지 않아야 하지만, 치아건강 유지에 필수적인 불소는 1 ppm 정도 첨가하는 게 바람직하다. 물을 사람들이 마시기에 적합한 상태로 만들기 위해서는 먼저 물을 염소 살균과 여과과정 등의 공정으로 깨끗하게 하여야 한다. 나라마다 마시기에 적합한 공공용수를 만들기 위해 많은 노력을 기울이고 있지만 생수의 인기는 날로 더해가고 있는 실정이다.

음식을 조리할 때 사용하는 물 역시 안전한 물이어야 하기 때문에 시 당국은 공공용수의 수질을 수시로 모니터링한다. 우물이나 지하수를 이용할 경우에도 물의 안전성에 대해 각별히 주의를 기울일 필요가 있다.

조리 시 사용하는 **경수(hard water)**는 음식의 맛과 모양에 영향을 미친다. 칼슘염이나 마그네슘염이 포함된 경수는 차 또는 커피를 끓일 때나 콩을 조리할 때는 이용하지 않는 게 바람직하다. 끓는 경수로부터 용해되어 있던 염이 용출되어 조리도구 바닥에 하얀가루의 침전물을 생성하기 때문이다. 침전된 염을 함유한 물을 일시경수라 한다.

경수
칼슘과 마그네슘 염을 함유한 물.

이와는 달리 칼슘과 마그네슘의 황산염은 물이 끓을 때도 용출되지 않으므로 이러한 성분을 함유한 물을 영구경수라 한다. **연수(soft water)**에 들어 있는 염은 그 종류와는 상관없이 차나 커피의 탄닌 성분과 반응하여 흰 부유물을 만든다. 연수로 끓인 차와 커피는 경수로 끓인 것과 비교하면 맑고 투명하다.

연수
양이온 금속을 제거하기 위해 이온 교환 수지 또는 석회로 처리된 물.

콩을 경수에 침지하여 불리면 시간이 많이 소요되는데 이는 콩의 펙틴 성분과 경수의 염들이 상호작용하기 때문이다. 따라서 경도가 특히 높은 물에 침지한 콩은 수화가 충분히 일어나지 않을 수도 있다.

요약

물은 식품으로써나 조리에 있어서 없어서는 안 되는 필수 성분이다. 해수면에서 물은 100°C (212°F)에서 끓으며 0°C (32°F)에서 얼기 시작한다. 물에 녹거나 물에서 이온화되는 물질은 물의 끓는점을 상승시킨다. 그와는 반대로 대기압이 낮은 고지대에서는 물의 끓는점이 감소하는데 상업적으로는 부분적인 진공 상태를 유지하는 방법으로 이를 흉내 낼 수 있다. 거꾸로 압력솥이나 압력냄비는 압력을 증가시켜 끓는 온도를 높이는 조리도구이다.

물은 자유수와 결합수로 나눌 수 있는데 자유수는 흐르며 용매로 작용하는 물을 뜻한다. 한편 결합수는 식품성분과 수소결합을 한 물을 말하며 자유수와는 전혀 다른 특성을 갖는다. 결합수가 식품의 물리적 특성에 미치는 영향은 자유수와는 차이가 있다.

수분활성도(a_w)는 식품에 들어 있는 물에 의한 수증기압을 순수한 물이 나타내는 수증기압으로 나누어서 구한다. 식품의 수분활성도는 대부분의 경우 0.95~1.00이다. 고염식품이나 당함량이 높은 식품의 수분활성도는 0.80~0.90이다.

동일한 식품일지라도 수분활성도는 흡습곡선과 탈습곡선이 일치하지 않는다. 세균이 자랄 수 있는 a_w는 0.85~1.0이며, 일부 세균은 좁은 범위의 a_w 사이에서만 자랄 수 있다. 효모는 좀 더 낮은 범위의 a_w에서도 자랄 수 있으며 (0.87~0.91와 0.60~0.65), 곰팡이의 서식 가능한 a_w 범위는 0.80~0.87와 0.600~0.75로 가장 낮다. 식품의 수분활성도를 조절하는 기술로는 건조, 동결, 및 설탕 및 소금 등의 용질을 첨가하는 법 등이 있다.

칼슘 또는 마그네슘의 중탄산염이 들어 있는 물을 일시경수라 하며 칼슘 또는 마그네슘의 황산염이 함유된 물을 영구경수라 한다. 커피나 차를 경수로 끓일 경우 하얀 부유물이 생길 수 있으며, 콩을 경수에 침지하면 펙틴물질과 염이 반응하여 수화가 더디게 일어난다.

연습문제

1. 얼음이 물에 뜨는 이유는?
2. 물이 얼음으로 바뀔 때와 수증기로 바뀔 때의 에너지를 비교하시오.
3. 진공과 압력솥이 물의 끓는점을 어떻게 변화시킬 수 있는지 설명하시오.
4. 젤라틴에 찬물을 넣고 놓아두면 어떤 일이 일어나는지 설명하시오.
5. 수분활성도란 무엇이고 수분활성도를 변화시킬 수 있는 방법은 무엇인가?
6. 연수란 무엇인가? 커피나 차를 끓일 때 연수를 사용해야 하는 이유는?
7. 해안가와 산간지방에서 밥을 지을 경우 어디에서 쌀이 잘 익겠는가?
8. 아이스크림을 만들 때 설탕의 양을 늘리면 아이스크림 제조시간이 줄어드는가?
9. 흑설탕을 넣은 물의 끓는점은 바뀌는가?
10. 공급하는 열량을 증가할 경우 물의 끓는점에는 어떠한 영향이 있겠는가?
11. (참 또는 거짓) 결합수와 자유수 모두 동일한 유동성을 보인다.
12. 압력솥의 끓는점은 압력이 2.2 kg일 때와 4.4 kg일 때 중 어느 압력에서 더 높은가?
13. 동일한 양의 소금과 설탕이 들어 있는 끓는 물의 경우 어디의 온도가 더 높겠는가?
14. (참 또는 거짓) 얼음이 물에 뜨는 이유는 얼음결정이 빈틈이 없는 컴팩트한 구조이기 때문이다.

참고문헌

Decker, K. J. 2003. Wonder waters. *Food Product Design 13* (5): 57–74.

Fennema, O. R. 1996. *Food Chemistry*. 3rd ed. Taylor & Frances. Boca Raton, FL.

Hollingsworth, P. 1995. Pouring it on. *Food Technol. 49* (6): 42.

Knorr, D., et al. 1998. Impact of hydrostatic pressure on phase transitions of food. *Food Technol. 52* (9): 42.

Miraglio, A. M. 2004. Drinking your way to better health. *Food Product Design 13* (10): 33.

Pszczola, D. E. 2005. Innovative chills ahead for frozen desserts. *Food Technol. 59* (3): 40.

Roos, Y. H. 1986. Phase transitions and unfreezable water content of carrots, reindeer meat, and white bread studied using differential scanning calorimetry. *J. Food Sci. 51* (3): 684.

Roos, Y. H., et al. 1996. Glass transitions in low moisture and frozen foods: Effect on shelf life and quality. *Food Technol. 50* (11): 95.

Singh, R. P. 1995. Heat and mass transfer in foods during frying. *Food Technol. 49* (4): 134.

웹사이트

http://chemed.chem.purdue.edu/genchem/topicreview/bp/ch14/melting.php#top—Discussion of freezing and boiling points.

http://chestofbooks.com/food/science/Experimental-Cookery/Bound-And-Free-Water.html—Discussion of bound water.

http://www.decagon.com/water_activity/—Information about water activity.

http://members.ift.org/NR/rdonlyres/930A5554-0E9D-4D27-AEAD-BC4AAE7CA930/0/1106lab.pdf—Paper on water activity and food quality.

http://foodsafety.psu.edu/Foodpreservation/Water_activity_of_foods.htm—Discussion of water activity levels in foods and growth of some harmful microorganisms.

http://www.fda.gov/ICECI/Inspections/InspectionGuides/InspectionTechnicalGuides/ucm072916.htm—FDA discussion of water activity.

www.epa.gov/safewater/security—Description of infrastructure for water supply security.

www.bottledwater.org—International Bottled Water Association Web site.

http://www.hardwater.org/—Information on hard water and ways of dealing with it.

http://chemistry.about.com/cs/howthingswork/a/aa082403a.htm—Chemistry of hard and soft water.

사진의 유중수적형 에멀젼은 옥수수 기름에 붉은 빛을 띤 물이 분산된 작은 물방울을 구성하고 있는 콜로이드 분산계이다.

6장

식품조리의 물리적인 측면

단원 개요

학습 목표
서론
에너지와 식품
- 역학 에너지
- 복사
- 전도
- 대류
- 물질전달

물질의 상태
- 고체
- 액체
- 기체

분산
생각할 거리: 물질의 상태에 대한 이해
- 참용액
- 콜로이드 분산계
  - 유화액
  - 졸
  - 젤
  - 기포
- 거친 현탁액

요약
연습문제
참고문헌
웹사이트

학습 목표

이 단원을 학습함으로써:

1. 서로 다른 형태의 에너지가 식품과 어떻게 상호작용하는지 설명할 수 있다.
2. 물질의 여러 상태와 이들 사이에 일어나는 상전이 현상에 대해 설명할 수 있다.
3. 분산액의 종류를 식품과 연계하여 설명할 수 있다.

서론

식품은 그 식품의 수확, 가공 및 저장 중에 어떠한 물리적인 작용을 받았는가에 따라 특성이 달라진다. 식품을 생산 및 제조할 때 적용되는 물리적 원리에 대한 이해와 인식이야말로 식품학을 입문하는데 있어 가장 기초가 되는 분야가 된다. 다음의 단원은 식품과 물리학 간의 상호 관계에 대한 내용으로 구성되어 있다.

에너지와 식품

역학 에너지

식품을 조리 및 제조할 때뿐만 아니라 저장 중에도 에너지의 전달 및 전환이 이루어 진다. 식품과 밀접한 관련이 있는 에너지의 종류에는 역학 에너지, 마이크로파, 이온화 에너지 및 열 에너지 등이 있다. **역학 에너지(mechanical energy**; 크림밍, 교반 및 혼합 시 투입되는 에너지 형태)의 일부는

역학 에너지
에너지는 매질과 같은 물리적 운동을 통해 식품에 전해진다.

대류

대류
가열할 때의 밀도 변화로 인한 고온 공기 또는 액체의 흐름의 순환에 의한 열 전달.

공기나 액체가 가열되며, 데워진 공기 또는 액체의 흐름이 발생하여 용기 안의 온도가 전도될 때와 비교하여 더욱 급속히 상승한다. 뜨거워진 공기나 액체의 흐름을 **대류(convection)**라고 하는데, 이 흐름은 데워진 기체나 액체의 밀도가 주위에 비해 낮아서 일어나는 자연적인 현상이다. 데워진 기체 또는 액체 덩어리는 위로 상승하는데 이때 밀도가 높은 기체나 액체는 주위로 밀려나며 점차 용기의 아래쪽으로 이동하게 된다. 바닥으로 이동한 공기나 액체는 전도에 의해 용기벽면으로부터 에너지를 전달받는데 그 결과 팽창하여 밀도가 다시 낮아지게 된다. 가벼워진 기체나 액체는 상승기류를 형성하며 이에 따라 대류가 지속적으로 용기 내에 만들어진다(그림 6.4와 6.5).

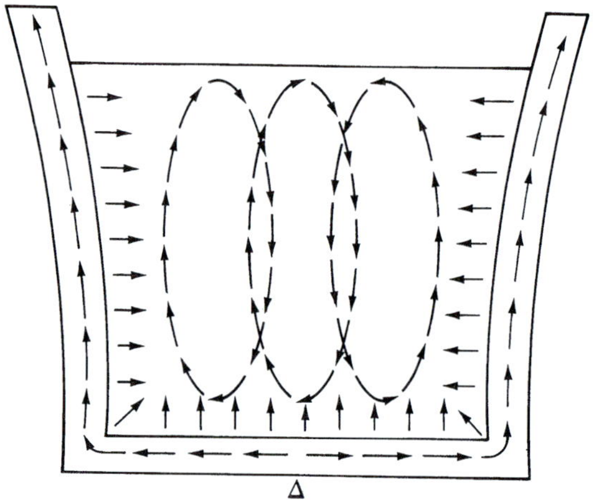

그림 6.4 물은 전도 및 대류 에너지 전달 방법의 조합에 의해 팬에서 가열된다.

그림 6.5 표준 오븐 또는 대류 오븐에서든지 균일하게 제품을 굽기 위해 열이 대류에 의해 순환할 수 있도록 하기 위한 팬을 배치해야 한다.

환경오염과의 싸움: 열효율이 높은 신병기 화목난로

사는 곳이 어디든 사람들은 음식을 먹을 때 조리를 하여 먹는다. 선진국에서는 가스, 전기, 등유, 프로판 가스 등을 연료로 사용하여 음식을 만들지만, 일부 국가에서는 나무나 가축의 배설물을 태워 요리에 필요한 에너지를 얻는다. 그러나 연료의 종류와는 상관없이 열원으로부터 식품에 열이 전달되는 가장 보편적인 수단은 대류이다.

스모그는 세계 여러 나라에서 환경오염의 주범으로 지목되고 있다. 특히 인도, 동아프리카, 그리고 많은 저개발국가에서는 나무나 가축의 분뇨를 태워 음식을 조리하는데, 이로 인해 극심한 스모그가 발생하여 사람들의 건강을 해치는 지경에까지 이르게 되었다. 나무와 가축 분뇨는 가격이 저렴하며 재생 가능한 연료이므로 저개발국가에서 가장 많이 사용되는 열원이다. 따라서 연기와 오염 발생이 적으면서도 열효율이 높은 화목난로(영어로 **SWOSTHEE** 또는 **Single-pan Wood Stoves of High Efficiency**)를 개발하는 일은 실로 시급한 과제가 아닐 수 없다.

SWOSTHEE의 중요성은 30억 이상의 인구가 나무와 가축의 분뇨를 연료로 사용하고 있다는 사실만으로도 확인할 수 있다. 그러나 스모그 발생으로 인한 대기 오염 등으로 이들 나라의 수 많은 사람들이 폐질환 등의 질병에 시달리고 있다. 전체 온실가스의 18% 정도가 이와 같은 비효율적인 취사용 연료에 기인하는 것으로 추정된다. 따라서 SWOSTHEE는 지구온난화를 줄이며 특히 도움이 필요한 여러 나라 사람들의 건강을 지키는 수단이 될 수 있다.

SWOSTHEE(고효율의 단일 팬 우드 스토브)
가족이 연료로써 나무를 사용하여 효율적으로 음식을 요리하기 위해 설계된 우드 버닝 스토브 약어.

전도에 의해 식품을 가열할 때도 대류 현상이 종종 나타난다. 전도와 대류를 적절히 활용하면 양질의 식품을 제조하는데 많은 도움이 될 뿐 아니라 시간과 에너지를 절약할 수 있다. 열풍순환식 컨벡션 오븐은 오븐 안의 공기를 강제로 순환시킴으로써 제빵시간을 단축시키고 아울러 갈변 반응을 촉진하여 외관이 우수한 빵류를 다량 만들 수 있다.

지금까지 **컨벡션 오븐(convection oven)**은 빵 공장에서 주로 사용되어 왔으나 최근에는 가정용 타입도 출시되고 있다. 가정용 컨벡션 오븐 역시 팬으로 오븐 내 공기를 강제 순환시킴으로써 열이 전도에 의해 전달되게 하여 기존의 오븐에 비해 요리 시간을 단축시킨다.

대류(컨벡션) 오븐
대류에 의해 열을 증가시키고, 베이킹 시간을 줄이고, 최적의 표면 갈변화를 촉진하기 위해 가열된 공기의 순환을 강화하여 설계된 오븐.

물질전달

식품을 가열하는 도중에 식품성분의 이동이 일어나는데 이를 **물질전달(mass transfer)**이라고 한다. 일례로 감자를 튀길 때 감자 표면에 있던 수분이 기름으로 빠져나가게 되는데 이로 인해 감자 내부에 있던 물이 감자의 표면 쪽으로 이동한다. 그 결과 감자 내부에서 수분과 함께 수용성 성분이 외부로 빠져나가고 반대로 감자의 주위에 있던 기름은 감자 내부로 유입된다.

물질전달
안팎으로 가열되고 있는 식품 중 식품 성분의 이동.

감자를 튀기면 표면에 있던 수분은 수증기로 급히 기화되는데 이로 인해 감자껍질은 증발한 수분 1그램당 540킬로칼로리에 해당하는 열량을 빼앗기게 된다. 이와 같은 **흡열반응(endothermic reaction)**에 의해 감자 껍질은 튀겨질 때 비교적 낮은 온도를 유지할 수 있게 되며 따라서 뜨거운 기름 속에서도 타지 않게 된다. 이때 튀김기름의 온도가 너무 높아지지 않도록 주의해야 하는데, 그렇지 않을 경우 너무 많은 양의 물이 한꺼번에 증발하여 감자튀김의 표면이 심하게 수축된다.

흡열반응
반응물의 온도가 증가하지 않고 열이 흡수되는 반응.

물질의 상태

고체

고체란 일정한 압력 하에서도 흐르지 않는 물체로 정의된다. 고체를 구성하는 분자들은 제한된 공간에서 느리게 움직이므로 고체의 에너지 상태는 비교적 낮다. 일부 고체의 경우 결정구조를 갖고 있는 반면 일부 고체는 규칙적인 구조가 결핍된 무정형이다.

결정형 고체는 구성 분자들이 일정한 형태로 반복적으로 배열된 물질을 말한다. 결정형 고체는 종종 비활성적인 물질로 오해되지만, 실제로는 어느 정도의 반응성을 갖는다. 결정형 캔디인 퍼지는 일정량의 물을 함유하고 있는데, 퍼지를 구성하는 고체 성분은 끊임없이 액체에 녹고 또 액체로부터는 새로운 결정이 지속적으로 만들어진다. 따라서 퍼지의 액체와 고체는 평형상태에 놓여 있다.

크기가 작은 설탕 결정은 큰 결정에 비해 녹는 속도가 빠르므로, 작은 설탕 결정들의 수는 급속히 감소하는 대신 사이즈가 큰 결정의 비율은 점차 높아진다. 물에 용해된 설탕 분자들은 큰 고체결정 표면에서 석출하여 결정의 크기를 크게 한다. 이러한 현상이 일어나는 이유는 다수의 작은 결정 상태로 존재하는 것보다 모여서 큰 결정을 형성하는 게 에너지가 더 낮기 때문이다.

시간이 경과함에 따라 결정형 캔디는 거친 질감을 점차 갖게 되는데, 이는 초기에 만들어졌던 많은 수의 작은 설탕 결정들이 점차 몇 개의 큰 결정들로 대체되기 때문이다. 결정형 캔디와 같은 고체식품은 시간이 지나도 아무런 변화를 보이지 않을 것 같으나, 실제로는 끊임없는 물질의 이동이 식품 내부에서 일어난다.

무정형 고체
조직, 결정 구조를 가지고 있지 않은 고체 형태.

입자가 불규칙하게 배열된 비결정형 고체를 **무정형 고체(amorphous)**라고 한다. 토피와 같은 하드 캔디는 잘 알려진 무정형 고체의 한 종류이다. 무정형 캔디에 함유되어 있는 높은 농도의 설탕 분자들은 비규칙적으로 배열하여 무정형 고체를 만드는데, 이들 설탕 분자들은 이동이 극히 제한되어 있다.

유리 상태
고체, 비정형 고체에서 제한된 습기를 가지고 극히 추운 온도에서 형성된 굳은 물리적 상태; 고무 또는 다소 탄력있는 물리적 상태로 변화시킬 수 있는.

유리전이
고체 유리에서 슈퍼 냉각 고무 또는 점성 액체로 물질의 상태 변경.

유리 전이 온도(T_g)
유리질 상태의 비정질 고체가 덜 단단한 상태로 변환하기 시작하는 온도.

비결정형 고체는 수분함량, 온도 및 저장조건에 따라 상당한 정도의 역동성을 갖는다. 수분활성도가 낮은 저온에서 비결정형 고체는 유리상태라 불리는 특수한 물리적 상태로 존재한다. 수분활성도가 증가하거나 온도가 올라가면 고체는 특유의 경직성 또는 높은 점성을 잃고 점차 고무와 같은 탄성을 띠게 된다. 이러한 변화를 **유리 상태(glassy state)**라 하는데 이 현상은 특정한 정해진 온도에서 일어나는 것이 아니라 일정 범위의 온도에서 일어난다. 유리전이는 일부 식품에서만 일어나는 특이한 현상이다. 온도 또는 수분활성도가 증가할 때, 물질은 다소 신축성 혹은 고무와 같이 되기 시작해서 강도와 점성이 나타난다. **유리전이(glass transition)**라 불리는 이러한 변화는 특이한 식품 고체상에 존재하는 **유리 전이 온도(glass transition temperature (T_g))**가 존재한다는 사실에 불구하고 낮은 온도 범위에 걸쳐서 일어난다.

분유와 같은 일부 고체 식품은 입자의 역동성으로 인해 저장 중에 품질 저하 등의 문제가 발생하기도 한다. 따라서 이에 대한 해결책을 고안하는 것은 식품업체들에게 매우 중요한 과제가 아닐 수 없다. 분유가 덩어리지는 것은 유리전이와 관련이 있다. 저장 중에 있는 분유 표면에 물이 흡수되면 유리전이가 상온에서도 발생하게 되는데, 이때 분유의 가소성이 증대하여 분유 입자들 사이에 결합이 생긴다. 이러한 조건 하에서 분유입자들은 뭉쳐져서 단단한 덩어리를 만든다. 따라서 분유나 단백질 식품들의 경우, 유리전이 현상에 의한 피해를 막기 위해서는 유리 전이 온도가 일정한 범위 내에서만 발생하도록 탈수 및 적절한 포장공정의 도입이 필요하다. 전분질 함량이 높은 빵이나 냉동식품에서도 유사한 유리전이 문제가 일어난다.

액체

식품에 에너지를 공급하면 식품성분은 더욱 빠른 속도로 움직이기 시작한다. 공급한 에너지가 충분하면 식품은 고체 상태에서 액체 상태로 바뀐다.

액체 상태는 유동성과 관련이 있다. 액체를 구성하는 분자들 사이에는 어느 정도의 결합력이 존재하나 분자들 사이의 힘의 세기는 일정하지 않으며 가변적이다. 또한 액체를 구성하는 분자들 사이의 결합은 지속적으로 끊어지기도 하고 새롭게 생성되기도 한다. 그러므로 입자들 사이에 결합이 지속되는 평균시간은 고체에 비해 상대적으로 짧다. 액체 입자들 사이에는 반데르발스 힘, 수소결합 등의 **2차결합(secondary bond)**이 주종을 이루므로 액체는 흐르는 성질을 갖는다.

2차결합
원자와 전자를 공유할 때 발생하는 결합보다 덜 강한 작용기 간의 인력; 예로는 반데르발스의 힘, 수소결합이다.

온도는 액체의 유동성에 영향을 미치는 중요한 인자이다. 온도가 증가하면 분자는 더욱 빠른 속도로 움직이다가 결국에는 액체로부터 이탈하여 증기가 된다. 액체가 기체로 되면서 영향을 끼치는 압력을 **증기압(vapor pressure)**이라고 한다. 증기압은 온도에 비례하여 증가한다.

증기압
액체 상태보다 오히려 기체로 되려고 하는 화합물 분자로서 가해지는 압력.

액체의 내부에 위치한 분자는 주위의 분자들과 모든 방향에서 상호작용을 한다. 그러나 액체와 기체의 경계에 위치한 분자들은 액체와 접한 방향에서만 액체 분자들과 상호작용을 하며, 공기와 맞닿아 있는 부분은 결합이 형성되어 있지 않다. 따라서 액체-기체의 경계에 위치한 분자들은 비교적 쉽게 기체상으로 이동할 수 있다. 액체에 있던 분자가 수증기압에 의해 기체상으르 이동하는 것을 **증발(evaporation)**이라고 한다(그림 6.6).

증발
대기로 액체 분자들의 탈출.

표면장력(surface tension)은 수증기압과도 관련이 있다. 액체-기체의 경계에 위치한 액체 분자들 사이의 인력을 표면장력이라 한다. 표면장력은 액체의 증발과 밀접한 관련이 있으므로 중요하다. 증발이 일어나기 위해서는 수증기압이 표면장력 보다 커야 한다.

표면장력
액체 표면에서 분자들 사이의 끌어당기는 힘.

표면장력의 작용은 깨끗하고 편평한 평면 위에 놓인 물방울이나 사발에 담긴 물 위에 바늘을 수평으로 올려놓음으로써 관찰할 수 있다. 판 위에 놓인 물 방울은 얇게 펴지지 않고 둥근 종 모양으로 뭉치는 것을 볼 수 있다.

물 위의 바늘은 물 표면의 윤곽을 찌그려 틀이지만 물속으로 가라앉지 않는다. 다만 주의해야 할 점은 바늘 전체 길이가 물과 접하여 있지 않을 경우 바늘의 높은 밀도로 인해 바늘이 물속으로 가라앉게 된다는 점이다. 그러나 바늘이 물 위에 수평으로 놓여 있을 경우 물의 표면장력은 바늘을 떠 있게 할 정도로 세다.

표면장력의 작용이 더 명확하게 나타나는 물질이 수은이다. 수은의 표면장력은 매우 높으므로 수은 방울은 물방울 보다 더욱 둥글다.

표면장력은 액체의 종류와 온도에 따라 변한다. 서로 다른 두 종류의 액체가 섞일 때 이들의 표면장력은 동일하지 않다. 각 액체의 표면에 위치한 이종의 분자들이 서로 섞이지 않고 동일 종끼리 지속적으로 뭉쳐 있으려고 하는 경향을 **계면장력(interfacial tension)**이라 한다. 액체 식품의 계면장력은 유화식품과 밀접한 관련이 있으므로 또 하나의 중요한 주제로 다루어진다.

계면장력
제 인접한 액체의 분자와 산재하기보다 액체로 남아 있기 위해 액체의 표면 분자들에 대한 경향.

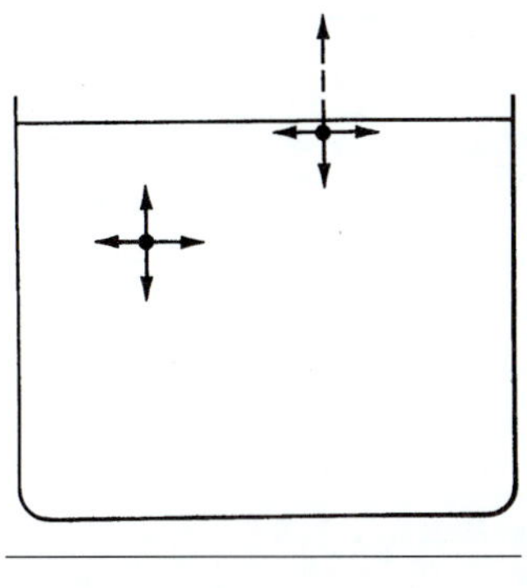

그림 6.6 물 분자와 경계층에서 상호작용

기체

기체 상태의 물질은 분자와 분자 사이의 거리가 액체나 고체에 비해 월등히 멀다. 또한 기체 분자는 액체 분자에 비해 연속적이며 비교적 빠른 속도로 움직인다. 식품에서 중요한 기체 두 가지는 수증기와 이산화탄소이다. 스위스 치즈는 미생물이 만드는 기체에 의해 다공성 질감을 갖는 대표적인 식품이다. 빵류 역시 제품을 만드는데 있어 가스를 적절히 조절하여 빵 특유의 질감과 부피를 갖게 한다.

기체의 중요한 성질 중의 하나는 팽창성과 열을 가할 때 압력이 증대된다는 점이다. 빵류는 기체의 이러한 특성은 활용하여 만드는 식품으로서, 시간과 온도를 적절하게 조절하면 빵은 특유의 조직감을 갖게 되다(17장 참고).

반죽을 부풀어 오르게 하고 빵 특유의 조직감을 갖게 하기 위해 다양한 팽창제가 이용된다. 팽창제는 가열하면 공통적으로 가스를 발생시키는데 이로 인해 반죽 내 압력이 높아지므로 반죽의 공기세포의 크기는 커지게 되고 단백질은 응고가 된다. 빵이 구워지는 동안 공기세포벽은 점점 더 얇아지므로 빵의 조직감은 향상되고 더욱 부드러워진다.

분산

많은 식품들은 두 가지 이상의 물질이 섞여 있는 혼합물 또는 분산액 형태이다. 식품에 따라 식품을 구성하는 물질들은 서로 다른 방법으로 혼합되어 있는데, 특히 분산된 분자 또는 입자의 크기에 따라 분산액은 참용액, 콜로이드, 및 현탁액으로 분류할 수 있다.

거품과 맛

샴페인은 발포성 포도주 가운데 품질이 으뜸인 것으로 알려졌다. 같은 샴페인이라도 종류에 따라 품질에 다소 차이가 있다. 샴페인의 거품은 효모가 포도주스에 들어 있는 당을 에탄올과 이산화탄소로 발효하면서 만들어진다. 병에 들어 있는 포도주로부터 가스가 지속적으로 발생하므로 병의 압력은 점차 높아지며 이로 인해 코르크 마개를 특별히 고안된 철사로 고정시키지 않을 경우 가스가 빠져나올 수 있다. 이 철사 구조물은 1600대에 샴페인을 완성시킨 베네딕트 수도사인 동 뻬리뇽이 고안한 것으로 알려졌다.

샴페인은 이산화탄소의 최종 압력이 60~75 pounds per square 정도 되어야 하므로 두 번의 발효 과정을 거쳐 완성된다. 이 정도의 압력을 견디기 위해서는 안전 장치로 두꺼운 유리병과 코르크 마개가 빠져나오지 못하게 하는 안전 장치가 필요하다. 마개가 열리면 어느 정도의 가스가 기포 형태로 병으로부터 빠져나오게 되나 대부분의 가스는 액체 속에 그대로 남아 있다. 샴페인을 잔에 따르면 샴페인 특유의 기포가 생성되는데, 포도주의 표면장력, 압력 및 점도 등의 복합적인 작용으로 1초당 400개 정도의 기포가 발생한다. 샴페인 기포의 특징은 한꺼번에 만들어지지 또 않고 어느 정도의 향을 함유하고 있다는 점이다. 이산화탄소는 혀의 신맛 수용체를 자극하여 샴페인의 맛을 더한다.

생각할 거리: 물질의 상태에 대한 이해

물질의 상태 변화를 활용한 식품의 훌륭한 예를 찹쌀과 코코넛유를 반죽하여 만든 베트남 디저트에서 찾을 수 있다. 이 튀김 요리는 먼저 고체인 찹쌀과 액체인 코코넛유를 함께 가열한 다음, 생성된 호화물을 찧거나 휘저어 끈끈한 반죽으로 만들고, 그 일부를 둥글게 떼어내어 기름에 튀겨서 만든다.

이 튀김은 액체 상태의 물이 열에 의해 기화하면서 식품의 형태에 영향을 어떻게 미치는가를 아주 잘 보여준다. 초기에 코코넛유에 있던 대부분의 물은 전분이 호화될 때 결합수로 전환된다. 그러나 일부 자유수로 남아 있던 물은 반죽이 뜨거운 기름에 튀겨질 때 수증기로 급격히 기화하며 팽창하므로 전분질을 밖으로 밀어낸다. 그 결과 큰 공모양의 음식이 조리되는데 겉은 바삭하고 안은 코코넛 향의 쫄깃한 전분질이 소량 들어 있는 튀김이 만들어진다. 부피에서의 상당한 증가는 액체에서 기체로의 물의 상태변화가 있기에 가능하다.

참용액

참용액(true solution)은 위에서 언급한 세 종류의 분산액 중 분산질의 크기가 가장 작은 경우를 말한다. 반지름이 **밀리미크론(millimicron)** (1 mμ) 이하인 비교적 작은 분자나 이온을 용매에 넣으며 참용액이 만들어진다. 설탕을 넣은 물은 참용액이 되지만 전분과 단백질은 분자가 너무 크므로 참용액이 만들지 않는다.

일부 참용액은 전하를 띤 이온을 포함하고 있음에도 불구하고 세 종류의 분산액 가운데 가장 안정되다. 실제로 식품을 만들 때 소금이나 설탕을 물에 녹이면 참용액이 만들어진다. 물에 녹은 **소금(solute)**과 설탕을 **용질(solvent)**이라 부른다.

참용액을 구성하는 용매에 녹는 이온이나 분자의 양은 용질의 종류와 용매의 온도에 의해 결정된다. 일정한 온도에서 참용액에 녹아 있는 용질의 양이 용매에 녹을 수 있는 최대치보다 적을 경우 참용액을 **불포화 용액(unsaturated solution)**이라고 한다. 더 이상 녹지 않을 정도의 용질을 포함하는 용액을 **포화용액(saturated solution)**이라고 한다. 가열한 포화용액의 온도를 조심스럽게 낮추면, 이론적으로 용해될 수 있는 양 이상의 용질이 녹아 있는 용액을 얻을 수 있는데 이를 **과포화 용액(supersaturated solution)**이라고 부른다(그림 6.7).

가열을 하여 용매의 온도를 올리면 용매에 용해 가능한 용질의 양이 증가하는데 표 6.2는 온도와 포화용액을 만드는 데 필요한 용질의 양 간의 관계를 표시하였다.

표 6.2에 의하면 20°C에서 포화 상태인 설탕액의 온도를 40°C로 올리면 용액은 불포화용액으로 전환된다. 반대로 100°C에서 포화상태인 용액은 온도를 내리면 용질의 용해도 감소에 의해 과포화용액으로 된다. 설탕공예는 설탕, 온도 그리고 용액 사이의 상호작용을 활용하여 작업하는 기술이다. 설탕공예의 핵심적인 내용은 8장에서 자세히 서술하도록 한다.

참용액
액체(보통 물)에 용해된 1밀리마이크론보다 더 큰 분자나 이온에 분산.

밀리미크론
10억분의 1미터.

소금
참용액을 형성하기 위해 액체에 용해된 기질.

용질
용질이 참용액을 형성하기 위해 용해된 액체.

불포화 용액
용액의 온도에서 부가적인 용질을 용해시킬 수 있는 참용액.

포화용액
그 온도에서 용해 가능한 최대한 용액에 많은 용질을 포함하는 참용액.

과포화용액
이론적으로 그 온도, 주의깊게 가열 포화 용액을 냉각함으로써 생성되는 상태에서 용해될 수 있는 것보다 더 많은 용질을 포함하는 참용액.

표 6.2 다양한 온도에서 물에 자당의 용해도

용액의 온도 (°C)	물 100 ml에 용해될 수 있는 설탕의 최대량 (g)
0	179.2
20	203.9
40	238.1
50	260.4
100	487.2
115	669.0

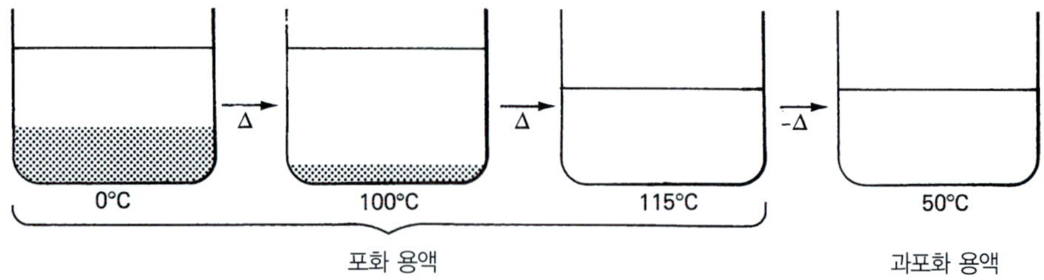

그림 6.7 온도가 상승함에 따라 포화 용액의 용매는 용질의 증가 비율을 용해할 수 있고, 세심한 냉각은 과잉 용질로 과포화된 용액을 생성하면서, 용액에 남아 있는 용해된 용질을 허용한다.

콜로이드 분산계

콜로이드 분산계
두 가지 상의 미세 입자가 콜로이드 입자 상태로 되어 매질 중에 분산하고 있는 계(0.001에서 1마이크론 사이의 크기를 가진 물질).

연속상
분산상의 어떤 부분을 통과하지 않고 연속 상에 시스템을 통해 통과할 수 있도록 분산상의 모든 부분을 둘러싸고 있는 매질.

불연속상
분산상의 또 다른 입자에 도달하는 연속상 중 적어도 일부를 통과하는데 필요하도록 만들어 불연속 방식으로 분산된 상.

젤
고체에 분산된 액체의 콜로이드 분산.

졸
액체에 분산된 고체의 콜로이드 분산.

거품
액체에 분산된 가스의 콜로이드 분산.

현탁질
고체에 분산된 가스의 콜로이드 분산.

친수성
물에 끌리는.

소수성
물이 접근하지 못하는.

콜로이드 분산계(colloidal dispersion)는 매질에 분산되어 있는 입자의 크기가 참용액과 현탁액 중간 정도인 것을 의미한다. 구체적으로 0.001에서 1마이크론 사이의 입자가 분산되어 있는 계를 콜로이드라 칭한다. 모든 콜로이드계는 분산매와 미세 입자인 분산질로 구성되어 있으며 두 성분 모두 고체, 액체, 기체일 수 있다. 콜로이드 분산계는 구성 성분의 상태에 따라 분류한다.

모든 콜로이드 분산계는 **연속상**과 **불연속상**으로 구성되어 있다. **연속상(continuous phase)**은 계의 전체에 걸쳐 분포하며 **불연속상[discontinuous (dispersed) phase]**은 연속상에 비연속적으로 존재한다.

기술적으로 콜로이드 계는 한 개의 상(phase)에 있는 입자의 크기가 콜로이드의 크기 내에 있는 한 불연속적 또는 연속적인 상처럼 고체, 액체 혹은 기체의 어떠한 조합도 가능하다. 예를 들면, 콜로이드는 액체에서 고체로 분산된 상태로 구성될 수 있다.

표 6.3에 몇몇의 중요한 콜로이드 식품을 나열하였다. 콜로이드 분산계는 계를 구성하는 상의 상태에 따라 구분한다. **젤(gel)**은 액체가 고체에 분산되어 있는 콜로이드 분산계를 뜻하며 **졸(sol)**은 고체가 액체에 분산되어 있는 계를, **거품(foam)**은 가스가 액체에 들어 있는 계이며 **현탁질(suspensoid)**은 가스가 고체에 분산되어 있는 계를 지칭한다.

콜로이드와 이를 포함한 계의 성질은 구성 물질의 물리적 특성에 의해 영향을 받는다. **친수성(hydrophilic)** 콜로이드는 물을 흡수하여 수화가 잘 된다. 한편, 반대의 성질을 갖는 종류를 **소수성(hydrophobic)** 콜로이드라 하는데, 이러한 특성을 갖는 콜로이드는 물에 대한 친화력이 결핍되어 있는데 소량의 소금을 넣어주기만 하여도 침전이 된다.

화합물의 화학적 조성은 그 물질의 물리화학적 특성을 경정한다. 많은 식품 성분들은 구조의 일부는 소수성이고 일부는 친수성인 양쪽성 물질이다. 물과 친화력이 있는 작용기는 극성 부위에 해당한다. 유기화합물들의 친수성 극성 부위는 다음과 같다: 기타 친수성 및 소수성 작용기는 표 6.4와 같다. 고리모양 구조와 탄화수소 사슬은 대표적인 소수성 구조이다.

표 6.3 식품에서의 콜로이드 시스템

콜로이드 시스템명	분산상	연속상	식품 예
유화액(에멀젼)	액체	액체	샐러드 드레싱
졸	고체	액체	그레이비
액체성 젤	고체	구운	커스터드
거품	기체	액체	난백 거품
현탁질	기체	고체	응고 휘핑 젤라틴

표 6.4 극성 및 비극성 그룹

극성 그룹 (친수성)	비극성 그룹 (소수성)
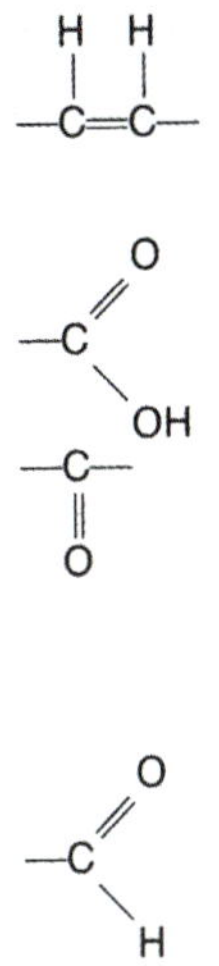	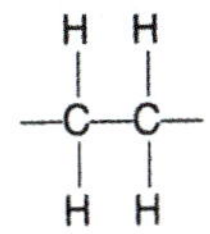
	$—CH_3$
	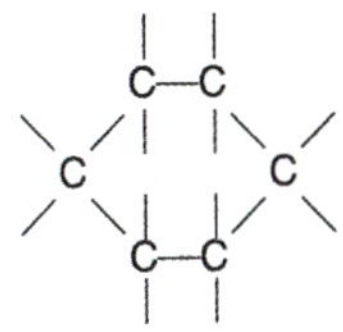
—OH	
—NH	
$—NH_2$	
—S—S—	
—SH	
$—SO_4$	
$—PO_4$	

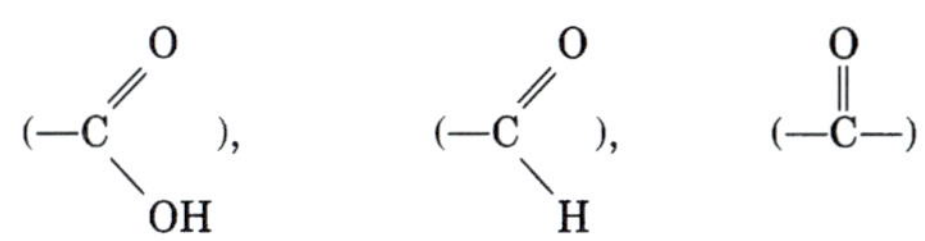

Organic acid aldehyde ketone

양쪽성 유기물질은 두 액체의 경계에 위치하여 유화액을 안정화 시키는 역할을 하는데 분자의 일부는 분산상에 친화력이 있는 반면 다른 일부는 연속상에 대한 친화력을 보인다.

유화액. 유화액(emulsion)이란 분산상과 연속상이 모두 액체인 식품을 말한다. 유화액에서 분산상으로 정의되는 액체는 연속상으로 작용하는 다른 액체에 분산되어 있다. 유화액을 구성하는 두 액체 성분인 분산상과 연속상은 서로 섞이지 않으며, 흔히 사용하는 문구인 "섞이지 않는 물과 기름"은 유화액이 불안정하다는 것을 의미한다. 유화액을 만들 때는 두 액체를 먼저 세차게 흔들어 에너지를 공급함으로써 표면장력이 높은 액체가 작은 방울로 나뉘어 연속상으로 둘러싸이도록 한다. 유화액이 만들어지면 두 액체 사이의 접촉 면적이 월등히 증가하게 된다.

> **유화액**
> 혼합되지 않는 또 다른 액체에서 액체의 콜로이드 분산.

유화액의 형성은 크게 벌어질려고 하는 것 그리고 주위에 입자를 형성시키는 것에 대한 연속상을 허용하기 위해 에너지가 요구된다. 전체적인 과정은 오히려 상당히 복잡하다. 연속적인 상은 확장될 필요가 있고 주변은 입자는 분산상으로 될 필요가 있다. 불연속적인 상 혹은 연속적인 상은 반드시 입자로 쪼개져야 하고 이들 방울의 표면은 반드시 유화제로 코팅되어야 한다.

두드리고, 교반하고 또는 흔드는 것은 연속상이 퍼지기 위해 그리고 유화액의 형성에 필요한 에너지를 공급하는 것이다. 일부 여분의 시간은 유화액 형성에 유용할 수가 있다. 그 여분의 시간은 유화제 입자가 방울과 연속상 사이에서 계면을 새롭게 형성하도록 대향하는 데 필요한 유화제를 위해 시간이다. 유화제 성분들을 따뜻하게 하는 것은 바라는 작은 입자로 분산상이 쪼개지고 연속상의 퍼짐이 촉진되도록 양쪽 상의 유동성을 증가시켜 유화액의 형성을 쉽게 하기 위함이다.

분산상의 입자는 마치 이들이 분산액을 통해 이동하는 중에 서로서로 마주칠 때 하나의 큰 입자가(두 개의 작은 입자를 형성) 두 개의 입자보다 더 낮은 상태를 나타내기 때문에 충돌하는 경향이 있다. 두 개의 입자의 표면적보다 작은 하나의 큰 입자가 보다 점증적이기 때문에 분산액에서의 그 입자들은 궁극적으로 분산액이 깨지거나 두 개의 독특한 상으로 분리될 때까지 계속해서 보다 큰 입자가 되려고 충돌한다.

수중유형
물에 분산되는 기름 방울이 되는 콜로이드 분산, 예를 들면, 마요네즈.

유중수형
기름에 분산되는 물방울이 되는 콜로이드 분산, 예를 들어, 버터.

유화액은 계를 구성하는 두 액체의 유형에 따라 두 가지로 구분한다. 유화액은 **수중유형[oil-in-water emulsion (o/w)]**과 **유중수형[waterin-oil emulsion (w/o)]**으로 나눌 수 있다. 전자는 기름이 물에 분산되어 있는 유화액을 뜻하며 후자는 물이 기름 속에 분산되어 있는 종류의 유화액을 의미한다(그림 6.8, 6.9).

유화액의 성질은 유화액을 구성하는 액체들의 성질과 다르다. 일 예로 유화액의 점도는 유화액을 만들 때 사용하는 액체들의 점도보다 월등이 높다. 마요네즈를 보면 이 점을 확인할 수 있다. 마요네즈를 만들 때 첨가하는 기름의 양을 조절하면 마요네즈는 칼로 썰 수 있을 정도의 점도를 갖게 되지만, 마유네즈 성분인 식초와 기름의 점도는 매우 낮다.

유화액의 안정성에 영향을 미치는 요인은 다음과 같다.

- 연속상의 점도
- 유화제의 유무와 농도
- 분산상 방울의 크기
- 분산상과 연속상의 비율

유화제
방울 표면을 코팅하는 에멀젼의 두 상 사이에 인터페이스에 그려지도록 극성 및 비극성 두 그룹을 함유하는 화합물.

HLB
물 대 기름 유화제의 친화성을 나타내는 20점 척도.

유화액의 제조와 안정성에 결정적인 영향을 미치는 요인은 **유화제(emulsifying agent)**의 첨가 여부이다. 유화제는 양쪽성 물질이므로 소수성 물질과 친수성 물질에 대한 친화력을 모두 갖고 있다. 유화제의 극성 부위는 물층을 향하고 소수성 부위는 기름층을 향해 배열된다. 따라서 유화제는 두 상의 경계에 단분자층을 형성하며 유중수형 유화액 내의 기름 방울 사이의 접촉을 저해하는 역할을 한다. 결과적으로 유화제는 기름방울이 합쳐지지 못하게 한다.

유화제의 특성에 의해 만들어지는 유화액의 종류가 결정된다. 유화제가 물에 대한 친화력이 더 높을 경우 물의 표면장력이 기름의 표면장력 보다 더 많이 감소하므로 유중수형 유화액이 만들어 진다.

유화제의 친수성기 및 소수성기 비율을 1~20의 등급으로 표시한 값을 **HLB (hydrophilic/lipophilic balance)**라 한다. HLB가 8~18인 유화제는 친수성기가 더 강하므로 유중수형 유화액의 제조에 적합하며, 대부분의 유화제가 이에 속한다. 버터나 마아가린은 수중유형 유화액으로써 이와 같은 식품의 제조에는 HLB가 3~6인 유화제가 적합하다. HLB가 낮은 유화제는 물 보다 기름에 대한 친화력이 더욱 높다.

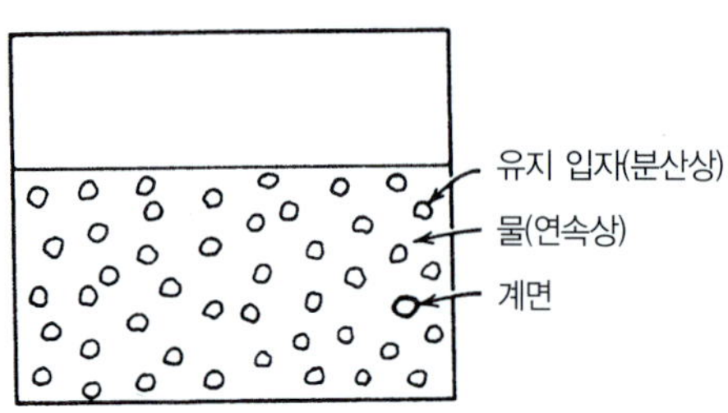

그림 6.8 수중유적형 에멀젼

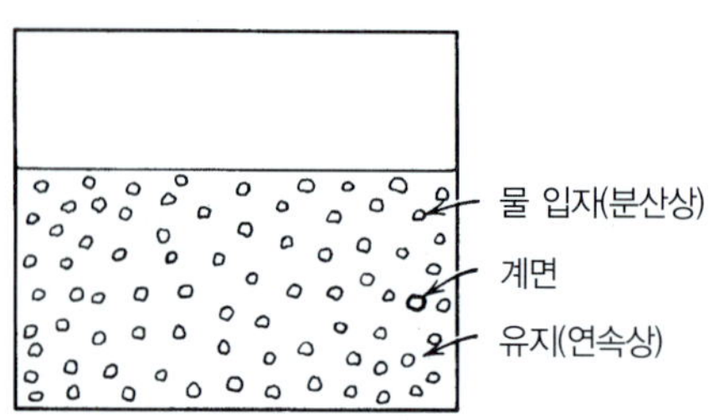

그림 6.9 유중수적형 에멀젼

계란 노른자에는 **레시틴(lecithin)**과 단백질이 함유되어 있으므로 가정에서 종종 유화제로써 사용된다(16장). 레시틴은 인지질로써 두 개의 긴 지방산과 친수성인 인산기를 갖고 있으므로 유중수형 유화액을 만들기에 적합하다. 계란 노른자에 있는 단백질은 기름과 물의 경계에 위치하여 유화액을 안정화시킨다.

레시틴
효과적인 유화제인 계란노른자의 인지질; 그 공식은

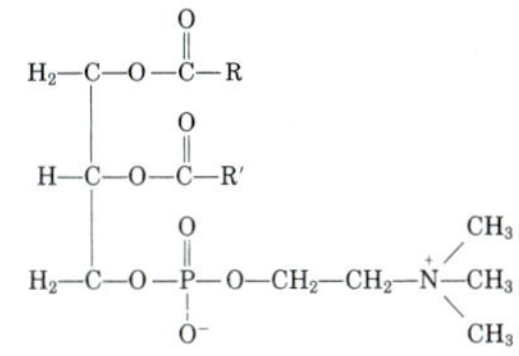

유화제의 양 역시 유화액의 안정성에 영향을 미친다. 유화액 내 분산상의 표면을 단분자층으로 둘러쌀 수 있는 충분한 양을 넣을 경우 안정한 유화액이 만들어지나, 그렇지 않을 경우 분산상의 표면 가운데 유화제로 덮여 있지 부위에서부터 분상상들이 합쳐지기 시작한다. 유화제의 양이 증가함에 따라 유화액의 안정성은 증가하나, 단분자층 형성에 필요한 양 이상의 유화제는 아무런 역할을 하지 않는다. 분산상의 표면이 유화제로 완전히 둘러싸인 유화액은 매우 안정하여 이를 영구유화액이라 한다. 마요네즈는 **영구유화액(permanent emulsion)**의 한 예이다.

영구유화액
통상의 취급 및 사용 동안 그대로 유지하는 데에 충분한 유화제의 양을 함유하는 에멀젼.

점도 역시 유화액의 안전성에 영향을 미친다. 과일 샐러드 드레싱에 진하게 끓인 설탕 시럽이나 꿀을 넣으면 유화액의 안정성이 향상된다. 설탕 시럽이나 꿀은 유화제는 아니지만 드레싱의 점도를 높여 분산상의 움직임을 둔화시킴으로써 유화액을 안정시키는 역할을 한다.

유화액의 점도가 증가하면 분산액 사이의 충돌횟수가 감소하여 결과적으로 유화액의 안정성이 향상된다. 점도를 증가시켜 안정성이 증대된 유화액을 **반영구 유화액(semi-permanent emulsions)**이라 한다

반영구 유화액
연속 상을 구성하는 액체의 점성 때문에 오히려 좋은 안정성을 가지는 에멀젼.

일시유화액(temporary emulsion)은 유화제가 들어 있지 않은 유화액을 지칭한다. 기름과 식초로만 만든 드레싱이 이에 속한다. 후추가루와 같이 물에 용해되지 않는 양념류는 기름과 식초 사이의 경계에 위치하여 유화액의 안정화에 어느 정도 기여한다. 그러나 첨가하는 양이 기름 방울을 둘러쌀 정도로 충분하지 않으므로 기름 방울들은 서로 충돌하여 뭉쳐진다. 양염류의 입자 크기가 작을수록 안정화 효과는 더욱 크다.

일시유화액
약간의 유화제가 물방울의 이동을 제한하기에 너무 유동적인 유화제; 그런 불안정은 재료가 사용 직전에 임시 에멀젼을 형성하기 위해 흔들어야 한다.

영구 유화액도 일정한 조건 하에서는 층 분리가 일어난다. 일시유화액은 층 분리가 비교적 빨리 일어나는데 이는 분산계가 빠르게 자유롭게 이동할 수 있기 때문이다. 그러나 마요네즈와 같이 안정한 드레싱도 온도가 급격히 상승하면 층 분리가 일어나는데 이는 유화액의 유동성이 증가하여 나타나는 현상이다. 온도가 낮아져 얼음이 만들어지면 식품의 부피가 증가하게 되는데 이 역시 유화액을 불안정하게 하는 원인이 된다. 유화액을 흔들거나 충격을 가하면 유화액을 구성하는 두 액체의 밀도 차이에 의해 층 분리가 역시 일어난다.

졸(Sol) 졸이란 연속상인 액체에 고체 분산상이 분포되어 있는 유화액을 뜻한다. 졸은 유동성이 높아 쉽게 따를 수 있는 액체로부터 점성이 높아 잘 따라지지 않는 종류에 이르기까지 다양하다. 유화액의 점도와는 상관없이 고체인 분산상은 졸 전체에 걸쳐 분산되어 있으며 바닥에 침전되지 않는다. 분산상이 단백질인 경우 단백질 표면에 위치한 전하에 의해 단백질은 침전되지 않고 졸 전반에 걸쳐 분포한다. 동일한 종류의 전하를 띤 단백질 사이에는 척력이 작용하므로 단백질응고 현상이 일어나지 않는다.

복합탄수화물인 펙틴은 분산질이 고체인 졸을 만드는데 사용되는 또 다른 물질의 예이다(7장 참고). 펙틴은 탄수화물이나 단백질과 같이 친수성 물질로서 물 분자들과 단단하게 수소결합을 형성한다. 물 분자는 펙틴을 둘러싸는 보호막처럼 작용하여 펙틴과 같은 콜로이드 물질 사이의 결합을 저해한다.

졸은 연속상이 액체이므로 유동성이 있다. 콜로이드 물질의 농도가 매우 높은 조건에서도 고체 불연속상은 액체에 의해 서로 분리되어 있으므로 졸은 유동성을 보인다. 졸의 유동성에 영향을 미치는 중요한 인자로는 온도와 연속상에 분산되어 있는 고체의 양을 들 수 있다. 졸은 높은 온도에서 더욱 큰 유동성을 나타내며, 고체의 농도가 높을수록 더욱 큰 점성을 보인다.

화이트 소스, 그레이비, 커스터드 및 농도가 진한 소스류 등은 졸에 해당한다. 이러한 식품은 레시피에 따라 정량적으로 만들어야만 소스 특유의 물성이 나타난다. 소스가 너무 진하여 흐르지 않

을 경우, 가열을 하여 온도를 올리는 방법과 액체로 희석을 하여 농도를 맞추어야 한다.

졸은 젤을 만드는 과정의 첫 번째 단계로 만들기도 한다. 젤라틴 젤은 젤라틴 분자를 뜨거운 용액에 넣어 수화 및 분산시켜서 만드는데 이때 졸이 먼저 만들어지고 이후에 젤이 형성된다. 펙틴을 첨가하여 만드는 잼과 젤리, 그리고 전분질이 들어가는 푸딩 역시 젤 구조로 전환되기 전에 졸이 먼저 만들어진다.

젤(Gel). 젤은 종종 또 다른 종류의 콜로이드인 젤로 전환하기도 한다(그림 6.10). 이러한 현상이 낮은 온도에서 관찰되는데 이는 졸이 차가워지면 에너지가 점차 낮아지는데 이때 불연속상을 구성하는 고체의 유동성이 저하되면서 서로 결합을 만들기 때문이다. 젤은 졸과는 정반대되는 콜로이드 시스템으로서 고체로 된 연속상과 액체로 된 불연속상으로 구성되어 있다. 젤 속에는 젤의 유동성을 저해하기에 충분한 양의 고체가 들어 있으며 이들은 서로 결합하여 연속상 구조물을 만든다. 젤 속에 있는 액체의 일부는 고체 성분과 결합하여 결합수로 작용하는데 이로 인해 젤의 유동성은 더욱 감소한다. 결합수 이외의 나머지 수분은 자유수로서 고체인 연속상 사이에 갇혀 있다.

이수현상
젤을 형성하는 눈물 또는 액체의 배수.

젤을 칼로 자르면 젤에 갇혀 있는 액체의 일부가 밖으로 유출되기도 하는데 이를 **이수현상(syneresis)**이라고 한다. 이수현상이 일어나는 정도는 젤의 종류에 따라 다른데, 고체의 종류와 농도가 특히 중요하다. 크랜베리로 만든 젤리를 칼로 자른 후 놓아두면 액체가 흘러나오는 것을 확인할 수 있다. 크랜베리 젤리의 경우 이수현상은 바람직하지 않지만, 치즈 제조에 있어서는 중요하다. 치즈 제조 공정 중에 커드를 작은 크기로 절단하는데 이는 커드에 함유되어 있는 유청을 제거하기 위함이다.

졸과 젤은 모두 콜로이드 분산계로서 연속상과 불연속상이 서로 뒤바뀌어 있는 상태이므로 주위 여건에 따라 상호 가역적이다. 젤라틴 분산계의 온도를 높이면 졸이 만들어지므로 콜로이드는 유동성을 갖게 되지만 온도를 낮추면 젤라틴 분자들 사이에 결합이 만들어지는데 이들 가운데 일부는 비가역적인 결합으로 전환한다. 젤라틴 단백질은 서로 결합하여 3차원의 구조물이 되며 이 구조물 사이사이에는 물이 갇혀 있다. 젤라틴 젤은 사용하는 틀에 따라 여러 모양으로 만들 수 있으며, 만들어진 모양은 그대로 유지된다.

기포(Foam). 기포란 기체가 연속상에 분산되어 있는 계를 말한다. 식품에서 분산매는 종종 액체이지만 때에 따라서는 고체를 첨가하거나 가열하여 고체로 전환시키기도 한다. 식품에서 가장 흔히 사용하는 기포는 진한 크림이나 달걀 흰자, 젤라틴 또는 유제품을 이용하여 만든다(그림 6.11).

기포의 생성에는 에너지가 필요한데 이때 공급된 에너지는 액체의 표면장력을 상쇄하고 액체를 얇게 펴 공기 방울을 둘러쌀 수 있도록 하는데 이용된다. 따라서 기포 생성에 적합한 액체는 표면 장력이 낮고, 얇게 펴기가 쉬어야 하며, 잘 뭉쳐지지 않아야 한다. 그리고 낮은 증기압을 가져야 한다.

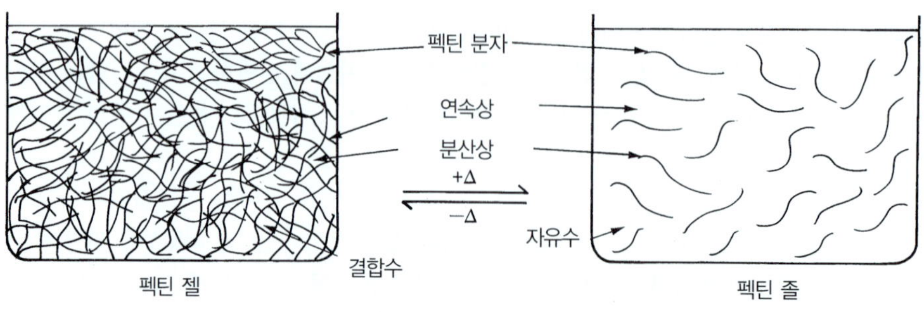

그림 6.10 펙틴 젤에서, 펙틴 분자는 연속상이며 액체가 분산상이다; 졸은 반대상황이다. 즉, 펙틴 분자는 분산상이 되고 액체는 연속상이다.

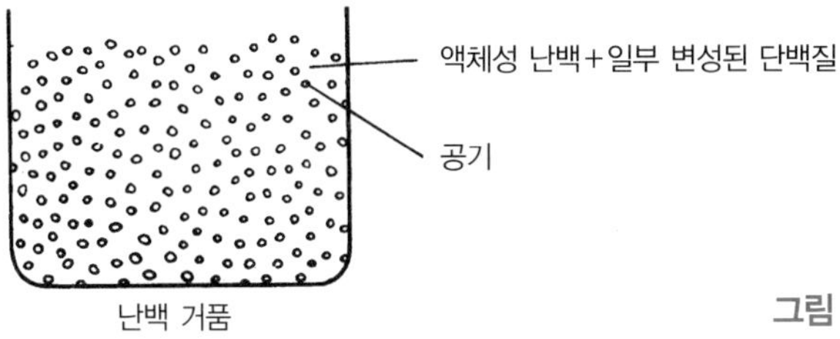

그림 6.11 달걀 흰자 거품은 공기(가스)는 액체(달걀 흰자)에 분산되고, 달걀 흰자의 변성 단백질들은 세포벽에 강도를 추가하는 콜로이드 시스템이다.

표면장력이 높은 액체는 최소한의 표면적을 가지려는 경향에 의해 얇게 펼 수 없으므로 거품 제조에 적합하지 않다. 표면장력이 높은 액체로 만든 기포는 쉽게 꺼지는데 이는 액체가 서로 뭉치려는 성향이 강하기 때문이다.

증기압이 높은 액체는 쉽게 증발해버림으로 기포의 붕괴가 잘 일어난다. 따라서 증기압이 낮은 액체가 기포 제조에 적합하다.

또한 기포의 안정성을 향상시킬 수 있는 방법으로 기체를 둘러싸고 있는 액체 막에 일부 고체를 섞어 넣는 방법이 있다. 가령 차가운 생크림의 기포 안정성은 생크림에 지방 입자를 넣어주면 향상된다.

단백질로 된 기포의 경우 단백질 변성이 기포막의 안정성에 많은 기여를 한다(그림 6.12). 이와 같은 현상은 계란을 휘저어 만든 기포를 활용한 식품인 빵류와 제과류에서 특히 두드러진다.

기포는 식품의 부피와 식감에 영향을 미치므로 중요하다. 기포는 아주 미세한 것에서부터 크고

그림 6.12 가볍게 삶는 것(포칭)은 단백질을 변성함으로써 계란흰자 거품을 안정화시킨다.

참고문헌

Berry, D. 2004. To foam or not to foam. *Food Product Design 14* (1): 69.

Berry, D. 2005. Through thick and thin. *Food Product Design 15* (2): 34.

Chandrashekar, J., et al. 2009. Taste of carbonation. *Science 326* (5951): 443.

DeCareau, R. V. 1985. *Microwaves in Food Processing Industry*. Academic Press. Orlando, FL.

Duxbury, D. 2004. Phase transitions in foods: Basic science for the modern scientist. *Food Technol. 58* (8): 78.

Ehrenberg, R. 2009. Tongue's sour-sensing carbonation. *Science News 176* (10): 12.

Elias, P. S. and Cohen, A. J. 1983. *Recent Advances in Food Irradiation*. Elsevier: New York.

Friberg, S. E., et al. 1990. In *Food Emulsions*. ed. Larson, K. and Friberg, S. E. Marcel Dekker. New York, p. 21.

Gerling, J. E. 1986. Microwaves in food industry: Promise and reality. *Food Technol. 40* (6): 82.

Hazen, C. 2005. In the thick of it. *Food Product Design 15* (May Supplement): 24.

Holmes, Z. A. and Woodburn, M. 1981. Heat transfer and temperature of foods during processing. *CRC Crit. Rev. Food Sci. Nutr. 14* (3): 231.

Howard, D. 1991. A look at viscometry. *Food Technol. 45* (7): 82.

Knorr, D. 1993. Effects of high-hydrostatic-pressure processes on food safety and quality. *Food Technol. 47* (6): 156.

Liger-Belair, G., et al. 2006. Modeling the kinetics of bubble nucleation in champagne and carbonated beverages. *J. Phys. Chem. 110* (42): 21145.

Lydersen, A. L. 1983. *Mass Transfer in Engineering Practice*. Wiley. New York.

Morrison, I. D. and Ross, S. 2002. *Colloidal Dispersions: Suspensions, Emulsions, and Foams*. Wiley Europe. Chichester, England.

O'Hagan, P. 2004. New technologies: Why measure particle size? *Food Product Design 14* (11): 120.

Olson, D. G. 2004. Food irradiation future still bright. *Food Technol. 58* (7): 112.

Reitz, C. 1986. *Microwave Reference Guide 1986–1987*. International Microwave Power Institute. Clifton, VA.

Roos, Y. H., et al. 1996. Glass transitions in low moisture and frozen foods: Effect on shelf life and quality. *Food Technol. 50* (11): 95.

Russell, W. B., Saville, D. A., and Schowalter, W. R. 1992. *Colloidal Dispersions*. Cambridge University Press. Cambridge, England.

Sauter, E. A. and Montoure, J. E. 1972. Relation of lysozyme content of egg white to volume and stability of foam. *J. Food Sci. 37*: 918.

Schauwecker, A. 2004. New technologies: Under pressure. *Food Product Design 14* (4): 96.

Shoemaker, C. F., Nantz, J., Bonnans, S., and Noble, A. C. 1992. Rheological characterization of dairy products. *Food Technol. 46* (1): 98.

Singh, R. P. 1995. Heat and mass transfer in foods during frying. *Food Technol. 49* (4): 134.

웹사이트

http://uw-food-irradiation.engr.wisc.edu/Facts.html—Information on irradiation of food.

http://www.fda.gov/Food/FoodIngredientsPackaging/IrradiatedFoodPackaging/ucm135143.htm—FDA site discussing food irradiation.

http://cgpl.iisc.ernet.in/site/Portals/0/Technologies/Biomass%20Stoves.pdf—Discussion of some designs for SWOSTHEE.

http://www.envirofit.org/?q=our-products/clean-cookstoves/IAP—Discussion on indoor pollution caused by cooking fires.

http://sify.com/news/now-biomass-cooking-stoves-in-india-news-national-jegrTCiicij.html—Information on one-pan cooking stove.

http://www.medicalnewstoday.com/articles/167671.php—Article on the taste of carbonation.

PART 3

탄수화물

7장
탄수화물의 개요

8장
단당류, 이당류, 감미료

9장
녹말

10장
채소와 과일

비스켓을 꿀과 함께 먹는 것은 단순하고 복잡한 탄수화물을 맛깔스럽게 해 준다.

7장

탄수화물의 개요

단원 개요

학습 목표
서론
단당류
  오탄당
  육탄당
이당류
생각할 거리: 탄수화물의 역설
올리고사카라이드(올리고당)
다당류
  덱스트린
  덱스트란
  전분
  글리코겐
  셀룰로오즈
생각할 거리: 프룩탄과 생명공학
비글루코사이드 결합형 다당류
  펙틴질
  검류
요약
연습문제
참고문헌
웹사이트

학습 목표

이 단원을 학습함으로써:

1. 다양한 탄수화물이 가지고 있는 화학구조를 알 수 있다.
2. 화학구조가 탄수화물의 차이에 어떠한 영향을 주는지를 논할 수 있다.
3. 다양한 탄수화물이 식품 제품에서 적절하게 적용되는지 알아볼 수 있다.

서론

탄수화물은, 그 이름에 함축되어 있듯이, 탄소의 수소화합물이다. 제일 작은 화합물(단당류)이 든지 제일 큰 화합물(다당류)든지 수, 기본적으로 물분자는 수소 2개와 산소 1개의 비율로 이루어져 있다. 화학적 카테고리에 의하면 단당류, 이당류, 올리고당 그리고 다당류는 모두 기본적으로 같은 분류로 구분되어 진다. 때때로 단당류와 이당류는 **단순 당(simple sugar)**으로 언급되고, 다당류는 **복합탄수화물(complex carbohydrate)**로 분류된다

단당류는 6개의 탄소 분자를 포함하고 있고, 일반적으로 그 종류로는 **삼탕당(trioses)**, **사탄당(tetroses)**, **오탄당(pentoses)** 그리고 **육탄당(hexoses)**로 분류 된다. 탄수화물의 화합물의 어미로 일반적으로 *-ose*를 붙인다.

단당류와 다당류의 달콤한 맛은 식품에서 매우 중요하다. 당질의 다른 성질들로는 높은 용해성, 고온에서의 갈변, 사탕류와 시럽을 만들때 식감을 높이는데 기여하며, 그리고 제과제빵 물질에서 볼륨감(용적)을 촉진시키는데 도움을 준다.

단순 당
단당류와 이당류.

복합탄수화물
전분과 셀룰로오즈 같은 다당류.

삼탄당
3개의 탄소원자를 가지고 있는 당질.

사탄당
4개의 탄소원자를 가지고 있는 당질.

오탄당
5개의 탄소원자를 가지고 있는 당질.

육탄당
6개의 탄소원자를 가지고 있는 당질로 대부분의 당질이 육탄당으로 구성되어 있다.

복합탄수화물은 다양한 화합물로 구성되어 있기 때문에 다른 특징들을 가지고 있다. 전분은 점도를 높이는 데 영향을 미친다. 셀룰로오즈와 헤미셀룰로오즈는 식품에서 안정적인 형태를 이룸과 동시에, 어느 정도 강한 식감을 준다. 검류과 펙틴질은 농후제로써 칼로리를 제한한다.

단당류

단당류
오직 한 개의 당질로 구성된 탄수화물이다.

비록 **단당류(monosaccharide)**는 자연적으로는 제한적으로 포함되어 있지만 그럼에도 불구하고, 식품과학에서는 흥미로운 요소이다. 보다 일반적인 여러 단당류의 공식은 다음 부분에서 설명할 것이다.

오탄당

리보오스, 아라비노오스 및 자일로스는 식품에서 관심을 갖는 주요한 5탄당이다. 다음은 피셔 구조식으로 제시되는 이드의 화학 구조이다:

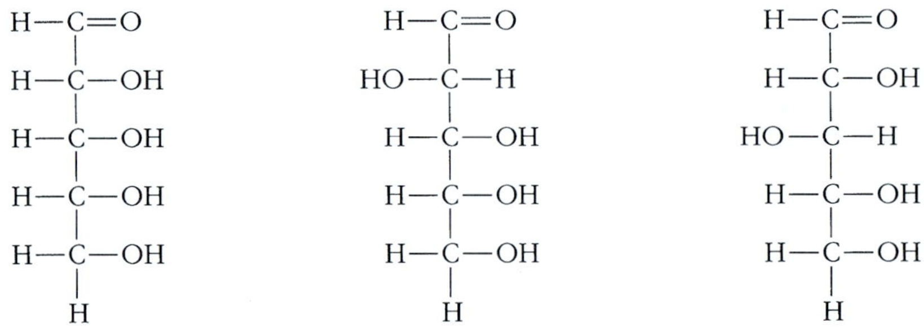

D-ribose D-arabinose D-xylose

사실 이런 당류는 종종 첫 번째 탄소와 산소 사이에 알코올기로 연결되어 있으며, 고리(반지)구조로(하워드 구조) 보인다.

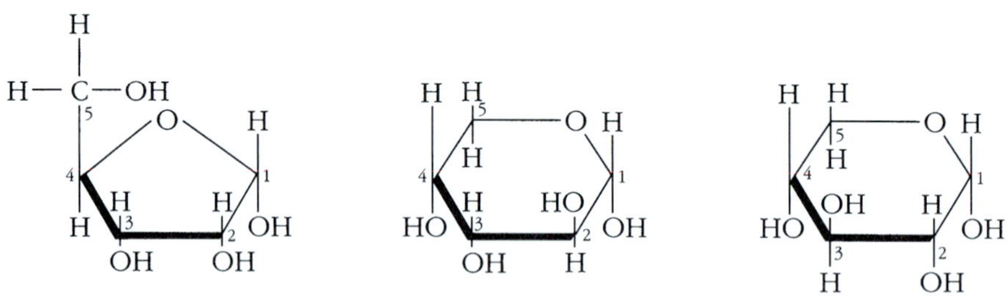

α-D-ribose α-D-arabinose α-D-xylose

덱스트로즈
글루코오즈과 동의어이다. 글루코오즈 용액에서 우선성으로 편광하는 성질 때문에 명명되었다.

각각의 오탄당은 수산기의 첫 번째 탄소와 방향족 탄소를 구성하기 때문에 알파형 구조로 되어 있다. 수산기의 방향성은 뒤집힌 베타형으로 나타난다 이러한 고리구조는 항상 첫 번째 탄소와 다른 탄소원자(4번과 5번 탄소 중 하나)를 포함한다.

레브로즈
과당과 동의어이다. 과당용액에서 좌선성으로 편광하는 성질 때문에 명명되었다.

알도오즈
육탄당의 6원환 외부에 첫 번째 탄소와 결합되어 있다.

육탄당

글루코즈[또는 우선성을 나타내는 성질 때문에 **덱스트로즈(dextrose)**로 불린다], 과당[때때로 좌선성을 나타내기 때문에 **레브로즈(levulose)**로 언급된다] 그리고 갈락토오즈는 특히 중요한 육탄당이다. 기타물질로는 식품에 포함된 만노오즈, 글루코즈, 그리고 소르보즈가 있다. 육각형 고리구조 외부의 첫 번째 탄소에 결합되어 있는 육탄당을 **알도오즈(aldoses)**로 분류된다. 알도오즈의 종류로는 글루코즈, 갈락토즈, 만노오즈 그리고 글루로즈가 있다. 헥소오즈의 오각형 고리구조의 외부에 2번짜 탄소에 결합했을 때에는 그 당을 **케토즈(ketose)**라고 부른다. 프락토즈와 소르보즈가 케토즈의 예이다.

케토즈
육탄당의 5원환 외부의 두 번째 탄소와 결합되어 있다.

다음은 글루코즈, 과당 그리고 갈락토오즈의 피셔구조이다.

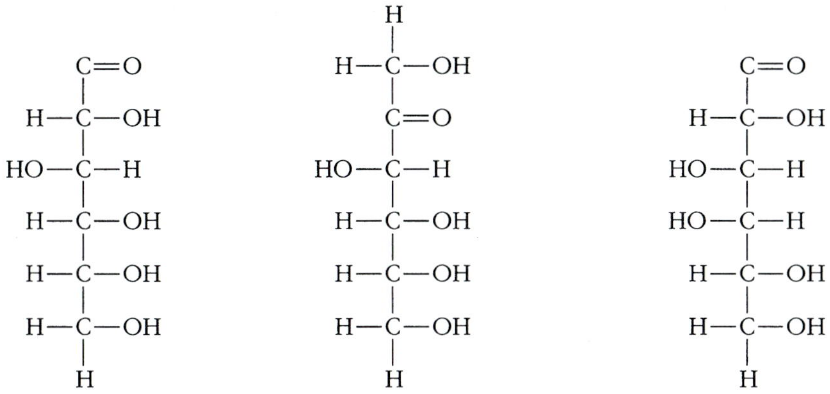

D-glucose　D-fructose　D-galactose

다음은 일반적인 세 가지 육탄당은 하워드 또는 고리구조로이다.

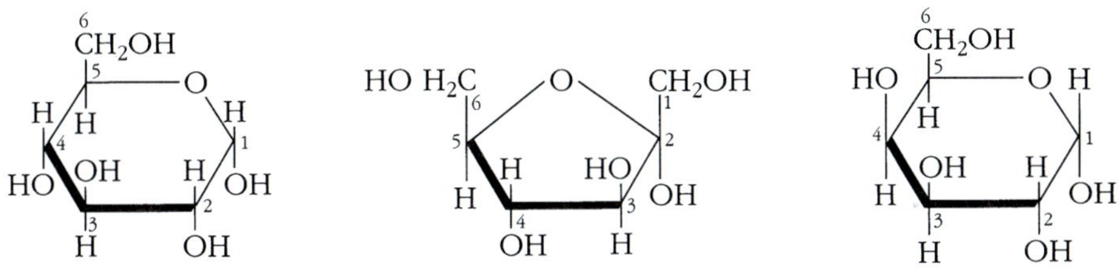

α-D-glucose　α-D-fructose　α-D-galactose

글루코즈와 갈락토오즈는 알도오즈이고 6개의 탄소원자의 외부 고리구조를 가지고 있다. 과당은 케토오즈로 첫 번째와 여섯 번째의 탄소가 외부 고리구조를 이루고 있다.

이당류

이당류(disaccharide)는 단당류와 구조적으로 관련되어 있다. 이당류는 물 분자를 제거하면 해당 결합에 의해 이당류가 생성된다. 이 두 분자의 단당류가 결합하여 이당류가 만들어질 때는 물 분자 하나가 빠져나오는 축합반응이 발생한다. 세 가지 이당류(자당, 맥아당 그리고 유당)가 식품의 대부분을 차지하고 모두 글루코즈를 포함하고 있다. 자당은 글루코즈와 과당으로 구성되어 있다.

이당류
이당류 탄수화물은 두 개의 단당류가 결합하며 물 분자가 빠져나오는 축합반응을 형성한다.

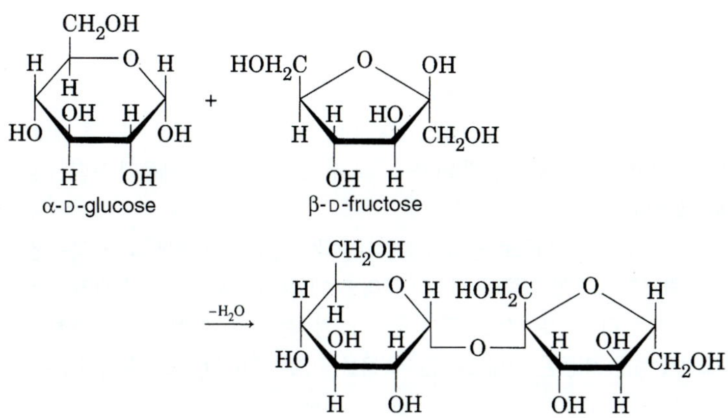

α-D-glucose　β-D-fructose

sucrose

맥아당은 다음과 같이 글루코즈 두 분자로 구성되어 있다.

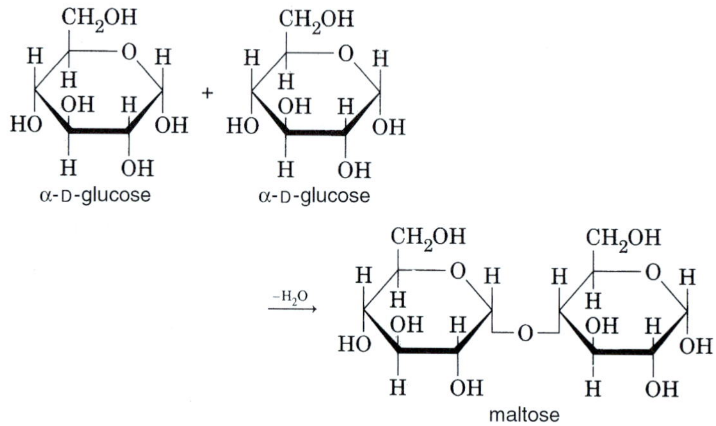

젖당은 다음과 같이 글루코즈와 갈락토오즈로 구성되어 있다.

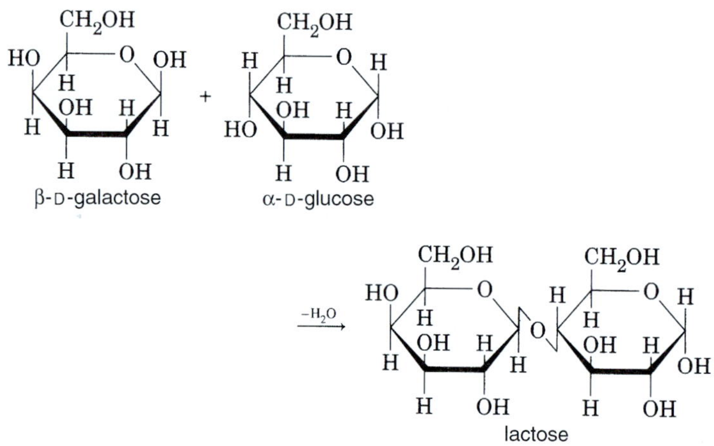

생각할 거리: 탄수화물의 역설

수만은 체중감량 계획은 책 잡지 그리고 다른 미디어에서 특집으로 다뤄지고 있다. 패션에서 체중감량 방법들이 오고 가지만, 많은 방법들이 탄수화물에만 초점이 맞춰지고 있다. 가끔 탄수화물 섭취를 제한; 빵, 파스타, 그리고 사탕 같은 것들을 심각하게 제한하거나 심지어 섭취하지 못하게 한다. 저탄수화물 식이요법은 살을 찌우는 식품과 육류를 강조함을 종종 보여준다. (사실은 육류에 포함된 지방은 탄수화물에서 제공되는 두 배 이상의 칼로리를 제공하는 사실에도 불구하고.)

식품업계는 비만 증가 우려에 대한 반응을 설탕을 대체할 수 있는 새로운 식품을 개발하는 것으로 대응하고 있다. 이러한 변화는 1회 제공당 칼로리는 줄일 수 있을지 몰라도 제품에 포함된 칼로리가 없다는 것을 의미하지는 않는다.

탄수화물 검류는 제과제품의 재료로 광범위하게 사용되는데, 다른 제품에 비해 적은 칼로리를 내도록 설계되어 있다. 놀랍게도 이러한 검류의 제품이 적어도 제과제품에서는 지방을 대체할 수 있다. 검류는 소장에서 소화가 되지 않아서 낮은 칼로리를 제공한다; 검류는 또한 그램당 9칼로리를 제공하는 지방을 제거한다. 식이요법을 하는 이들은 실제로는 탄수화물을 먹고는 있지만, 소화가 되지 않는 형태로 섭취하는 것이다.

올리고사카라이드(올리고당)

많은 탄수화물은 이당류보다 복잡한 구조로 구성되어 있다. **올리고당(oligosaccharides)**은 3개에서 10개의 다당류가 결합된 화합물(중합도가 3~10인 다당류)로, 각각은 물과 함께 배설되는 구조로 되어 있다. 올리고당은 단당류와 이당류보다 훨씬 큰 다당류로써 식품에 포함되어 있다. 올리고당은 전분과 같이 복잡한 탄수화물로, 간단한 단당류나 이당류의 전환으로 형성된다.

올리고당
3개에서 10개의 단당류의 결합으로 수분과 함께 배설된다.

스타키오즈와 라피노오즈는 리검안의 두 개의 삼당류이다. 식품 안에 포함된 다른 올리고당은 말토트리오즈와 만니노트리오즈로 식별된다. 라피노즈의 구조는 다음과 같다.

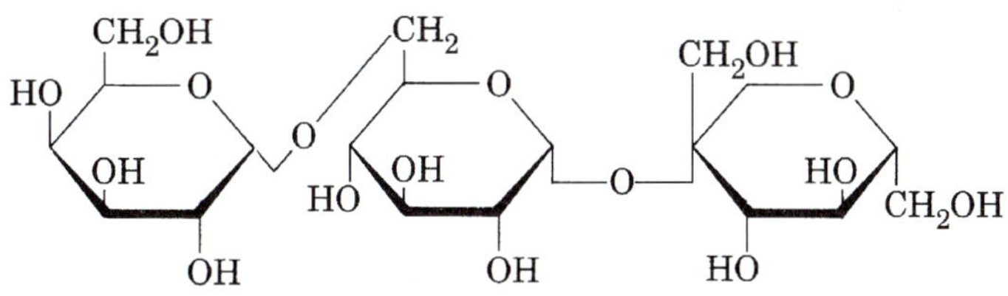

raffinose

인류는 효소의 부족으로 복부팽만증을 유발하기 때문에 소화를 위해서 라피노오즈와 스타키오즈가 필요한다. 이것은 구강에서 만들어지는 효소로 극복할 수 있다.

다당류

덱스트린

엄밀히 말하자면, 올리고당은 **다당류(polysaccharide)**의 한 종류이지만, 일반적으로 다당류는 좀 더 큰 구조를 이루고 있다. 대부분의 다당류는 식품 안에서 글루코즈와 연결되어 α- 혹은 β 글리코시드 결합을 이루고 있다. **덱스트린(dextrin)**은 이러한 물질에서 가장 간단한 물질이다. 다당류 분자의 크기는 광범위하지만, 관련된 물질인 전분의 길이보다는 구별될 정도로 짧다. 덱스트란 분자는 완전하게 포도당으로 구성되어 있고, 이 물질은 그전의 말토오즈와 같은 형태인 1.4-α-글리코시드결합으로 연결되어 있다.

다당류
탄수화물은 많은 당질 단위의 결합으로 이루어져 있고, 각각의 분자는 물 분자가 나오면서 축합된다.

덱스트린
다당류는 전분에 비해 짧은 사슬로서 구별되고, 완벽한 포도당 단위로 함께 연결되어 구성되어 있다.

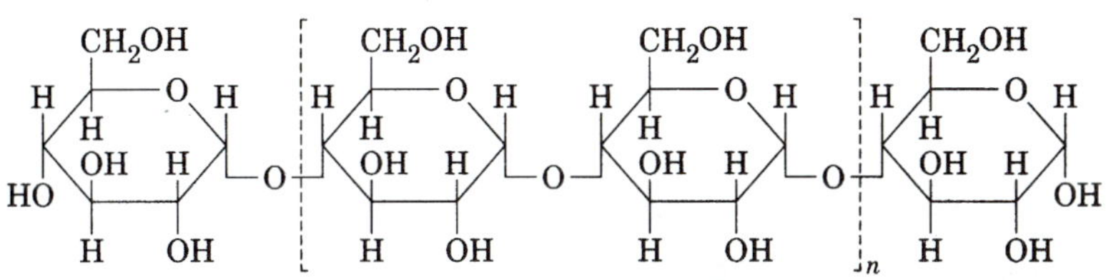

dextrins

단당류 그리고 이당류와 다르게, 달콤한 맛과 꽤 수용성인 특징을 가지고 있는 덱스트린은 오히려 다른 속성을 나타낸다. 덱스트린은 약간의 용해도와 거의 달콤하지 않은 맛, 그리고 제한된 증점제의 특성을 가지고 있다. 덱스트린은 밀가루가 건조한 열에 의해 가열되어 갈변될 때, 형성된다.

덱스트란

덱스트란(dextran)은 아직 다당류의 또 다른 유형으로 분류되지 않았으며, 박테리아와 효모에서 발견된다. 다시 한번 말하자면, 덱스트란은 글루코즈로 구성되어 있지만, 1,6-α 글루코시드결합으

덱스트란
복잡한 탄수화물에서 박테리아나 효모의 특성을 가지고 1,6-α-글루코시드 결합을 이룬다.

로 되어 있다. 덱스트란에서 발생하는 가지구조는 특이한 종이나 중압으로 고유한 점의 가지를 가지고 있다. 덱스트란의 분자구조 부분은 다음과 같다. 덱스트린과 덱스트란은, 1,4- 그리고 1,6-α-글루코시드 결합, 제각기 다른 특징을 가지고 있다.

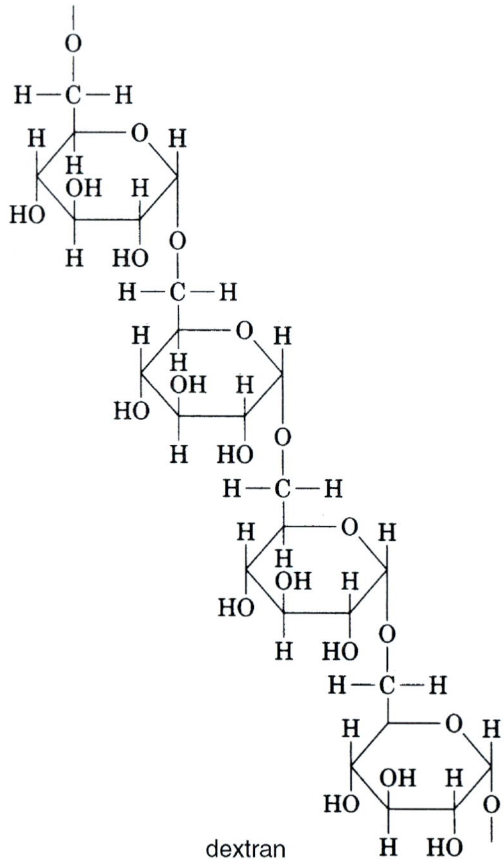

dextran

전분

아밀로오즈 스트레이트 체인은, 포도당에 부분적으로 포함되어 부분적으로 용해 전분에 의하여 α-1,4 글루코시드 결합으로 손실된 물분자와 결합하여 구성되어 있다.

전분 탄수화물 복합체는 물을 제거한 포도당에 결합되어 있는 중합체인 아밀로오즈와 아밀로펙틴 두 가지 부분으로 구성되어 있다.

아밀로펙틴 1,4-α-글루코시딕 결합으로 연결된 일차적으로 글루코스 단위로 구성된 곁가지를 가진 전분. 그러나 경우에 따라서 1,6결합에 의해 상당히 큰 다당류를 형성한다.

아밀로오즈. 아밀로오즈(**amylose**)와 전분(**starch**)은 매우 밀도가 높은 포도당 중합체이고, 실제로 두 가지로 구성되어 있다. 간단히 설명하면, 아밀로즈는 200개가 넘는 포도당 중합이 1,4-α-글루코시드 결합으로 되어 있다. 아밀로즈 분자는 어느정도 공간구성에 다소 직선상배열이 되어 있어서 특정 조건에서 서로에게 일부 수소결합을 형성하는 조건을 만든다. 아밀로오즈는 부분적으로 용해성을 가지고 있지만 단맛은 나지 않는다. 여기에 제시된 이러한 아밀로오즈 구조는, 제시된 디사카라이드류와 같이, 포도당 단위에 물 분자의 제한과 결합되어 있다. 아래의 그림에서처럼, 아밀로오즈와 덱스트린의 구조는 기본적으로 동일하다. 차이점은 N(분자의 단위 수)에 있다. 아밀로오즈는 덱스트린보다 훨씬 더 많은 포도당 단위를 포함하고 있다.

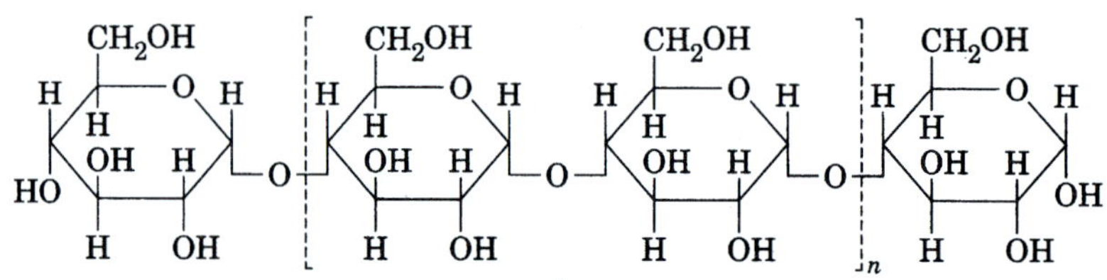

amylose

아밀로펙틴. 아밀로펙틴(**amylopectin**)은, 일부 다른 전분, 아밀로오즈뿐 아니라 포도당 단위 중에서는 좀 더 복잡한 구조로 되어 있다. 아밀로펙틴 결합구조에는 두 가지 종류가 있다.; α-1,4 결합구조와 α-1,6 결합구조이다. 식품에는 α-1,4 결합구조보다는 α-1,6 결합구조가 더 많이 존재한다. 보통은 24~30개의 글루코즈 단위가 연속하여 1번 그리고 4번 탄소에 1,6 결합이 발생되어 결합하고 있다.

1,6 결합의 결과는 분자의 선형확장중단으로 어디서나 발생할 수 있다.; 그 결과는 분자의 가지결합구조에서 나타난다. 다른 글루코즈 단위들은 계속적으로 1,6 결합으로 연결되는데, 첫 번째와 네 번째 탄소가 아직 다른 단위와 결합이 가능하기 때문이다. 자연적으로, 이러한 새로운 결합은 다시 24개에서 30개의 포도당 단위를 1,4 결합 이전에 1,6 결합으로 하여 분자의 가지구조를 발생시킨다.

아밀로펙틴 분자는 극단적으로 크고 분자의 무게는 만 혹은 그 이상일 수 있다. 아밀로펙틴의 가지구조는 분자의 작은 용해성을 발생시킨다; 아밀로오즈처럼, 식품의 향미를 달게 하는데 기여하지는 않는다. 부분적인 아밀로펙틴의 구조는 다음과 같다.

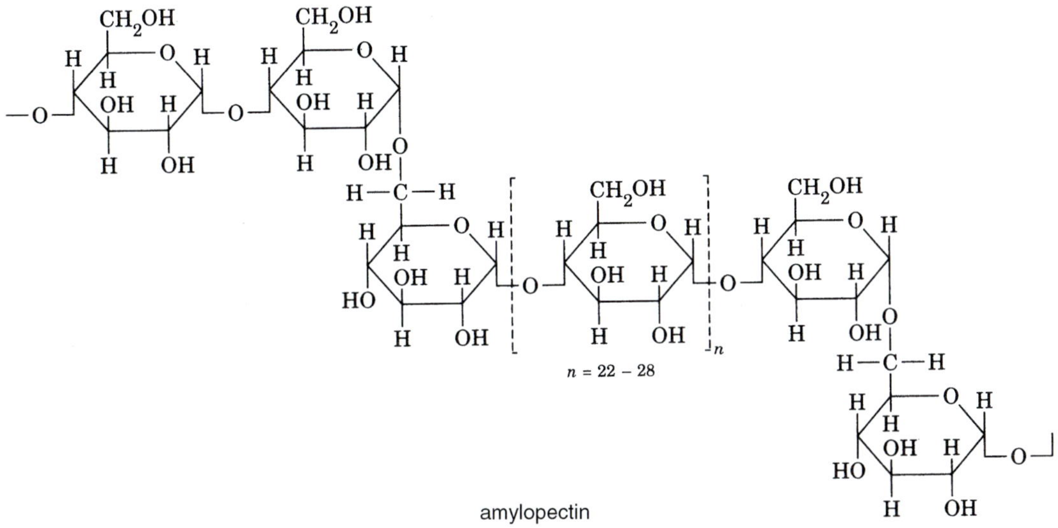

amylopectin

글리코겐

글리코겐(glycogen)은, 탄수화물의 동물의 조직에서 저장되는 형태로, 아밀로펙틴의 구조와 다소 비교된다. 아밀로펙틴과 글리코겐 사이의 주된 차이점은 글리코겐은 글리코겐 분자의 직선 분할로

글리코겐
복잡한 탄수화물은 동물들의 탄수화물 저장형태로 제공된다; 글루코즈 중합체는 1,4-α-글루코시딕 결합이 매번 8~12개의 단위로 1,6결합이 중단되어 배열이 분지가 된다.

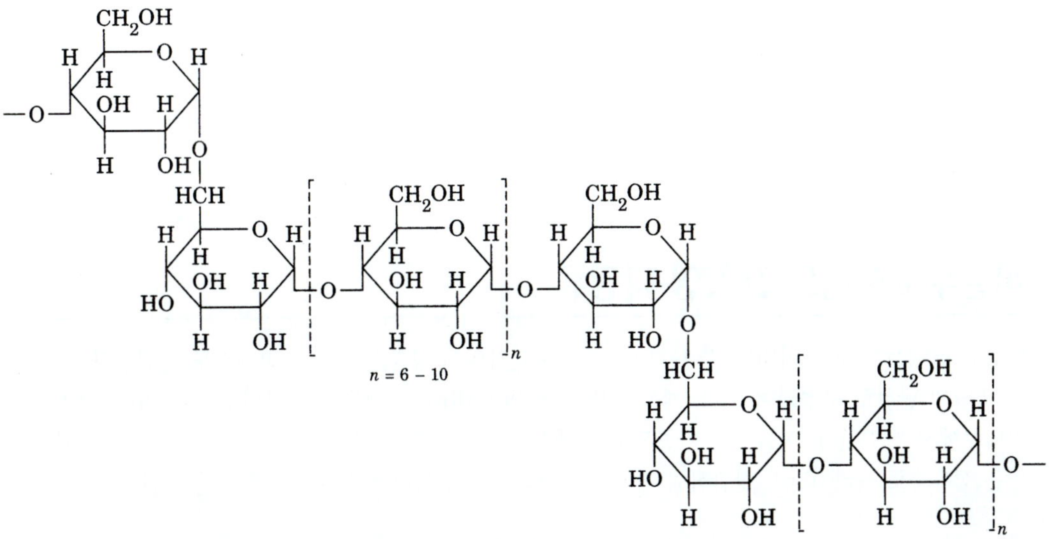

glycogen

보통은 8개에서 12개의 긴 포도당 단위로 이루어져 있다면, 아밀로펙틴은 24~30개로 되어 있다. 이것은 글리코겐에게 아밀로펙틴보다 더 부피가 큰 공간배열을 하게 한다. 이 구조는 다음에서 볼 수 있다.

셀룰로오즈

셀룰로오즈
포도당으로 구성된 복잡한 탄수화물단의에 β-1,4 글리소시딕 결합이 포함된 구조이다.

만약 아밀로오즈와 **셀룰로오즈(cellulose)**를 비교한다면 α 결합 대 β 결합의 의미는 명백하다. 1,4-β-글루코시딕 결합의 결과로, 공간적으로 선형구조를 가지고 있다. 하지만 셀룰로오즈는 대부분 β-1,4-글루코시딕 결합으로, 불용성이고, 식물의 주요 구성요소이다. 반면에 아밀로오즈는 부분적으로 수용성이다. 인간는 전분을 소화시켜 신체에 에너지를 제공하지만, 셀룰로오즈는 β-1,4 글루코시딕 결합으로 인간에게는 분해하는 능력이 없기 때문에, 에너지원이 될 수 없다.

셀룰로오즈 분자의 구조는 다음과 같다. 다당류로 구성된 복합체로 포도당에서 β-1,4 글루코시딕 결합으로 축합중합에 의해 만들어진다.

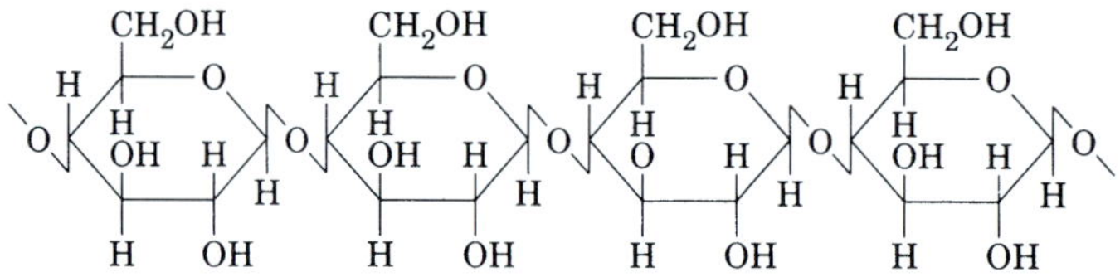

생각할 거리: 프룩탄과 생명공학

자당은 식품의 단맛을 내는 가장 대표적인 당류의 하나이다. 하지만 칼로리 부담(4 kcal/g)으로 식품공학자들은 이 재료를 다른 감미료로 대체하게 한다. 프룩탄은 잠재적으로 다른 종류의 탄수화물 감미료의 한 종류로 프룩탄 단위는 β 결합을 통해 결합되어 있기 때문에 사람들에게 하여금 소화를 하지 못하게 한다. 이 탄수화물 그룹은 식물 안에서 프룩탄 중합체의 형태로 존재하며, 내건성을 촉진하는데 도움을 주고, 또한 일부 세포의 액포에 에너지를 저장하는데 도움을 준다.

두 효소가 프룩탄의 형성을 촉진하는데 특히 중요한 역할을 한다. Sucrose-sucrose-fructosyltransferase (SST)는 식물 효소로 삼당류(두 개의 과당과 한 개의 포도당 중합체)생성과 포도당 분자로부터 두 개의 자당 분자로 분리를 촉진시킨다. Fructan-fructan-fructosyltransferase (FFT)는 이러한 삼당류에서 큰 프룩탄 분자들로 중합을 촉진시킨다.

생명공학의 연구에서는 뿌리에 프룩탄을 많이 포함하고 있는 사탕무를 개발하기 위한 연구를 진행 중에 있다. 이 연구는 가뭄에 저항가능한 새로운 식물 개발과 식품산업에서 열량이 없는 감미료로서 프룩탄이 상업적으로 사용 가능한 식물을 만드는 두 개의 목적이 있다. 이러한 목적들은 아직은 달성되지 못했지만, 일부는 유망한 결과가 도출되었다.

비글루코사이드 결합형 다당류

이눌린
복합탄수화물로 과당의 중합체이다.

다당류 안에서 포도당 이외의 몇 가지 단순 당은 분자의 구성요소로 식품 안에서도 발견된다. 일부는 과당의 단위로 구성되어 있다. 예를 들면 **이눌린(inulin)**은, 예루살렘 아티초크, 치커리, 그리고 사탕무에서 발견된다. 이눌린은 가공된 식품에서 잠재적으로 포함되어 있다; 이것은 소화가 되지 않는 섬유소로 카라기난과 결합하여 저지방 커스터드에서 크리미한 텍스처를 만들어 낸다.

펙틴질

갈락토오즈는 **펙틴질(pectic substances)**로 알려진 다당류의 근본적인 토대이다. 실제 구성요소는 갈락토오즈의 파생물, 우론산이라는 이름의 갈락투론산이다. 이 산은 갈락투론산 단위가 α-1,4 결합으로 연결되어 긴 사슬로 중합되어 있다. 종종 분자 안에서 이 산들은 과일이 거의 익어갈때쯤, 메틸에스테르를 형성하여 메틸화된다. 펙틴질의 메틸화 형성을 펙틴산이나 펙틴이라고 한다. 이 구조의 구성은 다음과 같다. 잼이나 젤리를 만들 때, 펙틴의 중요성은 20장에서 설명되어 있다.

펙틴질
과일에서 복합다당류그룹; α-1,4 글리코시드 결합으로 다양한 정도의 메틸화로 연결된 갈락투론산 중합체이다.

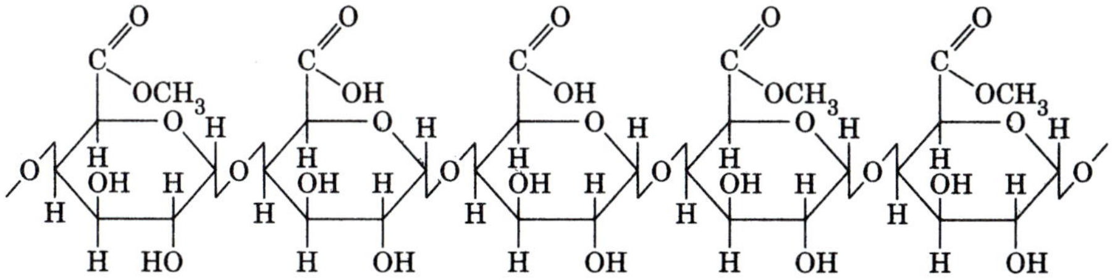

pectin

검류

씨앗과 식품 삼출물, 그리고 해초(10장 참고)에서 발견되는 포도당 이외의 다른 당류에 기초를 둔 복합 다당류이다. 자당에 따라 **검류(gum)**는 그 구조에 있어 더 다양한 당류를 포함하고 있지만, 갈락토오즈를 일반적인 구성요소로 하고 있다. 씨드검류는 만노오즈도 포함하고 있다. 아래와 같이 식품 삼출물은 마지막 탄소가 메틸기보다 알코올기인 두 오탄당(아라비노오즈와 자일로오즈) 그리고 두 개의 드문 육탄당(람노오즈와 푸코오즈) 같은 다양한 다른 당류를 포함하고 있다.

검류
식물성의 복합 탄수화물로 보통은 갈락토오즈와 적어도 한 개의 다른 당류나 당 파생물을 포함하고 있지만 포도당은 제외한다.

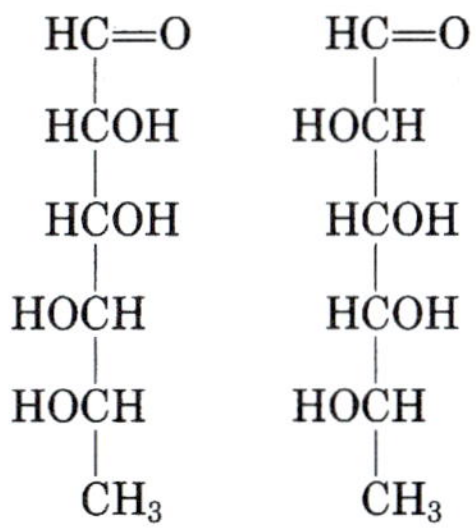

L-rhamnose L-fucose

검류는 안정제와 지방 대체제로 다양하게 사용된다.

요약

탄수화물은 탄소, 수소 그리고 산소의 화합물이다.: 물속에서 수소와 산소는 보통은 2:1의 비율로 존재한다. 가장 단순한 탄수화물은 모노사카라이드로, 6개 혹은 더많은 탄소원자를 포함하고 있다. 친숙한 펜토오즈로는 리보노오즈, 아라비노오즈 그리고 자일로즈가 있다.; 보통 오탄당은 포도당, 과당, 그리고 갈락토오즈로 존재하지만 가끔 만노오즈와 글루코즈, 그리고 소르보오즈의 형태로 존재하기도 한다.

보통의 이당류는 두 개의 당결합으로 만들어진다 – 자당을 포함하여(글루코즈와 프락토오즈의 결합물), 말토오즈(두개의 글루코즈결합), 그리고 락토오즈(글루코즈와 갈락토즈) – 올리고당(세 개에서 열 개의 글루코오즈 결합을 포함한)은 식품 안에서 흔히 찾아볼 수 있는 결합은 아니지만, 다당류의 기본적인 구성에서 가수분해된 형태이다. 다당류는 당류의 1,4결합(보통은 α결합)그리고 때때로 α-1,6 결합으로 이루어진 매우 큰 고분자 중합체이다. 덱스트린, 섬유소(β-1,4 결합으로 구성된 포도당의 중합체), 그리고 전분의 두 부분(아밀로오즈와 아밀로펙틴)은 식품에서 볼 수 있는 흔한 다당류이다. 펙틴질과 검류는 갈락토오즈의 파생으로 흔하게 볼 수 있는 다당류이다; 검류는 때때로 다른 당 파생품을 포함하고 있는 것으로 알려져 있다.

연습문제

1. 두 개의 글루코즈 결합으로 구성된 말토오즈를 그려보시오.

2. 탄수화물에서 가장 많은 단당류는 무엇이 있는가? 어느 복합탄수화물이 가장 적은 단당류로 구성되어 있는가?

3. 덱스트린은 아밀로오즈와 어떻게 구별되는가?

4. 두 개의 전분을 구분하고 어떻게 다른지 설명하시오.

5. 펙틴질의 화학적인 성질을 설명하고 전분과 비교하시오.

6. 검류는 펙틴질과 화학적으로 어떻게 비교되는가?

7. (참 또는 거짓) 텍스트린은 β-글루코시드 결합으로 되어 있다.

8. (참 또는 거짓) 자당은 β- 결합으로 되어 있다.

9. (참 또는 거짓) 자당은 전분이 분해되었을 때, 구성성분이다.

10. (참 또는 거짓) 유당은 갈락토오즈와 과당으로 구성되어 있다.

11. (참 또는 거짓) 갈락토오즈는 유당과 과당으로 분해된다.

12. (참 또는 거짓) 섬유소는 β-글루코시드 결합으로 되어 있다.

13. (참 또는 거짓) 글리코겐은 1,4 그리고 1,6-α-글루코시드 결합으로 되어 있다.

14. (참 또는 거짓) 글루코즈는 모든 검류의 구성성분이다.

15. (참 또는 거짓) 아밀로오즈 분자는 아밀로펙틴 분자보다 크기가 크다.

참고문헌

Backas, N. 2005. How sweet . . . and how hot it is! *Food Product Design 15* (2): 56.

Banasiak, K. 2004. Carbohydrates: To count or not to count. *Food Technol. 58* (5): 28.

Blankers, I. 1995. Properties and applications of lactitol. *Food Technol. 49* (1): 66.

Campbell, L. A., et al. 1994. Formulating oatmeal cookies with calorie-sparing ingredients. *Food Technol. 48* (5): 98.

Chinachoti, P. 1993. Water mobility and its relation to functionality of sucrose-containing food systems. *Food Technol. 47* (1): 134.

Crosby, G.A. 2005. Lignans in food and nutrition. *Food Technol. 59* (5): 32.

Darling, K. 2009. Starch on the side. *Food Product Design 19* (11): 46.

Deis, R.C. 2005. How sweet it is—using polyols and high-potency sweeteners. *Food Product Design 15* (7): 57.

Giese, J. 1993. Alternative sweeteners and bulking agents. *Food Technol. 47* (1): 113.

Grenus, K. 2005. Focus on fiber. *Food Product Design 15* (3): 92.

Hazen, C. 2006. New fiber options for baked goods. *Food Product Design 15* (10): 80.

Hubrich, B. 2004. Low-carb diets—does science support them? *Food Product Design 13* (11): 59.

Izzo, M., et al. 1995. Using cellulose gel and carrageenan to lower fat and calories in confections. *Food Technol. 49* (7): 1995.

Jeffery, M. S. 1993. Key functional properties of sucrose in chocolate and sugar confectionery. *Food Technol. 47* (1): 141.

Knehr, E. 2005. Carbohydrate sweeteners provide sweet results. *Food Product Design 15* (May Supplement): 38.

Kulp, K., et al. 1991. Functionality of carbohydrate ingredients in bakery products. *Food Technol. 45* (3): 136.

Kuntz, L. A. 2005. A starch that's hard to resist. *Food Product Design 15* (6): 19.

Ohr, L. M. 2006. Functional sweets. *Food Technol. 60* (11): 57.

Palmer, S. 2004. Sweetening power of polyols. *Food Product Design 14* (2): 30.

Pszczola, D. E. 2006. Fiber gets a new image. *Food Technol. 60* (2): 43.

Turner, J. 2003. Honey of an option. *Food Product Design 13* (4): 14.

Turner, J. 2005. Everybody loves carbs. *Food Product Design 15* (May Supplement): 12.

Verdi, R. J. and Hood, L. L. 1993. Advantages of alternative sweetener blends. *Food Technol. 47* (6): 94.

Wilshire, G. 2004. Low-carb going mainstream. *Food Product Design 13* (11): 38.

Zhao, J. and Whistler, R. L. 1994. Spherical aggregates of starch granules as flavor carriers. *Food Technol. 48* (7): 104.

웹사이트

http://food.oregonstate.edu/carbohydrate—References on carbohydrates.

http://www.sciencemag.org/feature/data/carbohydrates.dtl—Provides access to several aspects of carbohydrate chemistry.

http://micro.magnet.fsu.edu/micro/gallery/sugars/sugar.html—Photomicrographs of selected sugars.

http://www.nature.com/nbt/journal/v16/n9/abs/nbt0998-843.htm—Biotechnology and development of fructans (fructose polymers) for drought resistance and potential as a non-nutritive sweetener.

http://www.actahort.org/books/744/744_45.htm—Prebiotic effect of fructans from agave, dasylirion, and nopal.

http://www.nutraingredients.com/Research/Inulin-gum-mix-creams-up-low-fat-custard—Paper on inulin in custard product.

http://www.gmo-safety.eu/en/glossary/#I—Brief description of inulin.

http://www.sensus.nl/applications.html—Some applications of inulin.

설탕단풍나무에 뚫은 구멍에 넣은 관으로부터 수액이 나와 자루에 담기고 이 수액을 끓여 메이플 시럽을 만든다. (Courtesy of Debra McRae.)

8장

다당류, 이당류, 감미료

단원 개요

학습 목표
서론
당류의 물리적 속성
　감미성
　흡습성
　용해성
화학반응
　가수분해
　분해
　캐러멜화
　메일라드 반응
당류의 기능적 속성
식품적용
　결정형 캔디
　비결정형 캔디
　시럽, 소스, 잼, 젤리
　베이킹 제품들
감미료 고르기
　종류
생각할 거리: 다양한 흑설탕
　대체 감미료
생각할 거리: 타가토스의 상품화
대체 감미료의 사용
요약
연습문제
참고문헌
웹사이트

학습 목표

이 단원을 학습함으로써:

1. 식품에서 발현하는 당 성분의 물리적 속성을 비교할 수 있다.
2. 가열하면서 나타나는 당의 화학적 변화에 관하여 설명할 수 있다.
3. 결정형 캔디의 품질에 영향을 미치는 요소에 관하여 논의할 수 있다.
4. 다양한 종류의 비결정형 캔디의 특성을 결정짓는 요소들을 설명할 수 있다.
5. 잼 및 관련 제품들과 제과제빵에서 설탕의 역할에 관하여 논의할 수 있다.
6. 각 식품의 유형에 적합한 당류와 감미료들의 쓰임새에 관하여 알아볼 수 있다.
7. 대체감미료의 종류와 적용에 관하여 설명한다

서론

네 가지 기본 맛 중 하나인 단맛은 식품에 함유된 다양한 화합물을 통해서 발생한다. 탄수화물로 존재하는 다양한 종류의 단당류 및 이당류가 일반적으로 사용되는 천연감미료이지만(그림 8.1) 식품을 가공하는 과정에서 단맛을 강화시키는 성분으로 사카린과 아스파탐 같은 비탄수화물 화합물이 사용된다. 당과 대체 당류의 감미성분들은 저마다 독특한 특성을 지니고 있는데 이를 파악하고 다

그림 8.1 수액 방울이 설탕단풍나무의 관에서 나온다. (Courtesy of Debra McRae.)

양한 식품 안에서 이러한 성분들의 역할과 작용을 이해하고 적용하는 것은 식품을 학습하는 사람들에게 매우 중요하다. 이번 장에서는 오늘날 식품업계에 사용되고 있는 감미료들의 화학적 성질과 식품의 올바른 적용방법에 관하여 살펴보도록 한다. 특히 다양한 캔디의 결정화 과정과 결정화에 영향을 미치는 요인들을 중요하게 다루도록 한다.

당류의 물리적 속성

감미성

모든 용해된 당분은 단맛을 내는데 당의 종류에 따라 단맛의 강도가 다르다. 당분은 1 g당 4 kcal를 내기 때문에 식품에 단맛을 내는데 유용한 감미료에 대한 관심이 높다. 이론적으로 적은 양으로 단맛을 낼 수 있는 당은 단맛이 덜한 당에 비하여 단맛을 줄이지 않으면서 열량은 줄일 수 있기 때문에 더 유용하다. 표 8.1에 단당류, 이당류 그리고 다른 감미료들의 상대적 단맛 강도가 나타나 있다.

당 용액의 온도는 당의 상대적 감미도에 영향을 미친다. 예를 들어 자당과 과당의 단맛을 비교할 시에 40°C (104°F)에서 보다 5°C (41°F)에서 과당이 자당에 비해 1.4배 더 달지만 60°C (140°F)에서는 80% 수준의 단맛을 보인다. 하지만 엿당의 단맛 등급은 온도에 따라 달라지지 않는다.

명백하게 대부분의 비당류 감미료가 당류 감미료에 비해 단맛을 내는 데 훨씬 탁월하다. 비록 이런 단맛을 내는 성분들이 맛과 열량면에서 중요하지만 당류를 식품에 첨가하는 이유가 이러한 감미성만을 위해서는 아니다. 이는 뒤에 "당류의 기능적 속성" 부분에서 더 자세하게 알아보도록 한다.

흡습성
수분을 흡수하여 보유하려는 성질. 당의 종류에 따라 흡습 정도에 차이가 있다.

흡습성

당류가 수분을 끌어당기고 보유할 수 있는 정도는 당의 종류에 따라 다르다. 이러한 당류의 **흡습성 (hygroscopicity)**은 일부 베이킹 제품의 신선도 유지에 도움이 될 수 있지만 상대습도가 높은 곳에

표 8.1 여러가지 당용액(5%)과 대체감미료들의 상대감미도

감미료	상대감미도
타우마틴[a] (Talin®)	2,000~3,000
모넬린[a]	1,500~2,000
수크랄로스[a] (Splenda®)	600
스테비오사이드[a]	300
사카린[a]	200~300
아세설팜[a] (Sunett®)	130~200
아스파탐[a] (NutraSweet®, Equal®)	100~200
시클라메이트(Cyclamate)[a]	30~80
과당	1.3[b]
자일리톨[a]	1.01
자당	1.0[c]
타가토스(Naturlose™)	0.92
전화당	0.85~1
자일로오스	0.59
포도당	0.56
젖당	0.4~0.6
엿당	0.3~0.5
유당	0.2~0.3

각각의 수치는 여러 문헌을 참조하여 편집하였음(Godshall, M. A. 1997. How carbohydrates influence food flavor. *Food Technol.* *51* (1): 63).

[a]비(非) 당류 감미료.

[b]온도에 따라 편차가 큼. 상대감미도 범위는 0.8~1.7임.

[c]상대적 감미도 측정을 위해 기준시료인 자당(sucrose)의 감미도는 임의로 1로 정함.

서는 제품의 질감에 문제를 일으킬 소지가 높다. 온도의 상승 또한 대기 중의 수분 흡수를 증가시킨다. 다양한 온도와 상대습도 조건 하에서 각기 다른 당류의 흡습성을 비교하여 표 8.2에 제시하였다.

용해성

당류의 종류와 물의 온도에 따라 물에 용해되는 당의 양이 다르다. 물의 온도가 올라가면 물에 용해되는 당의 양도 증가한다. 표 5.4에 나타난 자당의 용해도 수치들을 보면 이를 확인할 수 있다. 표 8.3은 다양한 당류의 용해도를 보여주고 있다.

용해도는 식품의 질감에 지대한 영향을 미친다. 과당은 용해성이 다른 당에 비해 높아 과당을 함유한 캔디는 다른 당을 함유한 캔디보다 훨씬 부드럽다. 우유에 함유되어 있는 유당은 용해도가 매우 낮아 아이스크림을 만들 때 문제를 일으킬 수 있다. 아이스크림은 낮은 온도에서 저장해야 하는데 이때 낮은 온도에서 유당이 결정화되어 입안에서 모래 같은 질감을 줄 수 있기 때문이다.

표 8.2 다양한 조건에서 여러 당류의 흡습성

	수분 흡수율		
	20°C (68°F)		25°C (77°F)
당	상대습도 60%, 1시간	상대습도 100%, 25일	상대습도 90%, 평형
β-맥아당	5.05		
α-유당 수화물, 순수	5.05		
D-과당	0.28	73.4	41~43
D-포도당	0.07	14.5	17~18
전화당	0.16	74.0	
자당	0.04	18.4	50~56

표 8.3 50°C (122°F)에서 당류의 용해도 50°C (122°F)

당의 종류	물100 ml 에 녹아든 당의 무게 (g)
과당	86.9
자당	72.2
포도당	65.0
맥아당	58.3
유당	29.8

화학반응

가수분해

이당류는 가열 시 가수분해된다. 산성 매개체와 수분은 가수분해를 촉진한다. 그러나 수분을 가하지 않고 가열하여도 물 분자의 흡수와 단당류로 분해된다. 특히나 가수분해가 잘 일어나는 자당의 가수분해 반응은 여기서 볼 수 있다.

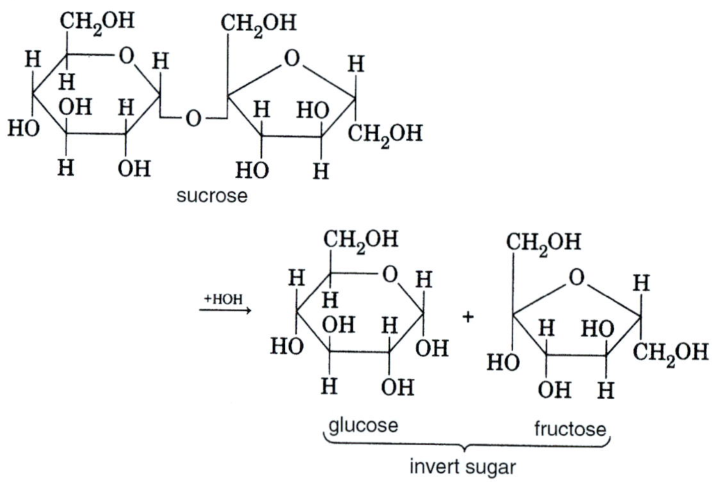

가수분해는 캔디를 만드는 과정에서 쉽게 관찰할 수 있다. 가수분해 정도는 재료의 종류와 가열 속도에 좌우된다. 캔디 질감의 반전효과는 이 장의 뒷부분에 설명되어 있다(결정 캔디).

분해

분해
당류의 분해(breakdown)를 위해 고리구조가 깨지는 것.

조리 시 당류의 열 **분해(degradation)**가 시작되면 안정한 고리상태의 구조를 깨고 피라노오스(pyranose) 고리는 알데하이드를 형성하고 푸로노오스(furanose) 고리는 케톤을 형성한다. 산성에서는 물 분자 세 개가 제거되면서 분자가 탈수되어 유기산과 알데하이드가 만들어진다. 이러한 반응은 산성매체에서도 발생하지만 이보다 알칼리성 매체에서는 더 쉽게 일어난다.

캐러멜화

당류가 고온에서 가열되면 녹으면서[자당의 경우 170°C (338°F)] 여러 단계의 화학반응을 거쳐 결국에는 숯처럼 까맣게 탄다. 그러나 적당한 정도의 캐러멜화는 먹음직스러운 색깔과 향미의 변화를 야기시킨다. 캐러멜화가 진행되면 색은 연한 금갈색에서부터 점차 진한 갈색으로 색이 점점 짙어지며, 당류 유도체 혼합물의 변화로 인하여 새롭고 독특한 함축적인 향미를 낸다.

캐러멜화 과정은 여러 단계로 진행되는데 자당의 전화로부터 시작된다(전화당). 전화당 구성요소의 고리구조가 깨진 후 화합물이 응축되어 삼당류에서 올리고당(최대 10개 중합)에 이르기까지 중합체를 이룬다. 매우 높은 온도에서의 극심한 화학변화는 탈수반응을 일으키고 유기산과 고리화합물 뿐만 아니라 많은 다른 물질들을 형성하게 한다.

매우 뜨거운 당류 화합물을 빠르게 냉각시키기 위해 끓는 물을 넣음으로써 캐러멜화를 바로 중지시킬 수 있다. 놀랍게도 끓는 물이 캐러멜화가 진행 중인 당류보다 훨씬 차갑다. 물론 찬물을 넣어서 캐러멜화를 중지시킬 수도 있지만 이 방법은 두 용액의 온도 차이가 너무 커서 이로 인해 물이 심하게 튀어 화상을 입을 우려가 있기 때문에 위험하다.

캐러멜화 과정 중 산이 만들어진 것은 땅콩 브리틀을 만드는 것처럼 베이킹소다를 섞어줌으로써 확인할 수 있다. 소다가 산을 중화시킬 때 발생하는 이산화탄소는 뜨겁고 점성이 있는 캔디 용액에서 팽창함으로써 다공성 식품을 만든다.

메일라드 반응

식품에 매우 중요한 갈변현상은 **메일라드 반응(maillard reaction)**이다. 캐러멜화 반응처럼 메일라드 반응도 **비효소적 갈변(nonenzymatic browning)**현상에 속한다. 사실 메일라드 반응은 **환원당(reducing sugar)**과 아민의 응결에 관여하는 연속 반응이다.

메일라드 반응
단백질과 당이 일정시간 동안 함께 가열되거나 저장되면 일어나는 비효소적 갈변.

포도당, 과당, 갈락토오스는 환원 단당류, 유당과 맥아당은 환원 이당류이다. 가장 빨리 비효소적 갈변이 일어나는 것은 유당이고 그 뒤를 이어 리보스, 과당, 포도당 순서다. 이런 환원당들은 우유의 아민, 그리고 다른 단백질 함유 식품과 결합하여 비효소적 갈변반응을 일으킨다. 하지만 자당은 환원당이 아니기 때문에 메일라드 반응이 일어나지 않는다. 자당은 반드시 포도당과 과당으로 전화된 후에야 비효소적 갈변반응을 일으킬 수 있다.

비효소적 갈변
화학적 변화에 의해 발생하는 갈변(열에 의해 가속화).

환원당
아민과 결합하여 메일라드 반응을 통해 비효소적 갈변을 일으키는 자유 카르보닐을 가진 당.

메일라드 반응에서 색의 변화는 다소 천천히 발생하며 캐러멜화 반응에 비해 적은 에너지를 필요로 한다. 기본적으로 무색 물질에서 황금색으로 변하다가 붉은 갈색을 거쳐 진한 갈색에 이른다. 이러한 색의 변화 범위는 캐러멜이 최종온도에 도달할 때까지 끓일 때 나타나는 것과 케이크를 구울 때 색이 변화할 때와 같다. 마찬가지로 가당연유를 중탕할 때 색이 변화하는 것을 통해 이 반응을 볼 수 있다. pH가 6 이상일 때 메일라드 반응은 가속화한다.

메일라드 반응은 높은 온도에서 다소 빠르게 진행되지만 실온에서 장기간 보존할 때도 일어난다. 사실 케이크 믹스를 개발할 때 초기 문제 중 하나는 메일라드 반응의 억제였다. 일련의 반응은 단계별로 나타나는데 첫 번째 단계는 다음과 같다.

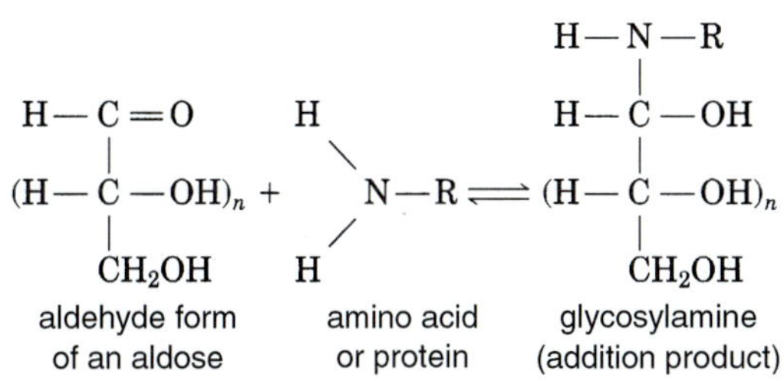

엔올화 반응(enolization)과 탈수를 통해 색소(멜라노이딘)가 형성이 된다. 여기에 설명된 반응은 이런 변환 단계이다.

엔올화 반응
알켄과 케톤 사이의 가역반응.

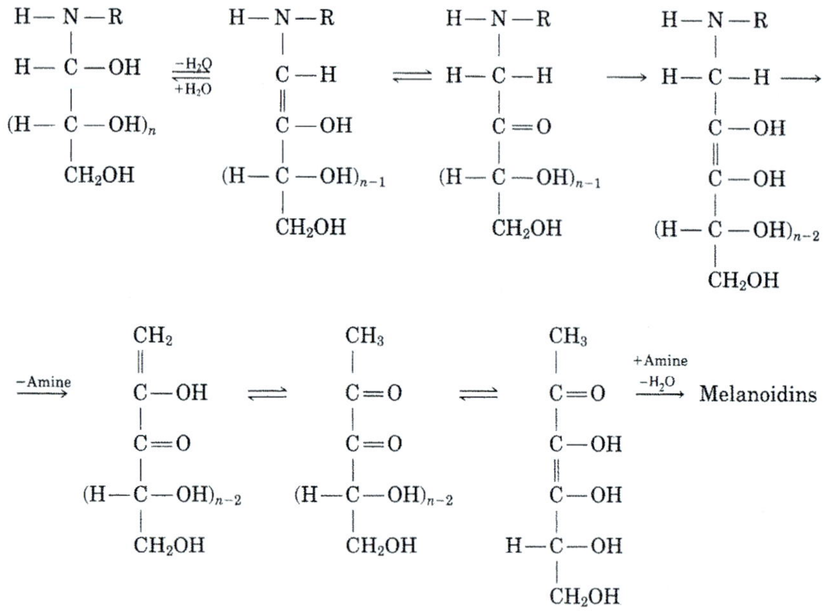

메일라드 반응의 연속적인 단계

당류의 기능적 속성

당의 달콤한 맛은 아주 적은 양부터 캔디처럼 주재료로 사용되기까지 다양한 범위에서 많은 식품에 사용되고 있다. 캔디를 제조할 때처럼 당을 함유한 식품에 매우 높은 열을 가하면 분해 산물들이 향미를 더하는데 기여한다.

당류는 제품의 가열 온도와 시간에 따라 제품의 색깔에도 일조한다(그림 8.2). 케이크 표면의 색깔변화는 당의 화학적 분해와 메일라드 반응(비효소적 갈변) 때문이다. 매우 높은 온도에서 가열되는 브리틀과 토피의 색깔에 캐러멜화는 핵심 과정이다.

제품의 농도에 따라 당류는 다양한 식품의 질감에 상당한 영향을 미친다. 당시럽은 가열하여 수분을 증발시킴으로써 당 함량이 올라갈수록 더욱 점성이 높아진다. 케이크는 당의 함량이 일정수준까지 높아질수록 부드러워지고 부피 또한 증가한다. 하지만 당 함량이 일정 수준을 넘어서면 구조가 파열되며 케이크가 가라앉는다(17장 참고).

다음 절은 캔디가 입속에서 느껴지는 촉감에 당이 미치는 영향에 관한 내용이다. 당은 난백 머랭을 안정화시키고 많이 휘저을수록 거품의 입자를 작게 하여 더 미세한 질감을 갖게 한다. 녹말을 넣은 푸딩에서 당은 연화제의 역할을 한다. 커스터드와 다른 단백질 함유 제품들에 당류의 함량을 높이면 당의 함량이 낮을 때보다 높은 온도에서 가열하여야 단백질을 응고시킬 수 있다.

식품적용

결정형 캔디

결정형 캔디
질서정연한 결정과 액체(모액)를 함유한 캔디.

깨물기 쉽고 설탕 결정이 질서정연하게 조직적으로 넓게 분포되어 있는 캔디를 **결정형 캔디(crystalline candy)**라고 한다. 설탕과 물을 끓여 설탕시럽을 만든 후 차갑게 냉각시켜 단단한 결정형 구조를 갖게 함으로써 만들어지는데 대부분의 경우 다른 재료들이 들어가기도 한다. 예를 들어 물엿, 타르타르 크림, 버터, 마가린, 그리고 초콜릿이나 바닐라 같은 향미를 더하는 것들을 첨가하여 캔디의 품질

그림 8.2 스리랑카의 작업자가 검사하고 있는 두꺼운 캐러멜 가닥은 끓고 있는 당용액이 도달한 온도가 높아서 진한 갈색을 띠고 있다.

을 강화시킨다. 이러한 추가적인 재료들을 넣더라도 결정형 캔디를 만드는 방법은 매우 간단하다. 사실 결정형 캔디 조리법에는 몇 가지 주요 화학적, 물리적 조리원리가 잘 나타나 있다.

만드는 법. 결정형 캔디제조 시 용액에 녹이는 설탕의 양은 실온에서 용해될 수 있는 양보다 훨씬 많다(표 6.2 참고). 결과적으로 가열 전 용액은 과포화 상태로 입자가 느껴진다. 캔디를 가열함에 따라 결정이 용해되어 입자들이 점차로 사라지게 된다. 계속 가열하여 용액이 100°C (212°F) 이상의 온도에 다다르면 모든 설탕입자들이 용해되어 부유하는 설탕입자가 완전히 없어진다.

캔디가 끓는 동안 물이 증발하여 설탕의 농도는 점차로 증가하게 된다. 설탕농도의 증가는 증기압력을 감소시키고 이에 따라 온도가 천천히 상승하게 된다. 캔디가 완성되었는지 판단하기에 가장 좋은 방법은 용액을 정해진 온도까지 끓이는 것이다(표 8.4). 이 온도는 설탕의 농도와 관련되어 있어서 올바른 설탕의 농도에 이르렀는지 알기 위해서는 온도계를 사용하여야 한다.

결정형 캔디는 캔디의 종류에 따라서 약간의 차이가 있지만 대부분의 경우 설탕의 농도가 80% 이상이다. 온도가 112°C (234°F)에 도달했을 때 용액의 농도가 여기에 이른다. 이보다 살짝 높은 온도에서는 설탕의 농도가 살짝 더 진해지며 이에 따라 더 단단한 캔디가 만들어지고 살짝 낮은 온도에서는 덜 단단한 캔디를 만들게 된다.

타르타르 크림처럼 산성을 띈 재료는 결정형 캔디 제조에 흔하게 사용한다. 끓는 동안 산은 일부 자당 분자의 **전화(inversion**, 가수분해)를 촉진한다. 포도당과 과당의 양처럼 동일한 양만큼의 전화가 일어나고 이렇게 만들어진 것을 **전화당(invert sugar)**이라고 통칭한다.

산에 의한 전화 진행 속도는 열을 가하는 정도와 직접적으로 관련되어 있다. 천천히 가열하면 목표한 설탕 농도에 도달하기까지 더 많은 시간이 걸리기 때문에 빠르게 가열하여 많은 양의 증기가 증발한 때보다 전화가 더 많이 일어난다.

전화
설탕용액을 끓이거나(특히나 산을 첨가하여) 차가운 캔디에 전화효소(invertase)를 첨가하여 전화당을 만드는 것.

전화당
자당의 가수분해에 의해 생성된 당; 포도당과 과당의 등량혼합물.

표 8.4 다양한 결정형 캔디와 비결정형 캔디의 최종온도 및 대략적 당농도

캔디	종류	최종온도(°C)	대략적 당농도(%)
퍼지(Fudge)	결정형	112	80
페누치(Penuche)	결정형	112	80
폰당(Fondant)	결정형	114	81
캐러멜(Caramels)	비결정형a	118	83
태피(Taffy)	비결정형	127	89
땅콩브리틀(Peanut brittle)	비결정형	143	93
토피(Toffee)	비결정형	148	95

[a] 많은 양의 지방이 결정화를 방해함.

산에 의해 촉진된 이러한 화학적 변화는 제품의 질감에 뚜렷한 영향을 미친다. 전화가 많이 일어난 결정형 캔디는 원래보다 다소 물렁한 특성을 갖게 된다. 전화는 부드러운 질감을 내는데 유용하다. 산에 의한 가수분해에 의해 생성된 여러 종류의 당혼합물(자당, 과당, 포도당)은 커다란 결정을 형성하기 다소 어려워서 까끌까끌한 질감의 캔디를 형성하게 된다.

산에 의한 가수분해로 생성된 자당의 전화는 당류의 혼합물을 추출하는 방법 중 하나이고 결정형 캔디에 부드러운 질감을 주는데 기여한다. 물엿은 실제로 옥수수전분을 가수분해 하여 추출한 탄수화물 화합물이다. 모든 물엿은 포도당과 맥아당, 포도당 중합체를 함유하고 있다. 액상과당(HFCS)으로 만들어진 것들도 포도당의 효소적 전환을 통해 과당을 함유하고 있다. 모든 물엿의 당화합물은 결정형 캔디의 질감을 강화할 것이다. 서로 다른 종류의 당의 독특한 모양으로 생긴 결정들은 결정들이 질서정연하게 결집하는데 방해가 된다.

지방 역시 설탕결정의 결집에 방해가 된다. 캔디 제조에 크림이 사용되면 부드러운 질감을 내는데 유용하다. 퍼지(fudge)가 지방 첨가 없이 물로 만든 폰단(fondant)보다 부드러운 질감을 갖는 이유 중 하나이다. 퍼지를 만드는 데는 보통 크림과 초콜릿(초콜릿은 최소 50%가 지방)이 사용된다. 전통적으로 약간의 버터가 끓이는 단계의 마지막에 첨가되는데 이는 결정화를 방해하여 좋은 질감을 주고 향미를 더한다

결정화(Crystallization). 결정화 과정의 통제가 결정형 캔디를 만드는데 무엇보다 핵심요소이다. 끓는 캔디에 열을 가하는 작업을 멈추면 용액은 포화가 된다. 그 온도에서는 더 이상의 설탕을 녹일 수 없는데 이는 모두 용액에 용해되지 않은 설탕 결정이 없는 상태이다. 이 상태는 안정화된 배열이다. 하지만 용액이 식으면서 이론적으로 용액 안에 용해되어 있는 설탕의 양은 감소한다. 예를 들어 100 ml의 물에 설탕을 녹일 때 115°C (239°F)에서는 669g의 설탕이 녹지만 100°C (212°F)에서는 487.2g만 녹고 50°C (122°F)에서는 260.4g만 녹는다(표 6.2 참고).

끓여서 포화된 용액은 흥미롭게도 결정 침전물 없이 즉각적으로 냉각시킬 수 있다. 결정형 캔디는 경우에 따라 결정을 형성시키지 않으면서 포화용액 상태로 45°C (113°F)까지 냉각시킬 수 있다. 이때에 시럽은 점성이 매우 높고 녹아 있는 설탕의 양은 이론적으로 용해될 수 있는 양을 넘어서(거의 2배) 과포화 용액이 되고 매우 불안정한 상태가 되어 만일 결정 형성을 위한 핵이 존재한다면 즉각적으로 결정화가 시작된다.

결정화 과정을 잘 통제 함으로써 부드러운 질감의 고급 결정형 캔디를 만들 수 있다. 이를 위해서 과포화 용액이 캔디를 만드는데 적당한 온도[약 about 45°C (113°F)]에 도달할 때까지 절대로 결정이 생겨서는 안 된다. 설탕입지가 팬의 가장자리에 남아 있지 않도록 해야 한다. 냉각하는 동안 어떠한 것도 표면에 닿아서는 안되며 움직이지 말고 가만히 두어야 한다. 냉각 중인 캔디 안의 온도계를 살짝 건드리는 것만으로도 결정이 생기기 시작한다.

원하는 농도의 과포화도에 이르면 결정이 서로 응집하는 것을 방지하기 위해 젓기 시작한다(그

림 8.3). 약 45°C (113°F)에서 점도가 높은 용액을 휘저으면 수많은 작은 결정들이 생겨나서 부드러운 결정형 캔디를 만들 수 있는데 최상의 경우 벨벳처럼 부드러운 감촉의 캔디를 만들 수도 있다.

캔디가 적당한 과포화 상태에 이르기 전에 결정화가 시작되면 바로 젓기 시작하여 캔디가 굳을 때까지 저어 주는 것이 중요하다. 이렇게 휘젓는 것은 결정의 크기를 가급적 작게 하여 부드러운 캔디를 만드는데 있어서 필수적이지만 그래도 적당한 과포화도에 이르러 만들어진 캔디에 비해 덜 부드러운 캔디가 완성된다(그림 8.4).

적당한 농도의 과포화용액을 적정한 속도로 휘저으면 훌륭한 결정형 캔디를 만들 수 있다. 게다가 다양한 종류의 당과 다른 여러 물질들을 첨가하면 부드러운 질감을 강화할 수 있다. 캔디 제조 시 부재료(타르타르 크림, 지방 함유 재료)를 넣는 조리법을 사용하거나 산을 첨가해 캔디를 끓여 전화를 유도하면 결정형 캔디를 성공적으로 만들어 낼 수 있다.

숙성[Ripening] 비록 완성된 결정형 캔디가 영구적으로 고체 형태인 것으로 보이지만 결정형 캔디는 사실 역동적이다. 저장기간 동안 용해와 재결정화가 지속적으로 일어난다. 현미경으로 살펴보면 구조가 약간의 액체(**모액, mother liquor**)와 다양한 크기로 응집된 결정을 갖고 있음을 발견할 수 있다. 결정들이 모액에 용해되면 이미 형성되어 있는 다른 결정들에 응집한다. 작은 개개의 결정들은 용액에 용해되기 쉽고 궁극적으로 다시 재결정화 된다. 비록 이러한 과정을 다소 천천히 진행되지만 저장기간 동안 끊임없이 점차적으로 진행되어 변화한다. 이러한 변화를 캔디의 **숙성(ripening)**이라고 한다.

모액
겉보기에는 고체 같은 결정형 캔디의 액체.

숙성
저장 시 결정형 캔디에 발생하는 변화.

숙성 초기의 며칠 동안 평형이 이루어질 때까지 약간의 질감의 연화가 진행된다. 하지만 숙성 캔디의 질감은 저장하면서 점차적으로 거칠어진다. 응집된 결정의 크기가 커지면서 거친 질감을 나타나게 된다. 새로운 결정들이 형성될 때는 휘젓지 않기 때문에 새로운 결정을 형성하지 못하고 이미 존재하는 결정에 달라 붙게 된다. 이러한 전환은 저장 후 며칠간 감지된다. 적정량의 물질을 캔디에 넣으면 숙성 시 발생하는 변화를 방지하는데 도움이 된다(그림 8.5).

상업적으로 인기가 높은 중간에 크림이 들어 있는 초콜릿은 최상의 질감을 내기 위해서 며칠간의 숙성기간이 필요하다. 이렇게 가운데가 말랑말랑한 초콜릿과 가정에서 만드는 캔디의 숙성과정

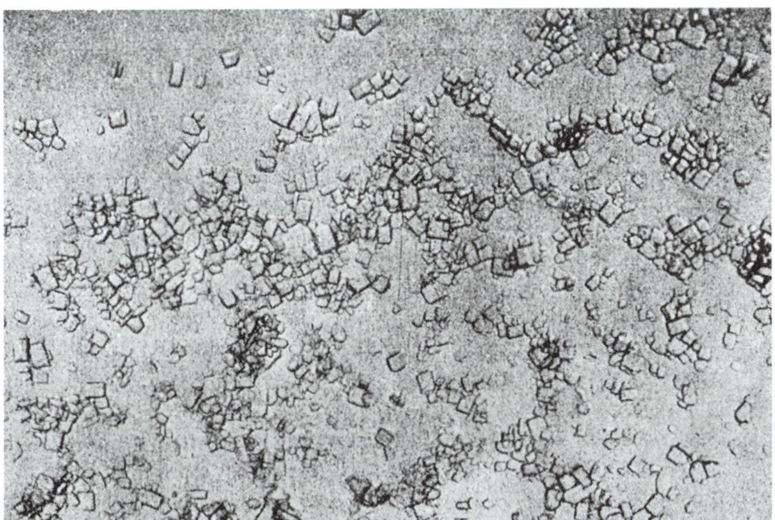

그림 8.3 113°C (235°F)로 가열하고 40°C (104°F)로 냉각한 후 덩어리가 뻣뻣하고 치대어 반죽할 수 있을 때까지 휘저은 폰단(fondant)의 결정(200배).

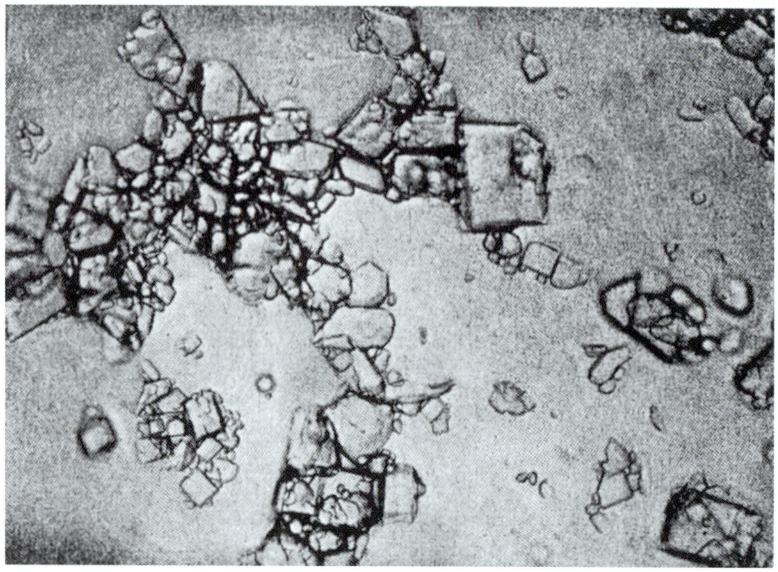

그림 8.4 113°C (235°F)로 가열 직후 바로 휘젓기 시작하여 치대어 반죽할 수 있는 덩어리가 될 때까지 계속 휘저은 폰단(fondant) 결정(200배)

전화효소
자당의 분해를 촉진하여 전화당(과당과 포도당)으로 만드는 효소.

에서의 차이점은 상업적 캔디에 들어가는 재료 때문이다. 제조과정에서 쉽게 넣기 위해서 초콜릿 중심부는 반드시 단단해야 한다. 실온에서 저장하는 동안 전화를 촉진하는 효소인 **전화효소(invertase)**가 조리되고 결정화된 폰단(fondant) 중앙에 첨가된다. 효소는 저장기간 동안 천천히 자당을 전화하여 자당, 과당, 포도당 혼합물로 바꾸는데 이 혼합물은 자당 홀로 결정화할 때보다 천천히 결정화하여 말랑말랑한 가운데 부분을 만들게 된다. 이러한 종류의 캔디는 숙성과정을 통해 숙성 전보다 크림 같은 부드러운 질감을 형성하게 된다.

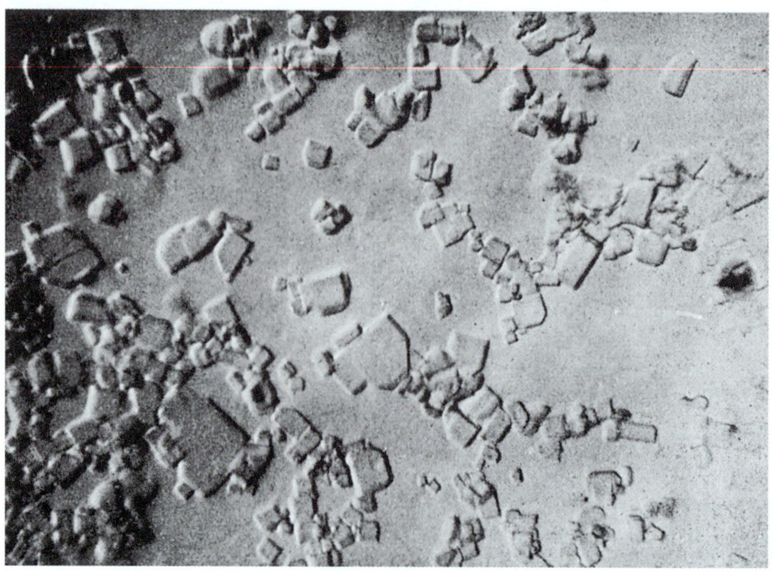

그림 8.5 그림 8.3의 폰단(fondant)을 40일간 저장한 후 결정의 크기가 확연히 커진 모습(200배)

평가. 결정형 캔디는 잘랐을 때 모양을 유지하면서도 쉽게 깨물 수 있어야 한다. 결정형 캔디는 입안에서 벨벳처럼 부드러워야 한다. 캔디 종류의 특성을 잘 반영한 기분 좋은 향미를 띠어야 하며 탄내가 나지 않아야 한다.

캔디의 견고도를 최적으로 만드는데 방해하는 몇 가지 변수들이 있다. 최적의 끓는 온도를 맞추지 못하는 것이 가장 흔한 실패 요인으로 온도계 읽는 방법을 인지하고 반드시 정확한 온도계를 사용하여야 한다. 너무 높은 온도까지 끓이면 설탕 농도가 너무 진하게 되어 캔디가 너무 단단하게 되고 반대로 너무 낮은 온도에서 끓이는 것을 멈추면 설탕에 비해 수분이 너무 많아서 캔디가 물렁하고 찐득거리게 된다. 두 경우 모두 물을 더 첨가하고 캔디를 다시 적정온도까지 끓인 후 냉각과 젓는 과정을 잘 제어함으로써 해결할 수 있다.

설탕의 타고난 흡습성 때문에 비오는 날에 만들어진 캔디는 너무 물렁해 질 수 있다. 뜨거운 캔디가 습기가 많은 날 냉각되면 설탕시럽이 습한 대기로부터 수분을 흡수하게 된다. 이렇게 추가된 수분은 캔디가 의도한 것보다 덜 단단하게 되는데 충분한 이유가 된다. 게다가 낮은 대기 압력은 끓는점을 낮춘다. 이러한 문제점을 고려하여 폭풍우 칠 때 결정화 캔디를 만들려면 원래보다 1F° (–17.2°C) 높은 온도까지 끓여야 한다.

산이 존재할 때 매우 느린 속도로 끓게 되어 가수분해가 너무 많이 일어날 수 있다. 대량의 자당의 포도당과 과당으로의 분해는 용해도를 높여 너무 물렁한 캔디가 만들어지게 된다. 확실히 "더 많이"가 항상 "더 좋은" 것은 아님을 알 수 있다.

결정형 캔디를 만들 때 너무 적게 저으면 거친 질감이 형성되지만 캔디의 견고함에는 영향을 주지 않는다. 젓는 것은 구조 안에 공기를 넣어줌으로써 질감을 다소 가볍게 하는데 효과적이다. 또한 젓는 과정 중 형성된 수많은 미세 결정들이 빛의 전송을 방해하게 하여 캔디가 불투명하고 더 밝은 색이 되는데 일조한다.

모래와 같은 질감은 결정화 방해 물질을 너무 적게 넣거나 너무 빨리 결정화가 진행되거나 너무 늦게 휘젓기 시작하거나 너무 빨리 휘젓기를 그만둠으로써 유발된다. 매우 빠른 속도로 끓이면 전화가 일어나기에 충분한 시간이 확보되지 못하여 전화과정이 제한되어 자당결정의 응집을 지연시키는 전화당이 적게 생성된다. 산, 물엿, 버터(또는 다른 종류의 지방) 등을 첨가하지 않으면 자당결정이 비교적 쉽게 응집하게 되고 이 때문에 모래 같은 질감을 갖게 된다.

캔디가 여전히 매우 뜨거울 때 결정화가 시작되면 용액은 다소 유동적이 될 것이다. 결정들은 뜨거운 캔디 안에서 꽤 쉽게 이동할 수 있어서 잘 저어주더라도 큰 결정이 형성된다. 캔디가 결정 형성 없이 약 45°C (113°F)까지 냉각되면 과포화 용액은 매우 점성이 높아져서 결정들이 캔디 안에서 천천히 이동함으로 이때는 휘젓는 것만으로도 큰 결정이 형성되는 것을 막을 수 있게 된다.

비결정형 캔디

비결정형 캔디(amorphous candy)는 결정형 캔디를 만들 때 보다 더 높은 온도까지 가열해야 한다. 본질적으로 설탕의 농도가 결정형 캔디보다 훨씬 높아야 하는데 보통 90% 이상이다(표 8.4). 이렇게 고농도의 설탕에 많은 양의 결정 형성 저해물질을 넣어서 냉각이 되기 전인데도 점성이 매우 높은 캔디가 만들어진다. 이러한 점성은 설탕 결정의 형성을 방해하게 되는데 이것이 바로 문자 그대로 비결정형 캔디이다. 때때로 단단한 비결정형 캔디는 **비결정형 유리(amorphous glass)**라고도 일컬어진다.

비결정형 캔디
설탕이나 저해물질의 농도가 너무 높아서 질서 정연하게 형성된 결정구조가 없는 캔디.

비결정형 유리
단단한 비결정형 캔디.

만드는 법. 비결정형 캔디의 기본 재료는 결정형 캔디와 마찬가지로 설탕과 물이며 때때로 크림이나 버터 형태로 지방이 첨가된다. 비결정형 캔디를 만드는데 가장 중요한 사항은 설탕 시럽이 타지 않게 하면서 알맞은 최종 온도에 도달할 때까지 가열하는 것이다. 무거운 알루미늄 팬이나 다른 일정하게 열을 전달할 수 있는 팬을 사용하여 균일하게 열을 전달해야 한다.

정확한 온도계 사용이 필수적이다. 하지만 비결정형 캔디를 만들 때의 용액의 점성이 너무 높아서 캔디와 온도계 사이에 공기층을 만들게 되어 적은 양의 캔디를 만들 때에는 아마 정확한 온도를 측정하는 것이 어려울 것이다. 공기층에 갇힌 온도계에 나타나는 온도는 실제의 온도보다 낮아서 캔디가 과열하게 됨으로써 타거나 눌러붙게 될 위험이 커진다.

비결정형 캔디를 가열하는 동안 설탕에 광범위한 화학변화가 발생한다. 극도로 높은 온도는 화학적 분해와 캐러멜화를 촉진한다. 일부 비결정형 캔디를 만드는데 계속 가열하다 보면 크림에 함유되어 있는 단백질은 메일라드 반응을 통해 설탕과 결합하여 갈변에 일조한다. 메일라드 반응의 원리에 대한 부분은 이 장의 앞쪽에서 설명하였다.

비결정형 캔디를 만드는데 사용하는 강한 열은 당 분자를 파괴한다. 앞서 설명한 것처럼 당 분자가 광범위한 변화를 겪게 되면 색과 향미가 변한다. 변화의 정도는 가열 속도와 캔디가 최종적으로 도달한 온도에 의해 영향을 받는다. 가열이 비교적 천천히 진행되면 화학반응에 필요한 시간이 늘어난다. 색깔은 점점 검어지고 보기 좋은 황금빛 갈색에서 어두운 갈색으로 변하다가 온도가 너무 높게 되면 아예 검은색으로 변한다.

색깔이 진해지는 것은 향미 변화의 단초이기도 하다. 색깔이 황금빛 갈색에서 갈색으로 변하기 시작하면 당 분자의 분열로 무질서한 작은 유기 화합물과 좋지 않은 향미를 생성한다. 물론 이렇게 분해되면 단맛을 더 이상 내지 못하게 되어 캔디의 단맛이 줄어들게 된다. 눌러 붙거나 타게 되면 캔디에 다른 향미가 부여되어 이러한 단맛의 차이가 가려지는 경향이 있다.

가열이 중단된 점성이 매우 높은 비결정형 캔디의 본질은 당 결정이 형성되어 조직적으로 응집하는 것을 방해한다. 사실 캐러멜은 걸쭉해서 아주 뜨거울 때에도 조각들로 나눌 수 있다. 이러한 점은 결정형 캔디의 물리적 특성과 대조적으로 구별되는 특성이다. 당 농도가 높은 태피(taffy)는 손으로 잡을 수 있을 정도로 충분히 식었을 때 잡아당기고 비틀 수 있지만(그림 8.6), 당 결정들이 쉽게 응집하여 단단해지기 때문에 결정 구조를 만들기가 어렵게 된다.

토피(Toffee)를 종이에 쏟아부으면 당 농도가 높고 점성이 강해서 결정의 조직화가 불가능하다. 매우 잘 부러지게 되어 아직 다 식지 않았어도 칼손잡이만으로도 쉽게 금이 간다. 이렇게 높은 농도의 캔디는 냉각되면 유리질 상태가 된다.

평가. 비결정형 캔디는 색깔, 향미, 질감을 기준으로 평가한다. 각기 다른 종류의 캔디들은 고유한 질감 특성을 나타내지만 색깔과 향미 측면에는 모두 다 비슷하다. 이러한 캔디들은 먹음직스러운 균일한 황금빛 갈색을 띠고 향미는 눌린 향 없이 먹음직스러워야 한다. 태피(taffy)의 경우 뜨거울 때 잡아당겨 공기를 주입하기 때문에 빛 굴절에 따라 색깔이 다르고 더 밝은 색을 띄게 된다.

캐러멜들은 매우 끈적거리는 것부터 다소 견고하게 씹히는 것까지 다양하다. 만약에 끈적거리고 쫄깃한 캐러멜이 필요하다면 캔디를 120°C (248°F)까지 가열해야 하고; 보다 단단한 캐러멜을 만들려면 125°C (257°F)까지 가열해야 한다. 태피는 뜨거울 때 잡아당길 수 있어야 하지만 냉각된 후에 자르면 안 된다. 반면 브리틀(brittle)과 토피(toffee)는 약간의 힘을 가하면 잘릴 수 있어야 한다. 이런 유리질 상태의 캔디들은 칼손잡이로 쳤을 때 불규칙한 조각들로 깨지게 된다.

비결정형 캔디를 만들 때 발견된 문제점은 캔디 냉각 시의 취급 때문이 아니라 조리 과정의 오류에서 발생한다. 이는 결정형성 과정의 제어가 주된 문제를 일으키는 결정형 캔디와는 매우 다르다. 비결정형 캔디를 만들 때의 주요 통제 요소는 열 전도율이 좋은 무거운 팬을 이용하고 균일한 열 전달을 위해 캔디를 적당히 저어주는 것과 정확한 최종온도이다.

시럽, 소스, 잼, 젤리

단맛의 선호는 팬케이크와 디저트 등 다양한 음식 위에 끼얹는 다양한 소스와 시럽의 생산을 야기했다. 시럽과 소스에서 당의 주요 역할은 단맛을 내는 것이지만 이러한 당 함유 용액의 점성은 끓였다가 식히는 단계에서 결정되는 당의 농도에 의해 두드러지게 영향을 받는다. 집에서 만든 시럽은 과도한 수분이 증발하면서 흐르는 정도가 적당해질 때까지 가열한다. 상업적으로 생산 시에도 이렇

그림 8.6 베트남 여자가 조각으로 자르기 전 냉각의 마지막 단계로 태피(taffy)를 쟁반 위의 구멍으로 길게 잡아당긴다.

게 만들 수도 있지만 빨리 적정한 유동성을 부여하기 위해 종종 고무질(gum) 같은 식품첨가물을 사용한다.

디저트 소스는 보통 설탕으로 단맛을 내지만 당농도는 종종 시럽보다 낮다. 이는 소스를 진하게 만드는데 도움이 되는 다른 성분을 첨가함으로써 가능해진다. 종종 전분이 증점제로 사용된다(9장 참고).

잼과 젤리는 단맛과 과일향 때문에 인기가 좋다. 설탕은 대부분의 잼과 젤리에서 단맛을 내는데 필수적이지만 과일을 보존하고 부패를 방지하는 데에도 중요한 역할을 한다. 고농도의 설탕은 삼투압 작용으로 미생물을 탈수시킨다.

베이킹 제품들

효모발효 빵에서 자당은 분리되어 이스트에 의해 전화되어 발효를 위한 포도당과 과당을 공급한다. 이런 발효는 반죽을 부풀게 하는 이산화탄소의 근원이 된다. 고과당물엿(HFCS), 물엿, 상업적 덱스트로즈(포도당)도 빵 반죽 발효 시 사용할 수 있는 재료들이다. 흥미롭게도 자당이나 고과당물엿으로 만든 빵의 껍질은 고른 갈색으로 포도당(덱스트로즈)이나 물엿으로 만들었을 때 나타나는 더 밝거나 더 붉은 빛이 도는 갈색에 비해 꽤 진한 색을 낸다. 이러한 차이점들로 보아 포도당의 발효에 의한 것과 달리 과당이 다소 다른 색(진한 갈색)을 내는데 기여하는 것을 알 수 있다

대부분의 케이크에 있는 많은 양의 당이 다양한 효과를 나타내기 위해 들어 있다. 케이크에 있는 많은 양의 당은 단백질 구조를 희석하여 다소 높은 응고 온도와 구조 형성을 지연시킴으로써 케이크의 부피를 증가시킨다(18장 참고).

당은 유통기한을 연장시키기도 한다. 자당은 구운 케이크에서 수분활성을 감소시키는데 일조하

여 미생물의 성장을 방해하는데; 전화당(동일한 양의 포도당과 과당)은 자당보다 수분활성 저하와 부패 억제에 더 효과적이다. 당의 흡습성은 대기 중의 수분을 케이크로 빨아들여 유통기한 연장에 기여한다.

메일라드 반응과 캐러멜화에 따른 껍질의 갈변은 케이크에 단당류가 포함되어 있을 때 가장 빠르게 일어난다(그림 8.7). 사실 고과당물엿으로 만들어진 케이크는 많은 양의 과당과 포도당 때문에 극도로 빨리 갈색화될 것이다. 그러나 자당(비환원당)은 메일라드 반응이 일어나기 위해서 과당과 포도당으로 분해되어야 한다. 맥아당과 젖당도 갈변반응을 일으키는데 환원 이당류가 단당류보다는 시간이 더 소요된다.

물엿은 케이크 표면 색깔뿐만 아니라 내부 색깔에도 영향을 미친다. 이는 초콜릿 케이크에서 확인해 볼 수 있는데 물엿의 산성도가 초콜릿의 색깔을 붉은 색채에서 붉은색이 전혀 느껴지지 않는 진한 갈색으로 변하게 한다. 고과당물엿은 흰색 케이크 내부의 갈변을 야기하여 결국 케이크를 망친다. 보통 pH가 7.1~7.5 사이인 반죽의 산성도를 7.0 이하로 낮춰서 메일라드 반응의 진행을 지연

그림 8.7 케이크를 만들 때 꿀을 사용하면 꿀에 높게 함유되어 있는 과당 때문에 케이크의 표면이 빠르게 갈색화된다.

시켜 갈변을 제어할 수 있다.

쿠키는 종종 밀가루보다 적은 중량의 당을 함유한다. 쿠키에 주로 사용하는 자당은 굽는 동안 반죽을 확산시키는데 이용된다. 쿠키 구울 때 디저트 설탕은 백설탕보다 더 잘 확산된다. 이런 확산효과는 쿠키 안에서 형성되는 당시럽의 양에 영향을 받는다. 설탕의 입자가 작으면 더 쉽게 녹아 확산이 용이하다. 굽는 과정이 끝나면 쿠키가 냉각되면서 자당이 재결정화하여 쿠키의 표면을 바삭바삭 하게 만든다. 만약 여러 가지 다른 종류의 당(예, 과당과 포도당)을 섞어서 쿠키를 만들면 결정화 과정이 덜 용이하게 되어 바삭바삭함이 감소된다.

감미료 고르기

종류

사용하는 감미료의 종류에 따라 제품의 특성이 달라진다. 당이 식품 안에서 수행하는 다양한 역할을 잘 이해하여 제품에 맞는 올바른 감미료를 선택해야 한다. 설탕, 시럽, 액상설탕 뿐만 아니라 다양한 대체 감미료들이 있기에 적절한 감미료를 식별하고 원가와 기능 등 다양한 요인들을 고려한 후 최종적으로 선택해야 한다.

설탕. 가장 흔하게 사용하는 결정형 당은 자당이다. 사탕수수나 사탕무에서 만드는 백설탕(granulated sugar)이 대부분의 식품에서 널리 사용되는 형태이지만 머랭을 만들 때에는 미세한 결정들이 용해되기 쉽기 때문에 극세 또는 디저트 설탕을 사용해야 한다. 정제설탕(분말설탕)은 자당을 제분한 후 마르면 딱딱해지기 때문에 들러붙는 것은 방지하고 아이싱(icing) 등의 제품에서 수분 결속을 돕기 위해 옥수수전분을 3% 섞어 만든다.

흑설탕은 제조과정에서 불순물 제거가 덜 되어 흰색 설탕에 비해 정제가 덜 된 설탕이다(그림 8.8). 이런 불순물들은 흑설탕에 향미를 부여하는데 흑설탕 색깔이 진할수록 불순물의 향미가 더 강하다. 흑설탕은 백설탕에 비해 산성도가 높고 수분 함량이 높다.

이런 다양한 흑설탕을 식별하는데 사용하는 용어들은 다음과 같다. 터비나도(turbinado)는 밝은, 어두운, 갈색으로 된(brownulated) 가공되지 않은 설탕으로 아무리 "가공되지 않은 설탕"이라고 해도 해로운 물질들을 제거하는 정도의 정제 과정은 거치게 된다. **터비나도 설탕(turbinado sugar)**은 좀 더 자연적이고 건강에 도움이 된다고 생각하는 사람들이 선택하는데 실제로 건강에 도움이 되는지에 관하여 규명된 것은 없다. **미세결정흑설탕(brownulated sugar)**은 수분이 적어 시리얼이나 다른 식품에 소량 뿌려 먹는 사람들에게 편리하다. 흑설탕을 선택할 때에는 원하는 정도의 향미를 고려하여야 하는데 색깔이 진할수록 진한 향미를 낼 것이다. 하지만 어떤 흑설탕을 선택하든 탄수화물 말고는 식이에 반드시 필요한 다른 영양소를 제대로 제공할 수 없다.

> **터비나도 설탕**
> 표면의 당밀만 제거하여 부드러운 풍미를 지니는 밝은 갈색 설탕.

> **미세결정흑설탕**
> 정제 과정에 특수 공정을 추가하여 서로 응집하려는 성질을 제어하여 쏟아부을 수 있게 만든 밝은 갈색의 설탕.

과당은 식품산업에서 뿐만 아니라 일반 소비자도 구입할 수 있다. 과당은 음료수를 달게 만들 때 자당보다 감미성이 더 강할 수 있어 매력적이지만 베이킹 제품들에서는 다른 재료들 때문에 그렇지 못하다. 하지만 비교적 천천히 몸에 흡수되기 때문에 당뇨병 환자들에게 유용하다.

식품산업에서는 특정한 요구사항을 따르기 위해 특정한 당을 사용한다. 예를 들어 유당(lactose)은 비교적 흡습성이 낮기 때문에 때때로 감미료로서의 역할과 함께 다른 당을 코팅하여 수분을 흡수하는 것을 제한하기 위한 점결 억제제로도 쓰인다. 유당은 캔디와 아이싱의 표면이 끈적끈적해지는 것을 방지하는데 도움을 준다. 반면에 전화당과 포도당은 수분을 끌어당겨 베이킹 제품들의 유통기한을 향상시킨다.

시럽과 액체 당류 **물엿(corn syrup)**은 포도당부터 올리고당과 다양한 사슬 길이의 덱스트린에 이르는 탄수화물의 혼합물이다. 이 친숙한 감미료는 산 가수분해 또는 산과 효소 조합 가수분해를 통해 만들어지는데 두 경우 모두 약간의 산성 반응을 야기한다.

> **물엿**
> 포도당과 옥수수전분을 가수분해 하여 만들어진 짧은 폴리머의 달짝지근한 시럽.

그림 8.8 유기농 백설탕과 흑설탕은 높은 가격에도 불구하고 유기농 식품을 구매하려는 소비자들의 수요가 있기 때문에 시중에 유통되고 있다.

재거리
사탕수수나 대추야자 수액을 이용하여 생산하는 인도의 흑설탕.

무스코바도
바베이도스에서 유래한 당밀 향의 진한 갈색을 띤 점착성 있는 설탕.

데메라라
가이아나에서 만들어진 밝은 갈색설탕으로 사탕수수 압축 초창기에 만든다.

생각할 거리: 다양한 흑설탕

시장에서 구입할 수 있는 흑설탕은 진한 흑설탕과 황설탕 두 가지 정도밖에 없었지만 다른 종류의 흑설탕들이 세계 여러 곳에서 개발되고 있다. 인도와 동남아지역의 국가들의 레시피를 살펴보면 이쪽 지역의 전통적인 흑설탕인 **재거리(jaggery)**를 발견할 수 있다(그림 C28). 펴서 바를 수 있을 정도로 부드러운 형태와 막대, 공, 실린더 모양으로 생긴 단단한 결정형 형태, 이렇게 두 가지 형태의 재거리(jaggery)가 있다. 사탕수수나 대추야자 나무 수액을 이용하여 만들고 고유의 향미가 있는데 색깔이 짙을 수록 이러한 향미도 더 진하다.

보통 사고(sago) 또는 코코넛야자로 만드는 구르는 이 지역에서 이용하는 또 다른 흑설탕이다. 칸다사리(Khandsari)는 정제하지 않은 날(raw) 설탕으로 황금빛 노란색부터 갈색까지 색깔이 다양하며 이 흑설탕은 인도의 촌민들이나 작은 공장에서 만든다.

다른 종류의 흑설탕들은 서반구에서 유래했다. **무스코바도(Muscovado)**는 바베이도스(Barbados)에서 생산되는 짙은 갈색을 띤 거친 결정의 당밀 맛이 나는 흑설탕이다. 대서양의 서쪽, 베네수엘라의 북쪽에 위치한 바베이도스는 영국 식민지 시절부터 오랫동안 사탕수수와 무스코바도를 생산하고 있다.

다소 점착성이 있고 결정의 크기가 큰 밝은 금갈색 설탕은 남아메리카 북동쪽 베네수엘라 옆에 있는 작은 국가인 가이아나에서 만들어진다. **데메라라(demerara)**라고 불리는 결이 고운 이 흑설탕은 사탕수수 설탕 제조 과정 중 첫 번째 결정화 과정에서 만들어지기 때문에 색깔이 밝다. 반면에 더 진한 색깔로 향미가 더 강한 무스코바도 설탕은 세 번째 결정화 과정에서 만들어진다. 멕시코에서는 파넬라(panela) 또는 필론시요(piloncillo)라는 흑설탕을 사용해서 생산되는데 인도의 재거리(jaggery)와 비슷하다.

고과당물엿(HFCS: high-fructose corn syrup)은 효소를 사용하여 물엿을 포도당과 과당으로 전환시켜 만드는데, 특히 상업적 제품에 흔히 쓰인다. 스트렙토마이세스(*Streptomyces*)가 만들어 내는 이성화효소(isomerase)는 최대 90%, 보통은 45~55%의 포도당을 과당으로 전환시키는 효소이다.

고과당물엿
포도당을 과당으로 변환하기 위해 이성화효소를 사용하여 만든 특히 단 물엿.

고과당물엿은 단맛 정도, 발효 가능성, 갈변 반응성, 흡습성의 지표인 **당화율(D.E.: dextrose equivalent)**이 65 D.E.에 달하는데 이는 일반 물엿에 비해 높은 수치이다. 그러나 고과당물엿의 점성이 당화율이 38~49 D.E.인 전통적인 물엿에 비해 더 낮다. 고과당물엿과 일반 물엿의 조성이 달라서 고과당물엿의 단당류와 이당류 농도가 약 두 배 더 높다.

당화율
자유로운 덱스트로즈(포도당)의 양 측정 단위로 크기가 큰 탄수화물 분자를 가수분해하여 포도당을 형성하는 것과 같다. 순수 덱스트로즈 당화율 = 100 D.E.

당밀(molasses) 유황 처리한 액체 또는 유황 처리하지 않은 액체 상태로 나뉘는데 사탕수수로부터 설탕을 추출할 때 생기는 부산물이다. 사탕수수액을 처음 가열하면 수분 함량이 최대 25%인 산성 용액이 되며 밝은 색깔의 당밀이 만들어진다. 계속해서 가열하면 당밀 색깔이 처음보다 진해지지만 여전히 향미가 풍부하고 맛이 있다.

당밀
설탕 정제 과정에서 사탕수수액을 끓여 설탕을 분리한 후 남아 있는 갈색시럽.

최종 끓이기 과정이 끝나면 동물 사료로 자주 사용하는 블랙스트랩 당밀이 생산된다. 황 처리한 당밀과 황 처리하지 않은 당밀은 최대 70%의 당을 함유하는데, 이때 대부분의 당은 자당이며 약간의 포도당과 과당이 포함되어 있다. 황 처리하지 않은 당밀은 붉은 갈색이고 황 처리한 당밀은 밝은 갈색에서 진한 갈색을 나타낸다.

꿀은 그 특유의 향미 때문에 인기가 높은 감미료이다. 꿀벌이 어떤 꽃에서 꿀을 수집하는가에 따라 특정 향미가 정해진다(그림 C25와 그림 C26). 모든 종류의 꿀은 과당의 함량이 높다. 사실 꿀은 과당의 함량이 가장 높은 자연식품이다. 과당 함량이 높기 때문에 베이킹에 사용할 때 갈변 반응이 매우 빠르게 나타난다. 꿀에는 자당과 유기산도 소량 들어 있다.

수수시럽(sorghum syrup)은 수수의 액을 끓여서 시럽으로 만드는 것으로 최대 30%의 수분을 함유한다. 이 시럽은 당밀처럼 밝은 갈색부터 진한 갈색까지 색깔이 다양하며 독특한 풍미가 있다. 수수시럽은 일부 맥주 양조할 때와 미국 남부 음식에 사용되고 있다.

수수시럽
수수액을 끓여서 만든 시럽 감미료.

대체 감미료

다가알코올(Polydric Alcohol). **다가알코올(polyol)**은 식품에서 자연적으로 발생한 화합물로 "적정량 섭취 시 일반적으로 안전하다고 여겨지는(GRAS)" 첨가물로 미국 FDA의 승인을 받았다. 비록 당류는 아니지만 에리트리톨(erythritol), 락티톨(lactitol), 말티톨(maltitol), 소르비톨(sorbitol), 자일리톨(xylitol)은 비교적 소량을 넣는 것만으로도 식품의 단맛을 내는데 사용할 수 있어서 상업화 제품에 사용하기 적당하다(표 8.5).

다가알코올
감미료로 사용할 수 있는 몇 가지 수산기 그룹을 지닌 알코올. 예를 들면 자일리톨(xylitol), 소르비톨(sorbitol).

표 8.5 여러 가지 다가알코올 감미료

당	다가알코올	Kcal/g	식품/적용
에리트로오스 (Erythrose)	에리트리톨 (Erythritol)	0.2	항우식성(Anticariogenic)이 특징이며 다른 감미료와 함께 혼합하여 사용
유당 (Lactose)	락티톨 (Lactitol)	2.0	고강도 감미료와 함께 증량제로 사용
맥아당 (Maltose)	말티톨 (Maltitol)	2.1	초콜릿
마노스 (Mannose)	마니톨 (Mannitol)	1.6	증량제; 추잉검(항우식성)
소르보스 (Sorbose)	소르비톨 (Sorbitol)	2.6	인슐린의 작용 없이 대사; 다양한 베이킹 제품들 및 음료에 사용
자일로스 (Xylose)	자일리톨 (Xylitol)	2.4	시원한 구내 감촉 유발; 추잉검(항우식성)

이러한 다가알코올들은 자당에 비해 다소 단맛이 덜하지만 열량이 자당보다 낮고 다른 감미료와 함께 사용하면 상승효과가 있어서 감미료로 사용하는데 유용하다. 자일리톨과 소르비톨은 각각 단당류인 크실로스(xylose)와 소르보스(sorbose)에 대응하는 알코올이다. 마니톨은 이당류인 말토즈와 관련된 다가알코올이다.

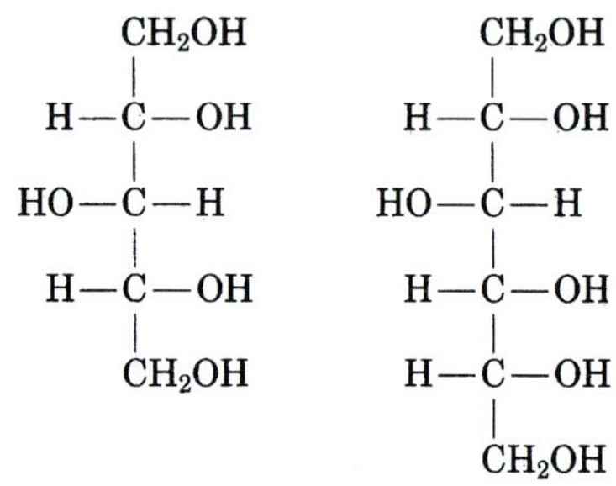

xylitol sorbitol

이러한 알코올들은 당보다 훨씬 천천히 몸에 흡수되어 당뇨 환자들에게 유용하다. 하지만 장시간 지속되는 미생물 활동의 결과로 장내에 가스가 차게 되어 장이 불편해지고 설사를 하게 되어 다가알코올을 감미료로 널리 사용하기에는 그 유용성이 제한된다. 그래서 이들은 단독으로 다량 쓰이기보다는 다른 감미료와 함께 혼합하여 많은 식품에 쓰인다.

자일리톨은 열량의 증가 없이 추잉검의 단맛을 내는데 효과적으로 사용되어 왔는데 이는 특히 추잉검이 오랫동안 치아와 접촉하게 되는 사실을 고려할 때 매우 중요한 사안이다. 자일리톨이 입안에서 용해될 때 차가움을 느낄 수 있는데 이것은 흡열반응에 의해 자일리톨이 녹기 때문이다

소르비톨은 감미료로써 뿐만 아니라 습윤제와 팽창제로써도 유용하다. 소르비톨의 물 결합력은 곰팡이 성장을 억제하여 유통기한을 연장할 수 있게 한다. 이러한 다양한 특성으로 인해 소르비톨은 베이킹 제품부터 음료에 이르기까지 다양한 식품에 사용되는 당알코올이다.

마니톨은 가끔 소르비톨의 흡습성이 불필요할 때 제품의 팽창제로 쓰일 수 있다. 사실 마니톨은 물을 끌어당기는 특성이 없기 때문에 가루제품에 유용하다. 자일리톨과 마찬가지로 마니톨도 열량 증가 없이 추잉검의 단맛을 내는데 적합하다.

사카린
비(非)영양 감미료.

저(低)열량 또는 무(無)열량 감미료. 강력한 감미료(표 8.6)의 경우 열량의 추가 없이 식품에 사용할 수 있다. 이러한 감미료 사용은 19세기 후반 **사카린(saccharin)**으로부터 시작되었다. 초기에 사카린은 당뇨병 환자를 위한 식품의 감미료로써 중요했지만 현재는 무열량 감미료로써의 중요성이 강조되고 이를 목적으로 더 많이 사용되고 있다. 사카린은 많이 사용하게 되면 뒷맛이 뚜렷하고 강한 쓴맛을 나타내는 단점을 가지고 있다. 일부 식품에서 사카린은 소르비톨 같은 다른 감미료를 함께 사용하여 단맛의 상승작용으로 인해 적은 양의 감미료로 효과적으로 사카린으로 인한 뒷맛을 제거할 수 있다(그림 8.9).

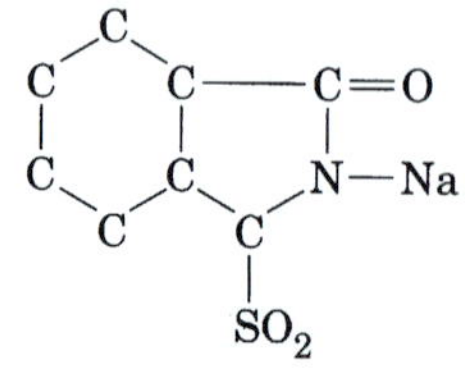

saccharin

아스파탐
매우 달고 열량이 적은 아스파르트산(aspartic acid)과 페닐알라닌(phenylalanine)으로 구성된 디펩타이드; 고농도 감미료로 사용.

아스파탐(aspartame)은 아스파르트산(aspartic acid)과 페닐알라닌(phenylalanine)의 두 가지 아미노산의 조합으로 생성되는 저열량 감미료이다. 페틸케톤뇨증을 가지고 있는 사람들은 페닐알

표 8.6 다양한 저(低)열량 및 무(無)열량 감미료들

감미료	제품명	감미도[a]	설명	적용
아세설팜 (Acesulfame-K)	Sweet-One® Sunett®	200X	200°C(392°F)에서 용해됨 아스파탐과 함께 쓰임	캔디, 제과제빵, 디저트, 음료
알리탐 (Alitame)	Aclame™	2000X	흡습성 없음, 용해성 있음	캔디, 제과제빵
아스파탐 (Aspartame)	NutraSweet® Equal®	200X	페닐알라닌 아스파르트산 디펩타이드(Phenylalanine-aspartic acid dipeptide), 열에 민감함	음료, 유제품, 디저트
시클라메이트 (Cyclamate)		30X	황화 시클로헥실아민 (Sulfonated cy. clohexylamine) 미국에서 사용 금지됨	사카린, 아스파탐과 혼합하여 음료 등에 사용
디하이드로칼콘 (Dihydrochalcone)		300 ~2000X	시트러스 생체블라본류 (citrus bioflavonoids)로 만듦	제과제빵, 음료, 추잉껌
이소말토 (Isomalt)			효소를 이용하여 자당에서 추출	소르비톨과 상승작용, 갈색화가 더디게 진행됨, 2 kcal/g
네오탐 (Neotame)		7000 ~13,000X	제과제빵 시 안정적; 디펩타이드 페닐알라닌이 방출되지 않음	음료, 유제품, 시리얼, 케이크
사카린 (Saccharin)	Sweet' N Low® SugarTwin®	300X	금속성 후미	음료, 식탁용 감미료
스테비아 [Stevia/Rebaudioside A (Reb A)]	Truvia™	300X	스테비아(Stevia rebau diana)로 만듦	멘톨; 쓴 뒷맛, 제한된 용도로 사용
수크랄로스 (Sucralose)	Splenda®	600X	용해성, 열 안정성	제과제빵, 식탁용 감미료, 음료
타가토스 (Tagatose)	Gaio® Naturlose™	약간 >	흡습성 없음, 빠른 갈색화	캔디, 시리얼, 음료, 아이스크림
타우마틴 (Thaumatin)	Talin™	2000 ~3000X	수단(Sudan)의 식물 단백질(*Thaumatococcus danielli*)	감초 후미; 추잉검, 음료, 잼, 유제품
트레할로스 (Trehalose)	Ascend™	0.5X	세포 구조 유지, 열 안정	말린 과일과 채소, 음료, 연육

[a]자당(sucrose)에 대한 상대 감미도.

라닌의 섭취량을 조절해야 하기 때문에 아파스탐을 사용한 가공식품에는 반드시 페닐알라닌에 관한 경고문구를 삽입해야 한다. 미국의 NutraSweet㈜ 회사에서 NutraSweet® 또는 Equal® 이라는 상품명으로 생산하여 시중에 판매하고 있는 아스파탐은 1그램당 4칼로리를 공급하지만 매우 적은 양으로 충분히 단맛을 낼 수 있기 때문에 여러 식품에서 실제적으로 열량을 줄이는데 기여하고 있

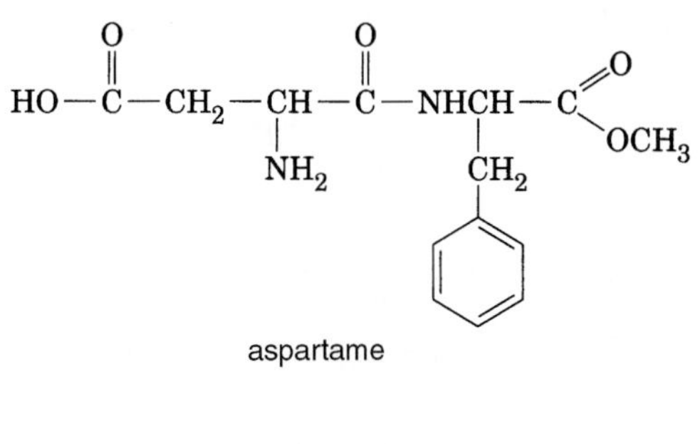

aspartame

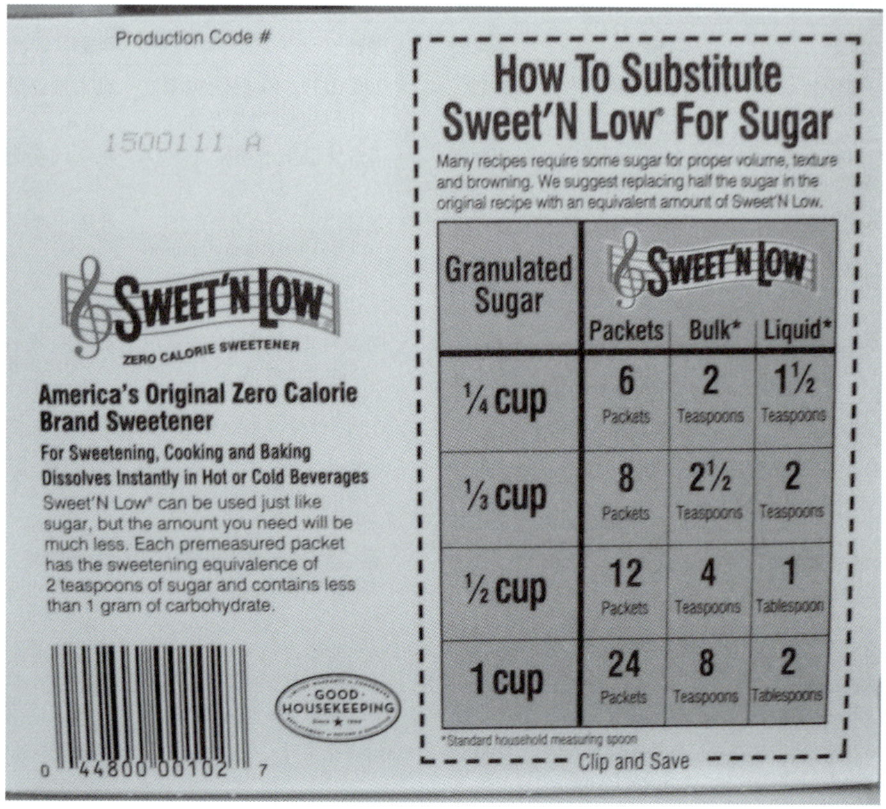

그림 8.9 Sweet' N Low®는 사카린 제품으로 종종 설탕 대신 사용한다. 설탕에 상응하는 용량이 상자에 나열되어 있다.

다(그림 8.10).

아스파탐은 디펩타이드이기 때문에 가열 시 분자를 변화시켜 단맛을 상실하게 되므로 식품에 적용 시 한계점이 있다. 하지만 아스파탐을 캡슐화하여 이러한 장애를 극복할 수 있다. 산성매체(pH 3~5)에서는 특히 아스파탐이 단맛을 내는데 용이하다. 탄산음료 제조사에서는 다이어트 음료를 생산하는데 아스파탐을 많이 사용한다.

네오탐
저열량 디펩타이드(아스파르트산 및 페닐알라닌) 감미료.

네오탐(neotame)은 NutraSweet㈜ 회사에서 판매하고 있는 또 하나의 아스파르트산(aspartic acid)과 페닐알라닌(phenylalanine) 디펩타이드 저열량 감미료이다. 미국 FDA는 네오탐을 음료와 식품에 사용할 수 있도록 2002년 승인했다. 아스파탐처럼 네오탐도 1그램당 4칼로리를 발생시키며 적은 양으로 단맛을 낼 수 있다. 사실 아스파탐보다 네오탐의 감미성이 더 높다. 아스파탐과 네오탐은 이것들만 사용하든지 아니면 다른 감미료와 조합하여 사용하든지 간에 열량의 감소라는 확실한 장점을 갖고 있다.

아세설팜
아세토아세트산에서 파생된 저칼로리 감미료.

아세설팜(acesulfame-K), Sunett® 또는 Sweet-One®은 미국에서 유통되고 있는 칼륨소금으로 아세토아세트산으로부터 유래되었다. 아세설팜은 자당의 약 200배에 달하는 감미도를 나타내는

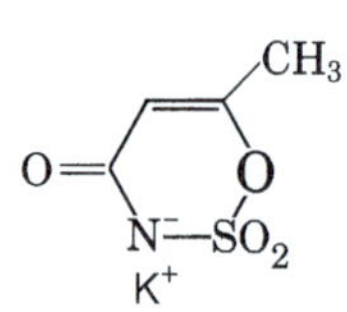

acesulfame-K

그림 8.10 다양한 설탕 대체제들이 커피나 다른 음료들의 감미료로써 널리 사용되고 있다.

점에서 아스파탐과 비슷하지만 아스파탐과는 다르게 열에 안정하여 과자, 빵, 푸딩 등 열을 가하여 제조하는 많은 식품에 유용하게 사용할 수 있다. 아세설팜은 유럽에서 널리 사용되고 있으며 미국에서는 1992년부터 사용이 허용되었다. 아세설팜은 1그램당 4칼로리를 발생하지만 매우 적은 양으로 충분한 감미를 나타낸다. 미국 뉴저지(New Jersey) 주 소머빌(Somerville)에 위치한 제조사 Hoechst Celanese에 따르면 1그램의 Sweet-One 제품으로 음료에 넣는 2티스푼의 자당을 대체하거나 또는 요리에 사용 시 12 g을 사용하여 1컵의 자당을 대체할 수 있다고 한다. 향미 보완을 위해 소르비톨(sorbitol)을 아세설팜과 함께 사용하기도 한다.

타우마틴(thaumatin)은 카템페(katemfe, 서아프리카 식물)라는 과실에서 채취한 단백질로써 감미도가 자당에 비해 2000~3000배 가량 높다. 단맛이 지연된다는 점과 감초를 연상시키는 뒷맛이 제한점이다. 하지만 이러한 문제에도 불구하고 타우마틴은 미국, 일본, 영국에서 Talin™ 으로 판매하고 있다.

타우마틴
카템페(서아프리카식물)에서 추출한 감초 같은 뒷맛을 내는 천연감미료.

시클라메이트(cyclamate)는 세계 여러 지역에서 감미료로 사용되고 있지만 1970년부터 미국에서는 사용이 금지되었다. 시클라메이트는 뒷맛이 없고 열량을 발생하지 않으면서도 자당의 30배에 달하는 감미도를 나타내는 등 활용성이 높아서 사용 금지 조치에 대하여 상당한 논란이 있어 왔다. 우리나라에서도 사용금지된 감미료이다.

시클라메이트
미국에서는 사용금지 되었으나 세계 여러 곳에서 널리 쓰이고 있는 감미료.

다이어트 식품에 대한 소비자들의 지대한 관심은 무영양 또는 저칼로리 감미료의 개발을 지속적으로 자극해 오고 있다. **수크랄로스(sucralose)**는 이러한 노력으로 개발된 제품 중의 하나로써 자당보다 600~800배 강한 감미도를 갖고 열에 안정하며 불쾌한 뒷맛을 발생시키지 않아 상당한 관심을 받는다(Barndt and Jackson, 1990). 수크랄로스는 미국에서 1998년 승인되었으며 설탕과 비슷한 외관을 지니고 요리 및 베이킹 시 설탕을 대체하여 사용할 수 있다.

수크랄로스
자당으로부터 만든 3개의 염소원자를 갖는 감미료.

스테비오사이드
남아메리카 식품에서 추출한 감미료; 탁상 감미료로 사용 가능.

이소말토
효소작용을 통해 자당으로부터 생산된 저열량 감미료.

스테비오사이드(stevioside)는 스테비올 배당체 중 하나로 남아메리카 식물인 스테비아(Stevia rebaudiana)로부터 상업적으로 추출되었다(Figure 8.11). 감미 효과는 배당체에 따라 조금씩 다르지만 대략 자당의 300배에 달하는 감미도를 나타낸다. 일본에서는 음료의 감미료로 사용되며 미국에서는 Truvia™, Sun Crystals®, Raw™ 등으로 판매하고 있다.

이소말토(isomalt)는 자당으로부터 효소를 사용하여 이소말툴로스를 생성하고 이로부터 이소말토가 형성된다. 이소말토는 자당의 약 0.45~0.65%의 감미도를 갖지만 소르비톨이나 다른 강력한 감미료와 함께 사용하면 상승작용으로 감미도가 강해진다. 이소말토는 자당과 1:1로 대체할 수

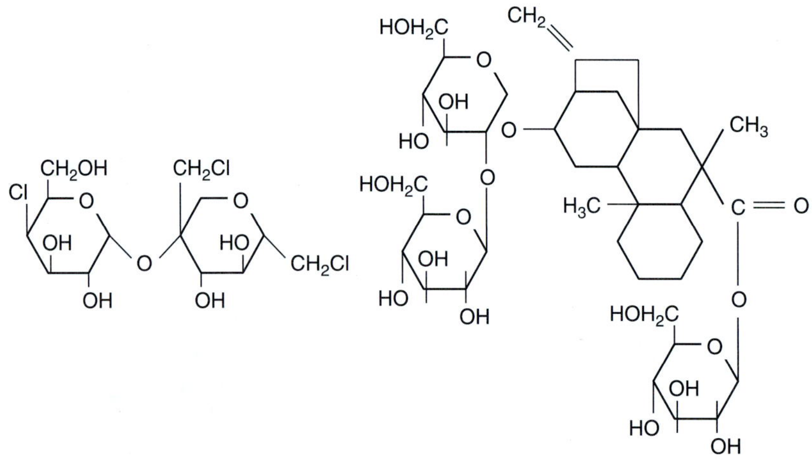

Sucralose Stevioside

그림 8.11 Truvia™는 감미료인 스테비아의 브랜드 중 하나이다.

있어서 사용하기 편리하고 소장에서 부분적으로만 소화흡수가 이루어져 자당에 비해 절반 수준(1그램당 2칼로리)의 열량을 제공하는 장점이 있다. 비록 브라우닝과 흡습성은 자당과 같지 않지만 다양한 종류의 제품에서 자당을 대체할 수 있다. 이소말토는 향후 당뇨병 환자들에게 훌륭한 감미료가 될 것으로 예상된다.

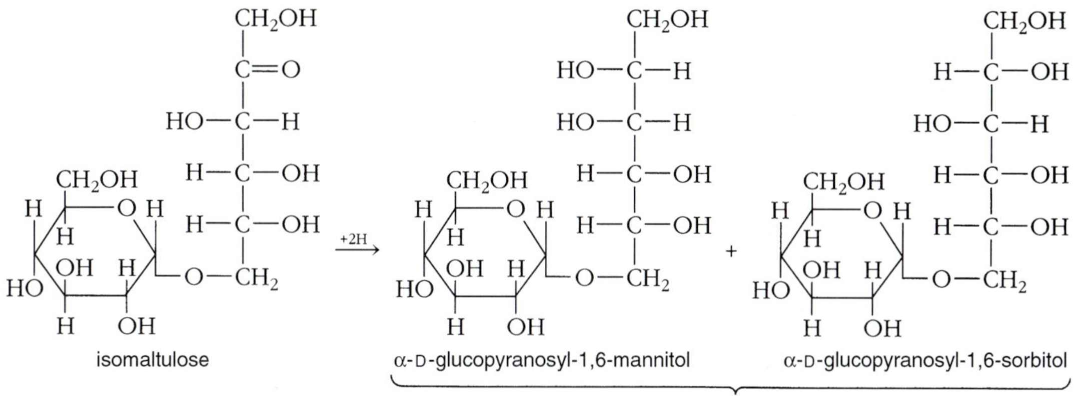

폴리덱스트로즈(polydextrose)는 무작위로 결합한 포도당 중합체로 식품에 증량제로써 널리 쓰이고 있다. 놀라운 사실은 포도당이 결합된 형태이면서도 단맛이 없는 이 탄수화물은 1그램당 1 칼로리밖에 제공하지 않는다는 점이다. 이러한 저열량 특성은 본체에서의 불완전한 화합물의 활용 때문에 발생한다. 폴리덱스트로즈는 뉴욕에 본사를 둔 화이저 특수화학그룹(Pfizer Specialty Chemicals Group)이 Litesse® 라는 상표를 붙여 생산, 판매하고 있다.

폴리덱스트로즈
포도당 중합체.

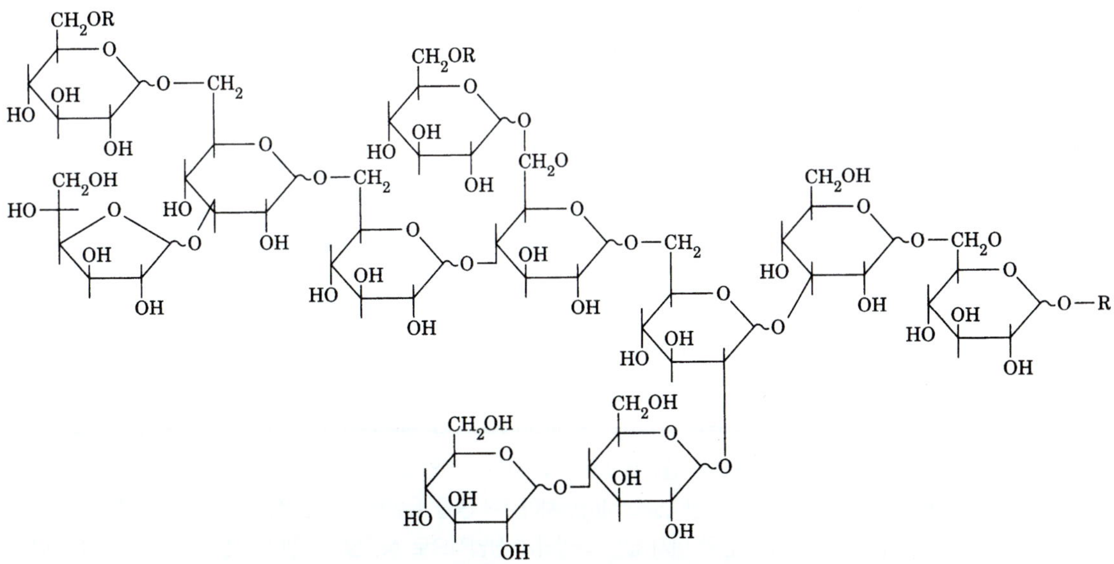

r = hydrogen/litesse/glucose/sorbitol/citric acid

Polydextrose (example of a molecule of randomly polymerized dextrose)

알리탐(alitame)은 L-아스파트산, D-알라닌, 아민을 사용하여 개발한 강력한 감미료이다. 음료, 냉동 디저트 그리고 다른 종류의 차가운 식품에 사용하는 것이 주요 용도로 뜨거운 음식에서는 이상한 맛을 발생시킬 수 있어서 사용을 권하지 않는다. 화이자 주식회사는 Aclame™라는 이름으로 알리탐의 사용승인을 모색하고 있다.

알리탐
L-아스파트산, D-알라닌, 아민을 결합하여 만든 감미료.

타가토스
GRAS 승인 받은 유제품에서 추출한 감미료.

타가토스(tagatose)는 유제품으로부터 유래되어 GRAS 승인을 받았다. 이것의 구조는 과당과 비슷한데 네 번째 탄소가 과당과 다르다. 타가토스는 인체에 완전히 흡수되지 않고 과용 시 헛배가 부르거나 설사를 유발할 수도 있어서 1그램당 1.5칼로리 정도를 공급한다. 미국의 Arla Foods사에서 Gaio® Tagatose라는 제품명으로 판매하고 있으며 국내에서는 CJ 제일제당에서 백설타가토스로 시중에 유통되고 있다.

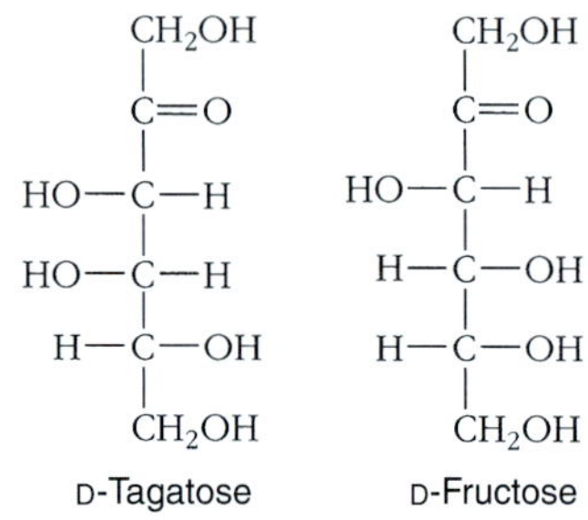

트레할로스
몇몇 식품의 향미와 질감을 증진시키기 위해 사용하는 적당히 단맛을 내는 성분.

트레할로스(trehalose)는 꿀과 바다가재 등 몇몇 식품에 자연적으로 존재하는데 상업적으로는 효소를 사용하여 전분으로부터 생산한다. 자당의 절반밖에 단맛을 내지 못하지만 생선연육, 음료, 화이트초콜릿 등 다양한 종류의 식품에서 쓰이고 있다. 트레할로스는 GRAS 승인을 받은 감미료이다.

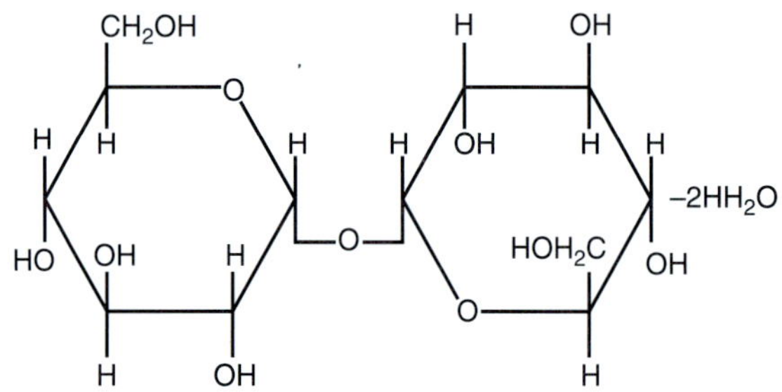

이 밖에 미라쿨린(miraculin), 모넬린(monellin), 헤르난둘친(hernandulcin), 디하이드로칼코네즈(dihydrochalcones) 등이 미래의 대체 감미료로써 연구되고 있다. 미국에서 감미료를 생산하여

생각할 거리: 타가토스의 상품화

2003년 타가토스(케토헥소오스)가 미국 식약국의 GRAS에 포함되었다. 그 즉시 많은 경쟁 회사들이 타가토스의 상품화를 시작하였다. 유럽계 회사인 Arla Foods 사는 제품명을 Gaio® Tagatose로 하였으며 Spherix㈜사는 그들이 생산하는 타가토스를 Naturlose™ 로 명명하였다. 타가토스는 미국의 세븐일레븐 편의점의 다이어트 펩시 슬러시 원료로 사용되며 시장에 진입하였다.

타가토스는 비교적 낮은 열량(1.5 kcal/g), 치아 우식증을 유발하지 않는 점, 그리고 혈당조절 기능 등의 장점이 있기 때문에 의심할 여지 없이 다양하게 상업적으로 적용할 수 있다. 많은 타가토스 분자는 대장에 다다를 때까지 소화되지 않지만 대장에서 분해될 때 가스를 생산하기 때문에 하루에 많은 양을 먹으면 좋지 않다. 또한 이 감미료는 대장에서 부트르산과 락트산 박테리아를 생산시키는 프리바이오틱의 역할도 수행한다.

감미료로 사용할 때 타가토스의 부피 측량은 자당과 거의 비슷하다고 보면 된다. 타가토스는 가열해도 단맛을 잃지 않지만 베이킹 시 자당을 사용했을 때보다 갈색화를 더 빨리 일으킨다. 소비자 시장에서의 이 감미료에 대한 반응은 계속 지켜봐야 한다. 가격, 유통망, 다양한 베이킹 제품에의 적용성 등이 이 감미료의 시장 확대에 관건이 될 것이다.

유통하기 위해서는 미국 식품의약품안정청의 승인이 반드시 필요하다. 이를 위해 식품연구 분야에서 오랫동안 활발하게 연구해야 한다. 현재 미국에서 소비자들이 구입할 수 있는 감미료들은 사카린 (Sweet' N Low®), 아스파탐(Equal®, NatraTaste Blue®, NutraSweet®), 수크랄로스(Splenda®), 아세설팜(Sweet-One®, Sunett®)과 스테비오사이드(Truvia™, Sun Crystals®, Stevia - Raw™)이다. 식품제조사들 또한 그들이 원하는 제품의 특성을 구현하기 위하여 제품에 여러 가지 종류의 감미료를 단독으로 또는 혼합하여 사용한다.

대체 감미료의 사용

기능적인 측면과 영양적인 측면을 모두 고려하여 감미료를 선택해야 한다. 액상 감미료를 고체 감미료로 대체하거나 그 반대로 고체 감미료를 액상 감미료로 대체할 시 제품의 단맛만 고려할 것이 아니라 전체 제품에 들어가는 액체량의 증감에 대해서도 고려하여 제품 포뮬러를 조정하여야 한다. 표 8.7은 다양한 가정용 감미료의 가능한 대체 공식을 나타내고 있다. 색과 향미의 차이를 원한다면 분명 대체 감미료를 사용해야 할 것이다. 감미료를 대체하게 되면 브라우닝 역시 변경될 것이다. 예를 들어 꿀의 과당이 자당에 비해 훨씬 빠른 갈변을 일으킬 것이다. 그럼에도 불구하고 제안한대로 감미료를 대체하면 적어도 어느 정도의 당의 기능을 제공할 수 있기 때문에 제품의 품질이 크게 떨어지지는 않을 것이다

식품제조업체는 제품을 처음 개발할 때 여러 가지 다양한 감미료를 고려하게 된다. 다이어트나 당뇨병 같이 특정한 영양적 측면을 고려하면 아마도 비(非)영양 감미료가 적당할 것이다. 하지만 이렇게 비영양 감미료를 선택하게 되면 당의 다른 기능들을 활용하기 어려워지기 때문에 이러한 기능을 수행하는 다른 재료들을 선택하여 첨가해야 한다. 가당 젤라틴 믹스에서 아스파탐을 설탕의 대체제로 사용하면 양이 엄청나게 늘어나 아스파탐으로 감미를 한 제품과 설탕으로 감미한 제품을 나란히 진열했을 때 패키지 안의 내용물의 양의 차이가 확연하게 드러나게 된다. 표 8.8에 몇몇 설탕 대체에 관한 사항을 정리해 놓았다.

표 8.7 가정용 감미료 대체 방법[a]

레시피에 제시된 재료	레시피에 나온 감미료 1컵의 대체 방법
백설탕	흑설탕 1컵 (부드럽게 꼭 눌러 담아 계량)
백설탕	물엿 1컵 단, 레시피에서 따로 추가하는 액체류의 $\frac{1}{4}$ 가량 감량.[b]
백설탕	유황처리 하지 않은 당밀 $1\frac{1}{3}$컵 단, 레시피에서 따로 추가하는 액체류의 $\frac{1}{3}$컵 감량하고, 레시피의 베이킹파우더를 베이킹 소다 $\frac{3}{4}$작은술(ts)로 대체
백설탕	꿀컵 $\frac{2}{3}$컵 단, 레시피에서 $2\frac{2}{3}$큰술(Ts)의 액체를 감량하고 $\frac{1}{16}$작은술(ts) 추가
백설탕	꿀 $\frac{2}{3}$컵과 밀가루 $2\frac{2}{3}$작은술(ts) (단, 레시피에 추가되는 액체가 없을 때)과 베이킹소다 $\frac{1}{16}$작은술(ts)
황설탕	흑설탕 $\frac{1}{2}$컵과 백설탕 $\frac{1}{2}$컵
터비나도 설탕	백설탕 1컵
꿀	설탕 $1\frac{1}{4}$컵과 액체류 $\frac{1}{4}$컵
물엿	백설탕 1컵과 액체류 $\frac{1}{4}$컵(레시피에 있는것과 같은 종류의 액체류)

[a] 감미료 대체 방법에 따라 최종 제품의 색상과 향미는 바뀔 것이다.
[b] 레시피에 명시된 설탕의 절반 이하까지만 대체하시오.

연습문제

1. 여러 가지 레시피 책에 소개된 캔디 레시피를 찾아 비교해 보시오. 각 레시피에 들어 있는 재료들의 역할이 무엇인지 답해 보시오. 똑같은 재료들이 상업적으로 만들어진 캔디에도 들어가는지 알아보시오. 가정에서 만드는 캔디와 상업적으로 만드는 캔디의 재료가 다르다면 어떠한 것들이 더 첨가 되는지 또는 무엇이 다른지 설명해 보시오.
2. 소비자 시장에 유통되고 있는 모든 감미료를 찾아 열거해 보시오. 이들 감미료의 성분이 무엇인지 자세히 보고 나열해 보시오. 성분에 따른 가격에 차이가 있는지 알아보시오. 각각의 감미료가 상호 교환적으로 사용 가능한지 판단해 보시오.
3. 캔디를 만들 때 자당 대신 과당을 사용하여도 무방한지 생각해 보고 만약 과당으로 대체하여 캔디를 만들 시 주의해야 할 사항이 있다면 무엇인지 설명해 보시오.
4. 퍼지(fudge)를 만들 때 자당 대신 아스파탐을 사용할 수 있을지 판단해 보고 왜 그렇게 판단하였는지 구체적으로 설명해 보시오.
5. 각기 다른 세 종류의 감미료가 포함된 제품에 사카린, 아스파탐, 자당을 사용하게 되었을 때 예상되는 결과와 각각의 적용성에 관하여 비교하여 고찰해 보시오.
6. 일반 물엿과 고과당물엿으로 캔디를 만들 때 어떤 차이가 발생할지 근거를 들어 설명해 보시오.
7. 토피(toffee)를 만드는 동안 발생하는 화학적 변화를 묘사해 보시오.
8. 포화용액과 과포화용액에 대한 정의를 내려보시오. 과포화용액은 어떻게 만들어지는지 설명해 보시오. 고품질의 결정 캔디를 만드는데 과포화용액이 반드시 필요한 이유를 설명하시오.
9. 레시피의 자당 양을 줄여서 저열량 퍼지(fudge)를 만드는 것이 가능할 지 근거를 제시하여 판단해 보시오.
10. 만약 설탕을 사용하여 버터 케이크(shortened cake)를 한 개 만들고 스플렌다(Splenda; 수크랄로스로 만든 감미료)를 사용하여 다른 하나를 만든다면 두 케이크 사이에 어떤 차이가 발생할지 예상해 보시오.
11. (참 또는 거짓) 퍼지(fudge)를 만들 때 레시피에 나온 설탕량의 반을 꿀로 대체하여도 최종제품의 품질은 꿀로 대체하지 않았을 때와 같다.
12. (참 또는 거짓) 폰단(fondant)을 냉각시키기 시작하면서 바로 빠르게 휘저어 주면 제품의 질감이 향상된다.
13. (참 또는 거짓) 캔디를 만들 때 캔디 용액이 부글부글 끓기 시작하면 바로 가열을 중단해야 한다.
14. (참 또는 거짓) 설탕은 케이크의 부피에 영향을 미친다.
15. (참 또는 거짓) 스플렌다(Splenda; 수크랄로스로 만든 감미료)는 설탕과 동일한 양으로 대체한다.

참고문헌

Anonymous. 2009. Better reb-A flavor companions. *Food Product Design 19* (11): 72.

Anonymous. 2009. Streamline processing with dry sweeteners. *Food Product Design 19* (11): 74.

Backas, N. 2005. How sweet . . . and how hot it is! *Food Product Design 15* (2): 56.

Bakal, A. I. 1987. Saccharin functionality and safety. *Food Technol. 41* (1): 117.

Barndt, R. L. and Jackson, G. 1990. Stability of sucralose in baked goods. *Food Technol. 44* (1): 62.

Berry, D. 2009. Naturally sweet. *Food Product Design 19* (11): 84.

Blankers, I. 1995. Properties and applications of lactitol. *Food Technol. 49* (1): 66.

Campbell, L. A., et al. 1994. Formulating oatmeal cookies with calorie-sparing ingredients. *Food Technol. 48* (5): 98.

Chinachoti, P. 1993. Water mobility and its relation to functionality of sucrose-containing food systems. *Food Technol. 47* (1): 134.

Clark, J. P. 2004. Crystallization is key in confectionery processes. *Food Technol. 58* (12): 94.

Clemens, R. and Pressmann P. 2007. HFCS—a sticky matter. *Food Technol. 61* (12): 19.

Dea, P. 2004. Chewy confections. *Food Product Design 14* (6): 63.

Deis, R. C. 2005. Low glycemic foods—ready for prime time? *Food Product Design 15* (1): 79.

Deis, R. C. 2005. How sweet it is—using polyols and high-potency sweeteners. *Food Product Design 15* (7): 57.

Hollingsworth, P. 2002. Artificial sweeteners face sweet "n" sour consumer market. *Food Technol. 56* (7): 24–27.

Jacklin, S. 2004. Food manufacturers in the frontline against obesity. *Food Product Design. Functional Foods Annual.* (September): 15.

Knehr, E. 2005. Carbohydrate sweeteners provide sweet results. *Food Product Design 15* (May Supplement): 38.

Marshall, R. T. and Goff, D. 2003. Formulating and manufacturing ice cream and other frozen desserts. *Food Technol. 57* (5): 32.

Meyer, S. and Riha III, W. E. 2002. Optimizing sweetener blends for low-calorie beverages. *Food Technol. 56* (7): 42.

Nabors, L. O. 2002. Sweet choices: Sugar replacements for foods and beverages. *Food Technol. 56* (7): 28.

Nabors, L.O. 2007. Regulatory status of alternative sweeteners. *Food Technol. 61* (2): 24.

Ohr, L. M. 2006. Functional sweets. *Food Technol. 60* (11): 57.

Paeschke, T. 2003. Dropping calories, maintaining taste and functionality. *Food Product Design 12* (12): 32.

Prakash, I., et al. 2002. Neotame: Next generation sweetener. *Food Technol. 56* (7): 36.

Pszczola, D. E. 2004. Confection: Sweet acronym. *Food Technol. 58* (10): 50.

Pszczola, D. E. 2006. Synergizing sweetness. *Food Technol. 60* (3): 69.

Shallenberger, R. S. 1998. Sweetness theory and its application in the food industry. *Food Technol. 52* (7): 72.

Tragash, K. and Y. Tomiyama. 2005. Aspartame revisited. *Food Product Design 15* (7): 73.

Turner, J. 2003. Honey of an option. *Food Product Design 13* (4): 14.

White, J. S. 2010. Corn syrups: Clearing up the confusion. *Food Product Design 20* (1): 18.

웹사이트

http://www.food-info.net/uk/colour/maillard.htm—Discussion of browning due to the Maillard reaction.

http://www.caloriecontrol.org/erythritol.html—Information on erythritol.

http://www.caloriecontrol.org/sweeteners-and-lite/polyols—Summary of various polyols.

http://chemistry.about.com/cs/5/f/bl031504a.htm—Listing of relative sweetness of many sugars.

http://www.caloriecontrol.org/sweeteners-and-lite/sugar-substitutes—Background information on several sweeteners.

http://search.oregonstate.edu/web/?query=sugar&site=food.oregonstate.edu—Overview of sweeteners.

www.aspartame.org—Information on aspartame.

http://pubs.acs.org/cen/whatstuff/stuff/8225sweeteners.html—Article in *Chemical and Engineering News* on sugar substitutes.

http://www.sweetenerbook.com/thaumatin.html—Description of thaumatin.

http://www.miraclefruitusa.com/—Site about miracle fruit, the source of miraculin.

옥수수전분은 일반적인 증점안정제이다; 사진의 상자에 트랜스지방이 0으로 표시되어 있으나 다른 여러 브랜드에서도 표시와 상관없이 트랜스지방은 거의 함유하고 있지 않다.

9장

녹말

단원 개요

학습 목표
서론
구조
아밀로오즈
아밀로펙틴
전분입자
전분의 고유 기능
호화
젤라틴(젤화)
노화
호정화
전분 실험
원료
천연 전분
변성 전분
사용
생각할 거리: 저항성 전분
전분선택의 결정 기준
쌀과 전분
요약
연습문제
참고문헌
웹사이트

학습 목표

이 단원을 학습함으로써:

1. 전분에 대하여 설명하고 전분의 물리적 조직의 화학적 구성요소들를 기술할 수 있다.
2. 젤라틴화, 젤라틴, 노화의 과정을 설명하고, 구분할 수 있다.
3. 다양한 전분과 그 속성을 이용하여 다양한 음식의 식재료로 선택할 수 있다.
4. 전분의 다양한 타입을 선택하는 원리에 대해 기술할 수 있다.

서론

전분은 복합탄수화물로서 다이어트를 하는 사람에게는 해로운 물질이지만, 지금 이 책에서는 건강에 중요한 에너지원으로 간주한다. 집에서 음식을 준비할 때, 농후제로 중요하지만 식품 업계에서도 중요한 농후제로 이용된다. 이 장에서는 전분의 구조, 기능적 성질, 음식 조리과정에서의 역할, 그리고 형태에 대하여 알아보기로 한다.

구조

전분은 아밀로오즈와 아밀로 펙틴의 두 분자로 구성된 복합탄수화물이다. 그리고 두 분자체는 항상 자연상태로 존재하는데, 아밀로오즈와 아밀로펙틴의 함량에 따라서 그 성질이 결정된다. 각각의 분자들은 다양한 식물로부터 전분을 얻게 되고 이로 인해 독특한 특성을 지니게 된다.

아밀로오즈

아밀로오즈(amylose)는 나선형 구조로 α-1,4 글루코시딕 결합이 직선상으로 연결되어 있고, 분자량은 몇 천개부터 큰 것은 150,000정도까지로 구성되어 있다. 전분은 D-글루코오즈의 고분자체이고 물에 약간 녹는데 이는 전분 요리의 중요한 특징이다. 아밀로오즈 분자의 실제 길이는 전분의 종류마다 매우 다양하다. 하지만 일반적인 곡류의 전분들(예, 옥수수와 쌀)의 아밀로오즈 분자들은, 감자나 뿌리, 덩이줄기 전분보다 더 짧고 더 가볍다.

비록 아밀로오즈는 직선상 구조이지만 개개의 분자들는 헐거운 유연한 코일구조를 이룬다. 이 코일구조는 요오드가 나선구조에 들어가 아밀로오즈와 반응하여 청색반응을 할 수 있게 해준다. 나선구조는 6개의 D-글루코오즈 단위마다 한 개의 요오드 분자와 반응한다. 요오드 테스트는 전분 분산들 중 아밀로오즈의 존재 여부를 결정하기 위해 사용된다.

다양한 전분의 원천은 아밀로오즈의 종류에 따라 달라진다. 비록 식물체는 아밀로오즈를 포함하고 있지 않은 전분을 생산하기도 하고, 약 17%에서 약 30%까지 아밀로오즈 함량이 다른 전분을 생산한다. 일반적으로 뿌리와 덩이줄기 전분들이 곡류들에 비하여 다소 적은 아밀로오즈를 포함하고 있다.

타피오카
카사바(열대 식물)에서 추출되는 뿌리 전분

옥수수 전분의 아밀로오즈 함량이 24~28%이다; 밀 전분은 25~26%이다. 하지만 감자전분은 이보다 낮은 20~23%이다. 일반적으로 사용되는 **타피오카(tapioca)**는 17% 정도로 작다. 상대적으로 완두콩과 옥수수의 아밀로오즈는 75%를 함유하고 있다.

아밀로펙틴

수지상조직(가지돌기)
가지를 뻗은.

아밀로펙틴도 전분의 또 다른 형태이고 D-글루코오즈 중합체이다. 그러나 α-1,4 결합에 α-1.6 결합이 더하여진 형태이다(7장 참고). 아밀로오즈와는 다르게 아밀로펙틴 분자는 D-글루코오즈가 α-1,6 결합에 체인을 이루는 가지구조를 이룬다. 본질적으로 아밀로 펙틴 분자들은 10~25번째 직선상 단위마다 α-1,6 결합으로 연결된 사슬 모양을 가지는 가지 모양을 이루고 있다. 한 개의 아밀로펙틴 분자 내에서 이 사슬은 쉽게 볼 수 있다. 그러므로 아밀로펙틴은 비선형적이고 빽빽하고 밀집된 형태를 보인다.

아밀로 펙틴 분자들의 분자량은 아직 정확하게는 알 수는 없지만 자연상에 존재하는 고분자 화합체임에는 틀림없다. 연구자들은 분자량을 65만~ 5억 개 정도로 추정하고 있다. 아밀로펙틴은 아밀로오즈와 비교하여 훨씬 큰 사이즈임에도 불구하고, 각 분자당 한 개의 유리알데하이드 그룹을 가지고 있다.

표 9.1 전분에서의 아밀로오즈 비율

종류	아밀로오즈 %
뿌리/관	
감자	20
고구마	18
애로루트(마란타)	21
카사바(타피오카)	17
곡류	
옥수수	28
찰옥수수	<1
옥수수	70
밀	26
쌀(장립종)	22
찹쌀	2

요오드 반응을 할 때 아밀로오즈와 아밀로펙틴이 섞인 전분 혼합물들은 이 두 물질을 구분할 때 혼란을 준다. 요오드 반응실험 시 전분이 붉은색으로 변화하면 아밀로펙틴이 들어 있는 것이다. 아밀로 펙틴과 요오드가 아밀로오즈와 결합할 때와 같이 파란색이 나타나지 않는 것은 아밀로펙틴 분자 내에 나선형 배치가 존재하지 않기 때문이다.

일반적으로 아밀로펙틴이 아밀로오즈보다 훨씬 흔하게 볼 수 있다. 뿌리와 덩이줄기에서 아밀로펙틴은 아밀로오즈보다 대략 4배 정도 더 많다(통상 전분의 약 80%차지). 곡류전분들은 약 75%의 아밀로펙틴으로 이루어진다. 그러나 아밀로펙틴의 함량이 높은(찰옥수수 같은) 것들의 유전적 변이가 상업적으로 중요하다. 전분 내의 아밀로오즈와 아밀로펙틴의 비율은 이 두 물질이 요리를 하는데 다른 특성을 보이기 때문에 중요하게 인식된다.

전분입자

식물에서 전분 입자는 규칙적인 형태로 구성되었다. 이 입자들은 아밀로오즈와 아밀로펙틴으로 구성되어 있는데 이것은 세포 내의 세포질(cytoplasm) 안에 **백색질(leucoplast)**에서 만들어진다. 각각의 알갱이들은 중심부에 아밀로펙틴 분자들로 구성되어 있는데, 이는 아밀로오즈 분자들에 의해 중단되기도 하고 층(layer) 내에서 배열되기도 한다. 식물이 수확될 때까지 **전분입자(starch granule)**는 **힐룸(hilum)**이라 불리는 매우 작은 안의 층으로부터 아밀로오즈와 아밀로펙틴 분자들은 딱딱한 작은 알갱이들이 층으로 되어 있다. 층 안에서의 이 분자들은 수소결합을 하게 되고, 이와 비슷하게 이러한 층은 이중결합을 이루게 된다.

자연에 존재하는 전분입자의 물리적 특징은 X선 회절과 극성을 가지고 있고, **몰타십자가(maltese cross)** 형태의 **복굴절(birefringence)**을 하고 있는 결정형 물질이다. 전분입자들의 이러한 복굴절 패턴은 오직 날전분에서만 볼 수 있다. 전분에 열을 가하면 이러한 결정성과 몰타십자가는 더 이상 볼 수가 없다.

백색질
식물세포들의 세포질 색소체; 작은 알갱이들로 전분의 저장장소.

전분입자
수소결합을 하고 있는 백색체로 아밀로오즈와 아밀로펙틴의 중심층.

힐룸
딱딱한 작은 알갱이의 가장 안쪽의 부분 층 또는 핵.

복굴절
두 개의 다른 방향으로 빛이 굴절하는 것.

몰타십자가
십자가 모양으로 십자가 가지의 길이가 같고, 끝모양이 V자 형태를 지니는 것.

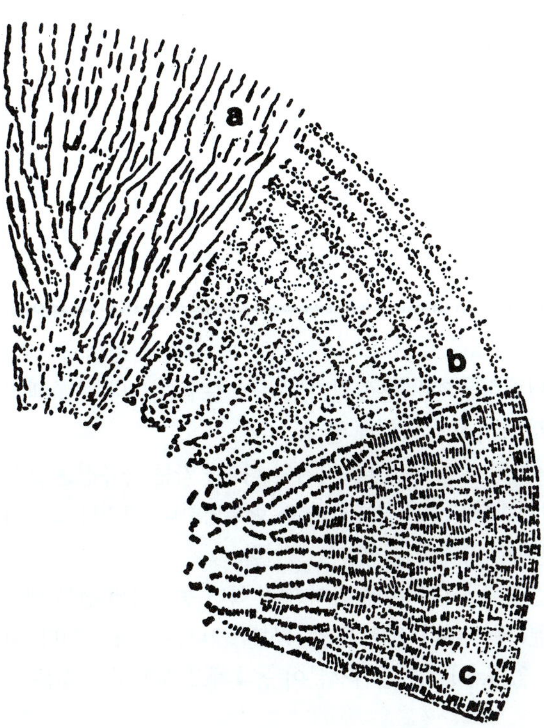

그림 9.1 전분립의 미세 절단: (a) 아밀로오즈의 방사성 정렬 배열, (b) 부정형 영역에서의 아밀로오즈 및 (c) 아밀로펙틴 결정성 영역 (Courtesy of D. R. Lineback and Baker's Digest. 1984. Vol. 1978. 30: 40.)

전분의 고유 기능

전분은 요리할 때 효과적인 농후제 역할을 하는데 가열할 때 물에 의해 **젤라틴화(gelatinization)**가 일어나는 물리적 변화를 일으킨다. 만약 물 없이 가열한다면 그것은 **호정화(dextrinization)**가 일어난다. 이러한 과정은 음식조리 시 중요한데 이러한 전분은 졸과 젤을 결정짓는다.

호화

호화
전분에 물을 넣고 가열하게 되면 전분의 작은 알갱이들이 팽창하게 되는 것.

호화(gelatinization)는 전분의 독특한 물리적 특성이다. 이러한 형태의 변화는 전분과 물을 혼합하여 가열할 때 일어난다. 열에너지는 전분 분자의 수소결합을 깨고 아밀로오즈 분자들을 알갱이를 포함한 물의 형태로 만든다. 물은 지속적으로 작은 알갱이로 만들고 전분과 물을 섞어 열을 가하게 되면 호화가 일어나는 온도에서 부풀게 되고 분자들은 계속 작은 알갱이가 된다. 왜냐하면 물이 아밀로오즈와 아밀로펙틴 분자의 수소결합사이에 들어가 조직을 헐겁게 하면, 딱딱한 알갱이들의 부피가 증가하게 된다.

결합수는 전분 알갱이의 물리적 크기를 증가시킴으로써 전분 혼합물의 점도에 영향을 줄 뿐 아니라, 외부 자유수의 총량을 줄여준다. 전분입자의 치밀한 조직은 호화과정에서 붕괴된다. 작은 알갱이들은 복굴절성을 잃어버리고 아밀로오즈 주위의 액체 알갱이들은 점성을 가지게 되고 반투명하게 변한다.

패스팅
호화된 전분이 아밀로오즈를 잃고 입자가 붕괴되는 것.

붕괴
과한 압축.

패스팅(pasting) 패스팅은 전분이 물속에서 가열됨으로 인해서 발생되는 변화를 설명하는 또 다른 용어이다. 이것은 매우 기술적인 단어로서, 호화된 전분 복합물은 패스팅의 질을 결정한다. 기술적으로 설명하면, 패스팅은 호화가 일어난 후 지속적으로 열을 가한 전분입자에서 일어나는 변화이다. 이러한 변화들은 작은 알갱이와 조직들이 **붕괴(implosion)**라고 말할 수 있을 정도로 전분입자들을 잃어버리는 것을 의미한다.

가열(Temperatures) 가열을 계속하면 복굴절성을 잃게 되고, 작은 알갱이들은 지속적으로 부푼다. 사실 대부분의 전분은 100°C로 가열할 수 있고, 많은 양의 물과 결합하여 그 크기가 증가한다. 아밀로오즈는 호화의 과정단계에서 작은 알갱이로 변한다. 더 작은 아밀로오즈 분자들은 비교적 더 잘 용해되기 때문에 더 잘 호화되다.

거의 100°C에 다다르면 작은 알갱이들은 점성이 줄어들고 부드러워진다. (내부로 압축됨) 부드러워지지 않은 다른 알갱이들은 계속 부풀고, 부드러워지게 된다. 전분 페이스트는 95°C 또는 그 이상에서 몇 분 동안 부피가 커지고 조직이 부드러워진다. 전분 페이스트의 점도가 감소하는 것은 숙성가열로 설명할 수 있다. 타피오카는 다른 전분들보다 낮은, 20°C에서 최대 점성을 가지고 그때 얇아지기 시작한다(표 9.2).

전분의 타입 전분의 농후성은 전분의 원료에 따라 달라진다. 감자전분은 꽤 좋은 농후제 원료이다(표 9.3). 뿌리 전분은 곡류전분보다 효과적이다. 밀은 일반적으로 이용할 수 있는 전분들 중 제일 비효율적이다. 가정에서 사용되는 밀가루는 단백질을 함유하고 있기 때문에 순수 밀보다 덜 효과적이다. 찰녹말은 다른것들에 비하여 농후제로서 효과적인 역할을 한다.

호화과정 중 반투명성은 뿌리전분에서 눈에 띄게 볼 수 있다. 감자와 타피오카는 곡류전분 호화 때보다 더 반투명하다. 곡류전분들 중에서 찰진전분은 보통곡류보다 더 반투명하다. 그러나 보통의 옥수수전분과 밀전분은 호화하는 동안 반투명성이 증가하는 경향을 보인다.

호화된 전분 페이스트는 식감을 좋게 하는 질감을 만드는데 관여한다. 특히 농후화된 전분 페이스트는 부드러워지지만, 정형화되지 않은 전분(특히 뿌리 전분)은 점착성을 지니는 경향이 있다. 이러한 페이스트는 대부분 질긴 질감을 가지고 있다. 이것은 감자전분이 농후제로 사용하는 것은 매우 안 좋다는 것을 의미한다.

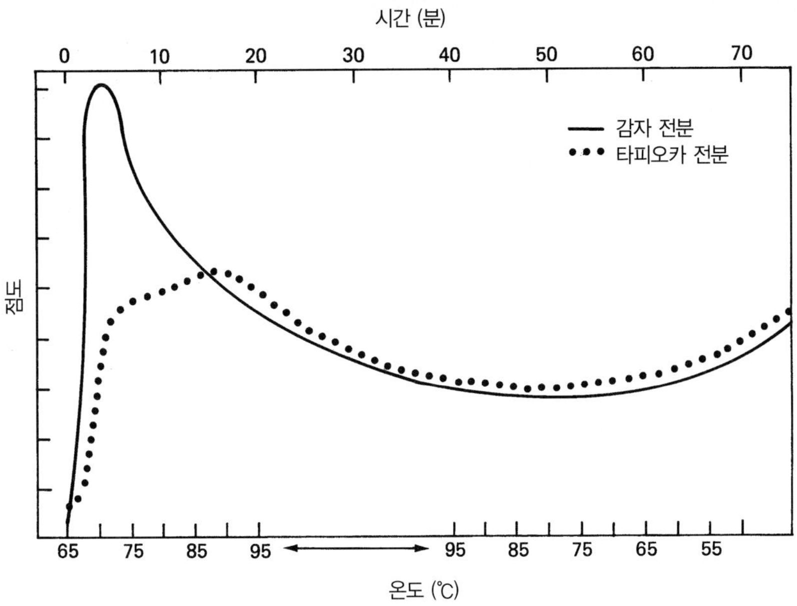

그림 9.2 감자와 타피오카 전분 페이스의 가온, 서냉 및 항온 과정에서의 점성 비교. (Based on data from T. J. Schoch and A. L. Elder. "tarches in the food industry" In *Users of Sugars and Other Carbohydrates in the Food Industry*. Adv. In Chem. Ser. 12, p. 24. 1955. American Chemical Society).

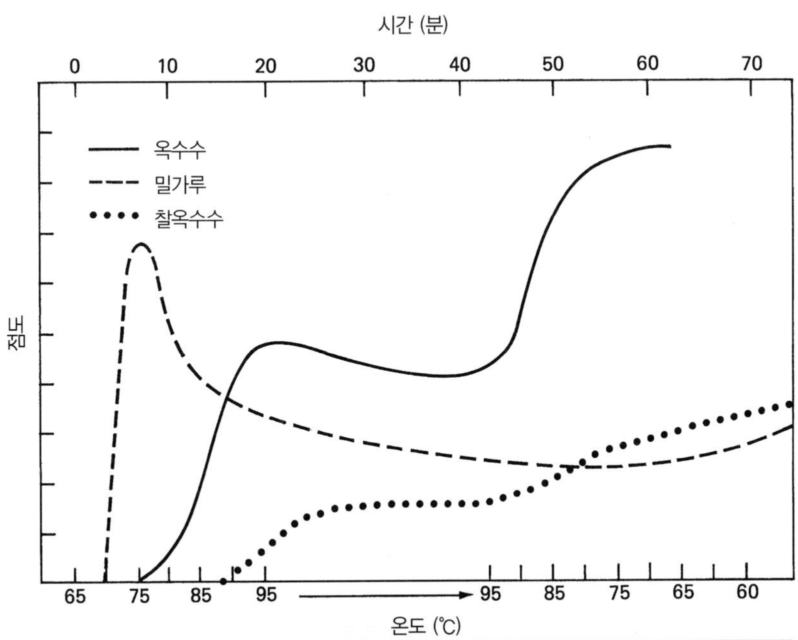

그림 9.3 옥수수, 밀가루 및 찰옥수수 전분 페이스트의 가온, 서냉 및 항온 과정에서의 점성 비교. (Based on data from T. J. Schoch and A. L. Elder. "tarches in the food industry" In *Users of Sugars and Other Carbohydrates in the Food Industry*. Adv. In Chem. Ser. 12, p. 24. 1955. American Chemical Society).

표 9.2 최대 점도와 온도와 최대 점도 20분 후의 전분 페이스트[a]의 온도

전분타입	점도 최대 온도(℃)	점도 최소 온도	20분 후	
			온도(℃)	점도(g-cm)
감자	90	105	95	49
찰옥수수	89	105	95	65
가교된 찰옥수수	93	103	96	115
찹쌀	87	110	96	106
찰밀가루	70	97	92	25
찰수수	91	108	96	65
타피오카	71	108	94	59
애로루트	80	103	96	85
수수	94	110	97	73
옥수수	91	113	95	77
쌀	94	101	97	54
쌀가루	93	100	97	77
밀	92	105	94	62
밀가루	83	108	95	5

[a]전분의 함량이 다양하기 때문에 페이스트가 최대 점도에 도달할 때 비슷한 점성을 띠게 된다.

타피오카 펄
큰 알갱이의 타피오카를 말리고 재 생산한 형태.

이러한 조직 특성은 타피오카를 화학적 공정을 거쳐 **타피오카 펄(pearl tapioca)**의 형태로 만들어 사용하게 하는 이유가 된다. 타피오카 펄은 오랜기간 작은 알갱이들을 말리고 그것을 뭉쳐서 푸딩이나 다른 제품들에 사용할 수 있도록 만든 형태이다. 타피오카는 호화되면서 아주 작은 형태로 말려지고 액체를 가하면 더 좋은 형태의 질감으로 변하게 된다. 가루로 만들어졌던 타피오카는 빠른 수화성으로 인하여 자주 이용되고 있다.

곡류전분은 뿌리전분에 비해 호화될 때 훨씬 덜 끈적인다(표 9.4). 이러한 성질은 옥수수 전분의 전분 페이스트가 농후제로 선택되는 이유이다. 하지만 찰진 옥수수 전분은 반투명 페이스트 상태에서 섬유질을 생산한다. 다행이도 찰전분은 전분 페이스트 호화과정에서 교차결합의 딱딱한 조직의

표 9.3 다양한 전분들의 농후성 비교

전분의 형태	뜨거운 전분 페이스트를 만드는데 요구되는 점성을 위한 상대적인 양
감자	1.96
찰옥수수	2.98
찹쌀	3.13
찰수수	3.42
타피오카	3.54
가교된 찰옥수수	4.15
애로루트	4.37
수수	4.66
옥수수	4.90
찰밀가루	5.48
쌀	5.49
쌀가루	5.57
밀	6.44
밀가루	9.27

표 9.4 선택된 전분의 성격과 질

	근경과 괴경			곡물			
특성 또는 품질	**타피오카**	**감자**	**애로루트**	**쌀**	**밀가루**	**옥수수**	**찰옥수수**
아밀로오즈 17% (대략)	20-23			25-26	24-28	0	
과립크기 (μ)	12-25	100		3-8	10-35	12-25	
최대 페이스트 점성 온도 (°C)	71	90	80	94	92	91	89
페이스트 점성에 대한:							
비교 가능한 양	3.54	1.96	4.37	5.49	6.44	4.90	2.98
젤 경도	0	0	87	31	345	52	0
투명도	높다	높다	높다	좋음	좋음	좋음	높다
질감	씹기 어려움	씹기 어려움	씹기 어려움	좋음	좋음	좋음	씹기 어려움

특성이 변하여, 우수한 반투명성의 부드러운 페이스트로 만들어진다.

재료의 효과[Effect of Ingredients]. 농후 전분은 디저트를 만들 때 보통 설탕과 섞어서 사용한다. 자연에 존재하는 모든 설탕의 흡습성은 호화를 하기 위해 물이 필요한 전분과 경쟁적으로 물을 흡수하면서 요리에 사용된다. 이러한 경쟁은 부분적으로 호화가 지연되는 것을 설명할 수 있고, 이로 인해, 설탕의 양을 늘리면 호화의 최종 온도는 올라가게 된다. 다른 도움되는 특성은 설탕과 전분 분자 간의 교차결합을 보이게 된다.

설탕의 분명한 효과는 반투명성을 증가시키고 페이스트의 점성과 젤의 강도를 약화시킨다. 단당류는 대부분의 이당류보다 효과가 적다. 말토오즈는 락토오즈나 수크로오즈보다 효과가 적다. 이러한 특성 때문에 수크로오즈가 푸딩이나 파이 충전물에 자주 권장된다.

이따금씩 레몬주스나 다른 신재료들은 전분 농후제와 사용된다. 열과 산은 특히 ph 4 이하에서, 전분 분자들을 더 작은 분자로 쪼개는 가수분해를 일으킨다. 전분의 가수분해는 농후 전분 안에서 더 자유롭게 움직이는 전분에 의해서 더 짧아진 분자들이 생성된다. 즉 점도가 낮아진다. 그 결과 호화된 전분 페이스트는 산이 없을 때보다 더 묽어지게 된다.

만약 전분(과일주스가 파이에 속을 채울 때 농후제로 쓰이는 경우)에 산을 첨가하는 경우에는 재빨리 가열해야 하고, 가수분해시간을 최소로 해야 천천히 가열했을 때보다 좀 더 걸쭉한 농후제가 된다. 가급적 산은 호화과정 후에 첨가해야 하는데 그래야 저점도를 일으키는 되는 산가수분해를 피할 수 있기 때문이다. 그러나 레몬과즙(또는 다른 유사한 산성물질들)은 전체 액체 중에 일부로 계산될 수 있기 때문에 요리 레시피는 표준화(레시피화)될 필요가 있다. 호화 후의 액체 첨가는 페이스트 전분 분자들이 결합하는 것에는 영향을 주지 않는다.

레몬파이를 만들 때, 설탕과 산은 농후전분을 만드는 재료이다. 그런 요리법들에서 사용되는 설탕의 양은 페이스트에 상당한 영향을 준다. 만약 내용물 중 설탕 함량이 낮으면, 증가된 점도와 낮은 호화온도로 인하여 설탕-전분 화합물에 산의 양은 증가하지만 전분 페이스트에 열이 지속되면 재빠르게 묽어진다. 그러나 설탕의 양이 많아지면 호화에 필요한 물이 더 많아지고 전분입자들의 팽윤을 억제하고 호화를 지연시켜 점도를 저하시킨다. 전분 분자의 작은 알갱이들과 산의 결합은 산가수분해를 늦추게 한다.

산과 설탕은 전분이 호화하는 과정에서 꼭 필요하고 충분한 열이 완전한 호화와 농후성을 이끄는데 절대적으로 필요하다. 묽어지기 전에 재빨리 최대로 농후화되는 시점을 찾기 위해선 주의가 필요하다. 교차결합된 전분은 상업적으로 유용하게 사용된다. 교차결합된 전분은 고유한 전분보다 가수성을 오래 지니고 있다.

지방은 전분과 같이 농후제 역할은 하는 원료로 이용된다. 그것들은 최대 호화와 점도가 일어나는 온도를 감소시켜준다. 우유단백질 또한 낮은 전분화합물의 호화에 필요한 최대온도를 낮추어 준다.

젤라틴(젤화)

호화된 전분은 졸과 젤 형태로 존재한다. 뜨거운 전분 페이스트는 흐르는 경향이 있다; 전분은 고체상에서 흩어지고 물은 연속상이다. 많은 전분 페이스트(졸)는 차가울 때 젤로 전환된다. 호화과정에서 자유롭게 움직였던 아밀로오즈 분자들은 전분입자를 남긴다. 이 페이스트는 점점 차가워지고 자유 아밀로오즈가 더 천천히 움직이면서 에너지를 잃게 된다. 이따금 아밀로오즈는 가까운 다른 아밀로오즈 분자와 수소결합을 한다. 페이스트가 아직 따뜻할 동안 수소결합은 쉽게 깨질 수 있고, 두 개의 분자가 페이스트를 통하여 분리된 움직임이 지속된다. 팽윤된 전분입자들 중에서 안정화된 수소결합이 증가하게 되면 움직임은 느려진다.

점차적으로 에너지가 감소하면서 차가워지는 동안 아밀로오즈 분자들 간의 수소결합을 형성하고, 그 결과 전분 페이스트는 젤로 변한다. 충분한 아밀로오즈 분자들이 수소결합을 지속적으로 형성하고 있을 때 부푼 작은 알갱이들은 아밀로오즈 상부에서 가두게 된다. 이러한 고체 네트워크는 새로운 전분형태인 **젤(gel)**이 되고, 그리고 물은 흩어지거나 불연속적인 상태가 된다. 이러한 교질 시스템 젤은 더 이상 흐르지 않게 된다. 이러한 과정을 젤의 형성 **젤화(gelation)**라 부른다(그림 9.4).

젤
교질 시스템으로 액체가 흩어지고 고체형태로 된 것.

젤화
젤이 형성되는 과정.

집중화된 전분의 타입. 앞에 나온 젤화의 과정을 읽고 난 후 음식을 만드는데 있어 찰 전분같이 아밀로오즈 함량이 적은 전분들은 젤을 이루지 않는데 놀라서는 안 된다. 만약 전분의 수준을 30%까지 올리게 되면, 아밀로펙틴 분자들은 찰 전분은 수소결합을 제한하고 부드러운 젤을 형성한다. 이것은 학문적으로는 중요하지만 음식산업에서는 중요하지 않다. 젤상태가 요구된다면 다른 전분이 사용한다.

감자나 타피오카 전분과는 달리 애로루트 전분은 적어도 부드러운 젤을 형성한다(표 9.5). 옥수수 전분은 딱딱한 젤을 형성하고 밀 전분은 단단한 젤을 형성한다. 때때로 곡류로부터 얻은 가루들이 농후제로 사용되기도 한다. 비록 밀, 쌀, 심지어는 찹쌀가루도 그것들의 젤 형성능력이 부족하더라도 호화과정에서 효과적으로 사용된다. 밀이나 다른 곡류가루들을 농후제로 사용하는데 단점은 그것들이 단백질을 함유하고 있어 불투명한 졸과 젤을 형성하는 것이다.

열의 범위(영향). 젤화는 자유 아밀로오즈 분자들이 수소결합에서 얼마나 자유롭게 움직이는지에 따라 달라진다. 이러한 분자들은 전분이 충분한 물과 함께 가열될 때 수소결합이 깨어지면서 아밀로오즈 속으로 물이 들어가게 된다. 최적의 젤 강도를 위해서 전분 페이스트는 아밀로오즈가 풀어질 만큼 충분히 가열되야 하지만, 너무 많이 가열되면 그 분자들은 조각들로 쪼개진다.

적당히 가열하면 호화는 완전해지고 아밀로오즈는 알갱이들이 분열되기 전에 오랫동안 이용할 수 있게 된다. 그러나 세제 젓고 가열시간이 길어지면서 조직들이 분해된다. 그 결과 패이스티의 조직은 약해진 젤 구조가 된다.

교반(Agitation). 최대의 젤 강도를 위해 전분 혼합물은 방해 없이 냉각되어야 한다. 수소결합은 아밀로오즈 분자들 사이를 가까워지게 하여 강한 젤을 형성하도록 한다. 젤화가 되는 동안 교반을 하게 되면 이미 형성된 수소결합을 방해하고 젤화를 약하게 한다. 이러한 이유로 인하여 버터나 푸딩이나 파이에 들어가는 향료들은 열에서 떼어낸 후 곧바로 저어주어야 하고 차갑게 식혀야 한다.

다른 재료들의 효과(Effects of Other Ingredients). 설탕과 산은 맛을 위하여 제품들에 넣지만, 이 재료들은 전분 젤의 성질에 영향을 준다. 설탕은 젤을 부드럽게 할 뿐만 아니라 그것의 반투성을 증가시킨다. 호화 전에 산이 첨가된다면 가열과 pH의 비율과 마찬가지로 산에 의해 부드러워지는데

그림 9.4 옥수수 전분 푸딩은 충분히 강한 젤을 형성해서 식힌 후에 컵의 형태로 제공되기도 한다. 젤의 구조는 약하지만 기본적인 형태는 유지할 수 있다.

표 9.5 대략적인 다양한 전분의 동등한 점도 페이스트로 만들어진 젤의 강함

전분	젤 경도 (g-cm)	
	냉각 상태에서의 최대 점성도	냉각하기 전 20분 정도 조리할 때의 최대 점성도
찰옥수수	0	0
찹쌀	0	0
가교된 찰밀가루	0	0
감자	0	0
타피오카	0	0
가교된 찰옥수수	0	0
쌀가루	11	15
밀가루	26	88
쌀	31	30
애로루트	87	115
옥수수전분	52	142
살짝 끓인 옥수수전분	115	210
밀	345	440
살짝 끓인 밀	434	1440

[a]이용 가능한 건조 전분은 표 9.3을 참조 바람.
[A]dapted from Osman, E. M. and Mootse, G. Behavior of starch during food preparation 1958. *Food Res.* 23: 554.

설탕과 함께 작용하기 때문이다. 만약 산이 전분이 호화되기 전에 첨가되어 pH 4 이하로 낮아진다면 산가수분해는 젤을 약하게 할 것이고 아밀로오즈 사슬을 짧게 만들 것이다. 레몬주스나 비네거를 젤화되기 전에 넣을 때 액체를 넣거나 가수분해하지 않게 하기 위해 연화되는 것을 관찰해야 한다.

지방과 단백질은 다른 성분들이 추가될 때 전분 비중이 감소하는 결과를 야기하여 젤의 강도에 역시 영향을 준다. 그 효과는 계란노른자 단백질로 전분 혼합물에서 훨씬 잘 설명될 수 있다. 계란노른자를 호화 전분 혼합물에 집어 넣을 때, 노른자는 잘 응고될 수 있도록 충분히 데워진 후 첨가되어야 한다. 그러면 농후전분-단백질 혼합물은 잘 식으면서 젤화된다. 만약 계란 단백질이 응고되지 않는다면 차갑게 된 농후 혼합물은 젤화되지 않고, 대신 유동성을 가지게 된다. 왜냐하면 **α-아밀라아제(α-amylase)**와 반응하기 때문인데 이는 전분을 소화(와해)시키기 때문에 노른자를 넣기 전에 비해 점도가 덜 생산된다. 실질적인 관점에서 노른자를 넣어 전분 농후 페이스트를 응고시키는 것은 젤의 강도를 향상시키는데 필요하다.

α-아밀라아제
아밀로오즈는 소화효소로 계란노른자에는 다량 들어 있고 계란흰자에는 조금 들어 있음.

이수(이장) 물은 전분 젤 안에 묶여 있는 상태이다. 물의 층은 아밀로오즈 분자들과 수소결합되어 있다. 어떠한 물은 전분 입자 안에 갇혀 있다. 게다가 자유수는 젤 구조 내에서 빈틈에 갇히게 된다.

젤이 시간이 지나면 약간의 아밀로오즈 분자들은 서로 끌어당기고 어떤 물은 젤 밖으로 나가게 된다. 같은 맥락에서 전분 젤은 표면이 잘리거나 가두어졌던 액체결합이 헐거워질 때 분리된다.

이렇게 물이 젤에서 빠져나가는 것을 이장(syneresis)이라 한다(6장 참고).

노화

젤이 형성된 후 매우 정적인 것같이 보이지만 약간의 변화가 생긴다. 이러한 변화는 수소결합이 깨지고, 다시 다른 수소결합이 구성되는데 아밀로오즈 분자들은 젤 안에서 변화한다. 시간을 걸쳐 아밀로오즈 분자들의 부드러운 성질은 원래 자신들의 특성이었던 결정화로 변한다. 아밀로오즈가 더 규칙적으로 배열되는, **노화(retrogradation)**는 어떤 것들은 혀에 닿았을 때 모래 같은 질감을 준다.

노화
젤 전분을 저장하는 동한 크리스탈 같은 결정이 점점 증가하는 것으로 아밀로오즈 분자가 규칙적으로 배열되는 이유 때문이다.

아밀로펙틴 또한 노화가 되는데 아밀로오즈보다 훨씬 더 더디게 진행된다. 아밀로펙틴의 가지상 구조가 수소결합과 전분 젤에서 다른 분자들과 결합하게 해준다. 분명히 노화는 음식의 질을 떨어뜨리는 역할을 한다. 전분 농후제가 들어간 푸딩은 냉장고에서 며칠 두게 된다면 질감의 질이 노화될 것이다. 예를 들면, 빵을 만든 후 며칠 동안 저장하게 되면 거친 질감을 가지게 된다.

노화가 일어날 때 아밀로오즈의 결정화는 전분이 함유된 음식을 데우면 해결될 수 있다. 열에너지는 다시 젤 안에서 움직일 수 있게 아밀로오즈 분자와 수소결합을 충분히 부서트릴 수 있다. 오래된 빵을 데우고 재가열할 때 이러한 변화는 많이 볼 수 있다. 데워진 빵은 거칠지는 않지만, 다시 빵이 차가워지게 되면, 아밀로오즈 분자들은 다시 노화되고 딱딱해진다.

호정화

가끔씩 밀가루를 고기 익힐 때 넣거나 다른 그레이비 소스를 만들 때 전분은 물 없이 팬에서 가열된다. 물 없이 온도가 빠르게 올라가며, 물이 있을 때보다 더 높은 온도까지 올라간다. 높은 에너지는 전분의 화학적 분해를 일으키는데 화학적 반응에는 밀가루 안에 있는 물에 의해 일어난다. 아밀로오즈와 아밀로펙틴 분자는 글루코오즈 단위 사이에서 하나 혹은 더 많은 분자로 쪼개진다. 이 결과 덱스트린이라고 불리는 좀 더 작은 분자로 쪼개진다(7장 참고). 이러한 변화를 **호정화(dextrinization)**라 부른다.

호정화
전분이 건열에 의하여 가수분해되어 덱스트린으로 화학적 변화를 일으키는 것.

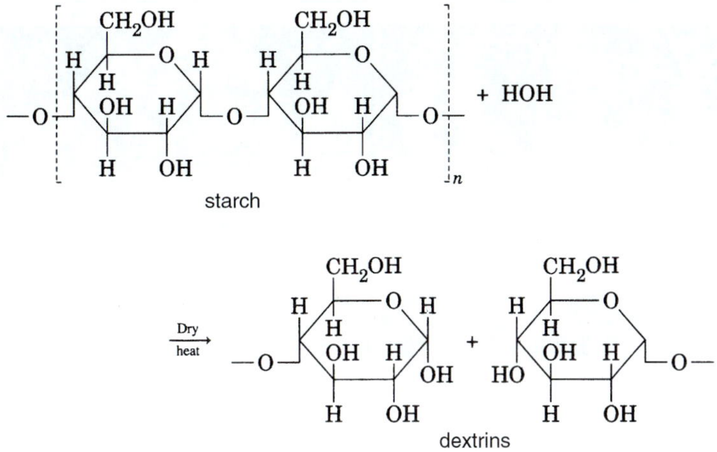

전분 실험

원료

이용되는 식물에 따라 탄수화물은 곡류, 뿌리류, 나무 전분(tree starch)으로 구분할 수 있다. 곡류는 오트, 쌀, 밀, 옥수수 등이 있다(그림 9.5). 비록 다양한 모양의 곡류 또는 알갱이지만 모든 곡류는 세 부분으로 구성되어 있다. 겨는 껍질(bran), 작은 양의 배아(germ, embryo) 그리고 주된 **배유(endosperm)**. 배유는 곡류 내의 딱딱하고 작은 알갱이들이다.

배유
곡류에서 가장 큰부분을 차지하는 것으로 전분이 포함되어 있다.

곡류의 종류에 따라 각각의 모양은 다르다(그림 9.6). 옥수수전분은 일반적으로 다각형의 작은 알갱이들이 12~25마이크론의 직경이다. 쌀 전분은 가장 작은데 보통 3~8 마이크론이다. 쌀단백질은 배유 덩어리에서 단백질을 쪼개내기가 특히 어렵다. 최근 순수한 쌀 전분과 단백질을 나눌 수 있는 고기압 기술(microfluidizer)이 고도로 발달하여 두 부분으로 나눌 수 있다. 놀랍게도 밀은 두 개의 작은 부분으로 기본 구성되어 있다. 직경이 10마이크론인 작은 구형이고 맞은쪽은 이보다 큰 35마이크론이다. 이는 특별이 다른 곡류전분 알갱이보다 더 크다.

뿌리 전분들은 카사바나무나 감자(실제는 덩이줄기)로부터 상업적으로 생산된다. 카사바뿌리로부터 생산하는 것은 타피오카라 부르는데 이것은 요리에 많이 쓰인다. 타피오카푸딩 타피오카전분의 알갱이는 둥글고, 직경은 12~25마이크론이다. 이와 대조적으로 감자전분 알갱이는 작은 홍합 껍데기 같은 모양이다. 다른 전분입자와 비교되게 감자의 지경은 100마이크론이다.

야자나무의 사고(sago)의 중과피(pith)는 다른 상업적인 전분의 원료가 된다. 사고 전분 분자는 감자보다 크고 타원형이다. 칡(arrowroot)과 마일로도 상업적으로 사용되는 전분이다.

잘익은 콩, 건조된 콩에는 전분이 많이 함유되어 있다. 그러나 콩은 조리과정에서 전분을 쉽게 얻을 수 없다. 대신 단백질을 섭취하기 위하여 씨 전체를 섭취한다.

천연 전분

전분을 식재료로 이용할 때는 선택의 폭이 넓다. 곡물, 뿌리, 덩이 또는 나무전분들은 사용 가능하도록 처리과정을 거친다. **천연 전분(native starche)**은 가정에서 농후제로 사용되고 상업적 식료품으로도 사용된다. 게다가 쌀가루와 밀가루는 특히 가정에서 농후제로 사용된다. 이런 가루들은 전분 역할뿐 아니라 단백질이나 곡류의 다른 성분들까지 제공한다.

천연 전분
수확된 후 어떠한 성분변화를 주지 않은 전분

다른 전분들은 독특한 특성을 가지고 있으며 유전적인 연구를 거쳐 새로운 곡식으로 변형되는

그림 9.5 시리얼을 위한 전분의 급원: (a) 귀리, (b) 쌀, (c) 밀 및 (d) 옥수수

데, 이것들은 원래의 성질과 약간 다른 특성을 가지고 있다.

찰전분
유전자 처리과정을 통하여 구성성분이 오직 아밀로펙틴만 함유하는 전분.

어떤 것들은 거의 100%의 아밀로펙틴으로 구성된 것이 있다. 찹쌀과 같은 것들이다. **찰전분(waxy starch)**은 아밀로오즈가 없기 때문에 젤을 잘 형성하지 않는 특징이있다. 이러한 특성을 이용하여 찰전분은 과일파이나 다른 제품들을 만들 때 자주하게 이용하게 된다. 찰전분과 찰수수 전분은 그들의 화학적 구조와 농후제로서의 고유한 특성 때문에 산업에서 독특한 역할을 한다.

아밀로펙틴 함량이 높은 전분
예외적으로 아밀로오즈가 풍부하고 정상적인인 것보다 낮은 아밀로펙틴을 함유한 전분.

가식성 필름
젤라틴화된 높은 아밀로오즈 전분으로 만든 필름으로 먹을 수 있음.

유전연구는 매우 높은 75% 함량의 아밀로로즈 분량의 제품도 개발하였다. 전분 분자 중 많은 양을 차지하는 것은 아밀로펙틴이다. 그럼에도 불구하고 아밀로오즈의 높은 함량은 음식을 만들 때 독특한 역할을 한다. **아밀로펙틴 함량이 높은 전분(high-amylose starch)**. 아밀로오즈 분자들의 성질은 수소결합이 가능하다. 그 결과 높은 아밀로오즈함량 전분은 사탕 같은 쌀(wrapping) 수 있는 얇은 필름을 만들 수 있다. **가식성 필름(edible film)**의 이러한 특징 때문에 이 특별한 전분은 독특하고 상품성 있는 아이템이다.

가식성 전분은 다양한 카사바, 쌀, 옥수수들이 전분 재료로 사용된다. 이러한 농장물들은 단순하지만 개발도상국들에게 부가가치가 되는 농업작물이다. 미국 식품산업에서는 다양한 가식성 전분을 진해성 포장, 감자(감자튀김을 위한)의 코팅, 신선제품, 오븐구이 제품에 사용한다. 이러한 코팅은 소비자에게 가기까지 제품의 품질을 보호하는 역할을 한다.

변성 전분

변성 전분
전분 천연의 성질을 바꾸기 위하여 화학적, 물리적 변형을 하는 것.

오늘날 식품업계의 발전은 다양한 **변성 전분(modified starch)**의 개발을 유도하였다. 화학적 물리적 변화를 통하여 독특한 특성을 지닌, 더 유용한 전분이 개발되었다. 변성 전분을 만드는 물리적인 방법들은 압출가공, 드럼이나 스프레이를 통한 건조와 열처리 등이다. 화학적 변성 방법은 산이나 에스테르나 다른 하이드록시기 대체를 통한 에스터 같은 다른 구성물 반응을 통한다.

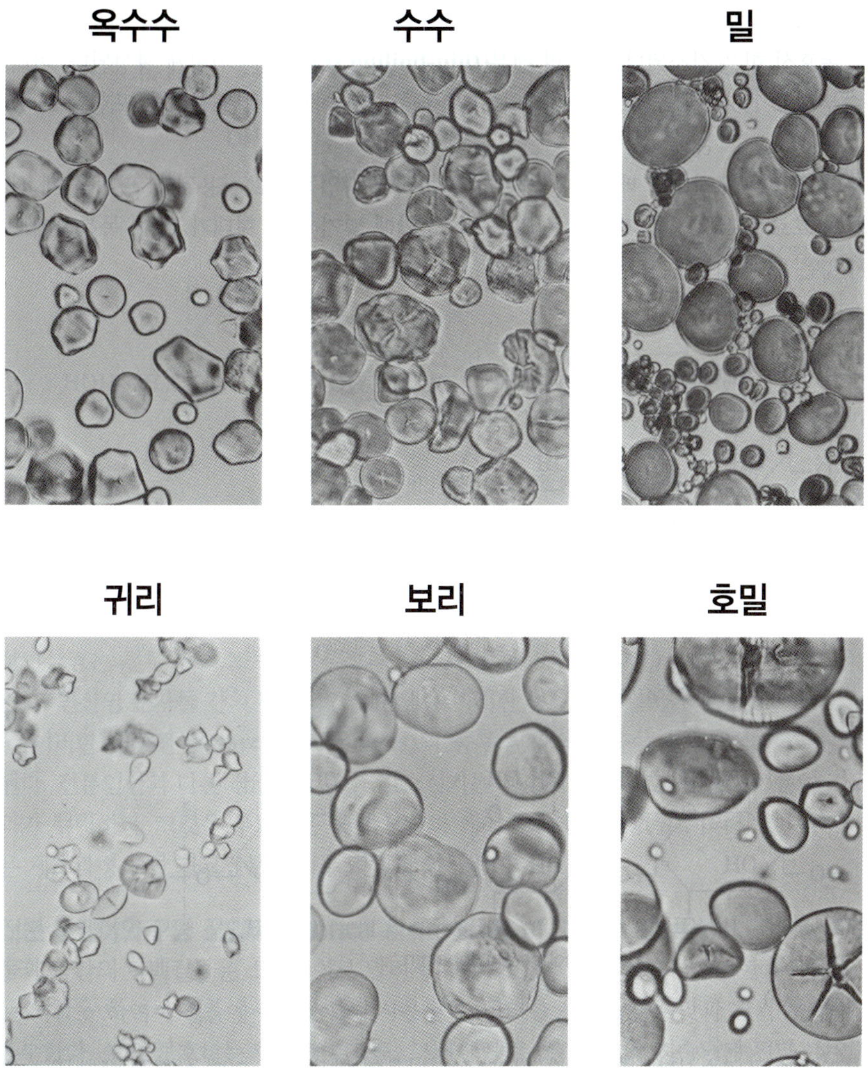

그림 9.6 젤라틴화되지 않은 시리얼 전분립의 현미경 사진. (by M. M. McMasters. Courtesy of the Northern Regional Research Center, USDA-ARS. Peoria, IL and Jerold A. Bietz).

전처리 호화 전분[Pre-Gelatinized Starches] 시간절약을 위하여 전처리된 젤라틴 전분의 요구량이 많다. 이러한 전분들은 천연전분의 물리적 변화를 거친 제품이다. **전처리 호화 전분(pre-gelatinized starch)**은 물과 만나면 젤라틴화되면서 요리된다. 그 결과 물이 첨가되면 꼭 열을 가하지 않아도 전분이 원하는 만큼 부푼다. 이러한 전분가루들은 제조업자들은 최종 단계에서 인스턴트 덩어리제품을 만든다. 인스턴트 푸딩은 전처리 호화 전분을 사용한 좋은 예이다.

전처리 호화전분
탈수되어 미리 호화된 전분: 물을 넣으면 농후된다.

찬물에서 부푸는 전분(CWS: cold water-swelling starch)은 전자레인지 조리에 사용하기 좋게 전처리된 호화 전분이다. 그것은 말리기 전에 부풀게 하기 위해 높은 온도와 압력에 알코올을 혼합하여 처리된 전분이다. 차가운 물에서 부푸는 전분을 만드는 또 다른 방법은 통제된 온도와 압력에 분사하는 것이다. Spray cooked starch은 이 결과 생기는 제품의 이름이다. 이러한 재료들은 독특하게 찬물에서 부푸는 특성을 가지고 있고 전분알갱이로 되어 있어, 요리를 필요로 하지 않는다.

찬물에서 부푸는 전분
전처리 호화 전분.

요약

전분은 직렬상의 아밀로오즈와 가지구조의 아밀로펙틴 분자로 이루어진다. 곡류나 뿌리 같은 전분 알갱이는 백색체이고 75%는 아밀로펙틴 나머지를 아밀로오즈로 이루어져 있다.

호화는 전분 분자들이 물과 함께 가열되면 아밀로오즈 분자 주의에 물이 들어와 팽윤하게 된다. 전분의 차이에 의해 호화나 저장 중의 노화 등이 다른 양상을 보인다. 설탕은 전분과 물을 경쟁적으로 이용하고, 호화를 지연시키고 점도를 감소시키고, 부드러운 젤을 만들고 반투명성을 증가시킨다. 산은 호화과정 동안 가수분해를 일으키고 특히 pH 4 이하에서는 점도를 떨어뜨리는 역할을 한다.

전분 페이스트가 차거워지면 젤을 형성한다. 전분젤의 특성은 전분의 타입, 온도, 교반, 산이나 설탕에 의하여 달라진다. 저장하는 동안 젤은 이장이 일어나고, 아밀로오즈와 아밀로오즈 분자들은 자신들의 결합을 더 견고히 하고 모래 같은 크리스탈 결정을 발생시킨다. 노화는 전분이 냉동과 해동될 때 더 큰 문제이다.

호정화는 건조한 열에 의하여 전분이 파괴되는 것이다. 짧은 분자가 농후성을 줄인다.

옥수수전분, 밀, 쌀, 감자, 타피오카, 찰옥수수전분을 포함한 천연전분이 사용된다. 전분 유도체는 특별한 구조로 되어 있다. 전처리 호화전분은 추가적인 요리과정 없이 빨리 농후제가 된다. Thin-boiling starch(산처리를 하여 아밀로펙틴의 가지를 감소시켜주어서)는 강력한 젤을 형성할 수 있도록 도와준다. 가교전분은 농후전분젤을 이루어 소스를 만들 때 모래알 같은 질감을 없애주고, 지방의 대체제로 사용되고, 인산염 전분은 효과적인 농후제로 사용된다.

쌀의 다양성은 그들의 구조를 반영한다. 장립종은 아밀로펙틴의 함량이 높아 중립종이나 단립종보다 물을 덜 흡수한다. 찹쌀은 매우 끈적거리는데 거의 대부분 아밀로펙틴으로 이루어져 있기 때문이다. 다양한 색과 맛을 제공하는 쌀들도 있다.

연습문제

1. 전분이 농후제로 쓰이는 레시피를 5가지 말하시오. 소비자들이 각각의 레시피에 맞는 전분을 고른 것에 대하여 설명해 보시오. 식품에 따라 식품업계에서 선택할 수는 있는 가장 좋은 전분 형태를 설명하고 그 이유를 설명하시오.
2. 감자전분 알갱이가 젤화되는 것을 설명하시오. 호화의 과정을 묘사하시오.
3. 전분 농후 푸딩이 레몬주스와 함께 만들어지는 것과 레몬주스 없이 만들어지는 것의 차이를 설명하시오. 첫 번째 제품의 화학적 반응을 서술하시오.
4. 밀전분과 밀가루의 차이점은? 위의 두 가지로 쿠키를 만들 때 어떻게 다른가?
5. 호화와 젤화 노화에 대하여 자세히 쓰시오.
6. 다음에 적당한 타입의 쌀을 말하시오: (a) 젓가락 반찬과 먹는, (b) 스시 (c) 디저트 (d) 쌀 캐서롤
7. 젤화는 호화의 다른 말이다.
8. (참 또는 거짓) 아밀로오즈는 직선상 구조이다.
9. (참 또는 거짓) 아밀로오즈는 α-glucosidic 1,6 결합이다.
10. (참 또는 거짓) 수상돌기를 아밀로펙틴을 설명할 때 묘사되는 단어이다.
11. (참 또는 거짓) 호화는 건열이 필요하다.
12. (참 또는 거짓) 감자 전분은 80°C 이상에서 가열되면 덜 점성이 생긴다.
13. (참 또는 거짓) 찰옥수수는 젤화되지 않는다.
14. (참 또는 거짓) 호화는 가역(되돌릴 수 있는)반응이다.
15. (참 또는 거짓) 노화는 가역반응이다.

참고문헌

Berry, D. 2003. New times for cereals. *Food Product Design 13* (1): 35.

Berry, D. 2005. Through thick and thin. *Food Product Design 15* (2): 34.

Darling, K. 2009. Starch on the side. *Food Product Design 19* (11): 46.

Davis, R. C. 1998. The new starches. *Food Product Design 7* (11): 40

Decker, K. J. 2003. Souper mixes. *Food Product Design 13* (2): 37.

Decker, K. J. 2009. Getting sauced: Pasta sauce formulating secrets. *Food Product Design 19* (12): 18.

Duffy, R. 2001. *Specialty Rices of the World.* FAO and Science Publishers, Inc. Enfield, NH.

Fitt, L. E. and Snyder, E. M. 1984. Photomicrographs of starches. In *Starch, Chemistry and Technology. 2nd ed.* Whistler, R. L., et al., eds. p. 675. Academic Press. Orlando FL.

French, D. 1984. Organization of starch granules. In *Starch, Chemistry and Technology. 2nd ed.* Whistler, R. L., et al., eds. p. 183. Academic Press. Orlando, FL.

Kulp, K., et al. 1991. Functionality of carbohydrate ingredients in bakery products. *Food Technol. 45* (3): 136.

Kuntz, L. A. 2005. A starch that's hard to resist. *Food Product Design 15* (6): 19.

Meng, Y. and Rao, M. A. 2005. Rheological and structural properties of cold-water-swelling and heated cross-linked waxy maize starch dispersions prepared in apple juice and water. *Carbohydrate Polymers 60*: 291.

Pszczola, D. E. 1999. Starches and gums move beyond fat replacement. *Food Technol. 53* (8): 74.

Pszczola, D. E. 2001. Rice: Not just for throwing. *Food Technol. 55* (2): 53–59.

Pszczola, D. E. 2003. New ingredient developments are going with the grain. *Food Technol. 57* (2): 46.

Pszczola, D. E. 2006. Which starch is on first? *Food Technol. 60* (4): 51.

Skillicorn, A. 2003. The pie and pastry filling picture. *Food Product Design 12* (11): 91–107.

Warner, K. et al. 2001. Use of starch lipid composites in low-fat ground beef. *Food Technol. 55* (2): 36.

웹사이트

http://www.starch.dk/isi/starch/glossary.asp—Glossary of terms relating to starch.

http://sci-toys.com/ingredients/starch.html—Overview of starches.

http://food.oregonstate.edu/learn/starch.html—Discussion of starches and gelatinization.

http://www.foodproductdesign.com/articles/1996/01/understanding-starch-functionality.aspx—Overview of starch functionality.

http://www.google.com/search?hl=en&client=firefox-a&rls=org.mozilla:en-US:official&q=starch+gelatinization&start=20&sa=N—PowerPoint on starch behavior.

http://www.google.com/search?hl=en&client=firefox-a&rls=org.mozilla:en-US:official&hs=sps&q=starch+gelatinization&start=10&sa=N—PowerPoint on starch.

http://www.palmtree-species.com/2008/05/extracting-starch-from-sago-palm.html—Describes getting starch from the sago palm in New Guinea.

http://eatingasia.typepad.com/eatingasia/2008/03/the-tree-of-lif.html—Numerous photos of the making of sago palm starch.

http://carillon.up.edu.ph/?p=416—Possibilities for producing sago palm starch in Malaysia.

http://ift.confex.com/ift/2004/techprogram/paper_24037.htm—Formation of edible starch films.

http://cerealchemistry.aaccnet.org/doi/abs/10.1094/CC-82-0131—Report on permeability of edible starch films.

http://www.google.com/search?q=edible+starch+films&ie=utf-8&oe=utf-8&aq=t&rls=org.mozilla:en-US:official&client=firefox-a—Physicochemical properties of some edible starch films.

www.aaccnet.org/cerealchemistry/abstracts/2001/0606-06R.asp—Abstract of article, Effects of preparation temperature on gelation properties and molecular structure of high-amylose maize starch by E. Vesterinen, T. Suortti, and K. Autio to *Cereal Chemistry*, accepted 2001.

http://apps3.fao.org/jecfa/additive_specs/docs/9/additive-0840.htm—Information on modified starches.

http://mysbfiles.stonybrook.edu/~ymeng/publications/Meng_CarboPolym_2005.pdf—Article on cold-water-swelling and heated cross-linked waxy maize starch dispersions.

http://www.aaccnet.org/meetings/2001/Abstracts/a01ma277.htm—Paper on oxidized starches.

http://www.cassava.org/Poland/Modification.pdf—Overview of various starch products made in Thailand from cassava.

http://www.preparedfoods.com/Articles/Feature_Article/BNP_GUID_9-5-2006_A_10000000000000234686—Article on cross-linked starches.

http://www.foodinnovation.com—National Starch and Chemical Company product information.

농산물 시장은 신선한 채소와 과일의 주요 공급처이다.

10장

채소와 과일

단원 개요

학습 목표
서론
과일과 채소의 구조
  조직 체계
  유조직세포
  후각세포
  후벽세포
탄수화물의 구조와 구성
  셀룰로오즈
  헤미셀룰로오즈
  펙틴질
  리그닌
  성숙과정에서의 변화
  수확 후의 변화와 저장
준비과정에서의 질감 변화
분류
시사 상식: 직접 불에서 구운 밤
색소
  클로로필
  카로티노이드
  플라보노이드
식품에서의 착색제
향미
섬유질
  섬유질의 범주
  식료품에서의 브렌(Bran)
생각할 거리: 쓰레기 줄이기
검
  기능
생각할 거리: 기능성 식품 성분, 이눌린
  급원
  화학적 조성
  응용
생각할 거리: 조직감을 갖는 다당류
요약
연습문제
참고문헌
웹사이트

학습 목표

이 단원을 학습함으로써:

1. 과일과 채소의 구조를 설명할 수 있다.
2. 식물성 탄소화물의 구조와 이들의 변화를 설명할 수 있다.
3. 색소와 이들이 다양한 처리과정에서 일어나는 변화를 알 수 있다.
4. 다양한 검과 이들의 적용을 할 수 있다.

서론

식품은 미각 차원에서, 영양학적 측면에서 그리고 식품을 공급하는 데 있어서 상당한 다양성을 제공한다. 과일과 채소는 세계 무역 시장에서 그 비중이 날로 커지고 있으며 또한 건강을 최적하기 위해서 다양한 채소와 과일을 찾기 위한 소비자들에 의해 영양학적 인식이 새로워지고 있다.

신선 제품은 연중 어느 때나 어느 시장에서도 대부분 이용가능하다. 하지만 많은 시장에서 여전히 이들 채소와 과일은 냉동 또는 건조 제품 및 통조림 형태로 판매되고 있다. 콩과식품과 같은 채소들은 채소 중에서도 독특한 형태이다. 곡류의 낱알은 다른 식물 식품들과는 다른 형태이지만 주요 식품으로써 공급되고 있다. 또한 다양한 식물들은 오늘날 이용되는 기름과 지방의 주요 공급원이다.

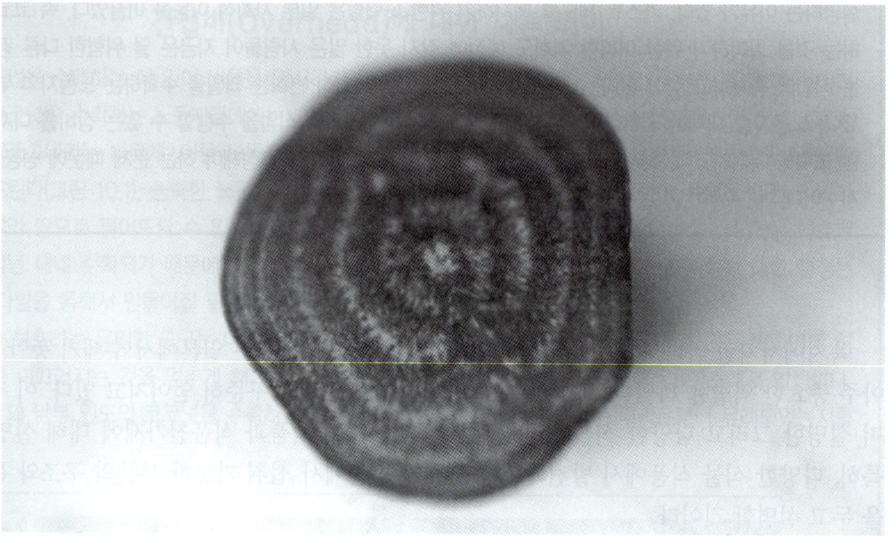

그림 10.2 비트의 횡단면. 중심 고리 안에 규칙적으로 배열된 확장된 과립에 유관속계(체관과 물관)가 보인다.

중간박막층
식물조직에 있어 마주 접하는 세포를 서로 접착시키고 있는 어느 쪽의 세포에도 속하지 않는 얇은 세포사이의 층.

원형질막
세포의 원형질 외측을 둘러싸는 얇은 막.

미토콘드리아
세포에서 에너지 대사의 중추를 이루는 세포 내 소기관 중 하나로, 진핵세포의 특징인 이중막으로 둘러싸여 있음.

색소체
식물 세포에서 색소를 만들거나, 색소를 가지고 있는 세포기관.

엽록체
녹색 식물 잎의 세포에 들어있는 세포소기관으로, 광합성이 이루어지는 장소.

유색체
엽록체 이외의 식물색소체로서 대부분 엽록소를 함유하지 않고 그 대신 다량의 카로티노이드 색소를 함유하며 광합성을 하지 않는 색소체.

백색체
식물세포에 나타나는 색소를 포함하지 않는 색소체.

액포막
액포의 주위를 둘러싸는 1겹의 세포내막 구조. 생체막 공통의 지질이중층 구조를 하고 있지만 특유의 특이적 투과능이 있다.

액포
세포 내에서 주위의 원형질로부터 명확하게 구획되어 수용액이 채워져 있는 공간적 구조물.

밀착된 유조직세포를 가지고 있지 않아 결과적으로 세포간 공간의 비율이 더 크며 다소 유연한 질감을 준다. 즉, 사과 전체 용량 중의 약 25%는 세포와 세포 사이의 공간으로 이것이 사과가 속이 빈 것과 같은 특징을 설명하는 이유가 된다.

유조직세포를 살펴보면 **중간박막층(middle lamella)**으로 시작한다는 것을 알 수 있다. 중간박막층은 인접한 유조직세포 사이의 물질로서 세포를 고정하는 역할을 한다. 중간박막층은 다음 절에서 학습하게 될 펙틴의 주요 구성물질이다.

일차 세포벽은 셀룰로오즈, 헤미셀룰로스 펙틴 및 비 셀룰로오즈성 다당류를 포함하는 몇몇의 복잡한 탄수화물로 구성된다. 세포벽과 세포벽 안쪽 사이는 얇은 **원형질막(plasmalemma)**이 존재한다(그림 10.3).

원형질은 세포의 원형질막에서 발견된다. 원형질막 안에는 색소체, 미토콘드리아 및 핵과 같은 몇몇 형태의 세포소기관 또는 세포내 구조체가 존재한다. **미토콘드리아(mitochondria)**는 이들이 호흡과 밀접한 관련성을 가지기 때문에 신선 식품에서는 상당히 중요하다. 미토콘드리아와 관련된 효소는 수많은 생화학반응을 촉매하는 역할을 한다.

색소체(plastids)는 이들의 구조에서 색소와 전분이 형성되고 발견되기 때문에 특별한 관심을 받는다. 색소체에는 엽록체, 유색체 및 백색체 등 세 가지 종류가 있다. **엽록체(chloroplasts)**는 클로로필이 발견되는 색소체이다. **유색체(chromoplasts)**는 카로티노이드 색소를 가지고 있다. **백색체(leucoplasts)**에서는 전분이 만들이지고 과립 형태로 저장된다. 원형질이 차지하는 세포의 상대적인 비율은 식물의 성숙도에 따라 점차적으로 감소하지만 원형질에서 일어나는 중요한 기능은 세포의 전 주기에 걸쳐 계속된다.

남아 있는 세포의 내부에서 원형질을 분리하게 되면 **액포막(tonoplast)**이라 불리는 얇은 막을 볼 수 있다. 액포막 내부의 액포는 식물세포가 성숙하는 과정에서 크기가 증가하며 세포의 전 주기에 걸쳐 계속된다.

액포(vacuole)는 다양한 물질들을 포함하고 있다. 이것은 세포의 구성성분으로써 당과 유기산 등을 포함하여 많은 향미에 기여하는 유기 화합물 및 수많은 향미 성분이 함유되어 있다. 게다가 플라보노이드 색소(일반적으로 안토잔틴과 안토시아닌)와 단백질을 포함한 영양성분 일부가 액포에

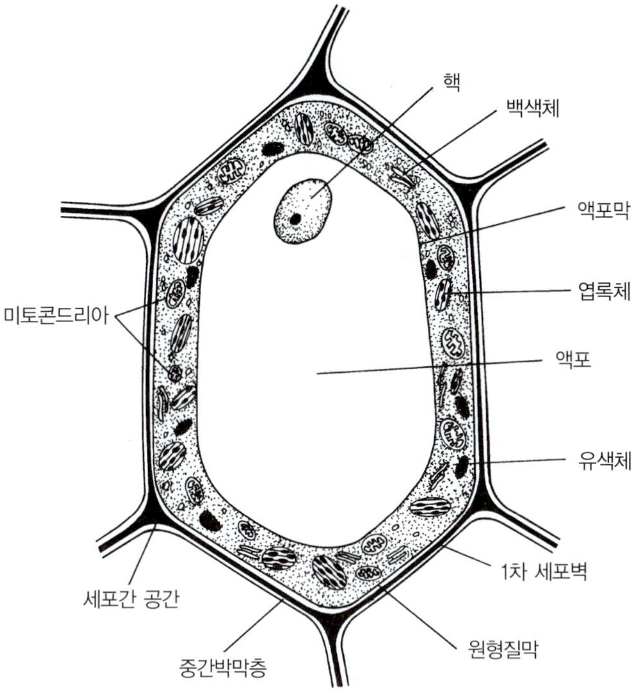

그림 10.3 유세포의 도해

존재한다. 또한 액포는 세포 총 수분의 90%를 차지한다.

후각세포

셀러리의 섬유조직에서와 같은 신장된 세포는 **후각세포(collenchyma tissue)**의 대표적인 예이다. 이들 세포의 세포벽은 잘 씹히지 않으며 조리 시 연화시키기가 어렵다. 이들은 지지조직으로 유세포를 포함하는 과일과 채소의 식이부위의 전체 구조에 기여한다(그림 10.4).

후각세포
세포벽은 두껍지만 1차벽으로 이루어지고 목화되지 않아 비교적 부드럽고 원형질을 함유하는 세포.

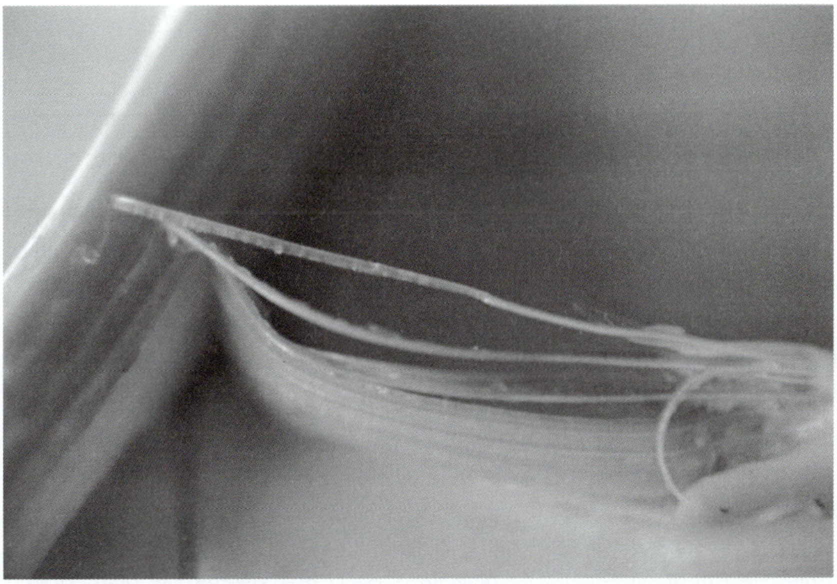

그림 10.4 체리 섬유질의 유조직은 확장된 유조직 세포로 구성된다.

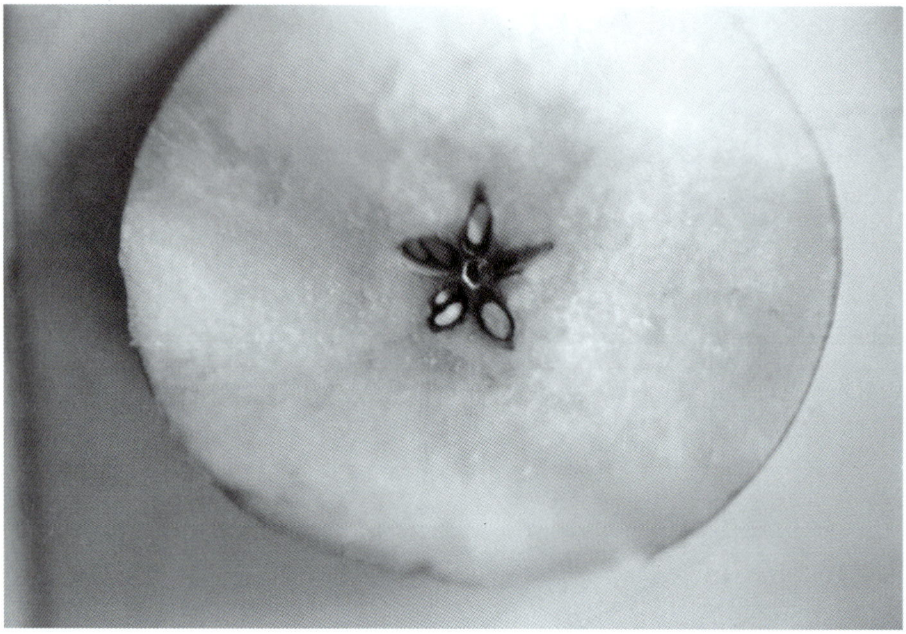

그림 10.5 배에서 특히 후막세포는 과립의 질감에 기여한다.

후막세포

후막세포
종피나 과실에서 많이 볼 수 있는 식물에 존재하는 세포. 식물의 강화, 지지라는 역할을 하는 후벽조직의 구성요소의 하나.

후막세포
후막세포의 일종으로 유세포와 비슷하나 더 크고 다양하며 구형인 이형세포의 일종.

후막세포(sclerenchyma cells)는 일부 식물 식품에서 다소 거친 식감을 주는 목질 세포이다. 예를 들면 배의 독특한 식감은 후막세포의 일종인 **후벽세포(sclereid)**의 존재 때문이다. 이들 후막세포와 후벽세포(단순히 섬유라고도 불림)는 목질과 같은 성분인 리그닌을 포함하는 두꺼운 세포벽을 가지고 있다(그림 10.5).

파파야와 성(Sex)

들판에서 자라는 파파야 나무를 지켜볼 때 대개 성은 마음속에 다가오는 주제는 아니다(그림 10.6). 실제로, 파파야 나무가 성적 성향성이 있다고 생각하는 사람들이 있는가? 놀랍게도, 일부 나무는 수컷이고 일부는 암컷이며 다섯 개의 나무 중에서 한 개는 자웅동체이다. 불행한 사실은 단지 자웅동체만이 과일 생산을 위한 유용한 작물로 평가받는 사실이다. 왜냐하면 암컷 나무가 과일을 만들기 위해서는 수컷의 꽃가루를 가져야만 하는데 그 꽃가루가 어떤 경우에는 암컷에 도달하지 못하기 때문이다. 확실하게도 최상의 배열은 자웅동체 나무만을 식재하는 것이다. 하지만 이들 자웅동체 나무는 성숙해서 꽃을 피울 때까지는 확인할 수 없다. 이것은 농부들이 토지를 낭비하고 일부 과일을 생산하기 위해서 많은 비생산적인 작물을 경작하고 있다는 의미이기도 하다.

이러한 상황이 과학자들에게 포착되었고 일부 연구자들은 지금 파파야의 운명을 바꾸는 작업에 몰두하고 있다. 첫 단계는 2008년에 초안이 보고된 파파야의 유전체를 확인하는 것이다. X, Y 그리고 Y^h 염색체를 종자 속에 바라던 X, Y^h 염색체로 만들어 자웅동체 종자를 파종할 수 있게 하기 위한 하나의 방법을 설명하기 위한 타깃이 된다. 만일 이들 과학자의 연구가 성공하게 된다면 파파야 농부들은 이들 작물의 성과와 관련된 거래 문제를 고민하게 될 것이다.

그림 10.6 몇몇 파파야가 케냐의 성숙한 파파야 나무 꼭대기에서 자라고 있다.

탄수화물의 구조와 구성

셀룰로오즈

셀룰로오즈(cellulose)는 펙틴질과 헤미셀룰로오즈가 특이한 과일과 채소에서 독특한 식감 특성을 결정하는 주요 성분임에도 불구하고 식물의 구조를 이루는 주요 성분이다. 셀룰로오즈는 글루코오스 중합체이다. 하지만 각 글루코오스 단위가 1, 4-β-글루코시딕 결합에 의해 연결되는 아밀로스와는 다르다. 이와 같은 결합에서의 차이는 식감의 차이에 영향을 주며 또한 에너지원으로써 셀룰로오즈를 섭취하지만 사람들이 소화하기에 적합하지 않는 이유가 된다. 셀룰로오즈 분자는 일부 결정구조를 가진 섬유소를 형성한다. 이들 섬유소의 수평적인 군집형태는 일부 섬유성 채소에서 볼 수 있다.

셀룰로오즈
1,4-β-글루코시딕 결합에 의해 글루코스 단위가 서로 연결되어 구성된 복잡한 탄수화물.

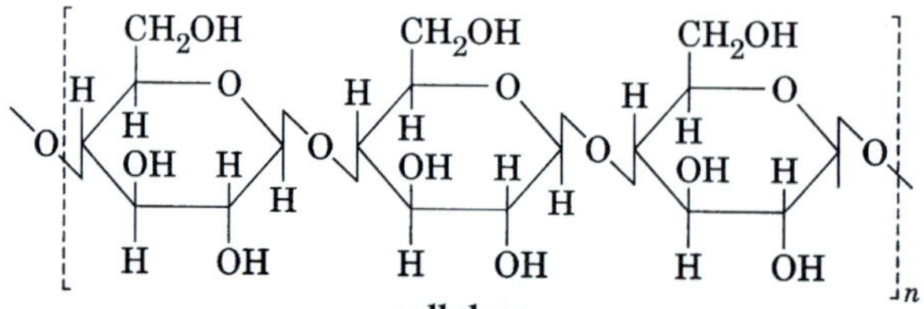
cellulose

헤미셀룰로오즈

헤미셀룰로오즈
식물 세포벽에서 셀룰로오즈의 미섬유 사이의 기질겔을 구성하는 다당류 중 펙틴질 이외의 다당류의 총칭.

자일란
식물 세포벽 성분의 하나로서 널리 존재하는 펜토오스의 단순 다당으로, 헤미셀룰로오즈 중 가장 풍부히 존재하는 펜토산이다.

셀룰로오즈보다 적은 양으로 존재할지라도 **헤미셀룰로오즈(hemicelluloses)**는 세포벽의 중요한 구성물질이다. 이들의 화학적 성질은 꽤 이질적이다. 거의 대부분이 글루코오스로 구성된 중합체인 전분과 셀룰로오즈와는 다르게 헤미셀룰로오즈는 이들의 중합체 내에 다양한 당을 포함하며 실제로 펜토오스와 헥소오스를 가지고 있다.

5탄당인 자일로스는 **자일란(xylan)**이라 불리는 일반적인 헤미셀룰로오즈 중합체를 형성하기 위해서 제한된 양으로 글루쿠로닉산과 결합한다. 펜토오스들 중에서 아라비노스는 식물 식품의 구조에 기여하는 헤미셀룰로오즈인 아라반의 전구체이다. 자일란과 아라반은 독특하게도 공통적인 특성을 가진 헤미셀루로오스이다. 이들은 셀룰로오즈보다 훨씬 더 적은 양으로 존재한다.

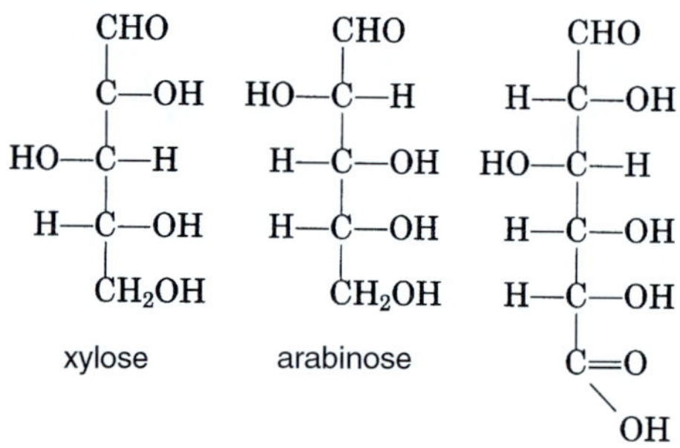
xylose arabinose glucuronic acid

헤미셀룰로오즈는 세포벽에서 섬유성 셀룰로오즈 사이를 연결하는 연결체로써 기능을 하기 위하여 펙틴질과 서로 깔개를 형성한다(그림 10.7). 알카리성 성분이 헤미셀룰로오즈에 강한 효과를 주는데 특히 소다가 첨가된 조리수에서 열처리된 채소는 탄력을 잃거나 곤죽처럼 된다. 헤미셀룰로오즈가 셀룰로오즈보다 훨씬 더 적은 양으로 존재하더라도 신속한 알칼리성 성분의 처리에 의해 나타나는 헤미셀룰로오즈의 변화는 채소와 과일을 섭취할 수 없게 만든다. 더구나 티아민에 대한 소다의 부정적인 영향은 채소 특히 티아민의 훌륭한 공급원인 콩과식물을 조리할 때 소다 사용을 못하게 하는 데에 충분한 이유가 된다.

펙틴질

펙틴질
식물에서 얻어지는 콜로이드상 탄수화물 유도체로서 대부분이 노말 사슬 모양의 갈락투론산 중합체이다.

펙틴질(pectic substances)은 유기산을 형성하기 위해서 갈락토오스의 알코올 라디칼보다는 오히려 산소와 수소가 결합된 갈락토오스의 고리구조에 여분의 탄소를 갖는 유기산인 갈라투로닉 중합체인 독특한 다당류 그룹으로 구성되어 있다.

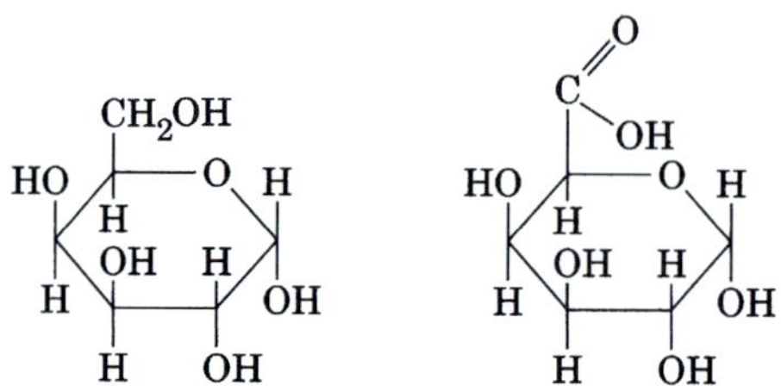
galactose galacturonic acid

그림 10.7 다양한 콩(헤미셀룰로오즈뿐만 아니라 전분과 단백질의 함량이 높음)들이 케냐의 재래시장에서 팔리고 있다.

세포 사이의 중간박막층은 펙틴으로 만들어져서 일반적으로 성숙 중에 다른 형태로 변화한다. 중요한 식감적 변화가 중간박막층이 한 형태에서 다른 형태로의 전이를 동반한다. 또한 펙틴은 셀룰로오즈의 구조적 조합을 견고히 하기 위하여 헤미셀룰로오즈와 결합되는 1차 세포벽에 중요하다.

정의 펙틴질 형태를 구분 짓는 어떠한 정의도 없지만 특정한 용어들이 다양한 형태를 가리키는데 사용된다. 펙틴질은 폴리갈라투로닉산 성분의 다양한 종류들에 대한 일반적인 용어이다. 이 용어는 프로토펙틴, 펙틴, 펙트산 및 펙틴산을 포함한다. 분자량은 중합체로서 충분한 400,000 이상의 범위이다.

프로토펙틴(protopectin)은 펙틴질의 불용성 형태로 채소보다는 미숙성된 과일에서 주로 발견된다. 이들 펙틴질이 미숙성된 과일의 견고한 식감에 상당한 기여를 한다. 특히 프로토펙틴은 1, 4-α 연결에 의해 결합된 갈락투로닉산 단위체들로 구성된 매우 긴 중합체이다.

프로토펙틴
펙틴질의 모체가 되는 성분. 물에 용해되지 않으며 부분 가수분해에 의하여 펙틴 또는 펙틴산을 생성함.

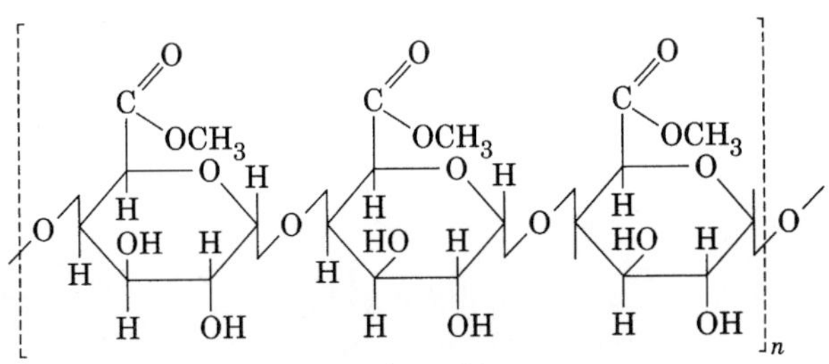

protopectin

펙틴
갈락투로닉 산의 측쇄의 일부가 메틸에스테르화되어 메톡실을 함유하는 중합체로 젤리와 잼의 가공시 젤 형성에 중요하다.

과일이 숙성되면서 프로토펙틴 분자를 따라서 일부 탈메틸화와 가수분해가 무작위하게 일어난다. 단지 제한된 양의 분해가 일어나게 되면 펙틴질은 **펙틴(pectins)**이라는 용어를 사용한다(그림 10.8). 부가적으로 탈메틸화가 발생하고 가수분해가 계속되게 되면 **펙틴산(pectinic acids)**이 형성된다.

펙틴산
프로트펙틴의 부분적 가수분해 결과로 얻을 수 있는 콜로이드성 산성 펙틴물질.

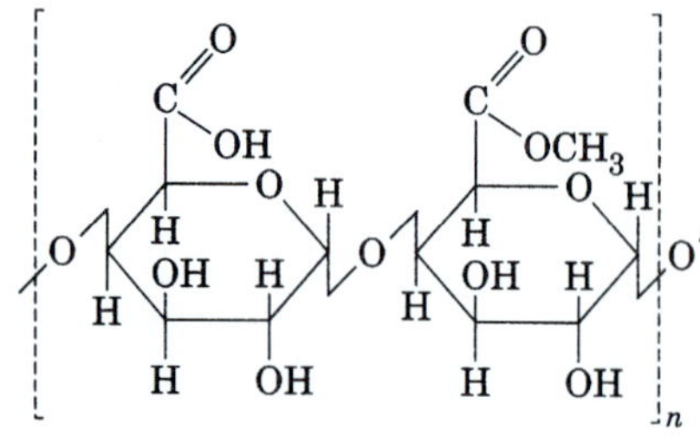

pectinic acid

만일 펙틴 분자가 완전하게 에스테르화되면 즉, 모든 유기산 잔기가 메틸 에스터로 바뀌게 되면 펙틴은 16% 정도의 메톡실 그룹만을 가지게 된다. 대부분의 펙틴은 16% 미만의 메톡실 그룹을 가지고 있다. 이와 같은 **저 메톡실 펙틴산(low-methoxyl pectinic acid)** 또는 **저 메톡실 펙틴(low-methoxyl pectin)**은 잼과 젤리를 만드는데 상당히 중요한 특성인 당과 젤 구조를 형성하기 위한 능력 면에서 매우 가치가 높다. 저 메톡실 펙틴산은 4번째 단위마다 메틸 에스터를 가지고 있다. 갈락투로닉 산의 경우는 8번째 단위마다 한 번씩 에스터화되어 있다.

저(low) 메톡실 펙틴산(저 메톡실 펙틴)
펙틴 중 분자 내의 메톡실 함량이 낮은 것으로 칼슘 등의 다가금속이온을 첨가함으로써 펙틴 분자 사이의 카르복실에 가교를 형성하여 젤화된다.

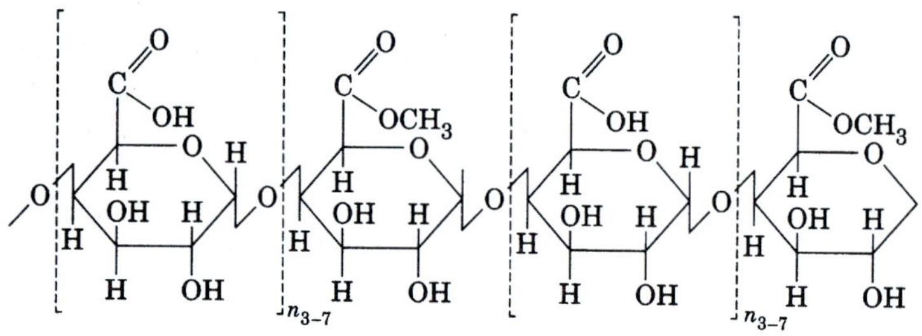

low-methoxyl pectinic acid

그림 10.8 감귤 표피 속의 알베도(흰색 층)는 펙틴 함량이 매우 높다.

◀ 그림 C1
순무, 셀러리 뿌리 및 토란을 포함하는 뿌리 채소 (왼쪽에서 오른쪽).

그림 C2 ▶
셀러리에로 알려진 셀러리 뿌리의 횡단면.

▲ 그림 C3
수확될 예정인 아티초크.

▲ 그림 C4
아티초크의 횡단면 사진.

◀ 그림 C5

시장에서 케냐의 소비자에게 팔리기 위해 준비되고 있는 왼쪽의 피망과 오른쪽부터 주키니, 가지, 토란 그리고 고수.

그림 C6 ▶

노란색 볼 피망, 신선한 껍질 콩, 주키니 그리고 3색의 감자가 신선한 바질 위에 놓여 있다.

◀ 그림 C7

어린 주키니에 아래에 있는 신선한 바질 다발이 싹을 발아하고 있다.

그림 C8 ▶

일본 호박이라 불리는 카보카 스쿼시는 향미가 풍부한 애호박이다.

◀ 그림 C9

클로로필은 산에 의해 황색에서 녹색으로 변한다.

그림 C10 ▶

당근의 우점적인 오렌지 색소인 카로틴은 산 또는 알카리에 의해 별로 영향을 받지 않는다.

◀ 그림 C11

꽃양배추의 안토크산틴은 산에 의해 표백되며 알카리에 의해서는 약간 황색으로 변한다.

그림 C12 ▶

안토시아닌 색소가 많은 붉은 양배추는 산에 의해서 불그스름하게 변하고(오른쪽) 알카리에 의해서는 푸르스름하게 변한다.

◀ 그림 C13

비트 슬라이스 위에 놓인 흰살 생선이 비트 세포의 액포로부터 신속하게 유출되는 색소인 베타레인의 밝은색에 의해 장식되어 있다.

그림 C14 ▶

꺼끌꺼글하게 보이는 남동 아시아의 과일인 람부탄이 껍질을 벗긴 후 종자 주위의 흰색의 미끈거리는 볼모양의 펄프로 요리되었다.

◀ 그림 C15

패션 프루트가 많은 식용의 부드러운 씨로 가득채워져 있다. 망고스틴은 씨 주위에 있는 펄트의 몇몇 부위를 감싸는 가죽과 같은 바깥 껍질을 가진 남동부 아시아의 과일이다.

그림 C16 ▶

자몽의 중국 조상인 포멜로는 핑크에서 붉은색의 신선한 내부조직과 두꺼운 녹황색의 울퉁불퉁한 껍질을 가지고 있다.

◀ **그림 C17**

밝은 적색의 껍질과 얼룩달룩한 내부 육질이 있는 용과(dragon fruit)가 조그마한 아시아산 바나나와 대비되어 보인다.

그림 C18 ▶

요리사가 바나나 꽃이 슬라이스로 해서 샐러드로 또는 껍질을 벗겨서 가지런히 샐러드로 곁들일 수 있다고 설명하고 있다.

◀ **그림 C19**

남부 인도의 습기가 많은 기후에서 파파야 나무는 뜨거운 날씨에 키가 크게 자란다.

그림 20C ▶

그린 파파야 샐러드가 바삭바삭한 가는 가닥으로 슬라이스된 체리 토마토, 그린 양파 그리고 태국 포도주 드레싱으로 장식되어 있다.

◀ **그림 21C**

슬러시 중앙에 빨대를 꽂아 마시는 그린 코코아 과일 음료는 남동부 아시아인들이 무더위로부터 갈증을 해소시켜준다.

그림 22C ▶

날카로운 칼로 무장한 인도 퐁디셰리의 중년 남자가 잘 익은 코코넛을 채취하기 위해서 키가 큰 코코넛 야자나무를 기어 오르고 있다.

◀ **그림 23C**

한 남자가 잘 익은 코코넛을 채취하기 위해서 나무 꼭대기에서 조심스럽게 균형을 잡고 있다.

그림 24C ▶

잘 숙성된 코코넛은 남동부 아시아 사람들에게는 중요한 작물이다. 하지만 이들을 채취하는 것은 상당히 위험하다.

◀ 그림 25C

꿀벌은 체리와 다른 여러 과실 작물의 수분에 필수적이다. 수분과정에서 꿀의 생산은 부수적인 이점을 제공한다. (Courtesy of Debra McRae.)

그림 C26 ▶

판매를 위해 가판에 진열 중에 있는 꿀과 벌집은 토스트와 롤에 매우 향기롭고 달콤함을 제공한다.

◀ 그림 C27

사탕수수의 줄기가 롤러를 통해서 당분주스로 짜내어지고 있다. 인도에서 이 당분주스를 삶은 후에 결정화시켜 재거리(단단한 볼 형태의 정제하지 않은 사탕수수 설탕)로 만든다.

그림 C28 ▶

시장에 진열된 재거리 볼은 너무 단단해서 인도에서는 달콤한 음식을 만들기 전에 재거리를 강판에 갈아 사용한다.

◀ 그림 C29

스리랑카의 농부들이 물이 풍부한 논에서 모내기를 파종하고 있다. 벼가 잘 자라면 수확하게 될 것이다.

그림 C30 ▶

한 일본의 농부와 그의 아내가 산과 같은 지형에서 농기구를 사용하여 벼를 수확하고 있다.

◀ 그림 C31

일본의 마을에서는 줄기에서 쌀을 제거하기 위한 타작을 목적으로 수확한 벼의 건조에 돌을 사용한다.

그림 C32 ▶

일본인들이 새해에 먹는 모찌는 매우 끈적거리는 페이스트를 케이크 또는 볼로 만들기 위해서 잘 삶은 찰기가 가득한 햅쌀을 사용하여 만든다.

◀ 그림 C33

베트남 여인이 뜨거운 번철에서 얇은 라이스-전분 페이스트를 펴기 위해 라이스 페이퍼 제조기를 준비하고 있다. 각각의 포장지는 이후에 회전한 바퀴의 끝에 걸려진 다음에 야외에서 햇빛으로 건조시킨다.

그림 C34 ▶

그림 C33에서 보인 여인에 의해 만들어진 베트남 음식인 스프링 롤.

◀ 그림 C35

베트남 해변에 가두리 장치가 준비되어 있다. 가두리 속의 암컷 새우는 상당한 수의 새끼를 낳아 궁극적으로 타이거 새우는 매우 중요한 환금성 어류가 된다.

그림 C36 ▶

어부가 타이거 새우 암컷으로부터 배란된 새끼 새우가 담겨져 있는 가두리 속으로 먹이를 넣고 있다.

◀ 그림 C37

베트남 어부의 밤샌 고기잡이는 아침에서야 얼음과 함께 분류해서 시장에 운반함으로써 마치게 된다.

그림 C38 ▶

그린 양파로 조리된 스포츠 세일링 돗대 모양의 새우 샐러드에 바나나 꽃의 엽병이 첨가되어 있다. 또한 캐롯 로즈가 화상한 풍미를 더 해준다.

◀ 그림 C39

인도양의 코친이라는 해안가에서 어부가 거대한 그물을 바다로 던져 넣고 있다. 이후에 해안가로 돌아오는 바닷물의 파고가 높아질 때에 그물을 건져 올린다. 이들은 그물에서 생선을 떼내기 위해서 뛰고 앉고를 계속한다.

그림 C40 ▶

어부는 훈연실에서 수 시간 동안 고기를 걸어 훈연함으로써 잡은 생선을 보존할 수 있다.

◀ **그림 C41**

일본 도쿄의 수키지 생선시장에서 전문가의 날카로운 칼에 의해서 자이언트 아시 참치가 해체되고 있다.

그림 C42 ▶

일본 도쿄의 수키지 생선시장에서 도톰한 생선 조각이 자이언트 아시 참치에서 발려지고 있다.

◀ **그림 C43**

인도의 남동부 해안을 따라 있는 염전에서, 작업자들이 소금의 생산을 최적화하기 위해서 수분의 수준을 조절하고 있다. 특히 소금은 열대의 나라에서 중요한 조미료이다.

그림 C44 ▶

나무의 줄기를 따라 올라가고 있는 피망 덩굴이 남서부 인도의 차 밭에 산재해 있다.

고, 복잡한 분자들을 형성하는 서로 결합된 많은 방향족 구조를 가진 비탄수화물 중합체이다. 리그닌 자체가 아미노 그룹을 포함하고 있지 않더라도 다양한 형태의 분자구조가 두 개의 아미노산인 타이로신과 페닐알라닌에 의해서 만들어진다. 리그닌의 거칠고 단단한 질감 때문에 이들을 준비하는 과정에서 채소와 과일의 특정 부분은 제거되어야 한다.

성숙과정에서의 변화

과일과 채소가 성숙되면서 이들은 점진적으로 셀룰로오즈, 헤미셀룰로오즈 및 심지어 리그닌까지도 그 성분들이 증가한다. 이와 같은 세포의 구조적 지지체는 과일과 채소, 특히 채소의 경우는 성숙하면서 오히려 덜 연해진다. 채소는 숙성되는 과정에서 과일보다 훨씬 더 리그닌의 함량이 높아지는 경향이 있어 일부 채소의 경우 오히려 더 거친 목질성 질감을 제공한다. 리그닌은 파스닙과 당근처럼 뿌리채소의 체관 부분에서보다 관다발의 물관에서 훨씬 더 축적되는 경향이 있다. 이것은 채소가 숙성된 후 수확될 때 상당한 거친 질감을 갖게 되는 원인이 된다.

앞서 설명한 것과 같이 펙틴질은 과일이 숙성되는 동안에 일련의 화학적 변화를 거쳐 만들어진다. 전체적인 변화는 (1) 보다 짧은 중합체를 만들기 위해서 프로토펙티네이즈 활성에 의해 촉매되는 가수분해 활성과 (2) 펙틴에스터레이즈에 의해 촉매되는 탈에스터화반응이다. 질감의 변화는 숙성되지 않은 단단한 과일로부터 숙성된 과일의 연화를 통해서 상당히 숙성된 곤죽과 같은 특징을 갖는 과일로 진행된다.

수확 후의 변화와 저장

실제적으로 모든 유기 화합물의 합성은 수확 후에 중지된다. 하지만 과일과 채소의 많은 생리적인 변화가 저장 중에도 계속된다. 구근, 뿌리, 관경 및 씨앗은 저장 중에 상대적으로 휴면하는 반면에 과일과 채소의 신선조직은 대체로 성숙 후에 숙성되고 그러고 나서 **노화(senescence)**된다. 노화는 매우 신속하게 일어나며 맛의 손실을 동반한다. 호흡, 단백질 합성 및 세포벽의 구성 성분에서의 일부 변화를 포함하는 특정한 형태의 화학적 활성이 모든 과일과 채소에서 일어난다.

노화
성숙기 이후에 식물 식품에서 일부의 수분손실과 호흡의 증가 그리고 대산산물이 축적되는 현상.

호흡률은 과일과 채소의 썩기 쉬운 특성과 직접적으로 관련되어 있다. 즉, 신속한 산소의 흡수와 이산화탄소의 생성률은 쉽게 썩는 데에 중요한 역할을 한다. 다행스럽게도 쉽게 썩는 신선 식물의 호흡률은 냉장을 통해 지연시킬 수 있어 유통기간을 늘리는데 상당한 역할을 한다. 옥수수의 빠른 호흡률은 저장된 설탕의 소비 시 전분 저장의 증가를 초래한다. 신선하게 수확한 배의 설탕은 다양한 콩과식물의 전형적인 빠른 호흡률의 결과처럼 매우 빠르게 고갈된다.

호흡률은 소위 **클라이메터릭(climacteric)**라고 불리는 완전한 후숙에 앞서서 호흡률이 최대로 일어나는 것처럼 많은 과일에서 성숙과 숙성단계에 따라 매우 다양하다. 과일이 노화되기 바로 전에 호흡률이 크게 증가되는 것을 **클라이메터릭 과일(climacteric fruits)**이라고 한다. 이들 클라이메터릭 과일은 원예학적으로 아직 숙성되지 않았지만 성숙되는 시점에서 수확할 때에도 계속해서 숙성할 수 있는 능력에 의해서 구별된다. 복숭아, 배 및 바나나(그림 10.9)는 클라이메터릭 과일의 좋은 예이다. 감귤류와 포도는 비클라이메터릭으로 분류되는 친숙한 예이다. 비클라이메터릭 과일의 호흡률은 수확 후에 가속화되지 않는다. **비클라이메터릭 과일(nonclimacteric fruits)**의 호흡률은 수확 전 숙성시기 때에 최고조에 달한다. 표 10.1은 과일별 호흡 패턴을 기초로 하여 몇몇의 친숙한 과일을 분류한 것이다.

클라이메터릭
대부분의 신선 과일의 완전한 숙성에 앞서서 호흡률이 최대가 되는 시기.

클라이메터릭 과일
예를 들어 바나나와 복숭아처럼 수확된 후에도 계속해서 숙성되는 과일.

비클라이메터릭 과일
예를 들어 포도와 오렌지처럼 수확된 후에 숙성되지 않거나 신속한 호흡을 하지 못해 숙성이 된 후에 수확해야 과일.

식용이 가능한 줄기, 뿌리 또는 잎으로 분류되는 채소는 수확 후 가속화된 호흡을 보여주지 않는다. 대신에 이들 채소는 수확 또는 심지어 호흡 감소시기에서도 거의 같은 호흡률을 계속한다. 이것은 클라이메터릭처럼 행동하는 토마토와 대비되는 것이다.

과일 또는 식물 각각의 형태에 의한 클라이메터릭과 비클라이메터릭으로 식물을 분류할 때 고려해야 할 것은 적어도 짧은 기간 저장이 가능한 온도범위를 가져야 한다는 것이다. 저장은 통계학적으로 낮은 온도 하한선에서 보다 낮은 온도 상한선이 훨씬 더 길 수 있다. 하지만 만일 저장이 특별

그림 10.9 탄자니아에서 젊은 청년에 의해서 시장으로 운반 중인 바나나는 이들이 클라이메터릭 과일이기 때문에 계속해서 숙성될 것이다.

한 채소나 과일을 위해 온도 범위 아래의 비동결 온도에서 일어난다면 품질에 해로운 손상을 끼친다. 예를 들면, 저장온도가 4°C(39°F)인 감자는 전분을 소비하는 시점에서 설탕을 축적한다. 또한 사과는 점차적으로 내부 갈변과 연한 뿌리로 발달되기 위해서 3°C(37.9°F)에 저장된다.

신선한 채소나 과일 주위의 대기는 호흡률에 영향을 끼친다. 상추는 적어도 1%의 산소를 필요로 하며 아스파라거스는 적어도 5%의 산소가 필요하다. 때때로 저장기간 동안에 일부 과일과 채소가 시드는 것을 지연시키기 위해 이산화탄소가 첨가된다. 용인되는 이산화탄소의 최대 수준은 채소 또는 과일의 종류에 따라 다양하다. 딸기는 45% 정도까지 괜찮으나 사과는 2% 정도에서도 손상된다.

단백질 합성이 저장과 노화 동안에도 정상적으로 활성을 갖기 때문에 효소 수준은 수확된 채소와 과일의 저장 동안에 변화하게 된다. 라이페이즈, 펙틴 효소, 인버테이즈, 클로로필레이지 및 퍼옥시데이즈 등을 포함한 효소들은 과일의 숙성기간 동안에 증가하는 것으로 나타난다. 연구자들은 신선식품들이 마케팅 과정에서 손실되는 것을 방지하기 위해서 그리고 유통기간을 늘리기 위한 수단으로써 유전자 조작을 통해 노화를 개선하기 위한 여러 가지 다양한 시도를 하고 있다.

에틸렌 가스(ethylene gas)는 저장 중에 과일의 초기 노화 및 가속화되는 숙성 과정 중에 만들어

에틸렌 가스
과일의 숙성을 가속하하는 식물체 내에서 생성되는 가스. $H_2C = CH_2$.

표 1.1 클라이메터릭 과일과 비클라이메터릭 과일의 예

클라이메터릭 과일	비클라이메터릭 과일
사과	체리
아프리코트	시트러스
아보카도	무화과
바나나	포도
복숭아	멜론
배	파인애플
자두	딸기
토마토	
파파야, 망고 등을 포함하는 열대성 과일 및 패션 프루트	

지고 때때로 "숙성 호르몬"이라는 별칭을 갖고 있다. 에틸렌 가스의 형성은 아마도 메티오닌의 α-케토산 유사체의 산화적 탈카르복실화에 대한 결과이다. 에틸렌 가스를 포함하는 환경에서 미숙성 과일의 저장은 숙성을 빨리하기 위한 유용한 방법이다. 사실, 가스와 습기 수준의 조절을 돕기 위해 밑바닥에 작은 홈이 있는 보관상자는 과일이 빨리 숙성될 수 있도록 에틸렌이 풍부한 환경을 조성해 준다.

폴리갈락투로네이즈
아보카도, 복숭아, 토마토 그리고 파인애플에서 펙틴 질의 분해를 촉매하는 펙틴 효소.

세포벽 성분은 다양한 효소 활성의 결과로 숙성 후 변화한다. 세포벽의 펙틴질과 중간박막층은 펙틴에스터레이즈와 **폴리갈락투로네이즈(polygalacturonases)** 두 종류의 효소 수준이 증가한 결과로 분해가 일어난다. 펙틴에스터레이즈의 활성은 분해된 팩틴질과 팩트산의 높은 용해성이 음료를 만드는 데 중요한 역할을 하며 주스의 시각적 매력을 향상시키기 때문에 사과와 포도를 주스로 만드는 데 중요하다.

다른 효소들은 헤미셀룰레이즈와 셀룰레이즈와 관련되어 있다. 이들 효소에 의한 촉매반응의 결과로써 일부의 설탕이 세포벽을 구성하는 복합 다당류로부터 방출된다. 결과적으로 설탕의 잠재적인 원천으로써 제공되는 전분이 거의 없음에도 불구하고 숙성되고 있는 과일들의 단맛이 증가된다.

일부 과일에서 설탕의 높은 함량 수준을 위한 또 다른 가능한 경로는 전분을 설탕으로 전환하는 것이다. 이 반응은 아밀레이즈에 의해서 촉매된다. 인버테이즈는 과일 속의 당분을 설탕, 포도당 및 과당으로 전환하는 데 있어 아주 효과적인 효소이다.

포스포릴레이즈
토마토를 서늘한 곳에서 저장하는 동안에 만들어지는 당 형성 촉진 효소.

흥미롭게도 저장 중인 감자의 아밀로오즈는 10°C(50°F) 미만의 저장온도에서 전분을 당으로 전환하는 데 큰 역할을 하지 못한다. 대신에 동결과 10°C(50°F) 또는 다소 따뜻한 범위의 온도에서 저장할 때에는 **포스포릴레이즈(phosphorylase)**가 활성을 띠게 된다. 만일 감자에서 고농도 당분의 해로운 효과가 회피된다면 포스포릴레이즈를 위한 감자의 저장은 활성 온도 범위 위에서 하는 것이 중요하다.

콩류, 감자 및 캐롯 등의 전분을 포함하는 채소에서 전분 합성은 저장온도가 대략적으로 실온 또는 다소 따뜻할 때 계속해서 일어난다. 비록 감자에 전분이 많이 존재하더라도 껍질 콩과 많은 다른

그림 10.10 감자(흰색, 빨간색 또는 파란색)는 이들의 전분 함량을 유지시키 위해서 실온에서 저장되어야 한다.

채소들은 이들이 전분을 합성하는 것보다 상당한 수준의 당분을 가지고 있을 때 훨씬 맛이 좋다. 냉장 저장을 하게 되면 채소를 보다 달게 섭취할 수 있다.

준비과정에서의 질감 변화

옥수수와 말린 콩은 전분을 겔라틴으로 만들기 위해 수분을 첨가하는 요리과정 중에서 질감의 변화가 일어난다. 대조적으로 시금치와 다른 녹색채소들은 스팀 및 열처리 과정 중에 시각적으로 연화되는 것을 볼 수 있다. 세포벽을 열처리하게 되면 부드럽게 된다. 또한 열처리는 세포에 수분손실을 유발시켜 결과적으로 세포의 **팽압(turgor)**을 소실시킨다. 용기 밑바닥에 충분한 물을 넣고 녹색채소들을 조리하게 되면 잎의 연화가 용이해진다.

팽압
식물의 세포를 저장액에 담그면 세포의 내용물인 원형질이 물을 흡수하여 팽창하고 세포벽을 넓히려는 힘.

브로콜리와 당근은 일반적인 열처리를 통한 것보다 마이크로웨이브를 통해 조리를 하게 되면 세포벽으로부터 보다 많은 수분이 손실된다. 이것은 마이크로웨이브를 통해 준비되는 몇몇 채소들에서 나타나는 질감변화의 원인이 된다(그림 10.11).

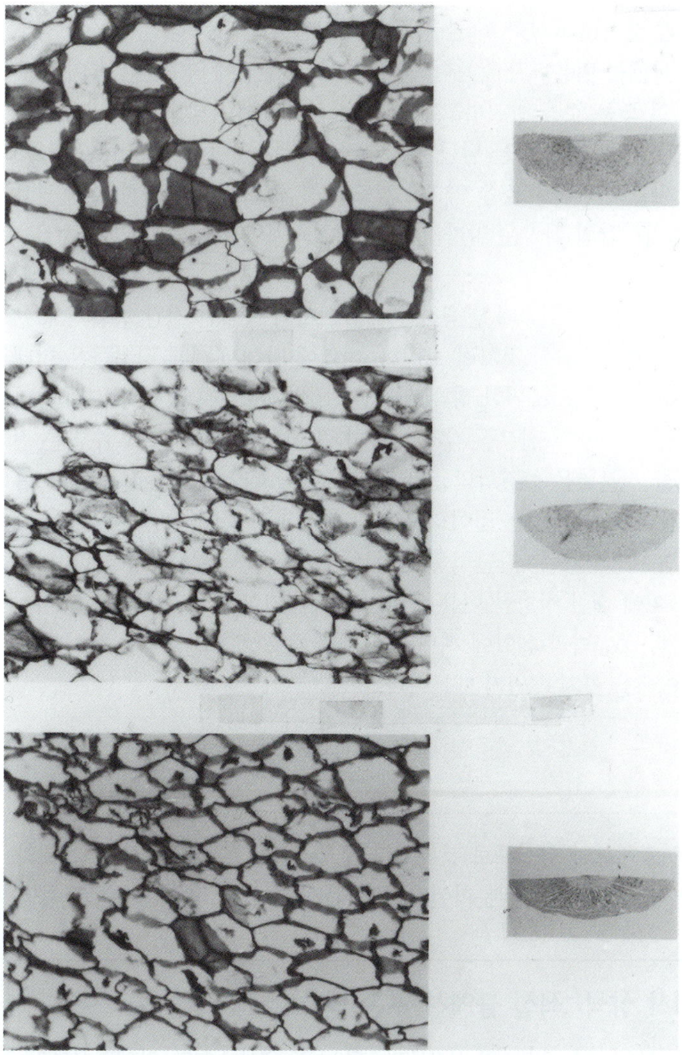

그림 10.11 생당근 체관의 횡단면(2X)과 유조직 세포(4X)(상단 그림); 삶은 당근(가운데 그림); 전자파로 처리한 당근(하단 그림).(Reprinted from *Journal of Food Science*. 1975, 40:1025, Copyright© Institute of Food Technologists. Courtesy of H. Charley.)

세포의 손실은 조리되는 채소에서 발생하는 변화들 중의 하나이다. 펙틴질은 이들이 세포 사이에서 고형화된 것처럼 원래의 형태로 있을 때보다 더 용해성을 높이기 위해 일부 화학적 변화가 일어난다. 몇몇 펙틴질에서의 이러한 변화는 조리된 채소를 연하게 하는 데 도움을 준다. 헤미셀룰로오즈 또한 채소가 열처리되게 되면 보다 더 부드럽게 된다. 조리하는 동안에 산은 이러한 변화를 천천히 만들지만 알카리는 연화를 가속화시킨다.

칼슘은 조리된 채소의 질감에 영향을 끼친다. 칼슘이온이 중간박막층에 있는 펙틴질과 반응할 수 있을 때 연화가 상당히 지연된다. 결과적으로 생성되는 칼슘펙티네이트 또는 펙테이트가 침전되며 채소에 강직성을 더해 준다. 이와 같은 현상은 견고한 질감을 만들기 위해서 상업적으로 슈트가 부정형인 토마토를 통조림으로 제조하는 데 유용하게 이용된다.

불행히도 당밀을 포함하는 말린 콩류의 요리법 또는 구운 콩의 준비는 채소적 질감에 대한 칼슘이온의 효과를 설명하기에는 조금은 부족하다. 권장되는 절차는 당밀을 첨가하기 전에 바라는 정도로 콩류를 연화시키는 것이다. 만일 이렇게 되지 않으면 당밀로의 칼슘이온이 중간박막층에 불용성 칼슘 펙티네이트와 펙테이트를 형성시켜 연화를 지연시킨다.

건조된 콩은 두꺼운 외피를 가지고 있어서 이들을 연화시키기 위해서는 소금이 없는 물에서 서서히 끓어 오를 때까지 잠깐 데치는 것이 필요하다. 소금은 콩의 외피가 냉각되는 동안에 물의 침투에 보다 더 저항하기 때문에 담근 물에는 이용하지 않는다. 콩을 물에 넣기 전에 약 2분간 끓이는 것이 찬물에 밤새 담근 동안에 신맛이 드는 것을 방지하고 효소를 활성화시키는 방법으로 권장된다. 더 좋은 대안으로는 한 시간 동안 뜨꺼운 물에 콩을 담근 후 2분간 끓이는 것이다. 623 ml(2와 2/3컵)의 물에 0.5 g(1/8티스푼)의 소다를 첨가하는 것은 약 1/3 정도의 콩을 조리 시 연화하는 데 필요한 시간을 줄여준다. 이와 같은 조리시간의 절약은 알카리 환경의 결과처럼 티아민의 일부 손실을 보상해 준다.

감자는 고함량의 전분을 갖는 채소를 준비할 때 발생하는 질감에서의 특별한 질감 변화의 좋은 예이다. 몇몇 감자는 조리되면 다소 폭신폭신한 것처럼 보인다. 여기에 반해서 다른 감자들은 형태가 잘 유지되고 조리된 후에는 오히려 더 조밀조밀한 형태로 보인다. 전자는 전분질(비왁스형) 감자로 후자는 비전분질(왁스형) 감자로 분류한다. 전분질 감자는 특히 관다발 유세포의 크고 수많은 전분낭에 의해 특성화되어 있다. 이들 전분낭은 중간박막층의 펙틴질이 열처리에 의해서 보다 더 용해성을 가지게 되면서 세포가 약간 정도 분리되는 것이 가능해져 조리과정 중에 상당히 부풀어 오른다. 왁스형 감자가 조리되게 되면 이들 세포는 단단히 결합된 상태로 유지되려는 경향을 띤다. 이들 두 가지 종류의 감자 사이의 차이에 대한 정확한 이유는 아직 밝혀지지 않았지만 왁스형 감자가 비왁스형 감자에서 발견되는 것보다 중간박막층 안에 펙틴질을 가진 불용성 침전물을 형성하기 위해서 이용 가능한 보다 많은 칼슘이온을 가지고 있기 때문이다.

분류

식물식품은 과일, 채소, 견과류 또는 허브와 향신료로 분류된다. 과일은 다시 딸기류, 감귤류, 핵과, 포도류, 멜론류, 사과류 및 열대와 아열대 과일로 세분화된다. 채소는 근경, 뿌리, 줄기, 관속, 잎 등의

시사 상식: 직접 불에서 구운 밤

크리스마스 케롤은 따뜻하고 밤의 보송보송한 이미지를 상기시키는 단어들을 연상케 한다. 하지만 실제로 밤은 뾰족한 가시로 덮인 볼 안쪽에서 자라며 가을이 될 때까지 보호를 받다가 비로소 껍질이 열린다. 밤은 두 개의 갈색 덮개에 의해 덮여 있으며 잘 부숴지는 바깥쪽 껍질(심낭)과 제거하기가 매우 어려운 강한 내부의 얇은 표피로 구성되어 있다. 밤을 보호하기 위한 이들 층은 밤을 노동력이 많이 필요한 식품으로 만들어 준비하는 것에 대한 노력이 많은 이유를 설명해 준다. 그럼에도 불구하고 밤은 매우 흥미로운 식품이다(그림 10.12).

그림 10.12 밤은 먹기 전에 구운 후 안쪽 표피와 심막(pericardium)을 제거해야만 한다.

몇 개의 변종 밤이 북유럽, 중국, 한국, 일본 그리고 미국 동부를 포함해서 세계 여러 곳에서 재배된다. 비록 이들의 크기와 풍미가 변이종에 따라서 다소 다르더라도 밤은 대개 전분 그리고 글루코오스 또는 말토오스 형태의 탄수화물이 풍부하다. 밤의 조성과 단조로운 풍미 때문에 수프, 스튜, 소스, 캐서롤 및 다른 주요 음식과 디저트와 같은 넓은 범위의 조리법에 사용되고 있다.

밤을 준비하는 첫 단계는 가벼운 압력으로 심낭을 X자로 자르는 것이다. 이렇게 하면 밤을 굽거나 가열할 경우에 폭발을 피할 수 있다. 그러고 나서 밤을 끓는 물에서 3분 정도, 204℃(400℉)의 오븐에서 20분 정도 구우면 또는 불에서 X자로 자른 부분이 벌어지게 되면 익은 것이다. 최종적으로 심낭과 내부 표피가 제거되고 수축된 표피를 가진 밤이 남게 되면 바로 먹거나 또는 다른 조리법에 사용할 수 있는 상태가 된다.

식용 가능한 부위에 따라서 세분된다. 이와 같은 분류는 토마토가 과일로는 맞지만 대부분의 과일과 같이 단맛이 덜 하기 때문에 과일이냐 채소이냐에 대한 일부 혼동스러운 여지가 있을 수 있다.

색소

클로로필

식품에서 이용가능한 녹색의 범위는 예술가적인 조리사에게 멋진 단색의 작품을 제공하게 해준다. 화학적 기초를 통해 이들 녹색의 변이는 꽤 복잡한 분자에서 오히려 단순한 변화의 결과이다. 녹색 채소에서 녹색의 변이는 클로로필의 두 종의 기본형태의 비율 변화와 다른 색소와 클로로필의 조합 때문에 가능하다.

모든 클로로필 관련 성분들은 똑같은 기본 구조인 메틸렌 브릿지로 연결된 **테트라피롤(tetrapyrrole)**을 가지고 있다.

클로로필 분자는 실제적으로 하나의 피롤에 결합된 기능기(R로써 표지)의 차이에 의해 두 가지의 다른 형태로 나타난다. **클로로필 a(chlorophyll a)**는 자연계에서 보다 풍부한 형태로써 R 위치에 메틸기를 가지고 있다. 클로로필 a형의 연푸른색은 이들 분자의 폭넓은 공명과 메틸기의 존재 때문이다.

다른 형태의 클로로필인 **클로로필 b(chlorophyll b)**의 R기는 알데히드기로써 연녹색을 띠게 해준다. 클로로필 a와 b의 비율은 식물에 따라 다양하다. 브로콜리의 녹색 범위에서도 볼 수 있듯이 동일 식물체 내에서도 다양하다. 브로콜리에서 클로로필 a는 연푸른색의 꽃 부분에 주로 분포하고 클로로필 b는 연녹색의 줄기부분에 주로 존재한다.

클로로필은 식물, 특히 미숙성된 과일 및 일부 채소에 존재하는 색소이다. 하지만 다른 색소 또한 동시에 이들에 존재해서 우리 눈으로 보이는 다양한 색의 발현에 기여한다. 과일이 숙성되는 동안에 클로로필의 양은 줄어들고 숙성 과일의 경우는 특징적인 색을 보여주기 위해 다른 색소들의 양은 늘어난다.

일부 채소들은 **클로로필레이즈(chlorophyllase)**라고 하는 클로로필 분자내 수산기에 에스터화된 복잡한 알코올인 **피틸(phytyl)**기의 제거를 촉매하는 효소를 가지고 있다. 피틸기는 클로로필의 소수성 특성을 제공한다. 클로로필레이즈가 이 파틸기를 제거하게 되면 남아 있는 클로로필 분자를 **클로로필라이드(chlorophyllide)**라고 하며 수용성을 띠게 된다. 일부 신선한 녹색 채소를 조리하기 전에 클로로필레이즈의 활성은 조리수를 약간 녹색으로 보이게 해 주는데 이것은 일부 클로로필라이드가 조리매질 속으로 용해되기 때문이다.

클로로필을 포함한 채소를 가열하게 되면 점진적인 색상의 변화가 일어난다. 첫째, 공기가 조직에서 배출된 것처럼 클로로필의 밝은 녹색이 강하게 나타난다. 불행하게도 이와 같은 변화는 밝은 녹색에서 매력적이지 않은 칙칙한 색으로 느린 색상변화가 뒤따르고 결과적으로 중심의 마그네슘 이온의 제거와 페오피틴을 형성하기 위해 수소가 대체된다.

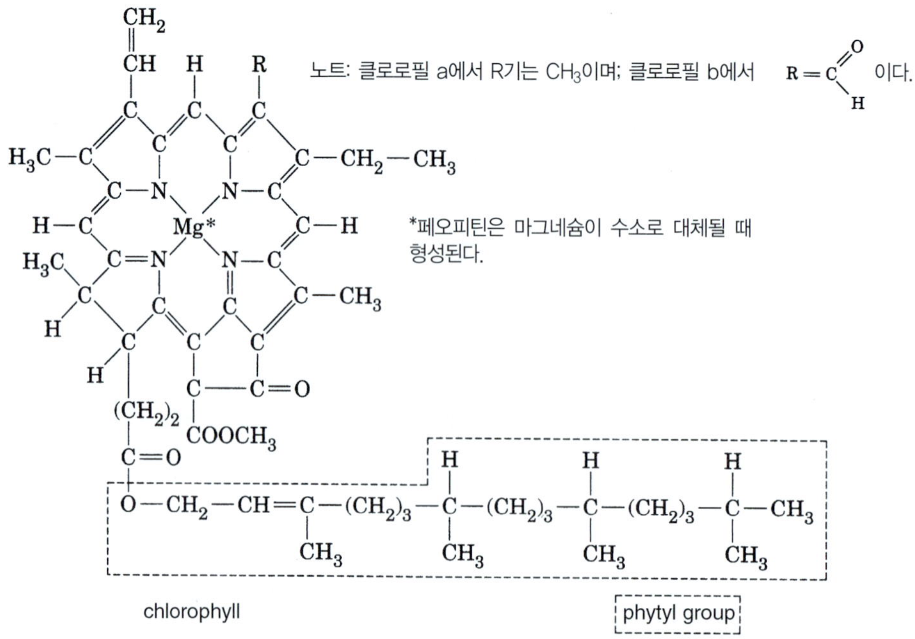

만일 원래의 클로로필 분자가 "a" 형이라면 형성된 성분은 **페오피틴 a(pheophytin a)**가 될 것이다. 비슷하게 클로로필 b는 **페오피틴 b(pheophytin b)**로 전환된다. 이와 같은 전환은 희석된 산의 존재에 의해서 촉진된다. 이들 산은 채소가 조리될 때 조리수로 방출된다(그림 C9). 하지만 채소

테트라피롤
4개의 피롤 핵이 3 또는 4개의 탄소원자로 결합한 화합물을 총칭으로 이 화합물의 대부분은 가시광선을 흡수를 하기 때문에 테트라피롤색소라고 한다.

클로로필 a
엽록소의 종류 가운데 하나로 세균을 제외한 모든 광합성 생물에 존재하며, 특히 수계 환경 내의 식물 플랑크톤 세포에서 가장 보편적이고 많이 분포한다.

클로로필 b
황록색을 형성하는 클로로필로서 R기가 알데히드 그룹이다.

클로로필레이즈
피톨과 클로로필리드 a 또는 b를 가수분해하는 식물의 효소.

피틸
소수성 특성이 있는 클로로필의 알코올성 화합물.

클로로필라이드
가수분해에 의해 피톨 곁사슬을 제거한 클로로필 분자로 몇몇 종류의 채소를 삶았을 때 물에 녹아 나오는 녹색을 말함.

페오피틴 a와 b
광합성의 전자전달 사슬을 구성하는 요소인 암청색의 색소로 마그네슘 원자가 제거된 엽록소 a와 b로부터 유래된다.

를 용기 뚜껑 없이 끓이게 되면 일부 휘발성 산이 조리매질로부터 제거될 수 있다.

클로로필의 보유는 조리하는 과정에 다량의 물을 사용함으로써 채소로부터 방출되는 산을 희석시키거나 채소를 넣기 전에 물을 끓임으로써 좋아질 수 있다. 이와 같은 다양한 사전처리는 채소를 5분 이상 조리하지 않을 때 가치를 갖는다. 왜냐하면 클로로필이 페오피틴으로 분해되는 것은 가열이 시작된 후 5~7분 사이에 시작되기 때문이다. 채소를 끓는 물에 데침으로써 채소를 부드럽게 하기 위해 필요한 실제 시간은 감소되며 클로로필 보유는 더욱 개선된다.

때때로 클로로필은 그들이 갖고 있는 마그네슘과 피틸기를 잃어버린다. 이와 같은 분해는 **페오포비드(pheophorbide)**라 불리는 새로운 성분을 형성시킨다. 페오피틴과 같이 페오포비드는 탁한 녹색을 갖는다. 딜 피클과 그린 빈 통조림은 클로로필이 페오포비드로 변화(아래 그림)되는 좋은 예를 제공한다.

페오포비드
마그네슘과 피틸기가 제거된 클로로필 유도체; 탁한 녹색의 색소.

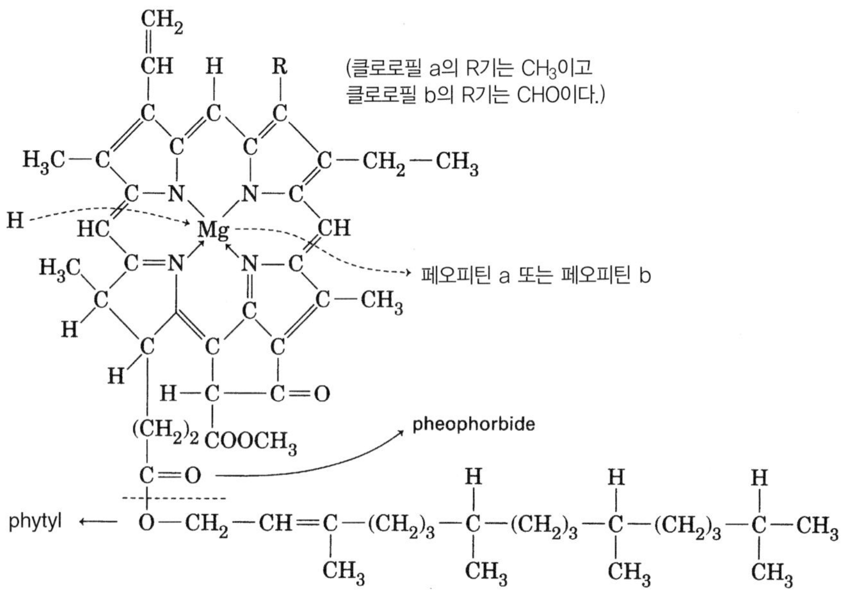

채소를 가공하는 것은 클로로필에 영향을 끼친다. 녹색 채소의 동결을 위한 준비의 일환으로 데치는 것은 세포 사이의 공간으로부터 공기를 배출함으로써 녹색을 강화하기 위한 것이다. 밝은 녹색은 채소를 제공하기 앞서 동결과 연속적인 끓이는 과정 중에 유지될 수 있다. 이와 같은 클로로필의 배출 보유력은 데치는 과정 중에 짧은 조리시간과 일부 유기산의 제거를 초래해서 결과적으로 채소가 실제로 요리되었을 때 약산성을 띠게 해준다.

통조림은 녹색 채소를 보존하기 위한 또 다른 수단이다. 극단적으로 신선한 채소 속의 클로로필의 안전한 가공을 보증하기 위해 요구되는 고온과 오랜시간 동안의 열처리는 통조림 제품에는 적용하지 않는다. 대신에 페오피틴과 페오포비드가 생성되어 이들의 색깔은 전형적인 통조림에서 탁한 녹색을 띤다.

조리 중에 또는 가공과정 중에 클로로필의 비교적 쉬운 파괴는 바래지는 녹색을 보존하기 위한 방법을 발견하려는 관심에서 발생된다. 베이킹소다의 첨가는 클로로필의 보유를 증가시키지만 pH가 7이상 올라갈 때에는 질감에는 좋지 않다. 또한 pH가 7을 초과하게 되면 피틸과 메틸기가 제거되고 고수용성 성분인 **클로로필린(chlorophyllin)**이 생성되어 색소변화가 일어난다.

클로로필린
메틸기와 피톨기가 알카리 매질에서 클로로필로부터 제거될 때 형성되는 비정상적인 녹색의 색소.

클로로필린은 비현실적인 밝은 녹색을 갖는다. 바람직하지 않는 질감 변화가 알칼리 매질 속의 몇몇 헤미셀룰로오즈의 분해에 기인된 죽과 같은 극단적인 무름이 나타난다. pH를 조절함으로써 채소의 유기산을 중화하기 위해 존재하는 다량의 알카리 때문에 주의깊게 pH를 유지함으로써 바람직하지 않는 클로로필린의 형성을 피할 수 있다. 이들 알카리와 칼슘염의 첨가는 식품산업의 주요 관심사이지만 가정에서 녹색 채소를 요리하는 데에는 실현 가능하지 않다.

실제적인 가치를 제공하지 않지만 또 다른 관심을 갖게 되는 연구 영역은 클로로필 분자의 마그네슘을 대체하기 위한 구리와 아연의 첨가이다. 이와 같은 대체는 바람직한 녹색의 보유를 가능케 해준다. 불행히도 이런 금속은 독성의 문제 때문에 사용할 수 없다.

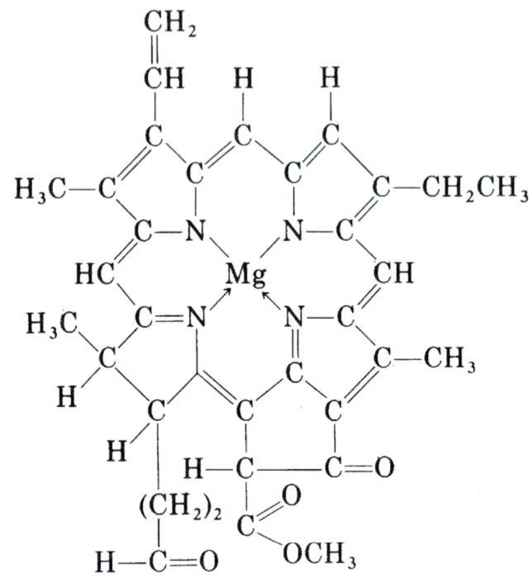

chlorophyllin

카로티노이드

카로티노이드
생물계에서 널리 볼수 있는 노랑·주황·빨간 빛을 가진 색소군의 총칭으로 분자 속에 많은 이중결합이 있어 공기 속에서 산화하기 쉬운 불안정한 물질.

카로틴
당근, 수박, 토마토 등에 많이 함유되어 있는 황적색 내지 빨강·보라색 색소의 일종으로 비타민 A의 전구체.

크산토필
카로티노이드 중 히드록시기·카르보닐기 또는 에폭시드 등의 형태로 산소를 함유하는 것의 총칭.

라이코펜
잘 익은 토마토 등에 존재하는 일종의 카로티노이드 색소이다. 항암 작용을 하며, 성질은 카로틴과 비슷하다.

카로티노이드(carotenoids)를 구성하는 색소(그림 C8, C10)는 비록 이들의 존재가 미숙성 과일의 클로로필처럼 강한 색소에 의해서 가려지더라도 과일과 채소의 중요한 성분이다. 카로티노이드에 의해서 만들어지는 색은 노란색부터 일부 빨간색을 포함한 오렌지색의 범위를 갖는다. 이러한 색 배열은 카로티노이드 색소의 분류에 포함된 많은 다른 성분들과 비교해 보면 그리 놀라운 것은 아니다.

카로티노이드는 **카로틴(carotenes)**과 **크산토필(xanthophylls)** 등 두 개의 그룹으로 나뉜다. 이 두 개의 그룹은 대개 약 40개의 탄소원자와 이에 동반되는 수소를 포함하는 보다 큰 분자로 중합된 이소프렌 그룹으로 구성된다. 카로틴은 단지 탄소와 수소로 구성된다. 크산토필은 적어도 한 개의 산소원자에 의해서 카로틴과 구별된다.

가장 우세한 카로틴은 베타-카로틴으로 이소프렌 중합사슬의 각 말단에 닫힌 고리구조를 가진 40개 탄소를 가진 화합물이다. 밀접하게 관련된 카로틴(표 10.2)은 알파-카로틴으로 이소프렌 사슬의 단지 한쪽 말단에 닫힌고리를 가진다는 점을 제외하면 베타-카로틴과 똑같다. **라이코펜(lycopene)**은 그 분자에 환상구조가 전혀 없는 형태로 카로틴의 다른 예이다.

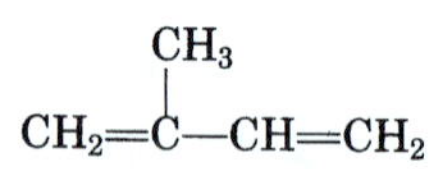

isoprene group

표 10.2 카로티노이드의 색과 구조적 특징

색소	구조적 특성	색
카로틴		
α-카로틴	1개의 닫힌고리	노란-오렌지색
b-카로틴	2개의 닫힌고리	오렌지색
라이코펜	닫힌고리 없음	빨간색
δ-카로틴	닫힌고리 없음	노란색
크신토필		
루테인	1개의 닫힌고리, 2개의 OH 그룹	노란색
제아잔틴	2개의 닫힌고리, 2개의 OH 그룹	오렌지색
크립토잔틴	2개의 닫힌고리, 1개의 OH 그룹	오렌지색

라이코펜은 몇몇 암종과 순환기 질환에 유효한 특성을 갖고 있기 때문에 폭넓게 연구되어 왔다. 이들의 항산화 활성과 저밀도 지질단백질의 생성과 관련된 특징이 이들의 질병에 중요한 것으로 생각되고 있다. 실제로 다른 카로티노이드처럼 라이코펜은 이들이 고도로 불포화되어 있기 때문에 상당히 많은 이성질체 형태로 존재할 수 있다. 그러나 모두 트랜스 형태를 갖는 라이코펜이 식품 속 라이코펜의 약 95%를 차지한다. 모두 트랜스 형태인 라이코펜은 음식을 조리하는 중에서도 상당히 안정하다. 식품에서 가장 흔한 라이코펜의 공급원은 토마토와 토마토를 이용한 제품(스파게티 소스, 케첩, 피자 소스)이다. 또한 아프리코트, 파파야 및 포도 등의 황색 과일들은 라이코펜의 흡수를 증가시킨다.

대부분의 카로티노이드는 아래의 베타-카로틴의 구조에서처럼 이중결합 내의 트랜스 배열형태로 존재한다.

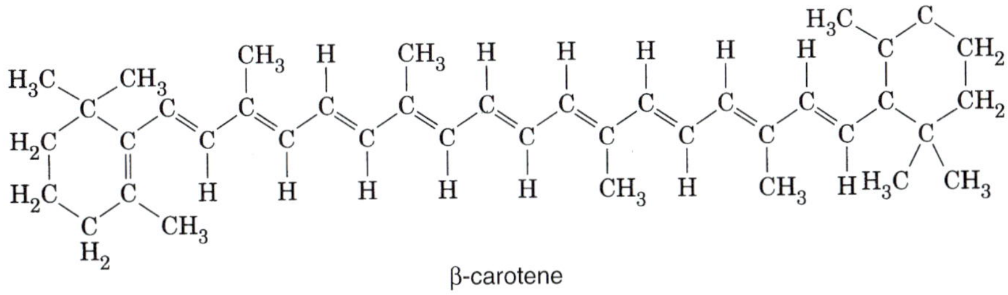

β-carotene

이와 같은 배열은 배열된 이중결합을 초래하는 분자의 폭넓은 공명 때문에 색의 강도를 부여해준다. 비록 트랜스 배열이 매우 안정하다고 해도 조리 시의 열은 한 개 또는 두 개의 이중결합이 시스 형태로 전환되어 몇몇 카로티노이드를 유발시킨다. 구조에서의 변형은 선상의 구조인 모든 트랜스 배열의 분자와는 대조적인 시스 배열을 유발하여 굽어진 분자의 생성을 초래한다.

시스 배열을 가진 카로티노이드의 색은 트랜스 배열을 가진 카로티노이드의 색보다는 덜 진한다. 조리 후 다른 카로티노이드를 포함하는 채소의 색 중에서 당근보다 다소 약한 색은 일부 시스 이성질체가 형성됨을 가리키는 것이다. 이런 변화는 고온의 압력냄비를 사용할 때 증가된다.

조리중에 역 전환이 되는 채소의 한 예가 있다. 루타바가는 천연적으로 주요 색소로써 폴리-시스-라이코펜을 함유하고 있다. 하지만 일부의 시스 성분이 트랜스-라이코펜을 형성하기 위해 자리이동이 되어 조리된 채소에서 오렌지색이 강하게 나타난다.

산화는 카로티노이드를 포함하는 과일과 채소에서 일부 색의 소실을 유발시킨다. 이중결합은 산화에 상당히 민감한데 특히 건조식품이 더욱 그렇다. 건조하기 전에 데치는 것은 산화가 되는 것을 방지하는 데 도움을 준다. 확실히 데치기는 세포의 지질에서 카로티노이드를 해리시킴으로써 산화로부터 이들을 보호한다.

크산토필과 카로틴의 형성은 식물세포의 유색체(chromoplast)에서 일어난다. 형성된 카로티노이드의 정확한 형태는 유전적으로 결정된다. 노란색의 토마토에서처럼 일부 식물식품의 색에서의 변이는 유전적인 조작을 통해서 만들어질 수 있다. 카로티노이드의 특이적인 형태와는 무관하게 모든 카로티노이드는 자연적으로 지용성이다. 몇몇 식물에서 카로티노이드는 유색체에 남아 있지 않고 대신에 액포로 이동하여 액포 속에 존재하는 지질에 용해된다. 여전히 다른 카로티노이드 분자는 액포 속에서 결정 상태로 발견된다.

약 300개의 다른 카로티노이드 색소가 있으며 이들은 다양한 양으로 그리고 세포의 다양한 위치에서 발견된다. 이것은 카로티노이드 색소가 많은 식물식품에서의 다양한 색 조합의 가능성을 설명하는 데 도움을 준다.

플라보노이드

2개의 페닐 고리와 중간에 5 또는 6개의 고리로 밀접하게 구성된 페놀성 화학물의 명명법은 매우 폭넓고 다양하다. 이와 같은 색소성 화학물을 분류하는 한 가지의 방법은 이들 전체를 **플라보노이**

표 10.3 과일과 채소에 함유된 카로티노이드

식물 식품	색소
과일	
적포도	라이코펜, β-카로틴
수박	라이코펜
배	비올라잔틴, 크립토잔틴, 퍼시카잔틴, β-카로틴, 라이코펜
파인애플	비올라잔틴, β-카로틴
네이블 오렌지	비올라잔틴, β-카로틴
이탈리안 자두	비올라잔틴, β-카로틴, 루테인, 크립토잔틴
머스크 멜론	β-카로틴
채소	
황색 옥수수	크립토잔틴
토마토	라이코펜, β-카로틴
레드볼 펩퍼	캡잔틴, 캡소루빈, β-카로틴, 비올라잔틴, 크립토잔틴
그린볼 펩퍼	루테인, β-카로틴, 비올라잔틴, 네오잔틴
당근	α-카로틴, β-카로틴, γ-카로틴, δ-카로틴, 라이코펜

플라보노이드
대개 중간의 5- 또는 6 원자 고리에 의해 연결된 2개의 페닐기를 갖는 화학적으로 관련된 색소성 그룹.

안토시아닌
과일이나 채소의 주된 색소. 빨강, 파랑, 보라 등 여러 가지 색을 띤다. 안토시아니딘의 배당체.

안토잔틴
꽃잎이 노란색을 띠게 하고, 가을에 잎이 자색이나 적자색을 띠게 하는 주원인.

드(**flavonoids**)라 칭하고 다시 이들을 **안토시아닌(anthocyanins)**과 **안토잔틴(anthoxanthins)** 등으로 세부적으로 나누는 것이다. 안토시아닌은 고수준의 수용성 세포로 적색에서 자색 또는 남색까지 다양한 색 범위를 가진다. 안토잔틴은 무색 또는 흰색이며 황색으로 변하기도 한다.

안토시아닌의 분류에 있어서는 분류와 용어의 혼동을 발생시키기도 한다. 때때로 플라본은 하나의 플라보노이드 그룹으로 분류되는 반면에 다른 그룹들은 플라보놀, 플라본, 칼콘, 오론, 플라보논, 이소플라보논, 바이플라보닐, 류코안토시아닌 및 플라바놀로 구분한다. 학습의 목적을 위해서 안토잔틴은 안토시아닌으로 분류되지 않는 플라보노이드 화학물을 의미한다.

모든 플라보노이드 색소는 다음의 기본적인 구조에서 유래된다.

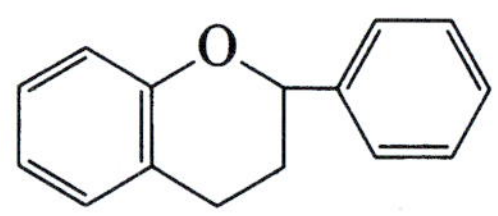

안토시아닌과 안토잔틴 사이의 구별은 두 개의 페닐 고리 사이에 있는 중심고리의 여부로 확인할 수 있다. 중심고리의 산소는 안토시아닌에 양전하를 운반하는 반면에 안토잔틴에서는 전하를 가지고 있지 않다.

안토시아닌. 다른 플라보노이드처럼 안토시아닌은 이들의 물에서의 우수한 용해성으로 인해 자유롭게 분산이 가능한 식물세포의 액포에서 발견된다(그림 C11, C12). 안토시아닌은 식물식품, 특히 과일에서 가장 강도가 높은 몇몇 색으로 나타난다. 체리, 빨간 사과, 다양한 딸기류, 적색과 자색의 포도, 석류 및 커런트들은 안토시아닌이 풍부하기 때문에 이들의 색이 매력적으로 나타난다. 또한 순무와 감자 표피 그리고 양배추 잎의 적색도 안토시아닌에 의한 것이다.

3개의 우점적인 안토시아닌은 펠라고니딘, 시아니딘 그리고 델피니딘이다. 이들의 구조에서 보이는 것처럼 단지 오른쪽 고리에 위치한 수산기의 수에서 차이가 있음을 알 수 있으며 이들 차이에 의해 색의 차이가 나타나는 것으로 생각된다. 6개의 수산기를 갖는 펠라고니딘은 빨간색이며 이에 반해 델피니딘은 3개의 수산기를 가졌으며 파란색이다. 시아니딘은 2개의 수산기를 가졌으며 델피니딘과 펠라고니딘의 중간색을 띤다.

안토시아니딘
색소배당체인 안토시아닌을 가수분해하여 얻는 색소의 본체.

기술적으로 펠라고니딘, 시아니딘 그리고 델피니딘은 당 복합체를 가지고 있지 않기 때문에 **안토시아니딘(anthocyanidins)**으로 분류된다. 당이 이들 구조와 복합체를 이룰 때 이들 색소는 안토시아니딘보다 강한 적색을 나타낸다. 당을 포함하는 색소는 정확하게 안토시아닌으로 표기한다.

하지만 일반적으로 이와 같은 정확한 표기는 이용되지 않고 관련된 모든 화학물을 안토시아닌으로 그룹화한다. 다른 통상적인 안토시아니딘은 멜비딘, 페오니딘 그리고 테튜니딘이 있다. 과일과 채소에서 하나 이상의 화학물은 전체적인 발색에 기여한다. 표 10.4는 안토시아니딘에 의해서 발색되는 식품의 예이다.

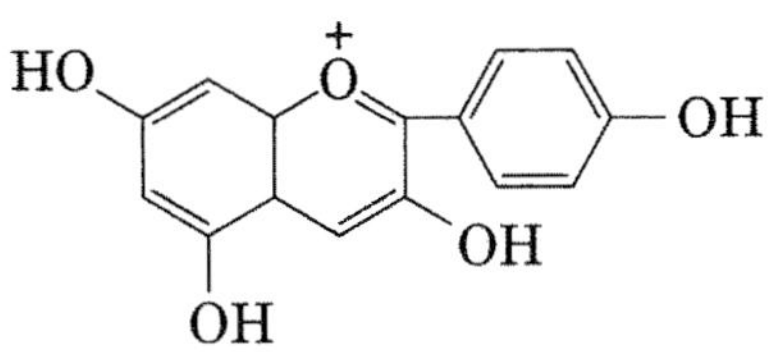

pelargonidin
(적색)

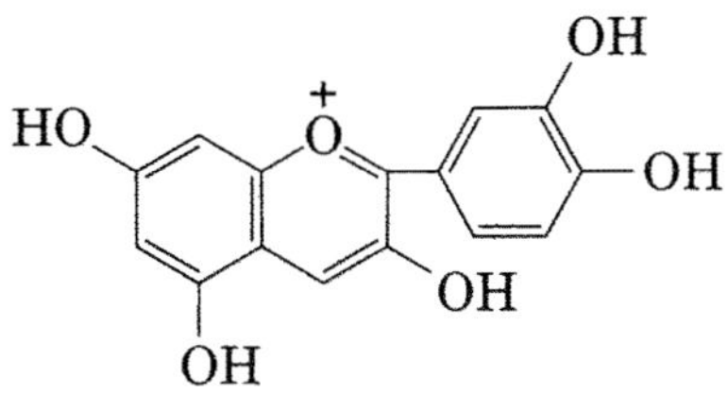

cyanidin
(붉은 적색)

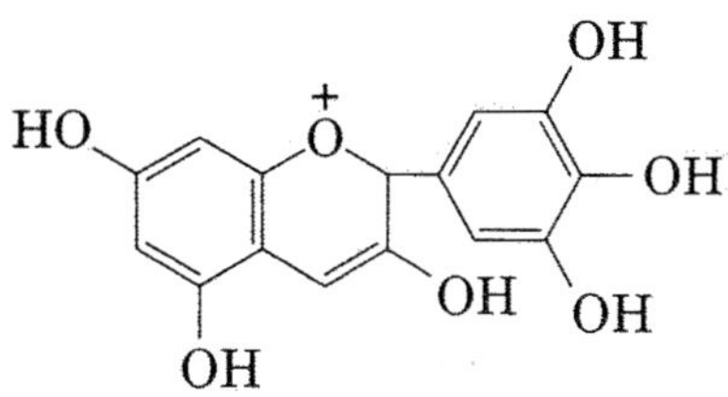

delphinidin
(청색)

안토시아니딘은 안토시아닌을 형성하기 위해서 식물에 존재하는 글루코오스 또는 일부 다른 종류의 당과 복합체를 형성하기도 한다. 안토시아니딘 또는 안토시아닌의 존재 여부와 상관없이 이들 복합체는 이들이 형성되는 매질의 pH에 대단히 민감하다. 앞서 보인 구조에서처럼 펠라고니딘, 시아니딘 그리고 델피니딘과 같은 화합물을 형성하는 세포의 산도는 분자가 산소 원자에 양전하(옥소늄이온이라고 함)를 제공하기 때문에 나타나는 것이다. pH 3 미만에서 공통적으로 형성되는 화합물은 적색으로 유지되거나 적색으로 전이된다. 하지만 pH가 약산이나 심지어 중성으로 상승하게 되면 양전하된 산소가 적색의 퀴논형으로 변한다.

알카리 매질에서 여전히 또 다른 전하가 색 기초형이라고 불리는 자색 화합물의 염을 형성한다. 색 기초 알카리염은 독특하게도 청색을 띤다. 안토시아닌에 의해 고도로 색소화된 한 식품색에서의 극적인 변화는 표 10.4에 기재된 빨간 양배추와 몇 가지의 다른 식품의 pH에 대한 조심스런 주의 작업을 필요로 한다.

표 10.4 채소와 과일류에서 발견되는 안토시아닌

식품	안토시아닌
딸기	펠라고니딘
산딸기	시아니딘
체리	시아니딘, 페오니딘
크랜베리	시아니딘, 페오니딘
사과	시아니딘
오렌지	시아니딘, 델피니딘
블랙커런트	시아니딘, 델피니딘
블루베리	시아니딘, 델피니딘, 말버딘, 페오니딘, 페튜니딘
포도	시아니딘, 페튜니딘
복숭아	시아니딘
자두	시아니딘, 페오니딘
순무	펠라고니딘
적색 양배추	시아니딘

pH 변화의 결과로써 색소 변화에 대한 실제적인 민감성은 색소의 종류별로 다양하다. 적색 양배추는 안토시아닌 분자에 4개 이상의 수산기가 존재하기 때문에 pH 이동으로 독특한 거친 색 전환이 나타난다. 맛깔스럽지 않은 파란색의 발색을 피하기 위해서 적색 양배추를 조리할 경우에는 pH를 산성으로 유지시켜 주는 시큼 텁텁한 사과를 슬라이스로 해서 첨가하기도 한다. 대조적으로 딸기는 pH의 변화에 대해 색의 변화가 훨씬 덜하다. 이것은 사과의 1차 색소가 단지 3개의 수산기를 가지기 때문이다.

색의 변화는 콩코드 포도주를 다른 식재료에 첨가할 때 고려할 필요가 있다. 델피니딘-3-모노글루코사이드와 시아니딘-3-모노글루코사이드를 가진 색소는 이들의 구조 속에 각각 6개와 5개의 수산기를 가지고 있다. 콩코드 포도주스가 다른 주스와 혼합되거나 또는 혼합물의 pH에 영향을 끼치는 다른 식재료와 혼합될 경우에 이와 같은 많은 수산기를 가진 식품들은 극적인 색변화를 나타낸다.

안토시아닌을 함유하는 과일과 채소의 열처리는 중요한 문제를 발생시킨다. 딸기잼을 만들 때 강한 열처리 후 오랜 저장기간 동안에 바라던 빨간색을 유지하는 딸기잼은 이러한 문제의 좋은 예이다. 빨간색에서 갈색으로의 점진적인 변화는 딸기잼 상부의 산소와 높은 pH 같은 요소들 또는/그리고 높은 저장온도라는 요소가 존재할 때 일어난다. 딸기잼에서 안토시안의 산화는 이와 같은 조건에서 촉진되며 색소의 색상 변화를 초래한다.

열과 산소 이외에, 다양한 금속이온들이 바람직하지 않은 안토시안의 색변화를 유발할 수 있다. 열처리 식품을 위해 이용되는 통조림의 특이한 에나멜 내벽은 안토시아닌을 함유한 과일과 채소의 저장과정 중 금속의 상호작용을 방지한다. 안토시아닌 색소를 함유한 식품은 바람직한 색을 유지하시 위해서 철, 알루미늄, 주석, 구리이온과 접촉해서는 안 된다. 안토시아닌이 이들 금속과 접촉할 경우에는 녹색부터 파란색까지의 범위에서 독특한 색이 나타난다. 아스코빅산과 구리 또는 철의 존재는 안토시아닌 화합물의 산화와 바람직하지 못한 색 변화를 가속화시킨다. 금속이온과 안토시아닌이 상호작용할 때 발생하는 좋지 못한 색상 변화가 스텐인리스 금속이 아닌 구리와 철과 같은 금속으로 만들어진 칼과 같은 주방기구의 사용에 의해 나타난다는 것은 이들 금속의 접촉을 피해야 한다는 것을 강조하는 것이다.

또한 효소도 안토시아닌 색소의 해로운 변화를 유발시킨다. 안토시아네이즈(anthocyanase)는 안토시아닌의 색을 소실시키는 반응을 촉매할 수 있는 효소이다. 딸기잼과 같은 제품에서, 이러한 변화는 바람직하지 않지만 백포도주의 제조에서는 유용할 수 있다. 안토시아닌과의 반응에 있어 다른 흥미로운 효소는 퍼옥시데이즈, 페놀레이즈 그리고 글리코시데이즈가 포함된다. 퍼옥시에디즈와 페놀레이즈는 자연적으로 과일과 채소에 관련되는 것으로 덜 바람직한 색을 초래하는 산화반응을 초래한다.

글리코시데이즈는 안토시아닌을 매우 불안정한 안토시아닌으로 형성하기 위해서 당을 분해한다. 약한 열처리는 안토시아닌 색소를 형성하는 데 있어 이들 효소의 불활성 및 색소의 유지와 관련된 잠재적인 문제를 제거하는 데에 충분한다.

베타레인
식물에 있어서 베타닌과 베타잔틴 색소군을 총칭.

베타시아닌
붉은사탕무 뿌리의 빨간색 색소 베타닌 등 주로 패랭이꽃과를 제외한 중심자류의 식물에 분포하는 빨간색 식물색소.

베타잔틴
황색 형성에 기여하는 베타레인의 한 형태.

베타레인. 비트는 안토시안과 실제적으로는 같은 부류는 아니지만 매우 밀접한 색소인 **베타레인(betalain)**을 함유하고 있다. 두 종류의 베타레인으로 **베타시아닌(betacyanin)**과 **베타잔틴(betaxanthin)**이 있다. 비트의 독특한 색은 대개 베타시아닌으로부터 기인된다. 베타잔틴은 노란색의 색소에 기여한다.

베타시아닌 그룹에서 수용성에 속하는 것으로 베타니딘과 벤타닌이 있다. 비록 이들 색소가 생채소의 세포 안에 밀접하게 존재하고 있더라도 조리수로 신속하게 분산되는 특성이 있어 결과적으로 비트를 끓일 때 고도의 색소가 용출된 물이 생성된다. 삶은 제품에서 윤기없는 색이 나타나는 것처럼 조리 전에 비트를 자르는 것은 이러한 문제를 악화시키는 것이다.

베타시아닌은 이들이 포함된 매질의 pH에 민감하며 사실, 앞서서 안토시아닌에서 중요한 요소와 비슷한 색 변화를 일어난다. 다시 말해, 산성 매질은 붉은색을 촉진하는 반면에 중성 또는 알카

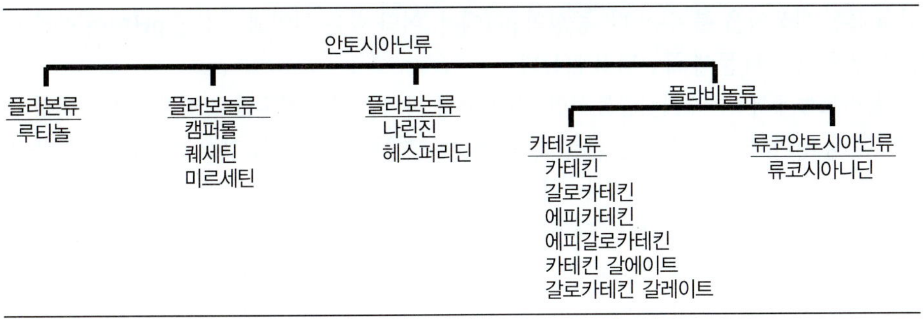

그림 10.13 안토크산틴 색소의 세부 분류와 다양한 세부 분류에서의 특이 색소

리성 pH는 파란색을 띠게 해 주는 데 기여한다. 베타시아닌은 천연식품의 발색을 증가시키기 위해 식품산업에서 상당히 관심을 갖는 대상이다.

안토크산틴 안토크산틴(**tannin**, 탄닌이라고도 함)과 관련된 화합물은 이들이 존재하는 매질의 pH에 의존해서 무색 또는 흰색에서 황색을 나타낸다. 채소와 과일의 다른 색소와 비교할 때, 안토크산틴은 이들 식품의 미감에 약간의 기여를 할 뿐이다. 하지만 꽃양배추와 같은 몇몇 배추의 색뿐만 아니라 향미를 높이는 데 중요한 역할을 한다. 희고 밝은색의 채소에서 산성의 pH는 꽃양배추가 상당히 흰색으로 되는 것처럼 표백의 효과를 준다. pH 7 이상에서, 안토크산틴은 카로티노이드 그룹 색소의 크산토필의 황색보다는 덜 밝지만 독특하게도 눈에 띄는 황색으로 변한다.

안토크산틴
식물에 흰색에서 황색 사이의 색과 일부 향을 제공해 주는 페놀성 화합물; 중앙의 고리에 어떠한 전하도 갖지 않은 플라보노이드 색소.

탄닌
많은 식물에 널리 분포하고 수용액은 수렴성이 강하고 떫은맛을 가지는 화합물의 총칭.

플라본과 플라보놀은 특히 과일과 채소에 풍부한 안토크산틴이다(그림 10.13). 3종의 가장 풍부한 플라보놀인 캠페롤, 퀘세틴 및 미르세틴의 구조가 보여주듯이, 이들 안토크산틴은 이들과 밀접한 화합물인 안토시아니딘, 펠라고니딘, 시아니딘 및 델피니딘보다 더 많은 산소를 가진다. 이들의 산화적인 차이는 이들과 유사한 화합물에 의해 제공된 색에서 유의한 차이가 있음을 알 수 있다.

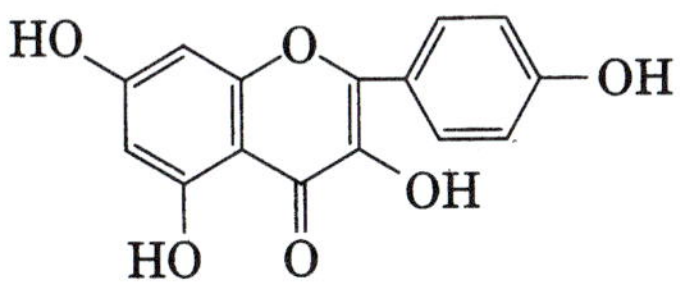

kaempferol

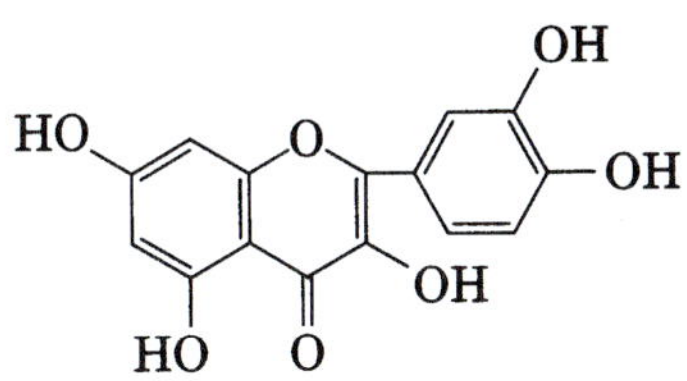

quercetin

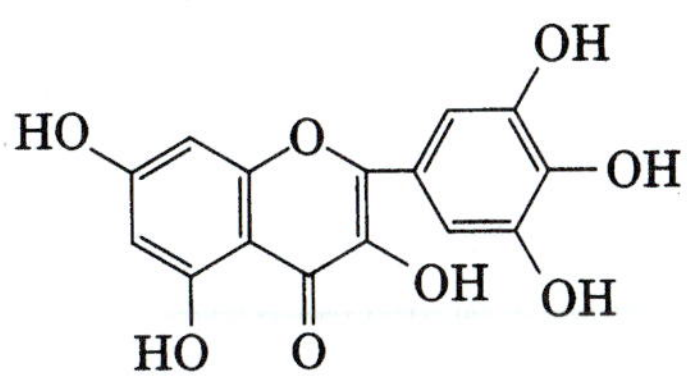

myricetin

이소플라본은 대두의 안토크산틴으로 식품에 이들 또는 다양한 콩 제품이 풍부하게 포함되어 있을 때 LDL과 총 혈청 지질을 감소시키는 것으로 나타나 현재 상당히 많은 관심을 받고 있다. 이소플라본(대두의 색이 크림색)의 구조는 다음과 같다.

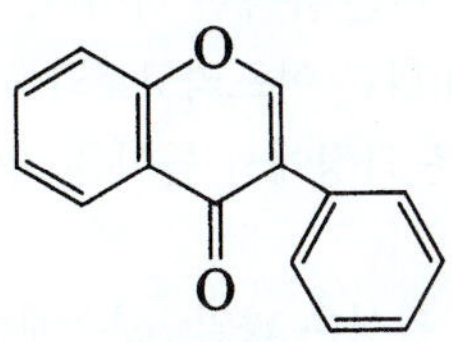

Isoflavone

꽃양배추 또는 다른 적당한 식물식품이 조리되는 물이 알카리성일 경우에 물에서의 이소플라본

과 플라본이 독특한 황색임을 볼 수 있다. 중성의 pH에서, 이와 같은 천연색은 산성 pH에서 플라본과 플라보놀의 무색 특성 때문에 확인되지 않는다.

플라본과 플라보놀에서 나타나는 공통적인 문제 중의 하나는 금속이온과 결합하려는 경향성이다. 예를 들면, 황색 양파와 시금치 또는 다른 잎 채소들은 이들을 알루미늄 팬으로 조리할 때 플라본이 알루미늄과 결합하여 플라본-알루미늄 킬레이드를 형성하여 조리수를 황색으로 변하게 한다. 또한 이들 채소는 철 주물 팬에서 조리할 때에도 비슷한 문제가 나타난다. 이러한 금속과의 반응은 통조림된 채소가 이들 캔의 금속과 반응하면서도 발생할 수 있다. 아스파라거스의 플라본인 루티놀 철이온과 반응하여 별로 매력적이지 못한 검은색의 페릭-류틴 복합체를 형성한다. 사실 플라본과 플라보논은 가공식품에서 항산화제로서 잠재적으로 중요한 역할을 한다.

카테킨
폴리페놀 일종으로 녹차의 떫은 맛 성분.

류코안토시아닌
안토시아닌의 전구물질로 생장촉진 효능을 가지고 있음.

플라보논과 플라바놀은 퀘세틴 그리고 이와 관련된 화합물에서 발견되는 중앙 고리에서의 이중결합을 가지고 있지 않기 때문에 플라본과 플라보놀의 화학적 구조와는 다소 다르다. 구조에서의 이와 같은 차이는 플라바놀의 서브그룹인 **카테킨(catechins)**과 **류코안토시아닌(leucoanthocyanins)**에서 찾아볼 수 있다. 카테킨, 갈로카테킨, 에피카테킨, 에피갈로카테킨, 카테킨 갈레이트 및 갈로카테킨 갈레이트는 카테킨으로 명시되는 플라바놀에 포함된다. 흥미로운 것은 콜레스테롤 흡수를 막아주는 기능을 가진 갈로카테킨 갈레이트이다. 류코안토시아닌은 단지 하나의 수산기 그룹에 의해서 카테킨의 구조와는 다르며 이는 카테킨과 류코시아니딘의 구조를 비교함으로써 알 수 있다.

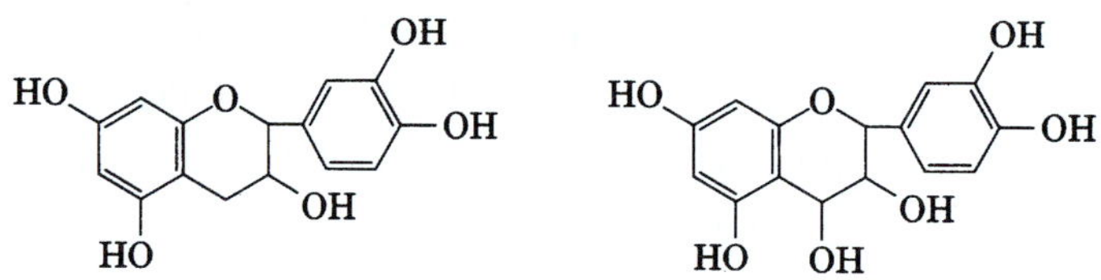

배와 흰 감자는 때때로 슬라이스 또는 벗겨진 상태로 있을 때 절단면이 분홍색으로 변색된다. 이와 같은 확실한 색상의 변화는 프로안토시아닌이 밀접하게 관련된 화합물인 시아니딘과 같은 색소 형태로의 전환에 의해 발생하는 것이다. 훨씬 더 많은 열처리에 의해 초래되는 통조림 된 배의 변색은 열처리된 제품을 식히기 전에 너무 높은 온도와 오랫동안의 저장기간이 주요 원인이 된다.

폴리페놀옥시데이즈
산화환원효소의 일종으로 과일, 채소 등의 효소적 갈변의 원인이 되는 효소.

모든 폴리페놀 화합물중 하나인 안토크산틴은 오랫동안 공기 중에 노출되면 갈변 또는 흑변 반응이 일어난다. 이와 같은 반응은 **폴리페놀옥시데이즈(polyphenoloxidases)** 효소의 활성 때문이다. 이 효소는 버섯, 감자, 바나나, 배, 복숭아, 체리, 아프리코트, 아보카도, 고구마, 가지 및 사과와 같은 식품에서 촉진한다. 타이로신, 클로로제닉산, 다양한 카테킨 및몇의 모노 그리고 다이하이드록시페놀들은 이들 식품에서 갈변 및 다양한 변색을 유발시키는 폴리페놀옥시데이즈에 의한 산화반응의 기질로써 제공되는 화합물들 중의 일부이다. 바나나와 흰 감자에서의 반응은 종종 도파크롬이라고 불리는 붉은색 복합체인 다이하이드로인돌-퀴논의 형성을 이끈다. 이후에 최종적으로 회색-검은색의 멜라닌이 나타날 때까지 화학적 전이가 계속된다. 항산화제를 이용거나 또는 산소를 제거하는 것은 바람직하지 않은 식품의 변색을 방지하는 데에 도움이 된다.

차가운 곳 또는 낮은 온도에서 과일 및 채소를 저장하게 되면 폴리페놀옥시데이즈의 효능의 감소로 이들 효소의 활성을 상당히 지연시킬 수 있다. 과일 또는 채소를 절단할 때 효소 활성을 억제하기 위해서 산의 첨가가 가능하다. 시트릭산은 종종 레몬주스와 감귤로부터 즉시 이용할 수 있기 때문에 종종 이용되고 아스코빅산 또한 다른 유용한 산이다. 특히 이산화황 가스, 또는 아황산염, 중아황산염, 또는 메타중아황산염 용액의 황은 아프리코트와 사과를 건조시킬 때 일반적으로 이용된다. 소금용액은 효과적이지만 이와 같은 과정에서 들어온 지나친 소금성 풍미 때문에 자주 이용되지는 않는다.

정상적으로, 폴리페놀옥시데이즈의 활성은 과일 또는 채소의 변색 때문에 바람직하지 않다. 이에 대한 한 가지의 주목할 만한 예를 홍차와 우롱차의 생산에서 볼 수 있다. 이들 차의 녹색 잎은 폴리페놀옥시데이즈와 접촉하면서 에피갈로카테킨 갈레이트와 에피갈로카테킨이 생성되면서 천천히 조직이 시들고 무르게 된다. 반응의 결과로 대개 오렌지-황색의 우롱차와 홍차의 발색에 관련이 깊은 2개의 오렌지색 색소 화합물인 테아플라빈 갈레이트와 테아플라빈이 형성된다. 실제로 마지막 색소는 테아플라빈 갈레이트와 테아플라빈의 산화에서 유래되는 **테아루비겐(thearubigens)**이다.

테아루비겐
폴리페놀옥시데이즈가 에피갈로카테킨 갈레이트와 에피갈로카테킨을 테아플라빈 갈레이트와 테아플라빈으로 산화시켜 궁극적으로 우롱과 홍차의 테아루비겐으로 산화될 때 형성되는 검은 오렌지색의 화합물.

식품에서의 착색제

천연식품이 흥미를 끄는 것 중의 하나는 제조식품의 폭넓은 범위에서 색을 증강시키기 위해 식품으로부터 유래된 색을 이용하는 것이다(표 10.5). 연방법규는 "천연"으로서 식물로부터 착색제의 확인을 허가하지 않는다. 대신에 이와 같은 착색제들을 "~이 첨가된 색" 또는 "~색"이라는 표현의 말로 명시한다. 식물 급원에서 유래된 색에 대한 이러한 용어는 "인증"으로 확인되는 화학 착색제와는 대비된다.

인증된 색(FDA에 의해 승인)은 FD&C Blue No.1과 2(염료와 레이크), FD&C Green No.3(염료와 레이크), FD&C Red No. 3(염료), FD&C Red No. 40(염료와 레이크), FD&C Yellow No. 5와 6(염료와 레이크), Orange B(제한된 사용), 및 Citrus Red No. 2(제한된 사용)이다. 이들 모두는 화학적 화합물이다. **염료(dyes)**는 수용성 착색제로 분말, 과립, 용액 또는 다른 형태로 이용이 가능하다. **레이크(lakes)**는 불용성이기 때문에 사용할 때에는 지방이나 오일이 필요하다.

염료
섬유 등 착색제의 총칭이나 좁은 뜻으로는 물·기름에 녹아 단분자로 분산하여 섬유 등의 분자와 결합하여 착색되는 유색물질.

레이크
물에 녹는 염료를 금속염과 반응시켜 용제에 녹지 않는 물질로 만든 안료로 안정성은 그리 크지 않으나 색을 더 찬란하게 해 준다.

향미

과일과 채소의 향미는 식품으로 채택하는데 있어서 대단히 중요하기 때문에 오래전부터 연구되어 왔다. 향미에 대한 상당한 연구는 다른 모든 과일과 채소의 각 유형을 구별하는 특정 풍미를 제공하기 위해 함께 혼합된 화합물의 총 조합의 매우 복잡한 특성을 밝혀냈다. 전체적인 풍미의 느낌은 입의 미각과 코의 후각 기관의 상피 세포에 의해 감지된 방향족 화합물로 인식되는 취향의 결과이다. 이러한 감각의 결합을 통해, 대부분의 사람들은 또 다른 과일이나 채소의 독특한 차이를 감지 할 수 있다. 혀에서 감지되는 화합물들은 달콤한 맛, 신맛, 짠맛, 또는 쓴맛을 가진다. 과일과 채소는 이들이 음식을 통해 입에서 씹하는 과정에서 당분, 산, 염, 쓴 퀴논 같은 화합물이 나오면서 맛으로 느끼게 된다.

여러 가지 당분이 다양한 과일과 채소에서 발견된다. 일반적으로 채소보다 훨씬 높은 설탕 함량이 과일에서 발견된다. 단맛은 포도당뿐만 아니라 갈락토오스, 과당, 리보스, 아라비노스와 자일로스의 존재에서 기인된다. 설탕 중에서 가장 풍부한 포도당은 무설탕 또는 인산 에스테르 또는 다른 형태로 발견되다. 유기산은 또한 과일과 채소의 전체적인 맛 중에서 혀가 신맛을 지각하는데 크게 기여한다. 과일의 일반적인 유기산은 사과산, 구연산, 주석산 및 옥살산이다. 채소에서 이들 유기산

표 10.5 식품제조에 주로 사용되는 착색제

식품 급원	색	안정성
강황	밝은 황색	열에 안정
잇꽃나무씨(안나토)	오렌지-황색	pH > 4에서 안정
카민/연지벌레; 선인장 벌레	오렌지-황색, 자주색	빛에 대해 안정; pH 범위에서 안정
붉은 양배추, 포도, 자색 당근, 엘더베리	밝은 적색, 밝은 자주색	pH 2.5~4에서 안정; > 4에서 자주색; 높은 열에서 색이 바램
레드 비트	적색 가열되면 갈색	< pH 3에서 보라색; pH 3~7에서 적색;
고추 고투리	파프리카 적색	열과 빛에 대해 안정

들은 과일의 유기산에 이소시트르산과 호박산이 더해진 것들이다. 이것들은 하나도 빠짐없이 리스트화되어 있지 않지만 과일과 채소 모두에서 가장 풍부한 유기산들이다. 채소가 과일보다 산의 다소 큰 다양성을 가지고 있지만, 그 내용물은 그렇게 많지는 않다. 채소의 이러한 비교적 낮은 산 함량은 과일을 물속에서 끓이는 방법과 채소를 압력을 이용하여 통조림하는 방법의 차이를 구분하는데 설명할 수 있다(20장 참고).

모든 과일과 채소는 자연스럽게 맛에 기여하는 소량의 소금을 가지고 있다.

플라보논은 앞서 설명한 색소화 역할에서의 중요성 이외에 맛의 감지에도 기여를 한다. 각각 오렌지와 포도의 껍질에서 발견되는 화합물인 헤스페리딘과 나린긴은 이들 분자의 중앙 고리가 열리면서 다소 변형될 때 상당한 단맛이 나타나기 때문에 감미료로써 폭넓게 연구되고 있다. 하지만 이 두 화합물의 비변형 형태는 단맛을 내지 않는다. 헤스페리딘과 나린긴과 상당히 밀접하게 관련된 몇 가지의 화합물들이 감귤의 껍질(일부는 상당히 쓴 맛을 낸다)에서 발견된다.

플라바놀처럼 특정 화합물이 존재할 때 입에서 오그라드는 떫은맛의 느낌이 나타난다. 비록 떫은맛이 풍미의 실제적인 일부분은 아니더라도 이와 같은 입에서의 오그라드는 감각은 이들 플라바놀을 포함하는 독특한 과일 또는 채소의 수용성에 영향을 끼치는 향미를 섞이게 해 준다. 이처럼 독특한 떫은맛은 포도주, 일부 과일주스 사이다와 일부 과일을 포함하는 많은 식품에서 제한된 정도로는 바람직하고 고려할 만하다.

바나나와 감이 익을 때, 익지 않은 과일에서 발견되는 상당한 양의 플라바놀이 감소한다. 온도는 이들 플라바놀의 양에 영향을 끼친다. 배가 숙성되는 동안에 따뜻하고 깨끗한 환경은 보다 차갑고 좋지 못한 날씨에서보다 폴리페놀의 함량이 낮다. 낮은 폴리페놀성 성분들은 떫은맛을 낮춰준다.

휘발성 화합물은 혀의 미뢰에 의해서 감지되는 여러 맛만큼이나 중요하다. 몇 개의 유기 화합물들이 이들의 휘발성으로 인해 과일과 채소의 향과 맛에 상당한 기여를 한다. 휘발성 화합물에는 에스테르, 알데히드, 산, 알코올, 케톤 및 에테르가 포함된다. 어떠한 단일 형태의 화합물도 특이한 과일과 채소의 향과 풍미를 결정하는 핵심 성분이라고 여겨지지 않는다. 가스-액체 크로마토그래피에 의한 분석은 다양한 과일과 채소의 향에서 상당한 종류의 유기화합물이 존재하고 있음을 보여주었다. 표 10.6은 몇 종의 과일에서 발견되는 휘발성 화합물이다.

두 가지 형태의 채소는 다양한 황을 포함하는 화합물로부터 만들어 지는 강한 맛을 나타낸다. **알리움(*Allium*)**은 양파, 골파, 마늘 및 리크를 포함하는 식물의 속이다. 양배추 싹, 브로콜리, 양배추, 루타바가, 순무, 꽃양배추, 케일 및 겨자는 많은 양의 황을 포함하는 **십자화과(*Cruciferae*)**의 주요 식물이다.

알린(alliin)은 마늘이 으깨질 때 형성되는 강하고 톡 쏘는 냄새가 나는 주요 화합물이다. 알린은 고도의 방향족 물질의 모체 화합물임에도 불구하고 실제로는 향기가 없다. 마늘에서 발견되는 효소인 **알리네이즈(alliinase)**는 다이아릴 티오설피네이트를 형성하는 알린과 접촉한다. 다이아일 티오설피네이트는 상당히 불안정해서 마늘 및 다른 마늘 채소들의 향을 결정하는데 가장 중요한 것들

알리움
백합과의 영양번식성 초본. 파의 일종. 잘게 썰어, 양념이나 곁들임용으로서 이용된다.

십자화과
쌍떡잎식물 양귀비목의 한 과. 배추과 · 겨자과라고도 한다. 대부분 풀이고 잎은 홑잎 또는 겹잎이며 턱잎은 없다.

알린
마늘, 양파의 알리인 분해효소작용으로 양파 냄새가 나는 식물성분.

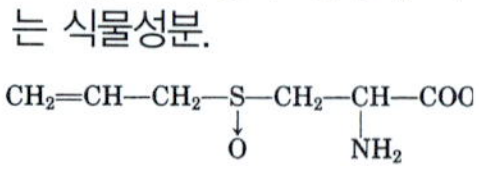

알리네이즈
파, 마늘, 부추 등에 존재하는 효소. 마늘을 갈 때 생성되는 효소로 알린을 분해하여 알리신을 형성시킨다.

표 10.6 과일류에서 발견되는 향미 성분

과일	휘발성 향미 성분
사과	Esters; alcohols; aldehydes; ketone; acids, including hexanal; ethyl 2-methyl butyrate
바나나	Alcohols; esters, including amyl acetate, isoamyl acetate, butyl butyrate, and amyl butyrate
크랜베리	Benzaldehyde; benzyl and benzoate esters
오렌지	Acetaldehyde, ethanol, limonene, ethyl esters, linalool; β-terpincol
복숭아	Benzaldehyde, benzyl alcohol, γ-caprolactone, γ-decalactone
배	Esters of 2,4-decadienoic acid, especially the esters of ethyl, n-propyl, and n-butyl
파인애플	p-Allyl phenol, γ-butyrolactone, γ-octalactone, acetoxyacetone, methyl esters of β-hyroxybutyric and β-hydroxyhexanoic acids
딸기	Methyl and ethyl acetates, propionates, and butyrates

표 10.7 채소류에서 주로 발견되는 향미 성분

채소	향미 성분
샐러리	Phthalides, *cis*-3-hexen-1-yl pyruvate, diacetyl
호박	Nona-2,6-dienal, non-2-enal, hex-2-enal, propanal, ethanal, hexanal
콩	Methanol, acetone, hydrogen sulfide, methanethiol
옥수수	Methanol, acetone, hydrogen sulfide, methanethiol
파스닙	Dimethyl sulfide, methanol, acetone, hydrogen sulfide
완두콩	Methanol, acetone, dimethyl sulfide

중에 하나인 **다이아릴 다이설파이드(diallyl disulfide)**로 신속하게 전환된다. 다양한 다이-, 트리설파이드, 황화수소 및 프로판티올은 양파와 다른 알리움 채소에서 발견되는 방향족 화합물이다.

양파의 눈을 자극하는 물질은 효소 활성의 결과로 (+)-S-prop-1-enyl-L-시스테인 설폭사이드에서 특이적으로 유래되는 산이다. 자극물은 신속하게 분해되는 **프로페닐설페닉산(propenylsulfenic acid)**이다. 알리움 속의 다양한 식물들의 특이한 냄새에 기여하는 이들 화합물과 많은 황화합물은 상당히 휘발성이어서 조리하는 과정에서 쉽게 사라진다.

다이아릴 다이설파이드
마늘에서 생성되는 주요 방향성 화합물:

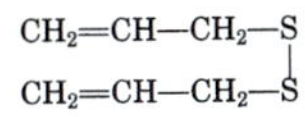

프로페닐설페닉 산
눈의 자극과 눈물 생성에 영향을 주는 양파에서 생성되는 화합물:

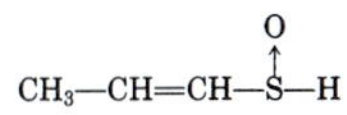

이소티오시아네이트는 십자화과의 식물에서 발견되는 황 함유 화합물 중의 하나이다. 양배추와 다른 십자화과에서 발견되는 이소티오시아네이트 중에 하나인 **시니그린(sinigrin)**은 대단히 톡 쏘는 화합물인 아릴 이소티오시아네이트를 생성하는 효소인 미로시네이즈 A(myrosinase A)에 의해서 갈변이 될 수 있다. 이들 채소가 조리될 때, 황화수소가 생성되며 조리시간이 5분 이상 초과되면 이들의 생성이 가속화된다. 조리된 꽃양배추는 조리된 앵배추보다 2배 이상의 황화수소를 만든다. 브로콜리 또한 양배추보다 많은 황화수소를 만든다. 다이메틸 설파이드는 양배추를 끓이는 과정에서 형성되는 주요 휘발성 화합물이다. 루타바가 또한 삶고 끓이는 과정에서 황화수소와 다이메틸 설파이드를 방출한다.

시니그린
십자화과 식물인 갓의 씨나 고추냉이의 뿌리줄기에 함유되어 있는 일종의 글루코시드계 화합물:

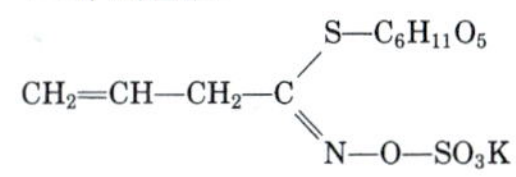

황 함유 화합물들은 단지 채소에서 향미의 공급원만이 아니다. 다른 향미 화합물은 짧은 사슬의 알데히드, 에스테르 및 표 10.7의 다른 휘발성 화합물을 포함한다.

섬유질

섬유질의 범주

섬유질(fiber)은 식품에서 즉시 소화되지 않는 물질의 조합이다. 식물 식품들은 잠재적으로 아주 우수한 섬유질 급원으로써 아주 가치가 높다. 비록 이 단어가 단순하게 들리지는 모르겠지만 몇 개의 다른 화합물들이 식이성 섬유질을 구성한다. 영양학자들은 섬유질을 종종 용해성과 비용해성으로 범주화한다. 표 10.8은 용해성에 따라 섬유질 성분을 구분한 것이다.

알다시피 용해성과 비용해성의 섬유질은 똑같은 식품에서 발견된다. 하지만 상대적인 비율은 식물식품마다 매우 다양하다. 용해성 섬유질은 신체에 열량을 공급하기 위해 제한된 정도에서 소화되는 듯하다. 반면에 불용성 섬유질은 소화되지 않고 따라서 에너지로 활용됨이 없이 대변으로 배출된다. 용해성 섬유질은 혈청 콜레스테롤 수준을 감소시켜 주는데 이점을 제공한다. 불용성 섬유질

표 10.8 수용성, 불용성 식이섬유

수용성 섬유	불용성 섬유
검(구아, 메뚜기콩, 아라빅 검, 트라가칸트 검, 가티 검, 카라야 검, 알지네이트, 아가, 카라기난, 잔탄, 젤란, 셀룰로오즈 검)	셀룰로오즈
펙틴질	헤미셀룰로오즈
	리그닌

은 체내에서의 이들의 짧은 소화시간 때문에 몸속 폐기물의 배출에 중요한 이점을 제공한다.

감귤 과일, 귀리와 콩과식물들은 특히 수용성 섬유질이 풍부한 좋은 급원의 식품이다. 반면에 밀, 쌀 및 많은 채소들은 불용성 섬유질로써 가치가 높은 식품이다.

귀리의 수용성 섬유질인 β-글루칸은 콜레스테롤 수준을 감소시키는 데 효과적이다. 이와 같은 발견은 낮은 혈중 콜레스테롤 수준에 의해 관상동맥경화증의 위험성을 감소시켜 주는 포화지방과 콜레스테롤이 낮은 식품들이 포함된 그리고 전체 귀리 중에서 수용성 섬유질만을 또는 전체 귀리가 포함된 식품의 표기에 대한 미 식약국의 승인을 이끌어 냈다. 차전자피의 수용성 검(gum)은 콜레스테롤을 낮추는데 유사한 효과가 있는 것을 알려져 있다. 이것은 차전자를 함유하는 제품들이 건강에 좋은 이점을 제공한다는 것을 의미한다. 미국 동부에서 자생하는 일년생 식물인 스페인산 차전자는 검의 주요 급원이다.

식료품에서의 브렌(Bran)

식품에서 섬유질의 중요성이 계속해서 증가하면서, 식품산업은 섬유질이 많이 함유된 수많은 제품을 개발하려고 하는 부단한 노력들이 있어왔다. 일례로 저민고기가 적절히 함유된 오트 브렌, 향료 및 양념으로 만들어진 지방 대체제이다. 이들 브렌 함유 제품들은 지방이 낮은 저민고기와 혼합해서 단지 10%의 지방을 함유한 조리용 패티를 생산할 수 있다. 브렌의 섬유질에 의한 수분 보존력 때문에 최종적으로 만들어진 패티는 육즙이 많고 향미가 좋아 먹음직스럽다.

생각할 거리: 쓰레기 줄이기

사탕수수는 이것으로부터 설탕을 만들기 때문에 그 가치가 매우 높다(8장). 하지만 설탕을 만든 후 남아 있는 잔존 펄프는 이들의 처리에 대한 비용이 많이 소요된다(그림 10.14). 현재의 해결책은 생물분해 산물에 집중하는 것이지만 환경에 대한 지속적인 관심이 반향을 일어나 시장에서 새로운 제품들이 출시되고 있다.

그림 10.14 남부 인도의 마이소르 근처의 공장에서 양산 작업과정 중 사탕수수를 압착하여 즙을 채취한 후 남은 쓰레기 더미

9:1의 비율로 사탕수수와 종이 펄프, 물, 그리고 몇몇 화학물이 몰딩되기 전에 서로 혼합시켜 증기와 압력하에 뜨거운 커피와 그리고 지방과 오일에 저항성을 갖는 일회용 접시와, 컵 그리고 용기로 또는 마이크로 오븐에서도 사용이 가능한 제품으로 재탄생되고 있다. 이것이 바로 현재 시장에서 판매되고 있는 생물분해성 제품이다. 하지만 분해되지 않는 스티로폼으로 만든 제품에 비하면 다소 비싸다. 그러나 설탕의 가공과정에서 나오는 폐기물을 감소시킬 수 있고 이러한 문제점을 수익(매출)으로 전환시켜 줄 수 있는 장점을 제공해 준다. 다시 말해 이것은 윈-윈 해결방법이다.

빵과 여러 구운 제품들은 밀가루 함량의 약 15% 정도까지 브렌을 첨가하여 제조할 수 있다. 첨가된 브렌의 한 가지 효과는 부피가 감소한다는 것이다. 오히려 날카로운 브렌 입자의 특성이 혼합과정에서 글루텐 사슬을 자른다. 이런 과정을 통해서 굳는 과정에서 글루텐이 최대로 늘어나는 것을 방해한다. 브렌은 저장 중에 빵의 수분을 유지하는 데에도 도움을 준다.

검

식품기술에 사용되는 단어로서의 **검(gum)**은 식물에서 발견되는 복잡한 친수성 탄수화물이다. 검의 친수성 특성은 왜 이들이 친수성 콜로이드로 불려지는지를 설명한다. 검이 글리코시딕 결합에 의해서 많은 수의 단당류 단위로 서로 연결되어 구성된다는 사실에도 불구하고 이들은 소장에서 거의 소화되지 않는다. 이러한 이유로 해서 검은 수용성 섬유질로 분류된다. 검의 단당류 성분들은 에너지를 발생하는 이당류와 덱스트린과 전분과 같은 글루코오스 중합체의 성분들보다 더 다양하다. 검의 두 가지 특성은 특별한 가치를 제공한다. (1) 물과 결합하거나 흡입하는 현저한 능력 그리고 (2) 체내에서, 특히 대장에서의 제한된 소화와 흡수에 기인된 매우 제한된 열량의 제공이다.

검이 식품에 함유될 때 잠재적인 영양상 그리고 건강상 이점을 제공하기 때문에 검은 오늘날 식품의 제조 시 기능성이 높은 첨가제로 관심이 모아지고 있다. 검이 수분을 유지하는 능력이 높기 때문에 대장에서의 대변의 생성과 배출을 증가시켜준다. 심지어 셀룰로오즈, 헤미셀룰로오즈 및 리그닌과 같은 불용성 섬유질도 식품 잔존물의 체내 체류시간을 가속화해 주어 위장관으로부터의 배출을 용이하게 해 준다.

검이 당과 전분에 비해 상당히 비효율적으로 소화되고 흡수된다는 사실은 체중을 의식하는 소비자를 대상으로 한 식품의 개발에 이들을 유용하게 만든다. 한천, 구아검, 카라기난과 잔탄 검은 대부분의 경우, 그램당 1과 3 사이의 열량을 제공한다. 검의 항암 특성에 관한 증거는 아직 없지만 검이 암으로부터 보호에 도움을 제공할 가능성은 있다.

기능

검은 증점안정제로써 가치가 있으며 또한 상대적으로 낮은 잠재 열량이라는 가치로 원하는 점도를 달성하기 위해 전분보다는 오히려 검으로 식품을 만들 수 있다는 데에 중요한 이유가 있다. 밀가루와 당분 또한 증점안정제로 사용될 수 있다. 하지만 이들은 그램당 4칼로리의 열량을 발생한다. 여기에 반해서 검은 상당한 칼로리의 감소를 제공하면서 비교할만큼의 증점안정제의 역할을 수행한다.

가장 극적으로 열량을 절약하는 것은 검을 지방과 기름으로 대체하여 사용하는 것이다. 왜냐하면 지방은 그램당 9칼로리의 열량을 제공하기 때문이다. 예를 들면, 검을 일반적으로 사용하는 일부 기름의 대체제로 적당한 증점제로 제공하기 위해서 샐러드 드레싱에 사용하는 것이다. 아이스크림과, 특히 케이크와 같은 구운 제품들은 지질의 함량을 줄이고자 할 때 입맛을 증진할 목적으로 검을 사용하기도 한다. 케이크의 경우에, 적당한 검의 사용으로 유통기한이 늘어나고, 스테일링이 지연되며 세포 구조가 증진되고 부피는 증가한다. 아이스크림의 경우에, 검의 첨가로 얼음 입자가 크게 응집되는 것이 감소되어 결과적으로 미세한 질감을 제공한다. 때때로 검은 음료수와 식품의 섬유질 농도를 높이거나 이들의 영양적 이점을 증가시키는 데 사용된다.

생각할 거리: 기능성 식품 성분, 이눌린

이눌린은 칙커리 뿌리에 있는 이용 가능한 복잡한 프로토 올리고사카라이드이다. 이것은 기능성 식품을 제조하는데 관심을 받고 있는 성분이다. 수용성 섬유소인 이눌린은 대장에 도달해서 세균에 의해서 분해되기 전까지는 소화되지 않는다. 이들 프리바이오틱 섬유소는 마그네슘과 칼슘의 흡수를 촉진시키고 콜레스테롤과 혈청 지질을 낮추는 것으로 알려지고 있다. 이눌린은 장 속의 락토바실리와 비피도박테리아를 자극시켜 해로운 미생물과의 싸움을 도와 건강을 유지시키는 기능을 한다.

이눌린은 다목적인 식품 성분이다. 그것은 색소 향미가 부족해서 해로운 오버톤없이 제품 속에 통합될 수 있다. 또한 이눌린은 요거트, 얼음 디저트 그리고 드레싱으로 사용할 때 기분좋은 입맛을 제공한다. 빵과 다른 구운 제품에 첨가되어 고수준의 섬유소를 제공할 수도 있다. 다양한 식품 성분을 제조하는 회사들은 이눌린을 출시하고 있으며 식품제로서 이미 시장에 출시되는 이눌린은 낮은 칼로리 식품에 대한 시장 요구에 대응하기 위해서 지방과 설탕이 감소된 제품으로 출시되고 있다.

급원

탄수화물 검은 종자, 식물 삼출물, 해초추출물과 미생물로부터 유래한다. 이들은 하나의 그룹으로 친수성 다당류이다. 일차로 상업적으로 중요한 종자 검들은 구아 및 메뚜기 콩(케롭)으로부터 만들어진다. 아라빅 검, 트래거캔스, 카라야 및 가티는 식물 유체로부터 기원한다. 이들 중에서, 아라빅 검은 가장 일반적으로 사용된다. 식용 바닷말과 자인언트 켈프로 친숙하게 알려진 붉은 갈색 조류는 한천, 카라기난과 알진 검을 공급한다.

최근에 일부 미생물들이 검을 생산하는 데 이용되고 있다. 이들 발효성 검의 가장 성공적인 예는 *Xanthomonas campestris*가 몇몇 미량원소의 존재시, 글루코오스를 발효하는 과정에서 생산하는 잔탄 검이다. 미생물을 이용하여 상업적으로 가치가 있는 다른 여러 가지의 검을 개발하는 것은 매우 유망한 것이고 이와 관련한 일들이 이러한 방향에서 계속 진행되고 있다.

새로운 채소를 찾고 있나요?

켈프는 상업적인 식품들 중에서 검으로 사용하기 위해 오래전부터 수확되어왔다. 하지만 미국에서 이것이 채소로서 잠재성이 있는지 누가 생각이나 했었는가? 비록 아시아 사람들이 오래전부터 많은 여러 가지 음식에서 다양한 형태의 건조된 해초를 사용했다는 전통이 있음에도 불구하고 해초는 전형적인 미국인의 식단에서는 발견되지 않는다. 만일 수산식품회사가 켈프에 대한 소비자 수용성을 얻을 수만 있다면 메인주의 포틀랜드의 해안 인근의 바다에서 켈프를 쉽게 배양하고 수확할 수 있을 것이다.

켈프가 바닷가에 인접한 주의 해변을 따라 몇 군데에서 수확될 수 있다면 상업적인 양이 대양의 조절 가능한 공간에서 경작을 통해서 확보될 수 있을 것이다. 켈프를 경작하는 것은 바다 밑에서 해수면으로 연결된 긴 줄에 식재하는 파종부터 시작된다. 작물이 수확준비가 될 때까지 엽상체는 180~240 cm까지 자라게 된다.

신선한 켈프에 잔존하는 세균을 사멸시키기 위해서 파아보일링하고 스파게티 크기로, 혹은 페튜치니와 같은 크기로 절단하고 포장하고 냉동함으로써 시장에 출시될 준비를 하게 된다. 새로운 그리고 다소 바삭바삭한 채소인 브왈라는 샐러드에 소량의 켈프를 첨가한 미국인의 주방에서 볼 수 있는 식품이다. 켈프의 이용에 대한 다른 아이디어는 주요 음식 또는 스프에 양념제로 사용하거나 심지어 파스타의 대용제로 사용하는 것이다. 켈프는 샐러드, 수프, 심지어는 빵에 넣을 수 있는 그냥 해초류의 한 형태이다. 호냉조류, 홍조류 그리고 파래는 당신의 식탁에서 이들의 식품적 특성에 따라 다양한 형태로 볼 수 있을 것이다.

화학적 조성

다양한 검들은 독특한 구조를 가진다. 하지만 대개 글루코오스가 없는 다당류라는 공통점이 있다. 갈락토오스는 종자, 식물 삼출물(알긴은 제외)과 해초 검에서 공통적으로 존재한다.

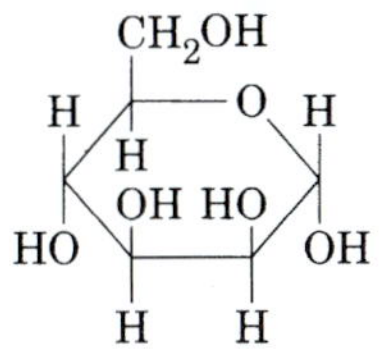
mannose galactose

종자 검. 구아와 메뚜기 콩 검은 1,6-α 결합에 의해 결합된 갈라토오스에 의해 1,4-β 결합으로 결합된 만노오스 단위로 구성되어 있다. 다음의 구조에서, 구아 검은 메뚜기 콩 검 보다 2배 이상으로 많은 갈락토오스를 가지고 있다. 메뚜기 콩 검은 최대의 수화를 위해 열이 필요하다. 여기에 반해서 구아 검은 차가운 물에서 수화된다.

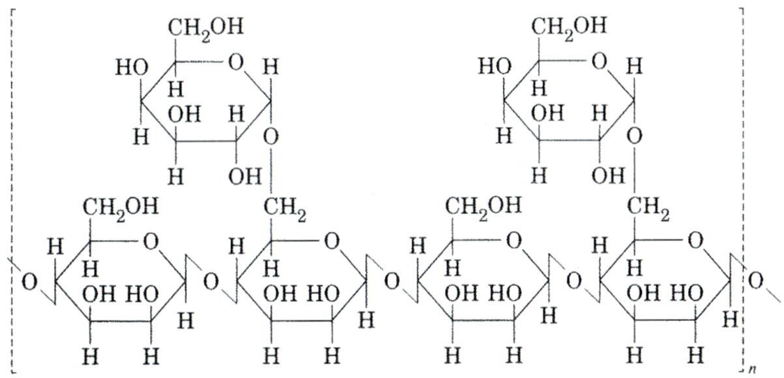
guar gum

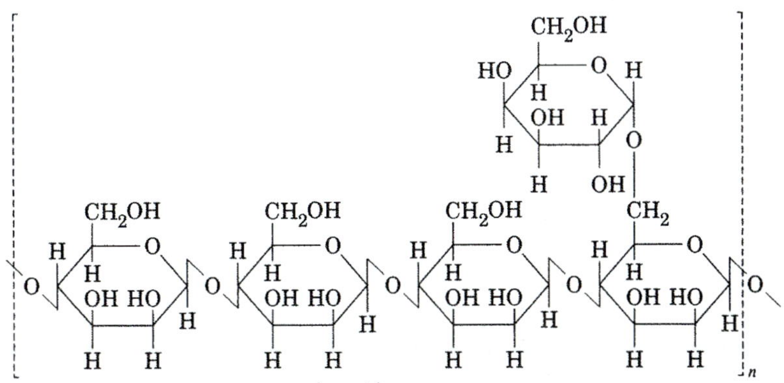
locust bean gum

식물 삼출물. 식물 삼출물에서 유래되는 검은 종자 검보다는 구조적으로 덜 규칙적이다. 그리고 이들과 관련된 다른 화합물을 가지지 않고 오히려 순수한 다당류 중합체를 가지고 있다. 이와 같은 다양성 때문에, 식물 삼출물은 식품 생산에 여러 문제를 가지고 있다. 이들 검들은 자연적으로 칼슘 또는 기타 이온이 존재할 때 중화되는 성질을 가진 헥수론산(hexuronic acid)을 포함되어 있다.

식물 삼출물 검의 구조는 대단히 많은 오염물질들 때문에 실제로는 제시하기가 어렵다. 하지만 이들의 일차적인 구성성분에 대한 일반적인 관찰은 가능하다. 식물 삼출물 검에서 발견되는 당질과 헥수론산은 다음과 같다.

그림 10.15 아카시아의 수액은 아라빅 검의 급원이다. (Courtesy of Colloides Naturels, Inc.)

- 아라빅 검 – 갈락토오스, 아라비노스, 람노오스, 갈락투론산 그리고 갈락투론산의 메틸 에스테르
- 트래거캔스 – 자일로오스, 아라비노오스, 갈락토오스, 푸코오스, 람노오스 및 갈락투론산
- 카라야 – 갈락토오스, 람노오스, 글루쿠론산 및 갈락투론산

해초 추출물. 해초 추출물(그림 10.16)은 갈락토오스 및 때로는 황 에스테르를 함유한 갈락토오스가 풍부하다. 한천은 아가로오스와 아가로펙틴이라고 하는 두 가지의 분획이 있다. 아가로오스는 선상의 분획으로 β-D-와 α-L-갈락토오스로 구성된다. 아가로펙틴은 아가로오스의 기본 성분 이외에 황 에스테르와 글루쿠론산을 포함한다. 한천은 강하며 투명한 젤로써 가열과 식힘에 의해 가역적이다.

카라기난은 다양한 분획에서 나타난다. 이들 중 일부는 젤을 형성하기도 하고 또 일부는 젤을 형성하지 않는다. 카라기난의 중요한 특성은 단백질과 상호작용하는 능력으로 다양한 유제품의 안정화에 도움을 준다. 또한 카라기난 검은 다른 검들과 상호결합할 수 있는 특성을 가지고 있어 서로 효과적으로 작용한다. 카라기난은 구조적으로 대개 갈락토오스의 황 에스테르로써 특성화될 수 있다.

알진은 젤과 필름을 형성하기 위해서 사용된다. 알진은 이들의 기본적인 구성성분으로써 그리고 나트륨, 칼륨 및 암모늄이온의 존재 시 생성되는 수많은 염들과 결합된 만노오스와 글루론산(guluronic acid)을 가진 검이다.

미생물 삼출물 발효로 생산되는 다당류는 아직까지 다른 형태의 검으로 분류한다. 잔탄 검은 *Xanthomonas campestris*라고 하는 미생물에 의해서 생성된 삼출물 검이다. 글루코오스와 다른 탄

그림 10.16 바다에서 채취되고 있는 자이언트 켈프(알진의 상업적 급원). (Kelco Division of Merck and Company, Inc의 호의)

수화물은 발효를 위한 기질로써 제공된다. 잔탄 검의 화학적 구조는 글루코오스 단위체와 글루코오스 교번 단위에 부착된 글루쿠론산 단위 그리고 두 개의 만노오스로 구성되는 곁사슬에 기초한다.

커드란(curdlans)은 미생물의 발효에 의해서 생산된다. *Alicaligenes faecalis* var. *myxogens*는 글루코오스 단위체가 1,3-β-글루코시딕 결합(1,4-β-glucosidic linkage)에 의해 연결된 다당류인 커드란을 생산한다. 커드란은 1996년 FDA에 의해 승인되었고 퓨어글루칸(Pureglucan®)이라는 이름으로 상품화되었다. 이것은 물에 용해되지 않지만 분산은 가능하며 80°C까지 가열하게 되면 결빙과 레토르팅하에서 안정한 젤을 형성한다. 커드란 분색액을 55~60°C에서 가열한 후 40°C 이하로 냉각시키면 형성된 젤이 카라기난과 같은 물성을 나타낸다.

합성 검. 셀룰로오즈는 일부 합성 검의 생산을 위한 시발 물질로써 제공된다. 카르복시메틸 셀룰로오즈(CMC)는 합성 검 중의 가장 대표적이다. 이들의 화학적 명명은 소디움 카르복시메틸 셀룰로오즈이며 경우에 따라서는 셀룰로오즈 검으로 간단히 명시된다. 이것의 구조는 카르복시메틸 그룹을 첨가하기 위한 화학반응을 마친 셀룰로오즈이다.

응용

다양한 식품에 섬유질 첨가를 통한 잠재적, 영양적 이점들 때문에 현재 많은 식품들이 전분 및 지방과 같은 전통적인 기능성 재료 모두 또는 일부를 검으로 대체하여 제품화되고 있다. 아라빅 검은 점성의 지난친 증가를 유발시키지 않기 때문에 스프와 같은 식품을 액상화하는데 주로 사용되는 수용성 섬유질이다. 카르복시메틸 셀룰로오즈는 단독으로 또는 아라빅 검과 교대로 연결되어 사용되는

생각할 거리: 조직감을 갖는 다당류

다양한 전분과 다당류 검은 수프와 소스에서 제과와 스넥까지 넓은 범위의 식품에서 질감을 제공하기 위해 사용된다. 식품 제조자는 소비자의 요구에 맞춘 식품을 조합하는데 복잡한 어려움에 직면하고 있다. 이들은 (1) 소비자를 만족시키기 위해서 (2) 가공처리 요구성을 맞추기 위해서 (3) 적당한 풍미를 없에거나 돋우기 위해서 (4) 안정성을 높이기 위해서 (4) 시각적 호소를 위해 하나 이상의 전분 또는 검을 사용하고 있다.

검과 전분은 친수콜로라이드이기 때문에 용액성 제품과 반죽의 유체 특성과 점도에 영향을 주는 물을 매우 선호하는 특성을 갖는다. 준비와 프로세싱 동안에 다른 성분과 처리에 의존해 이들 친수성콜로이드는 식품의 질감적 특성에 상당한 영향을 끼치는 졸, 겔, 폼 그리고/또는 필름을 형성하기도 한다. 예를 들면, 아라빅 검은 에멀션을 안정화하는 데 사용되고 또한 지방에 코팅효과를 자극시켜 만족스런 섭취에 기여한다. 대조적으로 샐러드 드레싱에 사용되는 잔탄 검은 잘 부숴지는 가역적 친수콜로이드로 너무 얇은 특성 때문에 드레싱으로 사용할 경우 요리 재료의 혼합을 위해 적절히 흔들어 주어야 한다. 드레싱은 아직까지 녹색을 고수하고 있다.

식품 제조업자는 식품재료의 비용을 고려해야만 한다. 전분은 질감성분으로 흥미롭기도 하고 다른 검보다는 상대적으로 비용이 낮다. 때때로 하나 이상의 검은 여러 조합을 통해서 한 개의 검을 사용하는 것보다 전체적으로는 보다 적은 검을 사용하면서 상승효과를 주기 때문에 경제적이기도 하다. 일부 다른 조합은 검의 효과를 보조해 주어 각각의 검들이 바라는 효과를 제공해 주기도 한다.

또 다른 수용성 섬유질로 식품의 섬유질 함량을 증가시켜 준다. 아라빅 검과 CMC의 고도로 높은 용해성은 액상 식품에서 모래알과 같은 질감의 제공없이 상당한 수준으로 사용이 가능하게 해 준다.

구아 검과 메투기 콩 검은 종자 검의 일종으로 증점안정제를 위해 사용되는 전분의 적어도 절반을 대체할 수 있어 식품의 열량을 감소시킬 수 있다. 부가적인 장점은 이들 섬유질이 일부 영양적인 이점을 제공한다는 것이다. 만일 섬유질 함량을 증가시키는 것이 목적이라면 4%의 전분으로 만들어진 수프는 구아 검과 CMC를 각각 1%의 함량으로 첨가하여 전체적으로 2%의 전분 함량을 대체할 수 있다.

구아 검은 일부 구운 식품에서 약 10% 이상의 밀가루를 대체하는 데 유용하게 사용된다. 밀가루의 약 10.35%를 구아 검으로 대체한 비스켓은 만족스러운 제품으로 만들어지며 100 g당 9.5 g까지 섬유질 함량이 증가한다. 구아 검은 케이크를 5.5%의 수준으로 대체할 수 있다. 빵에서는 단지 3% 수준으로 대체할 수 있다.

잔탄 검은 샐러드 드레싱의 증점안정제로 성공적으로 이용되고 있다. 일부 전분들이 낮은 열량, 낮은 오일 또는 전혀 오일을 사용하지 않는 드레싱에서 바라던 질감을 얻기 위해서 첨가되기도 한다. 카라기난은 종종 지방 함량이 낮은 부드러운 아이스크림을 만드는 데 사용되는 검이다. 구아 검, CMC 및 메뚜기 콩 검은 아이스크림에 단단한 물성을 주기 위해서 사용된다. 또 다른 검의 일종인 가티 검은 버터가 포함된 시럽을 생산하는 데 있어서 레시틴을 결합시킬 때 사용되는 효과적인 분산제이다. 표 10.9는 앞서 설명한 검들에 대한 특성과 적용을 요약한 것이다.

요약

과일과 채소 조직은 표피, 유관속 그리고 뿌리 기관으로 구성된다. 과일과 채소의 신선한 부위에 주로 존재하는 세포 형태인 유조직 세포는 다양한 색소들과 전분을 생산하는 액포, 유색체, 엽록체 및 백색체를 포함한 몇 가지의 구조적 특성을 가지고 있다. 구조적 구성성분으로는 셀룰로오즈, 헤미셀룰로오즈, 펙틴질(프로토펙틴, 펙틴, 펙틴산 그리고 펙트산)과 리그닌을 포함한다.

숙성기와 이후의 수확기 동안에 많은 변화들이 신선 제품에서 일어난다. 이들 변화는 효소 활성

표 10.9 검의 급원과 특징 그리고 적용

검	급원	특성	적용
		종자검	
메뚜기콩 (케럽 종자) 검	상록수의 종자 (*Ceratonia silqua*) (지중해 연안 국가)	차가운 물에서 불용성; 95°C에서 점성; 단독으로는 젤 형성 안됨; 잔탄 검과 함께 사용시 젤화 가능	아이스크림, 볼로냐, 치즈, 소스, 가공육의 안정화
구아검	구아 식물의 내 배유 (*Cyamopsis tetragonolobus*) (인도, 파기스탄)	젤화가 안됨; 안정화를 도와줌; 점성을 증가시킴; 보수력에 기여; 아가와 카파-카라기난과 함께 사용시 젤화 가능	후식, 구운 제품, 아이스크림 안정화제, 소스, 스프, 샐러드 드레싱
		식물 삼출액	
아라빅검	아카시아 나무의 수액 (수단)	뜨겁거나 찬물에서 해리;제안된 점성; 신속한 수용성; 유화제	캔디의 결정화 지연, 향미 고정제, 소프트 드링크, 맥주(거품 안정제)
가티검	아노게이수스 라티폴리아 (*Anogeissus latifolia*) 나무의 삼출액(인도)	젤화 안됨; 뜨겁거나 차가운 물에서의 분산제; 아라빅 검의 대용제	버터 함유 시럽
카라야검	*Sterculia* 나무의 건조된 삼출물 (인도)	낮은 수용성; 물에서의 높은 팽창; 가열시 점성의 감소; 알카리에서 열화; 거품의 안정화	프렌치 드레싱; 셔벗과 얼음, 머랭, 볼로냐
트라가칸트검	*Astragalus* 덤불의 삼출액 (이란, 시리아, 터키)	고점성; 찬/뜨거운 물에서 수용성; 열에 안정; 높은 보수력; 부드러운 젤; 유화제	샐러드 드레싱, 소스, 케첩, 아이스크림, 단 음식, 렐리시, 프룻 필링
		해초류	
알지네이트	갈조류(*Macrocystis pyrifera* 등)(미국, 영국, 일본, 캐나다)	차가운 물에서 칼슘이온 처리시 비가역적인 젤 형성; 유화제; 결착제; 증점제	샐러드 드레싱; 레몬 파이 필링; 머랭; 생선 코팅
아가	홍조류(*Gelidium cartilagineum* 등)(일본, 멕시코, 포루투갈, 남극, 일본)	강한 젤; 차가운 물에서 불용성; 35~40°C에서 젤화; 85°C에서 용해	배양배지; 푸딩의 안정화제, 머랭, 파이 필링, 치즈, 셔벗, 아이싱
카라기난 (Irish moss)	홍조류(*Chondrus crispus* 등) (아이베리아, 북극, 일본)	람다 분획은 젤링이 안됨; 이오타와 카파 분획은 젤 형성; 열에 대한 가역적인 젤화 가능; 단백질 결합	애완동물 식품(육즙을 내는 고기), 저설탕 잼과 젤리류, 파이 필링, 치즈, 아이싱, 셔벗
		미생물 검	
잔탄 검	*Xanthomonas campestris* (루타바가와 관련된 미생물)의 배양물	차거나 뜨거운 물에서의 높은 수용성; 고점성; 열, pH 및 효소에 대한 안정성; 온도에 영향을 받지 않는 점성; 증점제; 안정화제; 분산제; 우수한 동결과 해동에서의 우수한 안전성	동결 반죽, 머랭, 아이스크림, 토마토 소스, 과일 젤
커드란	*Alicaligenes faecalis* (var. *myxogenes*)의 배양물	불용성; 동결에 안정성; 80°C에서의 레토르팅; 60°C와 40°C에서는 카라기난과 같은 물성	소시지, 햄, 기타 육제품, 국수, 스폰지 케이크, 치즈 제품, 요거트, 저지방 크림
젤란 검	*Pseudomonas elodea*의 배양물	강한 젤; 해리시 가열; 냉각 과정(20~50°C)에서 양이온 처리시 젤화, 65~120°C에서 용해; 산과 열에 안정	아이싱, 비표준화된 젤과 젤리류
		합성검	
셀룰로오스 검(소디움 카르복시메틸 셀룰로오스 or CMC)	셀룰로오스를 에스터로 알카리 전환	수용성; 물과 결합; 가열시 얇아지고 냉각시 두꺼워짐; 젤	저칼로리성 식품의 주요 성분, 파이 필링, 대두 단백질 제품
마이크로크리스탈린 셀룰로오스(MCC)	셀룰로오스의 산 가수분해	요변성 젤; 산에 안정; 넓은 온도에서 안정; 필름 강도 증가; 안정화제	아이싱, 부분적인 전분 대체제 (초콜릿 드링크, 유화시 유지 대체제)
메틸셀룰로오스(MC)	셀룰로오스에서 화학적으로 유래된 화합물	낮은 온도에서 안정; 고온에서 젤 형성	튀긴 식품의 코팅용 배터, 크림 스프, 소스
하이드록실프로필메틸-셀룰로오스(HPMC)	셀룰로오스에서 화학적으로 유래된 화합물	낮은 온도에서 안정; 고온에서 젤 형성	튀긴 식품의 코팅용 배터, 크림 스프, 소스

과 호흡의 결과이다.

과일과 채소의 색소는 클로로필, 카로티노이드 그리고 플라보노이드(안토시아닌, 베타레인 및 안토크산틴)을 포함한다. 색 변화는 열, pH의 변화, 산화 및 효소 활성의 결과이다. 클로로필과 플라보노이드는 카로티노이드의 변화보다 더 감수성이 있다. 풍미는 알데히드, 케톤, 산, 황 함유 화합물, 에스테르, 알코올 및 당질을 포함하는 다양한 유기산 성분으로부터 기인한다.

일부 검들은 오늘날 많은 제조 식품의 특성을 변형하기 위해 첨가제로 사용되는 복잡한 탄수화물이다. 이들은 증점안정제, 지방 대체제 및 식감개선제로 사용된다. 종자 검은 구아와 메뚜기 콩을 포함한다. 식물 삼출물에는 아라빅 검, 트래거캔스, 카라야 검, 가티 검 등이 있다. 홍색과 갈색의 해초류는 한천, 카라기난 및 알지네이트의 급원이다. 잔탄과 젤란 검은 미생물에 의해서 생성된다. 셀룰로오즈는 셀룰로오즈 검(CMC), 마이크로크리스탈린 셀룰로오즈(MCC), 메틸셀룰로오즈(MC) 및 하이드록시프로필메틸 셀룰로오즈(HPMC)를 만들기 위해서 변형된다. 시리얼의 브렌은 섬유질을 위한 유용한 급원이다. 이들 브렌은 지방이 적은 저민고기 제품에 첨가할 수 있으며 게다가 빵과 다른 구운 제품에 적용되고 있다.

연습문제

1. 식물의 식이 가능한 부분에 있는 세포의 형태와 조직 및 다양한 구조적 특성에 대해 설명하시오.
2. 식물 식품의 구조적 성분과 이들의 화학적 구조를 기술하시오.
3. 식물이 숙성되는 과정에서 펙틴질에는 어떤 변화가 일어나는가, 그리고 이와 같은 변화는 식품에 어떠한 영향을 미치는가?
4. 식물 제품은 수확 후에 어떤 변화가 발생하는가? 그리고 어떻게 유통기한을 최적화하기 위해서 저장환경을 조절할 수 있는가?
5. 클로로필리드(chlorophyllide)는 무엇인가, 그리고 어떻게 이들이 형성되는가?
6. 안토크산틴과 안토시아닌의 주요 차이점은 무엇인가? 어떻게 이들이 색에 영향을 끼치는가?
7. 폴리페놀옥시데이즈는 무엇인가? 그리고 안토크산틴을 함유하는 신선한 제품에 이들이 존재하게 되면 어떤 현상이 일어나는가? 이와 같은 문제를 어떻게 최소화할 수 있는가?
8. 양배추, 양파 그리고 과일에서 향미를 내는 화합물을 비교하여라.
9. 일부 식품에 표기되는 성분으로써의 검 목록을 나열하시오. 각 검들의 기능은 무엇인가?
10. 가정에서 만든 음식이 아닌 상업적 식품에서 왜 검 성분들이 중요한가?
11. (참 또는 거짓) 채소를 끓일 때, 물에 산을 첨가하는 것은 보다 신속하게 채소를 부드럽게 하기 위함이다.
12. (참 또는 거짓) 빨간 양배추를 끓일 때 조리수의 pH는 색에 영향을 끼친다.
13. (참 또는 거짓) 과일에서 펙틴질의 형태는 숙성과정 중에 변한다.
14. (참 또는 거짓) 후벽세포는 과일을 신선하게 하기 위해서 거친 특성을 나타내는 배에 존재하는 독특한 세포이다.
15. (참 또는 거짓) 때때로 에틸렌 가스는 저장 중에 과일의 부패를 방지하기 위해서 사용된다.

참고문헌

Anscombe, A. 2003. Regulating botanicals in food. *Food Technol.* *57* (1): 18.

Arscott, S.A. and Tanumihardjo, S.A. 2010. Carrots of many colors provide basic nutrition and bioavailable phytochemicals acting as a functional food. *Comp. Rev. in Food Science and Food Safety* *9* (2): 1541.

Barrett, D. M. and Theerakulkait, C. 1995. Quality indicators in blanched, frozen, stored vegetables. *Food Technol.* *49* (1): 62.

da Silva, J. A. L. and Rao, M. A. 1995. Rheology of structure development in high-methoxyl pectin/sugar systems. *Food Technol.* *49* (10): 70.

Deis, R. C. 2001. Dietary fiber: A new beginning. *Food Product Design 11* (9): 65–79.

Draughon, F.A. 2004. Use of botanicals as biopreservatives in foods. *Food Technol. 58* (2): 20.

DuBois, C. M., et al, eds. 2008. *World of Soy*. University of Illinois Press. Urbana, IL.

Duxbury, D. 2004. Dietary fiber: Still no accepted definition. *Food Technol. 58* (5): 70.

Foster, R. J. 2004. Fruit's plentiful phytochemicals. *Food Product Design: Functional Foods Annual* (September): 75.

Foster, R. J. 2005. Curious cloves. *Food Product Design 15* (3): 18.

Grenus, K. 2005. Focus on fiber. *Food Product Design 15* (3): 92.

Hazen, C. 2006. New fiber options for baked goods. *Food Product Design 15* (10): 80.

Homsey, C. 2002. Formulating natural products. *Food Product Design 11* (12): 33–57.

Hoover, D. G. 1997. Minimally processed fruits and vegetables: Reducing microbial load by nonthermal physical treatments. *Food Technol. 51* (6): 66.

Katz, P. 1998. That's using the old bean. *Food Technol. 52* (6): 42.

Katz, P. 2002. The fine line between functional foods and supplements. *Food Product Design 12* (3): 101.

Klahorst, S. J. 2004. Nutrigenomics: Window to the future of functional foods. *Food Product Design: Functional Foods Annual* (September): 5.

Kuntz, L. A. 2002. Formulating by gum, pectin, and gelatin. *Food Product Design 12* (3): 63.

Lauro, G. J. 2002. Color, naturally. *Food Product Design 12* (5): 141–156.

Luff, S. 2002. Phytochemical revolution. *Food Product Design: Functional Foods Annual* (September): 77.

Luff, S. 2005. Better ingredients through biotechnology. *Food Product Design 14* (10): 91.

Miraglio, A. M. 2003. Fiber in the morning. *Food Product Design 13* (4): 131.

Miraglio, A. M. 2005. Fruits for better health. *Food Product Design 15* (3): 115.

Miraglio, A. M. 2006. Beyond lycopene. *Food Product Design 15* (10): 77.

Nguyen, M. L. and Schwartz, S. J. 1999. Lycopene: Chemical and biological properties. *Food Technol. 53* (2): 38.

Ohm, L. M. 2004. Fortifying with fiber. *Food Technol. 58* (2): 71.

Ohr, L. H. 2003. Botanically speaking: Nutraceuticals and functional foods. *Food Technol. 57* (1): 65–67.

Ohr, L. M. 2004. Nutraceuticals and functional foods. *Food Technol. 58* (2): 71.

Ohr, L. M. 2006. Functional foods sneak peek. *Food Technol. 60* (5): 95.

Okezie, B. O. 1998. World food security: Role of postharvest technology. *Food Technol. 52* (1): 64.

Palmer, S. 2005. Cancer-fighting foods. *Food Product Design 15* (4): 93.

Pszczola, D. E. 2006. Fiber gets a new image. *Food Technol. 60* (2): 43.

Pszczola, D. E. 1997. Curdlan differs from other gelling agents. *Food Technol. 51* (4): 30.

Sapers, G. M. 1993. Browning of foods: Control by sulfites, antioxidants, and other means. *Food Technol. 47* (10): 75.

Schauwecker, A. 2005. To preserve and protect. *Food Product Design 15* (3): 67.

Schildhouse, J. 2002. Flax facts. *Food Product Design: Functional Foods Annual* (September): 102.

Schultz, M. 2005. Xanthan and foods: Bonded for life. *Food Product Design 15* (7): 17.

Sideras, G. M. 2006. Sweet fruit meets savory. *Food Product Design 16* (2): 52.

Sloan, A. E. 2000. Top ten functional food trends. *Food Technol. 54* (4): 33–62.

웹사이트

http://www.timesonline.co.uk/tol/news/world/asia/article6804512.ece—Article about the contest in Kerala for a machine capable of doing the jobs done by skilled workers who harvest coconuts.

http://www.latimes.com/features/food/la-fo-quince28-2009oct28,0,5254414.story—Story on nutrient levels in carrots of various colors.

http://www.ctahr.hawaii.edu/oc/freepubs/pdf/F_N-5.pdf—Information on the sexes of papaya.

http://www.chestnuts.us/?gclid=CKKn8K7qxJ4CFRgbawodtm9_ow—Chestnut farming information.

http://jn.nutrition.org/cgi/content/full/129/7/1402S—Information on inulin.

http://www.oceanapproved.com/nutrition/—Information on kelp as a vegetable.

http://seaveg.com/—Information on several sea vegetables.

http://www.cpkelco.com/products-xanthan-gum.html—Information on xanthan gum.

http://www.wiley-vch.de/books/biopoly/pdf_v05/bpol5006_135_144.pdf—Information on curdlan.

http://www.codexalimentarius.net/gsfaonline/additives/details.html?id=51—Codex information on sodium carboxymethyl cellulose.

PART 4

지질

11장
지방과 유지의 개요

12장
식품에서의 지방과 유지

말레이시아의 오일팜(유야자나무) 농장은 세계시장에 상당량의 유지를 공급한다.

11장

지방과 유지의 개요

단원 개요

학습 목표
화학
  글리세롤
  지방산
식품에서 지방의 구조
고체지방의 결정 특성
화학적 열화(변질, 분해)
  산패
생각할 거리 : 햇빛과 올리브유
  변향
  가열의 효과
요약
연습문제
참고문헌
웹사이트

학습 목표

이 단원을 학습함으로써:

1. 식용지방질의 화학적 구조를 나타낼 수 있다.
2. 고체지방의 결정 특성에 대한 중요성을 논의할 수 있다.
3. 산패의 발생을 설명할 수 있다.
4. 가열에 기인한 지방과 유지에서의 변화를 추적할 수 있다.

화학

탄수화물과 마찬가지로 **지방질(lipid)**은 탄소, 산소, 수소로 이루어진 유기화합물이지만 상대적으로 산소의 비율은 낮고 수소 비율이 더 크다. 이로 인해 탄수화물(그램당 4 kcal)보다 높은 에너지(그램당 9 kcal)를 제공한다.

식품조제에서 가장 중요한 지방질인 **단순지방(simple fat)**의 두 핵심 성분은 **글리세롤(glycerol)**과 **지방산(fatty acid)**으로, 두 화합물이 에스터(ester) 결합을 하고 있다.

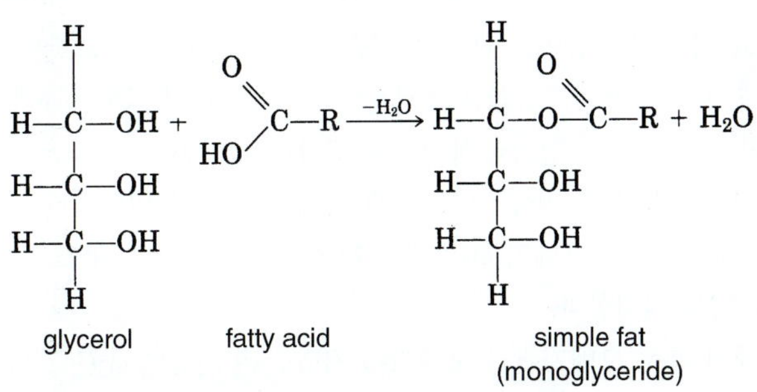

글리세롤과 지방산의 에스터화 반응

지방질
탄소, 수소 및 소량의 산소로 구성된 비극성의 비수용성 화합물.

단순지방
글리세롤과 지방산으로만 구성된 지방질.

글리세롤
3개의 탄소 각각에 수산기가 결합되어 있는 다 수산가의 알코올.

지방산
일반적으로 4~24개 사이의 탄소 수를 가지는 유기산.

글리세롤

앞의 반응에서처럼 글리세롤의 3개 수산기(알코올 또는 —OH)는 각각 지방산과 에스터 결합을 할 수 있으며 에스터 결합한 지방산의 종류에 따라 매우 다양한 단순지방이 생성될 수 있다. 지방에는 비교적 길고 어느 정도 다양한 지방산이 존재하지만 글리세롤은 고유한 구조적 특성을 유지하고 있다.

지방산

단순지방에 있는 지방산은 산의 특성을 부여하는 카르복실기(—COOH)를 가지며 보통 짝수의 탄소 수를 가진 유기화합물로서, 가장 작은 지방산은 아세트산(탄소 수 2개)이고 식품에서 일정한 수준으로 발견되는 가장 큰 지방산은 아리키돈산(20개)이다.

지방산의 한 가지 예로서 올레산의 구조는 다음과 같다.

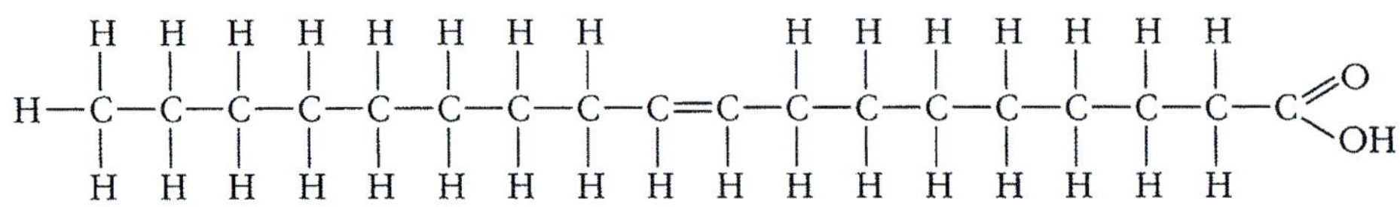

oleic acid

구조에서 각 탄소들을 구별하기 위해 카르복실기의 탄소는 1번, 그리고 이후 탄소에는 순차적으로 번호를 부여하는데 올레산의 예는 다음과 같다.

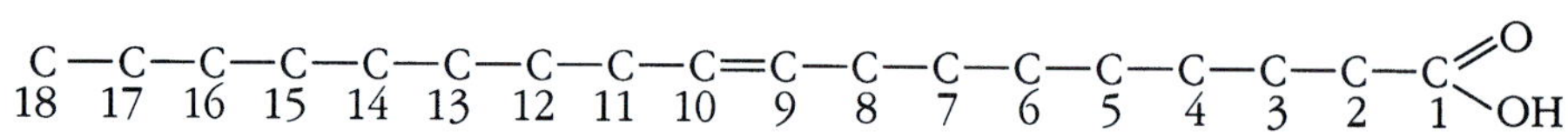

이러한 표현은 각 탄소원자를 세어서 분자의 크기를 정확히 알 수는 있으나 귀찮은 일이다. 좀 더 간단한 방법은 반복되는 CH_2를 괄호 안에 넣고 아래 첨자로 탄소의 숫자를 표기하면 정확하면서 빠르게 크기를 알 수 있다. 올레산의 경우는 다음과 같이 간단히 표현할 수 있다.

$$CH_3(CH_2)_7CH = CH(CH_2)_7\ COOH$$

포화지방산
소유가 가능한 모든 수소원자들을 가진 지방산.

단일 및 다가불포화지방산
1개(단일) 또는 2개 이상(다가)의 이중결합을 가진 지방산.

지방산 중에서 화학적으로 결합이 가능한 모든 수의 수소원자들을 가진 것을 **포화지방산(saturated fatty acid)**이라 한다. 반면 구조 중에서 1개 이상의 이중결합을 가지고 있어 수소의 첨가가 가능한 지방산을 불포화지방산이라고 하며 이중결합이 1개 존재하면 **단일불포화(monounsaturted)지방산**, 2개 이상을 가지고 있으면 **다가불포화(polyunsaturated)지방산**이라고 한다.

한 지방 분자에서의 지방산 조성은 그 지방의 물리적 특성을 결정한다. 지방의 리올로지(흐름과 변형) 특성은 그 지방을 식품제조에 사용할 때 특히 중요하다. 식품에 가장 풍부하게 존재하는 포화지방산인 팔미트산은 16:0으로도 나타내는데 이는 16개의 탄소를 가지며 이중결합이 전혀 없는 지방산임을 의미한다. 표 11.1에 식품에 존재하는 단순지방에서 일반적으로 발견되는 지방산들을 나타내었다. 가장 풍부한 단일불포화지방산은 올레산(oleic acid)로서 18:1(18개 탄소와 1개의 이중결합)로 나타낸다. 화학적으로 더 정확하게 기술하면 18:1 (n-9)로 나타내는데 이것은 메틸탄소($-CH_3$)부터 시작해 9번째 탄소에 이중결합을 1개 가지는 구조를 의미한다. 이때 카르복실기로부터 가장 멀리 떨어진 메틸탄소를 오메가(ω)탄소라 하며 n-9은 오메가 탄소 기준으로 9번째 탄소에 이중결합이 처음 나타남을 의미한다.

불포화지방산 중에서 특히 오메가-3과 오메가-6 지방산은 건강에 좋은 지방산으로 알려져 있는

표 11.1 식품에 존재하는 지방산

일반명	탄소원자 수	이중결합 수	대략적인 녹는점 (℃)	구조
Butyric	4	0	−8	$CH_3(CH_2)_2COOH$
Caproic	6	0	−4	$CH_3(CH_2)_4COOH$
Caprylic	8	0	16	$CH_3(CH_2)_6COOH$
Capric	10	0	31	$CH_3(CH_2)_8COOH$
Lauric	12	0	44	$CH_3(CH_2)_{10}COOH$
Myristic	14	0	54	$CH_3(CH_2)_{12}COOH$
Palmitic	16	0	64	$CH_3(CH_2)_{14}COOH$
Palmitoleic[a]	16	1	1	$CH_3(CH_2)_5CH = CH(CH_2)_7COOH$
Stearic	18	0	70	$CH_3(CH_2)_{16}COOH$
Oleic[a]	18	1[b]	14	$CH_3(CH_2)_7CH = CH(CH_2)_7COOH$
Elaidic[a]	18	1[c]	44	$CH_3(CH_2)_7CH = CH(CH_2)_7COOH$
Linoleic[a]	18	2	−5	$CH_3(CH_2)_4CH = CHCH_2CH = CH(CH_2)_7COOH$
a-linolenic[a]	18	3	−11	$CH_3(CH_2CH = CH)_3(CH_2)_7COOH$
Arachidic	20	0	76	$CH_3(CH_2)_{18}COOH$
Arachidonic[a,d]	20	4	−50	$CH_3(CH_2)_4(CH = CHCH_2)_4(CH_2)_2COOH$

[a] 불포화지방산.
[b] *cis*형 배위 이중결합.
[c] *trans*형 배위 이중결합.
[d] 체계적 명칭은 5, 8,11,14-eicosatetraenoic acid.

데, 예를 들면 리놀레산(linoleic acid)은 오메가 구분에 의해 18:2(n-6)로 표기하거나, 탄소 수 18개 및 카르복실기의 탄소부터 세어서 9와 12번째인 탄소에 *cis* 배위의 이중결합을 나타내는 *cis*-9, *cis*-12-octadecanoic acid로 표현할 수 있다. 이 지방산은 오메가-6 지방산이다.

알파-리놀렌산(α-linolenic acid)은 18개의 탄소를 가지며 9, 12, 15번째 탄소에서 이중결합을 가진 오메가-3 지방산이다. 화학적으로는 18:3(n-3) 또는 *cis*-9, *cis*-12, *cis*-15-octadecatrienoic acid로 표현되며 오메가 탄소 기준으로 볼 때 3번째 탄소에서 이중결합이 처음 나타남을 의미한다. 이 지방산은 20개 탄소 수의 **eicosapentanoic acid (EPA)**와 22개 탄소 수의 **docosahexanoic acid (DHA)**의 전구체이기 때문에 특히 중요하다. EPA는 5개, DHA는 6개의 이중결합을 가지는 고도불포화 오메가-3 지방산들로 생물학적 활성이 있다.

천연에 존재하는 불포화지방산에서의 이중결합은 대개 *cis*형이고, 이중결합들 사이에는 $-CH_2$ 기가 존재하여 고립형 지방산(nonconjugated fatty acid)으로 불린다. 그러나 **공액형 리놀레산(conjugated linoleic acid, CLA)**의 경우에서는 이중결합 사이에 $-CH_2$가 없이 이중결합이 번갈아 나타나며, 하나는 *cis*형 다른 것은 *trans*형 이중결합이다. 이 CLA는 유지방에 천연적으로 풍부하게 존재하는데 동물의 반추위에 있는 미생물의 작용으로 생겨난 것이다.

CLA에 *trans*형 이중결합이 있더라도 이를 영양표시에서 트랜스지방으로 표시하지 않는데 이것은 FDA가 고립형의 트랜스 이중결합만을 표시하도록 하고 있기 때문이다.

표 11.1에서 특별히 흥미로운 것은 다양한 지방산들의 **녹는점(melting point)**이다. 녹는점은 지방산이 고체에서 액체로 전환되는 온도로 식품조제에서 중요하다.

지방산의 흐름특성 및 고체화는 (1) 사슬의 길이와 (2) 불포화 정도에 의해 크게 영향을 받는다. 표 11.1에 나타난 바와 같이 짧은 사슬 지방산은 긴 사슬 지방산보다 녹는점이 더 낮은데, 이는 혼합온도에서 긴 사슬 지방산이 고체로 되기가 더 쉽다는 것을 의미한다. 높은 녹는점으로 인해 상온에서 단단한 고체인 지방은 쇼튼드 케이크(shortened cake) 혼합물을 크리밍(creaming)하는 것과 같은 조제에는 적합하지 않다.

Eicosapentanoic acid (EPA)
20개 탄소원자와 5개의 이중결합을 가지며 생물학적으로 활성이 있는 오메가-3 지방산.

Docosahexanoic acid (DHA)
22개 탄소원자와 6개의 이중결합을 가지며 생물학적으로 활성이 있는 오메가-3 지방산.

공액형 리놀레산
번갈아 나타나는 탄소에 하나는 *cis*형 다른 하나는 *trans*형의 이중결합을 가지며 유지방에 존재하는 지방산[18:2(n-6)]으로 트랜스지방으로 간주되지 않음.

녹는점
고체지방의 결정이 녹는 온도.

중합. 지질분해로 인해 유리 지방산이 생성된 후에도 튀김온도 조건이 지속되면 유리 지방산은 추가적인 화학적 변형을 일으킨다. 이 경우 유리 지방산들의 결합으로 다양한 길이의 고분자 형성(중합)이나 더 작은 분자들로의 전환 등 몇 가지 다른 변형이 일어나는 것으로 보인다.

중합
튀김 동안에 장시간 강한 열을 받는 유리 지방산으로부터 단순 이중합체, 삼중합체를 포함한 다양한 고분자가 형성.

최소한 1개의 이중결합을 가진 유리 지방산들은 특히 **중합(polymerization)** 반응이 일어나기 쉬운데 새로운 탄소-탄소 결합을 통해 이중합체(2개 지방산), 고리형 삼중합체(3개 지방산)가 생성될 수 있다. 튀김에 쓰인 지방에 다가불포화지방산의 하이드로과산화물이 일부 존재하면 산소-탄소 결합이 산화적 중합을 일으킬 수 있다.

지방의 장시간 가열로 생성되는 화합물들은 매우 다양하나 유리 지방산보다는 상당히 큰 고분자인 것은 확실하며 이들이 뜨거운 지방의 점도를 상당히 증가시킨다. 사실, 우연히 보더라도 점도 증가는 쉽게 확인되며 이는 지방의 화학조성이 현저히 변했다는 것을 의미한다. 오랜 기간 사용한 튀김유의 색이 검어지는 것도 또 하나의 품질저하 지표이다

아크릴아마이드
전분을 입힌 튀김식품과 구운 식품에서 천연 당과 아스파라긴으로부터 생성되는 발암물질.

아크릴아마이드. 아크릴아마이드(**acrylamide**; 화학명 ethylene carboxyamide 또는 2-propenamide)는 전분, 일부 당, 아스파라긴(아미노산)을 함유한 식품을 고온에서 가열하면 형성되는 단량체(monomer)로서 그 구조는 다음과 같다.

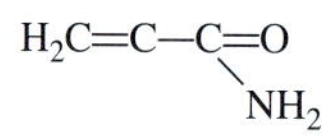

Acrylamide

2002년 스웨덴 연구자(Tareke, et al., 2002)가 쌀과 감자를 포함한 주식에서 아크릴아마이드 함량이 높음을 보고하기 전까지는 이 물질은 식품에서 큰 관심을 받지 못했다. 아크릴아마이드가 실험동물에서는 발암물질로 인식되더라도 연구자가 보고한 수준의 양이 인간에게 유의적인지는 오늘날 중요한 연구 주제이다.

그러나 이 물질에 대한 우려는 정부가 지침을 설정하도록 노력하게끔 하였다. 현시점에서는 대부분의 사람들이 섭취하는 아크릴아마이드 수준이 위험하지 않다고 생각되고 있다.

아크릴아마이드는 식품에 자연적으로 존재하는 것이 아니라 필수성분을 함유하는 식품을 고온 처리할 때 생성될 수 있다. 감자와 구운 제품들은 전분, 천연 당류 및 일부 단백질(특히 아미노산인 아스파라긴)을 함유하며 일반적으로 고온에서 튀기거나 구워서(최소 163°C, 종종 더 높은 온도) 조리하는데 그로 인해 어느 정도의 아크릴아마이드가 생성된다. 구운 제품은 점차 갈변화됨에 따라 그 양이 증가하는데, 매우 고온(190°C)에서 튀기는 감자칩과 프렌치프라이도 마찬가지이다. 볶은 커피콩도 검어짐에 따라 약간의 아크릴아마이드를 생성한다. 이들처럼 자연적으로 어느 정도의 당과 아스파라긴을 함유한 식품에서도 갈변이 증가하면 아크릴아마이드 양도 증가한다.

아크릴아마이드 생성을 최소화하는데 도움이 되는 한 방법은 프렌치프라이를 30분 정도 물에 먼저 침지시킨 후에 물기를 빼고 튀기는 것이다. 또한 진한 색보다는 밝은 황갈색 정도로 튀기는 것이 그 양을 최소화할 수 있다. 이와 비슷하게 구운 제품도 갈변이 시작되어 검어지기 전에 오븐에서 꺼내면 아크릴아마이드 생성을 줄일 수 있다. 만일 아크릴아마이드가 특별히 걱정되면 삶은 감자나 마이크로웨이브로 조리한 감자를 선택할 수 있으며 지방섭취를 줄이는 부가적인 이득도 있다. 길고 뜨거운 불로 로스팅하여 매우 진한 풍미를 가진 프렌치로스트 커피는 살짝 로스트한 커피보다 아크릴아마이드 함량이 더 높다.

요약

식품조제에 쓰이는 지방의 일반적인 형태인 모노글리세라이드, 다이글리세라이드, 트리글리세라이드로서 이들 지방과 유지의 물리적 특성은 글리세롤에 에스터 결합한 지방산들에 의해 결정되며, 탄소사슬의 길이와 포화도가 지방산의 녹는점을 결정한다. 이러한 지방분자들은 식품에서 유지나 결정형 지방으로 나타나며 결정의 크기는 알파부터 베타프라임, 그 다음 중간형, 마지막으로 베타 결정형의 범위에 이른다. 베타프라임은 식품에 적용하기에 선호되는 크기이다.

산화의 결과로서 불포화지방산에서 산패가 발생할 수 있으며 금속과 따뜻한 온도는 산화를 촉진된다. 항산화제는 지방산화의 억제자로 작용한다. 산화적 산패 외에 가수분해에 의한 산패도 일어나는데 이때 지방에 물 분자가 첨가되면서 글리세롤에서 지방산이 떨어져 나온다.

변향은 콩비린내 또는 생선냄새가 발생하는 현상으로 유지의 일부 리놀레산(18:2)과 리놀렌산(18:3)이 산화하면서 발생한다.

지방을 고온에서 장시간 가열하면 분리된 글리세롤로부터 궁극적으로 아크롤레인이 생성되면서 연기가 나기 시작하는데 강한 가열조건에서 모노-, 다이- 그리고 트리글리세라이드에서 지방산이 유리되기에 가능하다. 가열이 지속됨에 따라 유리 지방산들은 중합한다. 이러한 품질저하를 피하기 위해서는 발연점 아래의 온도에서 지방을 가열해야 한다. 아크릴아마이드는 전분성 식품을 튀기거나 구울 때 고온에서 당과 아스파라긴으로부터 생성된다.

연습문제

1. 글리세롤이 스테아르산 1분자, 올레산 1분자, 부티르산 1분자와 에스터 결합하는 반응을 쓰시오.
2. 지방산의 녹는점에 영향을 주는 3가지 요소는 무엇이며 각 요소의 효과를 기술하시오.
3. 쇼튼드케이크(shortened cakes) 제조 시 지방의 결정형이 중요한 이유는 무엇인가?
4. 튀김용 지방을 선택할 때 지방의 결정형태가 중요한가? 그 이유를 설명하시오.
5. 산화적 산패와 가수분해에 의한 산패의 발생에 대해 화학식과 반응을 포함하여 상세히 설명하시오.
6. 튀김에 장기간 사용되고 있는 유지에서 나타나는 품질의 열화적 변화를 화학적으로 설명하시오.
7. (참 또는 거짓) 올리브유는 돼지기름(lard)보다 불포화지방산이 더 많다.
8. (참 또는 거짓) 짧은 사슬 지방산은 긴 사슬 지방산보다 녹는점이 더 높다.
9. (참 또는 거짓) 이중결합은 지방산의 녹는점을 높인다.
10. (참 또는 거짓) 베타결정을 가진 고체지방은 베타프라임 결정을 가진 고체지방보다 케이크에 더 좋은 결과를 부여한다.
11. (참 또는 거짓) 한 분자의 아크롤레인 분자가 생성되면 한 분자의 물이 생성된다.
12. (참 또는 거짓) 산화적 산패는 일부 물이 존재하면 촉진된다.
13. (참 또는 거짓) 가수분해에 의한 산패에는 산소가 필요하다.
14. (참 또는 거짓) 감자를 튀기면 아크릴아마이드가 생성될 수 있다.
15. (참 또는 거짓) 산화적 산패는 글리세롤과 지방산 사이의 에스터 결합에서 발생한다.

참고문헌

Allison, D. B., et al. 1999. Estimated intakes of *trans* fatty and other fatty acids in the US population. *J. Am. Diet. Assoc. 99* (2): 166.

Berry, D. 2003a. Fat that's fit for oven and fryer. *Food Product Design 12* (11): 53–67.

Berry, D. 2003b. Fats' chance. *Food Product Design 12* (3): 74–88.

Berry, D. 2005a. Designer lipids. *Food Product Design 14* (12): 118.

Berry, D. 2005b. Lowering LDLs. *Food Product Design 15* (6): 71.

Bren, L. 2003. Turning up the heat on acrylamide. *FDA Consumer 37* (1): 10–11.

Clark, J. P. 2005. Fats and oils processors adapt to changing needs. *Food Technol. 59* (5): 74.

Coughlin, J. R. 2003. Acrylamide: What we have learned so far. *Food Technol. 57* (2): 100.

Duxbury, D. 2005a. Analyzing fats and oils. *Food Technol. 59* (4): 66.

Duxbury, D. 2005b. Omega-3s offer solutions to *trans* fat substitution problems. *Food Technol. 59* (4): 34.

Fortin, N. D. 2005. Fats in the fast lane. *Food Product Design 14* (12): 148.

Gerdes, S. 2003. You gotta have heart-healthy ingredients. *Food Product Design 13* (2): 113–129.

Giese, J. 2002. Acrylamide in foods. *Food Technol. 56* (10): 71–72.

Hazen, C. 2005a. Understanding fats and oils today. *Food Product Design 14* (11): 38.

Hazen, C. 2005b. Trans-formulation alternatives. *Food Product Design 15* (5): 71.

Hicks, K.B. and R.A. Moreau. 2001. Phytosterols and phytostanols: Functional food cholesterol busters. *Food Technol. 55* (1): 63.

Juttelstad, A. 2004. Marketing of *trans*-fat-free foods. *Food Technol. 58* (1): 20.

Klapthor, J. N. 2002. Providing caution in the face of acrylamide. *Food Technol. 56* (6): 129.

Kuntz, L. A. 2001. Fatty acid basics. *Food Product Design 11* (8): 93.

Kuntz, L. A. 2002. Designer fats for bakery. *Food Product Design 12* (8): 55.

Kuntz, L. A. 2005. *Trans*-lating formulas. *Food Product Design 15* (7): 14.

List, G. R. 2004. Decreasing *trans* and saturated fatty acid content in food oils. *Food Technol. 58* (1): 23.

Luff, S. 2004. Ascendancy of omega-3s. *Food Product Design: Functional Foods Annual* (September): 67.

Luff, S. 2005. Better ingredients through biotechnology. *Food Product Design 14* (10): 91.

Marangoni, A. G. and Hartel, R. W. 1998. Visualization and structural analysis of fat crystal networks. *Food Technol. 52* (9): 46.

Ohr, L. M. 2005. Functional fatty acids. *Food Technol. 59* (4): 63.

Palmer, S. 2005. New current for tropical oils. *Food Product Design 15* (2): 87.

Pszczola, D. E. 2001. Antioxidants: From preserving food quality to quality of life. *Food Technol. 55* (6): 59.

Pszczola, D. E. 2004. Fats: In *trans*-ition. *Food Technol. 58* (4): 52.

Remig, V., et al. 2010. *Trans* fats in America: Review of their use, consumption health implications, and regulation. *J. Amer, Dietet. Assoc. 110* (4): 585.

Sloan, A. E. 2005. Time to change the oil? *Food Technol. 59* (5): 17.

Spano, M. 2010. Heart health and fats. *Food Product Design 20* (3): 22.

Tareke, E., et al. 2002. Analysis of acrylamide, a carcinogen formed in heated foodstuffs. *J. Agric. Food Chem. 509170:* 4998.

Tarrago-Trani, M. T., et al. 2006. New and existing oils and fats used in products with reduced *trans*-fatty acid content. *J. Am. Diet. Assoc. 106* (6): 867.

Zapsalis, C. and Beck, R. A. 1985. *Food Chemistry and Nutritional Biochemistry*. Wiley. New York.

웹사이트

www.macnutoil.com—Information about macadamia nut oil.

www.canolainfo.org—Information on canola oil compared with other oils.

http://pubs.acs.org/doi/abs/10.1021/cg0706159—Paper on transition from β′ to β crystals in spherulites of trilaurin.

http://www.springerlink.com/content/ar10243510519554/—Paper on reversion in soybean oil.

http://www.iseo.org/—Site of Institute of Shortenings and Edible Oils.

http://www.fda.gov/Food/FoodSafety/FoodContaminantsAdulteration/ChemicalContaminants/Acrylamide/ucm053569.htm—FDA Web site about acrylamide.

http://www.foodrisk.org/acrylamide/web_sites.cfm—International information on acrylamide.

http://www.sciencedaily.com/releases/2008/03/080306075222.htm—Report on reduction of acrylamide by soaking before frying French fries.

http://oehha.ca.gov/Prop65/acrylamideqa.html—Information on California's legislative efforts regarding acrylamide.

그리스 크레타섬 특산품인 인스트라버진 올리브유

12장

식품에서의 지방과 유지

단원 개요

학습 목표
서론
식품지방의 제조 단계
  추출
  정제
생각할 거리: 올리브유의 품질
  분획화
생각할 거리: 정제와 발연점
  지방의 결정화
  품질 검사
화학적 변형
  수소첨가
생각할 거리: 지방에 대한 진실
  분자간 그리고 분자내 에스터교환
시장에서의 지방과 유지
  지방과 건강 문제
  자원
생각할 거리: 포도씨의 유익성
  제품
지방의 기능적 역할
  색
  풍미
  텍스처
  연함
  에멀전화(유화)
  조리용 매질
지방 대체제
  단백질 기반 대체제
  탄수화물 기반 대체제
  지방 기반 대체제
요약
연습문제
참고문헌
웹사이트

학습 목표

이 단원을 학습함으로써:

1. 식품지방 제조 및 변형과 관련된 단계를 기술할 수 있다.
2. 지방과 유지의 품질 평가 시험들은 설명할 수 있다.
3. 각 식품의 제조에 적합한 지방과 유지를 선택할 수 있다.
4. 지방 대체제와 그들의 적용을 알 수 있다.

서론

식품조리와 제조에 쓰이는 유지(oil)는 다양한 식물자원에서 생산되는데 목화, 홍화, 콩, 참깨 및 포도와 같은 작물들의 종자는 물론, 호두, 개암, 땅콩, 올리브, 심지어 아보카도 등도 상업적인 유지 자원이다. 지방(fat)은 젖소, 소, 돼지로부터 얻어진다. 유지와 지방은 그 자원과 최종 제품의 형태에 따라 다양한 제조단계를 거친 후에 출시되며 다양한 소비자 수요와 기대에 따라 다양한 제품들이 개발되었다. 그러므로 조리(cooking)와 굽기(baking)를 할 때 바라는 결과를 얻을 수 있도록 다양한 선택을 할 수 있다.

식품지방의 제조 단계

추출

융출
동물조직을 건식 또는 습식으로 가열하여 지방을 뽑아내는 것.

냉압착
적절한 종자, 식물조직, 또는 견과류에 열을 가하지 않는 기계적인 압착으로 고순도의 유지를 얻을 수 있는 공정.

열압착
지질 추출률을 높이기 위해 증기나 열수로 식물종자를 약 70°C로 가열한 다음 압착하는 공정으로, 이 과정 중에 일부 검류, 이취 성분 및 유리 지방산도 추출됨.

식품지방 제조의 첫 단계는 천연 식품자원에서 지질을 뽑아내는 것(추출, extraction)이다(그림 12.1). 돼지에서 돼지기름(lard), 소에서 쇠기름을 뽑아내는데 사용되는 공정은 **융출(rendering)**이며 습식융출과 건식융출이 있다. 식용지방 제조에 좀 더 일반적인 기술은 습식융출(wet rendering)로써, 압력하의 수증기를 사용해 지방 조직을 최소 90°C로 가열하여 녹아 흘러나온 뜨거운 지방을 물로부터 분리해 내어 지방을 얻는다. 산패 발생을 지연시키기 위해 항산화제가 자주 첨가된다. 건식융출(dry rendering)은 단순하게 지방조직을 가열하여 지방이 녹아 흘러 나오게 한 후 마지막에 조직을 짜내어 지방을 얻는 방식이다.

유지는 식물 원료를 비가열 또는 가열 상태에서 압착하여 뽑아낸다. 열을 가하지 않고 기계프레스(mechanical press)나 스크류형 프레스를 사용해 종자(참깨 등), 견과류, 식물조직(올리브 등)으로부터 유지를 짜내는 공정을 **냉압착(cold pressing)**이라 한다(그림 12.2). 냉압착은 추출된 유지의 품질이 높아 바람직하나 열압착에 비해 유지가 덜 추출된다.

열압착(hot pressing)에서는 수증기로 원료를 약 70°C로 가온한 다음 압착하여 유지를 뽑아낸다. 온도가 높을수록 얻어진 유지의 품질이 다소 떨어지는데 이는 일부 검류, 이취 성분, 유리 지방산도 추출되기 때문이다. 열압착으로 생긴 검류는 뒤이어지는 탈검공정(degumming operation)으

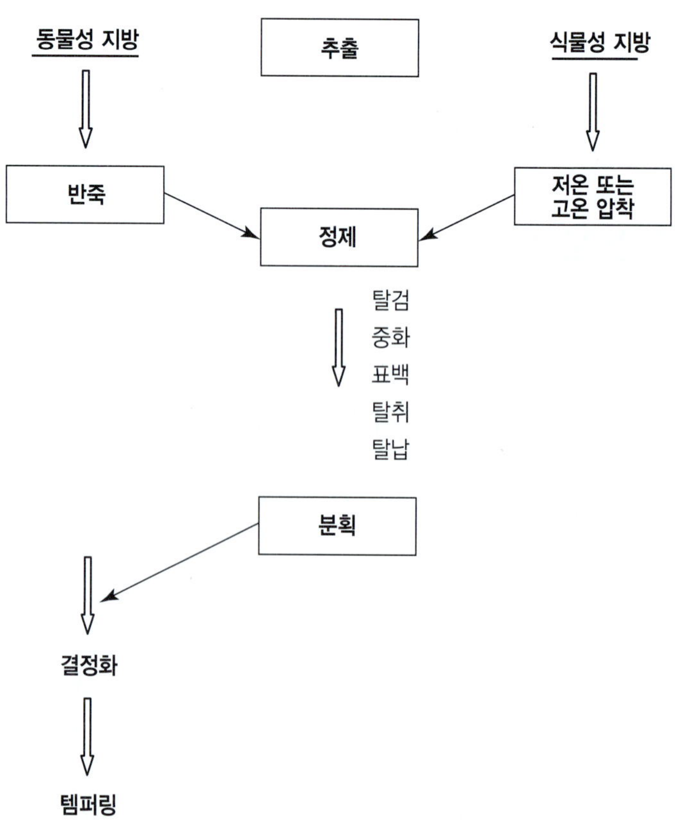

그림 12.1 지방과 유지의 제조 단계

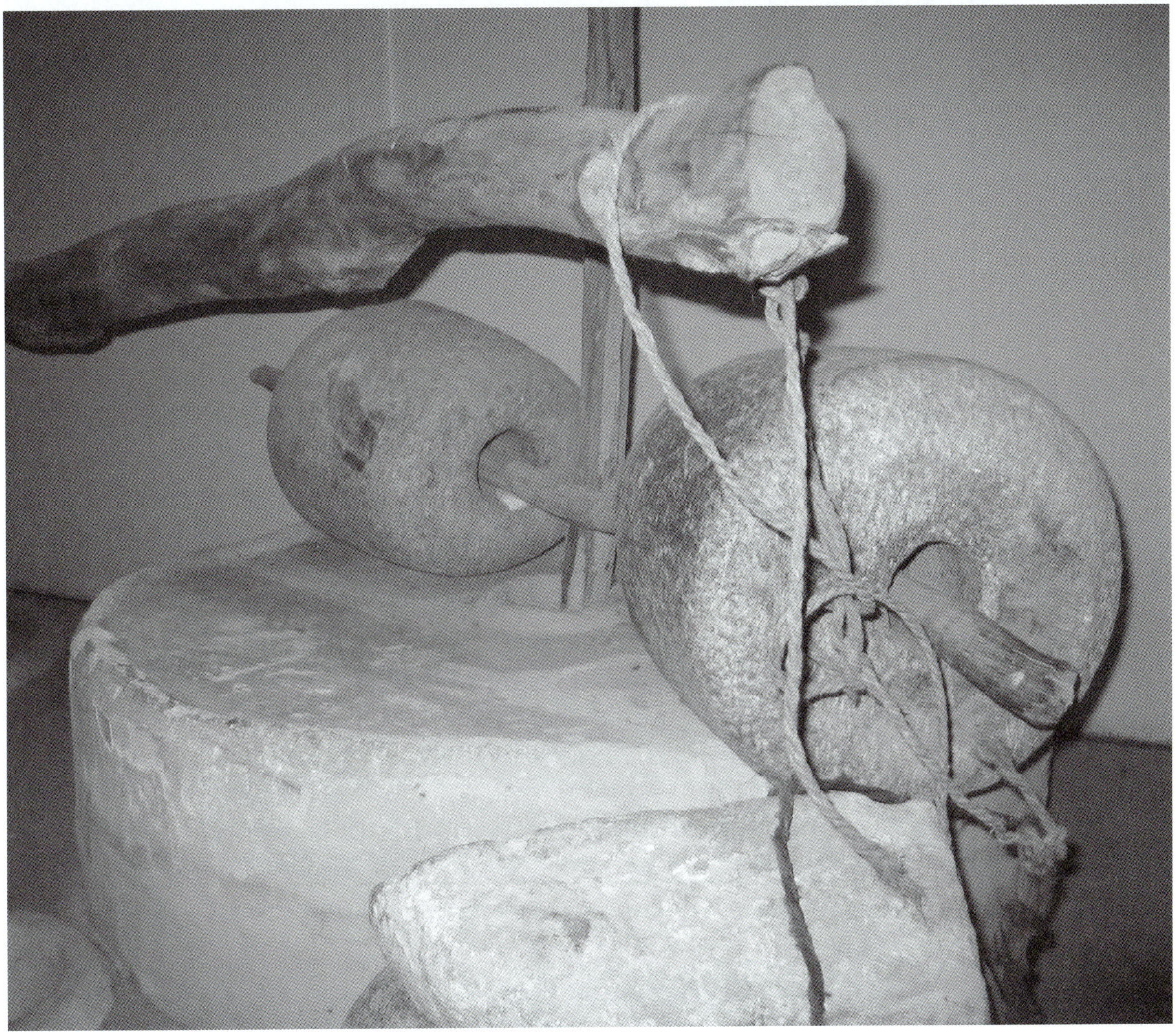

그림 12.2 리비아에서 올리브를 압착하여 올리브유 제조에 쓰이는 프레스

로 다행히 제거할 수 있다. 압착 후 남은 유지종자를 용매로 추출하면 지질을 추가적으로 뽑아낼 수 있다. 또 다른 기술로는 최소 31°C의 따뜻한 온도 및 8,000 psi의 높은 압력에서 이산화탄소를 사용하여 추출하는 방법이 있다.

정제

추출, 특히 용출과정을 거치면, 검류, 지질단백질류, 레시틴, 케톤류, 알데하이드류 같은 바람직하지 않은 성분들이 지방에 존재할 수 있기에 소비자에게 판매하기 위해서는 몇 단계를 거쳐 고순도로 정제(refining)하는 것이 필요하다.

탈검(degumming)과 **중화(neutralizing)** 공정은 검류와 유리 지방산류를 제거하는 단계이다. 뜨거운 수증기로 증류하는 공정은 비교적 휘발성인 유리 지방산류를 지방으로부터 제거하는 과정으로 지방 중화의 한 방법이다. 또한 수증기는 검류도 제거할 수 있어 탈검공정이라 한다. 탈검의 대체 수단으로 묽은 인산을 사용하는 방법도 있다.

표백(bleaching)은 지방과 유지에서 바람직하지 않은 색소 및 풍미 성분을 제거하는 공정으로

탈검
추출된 지방에서 천연 검류를 분리하는 과정으로 지방과 유지의 정제에서 중요한 단계.

중화
지방과 유지에서 유리 지방산을 제거하는 공정으로 정제의 한 단계.

표백
대개 활성탄이나 다른 적합한 물질을 사용한 여과를 통해 색소와 풍미 불순물을 제거하는 정제 단계.

생각할 거리: 올리브유의 품질

상업적으로 올리브유는 유지자원과 가공기술에 따라 분류된다. 익스트라버진 올리브유와 버진 올리브유는 올리브 원료를 처음 기계적 압착하여 얻은 유지만을 사용한 것으로 다른 자원 유래의 유지 첨가나 열, 용매를 전혀 사용하지 않은 최고등급의 올리브유이다. 여러 지역에서 생산되는 올리브유의 품질과 기호성을 평가할 때 각 유지의 풍미, 냄새 및 색상에서의 차이가 관능검사의 기준이 될 수 있다.

올리브유는 브랜드마다 가격차가 큰데 최고브랜드 제품은 미식가 시장에서 고가로 팔리고 있다. 시장에서의 경쟁이 치열하여 올리브 재배자와 올리브유 생산자들은 제품개선을 위해 노력하고 있다.

유럽연합은 여러 지역(스페인에서 그리스까지의)의 올리브로 제조한 올리브유들을 평가 시 맛 감정가들을 위한 프로파일 차트를 개발하였다. 여기에서 과일 비슷한 올리브 맛(fruity olive taste), 사과나 다른 과일의 느낌(overtones of apple or other fruits), 허브(herbs), 쓴(bitter), 매운(hot), 매콤한(spicy), 달콤한(sweet)과 같은 바람직한 감각에 대해 각각의 점수를 매겨 풍미프로파일을 만든다. 그러나 시큼한(sour), 금속성의(metallic), 곰팡이(mold) 및 산패(rancid)의 감각에 대해서는 부정적인 점수가 주어진다.

올리브 재배 시 강우량, 토양, 성장기의 온도, 수확 당시의 성숙도와 같은 많은 요소들이 올리브유의 품질에 영향을 주기 때문에 특정한 시기와 재배지역에서 얻을 수 있는 올리브유의 특성은 이들 요소의 조합으로 결정된다. 매년 기후조건과 수확시기의 차이로 인해 올리브유의 품질도 명백히 달라질 수 있다.

이러한 가변성으로 인해 익스트라버진 올리브유의 품질기준을 관리할 수 있는 숙련된 맛 감정가들의 역할이 중요하다. 이 관능검사 요원들은 올리브유에 점수를 부여하여 풍미 프로파일을 만들 수 있어야 하고 곰팡이 냄새, 산패취 또는 다른 불쾌취가 있는지도 검사해야 한다.

익스트라버진 올리브유 애호가들은 그들이 좋아하는 브랜드 제품의 관능품질을 높이 평가한다. 실제로 감정가들이 찾는 올리브유의 관능품질은 많은 다른 화합물들의 조합에 기인하며 이들의 상대적인 양은 생육과 수확 조건에 의해 결정된다. 지방산류, 스테롤류, 일부 알코올류는 올리브유의 식감(mouthfeel)에 영향을 주는 반면 폴리페놀류, 알데하이드류, 케톤류, 에스터류 및 유기산류는 풍미에 기여하는 화합물이다.

활성탄을 이용한 여과법 등 몇 가지 방법으로 가능하다. 연관된 단계인 **탈취(deodorizing)**는 수증기 증류로 실시하며 고품질의 코코넛유와 팜핵유 생산에서 특히 중요하다. 반대로 천연 향이 중요한 올리브유에서는 탈취를 하지 않는다.

탈취
지방의 향과 풍미에 좋지 않은 영향을 주는 저분자량의 알데하이드류, 케톤류, 과산화물, 탄화수소류 및 유리지방산류를 수증기 증류나 다른 적절한 공정을 통해 제거하는 과정.

원터라이징(winterizing, 동유처리, 탈납)은 냉장온도에서 고체화될 정도의 높은 녹는점을 가진 지질분획을 제거하는 정제기술이다. 지방을 냉각시키면 일부가 결정형의 침전물이 되고 여과를 통해 이를 제거하면 냉장고에서도 액체 상태인 유지(winterized oil)를 얻을 수 있고 이는 샐러드드레싱이나 다른 소스류에 사용된다. 그러나 올리브유의 경우 중요한 풍미도 같이 제거될 수 있어 윈터라이징을 하지 않는다.

윈터라이징(동유처리, 탈납)
유지를 주의 깊게 냉각시켜 녹는점이 높은 지질분획을 침전시켜 제거하는 정제 단계로 윈터라이징하지 않은 유지를 사용한 샐러드드레싱이나 기타 제품은 흐름 특성이 좋지 않음.

분획화

열대작물에서 얻은 유지는 포화지방산의 함량이 높아 상대적으로 녹는점이 높다. 이로 인해 다른 시판 유지에 비해 상온에서 더 단단하며 포화지방산 함량이 낮은 유지보다 건강에 덜 좋은 것으로 여겨진다. 그러나 심장건강에 해로운 트랜스 지방 섭취를 줄이려는 요구로 인해 팜유과 팜핵유의 사용이 증가하고 있다.

분획화(fractionation)를 통해 팜유는 물리적 성질과 구성 지방산의 비율이 다른 여러 분획들로 분리될 수 있다. 주의 깊게 온도를 조절하면서 생성되는 지방결정을 제거함으로써 지방을 여러 분획으로 분리할 수 있으며 결정화되지 않은 유지는 녹는 점이 더 낮다. 원하는 물리적 성질을 가진 지방은 결정지방과 일정 양의 유지를 섞어서 제조할 수 있는데 수소첨가반응을 시키지 않았으므로 트랜스 지방이 없거나 낮은 장점을 가진다.

분획화
유지의 온도를 조절하면서 녹는점이 높은 지방산들을 결정화시켜 더 낮은 녹는점을 가진 유지로부터 분리하여 분획화시키는 공정.

생각할 거리: 정제와 발연점

비정제유지와 정제유지는 서로 다른 특성을 보인다. 비정제 유지는 독특한 풍미(flavor)와 향(aroma)이 있는 반면 정제유지는 그렇지 않다. 특히 중요한 차이는 비정제유지의 발연점이 훨씬 더 낮다는 것인데 비정제 홍화유와 해바라기씨유의 발연점은 겨우 107℃이며 비정제 땅콩유과 콩기름은 발연점은 160℃이다. 이처럼 낮은 발연점으로 인해 비정제 유지들은 튀김유로서 적합하지 않다.

기름튀김용(deep-fat frying) 유지는 튀기는 동안 유해 화합물 생성을 최소화하기 위해 190℃보다 훨씬 높은 발연점을 가져야 하는데 시판 정제 식물유의 발연점은 이 온도보다 훨씬 높다. 예를 들어 정제 홍화유의 발연점은 260℃ 보다 높고 해바라기씨유, 콩기름, 옥수수유의 발연점은 232℃로 이들은 튀김유로서 매우 적합하다.

지방의 결정화

지방 제조에서 최종단계는 따뜻한 유동성의 지방을 결정화하는 것으로, 안정성이 크고 미세한 바늘 모양의 베타프라임(β′) 결정(1 μm 정도)이 최종제품에 형성되도록 하는 것이 목표이다. 베타프라임 결정이 지배적인 부드러운 지방을 얻으려면, 냉각 동안에 온도를 주의 깊게 조절하면서 적절히 교합하는 것이 필수적이다. 그렇지 않으면 베타프라임 결정은 쉽게 형성되지 않고 대신 20~45 μm 정도의 큰 베타 결정이 형성되어 거친 텍스처의 지방으로 침전된다. 지방의 제조에 수소첨가 면실유가 자주 쓰이는데 이 유지가 베타프라임 결정을 잘 형성하기 때문이다. 쇼트닝을 제조할 때 베타프라임 결정이 잘 형성되도록 하기 위해 면실유와 얇은 쇠기름 얇은 조각들을 첨가한다.

제과산업에 사용하는 특별한 지방을 제조하는 경우에 지방에 템퍼링을 실시하여 여러 결정형이 혼합된(polymorphs, 동질다형) 제품을 만든다. **템퍼링(tempering**, 품온완화)은 액상의 지방이 결정화할 때 발생하는 열(결정화 열)을 제거시켜 세밀하게 온도를 조절하는 공정이다. 이 방법에 의하여, 바람직한 결정이 형성되고 안정화되는 시간 동안에 지방은 정해진 온도를 유지한다. 템퍼링을 한 지방은 어느 정도의 온도 변화(때로는 25°C이상)에 대해 텍스처 품질의 변화없이 저장이 가능하다.

템퍼링
지방이 결정화될 때 발생하는 열을 제거하여 정해진 온도를 유지케 함으로써 안정하고 바람직한 결정의 형성을 촉진시키는 과정.

초콜릿에서 안정한 지방결정의 형성을 촉진시키기 위해 템퍼링이 필요하다. 템퍼링을 하지 않은 초콜릿의 경우, 약간 따뜻해지거나 장기간 보관하면 작은 결정이 녹은 후 거친 베타 결정으로 재결정화되는데 이 경우에 초콜릿 표면에 다소 탈색된 입자의 흰 반점이 보이는 **블룸(bloom)** 현상이 나타난다. 이것은 바람직하지 않은 변화로 반드시 피해야 한다.

블룸
초콜릿 표면에 입자 모양의 탈색된 부위로 덜 안정한 결정이 녹아 표면에서 베타 결정으로 재결정화한 결과 나타나는 현상.

품질 검사

크로마토그래피 분석. 지질은 비균일하기에 주요 성분들의 상대적 함량을 측정에는 크로마토그래피 분석이 유용하며 기체-액체크로마토그래피(gas-liquid chromatography)와 고압액체 크로마토그래피(high-pressure liquid chromatography) 둘 다 적절하고 유용한 분석 수단이다. 기체-액체크로마토그래피 분석을 위해서는 시료가 휘발성이 있어야 함으로 지방산을 메틸에스터 형으로 전환 후 분석하며 고압액체크로마토그래피로는 미량의 유리 지방산도 검출할 수 있다.

아이오딘값(Iodine Number). 이중결합을 가지는 지방산은 불포화지점들의 이중결합이 끊어지면서 아이오딘이 첨가될 수 있다. 첨가된 아이오딘의 질량은 지방에서 불포화의 양을 나타내며, 아이오딘수 또는 값으로 나타낸다.

과산화물값(Peroxide Value). 지방 속에 존재하는 과산화물에 의해 아이오딘화칼륨(KI)이 산화되는 정도를 측정하는 것으로 산화적 산패에 기인한 지방의 품질저하를 나타낸다.

유리 지방산 함량(Free Fatty Acid Content). 표준 수산화나트륨(NaOH) 용액으로 액상 지방시료를 적정하여 유리 지방산 함량을 측정할 수 있으며, 지방의 저장이나 사용 중에 가수분해에 의한 산패가 진행됨에 따라 이 값은 증가한다.

표준화된 시험법(Standardized Testing). 미국유지화학회(American Oil Chemists' Society, AOCS), 미국 공인분석화학자협회(Association of Official Analytical Chemists , AOAC), 국제식품규격위원회(CAC, Codex Alimentarius Commission), 국제 순수 및 응용화학협회(nternational Union for Pure and Applied Chemistry, IUPAC) 등에서 지방 및 다른 지질들에 대한 시험법들을 개발하고 심도있게 검토하였다.

화학적 변형

화학적 변형(chemical modification)을 통해 지방과 유지, 그리고 맞춤제품(tailor products)의 물리적 성질을 변화시켜 특정 제품에 적합한 녹는점, 소성이나 퍼짐성을 갖도록 할 수 있다. 수소첨가, 분자내 에스터교환 및 분자간 에스터교환(때론 효소도 함께 처리하여)이 다양한 지방과 유지개발에 상업적으로 사용되는 기술이다. 그리고 트랜스 지방을 제거시키는 것이 이 분야에서 중요한 과제가 되었다.

수소첨가

수소첨가
분자의 불포화를 줄이고 녹는점을 높이기 위해 촉매 존재 하에서 불포화지방산에 수소를 첨가하는 공정.

수소첨가(경화, **hydrogenation**)는 지방산의 포화도를 증가시켜 녹는점을 변화시킬 수 있으므로 다양한 지방제품 제조공정의 일부이다. 수소첨가반응은 열 제어 환경에서 촉매(대개 니켈) 존재 하에 수소기체와 유지를 반응시켜 이루어지는데 아래에서 볼 수 있듯이 수소원자들이 불포화지방산의 불포화지점에 첨가된다.

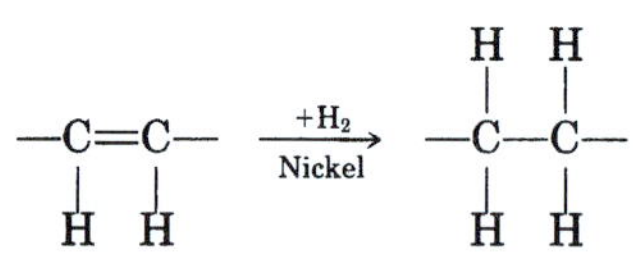

수소첨가는 이중결합이 1개인 지방산(monoene)보다는 둘(diene)이나 그 이상의 이중결합을 가진 지방산(polyene)에서 더 쉽게 일어난다. 그러나 대부분의 diene과 polyene 지방산이 monoene 지방산으로 전환되면 이 monoene 지방산에 수소첨가가 일어난다.

식물유에 수소를 첨가하면 마가린과 쇼트닝으로 사용하기에 적합하도록 액체 유지가 고체로 변형될 수 있다. 또한 원상태의 땅콩버터는 농축 고형물과 유지층으로 분리가 되는데 이 공정을 통해 장기간 보관해도 균질함을 지니는 스프레드로 변형시킬 때도 사용된다.

그러나 수소첨가 공정 중에 일부 불포화지방산이 이성질화를 거치면서 이중결합 일부가 자연에 존재하는 *cis* 배위보다는 바람직하지 않은 *trans* 배위를 형성한다. 완전히 수소첨가된 유지는 이중결합이 없어 트랜스지방산이 없지만 부분적으로 수소첨가되면 트랜스지방산이 생성되므로 대체제가 필요하다. 완전히 수소첨가된 유지는 수소첨가가 되지 않은 유지와 섞어 원하는 특성을 나타내도록 할 수 있다.

트랜스지방산이 관상동맥심장질환 위험 증가와 관련된 저밀도 지질단백질(low density lipoprotein, LDL)을 증가시킨다는 증거가 증가하고 있다. 이에 2003년 미국식품의약국은 1회 섭취량(serving size) 중 총 지방이 0.5 g 미만이거나 지방, 지방산 또는 콜레스테롤 함량에 대한 강조

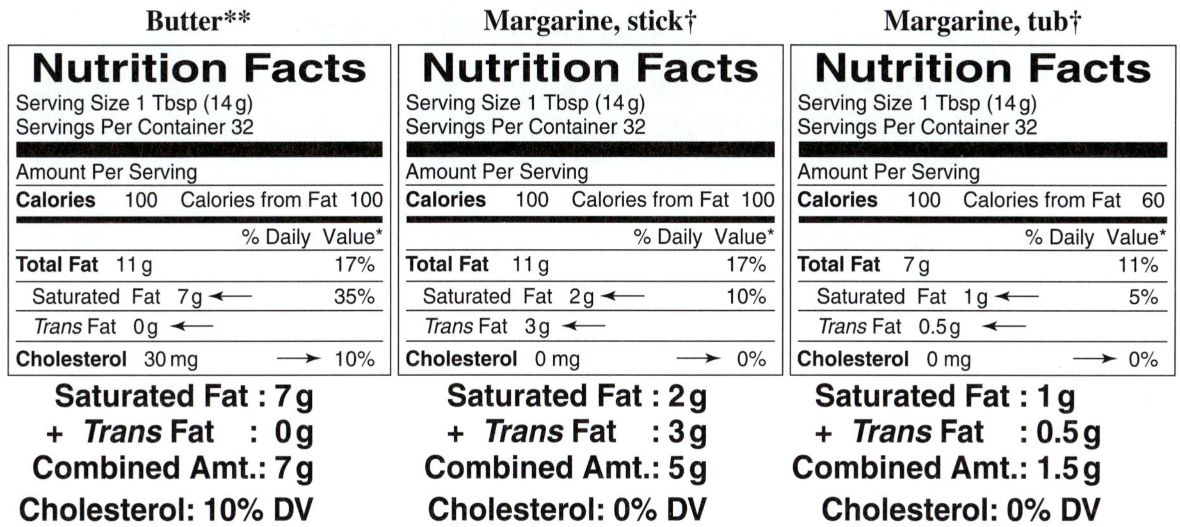

*영양가는 FDA의 영양표기 규정에 의해 표지되었다.
**버퍼의 지방표기는 1995년 1월 30일의 FDA의 트랜스지방 테이블에 따라 표기되었다.
†상기의 표기는 2002년 USDA 국가영영데이터베이스의 참조표준 15판을 토대로 하였다.

그림 12.3 트랜스 지방의 표시 예

표시(claim)가 없는 경우를 제외하고는, 영양성분표의 포화지방 표기 아래 줄에 트랜스지방 함량을 표시하도록 결정하였다. 만일 트랜스지방을 표시하지 않으면 주석에 그 식품이 "트랜스 지방의 유의적인 원인이 아님"(not a significant source of *trans* fat)을 표시하여야 한다(그림 12.3). 트랜스지방 표시에 대한 결정은 2006년 1월부터 유효하게 되었다.

터브(tub)마가린과 액상마가린보다 스틱(stick)마가린의 트랜스지방 수준이 더 높은데 단단한 스틱으로 만들기 위해 더 많은 수소첨가가 이루어졌기 때문이다(표 12.1). 트랜스지방산의 종류도 중요한데, 올레산의 트랜스 이성질체로 9번 위치에 트랜스 이중결합이 있는 **엘아이드산(elaidic acid)**은 LDL 수준(수치)을 높이는 반면 11번 위치에 트랜스 이중결합이 있는 **바세니산(vaccenic acid)**은 버터지방에 자연적으로 존재하며 LDL 수준을 높이지 않는다.

식이에서의 부정적인 영향 때문에 트랜스지방산 함량을 낮춘 건강지향성의 스프레드 개발, 냉동분획을 통해 녹는점이 높은 트랜스지방산 제거, 수소첨가된 식물유 섭취를 줄이는 소비자의 노력들이 이루어지고 있다.

엘아이드산
올레산의 트랜스 이성질체(t9-18:1)로 수소첨가 중에 형성되며 LDL을 증가시킴.

바세니산
올레산의 트랜스 이성질체(t11-18:1)로 버터지방에 자연적으로 존재하며 LDL을 증가시키지 않음.

표 12.1 일부 식품의 지방함량

제품	총 지방 (g)	포화지방 (g)	트랜스지방 (g)	포화 및 트랜스지방 (g)	콜레스테롤 (mg)
버터[a]	11.52	7.29	0.1	7.30	31.1
스틱마가린[a]	11.30	2.13	3.4	5.53	0.0
터브마가린[a]	9.65	1.23	0.6	1.83	0.0
스마트밸런스(Smart balance)	9.05	2.34	0.1	2.35	0.0

[a] 2002년 미국 농무부의 영양소자료데이터베이스(2002 USDA National Nutrient Database for Standard Reference, Release 15.)

생각할 거리: 지방에 대한 진실

쏟아지는 수많은 영양 정보로 인해 소비자들은 건강을 위한 식이 파악에 도움을 얻기보다는 더 갈피를 잡지 못하고 있다. 그러나 2003년에 승인되어 2006년에 의무화된 "연방관보 최종규칙; 영양표시, 영양소함량강조표시, 건강강조표시에서의 트랜스지방산"(Federal Register Final Rule: *Trans Fatty Acids in Nutrition Labeling, Nutrient Content Claims, and Health Claims*)에서는 식품표시에 트랜스지방 함량을 나타내도록 하여 소비자들에게 명확한 정보를 제공하고 있다. 트랜스지방을 0 g으로 표시가 가능한 경우면 제품 포장에 이를 크게 부각시키지만, 법률상으로는 0.5 g 미만의 트랜스지방을 함유한 식품이면 0 g 트랜스지방으로 표현할 수 있기에 이 표현이 합법적이기는 하나 완전히 정확하다고 할 수는 없다.

불행히도 많은 소비자들은 포장에 0 g 트랜스지방이라는 표현만을 읽고 1회 섭취량에서 총 지방 함량이 상당히 높다는 것을 알지 못할 수 있다. 대신에 그 식품의 칼로리가 낮은 것으로 생각하고 많이 섭취한다. 트랜스지방표시는 식품의 선택에 확실히 도움이 될 수 있으나 소비자들은 총 지방과 포화지방 함량 표현에 특별한 주의를 기울이면서 전체 영양표시를 읽을 필요가 있다. 표시는 건강에 좋은 식품의 선택에 필요한 정보를 제공하지만 소비자들은 제공된 모든 영양정보를 읽을 책임이 있다. 그러면 건강한 체중의 달성과 유지에 적합한 식이가 가능하다.

쇼트닝과 스프레드에서의 배합을 바꾸는 일부터 변형된 지방산 조성을 지닌 식물유지 자원을 개발하는 일까지 트랜스지방을 줄이려는 산업적 노력은 다양하다. 수소첨가공정에 이산화탄소를 사용함으로써 트랜스 지방을 10% 미만으로 줄일 수 있었고, 콩기름의 조성을 변화시켜 포화지방과 리놀렌산은 줄이고 올레산을 증가시키는 노력도 이루어지고 있다.

분자간 그리고 분자내 에스터교환

금속 염과 라이페이스(lipase)는 글리세롤에서 지방산을 떼어내는데 사용할 수 있다. 다른 지방산들을 가진 트리글리세라이드가 상당히 많은 유지나 지방에 이와 같은 처리를 하면, 유리된 지방산이 글리세롤에 연결되면서 새로운 중성지방을 생성할 수 있으며 사용되는 촉매는 대개 메톡사이드나트륨(CH_3ONa)이다. 이와 같은 공정을 분자간 에스터교환 또는 화학/효소적 **분자간 에스터교환**(chemical and/or enzymatic **interesterification**)이라고 하며 그 결과로 인해 녹는점이 높아지거나 결정 경향이 바뀌는 등, 특성이 변화된 지방이 생성되지만 트랜스 지방산의 생성은 없다.

분자간 에스터교환
지방, 대개 돼지기름(lard)을 메톡사이드나트륨으로 처리하거나 다른 약품으로 처리하여 글리세롤에서 지방산들을 떨어뜨린 다음 그들을 글리세롤에 재편하여 붙임으로써 거친 결정형성의 경향이 적은 다른 지방으로 만드는 과정.

녹는점이 높고 퍼짐성이 좋은 쇼트닝과 마가린을 생산하기 위해 분자간 에스터교환을 이용할 수 있으며 트랜스 지방산 생성의 위험이 있는 수소첨가반응을 이용하지 않고 식물유지의 녹는점을 높일 수 있는 방법이다. NovaLipid™는 완전히 포화된 콩기름(녹는점 70°C의 스테아르산 풍부)과 액상 콩기름을 1:3 비율로 섞은 혼합물에 분자간 에스터화 반응 통해 얻어진 지방이다. 이 지방은 굽기 용도로 쓰기에 상온에서 적절히 단단하면서도 트랜스지방이 전혀 없다. 여기에서 스테아르산은 녹는점 증가에의 기여는 물론 혈중 LDL 수준에도 영향이 없다고 여겨지므로 이 제품에서 유용하다고 할 수 있다.

분자간 에스터교환반응을 위해 지방을 녹이면 모든 지방 분자들이 이 반응에 참여할 수 있어 이 반응을 **무작위 분자간 에스터교환(randomized interesterification)**이라고 한다. 반면 지방을 녹는점 아래로 유지했을 때는 액체상태에 있는 지질 분자들만이 메톡사이드나트륨에 의해서 변화되는데 이런 종류의 반응은 **지향성 분자간 에스터교환(directed interesterification)**이라고 하며 지방의 녹는점을 높이려고 할 때 유용하다. 어느 방법이든 지방의 텍스처 특성을 개선하는데 유용하며 미국 시장에서 돼지기름은 시판을 위한 가공공정 중에 일반적으로 분자간 에스터교환반응을 거

무작위 분자간 에스터교환
녹은 지방을 사용해 수행되는 분자간 에스터교환.

지향성 분자간 에스터교환
지방을 그 지방의 녹는점 이하에서 유지하며 수행하는 분자간 에스터교환.

친다.

메톡사이드나트륨 같은 물질에 의해 글리세롤에서 분리된 지방산들은 이 글리세롤의 다른 위치에 재결합할 수 있다. 그 결과 트리글리세리드에는 동일한 지방산이 유지되지만 글리세롤에서의 결합 위치가 달라지게 되는데 이 같은 분자의 재구성 공정을 **분자내 에스터교환(intraesterification)**이라 하며, 분자간 에스터교환과 마찬가지로 지방 결정화와 결정 응집성을 변화시켜 지방의 텍스처 특성을 달라지게 한다.

분자내 에스터교환
글리세롤에서 떨어진 지방산들이 다른 배위로 다시 결합하는 촉매 촉진반응으로 지방 분자 내에 동일한 지방산들이 유지됨.

시장에서의 지방과 유지

지방과 건강 문제

오늘날의 소비자들은 비만과 트랜스지방이라는 두 가지의 건강위험요소에 많은 정보를 접하고 있다(그림 12.4). 현재 식품 중 트랜스지방함량은 영양표시(label)에 나타나 있고 식품산업계와 소비자 모두 그 양을 줄여야 함을 잘 알고 있다. 또한 과체중과 비만인 소비자들도 지방함량이 낮은 제품을 찾고 있어 식품산업계는 이 두 가지 우려사항의 해결에 상당한 노력을 하고 있다.

트랜스지방을 줄이기 위한 노력들로는 사용된 유지의 교환, 수소첨가의 정도, 분자간 에스터교환, 디아실글리세라이드 수준의 변경, 짧은 사슬과 중간사슬 지방산의 첨가, 선택적 품종개량과 유전적 변환을 통한 식물자원에서의 지방산 변화 등이 있다.

그림 12.4 사우디아라비아에서는 옥수수유에 심장건강에 좋음을 나타내는 시각적 메시지가 표현되어 있고, 올리브유는 용기 표면에 그림을 넣어 글을 읽지 못하는 사람이라도 알 수 있게 하였다.

그림 12.6 인도와 일부 이집트인의 식이에 쓰이는 전통적인 지방인 ghee (clarified butter, 액상의 버터유)

Asoyia™ 초저리놀렌산 콩기름
리놀렌산를 감소시키고 트랜스지방이 없도록 식물육종하여 생산된 콩기름.

Docosahexanoic acid (DHA)
22개 탄소원자와 6개 이중결합을 가지는 오메가-3 지방산.

Eicosapentanoic acid (EPA)
20개 탄소와 5개 이중결합을 가지는 오메가-3 지방산.

산화가 상대적으로 빨라 저장수명과 튀김의 제한요인으로 작용한다. Asoyia™ **초저리놀렌산 콩기름(ultra low linolenic acid soybean oil)**은 트랜스지방이 없고 리놀렌산 함량을 7%에서 1%로 줄인 콩기름이다. 이 또한 식물육종을 통해 얻어진 결과로 저장수명의 증가, 튀김에 적합성 및 수소첨가가 필요하지 않게 되었다.

어유 영양소 공급과 더불어 건강증진에 효과 있는 식품에 대한 관심의 증가로 인해 어유(생선기름)가 주목 받고 있으며 긴 사슬의 오메가-3 다가불포화지방산인 **docosahexaenoic aicd (DHA)**와 **eicosapentaenoic acid (EPA)**가 함유되어 있다. DHA는 22개 탄소와 6개 이중결합을 가지는 지방산으로 메틸말단(오메가 말단)으로부터 3번째 위치의 탄소에서 첫 번째 이중결합이 나타난다(오메가-3 긴 사슬 다가불포화지방산). EPA는 20개 탄소와 5개 이중결합을 가지나 DHA와 마찬가

생각할 거리: 포도씨의 유익성

포도씨유는 상대적으로 시장에서는 새로운 유지로 와인제조 시 버려지던 포도씨를 경제성 있는 포도씨유 생산에 이용하면서 와인의 생산도 부수적으로 증가하였다(그림 12.7). 오메가 6 지방산인 리놀레산은 포도씨유에 가장 많은 지방산이며 그 다음으로 올레산, 팔미트산과 스테아르산 순서이고 리놀렌산의 함량은 낮아 저장수명이 길다.

포도씨유를 제조하기 위해서는 먼저 펄프와 껍질을 회전드럼에서 부분적으로 건조시킨 후 씨를 제거하여 완전히 건조시킨다. 건조된 씨를 냉압착하여 고품질의 포도씨유를 추출해 내는데 25 kg 씨에서 약 1/2 리터의 유지가 얻어질 정도로 원료 기준으로 소량의 유지가 생산된다.

포도씨유는 높은 발연점(216°C)을 지녀 식품의 튀김에 매우 적합하고 온화한 풍미를 가져 샐러드드레싱과 다른 조리에도 적절하다. 그러나 고가여서 사용에 제한이 있으며 이미지는 미식가의 유지(기름)로 인식되고 있다.

그림 12.7 포도씨유는 발삼식초 향이 나는 특별한 유지로 샐러드드레싱이나 따뜻한 빵(artisanal bread)을 찍어 먹는데 사용된다.

지로 분자의 오메가 말단으로부터 3번째 위치 탄소에 이중결합이 시작된다. 이들의 구조는 다음과 같다.

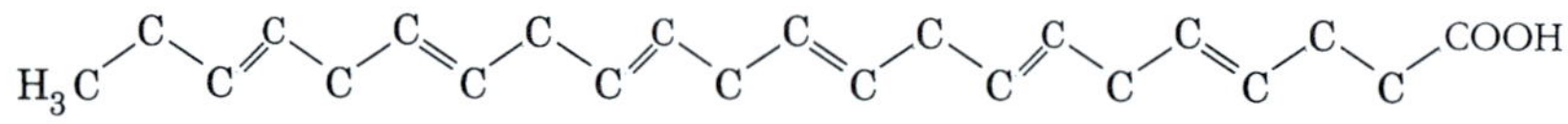

Docosahexanoic Acid (DHA)

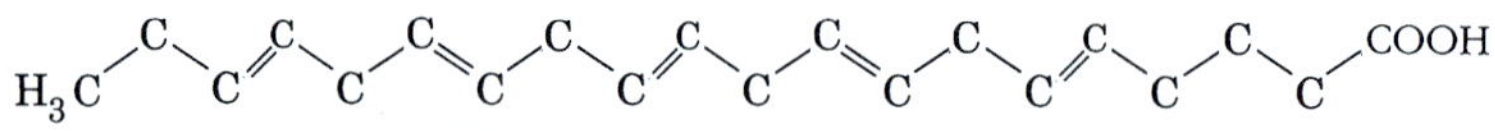

Eicosapentanoic Acid (EPA)

오메가-3 지방산
분자의 메틸말단으로부터 세 번째 탄소에 첫 번째 이중결합을 가지는 다가불포화지방산.

오메가-3 지방산(Omega-3 fatty acid)을 새로운 제품에 첨가하고자 할 때 어유에 내재된 생선 냄새 때문에 어려움이 있다. 이를 극복하는 방법으로 해조류인 *Crypthecodinium cohnii*의 DHA를 이용하는 것인데 이 해조류는 산화에 의한 이취 발생이 좀 더 적은 DHA를 생산한다. 관상심장질병 및 발작 발생을 줄이는 잠재력 때문에 오메가-3 지방산에 대한 관심이 크다.

제품

유지 다양한 유지 종류 중에서 땅콩유, 옥수수유, 면실유, 홍화유, 캐놀라유, 해바라기씨유, 올리브유, 콩기름은 가장 자주 사용되는 유지로 개별적으로 또는 혼합하여 사용된다. 마카다미아넛과 같은 다양한 견과류나 쌀겨에서 얻은 유지도 시판되고 있다. 쌀겨유에는 건강에 대한 효과가 기대되는 두 가지 스테롤인 **오리자놀(oryzanol)**과 **토코트리에놀(tocotrienol)**이 들어 있으며 이들은 항산화능이 있다.

오리자놀
쌀겨유에 존재하며 항산화능을 갖는 스테롤 종류.

토코트리에놀
항산화능을 가진 비타민 E와 관련된 스테롤 종류로서 쌀겨유과 팜유에서 발견됨.

스프레드 유지방을 충분히 휘저었을 때(churning, 교동) 에멀젼이 반전되어 생기는 유중수적형 에멀젼(water-in-oil emulsion)인 버터는 오랫동안 빵에 스프레드로 사용된 지방이다. 그러나 식이 지방과 비만에 대한 관심으로 인해 저지방 버터(최소 40% 유지방과 대개 탈지유, 물, 젤라틴을 함유한 제품)도 개발되었다.

수십 년 전에는 식물유에 대한 수소첨가반응을 통해 마가린이 개발되어 버터와 경쟁하게 되었으며(그림 12.3), 현재에는 버터 특성에 가깝게 만든 레귤러 또는 **스틱마가린(stick margarine**, 그림 12.4)과 수분 그리고/또는 불포화물질의 함량이 더 높은 배합으로 인해 스프레드로 사용할 수 있는 **소프트 또는 터브마가린(soft or tub margarine)** 제품도 있다. **휘프마가린(whipped margarine)**과 휘프버터도 스프레드로 사용되는데 이들 제품은 거품 속의 공기로 인해 부피가 증가하고 더 가벼우며 원래의 스프레드보다 단위부피 당 칼로리가 더 낮다. 마가린의 지방을 줄인 제품에는 그 정도에 따라 다음과 같은 강조표시를 할 수 있다.

스틱마가린
식물유에 대한 수소첨가반응과 물, 우유 고형분, 향료, 색소첨가를 통해 버터와 유사하게 만든 스프레드.

소프트 또는 터브마가린
불포화지방산 함량이 높아 스틱마가린보다 낮은 녹는점을 가진 스프레드.

휘프마가린
기계적으로 휘저어 생긴 지방거품으로 만든 스틱마가린으로 부피증가로 인해 단위부피당 칼로리가 더 낮음.

- 저지방 또는 저칼로리 다이어트 마가린(reduced-fat or reduced-calorie diet margarine) – 유지함량 60% 이하(25% 칼로리 감소)
- 라이트/저지방 마가린(light/lower fat margarine) – 유지함량 40% 이하(50% 이상의 칼로리 감소)
- 무지방 마가린(fat free margarine) - 1회 제공분량(섭취분량)당 유지 함량 0.5g 미만

건강에 대한 관심으로 인해 규칙적인 섭취로 콜레스테롤을 낮출 수 있는 대체마가린에 대한 관심이 높은데 유효 성분으로 스테롤(sterol)과 스타놀(stanol) 에스터가 떠오르고 있다. 베타 시토스테롤(β-sitosterol)과 같은 파이토스테롤(phytosterol)류는 콜레스테롤과 유사한 구조이나 다른 곁사슬이 있어 체내에서의 작용이 다르다. 이 파이토스테롤류를 마가린에 혼합하려면 지방산과 에스터화시키고 수소를 첨가해야 한다. 베타시토스타놀(β-sitostanol)이나 캄페스타놀(campestanol) 같

은 파이토스타놀(phytostanol)류는 소나무펄프에서 얻어지므로 톨유(tall oils)라고 하는데 마가린에 혼합하려면 지방산과의 에스터화가 필요하나 수소첨가는 필요치 않다. 베타시토스테롤과 베타시토스타놀과 구조는 다음과 같다.

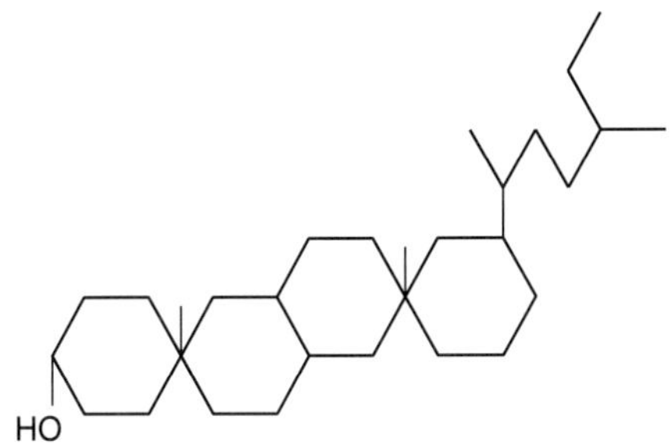

β-sitosterol (in Take Control®)

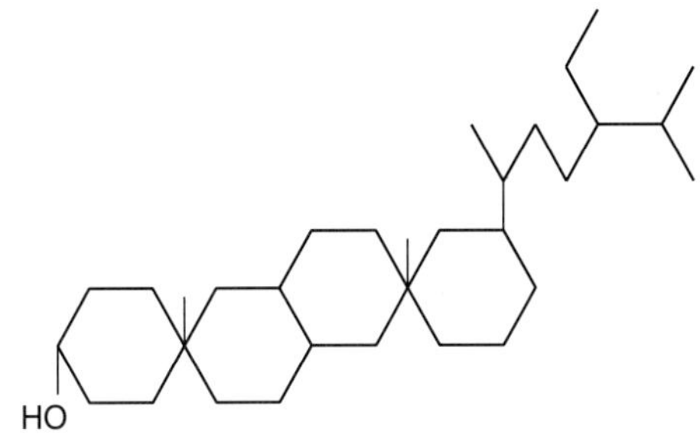

β-sitostanol (in Benecol®)

유니레버 자회사인 립톤사의 스프레드 제품인 Take Control®에는 대두에서 얻은 식물 스테롤 에스터가 들어 있고, 존슨앤존슨의 McNeil Consumer Healthcare 부서가 출시한 Benecol®의 유효성분은 식물 스탄올에스터이다. 이 제품들은 LDL 콜레스테롤의 흡수를 막아 콜레스테롤 수치를 낮추어 관상동맥심장질환(심장병)의 위험성을 줄이는데 도움이 된다. 이 스프레드들은 일반 마가린보다 매우 비싸지만 다행히 하루에 두 번 섭취만으로도 효과가 있는 것으로 알려져 있다. 이 제품들의 판매가 상대적으로 적음에도 불구하고 Reducol™과 같이 동일한 기능성의 경쟁제품들이 개발되고 있다.

옥수수유 마가린처럼 한 가지의 유지로 만들어진 마가린이 있는데, 개발의 이유 중 하나는 혈청 콜레스테롤를 낮추고자 다가불포화물이 높은 마가린을 찾는 소비자를 겨냥한 것이다. 많은 마가린들은 여러 종류의 유지들을 배합하여 제조한다. 제품포장의 성분표시에 기재된 유지들 중에서 하나나 그 이상의 유지가 사용된 것을 자주 볼 수 있는데 이는 기재된 유지들의 상대적인 가격에 따라 다양한 시기에 제조자들이 그 배합을 바꿀 수 있도록 하는 것이다.

땅콩버터와 여러 너트버터들도 식물유로 만든 스프레드이지만 유지 외에 일부 단백질과 다른 성분들도 존재하여 버터와 마가린과는 다르다. 이들 너트류는 껍질을 벗긴 후 갈아서 페이스트를 만든다.

쇼트닝과 라드 유지처럼 쇼트닝(shortening)과 라드(lard)도 본질적으로 모두 지방이긴 하지만 상당한 **가소성(plasticity**; 퍼지거나 상당한 지방거품 생성 능력)을 지닌 고체이다. 이 고형지방들은 지방 전체에 흩뿌려진 유지를 함유한 수많은 지방결정들로 구성되어 있으며 이러한 물리적 특성의 결과로 인해 가소성이 나타난다.

가소성
지방이 퍼지거나 크림이 될 수 있는 능력.

돼지고기에서 용출로 얻어지는 라드는 다소 거친 텍스처를 보이는데 지방 분자들이 쉽게 조직화된 결정 덩어리로 뭉치는 공간적인 배치를 가지기 때문으로 고운 케이크(fine-grained cakes)제조에는 적합하지 않다. 이러한 결정의 단점은 라드 제조 시 분자간 에스터교환반응으로 극복될 수 있으며, 특히 지방산 조성에서의 변형은 돼지의 식이를 바꾸거나 일부 유전조작을 통해서도 이루어질 수 있다.

쇼트닝은 기술적인 노력을 통해 생산되는 꽤 정교한 제품으로 주요한 제조 공정은 원하는 굳기를 얻기 위해 식물유에 수소를 첨가하는 과정이다. 그리고 트랜스지방의 감소나 제거를 원하는 수요에 부응하기 위하여 수소첨가 과정 중 생성된 트랜스 지방을 함유한 제품을 대체하는 기술을 적용한다. 자주 사용하는 방법인 유지의 교환, 분자내 및 분자간 에스터교환, 분획 등을 통해 조성을 변형시킨 쇼트닝을 얻을 수 있다. 밀가루 반죽(batter와 dough) 사용 시 쇼트닝의 에멀젼 형성 능력을 높이기 위해서 모노 및 다이글리세라이드가 첨가되며, 구운 제품에 사용 시 버터의 장점을 모방하기 위하여 노란색의 카로텐과 버터향 성분이 첨가된 쇼트닝도 있다.

쇠기름은 아직도 식품산업에서 사용되는 고체 지방이다. 소에서 융출된 쇠기름은 특징적인 고체 지방을 생성한다. 쇠기름의 작은 얇은 조각(flake)를 일부 쇼트닝 제조에 첨가하는데 쇼트닝이 미세한 β′ 결정을 확실히 가지도록 도움을 준다. 쇠기름은 시장에서 지방의 단일한 자원으로 쓰이지 않는다.

쇠기름(tallow)은 오랜 기간 동안 패스트푸드 산업에서 기름튀김용으로 사용되어 왔는데 튀김제품에 만족스런 풍미를 부여하고 고온에서 장시간 사용하여도 품질저하가 상당히 느린 장점이 있기 때문이다. 최근 트랜스 지방 제거에 대한 소비자 요구로 인해 일부 패스트푸드 회사가 유지로 대체하였으나 지방섭취 특히 튀김식품의 지방섭취를 줄이는 것은 더 나은 선택이 될 수 있을 것이다.

지방의 대체 종종 건강상의 이유나 불가피하게 레시피나 배합에 있는 원래의 것과는 다른 지방이나 유지를 사용해야 하는 경우가 있는데 적절한 양으로 대체하더라도 제품에 영향을 줄 수 있으며 이는 지방 조성의 차이에 기인한다. 각 종류의 지방은 지방산의 조성과 수분 양에 의해 그 지방의 고유한 특성이 정해지며 이상적으로는 특정 제품에 필요한 최적의 성질을 가진 지방을 사용해야 하지만 항상 가능한 것은 아니다.

버터를 다른 종류의 지방으로 대체해야 할 경우가 있는데 문제는 대체할 지방을 얼마나 사용할 것인가이다. 버터는 지방이 약 80%, 물이 약 16.5%인데 스틱마가린도 이와 조성이 비슷하므로 버터 대신 동량을 제품에 사용할 수 있다. 그러나 그 경우 제품의 풍미와 텍스처에서의 미묘한 차이는 세심하게 비교, 관찰하여야 한다.

터브마가린도 스틱마가린 및 버터와 동일한 지방과 물의 비율을 가지므로 동량으로 스틱마가린이나 버터를 대체할 수 있을 것이고 연한 정도를 기준으로 하면 사실이다. 하지만 터브마가린의 녹는점이 훨씬 더 낮아 스틱마가린이나 버터를 사용할 때보다 쿠키가 훨씬 더 퍼지게 된다. 그리고 일부 터브마가린은 물의 함량이 더 많다.

버터나 마가린 대신 쇼트닝과 라드로 대체할 수 있으나 동일한 양이 되는 것은 아니다. 버터대신 쇼트닝을 사용할 때 버터의 약 90%에 해당하는 양을 사용해야 하는데 이 양(1컵 버터 대신에 $\frac{7}{8}$ 컵 쇼트닝)은 쇼트닝이 100% 지방이기 때문이고 100% 지방인 라드도 마찬가지 양을 사용해야 한다. 버터의 대체제로 쇼트닝이나 라드를 쓸 경우 풍미 증진을 위해 아주 소량의 소금 첨가가 필요할 수 있다.

유지도 100% 지방이므로 버터를 대체하려면 쇼트닝과 라드에 적용한 양이 적절하다. 그러나 일부 제품에서는 버터 대신 유지를 사용할 경우 유지의 양을 상당히 줄여도 제품을 만들 수 있다. 유지가 제품에 부여하는 식감과 퍼짐성의 차이 때문에 유지의 사용량은 다양한 제품에 대해 실험적으로 결정해야 한다.

지방의 기능적 역할

색

버터는 제품에게 노란색에서 크림색까지를 부여하는데 이 색에 대한 선호도가 높아 모든 마가린은 이 색을 모방하기 위해 착색을 하며 일부 식물쇼트닝에서도 노란색을 위해 베타카로텐(β-carotene)을 첨가한다. 지방도 튀김과 구운 제품의 표면에서 만족스런 색의 생성에 도움을 준다.

풍미

지방은 다양한 식품에 사용 시 풍부한 풍미(flavor)에 기여하며 특정 지방은 독특한 풍미를 부여한다. 예를 들면, 버터는 락톤류, 알데하이드류, 케톤류뿐 아니라 부티르산과 다른 지방산류에 기인한

복잡한 풍미 프로파일을 가진다. 버터의 풍미는 매우 대중적이어서 대부분의 마가린과 일부 쇼트닝도 버터의 천연풍미를 모방하기 위해 합성 버터 풍미제가 첨가된다. 올리브유과 라드도 독특한 풍미성분을 가지는 지방이다. 대부분의 다른 지방들도 만족스런 풍부한 풍미를 가지지만 풍미프로파일이 제한적이다.

텍스처

지방은 식품의 종류에 따라 몇 가지 다른 방식으로 텍스처에 영향을 준다. 페이스트리에서 지방이 작은 조각들로 분포하면 구운 제품에 얇게 벗겨지는 특성(flakiness)을 부여한다. 버터나 쇼트닝을 설탕과 크림화시키면 쇼튼드케이크(shortened cake)에서 매우 균일하고 미세한 셀구조를 생성한다. 이 경우 날카로운 설탕 결정이 지방 속에서 수많은 작은 공간들을 만든다. 그리고 굽는 동안에 수증기와 이산화탄소가 이 공간에 모이고 팽창하여 섬세한 텍스처의 케이크가 만들어진다. 빵 반죽의 지방은 빵의 속과 껍질을 부드럽게 유지시킨다.

튀김식품은 표면에 바삭바삭한 텍스처를 갖는데 이는 튀김용 지방이나 유지가 도달할 있는 매우 높은 온도로 가열을 한 결과이다. 해시 브라운스(Hash browns)와 프렌치 프라이스(French fries)는 튀김용 지방이 매우 뜨거울 때 생기는 바삭바삭한 텍스처의 예이다. 지방이 너무 차가우면 튀김 제품은 눅눅하고 기름진 텍스처를 가지게 된다.

연함

연함(tenderness)은 텍스처 특성이긴 하지만 구운 제품의 연한 정도에 미치는 지방의 역할이 매우 중요하므로 따로 다루기로 한다. 구운 제품에서의 연한 정도는 사용하는 지방의 조성에 의해 결정될 수 있다.

구운 제품별로 그 제조에 적합한 최적의 지방을 선택을 위해서는 몇 가지 품질에 대해 알아볼 필요가 있다. 가장 중요한 품질 중의 하나는 구운 제품을 연하게 하는 것으로 이는 지방과 유지가 밀가루 제품에서의 구조단백질 복합체인 글루텐의 발생을 방해하는 능력에 기인한다.

반죽(배터나 도우)에서 글루텐이 형성되려면 물과 밀가루, 그리고 이들을 반죽시키는 일이 필요하다. 밀가루 단백질이 물을 만나 휘젓거나 짓이겨지면서 글루텐 형성이 시작되고 최종적으로는 반죽 내에 어느 정도 탄성을 가진 망상조직이 만들어진다. 이 상태의 반죽을 오븐에 넣어 구우면 그 망상조직은 늘어나 구운 제품의 영구적 구조로 고정이 된다.

지방이나 유지는 물과 밀가루 단백질의 접촉을 물리적으로 막아 글루텐 발생을 방해하는데 이들을 밀가루와 혼합하면 초기생성 글루텐 복합체의 표면이 지방이나 유지로 점차 둘러싸이게 되면서 물과의 접촉이 어렵게 된다. 지질은 소수성으로 물을 배척하므로 물이 지질층을 통과할 수 없다. 부드러운 지방이나 유지는 단단한 지방보다 물리적으로 훨씬 더 넓은 표면 위로 퍼질 수 있기에 글루텐 형성을 더욱 방해할 수 있으므로 연화제로서의 효과가 더 크다.

지방산의 화학 구조를 자세히 살펴보면 지방 면적을 커버할 수 있고 부분적으로 글루텐에서 물을 차단하는 메커니즘이 있음을 확연히 발견할 수 있다.

제품에 이러한 연화작용을 부여하는 지질의 능력을 **쇼트닝기능(shortening power)**이라고 한다.

쇼트닝기능
반죽(배터와 도우)의 혼합 동안에 물과 글루텐 사이의 접촉을 최소화하게끔 넓은 표면을 덮을 수 있는 지방의 능력.

지방이 글루텐 표면을 덮어 물과의 접촉을 부분적으로 억제하는 기작은 지방산의 화학적 구조로부터 파악해 볼 수 있다. 지방산 구조에서 상당부분은 수소가 결합된 탄소사슬로서 포화된 부분은 소수성으로 물의 접촉이 배제된다. 그러나 불포화지방산에 있는 이중결합 부분은 친수성이다. 또한 유리 지방산의 카복실기도 물에 끌린다. 즉, 지방산 분자의 대부분은 소수성이나 이중결합과 카복실기가 친수성인 것이다. 이런 특성으로 인해 불포화지방산들은 물과 지질의 경계 면에 따라 배열하고 탄소사슬에 의해 물의 통과를 막는다는 이론이 세워졌다.

한 분자에 의해 덮이는 표면적의 양은 그 지방산의 불포화도에 의해 결정되는데, 예를 들어 이중

결합이 하나인 불포화지방산은 포화지방산보다 더 많은 표면을 덮을 수 있지만 이중결합이 2개인 불포화지방산보다 덜 효과적이다. 그리고 이중결합이 3개인 불포화지방산은 1개나 2개의 이중결합을 가진 불포화지방산보다 표면을 더 덮을 수 있는데 첫째와 셋째 이중결합 사이의 사슬길이가 충분히 길어서 이들 2개의 이중결합이 모두 경계면에 닿을 수 있다(그림 12.8). 결국 이 경계면을 덮는 지방산이 많을수록 물과 글루텐의 접촉이 어려워지므로 불포화지방산들의 함량이 높은 유지의 경우 쇼트닝기능이 크다고 할 수 있다.

글루텐과 물의 경계면에 모여 글루텐에 대한 물의 접근을 일부 막는 능력 외에도 불포화지방산은 지방의 물리적 성질에 영향을 준다. 불포화도가 높은 지질은 반죽(배터나 도우)에 첨가되어도 그 온도에서 쉽게 흐르는 성질을 가진다.

반면에 더 포화된 지방산을 가져 불포화도가 낮은 지방은 고체로서 반죽 혼합과정에서의 이동과 글루텐을 덮는 능력이 제한된다. 녹는점과 포화도 차이로 인해 고체 지방들의 퍼짐성은 상당한 차이가 있는데 다루기에 충분히 부드럽고 상당히 쉽게 퍼지는 고체지방들은 가소성(plastic)이 있다고 한다.

가소성 지방은 단단하고 퍼짐성 적은 지방에 비해 상당히 더 큰 쇼트닝기능을 보인다. 단단한 지방은 제한된 보통 정도(moderate amount)의 쇼트닝기능을 보이는데 이는 녹는점이 높아 퍼짐성이 적고 주로 소수성인 지방산이 많기 때문에 제한된 표면적만을 덮을 수 있기 때문이다.

크림화
케이크에 미세하고 가벼운 텍스처를 부여하기 위해 공기를 포집하도록 지방과 설탕을 격렬히 혼합하는 과정.

쇼튼드 케이크 제조 시 고체지방을 사용하는데 이 지방은 설탕과 함께 **크림화(creaming)**하여 나타난 두터운 거품(heavy foam) 형태로 케이크에 들어가게 된다. 효과적인 크림화가 효과적이려면 형성되는 공기층 주머니를 지방이 유지할 수 있어야 하는데 우수한 가소성 범위를 가지는 쇼트닝은 이에 매우 적합하다. 상온에서 쇼트닝은 공기를 포집하는 비교적 가벼운 지방-당 혼합물(light fat-sugar mixtures)로 크림화될 수 있다.

버터와 마가린도 크림화될 수 있으나 쇼트닝보다는 더 어렵다. 버터는 꽤 단단하여 냉장 온도에서 거의 부서지기 쉽지만 따뜻한 날에 설탕과 크림화시키면 거의 액체가 될 정도로 부드럽게 된다. 마가린은 다양한 지방산함량으로 인해 버터보다 더 넓은 온도 범위에서 가소성을 보인다. 이로 인해 마가린은 추후 혼합과정 중 지방의 유동성 증가로 인한 배터 에멀젼의 파괴없이 버터보다 더 쉽게 크림화된다.

케이크용 배터에서 에멀젼은 깨지지 않고 안정해야 쇼튼드케이크에 필요한 미세한 셀 크기가 잘 만들어진다. 라드는 독특한 결정 특성으로 인해 배터 안에 크림화됨에 따라 엉겨붙는 경향이 있어 케이크보다는 페이스트리 제조에 더 적합하다.

고체 지방보다 유지를 사용하는 시폰케이크(chiffon)에서의 셀 구조는 사용하는 달걀 흰자의 거

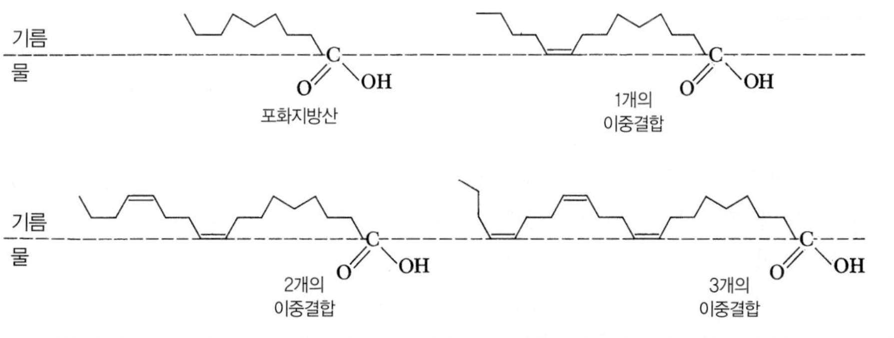

그림 12.8 이중결합 개수가 다른 지방산들의 쇼트닝기능 1개나 2개의 이중결합을 가진 지방산들은 포화지방산보다 더 효과적으로 표면을 덮을 수 있고 3개의 이중결합을 가진 지방산은 훨씬 더 많은 표면을 덮을 수 있다.

품에 의해 영향을 받는다. 즉, 케이크에서 셀의 형성에는 거품이 필요하고 유지는 거품 생성을 못함을 나타낸다. 그러나 유지는 흐름성이 있어 케이크의 연한 정도를 증진시키며 이런 특성은 지방을 전혀 첨가하지 않는 스폰지케이크와 엔젤케이크의 텍스처 특성과는 명확히 상반된다.

페이스트리에서 지방은 주요 성분으로서 종종 밀가루의 약 절반 정도 중량으로 첨가되지만 적당히 거친 입자로 잘라 넣는 지방은 연화 특성을 부여하는 데에는 매우 비효율적이다. 이는 각 입자조각의 내부에 있는 지방은 글루텐 발생을 방해할 수 없기 때문으로 다량의 지방을 함유함에도 페이스트리가 종종 꽤 단단한 이유가 된다.

얇게 벗겨지는 특성인 **박편성(flakiness)**은 페이스트리에서 매우 바람직한 텍스처이다. 지방이 페이스트리 반죽에서 조각들로 남아 있으면 굽기 동안에 그 지방들은 녹아 흐르면서 셀을 남기고 여기에 수증기가 모이면서 상부 면을 위로 밀어 올린다. 페이스트리 내 글루텐은 굽기 동안에 변성되면서 셀이 팽창된 위치로 고착된 결과 박편성 페이스트리가 완성된다. 고체 지방은 박편성 페이스트리의 형성을 촉진하지만 유지는 흐름성으로 인해 박편성에 필요한 셀 포켓(pocket)의 형성을 방해한다.

박편성
페이스트리를 자르거나 씹을 때 부서지는 얇은 층들의 품질.

속성빵(quick bread) 및 대부분의 효모빵(yeast bread)에서 지방이나 유지가 사용된다. 비스킷에서는 박편성을 높이기 위해 페이스트리 제조에서와 같이 조각으로 잘리는 단단한 지방을 사용한다. 머핀과 효모빵에서는 최대한으로 부드러운 텍스처를 얻기 위해 지방을 녹여 액체 상태로 첨가하는데 이 경우 박편성은 가능하지 않다. 빵에 사용한 지방은 빵의 일부 풍미, 연함, 색에 기여를 하지만, 지방 비율이 훨씬 높은 케이크에서 보다는 그 중요성이 훨씬 덜하다.

이상으로부터 유지는 특히 효과적인 연화제이고, 쇼트닝과 라드도 연한 반죽(배터와 도우)제품의 제조에 적합함을 알 수 있다. 연화제로서 마가린과 버터의 선택도 가능하나 퍼짐성이 있는 이 두 지방들은 16% 물과 80% 지방으로 구성되어 순수한 지방이 아니다. 그러므로 보정작업 없이 레시피에 지정한 쇼트닝을 대체하여 동일량을 사용하면 지방함량은 너무 적고 물은 너무 많게 되는 결과를 초래하며 이로 인해 예상보다 덜 부드러운 구운 제품을 얻게 될 것이다.

에멀젼화(유화)

사실상 모든 식품들에는 수용액이 있으며 또한 많은 경우 지방이나 유지도 있으므로 이들 성분은 에멀젼(6장 참고)으로 균일하게 분산되어 있거나 뭉쳐서 존재한다. 최적의 텍스처 품질을 위해서는 안정한 에멀젼이 필요한데 대부분의 식품에서 형성된 에멀젼은 수중유적형 에멀젼(oil-in-water emulsion)으로 작은 유지 방울이 수용액 상에 분산되어 있는 형태이다. 그리고 안정한 에멀젼 형성을 촉진하기 위해서는 특정 종류의 유화제가 필요하다.

오늘날 쇼트닝에 모노글리세라이드와 다이글리세라이드를 첨가함으로써 케이크 반죽(배터) 속의 지방과 우유를 에멀젼화시켜 고운 텍스처를 가진 케이크 제조가 가능하다. 이 두 성분은 각각 글리세롤에 지방산이 1개 및 2개가 결합된 구조로 이들 지방산 사슬부분은 소수성, 글리세롤의 나머지 수산기 부분은 친수성으로 작용하는 유화제이다. 그러므로 모노와 다이글리세라이드의 단분자층은 작은 지방 방울의 표면주위에 모이는 경향이 있고 지방이 액상의 배터에 현탁되게 유지하도록 보호코팅으로서 작용한다(그림 12.9).

가정에서 이용 가능한 최적의 유화제로 계란노른자의 레시틴도 있다. 레시틴은 인지질(phospholipid)로서 대개 에멀젼에서 지방 방울의 표면을 덮는데 효과적이며 지방 방울들이 서로 뭉치는 것을 막는다.

유화제가 존재하는 경우라도 식품에서의 일부 수중유적형 에멀젼이 깨지기도 하는데 이는 물의 과도한 증발 때문으로 수플레(soufflés)용 농후 소스, 지방 외에 풍미성분도 함유한 초콜릿과 치즈 수플레에서 특히 문제가 되며 일부 그레이비(gravie; 육즙에 밀가루 등을 첨가해 만든 소스)에서도 발생한다. 이처럼 장시간 가열과 보관으로 인해 증발된 물을 공급하면 파괴된 에멀젼을 회복시킬 수 있다. 에멀젼이 파괴된다는 것은 정상적 가열조리 시 지방과 유지는 증발하지 않음을 나타낸다.

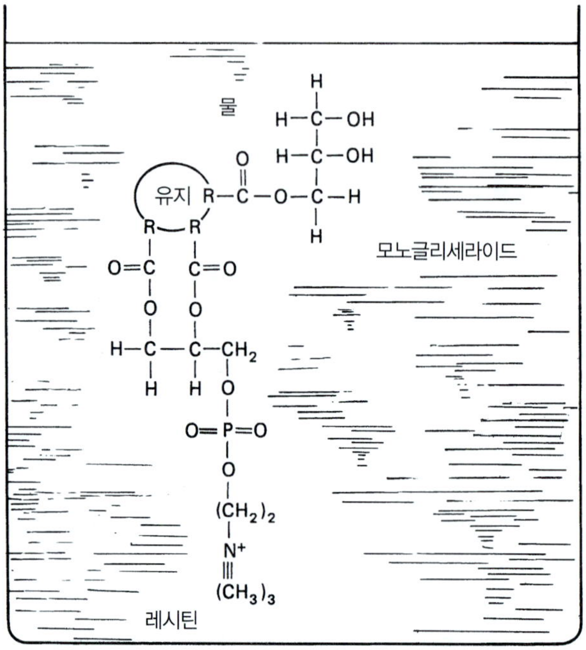

그림 12.9 유지 방울입자와 물 사이의 경계에서 모노글리세라이드와 레시틴 분자들의 배치는 유지 방울간의 뭉침을 억제하고 에멀젼을 안정화시키는 보호층 역할을 한다.

조리용 매질

지방과 유지는 물의 끓는점보다 충분히 높은 튀김온도로 가열할 수 있어 조리용 매질로 사용된다. 고온으로 인해 물에서 보다 식품을 더 빨리 조리할 수 있고 또한 사람들이 선호하는 텍스처, 풍미, 색상으로 변화될 수 있다. 튀김용 지방의 종류는 튀김 식품의 특성에 영향을 준다.

만족스러운 풍미와 색상으로 인해 인기가 있는 버터와 마가린은 종종 얕은 튀김(shallow frying)에 사용되나 높은 튀김 온도에서 꽤 빠르게 품질이 저하된다. 그 문제점은 튀김 중 이들 지방에 있던 물이 과도하게 기름을 튀게 하고 이로 인한 공기노출 증가로 지방의 산패가 촉진된다. 더욱이 이들에 함유된 우유 고형물은 튀김 동안 빠르게 갈변화되고 곧 연소가 된다.

첨가된 모노글리세라이드와 다이글리세라이드 때문에 쇼트닝은 튀김에 아주 적합하지는 않다. 이 분자들에서 지방산이 빠르게 제거되면서 생긴 유리 글리세롤은 즉시 분해되기 시작하여 아크로레인을 형성하고(11장 참고) 발연점이 빠르게 떨어진다. 튀김온도에서 연기가 나면 아크로레인이 조리사의 눈을 자극하게 되고 식품의 풍미에서도 감지된다.

이런 이유들로 인해 튀김식품에는 대개 유지(oil)를 사용한다. 하지만 올리브유는 낮은 발연점으로 인해 적절하지 않다. 고품질 유지의 발연점은 일반적으로 튀김온도보다 충분히 높지만 식품의 수분, 뜨거운 유지에 식품을 넣을 때 튀는 현상, 유지의 장기간 사용 등의 요소들이 함께 작용하여 유지의 발연점을 점차 낮추고 결국 튀김온도에서 연기가 발생하기에 이르며 풍미변화와 아크로레인의 자극으로 인해 더 이상 이 유지를 사용하는 것은 바람직하지 않다.

화학적, 물리적 측면에서 보면 기름튀김(deep-frying)의 공정은 꽤 복잡하다. 튀김온도의 유지는 식품(프렌치프라이스 등) 표면에 강한 열을 공급하여 식품의 물은 유지 쪽으로 빠르게 증발시키기 때문에 기름튀김은 탈수공정이라고 할 수 있다. 식품 표면의 물 제거에 따라 이를 보충하기 위해 식품 중심부의 물이 표면 쪽으로 이동하는 물질전달(mass transfer)이 발생하며, 이때 물에 용해성인 물질도 표면으로 함께 이동하고 일부는 유지로 빠져나가는 물질전달도 일어난다.

식품에서 뜨거운 튀김유지로 물이 빠져나가면서 식품 표면을 타지 않게 해주는데 이는 물이 식품표면으로부터 열에너지를 운반하기 때문이다. 실지로 튀김유지의 온도는 180°C인 반면 튀김 중인 식품의 표면 온도는 약 100°C이다. 이같이 큰 온도차이는 빠져나온 물이 수증기로 바뀔 필요한 기화열에 기인한다.

프렌치프라이 표면 아래의 물은 열을 프렌치프라이 내부로 전도하는 중요한 역할을 하며 이 전도 열로 인해 전분의 젤화가 일어난다. 전분에 공급되는 열은 젤화에는 충분하나 형성된 전분 젤에서 물을 빠져나오게 할 정도로 높아서는 안 된다. 그렇지 않으면 스펀지 같은 텍스처가 상당히 많이 하게 된다. 만일 유지가 너무 뜨거우면 가교결합들(cross-linkages)로 인해 튀김식품의 표면이 단단해 지고 유지 중의 지방산들은 상당한 중합을 일으킨다.

튀김 동안 식품으로의 지방 흡수는 식품의 품질 및 건강 측면에서 관심의 사항으로 가능한 적은 것이 좋다. 지방 흡수를 최소화하기 위해서는 튀김온도는 고온일수록 효과적이며 최소 175°C, 그리고 가능한 190~195°C로 유지해야 한다. 그러나 195°C 이상의 온도에서는 중심부가 적절히 가열되기 전에 식품이 너무 갈변되는 경향이 있다.

튀김에서 중요한 핵심은 식품을 넣기 전에 미리 지방을 정확한 온도로 가열하고 그 다음 한번에 소량만을 튀기는 것이다. 그렇지 않으면 지방의 온도가 너무 낮게 떨어져 의도한 것보다 더 낮은 온도에서 식품이 튀겨지고 그 결과 지방 흡수가 증가로 상당히 기름진 제품이 얻어진다. 튀김 동안 흡수(및 흡착)되는 유지의 양을 줄이는 또 다른 방안으로는 산패가 시작되고 재사용으로 점성을 가진 튀김유지보다는 신선한 유지를 사용하는 것이다.

튀길 반죽(배터나 도우)의 배합도 지방 흡수에 영향을 주는데, 혼합물에 설탕과 지방함량 증가 시 지방흡수가 증가하고 다목적밀가루(중력분)와 빵가루(강력분) 반죽들은 케이크가루(박력분) 반죽보다 지방흡수가 적다.

지방 대체제

최근 활발한 식품연구 분야 중 하나가 지방보다 칼로리가 낮으면서도 지방의 품질을 모방한 지방 대체제(fat replacement)를 개발하는 것이다. 대체제를 개발하기 위한 다양한 시도가 이용되고 있다. 탄수화물 기반, 단백질 기반, 심지어 지질기반의 다양한 대체제 개발이 이루어져 왔으며 대체제마다 칼로리의 차이를 보이며(표 12.3) 각각의 고유한 물리적 특성으로 인해 식품에서의 적합성도 다르다.

표 12.3 일부 지방 대체제에 대한 개요

상품명	기반 종류	그램당 칼로리	용도	비고
Simplesse®	단백질	1.3	아이스크림	가열 불가
N-Lite	탄수화물	4	많은 식품	변성전분
Stellar™	탄수화물	4	많은 식품	옥수수전분
Slendid™	탄수화물	0	많은 식품	펙틴
Oatrim	탄수화물	<1	많은 식품	귀리가루 유래 말토덱스트린
Rice* Trin 3® Complete	탄수화물	<1	많은 식품	쌀가루 유래 말토덱스트린
Avicel®	탄수화물	0	많은 식품	셀룰로오스 젤
Litesse®	탄수화물	1	많은 식품	폴리덱스트로오스
Paselli Excell	탄수화물	4	많은 식품	말토덱스트린
Kelcogel®	탄수화물	0	많은 식품	검류
Olean®	지방	0	구운 제품	올레스트라
Caprenin	지방	5	초콜릿	팜핵/코코넛기름
Benefat®	지방	5	구운제품	살라트림(2-C 지방산)
Olestra	지방/탄수화물	0	감자칩	설탕 폴리에스터

단백질 기반 대체제

Kelco의 제품인 Simplesse®는 얼린 디저트(빙과류)에서 지방 대체제로 사용된다. 이 대체제는 우유단백과 계란흰자의 미립자(0.1~0.3 μm, 설탕가루의 1/10 크기)를 함유하고 있으며, 섭취 시 입자들이 움직이는 방식 때문에 지방의 식감을 부여할 수 있다. Simplesse®는 단백질을 함유하므로 열이 필요한 제품에는 사용하기 어렵다. Simplesse®가 안전한 식품유래의 단백질과 물(1:2의 비율)로 제조되었기 때문으로 FDA의 승인은 비교적 간단하였다. 물의 함량이 높은 Simplesse®는 그램당 1.3칼로리로 아이스크림의 부드러운 텍스처에 필요한 지방의 9칼로리에 비해 극적인 개선이라 할 수 있다.

탄수화물 기반 대체제

N-Lite 제품은 전분에 기반한 지방 대체제로, 검류와 탈지분유 등의 다른 천연물질도 들어 있다. National Starch and Chemical Company에서 이 지방 대체제를 개발하여 생산하는데 다양한 식품 적용을 위해 5종의 제품이 있다.

Stellar™ 는 A. E. Staley Manufacturing Company에서 생산되며 옥수수전분으로 제조되는데 현재 치즈스프레드와 당의(frosting)에 사용되며 Hercules, Inc.사의 Slendid™ 는 펙틴을 사용한 지방 대체제이다.

Oatrim은 미국농무부의 특허 공정으로 제조되는 지방 대체제로 귀리 가루의 아밀로오즈와 아밀로펙틴에 말토덱스트린의 생성을 촉진하는 알파아밀레이스의 반응을 통해 만들어지며, 이 제품에는 귀리의 주요 용해성분인 베타글루칸도 존재한다. Oatrim 가열로 형성하는 젤은 그램당 1칼로리 미만을 제공한다. Oatrim은 우유함유 음료류, 샐러드드레싱류, 육류, 치즈스프레드류, 고식이섬유 빵류에 사용할 수 있다. 이와 유사한 제품으로 쌀에서 얻어진 Rice* Complete®도 있다.

Avicel® 셀룰로오스 젤은 미세결정의 탄수화물 유도체로서 샐러드드레싱에서 지방 대신 사용할 수 있다. 구아검 또는 말토덱스트린 및 잔탄검과 조합한 셀룰로오스 젤도 지방 대체제 용도로 만들어졌다.

폴리덱스트로오스는 약간의 솔비톨과 구연산이 더해진 전분 고분자이다. 이것은 샐러드드레싱류, 푸딩류, 캔디류 등 폭넓은 제품에서 증량제, 조직감개선제, 보습제로 사용되며, 이 경우 지방은 물론 설탕의 일부도 대체할 수 있다. 폴리덱스트로오스가 난소화성으로 그램당 약 1킬로칼로리는 제공하며 하루에 90 g 이상 섭취 시 배변촉진 효과가 있다.

옥수수 및 감자를 포함한 다양한 식물자원으로부터 제조한 변성전분들도 지방 대체제로 사용되는데 Paselli SA2는 감자 전분 말토덱스트린으로 적심(dips), 제과제품, 드레싱류, 아이스크림류 및 충진(filling)에서 많이 사용된다.

지방 기반 대체제

살라트림
짧고 긴 아실트리글리세라이드 분자들(Short And Long AcylTRIglyceride Molecules)들에 대한 약자.

놀랍게도 일반 지방과 유지의 대체제로서 지방 기반의 대체 제품이 개발되었으며 **살라트림(Salatrim)**이 그 예이다. Benefat®이라는 이름으로 출시된 살라트림은 긴 사슬과 중간 사슬의 지방산(6-12 탄소)을 가진 지질들의 분자간 에스터교환반응을 통해 제조한 트리글리세라이드로서 단지 2개 탄소를 가진 산들을 글리세롤에 1개 또는 2개 결합시킨 제품이다. 살라트림의 이러한 구조는 체내 이용에 영향을 주어 5 kcal/g의 열량을 제공한다.

Procter & Gamble 사 제품인 Caprenin은 behenic acid(22개 탄소의 포화지방산)에 capric acid와 caprylic acid(각각 10과 8개 탄소의 지방산)를 가진 또 다른 트리글리세라이드이다. Capric과 caprylic acid의 자원은 코코넛과 팜핵유이고, 긴 사슬 포화지방산인 behenin은 땅콩, 어유 및 수소첨가된 평지씨유로부터 얻을 수 있는데 caprenin 제조에는 수소첨가 평지씨유의 것을 사용한다. Behenic acid는 소장에서의 흡수가 잘 되지 않고 많은 부분이 배출되며, 중간길이 사슬의 지방산은 제한된 수준으로 대사되어 caprenin은 그램당 약 5 칼로리만을 제공한다. 이 제품은 캔디의 초콜릿코팅에 사용되며 향후 다양한 분야의 적용이 기대된다.

Caprenin의 구조는 다음과 같다.

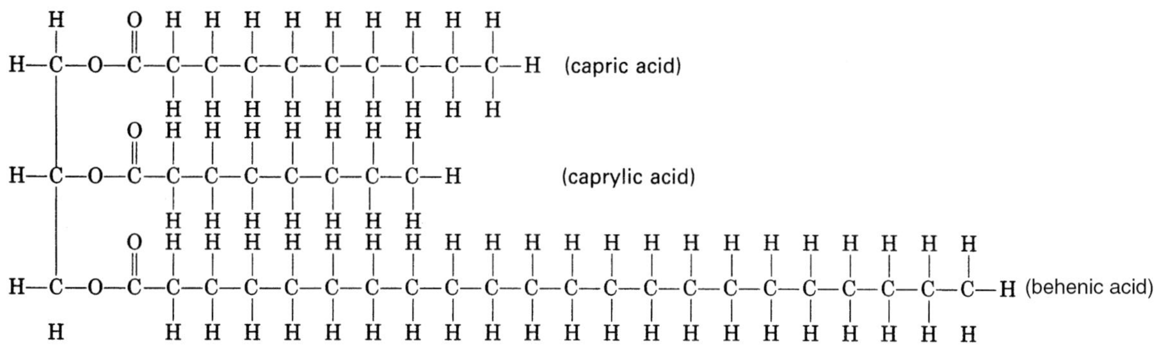

caprenin

Olestra (Olean®으로 출시)는 탄수화물과 지방이 섞인 지방 대체제인데 실지로는 수크로오스 폴리에스터로 분류된다. 수크로오스의 6 또는 8개의 수산기들이 중간사슬 지방산(8-12 탄소)과 에스터 결합을 한 구조로 매우 부피가 큰 분자이다. Procter & Gamble 사의 개발과 그 승인과정에 25년이 걸렸으며 1996년에 FDA에 의해 최종 승인되었다. 탄수화물과 지방산 각각은 소화되고 대사될 수 있는 성분일지라도 수크로오스 폴리에스터는 소화되지 않고 흡수되지 않기 때문에 olesta는 칼로리를 제공하지 않는다.

제품 시험기간 동안에 olestra를 많이 섭취하면 일부 사람에게서 설사와 가스가 차는 부작용이 일어남이 발견되어 제품의 잠재적 부작용을 소비자에게 공지하는 조건하에서 FDA가 승인하였다. 결국 olestra를 첨가한다면 제품정보에 이에 대한 경고표시를 해야 했다. 그러나 2003년에 FDA는 더 이상 제품정보에 경고표시 요구하지 않았는데 그 사이 7년간의 연구를 통해 olestra가 플라시보(위약)에 비해 유의적으로 위장관 문제를 더 많이 일으킨다는 유의적 증거가 없었기 때문이었다.

요약

지방을 제품으로 출시하기 위해서는 추출, 정제, 분획, 결정화, 품질 점검의 많은 단계를 거쳐야 한다. 화학적 변형은 지방 생산과정의 일부로서 수소첨가, 분자간 에스터교환 및 분자내 에스터교환 방법이 있다.

다양한 지방과 유지들은 동물, 해양 및 식물자원에서 유래한다. 식품에서 트랜스지방 함량의 중요성으로 인해 영양표시에 그 정보를 표시하게 되었다. 선택적인 식물육종과 유전공학을 통해 농업 연구자들은 식물유지에서의 지방산 조성을 변화시키는 연구를 수행해 오고 있다. 식품산업에서는 유지 자원의 조정, 수소첨가 및 분자간 에스터교환 반응에서의 변화를 통해 소비자들의 기대에 부응해 오고 있으며 이 새로운 지방과 유지들은 식품제조에서 가치 있는 다양한 제품으로 현재 변신하고 있다.

지방이 기능적으로 기여하는 역할로는 색, 풍미, 텍스처, 연함, 에멀젼화, 조리 매질 등이 있다.

칼로리를 줄이고 건강을 증진시키기 위해 상업화 제품에서 지방 대체제가 널리 쓰이고 있으며 이들은 단백질, 탄수화물, 또는 지방에 기반한 구조를 가진다.

연습문제

1. 유지의 윈터라이징(winterizing)에 대해 설명하시오. 샐러드유 제조에서 이 단계가 중요한 이유는 무엇인가?
2. 지방을 템퍼링(tempering)시키는 목적은 무엇이며 이를 어떻게 수행하는가?
3. 수소첨가 공정(a)과 분자간 에스터교환 공정(b)을 기술하시오.
4. 마가린 제조에서 수소첨가보다 분자간 에스터교환을 선호하는 이유는 무엇인가?
5. 오메가-3(Ω-3) 지방산의 이름을 2개 말하고 각각의 화학구조를 쓰시오.
6. 오리자놀과 토코트리에놀에 대한 영양학적 관심이 높은 이유는 무엇이며, 이들을 함유한 식품소재는 무엇인가?
7. 지방 또는 유지가 구운 제품을 연화시키는 가능한 기작은 무엇인가?
8. 튀김식품에서 지방의 흡수를 최소화하기 위한 방법은 무엇인가?
9. 단백질 기반, 탄수화물 기반 및 지질 기반 지방 대체제의 예를 드시오.
10. (참 또는 거짓) 동량의 버터와 쇼트닝은 동량의 지방을 함유한다.
11. (참 또는 거짓) 올리브유는 올리브씨를 압착하여 얻어진다.
12. (참 또는 거짓) 윈터라이징은 녹는점이 높은 지방산을 제거하기 위한 것이다.
13. (참 또는 거짓) 템퍼링은 쇼트닝에서의 결정 크기를 조절하기 위한 것이다.
14. (참 또는 거짓) 쇼트닝기능(shortening power)은 케이크에서 지방의 역할을 설명하기 위해 사용하는 용어이다.
15. (참 또는 거짓) 페이스트리 제조 시 레시틴은 쇼트닝제로서 효과적이다.

참고문헌

Albers, M.J., et al. 2008. 2006 marketplace survey of *trans* fatty acid content of margarines and butters, cookies and snack cakes, and savory snacks. *J. Am. Dietet. Assoc. 108* (2): 367.

Allison, D. B., et al. 1999. Estimated intakes of *trans* fatty and other fatty acids in the U.S. population. *J. Am. Diet. Assoc. 99* (2): 166.

Becker, C. C. and Kyle, D. J. 1998. Developing functional foods containing algal docoshexanoic acid. *Food Technol. 52* (7): 68.

Belitz, H. D. and Grosch, W. 1999. *Food Chemistry*. 2nd ed. Springer. New York.

Bell, S. J., et al. 1997. The new dietary fats in health and disease. *J. Am. Diet. Assoc. 97* (3): 280.

Berry, D. 2005. Designer lipids. *Food Product Design 14* (12): 118.

Blumenthal, M. M. 1991. New look at the chemistry and physics of deep-fat frying. *Food Technol. 45* (2): 68.

Boyle, E. 1997. Monoglycerides in food systems: Current and future uses. *Food Technol. 51* (8): 52.

Clark, J. P. 2005. Fats and oils processors adapt to changing needs. *Food Technol. 59* (5): 74.

Clydesdale, F. 1997. Olestra: The approval process in letter and spirit. *Food Technol. 51* (2): 104.

Decker, K. J. 2004. ABCs of omega-3s. *Food Product Design 14* (11): 81.

deRoos, K. B. 1997. How lipids influence food flavor. *Food Technol. 51* (1): 60.

Dreher, M., et al. 1998. Salatrim: Triglyceride-based fat replacer. *Nutr. Today 33* (4): 164.

Duxbury, D. 2005. Omega-3s offer solutions to *trans* fat substitution problems. *Food Technol. 59* (4): 34.

Fortin, N. D. 2005. Fats in the fast lane. *Food Product Design 14* (12): 148.

Foster, R. J. 2009. Checking the oil for snacks. *Food Product Design 19* (11): 54.

Hazen, C. 2005. *Trans*-formulation alternatives. *Food Product Design 15* (5): 71.

Hernandez, E. and Lucas, E. W. 1997. Trends in transesterification of cottonseed oil. *Food Technol. 51* (5): 72.

Hicks, K. B. and Moreau, R. A. 2001. Phytosterols and phytostanols: Functional food cholesterol busters. *Food Technol. 55* (1): 63.

Hollingsworth, P. 2001. Margarine: Over-the-top functional food. *Food Technol. 55* (1): 59.

Kuntz, L. A. 2001. Fatty acid basics. *Food Product Design 11* (8): 93.

Kuntz, L. A. 2002. Designer fats for bakery. *Food Product Design* 12 (8): 55.

Kuntz, L. A. 2005. *Trans*-lating formulas. *Food Product Design 15* (7): 14.

Leake, L. L. 2007. *Trans* fat to go. *Food Technol. 61* (2): 66.

Liu, K. S. and Brown, E. A. 1996. Enhancing vegetable oil quality through plant breeding and genetic engineering. *Food Technol. 50* (11): 67.

List, G.R. 2004. Decreasing *trans* and saturated fatty acid content in food oils. *Food Technol. 58* (1): 23.

Luff, S. 2004. Ascendancy of omega-3s. *Food Product Design: Functional Foods Annual* (September): 67.

Luff, S. 2005. Better ingredients through biotechnology. *Food Product Design 14* (10): 91.

Marangoni, A. G. and Hartel, R. W. 1998. Visualization and structural analysis of fat crystal networks. *Food Technol. 52* (9): 46.

McCaskill, D. R. and Zhang, F. 1999. Use of rice bran oil in foods. *Food Technol. 53* (2): 50.

Miraglio, A. M. 2002. The low-down on *trans* fatty acids. *Food Product Design 12* (1): 31.

O'Brien, R. D. 2003. *Fats and Oils: Formulating and Processing for Applications.* 2nd ed. CRC Press. Boca Raton, FL.

Ohr, L. M. 2005. Functional fatty acids. *Food Technol. 59* (4): 63.

Ohr, L. M. 2009. Functional fat fighters. *Food Technol. 63* (10): 59.

Palmer, S. 2005. New current for tropical oils. *Food Product Design 15* (2): 87.

Pszczola, D. E. 2004. Fats: In *trans*-ition. *Food Technol. 58* (4): 52.

Remig, V., et al. 2010. *Trans* fats in America: Review of their use, consumption health implications, and regulation. *J. Amer, Dietet. Assoc. 110* (4): 585.

Saguy, I. S. and Pinthus, E. J. 1995. Oil uptake during deep-fat frying: Factors and mechanism. *Food Technol. 49* (4): 142.

Sloan, A. E. 2005a. Top 10 global food trends. *Food Technol. 59* (4): 20.

Sloan, A. E. 2005b. Time to change the oil? *Food Technol. 59* (5): 17.

Spano, M. 2010. Heart health and fats. *Food Product Design 20* (3): 22.

Tarrago-Trani, M. T., et al. 2006. New and existing oils and fats used in products with reduced *trans*-fatty acid content. *J. Am. Diet. Assoc. 106* (6): 867.

Tiffany, T. 2007. Oil options for deep-fat frying. *Food Technol. 61* (7): 46.

웹사이트

http://www.theepicentre.com/tip/nutandseedoils.html—Brief descriptions of nut and seed oils.

http://www.innvista.com/health/nutrition/fats/process.htm—Overview of steps in processing fats and oils.

http://oliveoilsource.com/making_olive_oil.htm—Information on making olive oil.

http://www.americanpalmoil.com/—Extensive information on palm oil.

http://www.mpoc.org.my/—Official web site of Malaysian Palm Oil Council.

http://www.ghirardelli.com/bake/chocolate_tempering.aspx—Instructions and video on tempering chocolate.

http://www.cdr-mediared.com/food-diagnostics/foodlabfat/control-quality-edible-oils-fats?gclid=CO7y9tuGkZ8CFQZfagod0jpAxQ—Instrument for measuring quality of fats and oils.

http://www.aocs.org/—Site for American Oil Chemists' Society (AOCS).

http://www.aoac.org/—Site for Association of Official Analytical Chemists (AOAC)

http://www.codexalimentarius.net/web/index_en.jsp—Site for FAO and WHO Codex Alimentarius Commission (CAC)

http://www.iupac.org/—Site for International Union for Pure and Applied Chemistry (IUPAC).

http://www4.agr.gc.ca/AAFC-AAC/display-afficher.do?id=1171307588659&lang=eng—Ways of reducing *trans* fats.

http://www.foodprocessing.com/articles/2005/459.html—Discussion on ways to reduce *trans* fats in food products.

http://www4.agr.gc.ca/AAFC-AAC/display-afficher.do?id=1172579557273&lang=eng—Techniques for reducing *trans* fats.

http://www.webexhibits.org/butter/working.html—Description of making butter.

http://www.preparedfoods.com/HTML/Application_Videos/BNP_GUID_9-5-2006_A_10000000000000386871?id=TC1&id2=RDEast08—Videocast on long-chain omega-3 fatty acids in functional foods.

http://www.reducol.com/index2.htm—Site about GRAS status for Reducol™.

http://www.margarine.org/howtousemargarine.html—Discussion of reduced-fat spreads and substitutions in cooking and baking.

http://www.caloriecontrol.org/sweeteners-and-lite/fat-replacers—Overview of fat replacements.

http://www.cwu.edu/~geed/440project044.html—Poster sessions of research projects done by students enrolled in an experimental foods course.

http://www.cpkelco.com/products-mwpc.html—Information on Simplesse®.

단백질

13장
단백질의 개요

14장
우유와 유제품

15장
육류, 어류, 가금류

16장
계란

17장
제빵의 특성

18장
제빵의 응용

말레이시아의 오일팜(유야자나무) 농장은 세계시장에 상당량의 유지를 공급한다.

13장

단백질의 개요

단원 개요

학습 목표	기포 형성
서론	증점제
조성	생각할 거리: 진해지는 덩어리
단백질의 종류	구조적 성분
전하	요약
가수분해	연습문제
변성과 응고	참고문헌
기능적 역할	웹사이트

학습 목표

이 단원을 학습함으로써:

1. 단백질의 구조에 대해 설명할 수 있다.
2. 식품을 구성하는 단백질의 종류를 설명할 수 있다.
3. 단백질 함량이 높은 식품에 있어 전하량과 가수분해의 효과를 설명할 수 있다.
4. 단백질 함량이 높은 식품에 있어 단백질 변성과 단백질 응고 현상이 식품에 미치는 효과에 대해 설명할 수 있다.

서론

단백질은 조성뿐만 아니라 기능적 특성 역시 매우 다양하다. 단백질 함량이 높은 식품을 조리할 때는 각별한 주의가 필요한데, 이는 조리 조건에 따라 단백질뿐만 아니라 이를 함유한 식품의 품질이 확연히 달라지기 때문이다. 단백질 함유 식재료는 조리 중에 온도가 너무 높아지거나 가열 시간이 다소 길어지면 요리의 완성도가 떨어진다. 이것은 열처리 정도가 단백질의 구조와 밀접한 관계가 있으므로 나타나는 현상이다. 단백질과 pH 사이의 중요성에 관하여서는 다음 단원에서 다루기로 한다.

조성

단백질은 **아미노산(amino acid)**이 펩타이드 결합에 의해 연결된 구조를 가지고 있다. 일부 단백질은 수백 개에 이루는 아미노산이 결합하여 만들어지는 복잡한 구조를 갖고 있다. 아미노산은 두 개의 기능성 잔기인 아마노기(—NH_2)와 **카르복실기(carboxyl group**; —COOH)를 갖는 유기화합물이다. 아미노산 구조를 살펴보면 아미노기와 산 및 유기성 성분이 모두 동일한 탄소원자(알파 탄소)와 결합하고 있는 것을 알 수 있다. R로 표기되는 유기성성분은 아미노산의 종류에 따라 서로 다

아미노산
아미노(—NH_2) 그룹과 유기산(—COOH) 그룹을 포함하는 유기화합물.

카르복시실기
유기산 그룹:
$(-\overset{O}{\overset{\|}{C}}-OH)$

표 13.1 식품 중 아미노산

이름	구조	등전점	특성
Alanine	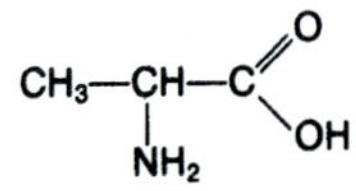	6.0	중성-지방성
Glycine	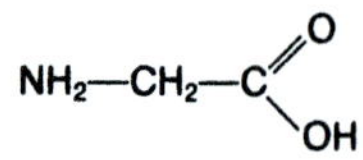	6.0	중성-지방성
Isoleucine*	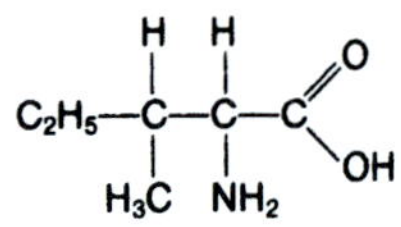	6.0	중성-지방성
Leucine*	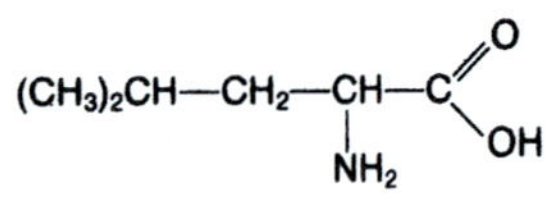	6.0	중성-지방성
Valine*	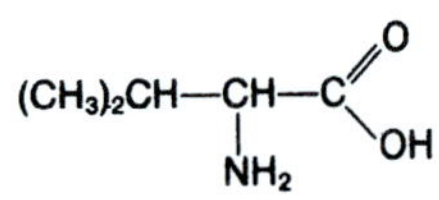	6.0	중성-지방성
Serine	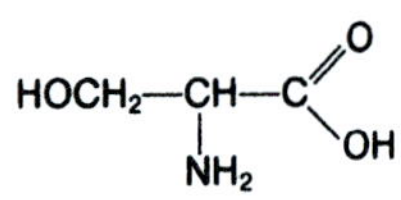	5.7	중성-하드록시
Threonine*	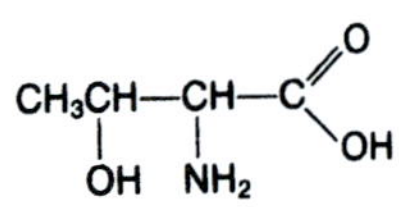	6.2	중성-하드록시
Cysteine	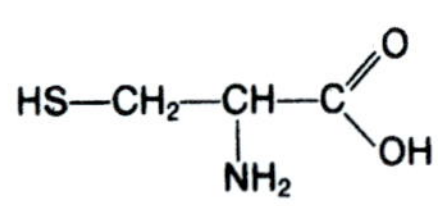	5.1	중성-황 함유
Cystine	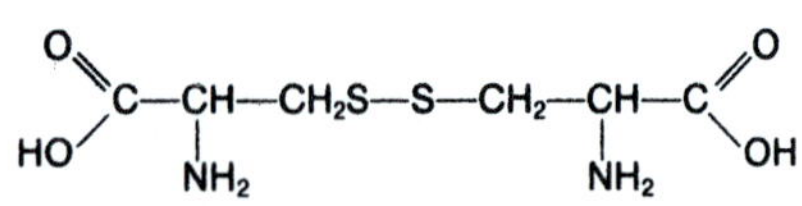	4.6	중성-황 함유
Methionine*	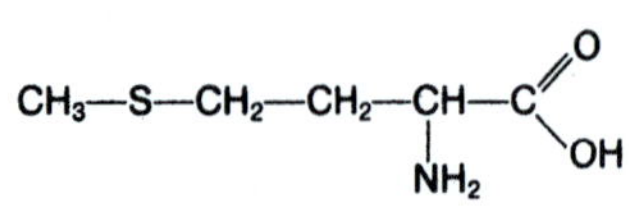	5.7	중성-황 함유
Asparagine	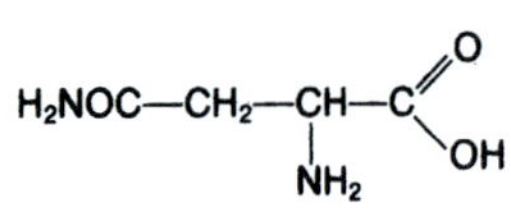	5.4	중성-아미드
Glutamine	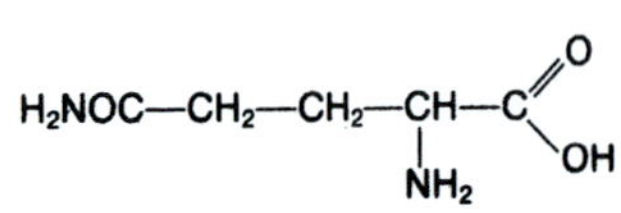	5.7	중성-아미드

(계속)

표 13.1 계속

이름	구조	등전점	특성
Phenylalanine*	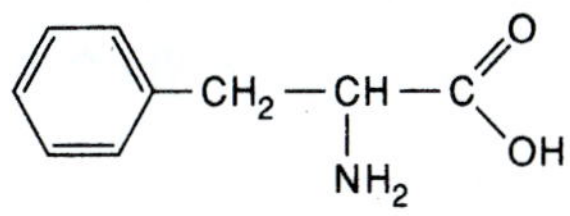	5.5	중성–방향성
Tryptophan*	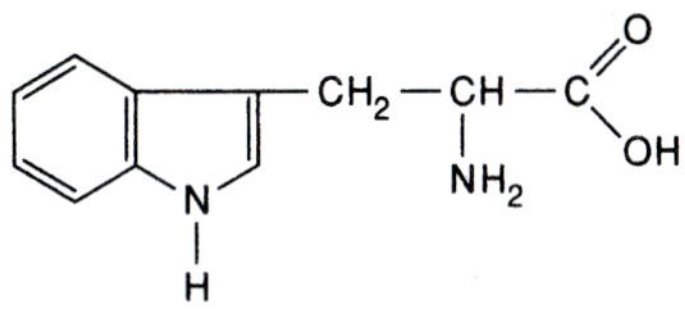	5.9	중성–방향성
Tyrosine	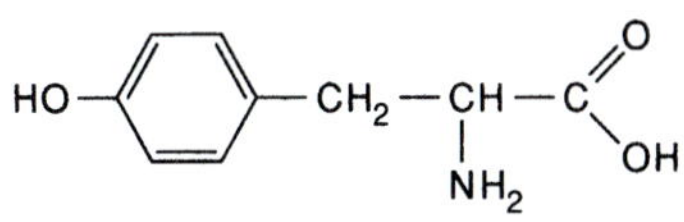	5.7	중성–방향성
Aspartic acid	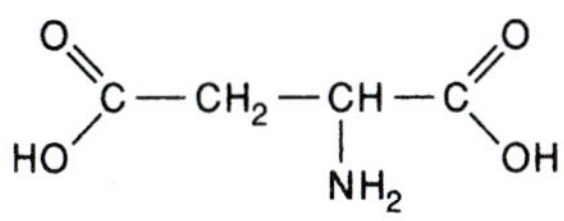	2.8	산성
Glutamic acid	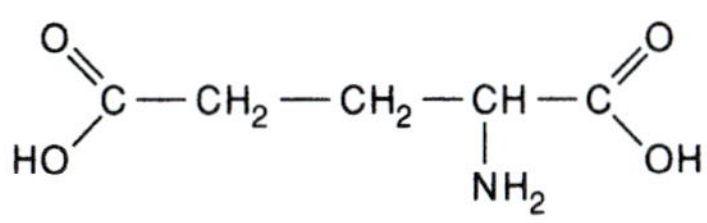	3.2	산성
Arginine	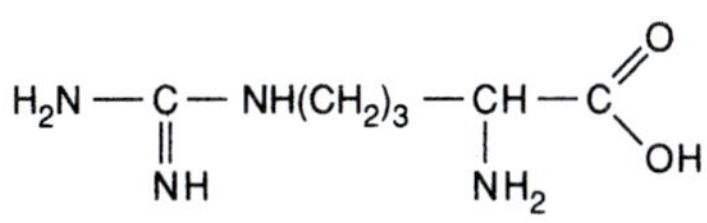	11.2	염기성
Histidine*	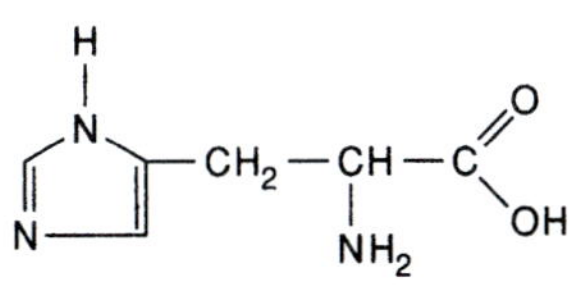	7.6	염기성
Lysine*	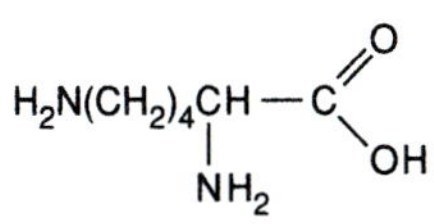	9.7	염기성
Hydroxyproline	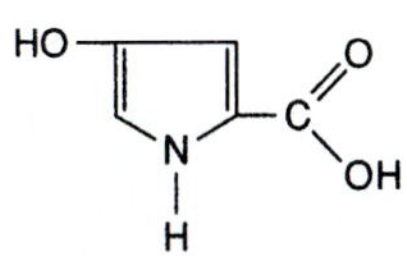	5.8	아미노산
Proline	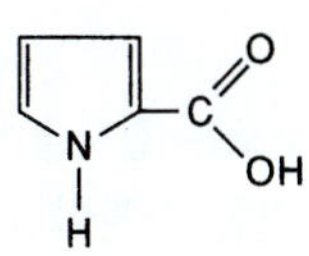	6.3	아미노산

*필수 아미노산.

른데, 예를 들면 글리신의 경우 유기성성분은 수소이나 트립토판의 경우는 두 개의 고리가 연결되어 있는 구조이다. 표 13.1에는 식품에서 중요한 L-아미노산의 구조가 나타내어 있다.

펩타이드 결합
또 다른 아미노산의 카르복실기의 탄소에 하나의 아미노산의 질소로부터 연결:

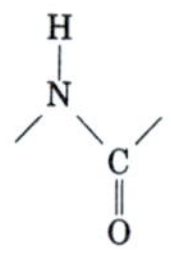

펩타이드 결합(peptide linkage)은 한 아미노산의 아미노기에 있는 질소와 이웃한 아미노산의 카르복실기에 있는 탄소 사이에 형성되는 공유결합으로서 결합이 만들어질 때 물 분자 한 개가 빠져나간다.

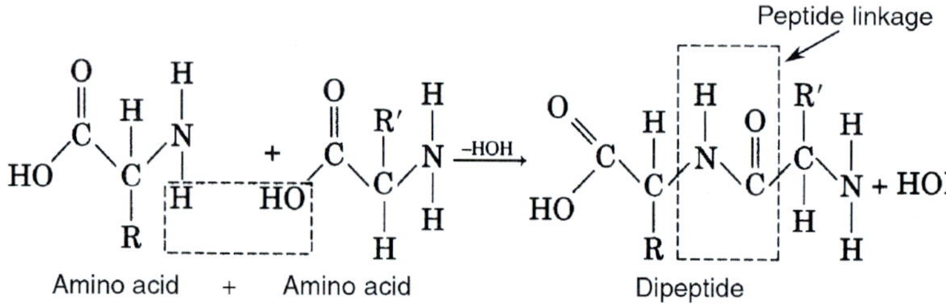

단백질은 100개 이상의 아미노산 잔기가 펩타이드 결합으로 연결되어 있는 구조를 갖고 있다. 단백질을 자세히 살펴보면 (—N—C—C—N—C—C—)이 반복적으로 배열하여 기본 골격을 이루고 있는 것을 알 수 있다. 곁사슬인 R기와 ═O는 기본 골격의 위와 아래에 위치해 있다. 단백질을 구성하는 원자들의 나열 순서를 단백질의 **1차구조(primary structure)**라고 한다.

1차구조
단백질의 공유 결합된 뼈대 사슬:
—C—C—N—C—C—N—C—C—N—

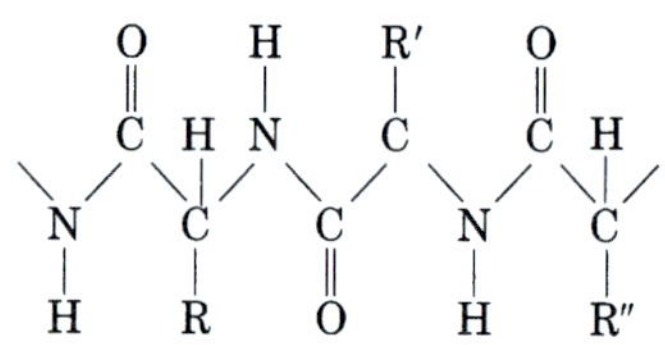

단백질의 1차구조는 모두 일직선의 사슬구조이지만, 단백질을 구성하는 아미노산 잔기의 종류에 따라 R기가 달라진다는 사실을 기억할 필요가 있다. 글리신의 경우 R은 단순히 수소원자이지만 트립토판은 월등히 크고 복잡한 모양의 곁사슬로서, 단백질에서는 기본골격의 바깥쪽으로 향해 있다(표 13.1). 단백질은 종류에 따라 아미노산의 종류와 배열 순서가 서로 다르지만, 곁사슬 R은 항상 단백질 사슬에 붙어 있다.

생단백질
열이나 pH의 변화와 같은 외부의 영향없이 자연적으로 발생하는 단백질 분자.

2차구조
전형적으로 많은 단백질의 뼈대 사슬의 α-나선 구성; 이차적 결합의 힘, 주로 수소결합에 의해 열리는; 또한 다른 형태(예를 들면, β-주름을 잡은 장)가 될 수 있다.

수소결합
수소 원자(질소와 같은 음전기 원자에 공유 연결된)와 전기음성 원자(단백질의 카르보닐기에 있는 산소와 같은) 사이에 형성된 이차적 결합.

3차구조
단백질 나선형 구성의 삐뚤어진 꼬임; 많은 단백질이 자연에서 발생하는 형태는 두 번째로 열린다.

아미노산의 배열순서인 1차구조는 단백질의 최종 구조를 결정짓는 역할을 한다. 거의 대부분의 단백질은 아미노산이 사슬 모양으로 배열된 1차원의 직선구조로 존재하지 않는데, 이러한 구조가 유지되기 위해서는 많은 에너지가 필요하기 때문이다. 많은 **생단백질(native protein)**들은 직선구조에 비해 에너지가 낮은 나사 모양의 감긴 구조를 취함으로써 안정화를 이룬다. 나선구조의 일종인 α-헬릭스는 오른쪽으로 감기는 나사와 같은 모양을 갖고 있는데 이를 단백질의 **2차구조[secondary structure;** 그림 13.1(a)]라 한다. 1회전의 나선구조는 아미노산 잔기 3.7개로 구성되어 있으며, 이러한 2차구조는 펩타이드 결합의 위아래에 위치한 (C═O)와 (—NH) 사이의 **수소결합(hydrogen bond)**에 의해 안정화된다.

단백질의 α-헬릭스는 여러 모양으로 접혀 있는데, 이러한 구조는 곁사슬 R 사이의 다양한 2차 결합에 의해 안정화된다. 곁사슬 사이의 결합은 수소결합, 이온결합, 이황화결합 및 소수성 결합 등 다양하다. 단백질의 **3차구조(tertiary structure)**는 생단백질의 입체 구조로 단백질의 2차구조가 접혀서 만들어진다 (그림 13.1b).

일부 단백질의 경우 단백질 내부에 위치한 소수성 부위들이 단백질 고유의 구조를 유지하는데 중요한 역할을 한다. 곁사슬이 소수성인 아미노산은 다음과 같다: 메티오닌, 타이로신, 트립토판, 류

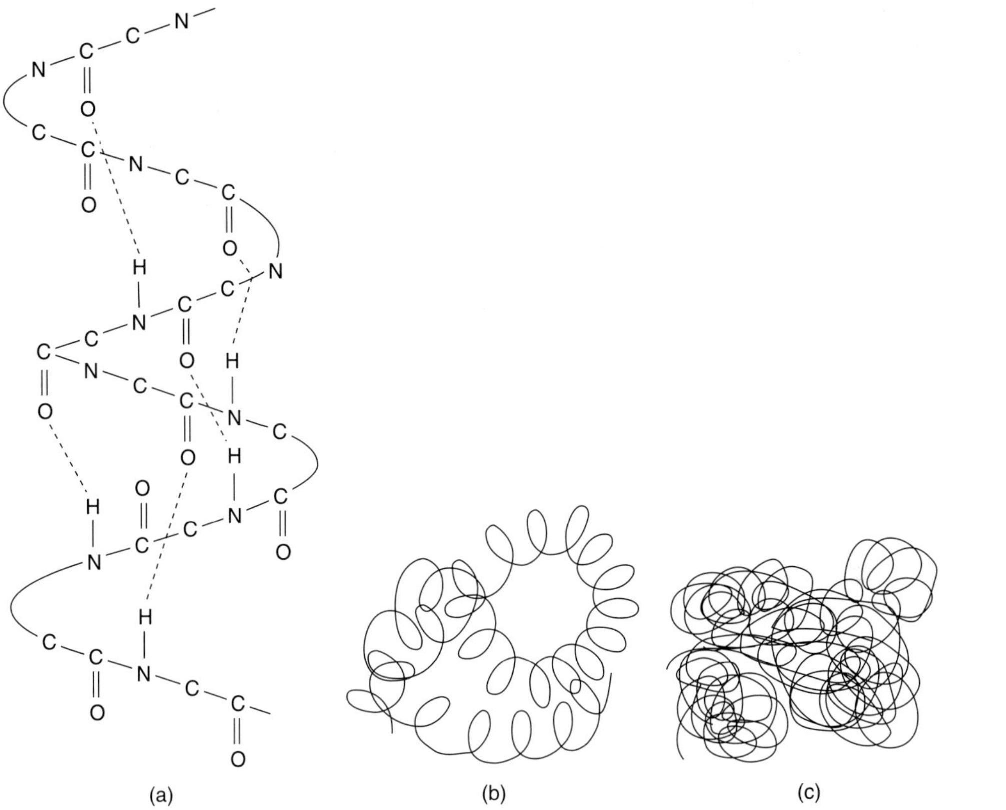

그림 13.1 많은 단백질의 조직 차원: (a) 알파나선(단백질 2구조). (b)구형 단백질 3차구조의 가능한 구조, (c) 일부 단백질의 4차구조.

신, 이소류신, 발린, 알라닌. 소수성 곁사슬들은 서로 단단하게 뭉치려는 경향을 갖고 있는데 이로 인해 생단백질들은 고유의 구조를 유지하는데 필수적인 수소결합을 형성하게 된다.

대부분의 단백질은 3차구조가 최종 단계의 구조이지만, 헤모글로불린과 같은 일부 단백질은 3차구조의 단백질들이 결합하여 4차구조를 생성하기도 한다[그림 13.1(c)]. 단백질의 4차구조는 단백질들이 모여 만들어지는 구조이다.

2차구조인 오른손 나선의 α-헬릭스는 많은 식품 단백질에서 발견되지만, 소수성 아미노산 잔기

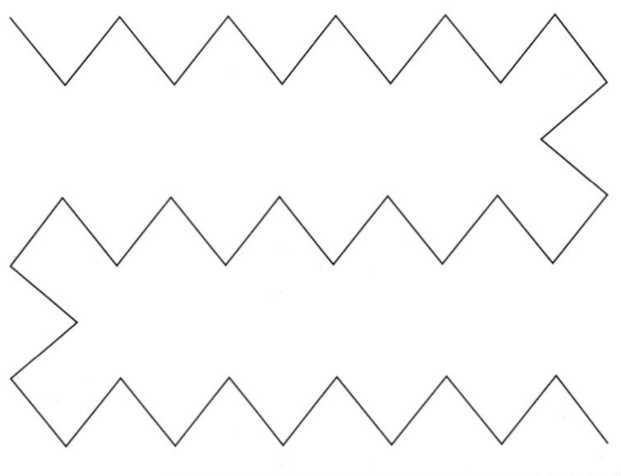

그림 13.2 β-주름을 잡은 시트를 가진 단백질의 예시

β-주름을 잡은 시트
주름을 잡은 베타 회전을 형성하는 일부 소수성 단백질의 2차구조.

의 구성비가 높은 부위의 경우 4번째 아미노산 잔기마다 방향이 바뀌는 베타-회전이 만들어져 **β-주름을 잡은 시트(β-pleated sheet)**라고 불리는 구조가 만들어진다(그림 13.2). β-pleated sheet를 구성하는 서로 평행 또는 반대 방향의 사슬 사이에는 수소결합이 만들어진다. 그 밖에 식품 단백질에서 발견되는 2차구조로는 random coil, 13.5개의 아미노산 잔기가 1회전을 이루는 beta spiral, 프로린의 경직된 구조로 인해 나선구조가 비틀린 poly-L-proline helix 등이 있다.

단백질의 종류

구형 단백질
오히려 구형보다 3차구조를 가지는 기본 단백질.

알부민
열에 의해 응고될 수 있는 수용성 구형 단백질.

글로불린
열에 의해 응고될 수 있는, 하지만 물에 제한된 용해도를 가지는 구형 단백질.

복합 단백질
다른 물질에 부착된 단백질을 포함하는 화합물.

섬유 단백질
불용성, 길게 늘린 단백질 분자.

뮤코단백질
탄수화물 성분을 포함하는 복합 단백질.

지질단백질
지질 성분을 포함하는 복합 단백질.

금속단백질
금속을 함유하고 있는 복합 단백질.

핵단백질
핵산을 포함하는 복합 단백질.

인단백질
무기 인산염을 포함하는 복합 단백질.

식품에서 일반적으로 발견되는 단백질은 globular, fibrous, conjugated의 3가지로 분류된다. 많은 단백질들이 **구형 단백질(globular proteins)**에 해당하는데 대부분의 효소, 일부 호르몬, 산소를 운반하는 단백질 등이 이에 속한다. 구형 단백질은 다시 알부민과 글로불린로 나뉜다. **알부민(albumin)**은 계란 등 여러 식품에서 흔히 발견되는데, 열에 의해 쉽게 응고되고 물에 잘 녹는 특징이 있다. **글로불린(globulin)**은 육류와 콩류에서 발견되는데, 역시 가열하면 응고되는 특성을 갖고 있으나 알부민과는 달리 물에 대한 용해도는 낮으며, 염화나트륨과 같은 중성 염의 존재 하에서 용해도가 증가한다. **복합 단백질(conjugated protein)**은 당단백질이나 지질 단백질과 같이 다른 성분과 결합되어 있는 단백질을 칭한다.

섬유 단백질(fibrous protein)은 용해도가 극히 낮다는 특징이 있다. 식품으로서 중요한 섬유상 단백질로서는 육류와 가금류의 조직 단백질인 콜라겐과 엘라스틴을 들 수 있다. 그 외에 다양한 복합 단백질이 식품으로 이용된다.

뮤코단백질(mucoprotein)은 단백질에 탄수화물이 결합되어 있는 복합체이며, 종류에 따라 다양한 당이 발견된다. 계란의 흰자위에 있는 오보뮤코이드는 비응고성 물질이며 헤마글루티닌은 대두에 있는 뮤코단백질이다. **지질단백질(lipoprotein)**은 단백질과 지방질로 구성되어 있다. 단백질에 콜레스테롤, 중성지방, 인지질 등의 지방질이 결합되어 있는 지방단백질은 불용성 물질이다. 육류에는 또 다른 종류의 복합 단백질인 **금속단백질(metalloprotein)**이 들어 있다. 금속단백질은 단백질과 금속으로 이루어진 복합체이다. 페리틴은 철과 결합이 되어 있는 단백질로서 간에서 발견된다. 미오글로블린과 헤모글로블린 역시 철을 포함하는 금속단백질이다. **핵단백질(nucleoprotein)**은 또 다른 종류의 복합 단백질로서 단백질과 핵산이 결합되어 있는 형태이다. 우유에 들어 있는 카제인은 **인단백질(phosphoprotein)**의 한 종류로서 단백질과 무기질 인의 복합체이다.

전하

양쪽성
화합물이 발생하는 매질의 pH에 따라 산 또는 염기 기능을 가질 수 있는.

등전점
단백질 분자에서 pH는 전기적으로 중성; 특정 pH는 단백질마다 다르다.

단백질에 결합되어 있는 일부 아미노산 잔기들은 용액의 pH에 따라 반대의 전하도 띨 수 있다. 따라서 개개의 단백질 분자들은 용액의 pH에 따라 산 또는 염기로도 작용할 수 있는 **양쪽성(amphoteric)** 물질이다.

단백질의 양전하와 음전하의 수가 일치할 때를 단백질의 **등전점(isoelectric point)**이라 한다. 등전점 이하의 pH에서 단백질은 양의 총전하를 띠게 되므로 음극에 끌리게 되고, 반대로 등전점 이상의 pH에서 단백질은 음의 총전하를 띠게 되므로 양극으로 이동한다.

단백질은 등전점에서 가장 낮은 용해도를 보이는데, 일부 식품은 단백질의 이러한 특성을 이용하여 제조된다(그림 13.3). 단백질이 들어 있는 일부 액체 식품을 등전점으로 맞추면 응고물이 만들어지는데 이 반응은 비가역적으로 일어난다. 이러한 현상은 우유로부터 치즈를 만드는데 활용된다. 우유의 pH를 카제인의 등전점인 4.6으로 인위적으로 내리면 커드라 불리는 응고물이 만들어진다. 그러나 식감이 부드러운 유제품을 만들 때는 우유의 pH를 등전점 이상으로 유지하는 게 바람직하다.

그림 13.3 치즈는 단백질의 일부를 응고하고 커드를 형성하기 위해 카제인의 등전점에 가깝게 우유를 첨가함으로써 만들어진다.

pH에 따른 글리신의 이온화 상태는 그림과 같다. 글리신의 등전점은 pH 6.0임을 알 수 있다. 표 13.1은 아미노산들의 등전점을 나타내고 있다.

$$\underset{\text{pH} \sim 1}{{}^{+}H_3NCH_2COOH} \underset{H^+}{\overset{OH^-}{\rightleftharpoons}} \underset{\text{pH 6}}{{}^{+}H_3NCH_2COO^-} \underset{H^+}{\overset{OH^-}{\rightleftharpoons}} \underset{\text{pH} \sim 11}{H_2NCH_2COO^-}$$

가수분해

단백질을 가수분해시키면 더 짧은 사슬이 된다. 이 반응은 물 분자로부터 유래한 수소가 단백질의 1차구조를 이루는 펩타이드 결합의 한 쪽 아미노산 잔기로부터 유래한 질소와 반응하여 아미노기를 만들고 OH기는 이웃한 아미노산의 카르보닐기와 반응하여 카르복실기를 생성함으로써 완성된다. 이 반응의 결과 다음 그림에서와 같이 단백질의 긴 사슬이 2개의 짧은 사슬로 나누어진다.

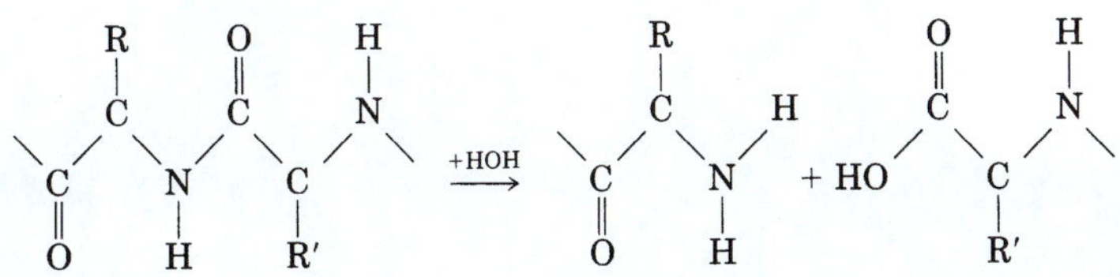

단백질의 가수분해반응을 일으키는 효소를 펩티다제라 한다. 콜라겐은 산에 의해 가수분해가 되기도 한다. 단백질이 가수분해되면 용해도는 증가하지만 증점안정제로서의 기능은 약화된다.

변성과 응고

변성
단백질의 용해도를 감소시킴으로써 수반되는 단백질의 물리적 특성의 변화.

응고
(종종 가열 또는 매질로서 에너지 입력의 결과로서) 변성 단백질과 함께 응집.

단백질은 열, 교반, 자외선 조사 등과 같은 외부적인 요인에 의해 용해도 감소, 촉매로서의 역할 상실(효소의 경우) 등의 기능 변화가 유발되기도 한다. 단백질의 구조 변화 또는 **변성(denaturation)**은 단백질의 물리적 특성에 변화를 일으킨다. 변성된 단백질 표면에는 생단백질과는 다른 종류의 곁사슬이 드러나게 되며, 이로 인해 단백질의 총 표면전하량이 변하게 된다. 따라서 변성된 단백질 분자는 생단백질과는 다른 물리적 특성을 보인다.

꼬인 구형의 생단백질 분자가 점차 풀어진 나선 형태로 바뀜에 따라, 변성된 긴 분자들은 정렬하여 뭉치기 시작하며, 이들 단백질 분자들 사이의 지배적인 결합 에너지는 수소결합이다. 단백질 응고물은 혼합물이 뜨거운 상태일지라도 점성을 눈에 띄게 증가시킨다. 단백질의 농도가 충분히 높을 경우에는, 계란을 조리할 때와 같이, 혼합물은 응고하여 고체로 된다(그림 13.4). 변성된 단백질이 서로 뭉쳐져서 덩어리를 이루는 현상을 **응고(coagulation)**라고 한다.

변성과 응고는 단백질의 물리적 변화에 해당하며 화학적 변화는 물론 아니다. 변성과 응고는 가열, 교반 등과 같은 방법으로 에너지를 외부에서 공급할 때 단백질을 포함하는 계가 겪는 변화이다. 계란흰자를 거품기로 교반할 때 일어나는 물리적 변화는 단백질의 변성과 응고 반응에 대한 적절한 예가 될 수 있다. 거품의 세포벽은 계란흰자에 들어 있는 단백질이 변성과 응고과정을 거쳐 만들어진다.

계란의 예에서도 볼 수 있듯이 가열을 통한 단백질의 변성은 비가역적일 때가 많다. 따라서 단백질 함량이 높은 식재료를 이용하여 식품을 조리할 때에는 가장 적절하고 정확한 방법을 선택해야 한다.

그림 13.4 열은 완숙되게 삶은 계란에서 볼 수 있듯이, 고체인 액체 계란을 변화시켜 변성 및 응고를 촉발시킨다.

효소(enzyme)를 활용한 식품의 조리 역시 단백질 변성과 관련된 토픽이라 할 수 있다. 효소를 포함하는 식품을 다룰 때는 효소 역시 단백질로 만들어졌다는 사실을 늘 상기하며 작업에 임해야 한다. 가령 초콜릿으로 코팅된 폰던트(fondant)를 만들 때 설탕과자의 중심부를 인베르타제(invertase)로 액화시키는 작업을 하고자 할 때는 효소를 폰던트가 완전히 식은 후 첨가하여야 한다. 폰던트가 뜨거운 상태로 있을 때 첨가하면 효소는 원래의 물리적인 모양을 잃고 촉매로서의 작용을 상실하게 된다.

효소
특정 화학 반응을 촉매할 수 있는 단백질.

반대로 파인애플이 들어 있는 젤라틴 셀러드를 만들 때는 효소 작용은 바람직하지 않다. 파인애플에 들어 있는 단백질 가수분해효소인 브로멜라인은 젤라틴을 분해하여 젤강도를 떨어뜨리기 때문이다. 열처리된 파인애플은 효소가 불활성화되어 있으므로 사용할 수 있다.

효소 반응은 효소 표면의 활성부위라고 불리는 특정 위치에서 일어난다. 생단백질 표면의 특수한 성질 또는 효소의 **구조(substrate)**로 인해 효소는 기질이라 불리는 식품에 들어 있는 특정 물질과 순간적으로 결합을 할 수 있게 된다. 효소와 기질 사이의 이러한 내밀한 배열에 의해 기질은 화학적 반응을 일으키며 그 결과 식품은 변화가 일어난다. 이어 효소는 생성물로부터 분리되고 다른 기질 분자와 결합을 생성할 수 있게 된다.

구조
효소가 변경하는 화합물의 총칭.

식품에는 여러 종류의 효소가 들어 있으므로, 식품을 조리할 때는 각 효소에 대한 면밀한 검토가 필요하다. 일례로 채소류를 냉동할 때는 야채를 먼저 데치기하여 효소를 불활성화시켜야 저장 중의 손실을 막을 수 있다. 또 다른 경우에는, 효소 첨가에 의해 식품의 유용성을 향상시킬 수 있다. 이러한 예의 하나로, 유당불내증이 있는 사람들도 소화시킬 수 있는 유당 함량이 낮은 우유를 만들기 위에 우유에 락타제를 첨가하는 경우를 들 수 있다.

식품 제조에 효소를 활용할 때는 pH와 온도 조절에 유의하여야만 기대하는 효과를 얻을 수 있다. 최적 pH에서 벗어난 환경에서 효소는 기능이 저하되거나 심지어 불활성화되기도 하는데 이는 단백질 표면의 전하 분포가 변하여 나타나는 현상으로 사료된다. 열은 단백질의 구조를 변형시켜 효소와 단백질 사이의 결합이 일어나지 못하게 함으로써 촉매반응을 억제한다.

기능적 역할

자주 접하는 식재료 가운데 우유, 유제품, 육류, 가금류, 생선, 알류, 콩류 등은 중요한 단백질의 급원 식품이다. 곡류와 젤라틴도 상당량의 단백질을 함유하고 있다. 식품에 들어 있는 단백질은 종류에 따라 다른 특성을 보인다. 단백질의 이러한 다양한 기능적 특성으로 인해 여러 가지의 식품이 만들어 진다.

기포 형성

젤라틴과 계란 단백질의 중요한 기능성 가운데 하나가 안정된 기포 형성 능력이다. 변성되지 않은 상태에서 교반을 하면 이들 단백질을 공기를 둘러쌀 수 있는 얇을 막을 형성한다. 교반에 의해 일부 단백질 분자들은 변성이 되어 기포벽의 견고성과 안정성에 기여한다. 이들 기포는 해당 식품의 부피를 증대시킬 뿐 아니라 식감을 섬세하고 가볍게 하는 역할을 한다(그림 13.5).

젤라틴 기포는 부드럽고 가벼운 식감을 지닌 마쉬멜로와 같은 디저트를 만드는데 있어 없어서는 안될 필수적인 재료이다. 엔젤케이크, 스폰지케이크, 시퐁케이크, 머랭 등의 공통점인 가벼운 식감과 큰 부피는 모두 계란의 흰자로 된 기포에 기인한다. 신장성이 탁월한 난백 단백질은 열에 의해 변성되면 견고성이 향상되어 거품은 꺼지지 않게 된다.

증점제

가열하여 변성 및 응고시킨 계란 단백질은 효과적인 증점제이다. 가령 커스터드의 온도를 높이면

그림 13.4 수플레를 구움으로써 한층 더 안정화되는, 안정한 계란흰자 거품을 생성하는 적절한 양의 매질과 치석의 일부 크림

단백질 변성이 일어나 단백질의 3차구조가 풀어지고 2차구조로 전환한다. 이들 단백질은 서로 수소 결합하여 연속적인 그물망 모양의 젤을 형성한다. 홀란데이즈(hollandaise)와 열처리 과정을 거치는 샐러드 드레싱은 모두 계란노른자와 난백 단백질을 변성 및 응고시켜 증점제 및 유화제로 사용하는 소스류이다. 우유 단백질들은 변성이 되면 응고와 침전이 되어 커드를 생성하는데, 커드는 치즈 만드는데 이용된다. 두부는 이와 유사한 메커니즘에 의해 콩으로부터 만들어진다.

생각할 거리: 진해지는 덩어리

두부는 단백질의 특성을 이용하여 만드는 식품의 전형적인 예이다. 두부를 만드는 과정을 살펴보면, 먼저 콩을 물에 부드러워질 때까지 불리고, 세척한 다음, 물과 함께 믹서로 갈아 부드럽고 연한 색의 마쇄액을 얻는다. 단백질이 함유되어 있는 마쇄액에 소량의 물을 첨가하고 거품이 일어날 때까지 끓인다. 열에 의해 용액 내 전분질과 단백질은 각각 호화와 변성이 된다. 이러한 물리적 변화에 의해 용액을 체로 거르면 두유액과 비지로 분리된다.

이와 같은 방법으로 얻은 두유액에는 단백질의 소화를 막는 트립신 저해제가 들어 있으므로 열 처리 등과 같은 방법으로 분자의 모양을 변형시켜 불활성화시켜야 한다.

두부를 만드는 다음 공정은 두유액에 물을 섞고 끓인 후 황산칼슘을 넣거나 레몬주스나 다른 종류의 산을 첨가하여 용액의 pH를 4.2(대두 단백질의 등전점)로 조정하는 것이다. 염으로부터 생성된 음이온과 양이온들은 대두 단백질의 전하를 중성화시켜 대두 단백질을 침전시킨다. 산은 용액의 pH를 낮추는 역할을 하는데 이로 인하여 대두 단백질 분자들의 전하량이 최소가 되어 서로 엉기게 된다. 최종적으로 응고물을 순물과 분리하여 두부를 얻는다.

구조적 성분

글루텐은 밀가루와 물을 반죽할 때 생성되는 복합 단백질로서, 빵류의 셀 구조 및 부피 등의 조직감과 직접적으로 관련이 있는 단백질 네트워크를 만든다. 반죽 속에 만들어진 글루텐은 특유의 신축성과 탄성으로 빵의 세포 구조를 형성한다. 빵 반죽을 오븐에서 가열하면 빵 세포 안의 가스는 팽창하게 되는데 이는 세포벽이 늘어나는 원인이 된다. 길게 늘어난 글루텐 분자들은 서로 결합하여 견고한 구조물을 만들고 빵의 세포 구조를 완성한다.

비교적 간단한 가공 기술을 이용하여 우유, 밀 및 옥수수 단백질로부터 가식성 필름을 만들 수 있다. 가령 밀 단백질 필름은 글루텐과 뜨거운 염기성 알코올 수용액을 혼합하여 만든다. 가식성 필름은 볶은 땅콩 등과 같은 식품을 코팅하는데 사용된다. 제인은 옥수수에 들어 있는 단백질 혼합물로서 가식성 필름이나 코팅제 제조에 이용된다. 제인 필름은 견과류, 건조 과일 및 젤리 빈 등을 코팅하는데 이용된다. 카제인 및 유청 단백질 역시 가식성 필름 제조에 활용된다.

요약

단백질은 한 분자 안에 아미노기와 카르복실기를 모두 갖는 아미노산들이 결합하여 만들어진 물질이다. 아미노산의 아미노기에 있는 질소원자는 이와 이웃한 아미노산의 카르복실기에 있는 탄소 원자와 서로 결합하여 펩타이드 결합을 만드는데 이를 단백질의 1차구조라고 한다. 아미노산의 종류는 곁사슬인 R기에 의해 결정되며, R의 특성에 다라 단백질의 성질이 변한다.

단백질의 1차구조로부터 코일 형태의 2차구조인 알파나선 구조가 만들어지며, 이러한 느슨한 구조는 수소결합 등의 2차 결합력에 의해 안정화된다. 2차구조가 서로 포개지거나 뒤틀려 만들어진 단백질의 3차구조는 구형의 식품 단백질에서 많이 발견된다. 단백질의 3차구조 역시 2차 결합력에 의해 안정화된다. 3차구조가 모여 만들어지는 4차구조는 식품 단백질에서는 드물게 발견된다. 일부 식품 단백질은 섬유상이거나, 단백질 이외의 물질과 결합된 복합 단백질이기도 하다. 단백질을 함유한 식품에 열 등의 에너지를 공급하면, 단백질은 변성이 되거나, 3차구조가 서서히 풀어져 에너지가 낮은 2차구조로 전환한다.

에너지를 지속적으로 공급하면, 단백질 분자들은 서로 교차결합하여 응고 및 침전이 되는데 이로 인해 용액은 농후화되며 단백질의 용해도는 종종 감소한다. 단백질의 응고는 단백질의 등전점에서도 매우 잘 일어나는데, 이 지점에서 단백질의 겉보기 전하는 최소가 되어 분자들 사이의 반발력이 감소하기 때문에 일어난다.

단백질은 거품 생성제, 농후제, 식품의 모양을 유지하는 구조물 등의 다양한 역할을 수행한다. 그 가운데서 가장 중요한 것은 거품 생성제로서의 역할이다. 계란흰자와 젤라틴은 거품 생성능이뛰어난 대표적인 식재료이다. 계란흰자로 된 거품의 특성은 변성 및 응고시키면 매우 안정하게 되다는 것이며, 반면 젤라틴으로 된 거품은 낮은 온도에서 안정하다. 계란 단백질은 종종 농후제로도 이용되며, 우유 단백질은 침전시켜 커드로 만든 후 치즈로 제조된다. 글루텐은 제빵류의 모양을 유지시키는 구조물로 역할을 한다. 글루텐, 제인 및 우유 단백질은 가식성 필름 및 코팅제 제조에 이용된다.

연습문제

1. 아미노산의 구조를 그리고 두 아미노산이 어떤 방식으로 결합을 만드는지 나타내시오. 이때 두 아미노산의 곁사슬 R의 위치를 정확히 표시하시오.
2. 아미노산 4개로 구성된 펩타이드를 그리고, 이 펩타이드가 알파나선을 만들 때 각 아미노산의 위치가 어떻게 바뀌는지 그림 13.1(a)를 참조하여 알아보시오.
3. 단백질을 가열하면 변성이 일어나 3차구조가 파괴되는데, 이때 단백질 내부와 외부에 각각 위치해 있던 곁사슬 R의 위치가 어떻게 바뀌게 되는지 설명하시오. 이러한 현상의 중요성에 대해서도 설명하시오.
4. 단백질이 응고되기 위해서는 분자들 사이에 충돌현상이 먼저 일어나야 하는데, 단백질 충돌에영향을 미치는 인자에 대해 설명하시오.
5. 열이 효소의 활성에 미치는 영향에 대해 설명하시오.
6. 용액의 pH가 등전점보다 낮을 때 아미노산의 아미노기와 카르복실기의 전하가 어떻게 분포하는지 그림을 그려 표시하시오.
7. 다음 식품에서 단백질의 주된 역할이 무엇인지 설명하시오: (a)스크램블드 에그, (b) 마요네즈, (c) 엔젤 케이크 (d) 식빵.
8. 단백질의 1차구조는 단백질 변성이 일어나면 바뀌는가?
9. 계란노른자가 응고되기 위해서는 계란노른자를 구성하는 단백질의 일부 아미노산이 떨어져 나와야 하는가?
10. 대부분의 식품 단백질은 구형인가?
11. 단백질이 응고 및 변성이 일어나는 동안에 단백질의 3차구조는 변하는가?
12. (참 또는 거짓) 효소는 단백질로 돼 있으므로 효소의 변성 및 활성이 저하되는 현상을 막기 위해서는 지나친 가열은 피해야 한다.
13. (참 또는 거짓) 계란의 흰자에 들어 있는 단백질을 침전시켜 만든다.
14. (참 또는 거짓) 산으로 단백질을 분해시키면 단백질 사슬의 길이가 짧아진다.
15. (참 또는 거짓) 펩타이드 결합은 수소로만 되어 있다.

참고문헌

Belitz, H. D. et al. 2009. *Food Chemistry*. 4th ed. Springer. New York.

Birschbach, P., et al. 2004. Enzymes: Tools for creating healthier and safer foods. *Food Technol. 58* (4): 20.

Decker, K. J. 2009. Protein: A functional powerhouse. *Food Product Design 19* (6): 34.

Damodaran, S., et al. 2007. *Fennema's Food Chemistry*. 4th ed. CRC Press. Boca Raton, FL.

Foster, R. J. 2005. pHood phenomena. *Food Product Design 14* (11): 61.

Giese, J. 1994. Proteins as ingredients: Types, functions, applications. *Food Technol. 48* (10): 49.

Haard, N. F. 1998. Specialty enzymes from marine organisms. *Food Technol. 52* (7): 64.

Hazen, C. 2004. Proteins: Nutrition and function. *Food Product Design 14* (5): 34.

Holsinger, V. H. and Kligerman, A. E. 1991. Applications of lactase in dairy foods and other foods containing lactose. *Food Technol. 45* (1): 92.

Penet, C. S. 1991. New applications of industrial food enzymology: Economics and processes. *Food Technol. 45* (1): 98.

Pszczola, D. E. 1999. Enzymes: Making things happen. *Food Technol. 53* (2): 74.

Pszczola, D. E. 2004. Dawning of the age of proteins. *Food Technol. 58* (2): 56.

Wade, L. G. 2009. *Organic Chemistry*. 7th ed. Prentice Hall. Upper Saddle River. NJ.

웹사이트

http://www.elmhurst.edu/~chm/vchembook/566secprotein.html—Discussion of secondary structure of proteins.

http://academic.brooklyn.cuny.edu/biology/bio4fv/page/beta_pl.htm—Diagram of β-pleated sheet.

http://class.fst.ohio-state.edu/FST822/lectures/Denat.htm—Discussion of denaturation.

http://highered.mcgraw-hill.com/sites/0072943696/student_view0/chapter2/animation__protein_denaturation.html—Animation of protein denaturation.

http://www.foodproductdesign.com/articles/2004/04/food-product-design-applications—april-2004—t.aspx—Discussion of egg and other protein foams.

http://practicalaction.org/docs/technical_information_service/tofu_soymilk.pdf—Information on making tofu.

http://www.ars.usda.gov/is/AR/archive/nov05/milk1105.htm—Discussion of edible casein films.

http://news.ucanr.org/newsstorymain.cfm?story=508—Discussion of whey films.

크레테의 산간 지방에 있는 치즈 제조 장인이 염소 우유로부터 유청치즈를 만들고 있다.

14장

우유와 유제품

단원 개요

학습 목표
조성
  지방질
생각할 거리: 복제와 카제인
  탄수화물
  단백질
  비타민과 무기질
생각할 거리: 카제인을 이용한 캡슐화
  맛성분
가공
  저온살균
  균질화
  증발
  건조
  발효
유제품
  우유
  버터
  크림
  치즈
생각할 거리: 부라타
  유청
  아이스크림과 빙과류
유제품의 물리화학적 성질
  열에 의한 영향
  효소 작용
  산
  염류
  열처리와 치즈
거품
  우유거품
  크림거품
유가공 부산물
요약
연습문제
참고문헌
웹사이트

학습 목표

이 단원을 학습함으로써:

1. 우유의 성분과 영양에 대해 설명할 수 있다.
2. 우유의 다양한 가공법과 각 가공기술에 대해 설명할 수 있다.
3. 다양한 유가공품의 종류를 설명할 수 있다.
4. 유제품에 대한 열, 효소, 산 및 염의 물리 및 화학적인 처리 효과를 설명할 수 있다.
5. 우유 또는 크림으로 된 거품의 생성 과정을 설명할 수 있다.

조성

우유는 놀라울 정도로 다양한 종류의 화합물이 물에 녹아 있는 액체이다. 생우유는 대략 88%의 물, 5%의 탄수화물, 3.5%의 단백질, 3.3%의 지방질로 구성되어 있다. 그러나 우유의 영양가는 젖소의

증발

우유에는 물의 함량이 약 90% 가량 이를 정도로 물의 함량이 높다. 물을 제거한 다양한 종류의 연유 통조림은 단백질과 지방질의 농도가 우유의 2배 정도가 되도록 농축하여 만든다. 연유를 만들 때 우유를 대기압보다 낮은 조건에서 가열하여 만든다. 이와 같은 공정은 높은 온도에서 수분을 증발할 때와 비교하여 이취와 변색이 일어나는 것을 줄일 수 있는 이점이 있다.

연유
우유를 대기압보다 낮은 압력에서 2배 정도 농축시켜 통조림으로 만든 제품.

균질화는 **연유(evaporated milk)** 생산에 있어 가장 중요한 공정이다. 균질화를 시키지 않고 연유를 만들면 유지방 층의 분리가 일어나 제품에 문제가 생긴다. 균질화를 시키면 에멀전이 안정하게 되어 수분을 증발시켜도 층 분리가 일어나지 않게 된다.

연유 농축은 비교적 낮은 온도에서 행해지지만, 이를 통조림에 담아 제품화할 경우에는 116°C에서 15분간 멸균과정을 거쳐야 하는데 이로 인해 젖당과 단백질 사이에 마이얄 반응이 생긴다(8장 참고).

가당연유
당의 농도가 54% 이상이 되도록 첨가한 연유.

연유의 유사 제품인 **가당연유(sweetened condensed milk)**의 경우 비효소적 갈변 반응이 비교적 더 잘 일어나는데 이는 제품 제조 시 첨가하는 과량의 당분에 기인한다 (우유 4.5 kg 당 설탕 0.8 kg). 가당연유에 들어 있는 42%의 설탕 또는 포도당과 12%의 젖당으로 인해 저장 및 가열 중에 갈변 현상이 촉진되기도 하지만 이로 인해 균의 성장이 억제되는 효과가 있기도 하다. 가당연유는 가운데는 저지방 또는 무지방 제품도 있다.

건조

우유를 건조하는 이유는 수분이 제거된 분유는 냉장하지 않아도 오랫동안 상하지 않을 뿐 아니라 부피가 작으므로 유통비용이 절약되기 때문이다. 분유의 고형분은 무정형 및 결정형 젖당, 지방구 및 유리상태의 유지방, 카제인과 불용성 유청 단백질로 구성된 단백질로 되어 있다. 분유입자들 사이에는 다량의 공기가 들어 있다.

분유는 수분을 흡수하여 덩어리지는 경향이 있는데, 이러한 문제점을 해결하기 위해 다양한 해법들이 고안되고 있다. 가장 효과적인 해결책 가운데 하나는 건조한 분유에 수증기를 분사하여 점착성을 부여하여 입자들이 뭉치게 한 다음 이를 재건조하여 다공성의 입자로 만드는 것이다. 이와 같은 방식으로 제조한 **인스턴트 분유(instantized dried milk)**는 흡수성이 좋고 물에 잘 가라앉으므로 용해도가 높은 특성이 있다.

인스턴트 분유
건조한 분유에 수증기를 분사함으로써 점착성을 부여하여 입자들이 뭉치게 한 다음 이를 재건조하여 다공성의 입자로 만든 제품.

분무건조한 분유는 덩어리지는 단점 이외에 젖당이 비결정형의 고체 또는 유리질 형태로 전환되려고 하는 경향을 보인다. **유리질 젖당(glassy lactose)**은 흡습성이 매우 높으므로 저장 중에 주위로부터 수분을 흡수한다. 따라서 분유를 장기간 보관할 때는 밀폐된 용기에 담아두어야 한다.

유리질 젖당
비결정형 유당.

발효

상업적으로 여러 종류의 미생물들이 우유 또는 유제품에 함유되어 있는 젖당을 젖산으로 발효시키는데 이용된다. 발효과정의 주된 목적은 한 가지 또는 여러 종류의 미생물을 이용하여 젖산을 만드는 것인데, 종종 스트렙토코커스 락티스와 락토바실러스 속 균들이(*Lactobacillus casei, L. bulgaricus, L. lactis, L. helveticus*) 발효물의 pH를 낮추는데 각각 스타터와 주발효제로 사용된다.

발효물이 걸쭉해지는 이유는 주로 카제인 미셀의 결합에 기인하는데 베타-락토글로불린 또한 이에 어느 정도 영향을 미치는 것으로 알려졌다. 베타-락토글로불린이 카제인 미셀과 결합하면 안정한 젤이 형성되는데 이때 젤로부터 이수현상은 거의 일어나지 않는다. 버터밀크는 걸쭉한 물성을 갖는 반면 요구르트는 발효에 의해 산성화와 가열공정을 거치면서 젤화된다. 유청을 발효하면 단맛을 내는 치즈가 만들어지는데 미조스트(Mysost)와 그예토스트(Gjetost)는 그와 같은 제품이다.

유제품의 제조 조건 하에서 잡균 역시 왕성하게 번식한다. *Bacillus subtilis*(고초균)에 오염된 유제품은 끈끈한 점성을 나타내며, *Lactobacillus tardus*(락토바실러스 타더스)에 오염된 식품은 젖산 생성이 억제되는 반면 시트르산이 만들어져 불쾌한 향 및 맛을 낸다. *Psudomonas putrefaciens*는 부패취를 발생하는 물질을 만들어내는 균의 또 다른 예이다. 버터는 수분함량이 낮으므로 곰팡이에 의한 오염이 주로 발생한다. *Alcaligenes*와 *Aerobacter*는 끈끈한 응고물을 생성하고, *Pseudomonas nigrificans*는 버터에 검은색을 띠게 한다. 이상은 유가공품에 생길 수 있는 바람직하지 않은 발효의 예이다. 따라서 이러한 문제점들이 발생하지 않도록 하기 위해서는 유익한 균만이 서식할 수 있는 생육환경을 조성하고, 위생관리 및 품질관리를 통해 유해미생물들의 오염을 배제시켜야 한다.

라브네
우유를 발효하여 얻은 요구르트를 여과하여 커드와 유청으로 나눈 다음 만드는 맛이 풍부한 산성 치즈의 일종이다.

흥미로운 식재료: 라브네(Labneh)

라브네는 중동 지방 사람들이 아주 오래 전부터 먹기 시작한 전통식품 또는 식재료이다. 라브네는 우유를 발효하여 얻은 요구르트를 여과하여 커드와 유청으로 나눈 다음 만드는 맛이 풍부한 산성 치즈의 일종이다. 라브네란 이름은 희다 또는 우유라는 뜻의 아랍어인 라브니로부터 유래한 것으로 생각된다. 라브네의 신맛은 냉장고가 없던 시절 이 음식을 더운 날씨에도 오랫동안 보존하는데 도움이 되었을 것으로 생각된다. 라브네를 만들 때 버터나 분유를 넣으면 맛이 더욱 풍부해지고, 또 높은 온도에서도 안정성이 유지된다. 라브네는 서남아시아와 중동지역에서 매우 인기가 있는 식재료이다. 인도에서는 물소 우유를 이용하여 다니라 불리는 라브니와 유사한 발효물을 만든다. 인도에서는 일회용 토기를 이용하여 다니를 만들기도 한다(그림 14.3).

그림 14.3 스리랑카 사람들이 즐겨 먹는 물소 젖과 우유를 넣어 만든 디저트

유제품

우유

발효 버터밀크
우유에 *S. lactis*와 *Leuconostoc bulgaricus*를 접종하여 20시간 동안 배양하여 젖산이 0.9% 정도 되도록 한 제품.

감미 애시도필러스 밀크
*Lactobacillus acidophilus*가 첨가된 제품이지만 발효를 거치지 않았으므로 신맛은 없으며 감미가 도는 제품.

케피어
*Lactobacillus kefir*로 발효하여 알코올 함량이 3% 정도 되는 발효유로서 CO_2가 포함되어 있다.

락테이드®
락테이스를 넣은 우유로서 유당불내증이 있어 우유를 소화하지 못하는 사람들이 섭취하기에 적당하다.

요구르트
우유에 *Streptococcus thermophilus*와 *Lactobacillus bulgaricus* 등의 균을 넣어 발효시킨 제품.

이눌린
주로 과당으로 구성된 β-2,1-결합의 과당중합체이고, 말단기는 α-글루코오스가 수크로오스결합하고 있다

두유
원두 또는 탈지 대두분을 원료로 하여 만든 우유 대용 음료.

우유와 유제품은 여러 형태로 가공되어 소비자나 식품가공업체에 판매된다. 액상우유는 유지방 α_s 함량에 따라 무지방 우유, 저지방 우유, 지방감량 우유, 전지우유 등으로 나뉘는데 이를 표 14.3에 표시하였다. 무지방 우유의 유동학적 특성은 다른 3종류의 우유와 다르다. 우유는 종류와 상관 없이 비타민 C와 철분 이외의 거의 모든 영양소를 풍부히 함유하고 있으며 지방함량이 낮을수록 다른 영양소의 함량은 높아진다.

발효 유제품에는 발효 버터밀크, 감미 애시도필러스 밀크, 케피어 등이 있다. **발효 버터밀크(cultured buttermilk)**는 우유에 *S. lactis*와 *Leuconostoc bulgaricus*를 접종하여 20시간 동안 배양하여 젖산이 0.9% 정도 되도록 한 제품을 의미한다. 버터밀크는 검류(카라기난 또는 로커스트 콩)를 첨가하여 물성을 안정화시킬 수 있다. **감미 애시도필러스 밀크(sweet acidophilus milk)**는 *Lactobacillus acidophilus*가 첨가된 제품이지만 발효를 거치지 않았으므로 신맛은 없으며 대신 감미가 도는 제품이다. 많은 사람들은 **케피어(kefir)**와 같은 발효유를 선호하는데 그 이유는 이 제품이 갖는 특유의 맛과 독특함 때문이다. 발효유의 또 다른 장점은 유당불내증을 앓고 있는 사람도 아무 문제 없이 섭취할 수 있다는 점이다.

락테이드(Lactaid)®와 같은 락테이스를 넣은 우유는 유당불내증이 있어 우유를 소화하지 못하는 사람들이 섭취하기에 적당하다(그림 14.4). 락테이스가 함유되어 있는 우유에는 유산이 들어 있지 않으므로 발효제품은 아니다. 락테이스는 우유에 들어 있는 유당을 단당류인 갈락토스와 포도당으로 분해하는 효소이다.

요구르트(yogurt)는 우유를 응고시켜 만든 제품이다. 요구르트 제조에는 *Streptococcus thermophilus*와 *Lactobacillus bulgaricus* 등의 균이 이용된다. 이들 세균의 발효작용에 의해 젖산이 생성되는데 이때 요구르트의 pH가 5.5보다 낮아지지 않도록 주의하여야 한다. pH 5.5 이하에서는 신맛이 과하게 되므로 발효를 멈추어야 한다.

요구르트와 유사 발효유제품들은 인체 내에서 유해한 균의 성장을 저해하는 반면 유익한 균의 성장은 촉진시키는 프로바이오틱 또는 프리바이오틱 작용이 있는 것으로 밝혀지면서 판매량이 늘고 있다(1장 참고). **이눌린(inulin)**과 프락토올리고당은 요구르트 제조에 종종 사용되는 프리바이오틱이다. 이눌린은 당알코올과 함께 사용할 경우 향미를 증대시키고, 섬유소로 역할을 하며 칼슘의 흡수를 돕는다. 대장에서 애시도필러스균과 비피더스균은 이눌린을 분해하여 주위를 더욱 산성화시키는데 이로 인해 병원성균의 성장과 생존이 억제된다.

유지방 함량이 낮은 우유로 만든 요구르트는 일반 요구르트에 비해 요구르트 특유의 물성이 결핍되어 있다. 저지방 요구르트를 안정화시키기 위해 젤라틴이나 변성전분을 첨가하는데 특히 젤라틴은 첨가량에 따라 제품의 물성이 급격히 바뀌므로 농도 조절이 필요하다. 그 이외에 단백질 농축물, 한천, 펙틴 등이 안정제로 이용된다.

두유(soymilk)는 비낙농제품으로서 우유에 알레르기 반응을 보이거나 대두에 들어 있는 이소플라본을 섭취하고자 하는 사람들이 주된 소비계층이다. 두유의 단백질 함량은 3.2%로 우유와 유사하며, 제품 제조 시 콩에 결핍되어 있는 무기질인 칼슘을 첨가하여 만든다. 두유 제조의 주된 원료는 원두 또는 탈지대두이다. 두유의 제조 공정을 살펴보면, 먼저 원료를 곱게 갈아 뜨거운 물과 혼합하여 두유액을 만들고, 두취를 제거하기 위해 초코릿이나 커피가 첨가된다.

버터

버터는 15%의 물과 80%의 지방질이 섞여 있는 유제품으로서 유중수형 유화액이다. 버터는 교반작업을 통해 수중유형 분산액인 우유를 유중수형 분산액으로 바꿈으로써 만들어지는데 이때 연속

표 14.3 우유가공식품의 종류와 특성

제품명	지방 함량	특징	적용
액상우유			
전유	3.25+	향미 풍부	음료, 요리
지방감량	2.0	향미 조금 풍부	음료, 요리
저지방(라이트)	1.0	향미 다소 풍부	음료, 요리(칼로리와 콜레스테롤 조절)
무지방(스킴)	0.1	향미 거의 없거나 조금	음료, 요리(칼로리와 콜레스테롤 조절)
전지우유	0.1	톡쏘는 향(젖산균), 다소 텁텁	음료, 베이킹
케피어		3% 알코올, CO_2	음료
감미 아시도필러스유	3.25+	다소 달콤(*L. acidophilus*)	음료, 요리(락토스 소화불내증을 위한)
요거트	0.1~3.25+	톡쏘는 응고물 (*S. thermophilus, L. bulgaricus*)	드레싱, 디저트, 동결 디저트(토푸티)
락테이드	0.1~3.25+	톡쏘는 응고물(락테이즈)	음료, 요리(락토스 소화불내증을 위한)
크림			
사워	18	톡쏘는	딥, 토핑, 베이킹
반반	10.5~18.0	다소 점성	시리얼과 음료에 첨가
커피(라이트)	18~30	다소 텁텁	커피나 소스에 첨가
라이트 위핑(위핑)	30~35	안정성 있는 거품	위핑 토핑
헤비 크림(헤비 위핑)	36	안정성 있는 거품	위핑 토핑
버터	80	황색 에멀젼	스프레드, 베이킹, 향미제
치즈			
천연	다양	제조과정 혹은 숙성과정에 따라 강도와 향미가 다양; 응고물 형성을 위해 산과 레넷을 사용	슬라이스, 그레이티드, 조미료와 함께 또는 단독 섭취
가공	다양	자연치즈에 유화제 첨가; 41% 수분	캐세롤, 샌드위치
가공치즈 식품	다양	45% 수분을 함유한 가공치즈	캐세롤, 웜 딥
가공치즈 스프레드	다양	50% 수분을 함유한 가공치즈	스프레드
아이스크림			
아이스크림	10 또는 그 이상	20% 우유 고형물, 감미료, 검 또는 다른 안정제	디저트
저지방 아이스크림	2~7	11% 우유 고형물	디저트
셔벗	0	2~5% 우유 고형물	디저트
멜로린	10	포화지방을 버터지방으로 대체한 것	디저트
파레빈	10	우유 고형물 또는 버터지방 무첨가	디저트

상이었던 물은 작은 물방울 형태로 지방질 사이로 분산된다.

지방질이 연속상으로 전환되도록 하기 위해서는 교반작업 중 지방의 온도를 일정하게 유지하여야 한다. 이후의 공정은 지방질의 온도를 낮추어 β′ 형의 지방결정이 만들어지도록 하는 것인데 그로 인하여 지방질은 단단한 고체 덩어리로 된다. 최종적으로 물을 제거하여 수분함량이 15% 정도 되도록 하면 버터가 만들어진다. 교반작업 중 만들어지는 혼합액을 무발효크림이라고 한다. 버터의 색깔이 옅을 경우에는 노란 색깔을 내는 아나토 색소 등을 첨가하기도 한다. 버터의 맛을 향상시키기 위해 소금을 일정량 넣기도 하지만 무염버터도 시판되고 있다.

크림

크림은 지방함량이 10.5~36% 사이인 유제품을 말한다. 크림은 우유를 원심분리하여 밀도가 보다 낮은 크림층을 물층으로부터 분리하여 만든다.

발효크림은 분리한 크림을 먼저 74~82°C에서 30분간 열처리하여 살균 및 단백질 변성을 일으키고, 여기에 젖산 생성균을 접종 및 배양하여 응고물 생성에 필요한 젖산을 생성하게 함으로써 제

그림 14.4 락테이드는 락테이스를 넣은 우유로서 유당불내증이 있어 우유를 소화하지 못하는 사람들이 섭취하기에 적당하다. (Courtesy of Agricultural Research Service.)

조한다. 종종 크림에 검류를 농후제로 첨가하기도 하는데, 특히 카라기난을 사워크림이나 소스류에 넣으면 수분이 분리되는 이수현상이 일어나는 것을 막을 수 있다. 지방함량이 낮아 물성이 떨어지는 발효크림(사워크림)은 안정제를 보다 많이 첨가하여야 식감이 향상된다.

치즈

모든 종류의 치즈 생산에는 반드시 커드 생성 및 수분 제거과정이 포함된다(그림 14.5). 커드 생성에는 젖산을 만드는 *Lactococcus lactis*와 *Streptococcus cremoris* 등의 세균이 이용된다. 젖산은 카제인 미셀 속의 칼슘인산 카제인으로부터 칼슘을 떼어내는 역할을 한다. 코티지치즈와 크림치즈는 산 침전 작용을 이용하여 만들어지는 치즈이다. 모짜렐라와 프로볼로네를 만들 때는 먼저 *S. thermophilus*로 산을 생산하여 응고물을 만들고, 이어 *L. casei*로 치즈를 숙성시키는데 이 미생물은 치즈 특유의 향기성분을 만드는 역할을 한다. 치즈는 종류에 따라 맛과 식감이 서로 다른데 이는 치즈 제조에 *L. helveticus*와 *Leuconostoc*와 같은 서로 다른 세균이 이용되기 때문이다.

대부분의 치즈 생산에는 송아지의 4번째 위 점막에 있는 효소인 레닌이 이용되는데, 이 효소는 κ-카제인을 파라-κ-카제인으로 전환하는 역할을 한다. 생성된 파라-κ-카제인은 칼슘과 결합하여 불용성 물질로 되어 침전되는데 이것이 바로 커드이다. 일부 식품학자들은 카제인을 침전시킬 수 있는 레닌 대용 효소를 찾는데 많은 노력을 경주하고 있다.

Escherichia coli 와 *Saccharomyces cerevisiae*는 활용 가능성이 높은 레닌 대용 효소를 생산하는 미생물들이며, *Mucor milhei*, *M. pusillus*, 및 *Endothia parasitica* 역시 연구되고 있는 미생물들 가운데 하나이다.

생성된 커드는 절단하여 유청을 제거한다(그림 14.7). 치즈에 따라 유청 제거 온도가 서로 같지 않은데, 경성치즈 제조 시에는 35°C에서 그리고 연성치즈 제조 시에는 32~33°C로 가열하여 유청을 제거한다. 유청이 제거되면 단백질과 지방질을 함유한 커드는 단단하게 뭉쳐진다. 유청에는 젖당과 수용성 비타민(주로 리보플라빈), 유청 단백질이 들어 있다. 치즈의 수분함량은 37~41% 가량으로 우유의 수분함량인 87%와 비교하여 현저히 낮다.

자연치즈. 자연치즈(**natural cheese**)는 수분함량 또는 단단한 정도에 따라 구분한다. 일부 자연치즈는 낮은 온도의 통제된 환경에서 숙성과정을 거쳐 제조된다. 인체에 유해한 대부분의 미생물들은 1.7°C의 낮은 온도에서 생존하지 못하므로, 60일 이상 숙성의 과정을 거치는 치즈는 생우유를 원료로 하여 만들 수 있다.

> **자연치즈**
> 치즈는 우유를 응고시켜 만들어진 커드를 숙성함으로써 제조한다. 치즈 숙성에 관여하는 미생물은 치즈의 종류에 따라 자연균을 이용하거나 인위적으로 접종한 균을 이용하게 된다.

저온살균 우유를 원료로 하여 만들어진 치즈의 경우에도 숙성 과정을 거치는 것이 바람직한데 그 이유는 숙성이 일어나는 동안 여러 화학작용이 일어나 치즈의 상품성이 향상되기 때문이다. 이때 통해 분자량이 큰 단백질은 작은 사이즈의 펩타이드로 분해되며 궁극적으로 아미노산 형태로 전환되기도 한다. 치즈 특유의 맛과 향은 이러한 단백질 분해 작용과 관련이 있다. 카제인의 분해 에 의해 치즈는 부드러운 물성을 갖게 된다.

생치즈와 숙성 치즈의 물성을 비교하면, 생치즈는 고무와 같이 질기고 탄력성이 있는 반면 숙성치즈는 대체로 무르고 부드러우며 심지어 부서지기 쉬운데 이러한 경향은 치즈의 숙성이 진행됨에 따라 더욱 두드러진다. 치즈의 숙성 과정은 단백질의 분해 작용과 밀접한 연관이 있는데, 숙성 치즈는 다른 식품 성분과 비교적 혼합이 잘 되는 반면 생치즈는 잘 섞이지 않는다.

그림 14.5 치즈 제조의 첫 번째 단계인 커드 생성과정. (Courtesy of Dr. Phil Andrews.)

물질의 상태

미국의 각 주들은 주를 상징하는 꽃이 있는데, 유독 위스콘신 주는 꽃이 아닌 미생물인 *Lactococcus lactis*를 상징물로 삼고 있다(그림 14.6). 위스콘신 주의 이러한 결정은 상당히 타당해 보이는데, 그 이유는 미국 내에서 위스콘신 주는 치즈로 매우 유명하기 때문이다. 치즈의 제조 공정을 살펴보면 가장 중요한 단계 중 하나가 *L. lactis*를 이용하여 젖당으로부터 젖산을 생산하여 단백질을 침전시켜 커드를 만드는 과정이다. 미국의 다른 주들도 위스콘신과 같이 미생물을 주를 나타내는 상징물로 삼을지 아직은 알 수 없다. 하지만 *L. lactis*가 어감이 좋지 않은 *S. lactis*로부터 이름이 바뀌지 않았더라면 위스콘신이 이 미생물을 주의 상징물로 선정했을지는 아무도 장담할 수 없다.

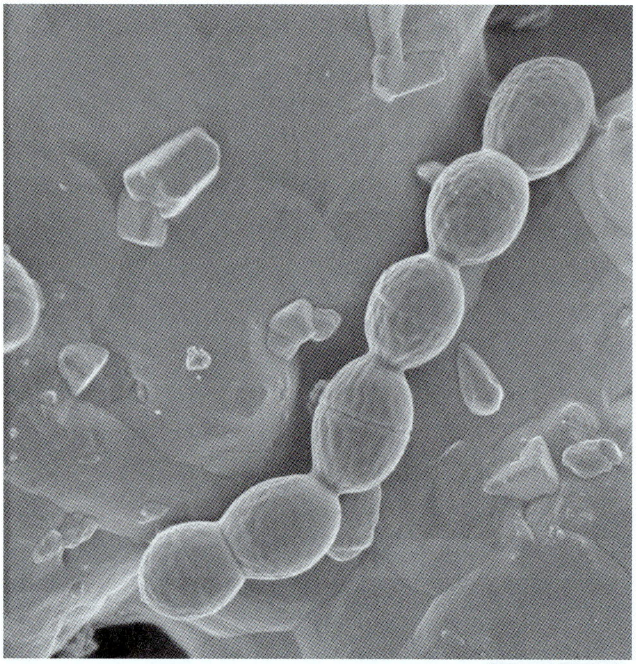

그림 14.6 위스콘신 주를 상징하는 *Lactococcus lactis*. (Courtesy of Joseph Heintz at the UW-Madison BBPIC lab and UW-Madison Department of Bacteriology.)

치즈가 숙성됨에 따라 치즈 내 지방 성분은 화학적 변화를 거치게 되는데 이로 인해 치즈 특유의 향이 나타난다. 지방산을 비롯하여 락톤, 알코올, 메틸 케톤, 여러 종류의 케톤, 알데히드 및 에스테르 물질들이 생성되어 숙성 치즈 특유의 향을 만든다(그림 14.8).

치즈의 숙성과정을 촉진하기 위해 인위적으로 미생물을 첨가하기도 하는데, 이들 미생물은 치즈 내 지방질의 화학적 분해를 유발한다. 블루치즈는 이러한 과정을 거쳐 만들어지는 치즈의 전형적인 예이다. 푸른 곰팡이인 페니실륨 로크포르티 포자를 치즈 숙성을 위해 첨가하면 유지방구를 둘러싸고 있는 막이 곰팡이에 의해 파괴되며 이들 곰팡이가 분비한 리파제에 의해 유리 지방산의 함량이 증가하는데 로크포르 치즈 특유의 향은 이들 유리지방산으로부터 유래한다.

스위스 치즈의 일종인 에멘탈러의 향미 가운데 일부는 지방질의 분해 작용에 의해 생성된 부티

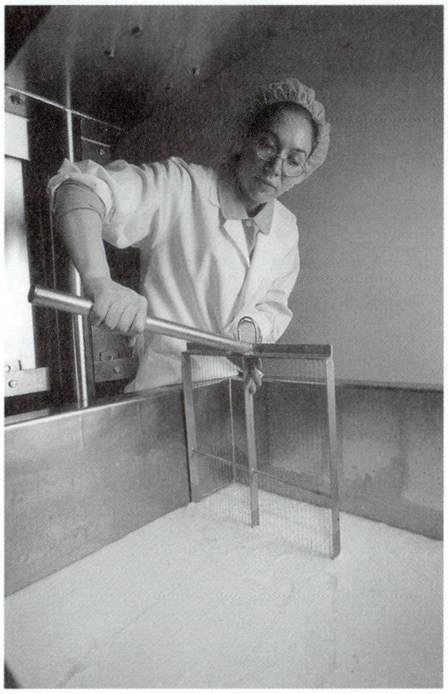

그림 14.7 커드가 만들어지면 유청을 효율적으로 제거하기 위해 커드를 작게 절단하여야 한다. (Courtesy of Agricultural Research Service.)

르산(4탄소), 카프로산(6탄소), 카프르산(8탄소) 및 카프릴릭산(10탄소) 등의 단쇄지방산에 기인한다. 한편, 스위스 치즈의 단맛을 나타내는 원인 물질은 숙성 중에 단백질의 분해반응으로 인해 만들어지는 유리 아미노산 때문이다.

일부 치즈는 치즈 특유의 모양을 갖고 있는데, 이는 치즈의 숙성과정 중에 일어나는 변화에 기인한다. 블루치즈에 나타나는 줄무늬 모양은 푸른 곰팡이가 치즈 내부로 침투하여 생긴 모양이다. 스위스 치즈에서 흔히 볼 수 있는 둥근 모양의 눈은 치즈 숙성 중에 프로피온산균과 스트렙토코커스 썰모필리스를 포함하는 젖산 생성균인 유산균들이 젖산으로부터 이산화탄소를 만들어내는 과정에 만들어진다.

초록색의 카망베르 치즈는 숙성 중에 페니실륨 카망베르티 곰팡이가 치즈의 표면에 자라는데 이로 인해 치즈의 물성에 변화가 일어난다. 이 곰팡이는 단백질 가수분해효소를 만들어내며 이 효소는 치즈의 내부로 침투하여 단백질을 분해하고 이로 인해 카망베르 치즈는 액체와 같은 부드러운

생각할 거리: 부라타

모짜렐라 치즈하면 라쟈냐와 같은 이태리 음식이 떠오른다. 많은 사람들에게 친근한 이 치즈는 원산지가 남부 이태리이며 물소, 소 또는 염소의 젖을 이용하여 만든다. 장화 모양의 이태리 반도의 발꿈치에 해당하는 아풀리아는 부라타라는 공모양의 치즈의 고향이다. 부라타 제조는 모짜렐라 제조로부터 시작된다. 먼저 실처럼 늘어나는 부드럽고 뜨거운 모짜렐라를 손으로 급히 둥근 공 모양으로 성형하고 불어서 풍성처럼 만든다(부라타볼). 부풀어오른 부라타를 크림이나 부라타 커드로 채우고 입구를 비틀어 봉하면 완성된다.

모짜렐라와는 달리 부라타는 만든 날로부터 2~3일 안에 소비하여야 하는데 이는 부라타볼을 채우는데 사용된 내용물의 높은 수분함량 때문이다. 부드럽고 매끈한 크림 내용물은 부라타만의 매력인데 부라타는 익히지 않고 주로 생으로 먹는 것이 좋다. 예를 들어 부라타는 얇게 썬 토마토 위에 얹고 올리브 기름을 뿌려 먹거나 샐러드 위에 얹어 먹으면 특히 일품이다.

그림 4.8 스위스 치즈, 크림치즈, 우유 및 위핑 크림이 있는 사진

물성을 갖게 된다. 카망베르 치즈의 유통기한은 다소 짧은데 그 이유는 단백질 가수분해효소의 계속적인 작용에 의해 암모니아가 만들어져 맛에 영향을 미치기 때문이다. 암모니아 등으로 인한 불쾌치는 *Candida*, *Geotrichum*, *Mucor* 속 등의 세균과 함께 숙성을 시키면 다고 감소한다. 표 14.4는 치즈 종류에 따른 고유한 향과 물성을 나타내고 있다.

가공치즈. **저온 가공치즈(pasteurized process cheese)**는 (표 14.5) 천연 치즈와는 여러 면에서 다른 치즈 종류이다. 가공치즈는 천연치즈를 가열하고 여기에 유화제(이인산수소나트륨 또는 시트르산 나트륨)를 섞어 만드는데 이로 인해 천연치즈와는 전혀 다른 가공적성을 갖는다. 가열과정을 통해 균이 사멸된 가공치즈는 저장 중에 쉽게 부패하지 않는다. 한편 유화제는 조리과정 중에 치즈에 들어 있는 기름 층의 분리를 방지하는 역할을 한다.

가공치즈 제조에 투입되는 열(65~71°C)과 유화제인 이인산수소나트륨 또는 시트르산 나트륨은 단백질의 크기를 줄이고, 용해도를 증가시키며 수분결합력을 향상시킨다. 숙성이 덜된 천연치즈만으로 만든 가공치즈는 고무와 같은 질감과 맛이 밋밋하므로 숙성된 치즈가 일정량 사용된다.

가공치즈 유사 식품(process cheese food)은 가공치즈와 유사하나 수분함량이 45%로 약 4% 정도 높으며, **가공치즈 스프레드(process cheese spread)**는 수분함량이 50%로 높아 빵이나 크래커 등에 발라먹기에 적합하다.

클럽치즈(coldpack (club) cheese)는 천연치즈에 유화제를 넣어 만든다. 클럽치즈가 가공치즈와 다른 점은 가열 처리를 하지 않아 단백질의 분해가 일어나지 않았으며 따라서 단백질의 용해도

저온 가공치즈
저온멸균 가공치즈는 여러 천연치즈를 가열하고 여기에 유화제(이인산수소나트륨 또는 시트르산 나트륨)를 섞어 만드는데, 수분 함량은 41% 정도이다.

가공치즈 유사 식품
가공치즈와 유사하나 수분함량이 45%로 약 4% 정도 높으므로 물성이 상대적으로 부드러운 제품이다.

가공치즈 스프레드
수분함량이 50%로 높은 치즈 제품이다.

클럽치즈
천연치즈에 유화제를 넣어 만든 것이다.

표 14.4 다양한 종류의 치즈

다양성	우유	함량(%)	대략적인 수분도	숙성(월)	첨가되는 미생물
파마산	저지방 우유	30	매우 단단, 그레이트로 이용	>12	*L. bulgaricus, S. thermophilus*
삽사고	무지방 우유	38	녹색, 토끼풀 가루사용으로 톡쏘는 맛	5	
체다	전유	37	흰색 또는 황색, 단단하거나 잘 바스러짐	1~12+	숙성과정 중에 *S. latis, S. cremoris, L. casei, L. plantarum* 등이 나타남
스위스(에멘탈러)	전유	39	구멍이 난, 흰색, 매그러움	3~10	*Propionibacterium, L. helveticus, L. bulgaricus, L. lactis, S. thermophilus, S. lactis*
모짜렐라	전 혹은 저지방 우유	45~55	마일드, 부드러움	0	*L. bulgaricus, L. lactis, S. thermophilus,*
까망베르	전유	53	매우 부드러움; 곰팡이로 덮힌 껍질	1~2	*P. camemberti; Brebacterium linens, Candida, Geotrichum, Mucor* 등이 발견됨
블루	전유 또는 암양유	40	단단함, 블루 곰팡이를 가진 헤비 베인치즈	2~6	S. lactis, S. cremoris, P. roqueforti

[a]로크포르 치즈는 프랑스 남서부 로크포르 마을에서 암양의 젖으로 만들어지며 동굴에서 숙성된다. 유사한 치즈로 영국에서 암소 젖으로 만들어지는 스틸톤 치즈, 암소와 / 또는 암양의 젖으로 만들어지는 이탈리아의 블루 치즈인 고르곤졸라 치즈가 있다. 유럽산 블루 치즈는 종종 블루(blue) 치즈로 통칭하기도 한다.

스틸톤 치즈
영국의 레스터셔, 노팅엄셔, 더비셔 지방에 있는 6개의 치즈 제조 공장에서 생산하는 블루치즈를 지칭한다.

원산지표시제
법령으로 식품의 생산지를 명확히 표시하도록 하는 제도.

이름이 의미하는 것

치즈의 이름을 짓는 것은 꽤나 어려운 일이다. **스틸톤 치즈(Stilton cheese)**를 만드는 영국의 치즈 제조업자들에게도 역시 그러하다. 그들에게 당면한 문제는 스틸톤 시의 인근에서 만든 치즈에는 스틸톤 치즈라는 명칭을 붙일 수 없다는데 있다. EU의 **원산지표시제(Product Designation of Origin)** 법령에 의하면 스틸톤 치즈라는 품명은 스틸톤 치즈 제조자 조합에 가입된 6개의 유제품 제조공장에서 만든 치즈에만 사용할 수 있는데 이들 공장들은 모두 시외에 위치해 있다는 것이다. 이러한 일이 발생한 이유는 이들 조합이 원산지표시제 시행에 앞서 제출한 서류에 스틸톤 치즈 사용에 관한 권한을 자신들에게만 국한하고 스틸톤 시나 그 인근에서 생산되는 제품을 제외하였기 때문이다. 이로 인해 스틸톤 시는 시의 자산인 스틸톤 치즈를 기념하는 치즈축제를 열면서 스틸톤 시 이외의 지역에서 생산되는 제품을 가져다 판매를 하고 있다.

스틸톤 치즈는 영국을 대표하는 치즈로 유명하지만, 그 유래는 다소 복잡하다. 스틸톤 치즈는 약 2세기 전에 레스터셔, 노팅엄셔, 더비셔 등지로부터 건너온 블루치즈가 스틸톤에 전래되면서 시작되었다. 이 치즈의 생산 공정은 길고 복잡한데 먼저 우유를 저온살균하고 스틸톤 치즈 생산 공정은 다소 길고 복잡한데 이를 간략하게 살펴보면, 먼저 우유를 저온살균하고, 페니실륨 로크포르티(*Penicillium roqueforti*) 종균을 넣어 배양한 후, 렌넷을 첨가하여 커드를 생성하고 이어 만들어진 렌넷을 절단하여 유청을 제거하게 된다. 수분이 제거된 커드는 원통 모양으로 성형하고 환경이 일정하게 조성된 저장고에서 숙성과정을 거치게 되며, 이때 치즈는 수분함량 감소, 곰팡이 증식에 따른 푸른 띠 생성 등의 다양한 변화를 격는다. 숙성 12주가 지난 스틸톤 치즈는 판매가 가능한데 많은 치즈 애호가들은 이 푸른 곰팡이가 핀 크림 형태의 치즈가 스틴톤에서 만들어지지 않았다는 것을 모르고 먹게 된다.

에 큰 차이가 없다는 점이다. 그러나 유화제 첨가에 의해 치즈의 퍼짐성이 향상되었다는 점이 천연치즈와의 차이점이다.

저지방 치즈. 저지방 치즈는 음식 중에 지방질 및 콜레스테롤 함량을 낮추어 이들 성분의 섭취량을 줄이고자 하는 소비자들의 욕구에 따라 1986년도에 처음 시장에 등장하였다. 치즈의 맛을 떨어드리지 않으면서도 지방 함량을 낮추는 방법으로 여러 방안이 제시되었다. 가장 직접적인 방법은 지방질은 치즈로부터 분리하는 방법인데 이 방법은 비교적 쉽고 적용이 용이하다. 치즈에서 지방질은 몇몇 중요한 역할을 담당하는데, 예를 들면 식감, 견고성, 점착성 및 향기 등이 그것이다. 체다 치즈의 경우 지방질을 25% 이내로 제거할 경우 품질에는 별다른 차이가 나지 않으나, 제거율이 50%를 상회할 경우 심각한 품질저하가 일어난다.

약간의 식물성 기름을 탈지유에 첨가하여 저지방 치즈를 만들기도 한다. 식물성 기름의 유동성으로 인해 앞서 서술한 방법으로 만든 치즈에 비해 식감이 나은 제품이 만들어진다. 저지방 치즈를 제조하기 위한 또 다른 방법으로 다양한 종류의 검류가 이용되기도 하는데 이들 검류의 역할은 치즈의 식감을 향상시키는 데 있다. 대두 단백질을 원료로 한 치즈도 시판되고 있다. 사회 전반에 걸

표 14.5 가공치즈, 가공치즈 유사 제품, 가공치즈 스프레드의 특성

형태	수분 함량	유지방 함량
가공치즈	최대 43	47
가공치즈 유사 식품	최대 44	최소 23
가공치즈 스프레드	44–60	20

친 건강 및 비만에 대한 관심으로 저지방 치즈의 수요가 꾸준히 증가하고 있으며 따라서 좀 더 나은 제품 생산을 위한 연구도 여러 곳에서 진행되고 있다.

유청

유청 단백질은 치즈제조 시 발생한는 부산물로서 해마다 많은 양이 생산된다. 유청 속에는 α-락트알부민과 β-락토글로불린이 전체 단백질의 80% 정도를 차지하며, 특히 β-락토글로불린은 약 55%에 해당한다. 이들 단백질 성분들은 식품의 점성을 증대시키는 한편 안전성을 향상시킨다.

농축유청 단백질과 분리유청 단백질은 첨가된 식품의 조직감을 향상시킨다. 켈코사(CP Kelco)의 제품인 Simplesse®는 유청 단백질과 난백을 섞어서 만든 용액을 가열 및 전단 작업을 통해 단백질을 미립자 형태로 가공한 상품이다. 이 미립자 단백질은 지방질과 유사한 식감을 보이지만 칼로리는 지방질에 비해 월등히 낮은 장점이 있다.

농축유청 단백질은 육가공품의 보수율을 향상시키는 도움을 주는데, 이는 농축유청 단백질의 젤 형성 능력과 관련이 있는 것으로 생각된다. 치즈 공장을 비롯하여 여러 식품공장에서 부산물로 생산되는 막대한 양의 유청의 활용도를 높이기 위해 다양한 연구가 여러 곳에서 진행되고 있다.

농축유청 단백질은 사용 용도에 따라 미세분말, 거친 입자, 막대 모양 및 덩어리 형태로 가공된다. 유청은 검류나 전분질과 같이 식품의 조직감을 향상시키는 첨가제도 이용되는데, 영양적인 측면에서 주요 성분이 단백질이므로 오히려 바람직하다.

아이스크림과 빙과류

플레인 아이스크림(plain ice cream)은 크림(유지방이 주된 성분), 유고형분, 향신료 등의 혼합물에 공기를 주입하여 만든 냉동식품이다. 미국연방 표준국은 아이스크림에 대한 규격을 엄격하게 규정하고 있다. 아이스크림은 반드시 유지방과 유고형분이 각각 이 10%와 20%(향신료 등의 첨가에 의해 이 비율은 다소 감소할 수 있음) 포함되어야 하며 안정제와 유화제는 첨가할 경우 0.5%와 0.2% 이내여야 한다.

플레인 아이스크림
유지방과 유고형분이 각각 10%와 20%이고, 안정제와 유화제를 첨가할 경우 0.5%와 0.2% 이내이며, 인공 향을 넣지 않은 냉동 디저트를 의미한다.

많은 소비자들이 선호하는 아이스크림의 부드럽고 풍부한 맛은 아이스크림의 다소 높은 유지방 함량에 기인한다. 여기에 20%에 달하는 유고형분은 아이스크림의 식감과 맛을 한층 향상시키며, 당류(설탕과 물엿)는 아이스크림의 빙점을 낮추어 아이스크림의 식감을 더욱 부드럽고 산뜻하게 한다.

카복시메틸셀루로스, 젤라틴 그리고 구아검, 알긴산, 카라기난 등의 검류들은 보수력이 높고 냉동시키기 전 아이스크림 혼합액에 넣을 경우 용액의 점성을 증가시키므로, 아이스크림의 안정제로 이용된다. 모노글리세라이드는 아이스크림 제조에 있어 유화제로 이용된다.

조미 아이스크림(composite ice cream)은 유지방 함량과 유고형분 함량이 각각 8%과 18% 이상이어야 한다. 조미 아이스크림과 플레인 아이스크림의 성분상의 차이는 전자를 제조할 때 원료 부피 대비 5% 이하로 첨가하는 조미 성분에 기인한다.

조미 아이스크림
유지방 함량과 유고형분 함량이 각각 8%과 18% 이상이며, 플레인 아이스크림과는 달리 원료 대비 5% 이하의 조미 성분이 첨가된 제품.

시중에는 **냉동 커스터드(frozen custard)**를 비롯하여 빙과류, 모방 아이스크림 등 다양한 종류의 아이스크림 유사품들이 판매되고 있다. 냉동 커스터드는 난황을 넣어 만든 커스터드 혼합물은 냉각시켜 만든다. 플레인 아이스크림은 계란 성분이 1.4% 정도 들어 있는 반면, 조미성분이 포함된 조미 아이스크림은 계란 성분을 1.12% 정도 함유한다.

냉동 커스터드
난황을 넣어 만든 커스터드 혼합물은 냉각시켜서 만든다.

저지방 아이스크림(low-fat ice cream)을 만들 때는 유지방과 유고형분이 각각 2~7%와 최소 11% 함유하도록 하여야 한다. 저지방 아이스크림은 따라서 일반 아이스크림에 비해 맛이 덜 풍부하다. 저지방 아이스크림은 일반 아이스크림과 조성이 다르므로 칼로리가 현저히 낮으며, 이로 인해 다이어트를 하는 사람들에게 인기가 있다. 낮은 유지방 및 유고형분 함량으로 인한 거친 식감 문제를 해결하기 위해 저지방 아이스크림의 제조에는 안정제 및 유화제로 마이크로크리스탈린셀루로

저지방 아이스크림
유지방과 유고형분이 각각 2~7%와 최소 11% 정도 함유되어 있는 아이스크림.

셔벗
유지방을 함유하고 있지 않으며 유고형분 함량이 2~5% 정도로 낮은 제품.

멜로린
냉동 디저트의 일종으로서 아이스크림의 중요 성분인 유지방을 다른 종류의 지방질로 대체한 것.

파레빈
유대교의 지침에 적합하도록 유지방이나 유고형분이 함유되어 있지 않는 냉동 디저트.

스와 당알코올과 폴리덱스트로스가 주로 이용된다. 그러나 당알코올은 설사를 유발하는 효과가 있으므로 소비자들은 조심할 필요가 있다.

셔벗(sherbet)은 우유를 얼려 만든 아이스 밀크에 비해서도 유지방 함량이 낮다. 셔벗의 유지방 함량이 거의 없으며 유고형분 함량은 2~5% 정도이다. 셔벗은 산도가 최소 0.35%이어야 함이 법적으로 명시되어 있으나 아이스 밀크나 아이스크림은 그러한 규제가 없다.

일부 지역에서는 모방 아이스크림을 살 수 있다. 모방 아이스크림의 한 종류가 **멜로린(mellorine)**이다. 멜로린은 냉동 디저트로의 일종으로서 아이스크림의 중요 성분인 유지방을 다른 종류의 지방질로 대체한 것 이외에는 성분적인 측면에서 아이스크림과 차이가 나지 않는다. 따라서 멜로린은 유지방이나 포화지방질의 섭취를 꺼리는 소비자들에게 호응을 받고 있다. 모방아이스크림의 또 다른 예로서 **파레빈(parevine)**이 있다. 이 냉동 디저트는 유대교의 지침에 적합하도록 유지방이나 유고형분이 들어 있지 않으므로 유대교인들 사이에 인기가 있다.

냉동된 아이스크림은 콜로이드 분산계로서 얼음 결정이 고체의 연속상을 구성하며 냉동 시 교반하며 주입한 공기는 불연속상을 구성하는 거품의 일종이다(그림 14.9). 아이스크림을 만드는 방법은 우선 원료를 혼합하고, 교반하며 혼합물을 급속 냉각 및 냉동을 시킨다. 급속하게 냉동을 하는 이유는 아이스크림의 얼음 결정이 거칠지 않고 곱게 하여 부드러운 식감을 갖게 하기 위함이다.

아이스크림 용기를 얼음과 소금의 비율을 8:1로 섞은 냉매에 담그고 교반하면서 충분한 공기를 혼입하면 미세한 얼음 결정이 만들어지면서 아이스크림의 급속냉동이 일어난다.

소금을 얼음에 넣어 냉매로 사용하는 것은 소금이 물의 어는점을 낮추는 원리를 이용한 것이다. 물에 녹는 물질 1 몰질량을 물 1,000 g에 녹이면 물의 어는점은 1.86°C 정도 낮아지는데(표 14.6), 소금의 경우 이온화가 일어나므로 물 1,000 g에 녹은 1 몰질량(58 g)은 물의 어는점을 3.72°C 낮춘다.

소금을 얼음에 뿌리면 얼음은 녹기 시작하며 이에 따라 소금용액이 만들어진다. 소금용액의 수증기압은 얼음의 수증기압과 같이 않으며, 이들 사이에 평형을 이루고자 하는 경향에 따라 얼음은 지속적으로 녹게 된다. 얼음은 물로 녹을 때 주위의 소금용액으로부터 열을 흡수하는데, 이 흡열반응은 얼음 1 g당 80칼로리에 해당한다. 소금과 얼음의 비율이 1:3일 때 물의 어는점 감소는 최대가 된다. 이러한 조건에서 용액의 어는점은 −22°C 정도 된다(5장 참고).

아이스크림을 얼리기 위해서는 아이스크림 혼합액의 온도를 물의 빙점보다 낮게 유지하여야 하

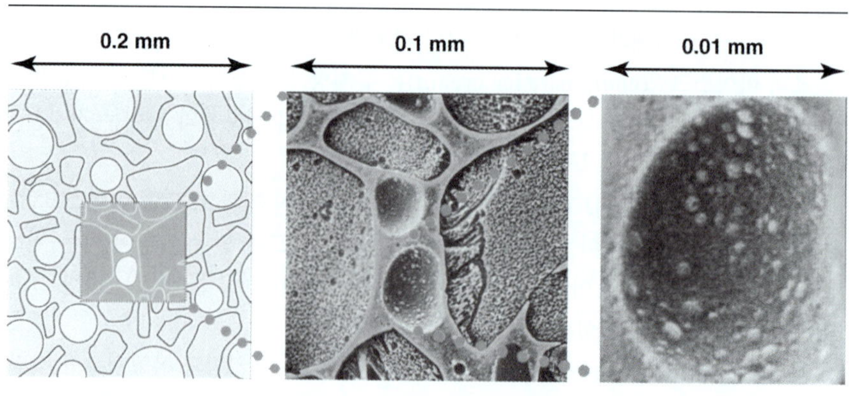

그림 14.9 아이스크림의 확대 사진: (왼쪽) 공기, 지방구 및 얼음 결정이 들어 있는 설탕시럽, (중간) 공기 방울과 얼음 결정 사이의 시럽층, (오른쪽) 공기 방울 표변에 위치한 지방구의 모습. (Courtesy of Unilever Research. Viaardingen, The Netherlands.)

는데 그 이유는 아이스크림 시 첨가하는 설탕이 아이스크림 혼합액의 어는점을 낮추기 때문이다. 그러나 소금의 양을 일정 비율 이상 사용할 경우, 제조 경비가 지나치게 높아질 뿐 아니라 아이스크림의 식감이 딱딱해질 우려가 있다. 냉동이 너무 빨리 진행되면 교반에 의한 공기의 혼입이 여의치 않을 뿐만 아니라 지방구가 알맞은 크기로 뭉쳐지지 않아 아이스크림 특유의 식감이 만들어지지 않는다.

아이스크림 제조에서 교반은 아이스크림의 식감과 밀접하게 연관되어 있다. 교반의 가장 큰 역할은 냉동이 되고 있는 아이스크림 혼합물의 온도를 일정하게 유지하는데 있다(그림 14.10). 교반을 하지 않을 경우 용기에 가까운 부분은 중간 혼합액의 가운데 부위에 비해 온도가 낮게 된다. 아이스크림의 온도가 일정하지 않을 경우 큰 얼음 결정이 생겨나게 되는데 이는 먼저 생겨난 작은 결정들이 녹아 큰 결정을 이루기 때문이다. 이러한 아이스크림은 거친 식감을 갖는다.

부드러운 식감을 갖는 아이스크림을 만들기 위해서는 아이스크림 내 지방구들을 일부 뭉쳐지게 하여야 한다. 그러나 아이스크림 혼합액을 지나치게 교반하면 유중수형 에멀젼이 만들어져 버터와 같이 제품이 만들어지므로 주의하여야 한다. 따라서 상품성 있는 아이스크림을 만들기 위해서는 교반속도, 시간 및 온도에 등에 대한 최적 조건을 확립하여야 한다.

아이스크림 혼합액에 결정이 만들어지기 시작하면, 교반에 의해 공기가 아이스크림에 혼입되어 아이스크림의 부피가 증가하게 되는데 이를 오버런(**overrun**)이라고 한다. 바람직한 오버런 정도는 70~80%이다. 이때 아이스크림은 너무 가볍거나 텁텁하지 않고 알맞을 정도로 부드럽고 담백하게 느껴진다. 오버런이 100% 넘는 아이스크림은 관능적으로 지나치게 가볍다. 셔벗의 적당한 오버런은 30~40%이며, 가정에서 만드는 아이스크림의 오버런은 50%를 넘지 않는다.

오버런
아이스크림 혼합액에 결정이 만들어지기 시작하면, 교반 작업에 의해 공기가 아이스크림에 혼입이 되어 아이스크림의 부피가 증가하기 시작하는데 이를 오버런이라고 한다. (증가된 양-원래의 양/원래의 양) x 100.

냉동고를 활용하여 만든 아이스크림은 일반적으로 가정용 수제아이스크림이나 시판용 아이스크림에 비해 식감이 떨어지는데 이는 불충분한 교반에 의한 거친 얼음결정의 생성과 부족한 오버런으로 인한 현상이다. 아이스크림 제조 시 휘핑크림, 난백 또는 무가당연유를 넣으면 공기가 일부 혼입된다. 얼음 결정의 크기 역시 첨가 성분에 의해 영향을 받는데 가령 젤라틴, 초콜릿, 난백, 전분 반죽 등은 교반이 충분하지 않은 상태에서도 얼음결정이 뭉처지는 현상을 방해하여 얼음 결정을 안정화시키는 역할을 한다.

아이스크림을 만들 때, 아이스크림 내에서는 다양하고 복잡한 물리적 작용이 일어난다. 작은 얼음 결정들은 당 함량이 높은 부위와 만나 녹게 되고, 또 다른 아이스크림 부위에서는 열이 제거됨에 따라 얼음 결정들이 계속하여 만들어진다. 작은 얼음 결정들은 큰 얼음 결정들로 점차 대체되나, 연속된 교반 작업에 의해 얼음결정의 크기는 제한되다. 그러나 교반이 멈춰지면 아이스크림은 경화되는데, 이때 아이스크림 내 얼음결정들은 서로 뭉쳐 크기가 커진다. 따라서 얼음결정이 커지는 것을 방지하기 위해서 아이스크림 제조 시에는 안정제를 활용한다. 일례로, 지방함량이 높은 아이스크림은 그렇지 않은 것에 비해 식감이 한층 부드럽다. 따라서 지방함량이 높은 초콜릿은 아이스크림의 식감은 높이는데 기여한다. 난백이나 분유에 들어 있는 단백질은 아이스크림의 안정성에 기여한다.

표 14.6 소금 양에 따른 용액의 빙점 변화

수분의 리터(L)당 소금의 양 (g)	빙점 (°C)	(°F)
58 (3 tbsp)	−3.72	25.3
116 (6 tbsp)	−7.44	18.6
174 (9 tbsp)	−11.16	11.9
232 (3/4 c)	−14.88	5.2
290 (15 tbsp)	−18.6	−1.5
348 (18 tbsp)	−22.32	−8.2
406 (21 tbsp)	−26.04	−14.9

그림 14.10 아이스크림 제조에서 교반은 아이스크림 혼합물의 온도를 일정하게 유지하고 유지방구가 일부 뭉쳐져 아이스크림의 식감을 부드럽게 한다.

유제품의 물리화학적 성질

열에 의한 영향

락토글로불린 또는 락토알부민과 같은 유청이나 혈청 단백질은 오랫동안 가열할 경우 천천히 침전한다. 이들 단백질의 침전은 온도가 높을수록 빨라지는데, 가령 70°C에서는 유청에 들어 있는 이들 단백질의 3분의 1 이하가 침전되나 80°C에서는 80% 이상이 변성되어 침전한다. β-락토글로불린과 α-락토알부민 등의 유청 단백질들은 가열에 의해 서서히 침전되며, 온도가 높을수록 이들 단백질들의 변성은 더욱 빠르게 일어난다. 가령, 70°C에서 30분간 가열하면 β-락토글로불린과 α-락토알부민의 3분의 1 정도가 변성되나, 80°C에서는 그 비율이 80% 이상으로 높아진다. 변성이 되기 쉬운 유청 단백질들은 열에 의해 구조가 바뀌므로 단백질 내부에 있던 –SH기가 외부로 노출이 되어, 이러한 변화로 인해 끓인 우유는 가열취를 보인다.

유청 단백질의 변성은 대한 가시적인 증거는 우유가 가열되는 팬 바닥에 수집되는 얇은 층의 침전 단백질이다. 이 침전 단백질은 팬 바닥 표면이 뜨거운 상태에서 이들이 농축되기 때문에 매우 뜨거우며 바로 맹렬한 상태가 된다. 이들의 색상과 향미는 침전된 유청 단백질이 우유 속의 락토오스와 반응에 의해 점진적인 비효소적 갈변화 과정을 거치면서 변화한다.

유청 단백질에 변성이 일어나면 우유를 가열할 때 사용한 냄비의 바닥에 단백질 응고물이 얇게 만들어진다. 이 단백질 침전물은 냄비 바닥에 생성되므로 인하여 매우 뜨겁게 과열된다. 곧이어 침전된 응고물은 우유 속의 유당과 마이얄 반응을 일으키므로 우유의 색깔과 향이 변하기 시작한다. 따라서 우유를 데울 때는 열 전도가 균일한 두꺼운 재질의 알루미늄으로 된 용기를 이용하는 것이 바람직하다. 그러나 우유를 가열할 때는 열변성된 유청 단백질의 침전에 의한 품질 저하를 막기 위해서는 조리하는 동안 우유를 자주 저어주어야 한다.

우유가 들어 있는 유제품을 60°C 이상으로 가열할 경우 변성된 유청 단백질이 서로 뭉쳐져 부유물을 만드는데 이를 스컴이라고 한다. 우유를 데우면 수분이 증발하여 우유 표면에서 카제인과 인산칼슘과 같은 무기염류의 농도가 증가하는데 이로 인하여 스컴 형성이 더욱 가속된다. 단백질염들은 서로 결합하여 낮은 용해도를 보이며, 생성된 스컴은 제거하여도 우유 표면에 또 다시 만들어진다. 스컴이 만들어지면 우유에 수증기압이 증가하여 우유가 끓어 넘치기도 한다.

카제인 마이셀은 중성 pH에서는 열변성이 잘 되지 않으나 산성 pH에서는 열에 대해 불안정하다. 그러나 pH 7 부근에서도 과도하게 열 처리할 경우 응고물을 형성하기도 하는데, 이러한 현상은 카제인 분자로부터 인산기가 분리되거나 일부 펩타이드가 제거되어 나타난다. 그러나 우유를 이용한 대부분의 조리는 카제인 분자가 응고될 정도로 열 처리가 과도하지 않다.

효소 작용

종종 렌넷은 우유를 응고시켜 만드는 디저트 제조에 이용되는데 이는 치즈의 제조원리와 유사하다. 이러한 응유 디저트를 제조할 때는 렌넷의 활성 온도인 15~60°C 사이를 유지하는 게 필수적이다. 이보다 더 낮거나 높은 온도에서는 효소의 활성이 저하되므로 응유 현상이 나타나지 않는다. 우유 응고물의 강도는 pH가 5.8에서 가장 높다.

응유 디저트를 만들 때는 원료나 응고물의 온도가 언제나 60°C 이하로 유지되도록 유념하여야 한다. 효소를 처리하기 전 우유의 온도가 60°C를 넘을 경우 카제인 마이셀과 β-락토글로불린이 상호작용하게 되어 복합물을 만드는데, β-락토글로불린 또는 α-락토알부민과 결합한 κ-카제인은 렌넷과 작용하여도 응고되지 않는 특성이 있기 때문이다.

산

우유에 가장 많이 들어 있는 단백질인 카제인은 등전점인 pH 4.6에서 가장 낮은 용해도를 보이며 침전 역시 잘 된다. 일반적으로 우유의 pH는 4.3 이상이지만 과일이나 일부 채소를 넣을 경우 pH가 카제인의 등전점까지 내려갈 수 있다. 이러한 경우 카제인의 용해도는 현저히 떨어지게 되고 커드가 만들어지기도 한다.

응유물이 들어 있는 음식은 시각적으로 만족스럽지 못하다. 과일이나 토마토와 같은 산성 채소를 우유에 곁들일 경우 첨가물은 주의하여 넣어야 하며 가열시간은 최소한으로 제한하여야 응고물의 생성을 최소한으로 유지할 수 있다.

우유의 응고는 우유에 아스파라거스, 완두콩, 강낭콩 또는 당근 등을 넣어 요리할 경우에 잘 생기며 양배추, 콜리플라워 또는 시금치와 유리할 경우에는 잘 생기지 않는다. 채소에 따른 이러한 차이는 아마도 채소에 들어 있는 탄닌의 함량과 pH에 기인하는 것으로 생각된다.

peptide, GMP) 미래의 첨가물로 각광받고 있다. 이 단백질은 κ-카제인을 레닌으로 분해하면 얻어지는 생성물이다. GMP는 치아와 위의 건강에 탁월한 효과가 있는 것으로 알려졌다. 또한 이 단백질은 식욕을 억제하는 효과가 있는 것으로 예상된다.

요약

우유는 약 4% 이하가 지방질이며, 구성 지방산의 1/2 가량이 단일포화지방산며 1/3이 단일불포화지방산이다. 우유에 들어 있는 탄수화물은 유당이며, 단백질인 카제인은 복합단백질로서 우유의 pH가 4.6이 되거나 효소인 레닌에 의해 커드로 침전이 된다. 또 다른 단백질이 유청 단백질은 β-락토글로불린과 α-락트알부민으로 구성되어 있다.

저온살균을 하면 우유에 들어 있을 수 있는 유해균들이 사멸된다. 균질화 공정에 의해 우유에 들어 있는 유지방구들이 잘게 쪼개지며 단백질의 변성이 일부 일어난다. 농축과 건조는 우유를 저장하는 방법 가운데 하나이다. 우유를 발효시키면 우유의 물리적 특성과 화학적 조성이 바뀐다.

유제품 매장에는 다양한 종류의 상품을 만날 수 있다. 균질우유, 저온살균 우유(무조정, 저지방, 무지방 등) 초코우유, 발효유(버터밀크, 유산균우유, 요구르트, 유당제거 우유), 다양한 농도의 크림, 버터, 통조림 우유(다양한 농도의 유지방 및 당이 함유된 연유) 및 분유 등이 그것이다.

치즈는 우유로부터 커드를 생성하여 만드는 제품이다. 이때 발생되는 유청은 버려지고 커드는 가열 및 압착하여 다양한 수분 함량을 갖게 한다. 일반적으로 치즈의 수분함량은 40% 내외이다. 자연치즈는 종종 숙성과정을 통해 독특한 풍미와 식감을 갖게 된다. 자연치즈는 유화제와 함께 섞어 가공치즈로 만들어 진다.

아이스크림은, 냉동 커스터드, 저지방 아이스크림, 셔벗 등은 우유를 주성분으로 하여 만든 냉동 디저트이다. 멜로린은 유사 아이스크림으로서 유지방을 다른 종류의 지방으로 대체하여 만든다. 파레빈은 유지방과 유고형분을 유사 성분으로 대체하여 만든 냉동식품이다.

아이스크림을 제조할 때는 아이스크림 용기를 얼음과 염이 8:1로 섞인 냉매에 담근 상태로 원료 배합물을 연속적으로 저어주어야 하며, 이때 얼음결정이 커지는 것을 막기 위해서는 급속냉동을 하는 게 바람직하다. 교반작용은 기포를 혼합 및 분산시켜서 원료혼합물을 적당히 팽창시키는데 이에 따라 아이스크림의 부피는 증가하고 부드러운 식감을 갖게 된다. 아이스크림 제조 시 종종 지방질, 난백, 당류 및 기타 첨가물들을 첨가하기도 하는데, 이들 성분들은 얼음 결정이 지나치게 커지거나, 유당이 침전하는 것을 막고 아이스크림의 식감을 부드럽게 하는 역할을 한다.

조리 시 자연치즈와 다른 식재료이 섞이는 정도는 치즈의 수분함량, 숙성 정도, pH에 의해 영향을 받는다. 수분함량이 많고, 숙성이 진행된 치즈일수록 치즈 단백질의 용해도는 증가하게 되는데 따라서 이런 치즈는 다른 식재료들과 잘 섞인다. 자연치즈를 이용하여 조리할 때는 조리 온도와 시간이 지나치게 높거나 길지 않도록 유념하여야 한다. 그렇지 않을 경우 치즈가 지나치게 질겨지거나 층 분리가 일어날 수 있기 때문이다. 가공치즈는 유화제가 첨가되어 있으므로 이러한 문제점이 일어나지 않는다. 최근에는 지방함량이 낮은 치즈가 개발되어 시판되고 있다.

렌넷은 이용하여 우유를 응고시켜 디저트를 만들 수 있다. 이러한 식품을 만들 때는 우유의 pH는 5.8로 고정하고 온도는 1~65°C를 유지하는 게 좋다.

우유를 가열하면 β-락토글로불린과 α-락트알부민이 변성하여 냄비의 밑바닥에 얇은 단백질 응고물을 생성한다. 이 침전물은 젖당과 반응하여 비효소적 갈변반응을 일으키며 점차 짙은 갈색으로 변한다. 그 이외에 우유를 가열하면 부유물이 생기는데 이를 스컴이라고 한다. 이 단백질 덩어리는 우유표면에 얇은 막을 생성하며 때때로 우유 내부에 수증기압이 높아지게 하는 역할을 하여 우유를 끓어 넘치게 한다. 카제인은 열 변성이 잘 일어나지 않으나, 지나치게 가열할 경우 pH 7 부근에서도 커드를 만들기도 한다.

우유를 넣은 식품을 만들 경우, 카제인의 등전점과 첨가하고자 하는 과일 또는 야채의 산도를 고려하여야 한다. 가열 시간을 최소한으로 제한한 상태에서 산을 첨가할 경우 커드는 만들어지지 않으나 염을 넣으면 단백질 사이의 전기적 반발력이 상쇄되어 커드가 만들어지질 수도 있다.

액체 우유로는 안정된 거품이 만들어지지 않는다. 차가운 연유나 동량의 물에 녹인 무지방 분유는 젤라틴 또는 검류를 넣고 휘핑을 할 경우 식품에 사용할 수 있을 정도로 안정된 거품을 생성한다. 연유로 만든 거품은 탄내가 날 수 있으므로 향이 짙은 첨가물을 넣어주는 게 바람직하다. 무지방 분유로 만든 거품은 맛이 단백하며 칼로리가 낮은 특징이 있다. 무지방 분유로 만든 거품은 단백질이 거품 안정제로 역할을 하며 연유로 만든 거품의 경우에는 단백질과 지방질이 안정제로서 작용한다. 휘핑크림으로 된 거품은 지방질이 안정제로서 역할을 하며, 이 경우 온도가 낮을수록 지방질의 유동성이 제한되므로 거품의 안정도는 높아진다.

연습문제

1. 우유에 들어 있는 단백질 가운데 함량이 가장 높은 단백질은? 카제인 단백질의 종류는?

2. 우유의 저온살균 온도는? 저온 살균의 중요성은?

3. 균질화에 의해 우유에 일어나는 변화는?

4. 우유를 발효하여 얻을 수 있는 제품 3가지는?

5. 멸균우유, 연유, 가당연유, 무지방 분유에 대해 설명하고 각 제품의 장점과 단점은?

6. 치즈 제조과정에 대해 설명하시오. 자연치즈와 가공치즈의 제조 공정상의 차이점은?

7. 아이스크림, 셔벗, 냉동 커스터드, 멜로린, 프레빈의 차이점을 설명하시오.

8. 우유를 가열하면 일어나는 변화에 대해 설명하시오. 산을 첨가하면 어떠한 변화가 일어나는가?

9. 크림수프에 넣은 우유가 첨가된 염에 의해 어떠한 변화를 보이는지 설명하시오.

10. 아이스크림 제조 시 아이스크림의 식감에 미치는 인자 3가지를 설명하시오.

11. (참 또는 거짓) 생우유에는 세균이 있다.

12. (참 또는 거짓) UHT 우유는 상온에 놓아두어도 안전하다.

13. (참 또는 거짓) 균질에 의해 우유의 유지방 함량은 증가한다.

14. (참 또는 거짓) 숙성된 치즈는 생치즈에 비해 다른 식재료들과 잘 섞인다.

15. (참 또는 거짓) 오븐의 온도는 숙성된 치즈에는 별 영향을 끼치지 않는다.

참고문헌

Aguilera, J. M. 1995. Gelation of whey proteins. *Food Technol. 49* (10): 83.

Baggs, C. 2002. Saying more than just cheese. *Food Product Design 11* (12): 72–79.

Beardmore, G. 2006. Cheese, the right stuff(ing). *Food Technol. 60* (5): 21.

Bren, L. 2003. Cloning: Revolution or evolution in animal production? *FDA Consumer 37* (3): 28.

Brody, J. 2010. Say Mozzarella. *Food Product Design 20* (4): 22.

Burrington, K. J. 2002. New dairy ingredients "moove" to enhance products. *Food Product Design 12* (1): 63.

Burrington, K. J. 2002. More than just milk. *Food Product Design 12* (7): 37.

Feder, D. 2009. Smile and say *formaggio*. *Food Product Design 19* (10): 30.

Foster, R. J. 2005. pHood phenomena. *Food Product Design 14* (11): 61.

Hazen, C. 2004. Proteins: Nutrition and function. *Food Product Design 14* (5): 34.

Hegenbart, S. 2002. Soy: The beneficial bean. *Food Product Design 11* (10): 83.

Hollingsworth, P. 2003a. Culture revolution. *Food Technol. 57* (3): 20.

Hollingsworth, P. 2003b. Frozen desserts: Formulating, manufacturing, and marketing. *Food Technol. 57* (5): 26.

Klahorst, S. 2002. Nutrients from dairy sources. *Food Product Design: Functional Foods Annual* (September): 89.

Knehr, E. 2004. Whey protein gives beverages a boost. *Food Product Design 14* (5): 31.

Kuntz, L. A. 2010. Concentrating on whey protein isolate. *Food Product Design 20* (3): 18.

Marshall, R. T. and Goff, D. 2003. Formulating and manufacturing ice cream and other frozen desserts. *Food Technol. 57* (5): 32.

Mermelstein, N. H. 2002. Concentrating milk. *Food Technol. 56* (3): 72.

Miraglio, A. M. 2004. Wheying the positives. *Food Product Design 13* (11): 33.

Ohr, L. M. 2003. Dairy derivations. *Food Technol. 57* (5): 81.

Ohr, L. M. 2004. Powerhouse proteins soy and whey. *Food Technol. 58* (8): 71.

Roos, Y. H. 2002. Importance of glass transition and water activity to spray drying and stability of dairy powders. *Lait 82* (4): 475.

Shapiro, L. S. 2001. *Introduction to Animal Science.* Prentice Hall. Upper Saddle River, NJ.

Sloan, A. E. 2002. Got milk? Get cultured. *Food Technol. 56* (2): 16.

Thomsen, M. K., et al. 2005. Two types of radicals in whole milk powder. Effect of lactose crystallization, lipid oxidation, and browning reactions. *J. Agri. Food Chem. 53* (5): 1805.

Van Hekken, D. L. and Farkye, N. Y. 2003. Hispanic cheeses: The quest for queso. *Food Technol. 57* (1): 32.

Zammer, C. M. 2002. Soymilk: Coming of age? *Food Product Design FFA* (September): 23.

웹사이트

http://www.rbstfacts.org/—Information about recombinant bST.

http://www.foodsci.uoguelph.ca/dairyedu/chem.html#lipids3—Description of milk fat globules.

http://www.foodsci.uoguelph.ca/deicon/casein—Examination of the casein micelle.

http://www.arserrc.gov/CaseinModels/—Molecular modeled structures of various caseins.

http://www.foodsci.uoguelph.ca/deicon/casein.html—Discussion of casein micelles.

http://www.foodsci.uoguelph.ca/dairyedu/chem.html#protein3—Review of casein micelles and their characteristics.

http://www.vivo.colostate.edu/hbooks/pathphys/digestion/stomach/rennin.html—Description of rennin and its role in clotting milk.

http://www.ars.usda.gov/is/AR/archive/nov05/milk1105.htm—Information on casein films.

http://www.fda.gov/Food/FoodSafety/Product-Specific-Information/MilkSafety/ucm122062.htm#pasteur—FDA information about raw milk and its potential risks.

http://findarticles.com/p/articles/mi_m3301/is_3_106/ai_n27867236/?tag=content;col1—Effect of time and temperature of pasteurization.

http://www.foodsci.uoguelph.ca/dairyedu/pasteurization.html—Discussion of methods of pasteurizing milk in Canada.

http://www.milkfacts.info/Milk%20Processing/Heat%20Treatments%20and%20Pasteurization.htm—Information on conditions for pasteurization and UHT treatment of milk.

http://www.foodsci.uoguelph.ca/dairyedu/homogenization.html—Discussion of homogenization of milk.

http://www.foodsci.uoguelph.ca/dairyedu/yogurt.html—Examines various aspects of fermented milk products.

http://www.foodsci.uoguelph.ca/dairyedu/yogurt—Overview of production of yogurt.

http://www.stiltoncheese.com/—Information on Stilton cheese, a type of blue cheese.

http://www.euprotectedfoodnames.org.uk/—Background on E.U. Product Designation of Origin.

http://www.stiltoncheese.com/making_stilton—Video on making of Stilton cheese.

http://www.cpkelco.com/market_food/prod-simplesse.html—Information about Simplesse®.

http://www.pacode.com/secure/data/007/chapter39/s39.22.html—Legal requirements for identifying a product as mellorine.

http://www.recipetips.com/kitchen-tips/t—1385/homemade-ice-cream-freezing-methods.asp—Information on freezing ice cream.

http://www.milkfacts.info/Milk%20Composition/protein.htm—Information on milk proteins and heat.

http://www.adpi.org/DairyProducts/Whey/tabid/63/Default.aspx—Some information on various whey products.

http://www.daviscofoods.com/fractions/gmp.cfm—Information about glycomacropeptide (GMP).

생선은 단백질과 오메가-3 지방산의 공급원으로써 식단에서 중요하다.

15장

육류, 어류, 가금류

단원 개요

학습 목표
분류
생각할 거리: 어류와 환경
구조
근육조직
결체조직
지방
색소
미오글로빈 그리고 이와 관련된 성분
열에 의한 변화
훈제 시 변화
육류의 품질
품질에 영향을 미치는 요인들
검역과 등급 매기기
부위 구분
판매
냉장/냉동
생각할 거리: Kosher/Halal
국내산/수입산
성분탐구:사과와 항균식용필름
도체/포장육
생각할 거리: Shrimp Ahoy
조리
가열에 의한 변화
pH 변화의 영향
염의 영향
연육제
변형 육제품
저지방 육류
조정육
미세육
성형수산식품
콩단백
제품들
콩단백 제품의 이용
생각할 거리: 실험실 버거?
퀀TM
젤라틴
조성
특성
요약
연습문제
참고문헌
웹사이트

학습 목표

이 단원을 학습함으로써:

1. 근육과 결체조직, 지방의 구조와 조성을 설명할 수 있다.
2. 육류조직의 색소와 가열, 절단시의 변화를 구분할 수 있다.
3. 육류의 품질을 결정하는 요인들을 알고 있다.
4. 육류의 부위, 등급, 유통과정을 설명할 수 있다.
5. 육류의 요리방법과 그 이론적 근거를 설명할 수 있다.
6. 여러 가지 변형된 육류가공품들을 구분할 수 있다.
7. 젤라틴의 조성과 특성을 설명할 수 있다.

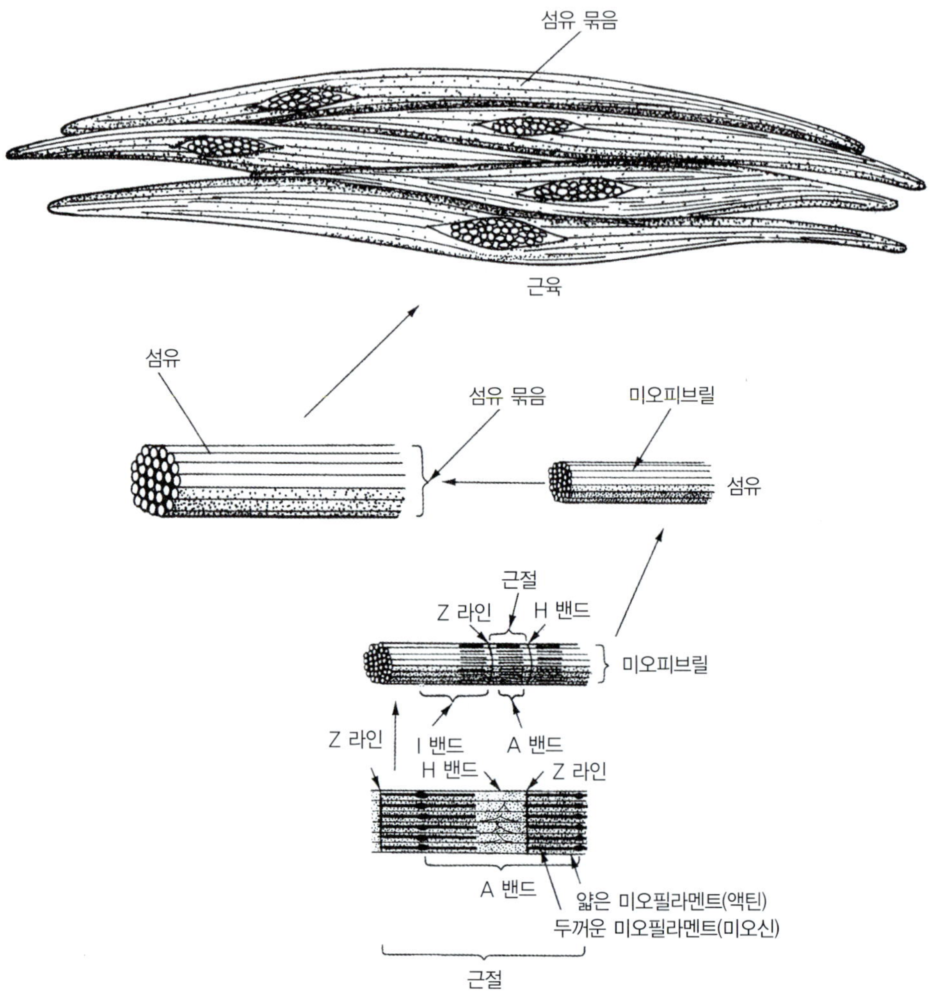

그림 15.1 근육을 형성하기 위해 높은 수준으로 구성된 얇은(액틴)과 두꺼운(미오신) 근육섬유의 개략도

activated factor)는 근육조직에서 발견되는 또 다른 효소들이다. 이들은 사후경직 후 조직의 연화를 가져오는 단백질 분해에 어떤 역할을 할지도 모르므로 중요하다.

조직화. 근육의 구조는 매우 복잡하다; 미오신과 액틴 같은 단백질 분자의 결합에서 시작하여 **근미세섬유(myofilament)**를 이루고 이들이 더큰 구조를 이루어 마침내는 근육을 이룬다(그림 15.1, 15.2). **두꺼운 근미세섬유(thick myofilament)** 안에는 미오신이 직선으로 정렬되어 있다. **얇은 근미세섬유(thin myofilament)**에는 둥근 액틴 분자가 꼬여서 이들 중 두 개가 나선형을 이루면서 하나의 얇은 근미세섬유를 이룬다. 얇은 근미세섬유의 액틴은 트로포닌, 트로포미오신, 다른 α-actinin과 같은 근육 단백질과 연결되어 근육기본구조가 복잡해진다.

이러한 근미세섬유들은 근절이라는 단위를 이루는데 이 안에서 Z 라인, A와 H 밴드 패턴을 형성하며 규칙적으로 나열되어 있다. 직선으로 형성된 **근절(sarcomere)**들을 **근원섬유(myofibril)**라 부른다.

미오신과 액틴의 근미세섬유의 구조는 근육의 수축과 이완에 중요하다. 수축은 얇은 액틴섬유가 미오신의 일부와 결합하여 액토미오신을 형성하고 천천히 근절의 중심부로 이동하여 근절을 짧게 하거나 수축시킬 때 일어난다. 근절 원래 영역에서의 이완은 액토미오신이 액틴과 미오신으로 분리

근미세섬유
근육구조의 가장 기본, 두껍거나 얇은 근미세섬유가 있다.

두꺼운 근미세섬유
두껍고 긴 형태의 근미세섬유: 미오신 분자를 이루며 서로 연결되어 나사형태의 두껍고 긴 섬유를 만든다.

얇은 근미세섬유
중합된 액틴 두 가닥이 나선형으로 꼬여서 이룬 얇은 섬유.

근절
근원섬유의 일부.

근원섬유
몇 개의 근절들을 포함한 근미세섬유의 묶음.

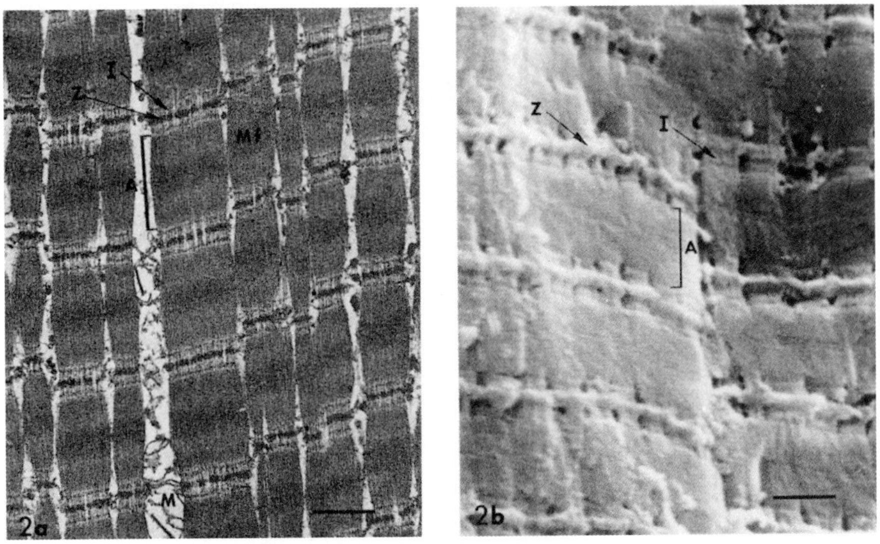

그림 15.2 (왼쪽) 투과전자현미경과 (오른쪽) 주사전자현미경으로 본 늙은 소의 반힘줄근 근육에서 근육 세포 구조. 근원섬유는 세로로 되어 있다. 근절 무리들은 Z, I, A 무리이다. 미토콘드리아는 퇴화되었다. Bars = 1μ. (Courtesy of S. B. Jones, U.S.D.A. Agricultural Research Service, North Atlantic Area Eastern Regional Research Center. Reprinted from Food Technology. 1977. Vol. 41 (4): 83. Copyright © Institute of Food Technologists.)

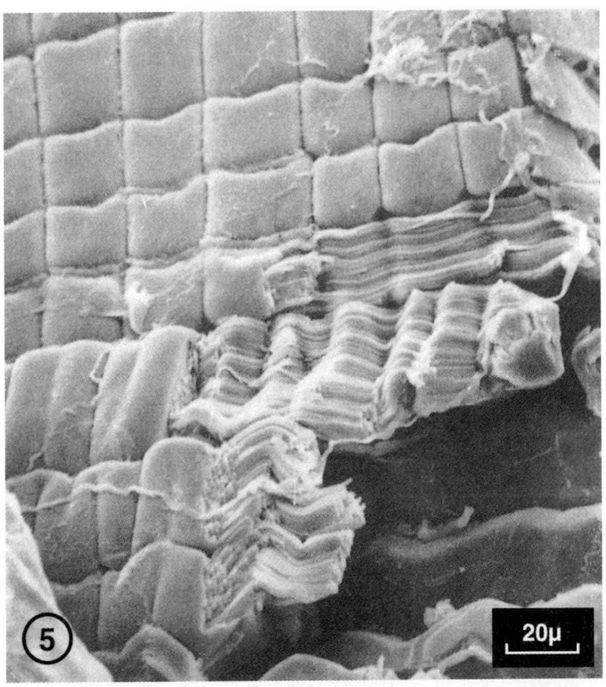

그림 15.3 추위로 수축된 최장근의 활배근육(주사전자현미경)의 심하게 수축된 섬유. (Courtesy of S. B. Jones, U.S.D.A., Agricultural Research Service, North Atlantic Area Eastern Regional Research Center. Reprinted from Food Technology. 1977. Vol. 31 (4): 83. Copyright © by Institute of Food Technologists.)

그림 15.4 주사전자현미경에 의해 낮은 배율로 촬영된 소의 반건상근의 근섬유. (Courtesy of S. B. Jones, U.S.D.A., Agricultural Research Service, North Atlantic Area Eastern Regional Research Center. Reprinted from Food Technology. 1977. Vol. 31 (4): 3. Copyright © by Institute of Food Technologists.)

근섬유
근원섬유와 근형질이 근섬유막에 싸여 있는 묶음.

근형질
근원섬유를 싸고 있는 젤리형 단백질.

근섬유막
근원섬유 묶음을 싸고 있는 얇고 투명한 막.

콜라겐
세가닥의 트로포콜라겐으로 이루어진 섬유성 단백질.

트로포콜라겐
세가닥이 서로 꼬여서 많은 양의 글리신, 프롤린, 하이드록시프롤린을 함유하는 섬유성 단백질.

피롤리딘 링
질소 한 원자를 갖는 유기링; 질소와 다른 아미노산의 결합은 직선의 섬유성 단백질 분자를 주로 이룬다.

될 때 일어난다(그림 15.3).

근원섬유는 **근섬유(fiber)**라고 하는 긴 섬유의 묶음을 이룬다. 각 근섬유는 여러 개의 근원섬유가 일렬로 늘어서고 **근형질(sarcoplasm)**이란 점성단백질이 둘러싼 구조이다. 육류에서 이러한 섬유의 지름과 길이는 근육과 동물에 따라 큰 차이가 난다(그림 15.4).

결체조직

단백질. 육류의 결체조직에는 네 가지 종류의 물질이 풍부하다. 순수 단백질이거나 복합 단백질이다. 이들 넷 중에서 콜라겐이 아마도 가장 중요할 것이다. 다른 것으로는 엘라스틴, 레티쿨린, 기저물질이 있다.

콜라겐(collagen)은 근육의 안과 근육 사이의 외피에서 발견되는 섬유성 단백질로서 육류에서 중요한 물질이다. 이는 세포에서 만들어져 기저물질로 이동되어 콜라겐을 합성하는 트로포콜라겐을 함유하는 복잡한 단백질이다. **트로포콜라겐(tropocollagen)**은 세 가닥이 서로 연결되어 길고 얇은 단위를 만드는 섬유성, 꼬인 모양의 분자이다(그림 15.5).

다량(약 25%)의 하이드록시프롤린과 프롤린이 있다는 것은 트로포콜라겐의 섬유특징이 되는데 **피롤리딘 링(pyrrolidine ring)**을 통한 아마이드결합으로 인해 구형 단백질을 이뤄가는 일상적인 나선형 결합을 구조적으로 방해한다. 다른 말로 하면, 프롤린과 하이드록시프롤린 안의 질소가 트로포콜라겐의 기본 구조가 되고 피롤리딘 링의 경직성으로 인해 일반적인 알파나선 구조나 대부분의 단백질이 갖는 구형구조를 방해한다는 것이다. 특수하고 다량의 두 가지 피롤리딘 링 아미노산

즉 피롤린, 하이드록시프롤린으로 인한 경직성은 매우 중요하다.

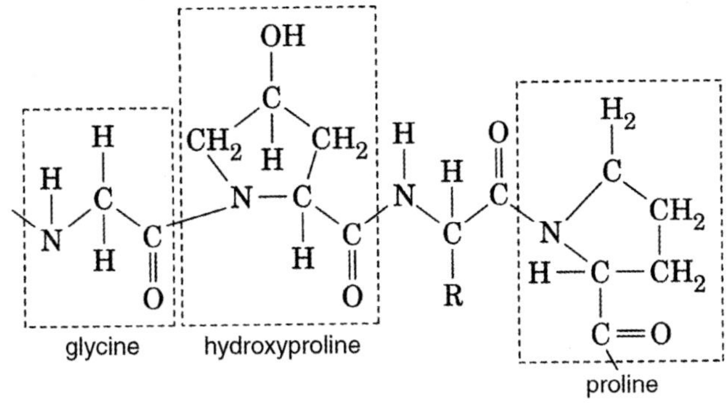

트로포콜라겐의 또 다른 특이점은 극히 단순한 글리신이란 아미노산을 다량 함유하고 있다는 것이다. 트로포콜라겐에서 전체 아미노산의 약 42%만 다양한 아미노산이 있다.

그림 15.5 콜라겐 분자의 부분 개략도

엘라스틴
근육 내에서는 제한된 양만, 근육 외에 축적부위에선 더 많이 발견되는 노란 연결조직.

기저물질
혈장 단백질과 당단백으로 비특이적 모형을 만들어 그 안에 콜라겐과 엘라스틴이 섬유 분자를 형성하도록 하는 것.

Reticulin
지방산(myristic acid)과 결합되는 결체조직의 한 타입.

근내막
섬유 사이에서 발견되는 미세한 결체조직.

근주막
몇 개의 섬유를 묶는 결체조직.

근외막
섬유의 묶음다발 전체 근육을 감싸는 결체조직.

근육
근외막으로 싸여 있는 섬유다발 묶음의 집합.

Mycomatta
판상형 결체조직.

Myotome
어류의 근육섬유; 두껍고 약 3 cm 길이.

수소결합으로 세 가닥이 결합하여 트로포콜라겐 분자를 만든다. 즉 이들 분자는 수소결합 같은 힘의 결과로 큰 콜라겐 분자 안에 잡혀 있다. 자연콜라겐 분자의 안정성은 상당부분 트로포콜라겐 세 가닥을 서로 연결시켜 콜라겐 분자를 형성하는 공유결합에서 기인한다. 세 트로포콜라겐 조성간의 공유결합의 수는 시간에 따라 점차 증가하는데 이는 동물이 나이 들수록 육질이 질겨지는 이유를 설명해준다.

엘라스틴(elastin)은 상대적으로 양이 많은 콜라겐과는 대조적으로 근육내부에서 적은 양만 발견된다. 엘라스틴의 노란색은 콜라겐의 흰색과 구별된다. 조리 중 젤라틴으로 전환되는 콜라겐과는 다르게 엘레스틴은 화학적 변화가 별로 없다. 고무 같은 엘라스틴의 특성이 이름에도 나타난다. desmocine과 isodesmocine이라는 독특한 아미노산이 엘라스틴의 구조에 중요한 기여를 하는데 tetracarboxylic-tetraamino acid 작용기가 4개의 아미노산 사슬처럼 많은 상호결합을 가능하게 하기 때문이다. 엘라스틴에서는 적은 양(전 단백질의 3% 미만)의 hydroxyproline만 발견된다.

기저물질(ground substance)이란 육류에서 단백질을 함유한 물질을 말한다. 주성분은 과량의 카르복시산을 함유한 아미노산을 포함하여 plasma 단백질과 glycoprotein이다. 콜라겐과는 대조적으로 기저물질 단백질은 글리신이 적고 프롤린이 결핍되어 있다. 흥미롭게도 표면적으로는 3개의 트로포콜라겐 사슬이 단단히 결합되어 콜라겐 분자를 형성하는 것처럼 보인다. 기저물질 안의 단백질들은 mucopolysaccharides와 때로는 강하게 결합하여 이러한 당단백이 무정형의 모형을 만들고 그 안에 콜라겐과 엘라스틴이 연결조직을 형성할 수 있게 해준다.

Reticulin은 결체 조직에서 네 번째 단백질이다. 이는 콜라겐과 유사한 섬유 단백질이지만 myristic acid (a 14-carbon fatty acid)와 연결은 확실히 콜라겐과 구분되는 점이다.

조직. (가장 내부의) **근내막(endomysium)**으로 불리는 결체조직은 기본적으로 기저물질과 콜라겐으로 이루어져 있고 각 섬유 사이에서 발견된다. 근육조직의 구조에서 다음 단계는 **근주막(perimysium)**으로 몇 개의 섬유가 모여 더 두툼한 섬유다발을 형성한 것으로 결체조직으로 싸여 있다. 마지막으로, 이런 근주막에 싸여 있는 섬유다발 여러 개가 모여 **근외막(epimysium)**이라 불리는 또 다른 결체조직에 싸이는 것이다. 이런 조직이 육류에 있는 **근육(muscle)**이다(그림 15.6).

어류의 근육구조는 적색육류와 비슷하다. 생선의 근섬유는 원통형이 아닌 납작한 형태일 때(항상은 아님)를 제외하곤 적색육류와 매우 비슷하다. 어류 근원섬유를 갖는 섬유는 3 cm 길이밖에 안 되고 상대적으로 두껍다. 어류조직의 최종구조는 **mycomatta** 결체조직 판에 붙어 있는 **myotome**이라 불리는 평행한 층이다. 어류에서 액틴과 미오신 단계는 적색육류에서 보다 높은 단계일 뿐 아

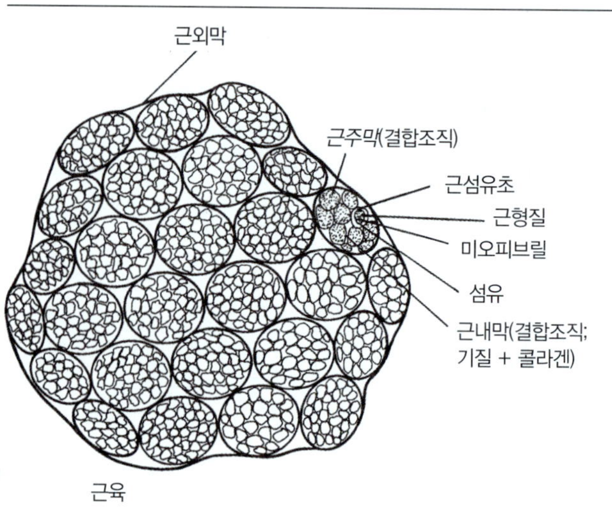

그림 15.6 근육 단면의 다이어그램

표 15.1 선정된 식품들의 지방 구성요소(가식부위 g/100 g)

		지방산						
식품	전체 지방산	전체 포화지방산	전체 단포화지방산	전체 다포화지방산	18:3[a]	20:5[b]	22:6[c]	콜레스테롤 (mg)
소고기, 장정육, 익히지 않은 소고기	23.6	10.0	10.8	0.9	0.3			73
양고기, 다리고기, 익히지 않은 소고기	17.6	8.1	7.1	1.0	0.3			71
닭고기, 라이트, 껍질없는	1.7	0.4	0.4	0.4	d	d	d	58
닭고기, 다크, 껍질없는	4.3	1.1	1.3	1.0	d	d	d	80
껍질이 있는 칠면조	9.7	2.8	3.2	2.5	0.1	d	d	82
농어	1.6	0.3	0.6	0.5	d	0.1	0.1	42
연어, 홍연어	8.6	1.5	4.1	1.9	0.1	0.5	0.7	-
알래스카 왕게	0.8	0.1	0.1	0.3	d	0.2	0.1	-
대서양 가리비	0.8	0.1	0.1	1.1	0.2	0.5	d	101

From Hepburn, F. N., Exler, J., and Weihrauch, J. L. 1986, Provisional tables on content of omega-3 fatty acids and other fat components of selected foods. J. Am. Dietet. Assoc. 86: 788.

[a] 리놀렌산
[b] EPA (eicosapentanoic acid)
[c] DHA (hexanoic acid)
[d] 미량 원소

니라 액토미오신과 콜라겐은 열에 더 민감하다. 이러한 특성 때문에 어류를 조리할 때 좀 더 주의 깊은 온도관리를 해야 한다.

지방

근육조직과 지방형 저장소 혹은 지방 저장소에는 지질이 있다. 지방저장소의 triglyceride에서 가장 많은 지방산은 oleic(18개 탄소, 1개 이중결합), palmitic(16개 탄소, 이중결합 없음), stearic(18개 탄소, 이중결합 없음)이다. 세포에서 지방과 지방관련 물질에는 콜레스테롤, **당지질(glycolipid)**, **인지질(phospholipid)**, plasmalogen, sphingomyelin이 있다. 이런 지질들도 콜라겐과 같은 결체조직의 지방세포에 쌓인다. 지방이 있다는 것은 육류의 촉촉함과 맛에 도움을 주며 영양적인 관점에서 관심을 갖게 한다.

당지질
일부분은 당이고 일부분은 지질인 분자.

인지질
지질의 인산 에스터 복합체.

상대적으로 포화된 긴 지방산(표 15.1) 함량이 높은 쇠고기의 지방은 돼지고기, 양고기 또는 여러 가금류, 어류와 확실히 다르다. 식육에서 지방의 조성을 논할 때 영양적 관심은 오메가-3 지방산을 뺄 수 없다. 오메가-3 지방산은 특히 어류오일에 풍부하다.

저장 혹은 조리 중 지방의 변화는 음식의 풍미에 영향을 미칠 수 있다(11장 참고). 인지질도 특히 화학변화에 민감하다. 산패가 인지질이 있음으로 증가될 수 있다. 고온의 튀김과 굽는 과정에서 특히 시간이 길어질 때 화학 변화가 일어날 수 있다.

색소

미오글로빈 그리고 이와 관련된 성분

육류의 색을 결정하는 두 가지 주요 색소는 **헤모글로빈(hemoglobin)**과 좀 더 결정적인 색소 **미오글로빈(myoglobin)**이다. 사실 미오글로빈과 헤모글로빈은 화학적으로 유사한데 성분으로 헴에 철분을 함유한 색소라는 점에서 그러하다. 단백질 조성에서만 차이를 보이는데 헤모글로빈이 4개의 폴리펩타이드를 갖는데 비해 미오글로빈은 한 가닥의 단백질 중합체를 가지면서 분자량 약 17,000이다.

헤모글로빈
크고, 서로 연결원이 있는 4개의 헴-폴리펩타이드로 철 함유 물질; 육류의 색을 결정.

미오글로빈
철분과 폴리 펩타이드 중합체를 갖는 heme으로 구성된 남적색 색소.

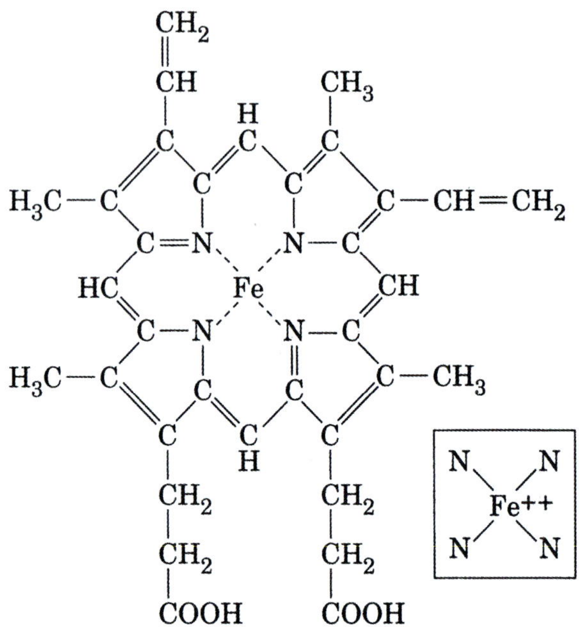

그림 15.7 헴 구조(그리고 축약표현)

헴
서로 연결되어 있고 철분 함유 피롤링 4개로 구성된 물질.

헤모글로빈은 미오글로빈보다 4배쯤 크다. 이는 서로 연결된 네개의 헴-폴리펩타이드 중합체는 서로 연결되어 헤모글로빈 같은 큰 분자를 이룬다. **헴(heme)**은 서로 연결되어 큰 복합체를 이루는 피롤링 4개로 구성되는데 중앙의 철원자는 각 피롤링의 질소원자와 연결되어 있다(그림 15.7). 역으로 4개의 헴 폴리펩타이드 중합체는 서로 연결되어 헴 같은 큰 분자를 이룬다. 분자량은 약 68,000이다.

헴 중앙의 철원자는 다른 원자나 물질과 결합하여 육류의 색에 변화를 가져오는 새로운 물질을 만들 수 있다. 또 다른 색의 변화는 철원자의 원자가의 변화로 일어난다.

헤모글로빈은 미오글로빈보다 3배 많이 색깔에 기여하는 우세한 색소이기에 관심을 갖게 된다. 미오글로빈의 남적색은 철이온이 2+로 존재하고 다른 이온이나 물질이 없기 때문에 나타나는 것으로 보인다. 육류가 신선하고 공기와의 접촉이 차단되었다면 우세한 색은 미오글로빈의 남적색이다.

옥시미오글로빈
두 개의 산소원자가 더해져서 형성된 체리 빛 붉은 색의 myoglobin 형태.

공기가 있을 때 미오글로빈은 산소원자 두 개와 쉽게 결합하여 새 화합물, **옥시미오글로빈(oxymyoglobin)**을 형성하는데 이는 한동안 공기에 노출된 절단면에서 보이는 좀 더 진한 붉은색의 원인 물질이다. 산소와의 접촉이 용이하므로 옥시미오글로빈가 잘 생성되어 육류는 밝은 적색을 갖는 것으로 되었다.

절단된 육류의 포장에 산소가 투과되는 랩을 사용하는 것은 절단면이 옥시미오글로빈의 밝은 적색이 되어 소비자에게 좋은 인상을 줄 수 있다. 그리고 시트르산은 육류가 개량 공기 포장으로 유통될 때 옥시미오글로빈을 좀 더 길게 유지하는 데 효과적인 물질들이다.

메트미오글로빈
철이온이 산화되고 물과 결합할 때 생기는 갈적색의 myoglobin.

미오글로빈에 산소의 공급이 제한되거나 육류가 형광등이나 백열등에 너무 오래 노출되면 암적색의 **메트미오글로빈(metmyoglobin)**이 형성된다. 이는 철이 3가로 산화되고 물 분자와의 결합으로 생긴 색의 변화이다. 메트미오글로빈은 미오글로빈으로 환원되어 감소될 수 있다. 환경에 따라 미오글로빈 색소는 다음과 같이 옥시미오글로빈, 미오글로빈, 메트미오글로빈으로 전환될 수 있다.

여러 동물의 육류 색과는 대조적으로 어류나 가금류는 일반적으로 밝은 색을 갖고 있다. 헤모글로빈은 가금류의 밝은 육류색에 일조를 하고 있다. 일부 척추가 있는 어류는 밝은색의 큰 측면 근육과 미오글로빈이 색소화된 진한 색의 근육, 두가지가 있다. 연어의 측면근육은 카로티노이드 색소

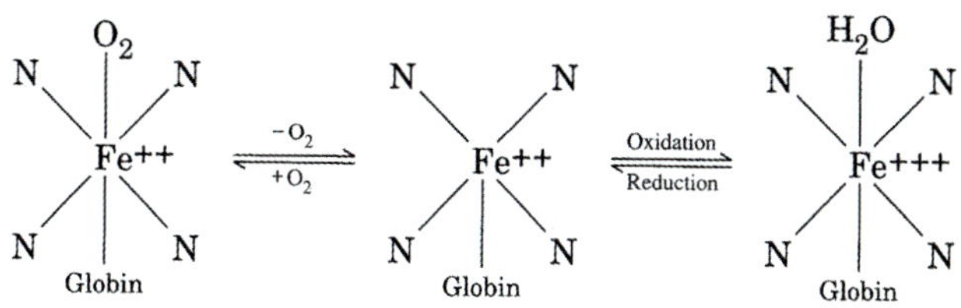

oxymyoglobin (cherry red) myoglobin (purple red) metmyoglobin (brownish red)

인 아스타크산틴(astaxanthin)에서 독특한 색이 유래된다.

아스타크산틴
연어나 익힌 갑각류의 붉은 오렌지색 카로티노이드 색소.

열에 의한 변화

붉은 육류가 조리되는 동안, 열은 색의 변화를 가져온다. 첫째, 근육내부에 있는 미오글로빈은 옥시미오글로빈으로 변화한다. 계속 가열하면 옥시미오글로빈은 완전히 익힌 고기에서 보이는 회갈색의 **변성된 글로빈 헤모크롬(denatured globin hemichrome)**으로 바뀐다. 변성된 globin hemichrome은 metmyyoglobin과는 매우 비슷하나 열이 단백질 변화시킨 것이다. 그 반응은 다음과 같다.

변성된 글로빈 헤모크롬
옥시미오글로빈의 산소가 철이온과 결합한 물로 치환되어 회갈색을 띠게 되는 동안 열로 인해 철이온이 3가로 산화되고 글로빈이 변성될 때 형성되는 미오글로빈 유도체.

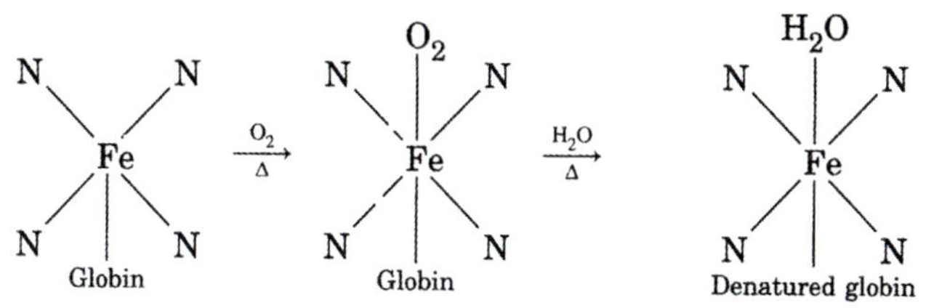

myoglobin (purple red) oxymyoglobin (cherry red) denatured globin hemichrome (gray-brown)

열로 인해 불투명도가 증가하여 생선의 색은 밝아지지만 큰 변화는 아니다. 갑각류에서는 전혀 다른 상황이 벌어지는데 암갈색, 흑녹색의 게, 가재, 새우의 경우 아스타크산틴이 우세한 색이 되고 전에 우세했던 색소들이 결합했던 단백질의 변성으로 효과를 잃어감에 따라 변화가 일어난다.

비늘이 있는 어류와 마찬가지로 가금류도 일반적으로 조리 시 색이 없다. 어린 가금류가 냉동되어 골수에서 약간의 헤모글로빈이 흘러나온다면 뼈에 가까운 살에서 조리 시 어두운 색이 되는 헤모글로빈이 약간 있을 수 있다. 때로는 조리 시 오래 가열한 가금류에서 붉은 핑크색이 나타날 수도 있다. 이는 헤모글로빈이 전기가열이나 바비큐의 불꽃에서 생긴 일산화탄소와 질산이 반응했기 때문이다.

훈제 시 변화

육류는 때로 훈제되기도 한다. 이 과정에는 항상 육류를 장기간 보존하기 위해 질산염, 아질산염으로 처리하는 것이 포함된다. 아질산염의 중요한 기능 중 하나가 훈제육류에서 보툴리누스 식중독을 예방하는 것이다(19장 참고).

색소에 대한 논의에서 육류의 색에 미치는 아질산염의 영향이 특히 관심을 끌고 있다. 육류의 훈제에서 질산염, 아질산염에서 형성되는 질산이 미오글로빈과 결합하여 질산을 형성한다. 이 물질은 훈제시 서서히 가열하는 동안 2차 질산기가 글로빈을 치환할 때 nitric oxide myochrome으로 변화한다. Nitric oxide myochrome은 훈제육류의 주된 색소이고 친근한 분홍빛 붉은색의 안정성에 일조를 한다. 빛과 공기에 노출되면 철이온이 3+ 상태로 산화되어 갈색으로 변한다.

Nitrosyl-hemochrome은 육류의 훈제과정 중 니트로기가 미오글로빈과 결합할 때, 열이 globin을 변성시킬 때 생성된다. 이 물질은 훈제육류에서 많이 보이는 분홍색소이다. Nitrosyl-hemochrome의 철분 산화에서 색소의 구조는 갈색의 변성 globin nitrosyl-hemochrome으로 변한다. 그 반응은 다음과 같다.

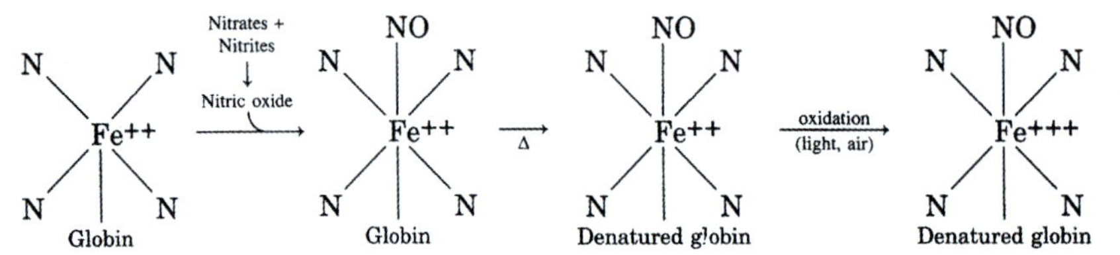

훈제 육류가 빛과 더 많은 산소에 노출됨으로 색소의 분해가 촉진된다. 특히 빛은 색소에서 아질산기의 제거를 촉진한다. 철분색소가 3+로 산화하여 색이 변하는 단계에서 일어난다. 때로는 포피린 링이 산화되어 색소의 변색과 형광녹색이나 노란색으로 변하기도 한다. 포장된 훈제육의 표면에서 가끔 관찰되는 무지개 같은 색은 빛이 색소에 반사되어 나타나는 결과이다.

육류의 품질

품질에 영향을 미치는 요인들

성숙도(Maturity). 동물이 태어나면서부터 도축될 때까지 일어나는 물리적 변화는 최종 육류의 특성에 영향을 미친다. 어린 동물은 뼈에 대한 살의 비율이 비교적 낮다. 또 상대적으로 결체조직이 많고 지방이 적다. 이러한 특성은 태어난 지 3개월이 안 된 망아지 고기에서 관찰된다. 좀 더 큰 범위는 생후 14개월 된 양에서 관찰된다. 다 자란 양고기는 2년 이후 것을 말한다. 소나 양의 연령에 따라 상품성이 달라지는 것과는 달리 돼지고기는 일반적으로 6개월 정도 된 동물로부터 얻어진다.

성숙된 동물의 지방함량 증가는 육질의 맛에 영향을 주고 즙이 많게 해준다. 살코기 안의 결체조직은 성숙한 동물에서 총량이 증가하지만 어렸을 때 보다 %는 낮아진다. 이런 작은 변화에도 다 자란 동물의 육질은 어린 동물보다 덜 부드럽다. 동물이 성장하고 나이가 들어갈수록 근육 안의 콜라겐이 섬유 사이의 교차연결이 증가하여 이러한 부드러움의 감소가 일어나게 된다.

소의 연령에 따라 쇠고기 향기성분은 변화한다. 지방의 함량도 이에 영향을 미치나 다른 변화도 다 자란 쇠고기의 강하고 독특한 풍미에 영향을 미친다. 육질의 색도 점점 더 붉어지고 어두워진다. 근육의 pH도 감소한다. 도체 간의 차이는 성장에 따른 변화가 확실히 설명되기 어렵다는 것을 알려준다.

사후강직
도축 후 일어나는 일시적인 근육의 경직.

사후 변화(Postmortem Change). 도체에서 일어나는 생화학적인 과정은 도살 후 몇 시간 동안 계속되며 육류의 품질에 영향을 준다. 도축 시 동물의 글리코겐 저장 수준은 사후강직(**rigor mortis**)의 시작을 결정하는데 중요한 요인이며 유동되는 고기의 좋은 맛을 내는 중요요인이다. 글리코겐은 도축 후 젖산으로 생화적 분해되는 탄수화물이므로 중요한 물질이다.

소나 다른 포유동물의 살코기의 pH는 중성(pH 7.0~7.2)에서 pH 5.5(생선은 pH 6.2~6.5)로 떨어지는 것이 바람직하다. 이런 사후 젖산 생산 정도는 도축 시 동물이 휴식을 취하고 안정된 상태일 때 얻어진다. 그러나 스트레스와 도축전 운동은 글리코겐 수준을 떨어뜨려 도축 후 생성되는 젖산의 양을 감소하게 한다.

경직되는 동안 pH는 단백질의 등전점에 도달하는데 이는 섬유끼리 서로 뭉쳐서 수분의 일부를 밖으로 내보내는 결과를 가져온다. 육류의 수분함량은 제품의 촉촉함에 영향을 주므로 중요하다. 섬유를 헐겁게 해서 수분을 유지하고 촉촉함도 증가시키기 위해 인산이온이 첨가될 수도 있다. 촉촉함을 증진시키기 위해 용액을 주입하기도 한다. 가금류나 돼지고기의 촉촉함을 증진시키기 위해 다른 첨가제(카리기난, 전분)가 사용되기도 한다(예, 옥수수와 감자).

사후강직과 관계된 화학적 변화는 혈액순환이 중지되면서 산소의 고갈에서 시작한다. 그 결과 혐기적 반응이 일어난다. 크리아틴인산(creatine phosphate)이 더 이상 없을 때까지 ADP에서 ATP가 생성된다. ATP 수준이 낮아지면 글리코겐에서 혐기적으로 젖산이 생성된다. 근육은 신축성을 잃어버리는데 이는 ATP의 부족으로 액틴과 미오신 연결이 해체되기 때문이다. ATP의 고갈로 칼슘이온이 축적되어 근육의 긴장과 경직이 일어난다. 일부 액체는 조직에서 밀려난다.

사후강직의 시작시기는 종에 따라 또 같은 종이라도 도체에 따라 약간씩 차이가 난다. 생선은 죽은 후 1시간 만에 사후경직이 시작될 수도 7시간이나 늦춰질 수도 있다(표 15.2),

생선이 죽자마자 얼음으로 처리되어 보관되면 사후경직은 연장될 수 있다. 사후강직이 끝난 후에야 세균번식이 일어날 수 있으므로 이 연장되는 시간이 생선이 신선하게 보존되는 기간이다. 그러나 보관 중 얼음으로 잘 처리했을 때라도 생선의 보관기간을 죽은 후 일주일 이상까지 늘릴 수는 없다.

가금류는 어류보다 사후강직의 시작이 약간 느리다. 닭은 사후강직이 시작되고 적어도 4시간이 지나면 끝나고, 칠면조는 도축 후 12시간이 지나야 끝난다. 육질의 단단하므로 요리나 냉동은 사후경직이 지난 후에 시작해야 된다. 도축 후 가능한 빨리 얼음물에 담가서 적절히 냉각시키는 것이 사후경직을 지연시키고 육질을 부드럽게 하는데 중요하다.

다른 동물의 도체는 가금류나 생선보다 좀 더 천천히 사후강직에서 벗어난다. 돼지고기는 경직이 지나려면 적어도 하루는 시간이 필요하다. 쇠고기는 부위에 따라 다른 양상을 보이는데 어떤 부위는 최대로 부드러워지는데 11일이 필요하기도 하다. 이 성숙기간 동안 미생물 성장을 억제하는 자외선조사, 70% 습도, 냉동직전 온도 같은 적절한 보관조건이 유지되어야 한다. 이는 육류가 미생물 오염, 건조를 막기 위해 매우 중요하다. 그러나 쇠고기는 도축 후 2°C에서 숙성하기 전 16°C에서 16~20시간 두어야 한다.

가금류나 육류에서 도축 후 45분 이내에 전기자극(100~600볼트)를 1~2분간 주는 것도 육질을 부드럽게 한다. 전기자극은 근육의 수축을 자극하고 부드러움을 유발하는 물리적, 생화학적 변화를 촉진한다.

도축 후 너무 빨리 냉각되면 근육의 수축이 급격히 일어나서 **냉수축(cold shortening)**이라는 현상이 일어난다. 이 근육길이의 수축은 근육에 따라 근육이 뼈에 붙어 있는지 아닌지에 따라 달라지는데 이는 뼈가 수축을 제한하고 있기 때문이다. 근육이 사후경직에 있을 때 질감이 안 좋은 이유는 수축되는 근육 안에서 미오신과 액틴의 교차결합이 상당히 이루어지기 때문이다.

냉수축
도축 후 너무 급속히, 심하게 냉각된 도체에서 발생하는 근육의 지나친 수축.

적절한 온도 조절하의 도체에서도 사후경직은 진행이 된다. 다행스럽게도 경직 동안 일어나는 수축은 **숙성(aging)**될 때 일어나는 것과 반대이다. Z 라인(그림 15.1 참고)이 희미해지고 근원섬유

숙성
사후경직이 진행되는 동안 그대로 며칠 혹은 2주까지 도체의 질과 형태에 따라 부드러움을 증가시키기 위해 육류를 보관하는 것.

표 15.2 도살 및 사후 경직의 통로 사이에 일반 경과 시간

생물종	도살에서 사후경직이 일어나는데 필요한 시간
어류	1~7시간(냉동하지 않을 경우)
닭고기	4시간 이상
칠면조	12시간 이상
돼지고기	1일 이상
소고기	11일

표 15.3 미국 농무부 육류 등급

소고기	송아지고기/새끼고기	양고기/말고기	바로우/기프트	소우
프라임	프라임	프라임	U.S. No. 1	U.S. No. 1
초이시	초이시	초이시	U.S. No. 2	U.S. No. 2
굿	굿	굿	U.S. No. 3	U.S. No. 3
유틸리티	스탠다드	유틸리티	U.S. No. 4	미디움
컬	유틸리티	컬	유틸리티	컬

가 해체되어 육류는 점차 부드러워진다. 이렇게 연해지는 이유는 이론적으로 cathepsin과 단백질 분해효소(calcium-activated factor)가 근육 단백질에 작용하여 더 간단한 단백질을 만들고 액틴과 미오신 사이의 결합을 해체하기 때문이라고 한다. 분명한 것은 숙성이 쇠고기나 다른 종류 육류의 부드러움을 촉진한다.

도체를 주의해서 걸어놓음으로써 부드러움이 증가하는데 경직시작 전 일반적인 휴식하는 환경에서 근육을 늘려주기 때문이다. 보통 도체는 아킬레스건을 매달아 놓는데 이 자세는 안심 근육이 휴식 시보다 절반 이상 늘어나게 한다. 또 도체를 엉덩이 뼈로 걸어놓는 것은 몇몇 다른 근육의 부드러움을 증가시킨다고 한다.

Dark-cutting beef
pH가 6.6으로 떨어진 도체에서 나온 매우 어두운, 끈적거리는 쇠고기.

PSE 돼지고기
일반적으로 pH 5.1~5.4의 낮은 pH를 가질 때 생기는 색이 연하고 무르고, 즙이 많은 돼지고기.

쇠고기와 돼지고기의 색은 사후경직을 지나 도체가 숙성되는 동안(도살 시 저장되어 있던 글리코겐의 영향으로) 최종 도달하는 pH에 따라 영향을 받는다. 쇠고기의 경우, 최종 pH가 약 6.6(일반적으로 5.5 이상) 이상이면 매우 어두운 적색, 거의 흑색을 보이는데 이러한 쇠고기를 **dark-cutting beef**라고 부른다.

사후강직 동안 비정상적으로 낮은 pH에 도달하는 과정 중 돼지고기에서 나타나는 변패요인들은 **PSE 돼지고기**(창백하고, 연하고, 분비물이 있는)라고 불리는데, pH가 5.1 혹은 5.4일 때 나타난다. 이런 지나친 산성조건은 조리시 육즙을 상당히 잃게 되어 색이 연하고 무른 돼지고기가 된다. 이러한 양쪽면의 pH 문제는 시장에서 낮은 가격을 형성하게 된다.

그림 15.8 연방 검사 도장이 모든 고기 절단면의 대분할부분육에 요구된다.

검역과 등급 매기기

미국 주정부의 법은 육류가 주 경계를 넘지 않을 때 적용되지만 연방정부의 감독은 도살장이나 모든 육류의 주간거래에 의무적으로 하도록 되어 있다. 동물이 질병이 없고 위생적인 기준과 온도조절이 이루어져 시장에 나갈 때 육류가 안전한지를 확인한다. 처음 해체한 각 부위에 찍힌 연방검역 인증도장이 육류 안전성에 대한 적절한 검역의 증거가 된다(그림 15.8).

육류의 질은 마블링, 조직, 수율 같은 물리적 특징에 근거하여 세워진 기준에 따라 도체를 평가하는 등급사가 결정한다(그림 15.9). 그러므로 등급명칭은 맛의 등급을 의미하는 것이지 안전성을 의미하지는 않는다(표 15.3).

그림 15.9 연방 고기등급 검사 도장이 연속해서 대분할부분에 표기되어 사체의 품질을 결정한다.

부위 구분

시장에서 도체는 분해되어 쇠고기, 송아지 고기, 돼지고기, 양고기의 산업기준에 따라 불린다. 도체는 큰 첫 번째 부분육으로 나눠는데 각각은 주간 교역 시 필요한 연방검역 도장이 찍혀 있다. 이 첫 부분육은 소매단위로 나누어지고 기준에 따라 표시된다. 소비자들은 표시를 읽고 등급기준을 안다면 특정 부위에 대한 특징을 예상할 수 있으며 연한 정도도 예측할 수 있다(그림 15.10).

육류연구자들은 사용한 육류의 종류, 대략의 나이, 뼈의 유무, 부위 특정 근육을 표시해야 한다. 연구목적을 위해 검사한 부위의 특정 근육을 구분하는 여러 근육명들이 사용되고 있다(그림

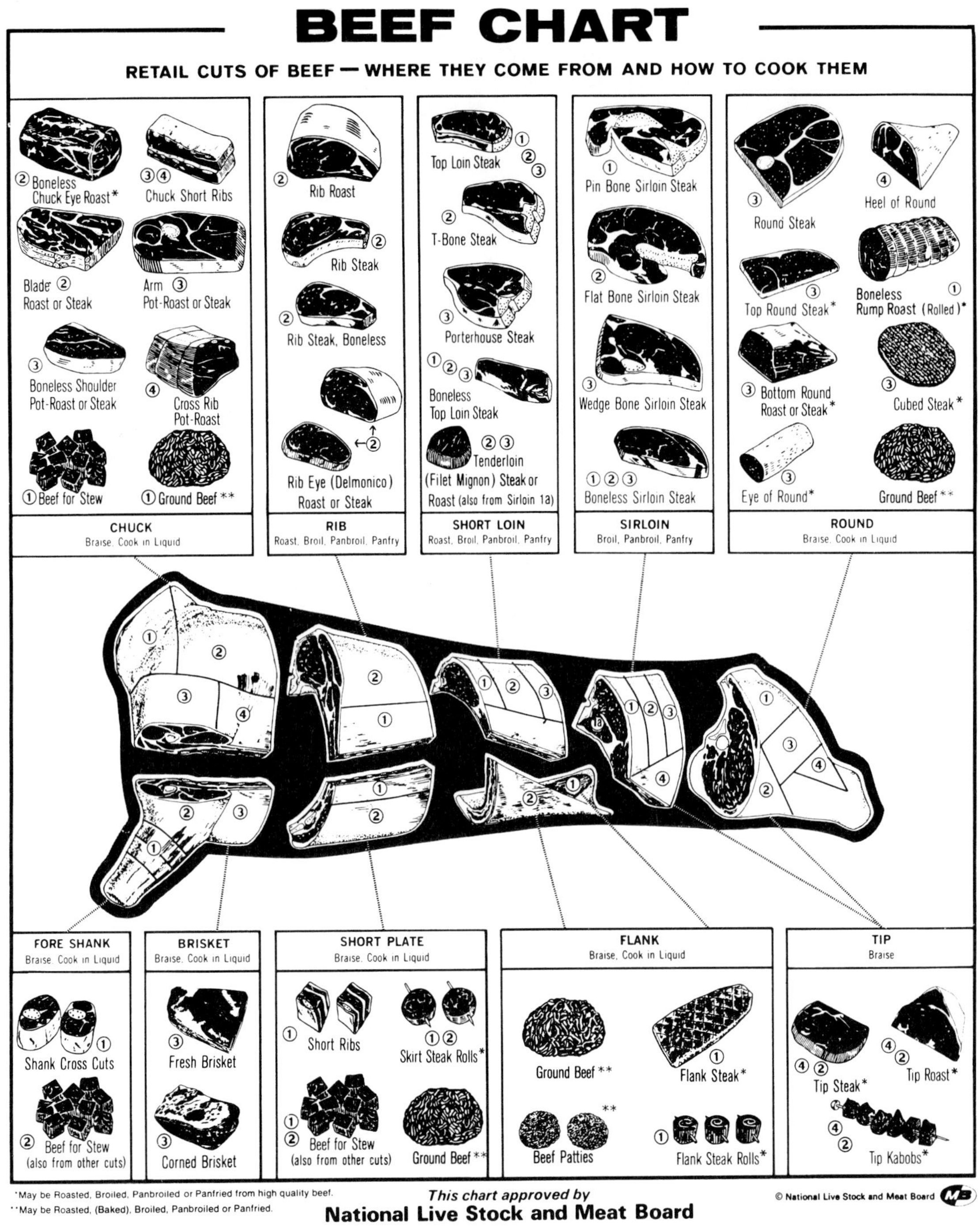

그림 15.10 쇠고기의 부위별 조리 차트

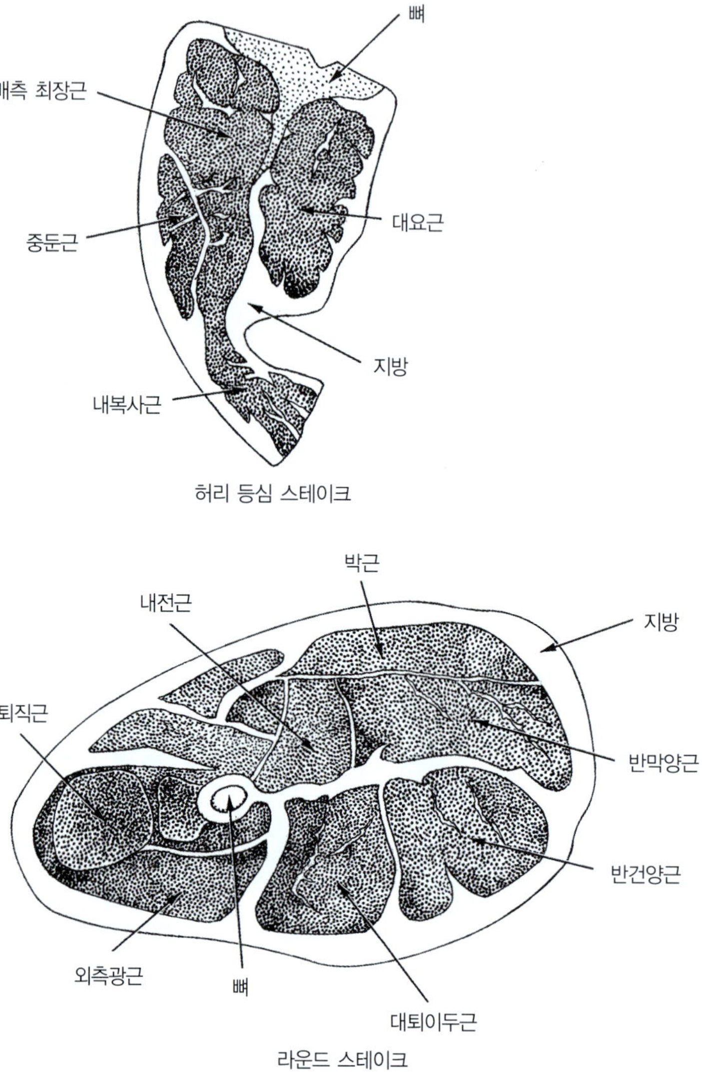

그림 15.11 대형 비프 스테이크와 라운드 스테이크의 근육

15.11). 연한 정도처럼 같은 부위라도 서로 다른 근육에서 물리적 성질의 차이를 보이므로 이러한 구분은 반드시 필요하다. Shear test 결과 psoas가 가장 부드럽고 내부 사선 근육이 가장 덜 부드러웠다: 숫자가 작을수록 더 부드러움을 나타낸다(표 15.4).

보통 안심으로 불리는 psoas와 longissimus는 육류연구에 자주 사용되고 이 두 근육을 모두 포함하고 있는 T-bone steak는 gluteus medius와 internal oblique도 갖고 있다. Longissimus dorsi는 길이가 긴 근육이어서 늑골살의 기본근육이다. 늑골과 허리 살에는 근육이 몇 개 없는 반면 둥근 스테이크 살에는 근육이 있다(그림 15.11).

표 15.4 전단에 의해 측정된 선정 근육의 상대적인 유연함

근육	절단에 필요한 힘(kg)
허리 등심 스테이크	
대요근	3.3
배측 최장근	3.6
중둔근	3.4
내복사근	5.7
라운드 스테이크	
내전근	4.5
반막양근	5.4
반건양근	4.9
대퇴이두근	4.8
외측광근	5.2
대퇴직근	4.1

Ramsbottom, J. M. and Strandine, E. J. 1948. Comparative tenderness and identification of muscles in wholesale cuts of beef. *Food Res.* 13: 315.

판매

냉장/냉동

미국 상점에 나와 있는 육류, 가금류, 생선, 어패류들은 미국에서 생산된 것일 수도 있으나 태국, 베트남, 뉴질랜드처럼 먼 곳에서 온 것일 수도 있다(그림 15.12). 먼 항구로부터 온 제품들은 가능한 경제적으로 선적할 수 있게 냉동되고 국내 제품들도 유통하기 전 냉동된다. 냉동은 이런 단백질이 풍부한 식품의 부패를 지연시키고 유통기한을 연장시킨다.

표시 기준에 따르면 제조업자는 판매를 위해 진열된 육류, 가금류, 생선 및 어패류가 얼마의 온도로 처리되었는지 소비자에게 알리도록 되어 있다. **'신선(fresh)'** 상태로 유통되는 제품은 −3.3°C 이하로 내려간 적이 없어야 한다. −3.3°C 로 냉각된 가금류나 육류제품들은 아직 얼지는 않았으나 어는 점에 근접한 것이다.

신선
3.3°C 이하로 냉각된 적이 없는 육류, 가금류 생선과 어패류에 대한 표시.

생각할 거리: Kosher/Halal

틈새시장에서는 특별한 소비자의 독특한 요구조건을 만족시키는 식품이 개발되어 왔다. 그러나 기업체의 목표는 상대적으로 작은 시장뿐 아니라 그 외 더 많은 사람들에게 물건을 파는 것이다. 오랜 기간 동안 유대 음식법에 따라 생산된 육류, 유제품, 베이킹 제품 등등이 생산되어 왔고 각 포장마다 유대음식으로 확인되고 표시되었다. 유대음식을 사는 유대인이나 다른 많은 사람들은 그들이 좋아하는 음식을 찾아내어 즐긴다. 현재 미국시장에는 약 86,000개의 식품이 유대음식 표시를 하고 있다.

미국에 이슬람 인구의 증가로 halal(이슬람 음식법에 따라 준비된 육류와 식품) 표시된 식품들이 틈새시장에 늘어나고 있다. Kashrut과 halal 표시는 육류(돼지고기는 금하고 있다)나 가금류가 종교에서 정한 대로 도살되고 방혈되었음을 의미한다. Halal이 표시된 제품들은 전국 슈퍼마켓에도 퍼져갈 것이라는 전망이다.

그림 15.12 베트남에서 물고기는 낚시 보트에서 해안에 내려지고 얼음을 넣은 다음, 그 첫 번째 이동단계가 가까운 시장에 가는 것이다.

냉동된 적이 있는
냉동되었던 육류, 가금류, 생선 및 어패류가 해동되어 최소 -3.3°C 되었음을 표시.

일부 가금류, 생선 그리고 육류에서 **'냉동된 적이 있는(previously frozen)'** 표시를 볼 수 있다. 이런 제품들은 -17.8°C 로 냉동되었다가 -3.3°C로 된 것이다. 이는 냉동제품에서 일어나는 조직감의 변화가 있을 수 있음을 말해준다. 또한 이 표시는 제품을 빨리 소비할 것과 재냉동시키지 말아야 함을 나타낸다.

국내산/수입산

육류, 가금류, 생선 및 어패류는 국내에서 생산되거나 외국에서 생산되어 소비자에게로 온다, 수입물품은 통관은 미국세관뿐 아니라 USDA나 FDA처럼 국가의 식품안전성에 책임을 지고 있는 여러 연방부서의 관심이기도 하다. 식품수입을 허락하는 법규는 매우 중요한데 수입되는 식품이 위험할 가능성이 있기 때문이다. 미국 일반대중들은 시장에 나와 있는 모든 식품이 섭취하기에 안전하

성분 탐구: 사과와 항균식용필름

사과껍질을 이용한 식용필름, carvacrol와 cinnamaldehyde이 상업적 육류포장과 가정에서 이용가능한지 테스트되었다. 저장기간 동안 육류에서 유해한 미생물(*E. coli, 0157:H7 Listeria monocytogenes*)의 성장을 지연시키는 것이 목적이다. 육류의 랩으로 이런 필름을 사용하는 것은 2배의 이점이 있다: 식품의 안전성을 증진하고 버려질 물건에서 이익이 생산된다는 점이다.

길 기대한다. 식품의 안전성과 위생에 대한 기준은 각 나라마다 크게 달라서 수입되는 육류나 식품이 안전하다는 것을 확인하는 사람들에겐 큰 도전이 되고 있다.

Sodium과 potassium lactate는 *Clostridium botulinum, E. coli 0157:H7, Salmonella*와 *L. monocytogene*의 성장을 억제하고 유통기한을 연장하기 위해 육류에 첨가되기도 한다. Lactate염과 함께 diacetate도 같이 사용되는데 이들은 특히 즉석 조리 식품에서 리스테리아의 억제에 효과적이다. Lactate는 유통 중 쇠고기의 붉은색을 유지하는데 효과적이다.

환경오염으로 인한 어류오염은 환경을 깨끗게 하려는 노력에 방아쇠를 당겼다. 산업과 사람들의 폐기물에 대한 특별한 관심으로 계곡, 강, 바다에서 좀 더 깨끗한 물을 만나게 되었다. 이러한 노력들은 계속되어야 하고 시장으로 보내지는 야생과 양식어류들의 오염 정도는 모니터링되어 소비하는데 안전하다고 판명되어야 한다. 양식되는 연어의 PCB 수준은 안전을 위해 권고되는 범위 안에 있으며 위험하지 않다.

식품안전성에 관한 국제적 관심의 한 예로 **광우병(mad cow disease)**을 박멸하고자 하는 노력을 들 수 있다. 인간에서 크로이펠츠-야곱병은 유럽의 광우병과 관련된 쇠고기를 먹은 사람들에게서 몇 건만이 발생하였다. Bovine spongiform encephalopathy나 광우병을 제어하기 위한 노력이 유럽과 가축이 자라는 세계각지에서 계속되고 있다.

광우병
Bovine spongiform encephalopathy의 일반적인 명칭.

1993년 캐나다에서는 영국에서 수입된 모든 소를 몰살시키면서 광우병을 제어하는 노력을 하였다. 영국과 캐나다는 BSE의 확산을 막기 위해 전파의 매개가 되는 사료를 통제하는데 반추동물에서 유래한 단백질 사료를 금하고 있다. 이러한 노력에도 불구하고 캐나다에서는 2003년 이래 7건의 BSE 사고가 있었고 가장 최근에는 2006년 7월에도 발생하였다.

미국의 가축에서 BSE의 확산가능성을 줄이기 위해 캐나다 가축과 가축생산품의 미국유입이 금지되었다. 또 다른 예방적 수단은 도축 전 BSE 감염에 잘되는 뇌와 척수물질을 제거하는 것이다. 미 농무부는 보행이 불가능하거나 늙고 병든 소가 식품으로 공급되는 것을 금지하고 있다.

도체/포장육

전통적으로 쇠고기, 송아지고기, 돼지고기, 양고기 도체는 시장으로 보내져서 정육업자가 잘라내어 소비자에게 포장할 때까지 냉장된 방에 매달려 있었다. 오늘날은 전국에서 포장된 육류를 대량으로 시장에서 볼 수 있다. **포장된 육류(case-ready meats)**는 HACCP로 각 시설이 인증된 큰 시설에서

포장된 육류
소매시장으로 보내기 위해 일정한 곳에서 가공되고 소매 포장되는 육류.

이름이 뭐지?

스시바나 멸종위기 어종 수를 조사하는 곳에서는 특히 특별한 종류의 어류를 아는 방법이 필요하다. 멸종위기 동물의 수는 전 지구적 관심이 되어 남획이나 멸종을 막기 위한 모니터링이 필요하다. 좀 더 실제적으로 소비자들은 어떤 어류를 실제 구매하나?

스시를 주문하는 소비자들에게 제공되는 메뉴설명의 진실성이, 주원료인 생선의 종류에 따라 가격이 달라지는 식당이나 시장에서 관심이 되고 있다. 식당주인이 덜 비싼 생선을 대신 사용할 때 이익이 나기 때문인데 그러나 매우 지식 있는 소비자는 이를 알게 되어 다시는 그곳에서 식사를 하지 않을 것이다. 많은 사람들은 자신이 속았다는 것을 알지 못할 것이다.

미래에는 어종을 검사하는 수단이 생길 것이다. 생선의 작은 DNA만으로 어종을 구분하는 바코드 역할을 할 것이다. 현재에는 90분간의 실험실 검사가 필요하지만 목표는 소비자들이 식당에 있는 동안 검사를 받을 수 있는 기술을 개발하는 것이다. 그렇게 되면 잘못된 생선이름은 메뉴에서 곧 없어지게 될 것이다.

파파인은 실온에선 효과가 거의 없다가 55°C가 되면 활성화되고(80°C까지도) 가열하면 활성이 증가된다. 열에 의해 효소가 변성되어 활성이 그치고 85°C에는 불활성화된다.

연육효과의 대부분은 근원섬유 주변의 근섬유막을 파괴하고 액토미오신을 수화시키며 섬유의 여러 단백질을 계속 분해하는 효소작용의 결과이다. 콜라겐도 수화되어 연육작용을 돕는다. 이 효소작용의 결과로 무른 조직감이 보이기도 한다. 요리 전 얼마 동안 효소를 처리했던지 간에 효소는 뜨거운 고기에서 작용한다.

파파인이 연육에 사용되는 기본 효소이나 다른 단백질 분해효소도 같은 목적에 사용될 수 있다. 예를 들면 **bromelain**은 파인애플에서 발견된 효소이다. Kabobs나 stir-fried 닭고기처럼 레시피에 생과일이 들어있을 때 간혹 이런 작용이 나타난다. Bromelain은 77~82°C에서는 활성화되지 않는다. 무화과에서 추출한 단백질 효소 **ficin**은 연육작용을 하는 또 다른 효소이다.

Bromelain
파인애플에서 나온 단백질 분해효소.

Ficin
무화과에서 나온 단백질 분해효소.

기계적 연육법(Mechanical Tenderizing). 상업적으로는 바늘과 칼날로 결체조직을 잘라주어 연육작용을 일으키는 기기로 처리할 수도 있다. 이것은 같은 방법을 쓰면서 덜 부드럽게도 할 수 있다. 기계적 연육법은 조직감에 변화를 주면서 효소를 사용할 때 종종 일어나는 무른 특징이 없다.

또 다른 기계적 연육법은 고기 망치로 때려서 근섬유와 결체조직을 파괴하는 것이다. 또 다른 방법은 망치로 때리는 것보다 좀 더 정밀한 것인데 입방체로 칼집을 내는 것이다. 이는 근육의 한 부분을 잘라내는 기계를 통과시키는 것인데 이 과정이 반복되면 부드러움이 늘어난다.

기계적 연육법의 최종은 육류를 갈아내는 것이다. 섬유와 연결조직을 잘라냄으로써 아주 부드러운 고기가 된다.

변형 육제품

저지방 육류

체중조절과 콜레스테롤에 대한 소비자의 관심이 높아지자 저지방육제품에 대한 요구가 생겼다. 이러한 요구를 충족시키기 위해 초기에는 쇠고기 등급기준을 조정하여 지방이 비교적 적은 쇠고기도 USDA select로 메겨질 수 있게 하였다. 현재에는 혼합한 육류가 10% 이하 지방함량의 같은 고기를 만드는데 사용된다.

조정육

대규모 구매에서 부위와 질의 통제는 중요한 포인트이다. **조정육(restructured meat)**은 이러한 문제에 답을 제시하고 식품기술자에게 도전도 준다. 생산측면에서 단백질 조각의 크기, 지방함량, 결체조직의 양에도 세심한 주의를 기울여야 한다.

조정육
덜 비싼 부위로, 작은 부분으로 나누어 지방과 첨가물을 섞어 일정한 조성을 갖도록 모양을 낸 고기.

6 mm 이하의 조각이 2배 이상 큰 조각보다 조정육 만드는데 적합하다. 큰 조각의 결체조직은 품질을 떨어뜨리는 요인이다. 일반육보다 크게 다르지 않지만 조정육은 단체급식이나 가정에서도 충분히 받아들여지고 있다.

미세육

고기를 작은 조각으로 다져서 물을 넣고 가열한다. 물리적 특성을 개선하거나 조직감, 다즙성 같은 관능 특성을 높이기 위해 인, 소금, 다른 염들을 첨가하기도 한다. 지방의 종류와 양을 조정하여 핫도그나 소시지 등과 같은 **미세육(comminuted meat)**의 활용도를 늘린다.

미세육
거의 가루로 된 고기와 원하는 지방과 염을 섞어 가열하여 만든 제품.

성형수산식품

영양에 대한 관심으로 생선의 소비가 증가되었고 시장에 새로운 형태와 제품을 제공하려는 노력이

그림 15.16 생선 뼈를 발라내고 있다. 일반적으로 대구류, 흰살 생선 뼈를 발라내는 것은 어육을 만들기 위해 사용된다. (Courtesy of the U.S. Department of Agriculture.)

늘어났다. 어류 가공품 중 하나가 생선육을 다진 것인데 이는 냉동보관 동안의 문제를 예방하고 이취를 제거하기 위해 지방, 색소 등의 물질을 세척해낸 것이다. 소르비톨이나 설탕 같은 보존제가 냉동 전에 첨가된다. 이와 같은 중간적인 해산물을 소위 **연육(surimi)**이라 부른다(그림 15.16).

연육
첨가물을 넣고 갈은 생선살을 정제, 냉동하여 만든 성형된 해산물 제품.

기술적으로 연육은 어떤 종류의 생선으로도 만들 수 있다. 그러나 대부분 대구를 사용하고 일부 다른 종류(비용 때문에 인기가 덜한)도 사용된다. 연육을 만들려면 저민 고기, 목 없는 생선, 창자를 빼낸 생선에서 뼈를 제거해야 한다. 저민 살코기(그림 15.16)는 밝은색과 젤 형성능력이 좋은 높은 등급의 연육을 만들 수 있다.

뼈를 제거한 생선을 1~2 mm 구멍이 있는 통에서 으깨면 고품질의 제품을 얻을 수 있다. 충분한 세척, 헹굼, 여과, 탈수하여 수분 82%로 하기 위한 과정이 필요하다. 동결 전 마지막 과정은 보존제나 항동결제를 첨가하는 것이다.

연육은 성형해산물(특히 게나 새우 같은)을 만드는데 주로 사용된다. 다진 생선살만으론 게나 새우 같은 조직감이 없으나 만들고자 하는 제품에 따라 난백과 전분을 첨가해 주면 고무 같은 느낌 없이 단단함을 만들 수 있다. 이 두 성분은 서로의 영향을 조절하는데 전분은 고무 같은 느낌을 상승시키고 난백은 고무 느낌의 matrix 형성을 방해한다. 미량(4% 이하)의 기름을 넣어주면 냉동-해동 특성도 개선된다

게살이나 새우의 질감에 근접하기 위해서 섬유화를 시키기도 한다. 혼합물을 판처럼 넓게 펴고 간단히 가열하여 탄력을 주어 접거나 모양을 만들 수 있게 한다. 원하는 형태로 펼쳐진 혼합물은 전분을 젤라틴화하고 단백질이 단단하거나 고무같이 되지 않게 변성할 수 있을 만큼 충분히 가열된다. 표면은 게나 새우처럼 색이 칠해진다.

연육으로 만든 성형해산물 제품을 발전시키기 위한 많은 연구가 있어 이들 제품은 많은 소비자

들에게 받아들여지고 있다. 새우, 게 제품과 별개의 경제를 가지며 현재의 품질수준이 생명력 있는 생선제품으로 가능하게 하였다.

콩단백

제품들

식물단백질은 동물단백질의 대체제로서 오랜기간 연구되어왔다. 연구된 식물성 단백질 중 콩 단백질이 가장 다용도로 사용될 수 있으며 경제적으로 실현 가능한 것이었다. 현재에는 몇몇 콩 단백질 제품들이 주 요리나 다른 조리법으로 맛과 조직감에 변화를 주는데 사용되고 있다(그림 15.17). 건조된 콩은 34%의 높은 단백질 함량을 갖고 있다. 필수 아미노산 조성은 식물 단백질로서는 특이하게도 완벽한데 이런 이유로 영양학자나 식이요법 전문가들이 콩 단백질을 하루 단백질 필요량을 채우는 좋은 수단으로 권장하는 것이다. 메티오닌이 콩 단백질에서 가장 부족한 아미노산이다.

콩은 시장에 보이는 제품으로 되기 위해 몇 단계의 가공을 거친다. 콩의 껍질이 벗겨지고 기름이 추출되면 남는 부분이 단백질 함량 50%인 대두박이다. 여러 단계에서 알칼리와 산을 사용하여 pH를 변화시킴으로써 단백질 함량 70%인 **대두단백 농축액(soy protein concentate)**과 95% **대두단백 분리액(soy protein isolate)**을 얻는다. 곡물과 섞어 채식주의자 육류대용품을 만드는데 농도는 중요하다; 분리액은 음료나 에너지 바를 만드는데 적당하다.

대두단백 농축액
보통 70% 단백질을 갖고 있는 탈지대두제품.

대두단백 분리액
탈지된 고농축(95%) 대두단백; 질감을 높인 대두제품을 만드는데 사용.

조리된 대두분을 사출성형되거나 방적기를 통과해 섬유처럼 응집되어 실처럼 만드는 과정들을 통해 조직감있는 콩 단백질 제품이 분리액에서 만들어진다. 섬유질은 육류대용품으로 짜여지거나 더 훌륭한 성과를 내기도 한다. NutriSoy는 콩과 식물성 단백질이 합쳐져 여러 채식주의 식품에 적합한 육류대용품이다. 콩 단백질로 모조 베이컨을 만든 것은 익숙할 것이다. **인조콩단백(textured soy protein, TSP)**은 **인조식물단백(textured vegetable protein, TVP)**이라고도 불린다.

인조콩단백(TSP) 또는 인조식물단백(TVP)
콩에서 섬유를 생산하는 일련의 단계의 최종 제품.

인조 식물단백이 가장 많이 사용되는 형태이나 대두분과 대두가루도 특수한 목적으로 사용된다. **대두가루(soy grits)**는 탈지대두편을 거친 입자로 갈아서 만든다. 이는 일부 같은 육제품과 곡류의 조직감에 변화를 주는데 사용된다.

대두가루
거칠게 갈은 대두편.

계속 갈면 아주 고운 입자가 얻어지는데 이것이 단백질 함량 50%인 대두분이다. 유통기한 때문에 탈지대두분이 사용된다. **대두분(soy flour)**은 영양적 장점과 부드러움, 색에 좋은 영향을 주어 제빵원료로 사용된다(그림 15.18). 그러나 제빵 시 밀가루 무게의 3% 이상, 도넛에서는 10% 이상 사용하지 않는다. 대두분은 글루텐이 부족하여 반죽이나 도넛에서 사용이 제한되므로 적절한 탄성을 주기 위해선 충분한 밀가루와 같이 사용해야 한다.

대두분
곱게 갈은 대두편.

동물의 젖에서 치즈를 만드는 것과 유사하게 두유에서 덩어리를 형성함으로써 여러 형태의 콩 제품을 만들 수 있다. 담백하고 스펀지같이 굳어진 콩 단백질 제품을 '**두부(tofu)**' 라고 한다. 두부는 광범위한 레시피에 쉽게 사용될 수 있게 3가지 형태(표 15.6)로 만들어진다. 단단한 두부는 두부 입방체를 가장 농축되고 단단한 형태로 이용하는 레시피에 적당하다. 부드러운 두부는 수분함량이 높아 수프나 소스의 섞기 용이하다. 커스터드 질감인 순두부는 잘 섞어서 토핑으로 이용하기 좋다. 영양적으로 순두부는 지방이 열량의 30%밖에 안되어 45%인 단단한 두부, 52%인 부드러운 두부

두부
대두응유제품.

표 15.6 두부 제품과 이들의 이용

제품	지방의 칼로리 (%)	사용
경두부	45	네모썰기
연두부	52	수프, 소스
순두부	30	토핑, 커스터드와 같은 디저트

그림 15.17 건조 콩은 식품에 있어서 광범위한 재료가 된다. (Courtesy of Agricultural Research Service.)

에 비해, 더욱 관심의 대상이 되고 있다. 두부는 냉장보관 동안 물에 담가 보관해야 하고 그 물은 매일 갈아주어야 한다.

두부는 많은 아시아 조리법에 많이 사용되고 조직감과 맛에 변화를 주며 음식의 단백질 함량을 높여준다. 이 육류 대용품을 주 요리, 수프, 사라다에 사용될 수 있다. 또한 잘게 의깨어져 소스나 치즈케이크 같은 후식의 다른 성분과도 잘 어울린다. 두유아이스크림으로 냉동 디저트에서도 두부의 다양성을 넓히고 있다.

몇 가지 콩 치즈가 있는데 모짜렐라 대용품이 그것이다. 이 제품들은 온스당 약 6 g의 단백질이 있는데 이중 일부도 우유에서 온 것이다. 대두의 isoflavone 함량은 두유치즈 100 g당 6~7 mg이다.

아시아에선 발효된 콩제품이 인기가 좋다. 대두를 요리하여 콩 발효균을 첨가하여 만든, 씹히는 맛이 있고 케이크 같은 제품이 **템페(tempeh)**이다. 콩은 통째로 익혀서 발효시킨 것은 **낫토(natto)**이다. 발효하면 수프나 스프레드로 이용하는 독특한 냄새의 끈적거리는 제품이 나온다.

콩에 곰팡이와 소금을 섞어(때로 쌀이나 다른 곡식도) 오래두는 반죽 같은 조리가 **미소(miso)**이다. 이 짠 발효 콩제품은 일본에서 수프, 소스 등에 많이 사용된다.

템페
케이크와 유사한 발효 콩제품.

낫토
스프레드나 수프로 사용하는 발효 콩제품.

미소
콩에 소금(때로는 쌀)을 섞어 3년이나 발효시킨 반죽.

콩단백 제품의 이용

콩단백 제품이 육류대용품으로 사용되는 것 외에도 육류 증량제로도 사용된다. 갈은 고기와 섞으면 같은 양으로 많은 사람들에게 음식을 줄 수 있어 식품비가 절약된다. 적절한 사용량을 연구하고 있다. 콩 단백질을 첨가하면 쇠고기만으로 만든 패티보다 다즙성이 개선된다. 그러나 콩단백질이 20%에 가까우면 맛, 조직감이 떨어진다.

쇠고기보다 저렴한 가격 때문에 쇠고기 가격이 높을 때 증량제로서 많이 사용한다. 연방학교급식 프로그램에서는 갈은 육제품에 콩단백질을 25%까지 사용할 수 있도록 허가했다. 여러 소시지, 치킨너겟, 다른 가금육제품, 갈은 육제품에도 콩단백 분리액이나 농축액을 넣어 다즙성과 수율을 증진하고 있다.

생각할 거리: 실험실 버거?

식품과학과 결합된 의학연구의 최첨단 과학자들이 생명공학의 산물로 만들어낸 페트리디쉬 속의 고기조각을 상상해보라. 그런 일이 일어날 수 있을까? 그 질문에 대한 대답은 먼 훗날에나 가능하다는 것이다. 그러나 호주, 유럽, 북미의 실험실에서는 근육세포를 조직으로 키우는 기술을 개발하고 있다.

University of Western Australia와 Harvard University의 연구팀은 멸균된 환경을 유지하면서 반응조에서 얇은 한 겹의 세포를 얻었다. 이 세포들은 두꺼운 세포가 되어야 할 것이다. 네덜란드에 있는 국제 생물리연구소 과학자들은 세포를 단겹을 너머 체적을 갖도록 발전시키는 발판을 마련했다. 이런 형태의 의학연구는 인공 기관을 만들어내는 것이 궁극적 목적이다.

또 다른 미래의 발전가능성은 근육조직을 식품의 단백질 공급원으로 사용하도록 하여 광우병 같은 문제를 없애는 것이다. 먼 미래에는 우주여행사들이 동물을 운반하지 않고도 재생육 급원을 가지고 다닐 수 있을 것이다. 지금은 공상과학처럼 들릴지 모르나 현재 진행되는 기본연구가 미래 사람들에게 답을 제공하게 될 것이다.

인조고기나 다른 대두제품의 물 결합능력으로 다즙성이 늘어난다. 그러나 콩단백질로 만든 패티나 미트로프에 지질이 나타날 수 있는데 이는 콩단백질과 결합되어 있어 최종제품에도 보존되어있다. 이런 TVP는 육류 증량제로 사용이 제한되는데 보존된 지방은 제거되지 못하여 완전히 제거했을 때보다 최종제품에 높은 지방함량을 갖게 된다.

퀀TM

미생물 단백질
곰팡이로부터 생산된 단백질.

퀀TM
*Fusarium venenatum*에서 얻은 균사와 접착제를 섞어 가열하여 얼린 제품의 상품명.

육류대용품을 만들기 위한 혁신적인 **미생물 단백질(mycoprotein)**이 영국에서 개발되어 **퀀(Quorn™)**이라는 이름으로 유통된다. 연구자들은 밭에서 자라는 곰팡이 *Fusarium venenatum*에서 균사를 얻는다. 포도당을 배지로 잘 발효시키고 미세균사를 얻게 된다. 균사체를 접착제와 섞고 최종적으로 육류와 비슷한 질감을 갖도록 특허화한 과정으로 가열, 냉동된다. 전체요리로 사용되기도 하고 채식주의 식단으로, 단백질 대용품으로 사용된다.

젤라틴

조성

젤라틴
오랜시간 가열로 트로포콜라겐를 통해 콜라겐에서 얻어지는 단백질.

젤라틴(gelatin)은 가정에서뿐 아니라 식품 산업체에서도 다양한 용도로 사용하는 안정제이며 젤화제이다. 식품산업체에서는 일련의 탄수화물 검들과 경쟁이 되지만 가정 조리 시 독특한 단백질은 독보적이다. 젤라틴은 가열 동안 변화를 일으키는 결체조직의 단백질, 콜라겐의 트로포콜라겐 가닥에서 생성된다.

특성

수화(Hydration). 젤라틴을 사용할 때 첫 단계는 단단하고 가루가 되기 쉬운 물질을 부드럽고 유연한 것으로 바꾸는 것이다. 길어진 젤라틴 분자는 많은 극성이 노출되어 있어 물이 각 분자의 여러 포인트에서 수소결합할 수 있다. 물이 결합되면서 젤라틴은 눈에 띄게 부풀어 오른다. 이는 물 1/4컵에 젤라틴 1티스푼을 넣으면 관찰할 수 있다. 물과 결합하고 분자 사이에 자유수를 잡고 있는 젤라틴의 놀라는 능력으로 짧은 시간에 작은 양의 젤라틴이 훨씬 큰 양의 물을 함유할 수 있다. 이는 수화된 젤라틴의 늘어난 부피와 부은 물이 사라진 것으로 알 수 있다.

물을 흡수해서 젤라틴이 부풀어오르는 것은 pH와 염의 영향을 받는다. 부풀기는 산성이 강할 때나 염기성이 강할 때보다 등전점에서 최소가 되는 현상을 보인다. 여러 젤라틴에서 수화가 최대가 되는 pH는 3.2~3.5 혹은 9이다. 수화에 미치는 여러 가지 염의 영향은 차이가 있지만 등전점에서 팽창을 촉진한다. 일정치 않은 특성과 다른 생산방법이 등전점의 pH에 영향을 주기 때문에 안타깝게도 젤라틴에 특정 등전점이 정해져 있지 않다. 일반적으로 염기 가공되는 젤라틴의 등전점은 4.75~5.2 사이이고 산가공되는 젤라틴은 5.5~6.5 사이이다.

졸 생성(Sol Formation). 젤라틴이 찬물에서 먼저 수화되지 않으면 젤라틴 졸은 뜨거운 액체를 가해도 변화되기 어렵다. 찬물에서 수화된 후 팽창된 젤라틴은 뜨거운 물이나 액체에 분산된다. 외형적으로 졸로서 분산되는 능력은 단단히 포장되고 탈수된 상태에서 젤리틴 분자의 물리적 분리가 있으면 촉진된다.

찬물에서 수화되는 동안 젤라틴 분자 간에 밀어내는 힘은 분자간 결합을 약하게 하여 뜨거운 물이 분자를 해리시켜 긴 젤라틴 분자가 졸에서 불균질한 상태로 자유롭게 움직일 수 있게 해준다. 고온에서는 수화된 젤라틴의 약해진 수소결합의 분리가 촉진된다.

젤라틴이 식품에서 사용되기 위해서는 각 분자가 매우 뜨거운 용액에 분산되어야 한다. 분산되지 않고 서로 부착되어 있으면 섬유성이고 단단한 특성상 매우 질겨지고 끈끈해져 식품에 바람직하지 않게 된다. 이런 이유로 뜨거운 젤라틴 졸은 완전히 투명하고 균질해질 때까지 저어주어야 한다. 충분히 저어주어도 이 상태가 되지 않으면 좀 더 가열하여 젤라틴 분자의 해리에 필요한 에너지를 제공해주어야 한다.

효소가수분해(Enzymatic Hydrolysis). 여러 단백질 분해효소들이 긴 젤라틴 분자를 짧은 펩타이드로 자를 수 있다. 이러한 길이의 변화로 젤을 형성하는 젤라틴의 능력이 사라지게 된다. 이런 단백질 분해를 촉진하는 효소성분이 가해지면 원하는 젤은 만들어지지 않는다. 이러한 효소를 갖고 있는 식품으로는 파파인이 들어 있는 파파야, 브로멜린이 들어 있는 파인애플, ficim이 들어 있는 무화과, **actinidin**이 들어 있는 키위가 있다. 효소가 변성될 때까지 가열하면 이런 능력은 사라지는데 젤라틴 사라다에 냉동이나 생 파인애플을 쓰지 않고 파인애플 통조림을 사용하는지가 설명될 수 있을 것이다.

Actinidin
키위에 있는 단백질 분해 효소.

젤형성(Gel Formation). 적절한 조건화에서 젤라틴 졸은 냉각되면 젤로 변화한다. 젤라틴의 젤 형성이 젤이 만들어지는 유일한 예가 된다. 젤라틴 젤의 경우 젤라틴 분자는 물이 붙어 있는 단단한 단백질과 계속 교차결합을 이루어 그 틈에 물을 더 잡아 불균질한 상태를 만든다.

젤라틴 젤의 형성은 흡열성이며 에너지가 소진되면 단계적으로 나타난다. 젤라틴 분자의 일부가 상대적으로 단단한 모양의 교차결합을 이루면 막이 생긴다. 내부가 젤이 되기 시작하면 젤라틴 분자는 아주 자유롭게 조직된다.

젤 구조가 시간이 지나면서 조금씩 다른 곳에서 2차결합을 하고, 붕괴되고 새 결합이 이루어진다. 여러 시간 보관된 젤라틴 젤에서 더 조직화된 배열이 나타난다. 즉 젤라틴 젤은 실제로 변화하는 콜로이드 부유액이고 보관 중 부드러움이 감소하는 변화를 일으키는 물질이다.

젤라틴 졸이 젤로 변화하는 것은 몇 가지 요소에 달려 있다. 첫째로 전체에서 교차결합을 나타낼 만큼 충분한 젤라틴 분자가 있어야 한다. 농도가 너무 묽으면 졸은 그 상태로 남아 있게 된다. 젤을 형성할 충분한 젤라틴이 있어도 농도의 영향을 받는다. 농도가 높으면 젤 형성 속도가 증가한다.

너무 높은 농도도 피해야 하는데 농도에 따라 젤 형성 속도뿐 아니라 조직감에도 영향을 미친다. 젤라틴 농도가 높아지면 젤이 더 단단해지고 부드럽게 된다. 너무 높은 농도는 고무 같은 밀도를 생성하므로 바람직하지 않다. 무게로 1.5%의 농도가 적절하다. 어떤 경우에는 3~4%일 때도 있다. 약 평균 2% 정도가 여러 방면에서 적절하다.

젤화가 나타나기 위해 냉각되어야 하는 온도는 냉각 속도에 영향을 받는다. 젤을 냉장온도에서 천천히 냉장했을 때보다 얼음을 넣거나 졸이 있는 그릇을 얼음에 담가 빠르게 냉각시켰을 때 젤화하는 온도는 더 낮다. 얼음을 사용하면 젤은 더 낮은 온도에서 형성되지만 젤화하는데 필요한 시간은 얼음이 녹으면서 온도가 급격히 떨어지므로 냉장고에서 냉각시켰을 때보다 덜 걸린다.

충분한 농도의 젤라틴 졸은 실온으로 냉각하면 3시간 안에 젤화하는데 이는 냉장온도일 때보다 확실히 느리다. 젤라틴 농도가 매우 높을 때라도 젤이 형성되기 전에 최소 35°C로 졸을 냉각시켜야 한다. 만일 졸이 그 온도 이상이면 분자간의 결합이 늘어나고 이런 분자간의 결합에 적절치 못하게 안정된다.

젤의 안정성은 젤이 형성되는 속도의 영향을 받는다. 냉장고에 둔 젤라틴은 얼음을 사용하여 냉각했을 때보다 오랜시간이 소요된다. 이는 더운 날 졸로 녹는데 오래 걸리므로 이점도 된다. 젤라틴 젤이 부페나 소풍처럼 실온 혹은 더운 온도에 보관될 때 이런 젤 형성법이 나타날 수 있다.

다행히도 조리시간에 제한을 받는 사람들은 젤이 충분한 시간을 갖고 보관기간 동안 교차결합을 하였다면 얼음을 첨가하거나 얼음물에 그릇을 담가 쉽게 서빙할 수 있는 굳기로 만든다.

물과 함께 분산액으로 우유를 사용하면 물만 사용할 때보다 단단한 젤이 나온다. 우유의 단백질과 염이 젤라틴과 반응하여 강도가 증가되는 것이다. 젤라틴이 안정제로 아이스크림에 첨가되거나 크림치즈, 커티지 치즈, 그 외 젤라틴 샐러드에 들어가는 유제품에 사용될 때 이러한 현상이 나타난다.

젤라틴의 pH 변화가 형성되는 젤라틴 젤의 강도에 일부 영향을 준다. pH 5와 10 사이에 최고 강도를 나타내지만 맛은 젤라틴의 등전점보다 산성인 pH 3~3.5일 때가 적절하다. 다행히 젤 강도도 이 범위에선 적절하다.

단맛이 강한 젤라틴 제품과 설탕으로 젤라틴을 희석한 제품의 일관성은 이와 같은 젤라틴 형태의 제품들이 미리 수화되지 않고 뜨거운 액체상태에서 직접적으로 분산되도록 해 준다. 아직까지는 다른 여러 젤라틴 제품들이 칼로리를 저감화하기 위해서 설탕 대체제로 감미되고 있다. 또한 이들 제품들은 미리 수화할 필요가 없다는 장점이 있다.

설탕은 타트 젤라틴 혼합물의 산성 맛을 조장하는데 첨가된다. 젤화 시간과 젤 강도에 대한 설탕의 효과는 설탕의 농도에 의존한다. 0.02~0.03 M 농도에서, 설탕은 젤화를 지연시킨다. 0.1 M (6.4g 또는 리터당 약 3/8컵) 이상의 농도에서 설탕은 반대의 효과를 가지며, 실제로 젤화 속도가 더 빨라진다. 일반적으로 이 농도는 단맛을 위해 첨가되는 젤라틴 용액을 산성화시키는 설탕량의 절반 이하의 수준이다. 그러므로 설탕을 첨가하지 않은 젤라틴 용액보다 설탕을 포함하는 젤라틴 용액을 사용하는 것이 보다 더 합리적이다. 하지만 이와 같은 젤라틴에서의 설탕 농도는 결과적으로 만들어지는 젤의 경도를 증가시킨다.

젤라틴 젤은 요변성 특성을 가진다. 즉, 이들은 교반을 하게 되면 졸로 전환된다. 이런 가변성은 젤 속의 젤라틴 분자 사이에 있는 수소결합이 파괴되면서 나타나는 것으로 추정된다. 이 현상은 과일 또는 다른 성분들이 젤라틴 혼합물로 교반되면서 기둥과 같이 형태가 형성될 때 볼 수 있다; 이와 같은 특성은 과일을 전체 혼합물에 균일하게 섞을 때 필수적으로 교반하는 과정에서 상당히 매끄럽게 된다.

또한 온도가 충분히 올라가게 되면 젤은 졸로 전환될 수 있다. 젤라틴 젤이 졸로 전환되고 거꾸로 졸에서 젤로 전환되는 가역성은 젤 구조의 형성과 관련된 수소결합과 다른 2차구조 결합에 충분한 에너지가 제공되면서 깨지게 되고 다시 에너지를 제거됨으로써, 특히 온도를 낮춤으로써 이들 결합들이 반복적으로 재형성될 수 있다. 흥미롭게도, 젤화가 일어나는데 요구되는 온도는 가역적으로 졸이 형성되는 온도보다 다소 더 낮다. 젤라틴의 흥미로운 특성 중의 하나는 젤화가 젤 제품보다 더 빨리 일어난다는 것이다.

젤라틴을 손으로 적절하게 다지면 거품을 만들 수 있다. 이 단백질의 거품을 형성하는 특이한 성질은 젤라틴 부피를 3배 이상 더 증가할 수 있게 해 준다. 젤라틴을 거품으로 만들 때 다지는 최적의 시간은 분산된 젤라틴 졸이 식어서 그 혼합물이 일정한 두께의 시럽을 가질 때이다. 표면장력은 충분이 낮아서 젤라틴이 주변에 공기방울을 가진 얇은 필름으로 확장되면서 펴질 수 있게 되고, 식은 젤라틴은 거품 속의 세포에 안정성을 부가하기 위해 신속히 엉겨 굳게 된다. 이와 같은 젤라틴의 능력은 휘핑 샐러드와 디저트의 거품을 안정화시키는 데 사용되고 있다. 두드림은 젤라틴을 쉽게 조각으로 부스러뜨리고 거품 형성에 필요한 세포벽의 퍼짐성이 감소시키기 때문에 반드시 엉겨 굳게 되기 전에 해야 한다. 다행스럽게도 젤라틴을 잠시 보온하게 되면 앞서 설명한 문제들이 발생하는 것을 방지할 수 있다.

젤라틴은 식품 또는 음식의 다양성을 주기 위해 다른 다양한 재료와 함께 엉겨 굳게 하기 위한 매질성분으로서 수많은 조리법에 사용된다. 몇몇 경우에는 과립상 젤라틴이 사용된다; 다른 조립법에서는 분말형의 감미 젤라틴이 식품에 색감과 풍미를 제공하기 위해 사용된다. 일반적인 젤라틴은 뜨거운 액체로 분산시키기 전에 차가운 물을 사용해서 수화하는 과정이 필요하다.

감미 젤라틴 제품의 보다 일정한 입자의 크기와 설탕에 의한 젤라틴의 희석은 이들 젤라틴이 사전의 수화과정 없이 뜨거운 물로 바로 분산되는 것을 도와준다. 일부의 다른 젤라틴 제품이 칼로리를 낮추기 위한 설탕 대용제로 사용된다. 이 제품 또한 사전의 수화과정을 필요로 하지 않는다.

요약

식육제품은 육류, 가금류 또는 어류로 분류되고 어류는 생선과 패류(연체동물과 갑각류)로 나뉜다. 이런 식품들은 근육과 결체조직을 갖고 있다. 근육 단백질은 효소들과 많은 미세 근섬유 단백질로 이루어져 있다. 기본이 되는 미세근섬유 단백질은 길고 얇은 분자의 미오신이다. 다른 미세근섬유 단백질 액틴은 (무겁고 긴) F-액틴과 (F-액틴을 이루는 작은 단위인) G-액틴으로 존재한다. 또 다른 미세근섬유 단백질은 상대적으로 짧고 작은 분자인 트로포미오신이다. ATP, 칼슘, 마그네슘이온이 있을 때 액틴과 미오신은 액토미오신을 만드는데 이 반응은 가역적이며 근육의 수축과 이완을 일으키는 반응이다.

결체조직도 엘라스틴, reticulin,기저물질 그리고 육류조리 시 가장 중요한 콜라겐으로 이루어져 있다. 콜라겐의 기본 성분인 트로포콜라겐은 세 가닥 섬유로 이루어져 있다. 이번에는 트로포콜라겐 세 가닥이 서로 꼬여 길고 섬유질인 콜라겐을 형성한다. 트로포콜라겐과 콜라겐에 많지 않은 Hydroxyproline, proline, amino acid는 이들 단백질의 섬유적 특징을 담당한다. 엘라스틴은 노랗고 딱딱한 결체조직인데 근육 사이에서 소량, 근육 내에서 많이 존재한다. 기본물질은 콜라겐과 엘라스틴이 결체조직을 형성하려고 저장된 곳에 단백질 망을 만든다. Reticulin은 결체조직의 지방산과 관련된 또 다른 섬유 단백질이다.

여러 가지 지방산(특히 팔미틸산, 올레익산, 스테아릭산)를 갖고 있는 TG는 육류지질 중 가장 많은 형태이다. 그 외에도 cholesterol, glycolipid, phosphoglyceride, plasmalogen, sphingomyelin이 있다. 이러한 여러 성분은 저장지방을 이루는데 이는 결체조직망에 묻혀 있다.

근육조직의 구조는 복잡한데 미오신과 액틴을 구성하는 두껍고 얇은 미세근섬유로 시작된다. 미세근섬유가 순서에 맞게 배열되어 근원섬유가 되고 큰 근섬유를 이루는 근절이 된다. 근육조직에서 Z, I, H와 A 밴드는 두껍고 얇은 미세근섬유의 겹침 더 나아가 근절의 조직화된 형태의 결과물이다. 근형질막으로 둘러싸인 근원섬유 여러 개를 얇은 근형질막이 감싸 근육을 이룬다. 근내막이라는 결체조직이 섬유를 둘러싼다. 몇 개의 섬유가 근주막이라는 연결조직에 묶여 다발을 이룬다. 이 다발의 묶음은 최종적으로 근외막에 싸여 근육을 완성한다.

헤모글로빈과 미오글로빈은 적색육에서 철분을 함유한 기본 색소 두 가지이다. 여러 형태의 미오글로빈은 특히 중요한데 Fe^{2+} 형태는 신선육의 남적색을 나타낸다. 공기에 노출되어 산소원자 두 개가 더해지면 밝은 적색의 옥시미오글로빈이 된다. 적갈색 색소 메트미오글로빈은 철이 Fe^{3+}로 산화되면 생긴다. 가열로 인해 색소가 회갈색으로 변성 글로빈 hemichrome으로 단계적으로 변한다. 질산염을 첨가하면 육류의 훈제 과정 중 질산 미오글로빈이 생겨 가열로 mitric oxide myochrome으로 전환되고 훈제육의 안정된 붉은색을 나타내게 된다. 훈제된 육류에서 발견되는 다른 색소는 nitrosylhemochrome이다. 가금류는 헤모글로빈에 의해 약간 붉은색이 있고 생선은 미오글로빈으로 인해 약간 어두운 근육색을 갖고 있긴 하지만 가금류와 생선은 일반적으로 색소가 적다. 연어의 붉은색은 카로티노이드 색소인 아스타크산틴 때문이다.

도살 후 가장 큰 변화는 사후경직이 일어나고 진행되는 것이다. 경직의 시작과 진행 속도는 종과 도살 시 물리적 조건에 따라 결정된다. 여러 육류의 질은 질감, 마블링 그리고 맛에 의해 결정되고, 수율은 뼈와 지방 대비 근육량에 근거해 결정된다. 부분육은 부분의 크기, 색, 근육 정도, 뼈의 모양을 근거로 나뉜다.

가열하면 근육섬유 길이가 약간 수축하고 수분함유 능력이 떨어진다. 동시에 결체조직(특히 콜라겐)이 천천히 젤라틴으로 전환되기 시작한다. 산 마리네이드는 덜 부드러운 고기의 맛을 높이는데 효과가 크지 않다.

고기 연육제는 콜라겐 일부를 수화시킬 뿐 아니라 섬유를 둘러싼 형질막을 파괴하고 액토미오신을 수화시키는데 효과적이다. 어떤 부위에서는 죽 같은 질감을 나타낼 수도 있다. 이런 작용은 육류를 가열하는 동안 일어난다. 가열에 앞서 물리적인 도구로 고기를 부드럽게 하기도 한다.

볶기, 굽기, 팬에서 굽기, 팬에서 튀기기, 튀기기, 전자렌지요리는 건열조리이다. 덜 부드러운 고기는 물을 조금 넣고 익히거나 스튜처럼 익히고 생선은 데치면 효과가 좋다. 조리 손실은 온도, 가열방법, 최종온도 같은 여러 요인에 따라 달라진다.

인조 콩단백은 모조베이컨 같은 육제품이나 갈은 고기제품에 사용될 수 있다. 콩가루나 콩분은 제빵제품의 단백질 함량을 높이는데 이용된다. 그러나 인조콩고기는 20~25%를 대체할 수 있는데 비해 제빵 시에는 밀가루의 3%만 대체할 수 있다. 다른 변형은 대구나 다른 생선살을 갈아 만든 연육이 있고 두부, 템페, 미소, 낫토, 치즈도 콩생산물이다.

젤라틴은 동물의 피부와 뼈에서 얻은 콜라겐으로부터 얻어지는 단백질이다. 분자들은 약간 차이가 있으나 proline과 hydroxyproline이 많아 섬유질이다. 상품화된 젤라틴은 염기추출로 얻어져서 최종 건조되고 입자형 혹은 가루형 젤라틴으로 유통된다. 젤라틴은 분산, 팽창되려면 먼저 찬물에 녹여야 한다. 물은 결합되고 젤라틴 분자 사이 간격에 잡혀 있다. 수화된 젤라틴을 뜨거운 물에 녹이면 졸을 이루고 식혔을 때 젤이 된다. 젤라틴 젤에서 단백질 분해효소가 존재하면 용해상태에서 젤라틴 분자가 더 짧게 조각나고 더 용해되기 쉽게 된다.

젤라틴 분자의 젤 형태는 수소결합과 다른 2차결합을 형성하여 지속적이고 견고한 망상조직을 형성하기 시작한다. 물은 이런 분자들에 결합되거나 조직 안에 갇혀 있게 된다. 젤의 강도는 젤라틴의 농도, 냉각 속도, 젤의 온도, 젤의 오래된 정도, 전해질의 존재, pH 그리고 당의 양에 따라 달라진다. 기계적으로 저어주면 요변성이 나타난다. 젤라틴 젤과 졸은 온도에 따라 가역적이다. 젤라틴이 딱딱해지기 시작할 때 치대어주면 디저트나 샐러드에서 사용하는 거품을 얻을 수 있다.

연습문제

1. 근육에서 두 개의 주요 단백질군은 무엇인가? 무엇인지 말하고 각 군에 속한 단백질 3개씩을 간단히 설명하시오.
2. 결체조직에 있는 단백질 4가지의 이름을 말하고 설명하시오.
3. 독특한 아미노산 조성을 포함하여 콜라겐의 화학적 특성을 자세히 설명하시오.
4. 미세근섬유의 조성부터 시작하여 근육의 구조를 설명하시오.
5. 미오글로빈이 다른 조건에 처할 때 일어나는 화학적 변화와 색 변화를 설명하시오.
6. 훈제된 육류가 그렇지 않은 것보다 다른 색을 나타내는 이유는?
7. 도살 후 도체에서 일어나는 변화는 무엇인가?
8. 가열 시 육류에서 일어나는 변화를 설명하시오.
9. 인조 콩단백을 사용한 갈은 고기의 효과는 무엇인가?
10. 연육은 무엇이고 어디에 사용하나?
11. 식품조리 시 물리적인 면에 영향을 미치는 젤라틴의 화학적 특성은 무엇인가?
12. 젤라틴이 젤을 형성하는 온도에 영향을 주는 요인에는 어떤 것이 있나?
13. 젤라틴 젤을 부드럽게 하는 요인에는 어떤 것이 있나?
14. (참 또는 거짓) 건열조리가 육류를 부드럽게 한다.
15. (참 또는 거짓) 소의 안심이 습윤가열조리에 가장 적절한 부위이다.

식품기술자인 다나 존스(앞쪽)과 초분광 영상 전문가인 제리 헤잇슈미트가 계란의 파손을 검사하기 위해 압력 장치를 사용하여 품질 결함을 조사하고 있다.

16장

계란

단원 개요

학습 목표
형성
구조
구성
단백질
  흰자
  노른자
계란의 디자인
계란 품질
안전
보존
  저온살균
  건조
  냉동
생각할 거리: 천년의 계란
기능적 특성 및 적용
  착색제
  유화제
  증점안정제
  거품
계란 대체물
요약
연습문제
참고문헌
웹사이트

학습 목표

이 단원을 학습함으로써:

1. 계란의 형성, 구조 및 구성을 설명할 수 있다.
2. 계란의 품질, 안전 및 보존을 논의할 수 있다.
3. 다양한 식품의 준비에서 계란의 기능을 설명할 수 있다.

형성

계란의 형성은 닭의 난소에서 생식세포(난자)를 포함하는 난황의 발달과 함께 시작된다. 난소로부터 노른자는 이를 둘러싸는 흰자 층이 분비되는 난관으로 이동한다. 정자가 난관을 지나 계란의 흰자 단백질을 둘러싸기 전에 노른자에 도달하면 노른자가 수정되어 수정란이 만들어지게 된다.

노른자를 계란흰자가 둘러싸는 상태는 발생을 거듭하는 난자가 난관 아래로 내려옴에 따라 점차적으로 진행된다. 두 개의 막, 즉 내부의 다소 약한 막과 거친 외부 막이 노른자와 흰자를 가둔다. 마침내 강한 외부의 충격으로부터 난자를 보호하기 위해 이들 난자가 미네랄을 분비하는 난관의 영역을 통해 이동하면서 외부 막 주위에 껍질이 만들어진다. 칼슘은 미네랄로써 특히 껍질 형성에 중요하다.

계란이 형성되는 동안, 여러 가지 결함이 생길 수 있다. 난관을 따라 또는 난소에서 우연히 혈관

표 16.1 일반 계란의 소비 등급에 대한 미국의 분류 기준

크기	최저 무게/12개짜리 한 묶음(oz)
아주 큰	30
특대	27
대	24
중	21
소	18
아주 작은	15

이 파열되는 경우, 계란의 발생 단계와 관련된 병변의 위치에 따라 노른자 또는 흰자에 핏덩어리가 생길 수 있다. 드물기는 하지만, 닭의 난관에는 미생물 감염이 있을 수 있거나 심지어 기생충이 존재할 수도 있으며 이러한 미생물 감염이나 기생충이 발생과정 중에서 계란의 일부가 되어 껍질에 갇히기도 한다. 암탉이 알을 낳기 시작할 때, 처음에는 계란의 크기가 매우 작지만 점차 성숙함에 따라 크기가 증가한다. 크기에 관한 분류는 계란의 중량에 바탕을 둔다(표 16.1).

구조

연한 노른자
노른자의 중심에 있는 밝은 색 노른자의 작은 영역.

배반
노른자의 가장자리에 위치하며 연한 노른자에 연결되는 노른자의 배반엽.

라테브라
노른자에서 연한 노른자를 배반에 연결하는 관.

난황막
노른자를 둘러싸는 낭.

노른자는 한눈에 보면 언뜻 생각하는 것보다 구조적으로 훨씬 복잡하다. 정중앙의 밝은색 구조는 **연한 노른자(white yolk)**라고 불린다. 이 연한 노른자부터 **배반(germinal disk)**이나 배반엽까지 연결하는 관을 **라테브라(latebra)**라고 부른다. 이러한 구조와 연한 노른자 층 그리고 진한 노른자 층의 동심원이 노른자의 내용물을 구성한다. **난황막(vitelline membrane)**은 노른자를 위한 울타리 또는 낭의 역할을 한다. 요리에서 노른자와 흰자를 구별해야 할 때 이 막의 강도가 중요하다.

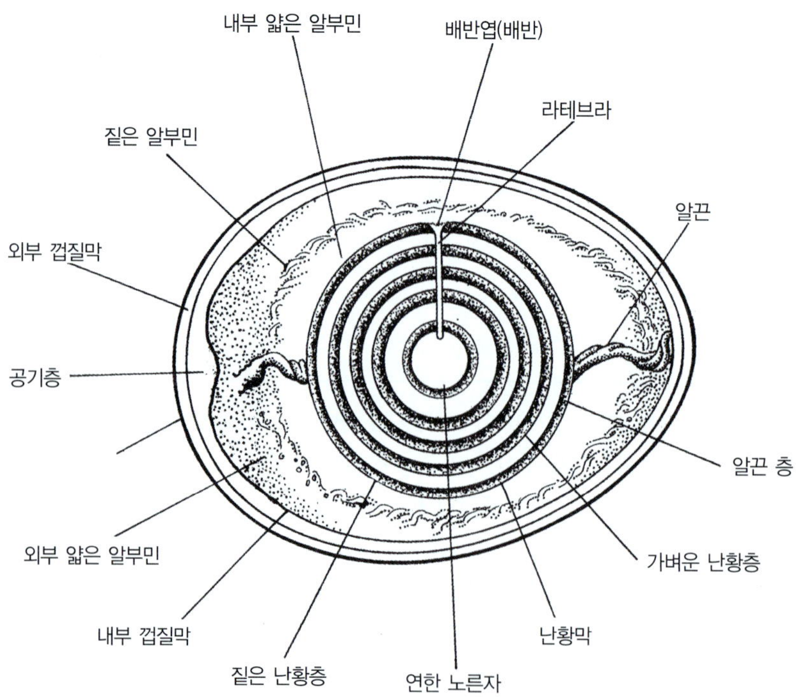

그림 16.1 껍질이 있는 계란의 단면

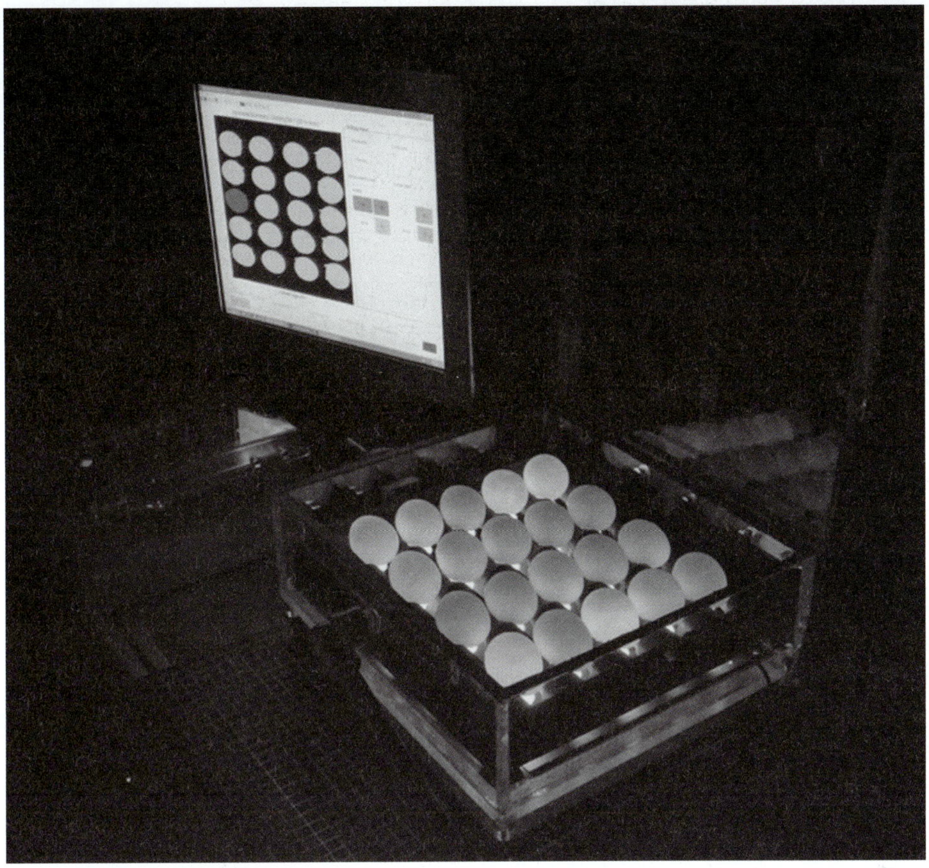

그림 16.2 검사용 카메라는 속이 보이는 용기에 들어 있는 밝게 비춰진 계란의 이미지를 포착한다. 내부의 계란은 껍질의 미세 균열을 향상시키기 위해서 더 눈에 띄게 해주는 경미한 진공(부압)을 받게 된다. (Courtesy of Agricultural Research Service.)

두 가지, 다소 꼬인 막 구조는 노른자의 반대편에서 흰자로 확장된다. 이러한 **알끈(chalazae)**은 **알끈층(chalaziferous layer**; 노른자를 둘러싸고 있는 막 층)의 연장이며 두꺼운 흰자를 통한 움직임을 방해하여 노른자가 흰자 중심에 있도록 도와준다(그림 16.1). 종종 흰자라고 불리는 알부민은 보호 버퍼를 제공하기 위해 노른자 주위를 둘러싼다.

알부민(albumen)은 모두 투명하고 액체로 보이기는 하지만, 실제로 흰자는 3가지의 물질 층을 포함하고 있다. 가장 안쪽의 층은 내부의 **얇은 흰자(thin albumen)**로 불리는 상당히 유동적인 물질이다. 뚜렷한 점착성의 층은, **짙은 흰자(thick albumen)** 또는 알부민 주머니, 내부의 얇은 흰자를 둘러싼다. 또 다른 얇은 흰자 층은, 외부의 얇은 흰자의 마지막 층이다.

두 개의 **껍질막(shell membranes)**은 계란의 흰자와 노른자의 전체 내용물을 둘러싸고 있다. 내부 껍질막은 외부의 얇은 흰자 바로 옆에 위치하며, 흰자의 이러한 유동성 외부 층을 한정시키는 작용을 한다. 외부 껍질막은 껍질 바로 옆에 위치한다. 계란 둔단의 공기 공간이나 **공기 주머니(air cell)**는 갓 산란된 계란이 냉각되면서 내부 껍질막과 외부 껍질막 사이에서 커진다. 마지막 층은 계란 전체를 둘러싸고 있는 껍질이며 계란 전체를 포장하는 꽤 단단한 물질이다(그림 16.2). 언뜻 보면 껍질은 빈틈이 없는 것 같지만, 실제로 껍질에는 가스나 작은 미생물이 껍질을 통해 계란 안팎으로 통과할 수 있는 수많은 작은 구멍이 있다. 미생물의 침투에 대비한 계란의 자생적 보호막은 자연적인 현상이며, **꽃(bloom)**이라고 불리는 얇은 코팅은 계란이 만들어지는 과정에서 탄산칼슘이 풍부한 껍질의 구멍이 효과적으로 봉인되기 전에 이미 계란 표면에 존재한다.

알끈
계란에서 노른자가 중심에 위치하도록 도와주는 두껍고 로프 같은 알끈 층의 연장.

알끈층
노른자의 난황막을 둘러싸는 막 층.

알부민
계란의 흰자; 3개의 층으로 구성된다.

얇은 흰자
노른자와 내막에 인접한 상당히 유동적인 흰자.

짙은 흰자
흰자의 중간층을 구성하는 점착성의 흰자.

껍질막
흰자와 계란 껍질에 인접한 외막을 감싸고 있는 내막.

공기주머니
계란 둔단의 내막과 외막 사이의 공간.

꽃
계란이 산란될 때 껍질의 구멍을 밀폐하는 자생적 보호 코팅.

표 16.2 계란 노른자와 흰자의 대략적 구성(%)

		구성요소			
부분	%	물	단백질	지방	분진
계란 전체	100	65.5	11.8	11.0	11.7
흰자	58	88.0	11.0	0.2	0.8
노른자	31	48.0	17.5	32.5	2.0
		탄산염			
		칼슘	마그네슘	칼슘 인산염	유기물
껍질	11	94.0	1.0	1.0	4.0

미국 농무부.

구성

흰자와 노른자 사이에는 구성에서 큰 차이가 발생하며, 그 차이는 관찰을 통해서도 다소 명백하게 나타난다. 일단 흰자의 양이 노른자보다 상당히 많다. 사실, 흰자는 노른자 중량의 두 배이다. 부피적 관점에서 보면, 1개의 계란은 약 20 ml의 노른자와 30 ml의 흰자(1과 1/3 테이블 스푼의 노른자와 2 테이블스푼의 흰자)로 구성된다. 계란의 실제 크기에도 불구하고 이 비율은 꽤 일정하게 유지된다.

순수한 노른자는 흰자와 비교하여 상당히 다른 비율의 유동성 액체를 포함한다. 표 16.2가 보여주듯이, 흰자는 90%에 가까운 물을 포함하지만 지방은 거의 포함하지 않기 때문에 유동적인 성질을 갖는다. 반면에 노른자의 수분 함유량은 절반에 미치지 못하며, 거의 3분의 1은 지방질이다. 노른자의 단백질 농도는 흰자의 단백질 농도의 약 1.5배이다.

1개의 계란흰자의 실제 함유량을 노른자의 함유량과 비교하면 노른자와 흰자의 상대적인 양의 차이 때문에 약간 다른 그림이 만들어진다. 이것을 근거로 하면, 1개의 계란흰자는 노른자가 함유하는 단백질의 약 1.5배를 함유하고 있다(표 16.3). 1개의 계란흰자는 아주 극미량의 지방만을 포함하지만, 노른자는 4.6 g의 지방을 함유한다; 따라서 1개의 계란노른자는 흰자보다 3.5배나 더 많은 칼로리를 함유하고 있다. 노른자는 약간의 철분(0.8 mg)과 소량의 비타민 A를 포함하고 있는데, 이 두 가지는 흰자에 함유되어 있지 않다.

노른자는 몇 가지의 다양한 복합지방을 함유한다. 노른자 지방질의 약 절반은 트리글리세리드이다. 레시틴과 세팔린을 포함하는 인지질은 노른자 고형부분의 약 5분의 1을 차지한다. 탁월한 유화기능, 분자 내 지방산의 소수성 성질 및 인산 혼합물의 물 흡수성 때문에 레시틴은 많은 관심을 받는다(6장 참조).

콜레스테롤
노른자위에서 풍부하게 발견되는 스테롤; 구조는 다음과 같다.

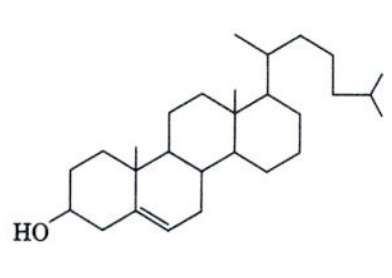

계란노른자의 복합지방에서 발견되는 **콜레스테롤(cholesterol)**은 영양적 관심을 받고 있는 물

표 16.3 계란 한 개의 흰자 대 노른자의 구성

구성요소	흰자	노른자
중량	29 g	15 g
칼로리	15	52
단백질	3.2 g	2.4g
지방	미량	4.6 g
철	미량	0.8 mg
비타민 A	0 IU	510 IU

Adapted from U.S. Department of Agriculture Handbook No. 456: *Nutritive Value of American Foods in Common Units*. Washington, D.C: U.S. Department of Agriculture, ARS, 1975.

질이다. 한 개의 노른자는 약 186 mg의 콜레스테롤을 함유하는데, 이 콜레스테롤 때문에 콜레스테롤 섭취를 제한할 필요가 있는 사람들의 식단에서는 계란노른자가 제공되지 않을 수도 있다. 흰자에는 지방질이나 콜레스테롤이 없어서 식단을 준비하는데에 자유롭게 사용될 수 있다.

그 밖의 주요 지방질은 지방질과 단백질이 결합된 지질단백질이다. 예를 들면, 레시틴은 레시틴 단백질로 지정된 특정한 유형의 지질단백질을 만들기 위해 단백질과 결합한다. 지질 단백질의 단백질 요소는 다음 절에서 설명할 것이다.

단백질

흰자

12종의 단백질이 확인된 흰자는 식품을 준비하는 데 있어서 계란의 식품학적 작용과 관련된 다양한 특징을 제공한다. 이 중 가장 풍부한 단백질은 **난백알부민(ovalbumin)**인데, 이것은 계란흰자 단백질의 절반 이상을 차지한다(표 16.4). 난백알부민은 열에 의해 비교적 쉽게 변성된다.

난백알부민
계란흰자에서 가장 풍부한 단백질; 열에 의해 쉽게 변성된다.

콘알부민(conalbumin)은 철, 알루미늄, 구리 또는 아연이 존재하면 이들 금속과 결합하여 보기 좋지 않은 색깔을 만드는 특성을 가지고 있다. 철분과 콘알부민 복합체는 흰자에서 빨간색을 만들지만, 구리 그릇에 계란흰자를 휘저을 때 볼 수 있듯이 구리이온(2+)이 콘알부민과 함께 노란 복합체를 형성한다. 이러한 금속 콘알부민 복합체는 열에 대해서는 안정하지만, 콘알부민 자체는 열에 민감하다. 이러한 이온은 보통 금속과 결합하는데 사용되지 않지만, 콘알부민은 가열되면 변성에 민감한 것으로 생각된다. 그러나 저온살균된 계란흰자는 콘알부민에 열안정성을 줄 수 있는 금속과 함께 취급될 수 있다.

콘알부민
빨간색과 노란색을 각각 만들기 위해 철분(F^{3+}) 및 구리(Cu^{2+})와 복합체를 형성할 수 있는 계란흰자의 단백질.

만노오스, 갈락토오스, 탈산포도당을 포함하는 오보뮤코이드는 여러 가지의 탄수화물을 포함할 수 있는 당단백질이다. 이 단백질은 알칼리성 매체에 있지 않으면 열에 의한 변성에 상당한 저항성을 갖는다.

리소자임(lysozyme)은 10.7의 등전점(G_1 글로불린)을 갖는 특이한 흰자 단백질이다. 다른 흰자 단백질 중에 아비딘만이 알칼리성 범위에서 등전점을 갖는데, 아비딘의 등전점은 9.5이다. 리소자임의 또 다른 특징은 살균작용인데 이것은 계란의 세균손상을 방지하는 역할을 하는데, 이것은

리소자임
등전점 pH가 10.7인 흰자의 단백질; 일부 세균의 세포벽 내의 다당류를 가수분해하는 능력을 가지고 있어 이러한 세균의 오염으로부터 계란을 보호함.

표 16.4 계란 알부민에 함유된 단백질

단백질	알부민 내의 상대적 양 (%)	등전점	분자량	특성
난백 알부민	54	4.6	45,000	포스포글루프로테인
콘알부민	13	6.6	80,000	금속 결합
오보뮤코이드	11	3.9~4.3	28,000	트립신 억제
리소자임 (G_1 글로불린)	3.5	10.7	14,600	일부 박테리아를 용해시킴
G_2 글로불린	4.0?	5.5	30,000~40,000	—
G_3 글로불린	4.0?	5.8	?	—
오보뮤신	1.5	?	?	시알로프로테인
황색 단백질	0.8	4.1	35,000	리보플라빈 결합
알 당단백질	0.5?	3.9	24,000	시알로프로테인
오보매크로글로불린	0.5	4.5~4.7	760,000~900,000	—
난 억제제	0.1	5.2	44,000	일부 단백질 분해효소 억제
아비딘	0.05	9.5	53,000	비오틴 결합

Powrie, W. D. Characteristics of edible fluids of animal origin: Eggs. In *Principles of Food Science* I. Fennema, O. R., ed. New York: Dekker, 1976, p. 665.

주기능은 특정 세균의 세포벽 내의 다당류를 가수분해할 수 있는 능력이다.

기포 기능에 중요한 두 개의 난백글로불린은 G_2 글로불린과 G_3 글로불린이다(등전점은 각각 pH 5.5, pH 5.8). 오보뮤신 및 콘알부민과 함께 이들 글로불린은 교반할 때 계란흰자의 기포 내에 존재한다.

오보뮤신
얇은 흰자에 존재하는 농도보다 약 4배의 짙은 흰자에 존재하는 섬유질의 단백질; 단백질은 짙은 흰자의 점액성, 젤과 유사한 질감에 크게 기여함.

오보뮤신(ovomucin)은 약간의 섬유질 특성을 갖고 있다. 이러한 구조상의 단단함은 짙은 흰자에 대한 얇은 흰자의 유동적 특성에서의 차이를 설명해 준다. 왜냐하면 오보뮤신이 얇은 흰자보다 짙은 흰자에서 4배 더 풍부하기 때문이다. 오보뮤신의 이러한 섬유질적 특성은 짧은 시간 동안 교반기로 흰자의 거품을 만드는데 있어서 계란흰자의 안정감을 향상시킬 수 있다. 오보뮤신이 계란흰자 거품의 안정감에 기여하지만, 열에 의한 변성에는 상당한 저항성을 갖고 있다.

아비딘
자연 상태일 때 비오틴을 결합하지만 변성되면 결합하는 능력을 잃어버리는 알부민 단백질.

아비딘(avidin)은 그 동안 상당히 광범위하게 연구되어왔던 계란흰자 단백질 중 하나이다. 이 단백질은 비오틴과 결합하면 비타민의 흡수를 촉진시키는 능력 때문에 영양학적으로 주목받고 있다. 이러한 사실은 인체 내의 비오틴의 역할을 연구하기 위한 실험 식이의 구성에 이용되었다. 비오틴을 결합하는 능력은 아비딘이 가열되어서 변성될 때 사라지기 때문에 실제로 사람들이 식사할 때는 거의 문제가 되지 않는다.

노른자

계란노른자는 리베틴을 함유하는 혈장, 공 모양의 단백질과 저밀도 지질단백질에 흩어져 있는 네 가지 유형의 입자–노른자 구체, 작은 알갱이, 저밀도 지질단백질 및 미엘린 형태–로 구성된다. 일부는 황색 노른자에 위치하지만, 노른자 구체의 대부분은 노른자 대부분을 구성하는 연한 노른자에서 발견된다. 작은 알갱이는 노른자의 전체 고체 부분의 약 4분의 1을 차지하며 이 알갱이 함유량의 60%가 단백질이다.

리베틴
세 가지 형태로 발견되는 노른자의 혈장 단백질(α, β, γ).

계란 노른자 혈장의 두드러진 단백질인 **리베틴(livetin)**은 실제로 세 부분으로 구분될 수 있다: α-, β-와 γ-리베틴. 이 세 가지 형태의 리베틴은 알을 낳는 암탉의 혈액에서 만들어지는 것으로 추측된다.

저밀도 지질단백질(LDL)
지질과 단백질의 결합체; 노른자의 혈장단백질의 10% 이상을 차지.

저밀도 지질단백질(LDL: low-density lipoprotein)은 노른자의 혈장에서 발견되는 단백질의 나머지 부분을 구성한다. 실제로 LDL 부분은 주로 지질로 구성되며 10% 이상은 단백질로 구성되어 있다.

리포비텔린
계란노른자의 작은 알갱이를 구성하는 고밀도 지질단백질; 가장 풍부한 알갱이 단백질.

계란 노른자의 작은 알갱이는 세 가지 유형의 단백질-**리포비텔린(lipovitellin**; 고밀도의 지질단백질 또는 HDLs로 분류됨), 포스비틴과 저밀도 지질단백질을 포함하며 또한 포스파티딜콜린의 형태로 인을 포함한다.

포스비틴
높은 세린 함유량과 철분이 결합된 독특한 기능을 가진 노른자 알갱이에 있는 작은 단백질.

리포비텔린 외에도, 노른자의 작은 알갱이는 약 16%의 포스비틴과 다소 적은(약 12%) 저밀도 지질단백질을 포함한다. **포스비틴(phosvitin)**은 약 10%의 인 함유량과 높은 세린 함유량(잔여 아미노산의 거의 3분의 1)을 가진 비교적 작은 단백질(약 40,000 정도의 분자량)이다. 특히 흥미로운 것은 가용성 복합체에 철분 함유 이온을 결합시킬 수 있는 포스비틴을 통해 노른자에 철분이 포함된다는 점이다.

계란의 디자인

오메가-3 계란
오메가-3 지방산의 함량이 높은 계란(아마씨가 풍부한 먹이를 암탉에게 먹여서 가능해짐).

오늘날 일부 닭들은 그들을 보살펴주는 농부의 도움으로 계란을 낳고 있다. **오메가-3 계란(omega-3 eggs)**은 높은 오메가-3 지방산(일반 계란의 0.1 g보다 높은 0.4 g 함유)을 함유하고 있는 계란을 사기 위해 비교적 높은 가격을 지불할 용의가 있는 건강에 관심이 많은 소비자들이 구매한다. 10~20% 사이의 아마씨(특히 이와 같이 건강에 좋은 지방산의 풍부한 급원)를 함유한 사료를 암탉에게 먹임으로써 높은 오메가-3 지방산 함유를 달성할 수 있게 되었다.

닭의 먹이를 조작하여 닭이 낳는 계란의 성분을 바꿀 수 있다. 카놀라유 함량이 높은 먹이를 먹

그림 16.3 때로는 계란을 선택하기 위해 오메가-3, 유기농, 닭장에서 자유롭게 다니는 닭이 낳은 계란 등 여러 가지 다양성을 고려해야 한다.

이면 포화지방과 콜레스테롤이 낮은 계란을 얻을 수 있다. FDA 규제 하에서, 포화지방과 콜레스테롤의 함유가 표준 계란보다 최소 25% 정도로 낮은 경우에만 이와 같은 주장을 할 수 있다. 또한 암탉의 먹이를 변화시키면 또한 계란의 비타민 E 함유량을 증가시킬 수 있다.

때때로 계란은 **닭장에서 자유롭게 닭이 낳은 계란(cage-free eggs)** 또는 **놓아 기른 닭이 낳은 계란(free-range eggs)**과 구별된다(그림 16.3). 이것은 닭을 어떻게 취급하는지에 신경을 쓰는 소비자의 주요 관심사이다. 닭장에서 자유롭게 닭은 닭장에 있지는 않지만 여전히 건물 안에서 사육된다. 놓아 기른 닭이 낳은 계란은 낮에는 외부 축사에 있지만, 보통 밤에는 헛간 등에서 보호받게 된다. 이와 같은 특별한 생활조건에도 불구하고, 닭장에서 사육된 닭이 낳은 계란과 놓아 기른 닭이 낳은 계란은 닭장에 갇혀 사육된 닭이 낳은 계란과 영양적으로 비교할 만하다.

닭장에서 자유로운 닭이 낳은 계란
닭장 대신에 건물 안에서 사육된 닭이 낳은 계란.

놓아 기른 닭이 낳은 계란
낮에는 외부 보호구역에서, 밤에는 헛간 등에서 사육된 닭이 낳은 계란.

영양적으로 변경된 계란 또는 닭장에서 자유로이 놓아 기른 닭이 낳은 계란은 보통 표준 계란보다 더 비싸다. 일부 사람들에게 추가 비용은 문제가 되지 않으며, 이들은 영양소를 변경시킨 계란에서 얻는 건강상의 혜택이 추가 비용을 지불할 만한 가치가 있다고 생각할지도 모른다. 그러나 닭장에서 자유로이 놓아 기른 닭이 낳은 계란은 추가 비용에 대한 영양적인 혜택을 제공하지 않는다.

계란 품질

계란의 품질은 껍질이 있는 채 또는 껍질을 벗긴 상태에서 등급을 매길 수 있다. 표 16.5는 3가지 연방 등급에 대한 껍질, 공기 주머니, 흰자 및 노른자의 연방 기준 설명에 할당된 등급 명칭을 나타낸다. 계란 등급이 매겨진 날짜는 포장지에 인쇄되며 계란 구입 시 유용한 정보가 될 수 있다. 날짜는 3자리 숫자로 표시되는데, 1월 1일을 001로 시작해서 12월 31일은 365로 끝난다.

껍질에 싸인 채로 계란 등급을 매기기 위해 사용되는 방법인 검란은 계란이 회전하는 동안 계란의 윤곽을 관측하는 기법이다(그림 16.4). 이 과정에서 노른자의 유동성과 윤곽상의 공기 주머니의

표 16.6 계란 및 계란 제품에 대한 보관 권고사항

제품	냉장고	냉동고
껍질 채의 날계란	3~5주	냉동시키지 말 것
날계란의 흰자	2~4일	12개월
날계란의 노른자	2~4일	완전히 냉동시키지 말 것
굳게 삶은 계란	1주	냉동시키지 말 것
계란 대용품, 액체		
개봉되지 않은	10일	냉동시키지 말 것
개봉된	3일	냉동시키지 말 것
계란 대용품, 냉동		
개봉되지 않은	해동 후 7일 또는 용기에 기입된 "유효"일	12개월
개봉된	해동 후 7일 또는 용기에 기입된 "유효"일	
에그 캐서롤	3~4일	조리 후, 2~3개월
에그노그, 상업용	3~5일	6개월
에그노그, 홈메이드	2~4일	냉동시키지 말 것
파이, 호박 또는 피칸	3~4일	조리 후, 1~2개월
파이, 커스터드 또는 시폰	3~4일	냉동시키지 말 것
키시, 속재료	3~4일	조리 후, 1~2개월

Adapted from Food Safety and Inspection Service information dated May 2006.

의 외양은 비교적 짙고 적은 면적을 차지하는 것에서 넓은 면적에 얇게 퍼지는 것으로 변화한다. 흰자가 얇아지면 노른자는 중앙에서 멀리 떨어져서 계란의 가장자리 부분으로 이동한다.

계란의 품질이 떨어지면서 노른자의 외양도 변한다. 고품질 계란의 튼튼한 난황막은 균형 잡힌 원형 모양의 노른자를 형성한다. 그러나 흰자의 pH 변화는 난황막이 늘어나면서 더 약해지는 결과를 수반하여, 난대 함유막과 난황막에 영향을 끼치는 것으로 보인다. 이러한 변화로 인해 노른자는 점점 납작해지고 더 멀리 퍼지게 된다. 또한 난황막이 약해지면 노른자를 손상시키지 않고 흰자로부터 분리하는 것이 더 어려워진다. 흰자에서 노른자로 소량의 수분이 이동하는 것은 난황막의 팽창과 약화의 원인이 된다.

저장할 때 흰자의 pH가 노른자의 pH보다 훨씬 더 많이 변하지만 이 두 부분은 구멍을 통한 이화탄소의 손실을 나타낸다. pH의 이러한 증가는 미묘한 맛의 변화를 수반한다. 계란의 신선한 맛은 계란이 오래되고 품질이 떨어짐에 따라 점진적으로 황이 증가하기 때문이다. 기름에 담그면 구멍이 봉인되어서 저장할 때 계란에서 물과 이산화탄소가 없어지는 것을 막을 수 있다. 그러나 이런 기름은 계란 안에서 생성되는 휘발성 조미 화합물을 가두게 되어 계란을 오랫동안 보존할 경우 맛을 더 나빠지게 할 수가 있다.

계란은 냉장 보관되면 6개월 동안 좋은 품질을 유지할 수 있지만, 상온에서 보관하면 1주일 내에 최소 1등급이 떨어질 것이다. 냉각 시에 밀폐된 용기에 저장하면 계란의 품질이 악화되는 속도를 늦출 수 있다(표 16.6). 계란 보관상자는 이러한 목적에 적합하다.

안전

계란은 미생물이 성장하는데 아주 좋은 수단을 제공할 수 있다. 따라서 외부로부터 오염되지 않도록 주의해야 한다. 계란 생산업자는 깨끗한 시설이 유지되고 계란이 세척 및 살균되도록 엄격한 위생 기준을 적용한다. 이러한 조치는 수많은 잠재적 위험을 제거하는 데에 효과적이지만, **장염균**(***Salmonella enteritidis***)에 의한 계란의 감염을 해결하지는 못한다(19장 참조). 불행히도, 이런 세균은 껍질이 만들어지기 전에, 계란이 형성되는 동안 노른자를 감염시킨다. 따라서 계란의 위생적 처리는 장염균의 존재 및 생존 능력에 아무 영향을 주지 못한다.

장염균
암탉이 계란을 만들 때 계란 노른자에 포함될 수 있는 세균의 유형; 계란이 준비되는 동안 충분히 가열되지 않은 경우 나타날 수 있는 식품매개 질명의 잠재적 요인.

이러한 식품매개 질병의 잠재적 요인의 억제는 암탉이 위험한 살모넬라균에 대한 감염 방지를 돕는 수단으로써 암탉의 무리를 취급하는 모든 단계에서 위생적인 절차에 초점을 맞추어야 한다. 현재 계란이 장염균에 오염될 확률은 약 10,000분의 1정도이지만, 이러한 정도의 위험 수준은 만의 하나 존재할 수 있는 세균의 살균에 필요한 적절한 가열 처리에 대한 세심한 관심을 필요로 한다. 계란을 익히지 않는 조리법으로 준비할 때 제품 안전을 보증하기 위해서는, 나머지 재료와 섞기 전에 조리 시 필요한 계란과 액체를 함께 섞어 71°C(160°F) 이상의 온도에서 신속히 가열해야 한다.

저온살균 계란 제품을 사용하면 이런 감염원을 피할 수 있다. 훌륭한 위생 조치 또한 필수적이다. 보관 및 마케팅 중에 계란의 안전을 도모하기 위해 창고, 수송 트럭 및 소매 유통업체는 7.2°C(45°F) 또는 더 낮은 온도에서(껍질이 있는 채로) 계란을 보관하고 취급해야 한다(FSIS와 FDA 규정).

살모넬라에 오염되지 않은 경우에도, 계란은 여전히 식품 취급 시 감염될 수 있는 대부분의 미생물의 증식을 위한 완벽한 매체이다. 먹을 때 안전을 보장하기 위해, 저온살균하지 않은 계란은 최소 72°C(162°F) 이상의 온도로 조리를 해야 한다. 계란을 포함하는 요리의 내부 온도를 확인하기 위해 온도계를 사용할 수 있다.

노른자와 흰자가 단단해질 때까지 가열해야 한다; 스크램블 에그가 너무 물러서는 안 된다. 잘못 취급되는 계란에 의해 발생할 수 있는 식품매개 질병을 피하기 위해 언제나 계란 및 계란을 함유하는 요리는 신속히 냉각시키고 뜨거운 계란 요리는 60°C(140°F) 이상의 온도로 유지해야 한다. 신선한 계란은 최대 5주 동안 냉장고에 저장할 수 있다.

보존

저온살균

계란의 껍질이 살모넬라에 오염될 수 있다는 가능성은 이러한 위험을 제거하기 위한 노력에 불을 당겼고 업계는 계란 단백질을 변성시키지 않고 미생물을 사멸시킬 수 있게 계란의 껍질을 저온살균하는 기술을 개발함으로써 이와 같은 노력에 응답했다. 상점에서 이와 같은 처리를 거친 계란을 판매할 경우, 계란이 담긴 상자에는 저온살균이라고 표시된 라벨이 붙게 된다.

식품이 대량으로 준비될 때, 계란을 깨는데 관련되는 노동에 많은 비용이 들 수 있다. 이로 인해 껍질없이 판매되는 계란이 시장이 등장했다. 불행히도, 일단 보호 껍질이 제거되면 계란은 매우 신속하게 상하기 시작한다. 따라서 이러한 제품의 안전을 보장하기 위해서는 껍질 없이 판매되는 계란의 저온살균은 필수적이다.

다양한 방법의 저온살균법이 사용될 수 있다; 일반적인 방법은 계란에 부적절한 변성을 야기하지 않고 유해 미생물을 죽이기에 충분한 온도인 61°C(142°F)에 액체 통계란을 3.5분간 두는 것이다. 살모넬라균과 기타 잠재적으로 해로운 미생물을 죽이기 위해 설탕이나 소금이 추가된 노른자는 더 높은 온도를 요구하기는 하지만, 노른자도 비슷한 방식으로 저온살균할 수 있다. 노른자가 전란보다 저온살균에 더 민감하기는 하지만 계란흰자는 여전히 저온살균 후에도 거품을 생산하기에 만족스러운 결과를 보인다.

건조

편의와 안전을 위해 계란을 건조시켜 보존하지만 이러한 제품들은 다른 식품 아이템의 제조에 사용하기 위해 식품 산업에 주로 사용할 수 있다. 분무 건조는 계란을 건조하는 데 일반적으로 사용되는 기술이다. 냉장 또는 냉동 보관 시설 없이 가능한 장기 보관의 편리성 때문에 건조 계란은 관심의 대상이 되고 있다. 사용가능한 건조계란 제품에는 다양한 비율의 흰자와 노른자 및 흰자를 함유하고 있는 전란 고체, 노른자 고체, 강화 전란 고체 등이 있다.

분무 건조 계란흰자의 생산은 휘핑 특성, 색상, 맛을 손상시킬 수 있는 변화 가능성 때문에 특정다. 색깔의 대부분을 제공하는 두 가지 카로티노이드 색소는 루테인과 제아잔틴이다: 루테인은 하나의 폐쇄된 고리와 두 개의 수산기 그룹을 가진 크산토필이며, 제아잔틴은 하나의 수산기 그룹과 두 개의 폐쇄된 고리를 가지고 있다(10장 참고). 크립토크산틴(또 다른 크산토필)과 카로틴 역시 노른자의 전체 색깔에 기여한다.

계란 노른자의 밝은 색은 흰자에 섞일 때 선명하게 대조되는 맵게 양념한 계란에서 특히 중요하다. 미국에서 계란 노른자의 색깔은 계절에 따라 조금씩 다르지만, 그 색깔은 상당히 밝은 노란색부터 약간 미묘한 오렌지색까지 다양하다. 과테말라산 계란의 노른자는 신기한 오렌지 빛의 붉은 색이다. 암탉이 먹는 식품은 노른자의 색깔에 많은 영향을 준다.

유화제

계란의 노른자 자체는 천연 유화제의 한 예이다. 레시틴과 리졸레시틴은 계란노른자가 함유되어 있는 식품에서 유화제로서 작용하는 계란노른자의 탁월한 능력을 담당하는 핵심 화합물이다. 계란노른자가 일정 형태의 유동성 지방과 수분 또는 다른 수분 함유 액체를 포함하는 식품 혼합물의 식재료로 사용될 경우 유화제로서의 기능을 한다. 노른자의 입자(저밀도 지질단백질, 미엘린 형태, 고밀도 지질단백질 등 포함)는 층을 형성하기 위해 작은 오일 입자의 표면에서 상호작용함으로써 유화액의 안정성에 기여한다. 마요네즈는 계란노른자로 만든 식품 유제품의 고전적인 예이다(5장 참고).

네덜란드 소스는 변덕스러운 작용으로 잘 알려져 있는 고전적인 소스이다. 액체 부분으로써 제공되는 레몬주스 및 물과 함께, 노른자의 높은 지방 함량(거의 50%)은 유화제로 만들어져야 한다. 전통적으로 유화제는 부분 변성에 의한 혼합물을 짙게 하기 위해 액체와 노른자를 부드럽게 가열함으로써 만들어지는데, 이 지점에서 노른자 혼합물은 가열로 제거되고, 과열과 노른자 혼합물의 응고 위험을 줄이기 위해 약간의 버터를 첨가하고 차갑게 한다. 그러고 나서, 지방이 소스에 혼합되면 지방을 유화시키기 위해 교반하면서 녹인 버터를 아주 조금씩 첨가한다.

온도 제어는 섬세한 유화를 유지하는 데에 필수적이다. 왜냐하면 과도할 가열은 작은 오일 방울과 액상 간의 접점에서 표면적을 넓게 하는 능력을 감소시키면서 노른자 단백질이 보다 더 빽빽하게 당겨지도록 하기 때문이다. 증발하면서 너무 많은 양의 액체가 손실되는 것 또한 액체의 응결을 발생시킬 수 있다. 이런 현상이 발생하면, 수분을 대체하기 위해 소량의 액체를 첨가해야 한다. 네덜란드 소스의 성공 요인은 노른자가 필수 유화제인 레시틴을 제공하면서 약간 끈적끈적하고 안정된 유화를 형성시킨다는 것이다.

계란노른자를 함유하고 있는 구운 식품 또한 레시틴과 리졸레시틴의 유화작용으로부터 일종의 혜택을 얻을 수 있다. 케이크 반죽은 가끔씩 응결되는 성질이 있는데, 특히 지방이 상당히 부드러워지는 따뜻한 날씨에서는 더욱 그렇다. 그러나 조리법에서 계란노른자는 확실한 억제제로 공급할 수 있다. 수플레 역시 안정된 유화액를 형성하기 위해 계란노른자를 사용한다.

의심할 여지없이 구운 식품의 유화제로서 계란 노른자의 가장 극적인 예는 슈크림이다. 슈크림용 반죽은 첨가된 밀가루로 두꺼운 반죽을 만들고 끓는 물에 버터를 녹여서 만들어진다. 이때 유화를 형성하기 위해 노른자를 한 번에 하나씩 혼합한다. 이 과정이 반죽의 질감을 아주 부드럽고, 작은 반죽 덩이로 구이판에 떨어뜨릴 수 있는 점성의 성질로 바뀌게 되는 것이다. 슈크림이 매우 뜨거운 오븐에서 익혀질 때 발생하는 상당한 용량의 증가는 안정된 유화의 형성에 달려 있으며, 이러한 유화의 형성은 많은 양의 노른자가 유화제로써 제공될 수 있기 때문에 가능하다.

증점안정제

계란은 변성과 응고를 야기하는 단백질의 가열 효과 때문에 많은 다양한 식품에서 증점안정제로 사용된다(13장 참고). 증점안정제로 계란을 사용할 때 발생하는 심각한 문제는 응고가 꽤 다양한 온도에서 그리고 적용되는 특정 조건에 따라서 발생한다는 점이다. 적정한 최종 온도에서 캔디를 조

- 단백질원
  - 흰자(최저)
  - 전란(중간)
  - 노른자(최고)
- 가열 속도(빠른 속도는 응고 온도를 상승시킨다)
- 단백질 농도(추가된 성분은 농도를 상승시킨다)

차트 16.1 계란의 응고 온도에 영향을 주는 요인들

심스럽게 끓인 안정된 상태에서 캔디를 준비하는 것과 다르게, 계란으로 진하게 하는 것은 언제 제품이 완료되는지 결정하는 데 개인적 판단이 필요하다. 이 시점을 정확히 판단하지 못하면 멍울진 소스, 늘어진 커스터드 또는 거친 계란 프라이 등과 같은 문제가 발생한다.

계란흰자의 단백질은 약 60°C(140°F)에서 응고되기 시작하며 다른 식재료가 첨가되지 않을 경우 온도가 약 65°C(149°F)에 근접하면 유동성 성질을 잃게된다(차트 16.1). 노른자 단백질은 열 충격에 좀 더 저항적이며 65°C(149°F)에서 응고가 시작된다; 어떤 액체나 다른 재료가 노른자 단백질과 희석되지 않는 경우 온도가 약 70°C(158°F)까지 상승할 때, 단백질은 유동성 성질을 잃게 된다.

응고는 가열 속도가 느릴 때보다 빠를 때 더 높은 온도에서 발생한다; 가열 속도가 느리면 분자의 2차구조가 풀리는데 더 많은 시간이 걸리며, 온도가 많이 상승하기 전에 응고가 발생하는 온도로 분자가 변성되고 응고되면서 서로 엉기게 된다.

액체나 다른 재료(예, 설탕)가 계란에 첨가되면, 혼합물의 응고 온도는 상승한다. 반숙 계란이나 계란 프라이 같은 희석되지 않은 계란 식품은 커스터드나 계란을 함유하는 디저트 소스가 응고되는 데 필요한 온도보다 더 낮은 온도에서 응고된다. 커스터드(그림 16.7)와 디저트 소스는 계란 농축 제품 중 하나이며, 이러한 식품에서는 액체(일반적으로 우유)와 설탕이 단백질을 희석시키고 응고 온도를 상승시킨다.

조리 시 온도계를 스터드에 삽입시키고 그 속에서 계란 단백질이 변성되고 응고되기 시작할 때의 온도를 주의 깊게 관측하면, 응고가 발생할 때까지 온도가 더디게 올라가지만 점차적으로 상승하는 것을 목격하게 된다. 이 시점에서 더딘 온도의 상승이 갑자기 멈추거나, 다시 상승하기 전에 잠깐 동안 온도가 약간 떨어진다. 이러한 정체상태의 유지는 응고가 추가적인 가열을 요하는 흡열성 반응이라는 증거이다.

가열이 응고가 발생하는 온도점 이상 계속되면, 희석되지 않은 계란 단백질은 빽빽하게 당겨지고 점점 거칠어진다. 희석된 단백질 혼합물은 단백질이 팽팽해져서 식품 내 액체에서 분리되어 응결된다. 이러한 문제를 피하기 위해 계란과 계란 농축 제품은 응고되기 전에 곧바로 제공되어야 하며 그렇지 않은 경우, 내부 온도가 상승하여 식품을 응결시키는 잔여 열을 제거하기 위해 즉시 식혀야 한다.

그림 16.7 단백질을 희석시키는 추가된 설탕과 우유로 인해 구은 커스터드에서 계란 단백질의 응결 온도가 상승한다. (Courtesy of the American Egg Board.)

저어서 만든 커스터드
졸을 형성하기 위해 가열된 가당 우유와 계란 혼합물; 가열 시에 저어주면 젤을 형성하기 위해 분자간의 충분한 연결이 생기는 것을 방지한다.

구운 커스터드
계란 단백질이 응고되어 젤이 형성될 때까지 젓지 않고 구워진 가당 우유와 계란 혼합물.

커스터드. 저어서 구운 커스터드는 계란으로 농축된 가당 우유 혼합물이며 보통 소금과 바닐라로 맛을 낸다. 두 종류의 커스터드가 재료와 비율은 같지만(우유 한 컵당 계란 1개 또는 노른자 2개) 혼합물이 가열될 때 가열 시 처리 방식에 따라 졸이나 젤(6장 참고)이 형성될 수 있다. 계속해서 **저어서 만든 커스터드(stirred custard)**나 부드러운 커스터드는 졸로 만들어진다. 혼합물을 젓지 않고 오븐에 구우면, 젤 제품이 만들어지며 **구운 커스터드(baked custard)**라고 불린다.

두 가지 예에서, 통계란의 단백질은 점착성을 약간 증가시키는 우유 단백질과 함께 커스터드의 대부분을 두껍게 만든다. 그러나 우유는 계란 단백질의 응고에 필요한 무기염을 제공한다. 우유 대신 증류수로 구운 커스터드를 만들 때 분명히 알 수 있듯이, 소금을 사용하지 않으면 젤 형성을 위한 단백질의 침전은 발생하지 않는다.

몇 가지 요인이 커스터드의 응고 온도에 영향을 미친다. 보통 커스터드를 만들 때 계란 전체를 사용하지만, 노른자나 흰자가 계란 전체를 대신하기도 한다. 따라서 계란흰자로 만들어진 커스터드는 계란 전체로 만들어진 것보다 더 낮은 온도에서 응고되는 반면, 노른자를 사용하면 여전히 더 높은 온도에서 응고하게 된다.

커스터드를 만들 때 추가되는 우유와 설탕의 양 또한 단백질 함량에 미치는 희석 효과(최소한 부분적으로)로 인해 응고 온도에 영향을 미친다. 우유와 설탕이 더 많이 첨가될수록 응고 온도는 더 높아진다.

가열 속도는 응고 온도에 영향을 미치는 또 다른 요인이다. 앞서 언급했듯이, 가열 속도가 빨라지면 응고 온도가 더욱 높아진다. 그러나 가열 속도가 빠를 때 커스터드가 더 높은 온도로 가열되더라도 가열 속도가 느리고 응고 온도가 약간 더 낮을 때 응고에 필요한 것보다 더 적은 시간이 요구된다. 커스터드를 가열할 때 이러한 시간적 요인을 특별히 신경 써야 한다.

중간 또는 높은 열에서 가열하는 경우 저어서 만든 커스터드나 구운 커스터드의 가열을 적절한 시점에 중단하는 것은 대단히 어려운 일이며 따라서 과열(응결을 수반하는)을 초래하기 쉽다. 다시 말해서, 가열 속도를 고려할 때 응고에 요구되는 실제 온도보다 여분의 열에 더욱 신경 써야 한다. 저어서 만든 커스터드는 보통 매우 낮은 열 또는 끓는 물에 담가 둔 팬에서 준비하며, 구운 커스터드는 끓는 물의 팬(그림 16.8)에서 준비하고 177°C(350°F)의 오븐에서 가열한다.

그림 16.8 강한 열로부터 계란 단백질을 격리시켜 바깥쪽 부분이 응고되고 단단해지기 시작하기 전에 열이 커스터드로 침투하는데 더 많은 시간을 가질 수 있도록 굽는 동안 커스터드 컵을 매우 뜨거운 물에 담가둔다. (Courtesy of the American Egg Board.)

샐러드 드레싱 및 소스 가끔씩 샐러드 드레싱 조리법은 진하게 하는 재료로 녹말가루와 함께 증점안정제로 계란노른자나 계란 전체를 사용한다. 이러한 유형의 샐러드 드레싱의 장점은 낮은 지방 함유량과 결과적으로 낮은 칼로리 기여도이다. 녹말가루와 계란 단백질이 이들 조리법에 포함되면, 녹말가루 혼합물이 진해질 때까지는 계란을 사용하지 않고 이후 단백질을 응고시키기 위해 첨가한 후 가열한다. 이러한 절차는 녹말가루의 젤라틴 형성에 대한 최적 농화가 노른자의 단백질에 적절한 온도보다 더 높은 온도를 필요로 한다는 사실에 기반한다.

가열 혼합물에 계란을 첨가할 때는 응고된 단백질 덩어리가 만들어지지 않도록 주의해야 한다. 계란 속으로 한 숟가락의 뜨거운 졸을 넣은 후 재빨리 젓고 이 과정을 약 3회 반복함으로써 계란 단백질이 덩어리 형성 없이 희석된 혼합물이 뜨거운 졸 안으로 혼합되면서 응고 온도를 조금 상승시킬 정도로 희석될 것이다. 이러한 계란 함유 졸은 계란 단백질이 응고되도록 가열되어야 하지만, 지나치게 응고된 계란 덩어리가 생길정도로 가열해서는 안 된다.

샐러드 드레싱과 계란 농축 소스는 과일주스나 식품의 pH을 감소시키는 그 밖의 산성 용액을 포함하는데, 보통 계란 단백질의 등전점에 더 가깝다. 변성 및 응고는 등전점에서 다소 멀리 떨어진 pH보다 등전점의 다소 낮은 온도에서 발생한다. 이러한 용해성의 증가는 표면상에서 전하가 최소일 때 존재하는 분자들 사이의 반발력 때문이다.

크림 파이와 푸딩. 크림 파이 속과 크림 푸딩은 녹말가루와 계란 단백질을 사용하여 진하게 된 샐러드 드레싱과 소스와 비슷하다. 그러나 차가워질 때 크림 파이 속이 졸보다는 부드러운 젤을 형성해야 한다는 점에서 다르다. 녹말가루가 젤라틴화되고 계란 노른자가 응고될 때 크림 파이 조리법은 적절한 젤을 획득하는 충분한 양의 녹말가루 및 계란노른자를 포함한다.

불행히도, 노른자가 첨가된 후 파이 속을 부적절하게 가열하면 표면적으로 걸쭉한 파이 속은 차가워진 후 상당히 유동적이 될 수 있다. 파이가 얇아지는 현상은 증점안정제로써 포함되었던 일부 녹말가루를 분해하는 노른자의 α-아밀라아제 작용의 결과이다. 이것은 녹말가루 분자의 크기를 줄이고 젤 구조에 필요한 망으로 제공되는 아밀로오즈의 양을 감소시키기 때문이다.

α-아밀라아제의 변성은 젤화된 속을 얻기 위해 크림파이 속을 준비하는 동안 일어나야 한다. 또한 계란 단백질의 변성 및 응고에 영향을 미치는 요인은 구체적으로 α-아밀라아제의 작용과도 관련되어 있다. 특히 우려되는 것은 크림 파이 속의 설탕 함유량이 상당히 높고 이것이 단백질의 응고 온도를 상승시킨다는 점이다. 파이 속의 나머지 부분에 혼합물을 되돌리기 전에 계란노른자 속으로 한 스푼 양의 뜨거운 녹말로 진해진 속을 젓는 과정은 파이 속 전체를 약간 차갑게 해 주게 된다. α-아밀라아제가 응고에 의해 확실히 비활성화 되도록 계란노른자를 첨가한 후 적절히 가열하는 것이 필요하다. 그러나 이것은 과열시키지 않고 계란 단백질을 응결시키지 않은 채로 이루어져야 한다.

매우 낮은 열에서 파이 속을 가열시키는 것과 5분 동안 자주 젓거나 혹은 혼합물의 광택이 없어질 때까지 젓는 조리법이 필요하다. 그 이유는 이러한 기법이 85°C(185°F)보다 약간 더 온도를 상승시키도록 하는데, 85°C는 α-아밀라아제가 변성되기에 충분한 온도이기 때문이다.

커스터드 타입의 파이 속은 증점안정제로써 계란을 사용하는 또 다른 예이다. 보통 노른자(흰자는 머랭을 위해서 따로 남겨둔다)만 사용하는 크림 파이 속과 달리 커스터드 타입의 파이는 농화를 위한 유일한 재료로써 계란 전체를 사용한다. 녹말가루가 증점안정제로써 포함되지 않기 때문에 α-아밀라아제 문제는 커스터드 타입의 파이에서는 발견되지 않는다.

커스터드 타입의 파이를 준비할 때 중요한 것은 응결 및 탈수가 분명해지는 온도점까지 과열시키지 않고 계란 단백질이 응고되도록 충분한 열을 가하는 것이다. 기본적으로, 이러한 유형의 파이를 준비할 때 원칙은 구운 커스터드를 준비할 때와 같다; 유일한 차이점은 다른 맛과 질감을 얻기 위해 사용되는 추가 재료와 바닥 껍질의 단열 효과이다. 호박 파이와 피칸 파이가 그 예이다.

완숙 삶은 계란 완숙 삶은 계란은 계란의 품질을 지속시킨다; 껍질을 벗기고 얇게 썰어진 계란은 공기 면적의 크기, 노른자(이것은 간접적으로 계란의 얇고 두꺼운 흰자의 양을 알 수 있게 한다)의 위치와 계란의 신선도까지 알 수 있게 한다. 큰 공기 면적은 계란이 생산 된 이후 껍질의 구멍을 통해서 상당한 양의 이산화탄소와 물이 없어졌다는 것을 의미한다. 노른자가 중앙에 잘 자리 잡았다는 것은 많은 양의 두꺼운 흰자가 있다는 것을 의미하지만, 노른자가 가열되면서 가장자리에 얇은 흰자가 생기도록 위쪽으로 이동하는 계란의 경우는 두꺼운 흰자의 양이 적고 얇은 흰자의 비율이 상당히 많다. 노른자 주위의 거무스름한 녹색 빛의 황화철 테두리는 신선한 계란보다 오래된 계란에서 더 많이 생기는 경향이 있다. 이것은 계란이 이산화탄소를 잃어버리면서 생성되는 다소 높은 pH 때문이다.

완숙 삶은 계란의 응고된 흰자의 단단함은 계란에 가해지는 최종 온도와 계란이 조리되는 물의 온도에 의해 영향을 받는다(그림 16.9). 끓는점에서 20분 동안 계란을 끓이면 동일한 시간 동안 찌거나 끓이는 것보다 낮은 온도에서 끓인 계란이 덜 부드럽게 된다. 미국 계란 위원회가 선호하는 방식은 계란을 상온의 물로 담그는 것, 끓는점까지 물을 가열하는 것, 그리고 차가운 수돗물에 식히기 전에 15~17분 동안 추가적으로 가열하지 않고 계란을 물속에 놔두는 것이다. 중간 크기보다 큰 계란의 경우 뜨거운 물속에 놓아두는 시간을 약 3분 정도 늘려야 한다. 끓는 물에 넣어 가열하여 18분 동안 끓인 계란은 덜 갈라지며 차가운 상태에서 시작하여 끓이는 계란보다 껍질을 벗기기 더 쉽다.

황화철은 노른자의 겉면에 생길 수 있는 좋지 않은 화합물이다. 조리 시간의 연장이나 냉각 속도를 늦추기 위한 가열시간의 연장은 황화철의 생성을 촉진시킨다. 노른자에서 황과 철분의 결합은 계란의 pH가 상승하면서 증가한다. 알칼리성의 증가는 계란이 신선하지 않다는 증거이다. 신선한 계란만을 사용하여 노른자가 완전히 굳을 때까지 조리한 이후 차가운 수돗물에 빠르게 냉각시키면 황화철의 형성을 완전히 방지할 수 있다.

완숙 삶은 계란을 상업적인 용도로 광고하는 회사는 동일한 문제에 직면하게 되지만 규모는 훨씬 어마어마하다. 최소 8.8의 pH를 갖고 있는 흰자를 가진 완숙 삶은 계란이 그보다 덜한 계란보다 껍질을 벗기기 쉽다는 사실은 고무적이며, 이러한 pH 수준을 획득하기 위해 계란의 저장을 조작하려는 기술이 개발 중에 있다. 완숙 삶은 계란은 보존을 위해 소금물이나 유기산 용액 속에 놓아둘 수 있지만, 사용한 용액에서 계란이 하루 이상 보존될 경우 맛을 변화시킬 수 있다.

그림 16.9 완숙 삶은 계란은 노른자와 흰자 단백질을 완전히 응고시킬 만큼 가열하면 계란은 얇게 슬라이스 되고 흰자는 질기지 않게 된다.

반숙 계란 반숙 계란은 약간 응고되었지만 완전히 굳지 않은 것으로 가장자리까지 굳지 않은 노른자와 주변에 부드럽게 엉긴 흰자를 가지고 있어야 한다. 끓는점 바로 아래까지 가열된 소금물에 고품질의 계란을 조심히 담가서 원하는 지점까지 가열하면 좋은 반숙 계란을 얻을 수 있다. 노른자에 존재할 수도 있는 장염균을 확실히 없애기 위해서 식품의약국은 끓는 물에서 5분 동안 계란을 삶을 것을 권고한다.

저품질 계란의 흰자는 삶으면 퍼져서 고르지 못하고 깃털 같은 모양을 띠게 된다; 노른자는 흰자에서 분리되거나 떨어지는 경향이 있다. 노른자 또한 반숙 계란의 수분을 숟가락으로 떠 내면 쉽게 부서진다. 저품질 계란이 반숙됐을 때 적은 양의 산(식초나 레몬주스)을 조리물에 첨가하면 흰자가 퍼지는 것을 줄일 수 있다. 물에 소금을 첨가하면 저품질 계란을 반숙하는 데 유용하다. 소금물이 단백질 분자의 전하를 없애는 나트륨과 염화이온을 제공하여 응고 과정을 다소 촉진시키기 때문이다.

저품질 계란을 반숙할 때 산을 첨가하면 응고를 빠르게 하고 흰자가 퍼지는 것을 최소화할 수 있다. 산성화된 물이 알부민 단백질의 등전점에 더 가까워서 응고가 촉진되고 흰자의 퍼짐이 감소되기 때문이다. 등전점 근처의 알부민 단백질 표면의 이온화는 분자가 상당히 빠르게 모이도록 해서 알부민이 물속에서 자유롭게 퍼지는 시간을 단축시킨다.

삶는 물에서 퍼지는 문제를 피하기 위해 계란을 물이 담긴 냄비 속에 넣어 둘 필요가 있다. 계란이 물속에 잠기게 하는 것이 쉽지 않기 때문에 수란 냄비로 이 문제를 해결할 수 있다. 퍼짐을 막는 또 다른 물리적 방법은 끓는 물이 담긴 냄비를 물이 소용돌이 모양으로 움직일 때까지 빙빙 돌리는 것이다. 그러고 나서 물의 움직임에 따라 계란을 물속에 담그는 것이다. 이러한 움직임이 잘 이루어지면 물은 계란을 잘 보존하는 데 도움을 주지만, 계란이 물의 움직임과 반대로 움직이면 퍼짐을 막는 데 해로울 수 있다.

저품질 계란에서 흰자가 퍼지는 문제가 많이 해결되긴 했지만, 저품질의 계란은 여전히 강하고 유황 맛을 낸다. 난황 조직도 삶는 물이나 끓는 물을 숟가락으로 떠내는 스트레스를 견디기에는 너무 약한 듯하다. 깨진 노른자는 반숙된 계란의 품질이 부족하다는 신호로 여겨진다.

계란 프라이. 계란의 품질과 적절한 가열은 좋은 계란 프라이를 얻기 위해 중요하다. AA 품질 이하 등급의 계란에서 발견되는 아주 많은 양의 얇은 흰자와 약한 난황조직은, 흰자가 노른자 주변에서 흘러내리고 노른자가 납작하게 퍼지는 경향과 함께, 계란 프라이가 더 넓은 면적에 퍼지게 한다. 난황 조직이 약하면 프라이팬에서 계란을 뒤집거나 옮길 때 노른자가 깨질 위험이 높다.

식품의약국은 한쪽 프라이 계란을 덮여지지 않은 채로 7분 동안, 또는 덮인 채로 4분 동안, 121°C (250°F)에서 익혀야 한다고 권고한다. 한쪽만 살짝 익힌 계란 프라이는 뒤집기 전에 121℃ (250°F)에서 3분 동안 조리하고 2분 더 익혀야 한다. 이러한 방법은 장염균을 살균하기 위해 노른자를 충분히 가열도록 만들어진 것이다.

스크램블드 에그. 스크램블드 에그를 가열하기 전에, 계란 혼합물을 희석시키기 위해 보통 우유가 첨가된다. 계란흰자, 노른자와 우유를 완전히 섞기 위해 충분히 저어주는데, 거품이 생기게 해서는 안 된다. 이때 적절하게 섞이지 않으면, 완성된 제품에서 노른자나 흰자의 줄무늬가 보일 수 있다.

완제품의 부드러움을 촉진시키고 계란 단백질을 희석시키기 위해 우유(계란당 약 20 ml)를 첨가한다. 생존할 수 있는 장염균이 휘저은 계란 프라이 속에 존재하지 않도록, 1분 동안 121℃ (250°F)에서 가열해야 한다. 많은 양을 조리할 때에는, 한 번에 계란 3쿼트 정도만 휘저어 익혀야 한다. 스팀 테이블 위의 계란은 60℃ (140°F) 또는 그 이상에서 보존되어야 한다.

첨가된 우유로 너무 오래 익힌 휘저은 프라이는 계란의 단백질이 빽빽하게 흘러나오고 가열로 단단해짐에 따라 탈수를 야기할 것이다. 우유를 첨가하지 않으면 계란 덩어리는 과열로 인해 상당히 단단해질 수 있다.

풀어 익힌 계란이 장시간 스팀 테이블 위에 보관되면, 황화철이 형성되면서 계란은 보기 흉한 녹색빛 회색으로 변하기 시작한다. 이것은 장시간 가열한 삶은 계란에 생기는 혼합물과 동일한 것이다.

전자레인지는 이전에 조리된 풀어 익힌 계란 식품이 재가열될 때 유용하다. 평범하게 재가열된 풀어 익힌 계란 맛이 선호되기도 한다. 재가열 및 제공되기 이전에 미리 준비해 냉각된 프렌치 오믈릿과 풀어 익힌 계란 요리는 기내식과 대규모 대중식당에서 많이 제공되고 있는데, 그 이유는 이러한 요리가 전자레인지에서 훌륭하게 재가열될 수 있기 때문이다.

거품

노른자 거품 때때로 노른자 거품은 구운 식품, 특히 스폰지 케이크와 퍼피 오믈렛에서 활용된다. 계란 노른자를 세게 휘저으면 약간 무거운 거품으로 변할 수 있다. 그러나 노른자 거품을 흰자 거품과 비교하면 상당히 촘촘하다. 노른자를 휘저으면, 그에 수반하는 용량의 증가와 거품 색깔이 밝아지는 것을 볼 수 있다. 전기믹서의 최고 속도로 몇 분 동안 휘저으면, 적당히 짙은 밝은 노란색의 노른자 거품이 생긴다.

이 노른자 거품은 사용 가능하며 보통 계란흰자 거품과 혼합해서 사용한다. 노른자 거품은 다른 재료와 혼합할 수 있을 만큼 충분히 안정감 있으며, 따라서 구운 식품의 질감적 특성과 용량에 기여한다. 노른자 거품은 뾰족하게 될 만큼 뻣뻣해지지는 않지만, 충분히 휘저으면 포개진다. 부드러운 거품이 형성되도록 계란 전체를 휘저을 수도 있다.

흰자 거품. 식품을 준비하는 데 있어서 일정 역할을 하기 위해서 거품(6장 참조)은 안정감이 있어야 한다. 표면 장력과 증기압이 낮고, 물질이 거품 표면에서 굳어지면 안정감은 향상된다. 거품이 좋을 때 특히 재료를 유용하게 만드는 계란흰자는 이 모든 조건을 만족시킨다. 휘저어 주면 계란흰자는 넓은 표면적에 걸쳐 퍼질 수 있으며, 단백질을 휘저어서 생성되는 거품 속으로 공기가 스며들 수 있다. 일부 단백질은 휘저으면 변성되며, 만들어지는 거품의 안정감이 향상되도록 단백질이 한데 모인다.

계란흰자 거품에서 가장 중요한 두 가지 요소는 안정감과 용량이다. 몇 가지 요소가 이 두 가지 특징 혹은 하나의 특징에 영향을 주며, 이 요소는 거품이 최종적으로 혼합되는 식품과 상관없이 중요하다. 거품을 만드는 데 사용되는 기계적 방법이 안정감 및 용량보다 속도를 중요시한 것으로 거품의 형성속도는 관심을 가져야 할 사항이다.

안정감. 거품의 안정감은 지정된 기간 동안 주어진 거품의 양에서 빠져나가는 액체를 측정함으로써 판단될 수 있다. 측정 조건은 변화에서 야기되는 결과들이 비교될 수 있도록 주어진 실험에 대해 결정되어야 하지만, 세부사항은 연구과제별로 다를 수 있으며, 따라서 서로 다른 과제들에서 야기되는 결과를 비교하는 것은 불가능하다.

편리한 기법은 중량이 측정될 거품을 기능이 잘 알려진 깔때기와 눈금이 매겨진 원통으로 배수되는 구멍에 넣는 것이다. 깔때기와 거품은 증발을 막기 위해 비닐 랩으로 덮여야 한다. 배수 시설은 지정된 시간 후에 검침한다. 배수가 많이 될수록, 거품의 안정감이 더 적다는 것이다.

교반 정도는 계란흰자 거품의 안정감에 중요한 요소이다. 교반이 진행될수록 거품은 임계점까지 점점 안정화되고, 그 후 교반을 계속하면 안정감은 감소한다. 흰자의 거품이 구부러질 때 최대 안정감에 도달하지만, 그 전에 최대 용량에 도달한다. 교반이 최대 안정점을 지나서 계속되면, 표면은 약간씩 건조해지기 시작하며 거품은 불안정해진다. 흰자가 상온보다 훨씬 낮으면 거품 형성이 지연된다. 다른 재료의 첨가도 안정감에 영향을 준다. 가끔씩 소금이 맛을 내기 위해 계란흰자의 거품에 첨가되지만, 이것은 안정감을 다소 감소시킨다.

때로는 조리법이 계란흰자로 거품을 만드는 데 액체의 첨가를 유도한다. 이것은 거품의 단백질을 희석시키고 안정감을 감소시킨다. 노른자와 흰자를 분리할 때 발생할 수 있는 것처럼, 노른자가 적어도 흰자를 오염시키게 된다면, 흰자에서 형성되는 거품의 안정감은 감소된다.

모든 재료가 안정감을 감소시키는 것은 아니다. 실제로 설탕의 첨가는 거품 안정감에 좋은 영향을 준다. 설탕의 첨가가 거품 형성을 상당히 지연시킨다는 것이 그럴 듯한 설명인데, 이것은 거품 생성이 적절한 단계에 도달하기 위해서 상당히 많은 교반이 필요하다는 의미이다. 교반을 증가시키는 것은 더 좋은 질감의 거품과 더 넓은 표면적이 생기게 한다; 이러한 거품은 교반에 의해 부분 변성된 단백질도 안정화시킨다.

보통 주석의 크림이나 레몬주스(특히 거품 생성 초기에 첨가되면) 등의 산성 재료는 계란흰자의 거품을 만들 때 유용한 안정제로 사용된다(그림 16.10). 안정감은 계란흰자 거품의 pH를 감소시킴으로써 촉진되지만, 이러한 첨가에 의해서 거품의 형성이 지연된다. 거품내기에 있어서 좋은 종료점 도달 지연은 교반을 증가시키며, 더 좋고 안정된 거품을 만든다. 흰자의 거품이 pH 6.0에 도달할 때 주석의 크림은 산성 재료로써 효과적이지만, pH 8.0에서는 구연산과 주석의 크림 효과는 서로 비교할 만하다.

용량 표면 장력은 상온과 비슷하게 따뜻해진 흰자보다 냉장고에서 바로 꺼낸 계란의 흰자에서 더 크기 때문에, 흰자의 온도는 용량에 영향을 미친다. 흰자의 품질은 거품의 용량을 결정하는 데 중요한 역할을 한다. 비교적 많은 양의 얇은 흰자가 있으면 거품이 빨리 형성되고 많은 용량이 생기지만, 교반이 길어지면 용량은 감소한다. 반대로, 두꺼운 흰자의 경우 원하는 종료점까지 도달하려면 더 많이 휘저어야 하지만 만들어진 거품의 부피는 그다지 변하지 않는다.

교반기의 유형은 부피에 영향을 미치는 또 다른 요인이다. 숙련된 요리사가 거품기를 사용할 경우, 이 요리사는 와이어 거품기가 로터리 핸드 비터를 사용할 때보다 더 큰 부피의 거품을 만들 수 있다는 것을 알지만 경험적으로 부족하면 부피에 해로운 영향을 미칠 수 있다는 사실도 알고 있다.

그림 16.10 사진 속 계란의 하얀 거품은 타르타르 크림을 추가하여 안정화되었고 피크가 구부러지는 지점까지 휘저어져서 섬세한 질감, 안정성 및 부피를 갖고 있다.

전기 믹서를 이용하면 부피가 큰 거품을 만들어 낼 수 있지만 거품 형성을 지연시키는 설탕이나 산이 추가되지 않는 한, 과도하게 저어 결과적으로 부피가 작은 거품을 생산할 수 있다. 이러한 성분이 추가되는 경우, 피크가 막 구부러져서, 원하는 종료점에 도달하기 위해 연장된 교반 시간이 필요하다; 이런 점에서 전기 믹서를 사용하는 것이 바람직하다.

교반의 정도는 안정성뿐만 아니라 부피에도 확실한 영향을 끼친다. 흰자는 여전히 투명한 액체지만 확실히 전반적으로 큰 거품이 생긴 지점의 거품 단계까지 교반이 진행됨에 따라 부피가 점차 증가한다. 거품 단계를 넘어 좀 더 저어주면 거품이 계속해서 확장되고 서서히 불투명해져 피크로 치고 올라갈 수 있는 능력을 보여준다. 처음에 이러한 피크는 빨리 처진다; 그런 다음 계속 저어주면 점차 뻣뻣한 피크로 진행되는 둥글고 부드러운 피크가 형성된다. 이 지점에서 최대 부피를 얻을 수 있다. 뻣뻣한 피크를 지나 계속 저으면 건조하고 다소 불안정한 작은 부피의 거품이 만들어진다(그림 16.11). 건조 단계에 이른 거품은 식품 준비에 별 도움이 되지 않는다.

추가된 성분도 분명히 부피에 영향을 미친다. 산 성분은 부피를 약간 감소시킨다(그러나 증가된 안정성이 부정적인 영향을 상쇄하는 데 도움을 준다). 설탕도 부피에 유사한 영향을 미친다. 그러나 설탕은 탄력성과 안정성을 촉진하여 긍정적인 영향을 미친다. 이러한 거품은 다른 성분과 쉽게 섞인다. 계란흰자 거품을 피크가 막 구부러지는 정도까지 충분히 저었다면 섞는 동안 부피는 거의 그대로 유지된다.

미량의 노른자가 섞인 흰자는 흰자 거품의 양에 부정적인 영향을 미친다. 이것은 리포비텔레닌과 리포비텔린 화합물에 있는 노른자의 지방으로 인한 것이며 두 화합물 모두 흰자의 두 가지 주요 거품 단백질인 오보뮤신, 리소자임의 거품 생성 기능을 방해한다. 소금은 부피에 약간 해로운 영향을 끼치는 또 다른 성분이다.

거품을 만드는 동안 물은 계란흰자 거품의 부피에 긍정적인 영향을 미치는 한 가지 성분이다. 그러나 안정성이 부족하여 이러한 효과는 거의 즉시 사라져 버린다. 불행히도 물을 추가하여 단백질

그림 16.11 계란흰자 거품을 지나치게 휘저으면, 거품이 너무 불안정해져서 다른 재료와 섞이지 못하며 계란이 뭉치거나 부피가 줄어들게 된다.

을 희석하면 거품 안정성이 감소하여 부피를 증가시키는 물의 유용성이 제한된다.

머랭 머랭(meringues)은 계란흰자 거품을 포함하는 설탕이다. 머랭을 만드는 데 사용되는 설탕의 양을 기초로 머랭을 소프트 머랭으로 분류할지 **하드 머랭(hard meringues)**으로 분류할지가 결정한다. 하드 머랭은 흰자당 최대 설탕(50 g, 약 4 큰술)을 포함한다. 하드 머랭에 상당한 양의 설탕이 들어가는 경우 더 많이 저어주어야 하지만 설탕을 더 추가하기 전에 소프트 피크 단계까지 흰자를 저어주면 시간을 최소화할 수 있다. 그런 다음 최고 속도에서 전기 믹서를 작동하는 동안 점차 설탕을 추가해야 한다. 뻣뻣한 피크를 끌어올릴 때까지 계속 저어야 한다(그림 16.12); 그런 다음, 건조하지만 갈색이 되지 않을 때까지 저온에서 굽기 위해, 양피지 용지에 둥지와 같이 한 모양으로 소량의 덩어리를 소용돌이 모양으로 만든다. 설탕의 양이 많기 때문에 사실상 과열은 불가능하다. 이러한 바삭바삭한 껍질은 커스터드와 과일 또는 아이스크림 한 스푼을 위한 기초로 사용된다.

머랭
설탕을 함유하는 계란흰자 거품.

하드 머랭
계란흰자당 약 50 g(4 큰술)의 설탕을 함유하는 계란흰자 거품; 건조하고 부서지기 쉬운 쿠키나 디저트 셸로 구워짐.

하드 머랭은 그 특성에 있어서 소프트 머랭과 완전히 다르다. 부드럽고 만족스러운 갈색이 만들어 지는 대신, 하드 머랭은 바삭바삭하고 건조해질 때 그리고 그 표면이 매우 창백해질 때 이상적인 것으로 간주된다. 하드 머랭은 그 바삭바삭함과 부드러움으로 인해 쉽게 잘라진다. 충분히 건조하지 않은 경우, 하드 머랭은 거칠고 끈적해져서 자르기가 힘들어진다.

종종 크림 파이에 사용되는 토핑인 **소프트 머랭(soft meringue)**은 대략 흰자의 부피에 상응하는 양의 계란흰자 당 25 g(약 2 큰술)의 설탕이 첨가된다(그림 16.13). 소프트 머랭은 방울처럼 되고 세는 성향으로 인해(머랭에서 스탠딩 위에 파일 속 표면으로 액체 누출) 섬세하게 만들어진다. 계란흰자당 32 g($2\frac{1}{2}$ 큰술)까지 증가하면 우수한 외양 품질과 우수한 커팅 품질을 가진(그러나 여분의 칼로리) 소프트 머랭이 만들어진다.

소프트 머랭
계란흰자당 약 25 g(2 큰술)의 설탕을 포함하는 계란흰자 거품; 크림 파이의 토핑.

때때로 소프트 머랭에서 나타나는 **누출(leaking)**은 거품에 있는 모든 단백질이 응고되지 않아 발생되는 것이다. 속이 아직 뜨거울 때[60~77°C(140~171°F)] 속에 머랭을 넣은 후 즉시 구우면 일반적으로 이 문제가 해결된다. 속에서 나오는 열은 머랭 하단의 거품 온도를 계란흰자 단백질이 충분히 응고될 정도로 상승시킨다. 거품 자체가 굽는 동안 열을 제대로 내지 못하기 때문에 이것은 반드시 필요하다. 15분간 177°C(350°F)에서 구우면 모든 살모넬라균을 사멸시키기에 충분하다.

누출
소프트 머랭부터 크림 파이 속의 표면까지의 액체가 세는 것.

그림 16.12 높은 당분 함량 때문에 하드 머랭은 단백질의 성질을 바꾸기 위해 낮은 온도에서 굽고 안정된 모양을 형성하기 위해 더 많이 저어야 한다.

그림 16.13 구름 모양으로 데친 소프트 머랭이 얇게 자른 신선한 딸기로 장식해 저어 만든 커스터드에 떠 있다.

비딩
과도하게 구워진 부드러운 머랭 표면에 생기는 호박색 작은 물방울의 작은 방울.

비딩(beading)은 황금 갈색의 물방울이 형성되는 것으로 완성된 파이를 잠시 식힐 때 발생한다. 비딩은 구운 머랭의 표면에 일부 단백질이 과도하게 응고될 때 생긴다. 머랭을 뜨거운 파이 속에 넣을 때 문제가 발생하기 쉽다. 이유는 포함된 추가의 열이 예상보다 빨리 머랭을 굽게 하여 과열로 이어지기 때문이다. 머랭을 뜨겁게 둘 때 사용할 수 있는 가장 효과적인 방법은 만족스러운 황금 갈색이 나타날 때까지 뜨거운 오븐에서 [218°C(425°F)] 굽는 것으로 약 4분 정도 걸린다. 이러한 신속한 가열은 내부에 축적된 잔류 열의 양을 제한하고 오버베이킹과 비딩의 생성 가능성을 줄여준다. 그러나 일반적으로 머랭을 굽는데 적당한 온도인 163°C(325°F)에서 머랭을 구운 경우보다 이들 온도에서 구울 때 누출이 더 많이 발생할 수 있다. 218°C(425°F)에서 구운 머랭은 163°C(325°F)에서 구운 머랭보다 더 부드럽고 덜 끈적끈적하다. 사용하는 오븐 온도에 관계없이, 과도하게 구워진 머랭의 모든 부분에서 비딩이 생기기 쉬울 뿐만 아니라 끈적해져서 자르기 어려울 수 있다. 베이킹 조건에도 불구하고, 소프트 머랭은 구운 후 24시간 내에 끈적끈적해지고 관리가 어려워진다. 소프트 머랭은 만든 날 바로 먹어야 한다.

상업 제빵업자들은 소비자들이 파이를 잘라 먹을 시점에 만족스럽게 먹을 수 있는 머랭 파이를 만들기가 쉽지 않다는 사실을 잘 알고 있다. 머랭을 상업적으로 사용하기 위해서, 파이의 머랭 부분의 저장 특성을 향상시키기 위해 추가되는 카라기난 또는 일부 다른 유형의 검 또는 안정제를 사용할 수 있다.

부풀어 오른 또는 폭신한 오믈렛과 수플레는 계란 거품이 사용되는 다른 계란 요리들이다. 계란흰자의 pH를 감소시키기 위해 타르타르 크림, 레몬주스, 기타 적절한 산성 주스가 추가된 경우 오믈렛과 수플레의 계란흰자 거품은 최적의 안정성을 획득할 수 있다. 수플레를 위한 소스를 만드는데 사용되는 노른자는 계란흰자 거품에 섞이는 진한 소스에서 비교적 많은 양의 지방을 유화시키는 것이 중요하다.

거품 케이크. 계란 거품은 세 가지 유형의 거품 케이크에서 두드러진다: 엔젤 푸드, 스폰지, 쉬폰. 3개의 케이크 모두의 최종 제품에서 가장 중요한 것은 고품질의 계란흰자 거품을 만드는 것이다. 뿐만 아니라, 계란노른자 거품은 스폰지 케이크의 중요한 구성요소이다. 17장에서 이런 케이크에 대해 자세히 논의할 것이다.

계란 대체물

계란 노른자가 함유하고 있는 콜레스테롤에 대한 우려로 인해 계란 대체물이 개발되었다. 기본 목표는 콜레스테롤 없이 통계란을 시뮬레이션하는 것이다. 즉, 제품은 계란흰자와 합성 노른자 혼합물의 사용을 기반으로 한다. 노른자를 대체하기 때문에, 최종 제품의 색상은 제조 시 어떤 착색제를 포함하느냐에 따라 달라진다. 보통, 이 목적을 위해 카로틴의 일종인 카로티노이드가 추가된다. 계란 대체물은 냉동 형태나 냉장을 필요로 하는 신선한 유체 제품의 형태로 사용할 수 있다. 계란 대체물은 콜레스테롤 섭취를 제한해야 하는 사람들을 위해 계란 섭취 자제를 위한 대안이지만 잠재적인 용도에 있어서는 통계란과 동일하지 않다. 계란 대체물은 흰자와 노른자로 분리되지 않기 때문에 스폰지 케이크와 수플레 같은 제품에 사용될 수 없다.

또한 계란 대체물의 맛과 향은 신선한 전란이 사용될 때 느껴지는 맛과 향만큼 좋지 않다. 계란으로 만들어지는 케이크의 부피는 계란 대체물로 만들어지는 케이크의 부피보다 크다. 다행히도, 계란 대체물을 이용하여 많은 전란 제품을 만들 수 있으며 신선한 계란으로 만드는 동일한 제품과 똑같지는 않지만 만족스러운 결과를 얻을 수 있다.

요약

계란은 3개 층의 알부민(얇은, 두꺼운, 그리고 얇은 층)으로 둘러싸인, 알끈층과 난황막으로 싸여 있는 다층 노른자로 구성되는 복잡한 구조이다. 안쪽 막과 바깥쪽 막이 다공성 껍질과 계란의 내용물을 분리한다. 흰자는 주로 수분으로 되어 있으며 유용한 양의 단백질이 포함되어 있다. 노른자는 약간의 수분을 포함하고 있으며 상당한 양의 지질과 흰자의 약 절반쯤 되는 단백질을 포함하고 있다. 노른자에 있는 지질 중 하나인 레시틴은 효과적인 유화제이다. 노른자에서는 콜레스테롤이 발견된다. 소비자들이 계란 함유 식품을 먹는 동안 콜레스테롤을 피할 수 있도록 계란 대체물이 개발되어 시판되어 왔다.

12가지의 계란흰자 단백질이 연구되었다. 다른 물질들도 계란흰자의 독특한 거품 특징에 기여하기는 하지만, 이제까지 흰자 단백질 중 가장 풍부하다고 알려진 오브알부민과 라이소자임은 이들의 거품을 내는 능력 때문에 특히 중요하다. 콘알부민은 바람직하지 않은 색깔 변화를 야기하는 철 및 구리이온이 결합하는 단백질이다. 오보뮤신은 진한 알부민의 섬유질 특성에 상당 부분 기여하는 단백질이다.

혈장에서 두드러지게 나타나는 노른자 단백질로는 리베틴(세 부분에서 발견됨)과 저밀도 지질단백질이 있다: 계란노른자의 과립에서 눈에 띄는 단백질은 리포비텔린(두 가지 형태, 둘 다 고밀도 지질단백질), 포스비틴, 저밀도 지질단백질 등이다.

계란 품질은 난황 계수 및 난백 계수 또는 불빛에 비추어 껍질 안에서 또는 껍질을 깨뜨려 결정되는 측정치로 결정된다. 계란의 등급을 매기는 시점과 시판되는 시점 중간에 계란 품질이 상당히 저하되기 쉽다. 껍질을 통해 이산화탄소가 손실될 경우 pH, 특히 흰자의 pH가 현저히 상승한다. 보관 중에 수분 손실이 일어날 경우 계란의 둔단에서 공기 주머니가 성장하고 흰자는 얇아지고 난황막은 약해진다.

계란은 쉽게 상하기 때문에 냉장상태로 또는 장기간 보관할 경우 가공 처리하여 신중하게 보관

표 16.7 계란의 기능적 속성 및 일부 응용제품

착색제	유화	응점안정제	거품
바닐라 크림 푸딩	마요네즈 크림 슈크림	크림파이속 커스터드 과자	머랭 수플레
레몬 머랭 파이 속	네덜란드 소스	키시	엔젤 푸드 케이크
		크림 푸딩	스폰지 케이크 시폰 케이크

해야 한다. 가공에는 저온살균, 건조, 냉동 등이 포함된다. 변색으로 인한 심각한 문제를 방지하기 위해 건조 전에 흰자의 포도당을 분해해야 한다. 냉동 보관 중에 발생하는 점성 때문에 노른자를 냉동하려면 설탕이나 소금을 추가해야 한다.

계란은 미생물의 증식을 위한 훌륭한 매체이다. 세균 오염을 방지하기 위해서, 껍질을 깨뜨려서는 안 되며 상업적인 냉동 보관 전에 보관 장소를 청소하고 소독해야 한다. 암탉이 세균에 감염된 경우 계란의 노른자에 살모넬라균이 존재하기도 한다. 이 세균으로부터 안전을 보장하기 위해 모든 형태의 계란을 준비하는 데에 열처리가 필요하다.

계란은 그 기능적 특성 때문에 중요하다(표 16.7).

연습문제

1. 계란의 각 부분의 이름을 나열하고 계란의 횡단면을 스케치하시오. 그리고 계란의 품질이 저하되면서 발생하는 변화를 기술하시오.
2. 계란 노른자의 레시틴의 존재가 왜 중요한가? 최소 다섯 가지의 다른 식품에서 레시틴의 역할을 기술하시오.
3. 계란흰자가 (a) 구리이온 및 (b) 철이온과 만나면 어떤 현상이 발생하는가? 어떻게 하여 이러한 현상이 발생되는가?
4. 6가지 중요한 알부민 단백질을 나열하고 각각의 고유한 특징을 기술하시오.
5. (천연 계란과 비교하여) 계란 대체물이 만들어지면 어떤 변화가 일어나는가? 왜 이러한 변화가 일어나는가?
6. 커스터드에 함유된 단백질의 응고 온도에 영향을 미치는 다섯 가지 요소를 나열하고 각 요소가 어떤 작용을 하는지 설명하시오.
7. 파이와 크림푸딩에서 계란의 사용과 커스터드에서의 계란의 사용을 비교하시오. 두 가지 유형의 제품에서 재료와 계란이 어떻게 결합되는가?
8. 어떤 요인들이 계란흰자의 거품 안정성에 영향을 주는가? 각 요소의 효과를 설명하시오.
9. 어떤 요인이 계란흰자의 거품에서 생기는 용적에 영향을 주는가? 각 요인의 효과를 설명하시오.
10. (참 또는 거짓) 좋은 영양을 위해, 오메가-3 지방산이 높다고 광고하는 계란을 사는 것이 좋다.
11. (참 또는 거짓) 구입 시 AA등급 계란은 B등급 계란보다 품질면에서 더 좋다.
12. (참 또는 거짓) 오랜된 계란은 짙은 흰자위의 양이 증가한다.
13. (참 또는 거짓) 살모넬라균의 오염은 계란을 보관하는 중에 발생한다.
14. (참 또는 거짓) 과도한 가열은 계란 농축 소스에 거의 영향을 미치지 않는다.
15. (참 또는 거짓) 베이킹 소다를 첨가하면 계란흰자의 거품 안정성을 촉진시킨다.

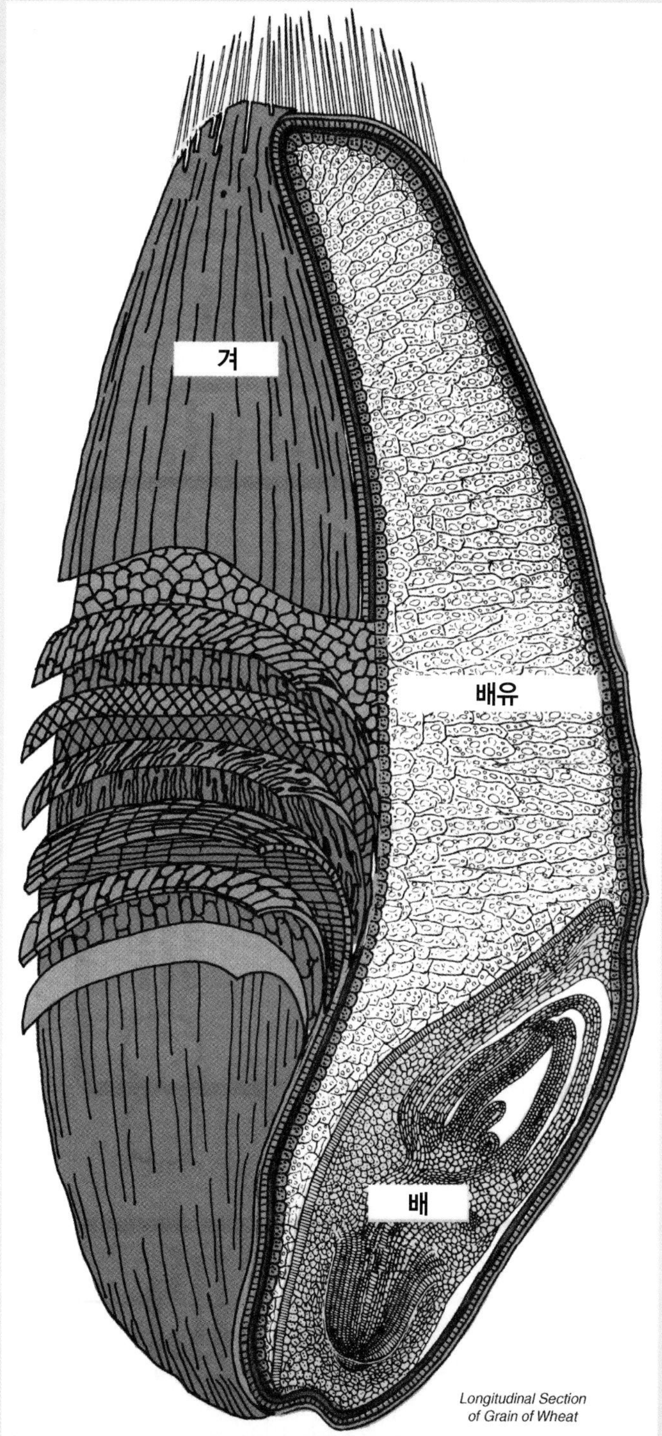

밀알의 다이어그램. (Courtesy of Wheat Flour Institute.)

참고문헌

Bell, D. D. and Weaver, W. D., Jr. 2001. *Commercial Chicken Meat and Egg Production*. 5th ed. Springer. New York.

Clemens, R. and Pressman, P. 2005. Avian flu, Chicken little, Owl wise. *Food Technol. 59* (11): 20.

Damodaran, S. 1997. *Food Proteins and Their Applications*. CRC Press. Boca Raton, FL.

Janky, D. M. 1986. Variation in pigmentation and interior quality of commercially available table eggs. *Poultry Sci. 65*: 607.

Kim, K. and Setser, C. A. 1982. Foaming properties of fresh and commercially dried eggs in presence of stabilizers and surfactants. *Poultry Sci. 61*: 2194.

Leutzinger, R. L., et al. 1977. Sensory attributes of commercial egg substitutes. *J. Food Sci. 42*: 1124.

Miraglio, A. M. 2005. Return of the egg. *Food Product Design 15* (1): 93.

Powrie, W. D. and Nakai, S. 1985. Characteristics of edible fluids of animal origin: Eggs. In Fennema, O. R., ed. *Food Chemistry*. 2nd ed. Marcel Dekker. New York, p. 829.

Richardson, T. and Kester, J. J. 1984. Chemical modifications that affect nutritional and functional properties of proteins. *J. Chem. Educ. 61* (4): 325.

Sauter, E. A. and Montoure, J. E. 1972. Relation of lysozyme content of egg white to volume and stability of foam. *J. Food Sci. 37*: 918.

Schmidt, R. H. 1981. *Gelation and Coagulation*. ACS Symposium Series 147; American Chemical Society. Washington, DC.

Shapiro, L. S. 2001. *Introduction to Animal Science*. Prentice Hall. Upper Saddle River, NJ.

Sheldon, B. W. 1986. Influence of three organic acids on quality characteristics of hard-cooked eggs. *Poultry Sci. 65*: 294.

Sheldon, B. W. and Kimsey, H. R., Jr. 1985. Effects of cooking methods on chemical, physical, and sensory properties of hard-cooked eggs. *Poultry Sci. 64*: 84.

Sikorski, Z. E. 2001. *Chemical and Functional Properties of Food Proteins*. CRC Press. Boca Raton, FL.

Spencer, J. V. and Tryhnew, L. J. 1973. Effect of storage on peeling quality and flavor of hard-cooked shell eggs. *Poultry Sci. 52*: 654.

Stadelman, W. J., et al. 1995. *Egg Science and Technology*. 4th ed. CRC Press. Boca Raton, FL.

Whitaker, J. R. and Tannenbaum, S. R., eds. 1977. *Food Proteins*. AVI Publishing: Westport, CT.

Woodward, S. A. and Cotterill, O. J. 1987. Texture and microstructure of cooked whole egg yolks and heat-formed gels of stirred egg yolk. *J. Food Sci. 52*: 63.

Woodward, S. A. and Cotterill, O. J. 1986. Texture and microstructure of heat-formed egg white gels. *J. Food Sci. 51* (2): 333.

Yang, S. S. and Cotterill, O. J. 1989. Physical and functional properties of 10% salted egg yolk in mayonnaise. *J. Food Sci. 54*: 210.

웹사이트

www.incredibleegg.org/egg-facts/eggcyclopedia—Extensive site on eggs, including a dictionary of terms and videos about egg production.

www.aeb.org—American Egg Board site for multiple topics about eggs.

http://chemistry.about.com/od/howthingsworkfaqs/f/copperbowl.htm—Role of copper bowl in making egg white foams.

http://www.ams.usda.gov/AMSv1.0/getfile?dDocName=STELDEV3004690—Information on federal egg grading requirements.

www.fsis.usda.gov/—Search by typing in eggs.

http://www.cdc.gov/ncidod/dbmd/diseaseinfo/salment_g.htm—Background information on *Salmonella enteritidis* infection in eggs.

http://www.cfsan.fda.gov/~dms/fs-toc.html#eggs—Center for Food Safety and Applied Nutrition and FDA information on egg safety.

http://www.safeeggs.com/eggs/how-eggs-are-pasteurized.html—Information on pasteurizing eggs in the shell.

http://www.safeeggs.com/National-Pasteurized-Eggs.html—Information on National Pasteurized Eggs.

http://www.fsis.usda.gov/factsheets/Egg_Products_and_Food_Safety/index.asp—Information on processed eggs.

http://www.incredibleegg.org/egg-facts/eggcyclopedia/e/egg-products—Description of various egg products.

http://www.chm.bris.ac.uk/webprojects2002/rakotomalala/maillard.htm—Chemistry of the Maillard reaction.

http://www.unu.edu/Unupress/food/8F032e/8F032E03.htm—Information about Chinese methods for preserving eggs.

http://www.eggbeaters.com/healthcare/index.jsp—Information on egg substitutes.

17장

제빵의 특성

단원 개요

학습 목표
서론
밀가루
- 제분
- 제분된 밀가루의 종류
- 밀가루의 변화

생각할 거리: 혁신적인 밀가루
- 밀가루의 구성성분
- 글루텐
- 다른 곡물가루들

재료의 역할
- 밀가루와 다른 곡물가루
- 액체
- 계란
- 지방
- 설탕
- 소금
- 팽창제
- 상업용 제빵 도전

팽창제
- 공기
- 수증기
- 생물학적 팽창제
- 화학적 팽창제
- 베이킹파우더
- 베이킹 암모니아

요약
연습문제
참고문헌
웹사이트

학습 목표

이 단원을 학습함으로써:

1. 곡물 가루의 생산에 관하여 서술할 수 있다.
2. 제빵 제품에서 글루텐의 역할과 적절한 형성에 관하여 논할 수 있다.
3. 제빵 제품에서 여러 가지 밀가루의 용도를 비교할 수 있다.
4. 제빵 제품에서 중요한 재료들의 역할에 관하여 설명할 수 있다.
5. 특정한 제빵 응용을 위한 알맞은 재료 선택을 확인할 수 있다.

서론

제빵 제품은 일반 과자의 단순한 재료에서 쇼트케이크의 많은 성분에 이르기까지 복잡하고 다양하다. 제빵 제품은 재료와 그 재료들을 혼합하여 굽는 기술이 가지는 많은 차이점에도 불구하고, 반죽과 제빵 과정에서 특정한 기본 재료들을 사용하는 것과 이들 재료들이 수행하는 역할에 기초를 두고 있다. 이 장은 이들 제빵의 중요한 특성을 제시함으로써 다양한 제빵 제품을 연구하기 위한 과학적인 토대를 제공하고자 한다.

밀가루

제분

가루
제분과정을 통해서 생산된 미세한 밀 입자.

제분
곡물을 갈고 정제하는 것.

템퍼링
밀가루 제분과 관련하여, 밀을 분쇄하기 전에 증기 처리를 하여 밀의 바깥층 겨를 용이하게 제거하는 방법.

본래 **가루(flour)**라는 단어는 분명히 밀가루를 의미할지라도, 기술적으로 밀가루는 곡물의 유형을 제분해서 만든 제품이다. 가루가 밀 이외의 곡류로 만들어졌다면 모호함을 없애기 위해 대개 곡류의 이름을 포함시킨다(예를 들어 쌀가루). 이 책에서는, 다른 곡물이 표시되지 않는 한 가루는 밀가루를 의미한다.

가루 생산은 제분이라는 과정을 통해 곡류를 분쇄하고 정제하는 것을 포함한다. **제분(milling)**은 많은 단계로 구성되었지만, 원하는 특정 제품에 따라 곡물의 일부분 또는 거의 전부로 구성되는 비교적 미세한 가루를 생산하는 것이 기본 목적이다. 제분은 통밀(혹은 다른 곡물)로 시작을 하는데, 우선 증기로 간단한 **템퍼링(tempering)** 처리를 하여 바깥 겨 층을 쉽게 제거한다. 이 단계에서, 많은 다양한 밀(또는 다른 곡물)이 같이 섞일 수도 있고, 불량한 곡물은 제거되기도 한다(차트 1.7).

정선(cleaned grain)
↓
가수처리(tempering, 증기)
↓
분쇄(grinding)
↓
조쇄(rolling)
↓
겨 + 배유 + 배아
↓
통밀가루
↓ 추출(−배유와 배아)
배유
↓ 강화
정제된 밀가루(refined flour)
제빵(95% of streams)
다목적(90% of streams)
페이스트리(80~90% of streams)
케이크(40~70% of streams)

차트 17.1 제분의 개관

분쇄
표면이 물결 주름진 롤이나 돌을 가지고 곡류를 부숴서 겨와 배아를 배유에서 쪼개는 연마 작용.

겨
곡류의 안쪽에 있는 배유와 배아를 싸고 있는 외피 층(섬유질로 셀룰로오스 함량 매우 높다).

배유
주로 전분과 약간의 단백질로 구성된 곡류의 넓은 안쪽 부분.

배아
지방, 소량의 단백질, 티아민, 리보플라빈, 비타민 B군 등을 포함하는 곡류의 작은 부위.

통밀가루
대부분의 겨(bran)와 쇼오츠(shorts)를 포함하는 밀가루.

정제된 밀가루
제분하는 동안 최소한 겨(bran)와 쇼오츠(shorts)의 25%가 제거된 밀가루.

추출
밀을 제분하는 과정에서 겨(bran)와 쇼오츠(shorts)를 제거하는 것.

분쇄(grinding)는 곡물을 거친 입자로 부수는 물결 주름이 있는 롤러를 통과하는 공정으로 곡물을 쪼개기 시작하는 과정이다. 이와 같은 과정을 걸쳐 곡류는 각 구성성분으로 쪼개지고 각 부분은 분쇄된다. 섬유질 함유량이 높아서 부서지기 쉬운 외피층은 적당히 작고 가늘며, 들쭉날쭉한 **겨(bran)** 조각으로 빻아진다. 곡류의 주요 부분인 **배유(endosperm)**도 거친 입자들로 부서진다. 이 단계에서, 작은 **배아(germ, embryo)**는 여전히 배유에 붙어 있게 된다.

분쇄 후, 많은 겨와 쇼오츠(shorts; 겨 바로 안쪽에 있는 층)는 배유에 남겨져서 **통밀가루(whole wheat flour)**로 만들어진다(그림 17.1). 겨가 많이 포함될수록, 통밀가루의 색깔은 더 진해진다.

밀가루를 하얗게 하려고 밀에서 겨와 쇼오츠를 제거하여 **정제된 밀가루(refined flour)**를 만드는 과정을 **추출(extraction)**이라고 한다. 추출은 체질(sifting) 혹은 air classification 시스템으로 수행되는데, 이 과정에서 겨는 더 무거운 배유와 배아 부위로부터 날려서 다음 과정을 위해 시스템 밖으로 빠져나가게 한 다음 겨와 쇼오츠로 포장된다.

배아를 납작하게 눌러 조각(flake)으로 만들고 배유를 미세한 입자로 계속 부수기 위해 남아 있

그림 17.1 통밀가루는 밀의 배유뿐만 아니라 쌀겨와 배아의 일부를 사용한다.

는 배유와 배아는 압축 롤러(reducing roller)를 통과한다. 이 과정에서 체질를 통해 배아와 배유가 분리되고, 배아는 제거되어 밀가루의 저장기간(품질수명)을 증가시켜준다. 배아가 제거된 배유에는 산패될 수 있는 지방이 존재하지 않기 때문이다.

제분된 밀가루의 종류

밀을 제분해서 겨와 쇼오츠를 제거하면 여러 종류의 정제된 밀가루를 만드는 것이 가능하다. 이러한 밀가루들의 특성은 사용된 전체 밀가루의 양에 따라 달라진다. 밀가루의 전체 stream을 소량만 사용하여 만든 밀가루는 extra-short 혹은 fancy-patent 밀가루이다. **박력분(cake flour)**은 종종 이러한 타입(extra-short or fancy-patent)의 밀가루에 의해 만들어지거나(표 17.1) 상대적으로 전분이 많고 단백질이 낮은 **밀가루(short-patent)**로 만들어진다. **Medium-patent 밀가루**는 밀가루 stream의 90%를 함유하는데, 단백질 함량이 박력분(cake flour)보다 많고, 다소 적은 전분을 함유한다. 강력분(bread flour)은 밀가루 stream의 95~100%를 사용하는데, 꽤 높은 단백질 함량을 갖고 있다.

소매시장에서 가장 일반적인 밀가루는 **다목적 밀가루(all-purpose flour)**인데, 대부분 경질밀(hard wheat)로 되어 있다(그림 17.2). 다목적 밀가루에는 단백질이 약 10.5% 함유되어 있어 상대적으로 강한 질감을 갖고 있다. 과자, 페이스트리, 퀵 브레드(quick bread)를 집에서 만들 때 주로

박력분
연질밀, short-patent 밀가루(약 7% 단백질).

밀가루
상대적으로 전분 함량이 많고 단백질이 적으며, 배유의 중심에서 얻은 아주 고운 입자를 사용하여 만든 밀가루(예, 박력분).

Medium-patent 밀가루
밀가루 stream의 90%를 사용하여 만든 밀가루로 단백질 함량이 약간 높고 상대적으로 전분 함량이 낮다(예, 다목적 밀가루).

다목적 밀가루
경질밀 또는 경질밀과 연질밀을 혼합하여 만든 밀가루로 약 10.5%의 단백질을 함유한다.

표 17.1 제분 밀가루의 분석표

밀가루 종류	파텐트(Patent)	Mill stream(%)	단백질(%)	밀 종류
박력분, 케이크용	팬시 또는(그리고) 짧은	40-70	7.5	연질밀(soft)
페이스트리	짧거나 중간	80-90	7.9	연질밀(soft)
다목적	중간	90	10.5	경질밀, 경질밀과 연질밀 혼합
강력분, 제빵용	긴	95	11.8	경질(hard)

다목적 밀가루를 사용한다. 그러나 케이크는 가급적이면 연질밀(soft wheat)을 이용한 박력분으로 만들어진다. 보통 박력분의 단백질 함량은 7.5%밖에 되지 않는다.

제빵사는 집에서 빵을 만드는 사람보다 단백질 함량에 따라 어떤 밀가루를 사용할지 더 많은 선택권을 가지고 있다. 많은 선택권 중 하나인 **강력분(bread flour)**은 stream의 대부분을 사용하여 만들어지고 **long-patent 밀가루**라고 명시된다. 이렇게 stream의 많은 부분을 포함하면 배유의 가장자리(edges)를 많이 함유하게 되어, 결과적으로 더 많은 글루텐(단백질) 함량을 갖게 된다. 전부 경질밀로 만들어지는 이런 종류의 밀가루는 약 11.8%의 단백질을 함유한다. 강력분에 있는 단백질의 강도는 이스트 빵에서 요구되는 물리적 특성에 뛰어나다.

강력분
경질밀, 단백질 수준이 11.8%인 long-patent 밀가루.

long-patent 밀가루
밀가루 stream의 95~100%로 만들며 단백질 함량이 꽤 높은 밀가루.

그림 17.2 다목적용 밀가루는 약 10.5%의 단백질과 빵, 일부 케이크, 쿠키, 파이 등 다양한 베이킹의 응용에 사용될 수 있다.

제빵사가 사용할 수 있는 다른 밀가루는 **페이스트리 밀가루(pastry flour)**이다. 이것은 다목적용과 케이크 밀가루의 중간 정도인 9.7%의 단백질을 갖고 있다. 페이스트리 밀가루는 제분된 연질밀의 stream 중 80~90%를 사용해서 만들어진다. 이름이 의미하는 대로 페스트리 밀가루는 부드러운 페스트리만을 만들기 위해 생산된다.

페이스트리 밀가루 경질밀로 단백질 함량이 약 9.7% 정도인 short와 medium patent 밀가루.

자가 팽창 밀가루(self-rising flour)는 팽창제와 소금을 함유하기 때문에 소매시장에서 semi-mix 혹은 빵 굽기 쉬운 제품(shortcut to baking)으로 인식된다(그림 17.3). 산성염(monocalcium phosphate, sodium acid pyrophosphate, sodium aluminum phosphate)과 베이킹소다(baking soda)는 팽창제 성분으로 첨가되어 밀가루 한 컵에 베이킹파우더(baking power) 한 작은술 반(1 $\frac{1}{2}$ t)을 사용하는 것과 동등한 이산화탄소를 발생시킬 수 있다. 소금(NaCl)은 밀가루 한 컵당 반 작은술(1/2 t) 정도 들어 있는 수준이다.

자가 팽창 밀가루 베이킹파우더와 소금이 생산과정에서 포함된 밀가루(주로 연질밀).

가장 일반적으로 자가 팽창 밀가루는 퀵 브레드(quick bread), 그 중에서도 산유 비스킷(sour milk biscuit)을 만들 때 사용된다. 자가 팽창 밀가루가 갖고 있는 고유한 팽창제 작용은 페이스트리, 무발효빵, 혹은 효모가 팽창제로 필요한 이스트 빵을 만들기에는 부적절하다. 만약 레시피에 자가 팽창 밀가루 대신 다목적용 밀가루를 사용한다면 자가 팽창 밀가루에 들어 있던 베이킹파우더와 소금을 보충하기 위해 그만큼의 베이킹파우더와 소금을 추가해야 한다. 반대로, 레시피에 베이킹파우더와 소금이 첨가된다면(밀가루 한 컵당 1 $\frac{1}{2}$ t의 베이킹파우더와 1/2 t의 소금), 다목적용 밀가루로 자가 팽창 밀가루를 대체할 수 있다.

Nutrition Facts
Serving Size ¼ cup (30g)
Servings Per Container about 75

Amount Per Serving	
Calories	100
	% Daily Value*
Total Fat 0g	**0%**
Sodium 400mg	**17%**
Potassium 35mg	**1%**
Total Carbohydrate 23g	**8%**
Dietary Fiber less than 1g	**3%**
Other Carbohydrate 22g	
Protein 3g	
Calcium	6%
Iron	6%
Thiamin	10%
Riboflavin	6%
Niacin	8%

Not a significant source of calories from fat, saturated fat, trans fat, cholesterol, sugars, vitamin A and vitamin C.

*Percent Daily Values are based on a 2,000 calorie diet. Your daily values may be higher or lower depending on your calorie needs:

	Calories	2,000	2,500
Total Fat	Less than	65g	80g
Sat Fat	Less than	20g	25g
Cholesterol	Less than	300mg	300mg
Sodium	Less than	2,400mg	2,400mg
Potassium		3,500mg	3,500mg
Total Carbohydrate		300g	375g
Dietary Fiber		25g	30g

그림 17.3 저절로 부풀어 오르는 밀가루는 팽창제를 함유한다; 조리법에 있는 일반 밀가루를 대체하는 경우, 소금, 효모의 조절이 필요하다.

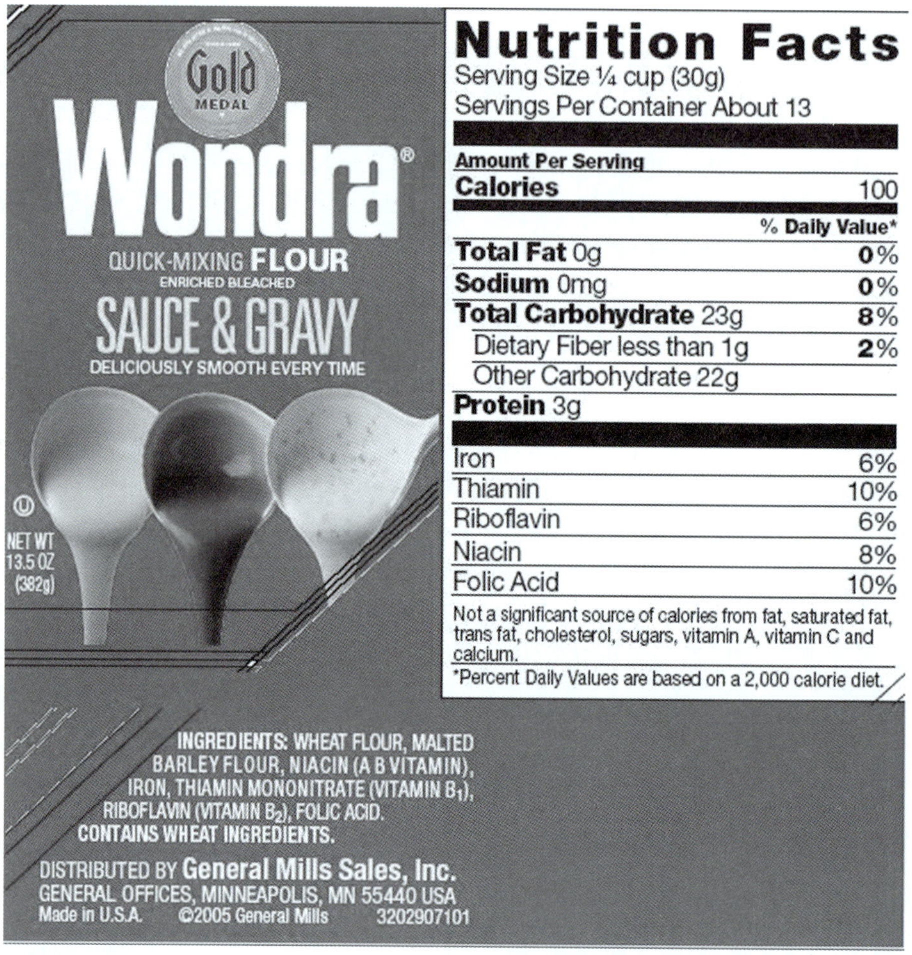

그림 17.4 인스턴트 밀가루는 아주 작은 덩어리가 체질의 필요성을 없애는 생산 과정에서 함께 둥글게 말도록 충분한 충분한 습기를 첨가하여 만들어진다.

인스턴트 밀가루
밀가루에 습기를 준 후 덩어리지게 해서 재건조시킨 후 생산되는 모래 같은 작은 알갱이로 만들어진 밀가루.

인스턴트 밀가루(instantized flour)는 밀가루를 습한 공기에 통과시킨 후 서로 달라붙게 하는 과정을 통해 생산된다. 이 뭉쳐진 밀가루는 마르면 밀가루 입자의 미세 먼지를 포함하지도 감싸지도 않은 작은 밀가루 입자가 된다(그림 17.4). 이렇게 만들어진 제품은 물과 쉽게 섞이고 체질을 하지 않아도, 보통 밀가루가 갖는 두 가지 불편함을 해결한다. 불행히도, 인스턴트 밀가루를 사용할 때는 글루텐(gluten)이 쉽게 형성되지 않아서, 바터(batter)나 도우(daugh) 제품, 특히 빵을 만들 때 유용성이 떨어진다.

글루텐 밀가루
활성 밀 글루텐을 첨가하여 단백질 함량을 약 41%까지 증가시켜서 특별히 만든 밀가루.

활성 밀 글루텐
가공하지 않은 건조한 글루텐.

몇몇 전문점은 **글루텐 밀가루(gluten flour)**를 파는데, 이것은 높은 단백질 함량이 요구되는 상업용 빵(commercial bread)을 만들 때 종종 사용되기도 한다. **활성 밀 글루텐(vital wheat gluten,** 밀에서 단백질을 농축시킴)은 단백질 함량을 41%로 높이기 위해 밀가루에 첨가된다. 이러한 종류의 밀가루로 만든 빵은 상당히 쫀득하고 씹기는 어려우나 매우 맛있다.

밀가루의 변화

새롭게 제분된 밀가루는 제빵을 하기에 이상적인 것이 아니어서, 외형과 제빵력을 증대시키기 위해 보편적으로 두 과정이 실행된다. 새롭게 제분된 밀가루의 결점 중 하나는 다소 노란 색깔을 띠는 것인데, 이는 본래 크산토필(xanthophylls, carotenoid 색소)을 가지고 있었기 때문이다(그림 17.5). 만약 밀가루를 몇 주간 공기에 노출되도록 둔다면, 크산토필은 표백되어서, 밀가루는 원하는 하얀

그림 17.5 미표백 밀가루는 표백 밀가루보다 약간 더 검은색이고 좀 더 조밀한 질감을 가지는 구운 제품을 생산한다.

색이 될 수 있다. 많은 양의 밀가루를 다룰 때는 이 방법이 실제적으로 쓰이지는 않는다. 그러나 밀가루에 적은 양의 **과산화벤조일(benzoyl peroxide)**을 첨가시키면(미국 식품의약국에 승인된 규정) 적은 비용으로 크산토필을 빠르게 표백시킬 수 있다. 더욱이, 과산화벤조일은 밀가루에 들어가더라도 제빵 품질에 전혀 영향을 주지 않는 첨가제이다.

밀가루의 제빵력은 **숙성(aging, maturing)**과정에서 개선되는데, 이는 저장하는 동안 명백히 단백질의 변화로 기인된다. 이러한 변화들은 밀가루 개량제(maturing agent)로 분류되는 화합물이 첨가될 때 더욱 가속되며, 개량제에는 염소(Cl, ClO_2 또는 nitrosyl chloride와 chlorine의 혼합물로서), 과산화 아세톤(acetone peroxide), azodicarbonamide가 포함된다.

밀가루가 숙성됨에 따라 단백질에 있는 일부 황화수소기(—SH)이 바뀐다. 명백히 교차결합(cross-linking)이 몇몇 황화수소기(—SH) 사이에서 발생하여 이황화(—S—S—) 결합이 형성된다. 이러한 변화는 밀가루의 단백질이 가지고 있는 신축성을 변화시켜서 숙성된 밀가루 도우의 신장성을 감소시켜서, 제빵 제품에 필요한 접착력을 증진시킨다. 너무 많은 황화수소 결합과 아주 적은 disulfide 결합을 가진 밀가루로 만든 빵 도우는 끈적거리고 탄력이 없다.

박력분는 특별히 밀가루를 숙성시키고 pH를 낮추기 위한 염소가스(gaseous chlorine)의 첨가에 좌우된다. 특히 염소가스로 처리되지 않은 밀가루에 있는 단백질은 약하기 때문에 박력분에 염소가스를 처리하지 않으면 리치 케이크는 실패하기 쉽다. 지질 역시 염소처리 된 밀가루가 숙성되

과산화벤조일
정제된 밀가루에 들어 있는 크산토필을 표백시키기 위해 FDA에서 승인된 식품 첨가제.

숙성
황화수소기(sulfhydryl groups)에 있는 어느 부분이 이황화(disufide) 결합으로 바뀌어 밀가루 단백질의 물리적인 특성을 바꾸데 적용되는 화학적인 과정 ; 염소가스(gaseous chlorine), 이산화탄소 가스(chlorine dioxide gas, CO_2), 혹은 염화 니트로실(nitrosyl chloride)과 염소(chlorine)의 혼합물 과산화 아세톤(acetone peroxide), 아조다이카본아마이드(azodi-carbonamide)등을 함유하는 밀가루 개량제.

생각할 거리: 혁신적인 밀가루

노스다코타(North Dakota)에서 일하는 USDA 연구원들은 듀럼밀에서 밀의 독특한 품종(성질)을 개발하기 위해 waxy durum wheat로 언급되는 밀을 생산했다. 노스다코타에서 중요한 농작물인 듀럼밀은 파스타를 만드는데 선호되는 밀의 종류이다. 듀럼밀의 전분 구성을 보면 대략 amylopectin이 76%이고 amylose가 24%이다. 이 새로운 waxy durum wheat에 있는 전분은 amylopectin로만 100%로 구성되어 있다. 이 밀가루의 사용 가능성을 테스트하기 위해 빵을 만드는 재료로서 이것의 장점들을 연구하기 시작했다.

이 연구에서 이 밀가루의 흥미로운 특성을 밝혀냈다. 빵 한 덩어리를 만들 때 사용 되는 상대적으로 작은 양의 쇼트닝(shortening)(약 2t)은 만약 반죽 무게의 20%를 waxy durum wheat flour로 만든다면 생략될 수 있다고 한다. 최근 식단에서 트랜스 지방산(trans fatty acid)에 관한 염려 때문에 쇼트닝(shortening)을 대체하는 능력은 상당히 흥미로운 것이다 쇼트닝(shortening)은 제빵법에 종종 사용되나 트랜스 지방산(trans fatty acid)을 갖고 있다.

현재 waxy durum wheat flour에 관한 관심이 상당하지만, 아직 상용화되고 있지 않다. North Dakota State University의 Fargo와 USDA-ARS Red River Agricultural Research Center에 근무하는 과학자들은 이 연구 프로젝트를 5년간 진행해 왔다. 이 농작물을 개발하여 농부가 씨를 얻고 상용화할 수 있게 왁시 듀럼 밀(waxy durum wheat)을 키우는 데까지는 많은 시간이 필요하다.

는 과정에서 유익한 변화를 가져온다.

몇 가지 영양소는 가공과 정제하는 과정에서 파괴된다. 이렇게 영양소가 파괴되고, 정제된 밀로 만들어진 많은 양의 제품들이 섭취되고 있기 때문에 연방법규는 밀 제품과 다른 곡물에도 티아민(thiamin), 리보플라빈(riboflavin), 니아신(niacin), 엽산(folic acid), 철분(iron)을 강화시킬 것을 요구한다. 이들 비타민 B군과 철분의 첨가는 영양 면에서 중요하고, 강화 밀가루로 만들어진 제품에는 부정적인 영향을 미치지 않는다.

밀가루의 구성성분

앞서 여러 가지 밀가루에 들어 있는 단백질에 대해 언급하였더라도, 단백질은 밀가루 제품들의 전체 구성 중 일부일 뿐이다. 단백질은 제빵 제품의 구조를 탄탄히 한다는 점에서 중요한 역할을 하기 때문에 강조되었지만, 전분보다 매우 적은 양이다(표 17.2). 밀가루 종류마다 지방 함량은 어느 정도 다양하지만 최대 함량(통밀가루에서)조차도 전체 성분의 2%밖에 안 된다. 어떤 밀가루라도 수분함량은 상대적으로 일정하다. 보통 수분은 밀가루 무게의 12%를 차지하나, 최고 15%까지 미칠 수 있다.

밀 낟알(wheat kernels)은 여러 종류의 탄수화물을 함유한다. 섬유소는 겨에서 주로 발견되며 정제된 밀가루를 빻는 과정에서 많은 섬유소가 제거된다. 배유에도 섬유소가 있긴 하지만 매우 적은 양이어서 존재여부가 명백하지 않다.

표 17.2 밀가루의 구성성분(평균값, %)

밀가루 종류	탄수화물	단백질	수분	지방	회분
통밀(경질밀)	71.0	13.3	12	2.0	1.7
Straight, 경질밀	74.5	11.8	12	1.2	0.46
Straight, 연질밀	76.9	9.7	12	1.0	0.42
다목적	76.1	10.5	12	1.0	0.43
박력분(Cake)	79.4	7.5	12	0.8	0.31

Watt, B. K. and Merrill, A. L. 1963. *Composition of Foods, Agricultural Handbook No. 8.* U.S. Department of Agriculture.Washington, DC.

펜토산(**pentosan**)은 5탄당인 아라비노오스(arabinose)와 크실로오스(xylose)의 중합체로 배유에 있는 세포벽에 존재하는 헤미셀룰로오스(hemicellulose)이다. 수용성과 불용성인 펜토산은 정제된 밀가루 무게의 약 2~3%를 차지한다. 펜토산의 절반에 못 미치는 양이 수용성으로 분류되지만, 수용성 펜토산은 반죽 과정에서 점착력 있는 도우의 생성을 더디게 한다. 아밀로오즈와 아밀로펙틴(7장 참고)보다 조금 짧은 포도당(glucose)중합체인 덱스트린(dexrin)은 적은 양으로 존재한다. (전체 밀가루 무게의 0.2%도 되지 않는다.) Maltose와 적은 양의 glucose, fructose, sucrose는 밀가루 전체 무게의 2%도 차지하지 않는다.

펜토산
5탄당인 아라비노오스(arabinose)와 크실로오스(xylose)의 중합체.

가장 풍부한 탄수화물(carbohydrate)은 전분(starch)인데, 배유 속 단백질 matrix에 박혀 있는 과립(granule)에서 발견된다. 건조 중량 기준으로 전분은 밀가루 무게의 최대 80%를 차지한다. 아밀로펙틴 함량은 평균 75%이고 아밀로오즈 함량은 25%이다. 밀가루에 전분이 많다는 것은 제빵 제품들의 구조에 중대한 영향을 미친다. 이것은 제빵을 하는 동안 과립이 전분을 호화시키려고 물을 흡수하기 때문이다. 이렇게 물이 흡수되면 자유수는 훨씬 더 감소하고, 결합수는 더 많이 존재하며, 호화(gelatinization) 과정에서 자유수는 감소하고 과립이 부풀어 올라서 구운 제품들의 구조를 더욱 견고하게 한다.

통밀가루(whole wheat flour)에서의 지질(lipid) 함량은 낮으며, 대부분의 지질은 배아에서 발견된다. 그래서 정제된 밀가루가 생산될 때 지질은 제거된다. 배유에서 전제 무게의 약 1% 정도가 지질 성분이다. 지질은 다양한 형태로 존재하는데 그 중 가장 중요한 것은 free polar lipid fraction이다. 레시틴(phosphatidylcholine), 당지질(특히 monogalactosyl glyceride), 세팔린(cephalin)이 free polar lipid fraction의 개별적인 화합물에 포함된다.

밀가루에 들어 있는 단백질은 가용성 단백질(albumin, globulin으로 세분되는)과 글루텐 단백질(glutenin, gliadin), 효소를 포함한다. Gluten은 매우 중요하기 때문에 다음 단락에서 언급될 것이다. Albumin은 밀가루의 전체 단백질 중 10%밖에 차지하지 않지만 제빵 제품의 구조에 기여한다. 다른 수용성 단백질은 글로불린인데 알부민과 비슷한 양으로 존재한다. 제빵 제품의 구조를 형성시키는 글로불린의 역할은 상당히 적으며, 확실히 알부민의 역할보다는 적다.

밀에 들어 있는 효소는 알부민 또는 글로불린으로 분류되는 수용성 단백질일 것이다. 그러나 효소는 밀가루 속 단백질의 극히 일부분에 해당된다. 적은 양에도 불구하고 효소는 화학적 변화를 촉진할 때 밀가루의 특성을 바꾼다는 점에서 흥미로운 분자이다. β-amylase가 α-1,4 글리코시드 결합을 공격하면 전분 분자가 말토오스 단위(maltose units)로 쪼개진다. β-amylase의 작용은 아밀로펙틴의 분지점인 1,6-α 결합 부위에서 정지하고 한계 덱스트린(**limit dextrin**)이라는 더 작은 amlyopectin-type 화합물이 생긴다.

한계 덱스트린
전분이 포도당으로 가수분해되는 과정에서 형성되는 크기가 작은 다당류.

덱스트린은 α-amylase가 다양한 α-1,4 글리코시드 결합에 무작위로 작용하여 아밀로스 분자를 쪼개서 이전의 아밀로스 사슬에 있는 일진선 부위를 만드는 과정에서 생성된다. β-amylase는 약 50℃ (122°F)에서 가장 활발하기 때문에 제빵하는 동안 일어날 수 있는 작용이 억제되는 반면 α-amylase는 활발해지는 온도 범위가 60~65℃ (140~149°F)이기 때문에 변성되기 전에 활동할 수 있는 시간을 더 갖는다. 일반 상황에서 밀 amylase의 작용으로 인해 초래되는 변화는 예측할 수 없다. 제빵 산업에서 fungal α-amylase는 도우의 조작 특성(handling properties)을 개선시키기 위해 첨가될 수 있다. fungal α-amylase의 작용은 밀 amylase 활동에 필요한 따뜻한 온도 아래에서 매우 잘 일어나기 때문이다.

2가지 종류의 밀 효소는 배아와 배아의 지방을 포함하고 있는 밀가루의 산패 문제에 관여하며 특히 통밀가루에서 그러하다. 유리 지방산은 저장 과정에서 리파아제(lipase)가 glyceride에 작용해서 형성된 것이다. Lipoxidase는 밀가루 속에 들어있는 산화효소(oxidase) 중 가장 활발하며, 불포화지방산에서 과산화물(peroxide) 형성을 촉진시킬 때 산화적 산패(oxidative rancidity)를 일으킨다.

글루텐
수분이 첨가되고 젓기, 때리기, 반죽하기를 통해 배터나 도우가 조작될 때 밀가루 혼합물에서 형성되는 글리아딘과 글루테닌의 복합체.

글루텐

글리아딘과 글루테닌. 글루텐(**gluten**)은 밀가루가 물과 섞일 때 형성되는 단백질 복합체로(그림 17.6), 거의 같은 양의 글리아딘과 글루테닌이라는 2가지 부위를 갖고 있다(차트 17.2). 글리아딘

글리아딘
알코올에 용해되는 밀가루 글루텐의 단백질 부위로 작은 타원형으로 끈적거리고 유동적이다.

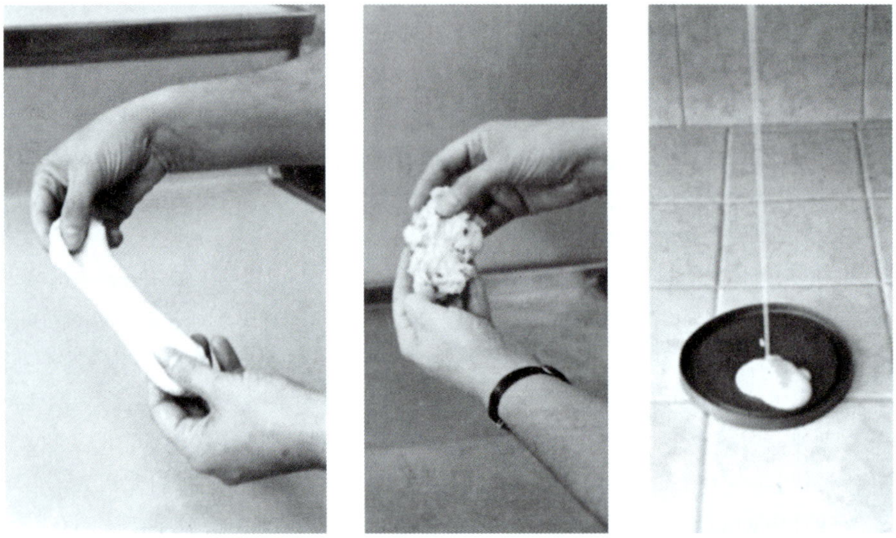

그림 17.6 물을 조작할 때, 밀가루의 단백질은 글루텐(왼쪽)이라 불리는 탄력과 응집력이 있는 복합체를 형성한다. 글루테닌(중앙)이라고 하는 글루텐 복합체의 부분은 탄성을 가진다. 글라이딘(오른쪽)이라는 복합체의 다른 부분은 응집력을 부가시킨다. (Courtesy of Dimler, R. J. 1963. *Bakers Digest* 37(1):52.)

(gliadin)은 70% 알코올에 수용성인 부위로 다소 끈적거리고 유동적인 특성을 갖고 있다. 글리아딘 복합체(Gliadin complex)에 있는 단백질은 타원형의 단일 폴리펩타이드 사슬(elliptical single polypeptide chain)로, 분자 내부의 이황화결합(s-s)에 의해 이러한 형태를 지닌 상당히 작은(compact) 분자다.

Gliadin		Glutenin
끈적이고 유동적		탄력적
타원형		섬유 모양
글루타민과 프롤린 많음		분자무게 더 큼
등전점 pH 6.1~6.7		등전점 pH 5.2~5.6
분자 내의 이황화(s-s)결합		
↘	물+혼합(Mixing)	↙
↘		↙
↘		↙
	Gluten	

차트 17.2 글루텐의 개요

글루테닌
섬유질 모양의 길쭉한 형태를 가진 밀가루 글루텐의 알코올 불용성인 단백질 부위로 탄력성을 가진다.

글루테닌(glutenin)은 글루텐(gluten)에 있는 알코올 불용성 단백질로 구성된 부분이다. 글루테닌에 있는 단백질의 또 다른 차이점은 묽은 아세트산(dilute acetic acid)을 넣었을 때 한 subfraction에서는 용매로 작용하지만 다른 subfraction은 용해하지 못한다는 것이다.

이 두 개의 subfraction 조합으로 글루테닌을 형성해서 탄력성을 가지는 글루텐 부위를 이룬다. 글루테닌은 글리아딘의 타원형의 특성과는 반대로 뾰족하며 섬유 모양의 성질을 지닌다.

글루텐의 글리아딘 부위와 글루테닌 부위의 화학적 구성은 매우 달라서 이들의 두드러진 다른 성격을 설명하는데 도움이 된다. 글리아딘은 분자량이 다른 다양한 분자로 구성되어 있다. 글리아딘 단백질의 대부분은 36,500 정도의 분자량을 가진 아미노산의 단일결합이다. 몇몇 폴리펩타이드 사슬은 아주 작아서 분자량이 11,400 정도이고, 다른 것들은 매우 복잡해서 78,000보다 다소 많은 분자량을 갖고 있을 수도 있다. 이황화결합(disulfide bond)의 존재는 글리아딘 단백질 내부에서 매우 중요하다.

글루타민(glutamine)은 글리아딘 단백질을 구성하는데 특히 중요한 아미노산으로, 글루텐을 생성하는데 효과적인 분자 간 수소결합을 돕는 데 중요한 역할을 한다. **프롤린(proline)**은 글리아딘의 또 다른 중요한 아미노산이다. 프롤린의 독특한 구조는 기본골격 사슬(backbone chain)에 프롤린 잔유물이 있는 곳마다 단백질이 가질 수 있는 형태를 방해하여 글리아딘 단백질에서 주로 발견할 수 있는 타원형 형태를 갖게 한다.

여러 연구에 따르면 글리아딘 부위의 등전점(isoelectric point)은 pH 6.1~6.7에 이른다고 보고되었다. 글리아딘의 용해성은 적어도 pH 6.5에서 일어나며, 산성이나 알칼리성 어느 곳으로든지 증가할수록 같이 증가하는데, pH가 낮은 수준일 때보다 높으면 높을수록 용해성이 더 커진다.

글리아딘과 비교했을 때, 글루테닌을 구성하는 다양한 단백질의 분자량은 훨씬 크고, 그 범위는 10만에서 1,500만이다. 글루테닌 중 몇몇 분자들의 분자량은 매우 높은데, 이는 폴리펩타이드 하위 단위(polypeptide subunit) 사이의 이황화결합 때문이다. 이 이황화결합(—S—S—)은 글루테닌과 글리아딘의 차이점 중 하나로, 글리아딘의 이황화결합(—S—S—)은 분자 내의 결합으로만 되어 있기 때문이다. 글루테닌에서도 분자 내(intramolecular)의 이황화결합이 일어다는 것을 주목해야 한다. 글루테닌의 등전점(pH 5.2~5.6)은 글리아딘의 등전점보다 낮다. 배터나 도우의 pH가 등전점으로부터 멀어지면 글루테닌은 용해되기 어려워지고 글리아딘보다 훨씬 더 적게 용해된다.

글루타민
글리아딘 단백질 분자의 주요하며 분자 사이의 수소결합에서 중요한 아미노산.

프롤린
단백질 형태를 제한하는 고리 모양의 링을 가지고 있는 글리아딘의 주요한 아미노산.

글루텐 복합체. (글리아딘과 글루테닌의 성분이 들어 있는) 밀가루와 물을 함께 조작할 때만 글루텐 복합체가 생성되기 시작한다. 이 복합체의 형성은 제빵 제품들을 성공적으로 생산하는 중요한 요소이다. 이 복합체 생성 정도의 다양성에 따라 정확히 같은 재료가 들어간 제빵 제품이라도 질감적 특성에는 많은 차이점이 있다.

글루텐 복합체가 생성되려면 각각의 단백질들은 물이나 수용성 액체(aqueous liquid)을 첨가시켜서 수화되어야 한다. 이러한 단백질들을 완벽히 수화하기 위해서는 글리아딘과 글루테닌의 두 배 정도 되는 무게의 물이 필요하다. 경질밀은 연질밀보다 더 많은 물과 결합한다. 혼합이 시작되면 수화된 단백질은 각각의 물리적인 관계에 따라 변화되기 시작한다. 건조한 밀가루의 단백질은 전분과 뭉쳐 있으며, 배유 세포에 있는 단백질 기질의 쐐기에 전분이 끼여 있다. 수화된 단백질을 혼합하는 것은 이러한

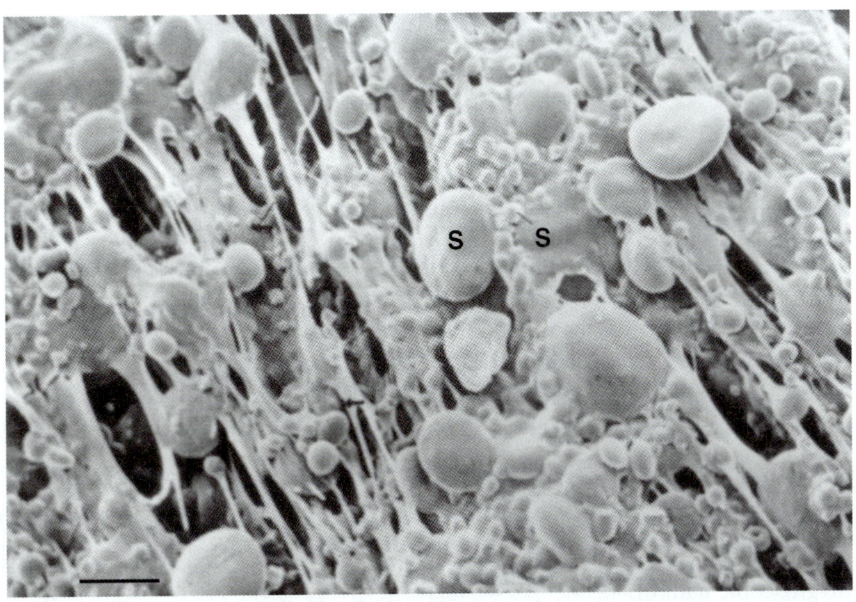

그림 17.7 주사전자현미경은 늘이기 후 숙성시킨 최적 혼합 밀가루 반죽을 보여주고 있다. 얇은 가닥들은 늘이기에서 형성된 글루텐 섬유들이다; s = 전분 과립. (Reprinted from Scanning Electron Microscopy III: 583.1981. Courtesy of L. E. Peters and C. M. Pearson.)

조합들을 붕괴시켜서 분자 간 많은 2차적인(부수적인) 결합을 깬 후, 새로운 결합을 만들어 점성을 가지는 글루텐 매트릭스를 생성시키는 것인데 이것은 제빵 제품의 구조적 토대를 제공한다(그림 17.7).

시스틴의 disulfide, 글루타민의 amide와 같은 다양한 기능기는 혼합을 하는 동안 글루텐 복합체가 생성될 때 새로운 분자 내, 분자 간 결합을 형성할 수 있는 충분한 기회를 제공한다. 글리아딘 함량이 낮은 밀가루는 더 많은 혼합이 필요하지만 글리아딘의 함량이 많은 밀가루보다 더 안정된 글루텐 매트릭스를 갖는다. 상대적으로 높은 양의 글리아딘을 포함하는 밀가루는 글루텐 복합체에 글리아딘이 적게 포함되었을 때 생산되는 밀가루보다 특질상 더 약한 구조를 갖는다.

글루텐 복합체에 관한 다양한 이론적 구조는 수년간 발전되어 왔으나, 실제적인 구조에 관해서는 합의를 보지 못했다. 한 가지 명백한 사실은 밀가루에서 자연적으로 생기는 지질은 글루텐 생성에 필수적이다. 한 이론에 따르면, 글루텐 복합체를 형성하기 위해 수화된 글리아딘 분자와 글루테닌 분자가 조작될 때 당지질(물을 끌어당기는 carbohydrate-lipid 결합)은 글루테닌과 소수결합을 하고, 글루아딘과 수소결합을 한다.

탈지된 밀가루로 만들어진 빵과 지방질을 갖고 있는 보통 밀가루로 만들어진 비슷한 빵을 비교할 때 지방질이 중요하다는 명백한 증거를 얻을 수 있다. 탈지된 밀가루로 만들어진 빵은 크기가 상당히 작다. 탈지된 밀가루로 만든 케이크 역시 글루텐 생성에 있어 지방질의 중요성을 보여준다.

글리아딘과 글루테닌의 수화된 혼합물을 어떻게 다루느냐에 따라 그의 외형은 변한다. 처음에는 표면이 꽤 거칠고 날카로운 부분이 돌출되어 있다. 조작(manipulation)을 계속하면 가닥처럼 점점 얇고 필름과 같이 평평한 표면으로 변한다. 결국, 표면은 부드러워지고, 밧줄 같은 가닥들은 사라진다. 이러한 변형은 단백질을 함유하고 있는 수화된 밀가루 혼합물이 조작되었을 때 생겨서 단백질을 얇은 시트로 만든다. 이 시트는 반죽하거나 또는 다른 조작을 가하는 동안 서로 잘 달라붙고 글루테닌 가닥들이 서로 부딪힐 때 늘어나는 경향이 있는 가는 섬유(fibril)로 쪼개져서 만들어 진 것이다.

글루텐 생성 과정은 다소 끈적이지만 어느 정도 유동적인 성질을 가진 글리아딘을 가시화시키면 이해하기 쉬울 것이다. 이와 대조적으로, 글루테닌은 탄력성의 원인이 되는 돌돌감기거나 곱슬거리는 영역으로 배치되어 있는 끈과 같은 영역을 가진 단백질이다.

분자 표면에 있으며 글라이딘 분자와 상호작용할 수 있는 기능기의 수는 글루테닌 분자의 매우 긴 가닥들에게 적용되는 것보다 훨씬 더 제한된다. 분자 표면에 있는 sulfhydryl group(—SH)은 혼합 초기에는 우세하나, 이황화(—S—S—)결합이 형성되어서 글루테닌과 글리아딘 분자의 그물망을 글루텐이라는 신축성 그물망으로 가두기 시작하는 것처럼 나중에 형성되는 강한 결합을 제공하지는 않는다. 그물망 안에 글리아딘 분자가 있기 때문에 일부 그물망의 움직임이 가능하여, 글루텐을 함유하는 도우 혼합물을 조작 가능하지만 상대적으로 탄력적으로 만들 수 있다.

글루텐이 생성되는 속도는 여러 가지 요소에 따라 다르다. 강력밀가루에서 형성되는 글루텐 복합체는 박력밀가루의 글루텐보다 더 느리게 생성되고 단백질 가닥의 손상 없이 조작되는 데 오랜 시간이 걸릴 수 있다. 이러한 현상은 경질밀로 만든 도우가 조작될 때 **파리노그라프(farinograph)** 에서 기록된 파리노그램들을 비교함으로써 볼 수 있는데, 이때 파리노그라프는 연질밀로 만들어진 도우를 생성시킬 때의 조건과 같은 조건 하에서 작동된다. 연질밀에 있는 글루텐은 경질밀의 글루텐보다 더 급속히 생성되고 빨리 부서지기 시작한다(그림 17.8 과 17.9).

파리노그라프
배터나 도우 속을 움직이는 교반기의 저항을 측정하여 결과를 그래프로 기록하는 객관적인 실험 장비.

도우 혼합물(dough mixture)의 온도는 글루텐 생성률에 영향을 준다. 온도가 올라감에 따라, 단백질의 수화 속도 역시 가속화되는데, 이는 글루텐 생성의 증가된 속도에 의해 수반된 변화이다.

배터나 도우에 첨가된 설탕은 글루텐 생성을 더디게 한다. 이러한 효과는 혼합물(mixture)에 있는 수분에 대한 설탕과 밀가루 단백질 간의 치열한 경쟁에 의해 발생한다. 설탕의 흡습성(hygroscopic nature) 때문에, 설탕은 효과적으로 물을 끌어당기고(흡수하고), 밀가루 단백질의 수화를 감소시켜서 글루텐 생성을 느리게 한다.

또한 배터나 도우에 있는 지방이 증가하면 글루텐 생성을 더디게 한다. 지방이 글루텐의 표면을 감싸는 능력으로 인한 지방의 억제 효과는 밀가루 단백질의 수화를 상당히 어렵게 한다. 지방이 윤

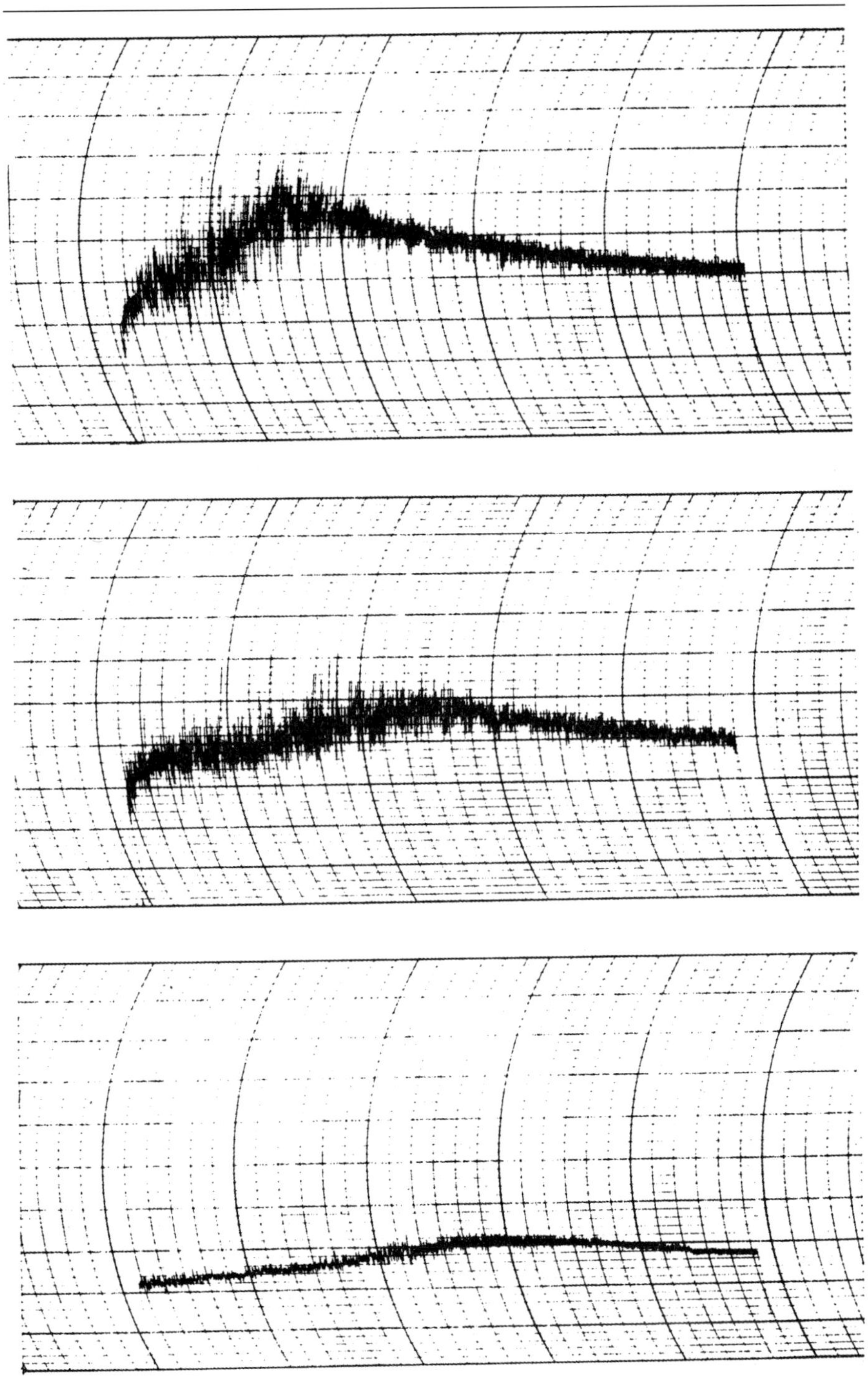

그림 17.8 글루텐은 왼쪽에 상승하는 패턴으로 성장하고 있고 패턴은 오른쪽을 향해 내려가는 것과 같이 낮아진다. Mixogram들은 (a) 경질 밀가루, (b) 다목적용 밀가루, (c) 케이크 밀가루에 대한 것이다. (Courtesy of H. Charley.)

활유로 작용하는 부가적인 효과로 인해, 혼합하는 동안 단백질 가닥들이 서로 엉겨 붙는 경향을 줄이기도 한다.

배터의 점성, 즉 밀가루와 물의 비율 역시 글루텐 생성에 영향을 주는 요소이다. 배터에서 같은 양의 밀가루와 액체가 반죽이 되면, 과도한 액체는 유동적인 혼합물을 만들어 팝오버 배터(popover batter)에나 유용하게 된다. 단백질 분자는 액체로 많이 희석이 되면 혼합하는 동안 가닥이 접촉을

그림 17.9 케이크 밀가루(연질 밀) 글루텐 볼(왼쪽)은 다용도 밀가루(오른쪽)으로 만든 글루텐 볼과 대조하여 그 글루텐의 더 적은 양과 더 약한 성질을 나타낸다.

해도 서로 엉겨 붙기가 아주 어렵다.

팝오버(popover)의 밀가루와 액체 비율이 1:1과는 대조적으로 머핀은 밀가루와 액체의 비율이 2:1이다. 이 비율은 반죽을 매우 끈적이게 하며, 배터가 반죽될 때 글루텐의 가닥이 다른 분자와 끈적한 접촉을 하면서 팽팽하게 늘어져 머핀의 글루텐은 급속하게 생성된다. 머핀 반죽 시 글루텐이 급속도로 생성되어 과반죽(overmixing)이 쉽게 일어날 수 있으며, 바람직하지 않은 질감 변화가 나타날 수 있다.

다른 곡물가루들

미국 국립의과학연구소의 식품영양위원회(Food and Nutrition Board of the National Academy of Science-Institute of Medicine)가 권장하는 식이섬유의 영양섭취기준(Dietary Reference Intake)은 미국인이 보통 소비하는 식이섬유의 두 배 정도이다. 많은 소비자들은 식이섬유의 결핍을 확실히 인식하고 밀이나 섬유질이 풍부한 다른 곡물가루로 만든 전곡 가루를 사용하여 만든 빵과 다른 제빵 제품을 선택하기 시작했다.

홀 그레인 협회(Whole Grains Council)에 따르면, 곡물이 으깨지고 부서지고 눌리고 벗겨지고 가볍게 도정되고 조리되더라도 가공된 곡물의 필수 성분을 함유하고 원래 곡물이 가지고 있는 영양 균형을 그대로 포함한 곡물가루를 전곡(whole grain) 제품이라고 한다. 몇몇 고섬유질 빵들은 호밀(rye), 라이밀(triticale), 쌀(rice), 옥수수(corn), 귀리(oats), 감자(potato), 퀴노아(명아주, quinoa), 대두(soy)에서 얻은 전곡가루로 만들어진다. 윗 베리(Wheat berries), 크랙트 휘트(cracked wheat), grano(소량의 바깥 겨를 뺀 듀럼 밀 빵가루)는 빵을 만드는 데 필요한 전곡 재료이다. 울트라그라인(Ultragrain®, 1장 참고)은 고섬유질의 백색 밀가루(유전학과 특별한 제분 기술의 결과로)를 생산하는데, 이 밀가루는 통밀가루(whole-wheat flour)라는 라벨이 붙는 재료이다. 서스타그레인(Sustagrain®)은 전분이 적고 섬유질이 많은 윤기나는 보리이다. 이것으로 만든 가루는 고섬유질 빵을 제조하는데 사용될 수 있다.

호밀 가루(Rye flour) 어떠한 곡물이든 제분하면 곡물가루가 될 수 있다. 하지만 곡물가루의 단백질은 제빵 제품의 바람직한 질감을 만드는 데 필요하며, 밀 글루텐에서 독특하게 발견되는 가소성과 탄력성을 생성시키는 능력이 부족하다. 밀 글루텐의 특성에 가장 근접한 곡물인 호밀조차도 제빵 제품을 만들 때 밀가루의 성능에 부합할 수 없다. 호밀가루에 있는 단백질은 글루테닌과 글리아딘을 포함하지만, 부드러운 질감을 가진 빵을 만들기 위해 충분한 탄력성이 있는 글루텐 복합체로 조작될 수 없다. 호밀가루로 만든 빵은 빡빡하다. 호밀과 밀가루로 만들어진 빵은 호밀로만 만들어진 빵보다 더 좋은(부드러운) 질감을 갖는다.

라이밀가루(Triticale Flour) 라이밀(triticale)은 호밀과 밀을 교배시켜 개발한 독특한 곡물로, 호밀과 밀 각각의 특성을 조금씩 갖고 있다. 라이밀은 영양학적 이점을 갖고 있는 데, 단백질이 16% 이상 포함되어 있고 밀보다 리신을 많이 함유하고 있기 때문이다. 제곱미터당 생산량 역시 높다. 라이밀가루가 제빵에 사용되긴 하지만 밀가루보다 질감이 좋지 않다. 하지만 밀가루와 섞거나 제빵개량제를 이용하면 라이밀가루를 원하는 만큼 사용할 수 있다. 이와 같은 이중교배 곡물 품종인 라이밀은 이종교배 할 때 밀과 호밀을 어느 정도 달리 사용할 수 있기 때문에 여러 가지 특징을 갖고 있다. 밀이 많이 섞일수록 제빵에 더 적합한 품종이 생산된다.

라이밀
밀과 호밀을 교차시켜 생산된 이중교배 곡물.

쌀가루(Rice flour) 쌀가루는 곡물가루의 한 종류로 셀리악병(Celiac disease)을 앓는 사람을 위해 빵을 만들 때 밀가루 대신 사용된다(그림 17.10). 제빵 제품에 쌀가루를 사용하는 것(corn, barley, oat로 만든 가루 역시 마찬가지이다)은 실망스럽다. 왜냐하면 가루라는 이름이 밀가루 대신 쌀 또는

그림 17.10 쌀알은 쌀 가루로 가공될 수 있지만, 이 가루는 글루텐이 부족하기 때문에 베이킹에 사용하기 위해서는 도전이 필요하다.

표 17.3 대체 곡물가루의 개요

가루	단백질 함량(%)	대체 수준(%)	제빵에서 보이는 특성
호밀	12.1	20~40	단단한 질감, 작은 부피
라이밀	10.7~16.3	40~50^{+}	적합한 결과를 위해 혼합과 발효시간 제한
귀리	17	30	질감이 거친 빵
쌀	6.5~7	5~30	5%: 만족, 30%: 약간 만족
옥수수(maize)	7~8	n/a[a]	또띠야를 만드는 masa[b]로 사용됨

[a]유효하지 않음.
[b]옥수수를 요리해서 라임에 담근 다음 씻어서 간 것.

다른 종류의 곡물가루로 만족스러운 빵을 만드는 것이 가능해야 한다는 것을 암시하기 때문이다. 하지만 안타깝게도 곡물가루들은 제빵 제품의 뼈대를 제공하기에는 탄력성과 점성이 떨어진다. 게다가 쌀가루의 모래 같은 질감은 수화를 방해한다. 그러나 밀가루의 어느 정도는 꽤 만족스럽게 다른 곡물가루로 대체 될 수 있다(표 17.3).

상업적 제빵 공정에서는 carboxymerthyl cellulose(CMC)를 배터와 도우에 넣어 이 곡물가루들의 전분이 갖는 구조를 보완한다. 이 곡물 가루들로 만든 제빵 제품들은 글루텐 알레르기가 있는 사람들에게 특히 중요하다. 밀가루로 만든 제빵 제품을 대신할 수 있는 대안들이 개발되고 있으나, 전반적으로 만족스러운 대안의 궁극적인 목표는 아직 달성되지 않았다.

옥수수 가루 쌀가루처럼 옥수수 가루도 제빵 제품에 필요한 구조를 제공하는 단백질 그물망을 형성하지 못한다는 점에서 유용성이 떨어진다. 좀 더 입자가 큰 알갱이는 콘밀 형태로 사용될 수 있다. 옥수수 가루나 콘밀은 corn bread와 같은 빵을 만들 때 밀가루를 대체할 수 있으나, 콘밀에는 글루텐이 없기 때문에 빵은 쉽게 부스러질 것이다. 콘밀과 옥수수 가루를 사용하면 맛과 색이 좋을 수 있으나, 질감은 부드럽지 않다.

감자 가루. 감자는 덩이줄기로 곡물이 아니지만 가루, 플레이크, 과립으로 가공되어 다양하고 흥미 있는 구운 제품으로 만들어질 수 있다. 구운 제품의 질감에 기여하는 구성성분은 전분이다. 감자가루 또는 감자와 관련된 제품은 제빵 제품의 향에 미묘한 영향을 준다. 글루텐 포함되어 있지 않아서, 감자가루 또는 과립이 포함된 빵을 만들 재료로 밀가루를 충분히 사용하는 것이 중요하다.

콩가루(Soy Four), 대두분말. 콩가루는 곡물이나 덩이줄기가 아닌 콩과식물로부터 생산되기 때문에 이번 부분에서 언급된 다른 곡물가루와는 다르다. 그러나 콩가루의 활용 가능성과 영양학적인 이점이 많아 여기에 포함되기에 적합하다. 콩가루는 영양적으로 중요하며, 리신 함량이 높아서 상대적으로 필수 아미노산인 리신함량이 낮은 밀가루를 영양 면에서 보완할 수 있기 때문이다. 콩가루는 반죽에서 유화(emulsion) 형성에 도움을 준다.

유감스럽게도 콩가루는 글루텐의 점성과 탄력성이 결핍되어 있지만, 제빵 제품을 만들기 위해 밀가루와 섞이면 단백질과 전분을 제공하여 구조를 강화한다. 콩가루를 보충하면 특유의 향이 많은 거부감을 줄지라도 제빵 제품의 영양가를 높인다. 콩가루가 도넛 도우에 첨가되면, 튀기는 동안 기름을 덜 흡수하여 영양뿐만 아니라 건강에도 이롭다.

콩가루를 재료로 사용할 때 첨가된 전분으로 인해 레시피에 액체량을 증가시켜야 한다. 이때 물을 콩가루의 무게만큼 넣어야 만족스러운 결과를 얻을 수 있다. 콩가루를 레시피에 넣게 되면 이스트 빵을 만들 때 프루핑 시간(proofing time, 2차 발효)을 늘려야 한다.

재료의 역할

밀가루와 다른 곡물가루

밀가루는 대부분의 배터나 도우 제품의 기본적인 구조 성분이다(표 17.4). 밀가루는 제빵 후에 기공을 확장시키고 구조를 견고하게 하는 글루텐 성분을 갖고 있어서 질감적 기능을 수행할 수 있다. 밀가루에 들어 있는 글루텐은 제빵 제품의 부드러움과 질감을 상당히 특징짓는다.

제품이 준비되려면 글루텐이 적당히 생성되어야 하는데, 이때 반죽(혼합, mixing)이 선행되어야 한다. 밀가루의 종류는 높은 품질의 제빵 제품을 만드는데 중요한 요소 중 하나이다. 통밀가루로 만든 도우는 정제된 밀가루로 만든 도우보다 덜 반죽되어야 한다. 통밀가루(Whole-wheat flour)에 들어 있는 겨의 울퉁불퉁한 끝 층에 생성되는 글루텐 섬유질을 쪼개고 길이를 짧게 하여 빵의 질감에 부정적인 영향을 주기 때문이다. 수분, 지방, 설탕량 역시 제빵 제품을 위해 적절한 글루텐을 생성하는데 요구되는 반죽에 상당한 영향을 준다.

전분도 밀가루뿐만 아니라 다른 곡물 가루에 있는 중요한 화합물이다(그림 17.11). 제빵을 하는 동안 전분은 호화가 진행되면서 물을 흡수한다. 그리하여 유동성 있는 배터나 도우를 단단하게 하고, 다소 견고한 구조를 가진 빵으로 눈에 띄게 변화시킨다. 확실히, 밀가루의 전분은 글루텐보다는 덜 극적이긴 하지만, 빵을 만들 때 중요한 역할을 한다.

밀가루는 다른 부수적인 역할을 한다. 이스트 빵을 만들기 위해 발효하는 동안 밀가루는 이스트의 먹이로 필요한 약간의 설탕을 제공한다. 또한 제빵하는 동안 갈색으로 변하는 껍질은 설탕과 단백질의 조화에 따라 달라지는데, 이 때 밀가루는 필요한 단백질을 제공한다.

표 17.4 제빵 제품 재료의 역할

재료	기능
밀가루	주요구조를 위한 글루텐
	약간의 구조를 위한 전분
액체	글루텐 생성
	설탕을 녹임
	활성을 위한 베이킹파우더 용해
	전분 호화
	약간의 팽창을 위한 증기
계란	약간의 액체
	단백질 구조
노른자	배터와 도우의 유화
	색상
흰자	질감(미세하고 부푼 셀:기포)
지방	맛
	부드러움
	식감 향상
	색상
설탕	맛
	색상-메일라드반응(maillard reaction)
	부드러움
	부피
	효모 먹이(이스트 넣은 제품)
소금	맛
	효모성장 제한,
팽창제	부피

그림 17.11 오트밀 빵과 대부분의 다른 구운 제품들은 그들의 구조에 대한 밀가루의 글루텐에 의존하지만, 다른 곡물 가루는 다양한 것들에 첨가될 수도 있다. (Courtesy of Fleischmann.)

액체

배터나 도우에 있는 물 또는 다른 액체는 용매로 작용하여 설탕, 베이킹파우더, 소금, 다른 마른 재료들을 녹이고 이스트를 수화시킨다. 이 장 앞에서 언급했듯이, 액체는 글루텐을 생성하기 위해 반드시 필요하다. 왜냐하면 단백질이 수화되어야 단백질들끼리 서로 달라붙고 탄력적인 그물망 구조를 형성하기 때문이다. 물 또는 수용성 액체가 존재하지 않는 한 글루텐은 생성될 수 없다.

빵을 굽는 동안, 남아 있는 액체는 전분 과립이 호화될 때 흡수된다. 배터나 도우는 전분이 완벽히 호화(gelatinization)되기 위해 필요한 물을 충분히 갖고 있지 않다. 하지만 레시피에 액체가 있기 때문에 어느 정도 호화가 가능하다. 게다가, 액체는 굽는 동안 증기가 되는데, 증기는 빵을 발효시킬 때 보조 또는 주요한 역할로서 중요하다. 증기의 중요성은 이번 장 뒤에 나오는 "팽창제"에서 다루어진다.

우유가 액체로 사용될 때, 우유 역시 단백질과 설탕을 함유하여 껍질을 갈색으로 만든다. 그리고 지방성분(whole, low-fat milk)이 있어 부스러기를 부드럽게 만든다. 과일 주스가 액체로 사용되면 배터나 도우의 pH를 줄여서, 맛을 바꾸고 글루텐 단백질의 용해성을 조금 변화시킨다.

계란

16장에서 다루어졌듯이, 계란은 여러 방면에서 제빵 제품에 기여한다. 배터나 도우에 계란을 넣으면 반죽과 굽기를 하는 동안 액체 역할을 하기도 한다. 계란에서 나오는 액체량은 적지만, 이것의 역할은 무시할 수 없다. 물론 계란에 들어 있는 단백질은 배터나 도우에서 사용될 때 특별히 중요하다. 빵을 굽는 동안 단백질이 응고되면 다 만들어진 제품의 구조에 기여해서 부드러움이 감소된다.

계란, 특히 노른자는 배터나 도우를 반죽하는 동안 유화제 역할을 한다. 유화가 형성되어 액체와 지방을 더 균일하게 분산시키고 질감을 부드럽게 만든다. 노른자는 또한 옅은 색의 제빵 제품에 색을 부여한다.

계란 거품, 특히 흰자 거품은 케이크와 퀵 브레드의 질감에 지대한 영향을 미친다. 계란 단백질 거품 사이에 공기가 풍부하면 제빵 하는 동안 많은 작은 세포들은 열을 통해 확장된다. 그리고 계란(과 밀가루) 단백질이 변성되고 나중에는 응고되어 그 세포들은 영구적으로 확대된 공간을 갖는다.

지방

지방은 그 종류에 따라 제빵 제품 속에서 다양한 역할을 한다. 버터와 마가린은 만족스럽고 특유의 맛을 주는 반면 다른 지방들은 맛을 풍부하게 한다. 라드는 순하고 독특한 맛을 내는데 페이스트리와 같은 특정 제품에서 느낄 수 있다. Yellow fats(버터, 마가린, colored shortening)은 미묘하게 풍부해 보이는 크림색을 낸다.

지방은 또한 질감에 영향을 준다. 예를 들면, 페이스트리에 있는 기름은 파삭파삭한 질감을 강화한다. 반면 고체 지방을 조각내고 밀가루에 넣어 만든 지방 입자들은 층이 얇고 잘 벗겨지는 질감을 만든다. 모노글리세라이드와 디글리세라이드(mono- , diglycerides)가 들어 있는 쇼트닝은 유화작용(emulsifying)을 하여 케이크에서 부드러운 질감을 형성한다. 사용된 종류에 상관없이 지방은 제빵 제품을 부드럽게 하는데 효과적이다. 지방의 소수성(hydrophobic) 작용은 글루텐 생성을 억제하고, 이 억제 정도는 지방의 종류, 온도, 사용된 지방의 양, 혼합하는 방법에 의해 결정된다.

설탕

제빵 제품에서 설탕의 명백한 역할은 감미료이다. 하지만 감미료 역할은 여러 기능 중 하나에 지나지 않는다. 껍질의 갈변은 메일라드반응(sugar-amine, Maillard recation)뿐만 아니라 부분적으로 캐러멜화(caramelization) 때문이다. 첫째, 설탕은 반죽하는 동안 연화제(tenderizing agents)로 작용하여 글루텐 생성을 더디게 한다. 그리고 구조상의 단백질의 응고 온도를 높여 세포벽이 넓어지고 부피가 커지게 한 후 단백질이 응고되게 하여 구운 제품의 최종 크기를 증가시킨다. 설탕은 특정 임계점(critical point)까지 제빵 제품의 부피를 증가시키지만, 응고 온도가 너무 높아서 단백질 구조가 형성되기 전에 글루텐 가닥이 부서지고 내포되었던 가스가 방출되면 케이크는 찌그러진다.

케이크와 쿠키가 딱딱해지고 수분을 잃으면 때때로 설탕 결정이 형성된다. 상업적 케이크에는 옥수수 시럽 또는 폴리올(polyol)을 재료로 넣어서 이러한 상황을 조절할 수 있다.

소금

소금은 대부분의 제빵 제품에 사용되는 맛내기 요소(flavoring agents)이다. 하지만 이스트 빵에서 소금의 역할은 예외이다. 이스트 도우 속 소금은 이스트의 부푸는 속도를 제한한다. 이때 소금은 발효와 초기 굽기 동안 이스트와 설탕의 작용의 결과로 나온 이산화탄소가 과도하게 생산되는 것을 억제한다.

팽창제

팽창제(leavening agent)는 배터나 도우를 팽창시키며 제빵 제품의 질감에 지대한 영향을 미친다. 이 과정은 반죽하는 동안 종종 발생하고 굽기할 때는 항상 발생한다. 팽창제가 발생시킨 가스의 물리적 활동은 6장에서 설명되었다. 다음 절에서는 반죽과 도우를 팽창시키는 다양한 원인에 대해 다룰 것이다.

상업용 제빵 도전

제빵사는 제빵한 후 (제품이) 고객에게 제공하는 사이에 시간이 경과하여 맛에 영향을 주는 기호성 요소들에 직면하게 된다. 크산토모나스 캄페스트리스(*Xanthomonas campestris*)가 옥수수당을 발효시킬 때 만들어지는 크산탄 검(xanthan gum)은 케이크 제조법에 첨가되어 질감을 좋게 한다. 크산탄 검은 도우에서 고착제역할을 하고 구운 케이크의 결을 곱게 만든다.

과체중이거나 비만인 미국인의 숫자가 늘어나는 것을 인식하면서 칼로리를 낮춘 상업용 제빵제품을 개발하려는 관심이 높아졌다. 칼로리를 감소시키기 위한 수단으로 케이크와 쿠키를 만들 때 칼로리를 줄이거나 적은 양의 감미료가 사용된다. 이러한 제빵 제품에 사용된 지방 역시 관심의 대상이다. 섬유질이 많은 음식을 찾는 다이어트 하는 사람들과 건강에 민감한 소비자들에게 다양한 재료들을 조합해서 제빵 제품을 더 선호하게 하려는 시도를 한다.

소비자들의 건강 목표에 상응하는 제품을 생산하기 위해 상업용 제빵 제품을 만들 때 몇몇 재료들이 사용된다. 이들은 다음과 같다.

- 검(gums)
- 난소화성 타피오카와 아밀로스 함량이 높은 난소화성 옥수수전분
- 감귤펄프(citrus pulp)로 만든 Citri-Fi™와 같은 다양한 섬유질 급원
- 분말, 통 아마씨(milled and whole flaxseed)
- 이눌린[inulin; 한 형태는 Frutafit®으로 치코리 뿌리(chicory root)에서 얻어진 프리바이오틱(prebiotic)으로 시장에서 팔린다. 다른 형태는 BakeFlora™ 다.]
- 프럭토올리고당(fructooligosaccharide)
- 농축 유청 단백질(whey protein concentrates)
- 죽순 섬유소(bamboo fiber)

다양한 상업적인 재료들의 사용에 대해서는 추가적으로 8, 10, 12장에서 다루고 있다.

팽창제

공기

공기는 재료들이 섞이는 동안 혼합물 사이에 항상 내재되어 있기 때문에 제빵 제품에서 언제나 팽창제 역할을 한다. 먹기 부담 없고 맛있는 제빵 제품을 만들기 위해 필요한 많은 세포들을 예상된 세포 크기로 형성하는데 공기는 필수적이다. 그러나 원하는 크기의 제빵 제품을 만들기에 공기만으로는 역부족이다. 혼합물을 팽창시킬 때 필요한 공기의 양을 증가시키기 위해 계란흰자와 노른자의 거품을 준비하여 반죽에 잘 섞이도록 가볍게 젓는다.

공기가 주요한 팽창제일 때 부피는 매우 다양하게 변하는데, 계란흰자의 거품을 넣으면 부피의 변화는 상당히 다양해진다. 팽창하기 위해 공기에 매우 의존적인 엔젤 케이크의 부피를 크게 하기 위해서는 많은 양의 안정된 계란흰자 거품이 다른 재료들과 부드럽고 효율적으로 섞어야 하며, 예열된 오븐에서 즉시 구워져야 한다.

빵을 굽기 전에 배터의 부피에 상당한 차이를 가져올 수 있는 두 가지 결정적인 방법이 있다. 첫 번째, 부피를 크게 하기 위해서 공기가 반드시 거품에 포함되어야 한다. 이때 안정제(산, 설탕)를 넣는 적합한 시간과 거품내기를 멈출 적당한 시점을 알아야 한다. 너무 많이 혹은 적게 거품내기를 하면 거품 크기에 악영향을 준다. 너무 많이 휘저으면 오히려 뻣뻣하고 부서지기 쉽고 다른 재료들과 부드럽게 섞이기 어렵게 되어서 더 많이 뒤섞게 되고 결국 공기를 잃게 된다.

두 번째, 폴딩하는 동안 공기를 잃을 수 있기 때문에 조심스럽게 섞어야 한다. 거칠고 격렬하게 섞으면 세포가 부서지고 혼합물에서 공기가 빠져나갈 수 있다. 반면 배터를 너무 느리게 섞으면 거품의 표면에서 증발이 일어나고 세포가 파괴되어 피치 못하게 공기를 잃게 된다. 비효율적이거나 과도한 폴딩은 많은 공기를 잃고 부피를 줄게 할 수 있다. 케이크가 굽기 전에 방치 된다면 공기를 더 많이 잃게 된다. 즉, 공기는 필수적이지만 단지 부분적으로만 믿을만한 팽창제이다.

수증기

수증기는 공기보다 더 효과적인 팽창제이다. 물이 증기로 기화되면 부피를 1600배 증가시키기 때문이다. 수증기를 공기와 비교하자면, 수증기는 온도가 올라갈 때 매 섭씨마다 부피를 1/273 정도 팽창시킨다. 팝오버는 굽는 동안 부피가 약 3배 정도 증가하고, 이런 대부분의 팽창은 수증기에 의한 것이다(그림 17.12). 크림 퍼프 역시 대부분 수증기로 팽창된다. 이 두 제품 모두 같은 양의 액체와 밀가루로 만들어지는데, 수증기 팽창에 상당히 적합한 비율(1:1)이다. 제빵 제품이 페이스트리에 들어가는 만큼의 적은 수분을 함유하고 있더라도 수증기는 상당한 팽창을 유발할 수 있다.

폼 케이크에서 공기는 중요한 팽창제 역할을 한다. 특히 배터에 많은 양의 공기를 포함시키기 위해 계란흰자 거품을 주로 사용하여 만드는 엔젤 케이크에서 공기의 역할은 매우 중요하다. 굽는 동안 거품 속에 내재된 공기도 팽창력이 있지만 수증기는 실제로 공기보다 2~3배 정도 팽창시키는 활동을 한다.

지방을 포함한 케이크에서 지방의 종류는 공기와 수증기에 의한 팽창 정도에 영향을 준다. 공기

그림 17.12 팝오버는 증기의 놀라운 발효 작용을 보여준다. 반죽에 거품을 일게 하는 적은 양의 공기와 결합된 매우 부드러운 반죽과 큰 내부 용량의 고열 오븐은 굽는 동안 약 3배 부피로 증가시킨다.

표 17.5 지방을 포함하는 케이크에서 공기와 증기의 상대적인 팽창 작용(%)

케이크 속 지방	상대적인 팽창	
	공기	증기
버터	19.8	80.2
기름	11.4	88.6
경화 라드	25.0	75.0

Adapted from Hood, M. P. and Lowe, B. 1948. Air, water vapor, and carbon dioxide as leavening gases in cakes made with different types of fat. *Cereal Chem.* 25: 244.

는 오일보다 고형지방으로 만든 반죽에 더 효과적으로 갇혀 있다. 그리고 경화 라아드(hydrogenated lard)는 팽창할 때 버터보다 더 많은 공기를 필요로 한다(표 17.5).

생물학적 팽창제

효모(Yeast) 이산화탄소는 제빵 제품을 효과적으로 팽창시키는 가스로 생물학적 혹은 화학적 공급원에 의해 발생한다. 보통 생물학적 공급원은 효모에 의해 설탕이 발효는 것인데, 효모는 단일 세포로 된 식물로, 도우 속에서 이산화탄소를 배출할 수 있다. 상온에서는 활발하게, 제빵 초기 단계에 오븐 온도에서는 조금씩 배출한다. 이스트 빵을 만들 때 사용되는 균주은 **사카로미세스 세레비시아(*Saccharomyces cerevisiae*)**이다. 이산화탄소를 발생하기 위해서 이 효모는 발효가 진행되는 동안 반드시 살아야 하기 때문에 만족스러운 결과를 얻기 위해서 온도에 심혈을 기울여 조절하여야 한다(그림 17.13).

사카로미세스 세레비시아 효모로 만든 팽창제에서 이산화탄소의 공급원으로 사용되는 효모의 균주.

심지어 효모가 도우에 첨가된 조건은 최종 제품에 영향을 미치고, 사용된 효모의 형태는 최적의 조건을 결정한다. 세 가지의 *S. cerevisiae*가 이용된다. 즉 압착 효모, 활성건조 효모, 즉석 활성 건조 효모이다. **압착효모(compressed yeast)** 덩어리는 옥수수 전분과 약 72%의 수분을 함유한다. 냉장 유통기한은 약 5주이다. 압착효모는 도우에 첨가되기 전에, 32~38℃되는 소량의 미지근한 물에서 풀어야 한다. 효모의 활성형(active form)은 사용하기 편리하나, 유통기한이 짧고 저장을 위해 냉장고에 보관해야 하기 때문에 많이 출시되지는 않는다.

압착효모 수분이 72% 정도이고 옥수수전분이 혼합된 고체이스트에 들어 있는 *Saccbaromyces cerevisiae*; 냉장 보관을 요하고, 32~38°C에서 가장 잘 분산.

활성건조효모(active dry yeast)는 8%의 적은 수분량이 함유된 과립형이다. 활성건조효모는 수분이 적기 때문에 밀폐 용기에 보관하면 상온에서는 적어도 6개월 정도, 냉장 보관하면 2년 정도 사용할 수 있다. 이 형태의 *S. cerevisiae*를 재수화(rehydration) 시키려면 압축효모를 분산시킬 때 사용했던 온도보다 더 높은 온도가 필요하다. 재수화에 적합한 온도는 40~46℃이다. 이렇게 높은 온도는 글루타티온(glutathione)이 효모 세포로부터 빠져나오지 못하게 하고 반죽의 이황화결합이 파괴되지 않도록 유지하는데 필요하다. 반죽에서 이황화 결합이 파괴되면 반죽의 탄성이 감소되고 끈적임을 증가시킬 수 있기 때문이다.

활성건조효모 건조한 *Saccbaromyces cerevisiae* 과립 형태 (8% 수분) ; 상온에서 저장, 40~46°C에서 재수화.

사용할 때 편리성을 위해 활성건조효모는 때때로 효모의 재수화 과정 없이 밀가루와 섞인다. 이 기술을 활용할 때는 액체가 반드시 49~54℃의 높은 온도에 달해야 한다. 도우 속 다른 재료들이 액체를 식혀도 이스트가 활동할 수 있는 온도를 유지할 수 있기 때문이다. **속성팽창건조효모(quick-rise active dry yeast)**는 활성건조효모와 매우 비슷하나 이 제품에 사용된 *S. cerevisiae* 균주은 도우 속에서 이산화탄소를 매우 빠르게 생산하고 발효 시간을 약 한 시간 정도 단축시킬 수 있다.

속성팽창건조효모 활성건조효모로 이용되는 *Saccbaromyces cerevisiae*의 특별한 균주로 반죽에서 이산화탄소를 아주 빠르게 생산하여 발효시간을 반 정도 줄여준다.

효모가 도우 속 다른 재료들과 섞인 후에도 효과를 발휘하여 이산화탄소를 생산할 수 있도록 세심한 주의가 필요하다. 효모가 사용되면 팽창이 적합하게 일어나기 위해 온도와 시간 조절이 필수적이다. 도우를 혼합한 후, *S. cerevisiae*가 포도당을 대사해서 이산화탄소를 배출시킬 수 있도록 휴식 시간을 갖는다(그림 17.14). 전체 반응은 다음과 같다.

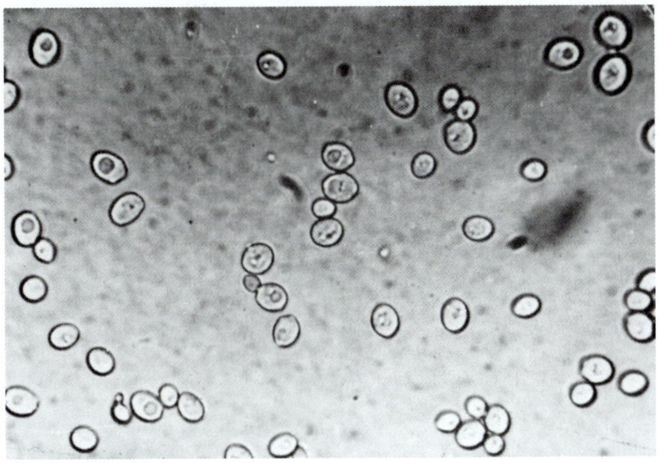

그림 17.13 *Saccharomyces cerevisiae*의 현미경 사진

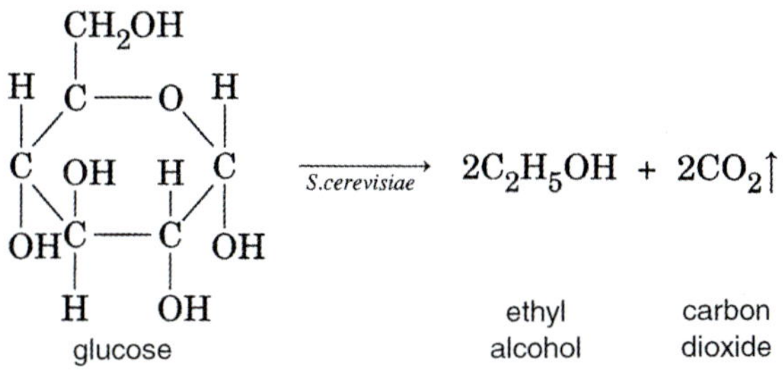

발효기간 동안 도우의 온도는 도우에서 생산되는 가스 속도에 어마어마한 영향을 준다. 이상적인 발효는 25~ 27.7℃ 사이에서 이루어지지만, 실제로 이산화탄소의 발생은 냉장 온도 또는 35℃와 같은 높은 온도에서도 가능하다. 발효율은 온도와 함께 급속도로 증가한다. 온도가 20℃에서 30℃로 증가하면 발효율은 세 배 정도, 온도가 25에서 35℃로 증가하면 두 배 정도 증가한다.

35℃에서 발효가 빠르게 진행되기는 하지만 온도가 높을 때 다른 미생물들이 번식하면서 시큼하고 yeasty한 맛을 내기 때문에, 35℃보다 높은 온도를 권장하지 않는다. 발효할 때 43℃가 되면 효모는 한 시간 내에 죽어, 이산화탄소의 발생이 중단된다.

포도당은 *S. cerevisiae*가 선호하는 당의 유형로, 도우를 만들 때 사용한 밀가루에 소량 존재한다. 대부분의 이스트빵 레시피에는 효모의 신진대사를 위한 중요한 당 공급원으로서 자당을 포함한다. 효모에 있는 수크라아제는 자당를 포도당과 과당으로 분해시킨다. 이 과정은 효모가 당 성분을 이용하기 전에 반드시 필요하다.

맥아당은 전분의 효소 작용을 통해 이용되는데, 다른 당 성분이 없을 때 효모에 의해 대사된다. 발효되는 동안 이스트에게 먹이를 주기 위해 전분에서 맥아당 생산을 촉진시켜주는 주 효소는 β-amylase이다. 몇몇 작용 또한 α-amylase의 활동 결과로 일어날 수 있다. 당이 밀가루 무게의 10% 이상 차지한다면, 약간의 삼투현상이 일어나고, 효모는 당을 천천히 대사 시킬 것이다.

소금은 효모의 삼투압에 영향을 미쳐서, 효모에 의해서 당이 대사되는 것을 방해한다. 반면, 소금은 이스트 도우에 있는 β-amylase와 α-amylase의 활동을 활발하게 하는 이로운 존재이다. 이때 β-amlyase와 α-amylase는 효모의 먹이를 제공하기 위해 전분을 당으로 분해시키기 때문이다. 또 소금은 protease가 밀가루 단백질의 일부를 분해시키는 것을 줄여준다. 소금이 너무 없으면 protease의 활동이 많아져서 글루텐을 약화시킨다. 그래서 이산화탄소 압력이 발생될 때 많은 세포(기공)가 부서지고, 빵의 질감이 고르지 못하며 구멍이 많아지는 지경에 이르게 된다. 소금은 보통 밀가루 무게의 2%를 초과하면 안 된다.

그림 17.14 *Saccharomyces cerevisiae*는 실온에서의 반죽에 이산화탄소를 생성한다.

설탕과 소금 사이의 알맞은 균형은 달콤한 효모 반죽에서 알맞은 가스를 생산하는데 필요하다. 달콤한 반죽속에 설탕이 너무 많으면 가스 생산이 지연되는데. 이 때 소금의 양을 줄이면 어느 정도 해소할 수 있다.

이스트 도우의 pH는 발효 기간 동안 가스 생산에 영향을 준다. *S. cerevisiae*는 pH 4~6에서 가장 활발히 활동한다. 다행히도, 발효는 이산화탄소뿐만 아니라 약간의 유기산도 생산하는데, 이것은 초반에 약 6 이었던 도우의 pH를 가스를 생산하는 데 적합한 범위인 pH 5~5.5로 낮춘다. 도우의 pH가 4 이하로 떨어지면 *S. cerevisiae*의 활동은 줄어든다.

*Saccharomyes exigus*와 *Saccharomyces inusitatus* Acidic (sour) bread dough에서 이산화탄소를 생산하는데 사용되는 효모.

Lactobacillus sanfrancisco 빵 도우에서 젖산을 생산하는데 쓰이는 세균.

박테리아와 효모. 효모의 두 가지 균주인 ***Saccharomyes exigus***와 ***Saccharomyces inusitatus***는 사워도우 빵(sourdough bread)과 같은 acidic (sour) bread dough에서 이산화탄소를 발생시킨다. 이 두 효모는 pH 4.5나 그 이하에서 활발히 활동하고 ***Lactobacillus sanfrancisco***와 함께 사용할 때 매우 훌륭히 활동한다. *L. sanfrancisco*는 젖산을 생산하여 *S. exigus*와 *S. inusitatus*가 이산화탄소를 효과적으로 생산하는 범위까지 도우의 pH를 낮춘다. 이 범위에서 *S. cerevisiae*는 선호하는 효모가 아니다.

사워도우 스타터는 이러한 미생물들의 혼합물을 포함하고 있다. sourdough starter로 만든 빵은 *L. sanfrancisco*가 산을 생산하여 먹음직스러운 신맛을 내고 *S. exigus*와 *S. inusitatus*가 생산한 이산화탄소로 인해 부피가 크다. 다른 starter 역시 여러 미생물들의 작용에 의해 이산화탄소를 생산하는데 있어 효과적이다. 통제가 잘 이루어지지 않으면 바람직하지 못한 미생물이 배양되어서 이취나 불쾌한 냄새가 날 수 있으니 주의가 필요하다.

화학적 팽창제

제빵 제품에 사용된 산성 재료와 알칼리성 재료 사이에 화학적 반응은 이산화탄소를 발생시켜 팽창을 도울 수 있다. 다양한 재료 혹은 화합물이 가스를 생산하는 데 얼마나 효과적인지는 발생된 가스의 양 뿐만 아니라, 반응의 속도에 따라 다르다. 화학 화합물이 반응할 때 최초의 어느 반응물이라도 사라지면 가스는 더 이상 발생되지 않는다. 반응이 빠르면 (아마도 혼합하는 동안) 모든 가스는 빠르게 발생하고, 굽기의 구조가 형성되기 전에 배터나 도우에서 약간의(또는 많은) 가스가 빠져나가게 된다는 것을 의미한다.

산성 재료(Acid Ingredients) 다양한 산성 재료는 팽창 반응을 일으키는 뿐만 아니라 맛을 다양하게 내기 위해서 배터나 도우 레시피에 첨가된다. 발효 버터밀크, 요구르트, 산유, 사워크림 등의 시큼한 유제품은 이산화탄소를 배출하기 위해 알칼리성 재료와 반응할 수 있는데, 이산화탄소는 우유나 크림에서 알칼리성 재료가 용해되자마자 발생한다. 보통 산유나 사워크림 한 컵과 베이킹 소다 반 티스푼(1/2 t)을 밀가루 두 컵(2 C)로 만든 배터나 도우에 넣으면 충분히 팽창할 수 있다.

다른 산성 재료에는 꿀, 당밀(molasses), 과일주스, 타르트 크림이 있다. 이 재료들의 산성은 다양하기 때문에, 발생된 이산화탄소의 양이 최적이라고 단정지울 수 없다. 모든 이 재료들은 베이킹 소다와 빠르게 반응하는 데, 일단 산과 알칼리가 반응하면 재빠른 반죽과 굽기가 필요하다.

알칼리성 재료(Alkaline Ingredient) 산성 재료만으로 이산화탄소를 생산할 수 없기 때문에 반드시 알칼리성 재료와 반응해야 한다. 음식을 만들 때 주로 사용되는 알칼리성 재료는 중탄산나트륨(sodium bicarbonate) 또는 베이킹소다로 불리기도 하는 **중탄산소다(bicarbonate of soda)**이다. 중탄산소다는 용해성이 있는 가루로, 산과 반응하기 전에 반드시 용해되어야 한다. 베이킹소다는 액체 재료와 접하게 되면 용해와 반응이 빠르게 일어난다.

중탄산소다
산과 반응하여 이산화탄소를 생성하는데 쓰이는 알칼리 식품재료($NaHCO_3$).

배터나 도우에 산이 없으면, 베이킹 소다는 팽창에 필요한 가스를 조금밖에 생산하지 못한다. 그리고 모든 중탄산소다의 양이 불충분한 산과 반응하면 혼합물은 알칼리성이 되고 탄산나트륨(sodium carbonate, Na_2CO_3)을 형성하여 soapy flavor(비누 맛)을 내며, 제빵 제품의 색은 누르스름하게 변하고, 부피는 작아진다.

베이킹파우더

베이킹파우더(baking powders)는 알칼리성 베이킹 소다뿐만 아니라 최소한 하나의 산성염을 포함한다(그림 17.15). 즉, 베이킹파우더는 배터나 도우의 팽창제로서 이산화탄소를 발생시키는 반응에 필요한 산과 알칼리 모두를 제공하는 완벽한 혼합물이다.

베이킹파우더
팽창에 유효한 이산화탄소를 최소한 12% 생성하는데 쓰이는 산성과 알칼리염, 표준화 물질(standardizing agent)의 혼합물.

실제적으로 소매 시장에 구비된 시판되는 베이킹파우더는 간편한 품목 중 하나였다. 오늘날 시판되는 베이킹파우더는 제빵 제품 무게의 12~14% 되는 이산화탄소를 생산하기 위해 조합된 산성염(acid salt)과 베이킹소다의 혼합물이다. 법으로 허용된 가장 낮은 비율은 12%이다. 베이킹파우더를 사용하여 팽창시키면 산과 알칼리를 따로 넣은 것보다 안전하고 증식이 잘 되었다. 이것은 가루로 제조할 때 더 정확하고, 베이킹파우더로 제조 시 이산화탄소가 배출되는 것을 지연시킬 수 있기 때문이다. 베이킹파우더는 공기와 증기가 지방 함유 케이크(fat-containing cake)를 팽창시킬 때 보완제로 사용되며, 베이킹파우더가 생산한 이산화탄소는 공기나 증기 단독으로 사용할 때 보다 더 많이 팽창시키고 심지어 공기와 증기가 함께 사용될 때보다 많이 팽창시킨다(표 17.6)

베이킹파우더의 필수 원료는 중탄산소다(bicarbonate of soda), 산성염(acid salt), 옥수수전분(corn starch)이다. 산성염과 알칼리염은 이산화탄소를 생산하는 화학 반응에 꼭 필요하다. 콘스타치는 가스를 생산하지 않지만 파우더 속에서 두 가지 중요한 기능을 한다. (파우더) 캔 속으로 수분이 들어가면 옥수수전분이 수분을 흡수하여 산과 소다를 녹이지 못하게 하고 활발한 재료들의 반응을 차단하여 파우더의 유통기한을 연장한다. 더불어 옥수수전분은 표준화 물질(standardizing agent)의 역할을 한다. 옥수수전분은 활발히 활동하는 재료들을 희석시킬 만큼 첨가되어서 베이킹파우더를 측정한 양만큼 넣으면 알맞은 양의 이산화탄소가 발생하게 한다. 이 기능은 여러 가지 다양한 산성염의 양에 따라 베이킹소다의 양이 주어지기 때문에 중요하다. 만약 많은 양의 산이 필요하다면, 베이킹파우더를 표준화하기 위해서 옥수수전분은 조금밖에 필요하지 않다. 반면 베이킹파우더를 제조할 때 많은 양의 옥수수전분을 충전제(filler)로 사용하면 산성염은 적은 양만 필요하다.

상용화에 유용한 산성염이 소매로 파는 베이킹파우더에 있는 산성염보다 더 많다. 요즘 식료품점에 있는 대부분의 베이킹파우더는 이중반응 베이킹파우더로, 파우더가 배터나 도우에 사용될 때 다른 두 시점에서 이산화탄소가 생성된다. 첫째, 이산화탄소는 가벼운 질감의 제품을 생성하기 위

그림 17.15 베이킹소다와 사우어 크림은 베이킹소다가 혼합 동안 용해되자마자 이화탄소를 방출한다; 복동식 베이킹파우더는 두 가지 산성염을 가지는데 하나는 실온에서 반응하는 것, 그리고 다른 하나는 굽는 동안 고열 오븐 내에 있다.

하여 반죽하는 동안 산성염으로부터 발생된다. 이와 같은 팽창 국면에서 반응하는 산성염은 용해된 중탄산소다와 상온에서 반응하여야 한다. 반죽하는 동안 상온에서 활동하는 산성염은 모노칼슘 인산염 모노수화물(monocalcium phosphate monohydrate)로, 중탄산소다와 반응한다. 반응식은 다음과 같다.

$$3CaH_4(PO_4)_2 + 8NaHCO_3 \longrightarrow Ca_3(PO_4)_2 + 4Na_2HPO_4 + 8CO_2 + 8H_2O$$

monocalcium phosphate, bicarbonate of soda → tricalcium phosphate, disodium phosphate, carbon dioxide, water

이중반응 베이킹파우더 산성염으로 sodium aluminum sulfate와 monocalcium phosphate를 포함하는 팽창제; 이중반응 베이킹파우더(double-acting baking powder).

Sodium aluminum sulfate (SAS)는 **이중반응 베이킹파우더(double-acting baking powders, SAS-phosphate)**에 들어 있는 두 번째 산성염이다. 이 염은 오븐에서 빵을 굽는 동안 이산화탄소를 생성하기 위한 두 단계 반응에 필요하다. 첫 번째 단계에서 황산(sulfuric acid)을 생성하는데, 이

표 17.6 지방 함유 케이크에 들어 있는 공기, 증기, 이산화탄소의 상대적인 팽창 작용(%)

	상대적인 팽창		
케이크 속 지방	공기	증기	이산화탄소
버터	8.0	32.3	59.7
기름	5.6	44.1	50.3
수소첨가된 라아드	6.7	20.7	73.1

것은 후에 중탄산소다와 반응한다.

$$\underset{\text{SAS}}{Na_2Al_2(SO_4)_4} + \underset{\text{water}}{6H_2O} \longrightarrow \underset{\text{aluminum hydroxide}}{2Al(OH)_3} + \underset{\text{sodium sulfate}}{Na_2SO_4} + \underset{\text{sulfuric acid}}{3H_2SO_4}$$

$$\underset{\text{sulfuric acid}}{3H_2SO_4} + \underset{\text{soda}}{6NaHCO_3} \xrightarrow{H_2O} 3Na_2SO_4 + 6H_2CO_3$$

$$6H_2CO_3 \downarrow \quad 6CO_2 + 6H_2O$$

모노칼슘 인산염(monocalcium phosphate)과 sodium aluminum sulfate의 일반적인 비율은 모노칼슘 인산염 모노수화물(monocalcium phosphate monohydrate)로 1대 sodium aluminum sulfate 2의 비율이다.

주석산 크림(cream of tartar, potassium acid tartrate)은 집에서 손쉽게 주석산염 베이킹파우더(tartrate baking powder)를 만들기 위해 베이킹파우더를 제조하는데 효과적으로 사용할 수 있는 산성염이다. 주석산염(tartrate)은 2분 내에 완벽히 반응해서 손이 느린 사람은 효과적으로 사용하기 어렵다. 주석산 베이킹파우더의 가장 큰 장점은 빵을 구운 후에 남아 있는 주석산나트륨칼륨의 잔유물(sodium potassium tartrate residue)에 뒷맛이 없다는 것이다. 중탄산나트륨과 반응하는 주석산 크림(cream of tartar, potassium acid tartrate)의 반응식은 다음과 같다.

$$\underset{\text{sodium bicarbonate}}{NaHCO_3} + \underset{\text{potassium acid tartrate}}{KHC_4H_4O_6} \xrightarrow{H_2O} \underset{\text{sodium potassium tartrate}}{KNaC_4H_4O_6} + \underset{\text{carbon dioxide}}{CO_2} + \underset{\text{water}}{H_2O}$$

주석산염 베이킹파우더는 지역적으로 사용 가능하지 않지만 인터넷에서는 가능하다. 또 다른 가능성은 타르트 크림 2, 베이킹 소다 1, 콘스타치 1를 부피로 비율로 완전히 섞는 것이다. 이 혼합물을 한 티스푼(1t) 사용하면 이중 반응 베이킹파우더 한 티스푼(1t)에 상응하는 팽창효과가 있다.

베이킹파우더로 인한 팽창 양은 레시피마다 다른데, 계란흰자 거품을 활용한 레시피는 이산화탄소에만 의존할 필요가 없기 때문이다. 밀가루 한 컵 당 베이킹파우더를 1~2티스푼 넣으면 대부분의 빵은 알맞게 부풀어 오른다. 반면 shortened cake은 지방과 설탕을 크림처럼 만들 때 결합되는 공기가 팽창하기 때문에 베이킹파우더를 조금만 넣어도 된다. 베이킹파우더를 과다하게 많이 넣으면 거친 질감의 제빵 제품이 만들어진다.

베이킹파우더의 종류는 배터나 도우의 pH에 영향을 미친다. 주석산 베이킹파우더는 가장 산성이 높은 비스킷 도우(pH 6.4)를 만든다. 인산파우더(phosphate)는 중간 정도인 pH 6.7의 도우를, 이중반응 파우더(SAS-phosphate)는 가장 산성이 낮은 pH 7의 도우를 만든다. 혼합물의 산성이 높을수록, 제빵 제품은 부드러워진다.

이중반응 베이킹파우더는 수산화알루미늄(aluminum hydroxide)을 포함하는 잔여 염을 남긴다. 수산화알루미늄은 배터나 도우의 탄력성과 점성을 증가시키고 비스킷을 잘 부서지게 만든다.

이상적인 베이킹파우더는 상온에서 반죽하는 동안 이산화탄소를 조금 배출하고, 굽기 초기 단계에서 오븐 온도가 되면 대부분의 이산화탄소를 제공한다. 또한 후미가 없어야 하며 즉시 사용할 수 있으며 가격이 낮아야 한다.

하지만 어떠한 이상적인 베이킹파우더도 존재하지 않는다. 주석산염 파우더는 상온에서 너무 많은 이산화탄소를 배출해서 손이 느린 사람이 사용하기에 적합하지 않다. 뿐만 아니라 굽기를 하기 전 도우를 대기시켜야 할 때도 사용하기 적합하지 않다. 이중 반응 파우더는 두 산성염으로 인해 이중반응이 일어나기 때문에 반죽, 굽기의 두 과정에서 도우를 팽창시킨다. 하지만 금속 맛을 남긴다는 단점이 있다. 이러한 뒷맛은 모든 레시피에 존재하는 문제점은 아니지만 많은 양의 파우더가 사용될 때 불쾌감을 줄 수 있다.

베이킹 암모니아

베이킹 암모니아
슈프링거를(Springerle)과 상당히 건조한 쿠키도우, 크래커, 비스킷을 팽창시킬 때 암모니아, 이산화탄소, 물을 방출하기 위해 용해되는 탄산암모늄.

탄산암모늄(ammonium salt of carbonic acid)인 **베이킹 암모니아(baking ammonia)** $[(NH_4)_2CO_3]$는 독특한 화학적 팽창제로 여러 제빵에 적용할 수 있다. 이것은 북유럽 국가들에서 사용되기 시작했는데 수사슴(male deer)의 뿔을 문질러서 팽창제를 만들었다, 이 때문에 탄산암모늄은 "hartshorn"이라는 다른 이름으로 불리기도 한다. 이 염은 젖거나 열을 가하면 암모니아와 이산화탄소, 물을 생산한다. 베이킹파우더와 달리 이 염은 제빵이 되는 촉촉한 도우(moist dough)에서 재료로 사용될 때 가스를 생산하는데 필요한 구성성분을 함유하고 있다. 염이 데워질 때까지는 가스가 거의 생산되지 않는다. 암모니아의 맛은 쉽게 감지될 수 있는데, 이 점은 베이킹 암모니아의 질을 제한한다. 그러나 슈프링거를(Springerle)과 렙쿠헨(Lebkuchen)과 같이 상당히 건조한 쿠키 도우나 제한된 팽창을 요하는 크래커와 비스킷에서는 베이킹 암모니아가 팽창제로서 적합하다. 굽기 전에 벤치 타임이 긴 반죽에는 상온에서 제한된 반응이 유효하다.

요약

겨, 배유, 배아로 구성된 곡류는 가루로 제분될 수 있으며, 겨와 배아가 제거된 정도에 따라 전립곡물(whole grains)이 될 수도 있고, 정제된 제품이 될 수도 있다. 밀을 제분해서 얻은 밀가루의 종류에는 통밀, 다목적, 빵, 페스트리, 자가팽창(self-rising), 글루텐(gluten), 케이크, 즉석 밀가루(instantized flour) 등이 있다. 과산화벤조일(benzoyl peroxide)은 크산토필(xanthophylls)의 희석을 가속화시켜서 밀가루를 하얗게 만드는데 사용된다. 염소(chlorine), 과산화 아세톤(aceptone peroxides), 아조디카본아미드(azodicarbonamide, ADC) 등의 밀가루 개량제(maturing agent)는 이황화(disulfide)결합을 증가시키고 밀가루 글루텐의 접착성과 탄력성을 높이기 위해 첨가된다.

밀가루의 구성성분 중 가장 풍부한 것은 전분이나, 제빵에 있어 가장 흥미로운 것은 단백질의 특성이다. 지방은 함량이 낮으나, 배터나 도우가 혼합될 때 밀가루에서 글루텐복합체(gluten complex)를 생성시킨다. 알코올에 녹는 글루텐의 단백질 부분인 글리아딘(gliadin)은 타원형을 갖고 있으며, 끈적이고 유동성이 있다. 글루테닌(glutenin)은 섬유질 모양의 탄력적인 단백질 복합체로, 글루텐을 구성하는 다른 성분이다.

밀가루가 물과 섞일 때 형성되는 글루텐 복합체는, 다른 곡물 가루에서는 만들어지지 않는다. 호밀은 이러한 구조를 형성하는 능력이 제한되어 있다. 밀가루 단백질이 수화될 때 분자 간 결합은 끊어지고 다소 끈적이는 글루테닌 섬유소들(glutenin fibesr)이 반죽하는 동안 서로를 휘감을 때 새로운 결합이 형성된다. 글리아딘 역시 이 그물망 조직에 얽혀서 결합되나, 글루텐 분자가 형성하는 구조를 견고하게 하지는 못한다.

경질밀가루는 글루텐의 가닥(strand)을 끊지 않고도 연질밀가루보다 더 강한 글루텐을 가지며 더 오래 섞일 수 있다. 설탕과 지방은 글루텐 생성를 저해한다. 물은 밀가루 대비 차지하는 양에 따라 그 효과가 달라진다. 액체와 밀가루가 같은 양이면 글루텐 생성은 연기되는 반면 물보다 밀가루가 2배 많으면 글루텐 생성은 촉진된다.

다른 곡물가루들은 다양하게 적용될 수 있다. 다른 곡물가루들이 글루텐 구조를 제공하기에 충분한 양의 밀가루와 섞여지면 성공적으로 제빵 제품을 만들 수 있다. 이러한 곡물가루로는 호밀, 라이밀(triticale; 밀과 호밀의 교배종), 콩, 쌀, 옥수수, 감자 가루를 꼽을 수 있다.

제빵 제품에서 밀가루는 기본적인 구조를 형성한다. 액체는 글루텐을 수화시키고 설탕과 다른 마른 재료를 용해시키고, 전분을 호화시키고 증기로 제빵 제품을 팽창시킨다. 계란은 액체, 구조를 보완할 단백질, 유화(emulsification), 맛, 색깔을 제공하고 거품이 되어 첨가되면 제빵 제품의 질감을 부드럽게 한다. 지방은 부드럽게 하는 효과가 있고, 맛과 색을 좋게 하며 질감에 영향을 준다. 설탕은 제빵 제품에 단 맛을 내고, 부피를 증가시킨다. 또 제빵 제품을 부드럽게 하고 갈색으로 만든다. 소금은 맛을 더하고 이스트 도우 속 이산화탄소 생산을 더디게 한다. 팽창제는 제빵 제품을 팽창시켜 부피를 크게 하고, 세포를 부드럽게 한다.

어떠한 제빵 제품이든 팽창은 공기와 수증기가 있을 때 발생한다 .비록 이 두 가지 항상 존재하는 팽창제의 중요성이 준비하는 특별한 제품에 따라 달라질지라도, 공기와 증기가 있으므로 제빵 제품에서 팽창이 일어난다. 굽기의 초기 단계에서 공기는 온도가 화씨 1도씩 올라가면 부피가 1/273씩 늘어나지만 수증기는 그것이 만들어지는 물의 부피보다 1,600배씩 팽창한다. 공기 또한 필수적인 팽창제이지만, 수증기가 훨씬 더 효과적이다.

아주 효과적인 가스 팽창제인 이산화탄소는 이스트 빵에서 상용되는 제빵용 효모인 *Saccharomyces cereviseae*의 대사를 통해 배터나 도우 속으로 들어갈 수 있다. 포도당, 자당(포도당과 과당으로 전화된)과 맥아당은 발효기간 동안 이스트에 의해서 에틸 알코올(ethyl alcohol)과 이산화탄소로 천천히 바뀐다. 소금은 이산화탄소의 발생 속도를 조절한다. *S. cerevisiae*는 도우의 일반적인 pH(pH 5~6사이)에서 효과적으로 이산화탄소를 발생한다. 만일 *Lactobacillus sanfrancisco* 와 같은 박테리아가 도우에 첨가되면, 젖산균은 도우의 pH를 *S. cerevisiae*가 좋은 이스트로 사용될 수 있는 범위 아래로 떨어뜨린다. *S. exigus*와 *S. inusitatus*는 사워빵에서 이산화탄소를 생성시키기 위해 첨가되는 훌륭한 이스트이다.

산, 알칼리 또는 베이킹파우더 중 어느 것을 포함시켜도 화학반응 시 이산화탄소를 발생시킬 수 있다. 산과 알칼리(베이킹소다)는 소다가 용해되자마자 반응해서 반죽과 굽기가 빨리 되지 않으면 팽창제로서 효과가 제한된다. 베이킹파우더는 최소한 한 가지의 산성염, 소다, 표준화물질(standardizing agent)을 포함하여 캔에서 수분을 잡고 반응을 막으며 파우더에 명시되어 있는 분량으로 이산화탄소를 최소한 12% 제공한다.

이중반응 베이킹파우더인 SAS-phosphate는 오늘날 식료품 가게에서 살 수 있는 베이킹파우더이며 반죽과 굽기를 하는 동안 이산화탄소를 제공해 줄 수 있다. 이것을 과하게 사용하면 오히려 불쾌하고 금속 맛의 뒷맛을 가진다. 주석산 베이킹파우더는 특별한 뒷맛이 없이 팽창제를 생산하는 산성염으로서 주석산 크림을 사용하여 만들 수 있으나 이산화탄소의 과도한 손실을 막기 위하여 빠른 반죽과 굽기를 요한다.

연습문제

1. 제빵 제품에서 통밀가루의 장점과 단점은 무엇인가?
2. 제분 과정을 기술하고 여러 가지 종류의 밀가루를 만드는데 사용되는 stream은 각각의 밀가루의 특징에 어떻게 영향을 미치는지 설명하시오.
3. 밀가루에서 일반적인 단백질의 세 가지 종류를 밝히시오. 각 종류에 속하는 단백질은 무엇인가? 각각의 종류는 제빵 제품에서 어떻게 영향을 미치는가?
4. 글루텐을 구성하는 두 부분의 단백질을 설명하고 각각은 배터나 도우에서 어떻게 글루텐의 활동에 작용하는지를 설명하시오.
5. 밀 이외에 얼마나 많은 곡물가루가 제빵 제품에 이용될 수 있는가? 라이밀(triticale)가루, 옥수수 가루, 호밀가루, 콩가루, 감자 가루를 포함시키면 왜 유익한가?
6. 제빵 제품에 들어가는 각각의 역할을 간단히 설명하시오.: 밀가루, 액체, 계란, 지방, 설탕, 소금, 팽창제
7. 제빵 제품에서 팽창제로서 공기, 수증기, 이산화탄소의 효율성을 비교하시오.
8. 대부분의 효모빵은 *Saccharomyces cereviseae*로 만들어지지만, 몇 가지는 *Saccharomyces exigus*와 *Saccharomyces nusitatus*로 만들어진다. 왜 그런가?
9. 팽창제 재료로 *Lactobacillus sanfrancisco*는 왜 단독으로 쓰이지 않는가?
10. 이상적인 베이킹파우더의 특징은 무엇인가? SAS-phosphate 베이킹파우더의 기준을 평가하시오.
11. (참 또는 거짓) 글루텐은 쌀가루를 제외한 대부분의 곡물가루에서 존재한다.
12. (참 또는 거짓) 표백되지 않은 밀가루는 더 가볍고 높은 질의 제빵 제품을 생산한다.

13. (참 또는 거짓) 전분은 제빵 제품의 구조에 기여한다.

14. (참 또는 거짓). *Saccharomyces cereviseae*는 포도당에서 이산화탄소를 발생시키기 때문에 팽창제로 사용되는 이스트의 종류이다.

15. (참 또는 거짓) 베이킹파우더와 베이킹소다는 케이크를 만들 때 서로 같은 양으로 대체될 수 있다.

참고문헌

Berry, D. 2004. Breads on the rise. *Food Product Design 14* (7): 106.

Bhattacharya, M., et al. 2002. Staling of bread as affected by waxy wheat flour blends. *Cereal Chem. 79* (2): 178.

Cauvain, S. P. 2003. *Bread Making: Improving Quality*. CRC Press. Boca Raton, FL.

Decker, K. J. 2005a. High-profile flatbreads. *Food Product Design 15* (1): 97.

Decker, K. J. 2005b. Looking at the whole-grain picture. *Food Product Design 15* (9): 49.

Deis, R. C. 2005. How sweet it is—using polyols and high-potency sweeteners. *Food Product Design 15* (7): 57.

Delcour, J. A. and Hoseney, R. C. 2010. *Principles of Cereal Science and Technology*. 3rd ed. American Association of Cereal Chemists: St. Paul, MN.

Figona, P. 2007. *How Baking Works*. 2nd ed. John Wiley & Sons. New York.

Foster, R. J. 2005. pHood phenomena. *Food Product Design 14* (11): 61.

Fretzdorff, B. and Brummer, J. M. 1992. Reduction of phytic acid during breadmaking of whole-meal breads. (Abstract) *Cereal Foods 37* (2): 228.

Grant, L. A., et al. 2001. Starch characteristics of waxy and non-waxy tetraploid (*Tritium turgidium L.* var. durum) wheats. *Cereal Chem. 78* (5): 590–595.

Grant, L. A., et al. 2004. Spaghetti cooking quality of waxy and non-waxy durum wheats and blends. *J. Sci. Food Agric. 84:* 190.

Grenus, K. 2005. Maintaining texture. *Food Product Design 15* (5): 47.

Hazen, C. 2006a. New fiber options for baked goods. *Food Product Design 15 (10):* 80.

Hazen, C. 2006b. Adding soy ingredients for health. *Food Product Design 16* (2): 63.

Lafiandra, D., et al. 2010. Approaches for modification of starch composition in durum wheat. *Cereal Chem. 87* (1): 28.

Monari, A. M., et al. 2005. Molecular characterization of new waxy mutants identified in bread and durum wheat. *Theoretical and Applied Genetics 110* (8): 1481.

Ohr, L. M. 2006. Go with the grain. *Food Technol. 60* (9): 63.

Pyler, E. J. and Gorton, L. A. 2009. *Baking Science and Technology*. 4th ed. Sosland Publishing. Merriam, KS.

Pszczola, D. E. 2004. Fats: In *trans*-ition. *Food Technol. 58* (4): 52.

Pszczola, D. E. 2006. Reaping a new crop of ingredients. *Food Technol. 60* (7): 51.

Romano, A., et al. 2007. Description of leavening of bread dough with mathematical modeling. *J. Food Engineering 83* (2): 142.

Schultz, M. 2005. Xanthan and foods: Bonded for life. *Food Product Design 15* (7): 17.

Shewry, P. R. and Tatham, A. S. 2000. *Wheat Gluten*. Royal Society of Chemistry. London.

Sikorski, Z. E. 2006. *Chemical and Functional Properties of Food Components*. 3rd ed. CRC Press. Boca Raton, FL.

Spano, M. 2009. Celiac disease feeds gluten-free need. *Food Product Design 19* (10): 28.

Tenbergen, K. and Eghardt. H. B. 2004. Baking ammonia: The other white leavening agent. *Food Product Design 14* (6): 110.

Turner, J. 2005. Everybody loves carbs. *Food Product Design 15* (May Supplement): 12.

Vignaux, N., et al. 2005. Quality of spaghetti made from full and partial waxy durum. *Cereal Chem. 82* (1): 93.

Zandonadi, R. P., et al. 2009. Psyllium as a substitute for gluten in bread. *J. Amer. Dietet. Assoc. 109* (10): 1781.

웹사이트

http://www.cwb.ca/public/en/—Canadian Wheat Board; flour-milling and bread-making information.

http://www.pastryitems.com/baking_information.htm—Information on flour.

http://www.kswheat.com/videogallery.php?id=24—Kansas Wheat Commission site with information and videos on wheat.

http://wbc.agr.mt.gov/Consumers/Nutrition/wheat_flours.html—Information on Montana wheat, barley, and flour.

http://www.ultragrain.com/what_is_ultragrain.jsp—Information on Ultragrain®.

http://www.wheatfoods.org/UrbanWheatfield-25/Index.htm—Extensive site on wheat from farm to table.

http://www.fabflour.co.uk/home.asp—Flour Advisory Bureau, United Kingdom; European perspective about flour.

http://www.wholegrainscouncil.org/—Consumer information by the Whole Grains Council.

http://www.cargill.com/food/emea/en/products/proteins/gluvital-vital-wheat-gluten/index.jsp—Information on vital wheat gluten.

http://www.kingarthurflour.com/—Source for a variety of specialty flours.

http://www.fda.gov/Food/FoodIngredientsPackaging/FoodAdditives/FoodAdditiveListings/ucm091048.htm—Listing of approved additives, including flour bleaching agents.

http://www.wheatfoods.org/Is-bleached-white-flour-harmful.8.10.htm—Discusses bleaching of flour.

http://www.nutraingredients.com/Research/Waxy-wheat-produces-low-calorie-bread—Article on bread and durum wheat quality and utilization.

http://www.ars.usda.gov/research/projects/projects.htm?ACCN_NO=417937—Report on research on enhancing hard red spring and waxy durum.

http://cat.inist.fr/?aModele=afficheN&cpsidt=16579065—Article describing limitations in using waxy durum wheat in pasta.

http://www.aaccnet.org/cerealchemistry/articles/2002/0201-02R.pdf—Article on bread staling.

http://library.wur.nl/wda/dissertations/dis3414.pdf—Thesis on effect of pentosans on gluten formation and properties.

http://www.aaccnet.org/—American Association of Cereal Chemists journal articles.

http://www.breadworld.com/Video.aspx?id=M9KX4KFBj5w—Video on kneading.

http://www.hort.purdue.edu/newcrop/AFCM/rye.html—Information about rye.

http://www.hort.purdue.edu/newcrop/afcm/triticale.html—Information about triticale.

http://food.oregonstate.edu/ref/ref_leavening.html—References on leavening.

http://www.redstaryeast.com/science_of_yeast/information_for_students.php—Information on yeast.

http://www.breadworld.com/Video.aspx?id=7ilQLDcK8U0—Video on proofing yeast doughs.

http://www.breadworld.com/Video.aspx?id=ksziuzwLuGY—Video on using active dry yeast.

http://www.breadworld.com/Video.aspx?id=jCcf4rY-Zs4—Video on using rapid-rise yeast in doughs.

http://www.ncbi.nlm.nih.gov/pmc/articles/PMC205458/—Discussion of metabolism of *Lactobacillus sanfrancisco* in sourdough bread.

http://www.ncbi.nlm.nih.gov/pmc/articles/PMC168117/—Discussion of proteolytic enzymes in sourdough bread.

www.sourdo.com—Sourdough bread information.

http://whatscookingamerica.net/History/BakingPowderHistory.htm—Brief history of baking powder.

http://www.enotes.com/how-products-encyclopedia/baking-powder—Commercial production of baking powders.

http://www.foodproductdesign.com/articles/2004/09/baking-ammonia-the-other-white-leavening-agent.aspx—Article about baking ammonia.

파이용 페이스트리 반죽은 글루텐 발생을 최소화시키는데 부드럽고, 색다른 빵 껍질을 만들기 위해 주의해서 취급해야 한다.
(Courtesy of Pat Chavez.)

18장

제빵의 응용

단원 개요

학습 목표
서론
속성 빵
- 종류
- 재료
- 반죽 방법
- 속성 빵 종류

효모 빵
- 재료
- 혼합과 반죽의 역학관계
- 제빵과정의 변화
- 밀가루 선택조건
- 빵의 노화

폼 케이크
- 엔젤 푸드케이크
- 스폰지 케이크
- 쉬폰 케이크

쇼튼드 케이크
- 재료
- 생각할 거리: 각광 받는 초콜릿
- 반죽법
- 생각할 거리: "Prime" 재료
- 베이킹(굽기)
- 변형의 원인
- 고도 적응

페이스트리
- 재료
- 변형의 요인
- 퍼프 페이스트리

쿠키
요약
연습문제
참고문헌
웹사이트

학습 목표

이 단원을 학습함으로써:

1. 여러 종류의 속성 빵들에 대한 준비와 평가를 설명할 수 있다.
2. 이스트 빵에 대한 준비와 평가할 수 있다.
3. 거품 케이크와 전통적인 케이크(foam and conventional cake)의 준비와 평가를 논할 수 있다.
4. 페이스트리 특성에 관하여 재료의 역할과 기술의 효과를 정의할 수 있다.
5. 여러 가지 종류의 쿠키에 대한 특징과 구성성분을 비교할 수 있다.

서론

전 세계에서 유명한 베이커리 제품들은 그 종류가 다양하지만, 크게 빵(quick과 이스트빵), 페이스트리(plain과 puff), 케이크(foam과 shortened), 쿠키(drop, rolled, bar) 등으로 나뉠 수 있다. 이 장에서는 재료의 구성, 기능, 반죽과 도우를 만드는 기술, 굽기와 관련된 변화 등을 통해 여러 분류에 속한 빵의 독특한 특성에 대해 알아볼 것이다.

지방을 작게 쪼개면 더 겹겹이 더 얇은 질감을 갖게 되지만, 지방으로 인해 제빵 제품이 부드러워지기란 어렵다. 밀가루로 입혀진 지방 조각들은 서로 닿을 수 없으며 반죽하는 동안 밀가루 단백질을 윤택하게 할 수 없기 때문이다. 비스킷을 만들 때 치대기(kneading)를 하는 것은 본래 도우를 계속 접는 활동으로, 이때 켜켜로 얇은 층들이 형성된다. 오븐에서 지방은 점차 녹고 퍼져서, 수증기와 베이킹파우더에서 나온 이산화탄소가 모아지고 팽창할 수 있는 공간을 마련한다.

머핀 법. 머핀과 상대적으로 만들기 쉬운 몇몇 속성 빵들은 아주 빠른 방법으로 만들어진다. 모든 마른 재료들을 체에 쳐서 한 쪽의 믹싱 볼에 담는다. 오일 또는 녹은 지방을 포함한 액체 재료들은 두 번째 bowl에 함께 섞은 다음에 한꺼번에 마른 재료에 넣는다. 나무 스푼으로 짧게 효율적으로 휘저으면 굽기를 위한 준비는 끝난다. **머핀 법(muffin method)**으로 만든 제빵 제품은 약간은 거칠고 열린 질감으로 다소 바삭하다.

머핀 법
모든 마른 재료들을 체에 쳐서 한 쪽의 믹싱 볼에 담고, 지방을 포함한 액체 재료들은 두 번째 볼에 함께 섞은 다음에 한꺼번에 마른 재료에 넣어 간단히 휘저은 다음 굽는 반죽 법으로 다소 거칠며 쉽게 딱딱해지기 쉬운 바삭한 질감 가진 제품이 된다.

전통적인 방법. 미세한 질감과 부드러운 빵부스러기(crumb), 좋은 품질을 유지하는 데에는 **전통적인 방법(conventional method)**이 적격이다. 첫 단계로 지방과 설탕을 크림처럼 만든 후 휘저은 계란을 넣는다. 그 후 마른 재료를 한 번에 1/3씩 넣고 간단히 혼합하고 우유를 두 번에 걸쳐 넣는다. 이 방법은 머핀법보다 좀 더 손이 필요하지만 높은 함량의 설탕과 지방을 넣은 속성 빵를 만드는데 최적이다.

전통적인 방법
지방과 설탕을 크림화 시키고, 휘저은 계란을 넣은 후 마른 재료(1/3씩 세 번)와 액체 재료(1/2씩 첨가)를 교대로 넣는 반죽 방법. 손이 많이 가며, 질감이 미세하고 품질 유지가 우수한 장점을 가진 방법

속성 빵 종류

팝오버. **팝오버(popover)**는 액체와 밀가루의 비율이 높은 속성 빵이며, 배터는 매우 유동적이다(실제적으로 같은 부피의 액체와 밀가루의 양이 사용된다). 이렇게 묽은 밀가루 혼합물에서는 반죽하는 동안 글루텐이 잘 생성되지 않아, 완전 부드러운 배터를 만들 때 필요한 비팅(beating)의 양을 걱정하지 않아도 된다.

팝오버
밀가루와 액체의 부피를 같게 하고, 밀가루 한 컵당 계란 큰 것을 2개를 넣어 만든 반죽을 깊은 팬에 넣은 후 218℃로 예열된 오븐에서 구운 속성 빵.

액체량이 많으면 굽는 동안 밀가루 속 전분이 호화되어, 구운 팝오버 내부의 벽이 다소 젤과 같아진다. 액체는 또한 많은 양의 증기를 생산하는 데 중요한 역할을 한다. 이 때 수증기가 많으면 팝오버 내부에 많은 구멍이 생긴다. 비팅하는 동안 공기가 반죽 속으로 들어가기는 하나, 반죽이 유동적인 상태이면 많은 공기를 배출한다. 또한 수증기에 의해 팽창되는데, 주로 218℃로 예열된 오븐에서 굽기의 초기 단계에 빠르게 이루어진다.

팝오버의 구조는 주로 높은 함량의 계란 단백질과 밀가루 속 전분에 의해 형성된다. 구울 때 발생한 수증기는 세포벽을 밀어붙이기 때문에 팽창이 가능하다. 이 과정에서 계란 단백질이 응고되지 않은 채 소량의 글루텐은 여전히 늘어날 수 있다. 만약 계란의 양이 적합하게 사용되지 않는다면, 팝오버는 꽤 작고 가운데가 스펀지와 같고, 팝오버의 내부에서 기대되는 큰 구멍은 부족할 것이다. 이러한 문제는 팝오버의 구조에서 계란 단백질이 얼마나 중요한지 명백히 보여준다. 특히 계란흰자 단백질은 팝오버 중앙의 팽창 작용(popping action)에 중요하다. 팝오버 배터를 만들기 위해서는 어림잡아(경험상) 밀가루 한 컵당 적어도 큰 계란 2개 혹은 보통 사이즈의 계란 3개가 필요하다(그림 18.2).

팬의 깊이는 성공적인 팽창 작용에 중요하다. 팝오버 팬은 머핀 팬보다 약 2배 정도 깊다. 이와 같은 깊이는 계란 단백질이 견고해지기 전, 전분이 호화되기 전에 발생한 수증기가 내부 압력을 생산하게 한다. 팝오버 팬이 없으면 커스터드 컵이 적절한 대안이다. 수증기가 빨리 생성되어서 응고되지 않은 팝오버를 팽창시키려면 오븐은 218℃까지 예열되어야 한다.

바람직한 내부의 커다란 구멍을 만들 수 있는 다른 요소들은 재료들과 관계가 있다. 밀가루 양에 비해 액체가 너무 많으면 단백질 구조는 아주 약해질 것이고 단백질을 응고시키고 팽창된 구조를 유지시킬 만큼 충분히 뜨거워지기 전에 팽창되는 수증기는 빠져나간다. 또한 기름진 컵에 너무 많

그림 18.2 계란, 특히 흰자는 굽는 동안 팝오버에서 대 공동 형성에 필수적이다.

은 지방이 있으면 팝오버의 구조를 약화시킬 수 있고 숙성되기 전에 증기가 빠져나갈 수 있다.

재료의 비율이 알맞고 배터가 부드러워질 때까지 섞고 예열된 오븐에서 적당한 팬에 구워지면 이상적인 팝오버가 만들어질 것이다. 팝오버는 커다란 부피와 많은 내부의 구멍이 생기고 안쪽은 약간 촉촉해져서 바삭하게 될 것이다.

크림퍼프. **크림퍼프(슈크림, cream puff)**는 애피타이저나 디저트같이 먹음직스러운 그릇에 담아 내는 평범한 역할을 하지만 속성 빵으로 분류된다. 크림퍼프는 그 모양새와 액체와 밀가루의 비율이 팝오버와 유사하지만 독특한 두 속성 빵 사이에는 어마어마한 차이가 있다. 근본적으로 무지방인 팝오버와 달리 크림퍼프는 액체의 절반 정도 되는 양의 지방을 함유한다. 이 상당한 양의 지방을 결합시키기 위해, 밀가루 한 컵당 계란 4개씩 레시피에 넣어서 지방을 유화시키고 물을 끓이는 데 일조해야 한다. 액체의 대부분은 반죽을 준비하는 동안 전분을 호화시키고 , 또한 호화된 전분 반죽은 수중 유적형 유화액이 깨지지 못하는데 일조한다.

크림퍼프
232℃ 15분과 163℃ 25분 빵을 굽을 동안 발생되는 수증기로 인해 현저하게 부풀어 오를 수 있는 많은 양의 지방과 계란을 포함하는 속성 빵.

끓은 물과 녹은 지방의 혼합물에 밀가루와 소금을 넣고 크림퍼프를 준비하기 시작하고, 전분이 호화되고 반죽 볼이 형성될 때까지 반죽을 데우는 동안 세게 휘젓는다. 이 기간 동안 주의를 기울이지 않으면 물이 과도하게 증발되어 물이 부족하게 되는데, 이때 유화액(emulsion)이 부서지고 반죽에서 지방이 분리될 수 있다. 각각의 계란을 식어가는 반죽에 넣고 비팅하면 이미 반죽에 존재하던 유화액을 강화시키고 액체량을 다소 늘릴 수 있다. 만약 유화액이 깨지면 증발된 수분을 보강하여 다시 형성할 수 있다. 반죽이 빛나고 부드러운 표면을 다시 가질 때까지 반죽에 물을 천천히 붓고 휘저으면, 완성된 크림퍼프에 어떠한 손상도 가하지 않고 깨진 유화액을 재결성할 수 있다.

적은 양의 도우를 달라붙지 않는 구이 판(baking sheet) 위에 붓고 232℃에 예열된 오븐에 15분 동안 굽기를 한다. 그리고 추가적으로 163℃에 25분 동안 두는데, 열이 내부로 침투하여 단백질 구조를 응고시키기 위한 시간을 주는 것이다. 이렇게 강한 열을 주면 퍼프에서 많은 양의 수증기가 발생하여 퍼프를 팽창시킨다. 그리고 단백질(특히 계란흰자의 단백질)이 응고됨에 따라 신장력을 잃게 되는데 그 전에 내부에 큰 구멍을 만들 수 있다.

크림퍼프는 먹음직스러운 금갈색의 표면을 가지고, 그 부피는 사용된 도우의 양보다 커야 한다.

그리고 내부는 어느 정도만 촉촉하고 내부 구멍은 커야 한다. 크림퍼프를 만들 때 가장 흔히 발생하는 문제점은 부풀려서 원하는 만큼의 내부 구멍을 만들 지 못하는 것이다. 가장 흔한 결과로 유화액이 깨지는 것인데 이로 인해 빵을 굽기 전이나 굽는 동안 눈에 보이게 지방이 도우에서 흘러내는 문제점이 있다.

유화액이 깨지는 일반적인 이유는 아마도 계란이 첨가되기 전 전분이 호화되는 과정에서 도우의 많은 증발이 있었기 때문일 것이다. 굽기 전 유화액을 다시 생성하려면 충분한 물로 휘저어서 유화액이 다시 생성되어야 한다. 크림퍼프 도우가 너무 부드러우면 팽창된 구조가 만들어지는 충분히 긴 시간 동안 구워지는 퍼프에 수증기를 가둬놓을 수가 없다. 즉 부서진 cell을 통해 수증기가 빠져나가면 구멍을 오므라들게 하여 작은 퍼프가 만들어 진다. 또한 오븐 온도가 너무 낮으면 단백질이 응고되고 탄력성을 잃기 전에 충분한 증기 압력이 발생되지 못하기 때문에 문제가 생길 수 있다.

머핀
밀가루와 액체의 비율이 2:1인 배터에 계란, 지방, 설탕, 베이킹파우더, 소금을 더하여 구운 작고 둥근 모양의 속성 빵.

머핀. **머핀(muffin)**은 밀가루와 우유의 비율이 2:1이다. 그 외 들어가는 재료는 지방, 설탕, 계란, 베이킹파우더, 소금 등이다. 이 장 앞부분에서 언급되었던 머핀법으로 이 재료들을 섞는다.

계란은 완전히 휘젓되, 거품을 내어서는 안 된다. 계란을 완전히 휘저으면 다른 액체 재료들과 완전히 혼합되어 구워진 머핀에서 계란 단백질이 집중된 부분을 피할 수 있다. 계란을 적절하지 못하게 섞으면 계란 단백질이 집중된 곳에 굵은 세포벽과 미끌미끌한 특성을 가진다. 수증기와 베이킹파우더에서 발생된 이산화탄소가 머핀을 적절히 팽창시키기 때문에 계란을 거품이 날 정도로 치댈 필요는 없다.

어느 정도 섞느냐는 머핀의 성질을 결정하는 데 가장 중요한 요소이다. 배터의 매우 끈적이는 성질은 재료들이 함께 섞였을 때 글루텐 생성을 빠르게 촉진시킨다. 반죽하는 동안 글루텐이 생성됨에 따라 배터의 모양은 빠르게 변화한다. 반죽은 배터의 덩어리로 시작되어, 이 속에서 큰 덩어리의 마른 재료들이 액체와 생성된 글루텐으로 감싸진다. 이렇게 큰 덩어리들이 있는 배터를 구우면 머핀의 부피는 형편이 없어진다. 이는 사용된 베이킹파우더가 충분히 촉촉해지지 않아, 완전하게 반응할 수 없기 때문이다. 그리고 구조를 잡아 주는 글루텐 생성이 불충분하여 머핀이 쉽게 바스러질 수 있다.

나무 스푼으로 조금만 저어주면 배터는 여전히 눈에 띄게 덩어리져 있지만, 마른 재료들이 커다랗게 뭉쳐 있는 것은 없을 것이다. 대략 총 25번 정도 치고 나서, 충분한 믹싱으로 이러한 모양이 가능해지면 기름을 바른 머핀 컵에 배터를 스푼으로 떠 넣어서 껍질이 골든 브라운색을 띨 때까지 약 20분 동안 218℃에서 굽는다.

만약 이 시점이 지나서까지 계속 배터를 저으면 글루텐이 과도하게 발달하게 된다. 배터는 점차 부드러워지고, 배터가 스푼에서 흐를 정도가 되면 견고한 글루텐 가닥들이 눈에 띄게 발달할 것이다. 상온에서는 베이킹파우더에서 발생한 이산화탄소가 배출되고 공기가 손실되어 배터의 부피는 줄어들기 시작한다.

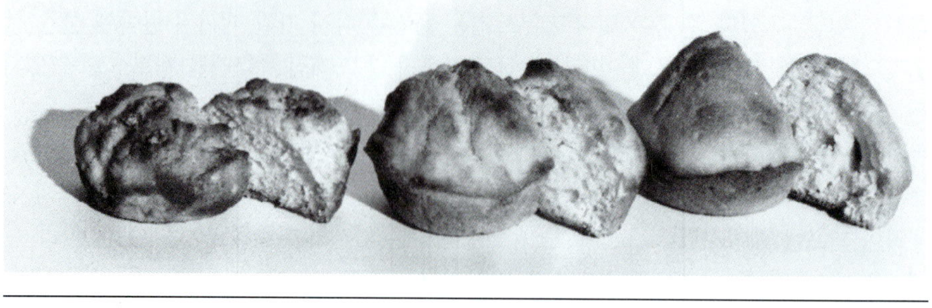

그림 18.3 머핀의 반죽 정도에 따른 효과: (왼쪽) 덜 혼합된; (중앙) 최적 혼합; (오른쪽) 과혼합된.

과반죽(overmixing)으로 반죽이 진행되면 머핀의 표면은 부드러워져서, 구웠을 때 표면이 이스트 롤의 껍질과 유사하다. 과도하게 섞은 머핀의 윗부분은 보기 좋게 둥그렇기보다는 뾰족한 모양이 된다. 머핀을 가장 높은 지점에서 수직으로 반 자르면, 그 높은 지점으로 수렴하는 터널들이 있고, 터널 사이의 질감은 상당히 좋다.

수증기와 이산화탄소가 몇몇 군데에서 모아지고 세포벽으로 압력을 주기 시작하면 터널이 형성된다. 배터는 바깥층 모서리와 바닥층 부분이 쉽게 뜨거워져 단백질이 응고되고 그 부분에서 퍼지는 능력을 상실한다. 반면 가운데와 윗부분은 어느 정도 시간이 지날 때까지 탄력성을 유지한다. 이렇게 탄력성이 지속되면 가운데와 윗부분에 있는 글루텐이 팽창 가스로부터 압력을 받아 위로 퍼지게 된다. 글루텐 가닥들은 충분한 힘을 가지고 있어서 위쪽으로 팽창할 경로를 확보하고 그 결과로 글루텐이 과도하게 발달했을 때 터널이 형성된다.

깊은 팬을 사용하면 보통 머핀 팬보다 터널이 잘 형성된다. 때때로 아주 높은 온도에서 구워진 머핀은 터널을 형성하는 경향이 높지만 항상 일어나는 일은 아니다. 과반죽하면 반드시 터널을 만들 수 있다. 다목적 밀가루를 보완하기 위한 통밀(whole wheat)이나 다른 종류의 여러 밀가루를 사용하면 터널이 생길 가능성은 줄어든다. 셀룰로오스(cellulose)와 섬유질이 많은 통밀가루와 글루텐이 부족한 다른 곡물가루는 글루텐 생성을 방해하여 터널이 형성되기 어렵다.

비스킷. **비스킷(biscuit)** 도우에서 밀가루와 액체의 비율은 밀가루에 따라 다르지만 보통 3:1 정도로, 머핀 배터보다 덜 끈적인다. 따라서 비스킷에서는 머핀만큼 글루텐이 빨리 생성되지 않는다. 이러한 차이점으로 인해 비스킷은 보통 (식탁용) 포크로 25번 정도 휘젓고 롤링과 굽기 전에 손가락 끝으로 부드럽게 10~20번 치댄다.

> **비스킷**
> 밀가루와 설탕이 비율이 3:1이고 지방을 작은 입자로 쪼개고, 베이킹파우더, 소금을 넣어 치대고 굴려서 만들기도 하며 때로는 떨어뜨려 만드는 속성 빵.

도우를 적당히 휘젓고 충분히 치대지 않으면, 글루텐이 발달하지 않아서 바람직한 바삭거리는 질감을 얻을 수 없다. 비스킷 도우에서는 글루텐이 상대적으로 느린 속도로 발달하기 때문에 머핀에서 권장했던 것보다 더 많이 작업해야 한다. 하지만 과도하게 섞으면 껍질이 거칠고 솟아오르게 된다.

산유(sour milk)와 소다는 비스킷 레시피, 특히 드롭 비스킷(drop biscuit)에서 이산화탄소를 제공하는 역할을 한다. 이러한 레시피는 다소 산성인 도우를 만들어서 비스킷의 내부는 백설과 같다. 반면 알칼리성 도우는 황색의 비스킷을 만든다. 버터밀크를 사용하면 원하는 하얀색 비스킷을 만들 수 있다. 하지만 베이킹파우더를 많이 사용하면 약간의 알카리성 잔여물이 생겨서 다소 노르스름한 색깔을 띤다. 도우의 중성 pH를 유지하기 위해 과도한 소다를 사용하지 않거나 베이킹파우더를 소량 사용하며 버터우유나 산유를 넣으면 티아민(비타민 B1)의 유지가 향상된다.

효모 빵

재료

효모 빵에 사용되는 기본 재료는 밀가루(주로 다목적 밀가루 혹은 빵 밀가루), 액체, 소금, 설탕, 이스트 등이다. 하지만 이 재료들은 매우 기본적인 음식을 만들기 때문에 "생명의 양식"이라고 불린다. 이 재료들이 밀가루 무게 대비 차지하는 비율은 표 18.2에 나와 있다.

이스트 빵은 어떠한 지방이 없이도 만들 수 있으나 껍질과 빵가루는 약간 딱딱하고 바삭바삭하다. 이러한 특징은 프랑스 빵, 관련된 전문 빵을 만드는 데 의도적으로 활용되나 제품을 부드럽게 하기 위해 다른 빵에는 약간의 지방이 첨가 된다. 최대 3% 첨가되는 지방은 부피를 증가시킨다.

쇼트닝은 혼합물 전체로 퍼지고 글루텐과 전분을 감싸며 빵의 품질 유지를 개선한다. 유화제는 지방 무게의 20%까지 사용될 수 있다. 반죽하는 동안 글루텐 가닥과 전분 위에 있는 지방을 퍼뜨리는 것을 도와주는 역할을 한다. 모노글리세라이드, 디글리세라이드, 레시틴은 빵에서 이러한 역할을

표 18.2 이스트 빵의 밀가루에 대한 상대적인 재료의 양

재료	밀가루 무게의 비율(범위)
밀가루(다목적)	100
지방	2~6
액체	60~65
설탕	2~6
소금	1.5~2
효모	1~6

수행하는 데 매우 효과적이다.

밀가루 대비 최적의 액체 양은 각각의 밀가루마다 다르다. 경질밀로 만든 밀가루는 연질밀로 만든 밀가루보다 더 많은 물이 필요하다. 액체 비중이 60%까지 증가함에 따라 탄력성, 신장성, 빵 도우의 힘도 증가하나, 60% 이상이 되면 이러한 성질들은 약해진다.

전유는 효모 빵을 만들 때 종종 사용된다. 우유의 87% 이상이 수분이지만, 우유의 지방, 단백질, lactose는 빵에 좋은 질감을 더한다. 그러나 빵 도우를 만들 때 사용할 우유는 적어도 92℃에서 1분 동안 데워지거나 조금 낮은 온도에서 1분 이상 데워야 한다.

우유를 충분히 데우지 않으면 도우는 끈적이고 구운 제품의 부피는 줄어들며, 질감은 거칠어 진다. 우유를 짧은 시간 동안 데우면 단백질, 그 중에서도 혈청단백분획(serum protein fraction)에 있는 부분을 변질시켜, 효모빵에 부정적인 영향을 미치는 원인이 된다. 건조하기 전에 적당한 열처리를 하지 않은 건조유제품(dry milk solid) 역시 같은 문제를 일으킨다. 데워진 우유는 이스트와 결합되기 전에 효모가 살 수 있는 온도까지 식혀야 한다.

효모빵의 설탕함량은 다양하지만 몇몇 달콤한 빵 레시피에서 최고 16%까지 들어갈 수 있다. 설탕함량이 밀가루 무게의 3~6%일 때, 발효가 최적으로 일어나고 부피는 최대가 된다. 이 비율 이상 혹은 이하의 설탕함량은 부피를 감소시킨다. 자당(sucrose), 과당(fructose), 포도당(glucose), 전화당(invert sugar)은 거의 같은 속도로 발효되나, 맥아당(maltose), 유당(lactose)은 효모에 의해 발효되지 않는다.

효모 도우에 1.5~2%의 소금이 첨가되면 발효 속도를 적당히 낮추어, 도우의 맛을 좋게 하고 글루텐을 강화시킨다. 너무 많은 소금이 들어가면 삼투압 효과로 인해 효모의 발효과정이 손상되고 이산화탄소가 천천히 생산된다. 그 결과 빵은 작고 딱딱해진다. 하지만 소금이 들어가지 않으면, 발효과정은 매우 빨라져, 거친 질감의 빵을 만들게 된다.

이스트의 형태는 다른 재료들을 첨가하기 전에 물에서 효모를 퍼뜨리고 수화시키기 위해 필요한 온도를 좌지우지한다(표 18.3). 압축된 효모 케이크는 다소 열에 민감해서 물을 수화시키는 온도는 약 30도 정도이어야 하고, 사람의 체온인 37℃를 넘어서는 안 된다.

활성 건조 이스트를 사용할 때, 이스트 세포를 감싸고 있는 바깥층의 막은 변화하여 다소 투과성을 띠게 된다. 그 후 재수화 온도가 조심스럽게 조절되지 않으면 세포 내 구성 성분들을 쉽게 잃게 된다. 따라서 주요한 세포 구성요소를 유지하기 위해서 물의 온도는 40~46℃ 사이이어야 한다.

표 18.3 *Saccharomyces cerevisiae* 권장 온도

	온도	범위
이스트 종류	액체에서 용해	건조분말 사용
압착	26.7~32°C (80~90°F)	–
활성건조	40~46°C (104~115°F)	48.9~54.5°C (120~130°F)
인스턴트건조	40~46°C (104~115°F)	48.9~54.5°C (120~130°F)

이 범위에서 세포벽의 투과성은 통제되어 **글루타치온(gluathione)**의 손실을 막는다. 글루타치온은 40℃ (105°F) 이하에서 재수화된 활성 건조 이스트로 만들어진 이스트 도우의 끈적거리는 성질을 지니는 것으로 여겨지는 황화수소(sulfhydryl)을 함유하는 화합물이다. 46℃ (115°F) 이상의 온도는 이스트가 죽을 정도이며 이 경우 매우 느리거나 발효를 전혀 하지 않는 심한 온도 상해를 입는다. 인스턴트 건조 이스트(quick-rise active dry yeast)는 활성 건조 이스트(active dry yeast)와 같은 조건의 온도를 필요로 한다.

글루타치온
효모세포에서 존재하며 40℃ 아래에서 수화된 활성건조이스트 세포벽을 통과할 수 있으며 이스트 도우에 끈적임을 주는 펩타이드.

혼합과 반죽의 역학관계

재료들이 도우에서 가능한 골고루 섞이고 혼합물에서 액체 대비 적절한 양의 밀가루를 포함시키기 위해 혼합을 한다. 이 액체는 밀가루와 섞여, 손상된 전분 알갱이(granule)를 수화시킨다. 뿐만 아니라 글리아딘과 글루테닌을 윤활하게 하여, 제빵 제품의 최적의 질감과 부피를 위해 필요한 글루텐 복합체(gluten complex)를 생성하게 한다. 글루텐(늘어나는 섬유상의 단백질) 분자들은 이황화(—S—S—)결합을 형성함으로써 서로에 결합한다. 이렇게 중합된 글루텐 단위는 **concatenation**이라고 불린다. 그러나 너무 많이 반죽하면 글루텐 중합체가 분리되어 탄력성을 감소시킨다. 더불어 제빵 제품의 질감은 다소 안 좋아진다.

concatenation
서로 연결된 것: 이황화결합에 의한 글루테닌 분자 조합의 비특이성 성상.

반죽은 글루테닌 concatenation들끼리 접촉시킬 뿐만 아니라 끈적거리고 유동적인 단백질인 글리아딘과도 접촉시킨다. 이 두 요소는 딱 들어맞아, 연속적인 그물망인 글루텐 복합체를 형성한다. 그러면 전분 알갱이는 반죽(kneading)이 진행됨에 따라 이 매트릭스에 박히게 된다. 반죽기가 결국 물리적으로 매트릭스를 부시지만, 손으로 반죽하면 이러한 문제를 발생시키지 않는다.

밀가루 또띠아(flour tortillas)는 종종 랩(wrap)을 만들 때 사용되는데, 이것은 빵으로 만든 샌드위치의 대체물로써 매우 인기 있다. 글루텐은 혼합하는 동안 충분히 발달되어야 한다. 그 후 버리토(burrito; 옥수수 가루로 만든 또띠야에 고기 · 콩 등을 싼 음식)나 다른 종류의 랩 샌드위치(또띠야 안에 고기 · 야채를 넣어 싼 것, wrap)를 만들기 위해 다른 음식들을 감쌀 수 있다. 하지만 밀 또띠야를 만들 도우는 글루텐이 필요한데, 이것은 충분히 이완되어 손상되지 않고 완벽한 원을 형성해야 한다. 도우컨디셔너(dough conditioner)는 좀 더 직선의 단백질 구조를 형성하여 밀가루 또띠아의 바람직한 조절 특성을 강화하기 위해 첨가되어야 한다. 환원제(reducing agent) 역할을 하는 conditioner는 thiol (—SH) group 없이도 교차하는 sulfur bridge을 대체할 수 있다. 이러한 변화는 롤링하는 동안 도우의 신장성을 강화한다.

빵 도우는 집과 레스토랑에서 주로 **스트레이드법(straight -dough method)**을 사용하여 만들어 진다. 이 방법은 이스트를 수화시키고 도우를 준비하는 동안 우유를 데우고 온도를 조절하는 과정이 필요하다. 이 방법이 사용되면 발효와 프루핑(2차 발효) 이전에 모든 재료들이 혼합된다. 이

스트레이드법
발효와 프루핑(2차 발효) 전에 모든 재료를 넣고 반죽하고 치대는 이스트 빵의 혼합법.

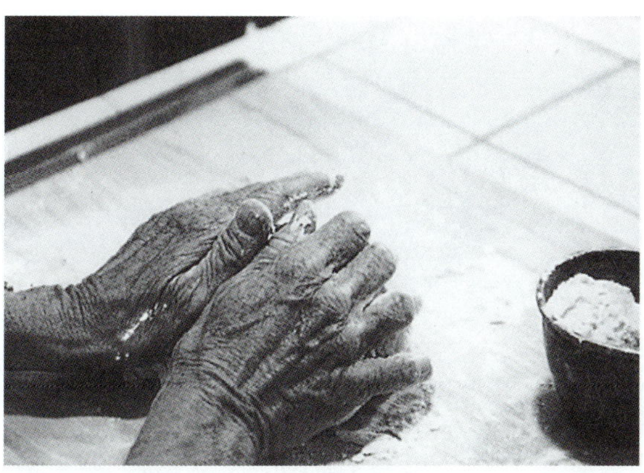

그림 18.4 효모 반죽은 글루텐을 생성하기 위해 활발한 반죽을 필요로 한다.

방법으로 빵을 만들면 최적의 질감을 위해 글루텐을 알맞게 발달시켜야 하는데 이때 상당한 반죽이 필요하다. 반죽갈고리(dough hook)이나 식품 가공기(food processor)가 달린 강한 믹서 역시 잘 작동된다.

스펀지 도우 반죽법
효모, 액체, 그리고 밀가루의 일부를 혼합된, 그리고 나머지 재료를 추가하기 전에 스펀지를 만들기 위해 발효된 효모 빵을 혼합하는 방법; 상업적으로 경질 밀가루로 사용된다.

상업용 제과점은 빵을 준비하기 위해 주로 **스펀지 도우 반죽법(sponge-and-dough method)**을 사용한다. 이 혼합 방법은 액체, 이스트, 밀가루를 섞으며 시작한다. 이 혼합물은 스펀지처럼 될 때까지 발효된다. 그리고 남아 있는 재료들을 섞는다.

스펀지 법(sponge method)으로 만들어진 빵에 필요한 2차 발효시간(Proofing time)은 다소 단축된다. 왜냐하면 이스트가 이산화탄소를 생산함에 따라 초기 혼합물이 스펀지와 같은 특성을 발달시킬 때 발효가 발생하기 때문이다(그림 18.5). 강력분은 스펀지 법을 성공적으로 사용하기 위해 꼭 필요하다. 이 방법으로 만든 빵의 맛은 스트레이트 법으로 만든 빵보다 다소 이스트와 비슷하다.

제빵과정의 변화

오븐스프링
굽기 초반에 오븐 열에 자극받은 이산화탄소 발생이 증가되고 팽창되어 이스트 빵의 부피가 증가하는 현상(대개 약 80% 팽창).

뜨거운 오븐(204~218℃, 400~425°F)의 영향으로 인해 굽는 동안 도우 속에서 어마어마한 변화가 발생한다. 굽기의 초기 단계에서 부피가 다소 드라마틱하게 증가한다. 이스트의 성장이 가속화되어 이산화탄소의 생산이 증가하기 때문이다. 또한 **오븐스프링(oven spring)**으로 불리는 이렇게 갑작스러운 팽창은 도우 속 존재하던 이산화탄소의 팽창에 의해 발생하기도 한다. 이러한 현상으로 증가된 부피는 주목할 만하다. 마지막 부피는 성형된 도우가 오븐에서 구워질 때 처음 부피보다 훨씬 큰 80% 정도 증가한다.

만약 오븐 온도가 현저하게 218℃ (425°F) 이상이면 최종 부피는 감소될 것이다. 도우 속 가스가 최대한 팽창할 시간을 갖기 전에 껍질이 손상되기 때문이다. 오븐 온도를 과도하게 낮출 경우 과도한 팽창을 초래할 수 있다. 제품은 구멍이 매우 많은 질감 혹은 꽤 작고 단단한 구조를 가질 가능성이 있는데, 단백질 구조가 견고해지기 전에 글루텐 가닥이 너무 멀리 뻗쳐서, 깨지고 많은 팽창을 잃기 때문이다.

굽기의 초기 단계에서 오븐 열은 도우를 부드럽게 만들고 팽창가스가 글루텐 늘리는 것을 쉽게 한다. 이렇게 부드러워지는 것은 몇몇 전분 분자를 덱스트린(dextrin)으로 전환할 때 증가된 아밀라아제(amylase) 활동 때문이다. 베이킹 도우 온도가 60℃ 이상이고 호화가 시작되면 물이 글루텐에서 전분으로 이동한다. 호화된 전분은 제빵 제품의 구조에 상당히 기여한다. 굽기를 하는 동안 열이 약 60℃되면 이스트가 죽게 된다. 그러면 이산화탄소가 추가적으로 발생하는 것을 막을 수 있다. 아밀라아제 역시 활성화되어 전분이 덱스트린으로 분해되는 것을 멈춘다.

굽는 동안 미적으로 중요한 변화인 껍질 갈변(browning)은 메일라드(maillard) 혹은 카보닐아

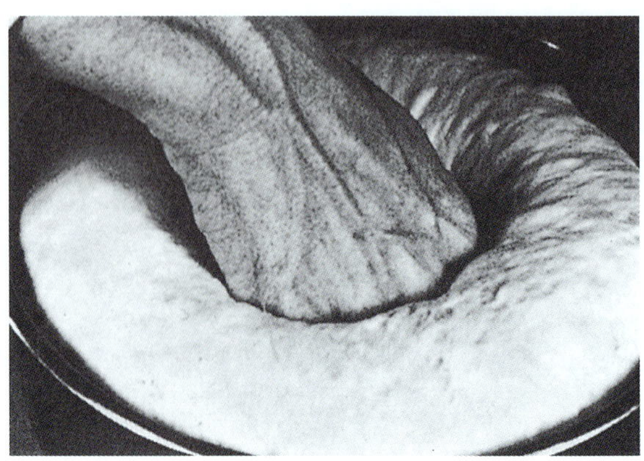

그림 18.5 효모 반죽이 부피가 두 배로 된 후, 형태가 만들어지기 전에 더욱 균일하게 이산화탄소를 분산하기 위해 펀치 다운된다.

민 반응(carbonyl-amine reaction)의 결과이다. 제조법에 들어 있는 우유는 유당(lactose)이 반응에 유효하기 때문에 갈변(browning)을 증가시키는 반면 물은 당을 제공하지 않는다. 굽는 빵의 표면이 증발로 인해 마르면 갈색화는 촉진된다. 즉 건조한 표면의 온도는 촉촉할 때보다 월등히 높아진다. 사실 껍질 온도가 150°C (300°F)에 다다르게 되면, 카보닐아민 갈변(carbonyl-amine browning)을 가속화한다.

밀가루 선택조건

수세기 동안 다양한 곡물에서 추출한 가루로 빵이 만들어졌지만, 1980년대 이후로 빵을 만들 때 여러 가루 대안들을 사용하도록 자극되었다. 그리고 현재 건강과 섬유질에 대한 관심이 사용할 가루의 대안을 더 다양하게 확대했다. 오늘날 사용할 수 있는 가루 옵션으로 보리, 쌀, **라이밀(triticale)**, **스펠트밀(spelt)**, 보리(barley), 수수(millet), 귀리, **테프(teff)**, **kamut®**이 있다. 다양한 곡물의 섬유질은 여러 가지 형태로 빵에 첨가될 수 있다. 다양한 가루는 밀가루의 부분을 대체할 수는 있으나 맛과 질감은 변할 것이다. 빵의 구조적 특성을 증가시키기 위해 분리밀단백(wheat protein isolate), 혹은 활성 밀 글루텐(vital wheat gluten)을 대체할 가루의 15% 정도 첨가할 수 있다.

라이밀 밀가루로만 만든 빵의 품질은 호밀가루로만 만든 것보다 좋으나 여전히 만족스럽지는 않다. 스테아릴젖산나트륨(sodium stearoyl-2-lactylate, SSL)이 도우 컨디셔너로 첨가되고 믹싱을 줄이면 라이밀 빵의 품질은 개선된다. 라이밀 밀가루로 만든 빵의 품질을 개선시키는 데 있어 짧은 발효기간 역시 도움이 된다.

라이밀 겨와 아마씨 밀(flax seed meal)은 섬유질 함량을 높이기 위해 빵 도우에 넣을 수 있는 제품이다. 곱게 갈은 라이밀 겨는 밀가루의 15% 정도 첨가될 수 있고 여전히 만족스러운 빵을 만들

라이밀
밀과 호밀의 이중교배 곡물.

스펠트밀
옛날 이란에서 재배되기 시작, 밀과 유사하지만 더 단단한 겨를 가진 곡물.

테프
아주 작은 곡물로 원산지는 에티오피아이며 전통 빵인 injera를 만드는데 사용.

Kamut®
옛날 이집트에서 재배된 밀가루의 종류.

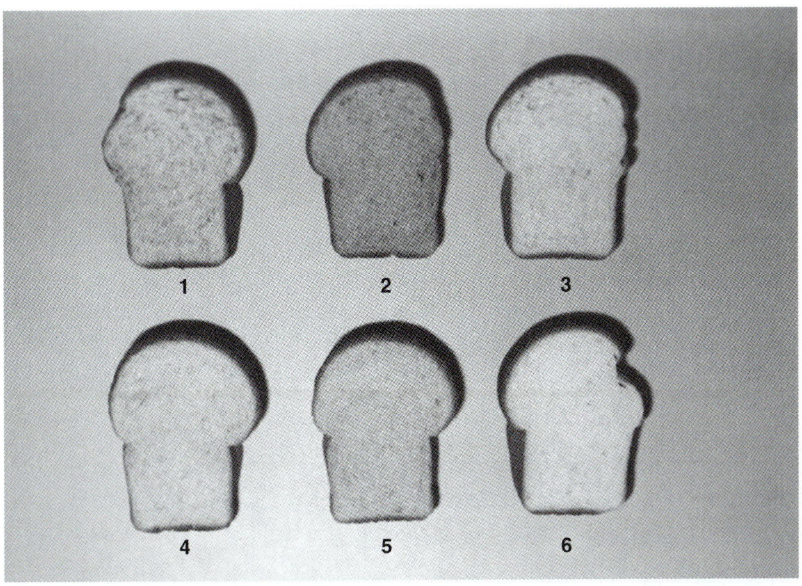

그림 18.6 통밀빵 (1) 조각과 통밀빵은 다음 섬유소의 7.5%로 첨가된다: (2) 아마섬유 껍질; (3) 완두콩 깍지; (4) 굵은 밀기울; (5) 해바라기 외피(굵은); 그리고 (6) 셀룰로오스. 아마섬유는 약하고, 더 어두운 색이며, 가장 붉고, 가장 작다. 완두콩 껍질은 밝은 색상을 생산했다; 셀룰로오스는 판단에 따라, 통밀과 유사했다. (Courtesy of A. M. Cadden, F. W. Sosulski, and J. P. Olson, University of Alberta. *Journal of Food Science*. 1983. Vol. 48: 1151. Copyright © Institute of Food Technologists.)

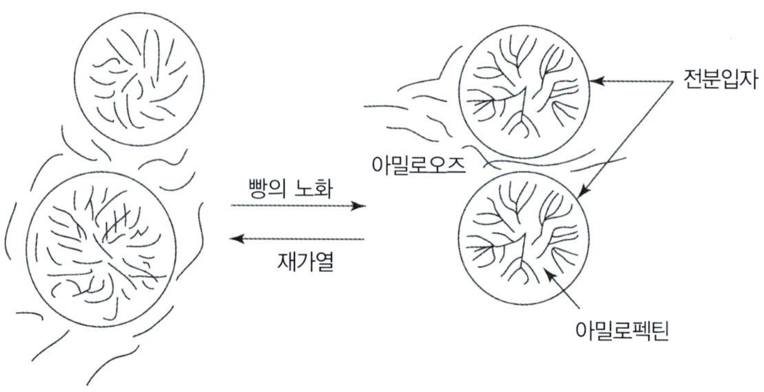

그림 18.7 빵의 감쇄생장과 재가열 동안 가능한 변화의 다이어그램

어 낸다. 겨는 수분을 오랫동안 함유하는 것을 도와서, 빵가루가 부드러워진다. 거친 질감의 겨는 곱게 갈은 것보다 질감에 더 영향을 준다. 이 겨의 거칠거칠함은 혀로 감지할 수 있다. 또, 믹싱하는 동안 잘게 썰리기 때문에 글루텐 발달을 방해한다. 섬유질을 늘리는 다른 대안으로는 밀겨와 약 7%의 미결정 셀룰로오스(microcrystalline cellulose)가 있다(그림 18.6).

콩가루는 빵을 만들 때 영양학적 이점이 있는 또 다른 재료이다. 이 콩가루는 전지 콩가루(full-fat soy flour)와 탈지 콩가루(defatted soy flour)가 있다. 스테아릴젖산나트륨가 전지 콩가루에 첨가되면 24% 정도의 콩가루가 사용되었을 때 좋은 결과를 낳을 수 있다. 사실상 콩가루의 물을 묶어 두는 능력은 밀가루로만 만들어진 빵과 비교할 때 저장하는 동안 껍질을 부드럽게 한다.

콩가루로 대체하는 데 있어 제한하는 요소 중 하나는 종종 콩 비린 냄새(beany)로 묘사되는 독특한 향인데, 이것은 24% 이상 함유되었을 때 감지된다. **Sucroglyceride**는 빵에서 콩가루의 영향을 상쇄시키는 것을 돕는다. 심지어 도우 컨디셔너를 사용하더라도, 콩가루가 부분적으로 들어가면 반죽 시간과 발효시간은 단축되어야 한다. 또한 액체를 흡수하는 어마어마한 능력을 가진 콩은 밀가루 대비 필요한 액체량을 바꾼다.

Sucroglyceride
콩가루에 도우 컨디셔너로 사용되는 sucrose ester(수크로오스와 글리세리이드 또는 유리 지방산).

빵의 노화

빵은 오븐에서 꺼내지자마자 악화되는 변화를 겪기 시작한다. 첫 번째 변화 중 하나는 오븐에서 호화되는 동안 전분 알갱이로부터 방출된 아밀로오즈의 노화이다. 하루나 그 이상 동안 빵이 저장될 때 만들어지는 다소 결정적이고 단단한 빵가루의 특성은 전분 과립 속에서 노화의 결과이거나 아밀로펙틴의 물리적 배치에 따른 변화를 포함할지도 모른다. 이러한 노화는 빵에 다시 열을 가하면 가역적이지만 빵이 식었을 때 다시 발생한다(그림 18.7).

수분함량 역시 빵의 노화(staling) 과정에 관여한다. 물의 위치에 따라 가역적이다. 굽는 동안 전분에서 단백질로 이동되었던 약간의 물은 글루텐 단백질로 돌아온다. 또한 물은 빵의 중앙에서 껍질로 이동하는데 껍질이 다소 부드럽지만 점차적으로 가죽처럼 질겨진다. 이와 같은 물의 이동은 껍질에서의 증발이 막혀질 때도 일어난다.

저장온도는 빵의 노화에 영향을 준다. 냉장저장은 따뜻한 상온에서 저장할 때보다 껍질이 더 딱딱해진다. 8℃에서 하루 지난 후 단단함은 30℃에서 6일 지난 것과 같다. 냉장저장의 유일한 장점은 방부제 없이 만들어진 빵에서 곰팡이 성장을 막는 것이다.

표 18.4 거품 케이크와 쇼트 케이크의 재료 비교

	폼 케이크			쇼튼드 케이크	
재료	엔젤 푸드	스펀지	쉬폰	레이어	파운드
케이크밀가루	1 C	1 C	1 C	1 C	1 C
액체	None	5 t 물	5와1/3 t 물	8 t	5 t 우유
계란	흰자12(거품)	노른자4, 흰자4(거품)	노른자 2, 흰자 4(거품)	전란 1	전란 2
지방	None	None	3과1/3 t 기름	4 t 쇼트닝	8과1/2 t 버터
설탕	12 t	8 t	11 t	8 t	9 t
베이킹파우더	None	None	1과1/4 t	1 t	None

폼 케이크

폼 케이크(foam cake)는 독특한 특징을 가진 3가지 하위분류로 나누어지며, 미국에서는 매우 친숙하다. 이들 중 가장 간단한 것은 **엔젤 푸드 케이크(angel food cake)**이다. 다른 하위범주로는 스폰지 케이크와 쉬폰 케이크가 있다. 이 케이크들의 차이점은 재료의 다양성에 있다(표 18.4). 엔젤 푸드 케이크는 설탕과 케이크 가루를 넣고 간단히 만들 수 있는 계란흰자 거품이다. **스폰지케이크(sponge cake)**는 계란노른자 거품과 흰자 거품 등 2가지 거품으로 되어 있다. 액체, 설탕, 밀가루는 다른 주요한 재료들이다. **쉬폰 케이크(chiffon cake)**는 스폰지 케이크에 넣는 재료뿐만 아니라 오일과 베이킹파우더까지 필요로 하기 때문에 거품 케이크 중 가장 복잡한 제품이다.

폼 케이크
많은 양의 거품이 특징인 케이크로 가볍고 공기가 많은 반죽과 적당히 큰 기공이 생겨 다소 거친 질감을 가진다. 엔젤 푸드, 스펀지, 쉬폰 케이크가 있다.

엔젤 푸드 케이크
계란흰자 거품, 설탕, 케이크 가루를 함유하는 폼 케이크.

스펀지 케이크
계란노른자 거품, 계란흰자 거품. 설탕, 케이크 가루를 함유하는 폼 케이크.

쉬폰 케이크
오일과 계란노른자를 액체 재료로, 계란흰자 거품, 베이킹파우더, 설탕, 케이크 가루를 포함하는 폼 케이크.

계란노른자 거품으로 인해 스폰지 케이크는 노랗지만 엔젤 푸드 케이크는 흰색을 띤다. 이 두 제품 모두 공기와 증기만으로 팽창된다. 그래서 세포의 크기와 통일성, 최종 케이크 제품의 부피를 결정할 때 계란 거품의 부피가 중요한 역할을 한다. 모든 폼 케이크는 오븐에서 꺼냈을 때, 구조적으로 상당히 연약하다. 따라서 세포벽이 차가워져서 견고해질 때까지 한동안 식혀서 세포를 늘려야 한다. 엔젤 푸드 케이크와 스폰지 케이크는 꽤 부드럽다. 스폰지 케이크는 계란노른자가 다소 거친 질감을 주어, 엔젤 푸드 케이크보다 덜 부드럽다. 쉬폰 케이크는 케이크를 부드럽게 하는 데 매우 효과적인 오일을 넣기 때문에 다른 폼 케이크보다 부드럽다.

엔젤 푸드 케이크

엔젤 푸드 케이크에 들어가는 기본 재료는 케이크 가루, 설탕, 계란 흰자, 주석산크림(cream of tartar)이다. 하지만 재료의 품질이 다르면 매우 다른 결과를 초래할 수 있다. 다목적 밀가루가 케이크 가루 대신 사용되면, 부피는 줄고 질감은 좀 더 단단해지며, 케이크 가루로 만든 케이크보다 덜 부드러워진다. 하지만 이러한 문제점은 설탕을 약간 추가하며 해결할 수 있다(그림 18.8).

주석산크림은 계란흰자 거품을 안정시키고 케이크 반죽의 pH를 낮추는 데 효과적이기 때문에 중요하다(pH 5.2~6). 16장에서 다루었듯이, 계란흰자를 휘저을 때 거품 내는 단계에 주석산크림을 넣으면 거품이 형성되는 시기를 지연시키고 거품을 안정시킬 수 있다. 주석산크림으로 만들어진 거품에서 발달한 작은 공기 세포로 인해 엔젤 푸드 케이크는 주석산크림이 생략되었을 때 초래되는 거친 질감보다는 적당한 크기의 세포를 갖게 된다.

주석산크림의 산성은 밀가루 속 플라보노이드(flavonoid) 색소를 표백하여 엔젤 푸드 케이크를 하얗게 만들고 도우의 pH가 높을 때 드러나는 황색 빛깔을 피할 수 있다. 주석산크림은 또한 엔젤 푸드 케이크를 부드럽게 만드는데, 거품의 안정성과 케이크의 부피가 개선되기 때문이다.

설탕 역시 거품을 안정시키고 엔젤 푸드 케이크의 고운 질감을 강화하는 데 유용하다. 엔젤 푸드 케이크에 필요한 재료들의 양은 최종 케이크에 영향을 미친다. 계란흰자 대비 밀가루 양이 많을수

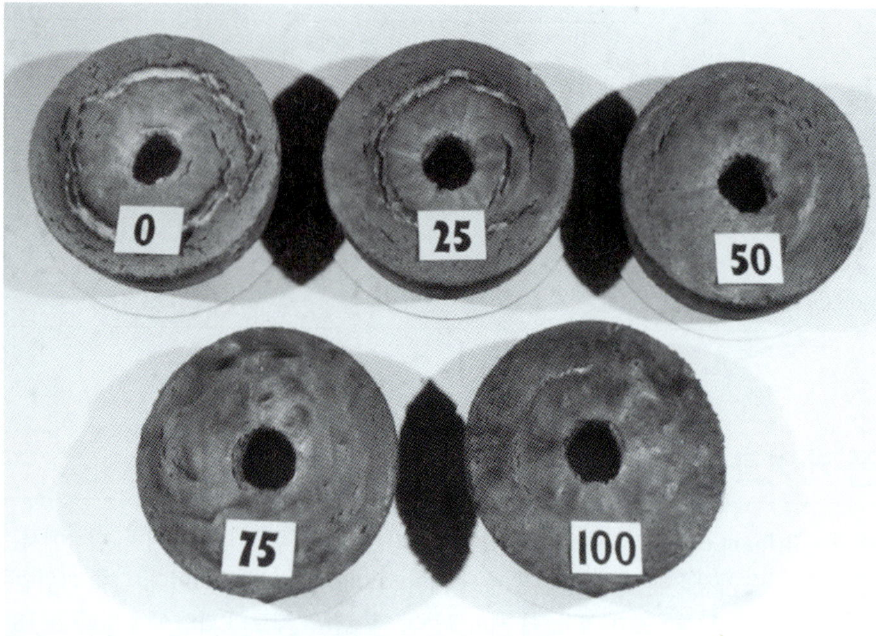

그림 18.8 100~0%까지 범위의 자당과 결합하여 0~100%의 고과당 옥수수시럽(HFCS) 범위의 엔젤 케이크. 25% HFCS에서 케이크는 여전히 만족스러웠지만, 증가 수준은 갈색빵 껍질, 노란색 빵 부스러기, 탄력 있는 질감, 감소된 단맛을 내게 했다. 거품의 박동 시간은 더 높은 수준의 HFCS으로 감소되었다. (Courtesy of P. E. Coleman and C. A. Z. Harbers, Kansas State University. *Journal of Food Science*. 1983. Vol. 48: 452. Copyright © Institute of Food Technologists.)

록 엔젤 푸드 케이크는 덜 부드럽고 건조하게 된다. 그래서 계란흰자 1 g당 권장하는 밀가루 양은 0.2 ~ 0.4 g이다.

설탕은 종종 계란흰자 1 g 당 1 g 정도 권장된다. 하지만 케이크가 304 m 정도의 고도에서 준비될 때 설탕은 최대 1.25 g 정도 넣을 수 있다. 그리고 부드러운 역할을 위해 추가로 넣은 설탕의 영향을 상쇄하기 위해 밀가루가 최대한 사용된다. 설탕을 너무 많이 넣으면, 설탕의 결정이 투명함을 주고 다소 빛나는 껍질을 만들기 때문에 껍질이 다소 바삭해진다.

엔젤 푸드 케이크에서 부피는 매우 중요한 요소이다. 계란흰자의 질과 온도는 거품 부피, 결과적으로 최종 케이크 부피를 결정하는 주요한 요소이다. 신선한 계란은 오래된 계란보다 엔젤 푸드 케이크의 부피를 크게 만들 수 있다. 왜 차이가 나는지는 명확히 밝혀지지 않았다. 하지만 가장 가능성이 있는 요소는 계란이 성숙됨에 따른 pH의 상승, 두꺼운 흰자의 양 감소, 얇은 흰자 양 증가이다. 상온(21℃)에서 데워진 흰자들은 엔젤 푸드 케이크의 부피를 최대로 늘린다.

오븐 온도 역시 신선한 계란흰자로 만들어진 엔젤 푸드 케이크의 부피에 영향을 미친다. 케이크가 218℃에서 구워졌을 때 부피가 가장 크고, 온도가 더 높아지면 부피와 맛은 줄어들게 된다.

177℃와 218℃ 사이에서는 오븐 온도가 증가함에 따라 부피는 지속적으로 증가한다. 그러나 상업용 믹스(commercial mix)를 사용하여 만든 엔젤 푸드 케이크에서는 역효과가 발생한다. 204~218℃보다 177~191℃의 오븐 온도에서 부피가 더 증가하고 맛이 더 좋다. 오븐을 예열하면 그렇지 않았을 때보다 더 큰 부피의 엔젤 푸드 케이크를 만들 수 있다.

계란흰자 거품을 휘젓는 정도는 거품의 부피, 그리고 궁극적으로 케이크의 부피를 결정하는 데 있어 매우 중요하다. 계란흰자를 덜 휘저으면 더 휘저을 때보다 케이크의 부피는 줄어든다. 이는 거품으로 투입되는 공기의 양이 줄고 유동적인 거품이 덜 안정되기 때문이다. 이러한 현상은 계란흰자 단백질이 짧게 휘젓는 기간 동안 덜 변성되었기 때문이다.

만약 휘젓는 정도가 적당하여 거품의 피크가 살짝 구부러지면 거품은 상당히 안정적일 것이다. 동시에 굽는 동안 최대로 늘어나야 하는 계란흰자 단백질의 신장성은 보유할 것이다. 계란흰자를 이 정도로 휘저으면 구워진 케이크의 부피는 최대가 되지만, 휘젓는 동안에는 그 부피가 최대가 되진 않는다. 하지만 가장 중요한 것은 최종 제품의 부피이다.

계란흰자를 구성하는 다양한 단백질은 휘저을 때 어느 정도 다른 거품을 내는 특성과 안정성을 갖고 있다. 글로불린(giobulin)이 거품이 제일 잘 나고 엔젤 푸드 케이크에 사용될 때 부피를 가장 크게 한다. 오브알부민(ovalbumin) 역시 거품이 잘 나고 글로불린 거품으로 만든 케이크보다 다소 작은 엔젤 푸드 케이크를 만든다. 하지만 계란흰자로 만든 케이크보다는 부피가 크다.

Lysozyme, ovomucoid, ovomucin, conalbumin의 거품으로 만든 엔젤 푸드 케이크는 계란흰자 단백질 혼합물로 만든 것보다 작다. 그러나 lysozyme, ovomucin 혼합하면 이 단백질들을 각각 사용했을 때보다 큰 엔젤 푸드 케이크를 만들 수 있다.

계란흰자 거품의 끝이 뾰족하게 올라갈 때까지 휘저으면 뾰족한 끝이 약간 구부러질 때까지 휘저은 것보다 거품의 크기는 커진다. 하지만 휘젓는 동안 계란흰자 단백질에서 일어나는 변성 정도가 크기 때문에 빳빳하고 끝이 뾰족한 단계에서는 굽는 동안 신장력이 감소된다. 거품의 끝이 빳빳한 단계와 그 이상 휘저은 계란흰자는 신장성이 줄어들 뿐만 아니라 다른 재료들과 섞이기 어려워진다. 이 단계는 다소 연약한 성질을 가졌기 때문에, 계란흰자를 없애기 위해 혼합을 더 하는 동안 많은 세포들이 부서진다. 그리고 굽는 동안 팽창에 필요한 상당한 양의 공기가 거품에서 사라진다.

설탕이 계란흰자 거품을 안정시키고, 설탕량이 증가함에 따라 계란흰자와 글루텐 단백질의 응고온도가 증가하기 때문에 밀가루 대비 설탕량은 부피에 영향을 미친다. 그러나 설탕과 밀가루 사이에 균형은 맞춰져야 한다. 밀가루 대비 설탕이 너무 많이 들어가면 글루텐 가닥들이 부서질 정도로 단백질의 응고온도가 높아지고 케이크가 축 쳐지기 때문이다. 밀가루에 대한 설탕의 비율은 보통 3:1을 넘지 않는다. 2.5:1의 비율이 적합하나, 설탕을 많이 넣을 때보다는 부피가 다소 작아진다.

케이크 가루 대신 다목적 밀가루를 사용하면 엔젤 푸드 케이크의 부피와 부드러움이 감소된다. 계란흰자 g당 케이크 가루의 권장량은 0.2~0.4 g이며 더 적은 양일 경우 촉촉해지고 부드러워진다. 밀가루가 높은 범위의 부분까지 증가되지 않는 한 설탕의 무게는 계란흰자의 무게를 넘어서는 안 된다.

스폰지 케이크

엔젤 푸드 케이크와 스폰지 케이크는 비슷한 점이 매우 많다. 하지만 스폰지 케이크에는 계란흰자 거품뿐만 아니라 계란노른자 거품도 들어가서 스폰지 케이크만의 독특한 특성이 있다. 스폰지 케이크에는 끈적거리는 계란노른자 거품과 흰 거품 모두 포함한다. 계란노른자 거품을 적당히 준비하는 것은 고품질의 스폰지 케이크를 만드는 데 있어 중요한 단계이다. 그리고 이 거품은 흰자를 거품 낼 때 보다 더 많이 휘저어야 한다.

계란은 상온이나 그 이상의 온도에 있을 때 최적의 결과를 얻을 수 있다. 냉장 온도(1.7°C)에 보관된 계란로 만든 거품의 특정한 중력은 더 따뜻한 계란로 비팅을 시작했을 때 얻어질 수 있는 중력만큼 낮지는 않을 것이다.

계란노른자 거품을 내는 바람직한 비팅 단계는 계란이 4.4°C(40°F) 있을 때보다 27°C(80°F)에 있을 때 2배가량 빠르게 도달한다. 전자 믹서로 충분한 양의 계란노른자를 거품 내게 하려면 상당히 휘저어야 하기 때문에 계란노른자 거품을 휘젓기 위해 계란을 사용할 때는 미리 냉장고에서 계란을 꺼내 놓으면 확실한 이점이 있다.

스폰지 케이크의 품질을 달성하는 데 있어 중요한 단계들은 계란노른자 거품을 내는 것과 계속해서 설탕과 액체를 넣은 후 혼합물이 다소 밝은 거품이 될 때까지 휘젓는 것이다. 이 시점에서 노른자 거품을 과도하게 휘저으면 충분히 끈적여서, 흰자 거품과 섞었을 때 잘 섞이지 않는다. 노른자 거품 역시 상당한 양의 공기를 감싸서 부피를 증가시키고 세포벽을 얇게 하여, 부드러운 스폰지 케이크를 만든다.

계란노른자 거품을 준비한 후, 케이크 가루를 노른자와 섞는다. 그리고 흰자 거품을 peak가 구부러질 때까지 휘젓는다. 이 시점에서 노른자 혼합물을 흰자 거품과 부드럽게 섞고, 엔젤 푸드 케이크를 만들 때와 같은 방법으로, 튜브 팬(tube pan)에 부어 굽는다. 스폰지 케이크와 다른 폼 케이크의 구조는 약하기 때문에 스폰지 같은 세포벽이 최대로 확대될 수 있도록 뒤집어서 식혀야 한다. 그러면 구조가 단단해지고 세포벽은 가능한 얇게 늘어난다.

쉬폰 케이크

쉬폰 케이크를 만들 때 베이킹파우더와 다른 형태의 지방을 넣기 때문에 어떤 점에서는 폼 케이크와 쇼튼드 케이크의 혼합이다. 이 재료들은 빵을 더 부드럽게 하고 부피를 크게 하지만 구워진 쉬폰 케이크의 질감은 쇼튼드 케이크만큼 세포 크기가 작지도 않고 엔젤 푸드 케이크나 스폰지 케이크만큼 크지도 않다.

엔젤 푸드 케이크의 품질에 영향을 주는 요소들은 쉬폰 케이크의 품질에도 적용된다. 품질의 상당 부분, 특히 부피와 부드러움은 쉬폰 케이크를 만들 때 준비된 계란흰자 거품의 질에 상당한 영향을 받는다.

쉬폰 케이크와 다른 두 종류의 폼 케이크 사이의 가장 중요한 차이점은 계란흰자를 휘젓는 정도이다. 엔젤 푸드 케이크와 스펀지 케이크 모두 계란흰자 거품의 끝이 살짝 구부러져야 한다. 하지만 쉬폰 케이크 거품의 peak은 바로 서야 하고 마르거나 쉽게 부서지면 안 된다. 계란흰자 거품과 섞어야 할 계란노른자 혼합물은 매우 유동적이고 균일하게 퍼져서 계란흰자 안에 유지되기 전에 많이 접혀야 하기 때문에 계란흰자를 다소 오랜 시간 휘저어야 한다. 계란흰자를 충분히 휘젓지 않고 노른자 혼합물이 흰자 전체에 매달려 있지 않는 한, 노른자는 팬의 바닥으로 가라 앉아 힘없는 층을 형성한다.

쇼튼드 케이크

재료

쇼튼드 케이크는 복잡한 혼합물로, 다양하게 변형하여 만들 수 있다. 표백된 케이크 가루는 고운 빵가루를 가진 부드러운 케이크를 만들 때 사용된다. 다목적 밀가루에 비하여 단백질 양이 적고 단백질이 부드러우면 쇼튼드 케이크의 원하던 품질을 얻을 수 있다. 17장에서 논의되었듯이, 설탕은 쇼튼드 케이크에서 여러 중요한 역할을 수행한다(그림 18.9). 특히 쇼튼드 케이크의 부피에 영향을 미치는 점이 흥미롭다. 설탕은 반죽하는 동안 글루텐 형성을 늦추기 때문에, 설탕량이 증가할수록 반드시 더 많이 반죽해야 한다. 반죽을 많이 하면 구조의 힘이 강화되어 구조가 무너지는 것을 막을 수 있다.

쇼튼드 케이크는 밀가루, 지방, 설탕, 액체의 비율에 상당히 영향을 받아, 섬세한 질감을 가지고 있다. 다음의 가이드라인은 많은 양의 쇼튼드 케이크를 준비할 때 도움이 된다.

1. 지방의 무게는 설탕 무게의 반을 넘어선 안 된다.
2. 지방의 무게는 계란의 무게를 초과해서는 안 된다.
3. 설탕의 무게는 밀가루 무게보다 15~40% 더 많아야 한다. (만약 초콜릿과 코코아가 사용된다면 밀가루 무게로 계산해야 한다.)
4. 액체의 무게(분유 또는 계란의 무게를 각각이 아닌 합하여)는 적어도 설탕의 무게와 같아야 한다.

초콜릿 케이크의 색깔은 다른 재료뿐만 아니라 사용된 코코아 혹은 초콜릿색에 따라 다르다. 코코아와 초콜릿의 색은 카카오 콩의 종류, 콩을 로스팅한 정도, 알카리의 첨가, 산화에 영향 받는다. 예상했듯이, 더 오래 로스팅할수록, 초콜릿과 코코아의 색은 짙어진다. 가공에 따라 자연 가공된 코코아와 초콜릿의 pH는 5.1~6.2 사이인 반면, 더치 가공된(dutch-processed) 제품의 pH는 6~7.8 사이이다.

코코아 폴리페놀(cocoa polyphenol)의 산화로 **플로바펜(phlobaphene)**이 형성되면 코코아와 초콜릿의 색을 결정하는 또 다른 요소가 된다. 플로바펜은 코코아와 초콜릿에서 볼 수 있는 붉은색의 원인이 되는데, 산화 정도에 따라 붉어지는 정도가 다르다. 또한 산소 존재 시 코코아와 초콜릿에 있는 지방이 산화적 산패가 일어날 가능성이 있어, 코코아와 초콜릿의 유통기한에 영향을 미친다.

플로바펜
산소가 존재 시 형성되며 때때로 코코아와 초콜릿에서 언급되는 빨간색을 보여주는 카카오에 있는 폴리페놀의 파생물.

초콜릿이나 코코아가 함유된 케이크의 pH는 팽창시키는 재료뿐만 아니라 코코아나 초콜릿에 따라 다르다. 원하는 맛을 위해 반죽의 pH는 7.9보다 높으면 안 된다. 초콜릿을 넣은 케이크의 색은 pH가 6~7일 때 갈색이 되고 pH가 7~7.5일 때 마호가니 색깔이 되며, pH 7.5 이상이 되면 점점 붉어진다.

쇼튼드 케이크를 만들 때 꿀은 종종 감미제(sweetening agent) 역할을 한다. 사실, 꿀을 사용하면 꿀의 액체 양과 산성 때문에 케이크를 달콤하게 하는 것 이상 영향을 미친다. 꿀은 액체이기 때문에 지방을 크림화시키는 동안 거품이 형성하는 것을 돕는 결정체를 제공하지 않는다. 이로 인해 꿀을 넣은 케이크는 그래뉴당(granulated sugar)으로 만들어진 케이크보다 다소 거칠다.

단맛을 보면, 꿀 한 컵은 설탕 한 컵과 같은 단맛을 제공한다. 꿀로 인한 액체를 상쇄시키려면 레시피에 꿀 한 컵당 액체 1/4컵을 덜 넣어야 한다. 꿀의 종류마다 산성은 매우 다르다. 소다 1/12~1/2 티스푼은 꿀 한 컵을 중화하기 위해서 필요하나, 대부분의 경우 반죽(batter)은 더 산성을 띠게 된다.

꿀은 반죽에 넣는 설탕을 많이 줄일 수 있기 때문에 빵이 더 빨리 갈색을 띠게 된다. 설탕을 줄이면 carbonyl-amine 갈변 반응에 매우 민감하다. 갈변에 영향을 미치는 과당(fructose)이 꿀에 많이 들어 있어 주목할 만하다.

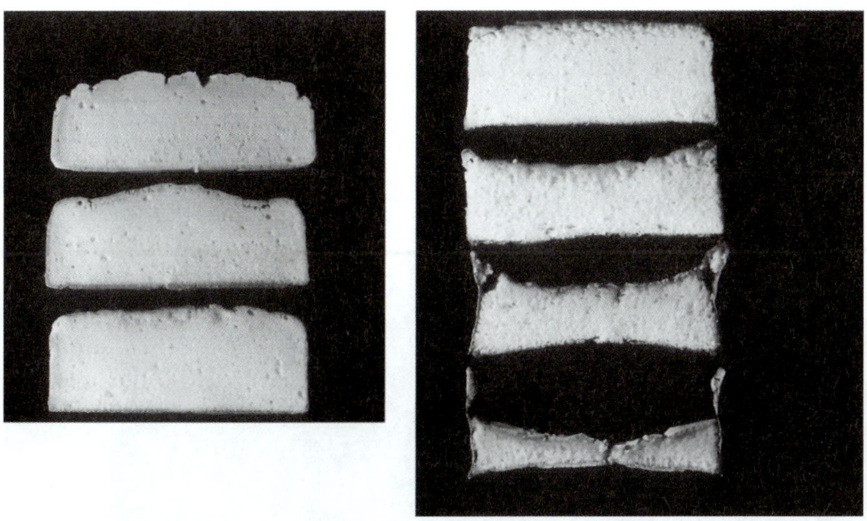

그림 18.9 0~240% 사이의 설탕을 포함하는 케이크의 단면도(밀가루 기준): (왼쪽, 상부에서 하부) 9%, 40%, 80%; (오른쪽, 상부에서 하부) 120%, 160%, 200%, 240%. (Courtesy of M. Mizukoshi. 1985. *Cereal Chem.* 62(4): 242. American Association of Cereal Chemists.)

생각할 거리: 각광 받는 초콜릿

몇 세기 동안 초콜릿은 전 세계 사람들에게 기쁨을 주는 존재였다. 또한 thebroma cacao 나무를 큰 농장뿐만 아니라 가정 경작지에서도 기르는 열대 기후에서 중요한 현금 작물이었다. 20세기의 지난 10년 동안 빗자루병을 유발하는 곰팡이들은 bahia에 있는 카카오 나무들을 공격했다. Bahia는 브라질의 한 지역으로 전 세계의 초콜릿 공급의 어마어마한 양이 경작된다. 작물 생산량은 이전의 1/3로 줄었다. 전 세계에서 선호하는 식품 중 하나인 초콜릿에게 가해진 이러한 어마어마한 위협은 국제적인 협력을 유발했는데, 이는 빗자루병 곰팡이(*Crinipellis perniciosa*)와 다른 해충에 대한 저항할 수 있는 품종을 개발하려고 시도하기 위함이었다.

전 세계 전문가들은 전 세계의 초콜릿에 대한 수요를 충족시키기 위해 지속적으로 카카오 작물을 기르느냐 관한 농업 문제를 해결하기 위해 함께 모여 작업했다. The USDA's subtropical horticulture research station (SHRS)는 코스타리카의 Turrialba에 있는 국제열대농업교육센터(CATIE), 에콰도르(Ecuador)의 Quevedo에 있는 국립농업연구소(INIAP: Instituto Nacional de Investigaciones Agricolas y Pecuarias) Estacion Experimental Phichilingue (EET Phichillingue), Nigeria에 있는

그림 18.10 카카오 열매(꼬투리)는 남인도에 있는 카카오 테오브로마 나무에서 자란다.

국제열대농업연구소(IITA: Institute for Tropical Agriculture), 가나코코아연구소(CRIG: Cocoa Research Institute of Ghana), 파푸아뉴기니에 있는 the Coconut and Cacao Institute (CCI) 등 다른 국가의 기구들과 협동하며 작업했다. International Group for Genetic Improvement of Cocoa (INGENIC)의 지도하에 협력이 이루어진다.

유전자 지도작성과 카카오의 선택적 배양, 실험적인 농업 기술, 해충억제 방법으로서 생체조절(biocontro)l, 카카오나무를 심는 재식림 프로그램들은 국제 협력단의 성과 중 일부분이다. 열대기후 지역에서의 재식림은 중요한 생태계 목표이다. 그리고 질병에 저항성이 있는 카카오나무를 심는 것은 이 측면에서 중요할 뿐만 아니라 카카오가 소농가에게 가져다주는 임금 때문에 중요하다.

전 세계는 초콜릿이 단 것을 좋아하는 사람에게 주는 즐거움뿐만 아니라 초콜릿 속 flavanol이 주는 건강상의 이익을 위해서 이러한 노력의 성공을 확신하고 있다. 카카오가 제조되었을 때 flavanol 함량이 줄어들 수 있기 때문에 음식 연구가들은 손실을 줄이는 방안을 모색하고 있다. 광범위한 연구 노력은 코코아 flavanol이 건강에 도움이 되는 여러 방안을 이해하기 위한 시도로 진행 중이다. 심혈관에 이롭다는 결과가 소개되었고, 혈관을 이완시키고 혈액이 응고되는 경향을 줄임으로써 부분적으로 혈액 흐름을 원활하게 한다.

초콜릿을 너무 좋아해서 초콜릿 먹는 것을 정당화하기 위해 많은 이유를 찾던 사람들은 확인되고 있는 건강상의 이익에 기뻐할 수 있다. 그러나 초콜릿의 칼로리는 높기 때문에 코코아 및 flavanol의 이점은 다소 상쇄된다. 사람들이 초콜릿을 먹으면서 이점을 얻으려면 적당히 먹는 것이 필수적이다.

반죽법

전형적인 방법(Conventional Method) 케이크에 들어가는 많은 재료들은 다양한 반죽법을 가능하게 한다. 그러나 질감과 품질을 유지하는 것에 훌륭한 영향을 미치기 때문에 전형적인 방법이 가장 빈번히 사용된다. 설탕을 제외하고 마른 재료들은 함께 체를 쳐서 필요할 때까지 옆에 둔다. 그 후 지방과 설탕은 가볍고 폭신해 보이는 거품을 만들기 위해 손이나 전자 믹서를 사용해서 믹싱볼에서 함께 크림을 만든다. 물리적 조작으로 날카로운 설탕 결정체가 부드러운 지방으로 파고들어가 작은 공기주머니를 만들기 때문에 이러한 거품을 만들 수 있다. 이때 공기 주머니는 수증기와 이산화탄소가 모아지고 굽는 동안 확장되는 세포 역할을 한다.

지방을 최적의 온도로 맞추어 적당한 속도로 전자 믹서를 사용해 휘저으면 크림이 된 혼합물은 최대 부피를 갖게 된다. 버터를 크리밍(creaming)시키기 위한 최적의 온도는 25℃ (77°F) 이다. 지방 거품의 모양이 거품이 일거나 흐르는 농도로 변하기 전에 크리밍을 멈춰야 한다.

크리밍된 지방-설탕 거품(fat-sugar form)에 계란을 넣고 크리밍을 계속해서 설탕-지방 거품에 덧붙여서 유중수적형 유화액(water-in-fat emulsion)을 만든다. 이상적으로, 공기 거품은 균일하고, 작고, 지방에 둘러싸여 있다. 이러한 분산 유형은 부드러운 빵 부스러기를 가진 섬세하고 균일한 질감으로 된 쇼튼드 케이크에서 볼 수 있다. 이 시점에서 크리밍이 부족하면 딱딱한 세포벽을 가져, 거칠고 울퉁불퉁한 질감이 된다.

보통 밀가루와 다른 마른 재료들을 체에 쳐서 3등분으로 나눈다. 마른 재료 1/3을 계란-지방-설탕 혼합물에 넣은 후 전자 믹서를 낮은 속도로 설정해서 섞거나 나무 스푼을 사용해 손으로 휘젓는다. 그런 다음 액체의 1/2를 넣은 후 재료와 섞는다. 나머지 마른 재료 1/3를 넣어 섞은 후 나머지 1/2 액체를 넣는다. 마지막 마른 재료 1/3을 넣고 휘젓기 전에 액체 재료들을 최종적으로 넣은 후 섞는다. 이렇게 교대로 추가물을 넣는 동안 필요한 비팅의 정도는 제조법에 있는 재료들의 비율에 따라 다르다. 지방과 설탕이 많이 들어 있는 기름진 반죽은 지방이 적은 제조법보다 더 많이 반죽해야 한다. 어떠한 경우에도 케이크는 머핀보다 더 많은 반죽을 해서 필수적인 구조를 형성하기 위한 글루텐이 충분히 발달된다.

표 18.5 쇼튼드 케이크에서 변형의 원인

변형	원인
노랗게 변색	알칼린 배터(과도한 소다 사용)
푹꺼진 중앙	과도한 설탕
	부적당한 믹싱
	과도한 베이킹파우더
	너무 낮은 굽는 온도
	굽기 초기에 잦은 오븐 열기
질기고 마른 껍질	과도한 밀가루
	과도한 계란
	너무 적은 지방
	너무 적은 설탕
	과도한 믹싱
	과도한 굽기
어두운 껍질	알칼리 반응(과도한 소다)
	프럭토오스(빠른 갈색화 촉진)
	벌꿀(프럭토오스의 갈색화 촉진)
	오븐에서 부정확한 위치(위, 아래 가까이)
	과도한 굽기
	너무 많은 설탕
고무질의 결정체 모양	너무 많은 설탕
거친 질감	과도한 베이킹파우더
	너무 많은 설탕
	너무 낮은 굽는 온도
	부적당한 믹싱
초라한 부피	너무 적은 베이킹파우더
	너무 낮은 굽는 온도
	부적합한 설탕 수준
	부적합한 지방 수준
혹 모양	너무 많은 밀가루
	너무 깊은 팬
	너무 뜨거운 오븐
	너무 적은 설탕
	너무 적은 지방
	너무 적은 액체

력에 대한 저항을 증가시켜서 고도가 낮은 산에서 생기는 더 낮은 대기 압력에 의해 제공되는 감소된 저항을 상쇄시킨다. 그러나 914 m 이상에서는 적극적인 단계를 취할 필요가 있고, 공식화를 조정할 필요가 있다(표 18.6)

높은 고도에 대한 케이크 제조법을 조정하는 문제는 세포 안쪽에서 발생하는 압력과 반대편의 다소 낮은 대기압 사이에 적절한 균형을 제공하는 것에 달려 있다. 914 m에는 베이킹파우더 1/8 감소, 1.5 km에서는 1/4 감소가 권장된다. 2.1 km에서 페이킹파우더를 1/3로 감소할 필요가 있다.

설탕 또한 줄일 필요가 있다. 3,000피트에서 설탕 1컵 당 대략 1작은술, 1.5 km에서는 2작은술, 2.1 km에서는 설탕 1컵 당 3작은술의 비율로 감소된다. 세포벽을 강화시키는데 도움을 주는 다른 대안은 본래의 레스피에서 지방 1컵당 1~2작은술의 지방을 줄인다.

높은 고도에서는 케이크가 구워지는 동안 물이 낮은 온도에서 끓기 때문에 정상보다 더 많은 액체를 잃는다. 이와 같이 늘어나는 증발을 보상하기 위해서 914 m에서는 액체 1컵당 1작은술의 액

표 18.6 해발 914 m 이상에서 필요한 케이크 제조법의 대안

재료	고도		
	914 m	1.5 km	2.1 km
베이킹파우더	$-\frac{1}{8}$ t/t	$-\frac{1}{4}$ t/t	$-\frac{1}{3}$ t/t
설탕	−1 t/c	− 2~3t/c	−3 t/c
지방	−1 t/c	$-1\frac{1}{2}$ t/c	−2 t/c
액체	+1 t/c	+3 t/c	+5 t/c

체를 증가시키고, 그 이상에서는 해발 304 m마다 한 작은술씩의 액체를 첨가할 필요가 있다. 예를 들어 보면 1.8 km에서는 원래의 레스피에 각 액체 1컵 당 4작은술(1/4컵)의 첨가가 필요하다.

페이스트리

재료

페이스트리는 파이 크러스트(pie crust)나 퍼프 페이스트리(puff pastry) 형태이든 몇 가지 재료를 포함하고 성공적인 결과를 위해 약간의 기술을 요구하는 단순한 구운 제품이다. 파이 크러스트(pie crust)는 지방, 밀가루, 소금, 물로 만들어지며, 이 재료들은 napoleons과 같은 제품에서 많은 층을 가진 페이스트리인 퍼프 페이스트리를 준비하는데 사용되는 재료와 같다. 이 두 가지 형태의 페이스트리의 차이점은 지방이다(12장 참고). 지방의 종류, 양, 도우에 넣는 방법 등이 다르다.

파이를 위한 페이스트리는 대개 쇼트닝으로 만들지만, 때로는 기름, 라드, 버터 등이 선택된다. 밀가루 대 순수한 지방이 비율이 파이도우 레스피마다 다양할지라도 흔히 사용되는 부피 비율은 3:1이다. 숙련공은 4:1의 비율로 만족스러운 페이스트리를 만들 수 있다.

퍼프 페이스트리를 만들 때 대개 선택되는 지방은 버터이고 밀가루 대 버터가 부피로 2:1 비율로 사용된다. 즉 지방의 양보다 두 배 만큼의 밀가루인데 이것은 매우 진한 도우이다.

집에서 페이스트리를 준비할 때 지방은 부피로 측정한다. 같은 부피를 쟀더라도 지방의 물리적인 차이 때문에 레스피에서 사용되는 지방의 양에는 약간의 차이가 있다. 예를 들어 라드와 쇼트닝은 지방만을 함유하지만 라드 한 컵은 쇼트닝 한 컵보다 더 많은 지방을 포함한다. 이것은 조작할 때 쇼트닝에 공기가 들어갔기 때문이다. 이와 같은 차이는 실질적인 의미보다는 학문적인 흥미가 더 크다. 왜냐하면 어떤 지방이라도 훌륭한 결과를 얻기 위해 만족스럽게 부피로 측정될 수 있기 때문이다. 그러나 페스트리를 만들 때 버터나 마가린의 한 컵은 라드나 쇼트닝의 한 컵과 상호교환 될 수 없다. 버터는 80%가 약간 넘는 지방과 약 16%의 수분을 함유하기 때문이다. 이러한 차이점으로 버터가 성공적으로 사용된다면 레스피에서 적응을 필요로 하는 것이다. 오일은 페이스트리에 들어가면 쉽게 흐르는데 밀가루와 지방 4:1비율을 사용하는 것이 가능케 한다.

페이스트리를 만드는데 사용되는 지방은 구운 제품의 특징에 영향을 준다. 노란 빛깔의 쇼트닝, 버터, 마가린과 같은 노란색의 지방은 어느 정도 구운 껍질에 금색을 주며 약간은 풍부함을 띠게 한다. 지방의 독특한 풍미는 페이스트리에 부여된다. 예를 들어 라드의 구별되는 풍미는 라드가 아주 신선할 때조차도 페이스트리에서 구별될 수 있다. 비슷하게 버터나 버터향을 가진 쇼트닝, 마가린은 페이스트리에 풍미를 더한다.

페이스트리의 질감과 부드러움은 선택된 지방의 물리적인 성질에 의해 영향을 받는다. 쇼트닝과 라드는 바삭거리고 부드러운 껍질에 생산에 풍미를 주고 오일은 밀가루 대 오일 비율이 오로지 4:1일 때도 부드러움을 부여한다. 그러나 오일은 보통 얇게 **벗겨지는(flaky)** 질감보다 더 부드러운 **가루 모양(mealy)**의 질감을 부여한다. 재료의 비율이 바뀐다면 버터나 마가린은 여분의 수분과 더 적은 지방을 함유하고 있기 때문에 다소 질긴 페이스트리를 만든다.

벗겨지는
수많은 얇은 층으로 구성되어 있는.

가루 모양
미세한 고운 알갱이.

그림 18.14 정확한 물의 양은 부드러운 과자를 만들기 위해 필수적이다.

부드러움에 영향을 주는 다른 중요한 요소는 밀가루와 지방에 비례하는 물의 양이다. 밀가루는 급원에 따라 약간 변할지라도 부드러운 페이스트리는 밀가루 6: 지방 2: 물 1의 비율로 만들어진다. 물이 많으면 글루텐 생성을 촉진하고 질긴 감을 주지만, 너무 적은 물은 도우가 부서지기 쉬워서 다루기가 힘들다.

변형의 원인

몇 개의 가능한 변형을 주면 파이크러스트는 다양한 부드러움을 가진다. 초반에 언급했듯이 오일은 밀가루를 더 잘 감싸서 다른 형태의 지방보다 글루텐 생성을 증가시키기 위해서 필요한 물이 단백질을 수화시키지 못하게 한다. 그러므로 오일의 사용은 확실히 부드러움을 증가시킨다.

오직 지방만을 함유하는 고체 지방은 약간의 수분을 함유하는 지방보다 더 많이 바싹거리고 부드러운 효과를 가진다(버터, 마가린). 부드러운 지방은 단단한 지방보다 더 쉽게 발라지고 더 효과적인 tenderizing agents이다. 그러므로 단단한 지방의 온도를 따뜻하게 하면 페이스트리에서 tenderizing agents로서 더 효과적일 것이다. 지방의 입자를 더 작게 쪼개면 페이스트리에 더 많은 부드러운 효과를 준다.

도우에 물이 첨가되고 껍질이 구워지는 사이에 경과된 시간은 페이스트리의 부드러움에 영향을 준다. 도우가 반죽 되고 굴리기 전에 대기할 때 글루텐은 더 많이 수화된다. 이때 도우가 즉시 말려서 구워진다면 페이스트리는 훨씬 덜 부드럽다.

지방의 수준은 부드러움에 중요한 영향을 준다. 높은 수준의 지방이 낮은 수준의 지방보다 페이스트리를 더 부드럽게 한다. 반대로 물의 함량이 많으면 글루텐 생성이 증가되기 때문에 더 질긴 페이스트리가 된다. 페이스트리 밀가루는 다목적 밀가루보다 페이스트리에 훨씬 더 부드러움을 준다. 어느 밀가루 종류이든 수준 증가는 페이스트리를 덜 부드럽게 한다.

고체 지방은 요리되지 않은 쌀알 크기로 쪼개져서 밀가루로 코팅되면 페이스트리가 바싹거린다. 굽는 동안 지방은 녹고 글루텐 가닥들 사이에 공간을 마련한다. 지방이 충분이 큰 입자로 쪼개져서 얇고 짧은 층을 만들 수 있는 공간을 만들면 바싹거리는 것이 증가된다. 점점 작은 지방 입자는 글루텐이 끼어들 수 있는 여지가 아주 적기 때문에 덜 바싹거림을 의미한다.

부드러움과 얇은 조각 모양(flakiness)은 서로 반대되는 특징이다. 그러나 둘 다 바람직한 것이다. 지방 입자를 더 미세하게 자르면 글루텐의 생성을 더 크게 제한하기 때문에 밀가루는 지방을 코팅해서 껍질을 더 부드럽게 한다. 다목적 밀가루로 만든 페이스트리는 페이스트리 밀가루로 만든 것 보다 더 바싹거린다. 이러한 차이는 다목적 밀가루에 있는 글루텐의 강한 특성 때문이다. 명백하게 경질밀 글루텐의 질긴 성질은 페이스트리에서 아주 효과적으로 증기를 가둬 놓는데 효과적이다. 이와 같이 갇힌 증기는 굽기 동안 충분한 압력을 발생시켜 층을 분리하고 바람직한 바싹거리는 질감을 형성한다.

오일은 원래 바싹거리는 질감보다 파슬파슬한 질감을 생산한다는 것을 주목해야 한다. 그러나 재료들을 충분히 믹싱을 하면 많은 공기가 포함되고 충분한 글루텐이 생성되어 약간의 바싹거림을 줄 수 있다. 이와 같은 기술은 부드러움을 감소시킨다. 액체를 넣은 후 믹싱을 많이 하면 제품이 훨씬 덜 부드럽기 때문이다.

퍼프 페이스트리

퍼프 페이스트리는 미국 메뉴에서 아주 제한된 정도로 준비되지만 준비하는 방법이 독특한 아주 재미있는 페이스트리다. 스티프 도우(stiff dough)를 만드는 첫 단계에서는 오직 분량의 지방만이 사용된다. 이 도우는 1/4인치의 두께로 밀어서 펴기 전에 아주 차갑게 식혀야 된다. 이와 같이 차갑게 하는 단계는 글루텐의 수화를 증가시키는데, 이것의 매우 높은 지방 함량에도 퍼프 페이스트리의 독특한 질긴 성질을 설명해 준다.

도우의 직사각형 반 정도에 나머지 지방을 펼쳐 놓는다. 이 도우를 접어 버터를 감싸고 다시 차갑게 하기 전에 더 작은 직사각형으로 세 번째 접는다. 차갑게 한 다음 도우를 원래 직사각형 크기로 다시 펼치고 전에 한 것 같이 같은 방식으로 접는다. 더 이상의 버터는 첨가하지 않는다.

이와 같은 과정이 최소한 세 번 반복된다. 접기와 롤링(rolling)을 할 때마다 도우에 더 많은 층이 생긴다. 마지막으로 도우를 굽는다. 그때 강한 오븐 열이 버터와 도우 안에서 물이 필요한 증기로 만들어져서 도우에서 층을 분리시킨다. 이런 얇은 층 모양은 이름에서 설명하듯이 구운 퍼프 페이스트리의 부피를 상당히 증가시킨다.

쿠키

쿠키의 종류에는 bar, drop, rolled, pressed, refrigerated cookies가 있다. 여러 종류의 재료들과 다양한 비율을 사용하는 다양성이 원하는 특별한 특성을 가진 쿠키를 만든다. Bar 쿠키는 비교적 높은 액체 함량을 가지고 있어서 배터를 베이킹 팬에 부울 수 있다. Drop 쿠키는 덜 액체적이어서 약간 끈적이는 도우를 만들고 구티 시트 위에 각각의 구티들을 떠 넣을 수 있다. 그리고 굽는 동안에도 일반적인 모양을 유지할 수 있다. Rolled, pressed, refrigerated cookies 도우는 진해서 밀가루, 액체 다른 재료들이 반죽될 때 서로 부착된다.

그러나 대부분의 쿠키는 높은 비율의 설탕(25%까지)과 지방, 적은 양의 액체를 함유하고 있다. 이러한 차이는 쿠키가 상대적으로 단단하지만 부드러운 질감을 갖게 한다.

지방의 종류는 쿠키의 질감, 형태 색에 현저한 영향을 준다. 버터는 훌륭한 풍미를 주지만 낮은 녹는점으로 인해 단백질 구조가 만들어지기 전에 초기 굽기 단계에서 상당히 퍼지게 된다. 그래서 얇고 넓은 쿠키가 된다.

반대로 쇼트닝과 설탕이 크림으로 돼서 만들어진 쿠키는 어느 정도 통기성을 갖게 될 것이다. 왜냐하면 크리밍되는 동안 공기와 지방 거품 안에 갇혀 있는 공기가 굽는 동안 도우를 팽창시키기 때문이다. 또한 쇼트닝의 높은 녹는점은 초기 굽기 단계에서 여전히 고체로 있을 수 있기 때문에 도우가 굽는 동안 제한된 경향을 가질 수 있음을 의미한다. 쇼트닝 사용의 부정적인 면은 버터와 같이 맛있는 풍미를 가질 수 없다는 것이다. 버터와 쇼트닝의 장점을 이용하는 방법은 쇼트닝 양이 훨씬 많게 두 종류의 지방을 섞어서 쓰는 것이다.

만일 쿠키가 녹인 쇼트닝이나 오일로 만들어진다면, 질감은 절충되는 경향이 있다. 왜냐하면 단단한 쇼트닝으로 크리밍시킬 때 형성되는 수많은 작은 공기 주머니를 생성하지 못하기 때문이다.

구운 쿠키의 질감은 더 단단하다. 부수적으로 부드러움을 위해 요구되는 고체 쇼트닝과 비교해서 오일이 덜 필요하기 때문에 칼로리는 어느 정도 줄일 수 있다.

알갱이 형태의 백설탕은 크리밍시킬 때 상대적으로 거친 결정이 쇼트닝에서 많은 작은 주머니를 찌르게 하기 때문에 구운 쿠키에서 원하는 질감을 만드는데 특별히 유용하다. 황설탕도 자주 사용되는데, 크리밍 과정에 참여해서 풍미와 약간의 산성을 주기 때문에 최소한 설탕의 일부만 사용한다. 벌꿀은 달콤함과 특별한 풍미를 주지만 굽는 동안 갈색화를 촉진시키고 퍼짐을 증가시킨다. 꿀벌에 많이 들어 있는 프럭토오스는 쿠키에 들어 있는 벌꿀이 **보습제(humectant)**로 작용하는 이유이다.

보습제
수분을 보유하게 하는 물질.

쿠키의 기본적인 구조의 성분은 밀가루이다. 소비자들은 원래 경질밀로 만든 다목적 밀가루를 사용하지만, 상업용 제빵사들은 원하는 특별한 질감 특성을 얻을려고 때때로 연질밀 사용을 선택한다. 표백제와 개량제로 처리된 밀가루는 전분 호화를 증진시키기 때문에 쿠키를 만드는데 유용하다. 밀가루의 염소처리는 쿠키의 퍼짐을 축소시키는데 도움을 준다.

쿠키에서 제한된 액체의 양은 굽는 동안 전분의 호화는 덜 일어나지만 이러한 변화는 바람직한 쿠키의 질감을 부여한다. 쿠키 반죽에서 물을 증가시키면 굽는 동안 더 많은 수증기가 나와서 더 가볍지만 어느 정도는 더 많은 구멍이 뻥뻥 뚫린 질감을 갖는다. 계란 또한 도우를 유화시키는데 도움을 준다. 굽기 초기 단계에서 유화액이 존재하면 도우의 액체가 설탕 결정을 용해하지 못하게 하며 도우 구조가 무너지지 않게 한다.

공기와 수증기로 인해 약간의 팽창은 굽는 동안에 발생한다. 일반적으로 최소한의 화학 팽창제만 첨가한다. 산성 재료가 제조법의 일부분이면 베이킹 소다를 조금 첨가하여 반응을 중성으로 하고 약간의 팽창을 한다. 베이킹파우더는 자주 쿠키를 만드는데 선택되는 팽창제이다.

요약

속성 빵은 다양한 종류와 재료를 포함하지만, 밀가루, 액체, 소금이 대표적인 재료이다. 밀가루, 액체, 지방의 종류는 다양하게 첨가되어 바뀔 수 있다. 밀가루 또는 질감에 따른 지방, 계란, 설탕과 재료들을 첨가함으로써 속성 빵의 종류를 많게 한다. 이와 같은 빵들은 비스킷 법, 머핀 법, 또는 전통적인 방법에 의해 만들어진다.

이스트 빵은 도우의 발효와 굽기 동안에 신장성이 요구되기 때문에 강한 글루텐을 가진 밀가루의 사용에 의존한다. 지방은 선택적인 재료지만 부드러움과 대개 유연성을 증가시키기 위해서 포함된다. 우유가 사용되면 최소한 98°C로 열탕 처리가 되어 이스트를 넣기 전에 식혀야 한다. 설탕은 대개 효모 발효를 시키는데 포함시키지만 첨가하는 함량은 상당히 다양하다. 6% 이상의 설탕을 함유하는 도우는 일부 단 빵(sweet breads)에 사용되지만, 설탕의 높은 함량으로 인해 발효 시간이 늘어난다. 제조법에 들어 있는 이스트의 양은 발효와 프루핑(2차 발효)에 요구되는 시간을 결정한다.

설탕 함량이 높아서 낮은 온도를 요구하지 않는 한, 204~218°C에서 빵을 굽는 것이 상당한 부피를 주며 맛있어 보이는 갈색의 껍질을 만든다. 오븐 스프링은 굽기 초기 단계에서 이산화탄소의 발생 증가에 따라서 일어나며 뜨거운 오븐 온도에서 발생하는 가스의 팽창에 의해 일어난다. 글루텐은 늘어나고, 수분이 전분으로 이동하여 일부 전분을 호화시키고, 아밀레이스(amylase)는 일부의 전분을 덱스트린을 바꾼다. 이때 효모는 죽고, 효소는 불활성되고, 굽기를 하는 동안 호화가 일어나서 전분이 더욱 단단해지는 것과 마찬가지로 단백질 구조도 고정된다. 오븐에서 껍질이 마르면서 일어나는 카보닐아민 반응(carbonyl-amine reaction)은 껍질의 많은 갈색화의 원인이 된다.

라이밀, 호밀 같은 곡물 가루로 밀가루 일부를 대체하고 약간의 밀기울을 첨가하는 것은 밀가루 빵을 더 다양하게 하는 방법이다. 라이밀이나 콩가루에 소디움 스테아릴 락틸레이트(sodium stearoyl-2-lactylate)를 넣으면 이들 가루로 만든 구운 빵의 질감이 향상된다. Sucroglycerides도

빵에서 콩가루의 사용성을 향상시키는데 효과적인 첨가물이다.

빵의 노화(staling)는 제빵 후 즉시 일어나는 프리 아밀로오즈(free amylose)에 의한 전분의 노화(retrogradation)와 호화된 과립에서 아밀로오즈와 아밀로펙틴의 연속적인 전분의 노화(retrogradation)로 인한 것이다. 수분은 전분에서 글루텐으로 이동하고 또한 빵의 내부에서 표면으로 이동한다. 냉장 온도에서는 빵가루가 과도하게 하루 만에 단단해지지만, 빵의 노화는 더운 상온에서는 훨씬 느려지고 냉동에서는 상당히 지체된다.

빵의 상당한 부피가 계란 거품에 달려 있기 때문에 이름 붙여진 거품 케이크에는 엔젤 푸드, 스폰지, 쉬폰 케이크가 있다. 엔젤 푸드 케이크는 계란흰자 거품으로 만들어진다. 스폰지 케이크는 계란노른자와 흰자의 거품을 포함한다. 쉬폰 케이크는 액체 노른자와 계란흰자의 거품을 사용하고 팽창제로는 베이킹파우더를, 케이크를 부드럽게 하기 위해서는 기름(oil)을 포함한다.

쇼튼드 케이크는 상당히 많은 양의 지방을 포함한다. 계란흰자 거품은 쇼튼드 케이크에 포함되지만 팽창제의 주요한 급원은 아니다. 레이어 케이크(layer cake)는 이산화탄소의 급원으로 베이킹파우더를 사용하여 팽창된다. 파운드케이크는 전통적으로 훨씬 단단한데, 이것은 설탕과 지방을 크리밍할 때 생기는 공기에 의해서만 팽창되며 굽는 동안 발생되는 약간의 증기에 의해서 팽창이 가속화된다.

쇼튼드 케이크에서 재료의 비율은 구운 제품의 품질에 중요하다. 적당한 비율로 만든 쇼튼드 케이크는 미세하고 매끄러운 질감과 상당한 부피를 가질 수 있다. 너무 많은 설탕, 지방, 액체, 계란, 또는 베이킹파우더는 심각한 결과를 가져올 수 있다. 반죽 방법 또한 쇼튼드 케이크의 특성에 영향을 미친다. 높은 품질의 케이크는 전형적인 방법(conventional method), 전형적인 스폰지 법(conventional sponge method), 변형된 전형적인 방법(modified conventional method) 그리고 pastry-blend 법에 의해 만들어 질수 있다. 머핀 법(muffin method)과 단일 단계법(single-stage method)은 쇼튼드 케이크가 다소 거친 질감을 갖게 하며 빠르게 노화되는 경향이 있다.

굽는 조건 또한 케이크의 품질에 영향을 준다. 얕은 팬의 사용과 185도의 굽기 온도는 일반적으로 좋은 결과를 가져온다. 여러 재료들의 수준을 달리하고, 자연공정(natural-processed)을 사용하고, Dutch-processed을 걸친 초콜릿 또는 코코아의 사용은 최종 제품에 영향을 미친다. 914미터(m) 또는 그 이상의 고도에서 굽는 쇼튼드 케이크의 제조법에 베이킹파우더, 설탕, 지방을 감소시키고 액체의 양을 증가시키는 적응이 필요하다. 이때 더 많은 믹싱도 필요하다.

부드러움과 얇은 조각으로 벗겨지는 것은 파이 크러스트를 만드는데 정반대의 목표다. 기름, 부드러운 지방 또는 작은 입자로 쪼갠 지방을 사용하여 부드러움을 향상시킨다. 최소한의 반죽 또한 부드러움을 증가시킨다. 거친 지방입자를 넣으면 얇게 벗겨지는 감을 증진시킨다. 이 거친 지방입자가 글루텐 일부의 물을 막아서 굽는 동안 생기는 수증기 압력으로 도우의 얇은 층이 생기게 하거나 얇게 벗겨지는 부분을 만들기 때문이다.

퍼프 페이스리(puff pastry)는 약간 질긴 층을 가진 바삭거리는 페이스트리이다. 퍼프 페이스트리를 만들기 위해 많은 버터량이 굴린 도우에서 펴져 있고 도우는 접히고 차게 하는 과정을 몇 번 반복한다. 이와 같은 과정에서 도우의 많은 얇은 층들이 형성되며, 이것들은 굽는 동안 증기에 의해 쉽게 분리된다.

쿠키는 지방, 설탕 함량이 높고, 액체는 적게 함유되어 있다. Bar 쿠키(상대적으로 높은 수분을 함유)로부터 끈적임 없이 쉽게 다룰 수 있는 rolled, pressed, refrigerated 도우로 만든 수분 함량이 적은 쿠키까지 재료 수준이 다양하다. Drop 쿠키는 중간 수준의 액체 함량을 가진다. 쿠키에 사용되는 지방의 종류는 질감과 퍼짐에 영향을 주기 때문에 특별히 중요하다.

연습문제

1. 머핀 배터(batter)에서 일어나는 변화와 10번, 25번, 200번 휘저은 후 구운 머핀에서 일어나는 변화를 설명하고 왜 이와 같은 변화가 일어나는지를 설명하시오.
2. 비스킷 법으로 비스킷을 만드는데 사용되는 단계에 대한 이유들을 설명하시오.
3. 제빵 과정에서 일어나는 변화와 빵의 노화(staling) 과정에서 일어나는 변화를 설명하시오.
4. 엔젤 푸드 케이크와 스폰지 케이크, 쉬폰 케이크의 바람직한 특성들을 자세히 설명하시오. 이들 세 거품케이크의 차이점은 무엇인지 설명하시오.
5. 엔젤 푸드 케이크의 부피에 영향을 주는 요인들을 언급하고 각 요인들의 영향을 설명하시오.
6. 쇼튼드 케이크를 만들 때 설탕의 일부를 꿀로 대체하면 어떤 변화가 있을까? 이 변화는 왜 일어날까?
7. Conventional, pastry-blend, single-stage method에 의해 준비되는 쇼튼드 케이크의 단계를 요약하시오. 각 방법의 장점과 단점은 무엇인가?
8. 쇼튼드 케이크를 무너지게 하는 요인들을 언급하고 각각의 요인이 이런 결과를 가져오는 이유를 설명하시오.
9. 페이스트리에서 각각의 재료들은 어떤 역할을 하는가?
10. 어떤 요인들이 페이스트리의 부드러움에 영향을 미치는가? 각각의 영향을 설명하시오.
11. 어떤 요인들이 페이스트리의 얇은 조각 모양(flakiness)에 영향을 주는가? 각각의 영향을 설명하시오.
12. (참 또는 거짓) 이스트 빵은 도우에서 이산화탄소가 만들어지는 것이 필요하기 때문에 속성 빵보다 준비하는데 더 많은 시간을 요구한다.
13. (참 또는 거짓) 비스킷은 이스트 빵 종류이다.
14. (참 또는 거짓) 최적의 품질을 가진 쇼튼드 케이크를 만들기 위해 사용되는 최고의 방법은 머핀 방법이다.
15. (참 또는 거짓) 페이스트리를 만들 때 밀가루 대 지방의 비율은 물의 양보다 훨씬 중요하다.

참고문헌

Berry, D. 2004. Breads on the rise. *Food Product Design 14* (7): 106.

Cauvain, S. P. and Young, L. S. 2007. *Technology of Bread Making*. 2nd ed. Springer. New York. NY.

Decker, K. J. 2002. The gourmet cookie experience. *Food Product Design 11* (10): 34.

Decker, K. J. 2005. High-profile flatbreads. *Food Product Design 15* (1): 97.

Decker, K. J. 2005. Looking at the whole-grain picture. *Food Product Design 15* (9): 49.

Deis, R. C. 2005. How sweet it is—using polyols and high-potency sweeteners. *Food Product Design 15* (7): 57.

Foster, R. J. 2005. pHood phenomena. *Food Product Design 14* (11): 61.

Grant, L. A., et al. 2001. Starch characteristics of waxy and nonwaxy tetraploid (*Tritium turgidium L.* var. durum) wheats. *Cereal Chem. 78* (5): 590.

Grenus, K. 2005. Maintaining texture. *Food Product Design 15* (5): 47.

Hazen, C. 2006. New fiber options for baked goods. *Food Product Design 15* (10): 80.

Hazen, C. 2006. Adding soy ingredients for health. *Food Product Design 16* (2): 63.

Hui, Y. H. 2006. *Handbook of Food Science and Technology*. Vol. 4. CRC Press. Boca Raton, FL.

Hui, Y. H., et al. 2006. *Bakery Products: Science and Technology*. Blackwell Publishing. Ames, IA.

Kobs, L. 2001. "C" is for cookie. *Food Product Design 11* (9): 31.

Kuntz, L. A. 2002. Designer fats for bakery. *Food Product Design 12* (8): 55.

Manley, D. J. R. 2000. *Technology of Biscuits, Crackers, and Cookies*. 3rd ed. CRC Press. Boca Raton, FL.

Martin, M. L., et al. 1991. A mechanism of bread firming. I. Role of starch swelling. *Cereal Chem. 68*: 498.

Pszczola, D. E. 2004. Fats: In *trans*-ition. *Food Technol. 58* (4): 52.

Pszczola, D. E. 2006. Reaping a new crop of ingredients. *Food Technol. 60* (7): 51.

Schultz, M. 2005. Xanthan and foods: Bonded for life. *Food Product Design 15* (7): 17.

Seguchi, M., et al. 1999. Breadmaking properties of triticale flour with wheat flour and relationship to amylase activity. *J. Food Sci. 64* (4): 522.

Sivisankar, B. 2002. *Food Processing and Preservation*. Prentice Hall of India. New Delhi, India.

Tenbergen, K. and Eghardt. H. B. 2004. Baking ammonia: The other white leavening agent. *Food Product Design 14* (6): 110.

Vollmar, A. and Meuser, F. 1992. Influence of starter cultures consisting of lactic acid bacteria and yeasts on the performance of a continuous sourdough fermenter. *Cereal Chem. 69* (1): 20.

웹사이트

http://www.foodproductdesign.com/topics/bakery-and-cereal.aspx—Articles on various baked products.

http://www.foodtimeline.org/foodfaq2.html—Brief look at the history of muffins.

http://www.breadworld.com/—Overview of yeast bread making.

http://www.aaccnet.org/cerealchemistry/articles/1998/1006-06R.pdf—Article on soft and durum wheat flour in bread making.

http://www.dakotayeast.com/product_compressed.html—Information on compressed yeast.

http://www.muehlenchemie.de/downloads-future-of-flour/FoF_Kap_14.pdf—Article with illustrations of gluten development.

http://www.aaccnet.org/approvedmethods/summaries/10-10-03.aspx—AACC-approved conditions using the straight-dough method for testing breads.

http://www.bakingandbakingscience.com/princ.htm—Overview of bread making.

http://www.dict.uh.cu/Bib_Dig_Food/ift/jfs/jfs64/jfsv64n4p582-586ms2838.pdf—Article on baking qualities of triticale and wheat flours.

http://www.exploratorium.edu/cooking/bread/recipe-injera.html—Discussion on making injera.

http://www.splenda.com/cooking-baking—Guidance in using Splenda as an ingredient in baking.

http://www.ghirardelli.com/chocopedia/making.aspx—Back ground information about cacao and processing.

http://www.worldcocoafoundation.org/who-we-are/partnership-meetings/pdfs/HBernaert_Fermentation.pdf—Fermentation of polyphenols in chocolate production.

http://www.rain-tree.com/chocolate.htm—Information on chocolate and its history.

http://flandersbio.be/files/5_Patrick_Hautphenne_voor_web.pdf—PowerPoint showing some aspects of chocolate production.

http://food.oregonstate.edu/learn/cake.html—Summary of making fat-containing cakes.

http://www.msu.edu/~lentnerd/NewFiles/Cake.html—Describes various methods of making shortened cakes.

http://www.swcoloradohome.com/articles/food/020114_b.asp—Recommendations for adjustments in baking at high altitudes.

http://www.foodtimeline.org/foodpies.html—Background information on different pastries.

http://www.youtube.com/watch?v=Yg-zXn_YpLI—Video on making Danish puff pastry.

식품공급의 관점

19장

식품안전과 관리

20장

식품저장

21장

식품첨가물

미생물학자인 Terry Arthur(왼쪽)과 미국수산청 국장(부장, 청장)인 Mohammed Koohmaraie가 살모넬라 생장을 확인하기 위해 페트리디쉬를 살펴보고 있다. (Courtesy of Agricultural Research Service.)

19장

식품안전과 관리

단원 개요

학습 목표
문제점의 명시
미생물 위해
　박테리아
생각할 거리: 안전에 대한 머리말
생각할 거리: 활성 락토페린
　바이러스
　곰팡이(균류)
　미세조류
　기생충
생각할 거리: 뭔가 수상한!
오염물질 및 식품의 자연 독
　오염물질
　자연 독
식품안전의 관리
초밥과 회 – 안전을 담보한 도박인가?
　개인책무
　연방규제당국
　정부와 산업 간 협조 노력
국제적인 식품안전 관리 능력
저장기간 연장을 위한 상업적 접근법
　항균제제의 사용
　에너지
요약
연습문제
참고문헌
웹사이트

학습 목표

이 단원을 학습함으로써:

1. 식품안전에 중요한 미생물, 오염원, 천연독소를 알 수 있다.
2. 일반적인 식중독, 잠재적인 식품, 증상을 설명할 수 있다.
3. 인간이 섭취하기에 안전하도록 식품을 취급하는 과정을 논의할 수 있다.
4. 국제, 국가, 회사 및 소비자 등 식품안전에 대한 부주의에 대해 책임져야 할 개인이나 기관을 알 수 있다.

문제점의 명시

식품에 대한 이미지는 대부분 만족스러운 것이나 역설적인 면도 존재한다. 다시 말하면 식품은 생존에 필수적이지만 종종 질병을 일으키고 심지어 사망에 이르게 한다. 미국 공중보건국(U.S. Public Health Service)은 2009년판 식품공전에서 미국에서 매년 약 7,600만 명의 사람들이 식중독에 걸리며 이 중 325,000명이 입원하고 약 5,000명 정도가 사망하여 그 비용이 100억~830억 달러 정도되는 것으로 추정하고 있다. 불쾌하지만 식품의 이러한 부정적 측면을 무시할 수는 없다. 그러나 식품 공급에서의 청결함과 생산지에서 가정의 식탁까지 올바른 취급이 이루어진다면 식품안전을 보장할 수 있다. 안전한 식품을 식탁까지 제공하려면 식품안전 교육과 함께 식품의 생산, 판매,

분변 처리의 문제점

농장에서 사육되는 가축과 가금류로부터 발생하는 분변은 오염의 문제가 발생하지 않게 잘 처리해야 한다. 소규모 농장에서는 이 분변을 비료로 사용할 수 있으나 대규모 상업적 농장의 경우 개체수가 많아 처리 문제가 커지고 있고 다양한 유해 미생물들이 생육할 수 있어 주의 깊은 처리가 필수적이다. 보관 중이던 분변의 침출수가 시내와 강으로 흘러들어가면 이 유해 미생물들도 유입이 되기에 큰 문제가 된다. 그리고 근처 들판에서 키운 농작물과 하천의 물고기들은 이 유해 미생물들을 퍼뜨리는 매개체가 될 수 있다. 부적절한 가축 분변 처리로 인한 식중독의 예로서 2006년에 대장균 0157:H7에 오염된 어린 시금치 잎이 신선 샐러드용으로 유통되어 식중독이 발생한 적이 있었다. 생산자들은 오염으로부터의 안전을 감독하는 연방기관인 미국 환경보호국(EPA: Environmental Protection Agency)으로부터 고소를 당하게 되었다. 눈에 띄지 않는 지역에 있는 분변 더미를 탐지하기 위해 항공기가 이용된 경우도 있다. 가축 분변에 의한 식품오염 가능성은 잘 관리되어야 하지만 생산자입장에서는 육류의 생산단가를 낮추어 이익을 낼 수 있어야 하므로 기술이 환경과 생산자 사이에서 중요한 역할을 한다.

수입, 조리 및 서비스와 관련된 모든 경로에서 지속적인 경계가 필요하다,

안전검사(1장 참고), 법 및 검역 등의 안전조치를 통한 상당한 보호수단이 강구되었음에도 조지아 주 애틀란타의 질병통제예방센터(Centers for Disease Control and Prevention, CDC)에 매년 식중독 발생이 보고되고 있으며 병원을 찾지 않아 보고되지 않은 환자는 훨씬 더 많을 것으로 생각된다. 식중독은 농장에서 식탁에 이르기까지 어디에선가 부주의한 부분이 있기에 생기는 결과일 것이다.

이런 문제들은 상업적 영역뿐 아니라 가정에서의 식품 취급도 원인이 될 수 있다. 상업적인 부주의로 인한 식중독은 주요 뉴스거리로써 1997년 미시간에서는 학교 급식에 제공된 냉동딸기로 인해 A형간염이 발생하였는데 화장실이 없는 밭에서 수확된 수입 과일을 불법적으로 사용한 결과로 확인되었다.

가정에서의 열악한 위생 습관에 의한 식중독은 일반적으로 알려지지 않고 이제까지 이 위험을 줄이려는 노력은 거의 없었다. 그러나 대부분의 가정에서 안전하지 않은 식습관이 많다는 소비자 조사 결과가 보고됨에 따라 가정에서 식품취급습관의 개선에 대한 관심도 증가하고 있다.

미생물 위해

박테리아, 바이러스, 곰팡이, 이스트, 원생동물(프로토조아) 및 조류 등 다양한 미생물들이 식중독을 일으키는데(표 19.1) 특히 좀 더 일반적인 원인은 박테리아이다. 이 단원에서는 식품유래 박테리아 감염과 질병 유발 미생물에 대해 주로 다루게 된다. 미국질병관리센터(Centers for Disease Control)에서는 감염된 식품 취급자로 인해 오염된 식품을 통하여 감염되기 쉬운 5 종의 미생물을 동정하였는데 노로바이러스(Norovirus), 살모넬라 타이피(*Salmonelli typhi*), 장출혈 또는 시가독소생산 대장균(*E. coli*), 시겔라(Shigella *spp.*) 및 A형 간염 바이러스(hepatitis A virus)였다.

포자
극도로 불리한 조건에서 생존력을 유지할 수 있는, 박테리아의 특화된 구조.

원핵생물
뚜렷한 핵이 없는 세포성 생물.

박테리아

박테리아(bacteria)는 크기가 평균 1~3 μm, 무게는 약 1×10^{-12} g인 매우 작은 단세포 생물로 짧은 시간에 (세대기간이 종종 20분 정도) 2분법으로 증식하기 때문에 일부 식품에서 빠르게 위험한 수준까지 증가한다. 박테리아는 자연에 풍부하고 **포자(spore)**를 형성하여 극도로 가혹한 조건에서도 생존할 수 있는 단순한 **원핵생물(prokaryote)**로서 포자는 심지어 고온, 마모, 탈수, 화학물질 또

표 19.1 식중독 유발 미생물

박테리아	바이러스	곰팡이	미세조류	기생충	원생동물
Clostridium botulinum	HAV	*Aspergillus flavus*	*Gonyaulax catanella*	*Trichinella spiralis*	*Giardia lamblia*
Staphylococcus aureus				*Ascaris lumbricoides*	*Entamoeba histolytica*
Clostridium perfringens					
Yersinia enterocolitica					촌충(Cestodes)
Salmonella enteritidis					
Salmonella typhi					
Escherichia coli					
Campylobacter jejuni					흡충(Flukes)
Listeria monocytogenes					
Shigella boydii					
Vibrio cholera					
Morganella morganii					

는 동결에 의해서도 사멸시키기 어려운 구조이다. 이 같은 빠른 증식과 포자형성 특성으로 인해, 이 박테리아를 초기에 제거하거나 이들의 오염을 최소화시키고 위생 수준을 높게 유지하며 식품취급 시 이들의 증식에 적합하지 않은 온도범위를 유지하는 것이 중요하다.

장내세균군인 **Enterobacteriaceae**의 생존과 증식 속도에 영향을 주는 요소로는 산소와 온도가 있다. 산소를 요구하는 박테리아는 **호기성(aerobic)**으로, 산소 존재 시 생장하지 못하는 박테리아는 **혐기성(anaerobic)**으로 분류한다. 생육 온도에 따라 15°C 아래에서 잘 자라면 **저온성(cryophilic)**, 15~45°C 사이에서 잘 자라면 **중온성(mesophilic)**, 그리고 45~95°C에서 생육하면 **고온성(thermophilic)**으로 분류한다. 이러한 기준들은 식품에서 박테리아의 오염을 최소화시키기 위한 취급 권고사항에 영향을 준다.

다른 종류의 박테리아 감염 또한 모두 그 발생빈도와 위해성으로 인해 소비자와 공중보건종사자에게 너무 잘 알려져 있다. 살모넬라(*Salmonella*), 쉬겔라(*Shigella*), 캄필로박터(*Campylobacter*), 리스테리아(*Listeria*), 클로스트리디움(*Clostridium*), 비브리오(*Vibrio*), 여시니아(*Yersinia*) 및 대장균(*E. coli*)은 식중독을 유발하는 독소생성 박테리아들이다.

박테리아 독소는 균체외 독소와 균체내 독소로 분류된다. **균체외 독소(exotoxin)**는 박테리아가 증식할 때 부산물로 생성되며 신체의 특정부위를 공격하고 항체 생성을 유발한다. 그러므로 이것은 **클로스트리디움 보툴리넘(*Clostridium botulinum*)**과 같은 균체외 독소 생성 박테리아에 대한 면역성이 가능하게 한다(그림 19.1)

균체내 독소(endotoxin)는 실지 일부 박테리아의 세포벽 성분이지만 섭취되면 효소에 의해 숙주로 방출되는 독소이다. 균체내 독소의 작용은 상당히 다양해 여러 생리적 기능에 영향을 준다. 이 장의 후반에 논의될 다른 유사한 박테리아처럼 살모넬라 타이피(*Salmonella typhi*)는 균체내 독소를 생성한다.

클로스트리다움 보툴리넘. 클로스트리다움 보툴리넘이 생산하는 균체외 독소는 신속히 항독소제를 감염자에게 투여하지 않으며 매우 치명적인 식중독인 **보툴리즘(botulism)**을 일으킨다(표 19.2). *C. botulinum*은 토양에 꽤 널리 분포하면서 토양과 물에 그 포자를 퍼트린다. 만일 포자가 장기간 혐기조건 및 비 산성 환경에 있으면 균이 생육하면서 독소를 생성하는데, 충분히 열처리를 하지 않은 야채와 육류통조림에서 이러한 독소의 발생 가능성이 있다(그림 19.1).

야채와 육류통조림에 존재할 수 있는 *C. botulinum* 포자를 확실히 사멸시키려면 가압 살균 통조

Enterobacteriaceae
위장을 통과하여 장에서 생존하며 증식하여 질병을 일으키는 박테리아.

호기성
생존과 성장에 산소가 필요함.

혐기성
생존과 성장에 산소가 없는 환경이 필요함.

저온성
15°C 아래에서 최적의 증식과 생존력을 가지는 미생물.

중온성
15~45°C 사이에 최적의 증식과 생존력 가지는 미생물.

고온성
15~45°C에서 최적의 증식과 생존력 가지는 미생물.

균체외 독소
어떤 박테리아가 증식할 때 부산물로서 만들어 지는 독소.

클로스트리디움 보툴리넘
사람에서 사망을 일으킬 수 있는 매우 유해한 독소를 생산할 수 있는 혐기성의 포자형성 박테리아.

균체내 독소
어떤 박테리아의 세포벽에서의 독소.

보툴리즘
*C. botulinum*에 의해 생성되는 독소를 소량이라도 섭취할 때 나타나는 치명적인 식중독.

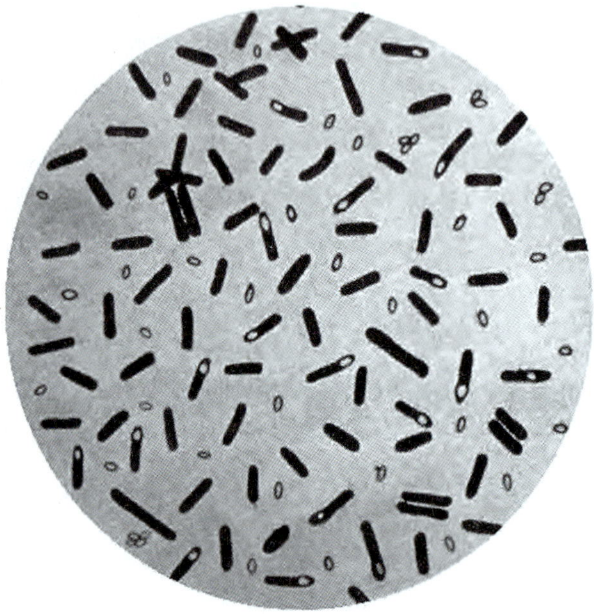

그림 19.1 *Clostridium botulinum*은 섭취하면 사망할 수 있는 균체외 독소를 생산하는 혐기성 박테리아이다. (Courtesy of Agricultural Research Service.)

림 방식이 필요하다. 포자는 박테리아보다 열에 대한 저항성이 크기 때문에 높은 압력(최소 6.8 kg, 즉 10.2기압, 온도 115℃)에서 장시간 가열해야 하며 그 시간은 용기의 크기에 따라 결정된다.

일반적으로 발생하는 보툴리즘은 가정에서 부적절하게 만든 야채통조림이나 다른 저산성 제품에 기인한다. 상업적 통조림 제조 공정에서는 생육 가능한 *C. botulinum* 포자가 없는 식품이 생산되도록 관리되지만 가정에서 제조된 저산성 통조림의 경우 포자를 충분히 사멸시키지 못할 수도 있다. 잠재적 위험을 없애기 위해서는 가정에서 만든 야채와 육류통조림은 심지어 맛을 보지도 말고 미리 최소 15분간 강하게 끓여야 한다.

표 19.2 박테리아성 식중독

원인균	발병시기	증상	지속기간	감염원(식품)
Campylobacter jejuni	2~5일	설사, 경련, 구토, 열	2~10일	날 또는 덜 익힌 가금, 생우유, 오염수
Clostridium botulinum	12~72시간	흐릿한 시야, 설사, 구토, 근 무력(약화)	수일 또는 수개월; 치명적일 수 있음	부적절하게 통조림한 저 산도 식품
Clostridium perfringens	8~16시간	위장 경련, 구역질, 물 설사, 열은 없음	1~2일	고기, 가금, 육즙, 미리 조리된 식품
Escherichia coli 0157:H7	1~8일	심각한 설사, 구토, 열은 없음, 복통	5~10일	설 익힌 소고기, 생우유, 알 제품, 오염수
Listeria monocytogenes	9~48일	열, 구역질, 설사, 근육통	다양	신선한 연성치즈, 생우유, 핫도그
Salmonella spp.	1~3일	설사, 열, 경련, 구토	4~7일	오염된 계란, 가금, 분변 오염수
Shigella spp.	1~2일	설사, 열, 복부경련	4~7일	분변 오염수나 식품
Staphylococcus aureus(preformed enterotoxin)	1~6시간	심각한 구역질, 구토의 갑작스런 발생; 열, 설사	1~2일	육류, 계란, 감자 샐러드, 크림페이스트리의 부적절한 냉장
Yersinia enterocolytica	1~2일	열, 설사, 구토	1~3주	생우유, 덜 익힌 돼지고기, 오염수

포도상구균 포도상구균 감염(Staphylococcal infection)은 **포도상구균(*Staphylococcus aureus*)**이 생성한 독소들에 의해 나타난다. 10가지 독소들은 다른 박테리아보다 더 많은 경우의 식중독을 초래하는 균체외 독소이다. 증상에는 구토, 설사, 구역질, 허약, 두통, 시야가 흐려지는 증상이 속한다. 이 증상 중 일부는 독소 섭취 후 2시간 안에 명백해지고 격렬한 증상을 겪는 환자에게는 마치 끝없는 시간이라 느껴질지라도 12시간 이내에 사라진다.

포도상구균
생육하면서 균체외 독소인 장 독소(enterotoxin)를 생산하여 식중독을 일으키는 박테리아.

이 감염을 막는데 가장 중요한 것은 종기나 다른 잠재적인 포도상구균 감염 환자라면 누구라도 식품의 조리나 제공을 하지 않는 것이다. 생육이 활발한 박테리아는 식품으로 옮겨져 생육하면서 장 독소를 생성할 수 있기 때문이다. 또 다른 주의사항으로는 조리된 식품(채소, 육류, 어류, 가금, 우유, 과일이 포함된 음식)은 신속하게 제공하거나 4°C 아래로 냉각시켜야 박테리아의 활발한 생장을 저해시켜 장 독소의 생산을 막을 수 있다.

*S. aureus*로 감염되어 장 독소가 이미 생긴 식품은 열처리하면 박테리아는 사멸시킬 수 있으나 생성된 장 독소는 없애지 못한다. 즉, 100°C에서 10분간 가열하거나 수 주간 냉장 또는 건조를 하더라도 장 독소는 파괴되지 않기에 유일한 방어책은 사전에 균의 오염을 막는 것이다.

클로스트리듐 퍼프린전스 클로스트리듐 퍼프린전스(*Clostridium perfringens*)는 혐기성의 포자형성 박테리아로서 균의 생장과 포자형성 동안에 생성된 독소는 포자의 외피에 저장된다. 이 독소는 이 균으로 오염된 식품으로 또는 그 식품을 먹은 사람의 장 속으로 방출된다.

클로스트리듐 퍼프린전스
가벼운 식중독을 유발하는 독소를 생성할 수 있는 혐기성의 포자형성 박테리아.

이 독소가 이미 식품에 존재하거나 사람의 장 속으로 방출되었는지는 중요하지 않으며 어느 경우라도 가벼운 설사, 두통, 구역질, 위통 같은 불편함을 겪게 되고 이들은 대개 12~24시간 사이에 사라지는데 *S. aureus*에 의한 식중독보다는 훨씬 덜한 편이다. 육류가 포함된 식사는 이 미생물의 생육에 유리한 혐기적 환경을 제공하기 때문에 상온에서는 빠르게 성장할 수 있다. 그러므로 식사는 즉시 제공하거나 신속히 냉각시켜야 *C. perfringens*의 생육을 피할 수 있다.

살모넬라 엔테리티디스. 살모넬라 엔테리티디스(*Salmonella enteritidis*)는 20세기 마지막 분기에 살모넬라 중독(salmonellosis)의 원인균으로 알려졌다. 이 식중독은 위생적 취급조건이 잘 된 경우라도 생계란이나 덜 익힌 계란의 섭취를 통해 전달되는 질병으로 노른자가 *S. enteritidis*으로 감염된 계란 때문으로 확인되었다(그림 19.2). 감염은 계란이 형성되는 동안과 껍질이 쌓이기 전에 발생한다. 이 오염된 계란은 대략 슈퍼마켓에서 10,000개당 약 1개 정도로 드물게 발견되지만 위생적인 환경 유지 및 닭 무리에서 감염 억제 등 산란단계에서 오염을 줄이는 시도가 이루어지고 있다.

살모넬라 엔테리티디스
깨지 않은 계란의 노른자에서 종종 발견되는 살모넬라 종으로 살모넬라 중독을 일으킬 수 있음.

소비자들은 저온살균된 계란제품을 사용하거나, 계란의 섭취 및 비가열 제품에 첨가 시 미리 최소 71°C에서 조리해야 한다. 실지 사용할 때를 제외하고는 계란은 항상 상온을 피해 냉각 저장하는 것이 이 박테리아의 생장 지연에 효과적이다. 계란이 포함된 뜨거운 식사는 신속히 제공하거나 *S. enteritidis*의 생육을 지연시키기 위해 57°C 이상의 온도로 유지해야 한다.

감염 증상은 열, 오한, 설사, 구토, 복통, 두통 등으로 일반적으로 12~36시간 사이에 명백히 나타난다. 매년 이 살모넬라의 감염으로 사망사고가 발생하는데 요양원의 허약한 노인들에서 가장 일반적으로 발생한다. 이런 곳에 저온살균 계란제품의 공급이 필요하다. 이 종류의 살모넬라 감염은 미국에서 보고된 박테리아 발생의 절반 이상을 차지한다.

살모넬라 타이피. 살로넬라 타이피(*Salmonella typhi*)는 살모넬라 종류 중에서 특히 병원성이 강한 박테리아로서 장티푸스(typhoid fever)를 유발한다. 다른 살모넬라 감염처럼 섭취 후 10시간 정도로 일찍 발생하지만 증상은 다른 **살모넬라증(salmonellosis)**에 비해 더 심각하다. 신속한 항생제 치료로 약 2~3주 안에 감염을 극복할 수 있지만 치료하지 않으면 사망에 이를 수 있다. 다행히 미국에서 *S. typhi* 감염은 흔하지 않고 공중보건 공무원들이 잠재적인 발생을 포함한 그 가능성을 추적하고 있다.

살모넬라 타이피
장티푸스를 일으키는 살모넬라 종류.

살모넬라증
균의 특정 종에 상관없이 살모넬라에 의해 유발되는 질병의 일반 명칭.

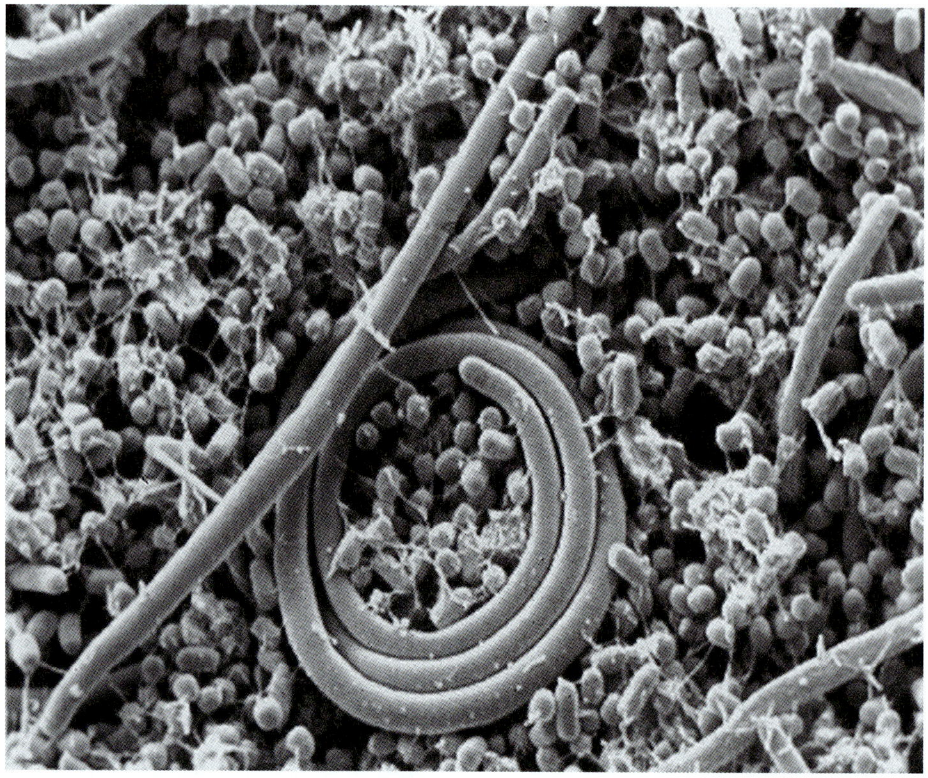

그림 19.2 만일 암닭이 *Salmonella enteritidis*에 감염되면 그 닭에서 얻은 신선한 계란 속에도 존재할 수 있다.

살모넬라
장티푸스를 포함한 위장관질환을 일으키는 그람음성 박테리아 종의 속명.

비록 *S. typhi*와 같이 전염성이 크진 않지만 **살모넬라(*Salmonella*)**의 다른 종들도 식중독을 일으킬 수 있으며 어떠한 살모넬라 감염도 극도로 좋지 않을 수 있다. 살모넬라는 도처에 존재하기 때문에 오염 제품의 섭취 가능성과 관련되어 물과 식품이 분변으로 오염되었는지 확인하는 위생의 척도가 된다.

모든 식품 취급자들은 뜨거운 물과 비누로 손을 철저히 씻어야 하며 식품과 접촉하는 도마나 다른 표면들도 같은 방식으로 세척하여야 한다. 또 다른 필수사항으로 온도는 4°C 아래와 57°C보다 높게 하고 4°C와 57°C 사이에서는 노출 시간은 절대적으로 최소화해야 한다.

대장균
다양한 혈청형을 가진 대장균군의 종류로 그 중 일부는 식중독 유발 독소를 생산함.

대장균군
결장에 생육하는 박테리아.

혈청형
대장균(*E. coli*)처럼 공통적인 항원세트를 가지고 밀접히 관련된 생물.

대장균. 좀더 많이 알려진 식중독 유발 박테리아 중의 하나가 **대장균(*Escherichia coli*,** 보통 *E. coli*)이다(그림 19.3). 이 **대장균군(coliform)**에는 상당히 다양한 **혈청형(serotype)**이 있다.

1990년대 초 갑자기 보도된 특별한 혈청형이 *E. coli 0157:H7*으로 수많은 식중독 발생의 원인균이다. 이 식중독은 덜 조리된 쇠고기 분쇄육, 저온살균하지 않은 우유, 낮은 산도의 사과주스, 마요네즈, 염소처리하지 않은 물, 가금류, 조리하지 않은 과일 및 채소 등 다양한 범주의 식품에서 나타났다.

식품이나 물에서의 대장균의 존재는 농장주변의 어느 지점 또는 마케팅과 제조의 전반적인 과정 중에 분변에 오염되었음을 의미할 수 있다. 손이나 손톱이 불결한 작업자가 식품이나 식품에 접하는 기구를 취급하면 언제라도 식품이 분변에 오염될 수 있으며 비위생적인 도축과 식품가공설비도 대장균 오염을 일으킬 수 있다(다른 병원성 미생물뿐 아니라).

이상적인 상황에서는 식품과 물에 대장균이 혼입되지 않지만 때론 사람과 병원매개 곤충(파리,

생각할 거리: 안전에 대한 머리말

살모넬라증을 막기 위한 첫 단계는 가금류가 살모넬라에 감염되지 않게 하는 것이다. 미국농무부(U.S. Department of Agriculture)의 연구자들은 최소 3주령의 닭들이 일부 살모넬라에 저항성을 가짐을 발견하였고 이 건강한 닭에서 박테리아 종류(정상적인 장내균)를 동정하였다. 그 다음 그들이 발견한 유익한 29종 박테리아를 생육시킨 혼합물을 제조하였다.

그들의 목표는 이 박테리아들을 닭의 장까지 도달시켜 살모넬라와 경쟁하게 함으로써 장에서 살모넬라 생육을 줄여 그 위해성을 극복하여 건강한 장을 유지하게 하는 것이다. 이를 위해 이 유익한 박테리아 혼합물을 병아리에게 급여하는 여러 가지 방법이 시도되었는데 그 중에 이 혼합물을 병아리에 분무하는 방법이 선정되었다. 그 이유는 병아리들이 부리를 사용해 습관적으로 솜털과 깃털을 다듬기 때문에 분무한 박테리아 혼합물이 확실히 입으로 들어가 장으로 전달될 수 있기 때문이다. 특히, 분무는 모든 병아리에게 고루 혼합물을 공급하기에 병아리들이 먹는 먹이에 상관없이 장으로 들어가 장내 살모넬라 생육을 억제하는 장점을 지닌다.

이 유익한 박테리아 스프레이는 Preempt™으로 명명되었는데 닭의 장에서 미리 작용함으로써(preemptive action) 살모넬라의 군집화를 막는 작용에서 유래한 명칭이다. 이 제품이 1998년 이후 사용되면서 좀 더 위생적인 가금류 판매에 도움을 주었다. 이 방법이 식용 가금류 유래의 살모넬라 위험성을 효과적으로 줄이는 수단이긴 하지만 안전성 또한 여전히 고려해야 한다. 가금류에서 적절한 냉장은 필수적이며 조리 동안에는 가금류의 표면을 깨끗이 유지하고 도마, 칼 및 다른 표면들 사이의 교차감염을 막아야 하며 가금류는 74°C 온도까지는 가열해야 한다.

바퀴벌레 등)들이 대장균 오염을 유발한다. 실지로 식품을 취급할 때는 대장균이나 다른 박테리아가 존재한다고 가정하는 것이 현명하다. 선선한 농산물은 염소살균 물로 완전히 세척해야 하고 단백질이 풍부한 식품(육류, 가금류, 생선류, 우유 및 유제품, 난류)은 4°C보다 아래 또는 57°C보다 높은 온도에서 보관하여야 한다.

살아 있는 대장균 섭취와 그 독소의 존재로 발생하는 병은 물 설사이며 혈변과 점액변이 나타나기도 한다. 구토, 구역질, 미열도 나타날 수 있으며 수막염(뇌막염)을 일으킬 수도 있다.

캄필로박터 제주니. **캄필로박터병(campylobacteriosis)**을 일으키는 캄필로박터의 균주(strain)는 몇 가지가 알려져 있지만 많은 경우 **캄필로박터 제주니(*Campylobacter jejuni*)**에 의한 것이다(그림 19.4). 이 박테리아의 가장 높은 감염원은 생우유, 익히지 않거나 덜 익힌 육류와 가금류, 오염된 물이다. 증상은 섭취 후 2일과 10일 사이에 발생할 수 있으며 열, 근육통, 두통이 시작되고 뒤이어서 위 불쾌감, 구역질, 설사가 나타난다.

캄필로박터병
캄필로박터 제주니(혹은 다른 독소생성 균주)의 독소에 의한 식중독.

캄필로박터 제주니
캄필로박터병을 유발할 수 있는 캄필로박터의 일반적인 균주.

일반적으로는 캄필로박터병이 다른 감염보다 위험성이 덜하다 하더라도 여전히 피해야 하는데 육류(71°C)와 가금류(82°C)의 적절한 가열과 저온살균된 우유, 염소살균된 물을 사용하는 것이 *C. jejuni*를 피하는 유용한 수단이다.

리스테리아 모노사이토제네스. 20세기 초 **리스테리아 모노사이토제네스(*Listeria monocytogenes*)**가 가축에서 동정되었지만 1980년대까지는 이 균에 의한 식중독은 진단되지 않았다. **리스테리아증(listeriosis**, 선회증)은 섭취 수 시간 내에 발생하거나 심각한 증상이 명확해지기까지 6주의 긴 시간이 걸리는 질병이다. 어떤 경우에는 사망에 이르기도 하지만 피로, 열, 구역질, 구토 및 설사가 초기 증상으로 유일한 문제들이다.

리스테리아 모노사이토제네스
육류, 육제품, 비살균우유 및 다른 식품에서 종종 발견되며 독소가 리스테리아증을 유발하는 박테리아.

리스테리아증
리스테리아에 의해 발생하는 식중독.

*L. monocytogenes*의 위해를 피하는 확실한 방법은 식품의 오염, 특히 육류, 육제품, 우유, 연성

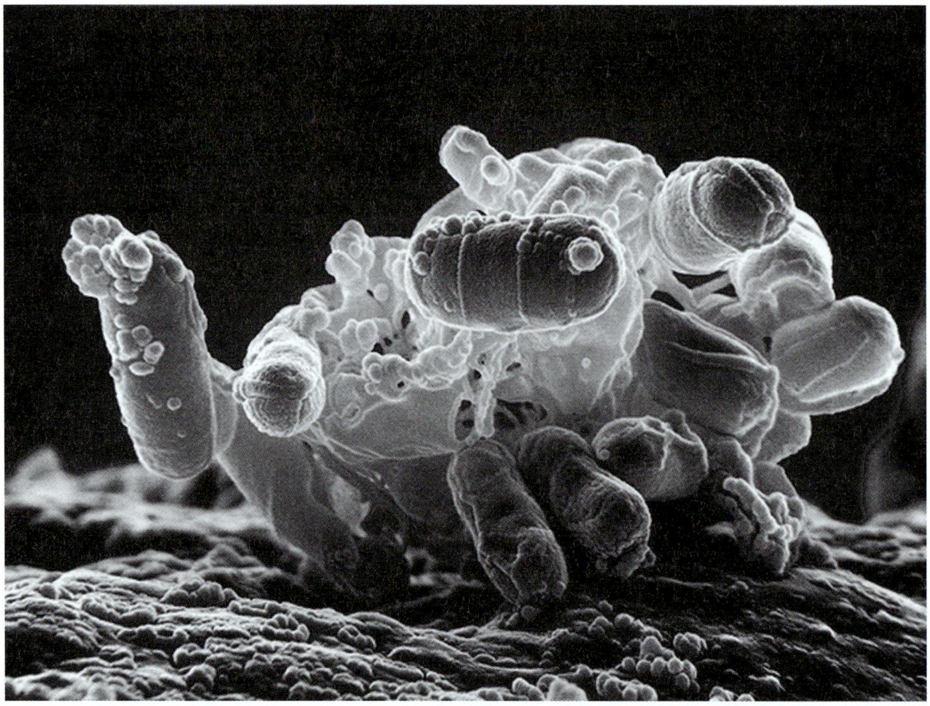

그림 19.3. 대장균(*E. coli*)의 군집. 검은색의 타원형이 개별 대장균이다. (Courtesy of Agricultural Research Service.)

치즈의 오염을 막는 것이다. 불행히도 냉장은 단지 이 균의 증식을 늦출 뿐이고 심지어 -18°C의 상업적 냉동조건에서도 사멸되지 않는다. 다만 이 온도에서는 더 이상의 증식은 하지 못한다.

4~45°C 사이에서 *L. monocytogenes*는 증식이 활발하므로 상온에서의 보관은 피해야 한다. 냉

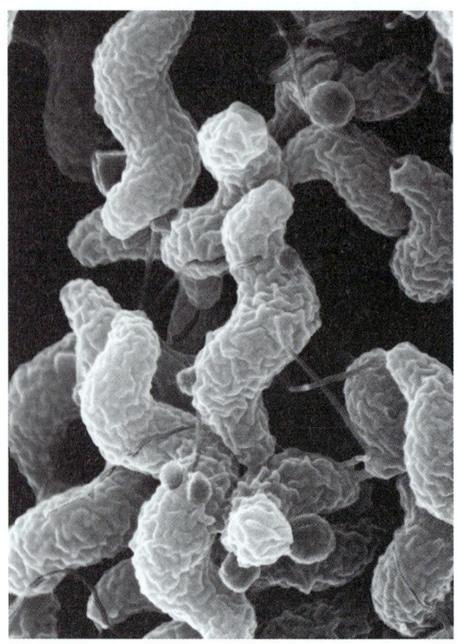

그림 19.4 *Campylobacter* 박테리아는 미국에서 식중독을 일으키는 최다 원인요소이다. 이 병원균에 대해 더 많은 정보를 얻기 위해 ARS 과학자들이 *Campylobacter* 유전자 서열 분석하고 있다. 이 주사전자현미경(scanning electron microscope) 사진에는 *C. jejuni* 세포의 특징적인 나선 모양 구조가 나타나 있다. (Courtesy of Agricultural Research Service.)

생각할 거리: 활성 락토페린

우유에 자연적으로 들어 있는 단백질인 락토페린(lactoferrin)은 유청 단백질에서 분리시킨 후 활성화된 형태(활성 락토페린)로 시판된다. FDA의 GRAS 승인을 받은 이 제품은 식중독을 일으키는 광범위한 박테리아에 대해 효과적이다. 식품의 제조 시 락토페린을 사용함으로써 *E. coli 0157:H7*, *Campylobacter*, *Salmonella*와 많은 다른 병원균에 의한 식중독 감염의 위해를 줄일 수 있다.

이 단백질을 육류(특히 쇠고기)에 표면에 분무하여 사용한다. 락토페린은 박테리아와 싸워 고기에 이미 부착되어 있는 미생물을 떼어내고 자유 박테리아의 부착을 막고 콜로니의 생장을 억제한다(활성 락토페린이 분무된 육류나 다른 식품에서의 이 같은 작용은 우유가 유아의 소장을 통과할 때의 하는 보호작용과 유사하다). 활성 락토페린이 박테리아를 떼어내기에 충분히 긴 시간 동안 육류와 접촉시킨 후에, 그 표면을 물로 세척해 활성 락토페린이 박테리아와 접촉으로 형성된 병원균-락토페린 복합체를 제거한다.

활성 락토페린은 육류, 특히 마쇄육에서 *E. coli 0157:H7*에 의한 감염의 위험을 줄이는데 특히 효과가 있다. 그러나 이 처리를 하면 육류 취급 시 위생조치를 철저히 하지 않아도 된다는 것을 의미하는 것은 아니고 청결, 위생적 취급 및 꼼꼼한 온도 조절은 반드시 필요하다. 그럼에도 활성 락토페린은 소비자를 식중독으로부터 보호할 수 있는 또 다른 중요한 수단이라고 할 수 있다.

장은 박테리아 성장을 늦추는데 도움이 되며 60°C보다 높은 온도로 유지하면 *Listeria*를 사멸시킨다. 육류는 71°C, 가금류는 82°C로 가열하고 우유는 저온살균하면 이 박테리아를 사멸시킬 수 있다.

시겔라. 이질의 한 종류인 **세균성 이질(bacillary dysentery)**은 **시겔라(shigella)**의 섭취로 발생하며 가장 일반적인 원인균은 **시겔라 보이디(*shigella boydi*)**이다. 증상은 1~5일에서 발생하며 상당히 갑작스런 복통과 극도의 설사, 고열을 동반한다. 극도의 탈수로 인해 전해질도 빠져나가 빠르게 쇼크를 일으킬 수 있고, 신속히 물과 전해질이 회복되지 않으면 죽음에도 이를 수 있다. 시겔라 감염은 대개 식품이나 물의 분변 오염을 통해 사람 사이에 이루어진다.

세균성 이질
심각한 설사와 전해질 손실이 특징적인 식중독으로 극심한 복부경련, 고열이 동반되며 죽음에 이를 수 있음.

시겔라 보이디
세균성 이질 발생의 주요 원인균.

비브리오 콜레라. 인간의 분변으로 심하게 오염된 물은 **비브리오 콜레라(*Vibrio cholerae*)**가 활발하게 증식할 수 좋은 장소로 궁극적으로는 식품이나 물을 통해 인간을 감염시킨다. 인도에서는 이 박테리아에 의한 **콜레라(cholera)** 전염병이 퍼진 적도 있으며 동남아시아, 북아프리카, 남아메리카 등지에서도 문제가 되는 질병이다

증상은 심각한 설사, 구토, 구역질이 갑자기 나타나는 것이다. 항생제, 포도당, 전해질과 적절한 수분을 신속히 공급하면 회복의 예후가 좋지만 적시에 적절한 조치를 하지 않으면 사망률이 75%에 이를 만큼 높을 수 있다. 매우 더운 국가들에서 건강에 중요한 위해 요소인 콜레라를 극복하는 핵심은 위생을 개선하는 것이다. 안전한 물, 위생적인 식품취급, 식품취급자의 철저한 개인위생이 분변 오염과 *V. cholerae*에 의한 콜레라 발병을 피하는데 필수적이다.

비브리오 콜레라
분변오염으로 식품에 전달되며 섭취 시 콜레라를 유발하는 박테리아.

콜레라
열대지방에서 특히 문제가 되며 *V. cholerae*에 의해 발병하는 식중독.

모르가넬라 모르가니. **히스타민독(scombrotoxin poisoning)**은 히스타민 농도가 높은 생선을 섭취하면 발생하는 식중독으로 참치, 마히마히(mahi-mahi), 게르치(bluefish)의 경우 100 g당 히스타민이 50~100 mg 정도에 이르면 이 증상이 발생한다. 실지로 히스타민은 이들 생선의 표면에서 생육하는 박테리아인 **모르가넬라 모르가니(*Morganella morganii*)**에 의해 히스티딘으로부터 생성된다. 히스타민, 소린(saurine) 및 다른 대사물에 의한 알러지 반응은 발진과 배탈을 일으킨다. 증상은 섭취 약 1시간 후에 발생하고 대개 반나절 안에 사라진다. 이 식중독의 발생은 이들 생선을 냉장시켜 히스타민 생성을 최소화하면 억제할 수 있다. 그러나 가열(cooking)은 효과가 없다.

히스타민독
참치 및 관련 생선류에서 *Morganella morganii*에 의해 생성된 히스타민, 소린 및 다른 대사물을 다량으로 섭취하여 발생하는 알러지 반응.

모르가넬라 모르가니
참치 및 관련 어류의 표면에서 히스티딘으로부터 scombrotoxin을 생산하는 박테리아.

표 19.3 바이러스성 식중독

바이러스	발병시기	증상	지속기간	감염원(식품)
Norwalk-like	1~2일	구역질, 구토, 다량의 물 설사	1~5일	감염자가 취급한 후에 익히지 않은 식품, 샐러드, 샌드위치, 얼음, 과일, 부적절하게 조리된 조개 및 갑각류
Rotavirus	1~3일	구토, 미열, 물 설사	4~8일	분변 오염된 식품
Hepatitis A	15~50일	검은색 소변, 독감 증세, 설사, 두통, 복통 두통, 복통	2~12주	오염된 물에서 잡은 조개류 및 갑각류, 익히지 않은 농산물, 감염자가 취급한 후 재가열하지 않은 조리식품이나 식품

예르시니아증
감염된 생우유나 덜 조리된 돼지고기 섭취로 발생하는 장에 집중된 식중독.

여시니아 엔테로콜리티카
조리하지 않거나 덜 조리된 돼지고기, 생우유 등에서 종종 발견되며 예르시니아증을 유발하는 박테리아.

여시니아 엔테로콜리티카. 예르시니아증(yersiniosis)도 박테리아 유래 식중독인데 가장 일반적인 원인균은 여시니아 엔테로콜리티카(*Yersinia enterocolitica*)로서 종종 돼지고기와 생우유에서 발견된다. 증상은 대개 4~7일 사이에 발생하고 설사, 열, 복통을 동반하며 질병은 3주 또는 그 이상 지속될 수 있다. 돼지고기 제품의 적절히 조리, 저온살균한 우유와 유제품의 사용, 부엌에서 도마, 계산대, 조리용품들의 교차오염 방지를 통해 막을 수 있다.

바이러스

바이러스
숙주세포에 의해 함입되어 결국 숙주세포를 변화시키거나 죽이는 능력이 있는 화학적 거대분자.

바이러스(viruse)는 물 또는 식품을 통해 섭취될 수 있는 거대분자이다. 몸에 유해한 바이러스는 숙주세포에 의해 함입(engulf)되고 결과적으로 숙주세포의 DNA와 작용하여 바이러스 유전자를 생성하며 이를 통해 숙주세포를 변화시키고 심지어 죽이는 능력을 가진다. A형 간염과 척수성소아마비 감염(poliomyelitis)은 종종 오염된 물이나 식품에서 유래한다.

A형 간염
A형 간염 바이러스가 간에서 염증을 일으키는 식중독.

HAV
간세포를 공격하는 식중독의 원인이 되는 바이러스(Hepatitis A virus).

A형 간염 A형 간염은 A형 간염 바이러스(HAV)에 의해 발생하며 이 바이러스는 종종 분변으로 오염된 식품이나 물에 존재한다(표 19.3). 이 바이러스 섭취 후 증상이 나타나기까지 잠복기가 2~4주 동안 지속되기 때문에 HAV의 감염원 추적은 상당히 어렵다. 이 바이러스 작용의 병소는 간으로 증상은 간 비대와 황달이 발생하며 복통, 식욕감소, 구역질도 명백히 발생한다. 치료하지 않으면 일부 감염자는 사망할 수 있으나 일반적으로 8~12주 사이에 회복된다.

부적절하게 조리된 조개류와 갑각류(홍합, 조개, 굴, 새우)는 가장 가능성 있는 HAV 오염의 감염원이다. 철저한(careful) 공중위생과 오염되지 않은 물의 공급으로 A형 간염 발생 가능성을 막을 수 있다.

노로바이러스
분변으로 오염된 식품의 섭취 후 12~48시간 내에 급성 위장관 문제를 갑자기 일으키는 바이러스.

노로바이러스. 2003년 신문의 여행 섹션에 있는 헤드라인에 노로바이러스(NLV: Norwalk-like virus)에 의한 식중독의 발병이 보도되었다. *Caliciviridae*가 궁극적으로 노로바이러스에 기인한 많은 사건을 일으키는 과(family)이다. 비록 보고되지 않은 경우도 있고 원인물질의 확인이 어려워 매년 어느 정도 감염되는지는 확인이 어렵더라도 NLV가 많은 식중독을 발생시키는 사실은 명백하다.

노로바이러스 감염은 12~48시간 내에 구역질, 구토, 설사 및 위경련을 갑작스럽게 유발하며 이 증상은 대개 12~60시간 지속된다. 이 감염은 일반적으로 분변으로 오염된 식품섭취에 의해 일부 기인하지만 오염된 물도 질병을 유발한다.

샐러드 바는 주방에서 준비된 음식이 놓인 다음에는 가열처리 없이 섭취하게 되므로 오염된 식품의 제공지가 될 수 있다. 그러므로 식품취급자는 손을 철저히 그리고 자주 씻도록 매우 주의해야 한다.

곰팡이(균류)

박테리아는 단세포인데 비해 곰팡이(mold)는 다세포로 이루어져 있다. 일반적으로 곰팡이는 식품

표 19.4 식품 중의 곰팡이독소(마이코톡신)

곰팡이독소	곰팡이	감염원(식품)
Patulin	*Aspergillus, Penicillium*	곡물; 저산도 과일주스; 상처난 포도, 사과 및 복숭아
Ochratoxin	*Aspergillus* spp., *Aspergillus*	감염된 곡물, 감염된 동물에서 얻어진 고기와 치즈
Aflatoxins	*Aspergillus flavus*	덥고 습하며 청결하지 않은 장소에 보관된 땅콩, 옥수수, 코프라 등
Fumonisins	*Fusarium verticilloides,*	황색 옥수수
	Fusarium proliferatum	황색 옥수수
Ergot	*Claviceps purpurea*	감염된 곡물

숙주로부터 생존에 필요한 영양분을 흡수할 수 있는 작은 실 모양의 균사를 가지고 있으며 이 균사로부터 포자를 가진 균사체(stalk)가 자라나는데 이들 포자로 인해 곰팡이의 존재가 쉽게 확인된다. 포자는 공기 중으로 퍼져 다른 곳으로 전파되지만 균사는 남아서 식품을 계속 오염시킨다. 이 단원에서는 곰팡이의 위해성을 다루지만 일부 곰팡이는 독특한 치즈의 제조에도 사용된다(14장 참고).

새로운 숙주에 도달한 포자들은 곰팡이의 새로운 성장주기를 시작한다. 곰팡이는 내부, 외부 가릴 것 없이 따뜻하며 습도가 높은 그늘에서 특히 잘 자란다. 따뜻하고 습한 조건에서 보관 중인 곡류, 땅콩, 저장목초 및 유사 작물들은 곰팡이 생육에 이상적인 숙주이다. 그러므로 이 같은 작물들을 부적절하게 보관하면 일부 곰팡이 종류는 자라서 **곰팡이독(mycotoxin)**을 생산한다.

곰팡이독
일부 종류의 곰팡이에 의해 생산되며 섭취 시 치명적인 독소.

파툴린(patulin), 오크라톡신(ochratoxin), 아플라톡신(aflatoxins), 푸모니신(fumonisins)이 일부 곰팡이들로부터 생산될 수 있는 곰팡이독이다(표 19.4). 곰팡이독으로 식품이 오염되는 것을 막는 일이 중요한데 곰팡이 생육 및 독소 생성에 유리한 개발도상국의 덥고 습한 지역에서는 특히 중요하다.

아스퍼질러스 플라버스. 아스퍼질러스 플라버스(***Aspergillus flavus***)는 유독한 곰팡이독인 **아플라톡신(aflatoxin)**을 생산하는 곰팡이이다(그림 19.5). 이 독소는 섭취 시 **아플라톡신중독(aflatoxicosis)**을 유발하는데 처음에는 구역질, 구토가 발생하고 이어서 중추신경계로 진행되어 경련, 혼수 및 결과적으로 사망에 이르게 된다.

아스퍼질러스 플라버스
땅콩, 곡류 및 다른 농작물을 따뜻하고 습한 조건에 보관 시 활발하게 생장하는 곰팡이.

아플라톡신. 식품공급에서의 아플라톡신(aflatoxin)을 막는 방법은 저장된 곡류, 땅콩 및 다른 농작물에서 눈에 보이는 곰팡이 발생을 피하는 것이다. 만일 곰팡이가 검출되면 사망을 막기 위해 이 식품은 공급하지 말아야 한다. 아플라톡신으로부터 소비자를 보호하기 위해서는 관련 작물에 대해 지속적으로 철저한 곰팡이 검사를 필수적으로 해야 한다.

맥각중독
곰팡이인 *Claviceps purpurea*가 생산한 독소인 ergot로 오염된 곡류의 섭취로 나타나는 치명적 위험성이 있는 식중독.

맥각병(Ergot). **맥각중독(ergotism)**은 밀, 호밀, 라이밀 및 다른 곡류를 감염시킬 수 있는 곰팡이(*Claviceps purpurea*)에 의해 생성되는 독소에 의해 발병하는 질병이다. 곰팡이의 포자는 바람에 날려 식물의 개화기에 전염되어 곡류 낟알의 배(씨눈, embryo)를 침범하고 활발히 생장하여 눈에 보이는 보라색이나 검은색의 균핵(sclerotia, ergot bodies)을 생성한다. 만일 맥각(ergot)에 감염된 곡류를 섭취하면 인간에 해로운 일부 알칼로이드들이 독소가 된다.

마비성 패독
적조로 인해 그 살에 많은 독소를 함유하게 된 조개류 및 갑각류을 섭취하여 발생하며 때로는 치명적인 마비 상태.

미세조류

일부 미세조류(microalgae)는 혀, 입술, 입의 감각을 얼얼하게 한 다음 무감각해지게 하고 나중에는 마비를 유발하는 **마비성 패독(paralytic shellfish poisoning)**을 일으킬 수 있다. 이어지는 증상은 구토, 설사이며 섭취량이 높으면 호흡곤란, 심장마비, 의식상실 및 사망에 이른다.

Gonyaulax catanella
마비성 패독소를 생산하는 미세조류의 종류.

마비성 패독은 ***Gonyaulax catanella***와 같은 쌍편모조류(미세조류)가 현저하게 번식할 때 발생하는데 이때 바다에서 주간에는 **적조(red tide)**, 야간에는 인광현상을 나타낸다. 이들 쌍편모조류는 마비성 패독으로 불리는 독소를 생산한다. 조개류와 갑각류가 이 미세조류들를 섭취하면 그 독

적조
마비성 패독을 일으킬 수 있는 쌍편모조류(미세조류)의 비특이적인 다량 증식의 시각적 증거.

그림 19.5 ARS 화학자 Kenneth Ehrlich가 다른 종류의 *Aspergillus* 포자를 분리하고 있다.

소가 그들의 조직에 축적된다.

적조 발생 시 조개류와 갑각류는 막대한 양의 *G. catanella*와 다른 쌍편모조류를 삼키게 된다. 독소는 조개류와 갑각류에게는 증상을 나타내지 않으나 그 독소가 살조직에 고농도로 농축된 조개류와 갑각류를 섭취한 사람은 마비성 패독을 일으킬 수 있다. 그러므로 적조가 생기면 이들을 수확하거나 섭취하지 않아야 한다.

기생충

기생충
숙주생물 속이나 표면에서 살아가는 생물.

기생충(parasite)은 사람이나 다른 적절한 숙주생물 속에서만 그들의 생활사가 진행되므로 식중독을 유발하는 다른 개체와는 차이가 있다. 사람을 공격할 수 있는 기생충의 감염원은 오염된 식품과 물이다. 대개 기생충의 섭취와 관련된 증상은 그들의 성장과 생식시기에 가장 명백하게 나타난다.

그림 19.6 돼지가 선모충에 감염되지 않도록 하는 혁신적인 사육지(on-farm) 프로그램은 다른 고기유래의 질병 차단 모델이 될 수 있다. (Courtesy of Agricultural Research Service.)

선충류. 미국 내 환자에서 확인된 4종류의 기생충(선충류, 원생동물류, 촌충류, 흡충류) 중에서 가장 일반적인 것이 **선충류(nematodes)**와 원생동물(protozoa)이다. 종종 선충류로 감염된 식품을 섭취하는 경우가 있지만 그 식품을 적절한 조리를 하면 위험성을 제거할 수 있다

선모충(*Trichinella spiralis*)은 익히지 않은 음식 찌꺼기를 먹인 돼지의 고기에서 종종 발견된다(그림 19.6). 그러므로 모든 돼지고기는 내부온도가 77°C에 이르도록 조리해야 해야 하며 식용 야생동물도 선모충 존재 가능성 때문에 이 온도가 되도록 조리해야 한다. 살아 있는 선모충을 섭취하면 **선모충증(trichinellosis)**이 발병하는데 장벽 손상, 흡수장애 및 유충이 근육을 침범함에 따라 근육통이 유발된다.

또 다른 선충류인 **회충(*Ascaris lumbricoides*)**은 감염원은 오염된 수산식품이다. 익히지 않았거나 덜 익힌 수산물은 회충과 같은 선충류의 오염 가능성 때문에 섭취하지 않는 것이 좋다. 생선에서 회충을 검출하기가 어렵기 때문에 생존할 수 있는 것들을 사멸시키는 것이 필요한데 쉽게 얇은 조각이 날 정도까지 생선을 익히면 이 기생충은 사멸한다. 살아 있는 *A. lumbricoides*의 섭취는 소장벽에 손상을 줄 뿐 아니라 폐와 그 모세혈관에 손상을 줄 수 있기에 폐렴에 걸리기 쉽게 된다.

원생동물. 단지 여러 종의 **원생동물(protozoa**; 단세포의 복잡한 미생물 또는 단순동물)만이 식중독을 유발하는 것으로 생각된다. 오염된 식품이나 물을 통해 섭취될 수 있는 두 종류의 원생동물로는 *Giardia lamblia*와 *Entamoeba histolytica*가 있으며 모두 심각한 설사를 일으킬 수 있다.

오수처리와 개인위생의 결여로 식품과 물이 분변으로 오염된 지역에서 특히 살아 있는 ***Giardia lamblia***를 섭취할 때 문제가 발생한다(표 19.5). *Giardia* 섭취로 발생하는 **람블편모충증(giardiasis)**의 심각도는 생육 원생동물의 수에 의해 결정된다. 이 증상으로는 막연한 복통, 복부압통, 약한 설사부터 심한 설사까지 나타난다.

Entamoeba histolytica는 **아메바성 이질(amebic dysentery)**를 일으킨다. *E. histolytica* 존재는 적도부근의 열대지방에서, 특히 미흡한 오수처리로 물과 식품에 분변오염이 발생하고 위생상태

선충류
기생하는 선충류.

선모충
돼지나 야생동물에서 종종 발견되는 기생충.

선모충증
생존 선모충으로 감염된 고기를 섭취하면 발생하는 질병으로 선모충(trichinosis)이라고도 함.

회충
일부 수산식품에 존재할 수 있는 기생충으로 충분히 가열하여 사멸시키지 않으면 폐렴을 일으킬 수 있는 선충류.

원생동물
기생하는 단세포의 복잡한 미생물 또는 단순 동물을 말하며 일부는 분변으로 오염된 물이나 식품을 통해 질병을 유발.

Giardia lamblia
살아 있는 생태로 섭취하면 인간에서 람블편모충증을 일으키는 원생동물.

람블편모충증
원생동물 일종인 *G. lamblia*에 의해 발생하며 심각한 설사를 일으키는 기생충성 질병.

Entamoeba histolytica
인간에게 아메바성 이질을 일으키는 원생동물 종류.

아메바성 이질
다양한 수준의 설사(종종 점액변과 혈액변), 때론 아메바증(amebiasis)으로 불리는 좀 더 심각한 증상이 특징적인 질환을 일으키는 원생동물 감염증.

표 19.5 기생충 유래 식중독

기생충	발병시기	증상	지속기간	감염원(식품)
Giardia lamblia	1~4주	급성/만성 설사	수주	음용수, 다른 식품들
Trichinella spiralis	1일~8주	구역질, 구토, 설사, 복부불편, 열, 근육통	수개월	감염된 돼지나 야생동물의 생고기 또는 덜 익힌 고기
Cyclospora cayatenesis	1~11일	피로, 장기간 설사	수주/수개월	수입 베리, 오염수, 상추

도 열악한 지역에서 특히 문제가 된다. *E. histolytica* 섭취 후 증상이 나타나는데 10일부터 4달 정도로 오래 걸려 실질적인 오염원 확인을 어렵게 한다.

일부 사람들은 위장 내 가스가 차며 설사나 변비의 가벼운 증상을 보이나 다른 사람들은 심각한 복통, 열, 오한, 점액질과 혈변 설사가 나타낸다. 매우 심각한 경우에는 소장궤양이 발생하며 이로 인해 종종 복막염, 간염 심지어 뇌에도 영향을 주며 chloroquinine 같은 효과적인 투약이 이루어지지 않으면 사망에 이를 수도 있다.

촌충
인간이 숙주인 기생충으로 잠재적인 식품 감염원은 덜 익히거나 날 것으로 섭취하는 다양한 육류와 생선임.

촌충. **촌충**(tapeworm 또는 **cestode**)도 인간이 숙주인 기생충이다. *Taenia solium*은 종종 돼지에서 발견되며 덜 익힌 돼지고기를 통해 사람으로 전달되는 촌충의 종류이다. 소고기와 다양한 식용 야생동물(사슴, 버팔로, 영양)에서 발견되는 촌충으로는 *Taenia saginata*와 *Taeniarhynchus saginatus*가 있다.

시구아테라 중독
조류인 *Gambierdiscus toxicus*를 섭취한 어류에서 생산된 ciguatoxin에 의한 식중독.

고등어과(히스타민) 중독
히스타민 함량이 높은 부패 생선을 섭취하여 발생하는 식중독.

Gambierdiscus toxicus
물통돔 속 및 다른 물고기에 의해 종종 섭취되어 시구라톡신을 생산하는 조류.

생각할 거리: 뭔가 수상한!

생선의 영양적 가치로 인해 사람들은 수 년 전보다 더 자주 생선을 소비한다. 그러나 생선은 이익뿐 아니라 건강에 해를 줄 수 있다. 생선에 의한 식중독으로는 **시구아테라 중독**(ciguatera poisoning), 마비성 패중독(paralytic shellfish poisoning), **고등어과(히스타민) 중독**[scombroid (histamine) poisoning]과 같이 다양하다.

만일 어류(예를 들면 물통돔 속, 능성어 속), 조개류 및 갑각류 등이 *Gambierdiscus toxicusa*를 섭취했다면 이들을 먹은 사람은 시구아테라 중독을 일으킬 수 있다. 이 종류의 조류는 시구아톡신(guatoxin)을 생산하며 이들이 위장관의 통증과 더불어 입술과 혀의 마비, 흐린 시야, 마비와 같은 신경증상을 일으킨다. 시구아테라중독 발생은 높지 않으나 식중독의 자연적 원인의 예이다.

마비성 패중독은 조개류와 갑각류가 *G. catanella* 증식이 많은 바다에 살고 있을 때 발생할 수 있다. 이 종류의 조류는 수온이 약 8°C이고 빗물과 함께 유입된 영양소가 매우 풍부할 때 빠르게 증식한다. 이 상황은 적조로서 나타나며 물이 적색과 약한 발광성을 띠면 그 지역의 조개류와 갑각류는 섭취하지 말아야 한다.

고등어과(히스타민) 중독은 히스타민 함량이 높은 생선(특히 참치, 가다랑어, 고등어)을 섭취할 때 발생하는 식중독이다. 이 아미노산은 생선을 조리 전 보관하는 동안에 생선의 근육 단백질이 단백질 분해효소(생선 자체와 박테리아의)에 의해 분해되면서 생성된다. 이 중독으로 위장관 문제, 피부가 따끔거리고 얼얼하며 가려움, 가슴 떨림의 증상이 나타난다.

고등어과(히스타민) 중독을 피하는 핵심요소는 히스타민의 생성을 막는 것이다. 식품 부패를 막는 가장 좋은 수단은 생선을 잡은 즉시 세척하고 동결하거나 1°C보다 낮은 온도에서 단기간 저장하는 것이다. 히스타민은 매우 열에 안정하기 때문에 조리 전의 생선에서 이미 생성되었다면 중독증을 일으킬 수 있기에 부패된 생선은 맛보지 말고 폐기시켜야 한다.

충분치 않은 가열로 생존 촌충이 있는 육류 섭취 시 숙주 속에서 촌충의 알이 3 m에 이르는 정도로 자라게 된다. 이 놀라운 성장은 이 기생충이 소장벽에 부착하여 필요한 영양소를 숙주로부터 얻기 때문에 가능하다.

생선에서 유래하는 일반적인 촌충은 *Dibothriocephalus latus*으로 미국과 캐나다의 5대호, 스칸디나비아 및 러시아에서 잡은 생선에서 발견되며 12미터까지 자랄 수 있다. 이들 지역에서 잡은 날생선은 위생적으로 취급하고 그 다음 조리하여야 (심지어 생존 유충을 검사하는 경우에도 미리 조리하여) 이 촌충의 감염을 막을 수 있다.

흡충 **흡충**(trematodes 또는 **fluke**)은 편형동물로 숙주인 인간의 조직에 침입할 수 있다. 다양한 흡충의 생활사를 보면 달팽이(다슬기, 고둥)에 침입하고 그 다음 어류에서 일정기간 보낸 후 이를 섭취하는 인간 숙주에 최종적으로 도달하는데 그 생활사 중에 분변으로 오염된 물이 관여된다. 즉, 인간이나 동물 보균자의 분변이 있는 지역을 흐르는 천이나 그 지역 논의 물이 오염될 수 있다. 그러한 물에서 자란 식물(예, 마름속 수생식물)조차도 흡충을 가질 수 있고 이것이 인간에게 섭취될 수 있다.

흡충
간, 소장, 폐 조직을 침범할 수 있는 편형동물(기생충).

간흡충(Chinese liver fluke)으로 불리는 *Opisthorchis sinensis*는 오염된 날생선이나 덜 익힌 생선을 섭취로 감염되며, 체내에서 성장하여 간을 침범하면 심각한 건강상 문제를 일으키고 심지어 사망을 일으킨다. 또 다른 간흡충인 *Fasciola hepatica*는 전 세계적으로 많은 지역에서 발견된다. *Fasciolopsis buski*도 인간에 침입하는 흡충으로 침범 대상은 소장인데 인간과 동물 분변의 위생적 처리와 더불어 달팽이(다슬기, 고동)의 제어 및 조리하지 않은 수생 식물을 피하는 것이 이 소장 흡충에 감염되지 않는 중요한 방법이다.

동남아시아에서는 간흡충뿐 아니라 *Paragonimus westermanni*로 불리는 폐흡충의 위험도 존재하는데 날 게, 가재, 갑각류와 조개류를 섭취하는 지역에서 공통적이다. 감염된 게와 가재로부터의 조리되지 않은 즙액도 피해야만 한다. 많은 다른 흡충류가 단지 1이나 2인치(2.54~5.08 cm)정도의 크기인 반면 *P. westermanni*는 4인치(10.2 cm)까지 자란다. 이 흡충에 의한 폐 침입으로 기침, 가슴 및 목구멍의 불편함, 피 섞인 가래가 발생하며 기침으로 이 흡충은 다른 조직으로 가게 되며 뇌와 중추신경계가 관여되면 상황은 치명적이 된다.

오염물질 및 식품의 자연 독

오염물질

유해한 오염물질(납, 카드뮴, 수은 등)은 환경오염, 식품의 취급, 가공 및 조리 과정으로부터 식품에 들어갈 수 있다. 금속들은 오염된 토양, 담수천, 호수, 심지어 바다에서의 영향 때문에 장기간의 문제를 준다. 납 함유 공업용 물질과 제품의 부주의한 취급 때문에, 현재 납은 식물, 동물, 생선(담수와 해수) 및 다른 수생 종에서 발견된다. 만일 납을 함유한 식품을 섭취하면 여러 해에 걸쳐 이 중금속은 인간에 축적되어 독성 수준에 도달하면 납중독을 일으킨다.

생선에서의 수은 함량은 상당히 널리 보고되었다. 이 금속은 바다에서의 먹이사슬을 통해 이동함에 따라 그 함량은 증가하게 된다. 즉, 물고기가 수은으로 오염된 다른 물고기들을 잡아 먹으면 체내 수은 함량이 점차 증가한다. 황새치(swordfish)는 먹이사슬의 위쪽에 있어 수은이 농축된 다른 물고기를 섭취하기 때문에 수은 함량이 높은 것으로 자주 언급된다.

카드뮴도 잠재적인 환경오염 금속으로 초콜릿, 육류, 엽채류와 다른 야채류, 쌀, 밀, 땅콩에서 발견될 수 있다.

오염물질의 동정이 확실치는 않은데 이는 식품 생산과 제조 동안에 많은 특이적인 상황이 발생하기 때문이다. 그러므로 식품공급의 안전성에 영향을 주는 모든 측면에서 세심한 주의가 필요하다.

표 19.6 식품에 존재하는 자연독

독소 화합물	식품	특징
미확인 물질	잠두(누에콩)	용혈, 구토, 현기증, 피로
Aflatoxin	*Aspergillus flavus*로 오염되어 곰팡이 냄새가 나는 땅콩	간손상, 만성으로 섭취하면 암 유발
Ergot	곰팡이 냄새 나는 호밀	심각한 근육수축, 심각하고 치명적인 신경계 손상
Antitrypsin	콩류	단백질 소화 장애, 열에 의해 비활성화
Goitrogen	양배추	티록신 합성 방해
Phytin	곡류	칼슘과 철 이용을 제한
Solanine	햇빛에 노출된 감자	구토, 설사
Oxalic acid	시금치, 대황	칼슘과 결합
Caffeine	커피, 차	기형과 암 유발 가능성
Benzopyrene	숯불로 구운 훈연 고기	발암원
Nitrates, nitrites	일부 야채류	잠재적 발암원
Gossypol	목화씨	동물에 독성
Cyanogens (amygdalin)	아몬드, 복숭아, 살구 pit(막공)	두통, 심계항진, 쇠약, 치명적일 수 있음
Pressor amines (histamine, tyramine)	카망베르 치즈, 바나나	혈관수축으로 인한 혈압상승

자연 독

일부 식품은 인간에 독성이 있는 자연 독(natural toxicant) 화합물을 자연적으로 가지고 있다. 카사바(cassava)의 뿌리와 잎에 존재하는 시아노 배당체(cyanogenic glycoside)인 **리나마린(linamarin)**은 매우 세심히 제거해야 한다. 일반적으로 카사바 뿌리를 흐르는 물에서 간 다음 물을 배출시킨 후 짜서 과량의 물을 제거한 후 건조한다. 이처럼 카사바를 가리(gari; 아프리카에서 공통적으로 섭취하는 카사바의 형태)와 타피오카(tapioca)로 만들어 섭취하기 전에 리나마린 함량을 줄여야 한다. 그 이유는 배당체가 효소작용에 의해 인간에 위험한 시안화물로 전환되기 때문이다.

리나마린
카사바에 존재하는 독성이 있는 시아노화물 배당체로 세심한 공정에 의해 제거가 가능함.

아미그달린(amygdalin)은 살구와 복숭아 내부의 핵에서 발견되는 시안화물 배당체이다. 그러나 이 과육에는 아미그달린이 없어 시안화물 독성의 위험이 없다.

아미그달린
살구와 복숭아의 핵에 존재하는 시안화물(청산) 배당체로 섭취하면 시안화물 중독의 원인이 될 수 있음.

몇 종의 야채류는 자연 독인 당알칼로이드(glycoalkaloid)를 가지고 있다. 감자의 녹색부위와 싹은 구토, 호흡곤란, 허약, 심지어 마비도 일으킬 수 있는 당알칼로이드인 **솔라닌(solanine)**을 함유한다. 십자화과(Brassica) 채소(예를 들면, 브뤼셀스프라우트, 콜리플라워, 브로콜리, 양배추, 순무, 케일)은 갑상선 항진과 갑상선종 촉진 화합물인 **글루코시놀레이트(glucosinolate)**를 함유한다. 그러나 이들은 대장과 직장암예방에 도움이 될 수도 있다. 표 19.6에 식품에 존재하는 자연독을 나타내었다.

솔라닌
감자의 녹색 껍질 부위나 싹이 튼 부위에 존재하는 독성 당알칼로이드.

글루코시놀레이트
십자화과 채소류에 존재하는 황-포도당 에터 화합물로 갑상선종 촉진작용이 있으나 대장암 및 직장암 예방에 도움을 줄 수 있음.

식품안전의 관리

2009년판 식품공전(*Food Code 2009*)에서 식품안전에 영향을 주는 5개의 핵심 분야는 다음과 같다.

- 부적절한 보관온도
- 계란을 덜 익히는 것과 같은 부적절한 조리
- 오염된 장비
- 안전하지 않은 식자원에서 얻어진 식품

초밥과 회 – 안전을 담보한 도박인가?

초밥이나 회는 대중적인 에피타이저로 선호음식순위에 올랐음에도 암묵적인 위험요소를 가지고 있다. 그들은 익히지 않은 재료, *Salmonella*, *Staphylococcus aureus*, *Vibrio parahaemolyticus*와 기타 다른 미생물도 존재하며 날 생선도 있다. 재료 취급자와 이를 제공하는 사람들을 위한 표어는 "냉각, 청결 및 신속"일 필요가 있다. 생선은 매우 신선하고 깨끗해야 한다. 이를 위해 생선은 냉장 상태를 유지하고 가능한 신속히 제공하여 식중독의 위험을 최소화해야 한다. 즉, 생선은 잡은 때부터 먹을 때까지의 모든 과정에 4°C의 매우 청결한 환경을 유지하면서 신속한 조리와 제공이 이루어지도록 해야 한다. 밥을 pH 4.8이나 그 이하로 산성화하면 미생물 성장을 더욱 억제할 수 있다. 이러한 기준을 따르는 초밥 업소는 안전한 초밥과 회를 제공할 수 있으며 그렇게 하지 않는 곳은 피해야 한다.

● 열악한 개인 위생 상태

국가 및 전 세계적으로 식중독 발생을 줄이기 위해서는 모든 수준에서 이러한 문제를 다루어야 한다. 이에 식품체인의 모든 단계에서 이루어질 수 있는 책무와 예방조치에 대해 알아보기로 한다.

개인 책무

생산지에서 식탁에 오르기까지의 모든 경로에서 식품의 안전성은 떨어질 가능성이 있으므로 미생물과 같은 오염물질을 피하는 일은 복잡하다. 그리고 소비자가 먹기 전에 안전성과 적절한 기준을 가진 식품을 구입할 수 있는 경우에만 식품의 안정성이 성취되었다고 할 수 있으므로 안전성을 위해 정부부처, 식품산업(제조자와 유통자), 소비자들은 함께 노력해야 한다. 전체 경로에서 어떠한 부분에서의 부주의가 발생하더라도 식중독을 일으키고 치명적인 결과를 초래할 수 있다.

제품 생산과 판매 전 과정 및 가정에서 식품은 먹기에 안전하도록 다루어져야 한다. 즉, 청결한 바닥, 조리대, 싱크대, 조리용구 및 음식을 포함한 모든 위생환경을 항상 확실히 해야 한다. 시음용 스푼은 1회 이상 사용하지 말아야 한다. 더욱 중요한 것은 식품취급자의 청결이다. 식품취급 전, 화장실 사용 후, 재채기나 기침을 한 경우, 얼굴이나 머리카락을 만진 후에는 항상 비누와 뜨거운 물을 사용하여 손과 손톱을 철저히 씻어야 한다. 머리카락은 덮개로 가리고 옷은 깨끗해야 하며 식품취급자는 건강상태가 좋아야 하고 어떠한 질병도 옮겨서는 안 된다.

온도관리도 많은 식품의 품질과 안전성에 필수적이다. 동물자원유래 식품은 많은 미생물들의 증식에 이상적인 환경을 제공하기 때문에 특히 쉽게 부패된다. 육류, 생선, 가금, 유제품은 미생물의 생장이 느린 4°C 아래 또는 57°C보다 높은 온도로 유지되도록 특히 주의해야 한다.

연방규제당국

미국에서 식품공급을 관리하고 소비자에게 정확한 식품 취급 정보를 제공하는 권한은 연방수준에서 보건복지부(U.S. Department of Health and Human Services), 농무부(U.S. Department of Agriculture) 및 상무부(U.S. Department of Commerce)의 3개 부처에 퍼져 있다. MyPyramid 개발의 경우에서처럼 어떤 경우에는 부와 국들이 효율적으로 함께 공동 작업을 하였다. 많은 다른 경우에서는 이들 부서는 서로 독립적으로 작업하거나 심지어 서로에 반하여 작업하였다. 내부적인 문제에도 불구하고 미국 내 식품공급은 일반적으로 안전하며 머리 기사화되는 경우는 드물다(가끔 발생한다). 그럼에도 불구하고 사전조치를 통해 잠재적인 문제점을 피할 수 있도록 경계를 늦추지 말아야 한다. 식품위생 이슈가 방어와 긴급사태에 관련된 것이므로 국토안보부(Department of

연습문제

1. 식중독을 겪은 경험이 있는가? 나타난 증상을 자세히 기술하시오. 가능하면 문제를 일으킨 식품을 확인하도록 하고 미생물이 위험한 수준까지 발생하게 된 상황들(환경)을 설명하시오. 어떤 미생물이 식중독을 일으켰다고 생각하는가?
2. 자신의 식품에서 유래하는 식중독을 피하기 위한 실험에서 중요 관리점(control point)은 무엇인가?
3. 특정 식품을 안전하게 취급하는 것과 관련하여 가지는 의문점을 찾아내 그에 대해 답을 얻을 수 있는 기관을 정하고 전화나 이메일을 통해 해답을 구하시오. 자신의 질문, 접촉한 기관, 그 의문점이 처리되는 방식 및 얻은 해답을 기술하시오.
4. 식품안전에 대한 소비자의 질문에 답하기 위한 정보는 어떤 단계를 걸쳐 얻을 수 있는가?
5. ISO 9000이 당신에게 중요한 이유는?
6. (참 또는 거짓) 인간에 유독한 것은 *Clostridium botulinum*의 독소이다.
7. (참 또는 거짓) *Shigella* spp.은 종종 계란에서 발견되는 미생물이다.
8. (참 또는 거짓) 식중독의 일반적인 원인 중의 하나가 *Escherichia coli*이다.
9. (참 또는 거짓) 저온살균된 우유에서의 *Listeria monocytogenes*는 미국에서 건강 위해 요소이다.
10. (참 또는 거짓) 따뜻한 시기에 채집한 패류(shellfish) 섭취로 생기는 질병의 가능한 원인은 *Campylobacter jejuni*이다.
11. (참 또는 거짓) 음식물 찌꺼기를 먹은 돼지에서 발생할 수 있는 박테리아의 사멸을 위해 돼지고기는 충분히 가열해야 한다.
12. (참 또는 거짓) HACCP은 미생물학자들을 위한 전문무역위원회(professional trade organization)이다.
13. (참 또는 거짓) 식품공전(*Food Code*) 2009에는 HACCP 계획에 대한 지침이 들어 있다.
14. (참 또는 거짓) 소비자들은 자신의 식품취급 행동을 감시할 필요가 있다.
15. (참 또는 거짓) 식품제조회사들은 HACCP 규칙을 따라야 하는 것은 아니다.

참고문헌

Bernard, D. T. and Scott, V. N. 1999. *Listeria monocytogenes* in meats: New strategies are needed. *Food Technol. 53* (3): 124.

Cassens, R. G. 1995. Use of sodium nitrite in cured meats today. *Food Technol. 49* (7): 72.

Dunn, J., Ott, T., and Clark, W. 1995. Pulse-light treatment of food and packaging. *Food Technol. 49* (9): 95.

Durant, D. 1999. *Listeria*: Public health strategies. *Food Safety Educator 4* (1): 1.

Duxbury, D. 2004. Keeping tabs on *Listeria*. *Food Technol. 58* (7): 74.

Floyd, B. 2005. Increasing Listeria awareness. *Food Product Design 15* (2): 93.

Giese, J. 2004. Testing for BSE. *Food Technol. 58* (3): 58.

Han, J. H. 2000. Antimicrobial food packaging. *Food Technol. 54* (3): 56.

Hema, R., et al. 2009. Antimicrobial activity of some South-Indian spices and herbals against pathogens. *Global J. of Pharmacology 3* (1): 38.

Hueston, W. and Bryant. C. M. 2005. Understanding BSE and related diseases. *Food Technol. 59* (7): 46.

Joe, M. M., et al. 2009. Antimicrobial activity of some common spices against certain human pathogens. *J. Medicinal Plants Research 3* (11): 1134.

Keck, A. S. and Finley, J. W. 2004. Cruciferous vegetables: Cancer protective mechanisms of glucosinolate hydrolysis products and selenium. *Integrative Cancer Therapies 3* (1): 5.

Klapthor, J. N. 2004. Wall-to-wall mad cow coverage. *Food Technol. 58* (2): 91.

Kolettis, H. 2004. It's a mad, mad world. *Food Product Design 13* (11): 21.

Krashen, S. 2009. Are apricot kernels toxic? *The Internet Journal of Health 9* (2).

Kurtzwell, P. 1998. Safer eggs: Laying the groundwork. *FDA Consumer 3* (5): 10.

Langen, S., 2004. Conference focuses on ensuring safety of food supply. *Food Technol.* 58 (2): 34.

Lewis, C. 1998. Critical controls for juice safety. *FDA Consumer 32* (5): 16.

Loaharanu, P. 1994. Cost/benefit aspects of food irradiation. *Food Technol. 48* (1): 104.

Looney, J. W., et al. 2001. The matrix of food safety regulations. *Food Technol. 55* (4): 60.

McEntire, J. C. 2004. IFT issues update on foodborne pathogens. *Food Technol. 58* (7): 20

Murphy, P. A., et al. 2006. Food mycotoxins: An update. *J. Food Science 71:* R51.

Newsome, R. 2006. Understanding Mycotoxins. *Food Technol. 60* (6): 50.

Olson, D. G. 2004. Food irradiation future still bright. *Food Technol.* 58 (7): 112.

Pommerville, J. D. 2004. *Alcamo's Fundamentals of Microbiology*. Jones & Bartlett. Sudbury, MA.

Pszczola, D. E. 2002. Antimicrobials: Setting up additional hurdles to ensure food safety. *Food Technol. 56* (6): 99–107.

Ray, B. 2001. *Fundamental Food Microbiology*. 2nd ed. CRC Press. Boca Raton, FL.

Schauwecker, A. 2005. To preserve and protect. *Food Product Design 15* (3): 67.

Schildhouse, J. 2002. U.S. Food supply reported safer. *Food Product Design 12* (3): 21.

Smith, M. A. 1998. Minimizing microbial hazards for fresh produce. *Food Technol. 52* (12): 140.

Swientek, B. 2006. Global challenges to food safety. *Food Technol. 60* (5): 123.

Tainter, D. R. and Grenis, A. T. 1993. *Spices and Seasonings*. 2nd ed. John Wiley, and Sons. New York.

U.S. Department of Health and Human Services. 2009. *Food Code 2009*. Public Health Service, Food and Drug Administration. Washington, D.C.

Williams, V. S. 2003. Safety first. *Food Product Design 13* (November Supplement): 51.

웹사이트

http://www.foodpoisonjournal.com/tags/spinach/—Report on the outbreak of food-borne illness in 2006 caused by baby spinach contaminated with *E. coli 0157:H7*

http://www.fws.gov/laws/lawsdigest/FWATRPO.HTML—Overview of federal Clean Water Act and amendments.

http://nationalhogfarmer.com/mag/farming_waterkeeper_lawsuits_target/—Review of a lawsuit regarding pollution from large hog farms.

http://www.bt.cdc.gov/agent/botulism/—CDC information on botulism.

http://www.cdc.gov/ncidod/dbmd/diseaseinfo/salment_g.htm—CDC site for information on *Salmonella enteritidis*.

http://www.cdc.gov/ncidod/dbmd/diseaseinfo/TyphoidFever_g.htm—CDC site on typhoid fever.

http://www.cdc.gov/salmonella/—CDC information on *Salmonella*.

http://www.fda.gov/AnimalVeterinary/Products/ApprovedAnimalDrugProducts/FOIADrugSummaries/ucm117130.htm—Information about Preempt™.

http://www.cdc.gov/ecoli/—CDC site on *E. coli*.

http://www.fda.gov/food/foodsafety/foodborneillness/foodborneillnessfoodbornepathogensnaturaltoxins/badbugbook/ucm071284.htm—FDA information on *E. coli 0157:H7*.

http://www.ext.colostate.edu/safefood/newsltr/v10n3s01.html—Discussion on sushi and safety issues.

http://www.fda.gov/Food/FoodSafety/FoodborneIllness/FoodborneIllnessFoodbornePathogensNaturalToxins/BadBugBook/ucm070064.htm—Bad Bug Book information on listeriosis.

http://www.textbookofbacteriology.net/Shigella.html—Information on *Shigella*.

http://www.nlm.nih.gov/medlineplus/ency/article/000298.htm—NIH information on amebic dysentery.

http://pathmicro.med.sc.edu/parasitology/cestodes.htm—Information on cestodes.

http://pathmicro.med.sc.edu/parasitology/trematodes.htm—Information on flukes.

http://news.newamericamedia.org/news/view_article.html?article_id=d0376ccd43a9ab3de200bce79e959714—Report of lead in some spices (e.g., turmeric and chili) from Nepal, Bangladesh, and India.

http://www.google.com/hostednews/ap/article/ALeqM5h4BegxZT-6P4D6nC-uoBqhZijaxQD9EOBCTG0—News report on 2010 legal settlement for mercury poisoning in Japan in 1966.

http://www.scielo.br/scielo.php?script=sci_arttext&pid=S0104-79301996000100002—Article about linamarin.

http://www.fda.gov/Food/FoodSafety/FoodborneIllness/FoodborneIllnessFoodbornePathogensNaturalToxins/BadBugBook/ucm070563.htm—Bad Bug Book information on *Shigella*.

http://www.cdc.gov/ncidod/diseases/submenus/sub_cholera.htm—CDC information on cholera and *V. cholera*.

http://www.fda.gov/Food/FoodSafety/FoodborneIllness/FoodborneIllnessFoodbornePathogensNaturalToxins/BadBugBook/ucm070823.htm—FDA's Bad Bug Book site on scombrotoxin poisoning.

http://www.cdc.gov/ncidod/DBMD/diseaseinfo/yersinia_g.htm—CDC site about *Yersinia*.

http://www.cdc.gov/hepatitis/—CDC site about hepatitis.

http://www.cdc.gov/mmwr/preview/mmwrhtml/rr5009a1.htm—CDC report on Norwalk-like viruses (NLV).

http://www.fsis.usda.gov/FactSheets/Molds_On_Food/—USDA site discussing molds and food.

http://www.whoi.edu/HABs/—Information on red tide, causes, locations, and hazards.

http://www.cdc.gov/ncidod/dpd/—CDC site on parasites.

http://www.dpd.cdc.gov/DPDx/HTML/Para_Health.htm—CDC site on parasites.

http://www.trichinella.org/index.htm—Information on *Trichinella spiralis*.

http://www.dpd.cdc.gov/dpdx/HTML/Trichinellosis.htm—CDC site about trichinellosis.

http://www.cdc.gov/nceh/ciguatera/—CDC site on ciguatera poisoning.

http://www.nlm.nih.gov/medlineplus/ency/article/000628.htm—NIH site on *Ascaris lumbricoides*.

http://www.cdc.gov/ncidod/dpd/parasites/Giardiasis/factsht_giardia.htm—CDC information on *Giardia lamblia*.

http://www.marlerclark.com/press_releases/view/dangers-of-eating-sushi-emphasized-after-e-coli-outbreak-at-reno-restaurant—News release on cases on illness from eating sushi.

http://www.dhs.gov/xoig/assets/mgmtrpts/OIG_07-33_Feb07.pdf—Role of Department of Homeland Security in protecting the food supply.

http://www.fda.gov/Food/FoodSafety/RetailFoodProtection/FoodCode/FoodCode2009/—U.S. Public Health Service 2009 Food Code guidelines governing food services and stores.

http://www.fao.org/docrep/005/Y1390E/y1390e0a.htm—Overview of developing a HACCP plan.

http://www.iso.org/iso/home.html—Site of International Organization of Standardization.

http://www.ispub.com/journal/the_internet_journal_of_health/volume_9_number_2_13/article/are-apricot-kernels-toxic.html—Paper on toxicity of apricot kernels.

http://www.news-medical.net/news/20100129/Nectar-of-almond-tree-produces-amygdalin.aspx—Report on amygdalin in nectar from apricot blossoms.

http://www.inchem.org/documents/jecfa/jecmono/v30je19.htm—Review of numerous papers on effects of solanine toxicity in many species.

http://www.chiroonline.net/_fileCabinet/cruciferous_vegetables.pdf—Paper on cruciferous vegetables and protection against cancer.

www.cfs.gov.hk/english/programme/programme_haccp/. . ./sushi.ppt—PowerPoint of sushi safety program in Hong Kong.

www.capitalhealth.ca/. . ./guidelinesforthepreparationofsushiproducts.pdf—Guidelines for making safe sushi.

http://www.sushifaq.com/sushi-health-risks.htm—Extensive site on sushi and sashimi.

http://www.iso.org/iso/iso_catalogue/management_standards/iso_9000_iso_14000.htm—Site for information on ISO 9000 standards.

http://www.mccormickscienceinstitute.com/content.cfm?ID=10503—Discussion of possible role of spices in food packaging to reduce health risks.

http://www.news.cornell.edu/releases/July01/veggie_spice.hrs.html—Article about historical use of spices in various recipes and cultures.

http://www.foodtechsource.com/emag/008/trend.htm—Interview of various energy treatments for making food safe.

http://www.extension.iastate.edu/foodsafety/irradiation/—Overview of food irradiation.

http://www.physics.isu.edu/radinf/food.htm—Overview of food irradiation processes and answers to consumer questions.

http://ec.europa.eu/food/fs/sc/scf/out193_en.pdf—2003 report of the Committee on the Wholesomeness of Irradiated Food.

노르웨이의 어업은 어획한 생선들을 오랫동안 건조시키기 위해서 커다란 선반을 이용하고 있다.

20장

식품저장

단원 개요

학습 목표
저장방법(가정과 상업)
생각할 거리: 김치
냉동법
　생산
　단백질 식품
생각할 거리: 일상의 위기
　다른 식품들
　상업적 방법
통조림 제조
　방법들
　잠재적 문제들
건조법
당저장법
기타 상업적 방법들
　냉동건조법
　방사선 조사
　고압처리법
　순간파동전기장법
요약
연습문제
참고문헌
웹사이트

학습 목표

이 단원을 학습함으로써:

1. 음식 저장하는 각 방법들이 왜 안전하게 저장하기에 효과적인지 이야기할 수 있다.
2. 통조림법에 사용되는 방법들과 왜 특정 음식들이 개개의 방법에 알맞는지 설명할 수 있다.
3. 건조 식품에 사용되는 기술들을 서술할 수 있다.
4. 당장법의 필수 요소와 그들의 역할들을 정의할 수 있다.
5. 식품산업에서 사용되는 저장 방법과 그 강점들 그리고 각각의 약점들의 개요를 말할 수 있다.

보관동안 음식이 변화하고 일년 내내 식품이 필요하므로 안전한 식품소비를 위해선 조심스런 관리가 요구된다. 음식 저장에서 강조되는 것은 안전이고 궁극적인 관심사이다. 품질이 중요한 것은 의심할 여지 없지만 안전에 대해선 부차적이다. 안전하지 않은 음식은 간단한 위장장애에서부터 심지어 사망에까지 위험을 야기시킨다(19장 참고).

저장방법(가정과 상업)

몇몇 기술들은 미생물들의 증가를 지연하거나 실제로 세균, 효모, 곰팡이를 죽이는 것이 가능하다. 통조림법은 음식을 모든 미생물이 죽는 충분히 높은 온도로 열을 가하고 보관 동안 미생물이 침입해 올 수 있는 환경으로부터 밀봉한다. 파스퇴르 살균법(저온살균)은 유해한 미생물들을 죽이기 위해 조금 더 중간의 열을 가하지만 미생물들이 잔존할 수 있고 부패가 일어날 수 있기 때문에 장기 보존은 불가하다.

표 20.4 선택된 고도에서 수조 통조림을 위한 가공시간의 증가

고도	증가시간(분) 해수면에서 20분 이하 처리시	증가시간(분) 해수면에서 20분 이상 처리시
1,000	1	2
2,000	2	4
3,000	3	6
4,000	4	8
5,000	5	10
6,000	6	12
7,000	7	14
8,000	8	16
9,000	9	18

잠재적 문제들

황화수소의 독특한 향은 ***Clostridium nigrificans*** 세균이 존재하는 통조림 식품에서 **황화물의 변질(sulfide spoilage)**을 나타낸다. 만약 부패가 오랫동안 진행되는 경우, 충분한 황화수소 가스는 캔의 윗부분을 팽창시킬 수 있다; 하지만 팽창이 일어나기 전에도, 식품은 황화수소 때문에 먹을 수 없다.

Clostridium nigrificans 통조림 식품에서 황화수소를 생산해서 활화물에 의한 부패를 초래하는 세균.

황화물의 변질 *Clostridium nigrifican*에 의해 생성된 황화수소로 인한 통조림 식품 오염.

Bacillus coagulans 통조림식품에서 당을 락트산으로 소화해내는 혐기성 바실루스로, flat-sour 부패를 야기시킨다.

Flat-sour spoilage 가스 생성없이 Bacillus coagulan가 당을 소화해 산성을 증가시키는 것.

통조림 제조에서 충분히 또는 타이트하게 밀봉하는 데에 실패했다면 단지 또는 캔에서 미생물들이 자라게 된다(그림 20.6). 통조림 제조 시 오염된 식품에 4가지 종류의 부패가 일어난다. ***Bacillus coagulans***가 용기에 있을 경우 **Flat-sour 부패(flat-sour spoilage)**가 일어날 수 있다. 이 혐기성

그림 20.6 사용 후 닫기 위해 주어진 방향으로 돌려야 되는 용기(병). 다음에 사용 시 혹은 내용물을 저장하기 전에 각 병의 밀봉을 확인해야 한다.

바실루스에 의해 당에서 젖산이 형성된다. 그 결과로 뚜껑이 볼록해지는 부패 신호 없이 산성이 증가한다.

수소 팽창
저장 중 수소를 생산해 내는 혐기성, 내열성 미생물에 의한 음식의 부패와 캔의 팽창.

수소 팽창(hydrogen swell)은 *thermophilic anaerobe*에 오염된 가정 통조림 금속캔에서 발견된다. 부풀어 오른 캔이 생길 수도 있으나 흔히 일어나는 것은 아니다.

보툴리누스 식중독은 지금까지 통조림 식품에서 발생하는 부패의 일반적인 형태 중 가장 위험하다. 이 병은 마비를 초래할 수 있고, 종종 보관 동안 살아남은 *C. botulinum* 포자에 의해 치명적인 균체외 독소를 나타낼 수 있다(19장 참고). 세 가지 종류(A, B와 E)가 가장 일반적으로 발견되지만, 다른 두 종류(C와 F)도 관찰되었다. A, B 종류의 보툴리누즘은 일반적으로 토양에서 유래하며, 열에 저항이 가장 강하다. 때때로 오염된 물로 인해 물고기도 Type E에 오염될 수 있으나 열 저항성이 낮아 통조림 제조 시 완전히 파괴된다. 생선을 가정에서 통조림 제조할 때 압력 통조림 법이 필요하며 식중독의 잠재적 원인을 예방하기 위해 압력과 시간 모두 주의 깊게 조절되어야 한다.

건조법

음식을 보존하는 기존 방법인 건조법은 최소 3,000년 전부터 사용되었다. 심지어 오늘날에도 몇몇 사람들은 가정에서 식품을 건조한다; 식품 산업에서는 완전히 건조시키기보다 탈수를 한다. 상업적 방법은 드럼건조, 분무건조, 진공 선반 건조, 잔공벨트 건조, 대기 중 벨트 건조, 냉동건조, 회전건조, 캐비닛 건조, 터널 건조 등이 있다. 물론, 이 과정은 오늘날에도 계속되는 햇빛건조보다 더 정교하다.

건조법은 식품의 수분 함량을 낮춰서 유해세균을 죽일 수 있다면 효과적인 보존법이다. 효모는 수분 함량이 약 20% 이상이 필요한 반면, 세균은 일반적으로 16% 이하의 수분함량에서는 살아남지 못한다(표 20.5). 곰팡이는 수분함량이 13% 이상에서 생존할 수 있으므로 건조 식품의 부패의 가장 큰 원인이다. 식품은 수분함량 13% 이하로 충분히 떨어뜨려야 하고 일부의 수분을 재흡수하는 것을 방지하기 위해 밀폐포장해 저장해야 한다.

곰팡이에 의한 부패를 막으려고 매우 낮은 수분함량을 이루려면 건조가 철저히 이루어져야 한다. 이것은 약한 열처리와 증발이 필요하다. 식품이 노출된 표면이 얇은 조각으로 건조될 때 과정은 가장 효율적이고 효과적이다; 이것은 습기를 제거할 수 있는 표면적을 증가시킨다. 식품에 있던 수분이 액체에서 기체 상태로 상태가 바뀌면서, 열은 흡수된다 –기화열– 그리고 표면은 차가워진다. 약한 열과 심지어 직사광선에서 에너지가 더해지면 증발을 계속하는 따뜻한 온도를 유지하게 된다.

증발은 상대습도가 낮을 때, 대기 중 온도가 따뜻할 때, 공기가 식품 위로 순환할 때 이루어진다. 이러한 조건이 충족될 때 꽤 효율적으로 수분은 식품에서 제거된다. 상대습도가 낮고 공기온도가 따뜻하면 공기는 더 많은 수분을 보유할 수 있고, 식품의 수분이 공기의 포화도를 높이기 위해 쉽게 증발된다.

따뜻한 온도는 기화의 에너지를 제공하기 위해 필요하다. 공기의 순환은 식품에서 증발된 수분을 제거하여 식품 바로 위가 낮은 습도를 유지하도록 해준다. 이러한 조건은 사막에 직사광선에 깨끗한 수건 위에 얇은 음식조각을 펼쳐 놓아도 가능하고 건조용 기계에서도 효과적이다.

표 20.5 선택된 살아 있는 미생물을 유지하는데 필요한 최소한의 수분 수준

미생물 종류	생존을 위한 최소 수분
곰팡이	13
세균	16
효모	20

식품은 건조 전에 살균해야 한다. 채소의 경우에는 잘 세척하고 일반적으로 데치는 것을 의미한다. 데치는 것은 살균을 위해 뿐만 아니라 저장 중 부패를 일으킬 수 있는 효소를 불활성화시키기 때문에 중요하다. 과일은 세척하지만 보통 데치지는 않는다. 육류는 깨끗이 닦아야 한다. 보통 식품은 두께 3~6 mm($\frac{1}{8}$과 $\frac{1}{4}$인치)로 잘려져 있다. 포도와 플럼은 종종 전체를 건조한다; 그들의 껍질에 많은 구멍을 찔러 증발이 일어나도록 하여 건포도와 프룬이 된다.

유황으로 처리
유황 꽃을 태움으로써 나오는 연기에 자른 과일을 노출시켜 건조 동안 밝은 색깔을 유지하도록 하는 것.

건조 시 색 변화는 어떤 음식에선 문제가 될 수 있다. 살구와 복숭아는 건조 전에 **유황으로 처리(sulfuring)**하거나 데치지 않으면 더욱 매력없는 갈색으로 변한다. 유황으로 처리하는 것은 유황 꽃을 태워 나오는 연기에 과일조각을 노출시키면서 된다. 이 처리로 보통 상업적으로 건조된 살구에서 보이는 밝은 주황빛이 나타난다.

데치는 것은 건조 동안 색의 변화를 최소화시키지만 과일의 기존 오렌지 빛의 색을 유지하는데 완전히 효과적이지는 않다. 데치는 것은 건조 채소의 적절한 색을 유지하게 도와준다. 사과와 바나나 같은 과일의 경우 잘린 표면이 공기에 노출되자마자 산성의 과일주스나 아스코르브산에 담그면 건조 도중 그 색이 더 잘 유지된다. 이것은 갈변을 막는다.

건조 동안, 특히 수분함량이 20%에서 15%로 떨어질 때 메일라드 반응의 결과로 때때로 갈변이 일어난다. 수분이 감소하면서 고체의 농도가 증가하기 때문에 알데히드와 아미노산 그룹의 반응 용이성이 증가한다. 과일이 너무 높은 온도에서 건조된 후 매우 낮은 수분함량을 가질 때 때때로 설탕의 캐러멜화로 인해 갈변이 일어나기도 한다.

수분감소로 염의 농도가 높아져서 그리고 열로 인해 단백질은 건조하는 동안 부분적으로 변성된다. 일부 당분과 염분은 건조하는 동안 손상된 세포로부터 손실된다. 전분과 검은 재흡수 동안 수분을 흡수하는 능력을 일부 잃는다. 이러한 변화들은 종종 건조된 식품에 수분이 다시 흡수되는 것을 쉽지 않게 한다. 다행히, 물에 부글부글 끓이는 것은 수분의 재흡수를 촉진하기에 효과적이고 장기간 동안 실온에서 식품이 수분 재흡수할 때 일어날 수 있는 위험인 미생물의 증가를 막는 현명한 기술이기도 하다.

햇볕 잘 드는 곳, 깨끗한 천에 건조시킨 식품의 얇은 조각은 늦은 오후 온도가 떨어질 때 실내로 들여야 하고 완전히 건조될 때까지 매 아침마다 햇볕을 쬐여야 한다. 햇볕으로 말리는 가장 큰 위험은 새와 다른 해충이다. 건조 식품은 이러한 오염원으로부터 보호되어야 한다.

오븐 건조는 햇볕 건조 시처럼 환경으로부터 오는 위험이 없다. 식품의 위뿐 아니라 아래도 공기 순환이 잘 되어야 한다. 오븐선반에 가로질러 고정된 막 또는 올이 성긴 얇은 무명을 놓으면 건조되는 동안 식품을 효과적으로 잡고 있다. 보통 60°C (140°F)인 오븐설정의 가장 낮은 온도는 갈변을 최소화하고 적절한 속도로 건조하게 해준다. 오븐 문은 음식 위에 공기 순환을 잘 유지하기 위해 열어놓을 수 있다.

탈수기는 디자인에 따라 다르지만 일반적으로 적당한 열기와 공기순환과 수분제거를 촉진하기 위해 팬으로 이루어진 매우 간단한 장치이다. 금속 틀로 된 스크린 접시는 한번에 상당한 양의 음식이 건조되도록 층층이 설치되었다.

건조의 정확한 시간은 음식의 두께, 식품종류, 건조상태에 따라 다르다. 탈수기 건조와 오븐 건조는 보통 자연 건조보다 더 빨리 이루어진다. 대부분의 경우, 햇볕건조가 날씨 상태에 따라 며칠 걸리는 반면, 이 장비는 몇 시간 안에 약 10% 수분의 원하는 수분함량으로 식품을 건조시킬 수 있다. 원하는 수준까지 건조가 된 후에는 미생물의 추가오염을 방지하고 곰팡이가 자랄 수 있는 수분함량이 13% 이상으로 수분 재흡수를 막기 위해 밀봉 포장하여야 한다.

당저장법

잼과 젤리는 음식보존의 또 다른 방법이다. 설탕의 높은 농도로 삼투압이 발생하여 조리 시 끓이는 시간과 더불어 미생물을 살균하게 된다. 잼과 젤리는 과일조각(잼)과 과일주스를 포함하고 있는 펙틴 젤인데 식으면서 모양을 형성할 수 있게 설탕과 펙틴이 일정수준 첨가된 것이다. 젤이 잘 형성되도록 산도 자주 첨가한다(그림 20.7).

젤리에 각 성분은 원하는 젤을 형성하는데 중요한 역할을 담당하고 있다. 펙틴은 **galacturonic** 산(갈락토오스에서 나온 유기산)의 복잡한 탄수화물 중합체이다. 10장에 명시된 바와 같이 펙틴은 펙트 물질 중 하나이지만, 잼과 젤리에 필요한 젤 구조 형성의 주요물질이다.

덜 익은 과일에서 프로토펙틴이 펙트 물질이다. 과일이 익어가면서 프로토펙틴은 6번째 탄소원자에 산성 라디칼이 결합하여 메탄올이 에스테르화함으로써 메틸화한다. 이 메틸화를 프로토펙틴이 펙티닉산이나 펙틴으로 변환된다; 적당한 조건에서 상호결합하여 펙틴 젤을 형성하여 그 안에서 펙티닉 산이나 펙틴 분자가 망을 계속 형성하거나 고체상 안에 액체 주스를 잡아둔다. 이 길고 섬유성 분자 사이의 수소결합으로 분자는 겉으로 단단한 형태를 이루어 그 안에 잡혀 있는 수분이 잘 퍼지는 젤을 만들 수 있도록 한다. 과숙성 된 과일의 펙틴은 화학변화를 일으켜 짧은 길이의 펙틱산이 되어 분자 간 결합이 충분치 않아 젤을 형성하지 못한다.

설탕은 펙틴 젤 형성에 필수요소이다. 자유수가 흐르지 않게 젤 밖으로 나가지 않도록 결합시키는 펙틴 네트워크에 물을 결합하는 역할을 한다. 자유수가 너무 많지 않고 적절한 단단함을 얻기 위해 최종 젤에서 당의 농도는 60~65%가 되어야 한다. 이 높은 농도는 처음 레시피에 많은 양의 설탕을 사용하고 적당한 농도가 될 때까지 액체를 끓여서 얻을 수 있다.

설탕의 양이 적어지는 경우에는 적절한 설탕의 농도를 얻기 위해서 더 오랫동안 끓여야 한다. 이렇게 하면 펙틴의 농도를 높여서 젤리를 더 단단하게 한다. 또한 장기간의 조리는 잼 또는 젤리의 색상을 어둡게 한다. 설탕을 너무 많이 넣으면 펙틴이 희석되어 거품이 연하게, 심지어 흐르게 된다. 젤을 형성하는 역할 외에 권장농도(60~65%)의 설탕은 미생물을 살균하는데도 매우 효과적이다. 저칼로리 잼과 젤리를 만들 때 설탕농도가 낮아 보존작용이 적어짐을 기억해야 한다.

최적의 펙틴젤 형성을 위해 혼합물의 pH는 3.5 이하 약 3.3이 바람직하다. 젤리의 종류에 따라 적정 pH가 이동할 경우 젤리는 더 단단해진다. 산도 필요하다. 구연산이나 레몬주스도 pH를 조절하는데 자주 사용된다 끓이기 전에 젤리에 산을 넣어주면 자당의 일부를 전화당으로 가수분해시켜 보관 동안 결정의 생성을 줄일 수 있다. 불행히 펙틴도 같이 가수분해되어 젤 형성능력이 떨어진다.

그림 20.7 잼은 사용되는 과일을 보존하기 위해 설탕을 사용한다.

그러나 부드럽게 끓여주면 젤리에 부정적인 영향 없이 산을 첨가할 수 있다.

과일에 펙틴함량은 꽤 다양하고 과일의 종류에 따라 그리고 숙성 정도에 따라 결정된다. 젤리와 잼을 가정에서 만들 때 젤 형성을 확실히 하려고 펙틴제품을 첨가하는 것이 보통이다. 펙틴제품은 액체나 가루형태로 감귤류의 알베도(껍질 흰 부분)나 사과중심부, 껍질에서 추출된다. 알갱이 모양 펙틴제품이 액상보다 더 오래 보존된다.

저칼로리 잼과 젤리를 준비하는데 메톡실 함량이 낮은 펙틴은 사용할 수 있다. 구조는 다음과 같다.

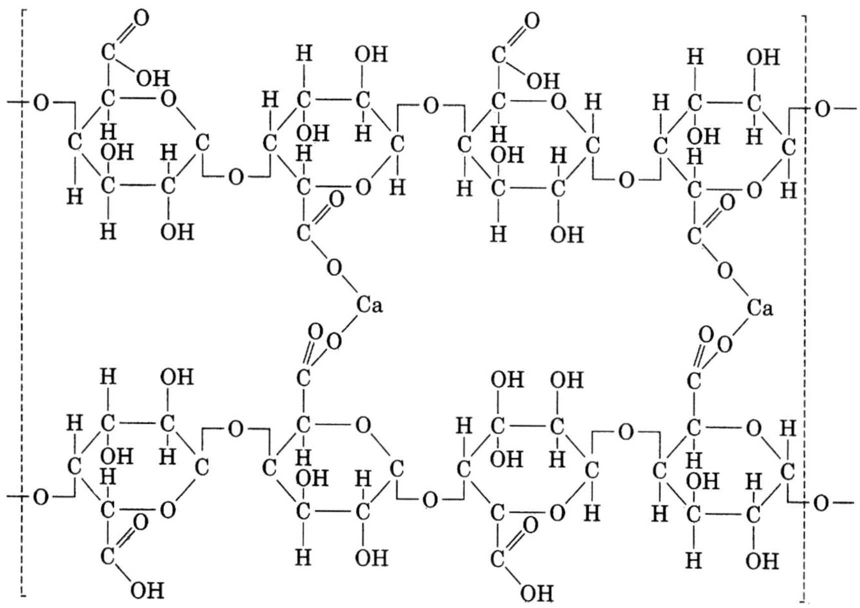

Low-methoxyl pectin

흥미롭게도 이 펙틴들은 메톡실 함량이 낮은 펙틴을 사용한 제품이 왜 저칼로리인지 설명된다. 설탕을 더 첨가하지 않고 젤을 만들 수 있다. 이온결합 형성에서 결합은 이온결합 형성 중 2가 이온(보통 칼슘)을 첨가해주면 카르복실기에 이온결합이 이루어져 이 특수한 펙틴 분자 간의 결합이 형성된다.

잼과 젤리를 만들 때 세척을 하고 분류, 절단 등의 준비작업을 해야 한다. 공장에서는 과일의 펙틴함량은 추출한 과일주스의 점도로 알 수 있다. 젤 미터는 이런 측정을 위한 도구이다. 피펫과 비슷한 모양인데 피펫을 통해 즙을 흐르게 하면 상대적인 유동성이 결정되어 필요한 설탕의 양을 계산할 수 있다. 점성이 있을수록 다량의 설탕을 넣어야 젤을 얻을 수 있다.

가정에서 혼합물을 끓여야 하는 시간은 요리 온도계나 시트오프시험에 의해 결정할 수 있다.(그림 20.8) 보통 온도가 104~105°C (219~ 221°F)까지 계속 끓인다; 이것은 해수면에서 약 65%의 설탕농도를 나타낸다. 높은 고도에서는 온도계의 물의 끓는점보다 4~5°C (7~ 9°F) 위여야 한다.

시트오프시험은 수저 가득한 젤리가 큰 수저 끝에서 천천히 흐르게 하여 보는 방법이다. 두 줄기로 나눠지면 설탕의 농도는 대략 맞다.

그림 20.8 잼은 설탕의 정확한 농도가 증발을 통해 도달될 때까지 끓여야 할 필요가 있다.

기타 상업적 방법들

냉동건조법

냉동건조법(freeze-drying)도 탈수건조를 변환한 기술이다. 차이는 식품을 얼려서 물이 승화된다는 것이다. 그 결과 원 식품보다 부피가 있고 물의 증발로 다공질의 건조한 식품이 얻어진다. 보관은 일반 건조 식품과는 다르게 밀봉 포장하여 실온 보관한다.

승화(sublimation)는 식품이 0°C (32°F) 이하에서 언 상태로 4.7 mmHg 이하의 압력의 진공 챔버에 넣어서 얻어진다. 낮은 온도는 얼음으로 언 상태로 물을 유지시키고, 저기압은 언 물 분자를 수증기로 빠져나가게 하여 탈수시킨다.

딸기와 다른 과일과 채소는 냉동건조에 적합하다. 이 처리는 식품의 원래 맛을 유지하고 가볍고 아주 치밀한 조각을 유지하는데 효과적이다. 이러한 특성으로 건조한 아침 시리얼 제품에 유용한 재료인 냉동건조 과일을 만든다. 하지만 상대적으로 고가의 에너지 비용이 제한 요소가 되고 있다.

냉동건조법
먼저 얼리고 제품을 탈수시킴으로써 식품을 보존하는 방법.

승화
냉동상태에서 액화 없이 바로 기체상태로 전환되는 것.

방사선 조사

복사에너지는 음식을 보존하기 위해 상업적으로 사용할 수 있다(그림 20.9). 특수한 전자기기에 의해 생산되는 코발트-60과 베타 입자의 감마선은 식품보존을 위한 방사선 조사의 에너지원이다(6장 참고). 방사선 조사의 목적은 식품에 영향을 주지 않으면서 유해한 미생물을 죽이고 효소를 비활성화하는 것이다. 진공이나 불활성 가스 안에서 아스코르브산이나 다른 자유라디칼 포획물질과 함께 조사된다면 식품의 변화는 최소화된다.

원하는 결과를 얻기 위해 식품에 따라 조사 에너지량을 달리하는 것이 필요하다. 7,500 rad를 조사하면 감자의 싹이 나는 것을 정지시켜서 적어도 2년간 보관할 수 있다. 50,000 rad에서는 밀가루의 곤충이 죽고 150,000 rad를 조사하면 베리류를 적어도 3주간 보관할 수 있다.

그림 20.10 고압 가공 식품에 대한 광고 단위; 작업자는 음식이 배치될 압력 용기를 찾고 있다.

방사선 조사 논란

점차적으로, 방사선 조사 식품은 소비자를 위한 선택으로 나타나고 있지만, 그들의 출현은 대중의 관심있는 회원들로부터 상당한 반대 없이 되진 않았다. 과학자들은 계속해서 잠재적인 위험을 조사하고 갈은 고기와 다른 식품에서 존재할 수 있는 대장균 0157:H7과 같은 위험한 미생물의 파괴를 보장하는 동안 사용될 수 있는 방사선 조사의 가장 낮은 수준을 파악하고 있다. 그들의 연구 결과는 FDA에 의해 승인된 수준에서 조사 식품의 안전성을 증명한다. 논쟁의 반대편에 있는 사람들은 방사선 조사가 소비자에게 위험하고, 적절한 조리가 위험한 미생물을 죽이기 때문에 안전을 위해 필요하지 않다고 주장한다. 그들의 초점은 식품이 시장용으로 제작되고 있는 환경을 청결하게 하는데 있다.

방사선 조사에 관한 문제의 양면성을 고려하는 것이 중요 포인트가 된다; 그들은 안전한 식품의 공통 목표를 찾고 있다. 식인성 질병을 줄이는 사람들의 수는 개선의 여지가 있다는 충분한 증거이다. 소비자와 식품 서비스 산업은 선택, 준비, 안전한 음식을 제공하기 위한 더 많은 책임을 맡을 필요가 있다. FDA는 이러한 음식의 선택이 햄버거나 그 처리에 의해 제공되는 추가 안전이 승인된 음식을 구입하고자 하는 사람들을 위해 사용할 수 있도록 방사선 조사를 조절하고 감독하는 기관이다. 그 기관은 또한 농장에서 식탁에까지 식품 안전을 촉진하기 위해 모니터링 조건이 부과된다.

학교 급식에서 방사선 조사 식품의 사용을 차단하는 로컬 그룹의 최근 움직임은 일부 사람들이 방사선 조사의 위험으로 볼 것과 어린이를 보호하기 위한 경향이 있지만 그들의 주장은 정세의 다른 측면을 무시하고 있다. 햄버거와 시금치는 식중독의 여러 발생의 근원이 되는 두 가지 식품이고 방사선 조사 식품을 제공함으로써 식중독을 피할 수 있으며, 이러한 음식은 종종 학교 급식에서 제공된다.

순간파동전기장법

저온살균은 과일주스를 만드는데 중요한 과정이지만, 열처리는 맛에 해로운 영향을 미칠 수 있다. **PEF 처리[Pulsed electric field (PEF) processing]**는 이 문제를 극복할 수 있는 최근 개발된 기술이다. 이 처리는 주스에 아주 작은 온도변화와 함께 35,000 V/cm로 초당 1,000번의 전기자극을 준다. 주스에서 나타날 수 있는 생장하는 세포는 죽고 주스는 원래의 맛을 유지한다. 유통기한은 4주이고 멸균된 것이 아니라 저온 살균된 것이므로 냉장보관하여야 한다. PEF 처리의 부정적인 측면은 비용이 비싸서 주스가 가격이 올라간다는 것이다. 그리고 또 많은 다른 식품들을 처리하는데 적합하지 않다.

순간파동전기장법
약 35,000 V/cm으로 초당 1,000번의 전기자극을 줌으로써 주스를 저온살균하는 것.

요약

곰팡이, 세균 그리고 효모의 성장에 의한 부패는 식품의 저장되고 안전하며 맛이 좋은 시간을 단축한다. 번식에 최적 환경조건은 미생물의 종류에 따라 다르다. 보존을 제대로 할 때 식품은 더 이상 미생물들이 살기에 적합하지 않다. 수분함량, pH, 온도 그리고 용질 농도의 변경은 식품저장의 방법이다.

식품을 효과적으로 저장하지 않으면 부패된 식품으로 인한 경제적 손실뿐만 아니라 건강위험도 증가할 수 있다. 살모넬라증, 연쇄구균감염, 포도상구균 중독 그리고 보툴리누스 중독은 오염된 음식에서 발생할 수 있는 질병 중 일부이다.

냉동법은 물의 어는점 밑으로 식품을 보존함으로써 미생물의 번식률을 줄여 식품을 저장하는 것이다. 효소를 비활성화시켜 저장 동안 부패변화를 늦추기 위해 채소를 냉동하기 전에 데쳐야 한다. 민감한 과일의 갈변은 설탕, 설탕시럽, 레몬 또는 다른 구연산, 또는 아스코르브산 용액으로 코팅해 방지할 수 있다. 계란노른자, 샐러드 드레싱, 그리고 전분함유 혼합물과 같은 특정 음식의 경우 냉동보관 동안 일어날 수 있는 질감상의 문제들을 극복하기 위해 재료의 사용이 제한된다. 세포벽 손상을 최소화하는 많은 작은 얼음 결정들을 만들기 위해 냉동은 매우 빠른 속도로 행해져야 한다. 상업적 기술은 가정에서 사용할 수 있는 것보다 빠른 냉동을 하는데 더욱 효과적이다.

통조림 제조는 다소 힘들지만 밀폐용기에 엄격한 열처리와 봉인으로 매우 오랫동안 실온보관이 가능하다. *Clostridium botulinum*나 또 다른 미생물들의 포자가 죽을 수 있는 정도로 처리시간과 온도를 주의 깊게 조절해야 한다.

채소와 육류와 같은 약산성 식품은 높은 온도에 도달할 수 있게끔 압력 통조림 제조기에서 처리되어야 한다. 강산성 식품(pH 4.5 이하)은 중탕 통조림 제조기에서 안전하게 처리할 수 있다. 부적절한 처리로 밀폐 후 발효, 황화물 변질, 수소팽창, 그리고 보툴리누스 식중독 그 외 여러 흔한 문제들이 발생할 수 있다.

건조법은 식품을 미생물, 심지어 곰팡이까지 사멸하는, 수분함량 13%(보통 10% 또는 약간 더 적게) 이하로 낮추는 보존법이다. 건조시킬 식품은 깨끗해야 한다. 가정에서 햇볕, 오븐, 탈수기에서 건조할 수 있다. 효소를 비활성화하고 건조 동안의 색과 맛의 변화를 감소시키기 위해 채소는 건조 전에 데친다. 유황처리는 건조 동안 살구와 복숭아의 색을 보호한다. 사과와 바나나의 갈변은 건조 전에 산성과일주스 또는 아스코르브산 용액으로 코팅하면 막을 수 있다.

높은 농도(60% 이상)에서 설탕은 삼투압이 발생하기 때문에 식품을 보존하는 역할을 한다. 펙틴젤은 종종 과일주스, 설탕, 첨가된 펙틴, 그리고 때때로 산을 사용하여 만들어진다. pH는 3.5 이하여야 하며, 만족스러운 탄력의 젤을 형성하기 위해 약 3.3이 바람직하다. 설탕은 젤 구조 내에 많은 수분을 가둔다. 펙틴은 길고 섬유성 분자 사이에 수소결합으로 단단한 망을 형성한다. 산은 형태를 이루는데 필요한 수소결합을 위해 펙틴 분자에서 물이 충분히 유지되는데 도움을 준다. 낮은 메톡실 펙틴은 칼슘 존재하에서 교차결합되고 젤에서 설탕이 물을 가지고 있지 못하게 할 만큼 강한 구조를 형성한다. 이것은 저칼로리 잼과 젤리를 준비하는 것이 가능해지지만, 설탕함량이 미생물의 증가를 막기에 충분하지 않기 때문에 방부제가 필요하다.

냉동건조는 식품이 처음에 얼려서 물을 얼음 결정으로 바꾸는데에 다른 건조방법들과는 차이가 있다. 언 식품을 탈수를 위해 부분 진공상태에 놓아 얼음에서 물이 증발되게 한다. 그 결과 공기가 새지 않는 포장에 보관될 때 긴 유통기한을 가진 다공성 건조식품이 된다.

코발트-60의 감마선과 베타 입자는 식품 방사능 조사에 사용될 수 있는 기계에 의해 생긴다. 이 보존방법은 꽤 비용이 들지만 오랫동안 부패하려는 변화를 막기 위해서 매우 효과적이다. 현재 이 방법으로 여러 음식들을 처리하는 안전한 조건을 결정하기 위해 추가적인 연구가 필요하기 때문에 FDA는 제한된 범위에서 방사선 조사의 권한을 부여하고 있다.

연습문제

1. 어떠한 조건이 일반적으로 (a) 효모, (b) 곰팡이, (c) 세균의 증가를 유도하는가?
2. 냉동하기 위해 야채를 데쳐 준비할 때 어떠한 변화가 일어나는가?
3. 냉동보관 동안 육류, 가금류, 생선에서 어떠한 변화가 일어나는가?
4. 마요네즈가 얼 때 무슨 일이 일어나나? 왜 이렇게 되는지 그리고 막기 위해 어떻게 해야 하는지 설명하시오.
5. 냉동될 전분함유 제품에 어떠한 전분제품이 사용하기 제일 적당한가? 대부분의 전분을 사용했을 때 어떻게 되는지 그리고 왜 이 전분이 좋은 선택인지 설명하시오.
6. 식품이 통조림제조 될 때 주의점은 무엇인가? 왜 이러한 주의들이 필요한가?
7. 왜 채소와 육류를 통조림 제조할 때 압력 통조림 제조법을 사용하는가?
8. 과일은 왜 압력 통조림 제조기가 아닌 중탕 통조림 제조기를 사용하는가?
9. 가정에서 (a) 양파와 (b) 살구의 건조법을 설명하시오.
10. (a) 상대적으로 적은 양의 설탕과 (b) 최적량의 설탕으로 만든 두 사과 젤리의 차이점은 무엇인가? 왜 이러한 차이가 나는지 설명하시오.
11. (참 또는 거짓) 가정에서 음식을 보존하는 가장 쉬운 방법은 건조이다.
12. (참 또는 거짓) 몇몇 토마토는 너무 산성이 강하기 때문에 압력 통조림 제조기가 필요하다.
13. (참 또는 거짓) 채소를 가정에서 통조림하려면 알맞은 압력과 시간에 사용하여 압력 통조림 제조기로 조심해서 처리해야 한다.
14. (참 또는 거짓) 설탕은 과일을 잼이나 젤리로 보관하는데 도움을 준다.
15. (참 또는 거짓) 방사선 조사는 햄버거가 안전하다고 확실히 할 수 있는 효과적인 방법이다.

참고문헌

Brody, A. L. 2002. Food canning in the 21st century. *Food Technol. 56* (3): 75–78.

Brody, A. L. 2005. Extended shelf-life packaging. *Food Technol. 59* (3): 61.

Brody, A. L. 2006. Aseptic and extended shelf-life packaging. *Food Technol. 60* (2): 66.

Choi, H. J., et al. 2002. Weisella kimchii sp. nov., a novel lactic acid bacterium with kimchi. *International J. Systematic Evolutionary Micro. 52*: 507.

Clark, P. 2006a. Evaluating nonthermal processes. *Food Technol. 59* (12): 79.

Clark, P. 2006b. Pulsed electric field processing. *Food Technol. 60* (1): 66.

Clark, J. P. 2006. High pressure processing research continues. *Food Technol. 60* (2): 63.

Clark, J. P. 2007. High pressure effects on foods. *Food Technol. 61* (2): 69.

Clark, J. P. 2010. Considerations on drying. *Food Technol. 64* (3): 70.

Cowell, N. D. 2007. More light on dawn of canning. *Food Technol. 61* (2): 40.

De Heij, W. B. C., et al. 2003. High-pressure sterilization maximizing the benefits of adiabatic heating. *Food Technol. 57* (3): 37.

Donsi, G., et al. 2010. Pasteurization of fruit juices by means of a pulsed high pressure process. *J. Food Sci. 75* (3): E169.

Draughton, F. A. 2004. Use of botanicals as bio-preservatives in foods. *Food Technol. 58* (2): 20.

Fan, X., et al. 2009. *Microbial Safety of Fresh Produce*. Wiley-Blackwell. New York.

Fox, J. A. 2002. Influence on purchase of irradiated foods. *Food Technol. 56* (11): 34.

Meyer, R. S., et al. 2000. High-pressure sterilization of foods. *Food Technol. 54* (11): 67–72.

National Institute of Food and Agriculture. 2009. *Complete Guide to Home Canning*. Agriculture Information Bulletin 539.

Olson, D. G. 2004. Food irradiation future still bright. *Food Technol. 58* (7): 112.

Parnes, R. B., et al. 2003. Food irradiation: An overlooked opportunity for food safety and preservation. *Nutrition Today 38* (5): 174.

Peleg, M. 2006. It's time to revise thermal processing theories. *Food Technol. 60* (7): 92.

Potter, N. N. and Hotchkiss, J. H. 1999. *Food Science*. 5th ed. Aspen Publishers. Gaithersburg, MD.

Schauwecker, A. 2004. New technologies: Under pressure. *Food Product Design 14* (4): 96.

Schauwecker, A. 2005. To preserve and protect. *Food Product Design 15* (3): 67.

Swintek, B. 2006. Global challenges to food safety. *Food Technol. 60* (5): 123.

Teixeira, A., et al. 2006. Keeping botulism out of canned foods. *Food Technol. 60* (2): 84.

Tewari, G. and Juneia, V. 2007. *Advances in Thermal and Non-Thermal Food Preservation*. John Wiley and Sons. New York.

웹사이트

http://www.uga.edu/nchfp/—Web site for National Center for Home Food Preservation.

http://www.uga.edu/nchfp/multimedia.html#video—Videos on home food preservation.

http://ijsb.sgmjournals.org/cgi/reprint/52/2/507.pdf—Microorganisms in kimchi.

http://dbs.extension.iastate.edu/answers/projects/answerline/questions/FoodPreservation.html—Information on canning at home.

http://www.fsis.usda.gov/Fact_Sheets/Irradiation_and_Food_Safety/index.asp—FDA site on irradiation of foods.

http://www.fda.gov/Food/FoodIngredientsPackaging/IrradiatedFoodPackaging/ucm074734.htm—Levels of irradiation approved by the FDA for various foods.

http://www.fda.gov/ForConsumers/ConsumerUpdates/ucm093651.htm—Irradiation of lettuce.

http://pubs.cas.psu.edu/freepubs/pdfs/uk108.pdf—Information on labeling requirements for irradiated foods.

http://www.food.gov.uk/safereating/rad_in_food/irradfoodqa/—British site for information on irradiated foods.

http://www.flex-news-food.com/pages/12653/Packag/retort-pouch-%E2%80%93-fast-growing-packaging-technology-todays-consumer-world.html—Information on retort pouch development.

http://www.extension.umn.edu/distribution/nutrition/00019.html—Guide to drying food.

http://www.cdc.gov/ncidod/DBMD/diseaseinfo/foodirradiation.htm—CDC site on food irradiation.

http://www.fsis.usda.gov/Fact_Sheets/Irradiation_and_Food_Safety/—USDA fact sheet on irradiation of foods.

http://www.iaea.org/programmes/nafa/d5/public/foodirradiation.pdf?q=food—Extensive international report on food irradiation.

http://ohioline.osu.edu/fse-fact/pdf/0001.pdf—Information on high-pressure processing.

http://grad.fst.ohio-state.edu/hpp/—Site for Ohio high-pressure food processing laboratory.

http://ohioline.osu.edu/fse-fact/0002.html—Information on pulsed electric field processing.

양념은 식품의 풍미를 증진시키기 위한 첨가물이다.

21장

식품첨가물

단원 개요

학습 목표
서론
근본적 이유
생각할 거리: "EAFUS" 해석하기
첨가물
비의도적 첨가물
의도적 첨가물
제조 응용제품
안전
식용 꽃
허브와 향신료
생각할 거리: 보물과 같은 식재료, 송로
식이 보충제
요약
연습문제
참고문헌
웹사이트

학습 목표

이 단원을 학습함으로써:

1. 식품 내 비의도적 첨가물의 발생에 관해 논의할 수 있다.
2. 가공 식품 내 의도적 첨가물이 사용되는 이유를 설명할 수 있다.
3. 일부 특정 식품첨가물을 확인하고 왜 그러한 첨가물이 사용되는지에 관해 논의할 수 있다.
4. 식품 내 첨가물을 감독하는 정부의 역할을 설명할 수 있다.

서론

식품첨가물은 미국뿐만 아니라 다른 산업 국가에서도 상당한 논쟁거리가 되고 있다. 식품첨가물은 심지어 정의 자체가 논의의 대상이 될 만큼 논쟁의 여지가 있는 주제이다. 사전적 정의에 따르면 식품첨가물은 바람직한 품질을 부여하거나 개선하기 위해 또는 바람직하지 않은 품질을 억제하기 위해 상대적으로 소량으로 추가되는 물질이다. 일부 그룹은 그들만의 자체 정의를 갖고 있다. 국립 과학 아카데미의 식품 보호위원회-국립 연구위원회는 첨가물을 "생산, 가공, 저장 또는 포장 등에서 식품에 존재하는 기본적인 식품 이외의 물질 또는 물질의 혼합물"로 간주하며 "이 용어는 기회 오염 물질을 포함하지 않는다." 이 정의에서 환경 상황 때문에 생기는 비의도적 첨가물이나 오염물질은 분명히 제외된다. 이 정의는 도움이 되고 명확하지만 법적인 의미를 갖고 있지는 않다.

식품의약국이 사용하는 정의는 미국에서 법적 영향력을 갖는 정의이다. 따라서 가능한 한 모호성과 의문을 없애기 위해 다소 까다로운 언어를 사용하고 있다.

> 식품첨가물은 일종의 물질로서 과학적 절차를 통해 적절하게 표시된 것처럼(또는 과학적 절차나 식품의 일반적인 사용에 따른 경험을 통해 1958년 1월 1일 전에 식품에 사용되는 물질의 경우) 과학적인 훈련과 경험에 의해 자격을 갖춘 전문가들 사이에서 이러한 물질이 의도된 사용 조건하에서 일반적으로

안전하다고 인정되지 않는 경우, 직접적으로 또는 간접적으로, 사용할 경우 어떤 식품의 구성요소가 되거나 어떤 식품의 특성에 영향을 미치는 또는 그러한 결과가 예상되는(식품을 생산, 제조, 포장, 가공, 준비, 취급, 운반 또는 보유하는데 사용하기 위한 모든 물질을 포함; 이러한 사용을 위한 복사 에너지원 포함) 물질을 말한다.

GRAS 리스트
1958년 1월 1일 이전에 일반적이고 안전한 사용 때문에 "일반적으로 안전하다고 인정된" 첨가물.

식품 화학물질 규격집
식품첨가물에 관한 국제 디렉토리.

이 정의는 1938년 연방 식품, 의약품 및 화장품법의 식품첨가물 개정안에 포함되어 있다; 해당 개정안은 1958년에 통과되어 여전히 유효하다. 마지막 괄호 절은 보통 간단히 **GRAS**(generally recognized as safe) **리스트**로 불리는, "일반적으로 안전하다고 인정되는" 첨가물의 목록을 작성하기 위한 개념을 확립한 것이다. 사실상, 제조업체가 식품업체에 첨가물로 판매하고자 하는 물질은 과학적 실험에 의해 인간이 소비해도 안전하다고 입증되거나 GRAS 리스트(GRAS list)에 등재되어 있어야 한다.

미국 **식품 화학물질 규격집(*Food Chemicals Codex*)**은 원래 의학연구소에 의해 발표되었으나 현재 미국 약전에 의해 발표되고 있는 식품첨가물의 국제 디렉토리이다. 이 포괄적인 리스트는 전 세계 국가들에 의해 보편적으로 사용된다. 이 리스트는 식품 재료의 품질을 인증하고 확인하기 위한 필수 기준과 분석 방법을 정의하고 있으며 국제 무역에서 거래되는 식품은 그 공급원에 관계없이 동일한 요구 사항을 준수해야 한다.

새로운 첨가물에 대한 허가를 얻기 위해 실시하는 테스트 비용은 상당하며 GRAS 리스트에서 확인된 첨가물에 대해 연방에서 비용을 제공하여 실시하는 테스트는 1958년 이래로 상당한 금액이 소요되었다. 새로운 첨가물을 사용하고자 하는 식품 제조업체는 FDA의 승인을 얻기 위해 필요한 테스트 비용을 부담해야 한다. 테스트는 국가의 식량 공급에 있어 건강의 위해로부터 안전을 보장하기 위한 것이다. 첨가물을 사용하는 동기는 소비되는 식품의 품질을 향상하는 것이다.

근본적 이유

오늘날 소비자는 먹을거리의 위험과 딜레마에 대한 수많은 보고서에 의해 융단 폭격을 당하고 있다. 이런 보고서는 매우 정확한 내용부터 순전히 감정적이고 검증되지 않은 내용까지 전 범위를 포함하며 이로 인해 먹을거리에 대한 상당한 우려를 낳고 있다. 그 문제 중 하나는 식품첨가물이다; 보통 사람들에게 식품첨가물의 화학적 이름은 매우 불길하게 들린다. 다행히 라벨링에 관한 법률은 성분 표시를 의무사항으로 규정하고 있는데 이는 첨가물을 포함한 모든 성분을 중량별 내림차순으로 나열해야 함을 의미한다(그림 21.1). 결과적으로, 구매자는 라벨을 참고로 해서 먹고 싶지 않은 첨가물을 피할 수 있다. 식품에 첨가물을 최소화하고자하는 사람들의 경우, 기본 재료를 사용하여 식사를 준비하는 것이 가장 적절한 선택이다. 어떤 사람들은 가공 식품의 편리함과 품질을 선호할 수도 있다. 중요한 점은 소비자에게 선택권이 있다는 것이며 결정할 때 필요한 정보를 사용할 수 있다는 것이다.

오늘날 미국인들의 식탁에 오르는 식품은 밭에서 식탁으로 바로 공급되지 않는다. 심지어 다른 나라로부터 수 킬로미터을 거쳐 식탁에 오르는 식품들도 있다. 즉석 식품부터 재가열하기만 하면 되는 완전히 준비된 식사에 이르기까지 편리한 식품 아이템들은 공장에서 제조되고 포장되며 소비자에게 도달하기까지 많은 사람들의 손을 거친다.

이러한 식품은 준비되자마자 바로 제공되는 식품에 비해 더 많은 스트레스에 노출되기 마련이며 편리한 식품의 질은 집에서 준비되는 식품과 경쟁해야 한다.

상업 식료품이 실제로 소비자의 식탁에 오를 때 이러한 식료품의 적절한 품질을 보장할 수 있는 유일한 방법은 즉석 식품이 거쳐야 하는 길고 복잡한 공급 경로가 낳은 문제점을 극복하기 위해 첨가물을 사용하는 것이다. 이러한 아이템에 대한 준비된 수용과 강력한 시장으로 인해, 식품 제조업체들은 자사의 식품을 소비자에게 가져가기 위해 자신 있게 첨가물을 사용한다.

겉으로 보기에 제조업체와 소비자 간의 의사소통이 직접적으로 이루어지는 듯하지만, 식품첨가

Ingredients: Sugar, Wheat Flour Bleached, Wheat Starch, Egg White, Leavening (baking soda, citric acid), Corn Starch, Calcium Chloride, Modified Soy Protein, Salt, Cellulose Gum, Artificial Flavor, Sodium Lauryl Sulfate (a whipping aid).

CONTAINS WHEAT, EGG AND SOY; MAY CONTAIN MILK INGREDIENTS.

DIST. BY GENERAL MILLS SALES, INC., MINNEAPOLIS, MN 55440 USA

© 2009 General Mills, Inc.

Carbohydrate Choices: 2

Nutrition Facts
Serving Size 1/12 pkg (38g mix)
Servings Per Container 12

Amount Per Serving	
Calories 140	Calories from Fat 0
	% Daily Value*
Total Fat 0g	**0%**
Saturated Fat 0g	**0%**
Trans Fat 0g	
Polyunsaturated Fat 0g	
Monounsaturated Fat 0g	
Cholesterol 0mg	**0%**
Sodium 310mg	**13%**
Potassium 35mg	**1%**
Total Carbohydrate 32g	**11%**
Sugars 23g	
Protein 2g	
Calcium	4%

Not a significant source of dietary fiber, vitamin A, vitamin C and iron.

* Percent Daily Values are based on a 2,000 calorie diet. Your daily values may be higher or lower depending on your calorie needs:

	Calories	2,000	2,500
Total Fat	Less than	65g	80g
Sat Fat	Less than	20g	25g
Cholesterol	Less than	300mg	300mg
Sodium	Less than	2,400mg	2,400mg
Potassium		3,500mg	3,500mg
Total Carbohydrate		300g	375g
Dietary Fiber		25g	30g

그림 21.1 식품 라벨은 중량별 내림차순으로 성분과 첨가물을 나열해야 한다; 쇼핑하는 동안 읽기 편한 프린트 크기도 의무적으로 규정되어 있다.

물에 관한 한, 그다지 눈에 띄지 않지만 매우 중요하고 지배적인 목소리가 있으니 그 목소리는 다름 아닌 미국 식품의약국(FDA)이다. FDA는 자신의 목소리 뒤에 법적인 영향력을 갖고 있다. 원래 법안은 **1938년 연방 식품, 의약품 및 화장품법**이었지만 첨가물과 관련된 FDA의 영향력은 **1958년 식품첨가물을 개정 법안**에 포함시켰다.

1958년 식품첨가물 개정안
안전 증명의 부담을 식품업체에 전가한 식품첨가물 관리 법안.

1938년 연방 식품, 의약품 및 화장품법
미국 식품의약국이 수립하고 그 책임을 정의한 연방 법률.

이 1958년의 법안이 특히 중요한 이유는 첨가물의 안전 증명에 대한 부담이 연방 정부에서 사용이 제안된 새로운 첨가물 제조업체로 이동했기 때문이다. 안전 증명은 통상 7년이 걸리는 오랜 기간 동안 동물에게 먹이는 동물 시험을 요구한다. 인체 실험은 매우 제한되어 있고 초기 단계에서는 수행되지 않지만 테스트의 일환으로 사람이 사용되기도 한다. 일반적으로 제조업체는 서비스업체에 의뢰하여 이와 같은 테스트를 실시하고 있다.

1958년의 이 법안의 딜레이니 조항은 매우 논쟁의 여지가 많았다. 다소 감정적으로 제정된 이 법률은 어떤 단계에서든 동물이나 사람이 소비했을 때 암을 유발하는 첨가물을 식품에 첨가해서는 안 된다고 규정하고 있다. 딜레이니 조항에 따라 1969년에 시클라메이트가 금지되었으며 사카린만이 비영양성 감미료로 남게 되었다. 그 후 FDA는 1972년에 사카린마저 금지시켰다. 사카린은 발암성에 관한 증거도 없이 몇 년 동안 많은 사람들에 의해 사용되었다는 사실로 인해 그러한 금지가 지나치게 과장적이었으며 전혀 불필요한 조치였음이 드러났다. 제안된 금지에 대해 수많은 반대의 목소리가 있었다. 이 논쟁의 결과로 인해 식품에 사카린을 사용하도록 하는 승인이 지속적으로 확장되었고 암 유발에 대한 제한된 증거만이 있을 경우 그리고 그 증거가 해당 물질을 완전히 비현실적인 수준으로 주입한 실험동물에서 나온 경우 해당 물질을 자동적으로 금지하기보다는 딜레이니 조항에 이러한 논리를 도입하는 방법을 찾기 위한 예비적 노력이 확대되었다.

"혜택 대비 위험"의 개념은 첨가물 논란을 진전시켰다. 유용한 실례는 고기를 경화하는 데 사용되는 질산염과 아질산염에 관한 것이다. 아질산염은 열을(베이컨을 구워서 매우 바삭한 단계에 이르는 것처럼) 가할 때 니트로사민을 형성하는 아민과 결합하여 생성되는 것으로 이것을 섭취하게 되면 창자 내에 축적될 수도 있다는 증거로부터 우려가 터져 나왔다. 니트로사민이 중요한 이유는 그것이 상당히 강력한 발암물질이기 때문이다. 이로 인해 딜레이니 조항의 실행과 고기의 경화에 사용되는 질산염과 아질산염의 사용 금지가 정당화될 것으로 보인다. 그러나 이러한 제한은 상당히 위험한 측면이 있다.

유용한 측면에서 보면 고기에서 발생하는 보툴리눔 식중독에 대한 위험은 질산염과 아질산염에 의해 보호된다; 이러한 첨가물이 없다면 보툴리눔 식중독은 실제적이고 아주 치명적인 위험이다. 그 결과 질산염과 아질산염은 고기의 경화에 사용이 허용되었지만 사용 정도는 다소 감소되었다. 효과적인 대체물이 발견된다면 질산염과 아질산염은 식품에 사용이 금지될 것이다. 일련의 조치들이 딜레이니 조항을 실제로 위반한다는 사실에도 불구하고, 이러한 논란은 "혜택 대비 위험" 개념의 실제적인 적용을 보여준다.

1960년의 착색 첨가제 개정안은 식품 산업에서 첨가물의 사용에 영향을 미치는 다른 법률에 대한 추가적 개정안이다. 이 법률안은 합성 혼합물이 다른 식품에서 추출되든지 그 여부와 상관없이 식품을 착색하는 데 쓰이는 모든 물질을 포함한다. 이것은 그 동안 많은 사람들의 상당한 관심사였다. 왜냐하면 딜레이니 조항의 정의에 따라 발암성 물질로 판명되는 경우 광범위하게 사용되었던 일부 착색제가 이 조항에 따라 사용이 금지되었기 때문이다. 1960년 착색 첨가제 개정안은 FD&C 적색 제2호 및 제4호와 카본 블랙을 금지시키는 근거를 제공하였다.

1954년의 밀러 살충제 개정안은 농업용 살충제와 그와 관련된 산물을 식품 산업에서 사용하는 것을 규제하는 법안이다. 환경보호국은 잔류물의 허용량을 정하는 권한을 갖고 있다. 집행 기관은 식품의약국이다. 이 법안의 효력에 관한 최근의 예를 보면, 저장 시 벌레에 의한 손실을 방지하기 위해 저장 곡물과 감귤류에 광범위하게 사용되었던 살충제인 이브롬화에틸렌의 사용을 금지한 사례를 들 수 있다.

미국 식품 화학물질 규격집은 첨가물과 관련해 식품산업에 특별한 관심을 기울인 책이다. 이 안내서는 극소량 오염 물질의 허용 한도와 분석 방식을 명확하게 기술하였으며 순도에 대한 기준을 명시하였다. 이 작업은 전미 과학 아카데미-미국 국립 연구회의의 식품 보호 위원회에 의해 개량, 발전되었으며, 식품첨가물 분야에서 최신의 경향을 유지, 제공하기 위해 정기적으로 갱신된다.

소비자는 자신이 모든 식품 포장지에 표시된 재료에 대한 법률적 요건에 맞게 식품을 섭취하고 있는지 확인하기 위해 도움을 받는다. 모든 첨가물을 포함하여 식품에 함유된 모든 성분은 중량 별 내림차순으로 정리되어 있다. 이러한 표시는 의무사항이다.

첨가물은 다음과 같은 여러 가지 이유로 사용된다:

1. 영양가를 향상시키기 위해
2. 맛을 향상시키기 위해
3. 색깔을 개선하기 위해
4. 유통기한을 연장하기 위해

5. 질감을 개선하기 위해
6. pH를 조절하기 위해
7. 발효를 위해
8. 표백과 숙성을 위해
9. 제조와 관련된 문제를 완화하기 위해

높은 기호성 및/또는 영양 강화식품에 대한 향상된 판매 잠재력과 생산 및 가공을 더욱 쉽게 하는 변형 등 이와 같은 모든 이유에는 경제적인 의미가 포함되어 있다. 건강에 민감한 오늘날의 소비자들은 그들이 먹는 식품의 영양 가치에 대해 지속적으로 높은 관심을 보이고 있으며 특정 영양분이 추가된 식품에 대해 더욱 매력을 느낀다. 상당수의 인구가 섭취하지 못하고 있는 영양분의 섭취를 개선하기 위해 수년간 빵과 시리얼 제품에 티아민, 리보플라빈, 니아신, 철을 추가하고 소금에 요오드를 첨가하는 것이 허용되어 왔다. 좀 더 최근에는, 소비자의 관심과 강화식품에 대한 수요를 충족시키기 위해 다양한 제품에 많은 영양소가 추가되고 있다.

즐거움은 사람들이 식품을 먹는 중요한 이유이며 식품의 감각적 특성이 향상되면 즐거움이 증가할 수 있다. 이와 같은 강력한 근본적인 이유야 말로 맛, 색상 및 질감에 영향을 미치는 성분을 추가하는 동기가 되고 있다. 특히 감각에 호소하는 첨가물이 연구개발비의 상당부분을 차지하는 데 그 이유는 광범위한 소비자의 선택을 확보할 수 있고 대단히 경쟁적인 식품업계에서 틈새시장을 개척할 수 있는 식품에 대한 거대한 경제적 잠재력 때문이다.

첨가물은 만족스런 유통기한을 가진 식품을 개발하는데 필수적이다. 곰팡이 또는 기타 미생물로 오염된 식품은 그러한 식품을 구매한 소비자에게 문제가 발생시킬 뿐만 아니라 해당 소비자가 더 이상 이들 제품을 구매하지 않음으로써 고객을 잃게 할 소지를 포함하고 있다. 식품 제조업체는 이

생각할 거리: "EAFUS" 해석하기

식품첨가물과 그 규제의 세계는 이 세계를 방문하는 사람들에게 친절한 손길 또는 편리한 가이드를 제공하고자 하는 약어로 가득 차 있다. "EAFUS" 는 정부의 "알파벳 수프"를 보여주는 훌륭한 예시이다. 사실상 식품 첨가물 데이터베이스의 경우 약어는 FAD(Food Additive Database)지만 단순히 식품첨가물 규제라는 심각한 세계와 양립할 수는 없다. 따라서 3,000개 이상의 식품첨가물을 나열하는 미국 데이터베이스는 미국 내 식품에 첨가되는 "모든 것"이라고 불리며 곧 EAFUS(Everything Added to Food in the United States)라는 별칭을 얻게 되었다.

EAFUS는 CFSAN(Center for Food Safety and Applied Nutrition)으로 더 잘 알려진 식품안전 및 응용영양센터가 담당한다. 미국 식품의약국 산하기관인 이 센터는 식품첨가물 프로그램의 우선순위 기반 평가(PAFA: Priority-based Assessment of Food Additives)에 따라 EAFUS에 대한 책임사항을 충족한다[부언하면, 이 약어를 PUFA(불포화 지방산)와 혼동해서는 안 된다.]

이 데이터베이스에 나열된 첨가물은 다음 4가지 카테고리 중 하나에 속 한다: 직접, 이차적인 직접, 색상 첨가제 또는 GRAS. 독성학적 증거를 검토하여 현재 상태를 반영하기 위해 EAFUS는 지속적으로 업데이트 된다. 각 화학 물질에 대한 목록화에는 문서 유형을 위한 열, 문서 번호를 위한 열, 주요 용어에 대한 열(명칭 확인), CAS RN(화학 추상 서비스 등록번호) 또는 기타 코드를 위한 열 및 마지막으로 레그넘이라는 제목의 열이(타이틀 21의 섹션과 부분 번호용) 포함된다. 문서 유형이 흥미로운 이유는 독성 정보의 승인과 관련하여 각 첨가물의 특정 상태를 확인하기 때문이다(예, 완전히 업데이트된 독성 정보, 초기 독성 자료 검색 진행 중, 보고된 사용 사례 없음 및 사용 가능한 독성 정보 없음).

EAFUS의 지속적인 데이터베이스화는 다양한 첨가물을 필요로 하는 새로운 제품을 개발하는 식품 과학자들에게 매우 중요하다. 잠재적인 첨가물의 승인 상태는 생산과정 중의 문제를 야기하지 않고 효과적으로 제조될 수 있는 신제품을 만들고자 재료를 결정함에 있어 필수적인 정보를 제공한다.

러한 시장 손실을 감당하지 못한다. 또한 유해 식품은 불만 대상이 되는 회사에 손해를 입힐 수 있는 법적 소송 가능성을 내포하고 있다. 미생물의 증식을 방해하는 첨가물은 이러한 문제를 예방하기 위해 꼭 필요하다. 다른 성분은 수분 유지를 도와 유통기한을 연장시킨다.

제조업체들은 생산 중에 발생하는 식품의 물리적 속성에서 야기되는 생산 문제를 피하거나 적어도 완화시키기 위해 첨가물을 사용한다. 예를 들어, 우유 또는 건조한 콩을 준비할 때 생기는 거품은 다량의 식품을 가공할 때 마주치게 되는 문제 중 하나이다. 식품업계 전반에 걸쳐 첨가물을 사용하는 수많은 다른 이유가 존재할 수 있다.

첨가물

비의도적 첨가물

식품 내 첨가물은 비의도적 첨가물과 의도적 첨가물로 나눌 수 있다. 때때로 식품에서 발생하는 비의도적 첨가물은 제품의 일부로 의도하지 않았지만 어쩌다 거기 있게 된 것으로 일부 의도하지 않은 사고, 즉 머리카락, 기계에서 나오는 기름, 또는 기타 오염 물질의 결과물이다. 이러한 문제를 없애려면 초기 재료부터 포장된 제품에 이르기까지 생산과정을 주의 깊게 모니터링 해야 한다.

의도적 첨가물

의도적 첨가물은 상당히 다른 유형의 첨가물을 나타낸다; 이러한 첨가물은 다음과 같은 목적을 위해 고의적으로 그리고 의도한 수준으로 식품에 첨가된다.

1. 안전과 신선도를 유지하거나 향상시키기 위해
2. 영양 가치를 향상시키거나 유지하기 위해
3. 맛, 질감, 외양을 향상시키기 위해

대부분의 첨가물은 식품에 직접 첨가된다; 간접 첨가물은 포장으로부터 첨가될 수 있다. 따라서 포장 재료 역시 승인을 받아야 한다.

직접적이든 간접적이든, 첨가물의 사용은 다음의 경우에만 식품의약국으로부터 승인을 얻는다:

1. 유용한 기능을 수행한다.
2. 저급한 재료의 사용 또는 열악한 제조공정을 왜곡하여 소비자를 속이지 않는다.
3. 실질적으로 영양 가치를 감소시키지 않는다.
4. 향상된 제조기술이 제공 할 수 있는 것과 동일한 결과가 아닌 그 이상의 결과를 제공한다.
5. 인정받은 분석방법에 의해 제품에서 측정할 수 있다.

식품의약국은 식품 제조 시 첨가물을 들쑥날쑥하게 사용하는 것을 허용하지 않고 있다. 추가 비용이 들어가기 때문에 식품업계는 첨가물의 불필요한 사용을 선호하지 않는다.

식품에서 행하는 기술적 기능에 따라 각종 식품첨가물이 공보[1974, 39(185), 34175]에 분류되어 있다. 이러한 기능과 목적을 위해 사용되는 일부 특정 첨가물은 다음과 같다:

1. 고형화 방지제, 유도제 – 규산 칼슘, 인산 이칼슘, 마니톨, 이산화 규소, 규산 알루미늄 나트륨
2. 항미생물제 – 아세트산, 벤조산, 프로필렌 옥시드, 질산나트륨, 아질산나트륨, 과산화수소
3. 항산화제 – 아스코르브산, BHA(부틸 히드록시아니솔), BHT(부틸히드록시톨루엔), 갈산프로필
4. 염료, 착색 부속물(착색제, 착색 고정액, 착색 유지제 등) – 안나토, 군청색, 황색 염료 제5호, 이산화티탄, 강황, 적색 염료 제40호, FD&C 청색 제1호, FD&C 적색 제3호, FD&C 녹색 제3호, FD&C 황색 제5호, 코치닐, 샤프란

5. 경화제, 산세정제 – 에리소르빈산 나트륨, 메타인산나트륨, 질산나트륨, 아질산나트륨
6. 반죽 강화제 – 황산암모늄, 메뚜기콩검, 일인산석회, 브롬화칼륨, 글리세롤모노스테아레이트
7. 건조제 – 실리코알루민산나트륨, 구연산염 알류미늄 나트륨
8. 유화제, 유화제 소금 – 레시틴, 모노글리세리드, 피로인산칼륨, 폴리메타인산 칼륨, 소르비탄모노올레이트, 폴리소르베이트 60, 65 및 80
9. 효소 – 아밀라아제, 레닛, 펙티나아제, 페록시다아제, 파파인
10. 응고제 – 황산알루미늄, 염화칼슘
11. 화학 조미료 – 모노소디움 글루타메이트, 구닐산이나트륨, 이오신산이나트륨
12. 향료, 보조제(개선제) – 알릴 디설파이드, 후추, 강황, 겨자, 에틸바닐린
13. 밀가루 처리제(표백제와 숙성제 포함) – 과산화 아세톤, 아조다이카본아마이드, 과산화 벤조일
14. 제조 보조제(케리어, 바인더, 필러, 가소제, 도막형성요소, 성형 보조제 등) – 옥수수 시럽, 마니톨, 프로필렌 글리콜, 카세인 나트륨, 나트륨 카르복시 메틸 셀룰로오스
15. 훈증약 – 포스톡신
16. 습윤제, 수분보유제, 항먼지제 – 삼인산 나트륨, 소르비톨, 글리세린
17. 팽창제 – 베이킹 파우더, 탄산나트륨, 베이킹 소다(산함유), 황산 알루미늄 나트륨, 인산 이칼슘
18. 윤활유, 이형제 – 프로필렌 글리콜, 인산 모노 모노나트륨 및 디글리세리드
19. 비영양성 감미료 – 타가토오스, 수크랄로스
20. 영양 보충제 – 알라닌, 티아민, 요오드화칼륨
21. 영양성 감미료 – 프록토오스, 수크로오스
22. 산화제 및 환원제 – 과산화 아세톤, 티오황산염, α-토코페롤
23. pH 조절제(완충제, 산, 알칼리 및 중화제) – 아세트산, 아디핀 산, 황산 알루미늄 나트륨, 베이킹 소다, 구연산칼슘
24. 가공 보조제(정화제, 흐리게 하는 성분, 촉매제, 응결제, 거름 보조제 등) – 인화 알루미늄, 황산칼슘, 디메틸 폴리실록산
25. 분사제, 공기 통풍제, 가스 – 아산화질소
26. 금속 이온 봉쇄제 – 글루코노 델타락톤, 글루콘산칼륨
27. 용제, 매개체 – 알코올, 글리세롤, 이소프로판올, 프로필렌 글리콜
28. 안정제, 농축제(서스펜션화제 및 보디에이전트, 유착제, 겔화제, 팽화제 등) – 아라비아 고무, 한천, 알긴산 염 셀룰로오스, 카라야 고무
29. 표면 활성제(유화제 외, 가용화제, 분산제, 세제, 습윤제, 재수화 향상제, 기포제, 발포제 및 소포재 등 포함) – 스테아린산 암모늄, 이산화 규소, 석유 왁스, 데칸산, 디메실 폴리실록산
30. 표면 가공제(글레이즈, 광택제, 왁스 및 보호 코팅 등 포함) – 아라비아 고무, 아라비아 고무, 밀랍
31. 공력제 – 구연산, 타르타르산
32. 특정한 결을 내는 것 – 한천, 아라비아 고무, 메뚜기콩검, 셀룰로오스, 녹말가루

오늘날의 글로벌 환경에서 식품첨가물은 많은 국가에서 식품의 제조에 중요한 부분을 구성하고 있다(그림 21.2). 이 문제에 대응하기 위한 담당 기관은 **국제식량농업기구/세계보건기구 합동 식품첨가물 전문가 위원회(Joint FAO/WHO Expert Committee on Food Additives)**이다.

국제식량농업기구/세계보건기구 합동 식품첨가물 전문가 위원회(JECFA)
국제 무역에서 식품첨가물에 대한 감독 문제를 담당하는 국제위원회.

때때로 가정에서 입맛을 돋우기 위해 천연 첨가물을 사용하지만 이 경우 논쟁을 유도하기보다는 요리사에 대한 칭찬을 유도할 가능성이 높다(그림 21.3과 21.4). 실제로 요리법을 더욱 향상시키는 허브와 향신료는(표 21.1) 첨가제로써 FDA 규정에 따라 상업 식료품을 만들 때 추가할 수 있으며 식품 성분 라벨에 표시해야 한다.

착색료는 원하는 외양을 얻기 위해 사용되는 첨가물의 실례를 제공한다. 예를 들어 파프리카와 사프란 등 일부 향신료와 사탕무, 토마토와 같은 밝게 착색된 식품들은 상업 및 가정 내 사용을 위

그림 21.2 향신료는 중동 등 많은 나라들과 인도 및 인도네시아 뿐만 아니라 그라나다와 카리브해에 있는 여러 지역에서 수입된다.

한 착색료를 포함하고 있다. 아나토 색소, 베타카로틴, 포도과피 추출색소, 코치닐 추출 색소 또는 카민, 파프리카 올레오신, 캐러멜 색소, 과일과 야채주스 및 사프란은 특정 식품을 강화하는 데 사용되는 천연 안료 공급원의 친숙한 예이다. 천연 착색료 외에도, 식품 업계는 FD&C 청색 제1호 및 2호, FD&C 녹색 제3호, FD&C 적색 제3호 및 40호, FD&C 황색 제5호 및 6호, 오렌지 B와 시트러스 적색 제2호를 사용하여 원하는 식품을 제조할 수 있다.

제조 응용제품

상용 식료품에 추가하기 위한 특정 식품첨가물의 선택은 식품 항목에서의 효율성 및 가능한 대안들을 비교할 때 소요되는 비용적 측면에서, 특정 첨가물의 수정 및 적합성을 필요로 하는 식품의 특징에 바탕으로 해야 한다(표 21.2). 식품 기술자들은 가장 적합한 첨가물과 새로운 제품을 고안하는데 필요한 수준을 결정하기 위해 다양한 연구를 수행한다.

그림 21.3 카다멈 꼬투리는 지상의 덩굴손에서 꽃이 시든 후에 형성된다. 꼬투리에 있는 작은 씨앗은 일부 스칸디나비아 쿠키에 맛을 내는 천연 첨가제로 사용된다.

그림 21.4 팔각은 중국의 다섯 가지 향신료 중 하나로써 다양한 인도 식품의 맛을 내기 위해 사용되는 가람마살라에 포함된다.

표 21.1 첨가물: 허브와 향신료

첨가물	일부 권장 용도
허브	
바질	토마토 요리, 샐러드, 고기
베이리프	수프, 스튜, 고기
딜 위드	샐러드, 피클, 생선
마죠람	수프, 스튜, 고기, 가금류 고기, 생선
오레가노	스튜, 오믈렛, 칠리, 토마토 요리
파슬리	수프, 소스, 샐러드
로즈마리	고기, 생선, 수프, 스튜
세이지	샐러드, 생선, 가금류 고기의 드레싱
백리향	수프, 스튜, 토마토 요리
향신료	
붉은 고추(가루)	고기, 생선, 야채
계피	구운 식품, 고구마, 피클
정향	햄, 스튜, 절인 과일, 구운 식품
생강	구운 식품, 볶은 식품, 처트니
메이스	초콜릿, 케이크, 푸딩, 생선 소스
겨자	고기, 소스, 샐러드
너트맥	구운 커스터드, 에그노그, 구운 식품
파프리카	가니쉬, 닭고기 및 고기 요리
후추	고기, 야채, 달걀, 소스, 샐러드
샤프론	쌀, 닭고기, 구운 식품
강황	고기, 드레싱, 렐리시, 샐러드
블렌드	
칠리 파우더	멕시코 요리, 달걀, 고기
카레 가루	인도 요리, 가금류 고기, 생선, 쌀, 야채
파인 허브	야채, 고기, 가금류 고기, 생선
가금류 고기양념	요리 속, 가금류 고기, 생선, 쌀

안전

미 농무부의 식품안전검사국과 보건사회복지부의 식품의약국은 계란, 가금류 및 식육 가공품의 안전에 대한 책임을 공유하지만, 식품의약국만이 다른 대부분의 식품에 대해 책임을 진다. 식품첨가물의 안전에 대한 초기 평가는 FDA 소관이다; 식품안전검사국의 소비자 보호 전문가들 또한 계란, 가금류 및 식육 가공품을 위해 제안된 첨가물의 사용 조건, 안전, 기능 등을 평가한다. FDA는 최종 권한을 갖지만, 식품안전검사국이 더 엄격한 기준을 적용할 수도 있다.

식품 공급에서 첨가물의 안전은 개인 및 사회에 있어 중요한 문제지만, 여전히 문서화하기 어려운 문제점이 발생하고 있다. 첨가제의 유독성을 시험하기 위한 프로토콜에는 급성 실험, 장기적 실험 및 항시적 실험 등이 포함된다.

- **급성 실험:** 하나의 대규모 투여량이 두 종에 투여되는데, 최소 한 종은 비설치류이다. 복용량의 정도가 실험동물 중 절반에게 치명적이다. 생존 동물은 7일 동안 시험된다.
- **장기적 실험:** 세 가지 다른 약물이 최소 3개월 동안 매일 두 종에 투여된다. 통제군과 세 개의 실험 그룹은 일반적으로 각각 최소 10마리의 수컷과 10마리의 암컷을 대상으로 한다. 실험기간 동안 매주 신체검사가 실시되며, 실험기간 후에는 완전한 부검과 장기에 대한 조직학적인 연구가 시행된다.
- **항시적 실험:** 장기적 실험에 관한 표본 실험이지만, 기간이 최소 1년이거나 종종 최소 18개월이

표 21.2 식료품을 위한 제조 요건을 충족시킬 수 있는 일부 첨가제 및 기능적 요구

기능적 요구	요건을 충족시킬 수 있는 일부 첨가물
영양가 향상	요오드화칼륨, 글루콘산제일철 및 기타 철염, 칼슘염, 비타민, 아미노산
맛 향상	아세트니솔, 아세토페논, 알릴 디설파이드, 프로피온산 아밀, 벤조일 아세트산염, 벤조일 이소유게놀, 옥수수 시럽, 덱스트로오스 및 기타 감미료, 구아닐산이나트륨, 이노신산
색깔 향상	안나토, 칸타크산틴, 캐러멜, 카로틴, 시트러스 적색 제2호, 코치닐, 강황; FD&C 청색 제1호, 녹색 제2호, 적색 제3호 및 40호, 황색 제5호; 샤프론
유통기한 연장	아스코르브산, 중아황산염류, BHA, BHT, 부틸파라벤, 젖산칼슘, 소르브산, 프로피온산 칼슘 및 소르브산칼슘, 구연산, EDTA, 과이악검, 헵틸 파라벤
질감 향상	고무(아카시아 또는 애러빅, 캐롭 콩, 카라기닌 ,구아, 가티, 카라야, 트래거캔스 고무, 크산탄), 한천, 알긴산 염류, 인화 알루미늄, 알루미늄 및 황산암모늄, 암모늄 및 알긴산 염류 칼슘, 염화칼슘, 칼슘염(스테아르산염, 규산염, 스테아릴-2-젖산), 셀룰로오스, 담즙산, 옥수수 녹말, 덱스트린, 디글리세라이드, 인산나트륨, 레시틴, 변형된 식품 전분, 폴리소르베이트, 이산화 규소
pH 조절	아세틱 에시드, 아디핀산, 베이킹 소다, 벤조산, 칼슘염(탄산염, 구연산염, 글루콘산염, 피로인산염), 구연산, 인산이칼슘, 염산, 인산염, 인산, 구연산염 칼륨
레븐	베이킹 파우더, 베이킹 소다, 탄산칼슘, 이스트, 글루코노 델타락톤
표백 및 숙성	아조다이카본아마이드, 과산화 벤조일, 브롬산염 칼슘, 글리세롤모노스테아레이트, 과산화수소, 브롬화칼륨
제조 문제 완화	인화 알루미늄 및 알루미늄 스테아레이트, 부틸스테아레이트, 칼슘염(락토비오네이트, 규산염, 스테아르산염, 황산염), 데칸산, 디마그네슘 인산염, 디메실 폴리실록사, 디옥틸 유황숙신산 나트륨, 탄산 마그네슘, 올레산

며, 실험 동물의 수는 3배이거나 4배 이상이다. 생식에 미칠 수 있는 효과를 알아보기 위해 일부 첨가물이 테스트되며 3세대까지의 연구를 포함할 수도 있다.

실험에 사용될 동물을 선정하는 것은 쉽지 않다. 설치류는 인간보다 더 많은 수의 장내 세균을 갖고 있다. 따라서 실험동물에게 잠재적 위험의 차이를 만들어 흡수성을 위해 사용시 그 사용여부를 확인해야 한다. 추가적인 차이점은 다양한 종들이 물질을 대사시키는 방식에서 발견된다. 식품 공급사슬에서 고의로 첨가되는 물질의 안전을 확인하고 안전하지 못한 것으로 밝혀진 물질의 사용을 금지하는 것이 중요하다.

식용 꽃

전통적으로 꽃은 식품으로 여겨지지 않았지만, 점차 고명이나 색깔 및 맛을 강조하는 재료로 사용되고 있다. 한련은 보통 이런 방법으로 사용되는 꽃 중 하나이다. 섭취해도 안전한 그 밖의 꽃들에는 팬지, 비올라, 국화 및 카네이션 꽃잎, 후크시아, 제라늄, 자스민, 라벤더, 일부의 장미꽃, 제비꽃, 그리고 호박꽃(수술이 제거된)이 포함된다. 요리시 고명이나 식재료로서 선정된 꽃은 안전해야 한다.

정원의 꽃이나 상업용 꽃은 사람이 먹으려고 재배되는 꽃이 아니기 때문에 살충제 또는 제초제로 길러졌다고 봐도 무방할 것이다. 이러한 물질에 오염된 것으로 알려진 꽃은 요리의 중앙 장식품으로 사용되어야 하며, 식품과 함께 접시에 제공되어서는 안 된다. 일부 꽃들은 인간에게 유독하다. 먹으면 심각한 치명적 반응을 일으킬 수 있기 때문에 스위트 피, 협죽도, 다수의 백합, 구근 베고니아 및 튤립 등은 식용으로 간주해서는 안되는 꽃들이다.

허브와 향신료

사람들이 다른 문화의 다양한 식품을 맛보는 경험을 확장시키면서, 많은 가정에서 사용되는 조리법 및 상품에서 **허브(herb)**와 **향신료(spice)**의 사용이 증가되고 있다. 허브는 종종 동물처럼, 특정 계절에 한정하여 자라는 식물이고 다양한 요리에 추가될 수 있는 맛의 폭 때문에 그 가치가 높다. 향

허브
여러 가지 맛을 첨가하기 위해 요리에서 사용되는 일부 계절 식물.

향신료
향이 좋은 식용 식물에서 채취한 양념으로 맛의 강도를 더하기 위해 사용됨.

표 21.3 일부 허브 및 향신료의 권장용도

허브/향신료	권장용도
바질	토마토가 함유된 요리, 달걀, 고기, 야채, 샐러드, 쌀
칠리	칠리, 멕시코 요리, 콩
차이브	스튜, 요구르트 및 시큼한 크림 소스, 야채
계피	과일 디저트, 카레, 닭고기
정향	햄, 카레
쿠민	카레, 고기, 수프
딜	생선 요리, 오이, 샐러드, 빵, 감자
생강	쿠키, 카레, 볶음 요리
박하	양고기, 차 및 감귤류 음료, 과일
오레가노	토마토가 함유된 요리, 달걀, 수프
파슬리	토마토가 함유된 소스, 수프, 야채
로즈마리	고기, 수프, 야채
세이지	가금류 고기 및 요리 속, 수프
사철쑥	고기, 콩, 오이, 요구르트
백리향	고기, 가금류 고기, 달걀, 생선

신료는 계절적 성장의 제약을 받지 않는 단단한 식물에서 채취한다. 예를 들면 계피는 나무껍질로 먹는 즐거움을 더하기 위해 과일 또는 다른 식품과 섞을 수 있기 때문에 가치가 높다. 신선한 허브는 보통 바질, 골파, 딜, 오레가노, 파슬리, 로즈메리, 세이지, 사철쑥 및 백리향을 포함하는 농산물 판매대에서 구입할 수 있다. 다양한 건조 허브 및 향신료도 상품으로 구입할 수 있다.

신선한 허브의 풍미 강도는 건조한 향초의 그것보다 더욱 은은하다. 신선한 허브는 이들의 약 8배 이상을 사용하여 건조 허브를 필요로 하는 조리법을 대체할 수 있다. 표 21.3은 허브가 특히 효과적으로 사용될 수 있는 몇몇 요리를 나열하였다.

생각할 거리: 보물과 같은 식재료, 송로

송로는 희귀하고 값비싸며 이국적인 특성으로 인해 유명한 아주 특별한 재료이다. 송로는 일종의 식용 가능한 버섯인데, 토양 표면 밑 바로 아래에서 자라는 균류이며 특정한 나무뿌리와 공생관계를 갖고 있다. 송로의 균사는 먹이를 공급하기 위해 토양의 물과 다양한 영양분을 나무뿌리에 제공하는 필라멘트이다. 그 답례로 나무는 광합성을 통해 당분을 만들고 그 당분을 뿌리에서 송로로 전달해 준다. 이러한 공생적 관계는 천연 송로가 왜 특정 유형의 나무뿌리로 둘러싸인 지면 밑의 숲에서 만 발견되는지 설명해 준다. 검은 송로(흑색 트뤼플)는 가끔 프랑스와 이탈리아 일부 지역의 오크나무 아래의 지면에서 발견된다.

검은 송로는 그것이 식품 맛에 미치는 독특한 영향과 그 희소성 때문에 매우 비싸다. 시골에서 송로를 찾을 때 개와 돼지가 그 향기를 맡을 수 있기 때문에 송로 사냥꾼들은 이 식용 보물을 찾기 위해 개와 돼지를 이용하기도 한다. 송로버섯은 얇게 슬라이스해서 익히지 않고 먹거나 익혀서 다양한 요리에 맛을 내는 재료로 사용된다. 다행히도, 풍미가 충분히 강해서 소량으로도 많은 식품의 맛을 낼 수 있다.

때때로 나미비아 적도의 남쪽, 칼라하리 송로는 칼라하리 사막의 흐르는 샘에서 발견되기도 한다. 땅에 묻힌 송로는 다소 산발적으로 발생하며 강우량에 따라 달라진다. 보통 4년에 한 번꼴로 많은 수확량을 기대할 수 있다. 칼라하리 송로는 작은 둥근 감자를 닮았으며 연한 갈색이다.

불행히도, 칼라하리 송로는 1주일 내에 먹어야 하는데 이런 이유로 북미 시장에서는 구매할 수가 없다. 송로버섯이 수확되는 시기에 나미비아에 있을 만큼 운이 좋은 사람은 날것으로 또는 익혀서 배불리 먹을 수 있을 것이다. 산지에서는 이 나미비아 송로의 가격이 저렴하다. 하지만 유럽에서는 어떤 가격을 주고도 구입할 수 없다.

일부 허브와 향신료는 그 항균 작용 때문에 유용하다. 마리네이드, 소스 및 드레싱의 경우, 바질, 정향, 로즈마리, 겨자, 계피, 마늘 및 백리향과 같은 허브와 향신료는 특정 미생물의 성장을 억제하는 데 도움이 될 수 있다. 이러한 허브와 향신료는 유용한 보호책으로써 작용할 수 있지만, 식품에 따른 적절한 냉장이나 다른 기술에 대한 필요를 대체할 수는 없다. 물론 이러한 재료가 내는 맛과 향은 소중하며, 특정 식품에서 향과 향신료를 선정할 때 특히 이 점을 고려해야 한다. 어떤 사람들은 특정 허브와 향신료에 대해 알레르기 반응을 나타내는데 이런 사람들은 식재료에 대해 잘 알고 있어야 한다.

식이 보충제

다양한 영양소뿐만 아니라 식물에서 추출한 각종 추출물과 기타 재료는 식이 보충제로 생산되어 건강을 의식하는 대중에게 상당량이 판매되고 있다. 다양한 식이 보충제를 생산하는 회사들에게 엄청난 비즈니스 기회를 제공하기 위해 수많은 건강 요구 및 마케팅 전략이 사용된다.

1994년 **건강보조식품건강교육법(DSHEA: Dietary Supplement Health and Education Act)**은 식이 보충제에 대한 FDA의 권한을 제한한다. 이러한 제품을 제조하는 업체들은 FDA 허가 없이 제품을 시판함에 있어 상당한 자유를 누리게 된다. 이는 FDA의 승인을 받아야 하는 식품 재료에 대한 요구사항과 상당히 대조적이다. DSHEA에 따라, FDA는 식이 보충제가 시장에 나온 후에야 이들이 안전하지 않다는 것을 증명할 수 있다. 이 말은 FDA가 안전하지 않은 식이 보충제를 금지하기 위해 위험에 관한 충분한 증거를 수집하기 전까지 안전하지 않은 식이 보충제가 상당한 기간 동안 시장에서 판매될 수 있음을 의미한다.

건강 보조 식품 건강 교육법(DSHEA)
식이 보충제를 정의하고 식이 보충제를 규정하는 FDA의 역할을 제한하는 1994년 법안.

표기 요건은 식이 보충제를 위해 정의되며 다음을 포함해야 한다.

- 정체성에 관한 설명(예, "인삼")
- 내용물의 순 수량(예, 60 캡슐)
- 구조-기능 요구 및 설명 "본 제품은 식품 의약품 안전청에 의한 평가를 거치지 않았습니다. 본 제품은 질병을 진단하거나, 치료 또는 완치, 예방하기 위한 것이 아닙니다."
- 사용 지침(예, "매일 캡슐 하나를 복용하시오".)
- 성분 함량 패널(1회 복용량, 양 및 유효성분)
- 성분 함량의 내림차순, 공통 이름 또는 고유 브랜드로 된 기타 성분
- 제조업체, 포장업체, 또는 유통 업체의 이름과 장소

식이 보충제는 약이 아니며 식품 재료도 아니므로 약물과 재료에 적용하는 FDA의 엄격한 규정의 대상이 아니다. 오늘날 가장 널리 소비되는 3가지의 식이 보충제는 징코빌로바, 에키네이셔, 인삼이다. 소비자는 식이 보충제를 사용하기 전에 의사와 상의하고 불확실한 업체에서 생산되는 제품에는 특히 주의해야 한다.

은행나무 또는 은행잎 추출물인 징코빌로바는 많은 건강식품 상점에서 구할 수 있는 식이 보충제이다. 징코빌로바는 신체의 사지와 두뇌에 혈액 흐름을 증가시키는 효과가 있다고 알려져 있다. 그러나 설사, 메스꺼움, 구토 및 불안 등의 부작용이 있을 수 있다. 여타의 식이 보충제와 마찬가지로, 품질은 제조업체에 따라 크게 차이가 나며 안전은 보장되지 않는다.

에키네이셔는 스네이크루트(snakeroot: 뱀 물린 데 좋다는 각종 식물의 뿌리)에서 생산되며 보라색 국화라고도 불린다. 몇몇 사람들은 감기를 치료하기 위해 이것을 복용하기도 한다. 어떤 사람들은 알레르기 반응을 보이기도 하지만, 에키네이셔는 면역체계를 자극하는 데 도움을 주며 그런 이유로 감염의 초기 단계에서 감기 치료를 위해 사용된다.

인삼은 건강 보조식품으로 그 역사는 7,000년 전 중국으로 거슬러 올라간다. 오늘날까지도 인삼

의 건강 효능에 대한 증거는 모순되고 설득력이 없다. 부작용에는 고혈압과 위장 장애 등이 있다.

건강 효능을 위해 “천연” 식품과 식물에 관심을 보이는 소비자들은 식품 제조업체들로 하여금 이 분야 시장에 어필하기 위해 일부 식물 성분의 포함 여부를 고려하도록 자극하고 있다. 마떼 잎, 은행, 루이보스(남아프리카 공화국 산)와 같은 성분을 함유하는 차와 기타 음료들은 시장에서 중요한 위치를 차지하고 있다.

요약

식품첨가물은 미국의 가공 식품과 편의 식품의 중요 구성요소이다. 첨가물의 상업적 사용은 미국식품의약국의 규제를 받는다. 1958년에 통과된 1938년 연방 식품, 의약품 및 화장품법의 식품첨가물 개정안은 GRAS 리스트에 나열된 첨가물 외에 모든 첨가물의 안전이 해당 첨가물 제조업체에 의해 증명되고 판매를 위해 준비되고 있는 식품에 포함하기에 앞서 FDA의 승인을 받아야 한다고 규정하고 있다.

첨가물은 영양가, 맛, 색상, 질감을 개선하고 마케팅 과정에서 손실을 줄이며 대량 생산에서 발생하는 제조 문제를 완화하기 위해 사용된다. 제조과정을 조심스럽게 통제하여 비의도적 첨가물이 발생하지 않도록 해야 한다. 의도적 첨가물은 인체에 유해하지 않고 유용한 목적을 제공해야 한다. 2,000개 이상의 첨가물을 식품에 첨가할 수 있으며 이 첨가물들은 여러 가지 방법으로 가공 및 편의 식품의 품질 향상에 기여한다. 이 첨가물들의 안전은 급성, 장기적, 항시적 시험에서 테스트된다.

연습문제

1. 어떤 법안이 식품(해당되는 모든 입법 조치 포함) 첨가물의 사용을 결정하는가?
2. 첨가물 사용의 장단점은 무엇인가?
3. 딜레이니 조항은 무엇이며 이 조항은 “혜택 대 위험” 개념과 어떻게 충돌하는가?
4. 식품에 사용되기 전에 첨가물은 어떤 조건을 충족해야 하는가?
5. 서로 다른 다섯 가지 식품의 성분 라벨에 열거된 각 식품첨가물이 왜 포함되어 있는지 그 이유를 설명하시오.
6. 식품의 색깔과 맛을 향상시키는 데에 적당한 약초, 양념 및 화초를 제안해 보시오.
7. (참 또는 거짓) 미국의 식품 제조업체는 식품 라벨에 10개의 주요 재료만 열거할 선택권이 있다.
8. (참 또는 거짓) 식품 포장 재료는 CDC의 승인을 받아야 한다.
9. (참 또는 거짓) 첨가물은 식품의 품질을 알기 어렵도록 색깔을 부여하는데 사용될 수도 있다.
10. (참 또는 거짓) 첨가물을 사용하면 소스가 진해진다.
11. (참 또는 거짓) 고과당 옥수수 시럽은 승인받은 첨가물이다.
12. (참 또는 거짓) GRAS 목록은 지역에서 재배된 농산물만을 포함한다.
13. (참 또는 거짓) 딜레이니 조항은 폐지되었다.
14. (참 또는 거짓) 1958년 식품첨가물 수정안 및 그 후의 관련된 법률안을 시행 및 관리하는 기관은 국토안보부이다.
15. (참 또는 거짓) EAFUS는 미국 내의 식품에 첨가되는 모든 것을 의미한다.

참고문헌

Ash, M., and Ash, I. 2008. *Handbook of Food Additives*. 3rd ed. Synapse Information Services, Inc. Endicott, NY.

Branen, A. L., et al. 2001. *Food Additives Revised and Expanded*. CRC Press. Boca Raton, FL.

Brennan, J. G. 2005. *Food Processing Handbook*. Wiley. New York.

Brody, A. J. 2009. Food packaging migrants: Hazardous or insignificant? *Food Technol. 63* (10): 75.

Emerton, V. and Choi, E. 2008. *Essential Guide to Food Additives*. 3rd ed. Royal Society of Chemistry. London.

Foster, R. J. 2010. Naturally colorful. *Food Product Design 20* (supplement): 3.

Lioe, H. N., et al. 2010. Soy sauce and umami taste: A link from the past to current situation. *J. Food Sci. 75* (3): R71.

Luck, E. 1997. *Antimicrobial Food Additives: Characteristics, Uses, Effects*. Springer-Verlag. New York.

Matromatteo, M., et al. 2010. Use of lysozyme, nisin, and EDTA combined treatments for maintaining quality of packed ostrich patties. *J. Food Sci. 75* (3): M178.

Molins, R. A. 2001. *Food Irradiation*. Wiley. New York.

Nabors, L. O. 2007. Regulatory status of alternative sweeteners. *Food Technol. 61* (2): 24.

Ohr, L. 2008. Adding spice to life. *Food Technol. 62* (1): 59.

Potter, N. N. and Hotchkiss, J. H. 1999. *Food Science*. 5th ed. Springer-Verlag. New York.

Watson, D. H. 2002. *Food Chemical Safety*. Vol. 2. Additives. CRC Press. Boca Raton, FL.

World Health Organization. 2010. *Evaluation of Certain Food Additives: Sixty-Ninth Report of the Joint FAO/WHO Expert Committee on Food Additives*. (WHO Technical Report Series). World Health Organization. Rome.

웹사이트

http://www.fda.gov/opacom/backgrounders/miles.html—Listing of federal food-related legislation.

http://www.fda.gov/Food/FoodIngredientsPackaging/GenerallyRecognizedasSafeGRAS/GRASListings/default.htm—Summary of GRAS notices.

www.leffingwell.com/gras19.htm—Flavor and Extract Manufacturers (FEMA) expert panel; Report on GRAS list for flavor additives (19th listing).

http://www.usp.org/fcc/—Information on the *Food Chemicals Codex*.

http://www.google.com/search?q=Delaney+clause&hl=en&sa=G&tbs=tl:1&tbo=u&ei=BJnES-O5FYP6sgP67-SDDQ&oi=timeline_result&ct=title&resnum=11&ved=0CCsQ5wIwCg—Time line on actions dealing with the Delaney clause.

http://www.accessdata.fda.gov/scripts/fcn/fcnNavigation.cfm?rpt=eafusListing—Everything Added to Food in the United States (EAFUS) list.

http://www.fda.gov/Food/FoodIngredientsPackaging/ucm094211.htm#coloradd—FDA brochure on food additives.

http://www.foodsubs.com/Chilefre.html—Descriptions of many types of chiles.

한글 찾아보기

ㄱ

가공치즈 스프레드 310
가공치즈 유사 식품 310
가교전분 184
가금류 326
가당연유 302
가루 392
가루 모양 447
가설 30
가소성 267
가수분해에 의한 산패 246
가식성 필름 182
간상체 51
간접 접촉 냉동 489
감마선 106
감미 애시도필러스 밀크 304
감칠맛 48
갑각류 326
강력분 394
객관적 평가 46
거품 116
건강보조식품건강교육법 521
검류 137
겨 392
결정의 잠열 489
결정형 캔디 146
결합수 98
경수 101
계면장력 113
고과당물엿 157
고등어과(히스타민) 중독 470
고압 통조림기 492
고압액체크로마토그래프 84
고압처리법 501
고온단시간살균법 301
곰팡이독 467
공기 주머니 365
공기 중 냉동 489
공액형 리놀레산 239
과냉각 489
과산화물 244
과산화벤조일 397
과즙점성측정기 81
과포화용액 115
관능적 평가 46
관통시험기 74
광우병 343
교육받은 패널 55
교육받지 않은 패널 55
구강 촉감 53
구립 242
구운 커스터드 378
구조 289
구형 단백질 286
국립 유기농 프로그램 9
국제식량농업기구/세계보건기구 합동 식품첨가물 전문가 위원회 515
국제표준화 기구 475
귀무가설 30
균질화 301
균체내 독소 459
균체외 독소 459
극저온 액체 489
근내막 332
근미세섬유 328
근섬유 330
근외막 332
근원섬유 328
근육 332
근절 328
근주막 332
근형질 330
글로불린 286
글루코시놀레이트 50, 472
글루타민 401
글루타치온 431
글루테닌 400
글루텐 399
글루텐 밀가루 396
글리세롤 237
글리아딘 399
글리코겐 135
금속단백질 286
기능성 식품 13
기생충 468
기술통계학 37
기저물질 332
기체-액체 크로마토그래프 84
기호 척도 65
기화열 94
껍질막 365
꽃 365
끓는점 96

ㄴ

나노기술 16
난백 계수 371
난백알부민 367
난황 계수 371
난황막 364
낫토 353
냉동 커스터드 313

냉동건조법 499
냉동된 적이 있는 342
냉수축 337
냉압착 254
냉점 492
냉해동 안정성 187
네오탐 160
노로바이러스 466
노화 180, 206
녹는점 239
놓아 기른 닭이 낳은 계란 369
누출 385
뉴턴성 78
뉴트라수티컬 13

ㄷ

다가불포화지방산 238
다가알코올 157
다당류 133
다목적 밀가루 393
다이글리세라이드 241
다이아릴 다이설파이드 223
다이아실글리세라이드 241
단당류 130
단순 당 129
단순지방 237
단일 단계법 443
단일 샘플 58
단일불포화지방산 238
닭장에서 자유롭게 닭이 낳은 계란 369
당밀 157
당지질 333
당화율 157
대두단백 농축액 352
대두단백 분리액 352
대두분 352
대류 110
대장균 462
대장균군 462
데메라라 156
덱스트란 133
덱스트로즈 130
덱스트린 133
독립변수 32
동유처리 256
두꺼운 근미세섬유 328
두부 352
두유 304
뒷맛 47
등비접시수동저울 24
등전점 286
떫은맛 49

ㄹ

라브네 303
라이밀 405, 433
라이코펜 214
라이페이스 246
라테브라 364
락테이드® 304
람블편모충증 469
래드 106
레닌 299
레브로즈 130
레시틴 119
레이크 221
레토르트 파우치 492
류코안토시아닌 220
리그닌 205
리나마린 472
리놀레산 240
리놀렌산 240
리베틴 368
리소자임 367
리스테리아 모노사이토제네스 463
리스테리아증 463
리포비텔린 368

ㅁ

마그네트론관 107
마비성 패독 467
마스티코미터 76
마이크로파 106
만능 (재료) 시험기 74
매니스커스 24
맥각중독 467
머랭 385
머핀 428
머핀 법 426, 442
메가헤르츠 107
메일라드 반응 145
메트미오글로빈 334
멜로린 314
면적계 71
모노글리세라이드 241
모노소디움 글루타메이트 49
모노아실글리세라이드 241
모르가넬라 모르가니 465
모액 149
몰타십자가 173
묘사적 척도 61
묘사적 테스트 57, 59
묘사적 풍미 분석 패널 55
무스코바도 156
무작위 분자간 에스터교환 260
무정형 고체 112
물 결합능 344
물관 197
물엿 155
물질전달 111

뮤코단백질 286
미뢰 47
미생물 단백질 354
미세결정흑설탕 155
미세육 350
미셀구조 298
미소 353
미오글로빈 333
미오신 327
미터법 20
미토콘드리아 198
밀가루 393
밀리미크론 115

ㅂ

바세니산 259
바스마티 188
바이러스 466
박력분 393
박편성 271
반영구 유화액 119
발연점 246
발효 버터밀크 304
방사선 에너지 106
배반 364
배아 392
배유 181, 392
백분위수 순위 39
백분율 39
백색질 173
백색체 198
벗겨지는 447
베이킹 암모니아 418
베이킹파우더 415
베타(β) 242
베타레인 218
베타시아닌 218
베타프라임(β′) 242
변성 288
변성 전분 182
변성된 글로빈 헤모크롬 335
변수 32
변향 246
변형된 전통적인 방법 442
보습제 450
보증원유 300
보툴리즘 459
복굴절 173
복사 106
복합 단백질 286
복합탄수화물 129
부피에 대한 지표 71
분사기류 냉동법 489
분산 39
분산분석 40
분쇄 392
분자간 에스터교환 260
분자내 에스터교환 261
분해 144
분획화 256
불연속상 116
불포화 240
불포화 용액 115
붕괴 174
브릭스 척도 83
블루움 겔로미터 74
블룸 257
비결정형 유리 151
비결정형 캔디 151
비교 테스트 58
비뉴턴성 78
비딩 386
비브리오 콜레라 465
비스킷 429
비스킷 법 425
비중 71
비클라이메터릭 과일 206
비틀림 저울 24
비효소적 갈변 145

ㅅ

사내 테스트 46
사멸계수 490
사멸곡선 491
사카로미세스 세레비시아 412
사카린 158
사탄당 129
사후강직 336
산술평균 38
산처리 전분 184
산패 244
산포도 37
산화적 산패 244
산화전분 184
살라트림 274
살로넬라 타이피 461
살모넬라 462
살모넬라 엔테리티디스 461
살모넬라증 461
삼각 검사법 58
삼탕당 129
상관관계연구 40
상업적 살균 490
색소체 198
색차계 82
생단백질 284
생명공학 10
선모충 469
선모충증 469
선충류 469
설계 식품 15

섬유 단백질 286
세균성 이질 465
셀룰로오즈 136, 201
셔벗 314
소금 115
소비자 패널 55
소수성 116
소프트 또는 터브마가린 266
소프트 머랭 385
속성 빵 424
속성팽창건조효모 412
솔라닌 472
쇼오토미터 74
쇼트닝기능 269
수분함량 73
수분활성도(a_w) 99
수소 팽창 495
수소결합 284
수소첨가 258
수수시럽 157
수중유형 118
수지상조직(가지돌기) 172
수크랄로스 161
숙성 149, 337, 397
순간파동전기장법 503
순서 순위 테스트 59
쉬폰 케이크 435
슈크림 427
스마일 척도 65
스테비오사이드 162
스테아르산 240
스트레이드법 431
스틱마가린 266
스틸톤 치즈 312
스펀지 도우 반죽법 432
스펠트밀 433
스폰지케이크 435
습윤성 73
승화 499
시겔라 465
시겔라 보이디 465
시구아테라 중독 470
시니그린 223
시클라메이트 161
식이 저울 24
식품 화학물질 규격집 510
신뢰수준 39
신선 341
십자화과 222
쌍극자 93
씹는 횟수 54

ㅇ

아메바성 이질 469
아미그달린 472
아미노산 281
아밀로오즈 134
아밀로펙틴 134
아밀로펙틴 함량이 높은 전분 182
아보리오 쌀 188
아비딘 368
아세설팜 160
아스타크산틴 335
아스파탐 158
아스퍼질러스 플라버스 467
아크롤레인 247
아크릴아마이드 248
아플라톡신 467
아플라톡신중독 467
안토시아니딘 216
안토시아닌 216
안토잔틴 216
안토크산틴 219
알끈 365
알끈층 365
알도오즈 130
알리네이즈 222
알리움 222
알리탐 163
알린 222
알부민 286, 365
알파형 유당 297
알파(a) 242
압력 통조림 492
압착즙액 72
압착효모 412
압축계 73
액토미오신 327
액틴 327
액포 198
액포막 198
얇은 근미세섬유 328
얇은 흰자 365
양쪽성 286
어류 326
에틸렌 가스 207
엔올화 반응 145
엔젤 푸드 케이크 435
엘라스틴 332
엘아이드산 259
여시니아 엔테로콜리티카 466
역학 에너지 105
연속상 116
연수 101
연유 302
연육 351
연한 노른자 364
열압착 254
열원 106
염료 221
엽록체 198

영구유화액 119
예르시니아증 466
오리자놀 266
오메가-3 계란 368
오메가-3 지방산 266
오버런 315
오보뮤신 368
오븐스프링 432
오탄당 129
옥시미오글로빈 334
올레산 240
올리고당 133
외부변수 32
요구르트 304
용상유두 47
용적계 71
용질 115
원뿔체 51
원산지표시제 312
원생동물 469
원핵생물 458
원형질막 198
위해요소중점관리제도 474
윈터라이징 256
유곽유두 47
유관속계 197
유기농 9
유동성 76
유두 47
유리 상태 112
유리 전이 온도 112
유리전이 112
유리질 젖당 302
유색체 198
유의수준 39
유전공학 11
유전자변형생물체 11
유전자재조합 소마토트로핀 296
유조직세포 197
유중수형 118
유지 방법 301
유지시간 108
유청 298
유화액 117
유화제 118
유황으로 처리 496
육류 326
육즙손실 349
육탄당 129
융출 254
융해열 94
응고 288
이눌린 136, 304
이당류 131
이소말토 162
이수현상 120
이중반응 베이킹파우더 416
인단백질 286
인산전분 185
인스턴트 밀가루 396
인스턴트 분유 302
인조식물단백 352
인조콩단백 352
인지질 333
일시유화액 119
일-이점 검사법 58
임계값 아래 수준 49
잉크자국 71

ㅈ

자가 팽창 밀가루 395
자동산화 244
자스민 188
자연치즈 307
자유라디칼 244
자일란 202
장염균 372
재거리 156
저 메톡실 펙틴 204
저 메톡실 펙틴산 204
저밀도 지질단백질 368
저어서 만든 커스터드 378
저온 가공치즈 310
저온살균우유 300
저온성 459
저지방 아이스크림 313
저항성 전분 186
적외선분광광도법 84
적조 467
전단압축계 73
전도 108
전략적 제휴 프로그램-농산물테러리즘 17
전분 134
전분입자 173
전자코 84
전처리 호화 전분 183
전통적 스폰지법 442
전통적인 방법 426
전화 147
전화당 147
전화효소 150
점도계 79
점조도계 78
정서적 테스트 57
정제된 밀가루 392
정치동결법 489
제분 392
젤 116, 178
젤라틴 354
젤라틴화 174

젤화 178
조개류 326
조리손실 349
조미 아이스크림 313
조정육 350
졸 116
종속변수 33
주관적 평가 46
주피 197
중간 242
중간박막층 198
중심경향측도 37
중앙값 38
중온성 459
중탄산소다 415
중탕 통조림 제조 493
중탕 통조림 제조기 492
중합 248
중화 255
증기압 113
증발 113
증발손실 349
지방구막 296
지방산 237
지방질 237
지상부 조직 197
지질단백질 286
지질분해 246
지향성 분자간 에스터교환 260
진피세포층 197
질량분석법 84
짙은 흰자 365

ㅊ

찬물에서 부푸는 전분 183
찰전분 182
참용액 115
찹쌀 188
천연 9
천연 전분 181
체관 197
초고온 살균법 301
초저리놀렌산 콩기름 264
촌충 470
최빈값 37
추리통계학 37
추출 392
친수성 116
침지 냉동 489

ㅋ

카놀라유 12
카로티노이드 214
카로틴 214
카르복실기 281
카제인 298
카테킨 220
칼모치 188
캄필로박터 제주니 463
캄필로박터병 463
캡사이시노이드 50
커드 298
컨벡션 오븐 111
케토즈 131
케피어 304
콘알부민 367
콜라겐 330
콜레라 465
콜레스테롤 366
콜로이드 분산계 116
퀸 354
크로마토그래피 84
크리밍 301
크림퍼프 427
크림화 270
크산토필 214
클라이메터릭 206
클라이메터릭 과일 206
클럽치즈 310
클로로필 α 212
클로로필 β 212
클로로필라이드 212
클로로필레이즈 212
클로로필린 213
클로스트리듐 퍼프린전스 461
클로스트리디움 보툴리넘 459

ㅌ

타가토스 164
타우마틴 161
타피오카 172
타피오카 펄 176
탄닌 219
탈검 255
탈납 256
탈취 256
탑 부하 전자저울 24
터비나도 설탕 155
테아루비겐 221
테트라피롤 212
테프 433
텍스츄로미터 76
템퍼링 257, 392
템페 353
토코트리에놀 266
통밀가루 392
트레할로스 164
트로포미오신 327
트로포콜라겐 330
트리글리세라이드 241
트리아실글리세라이드 241

틱소트로피 78

ㅍ

파레빈 314
파리노그라프 402
파이토케미컬 13
파파인 349
팝오버 426
패류 326
패스팅 174
팽압 209
퍼센트 색 74
페오포비드 213
페오피틴 α 212
페오피틴 β 212
페이스트리 밀가루 395
펙트산 205
펙티네이트 205
펙틴 203
펙틴산 203
펙틴에스터레이즈 205
펙틴질 137, 202
펜토산 399
펩타이드 결합 284
포도상구균 461
포스비틴 368
포스포릴레이즈 208
포자 458
포장된 육류 343
포화용액 115
포화지방산 238
폴리갈락투로네이즈 208
폴리덱스트로즈 163
폴리페놀옥시데이즈 220
폼 케이크 435
표면장력 113
표백 255
표준편차 39
표피계 197
표피세포 197
풍미 50
풍미 억제제 49
프로바이오틱스 14
프로토펙티네이즈 205
프로토펙틴 203
프로파일링 59
프로페닐설페닉산 223
프롤린 401
프리바이오틱스 14
플라보노이드 215
플레인 아이스크림 313
플로바펜 439
피롤리딘 링 330
피틸 212

ㅎ

하드 머랭 385
하우 유닛 370
하이드로과산화물 244
한계 덱스트린 399
한계 레벨 49
한쌍 비교법 58
항산화제 245
핵단백질 286
향미 강화제 49
향신료 519
허브 519
헤모글로빈 333
헤미셀룰로오즈 202
헥타르 11
헴 334
현탁질 116
혈청형 462
혐기성 459
형판 35
호기성 459
호정화 174, 180
호화 174
화학 조미료 49
환원당 145
활성 밀 글루텐 396
활성건조효모 412
황화물의 변질 494
회귀 40
회충 469
효소 289
후각 수용체 47
후각세포 199
후막세포 200
후벽세포 200
휘프마가린 266
흡습성 142
흡열반응 111
흡충 471
히스타민독 465
힐룸 173

1차구조 284
1938년 연방 식품, 의약품 및 화장품 법 511
1958년 식품첨가물을 개정 법안 511
1990년 유기농 식품 생산법 9
2차결합 113
2차구조 284
2004 식품 알레르기 소비자보호법 17
3중 구멍 50

α-아밀라아제 180
β-주름을 잡은 시트 286

영문 찾아보기

A

α-amylase 180
α-lactose 297
acesulfame-K 160
acrolein 247
acrylamide 248
actin 327
actinidin 355
active dry yeast 412
actomyosin 327
adenosine triphosphate (ATP) 327
adenosine triphosphate (ATPase) 327
aerobic 459
affective testing 57
aflatoxicosis 467
aflatoxin 467
aftertaste 47
aging 337, 397
air cell 365
air-blast freezing 489
albumen 365
albumen index 371
albumin 286
aldoses 130
alitame 163
all-purpose flour 393
alliin 222
alliinase 222
Allium 222
amebic dysentery 469
amino acid 281
amorphous 112
amorphous candy 151
amorphous glass 151
amphoteric 286
amygdalin 472
amylopectin 134
amylose 134
anaerobic 459
angel food cake 435
ANOVA: analysis of variance 40
anthocyanidins 216
anthocyanins 216
anthoxanthins 216
antioxidant 245
arborio 188
Ascaris lumbricoides 469
aspartame 158
Aspergillus flavus 467
astaxanthin 335
astringency 49
autoxidation 244
avidin 368

B

β-pleated sheet 286
bacillary dysentery 465
Bacillus coagulans 494
baked custard 378
baking ammonia 418
baking powders 415
basmati 188
beading 386
benzoyl peroxide 397
betacyanin 218
betalain 218
betaxanthin 218
bicarbonate of soda 415
biotechnology 10
birefringence 173
biscuit 429
biscuit method 425
bleaching 255
bloom 257, 365
bloom gelometer 74
boiling point 96
botulism 459
bound water 98
bran 392
bread flour 394
Brix scale 83
bromelain 350
brownulated sugar 155
Bt 11
butylated hydroxyanisole (BHA) 245
butylated hydroxytoluene (BHT) 245

C

CAF (calcium-activated factor) 327
cage-free eggs 369
cake flour 393
calmochi 188
Campylobacter jejuni 463
campylobacteriosis 463
canola oil 12
capsaicinoids 50
carboxyl group 281
carotenes 214
carotenoids 214

case-ready meats 343
casein 298
casein micelle 298
catechins 220
cathepsin 327
cellulose 136, 201
certified raw milk 300
cestode 470
chalazae 365
chalaziferous layer 365
chiffon cake 435
chlorophyll α 212
chlorophyll β 212
chlorophyllase 212
chlorophyllide 212
chlorophyllin 213
chloroplasts 198
cholera 465
cholesterol 366
chromatography 84
chromoplasts 198
CIE 81
ciguatera poisoning 470
circumvallate papillae 47
*cis*형 240
climacteric 206
climacteric fruits 206
Clostridium botulinum 459
Clostridium nigrificans 494
Clostridium perfringens 461
coagulation 288
cold point 492
cold pressing 254
cold shortening 337
coldpack (club) cheese 310
coliform 462
collagen 330
collenchyma tissue 199
colloidal dispersion 116
color-difference meter 82
commercially sterile 490
comminuted meat 350
complex carbohydrate 129
composite ice cream 313
compressed yeast 412
compressimeter 73
conalbumin 367
concatenation 431
conduction 108
cones 51
conjugated linoleic acid (CLA) 239
conjugated protein 286
consistometer 78
consumer panel 55
continuous phase 116
convection 110
convection oven 111
conventional method 426
conventional sponge method 442
cooking losses 349
corn syrup 155
correlational research 40
cream puff 427
creaming 270, 301
cross-linked starch 184
Cruciferae 222
crustaceans 326
cryogenic liquids 489
cryophilic 459
crystalline candy 146
cultured buttermilk 304
curd 298
CWS: cold water-swelling starch 183
cyclamate 161

D

D.E.: dextrose equivalent 157
dark-cutting beef 338
degradation 144
degumming 255
demerara 156
denaturation 288
denatured globin hemichrome 335
deodorizing 256
dependent variable 33
dermal system 197
descriptive scale 61
descriptive statistics 37
descriptive testing 57, 59
designer food 15
dextran 133
dextrin 133
dextrinization 174, 180
dextrose 130
DFAP: descriptive flavor analysis panel 55
diacylglyceride 241
diallyl disulfide 223
dietetic balance 24
difference testing 58
diglyceride 241
dipole 93
directed interesterification 260
disaccharide 131
discontinuous (dispersed) phase 116
docosahexaenoic aicd (DHA) 264
docosahexanoic acid (DHA) 239
double-acting baking powders 416
drip losses 349

DSHEA: Dietary Supplement Health and Education Act 521
duo-trio test 58
dyes 221

E

edible film 182
eicosapentaenoic acid (EPA) 264
eicosapentanoic acid (EPA) 239
elaidic acid 259
elastin 332
electric nose 84
embryo 392
emulsifying agent 118
emulsion 117
endomysium 332
endosperm 181, 392
endothermic reaction 111
endotoxin 459
enolization 145
Entamoeba histolytica 469
Enterobacteriaceae 459
enzyme 289
epidermal cells 197
epimysium 332
ergotism 467
Escherichia coli 462
ethylene gas 207
evaporated milk 302
evaporation 113
evaporative losses 349
exotoxin 459
extraction 392
extraneous variable 32

F

FALCPA: Food Allergen Consumer Protection Act 17
farinograph 402
fat-globule membrane 296
fatty acid 237
fiber 330
fibrous protein 286
ficin 350
fish 326
flakiness 271
flaky 447
Flat-sour 부패 494
flat-sour spoilage 494
flavonoids 216
flavor 50
flavor enhancers 49
flavor inhibitors 49
flavor potentiators 49
flour 392
fluke 471
foam 116
foam cake 435
Food Chemicals Codex 510
fractionation 256
free radical 244
free-range eggs 369
freeze-drying 499
freeze-thaw stability 187
freezing in air 489
fresh 341
frozen custard 313
functional food 13
fungiform papillae 47

G

galacturonic 497
Gambierdiscus toxicusa 470
gamma ray 106
gas-liquid chromatograph, GLC 84
gel 116, 178
gelatin 354
gelatinization 174
gelation 178
genetic engineering 11
germ 392
germinal disk 364
Giardia lamblia 469
giardiasis 469
glass transition 112
glass transition temperature (T_g) 112
glassy lactose 302
glassy state 112
gliadin 400
globular proteins 286
globulin 286
gluathione 431
glucosinolate 472
glucosinolates 50
glutamine 401
gluten 399
gluten flour 396
glutenin 400
glycerol 237
glycogen 135
glycolipid 333
GMO: genetically modified organism 11
Gonyaulax catanella 467
GRAS 리스트 510
grinding 392
ground substance 332
ground system 197
gum 137

H

HACCP 474
hard meringues 385
hard water 101
Haugh units 370
HAV 466
Hazard Analysis and Critical Control Point System 474
heat of fusion 94
heat of vaporization 94
hectare 11
hedonic scale 65
heme 334
hemicelluloses 202
hemoglobin 333
herb 519
hexoses 129
HFCS: high-fructose corn syrup 157
high-amylose starch 182
high-pressure liquid chromatograph, HPLC 84
hilum 173
HLB (hydrophilic/ lipophilic balance) 118
hold method 301
homogenization 301
hot pressing 254
HPP: high-pressure processing 501
HTST method 301
humectant 450
hydoperoxide 244
hydrogen bond 284
hydrogen swell 495
hydrogenation 258
hydrolytic rancidity 246
hydrophilic 116
hydrophobic 116
hygroscopicity 142
hypodermal layer 197
hypothesis 30

I

immersion freezing 489
implosion 174
in-house testing 46
independent variable 32
index to volume 71
indirect-contact freezing 489
inferential statistics 37
infrared spectroscopy 84
inkblot 71
instantized dried milk 302
instantized flour 396
interesterification 260
interfacial tension 113
intraesterification 261
inulin 136, 304
inversion 147
invert sugar 147
invertase 150
irradiation 106
ISO 9000 475
ISO: International Organization of Standardization 475
isoelectric point 286
isomalt 162

J

jaggery 156
jasmine 188
jelmeter 81
Joint FAO/WHO Expert Committee on Food Additives 515

K

kamut® 433
kefir 304
ketose 131
Koshihikari 188

L

Lactaid 304
Lactobacillus sanfrancisco 414
lakes 221
latebra 364
latent heat of crystallization 489
LDL: low-density lipoprotein 368
leaking 385
lecithin 119
leucoanthocyanins 220
leucoplast 173
leucoplasts 198
level of confidence 39
level of significance 39
levulose 130
lignin 205
limit dextrin 399
linamarin 472
linoleic acid 240
linolenic acid 240
lipase 246
lipid 237
lipolysis 246
lipoprotein 286
lipovitellin 368
Listeria monocytogenes 463
listeriosis 463
livetin 368
logarithmic order of death 490
long-patent 밀가루 394
low-fat ice cream 313

low-methoxyl pectin 204
low-methoxyl pectinic acid 204
lycopene 214
lysozyme 367

M

mad cow disease 343
magnetron tube 107
maillard reaction 145
maltese cross 173
mass spectrometry 84
mass transfer 111
masticometer 76
maturing 397
mealy 447
mean 38
measures of dispersion 37
meat 326
mechanical energy 105
median 38
medium-patent 밀가루 393
megahertz 107
mellorine 314
melting point 239
meniscus 24
meringues 385
mesophilic 459
metalloprotein 286
metmyoglobin 334
metric system 20
microwave 106
middle lamella 198
millimicron 115
milling 392
miso 353
mitochondria 198
mochigome 188
mode 37
modified conventional method 442
modified starch 182
moisture content 73
molasses 157
mollusks 326
monoacylglyceride 241
monoglyceride 241
monosaccharide 130
monosodium glutamate 49
monounsaturted 238
Morganella morganii 465
mother liquor 149
mouth feel 53
mucoprotein 286
muffin 428
muffin method 426, 442
Munsell 체계 81
muscle 332
Muscovado 156
mycomatta 332
mycoprotein 354
mycotoxin 467
myofibril 328
myofilament 328
myoglobin 333
myotome 332

N

nanotechnology 16
National Organic Program 9
native protein 284
native starche 181
natto 353
natural 9
natural cheese 307
nematodes 469
neotame 160
neutralizing 255
Newtonian 78
NLV: Norwalk-like virus 466
non-Newtonian 78
nonclimacteric fruits 206
nonenzymatic browning 145
nucleoprotein 286
null hypothesis 30
number of chews 54
nutraceutical 13

O

objective evaluation 46
oil-in-water emulsion (o/w) 118
oleic acid 240
olfactory receptors 47
oligosaccharides 133
omega-3 eggs 368
omega-3 fatty acid 266
organic 9
Organic Food Production Act of 1990 9
oryzanol 266
ovalbumin 367
oven spring 432
overrun 315
ovomucin 368
oxidative rancidity 244
oxidized starches 184
oxymyoglobin 334

P

paired comparison 58
papain 349
papillae 47
paralytic shellfish poisoning 467

parasite 468
parenchyma cell 197
parevine 314
pasteurization 300
pasteurized process cheese 310
pasting 174
pastry flour 395
pastry-blend method 443
pearl tapioca 176
pectic acid 205
pectic substances 137, 202
pectinates 205
pectinesterases 205
pectinic acids 203
pectins 203
PEF 처리 503
pentosan 399
pentoses 129
peptide linkage 284
Percent Sag 74
percentage 39
percentile rank 39
periderm 197
perimysium 332
permanent emulsion 119
peroxide 244
pheophorbide 213
pheophytin α 212
pheophytin β 212
phlobaphene 439
phloem 197
phospholipid 333
phosphoprotein 286
phosphorylase 208
phosvitin 368
phytochemical 13
phytyl 212
plain ice cream 313
planimeter 71
plasmalemma 198
plasticity 267
plastids 198
polydextrose 163
polygalacturonases 208
polymerization 248
polyol 157
polyphenoloxidases 220
polysaccharide 133
polyunsaturated 238
popover 426
poultry 326
pre-gelatinized starch 183
prebiotics 14
press fluid 72
pressure canner 492
pressure canning 492
previously frozen 342
primary structure 284
probiotics 14
process cheese food 310
process cheese spread 310
Product Designation of Origin 312
profiling 59
prokaryote 458
proline 401
propenyl-sulfenic acid 223
propyl gallate (PG) 245
protopectin 203
protopectinases 205
protozoa 469
PSE 돼지고기 338
pulsed electric field (PEF) processing 503
pyrrolidine ring 330

Q

quick bread 424
quick-rise active dry yeast 412
Quorn™ 354

R

rad 106
radiant energy 106
radiation 106
radura 501
rancidity 244
randomized interesterification 260
rank-order test 59
recombinant bovine somatotropin 296
red tide 467
reducing sugar 145
refined flour 392
regression 40
rendering 254
rennin 299
resistant starch 186
restructured meat 350
reticulin 332
retort pouch 492
retrogradation 180
reversion 246
rheology 76
rigor mortis 336
ripening 149
rods 51

S

saccharin 158
Saccharomyces cerevisiae 412
Saccharomyces inusitatus 414
Saccharomyes exigus 414

Salatrim 274
Salmonella 462
Salmonella enteritidis 372, 461
Salmonella typhi 461
salmonellosis 461
sarcoplasm 330
SAS-phosphate 416
saturated fatty acid 238
saturated solution 115
sclereid 200
sclerenchyma cells 200
scombroid (histamine) poisoning 470
scombrotoxin poisoning 465
secondary bond 113
secondary structure 284
self-rising flour 395
semi-permanent emulsions 119
senescence 206
sensory evaluation 46
serotype 462
sharp freezing 489
shear press 73
shell membranes 365
shellfish 326
sherbet 314
shigella 465
shigella boydi 465
short-patent 393
shortening power 269
shortometer 74
simple fat 237
simple sugar 129
single sample 58
single-stage method 443
sinigrin 223
smiley scale 65
smoke point 246
soft meringue 385
soft or tub margarine 266
soft water 101
sol 116
solanine 472
solute 115
solvent 115
sorghum syrup 157
soy flour 352
soy protein concentate 352
soy protein isolate 352
soymilk 304
specific gravity 71
spelt 433
spherulite 242
spice 519
sponge cake 435
sponge-and-dough method 432
spore 458
SPPA: Strategic Partnership Program-Agroterrorism 17
standard deviation 39
standing time 108
Staphylococcus aureus 461
starch 134
starch granule 173
starch phosphates 185
stearic acid 240
stevioside 162
stick margarine 266
Stilton cheese 312
stirred custard 378
straight -dough method 431
Student's *t*-test 40
subjective evaluation 46
sublimation 499
substrate 289
subthreshold levels 49
sucralose 161
sucroglyceride 434
sulfide spoilage 494
sulfuring 496
supercooled 489
supersaturated solution 115
surface tension 113
surimi 351
suspensoid 116
sweet acidophilus milk 304
sweet glutinous rice 188
sweetened condensed milk 302
SWOSTHEE 111
syneresis 120

T

tagatose 164
tannin 219
tapioca 172
taste buds 47
teff 433
tempeh 353
tempering 257, 392
template 35
temporary emulsion 119
tertiary structure 284
Tertiary-butylhydroquinone (TBHQ) 245
tetrapyrrole 212
tetroses 129
textured soy protein (TSP) 352
textured vegetable protein (TVP) 352
texturometer 76
thaumatin 161

thearubigens 221
thermal death time curves 491
thick albumen 365
thick myofilament 328
thin albumen 365
thin myofilament 328
thin-boiling starch 184
thixotropic 78
threshold level 49
tocotrienol 266
tofu 352
tonoplast 198
top-loading electronic balance 24
torsion balance 24
trained panel 55
*trans*형 240
trehalose 164
triacylglyceride 241
triangle test 58
Trichinella spiralis 469
trichinellosis 469
trigeminal cavity 50
triglyceride 241
trioses 129
trip balance 24
triticale 405, 433
tropocollagen 330
tropomyosin 327
true solution 115
turbinado sugar 155
turgor 209

U

UHT pasteurization 301
ultra low linolenic acid soybean oil 264
umami 48
universal testing machine 74
unsaturated solution 115
unsaturation 240
untrained panel 55

V

vaccenic acid 259
vacuole 198
vapor pressure 113
variable 32
variance 39
vascular system 197
Vibrio cholerae 465
viruse 466
viscoangiograph 78
viscometer 79
vital wheat gluten 396
vitelline membrane 364
volumeter 71

W

Warner-Bratzler Shear 73
water bath canner 492
water bath canning 493
water-binding capacity 344
waterin-oil emulsion (w/o) 118
waxy starch 182
wettability 73
whey 298
whipped margarine 266
white yolk 364
whole wheat flour 392
winterizing 256

X

xanthophylls 214
xylan 202
xylem 197

Y

Yersinia enterocolitica 466
yersiniosis 466
yogurt 304
yolk index 371